Lexikon Elektronik und Mikroelektronik

Lexikon Elektronik und Mikroelektronik

Zweite, aktualisierte und erweiterte Auflage

Herausgegeben von
Dr. rer. nat. Dieter Sautter
Prof. Dr.-Ing. Hans Weinerth

SPRINGER-VERLAG BERLIN HEIDELBERG GMBH

CIP-Kurztitelaufnahme der Deutschen Bibliothek

Lexikon Elektronik und Mikroelektronik
hrsg. von Dieter Sautter; Hans Weinerth.
2., aktualisierte und erw. Aufl.
Düsseldorf: VDI-Verl., 1993
ISBN 978-3-642-63431-4 ISBN 978-3-642-58006-2 (eBook)
DOI 10.1007/978-3-642-58006-2
NE: Sautter, Dieter [Hrsg.]

Redaktion: Dipl.-Ing. Zitta Glaser
Graphische Darstellungen: Peter Lübke

Ursprünglich erschienen bei VDI-Verlag Gmbh. Düsseldorf 1993
Softcover reprint of the hardcover 2nd edition 1993

ISBN 978-3-642-63431-4

Vorwort zur zweiten Auflage

Die Mikroelektronik durchdringt unser tägliches Leben mehr denn je. Die wachsende Bedeutung ihrer Anwendungen einerseits und die Annäherung an physikalische Grenzen der Festkörpertechnologie andererseits lösen globale Positionskämpfe im wirtschaftlichen Raum aus, die wir alle zu spüren bekommen.

Gerade wegen der globalen Zusammenhänge dominiert in der Mikroelektronik bzw. Elektrotechnik die englische Sprache, so daß häufig die deutschsprachigen Begriffe auf ungenauen Übersetzungen und unscharfen Definitionen beruhen. Hier kommt dem vorliegenden Lexikon eine besondere Bedeutung zu.

Das Lexikon für Elektronik und Mikroelektronik hat in seiner ersten Auflage eine sehr positive Aufnahme gefunden. Verlag und Herausgeber wurden deshalb zu einer zweiten Auflage ermutigt. Es war zu erwarten, daß bei dem immer noch stürmischen Fortschritt der Elektronik-Technologien in der vorliegenden Neuauflage eine Fülle von Aktualisierungen und Ergänzungen vorgenommen werden mußte.

Daneben erschien es uns notwendig, eine Reihe von Fachgebieten zusätzlich in das Werk aufzunehmen. Um den Umfang des Lexikons in Grenzen zu halten, mußte trotzdem eine starke Beschränkung der Anwendungsfelder vorgenommen werden. Ergänzend sei auf die ebenfalls im VDI-Verlag erschienenen Lexika zu den Themen „Meß- und Automatisierungstechnik" sowie „Informatik und Kommunikationstechnik" hingewiesen.

Die Zahl der Stichworte konnte von ca. 2 200 auf über 3 000 erhöht werden. Neuaufgenommene Fachgebiete sind: Leistungselektronik, Prüftechnik, Mikrowellentechnik sowie Grundlagen der Audio- und Videotechnik. Daneben wurden die Optoelektronik und die Sensorik erweitert, besonders die Mikroelektronik konnte in großen Teilen ergänzt und auf den neuesten Stand gebracht werden.

Der größte Teil der Autoren war bereit, auch an der Neuauflage mitzuwirken; für die neu aufgenommenen Gebiete konnten kompetente Fachleute zugewonnen werden. Die Herausgeber danken den Autoren für ihre wiederum tatkräftige Mitwirkung, Lektorat und Verlag sorgten in schon bewährter Weise für die Betreuung der Autoren und für die Ausstattung des Werkes; ihnen sei ebenfalls gedankt.

Dieter Sautter
Hans Weinerth
März 1993

Vorwort zur ersten Auflage

Die Elektronik hat in den vergangenen Jahrzehnten außergewöhnliche Fortschritte gemacht, dieser Entwicklungstrend wird sich weit über das Jahr 2000 hinaus fortsetzen. Weltweit wird die auf den Technologien der Elektronik-Bauelemente aufbauende Informations- und Telekommunikationstechnik zum wichtigsten Wirtschaftsfaktor werden.

Ausgelöst wurde diese Entwicklung 1948 durch die Erfindung des Transistors; die Entwicklung der Halbleitertechnologie auf Basis der Siliziumplanartechnologie führte ab 1959 zum Grundelement der Mikroelektronik, der Integrierten Schaltung.

Die mit ihrer Weiterentwicklung verbundene stetige und drastische Kostenreduktion pro elektronischem Bauelement ermöglichte den Bau hochkomplexer Systeme der Digitaltechnik, der Computer ist *das* Synonym für den technologischen Fortschritt geworden.

Die Digitaltechnik hat darüber hinaus alle übrigen Bereiche der Elektronik wie die Telekommunikation, Steuer- und Regelungstechnik, aber auch die Unterhaltungselektronik erfaßt. Beispielsweise hat die Compact Disc als weit überlegener digitaler Tonträger die herkömmliche analoge Schallplatte in kürzester Zeit im Markt überholt.

Neben der Mikroelektronik haben aber auch andere Bereiche der Elektroniktechnologie ähnliche Entwicklungssprünge erlebt, wie z. B. Anzeige- und Bildtechniken, die mit den Flüssigkristallen zusätzlich zu fortgeschrittenen Kathodenstrahlröhren ganz neue Anwendungsgebiete erschlossen haben. Eine der Folgen der diskutierten Fortschritte der Elektroniktechnologien ist eine mit keinem anderen Fachgebiet vergleichbare Zunahme des Gesamtwissens. Es wird deshalb für den technisch Interessierten, aber auch für den fachlich gebildeten Ingenieur zunehmend schwierig, einen Überblick über die Elektronik zu behalten. Ausgehend von dieser Erkenntnis hat es der VDI-Verlag unternommen, ein „Valvo-Lexikon der Elektronik und Mikroelektronik" herauszugeben. Wir haben dieses Vorhaben, ein umfassendes Kompendium für alle Wissensgebiete der Elektronik zu schaffen, gerne unterstützt.

Es ist gelungen, für die Bearbeitung einer Vielzahl unterschiedlicher Wissensgebiete kompetente Fachleute zu gewinnen, so daß wir glauben, das gesteckte hohe Ziel im wesentlichen erreichen zu können.

Herausgeber und Verlag sind sich dessen bewußt, daß letzte Perfektion bei diesem ersten Versuch nicht erreicht werden kann. Wir hoffen trotzdem, daß das Lexikon bei Lesern und Nutzern auf eine positive Resonanz stoßen wird, um das Werk wie geplant in zukünftigen Ausgaben auf den jeweiligen Stand des sich weiterhin außerordentlich schnell vermehrenden Wissens erweitern zu können.

Wir danken den Autoren und der Fachredaktion für ihre tatkräftige Mitwirkung und dem VDI-Verlag für die hervorragende Ausstattung des Werkes.

Dieter Sautter
Hans Weinerth
Hamburg 1990

Die Herausgeber

Dr. Dieter Sautter studierte Physik an der Universität Stuttgart. Von 1957 bis 1967 war er bei Intermetall/Freiburg für die Fertigung verantwortlich. Nach weiteren leitenden Positionen in der Entwicklung und Fertigung von integrierten Schaltungen und von diskreten Bauelementen bei Valvo und Bosch leitete er seit 1976 bei Valvo UB Bauelemente der Philips GmbH (jetzt Philips Semiconductors) die Abteilung Neue Techniken im Hauptbereich Technik bis zu seiner Pensionierung. Ab Anfang 1992 ist er dort ausgeschieden und beratend auf seinem Fachgebiet tätig.

Prof. Dr.-Ing. Hans Weinerth, Diplom in Physik und Promotion in Elektrotechnik. Von 1961 bis 1967 war er bei Intermetall an der Einführung vieler Basisprozesse der Halbleitertechnik beteiligt. Es folgten Jahre als Projektmanager in den Philips-Forschungslaboratorien in Eindhoven. Von 1976 bis 1990 war Prof. Weinerth Mitglied der Geschäftsleitung von Valvo/Philips Components und Direktor der Philips GmbH. Seit April 1990 Geschäftsführer der SICAN GmbH in Hannover. Seit 1988 Technische Universität Berlin (Honorarprofessor). Er war lange Jahre Mitglied der Präsidien von VDI und DIN sowie Vorsitzender bzw. Mitglied in Aufsichtsräten von VDI-Gesellschaften. Weiterhin ist er Ehrenmitglied des VDI und Ehrenvorsitzender der VDE/VDI-Gesellschaft Mikroelektronik, GME.

Die Autoren

G. Hartmut Altenmüller
Freier Journalist, Königswinter

Heinz Bahr
Philips Components, UB der Philips GmbH, Hamburg

Dipl.-Ing. Hans Jürgen Bensieck
Philips Components, UB der Philips GmbH, Hamburg

Prof. Dr. rer. nat. Dr.-Ing. habil. Arndt Bode
Institut für Informatik, Technische Universität München

Dipl.-Ing. Jens Both
Philips Components, UB der Philips GmbH, Hamburg

Univ.-Prof. Dr.-Ing. Anneliese Böttiger
Institut für Meß- und Regelungstechnik, Universität der Bundeswehr, Neubiberg

Prof. Dr.-Ing. Manfred Claassen
Lehrstuhl für Allgemeine Elektrotechnik und Angewandte Elektronik, Technische Universität München

Dipl.-Ing. Helge B. Cohausz
Patentanwalt, Düsseldorf

Dr.-Ing. Laszlo Csepregi
FhG IFT Fraunhofer Institut für Festkörpertechnologie, München

Dr. rer. nat. Hans Dammann
Fachhochschule Flensburg

Dr. Jörg Debelius
Deutscher Verband Technisch-Wissenschaftlicher Vereine, Düsseldorf

Dr.-Ing. Stephan Drost
FhG IFT Fraunhofer Institut für Festkörpertechnologie, München

Dr. Hanns-Erik Endres
FhG IFT Fraunhofer Institut für Festkörpertechnologie, München

Dipl.-Ing. Franz Fick
Philips Components, UB der Philips GmbH, Hamburg

Dr.-Ing. Franz Freyberger
Lehrstuhl und Laboratorium für Steuerungs- und Regelungstechnik, Technische Universität München

Dipl.-Ing. Werner Golombek
Philips Components, UB der Philips GmbH, Hamburg

Prof. Dr.-Ing. Rolf-Rainer Grigat
Lehrstuhl für Informatik, Technische Universität Hamburg-Harburg

Dipl.-Phys. Karl Haberger
FhG IFT Fraunhofer Institut für Festkörpertechnologie, München

Dipl.-Ing. Hartwig Hammerschmidt
Lehrstuhl für Elektrische Meßtechnik, Technische Universität München

Dr.-Ing. Michael Hausdörfer
BTS Broadcast Television Systems GmbH, Darmstadt

Prof. Dr. rer. nat. Dr. rer. nat. habil. Klaus Heinz
Lehrstuhl für Festkörperphysik, Universität Erlangen-Nürnberg

Prof. Dr. rer. nat. Reinhard Helbig
Institut für Angewandte Physik, Universität Erlangen-Nürnberg

Dipl.-Ing. Wedo Heller
DIN Deutsches Institut für Normung e. V., Berlin

Prof. Dr. Karl-Heinz Herrmann
Institut für Angewandte Physik, Universität Tübingen

Dr.-Ing. Hartmann Hieber
CEM Centrum für Mikroverbindungstechnik in der Elektronik, Forschung und Entwicklung GmbH, Neumünster

Prof. Dr. rer. nat. Alex Hubert
Lehrstuhl VI (Werkstoffe der Elektrotechnik), Institut für Werkstoffwissenschaften, Universität Erlangen-Nürnberg

Dipl.-Ing. Achim Ibenthal
Philips Components, UB der Philips GmbH, Hamburg

Prof. Dr. rer. nat. Bernhard Ilschner
Laboratiore de Metallurgie Mecanique, EPFL Ecole Polytechnique Federal de Lausanne

Dipl.-Ing. Horst Jahnke
Philips Components, UB der Philips GmbH, Hamburg

Dipl.-Ing. Franz Jansen
Philips Components, UB der Philips GmbH, Hamburg

Dipl.-Ing. Jürgen Jessen
Philips Components, UB der Philips GmbH, Hamburg

Dr. rer. nat. Ronald Kaiser
Heinrich-Hertz-Institut für Nachrichtentechnik GmbH, Berlin

Dr. rer. nat. Dipl.-Phys. Gerd Keitel
Philips Components, UB der Philips GmbH, Hamburg

Dipl.-Ing. Kurt Kiesel
Forschungsinstitut beim Fernmeldetechnischen Zentralamt, Darmstadt

Dipl.-Ing. Reinhard Knopf
Siemens-Nixdorf Informationssysteme AG, München

Prof. Dr.-Ing. Jürgen Krauser
Fachhochschule der Deutschen Bundespost TELEKOM, Berlin

Dipl.-Ing. Klaus G. Krieg
DIN Deutsches Institut für Normung e. V., Berlin

Dipl.-Ing. Rudolf Krös
Siemens Matsushita Components GmbH & CoKG, Heidenheim

Univ.-Prof. Dr.-Ing. Erich Kubalek
Institut Werkstoffe der Elektrotechnik, Universität Duisburg

Prof. Dr. rer. nat. Hajo Kuiper
Physikalisches Institut, Universität Erlangen-Nürnberg

Dipl.-Phys. Conrad Kößlinger
FhG IFT Fraunhofer Institut für Festkörpertechnologie, München

Dr.-Ing. Herbert Kümmritz (i. R.)
vorm. AEG-Telefunken, Ulm

Dr. Heinwig Lang
BTS Broadcast Television Systems GmbH, Darmstadt

Dr. Walter Lang
FhG IFT Fraunhofer Institut für Festkörpertechnologie, München

Dr.-Ing. Helmut Lauruschkat
Verein Deutscher Ingenieure, Düsseldorf

Dipl.-Math. Dipl.-Wirt.-Math. Karl Lieven
MIT — Management Intelligenter Technologien GmbH, Aachen

Prof. Dr.-Ing. Kurt Mauel (i. R.)
Institut für Technikgeschichte, Technische Universität Berlin; vorm. Verein Deutscher Ingenieure, Düsseldorf

Dipl.-Ing. Helmut Mettler
Siemens AG, Karlsruhe

Dipl.-Ing. Wolfgang Müller
Philips Components, UB der Philips GmbH, Hamburg

Dipl.-Ing. Klaus Nerstheimer (i. R.)
vorm. Philips Components, UB der Philips GmbH, Hamburg

Dipl.-Ing. Hermann Obermeir
Siemens Nixdorf Informationssysteme AG, München

Dipl.-Ing. Henderikus Lammert Offereins
FhG IFT Fraunhofer Institut für Festkörpertechnologie, München

Peter Pagnin,
Siemens AG, München

Prof. Dr.-Ing. habil. Reinhold Paul
Arbeitsbereich Elektrotechnik V/Technische Elektronik, Technische Universität Hamburg-Harburg

Dipl.-Ing. Hans-Jürgen Plaumann
Philips Components, UB der Philips GmbH, Hamburg

Dr.-Ing. Hermann Pott
Siemens Nixdorf Informationssysteme AG, Paderborn

Dr. Jürgen Pottharst
Mikroelektronik Display Technologie MiDiTec GmbH, Riegel

Dipl.-Ing. Ulf Rauterberg
Siemens AG, München

Dr.-Ing. Herbert Rentzsch (i. R.)
vorm. ASEA Brown Boveri AG, Baden/Schweiz

Dipl.-Ing. Axel Richter
FhG IFT Fraunhofer Institut für Festkörpertechnologie, München

Prof. Dr. rer. nat. Manfred Rosenzweig
Technische Fachhochschule Berlin

Dipl.-Ing. Karl Ruschmeyer
Philips Components, UB der Philips GmbH, Hamburg

Prof. Dr. Heiner Ryssel
Fraunhofer Arbeitsgruppe für Integrierte Schaltungen-Bauelementetechnologie, Erlangen; Lehrstuhl für Elektronische Bauelemente, Universität Erlangen-Nürnberg

Dipl.-Ing. Thomas Sarfert
Siemens Nixdorf Informationssysteme AG, München

Dr. Dieter Sautter (i. R.)
vorm. Philips Components, UB der Philips GmbH, Hamburg

Prof. Dr. Hanno Schaumburg
Lehrstuhl für Halbleitertechnik, Technische Universität Hamburg-Harburg

Dr. rer. nat. Wilhelm Scheffels
Messer Griesheim GmbH, Steigerwald Strahltechnik, Puchheim

Prof. Dr.-Ing. Friedrich Schneider
Lehrstuhl für Elektrische Meßtechnik, Technische Universität München

Prof. Dr. Hans Jürgen Schneider
Lehrstuhl für Programmiersprachen, Universität Erlangen-Nürnberg

Prof. Dr. rer. nat. Elmar Schrüfer
Lehrstuhl für Elektrische Meßtechnik, Technische Universität München

Prof. Dr. Otto Spaniol
Lehrstuhl für Informatik IV, Rheinisch-Westfälische Technische Hochschule Aachen

Dr. rer. nat. Günther Strohrmann, (i. R.)
vorm. Hüls AG, Marl

Dipl.-Ing. Heinz Strüben, (i. R)
vorm. ASEA Brown Boveri AG, Mannheim

Dipl.-Ing. Rainer Theobald
VDE/VDI-Gesellschaft Mikroelektronik GME, Frankfurt

Dr.-Ing. Erwin Trischler
Siemens-Nixdorf Informationssysteme AG, München

Prof. Dr. Reinhard Ulrich
Arbeitsbereich Optik und Meßtechnik, Technische Universität Hamburg-Harburg

Dr.-Ing. Joachim Voss, (i. R.)
vorm. IBM Deutschland GmbH, Stuttgart

Prof. Dr.-Ing. Felix Wachsmann
Lehrstuhl für Elektrische Meßtechnik, Technische Universität München

Prof. Dr. rer. nat. Dipl.-Phys. Werner Weppner
Max-Planck-Institut für Festkörperforschung, Stuttgart

Dipl.-Ing. Herbert Wiefels
Verein Deutscher Ingenieure, Düsseldorf

Prof. Dr. Klaus Wille
Fachbereich Physik, Universität Dortmund

Dipl.-Phys. Karlheinz Winter
Siemens-Nixdorf Informationssysteme AG, München

Erläuterungen zur Benutzung

Die zahlreichen Gebiete der Elektronik und Mikroelektronik sind in rund 3000 Stichwörter aufgegliedert. Unter einem aufgesuchten Stichwort ist seine erläuternde Erklärung zu finden, die dem Benutzer das entsprechende Wissen vermittelt. Die zahllosen Verweise führen entweder zu einem synonymen oder zu einem übergeordneten Begriff, in dem das entsprechende Stichwort abgehandelt ist. Die Querverweise im Text (→) sollen durch Aufsuchen anderer, verwandter oder ergänzender Stichwörter zu einer Vertiefung des Wissens verhelfen. Der Verweisungspfeil → fordert dazu auf, das dahinterstehende Wort nachzuschlagen und weitere Auskunft zu finden.

Die Stichworte folgen einander alphabetisch. Die alphabetische Reihenfolge ist — auch bei zusammengesetzten Stichwörtern oder bei Abkürzungen — strikt eingehalten. Zusammengesetzte Begriffe sind vorwiegend unter dem Substantiv eingeordnet. Auch sind die Substantive in der Regel im Singular aufgeführt. Ausnahmen sind nur zur besseren Handhabung gemacht worden, wobei auf übliche Ausdrucksweise geachtet wurde (Adjektiv vor Substantiv, weil ausschlaggebend beim Aufsuchen). Stichworte, welche mit einer Zahl beginnen, stehen dort, wo die Zahl nach der Art der Aussprache eingeordnet würde: „III–V–Halbleiter" z. B. wie „Drei–Fünf–Halbleiter".

Wie in lexikalischen Werken üblich, werden die Umlaute ä, ö, ü und die wie Umlaute gesprochenen Doppelbuchstaben ae, oe, ue wie die einfachen Buchstaben behandelt.

Die zahlreichen Illustrationen zu den einzelnen Stichwörtern sind in der Regel im Anschluß an den Absatz, in welchem sie erwähnt oder erläutert wurden, plaziert. Ausnahmsweise kann es auch vorkommen, daß diese — besonders im Falle von zweispaltigen Zeichnungen oder Tabellen — erst auf der nächsten Seite stehen. Die Zuordnung ist durch das Wiederholen des Stichwortes in der Bildunterschrift oder in der Tabellenüberschrift gewährleistet.

In den Texten vorkommende Begriffe aus den Bereichen Meßtechnik, Automatisierungstechnik, Informatik oder Nachrichtentechnik sind im vorliegenden Werk nur in einzelnen Fällen erläutert. Für eine weitere Vertiefung des Wissensstandes empfehlen wir in den Lexika „Meß- und Automatisierungstechnik" oder „Informatik und Kommunikationstechnik" nachzuschlagen.

Literaturhinweise sind knapp gehalten und auf die wichtigsten Werke beschränkt. Deutschsprachige Werke sind — soweit vorhanden — bevorzugt.

Lektorat
März 1993

N

N-Kanal →MOS-Technik

N_2-Laser →Stickstofflaser

Nachleuchten. Unter N. ist das Abklingen der Lichtemission nach Abschalten der Anregung der Leuchtstoffe zu verstehen. Die Nachleuchtdauer ist die Zeit, die vergeht bis die →Helligkeit nach Abschalten der Anregung auf 10% des Ausgangswertes abgeklungen ist. Eine zu hohe Nachleuchtdauer bewirkt Fahnenziehen bei hellen, bewegten Bild-Teilen. Sie vermeidet auf der anderen Seite aber das sog. →Großflächenflimmern. Eine zu kurze Nachleuchtdauer wiederum erschwert es dem menschlichen Auge und Hirn, das punkt- und zeilenweise aufgebaute Bild als ganzes Bild zu erkennen und nicht den zeilenweise abgelenkten Punkt (Spot) zu sehen. Die Nachleuchtdauern sind in Gruppen eingeteilt (Tabelle).

Nachleuchten. Tabelle: Zeiten der Nachleuchtdauer

sehr kurz	<1 μS
kurz	1 μS - 10 μS
mittelkurz	10 μS - 1 000 μS
mittel	1 mS - 100 mS
lang	100 mS - 1 S
sehr lang	>1 S

Nerstheimer

Literatur: Die Fernseh-Bildröhre. Hrsg. Telefunken, Ulm.

Nadeladapter. Form des →Prüflingsadapters, bei dem die →Kontaktierung einer Leiterplattenbaugruppe (in der Regel von der Lötseite her) über federnde Kontaktnadeln hergestellt wird. Das Nadelfeld wird dabei z. B. pneumatisch in seiner Gesamtheit gegen den Prüfling gepreßt oder der Prüfling wird mit Hilfe von Unterdruck, erzeugt durch eine Vakuumpumpe, zum Nadelfeld hingezogen. Die einzelnen Nadeln sind abhängig vom Aufsetzpunkt auf dem Prüfling (Durchkontaktierung, Prüfpad, Anschlußpin) unterschiedlich ausgeführt (Spitze, Krone).

Der N. erlaubt im Gegensatz zur Kontaktierung über Stecker eine schnelle und automatisiert ablaufende Kontaktierung, u. a. auch von inneren Knoten einer Schaltung. Die Kontaktiermöglichkeiten werden bereits bei der Layouterstellung einer Leiterplatte berücksichtigt. *K. Winter*

Nadeladapter: Nadelbettadapter für den Baugruppentest. (Quelle: Hewlett Packard)

Nadelkarte. Die N. (*engl.* probe card) trägt Prüfspitzen zur →Kontaktierung eines Chips auf einer →Halbleiterscheibe (Wafer). Sie wird in der Regel individuell für jeden Prüflingstyp gefertigt und wird über das Loadboard mit dem Komponententester verbunden. Die Halbleiterscheibe liegt dabei normalerweise auf dem Chuck eines →Waferprobers.

Die →Prüfspitzen der N. setzen beim automatischen Test in der Regel auf die Pads am Rande des Chips auf und sind dazu sternförmig auf der N. angeordnet. Da oft sehr viele Nadeln auf engstem Raum angebracht werden müssen und ein sicherer →Kontakt aller Nadeln gewährleistet sein muß, wird eine hohe Präzision bei der Fertigung der N. verlangt. *Obermeir*

Nadelzählrohr →Auslösezählrohr

Näherungssensor. N. dienen zur Erkennung der Position eines Objektes. Sie liefern entweder Positionsmeßwerte oder, wie häufiger der Fall, eine binäre Aussage ob das entsprechende Objekt sich in der überwachten Position befindet oder nicht. Binäre N. gehören zu den wichtigsten Geberelementen der Steuerungstechnik. Ihnen eigen ist, daß sie bezüglich Annäherung und Entfernung des detektierten Objektes eine charakteristische, mehr oder weniger große Schalthysterese aufweisen. Hinsichtlich der Arbeitsweise wird zwischen berührend und nichtberührend arbeitenden Sensoren unterschieden.

Bei den *berührenden* Sensoren sind als wichtigste Gruppe die →Schnappschalter zu nennen, die in den unterschiedlichsten Ausführungsformen als Endlagenschalter oder Passierkontrollen eingesetzt werden.

Bei den *berührungslosen* N. werden eine Vielzahl von verschiedenen Prinzipien angeboten, die sich durch das physikalische Meßprinzip, die Reichweite und das umweltbedingte Einsatzgebiet (Temperatur, Feuchte, Schmutz etc.) unterscheiden. Genutzt werden induktive und kapazitive Effekte, der →Hall-Effekt, die Laufzeit von Ultraschall sowie diverse optoelektronische Anordnungen.

□ Induktive N. (Bild 1) arbeiten mit dem Prinzip des bedämpften LC-Oszillators. Der harmonische →Oszillator erzeugt in der Sensorspule, die Bestandteil des Schwingkreises ist, ein hochfrequentes Wechselfeld. Beim Eintritt von Metall in das Wechselfeld der Sensorspule wird dem System durch Wirbelstrombildung Energie entzogen, die Schwingungsamplitude wird kleiner. Eine daraus resultierende Stromänderung wird in der nachgeschalteten Elektronik ausgewertet. Beim Entfernen des Metalls aus dem Ansprechbereich steigt die Schwingungsamplitude wieder auf ihren ursprünglichen Wert an. Induktive N. detektieren gut leitfähige Materialien. Der Ansprechbereich beträgt ca. 0,5 bis 40 mm bei einer Hysterese von ca. 10% vom aktuellen Wert.

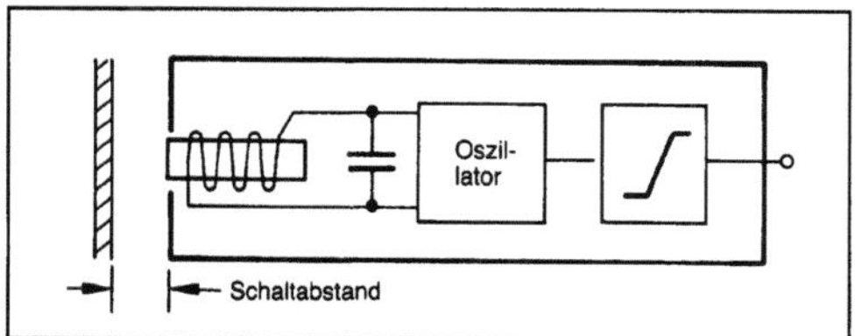

Näherungssensor 1: Funktionsprinzip des induktiven N.

□ Halleffekt-N. sind nur zur Detektierung magnetischer Materialien geeignet. Sie bestehen aus einer →Hallsonde, einem →Dauermagneten und Materialien zur Führung des Magnetfeldes (offener Magnetkreis). Bei Annäherung eines magnetischen Objektes an den Magnetkreis verändert sich die →Hallspannung aufgrund des daraus resultierenden Magnetkreisschlusses. Diese Änderung wird elektronisch ausgewertet. Der maximale Meßbereich beträgt ca. 5–10 mm. Mit sog. Feldplatten lassen sich ähnlich konstruierte magnetische Näherungssensoren aufbauen.

□ Kapazitive N. (Bild 2) bestehen aus einem LC- oder seltener einem →RC-Oszillator. Sensor und Meßobjekt bilden ein Kondensatorelement, das bei Annäherung des Meßobjektes (dielektrische Eigenschaften oder elektrische →Leitfähigkeit) verändert wird. Aus der abstandsabhängigen Kapazitätsänderung resultiert eine Amplitudenänderung bzw. ein Abbruch der Oszillatorschwingung. Dieser Effekt wird in der nachgeschalteten Elektronik ausgewertet. Kapazitive N. sind für praktisch alle Materialien einsetzbar. Die maximalen Reichweiten liegen bei ca. 3 bis 70 mm.

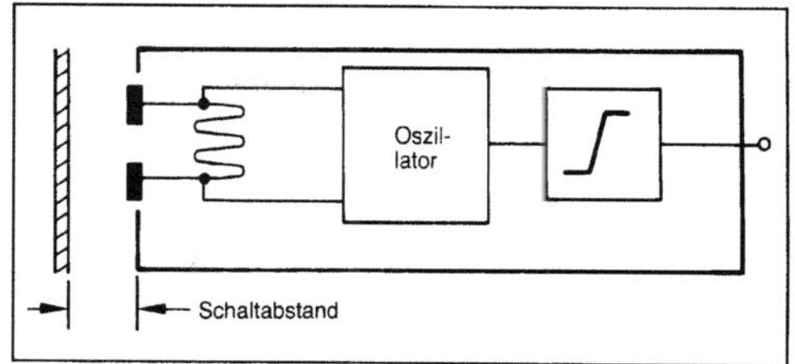

Näherungssensor 2: Funktionsprinzip des kapazitiven N.

□ Ultraschall-N. (Bild 3) messen die Laufzeit von modulierten Ultraschallsignalen, die sich zwischen Sender, reflektierendem Objekt und Empfänger ergibt. Sie ist abhängig von der Schallgeschwindigkeit und dem zurückgelegten Weg. Unterschiedliche Schallgeschwindigkeiten bei verschiedenen Umgebungstemperaturen werden durch zusätzliche Temperaturerfassung und entsprechende →Kompensation ausgeglichen. Typische Ultraschallfrequenzen liegen bei 40 bis 220 kHz. Einsetzbar ist dieser Sensor bei praktisch allen Materialien ausgenommen solche, die den Ultraschall absorbieren wie z. B. spezielle Kunststoffe, Steinwolle etc. Typische Meßbereiche liegen bei 0,15–1,5 m.

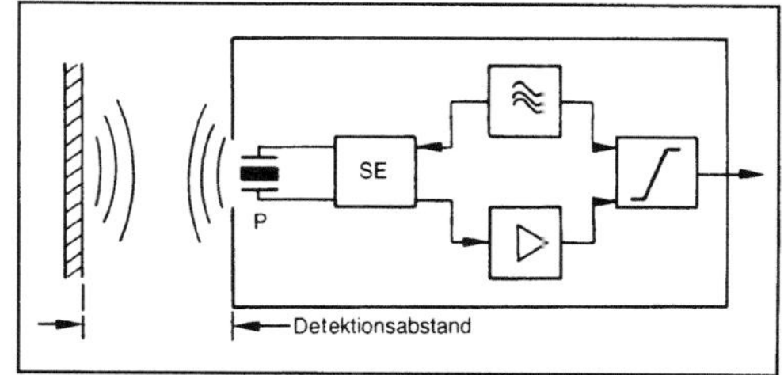

Näherungssensor 3: Funktionsprinzip des N. nach dem Ultraschall-Laufzeit-Prinzip (P-Piezo-Sende/Empfänger, SE-Sende- und Empfangselektronik, Z-Zähler-Auswertelektronik).

□ Optoelektronische N. (Bild 4) besitzen eine große Bedeutung unter den N. Erfaßt wird die Unterbrechung eines Lichtstrahls, meist infrarotes (IR)-Licht, das zur Verminderung von Streulichtstörungen (Raumbeleuchtung, Sonneneinstrahlung etc.) moduliert wird. Praktisch jedes Material kann detektiert werden. Innerhalb dieser Sensorgruppe wird zwischen Einweglichtschranken, Reflexlichtschranken und Reflexlichttastern unterschieden.

– Bei den Einweglichtschranken (Bild 4a) befinden sich Lichtsender und Empfänger in verschiedenen Gehäusen, die gegenüberliegend montiert werden. Ausgewertet wird die Unterbrechung des Lichtstrahles zwischen Sender und Empfänger. Bei diesem Prinzip sind Reichweiten von <1 mm (Gabellichtschranken) bis 500 m und mehr bei Verwendung von Laserlicht möglich.

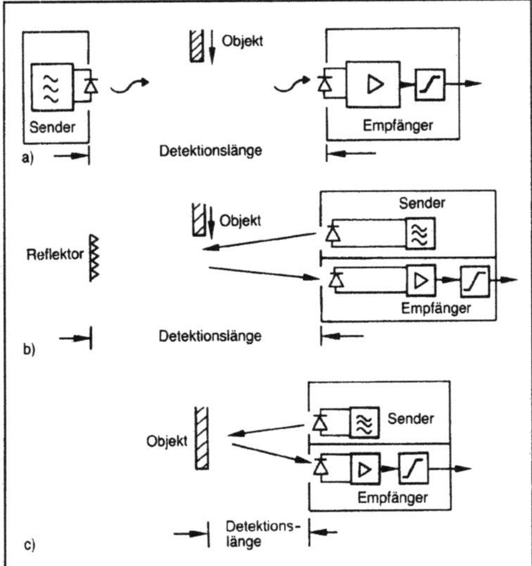

Näherungssensor 4: Funktionsprinzipien optischer N.
a) Strahlunterbrechung
b) Strahlunterbrechung und Strahlreflektor
c) Strahlreflexion am Meßobjekt.

– Im Unterschied zur Einweglichtschranke sind bei der Reflexlichtschranke (Bild 4b) Sender und Empfänger in einem gemeinsamen Gehäuse untergebracht. Der Lichtstrahl wird von einem speziellen Reflektor z. B. Tripelspiegel zum Sensor zurückgeworfen. Ausgewertet wird die Unterbrechung des Lichtstrahles. Reflexlichtschranken haben eine typische Reichweite von ca. 1 cm bis 20 m. Ihr Vorteil liegt im geringeren Verkabelungsaufwand gegenüber der Einweglichtschranke.
– Eine weitere Methode zur optoelektronischen Erkennung von Objekten ist der Reflexlichttaster (Bild 4c). Wie bei der Reflexlichtschranke sind Sender und Empfänger in einem Gehäuse untergebracht und auf den gewünschten Detektionsabstand fokussiert. Der Lichtstrahl wird vom Objekt direkt reflektiert. Ausgewertet werden bei einfachen Ausführungen die beiden Zustände Reflexion oder keine Reflexion. Detektionsabstände von ca. 1 mm bis 3 m sind bei diesem Verfahren realisierbar. *Freyberger*

Nahfeld →Abstrahlcharakteristik einer Glasfaser

NAND-Verknüpfung. (*engl.* NOT AND, nicht und, auch *Scheffer*-Funktion genannt) →Logikfunktion der Konjunktion mit nachfolgender Negation des Ausgangssignals. Sie wird durch die Verknüpfungsfunktion

$$A = \overline{E_1 \cdot E_2 \cdot E_3 \ldots \cdot E_n} \text{ oder}$$

$$A = \overline{E_1 \wedge E_2 \wedge E_3 \ldots \wedge E_n}$$

der Variablen $E_1 \ldots E_n$ gekennzeichnet und durch das NAND-Gatter schaltungstechnisch durchgeführt (Bild). Letztere besteht aus einem NAND-Gatter und nachgeschaltetem Negator. Der Ausgang führt nur dann ein 0-Signal, wenn alle Eingänge 1-Signal haben (sonst erscheint das 1-Signal am Ausgang). Es arbeitet folglich als Negator, wenn alle Eingänge miteinander verbunden sind oder alle bis auf einen ein 1-Signal führen. Durch Nachschalten dieses so gewonnenen Negators an ein NAND-Gatter ergibt sich das UND-Gatter. Des weiteren erhält man nach dem Satz von *De-Morgan* durch Negation der Eingangssignale aus dem NAND ein ODER-Gatter. Auf diese Weise können alle Logik-Grundfunktionen aus dem NAND-Gatter abgeleitet werden; es findet sich daher als logischer Grundbaustein in vielen Schaltungsfamilien (z. B. →TTL). *R. Paul*

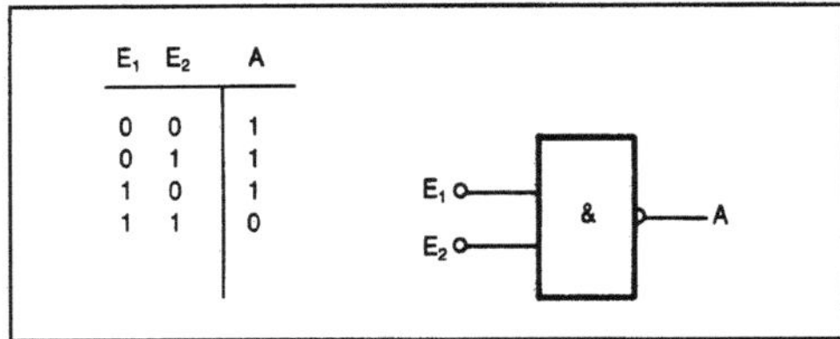

E_1	E_2	A
0	0	1
0	1	1
1	0	1
1	1	0

NAND-Verknüpfung: Funktionstabelle und Schaltungssymbol.

Naßätzen. N. wird zur →Reinigung von Halbleiterscheiben, zum Abtragen oder Strukturieren von Schichten und zum Sichtbarmachen von →Defekten verwendet.

Beim Tauchätzen werden die Scheiben in einem Becken aus Kunststoff (PVC, PP, PE, PTFE) oder →Quarz geätzt. Rührwerke, Ultraschall und Bewegung des Substrats (→Halbleiterscheibe) können eingesetzt werden, um eine gleichmäßige Durchmischung der Ätzlösung zu erreichen. Frische Ätzlösung wird aus einem Vorratsbehälter zugeführt. Alternativ werden seltener auch Sprühätzverfahren verwendet. Hierbei wird eine einzelne, rotierende Scheibe mit Ätzflüssigkeit besprüht. Bei diesem Verfahren ergeben sich einige Vorteile:
- gerichtete Ätzung möglich
- Scheibenbewegung führt zu guter Homogenität
- gute Automatisierbarkeit (Endpunktkontrolle)
- zirkulierende Ätzlösungen
- integrierte Spülprozesse
- integrierte Trocknung.

Probleme:
□ Schichthaftung (Hochdrucksprühen)
□ Scheibentransport
□ Durchsatz (Einscheibenprozeß)
□ getrennte Vorder- und Rückseitenätzung erforderlich.

Beim →Ätzen von →Silicium unterscheidet man zwischen der ganzflächigen Reduktion der Scheibendicke und der Strukturierung der Oberfläche, z. B. das Ätzen von tiefen Gräben (trenches) für die Bauelementeisolation. Während bei der Dickenreduzierung hoher Wert auf gleichmäßigen, schnellen Abtrag (hohe Ätzrate) gelegt wird, spielen bei der Strukturierung Faktoren wie Anisotropie und Selektivität eine große Rolle. →Polysilicium läßt sich mit den gleichen Ätzlösungen ätzen wie einkristallines Silicium.

Ätzvorgang:

□ →Oxidation des Siliciums mit Hilfe eines Oxidationsmittels (meist HNO_3)

$Si + 4HNO_3\ SiO_2 + 4NO_2 + 2H_2O$

□ Lösen des Reaktionsprodukts (SiO_2) mit Hilfe von Komplexbildnern (Fluoridionen, Hydroxidionen)

$SiO_2 + 6HF\ H_2[SiF_6] + 2H_2O$

$SiO_2 + 2KOH + 2H_2O\ K_2[Si(OH)_6]$

Typische Ätzlösungen für Si enthalten HNO_3 als Oxidationsmittel, HF als Komplexbildner und H_2O oder CH_3COOH als Puffer. Die folgenden Diagramme zeigen die Ätzeigenschaften in Abhängigkeit von der Zusammensetzung der Ätzlösung.

Durch Anätzen von Kristalldefekten (Defektätzen) werden diese sichtbar gemacht (Tabelle 1).

Naßätzen. Tabelle 1: Ätzlösungen für die verschiedenen Kristalldefekte in Silicium

Name der Ätze	Zusammensetzung
Sirtl-Ätze	50 g CrO_3, 100 ml H_2O, 100 ml HF
modifizierte Sirtl-Ätze	110 ml Sirtl + 100 ml H_2O, 25 ml HF, 30 ml HNO_3
Secco-Ätze	44 g $K_2Cr_2O_7$, 11 H_2O, 21 HF
Dash-Ätze	1HF, $3HNO_3$, $10CH_3COOH$
CP4 (Chemical Polishing No. 4)	3HF, $5HNO_3$, $3CH_3COOH$, 0,06 Br_2
CP	1HF, $3HNO_3$, $6CH_3COOH$

Die Ätzen werden zur Sichtbarmachung folgender Defekte verwendet:

Defekt	Ätze
Versetzung	Sirtl, mod. Sirtl, Secco, Dash, CP4
Kongrenzen	Sirtl, CP
Stapelfehler	Dash, Sirtl

→Siliciumdioxid wird hauptsächlich von komplexbildenden Fluorid- und Hydroxidionen geätzt:

$SiO_2 + 6HF \rightarrow H_2[SiF_6] + 2H_2O$
$SiO_2 + 2KOH + 2H_2O \rightarrow K_2[Si(OH)_6]$

Der Flußsäure HF wird Ammoniumfluorid NH_4F als Fluoridionenpuffer zugegeben.

Typische Ätzlösungen:
- wässrige HF-Lösungen mit verschiedenen Konzentrationen
- gepufferte Flußsäure (BHF): HF + 40 % NH_4F
- 5m KOH bei 85 °C
- 0,1 m NaOH

Auch Siliciumnitrid kann mit Flußsäure geätzt werden. Allerdings ist die Selektivität gegenüber →Oxid schlecht (→Nitrid wird wesentlich langsamer geätzt als Oxid). Benötigt man gute Selektivität, ätzt man Si_3N_4 mit heißer Phosphorsäure (H_3PO_4, 180 °C), oder vorzugsweise, durch →Trockenätzen.

Auch die in letzter Zeit sehr häufig verwendeten →Silicide lassen sich naßchemisch ätzen (Tabelle 2). Oft werden sie jedoch auch durch Trockenätzen strukturiert.

Naßätzen. Tabelle 2: Ätzen für Silicide

Material	Ätzlösung
Pt_2Si	verdünntes Königswasser (3 HCl, 1 HNO_3) 4 mit J_2 gesättigte CH_3COOH, 3 HNO_3, 1 HF
$MoSi_2$	HF - HNO_3
$TaSi_2$	BHF
$TiSi_2$	BHF
WSi_2	98 % HNO_3, 2 % NH_4F

Für die in der Halbleitertechnologie Verwendung findenden Metallschichten sind Ätzen in Tabelle 3 wiedergegeben.

Der Vorteil des N. im Vergleich zum Trockenätzen ist die hohe Selektivität, d. h. die →Maske wird durch das Ätzmedium nicht angegriffen, und die hohe Wirtschaftlichkeit. Nachteilig ist die hohe Isotropie der üblichen Naßätzverfahren die zu einer zeitabhängigen Unterätzung der zu strukturierenden Schicht führt (Bild). *Ryssel*

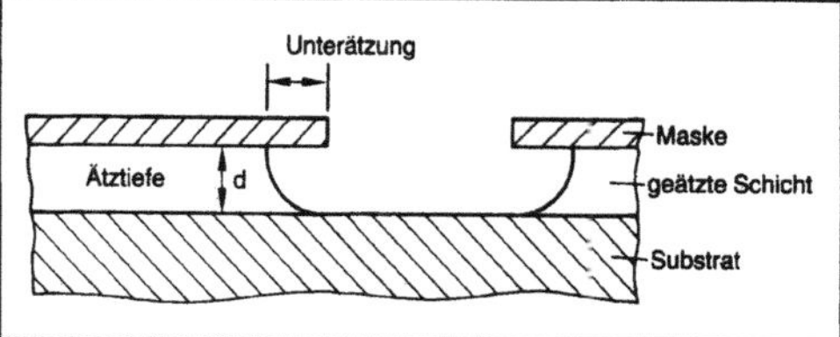

Naßätzen: Schematische Darstellung eines naßchemisch erzeugten Ätzprofils.

Naßätzen. Tabelle 3: Ätzen für Metallschichten

Schicht	Ätzlösung	T in °C	Bemerkungen
Al	- 76 H_3PO_4, 15 CH_3COOH, 3 HNO_3, 5 H_2O, 1-5% NH_4F	40	selektiv zu SiO_2, auch für Al-Si
	- 4 H_3PO_4, 4 CH_3COOH, 1 HNO_3, 1 H_2O	25	geringe Unterätzung
	- 80–75 H_3PO_4, 5 HNO_3, 0–20 H_2O	40	auch Al-Cu
	- 74,1 H_3PO_4, 7,4 HNO_3, 18,5 H_2O	50	
	- HCl, 4 H_2O	80	für dünne Linien
	- 75 g Na_2CO_3, 35 g $Na_3PO_4 \cdot 12\ H_2O$, 16 g $K_3Fe(CN)_6$, 0,5 l H_2O	24	geringe Unterätzung
	- 0,25M NaOH	25	geringe Unterätzung
Al-Ti	- 10 HCl, 1 HNO_3, 9 H_2O	49	
Cr	- HCl verdünnt		
	- HNO_3 verdünnt		
	- 1 (50 g NaOH, 100 ml H_2O), 3 (100 g $K_3[Fe(CN)_6]$, 300 ml H_2O)	25	für Cr-Masken
	- 164,5 g $Ce(SO_4)_2 \cdot 2\ (NH_4)_2SO_4 \cdot 2\ H_2O$, 43 ml $HClO_4$ in 1 l H_2O	28	für gesputtertes Cr
Au	- 3 HCl, 1 HNO_3	35	
Fe	- 3 HNO_3, 7 HCl, 30 H_2O	65	
Mo	- 1 H_2SO_4, 1 HNO_3, 1-5 H_2O	25	
	- 22 Gew-% $Ce(NH_4)_2(NO_3)_6$ in 1% HNO_3	25	
	- 92 g $K_3[Fe(CN)_6]$, 20 g KOH, 300 ml H_2O		
Pd	- 1 HCl, 10 HNO_3, 10 CH_3COOH	25	
Pt	- 7 HCl, 1 HNO_3, 8 H_2O	85	
Ag	- 55 g $Fe(NO_3)_3$, 100 ml C_2H_5OH, 25 ml H_2O	45	
	- 4 g KJ, lg J_2, 40 ml H_2O		
	- 4 CH_3OH, 1 NH_4OH, 1 H_2O_2		Musterübertragung
Ta	- 2 HNO_3, 1 HF, 1 H_2O	25	
	- 9 NaOH oder KOH (30%ig), 1 H_2O_2	90	Metallmaske nötig
Te	- 2 HNO_3, 3 H_2O		
Ti	- 1 HF, 9 H_2O	32	
	- 1 HF, 2 HNO_3, 7 H_2O	32	
W	- 34 g KH_2Po_4, 13,4 g KOH, 33 g $K_3Fe(CN)_6$ in 1 l H_2O		

Nd:Glas-Laser →Neodym-Laser

Nd:YAG-Laser →Neodym-Laser

Nd:YLF-Laser →Neodym-Laser

NDR. (Abk. *engl.* negative differential resistance). Bauelement, das in bestimmten Kennlinienbereichen einen negativen differentiellen Widerstand zeigt. Beispiele dafür sind →Tunneldiode, →Lambdadiode und der →Thyristor.

Ein negativer differentieller Widerstand läßt sich auch durch ein Verstärkerbauelement in Verbindung mit einer →Rückkopplung über die (äußere) Schaltung erzeugen. *R. Paul*

Neodym-Laser. Gruppe von optisch gepumpten →Festkörperlaser mit Neodymdotierten Kristallen oder Gläsern als aktives Medium und Emissionswellenlängen im infraroten Spektralbereich.

Der am häufigsten eingesetzte N.-L. enthält einen Nd:YAG Kristall, d. h. einen Kristall aus Yttrium-Aluminium-Granat ($Y_3Al_5O_{12}$), in dem ca. 1% der Yttrium-Ionen durch Nd^{3+} ersetzt sind. Durch optisches →Pumpen werden Elektronen aus dem Grundzustand in die beiden Pumpbänder gehoben. Sie gehen strahlungslos in das zweifach aufgespaltene obere Laserniveau $^4F_{3/2}$ (R_1, R_2) über, das eine →Lebensdauer von 230 μs hat. Von hier sind bei Raumtemperatur stimulierte Übergänge in die Zustände $^4I_{11/2}$ und $^4I_{13/2}$ möglich (Bild 1), die jeweils

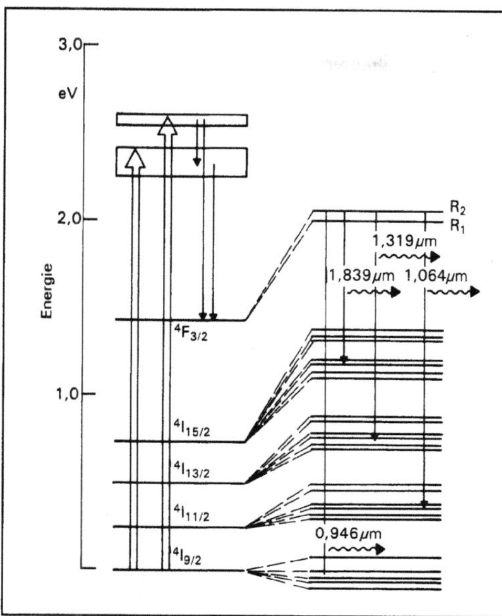

Neodym-Laser 1: Energieniveaus und Übergänge im Nd: YAG-Laser.

sechsfach aufgespalten sind. Bei tiefen Temperaturen sind auch stimulierte Übergänge in die Zustände $^4I_{15/2}$ (λ = 1,839 μm) und $^4I_{9/2}$ (λ = 0,946 μm) möglich.

Kommerzielle Nd: YAG-Laser arbeiten bei Raumtemperatur auf der intensivsten Linie bei λ = 1,0641 μm. Durch geeignete Spiegel kann aber die Emission anderer Linien, z. B. λ = 1,3188 μm erreicht werden. Der untere Laserzustand dieser Übergänge entleert sich innerhalb von 30 ns in den Grundzustand, so daß er nahezu leer ist.

Nd: YAG-Laser sind Vierniveau-Systeme mit Wirkungsgraden von einigen Prozenten. Sie benötigen relativ geringe Pumpenergien; mit einer gespeicherten Pumpenergiedichte von 1 Jcm^{-3} wird ein Verstärkungskoeffizient von g = 4,7 cm^{-1} erreicht. Kommerzielle Nd: YAG-Stäbe haben Längen bis zu 150 mm und einen Durchmesser von 10 mm; sie sind mit 0,7 % Gewichtsanteilen Neodym dotiert. Sie lassen sich sowohl gepulst als auch kontinuierlich sowie in der Kombination mit →Güteschaltung und →Modenkopplung betreiben (Tabelle).

Alternativ können Neodym-Ionen auch in Yttrium-Lithium-Fluorid ($YLiF_3$) eingebettet werden (Nd: YLF-Laser). Auch hier sind die dominierenden Übergänge $^4F_{3/2} \rightarrow {}^4I_{11/2}$ und $^4F_{3/2} \rightarrow {}^4I_{13/2}$, die jeweils aus Linienpaaren bestehen (1,047 und 1,053 μm) sowie (1,313 und 1,321 μm), die Linien eines jeden Paares sind senkrecht zueinander polarisiert. Durch Spektrale und Polarisationsfilter kann eine einzelne Linie selektiert werden. Die 1,053-μm-Strahlung wird durch Nd: Phosphat-Gläser verstärkt, wodurch der Aufbau von Oszillator/Verstärker-Kombinationen möglich ist. Ein wesentlicher Vorteil des ND: YLF-Lasers liegt in der geringeren Erwärmung und damit in einer besseren Strahlqualität.

Anstelle der recht teuren Kristalle können auch Silikat- oder Phosphat-Gläser als Nd-dotierte Lasermedien eingesetzt werden. Gläser lassen sich höher dotieren (einige %) und erlauben größere Volumina, so daß prinzipiell höhere Ausgangsleistungen möglich sind. Auch Nd: Glas-Laser sind Vier-Niveau-Systeme und zeigen den $^4F_{3/2} \rightarrow {}^4I_{11/2}$-Übergang als dominierenden Prozeß. Die Emissionswellenlänge beträgt in Silikat-Glas 1,060 μm und in Phosphat-Glas 1,054 μm. Durch die fehlende strenge Raumordnung der Gitterbausteine im Glas sind alle Energieniveaus verbreitert, so daß eine Linienbreite von $6 \cdot 10^{12}$ Hz resultiert. Die Verteilung der Elektronen auf ein derart breites Spektrum bedingt einerseits eine geringe Verstärkung von g = 0,16 cm^{-1} bei einer gespeicherten Energie von 1 Jcm^{-3}, andererseits aber die Speicherung sehr hoher Energien vor Erreichen der Schwelle, so daß Impulsleistungen von 27 TW in 90 ps erzielt werden. Infolge der geringen Wärmeableitung der Gläser sind Nd: Glas-Laser für den kontinuierlichen Betrieb und hohe Pulsfolgefrequenzen nicht geeignet. Kommerzielle Systeme haben 150 mm lange und 12 mm dicke Glasstäbe und arbeiten mit Pulsfolgefrequenzen unter 1 Hz.

Die Anregung aller N.-L. erfolgt optisch durch Gasentladungslampen, die parallel zum Laserstab in einer Pumpkammer mit elliptischem Querschnitt angeordnet sind (Bild 2). Die Positionierung beider

Neodym-Laser. Tabelle: Leistungsdaten für verschiedene Betriebsarten des Nd: YAG-Lasers (λ = 1,06 μm).

Anregung	Betriebsart	Pulsdauer	Frequenz	Leistung
kontinuierl.				< kW
kontinuierl.	Güteschaltung	0,5 μs	< 100 kHz	100 kW
kontinuierl.	Modenkopplung	< 100 ps	100 MHz	1 MW
Puls		1 ms	< 100 Hz	< 10 kW
Puls	Güteschaltung	100 ns	< 100 Hz	10 MW
Puls	Modenkopplung	30 ps	< 100 Hz	10 GW

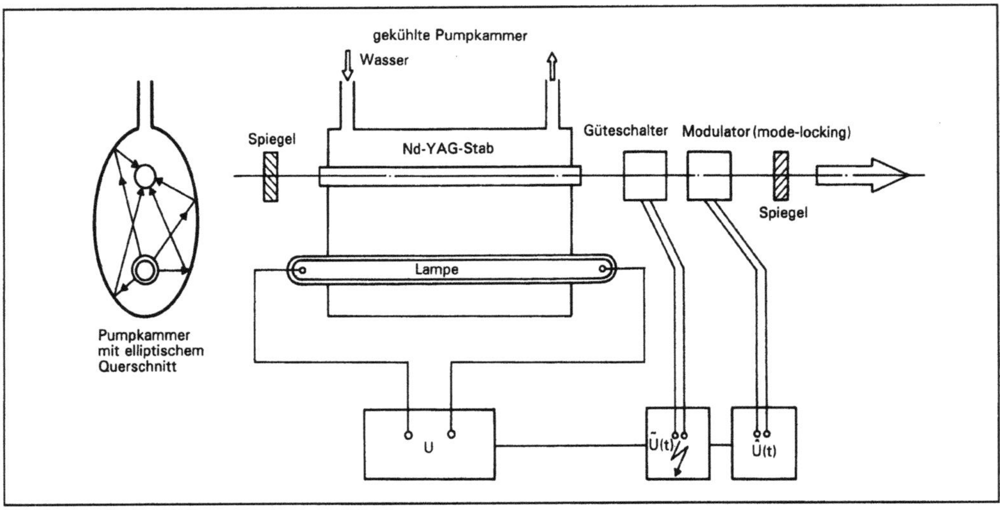

Neodym-Laser 2: Aufbau eines ND:YAG-Lasers, (schematisch).

Elemente in den Brennpunkten der Ellipse ermöglicht eine intensive Einkopplung des Lichtes. Die Kammer wird i. a. mit Wasser zur Kühlung durchspült. Für kontinuierliche Anregung werden Krypton-Hochdrucklampen, für Impulsanregung Xenon-Blitzlampen benutzt. Aus dem weißen Spektrum dieser Lichtquellen wird nur ein kleiner Bereich um 850 nm für das Pumpen verwendet. Eine wesentlich effizientere Anregung mit einem Wirkungsquerschnitt von 5–8% werden mit GaAlAs-Halbleiter-Injektions-Lasern erreicht, deren Licht (λ_{HL} = 850 nm axial in den Neodym-Stab eingekoppelt wird. Dazu wird die Laserstab-Endfläche für 1,06 µm 100%ig verspiegelt, für 850 nm dagegen entspiegelt. Ein Nd:YAG-Stab von 10 mm Länge und 0,5 mm Durchmesser, gepumpt durch ein →Halbleiterlaser-Array mit einigen Watt Anregungsleistung erreicht eine Ausgangsleistung von einigen 100 mW.

Nd:YAG-Laser sind die am häufigsten verwendeten Laser in der Materialbearbeitung, Medizin, Spektroskopie und Forschung. *Rosenzweig*

Literatur: *Eichler, J. und H.-J. Eichler:* Laser. Berlin-Heidelberg, 1990.

NEP (*engl.* **N**oise **E**quivalent **P**ower) →Rauschleistung, äquivalente

NERFET. Abk. für *engl.* Negative differential resistance field effect transistor. →Feldeffekttransistor, bei dem durch die thermionische Emission heißer Elektronen zwischen zwei Schichten unterschiedlicher Beweglichkeit der Strom mit wachsender Spannung zwischen →Drain und →Source abnimmt.

Die Grundstruktur (Bild 1 a) ist ein modulationsdotierter →Feldeffekttransistor (→HEMT), bei dem der leitende Kanal durch das zweidimensionale Elektronengas (→Quantum-Well) in der Leitungsband-Diskontinuität des $Al_{0,34}Ga_{0,66}As$/GaAs-Heteroüberganges gebildet wird (Bild 1 b). Der dünnen GaAs-Schicht folgt eine undotierte $Al_XGa_{1-X}As$-Schicht, in der der →Bandabstand stetig zum n-leitenden Substrat abnimmt, das einen eigenen elektrischen Kontakt hat. Durch eine Spannung zwischen Drain D und Source S werden Elektronen im leitenden Kanal beschleunigt (heiße →Elektronen) und über die Leitungsbanddiskontinuität in die Nachbarschicht injiziert. (Die Gate-Spannung konzentriert das S-D-Feld auf den leitenden Kanal; sie kann aber ohne Beeinträchtigung des Effektes zu $V_G = 0$ gesetzt werden. Der graduelle Bandabfall soll Elektronen zum Substrat hin beschleunigen, auch er ist nicht zwingend notwendig.)

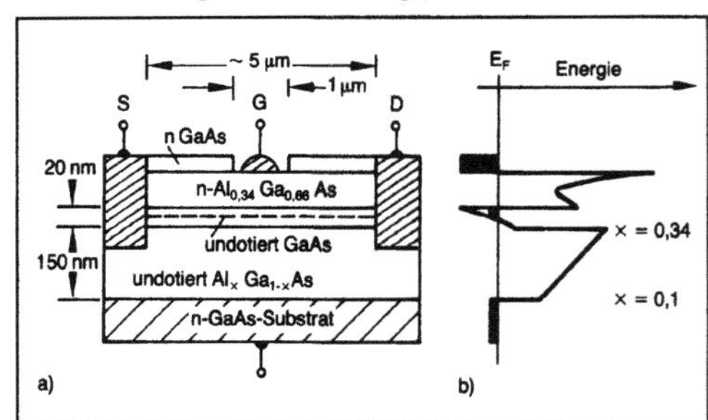

NERFET 1: Schematische Darstellung.
a) Struktur
b) Leitungsbandverlauf (E_F-Fermienergie)

Durch die →Injektion in die Nachbarschicht sinkt die →Ladungsträgerdichte im leitenden Kanal, der Stromfluß nimmt mit wachsender S-D-Spannung ab (negativer differentieller Widerstand). Gleichzeitig nimmt der Strom über das Substrat zu. NERFETs, die nur diesen Substratstrom ausnutzen, werden auch als CHINTs (charge injection transistors) bezeichnet. Sie entsprechen den Vakuumdioden; der leitende Kanal wird als →Kathode angesehen, das Substrat als →Anode. Bei konstanter Substratspannung wächst der Strom mit zunehmender S-D-Spannung.

Wird die Substratspannung im NERFET offen gelassen, so können sich im Substrat bzw. in der zweiten leitenden Schicht Elektronen ansammeln (Speicherung). NERFETs können daher als löschbare →Schreib-Lese-Speicher verwendet werden (Bild 2). Ist V_G negativ, so kann der zweite leitende Kanal über den Transfer heißer Elektronen durch eine Spannung zwischen D_1 und S geladen werden (Schreiben). Das Auslesen erfolgt durch die Messung des Widerstandes von Kanal 1. Die Information wird gelöscht durch eine positive Gatespannung V_G, was einer Entladung des Kanals 2 über D_2 entspricht. *Rosenzweig*

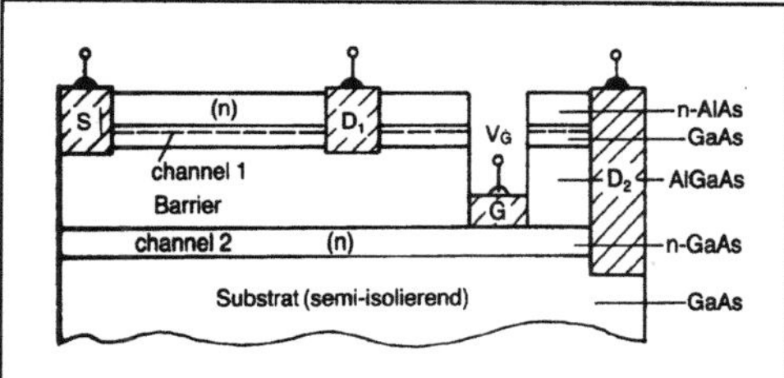

NERFET 2: Struktur einer lösch- und programmierbaren Speichereinheit.

Literatur: *Dingle, R.*: Applications of Multiquantum Wells, Selective Doping and Superlatices. London 1987. Vol. 24 aus der Reihe: *Willardson, R. K.* and *A. C. Beer* (Ed.): Semiconductors and Semimetals.

Nernst-Stift. →Ionenleiter oder →Feststoffelektrolyt aus dem Material 85 % Zirkonoxid und 15 % Yttriumoxid mit Sauerstoffionen als →Ladungsträger. Der N.-S. führte zu einer Deutung der physikalischen Effekte in Ionenleitern. *Schaumburg*

Nettorekombinationsrate. Differenz zwischen →Rekombinationsrate und thermischer →Generationsrate (→Generation, →Rekombination). *R. Paul*

Netz. (*engl.* net). System von zusammengehörigen Verbindungsleitungen. Innerhalb eines Netzknotens (→Schaltungsknoten) kann es mehrere N. geben, innerhalb eines N. mehrere Subnetze (→Datenaustauschformate). Die Beschreibung aller N. einer elektronischen Schaltung erfolgt in einer Netzliste. *K. Winter*

Netzgerät. Elektronisches Gerät, mit dem aus der Netzwechselspannung die zum Betrieb elektronischer Geräte notwendigen konstanten Gleichspannungen gewonnen werden können. Von Bedeutung ist dabei auch die Entkoppelung der Sekundärspannungen vom Erdpotential.

Wesentliche Teile eines N. sind: →Transformator, Gleichrichterteil, Glättungsteil, Regelungsteil.

Eine besondere Form von N. stellen sog. Schaltnetzgeräte dar, bei denen die Anpassung an unterschiedliche Belastungsverhältnisse durch rhythmisches Ein- und Ausschalten auf der Netzseite des Transformators erfolgen. *K. Winter*

Netzliste →Netz

Netzrückwirkung. Der Einsatz von Stromrichtern hat Rückwirkung auf das speisende Netz durch die Blindleistungsentnahme und die bei →Anschnittsteuerung hervorgerufenen Oberschwingungsströme. Die →Blindleistung der →Stromrichter setzt sich aus der →Kommutierungsblindleistung und der →Steuerblindleistung zusammen. Um den Blindleistungsverbrauch herabzusetzen, werden Kompensationsverfahren angewendet, wie z. B.

□ Kondensatorbatterien. Sie lassen sich schwankendem Blindleistungsverbrauch schlecht anpassen.

□ Blindleistungsstromrichter. Sie erlauben eine schnelle Anpassung an den jeweiligen Blindleistungsverbrauch, sind allerdings relativ aufwendig.

Durch die Stromoberschwingungen auf der Netzseite können andere Verbraucher, unter Umständen durch Reihen- oder Parallelresonanz, belastet werden. Der Einfluß der Stromwelligkeit (→Gleichspannungs-/Gleichstromoberschwingungen) auf der Gleichspannungsseite auf die Höhe der netzseitigen Oberschwingungsamplitude ist in Bild 1 gezeigt. Besonders die 5. Oberwelle (ν=5) hat starken Anteil.

Um den Einfluß der Oberschwingungen zu verringern, werden folgende Verfahren angewendet:

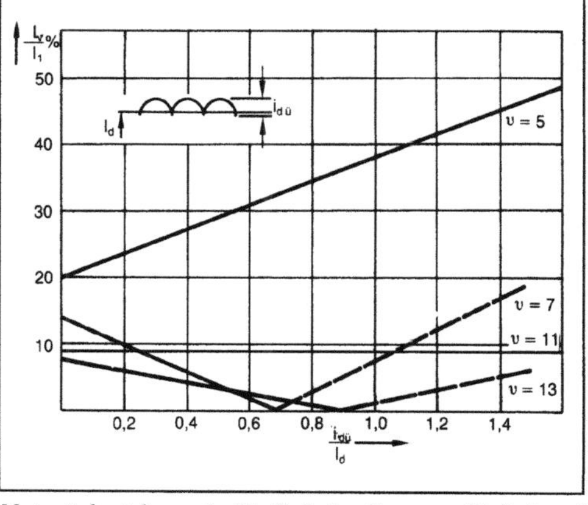

Netzrückwirkung 1: Einfluß der Stromwelligkeit auf der Gleichspannungsseite auf die Oberschwingungsamplitude des Stromes auf der Netzseite.

□ Kompensation durch verdrosselte Kondensatorbatterien;
□ Einzelkompensation von Transformatoren (Bild 2).

Bei Anschluß von Stromrichtern über Transformatoren auf der Oberspannungsseite können andere Transformatoren mit Festkompensation als Reihenresonanz für die Oberspannungsseite wirken und Oberschwingungsströme absaugen, die den →Transformator und den Kondensator zusätzlich belasten.

□ Saugkreise (Filterkreise) sind Reihenresonanzkreise, die zum Absaugen von Oberschwingungsströmen aus dem Netz dienen. Sie tragen auch zur Blindleistungskompensation der Grundschwingung bei. Bei der Resonanzfrequenz wird der Blindwiderstand zu Null, stellt aber für diese Frequenz einer Oberschwingung einen Kurzschluß dar, sie wird abgesaugt.

Die Wirksamkeit von Saugkreisen ist abhängig von
□ der Kreisgüte;
□ der Genauigkeit der Abstimmung;
□ der Größe der Grundschwingungskompensationsleistung im Verhältnis zur Netzkurzschlußleistung;
□ der Ordnungszahl der abzusaugenden Oberschwingungen.

Die Tabelle zeigt allgemein die möglichen N. von Stromrichteranlagen und ihre Reduzierung. *H. Stüben*

Netzrückwirkung. Tabelle: Mögliche N. von Stromrichteranlagen und ihre Reduzierung.

Netzrückwirkung	Blindleistung (Steuerblindleistung, Kommutierungsblindleistung)	Blindleistungsänderungen, 15-Minuten-Mittelwert	Flicker (Spannungsänderungen mit einer Häufigkeit <30 Hz)	Spannungsverzerrung durch Oberschwingungen	Kommutierungseinbrüche in der Netzspannung	Kommutierungsschwingungen infolge Kabelkapazitäten	Störungen von Rundsteuersendern und Empfänger durch Oberschwingungen und Seitenbänder
Maßnahmen zur Reduzierung	* zentrale schutzverdrosselte Kondensatoren, Feststufe Nyr <p–1 * Stromrichter >2 MW in Folgesteuerung	* zentrale schutzverdrosselte Regelanlagen Nyr <p–1 in Stufen schaltbar, über Blindleistungsregler gesteuert (nur für Niederspannungsnetze)	* dynamische Kompensationsanlagen * Erhöhung der Netzkurzschlußleistung am Anschlußpunkt * Überprüfung und Änderung des Belastungszyklus	* Filterkreise für eine oder mehrere harmonische Nyr <=k · p+/–1 * höherpulsige Stromrichterschaltungen >2 MW * Erhöhung der Netzkurzschlußleistung	* Erhöhung der Kommutierungsreaktanz bei den Stromrichtern * Erhöhung der Netzkurzschlußleistung	* Dämpfung der Schwingungen und Verlagerung der Resonanzlage zu niedrigeren Frequenzen durch den Einbau von R-C-Gliedern * Erhöhung der Kommutierungsreaktanz * Erhöhung der Netzkurzschlußleistung	* störenden Oberschwingungspegel durch Filter herabsetzen

Bemerkungen:
Nyr Ordnungszahl der Resonanzfrequenz
p Pulszahl des Stromrichters
k ganze Zahl 1, 2, 3 ....

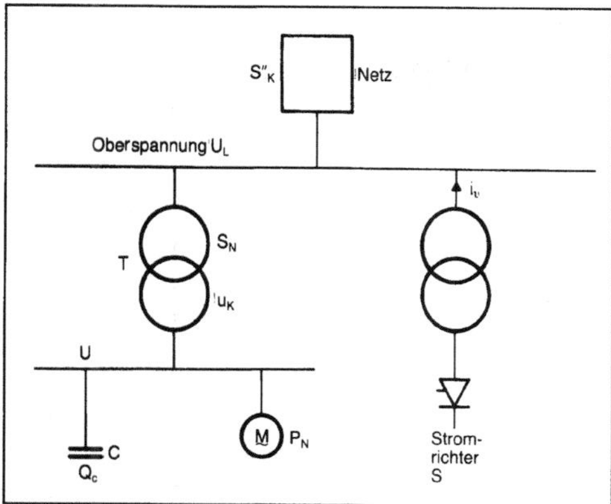

Netzrückwirkung 2: Prinzipschaltbild für Einzelkompensation von Transformatoren.

Literatur: Kondensatoren in Netzen mit Stromrichterbelastung. BBC-Druckschrift DIA 1056 81 D. – *Stüben, H.*: Elektrische Antriebstechnik. Essen 1982.

Netzwerkanalyse. Berechnung aller Ströme und Spannungen in einem gegebenen elektrischen Netzwerk mit Hilfe der *Kirchhoff*-Gesetze.

Man bedient sich zu diesem Zweck beispielsweise der Methode der Maschenströme oder der Methode der Knotenpunktspotentiale unter Berücksichtigung des Zusammenhangs zwischen Strom und Spannung in den einzelnen Zweigen, der durch das Ohm-Gesetz oder die Physik des Bauelements (Kapazität, Induktivität, nichtlineare Kennlinie) gegeben ist. *Claassen*

Netzwerksimulation. Nachbildung der physikalischen Vorgänge und Eigenschaften einer elektronischen Schaltung durch ein Netzwerk, gebildet aus Netzwerkelementen (Modellelemente), der Topologie (Struktur), der Netzwerkerregung und der rechnergestützten Lösung des so entstehenden Gleichungssystems bei gegebener Eingangserregung. Im Ergebnis erhält man die Spannungsverläufe an den Netzwerkknoten (Knotenspannungen) und ggf. die Zweigströme im Frequenz- bzw. Zeitbereich.

Die N. ist zwischen Logik- und Devicesimulation eingebettet und so ein wesentlicher Teil des Schaltungsentwurfes. Sie umfaßt Netzwerke bis zu einigen Tausend Knoten. Aus Zweckmäßigkeitsgründen werden deshalb verschiedenste Makromodelle für komplexere Funktionsgruppen eingeführt.

Mathematisch führt die Analyse nichtlinearer Netzwerke im Zeitbereich auf ein nichtlineares Differentialgleichungssystem. Es wird durch Zeitdiskretisierung und Linearisierung der nichtlinearen Netzwerkelemente in ein algebraisches Gleichungssystem überführt und interativ gelöst, zunächst für einen festen Zeitpunkt und anschließend für benachbarte Zeitpunkte (Zeitschleife). Die Leistungsfähigkeit eines Simulators hängt stark ab von der geschickten Verknüpfung der Iterations- und Zeitschleife und der Netzwerkelementlinearisierung. Letztere wird durch Linearisierung und Zeitdiskretisierung in ein resistives Element überführt. Für typische Bauelemente (Dioden, Transistoren) stehen Modelle unterschiedlicher Komplexität zur Verfügung, je nachdem, welche physikalisch-elektronischen Effekte mit erfaßt werden sollen (durch sog. Modellparameter). Bis zu 50 Modellparameter sind üblich (Gummel-Poon-, Mextram-Modell, fortschrittliche MOS-Kurzkanal-Transistor-Modelle).

Die Aufstellung der Netzwerkgleichung erfolgt im Simulator nicht nach dem (naheliegenden) Knotenpotential-Verfahren, sondern (weit verbreitet) nach dem *modifizierten* Knotenpotential-Verfahren (z. B. in SPICE). Es erlaubt nicht nur den Einbezug unabhängiger Strom- sondern auch Spannungsquellen.

Die typischen Analyseformen eines Netzwerksimulators sind die DC-Analyse zur Arbeitspunktbestimmung, die AC-Analyse im →Arbeitspunkt für den Frequenzbereich (dabei werden die zeitlichen Ableitungen $\partial/\partial t$ durch $j\omega$ ersetzt) und die transiente Analyse für das zeitkontinuierliche Verhalten des nichtlinearen Netzwerkes.

Für die DC-Analyse werden alle Kapazitäten und Induktivitäten durch Leerlauf bzw. Kurzschluß ersetzt. Dann entsteht ein nichtlineares resistives Netzwerk. Es wird mit dem Newton-Verfahren iterativ solange bearbeitet, bis eine ausreichende Genauigkeit erreicht ist. Man erhält einzelne Arbeitspunkte oder auch Übertragungskennlinien.

Einer AC-Analyse geht eine Arbeitspunktbestimmung voraus. Das zu lösende AC-System selbst ist linear.

Die Transientenanalyse bestimmt Übergangsvorgänge im Zeitbereich mit nichtlinearen Elementen. Zunächst erfolgt eine Zeitdiskretisierung (Ersatz der Differentialquotienten durch Differenzenquotienten). Anschließend werden – von Anfangswerten ausgehend – die Lösungen zu verschiedenen Zeitpunkten (schrittweise) bestimmt. Für jeden Zeitschritt ist ein nichtlineares Gleichungssystem zu lösen. Deshalb gibt es im Programmablauf eine äußere Zeitschleife (meist implizites Euler-Verfahren) und eine innere Schleife (Newton-Iteration) für die Lösung des nichtlinearen Gleichungssystems. Gerade die geschickte Steuerung der Iterations- und Zeitschleifen entscheidet stark die Leistungsfähigkeit eines Programmes.

Oft sind noch weitere Analysearten möglich:

– Empfindlichkeitsanalyse zur Verfolgung kleiner Bauelementeänderungen,
– →Toleranzanalyse zur Bewertung von Bauelementetoleranzen,
– Parameteroptimierung
– Verarmungsanalyse
– Rauschanalyse.

Aufbaumäßig besteht der Schaltungssimulator aus einem Eingabeblock, einem Block zur Vorbereitung der Netzwerkmatrix, einem Löserblock mit Ablage der Ergebnisse im Ergebnisspeicher und einem Ausgabeprozessor zur Aufbereitung der Ergebnisse. Ein Steuerblock legt die Eingangssignale fest, wählt die Analyseart, die Modelle und das Ausgabeformat.

Die Anwendung der Netzwerksimulationsprogramme erfordert dann folgende Eingabedaten:
- Netzwerktopologie
- die Zweigbeschreibungen (Netzwerkelemente, Werte, Quellen),
- Modellzuweisungen (z. B. für Dioden und Transistoren aus der →Modellbibliothek,
- Vorgabe der Analyseart,
- Steueranweisungen (Rechenablaufanweisungen, Begrenzungen der Ausgabewerte, Zeitschrittweite, Festlegung der Ausgangsgrößen und ihre Darstellung).

N. sind in großer Anzahl mit unterschiedlicher Leistungsfähigkeit verfügbar, am bekanntesten dürfte wohl das Programm SPICE sein, von dem zahlreiche Derivate existieren. *R. Paul*

Netzwerksynthese. Systematischer Entwurf und Dimensionierung einer elektrischen Schaltung bei vorgeschriebenen Eigenschaften. Dazu wird die Schaltung meist in Funktionsblöcke unterteilt, für die bereits Schaltungsstrukturen bekannt sind. Zur Dimensionierung der Schaltungselemente wird dabei immer auch die →Netzwerkanalyse angewandt. *Claassen*

Neutralisation. Schaltungsmaßnahme, die darauf abzielt, die innere Rückwirkung eines Vierpols (ausgedrückt z. B. durch die Vierpolparameter Y_{12}, Z_{12}, H_{12}) durch Zuschaltung mit einem Neutralisationsnetzwerk insgesamt zum Verschwinden zu bringen, den Vierpol also unilateral zu machen.

N. ist mit einfachen Mittel nur frequenzselektiv möglich; Breitband-N. erfordert die Nachbildung des Vierpolfrequenzganges Y_{12} im größeren Frequenzbereich.

Das Bild zeigt eine N.-Schaltung. Ein Teil $k\underline{U}_a$ der Ausgangsspannung wird phasenvertauscht benutzt, um über das Netzwerk G_N, C_N einen Strom eingangsseitig so einzuprägen, daß er den von der internen Rückwirkung $Y_{12}\underline{U}_a$ hervorgerufene Anteil gerade kompensiert. *R. Paul*

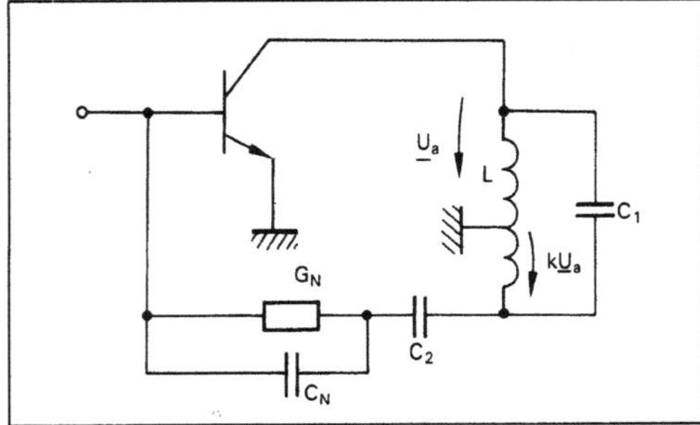

Neutralisation: N.-Schaltung.

Neutralitätsbedingung. Bedingung, daß sich im raumladungsfreien Teil eines Halbleiters die Gesamtheit aller positiven und negativen freien wie an →Störstellen gebundenen →Ladungsträger gegenseitig kompensieren, die Dichte von Elektronen n und Löcher p also gleich groß ist, n = p. Ist diese Neutralität nicht lokal, sondern nur gemittelt über einen gewissen Raumbereich oder nur näherungsweise erfüllt, so spricht man auch von *Quasineutralität.* *Heinz*

Neutronen-Dosismessung. Aufgabe der N.-D. ist die meßtechnische und rechnerische Bestimmung der bei Bestrahlung mit Neutronen in einem Körper absorbierten Dosis (→Dosismessung). Die Wechselwirkung der Neutronen mit der Materie hängt dabei sehr von der Energie der Neutronen ab. Diese kann zwischen 0,025 eV bei thermischen Neutronen und bis zu 20 MeV bei den schnellen Neutronen liegen. In Abhängigkeit von der Energie der Neutronen werden unterschiedliche Reaktionen zur Dosismessung ausgenutzt.

□ Das ^{3}He-Zählrohr wird oft in tragbaren Geräten zum Messen der Äquivalentdosis verwendet. Das Zählrohr ist mit einem wasserstoffhaltigen, geschichteten Moderator umgeben. Dieser ist so ausgelegt, daß die Äquivalentdosis möglichst unabhängig von der Neutronenenergie gemessen wird.

□ Das Albedo-Dosimeter besteht aus einem dem Körper zugewandten Detektor für langsame Neutronen und einer diesen Detektoren gegen von außen kommende Neutronen abschirmenden Absorberschicht. Neutronen, die den Körper treffen, werden in diesem abgebremst, gestreut und mit einer gewissen Wahrscheinlichkeit auch zurückgestreut (Albedo). Der den Detektor treffende Anteil an langsamen Neutronen kann dann als Maß für die Exposition des Körpers genommen werden.

Der Detektor selbst kann beispielsweise ein Thermolumineszenzdetektor aus LiF sein, wobei das Lithium das Isotop ^{6}Li enthält. In diesem sind die langsamen Neutronen über die Reaktionen ^{6}Li (n,α)^{3}H nachzuweisen. Da dieser Detektor aber auch auf Photonenstrahlung anspricht, wird deren Beitrag durch einen zweiten Detektor, der gegen langsame Neutronen unempfindlich ist (z. B. mit einem LiF-Thermolumineszenz-Dosimeter, das ^{7}Li enthält), bestimmt und abgezogen. Die →Empfindlichkeit des Albedo-Dosimeters nimmt zwischen 10 keV und 10 MeV um mehr als zwei Größenordnungen ab, so daß das Dosimeter in jedem Strahlenfeld eigens kalibriert werden muß.

□ Aktivierungsdosimeter. Zahlreiche Stoffe werden bei Bestrahlung mit Neutronen radioaktiv. Diese Radioaktivität kann als Maß für die eingestrahlte Neutronendosis genommen werden. Da jedoch der Wirkungsquerschnitt der →Aktivierung in hohem Maße von der Energie der einfallenden Neutronen abhängt, muß diese für genaue Messungen jeweils bekannt sein.

Als Detektormaterialien werden häufig Schwefel, Indium und Gold benutzt. Die Halbwertzeiten der dabei entstandenen Radionuklide sind lang genug, um die Auswertung auch noch einige Zeit nach erfolgter Bestrahlung vornehmen zu können. Die Zeit zwischen Bestrahlung und Auswertung muß jedoch bekannt sein, um einigermaßen zuverlässige Ergebnisse zu erhalten. Die Methode wird insbesondere in der Unfalldosimetrie benützt.

□ →Rückstoßzählrohr und →Rückstoß-Ionisationskammer. Rückstoßzählrohre lassen sich zum Messen der von schnellen Neutronen verursachten Personendosis verwenden, wenn die Zählrohrmaterialien und das Füllgas gewebeäquivalent sind. Gewebeäquivalenz bedeutet in diesem Zusammenhang eine dem menschlichen Gewebe ähnliche Gewichtszusammensetzung der wesentlichen Elemente H, C, O und N. Der Gewichtsanteil von H (10,1 %) ist dabei besonders wichtig, da der größte Teil der Neutronenenergie über Rückstoßprotonen übertragen wird. Aus der Impulsrate des Zählrohrs oder aus dem Strom der Ionisationskammer läßt sich dann die Energiedosis berechnen.

Wachsmann

Literatur: ICRU 26: Neutron Dosimetry for Biology and Medicine. International Commission on Radiation Units and Measurements, Washington 1977. – ICRU: Clinical Dosimetry for Neutrons. International Commission on Radiation Units and Measurements, Washington 1988. – *Jung, H.*, u. *E. Piesch*, (Hrsg.): Neutron Dosimetry in Radiation Protection. Radiat. Prot. Dosim. Vol. 10, (1985) S. 1–4. – *Schneider, W.*: Neutronenmeßtechnik und ihre Anwendung an Kernreaktoren. Berlin, New York 1973. – *Schrüfer, E.*: Strahlung und Strahlungsmeßtechnik in Kernkraftwerken. Berlin 1974.

Neutronendotierung. Neben den üblichen Dotierungsverfahren während des →Kristallziehens, durch →Diffusion und →Ionenimplantation, kann →Silicium auch durch Bestrahlung mit Neutronen dotiert werden. Silicium hat die natürlichen Isotope ^{28}Si, ^{29}Si und ^{30}Si. Während die Isotope ^{28}Si und ^{29}Si bei Bestrahlung mit thermischen Neutronen in die stabilen Isotope ^{29}Si und ^{30}Si umgewandelt werden, erhält man bei der Reaktion des mit einer relativen Häufigkeit von 3 % vorkommenden Isotops ^{30}Si mit Neutronen das instabile Isotop ^{31}Si. Der Wirkungsquerschnitt für diese Reaktion beträgt $1{,}1 \cdot 10^{-25}$ cm^2. Der nachfolgende Beta-Zerfall in das stabile Isotop ^{31}P führt zur Bildung von n-dotierendem →Phosphor. Die Halbwertzeit des Siliciumisotops ^{31}Si beträgt 2,6 h; die von der Aktivierung des Siliciums herrührende Aktivität ist daher schon nach wenigen Tagen vollständig abgeklungen.

Die Bestrahlung wird üblicherweise in einem Kernreaktor vorgenommen. Bei Schwimmbadreaktoren werden die Siliciumstäbe ohne Umhüllung oder in Aluminiumkapseln in den Reaktor eingebracht. Bei Schwerwasserreaktoren werden sie in spezielle, in den Reaktor führende Bestrahlungsrohre eingefahren. Bei Neutronenflüssen von typischerweise 10^{13}–10^{14} cm^{-2}s^{-1} erhält man nach Bestrahlungszeiten von ca. 100 Stunden Dotierungskonzentrationen, die einem spezifischen Widerstand von einigen Ωcm entsprechen. Höhere Dotierungskonzentrationen und damit geringere Widerstandswerte sind möglich; wegen den damit verbundenen langen Abklingzeiten hat die N. für niederohmig dotiertes Silicium nur geringe praktische Bedeutung.

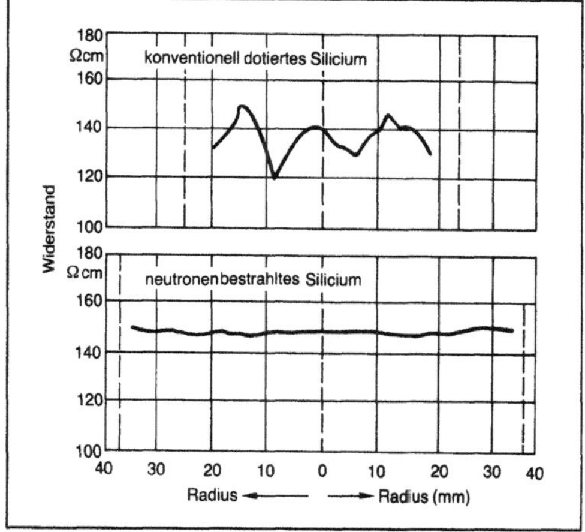

Neutronendotierung: Schwankungen des spezifischen Widerstandes von dotiertem Silicium.

Nach der Bestrahlung befinden sich viele der erzeugten Phosphoratome nicht auf substitutionellen Gitterplätzen. Zusätzlich wurden durch schnelle Neutronen, γ-Quanten und rückgestreute Atome Punktdefekte und auch komplexe Gitterdefekte erzeugt. Daher folgt der →Dotierung ein Ausheilschritt, bei dem das Silicium für einige Stunden bei Temperaturen zwischen 700 °C und 1 000 °C getempert wird.

Der Vorteil dieses Dotierungsverfahrens im Vergleich zur konventionellen Dotierung während des →Kristallziehens liegt in der extrem gleichmäßigen Dotierung ohne die Bildung von →Striations. Während beim konventionellen Verfahren lokale Variationen des spezifischen Widerstandes von bis zu 25 % möglich sind, zeigt neutronendotiertes Silicium Widerstandswerte mit Schwankungen in der Homogenität von weniger als 5 %.

Neutronendotiertes Silicium wird hauptsächlich zur Fertigung von Leistungshalbleiterbauelementen eingesetzt. Dort ist eine homogene Dotierung von besonderer Bedeutung, da Striations einen großen Einfluß auf das Durchbruchverhalten von Bauelementen wie Leistungsthyristoren und -dioden haben. Durch die Verwendung von extrem homogen dotiertem Material lassen sich Bauelemente mit hohen Sperrspannungen (einige kV) herstellen. Eine weitere Anwendung findet neutronendotiertes Silicium bei der Herstellung sensitiver Infrarotdetektoren und -abbildungssystemen. *Ryssel*

Literatur: *Stone, B. D.*: Neutron Transmutation Doping of Silicon in Impurity Doping (ed. F. F. Y. Wang) North Holland 1981.

NF-Transistor. →Transistor zur Verarbeitung niederfrequenter Signale (100 kHz), an ihn werden häufig besondere Rauschanforderungen gestellt. *R. Paul*

NF-Verstärker. →Verstärker für den Tonfrequenzbereich (≦25 kHz) entweder als Vorverstärker oder als NF-Leistungsverstärker. Vorverstärker verarbeiten nur kleine Signalamplituden, wie sie z. B. bei Tonabnehmern, Mikrofonen u. a. Signalquellen auftreten. Sie sind in diskreter Schaltungstechnik mit RC-Kopplung zwischen den einzelnen Verstärkerstufen aufgebaut, in integrierter Schaltungstechnik mit Direktkopplung. Häufig arbeiten sie rauscharm.

NF-Leistungsverstärker erzeugen Ausgangsleistungen von einigen 10–100 W, wie sie heute z. B. von HiFi-Anlagen gefordert werden. Güte und Leistungsvermögen hängen stark von der Auslegung der Endstufe ab. Während in diskreter Schaltungstechnik neben der Klasse A-Eintakt auch AB- und B-Gegentaktendstufen verwendet werden, dominieren in integrierten Leistungsverstärkern wegen des höheren Wirkungsgrades die Gegentaktendstufen. *R. Paul*

Nichtanregung. Eine Komponente eines Sicherheitssystems fällt so aus, daß die nötige Schutzmaßnahme (Meldung, Abschaltung) nicht mehr ausgelöst werden kann. Dadurch wird die Sicherheit verletzt.

Ein Beispiel wäre die Drucküberwachung eines Kessels. Bei einem →Ausfall der Überwachungseinheit in der gefährlichen Richtung wird ein zu hoher Druck nicht mehr gemeldet und die nötige Schutzmaßnahme wie z. B. die Abschaltung wird nicht mehr ausgelöst.

Eine zweite Art des Ausfalls ist die →Fehlanregung.

In Seriensystemen, in denen mehrere in Reihe liegende Geräte das Schutzsignal bilden, ist die N. wahrscheinlicher als die Fehlanregung. Das einfachste System, das bei einem Einzelausfall sowohl gegen N. als auch gegen Fehlanregung schützt, ist die (zwei von drei)-Auswahlschaltung (→Auswahlschaltung). *Schrüfer*

Nichtverfügbarkeit. Die N. ist die Wahrscheinlichkeit, daß eine Komponente ausgefallen, für den Betrieb nicht verfügbar ist (→Verfügbarkeit). *Schrüfer*

nipi-Bauelement. Elektrooptische Halbleiterbauelemente auf der Basis periodisch n- und p-dotierter Halbleiter (→nipi-Strukturen).

nipi-Strukturen zeichnen sich dadurch aus, daß sich der effektive →Bandabstand und die damit verbundenen optischen Parameter →Brechzahl und Absorption durch →Ladungsträgerinjektion oder elektrische Felder verändern lassen. Das beinhaltet ein breites Anwendungspotential in der optischen Nachrichtentechnik.

□ Photodetektoren: Die lange Ladungsträgerlebensdauer τ im Vergleich zur Driftzeit τ_D führt zu einer hohen Photoleitungsverstärkung $G=\tau/\tau_D$. Kurze Ansprechzeiten lassen sich durch geschickte Anordnung selektiver Elektroden in einem np-Stapel erreichen (Bild 1). Die photoneninduzierten →Elektron-Loch-Paare werden durch die eingebauten Potentiale sofort getrennt und bewegen sich weitgehend unabhängig voneinander. Daher können zwei getrennte Stromkreise mit kurzen Elektrodenabständen aufgebaut werden, die über einen

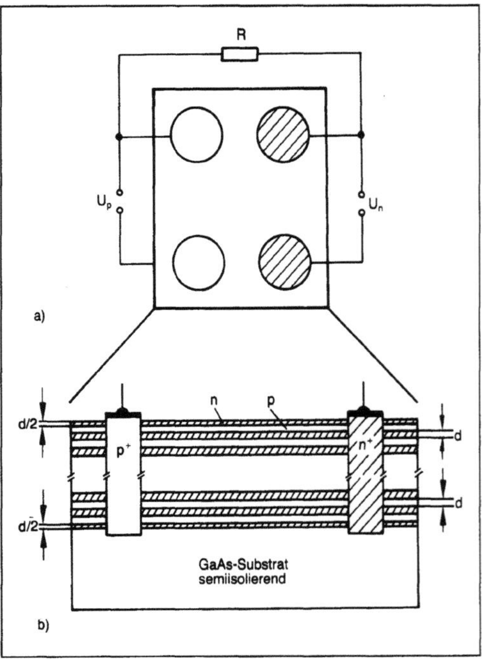

nipi-Bauelement 1: Photoleitungsdetektor mit hohem Verstärkungsbandbreitenprodukt.
a) Optimale Kontaktanordnung
b) Querschnitt.

Lastwiderstand zur Einstellung der effektiven Ladungsträgerlebensdauer (→nipi-Strukturen) miteinander verbunden sind. Auf diese Weise wurde ein Verstärkungsbandbreitenprodukt von 30 GHz erreicht.

Eine andere Anwendung ist die Verschiebung der →Photoempfindlichkeit bis weit unter die Bandkante des ursprünglichen Materials. Die einzelnen Schichten sind infolge der internen Potentiale an Ladungsträgern verarmt und damit hochohmig, so daß an die selektiven Elektroden inverse Biasspannungen bis über 120 V angelegt werden können. Der →*Franz-Keldysh*-Effekt verschiebt die Absorptionskante zum langwelligen Bereich. Mit einem GaAs-nipi-Detektor läßt sich so Strahlung von 1,4 μm Wellenlänge nachweisen.

□ Lichtquellen: In nipi-Strukturen tritt die normale Bandkantenemission auf; sie verschiebt sich mit wachsender optischer Anregungsdichte bis hin zur Bandkanten-Wellenlänge des undotierten Materials. Unter hoher Anregung tritt außerdem optische Verstärkung auf. Eine entsprechende Lichtemission läßt sich durch Ladungsträgerinjektion über selektiven Elektroden beobachten. Erste Halbleiterlaser mit einer aktiven Zone aus nipi-Schichten auf GaAs-Basis zeigen →Schwellenstromdichten von 2,2 kA/cm². Das ist zwar ein höherer Wert als für normale →Heterostrukturlaser, aber die Anwendung der nipi-Schichten für Laser und optische →Verstärker ist im Hinblick auf die Durchstimmung der Emissionswellenlänge über einen weiten Bereich interessant. Eine vielversprechende Anordnung stellt die Kombination der selektiven Elektroden mit einem zusätzlichen, zum Schichtstapel transversalen elektrischen Feld dar. Lumineszenzanregung und Wellenlängenbestimmung sind dann voneinander unabhängig, insbesondere ist durch das transversale Feld eine Wellenlängenmodulation im GHz-Bereich erreichbar (Bild 2).

□ Modulatoren: Die starke Verschiebung der Bandkante durch äußere Felder ermöglicht Intensitätsmodulatoren mit einem hohen Modulationshub und gleichzeitig kurzer Baulänge. Dabei ist für schnelle Modulatoren ebenfalls die transversale Feldanordnung vorzuziehen. Die Bandkante verschiebt sich aber auch durch Lichtabsorption, so daß Selbstmodulationen möglich sind, deren Frequenz sich durch externe Widerstandsbeschaltung (wie beim Detektor) einstellen läßt.

□ Nicht-lineare Bauelemente: Infolge der langen Ladungsträger-Lebensdauern werden hohe Ladungsträgerdichten bereits bei niedrigen Anregungsdichten erreicht, insbesondere Bandfülleffekte, die zu einer Absorptionssättigung führen. Dadurch wird die Koexistenz von geringer Absorption und gleichzeitig starker Änderung des Brechungsindex möglich, was den Aufbau bistabiler *Fabry-Perot*-Resonatoren und optischer Schalter erlaubt.

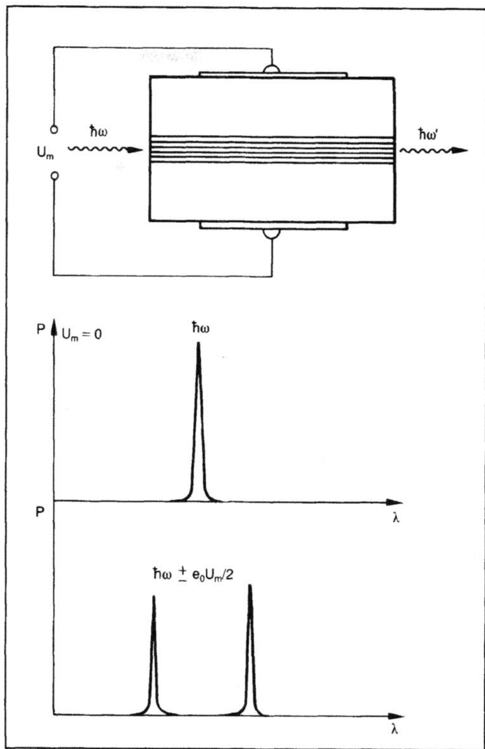

nipi-Bauelement 2: Wellenlängenmodulation durch ein transversales elektrisches Feld (schematisch).

Die aufgeführten Beispiele sind Anwendungsmöglichkeiten. nipi-B. befinden sich fast ausschließlich im Experimentier- und Entwicklungsstadium. Die starke Abhängigkeit der Halbleitereigenschaften von äußeren Parametern hat nicht nur Vorteile, sondern führt oft auch zu Stabilitätsproblemen, die für einen Einsatz hinderlich sind. An der Eindämmung der Flexibilität auf das gewünschte Maß wird z. Zt. gearbeitet. *Rosenzweig*

Literatur: *Döhler, G. H.:* Doping Superlattices (nipi-crystals). IEEE J. Quant. Elec. **QE-22** (1986) S. 1682.

nipi-Strukturen. Periodische Folge von dünnen n- und p-dotierten Schichten eines Halbleiters, zwischen denen sich undotierte (i-) Schichten des gleichen Halbleiters befinden können.

Werden n- und p-dotierte Schichten eines Halbleiters zusammengebracht, so diffundieren die →Ladungsträger in das jeweils anders dotierte Gebiet und rekombinieren. Zurück bleiben die geladenen Rumpfionen, deren Potentiale das →Leitungs- und →Valenzband modulieren (Bild 1). Für den effektiven Bandabstand E_g^{eff}, d. h.

den Abstand zwischen Leitungsbandminima und Valenzbandmaxima gilt:

$$E_g^{eff} = E_g - \frac{2\pi e_o^2}{\varepsilon_o}\left(n_D\left(\frac{d_n}{2}\right) + n_A\left(\frac{d_p}{2}\right)\right) \quad (1)$$

wobei e_o die Elementarladung, ε_o die statische Dielektrizitätskonstante, n_D und n_A die Donatoren- und Akzeptorenkonzentration und d_n bzw. d_p die Dicke der n- bzw. p-Schicht sind. Im Extremfall kann die →Bandlücke verschwinden, was z. B. für GaAs mit Schichtdicken von 65 nm und einer Dotierung von $10^{18}cm^{-3}$ erreicht wird.

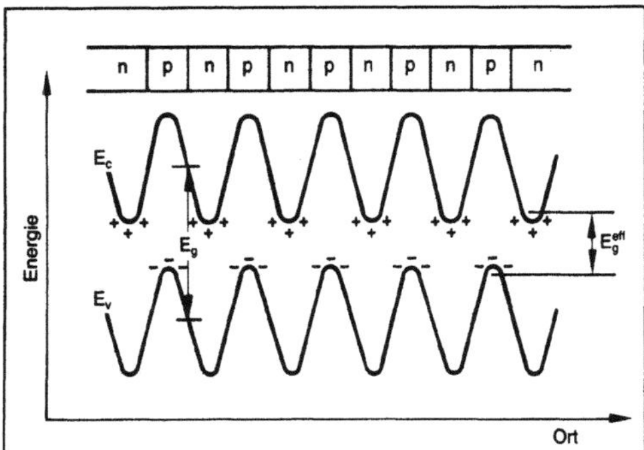

nipi-Strukturen 1: Energieverlauf des Leitungsbandes (E_c) und des Valenzbandes (E_v) in einer np-Struktur (+ bzw. – sind ionisierte Donatoren bzw. Akzeptoren). Im Potentialtopf haben die Ladungsträger eine Nullpunktenergie, so daß der effektive Bandabstand nicht mit dem Abstand der Bandextrema zusammenfällt.

Zusätzlich erzeugte Elektronen und Löcher werden durch das vorhandene Potential sofort getrennt, so daß die direkte →Rekombination unwahrscheinlich ist. Eine geringe Rekombinationsmöglichkeit besteht im →Tunneleffekt, dessen Wahrscheinlichkeit mit wachsendem Potentialhub ebenfalls abnimmt. Als unmittelbare Folge haben die Ladungsträger Lebensdauern je nach Dotierung von wenigen Nanosekunden bis hin zu Stunden. Andererseits kompensieren die freien Ladungsträger die Rumpfionen, das Potential verflacht sich, der effektive Bandabstand nimmt zu, und die →Rekombinationsrate wächst. Schließlich stellt sich ein Gleichgewicht zwischen →Generation und Rekombination ein. Der effektive Bandabstand wird zwar weiterhin durch Gl. (1) bestimmt, allerdings sind die Dicken durch sog. effektive Dicken d_n^+ und d_p^+ zu ersetzen, die die Kompensation der Rumpfionen berücksichtigen:

$$d_n^+ = (d_n - n^{(2)}/n_D) \quad (2a)$$
$$d_p^+ = (d_p - p^{(2)}/n_A) \quad (2b)$$

Dabei sind $n^{(2)}$ und $p^{(2)}$ die zweidimensionalen Schichtladungsträgerdichten. Bild 2 zeigt die Änderung des effektiven Bandabstandes mit der Ladungsträgerkonzentration für ein GaAs-Dotierungsgitter mit einer Periode von 80 µm und einer Dotierung von $10^{18}cm^{-3}$.

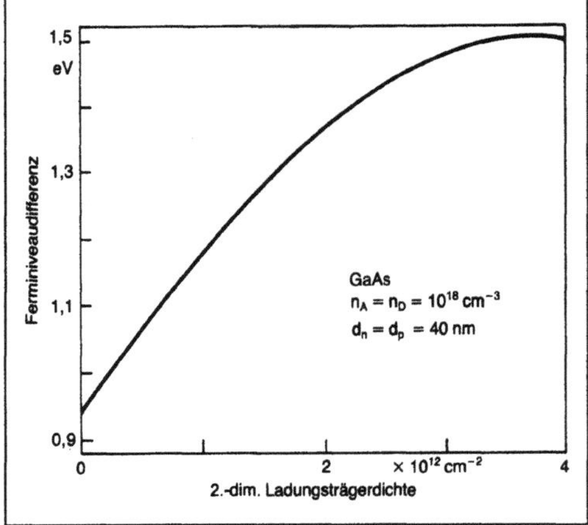

nipi-Strukturen 2: Ferminiveau-Differenz (Bandabstand) als Funktion der freien Ladungsträgerdichte.

Für die Änderung der →Ladungsträgerdichte und der Bandpotentiale gibt es drei Möglichkeiten (Bild 3): Optische Anregung, →Ladungsträgerinjektion oder -extraktion durch selektive Elektroden oder ein elektrisches Feld senkrecht zur Schichtenfolge.

Im Falle der Lichtabsorption reicht bereits eine Photonendichte von $10^{13}cm^{-2}$ (10 μJcm^{-2}) aus, um den effektiven Bandabstand auf den Wert des undotierten Materials anzuheben. Dies erfolgt sehr schnell, allerdings ist die Abklingzeit extrem lang. Abhilfe bilden selektive Kontakte zu den einzelnen Schichten. Durch Ladungsträgerinjektion oder -extraktion wird die Ferminiveau-Potentialdifferenz auf den Wert der äußeren Spannung fixiert. Gleichzeitig läßt sich die Ladungsträgerlebensdauer extern durch die RC-Konstante des Stromkreises bestimmen:

$$\tau_{ext} = (R_{int} + R_{ext}) \cdot C_{np} \quad (3)$$

R_{int} bzw. R_{ext} sind der innere Schicht- bzw. der äußere Widerstand, C_{np} ist die Gesamtkapazität aller Grenzflächen. Werte von 10^{-8} sec sind mit $R_{ext} = 0$ erreicht worden.

Anders verhält sich ein äußeres elektrisches Feld senkrecht zur Schichtenfolge; es verursacht eine Aufspaltung des effektiven Bandabstandes in zwei Komponenten, eine mit größerer Energiedifferenz und geringerer Ladungsträgerlebensdauer und eine mit kleinerer Energiedifferenz und größerer Ladungsträgerlebensdauer. In dieser Anordnung wird die Zeitkonstante allein durch den äußeren Widerstand und die Kapazität des Kondensators,

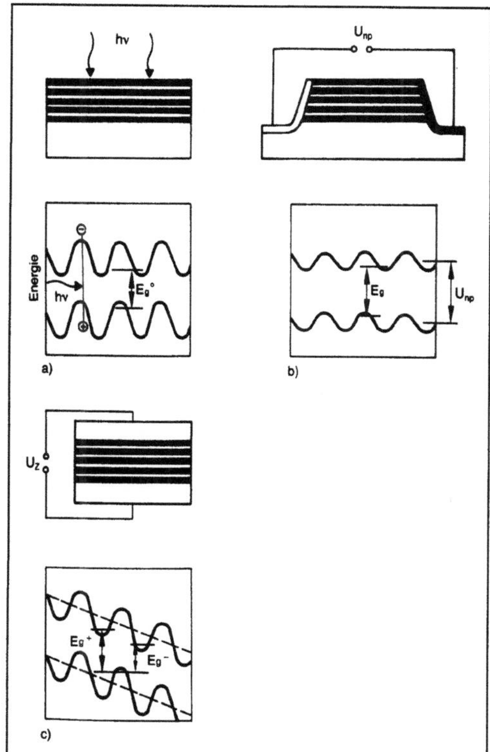

nipi-Strukturen 3: Beeinflussung des effektiven Bandabstandes E_g^{eff} durch:
a) Lichtabsorption
b) Ladungsträgerinjektion über selektive Kontakte
c) Elektrisches Feld senkrecht zur Schichtenfolge.

gebildet aus den Kontaktschichten und der nipi-Struktur als →Dielektrikum, bestimmt

$$\tau_z = R_{ext} \cdot C_z \tag{4}$$

Mit dem effektiven Bandabstand sind auch die optischen Konstanten variabel. Brechnungsindex und →Absorptionskoeffizient können für eine feste Wellenlänge durch äußere Felder moduliert werden oder aber durch die Intensität des einfallenden Lichtes (selbst-induzierte Prozesse). Die langen Ladungsträgerlebensdauern führen dazu, daß hohe Ladungsträgerdichten und damit nichtlineare Prozesse im Absorptionskoeffizienten und Brechungsindex bereits bei niedrigeren Anregungsdichten als im undotierten Material auftreten. *Rosenzweig*

Literatur: *Döhler, G. H.:* Doping-Superlattices (nipi crystals). IEEE J. Quant. Elec. **QE 22;** (1986) S. 1682.

Nitrid. Unter N. versteht man in der Halbleitertechnologie im allgemeinen das Siliciumnitrid, Si_3N_4, das zur →Maskierung (gegen →Oxidation) in der →LOCOS-Technik dient. Es wird durch CVD-Verfahren hergestellt, ist ein guter →Isolator und wird bei →III-V-Halbleitern häufig zur Maskierung und →Passivierung verwendet. Bei speziellen Bauelementen wie MNOS-Speichern finden auch Doppelschichten aus SiO_2 und Si_3N_4 Verwendung.

Oxinitrid wird als Passivierung von fertigen Schaltkreisen verwendet. In letzter Zeit werden N. wie TiN, TaN als Diffusionsbarriere zwischen Silicidschichten und Aluminiummetallisierung verwendet (→Dielektrikum). *Ryssel*

NMOS-Technik. (*engl.* N-Channel Metal Oxide Semiconductor Technique, N-Kanal-Metall-Oxid-Halbleitertechnik) →MOS-Technik, die ausschließlich n-Kanal-Transistoren vom Anreicherungstyp, oft in Kombination mit dem Verarmungstyp →FET verwendet. NMOS-FET haben wegen der rd. dreifach größeren →Elektronenbeweglichkeit gegenüber Löchern (p-Kanaltransistoren) bei gleicher Geometrie eine deutlich höhere Schaltgeschwindigkeit. Durch Einführung des Silicium-Gates (→MOSFET, zur Herabsetzung der →Schwellspannung) sowie moderner Herstellungsverfahren (→Ionenimplantation, Prinzip der Selbstjustage der Source-Drain-Gebiete zur Vermeidung parasitärer Kapazitäten) konnten die elektrischen Parameter so verbessert werden, daß die NMOS-T. bezüglich Betriebsspannung (5 V) und weiterer Daten voll kompatibel zur TTL-Technik ist. Ein wesentlicher Schritt war dazu auch der ED-Inverter.

Die NMOS-T. wird sehr breit in hochintegrierten Schaltungen auf LSI-Niveau eingesetzt: z. B. Mikroprozessoren, zugehörige Peripherie-IC, Halbleiterspeicher, A/D-Wandler. Wegen der geringeren →Verlustleistung setzt sich jedoch für den VLSI-Bereich immer mehr die →CMOS-Technik durch. *R. Paul*

Noise margin (*engl.*, Störabstand) →Störsicherheit

Normalverteilung. Die Lebensdauern von Komponenten, die durch Abnützung oder Verschleiß ausfallen, sind normalverteilt. Aus der →Ausfalldichte f(t)

$$f(t) = \frac{1}{\sigma\sqrt{2\pi}}\, e^{-\frac{1}{2}\left(\frac{t-\bar{t}}{\sigma}\right)^2}$$

ergibt sich die →Ausfallwahrscheinlichkeit F(t) zu

$$F(t) = \frac{1}{\sigma\sqrt{2\pi}} \int_{z=-\infty}^{t} e^{-\frac{1}{2}\left(\frac{z-\bar{t}}{\sigma}\right)^2} dz$$

Die Überlebenswahrscheinlichkeit oder →Zuverlässigkeit R(t) wird

$$R(t) = \frac{1}{\sigma\sqrt{2\pi}} \int_{z=t}^{\infty} e^{-\frac{1}{2}\left(\frac{z-\bar{t}}{\sigma}\right)} dz \,.$$

Die →Ausfallrate z(t) als Quotient der Ausfalldichte und der Überlebenswahrscheinlichkeit ist zeitabhängig. Sie steigt am Ende der →Lebensdauer steil an (Bild 1).

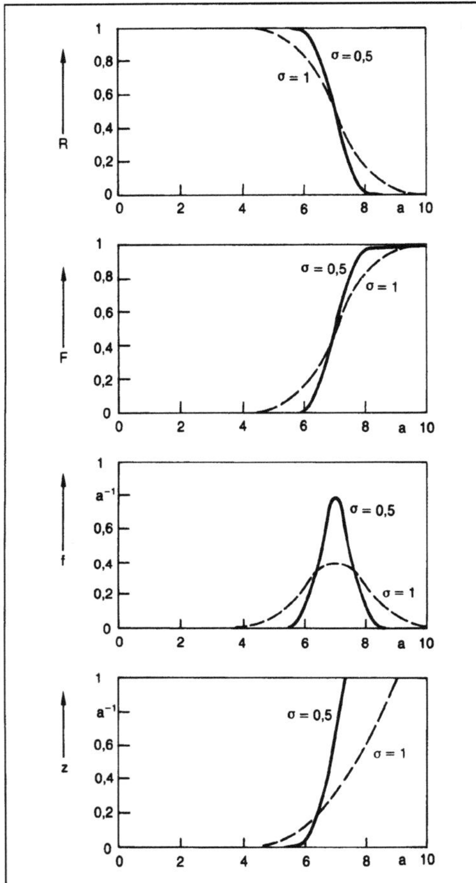

Normalverteilung 1: Überlebenswahrscheinlichkeit R(t), Ausfallwahrscheinlichkeit F(t), Dichtefunktion f(t) und Ausfallrate z(t) bei normalverteilten Lebensdauer

Abnutzungsausfälle begrenzen z. B. die Lebensdauer von Glühlampen oder die von Autoreifen. Zunächst sind alle Komponenten funktionsfähig. Die Zuverlässigkeit R(t) ist zunächst unabhängig von der Zeit. Am Ende der Nutzungsdauer fallen dann alle Komponenten innerhalb einer relativ engen Zeitspanne aus. Bei der mittleren Lebensdauer $\bar{t}$ ist die Hälfte der Komponenten funktionsunfähig.

Die N. ist durch die beiden Parameter mittlere Lebensdauer $\bar{t}$ und Standardabweichung σ festgelegt und wird als ($\bar{t}$; σ)-N. bezeichnet.

□ (0; 1)-N.: Eine beliebige ($\bar{t}$; σ)-N. läßt sich durch die Koordinatentransformation

$$u = \frac{t-\bar{t}}{\sigma};\ t = \bar{t} + \sigma u;\ dt = \sigma du$$

in die (0; 1)-N. überführen. Bei der mittleren Lebensdauer $t=\bar{t}$ hat die neue Variable u den Wert Null. Bei $t=\bar{t}\pm\sigma$ ergibt sich für u der Wert $u=\pm 1$. Die so normierte Ausfalldichte $f_n(u)$ und die normierte Ausfallwahrscheinlichkeit $F_n(u)$ lauten nach der Koordinatentransformation

$$f_n(u) = \frac{1}{\sqrt{2\pi}} e^{-\frac{1}{2}u^2}$$

$$F_n(u) = \frac{1}{\sqrt{2\pi}} \int_{v=-\infty}^{u} e^{-\frac{1}{2}v^2} dv$$

Diese Funktionen sind tabelliert (Bild 2), womit Zahlenwerte für die elementar nicht mehr auswertbaren Integrale der N. zur Verfügung stehen.

□ Graphische Ermittlung von Mittelwert und Standardabweichung: Werden die bei einem Versuch erhaltenen Werte für die Zufallsvariable geordnet, so sollte bei normalverteilten Variablen die Dichtefunktion glockenförmig und die Summenfunktion s-förmig verlaufen. Normalerweise streuen jedoch die Versuchswerte; die Kurven sind gestört und die Ausgleichung ist unter Umständen schwierig. Sie vereinfacht sich, wenn die Ergebnisse in dem *Wahrscheinlichkeitspapier* aufgetragen werden. Dieses Papier enthält ein Koordinatennetz, dessen Abszisse linear (Größe x) unterteilt ist. Die Ordinate (Summenfunktion F(x)) ist so auseinandergezogen, daß die Schlangenlinie zu einer Geraden wird. Der Vorteil ist, daß sich die Gerade einfacher durch streuende Punkte hindurch legen läßt. Der zu $F(x)=0{,}5$ gehörende Abszissenwert ist dann der Mittelwert $\bar{x}$: Zu dem Ordinatenwert $F(x)=0{,}1587$ gehört das Argument $x=\bar{x}-\sigma$, zu dem Ordinatenwert $F(x)=0{,}8413$ das Argument $x=\bar{x}+\sigma$. Damit kann auf der Abszisse die Standardabweichung σ abgelesen werden.

Beispiel: Die Zufallsvariable X sei die bei den 49 Relais der Tabelle gemessene Anzugszeit. Wird die Summenfunktion

$$w(X \leqq x) = F(x) = \frac{\Sigma n_i}{n_o}$$

auf Wahrscheinlichkeitspapier aufgetragen, so läßt sich (Bild 3) eine Gerade durch die Meßwerte legen. Diese sind also annähernd normalverteilt mit einem Mittelwert von $\bar{x}\approx 99$ ms und einer Standardabweichung von $\sigma\approx 2$ ms. *Schrüfer*

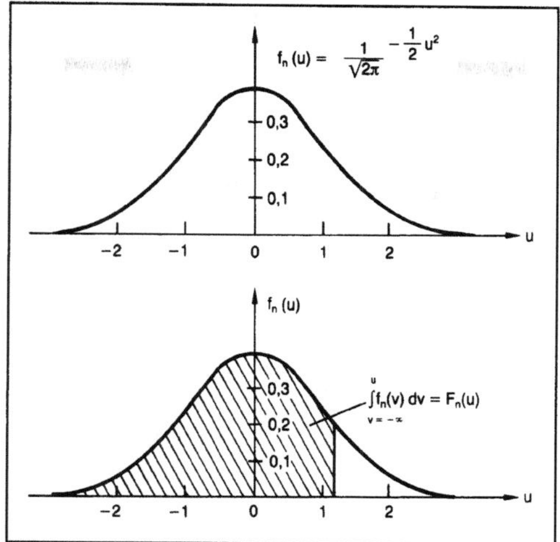

Normalverteilung 2: (0; 1) – N.

u	$f_n(u)$	$\int_{-\infty}^{u} f_n(v)dv$
−∞	0,000	0,000
−3,0	0,004	0,001
−2,5	0,018	0,006
−2,0	0,054	0,023
−1,5	0,130	0,067
−1,0	0,242	0,159
−0,5	0,352	0,309
−0,4	0,368	0,345
−0,3	0,381	0,382
−0,2	0,391	0,421
−0,1	0,397	0,460
0,0	0,399	0,500
0,1	0,397	0,540
0,2	0,391	0,579
0,3	0,381	0,618
0,4	0,368	0,655
0,5	0,352	0,691
1,0	0,242	0,841
1,5	0,130	0,933
2,0	0,054	0,977
2,5	0,018	0,994
3,0	0,004	0,999
∞	0,000	1,000

$\int_{-\infty}^{u} f_n(v)dv$	u
0,000	−∞
0,001	−3,090
0,005	−2,576
0,01	−2,326
0,05	−1,645
0,10	−1,282
0,15	−1,036
0,20	−0,842
0,25	−0,672
0,30	−0,524
0,40	−0,253
0,50	0,000
0,60	0,253
0,70	0,524
0,75	0,672
0,80	0,842
0,85	1,036
0,90	1,282
0,95	1,645
0,99	2,326
0,995	2,576
0,999	3,090
1,000	∞

Normalverteilung. Tabelle: Messung der Anzugszeit von $n_o = 49$ Hilfsrelais.

Anzugszeit x in ms liegt im Intervall	95 bis 96	96 bis 97	97 bis 98	98 bis 99	99 bis 100	100 bis 101	101 bis 102	102 bis 103	103 bis 104	104 bis 105
Zahl n_i der Relais	1	6	13	5	10	9	1	2	1	1
Σn_i	1	7	20	25	35	44	45	47	48	49
$F(x) = \frac{\Sigma n_i}{n_o}$	0,02	0,14	0,41	0,51	0,71	0,89	0,91	0,96	0,98	1,00

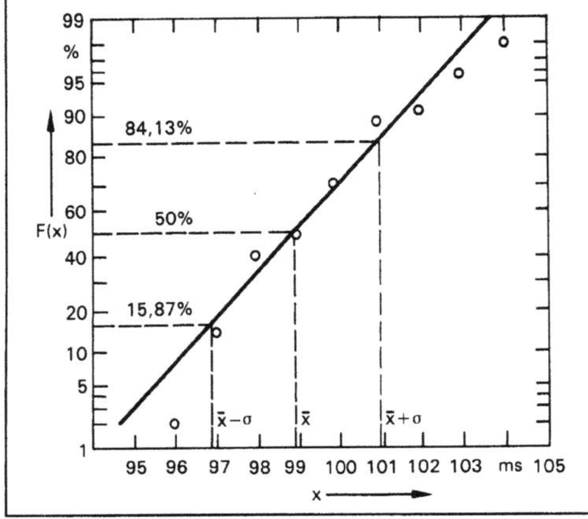

Normalverteilung 3: Darstellung der Meßwerte von der Tabelle auf Wahrscheinlichkeitspapier, Mittelwert $\bar{x} \approx 99$ ms, Standardabweichung $\sigma \approx 2$ ms.

Literatur: *Gaede, K. W.:* Zuverlässigkeit, Mathematische Modelle. München, Wien 1977. – *Härtler, G.:* Statistische Methoden für die Zuverlässigkeitsanalyse. Berlin 1983. – *Heinhold, J.* u. *K. W. Gaede:* Ingenieur-Statistik. München 1964. – *Köchel, P.:* Zuverlässigkeit technischer Systeme. Leipzig 1983, Thun und Frankfurt/Main. – *Kreyszig, E.:* Statistische Methoden und ihre Anwendungen. Göttingen 1975. – MBB: Technische Zuverlässigkeit. Berlin, Heidelberg 1977. – *Schrüfer, E.:* Zuverlässigkeit von Meß- und Automatisierungseinrichtungen. München 1984. – *Störmer, H.:* Mathematische Theorie der Zuverlässigkeit, Einführung und Anwendung. München 1970.

Normalverteilung, logarithmische. Eine Zufallsgröße X heißt logarithmisch normalverteilt, falls die Zufallsgröße Z=log X oder Z=ln X normalverteilt ist.

In der Zuverlässigkeitstechnik sind manchmal Werte einer Zufallsgröße X zu ordnen, die über Zehnerpotenzen streuen. In den Fällen, in denen die Zufallsvariable nur positive Werte annimmt (z. B. Abmessungen von Werkstücken, →Lebensdauer von Bauteilen), läßt sich der Logarithmus log X oder ln X der Merkmale bilden, und es läßt sich untersuchen, ob die Größen log X oder ln X evtl. normalverteilt sind. In diesem Fall gehört zu jedem der beobachteten Werte x_i ein Wert z_i mit

$$z_i = \ln x_i = \frac{1}{\log e} \cdot \log x_i$$

Sind die z-Werte normalverteilt, so sind Erwartungswert $\bar{z}$ und Median z_{50} gleich mit

$$z_{50} = \bar{z} = \frac{1}{n} \Sigma z_i = \frac{1}{n} \Sigma \ln x_i$$

Ihre Varianz σ_z^2 errechnet sich zu

$$\sigma_z^2 = \frac{1}{n-1} \Sigma (z_i - \bar{z})^2 = \frac{1}{n-1} \Sigma (\ln x_i - \bar{z})^2.$$

Damit sind die eine →Normalverteilung bestimmenden Parameter bekannt und die Summenfunktion der l. N. wird

$$F(x) = \frac{1}{\sigma_z \sqrt{2\pi}} \int_{v=-\infty}^{\ln x} e^{-\frac{1}{2}\left(\frac{v-\bar{z}}{\sigma_z}\right)^2} dv$$

Normalverteilung, logarithmische. Tabelle: Logarithmisch normalverteilte Zufallsvariable X.

i	1	2	3	4	5	6
x_i	5	12	50	80	220	700
$z_i = \ln x_i$	1,6094	2,4849	3,9120	4,3820	5,3936	6,5511
$F(x_i) = \frac{100}{2 \cdot 6} + (i-1)\frac{100}{6}$	8,5	25	42	58	75	91,5

Kennwerte: Die Dichtefunktion f_x der l. N. verläuft asymetrisch (Bild 1), wobei die wenigen großen x-Werte den Mittelwert nach rechts verschieben. So sind zu unterscheiden

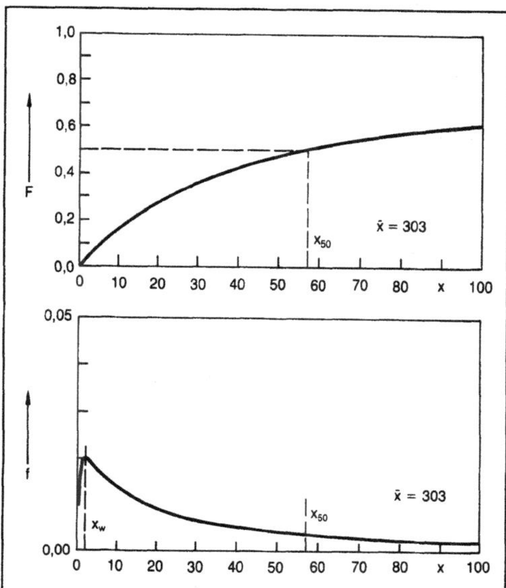

Normalverteilung, logarithmische 1: Dichtefunktion f(x) und Summenfunktion F(x) mit den Werten der Tabelle.

– der wahrscheinlichste Wert oder Modalwert x_w

$$x_w = e^{\bar{z} - \sigma_z^2}$$

– der Median x_{50}

$$x_{50} = e^{\frac{1}{n} \Sigma \ln x_i}$$

– der Erwartungswert oder Mittelwert $\bar{x}$

$$\bar{x} = e^{\bar{z} + 0{,}5\sigma_z^2}.$$

Bei technischen Systemen ist $\sigma_z \neq 0$ und $\sigma_z^2 > 0$.

Damit entsteht die Ungleichung

$$e^{\bar{z} - \sigma_z^2} < e^{\bar{z}} < e^{\bar{z} + 0{,}5\,\sigma_z^2}$$

$$x_w < x_{50} < \bar{x}$$

Der wahrscheinlichste Wert ist kleiner als der Median und dieser wiederum wird vom Mittelwert übertroffen.

Bei den z-Werten ist die Differenz zwischen der 84-%-Fraktile und dem Median gleich der Standardabweichung σ_z:

$$z_{84} - z_{50} = \sigma$$

Das bedeutet, daß die 84-%-Fraktile der x-Werte e^{σ_z}-mal so groß ist, wie der Median der x-Werte:

$$\ln \frac{x_{84}}{x_{50}} = \sigma_z; \frac{x_{84}}{x_{50}} = e^{\sigma_z}$$

Graphische Ermittlung von Mittelwert und Standardabweichung: Werden die Werte x_i einer logarithmisch normalverteilten Größe auf Wahrscheinlichkeitspapier mit logarithmisch geteilter Merkmalsachse aufgetragen, so können sie durch eine Gerade ausgemittelt werden. Dazu bekommt bei insgesamt n Meßwerten der i-te Wert die Ordinate

$$\frac{100}{2 \cdot n} + (i-1)\,\frac{100}{n}$$

In Bild 2 sind die Daten der Tabelle entsprechend behandelt. Der Median der x-Werte liegt offensichtlich in dem Intervall zwischen 55 und 60, das den berechneten Wert $x_{50} = 57{,}71$ einschließt. Das Verhältnis x_{84}/x_{50} bzw. x_{50}/x_{16} ergibt sich zu

$$\frac{360}{57} \approx \frac{57}{9{,}3} \approx 6.$$

Schrüfer

Literatur: Deutsche Risikostudie Kernkraftwerke. Studie im Auftrag des Bundesministeriums für Forschung und Technologie, 1979. – *Schrüfer, E.:* Zuverlässigkeit von Meß- und Automatisierungseinrichtungen. München 1984.

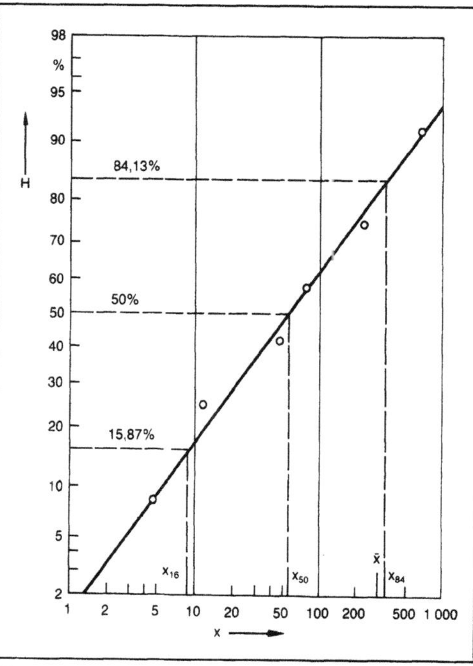

Normalverteilung, logarithmische 2: Darstellung der Meßwerte der Tabelle auf Wahrscheinlichkeitspapier; Median $x_{50} \approx 58$, Mittelwert $\bar{x} \approx 303$.

Normenkonformität. Erfüllt ein Erzeugnis, ein Verfahren oder eine Dienstleistung alle in einer technischen Norm vorgeschriebenen Anforderungen (Festlegungen, die zu erfüllende Kriterien vorgeben), liegt eine Übereinstimmung (Konformität) mit der Norm vor. Die N. kann durch eine eigenverantwortliche Konformitätserklärung, z. B. seitens eines Lieferanten, durch ein von einer Zertifizierungskörperschaft ausgestelltes Konformitätszertifikat oder geschütztes Konformitätszeichen nach außen dokumentiert werden.

Je vielseitiger das Angebot von Gütern wird, um so mehr bedürfen sowohl die nichtgewerblichen Verbraucher als auch die einzelnen Unternehmen (als Anbieter und Abnehmer) eindeutiger Warenkennzeichnungen und Warenbeschreibungen, durch die die Beschaffenheit einer Ware kenntlich gemacht (Warenkenntnis) und eine Vergleichbarkeit innerhalb einer Angebotspalette erreicht werden kann (Marktübersicht, Markttransparenz).

Eine wichtige Informationsquelle zum Erlangen besserer Warenkenntnisse und größerer Markttransparenz sind Aussagen zur N. und Produktinformationen. Für die Aussage der N. bestimmter Erzeugnisse, Verfahren oder Dienstleistungen gibt es in der Bundesrepublik Deutschland folgende Möglichkeiten:

□ Verwendung des Verbandszeichen DIN oder der DIN-Nummer im Sinne einer Konformitätserklärung.

Unter einer Konformitätserklärung ist hierbei die Feststellung eines Anbieters zu verstehen, der unter seiner alleinigen Verantwortlichkeit behauptet, daß sein Erzeugnis z. B. in Übereinstimmung mit einer bestimmten DIN-Norm ist. Bei Verwendung des Zeichens DIN muß das betreffende Erzeugnis darüber hinaus auch noch den sonstigen berechtigterweise zu stellenden Gebrauchsanforderungen genügen (§ 459 und § 633 BGB).

□ Verwendung des DIN-Prüf- und Überwachungszeichens (Bild 1) und des VDE-Zeichens (Bild 2) als Konformitätszeichen. Während ersteres in der Regel keinen Aussageschwerpunkt hat, ist das VDE-Zeichen ein sicherheitstechnisches Konformitätszeichen, speziell für elektrotechnische Erzeugnisse. Grundsätzlich ist ein Konformitätszeichen ein geschütztes Zeichen (Marke), das aufgrund durchgeführter Prüf- und Überwachungsmaßnahmen durch eine anerkannte Prüfstelle anzeigt, daß hinreichendes Vertrauen gegeben ist, daß das diesbezügliche Erzeugnis in Übereinstimmung mit einer bestimmten DIN-Norm, im Falle des VDE-Zeichens mit einer bestimmten DIN VDE-Norm, ist.

□ Führen eines Konformitätszertifikats, das allerdings nicht zum Führen eines Konformitätszeichens berechtigt, dessen Erteilung aber auf den gleichen Grundlagen basiert.

Normenkonformität 1: DIN-Prüf- und Überwachungszeichen.

Normenkonformität 2: VDE-Zeichen.

Konformitätszeichen und Konformitätszertifikate werden gemäß den Regeln eines Zertifizierungssystems von einer Zertifizierungskörperschaft auf der Grundlage eines zuvor nur für das betreffende Produkt (Produktgruppe) festgelegten Zertifizierungsprogramms vergeben. Voraussetzung ist, daß entsprechende Normen existieren, in denen alle wesentlichen Anforderungen an das Produkt (also Gebrauchs- und/oder Sicherheitsanforderungen, Leistungsdaten) und die zugehörigen Prüfverfahren enthalten sind. Das Zertifizierungsprogramm enthält detaillierte, produktspezifische Festlegungen über Art, Umfang und Häufigkeit der Prüfungen, Zahl und Umfang der Proben, Bestimmungen über die Eigen- und Fremdüberwachung, Geltungsdauer usw.

Im Falle des DIN-Prüf- und Überwachungszeichens und des Konformitätszertifikats werden alle Zertifizierungsprogramme in Zusammenarbeit zwischen der Deutschen Gesellschaft für Warenkennzeichnung (DGWK) als Zertifizierungskörperschaft und dem jeweils für die betreffende DIN-Norm zuständigen Normenausschuß des DIN Deutsches Institut für Normung e. V. aufgestellt. Träger des VDE-Zeichens ist der Verband Deutscher Elektrotechniker (→VDE) mit eigener Prüfstelle.

Beide Konformitätszeichen gehören aufgrund der vor der Vergabe durchzuführenden Prüfungen zu der großen Gruppe der Prüfzeichen.

Ein weiteres wichtiges Prüfzeichen ist das GS-Zeichen des Bundesministeriums für Arbeit und Sozialordnung (BMA). Dieses Sicherheitszeichen soll kenntlich machen, daß das betreffende Produkt den durch anerkannte Regeln der Technik (z. B. →DIN-Normen) konkretisierten sicherheitstechnischen Anforderungen des Gerätesicherheitsgesetzes entspricht.

Obwohl es in Deutschland derzeit über 200 verschiedene Prüfzeichen (einschließlich Güte- und Baustoffüberwachungszeichen) gibt, decken die unterschiedlichen Kennzeichnungen und Zertifikate doch nicht alle Verbrauchsgüter ab. Darüber hinaus werden z. T. auch direkte Informationen über bestimmte Eigenschaften der Produkte erwartet.

Die Produktinformation (PI) soll deshalb den Verbraucher über die wichtigsten Leistungsmerkmale (Kennzeichnungselemente) eines Produktes in einer für die Erzeugnisgruppe einheitlichen Form informieren. Zuständig für diese Art der Warenbeschreibung ist die Deutsche Gesellschaft für Produktinformation (DGPI), deren Geschäftsführung beim DIN liegt. Die von den Fachausschüssen der DGPI erarbeiteten Produktinformationen werden in den DIN-Mitteilungen (DIN Deutsches Institut für Normung e. V.) angezeigt und in der Reihe „Musterblätter für Produktinformationen" veröffentlicht. Entsprechend dem jeweiligen Musterblatt sollen alle geforderten Angaben über das Produkt in der vorgegebenen Reihenfolge in dem Anbieterkatalog (Prospekt) aufgeführt sein. Neben dem Musterblatt wird, bis auf einige wenige Ausnahmen, ein Teil der festgelegten Produktinformationen auszugsweise auf Anhängern bzw. Aufklebern am Erzeugnis oder an der Verpackung wiedergegeben. Der Aufkleber besitzt einen gelben Grund und schwarze Schrift. *Krieg*

Literatur: Zertifizierung der Normenkonformität. Berlin: Deutsche Gesellschaft für Warenkennzeichnung GmbH. – Normenheft 10. Grundlagen der Normungsarbeit des DIN. 5. Aufl. Berlin 1987 - DIN EN 45020, Allgemeine Fachausdrücke und deren Definitionen betreffend Normung und damit zusammenhängende Tätigkeiten (Aug. 1991) - DIN 40010, Prüfzeichen des VDE; Kennzeichnung an Betriebsmitteln (Aug. 1990) - ISO/IEC Guide 16–1978. Grundsätze für unabhängige Zertifikationssysteme und diesbezügliche Normen (in englischer Sprache)[1]) - ISO/IEC Guide 28–1982. Allgemeine Regelungen für ein unabhängiges Produktzertifizierungssystem (Modell) (in englischer Sprache) - ISO/IEC-Guide 36–1982. Erarbeitung von genormten Verfahren zur Prüfung von Gebrauchsmerkmalen von Konsumgüterm (SMMP). DIN-Fachbericht 24. Berlin, 1989 - ISO/IEC Guide 42–1984. Leitsätze zum schrittweisen Entstehen eines internationalen Zertifizierungssystem (in englischer Sprache)[1]) – ISO/IEC Guide 44–1985. Allgemeine Grundsätze für unabhängige internationale Zertifizierungsprogramme für Produkte im Rahmen von ISO und IEC (in englischer Sprache)[1]) – Normung, Zertifizierung, Zulassungsverfahren in Japan. DIN-Normungskunde Bd. 19. Berlin 1984 - Zertifizierung in Europa - Meinungen und Perspektiven. DIN-Manuskriptdruck. Berlin, 1989 - DGPI 10001/79. Richtlinien für Produktinformationen in der Bundesrepublik Deutschland. Berlin - *Berghaus, H.*: Die Grundlagen der Europäischen Zertifizierungspolitik – Konsequenzen für EG-Staaten und Drittländer. In: DIN-Mitt. 70 (1991) Nr. 4, S. 214–217. - *Böshagen, U.*: Normung und Zertifizierung im EG-Binnenmarkt 1993 – Analyse und Prognose. In: DIN-Mitt. 71 (1992), Nr. 1, S. 24–27. - *Kleinert, R.*: Marktzugang durch Nachweis der Normenkonformität. In: DIN-Mitt. 71 (1992) Nr. 1, S. 17-23. - *Volkmann, D.*: Bedeutung von Prüfzeichen für die Produktqualität. In: DIN-Mitt. **65** (1986), Nr. 3, S. 171 bis 172. – *Weissinger, R.*: Industrielle Normung in der Volksrepublik China im Rahmen der Modernisierungspolitik 1978–1983. DIN-Normungskunde. Bd. 24. Berlin 1985.

NOR-Verknüpfung. (*engl.* NOT OR, nicht oder, auch *Pierce*-Funktion genannt) →Logikfunktion der Disjunktion mit nachfolgender Negation des Ausgangssignals. Sie wird durch die Verknüpfungsfunktion

$$A = \overline{E_1 + E_2 + \ldots + E_n},$$

$$A = \overline{E_1 \vee E_2 \vee \ldots \vee E_3\, E_n}$$

der Variablen $E_1 \ldots E_n$ gekennzeichnet und durch das NOR-Gatter schaltungstechnisch ausgeführt (Bild). Es besteht aus einem ODER-Gatter mit nachgeschaltetem Negator. Der Ausgang hat nur dann ein 1-Signal, wenn alle Eingangssignale 0-Signal führen, sonst erscheint 0-Signal am Ausgang. Bei verbundenen Eingängen arbeitet das →Gatter als Negator, ebenso, wenn alle Eingänge bis auf einen 0-Signal führen. Durch Nachschalten eines Negators entsteht aus dem NOR-Gatter das ODER-Gatter. Bei Negation der Eingangssignale ergibt sich nach dem Satz von *De-Morgan* ein UND-Gatter. Auf diese Art können alle logischen Grundfunktionen auch mit NOR-Gattern ausgeführt werden. Sie finden sich deshalb als Grundbaustein in nahezu allen Schaltkreisfamilien; eine besonders günstige Schaltungslösung bietet die →ECL. *R. Paul*

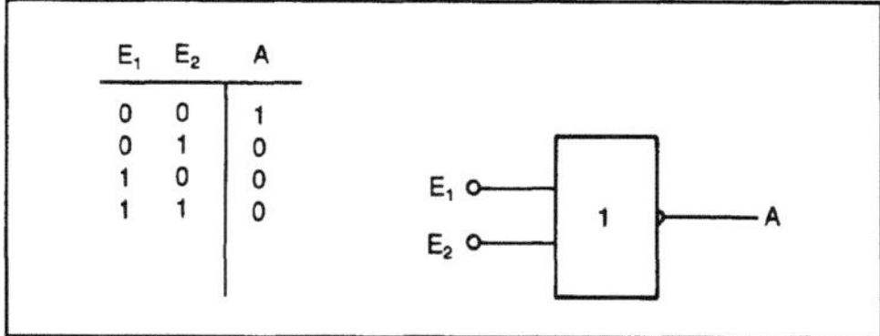

E_1	E_2	A
0	0	1
0	1	0
1	0	0
1	1	0

NOR-Verknüpfung: Funktionstabelle und Schaltungssymbol.

NOVRAM, NVRAM. (*engl.* Nonvolatile Random Access Memory, nichtflüchtiger Speicher mit wahlfreiem Zugriff). Obwohl der Begriff z. T. verschieden verwendet wird, versteht man darunter immer eine spezielle nichtflüchtige Form des Halbleitervariablenspeichers, die aus einer Kombination eines →SRAM und eines E^2PROM (oder →EAROM) in einem Gehäuse besteht (Bild). Er arbeitet insgesamt wie ein nichtflüchtiger Speicher. Bekannt sind zwei typische Formen des NOVRAM:

□ Die Daten werden sehr schnell in den SRAM eingeschrieben und dann langsamer an eine

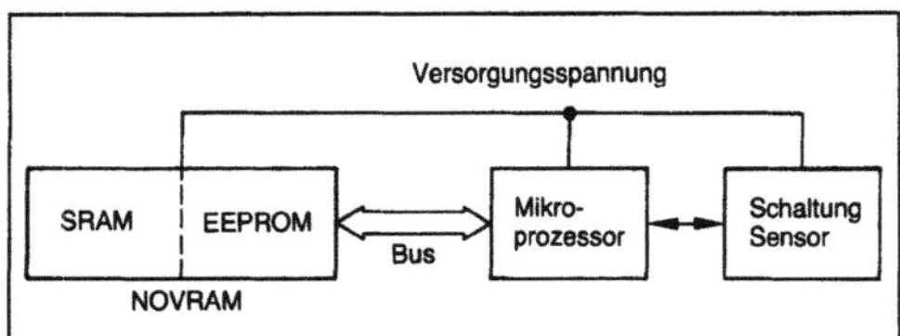

NOVRAM: Funktionsprinzip am Beispiel einer Deuerschaltung zum Erkennen des Spannungsausfalls.

gewünschte Stelle des E²PROM übertragen (konsequenter müßte diese Form als RAM-E²PROM bezeichnet werden).

□ Jede →Speicherzelle besteht aus einem statischen RAM- und E²PROM-Teil. Im Normalbetrieb (Lesen, Schreiben) arbeitet man nur mit dem →RAM. Gleichzeitig wird im Hintergrund – zeitlich langsamer und deswegen verzögert – die gerade in der RAM-Zelle vorhandene Information in den E²PROM übernommen. Fällt plötzlich die Spannung aus, so bleibt die zuletzt im RAM eingespeicherte Information erhalten. Bei Wiederkehr der Spannung sorgt eine Mikrorechnersteuerung dafür, daß die Information wieder in den RAM übernommen wird.

Der Vorteil dieser nichtflüchtigen Speicher besteht darin, daß sie die kleinen Schreib- und Lesezugriffszeiten des RAM haben und dennoch die Information langzeitlich speichern.

In dieser Kategorie muß schließlich auch das CMOS-RAM mit ins Gehäuse eingebauten Lithium-Batterien für eine Standzeit von etwa zehn Jahren genannt werden. Hier arbeitet die Batterie als Spannungspuffer. Sie werden anschlußkompatibel zu RAM und →EPROM angeboten und erlauben, den RAM durch einen „nichtflüchtigen" Speicher zu ersetzen.

NOVRAMs werden wegen des erforderlichen Langzeitspeicherprinzips (→MNOSFET) und der erforderlichen geringen →Verlustleistung durchweg nur in →MOS-Technik angeboten. *R. Paul*

NTC-Thermistor →Heißleiter

NTC-Widerstand →Heißleiter

NTSC. Ein Farbübertragungsstandard, benannt nach seinem Erfindergremium National Television System Committee (NTSC) der USA, der seit 1954 der Ergänzung des Schwarz-Weiß-Fernsehsystems (Standard M) um Farbinformation dient. Der herkömmliche Schwarz-Weiß-Empfänger hat hierdurch keine Qualitätsminderung (Abwärtskompatibilität), der Farbfernsehempfänger jedoch zeigt ein vollwertiges Farbbild.

Im Schwarz-Weiß-Standard wird das Luminanzsignal U_Y übertragen. Hinzu kommen nun die Farbdifferenzsignale $U_{R-Y} = U_R - U_Y$ und $U_{B-Y} = U_B - U_Y$, die für unbunte Bildinhalte verschwinden (→Fernsehsystem). Diese werden auf einen Farbträger moduliert und zum Luminanzsignal addiert. Dies ist in Bild 1 anhand einer Bildzeile für ein Farbbalkensignal nach der Tabelle gezeigt.

Werden zu dem Schwarz-Weiß-Signal (Y-Pegel, vgl. Tabelle) im ersten Bild die Farbdifferenzsignale addiert, so entsteht eine Übersteuerung um ca. 80 %. Daher werden diese mit einem Skalierungsfaktor versehen, so daß die Übersteuerung beider Ampli-

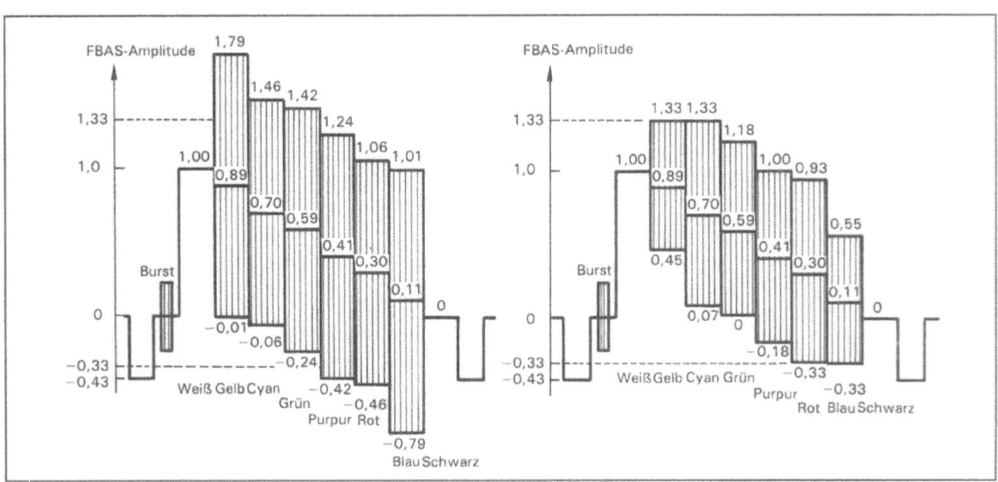

NTSC 1: Amplitudenskalierung der Farbdifferenzsignale zur Vermeidung von Überpegeln des FBAS-Signals. Das linke Bild zeigt die unskalierte Addition des Farbsignals zum Luminanzsignal, im rechten Bild wurden die skalierten Farbdifferenzsignale U_U, U_V bzw. U_I, U_Q moduliert und zur Luminanz addiert.

NTSC. Tabelle: Farbbalkensignal bei 100% gesättigten Farben ohne und mit Amplitudenskalierung der Farbdifferenzsignale.

	R	G	B	Y	B−Y	R−Y	$\lvert F_D \rvert$	U	V	$\lvert F_{UV} \rvert = \lvert F_{JQ} \rvert$
Weiß	1	1	1	1,00	0,00	0,00	0,00	0,00	0,00	0,00
Gelb	1	1	0	0,89	−0,89	0,11	0,90	−0,44	0,10	0,44
Cyan	0	1	1	0,70	0,30	−0,70	0,76	0,15	−0,63	0,63
Grün	0	1	0	0,59	−0,59	−0,59	0,83	−0,29	−0,52	0,59
Purpur	1	0	1	0,41	0,59	0,59	0,83	0,29	0,52	0,59
Rot	1	0	0	0,30	−0,30	0,70	0,76	−0,15	0,62	0,63
Blau	0	0	1	0,11	0,89	−0,11	0,90	0,44	−0,10	0,44
Schwarz	0	0	0	0,00	0,00	0,00	0,00	0,00	0,00	0,00

$\lvert F_D \rvert = \sqrt{(B-Y)^2 + (R-Y)^2}$, $\lvert F_{UV} \rvert = \sqrt{U^2 + V^2}$ und $\lvert F_{JQ} \rvert = \sqrt{J^2 + Q^2}$

tudenvorzeichen maximal 33 % beträgt. Die derart skalierten Farbdifferenzsignale werden mit U und V bezeichnet.

$U = 0{,}493\,(B-Y)$ und $V = 0{,}877\,(R-Y)$

Die Bezeichnung U und V wird in der →Fernsehtechnik allerdings zur Vereinfachung der Schreibweise oft auch für die unskalierten Farbdifferenzsignale verwendet.

In Bild 2 sind die Farbdifferenzsignale U und V als Achsen eines Koordinatensystems der Farben aufgetragen. Jedem Punkt entspricht eine →Farbart, gekennzeichnet durch Farbton und Farbsättigung. In Polarkoordinaten entspricht der Winkel dem Farbton und der Radius der Sättigung. Abnehmende Sättigung entspricht zunehmendem Weißanteil. Im Ursprung liegen die unbunten Farben verschwindender Sättigung (Grautöne), in seiner Umgebung die Pastellfarben. Die Farbdifferenzsignale können beide Vorzeichen annehmen.

Bei NTSC werden nicht U und V übertragen, sondern die Koordinaten der um 33° dagegen gedrehten Achsen Q und J. Da der menschliche Gesichtssinn für Farbänderungen in Richtung der Q-Achse weniger empfindlich ist, braucht hier auch nur gröbere Struktur, d. h. geringere →Bandbreite übertragen zu werden. Daher werden das J-Signal auf ca. 1,3 MHz und das Q-Signal auf ca. 0,6 MHz begrenzt. Die Videobandbreite beträgt 4,2 MHz (Standard M).

Die beiden Signale U_Q und U_J werden nun einem Farbträger aufmoduliert unter Berücksichtigung von Amplitude und Phase. Dieses Verfahren heißt Quadraturamplitudenmodulation (QAM). Hierzu wird U_J einer Farbträgerschwingung aufmoduliert und U_Q einer dagegen um 90° gedrehten Trägerschwingung gleicher Frequenz. Die Trägerschwingungen werden unterdrückt, so daß bei unbuntem Bildinhalt das Farbsignal verschwindet. Die Farbsättigung ist in der Amplitude codiert, der Farbton im Phasenwinkel. In Bild 2 bilden die beiden Träger zwei zueinander orthogonale, feststehende Zeiger in Richtung der J- und Q-Achsen.

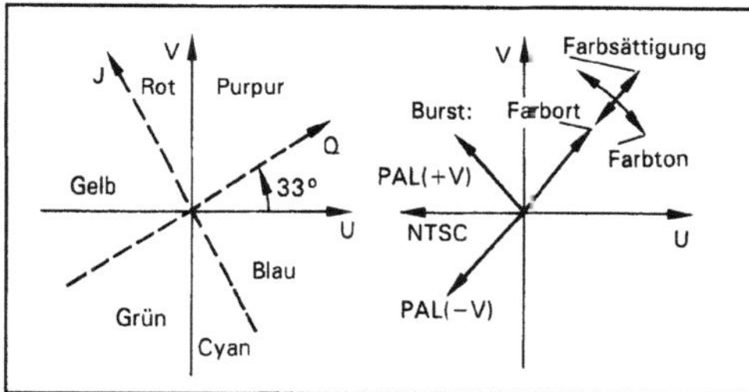

NTSC 2: Farbachsen J, Q des NTSC-Systems und U, V des PAL-Systems sowie die zugehörigen Burst-Signale. Der Farbträger ist stets in Phase mit der positiven U-Achse.

Für die Demodulation werden Amplitude und Phase des (unterdrückten) Farbträgers benötigt. Diese werden dem Burst am Anfang jeder Zeile entnommen (Bild 1). Der Burst besteht aus ca. zehn Farbträgerschwingungen.

Mit der Farbträgerfrequenz ω_F lautet das vollständige modulierte Farbsignal

$$U_{mod} = U_Y + U_J \cos(\omega_F t + 33°) + U_Q \sin(\omega_F t + 33°)$$
$$U_J = -U_U \sin 33° + U_V \cos 33°$$
$$U_Q = U_U \cos 33° + U_V \sin 33°.$$

Das Spektrum des Luminanzsignals enthält die Vielfachen der Zeilenfrequenz f_H aufgrund der Synchronisationspulse und teilweise ähnlicher Bildinhalte benachbarter Zeilen. Ebenso enthält das Spektrum der Farbdifferenzsignale die Vielfachen der Zeilenfrequenz. Man legt daher den Farbträger zwischen zwei Vielfache der Zeilenfrequenz $f_F = 227{,}5\ f_H$. Die Spektren von Chrominanz und →Luminanz sind dann zumindest bei hinreichender Zeilenperiodizität des Bildinhalts verkämmt und können mit einem sog. Kammfilter wieder voneinander getrennt werden.

Es betragen die Teilbildfrequenz f_V = 59,94 Hz, die Zeilenfrequenz f_H = 15 734,264 Hz und die Farbträgerfrequenz f_F = 3 579,545 Hz. Die Bandbreite des Farbsignals beträgt 620 kHz im oberen und 1 300 kHz im unteren Seitenband.

Ein Nachteil von NTSC ist die Farbtonverfälschung bei Phasendifferenzen zwischen Burst und Farbsignal. Solche Fehler können auf der Übertragungsstrecke entstehen. Besonders kritisch sind amplitudenabhängige Phasendrehungen, sog. differentielle Phasenfehler. Bereits 5° Phasenfehler sind als Farbtonfehler sichtbar. *Grigat*

Literatur: *Mäusl, R.*: Fernsehtechnik. Heidelberg 1991. – *Morgenstern, B.*: Farbfernsehtechnik. Stuttgart 1983. – *Wendland, B.* und *H. Schröder*: Fernsehtechnik. Heidelberg 1991.

Nur-Lese-Speicher →ROM

Nyquist-Bedingung. In einer rückgekoppelten Anordnung besteht häufig die Gefahr der Instabilität. Dies drückt sich in der Gesamtverstärkung

$$\underline{v}' = \frac{\underline{v}}{1 - \underline{kv}} = \frac{\underline{v}}{1 + \underline{\beta v}}$$

aus, wobei die rechte Form ($\beta = -\underline{k}$) die für →Gegenkopplung häufig verwendete Schreibweise ist. Die →Barkhausen-Gleichung führt dann auf die Bedingung für die Schleifenverstärkung

$$\underline{\beta v} = -1.$$

Für die Stabilitätsuntersuchung ist die Bewertung von Betrag und Phase der Schleifenverstärkung nach dem Stabilitätskriterium von *Nyquist* sehr geeignet: Die Schaltung ist dann stabil, wenn der Punkt (–1, jo) beim Durchlauf $\omega = 0 \ldots +\omega$ stets links von der Ortskurve $\underline{F}(j\omega) = \underline{\beta v}$ bleibt (Bild).

Gleichwertig mit dieser Aussage muß für Stabilität die Phasenkennlinie $\varphi(\omega)$ der offenen Schaltung bei der Transitfrequenz ω_T (Frequenz, bei der $|\underline{F}(\omega)|$ die 0 dB oder |1|-Wert schneidet) oberhalb von –180° liegen. Die Differenz φ_R zu –180° heißt →Phasenrand (bei der Schnittfrequenz ω_s), bei einer stabilen Schaltung ist der Phasenrand immer positiv. Der Phasenrand bestimmt das Überschwingen der Übergangsfunktion. Üblicherweise wird der Phasenrand zu $\varphi_R = 45°$ gewählt. *R. Paul*

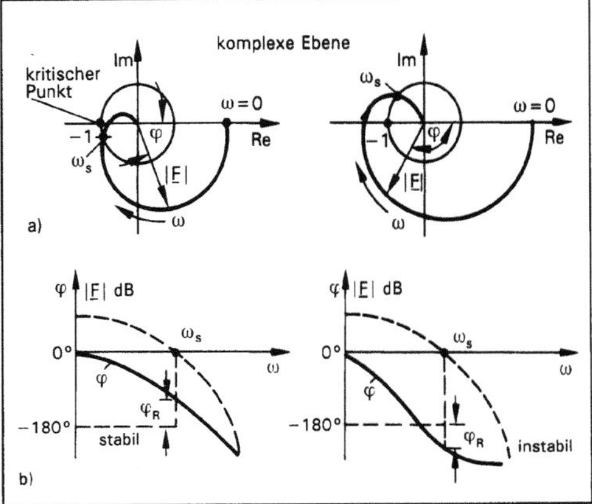

Nyquist-Bedingung: Schematische Darstellung
a) Ortskurven
b) Amplituden- und Phasengänge (φ_R = Phasenrand).

O

Oberfläche. O. und Grenzflächen spielen in der Mikroelektronik und Mikrosystemtechnik eine bedeutende Rolle. Ihre räumliche Topografie, ihre elektrischen, mechanischen und Wärmeleitungseigenschaften bestimmen weitgehend die Spezifikationen von Bauelementen mit →dünnen Schichten, von →Kontaktwerkstoffen, in der →Aufbau- und Verbindungstechnik und vor allem in der Meßtechnik mit Sensoren. Mit fortschreitender →Miniaturisierung verlangen die Herstellungsprozesse der Halbleitertechnologie, der →Hybridtechnik und der →Leiterplattentechnik eine hohe Qualität der Oberflächen. So dürfen Substrate mit →Feinstleiterbahnen nur noch Oberflächenfehler in der Größenordnung von μm^2 aufweisen.

Die chemische Analyse der O. erfolgt mittels der Auswertung charakteristischer Energie- oder Wellenlängenspektren von Röntgen- oder Teilchenstrahlen, die durch Elektronen- oder Ionenstrahlen angeregt werden (Elektronenmikroskopie und Ionenstrahlmethoden). Entweder ist eine hohe Tiefenauflösung erforderlich, Beispiel Auger-Elektronenspektroskopie der obersten Atomlage, oder lokale →Fehler sind mittels eindringender →Fokussierung zu bestimmen, Beispiel energiedispersive Röntgenanalyse. Die Raster-Tunnelmikroskopie ermöglicht die Rekonstruktion einzelner Atome in einer O. Aus der Anordnung der Atomreihen kann auf das →Gefüge eines Kristallkorns in einer polykristallinen Metallschicht geschlossen werden, ohne daß eine zerstörende Präparation erforderlich wäre. *Hieber*

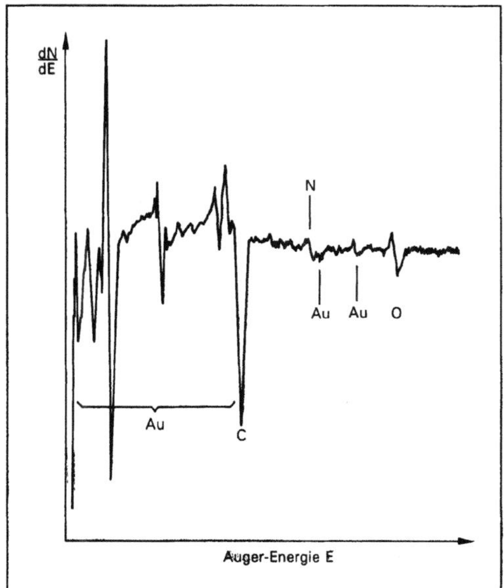

Oberfläche: AES einer kontaminierten Au-Oberfläche (mit C, O).

Oberflächenbauelement →SAW-Bauelement

Oberflächendefekt. Abweichung der Atomanordnung in einer Oberfläche von einem ideal gedachten Schnitt durch das kristalline Volumen. Wichtige Beispiele sind Stufen und Löcher. *Heinz*

Oberflächenfeldeffekttransistor →Feldeffekttransistor

Oberflächenmontage. Bauelemente der →Mikroelektronik werden über elektrische Kontakte in Gestalt von Drähten oder Bändchen oder von Anschlußflächen (Bauelemente) mit der elektrischen Umgebung in der Schaltkreisebene der →Hybridintegration sowie der →Leiterplattentechnik verbunden.

Mit fortschreitender →Miniaturisierung verlieren die größeren, bedrahteten Bauelemente gegenüber den Chip-, MELF- und SOT-Bauformen an Boden. Integrierte Bauelemente werden direkt vom Gurt auf →Zwischenträger aufgesetzt (*engl.* Tape-Automated-Bonding).

Bedrahtete Bauelemente werden in durchkontaktierte Leiterplatten eingesteckt und verlötet. Unbedrahtete Bauelemente werden auf Anschlußflächen von Leiterplatten mit oder ohne Eintrag einer Klebverbindung aufgesetzt und anschließend verlötet (→Reflow-Löten, →Wellenlöten, →Mikroklebetechnik). Auch Chip-Carrier, Zwischenträger werden auf der Oberfläche von Leiterplatten montiert (→Bestückung). *Hieber*

Oberflächenwellenfilter →SAW-Bauelement

Oberflächenzustand. Elektronischer Zustand für ein Festkörperelektron im Oberflächenbereich des Festkörpers.

Die einseitige Abtrennung von atomaren Bindungspartnern und der entsprechende Bruch der Translationssymmetrie des Festkörpers bei der Herstellung einer Oberfläche (Schnitt durch das Volumen) modifiziert die Eigenschaften eines Oberflächenelektrons gegenüber denen eines Elektrons im Volumen. Insbesondere werden dadurch Energieniveaus besetzbar, die im Volumen verboten sind, d. h. dort im verbotenen Energieband liegen (→Bändermodell). O. spielen z. B. eine wichtige Rolle in Grenzflächen von Halbleiterbauelementen, deren Eigenschaften sie drastisch beeinflussen können.

Heinz

Literatur: *Heiland, G.*: Elektronische Zustände und freie Valenzen an Halbleiteroberflächen. Festkörperprobleme 3 (1964) Nr. 125.

Oberschwingung bei Stromrichtern →Gleichspannungs-/Gleichstrom-Oberschwingung, →Netzrückwirkung.

OEIC (*engl.* **O**pto-**E**lectronic-**I**ntegrated-**C**ircuit) →Integrierte Optik

Öffner. Auch Ruhekontakt als →Kontakt eines elektromechanischen →Relais oder Schalters, der geöffnet ist, wenn das Schaltbauteil im Arbeitszustand und geschlossen, wenn es im Ruhezustand ist.

Im Fall des monostabilen Relais bedeutet dies, daß der Ö. bei erregter Spule geöffnet, bei unerregter geschlossen ist.

Rauterberg

Offset. (*engl.* off, weg, to set, setzen) Unerwünschte Änderung einer elektrischen Größe gegenüber ihrem Bezugswert am Ausgang eines Verstärkers oder steuerbaren Bauelementes bei Eingangssignal Null. Der Begriff wird vorrangig auf die Ausgangsspannung eines Gleichspannungsdifferenzverstärkers angewendet. Als Offsetspannung bezeichnet man dann diejenige Spannung, die an den Eingang gelegt werden muß, damit die Ausgangsspannungsänderung verschwindet. Die Offsetspannung tritt grundsätzlich bei jedem integrierten →Operationsverstärker auf. Sollte sie für bestimmte Anwendungen z. B. in der Meßtechnik stören, so kann sie durch externe Schaltungsmaßnahmen (→Offsetkompensation) kompensiert werden. Wird eine solche →Kompensation bereits im (integrierten) Operationsverstärker durchgeführt (z. B. in Form eines von Zeit zu Zeit durchgeführten automatischen Abgleiches), so spricht man oft von Präzisions- oder selbstabgleichenden Operationsverstärker. Die Offsetspannung hängt sehr von der Temperatur und Betriebsspannung ab. Durch Alterungseffekte kann sie langzeitlich driften.

R. Paul

Offset-Abtastung →Fernsehsystem

Offset-Drift →Offsetkompensation

Offsetkompensation. Unter O. versteht man in der Verstärkertechnik die Kompensation von Fehlerspannungen oder Fehlerströmen durch Offsetspannungen oder -ströme. Dies ist von Bedeutung bei Regelschaltungen, z. B. zur →Drehzahlregelung von elektrischen Antrieben, bei denen als Drehzahlregler ein →Operationsverstärker in Differenzverstärkerschaltung eingesetzt wird. Wenn hier die Differenz von Soll- und Istwert Null ist, darf durch innere Fehler des Verstärkers keine Differenz vorgetäuscht werden.

In Differenzverstärkerschaltungen werden meist Transistorpaare eingesetzt (Bild). In dieser Schaltung ist die Ausgangsspannung nicht genau gleich Null, wenn die Differenzspannung Null ist, weil die Basis-Emitterspannungen nicht exakt gleich sind. Im Schaltbild sind Möglichkeiten der Kompensation gezeigt:

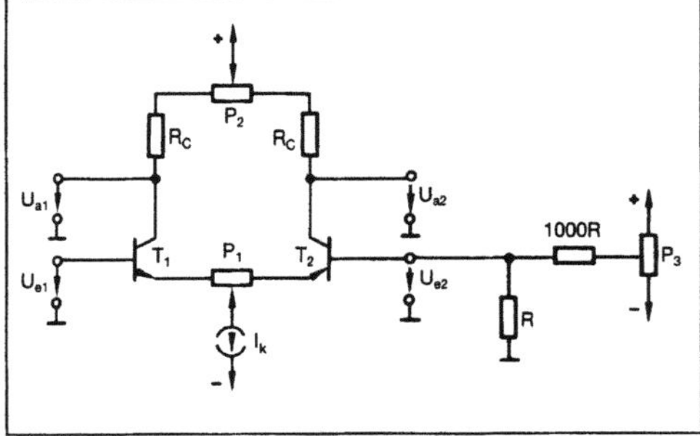

Offsetkompensation: Differenzverstärker mit Nullpunkteinstellern zur O.

□ Mit Potentiometer P1 werden Unterschiede der Basis-Emitterspannungen durch die Emitterwiderstände ausgeglichen oder

□ Durch Potentiometer P2 werden die Kollektorströme verschieden groß gemacht und damit die Basis-Emitterspannungen ausgeglichen oder

Offsetkompensation. Tabelle: Beispiele für Werte der Offsetspannung und Temperaturdrift.

	Wert für			
	Standardverstärker		Spezialverstärker	
Größe	Bipolar	Fet	Bipolar	Fet
Offsetspannung U_O	1 mV	3 mV	10 μV	200 μV
Offsetspannungsdrift $\Delta U_O/\Delta \Xi$	6 μV/K	5 μV/K	0,2 μV/K	5 μV/K

□ Falls nur ein Eingang benötigt wird, kann an den anderen Eingang eine Kompensationsspannung gelegt werden, die über das Potentiometer P3 abgeglichen wird.

Die beiden Transistoren haben außerdem bei gleichem Kollektorstrom nie gleiche Temperaturkoeffizienten, so daß eine temperaturbedingte Drift der Offsetspannung auftritt. Die hierdurch bedingte Differenzspannung wird wie das Nutzsignal verstärkt. Wenn dieser Fehler ausgeschaltet werden muß, setzt man monolithische Doppeltransistoren ein, die auf gleiche Werte ausgesucht sind. Bei diesen kann auch von gleichen Werten der Umgebungstemperatur und damit gleicher Temperaturdrift ausgegangen werden (Tabelle). *H. Stüben*

Offsetspannung →Offsetkompensation

Operationsverstärker. Linearer Gleichspannungsverstärker mit sehr hohem →Verstärkungsfaktor (Offenschleifenverstärkung) und möglichst großer →Grenzfrequenz bei großem Eingangs- und kleinem Ausgangswiderstand. Der O. ist die universellste Baugruppe der →Analogtechnik und wird heute fast nur noch als monolithische Schaltung mit einem sehr großen Variationsbereich typischer Eigenschaften angeboten. Ursprünglich für die Analogrechentechnik entwickelt (Rechenverstärker!), können mit dem O. wegen seiner hohen Verstärkung eine Fülle typischer Übertragungseigenschaften realisiert werden, die nur von der äußeren Beschaltung mit zwei Impedanzen $\underline{Z}_2$, $\underline{Z}_1$ abhängen.

Heute ist der O. das grundlegende Element der Analogschaltungstechnik und dadurch auch Bestandteil vieler komplexerer Schaltkreise, wie z. B. Filter, →Multiplizierer, →A/D-Wandler u. a. Aufbaumäßig besteht er im Regelfall aus einer Differenzstufe am Signaleingang (→Differenzverstärker), einer nachfolgenden Koppelstufe und einer Endstufe, meist komplementär als →Gegentaktschaltung ausgeführt (Bild 1). Schaltungstechnisch sind z. B. als Lastelemente Konstantstromquellen sehr verbreitet. Dieser typische Aufbau trifft sowohl auf bipolare als auch MOS-O. zu.

O. haben üblicherweise zwei Signaleingänge (invertierend, nicht invertierend) sowie einen Ausgang und erfordern eine geteilte Versorgungsspannung (Bild 2). Für die zwischen beiden Eingängen liegende Differenzspannung ist die (Differenz-)Verstärkung am größten, für eine zwischen beiden Klemmen und Masse liegende (Gleichtakt-)Spannung ist die (Gleichtakt-)Verstärkung sehr klein.

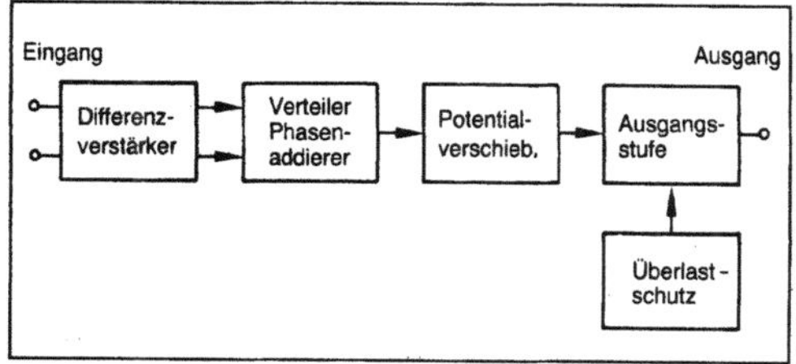

Operationsverstärker 1: Prinzipieller Aufbau.

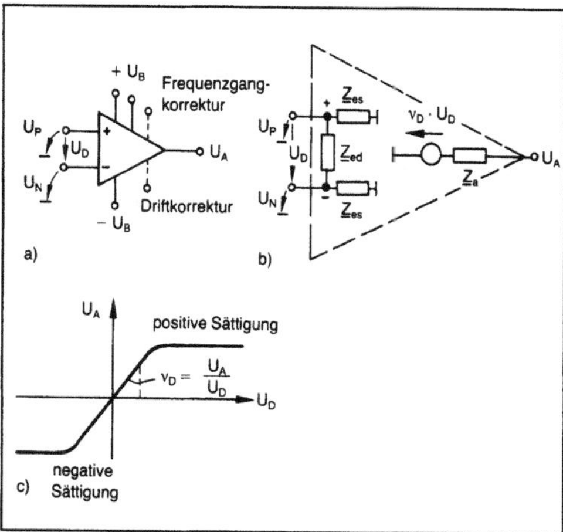

Operationsverstärker 2: Schematische Darstellung.
a) Prinzipschaltung
b) Ersatzschaltung des realen Operationsverstärkers
c) Übertragungs-Kennlinie.

Wichtige Parameter des O. sind:
- die Differenzverstärkung (ideal ∞, real Größenordnung 10^5–10^6)
- die Gleichtaktverstärkung (ideal 0, real $\leqq 10^2$) oder besser durch die Gleichtaktunterdrückung gekennzeichnet (typisch 80–100 dB)
- Offsetspannung und -strom (ideal Null, real in der Größenordnung 1–10 mV bzw. ≦0,1 nA)
- das →Verstärkung-Bandbreite-Produkt (real 1–500 MHz)
- die Anstiegsrate (Slew-Rate) der Ausgangsspannung als Reaktion auf eine impulsförmige Eingangsspannungsänderung (ideal ∞, real 1–1 000 V/µs)
- die mittlere Ausgangsspannung (typisch +/– 10–15 V an R_a = 1 kΩ)
- die Rauschzahl.

Die Tabelle 1 gibt eine Übersicht typischer Werte von O. ausgeführt in verschiedenen Technologien. Bipolare Schaltungstechniken kommen hauptsächlich für Präzisions-Operationsverstärker zum Einsatz, wobei sich durch FET-Eingangsstufen (BIFET) manche Eigenschaften (z. B. →Offset, →Rauschen) deutlich verbessern lassen. Operationsverstärker in →MOS-Technik – besonders →CMOS-Technik – haben in den letzten Jahren deutlich an Bedeutung gewonnen, hauptsächlich in größeren Systemen.

Neben dem heute breiten Angebot verfügbarer Universaloperationsverstärker stehen für Spezialanwendungen eine Reihe von Typen mit speziellen Eigenschaften bereit:

Operationsverstärker. Tabelle 1: Typische Daten integrierter O.

	Bipolar-Standardausführung	FET-Eingangsstufe	NMOS	CMOS
Differenzverstärkung	$(20\ldots500)\cdot10^3$	$< 300\cdot10^3$	$< 10\cdot10^3$	$10\ldots30\cdot10^3$
Gleichtaktunterdrückung (dB)	60 . . . 120	60 . . . 140	< 80	< 100
Gleichtakt-Eingangswiderstand ($\sim Z_{es}$, MΩ)	> 10	> 100	$> 10^4$	$> 10^4$
Differenz-Eingangswiderstand ($\sim Z_{ed}$, MΩ)	> 1	≈ 100	$> 10^3$	$> 10^3$
Verstärkungs-Bandbreiteprodukt (MHz)	1 . . . 5	< 100	< 50	< 50
Anstiegsrate (V/μs)	< 300	< 50	≈ 30	< 50
Offsetspannung (mV)	< 0,2	< 1	< 5	< 1

□ O. mit →SFET als Eingangsstufe für extrem geringes Rauschen programmierbare O., bei denen durch externe Einstellung die Betriebsleistung gesenkt werden kann oder sich die Verstärkung einstellen läßt,
□ O. für eine Versorgungsspannung oder solche für sehr hohe Betriebsspannungen,
□ O. mit Differenzstromeingang durch eine →Konstantstromquelle am Eingang (Schaltung oft als Nortonverstärker bezeichnet, erfordert nur eine Versorgungsspannung),
□ O. mit automatischer Offsetkompensation u. a.

Mit O. können durch ein zusätzliches lineares oder nichtlineares Gegenkopplungsnetzwerk zahlreiche Funktionen realisiert werden. Darauf gründet sich seine große Anwendungsbreite. *R. Paul*

Literatur: *Millman, J.* and *A. Grabel:* Microelectronics. New York 1986. – *Tietze, U.* und *Ch. Schenk:* Halbleiterschaltungstechnik. Berlin 1985.

Grundschaltungen. Grundsätzliche Schaltanordnungen bestehend aus einem O. und einem linearen oder nichtlinearem Gegenkopplungsnetzwerk. Abhängig von der Einspeisung des Signals gibt es folgende Grundschaltungen (Bild 3):
□ die invertierende Schaltung (Umkehrverstärker) mit dem Verstärkungsfaktor

$$v = -\frac{R_2}{R_1} \text{ und}$$

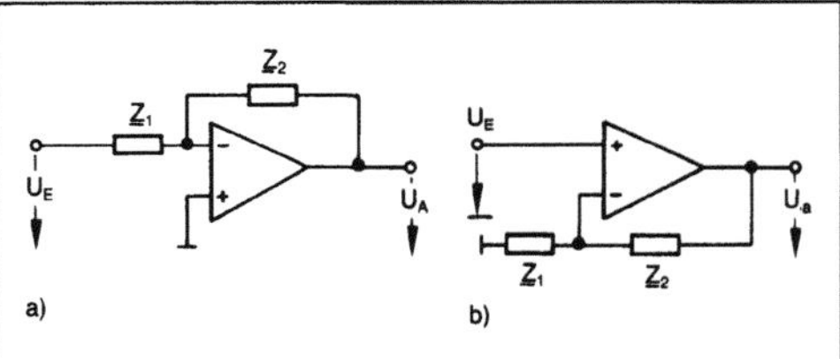

Operationsverstärker 3: Grundschaltungen.
a) invertierende Schaltung
b) nichtinvertierende Schaltung.

□ die nichtinvertierende Schaltung (Elektrometerverstärker) mit dem Verstärkungsfaktor

$$v = +\frac{R_2}{R_1} + 1.$$

In beiden Fällen hängt die Verstärkung nur von den Eigenschaften der Gegenkopplungselemente, nicht den Verstärkereigenschaften ab (gilt nur bei annähernd idealem Verstärker). Im Falle der invertierenden Schaltung ist die Eingangsdifferenzspannung (wegen der hohen Verstärkung) sehr klein gegen die Eingangsspannung U_E, deshalb bestimmt etwa R_1 den Eingangswiderstand der Schaltung. Die nichtinvertierende Schaltung hat dagegen einen sehr hohen Eingangswiderstand. Praktisch kann das Gegenkopplungsnetzwerk aus den Impedanzen $\overline{Z}_1$ und $\overline{Z}_2$ bestehen, dann ergibt sich für $\overline{Z}_2 = R_2$, $\overline{Z}_1^{-1} = jwC_1$)

ein Differenzierglied, und für $\overline{Z}_2 = (jwC_2)^{-1}$, $\overline{Z}_1 = R_1$ ein Integrierglied. Die Überlagerung mehrerer Eingangsgrößen führt zum Summierverstärker, ein nichtlinearer Widerstand Z_2 (→Halbleiterdiode) zum logarithmischen Verstärker, ein Diodennetzwerk um den Verstärker zu einer Knickkennlinie (Präzisionsgleichrichter) u. a. m. Dies zeigt die Vielfalt von Übertragungseigenschaften, die sich so realisieren läßt. *R. Paul*

Anwendungen. Die große Einsatzbreite des O. beruht vor allem darauf, daß er wegen der hohen Verstärkung nur in Verbindung mit einer Rückkopplungsschaltung betrieben wird und die Übertragungseigenschaft der Gesamtanordnung dann praktisch nur durch das Rückführungsnetzwerk bestimmt wird, insbesondere beim sog. idealen O. mit extrem großer Spannungsverstärkung und verschwindenden Eingangsströmen. Nach den typi-

Operationsverstärker-Anwendungen. Tabelle 2: O.-Schaltungen mit linearer resistiver Rückkopplung.

Bezeichnung	Schaltung	Übertragungs-eigenschaft	Verlauf	Eingangs-widerstand	Bemerkung
Spannungsverstärker, invertierend a)	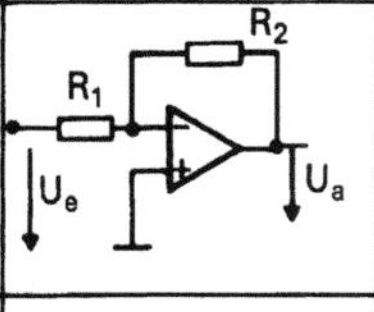	$U_a = -\frac{R_2}{R_1} U_e$	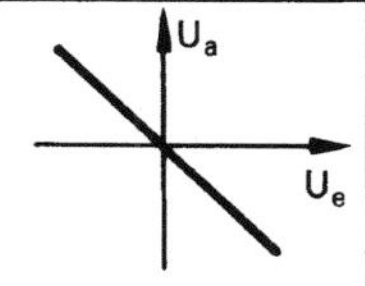	$R_e = R_1$	
Spannungsverstärker, nichtinvertierend b)	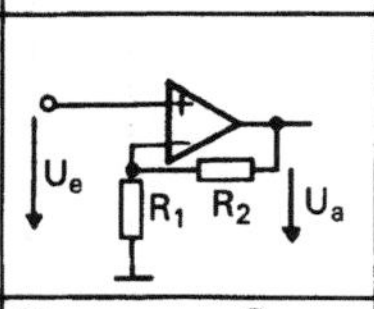	$U_a = \left(1 + \frac{R_2}{R_1}\right) U_e$	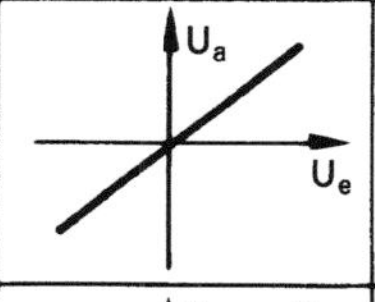	∞	Elektrometerverstärker, extrem hoher Eingangswiderstand
Differenzverstärker c)	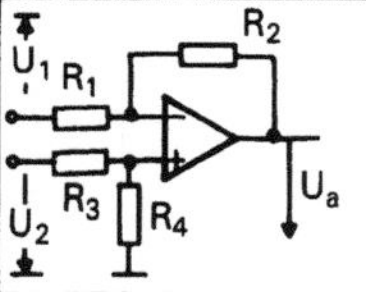	$U_a = U_2 \frac{R_4}{R_3} - U_1 \frac{R_2}{R_1}$	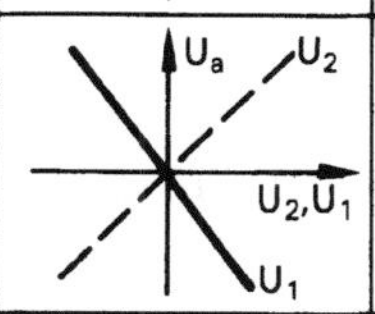	$R_{e1} = R_1$ $R_{e2} = R_3 + R_4$	verstärkt Spannungsdifferenz
Addierverstärker, invertierend d)	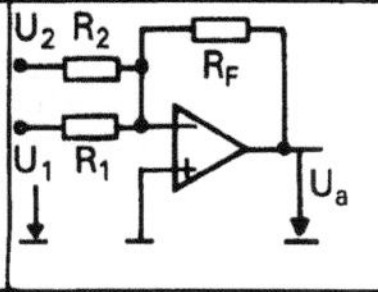	$U_a = -R_F \left(\frac{U_1}{R_1} + \frac{U_2}{R_2} + ..\right)$	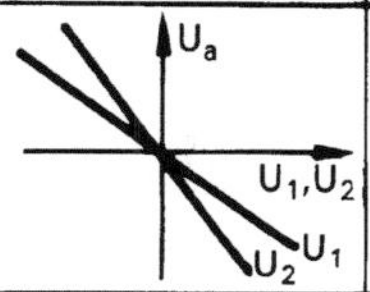	$R_{e1} = R_1$ $R_{e2} = R_2$	Stromaddition am Eingang, keine Verkopplung der Eingangsspannungen
Addierverstärker nichtinvertierend e)	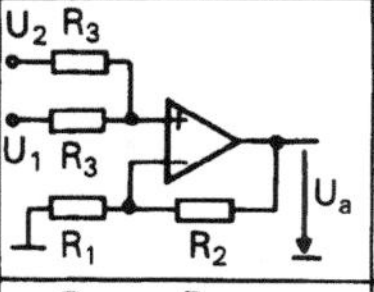	$U_a = \frac{(R_1 + R_2)}{nR_1} (U_1 + U_2 + ..)$	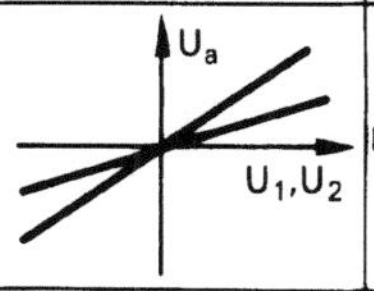	$R_e = R_3 + \frac{R_3}{(n-1)}$	Verkopplung der Eingangsspannungen über die Widerstände
Konstantstromquelle f)	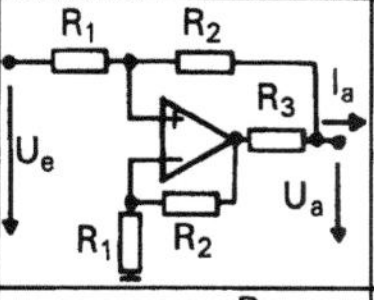	$I_a = U_e \frac{R_1}{R_2 \cdot R_3}$ $R_i = R_1 + R_2$	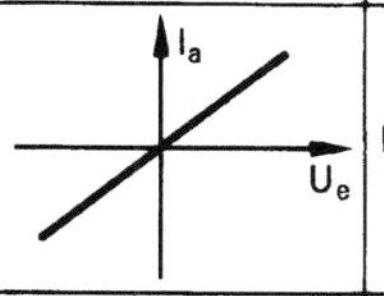	$I_e = \frac{U_a - U_e}{R_1 + R_2}$	I_a unabhängig von U_a
NIC g)	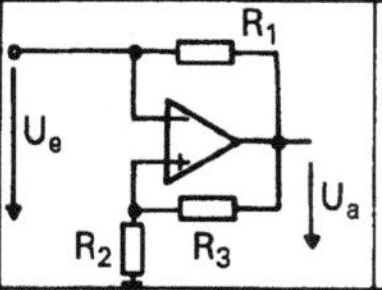	$\frac{U_e}{U_a} = -\frac{R_2}{R_2 + R_3}$	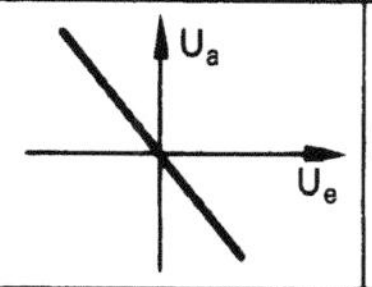	$R_e = \frac{R_1 R_2}{R_3}$	
Schnitt-Trigger invertierend h)	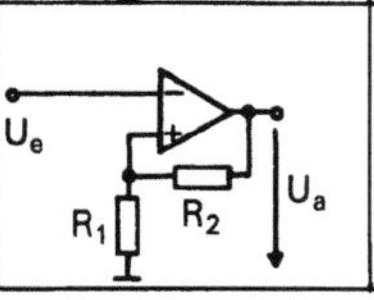	$U_{eH} = kU_{aH}$ $U_{eL} = kU_{aL}$ $k = \frac{R_1}{R_1 + R_2}$	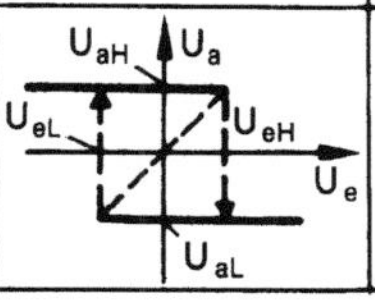		Schaltung kippt in den Punkten U_{eL}, U_{eH} mit Hystereseeigenschaft

schen Eigenschaften des Rückkopplungsnetzwerkes kann man folgende Anwendungsgruppen unterscheiden:

□ Schaltungen mit linearem, frequenzunabhängigem Verhalten. Zu dieser Schaltungsgruppe zählen beispielsweise die in Tabelle 2 zusammengestellten Anordnungen wie der invertierende und nichtinvertierende Spannungsverstärker (a, b) einschl. des Spannungsfolgers (auch als →Impedanzwandler oder →Elektrometer-Verstärker bezeichnet, b), $R_2=0$), der →Differenzverstärker (c), häufig in Meßbrücken eingesetzt und gelegentlich auch als Subtrahierer bezeichnet. Mehrere Eingangsspannungen können im addierenden Spannungsverstärker überlagert werden, entweder invertierend oder nichtinvertierend (d, e). Für die Meßtechnik besonders geeignet ist Typ f, die sog. →Konstantstromquelle. Dabei ist die Ausgangsspannung in bestimmten Grenzen unabhängig vom Lastwiderstand. Der O. liefert den Strom über R_3 an den Verbraucher, wobei der Spannungsabfall über ihn mit der Differenz-Verstärkerschaltung (c) verarbeitet wird und dies als Grundlage der Beziehung $I_a=f(U_e)$ dient.

Die bisher diskutierten Beispiele basieren auf Gegenkopplungseigenschaften des Netzwerkes. Man kann aber auch mitkoppelnde Rückführungen verwenden. Ein Beispiel ist der Negativ-Impedanzwandler (NIC) (g). Damit die Schaltung nicht instabil arbeitet, muß sie zusätzlich gegengekoppelt sein, wozu die Impedanz der Spannungsquelle herangezogen wird (im Bild nicht gezeichnet). Man unterscheidet deshalb die leerlauf- und kurzschlußstabile Form. In beiden Fällen ergibt sich am Eingang ein negativer Widerstand.

Auch der →Schmitt-Trigger (h) nutzt (starke) →Mitkopplung. Dadurch entsteht keine proportionale Ausgangsspannung, sondern nur die positive bzw. negative Sättigungsspannung des O. mit Hystereseverhalten der Eingangsspannung.

Außer diesen Grundtypen nach Tabelle 2 gibt es vielfältige weitere Anwendungen, die darauf aufbauen, z. B. Strom-Spannungs-Wandler, Spannungs-Strom-Wandler, Volt-, Ampere- und Ohm-Meter, Präzisionsspannungs- und Stromquellen, Schaltungen zur Drehung von I-U-Kennlinien im Koordinatensystem (sog. Ratatoren) u. a. m.

□ Schaltungen mit stetigem nichtlinearen Übertragungsverhalten nutzen durchweg wenigstens ein nichtlineares Element im Rückführungsnetzwerk (Tabelle 3). Ein typisches Beispiel ist die Logarith-

Operationsverstärker-Anwendungen. Tabelle 3: O. mit nichtlinearer resistiver Rückkopplung.

Bezeichnung	Schaltung	Übertragungseigenschaft	Verlauf	Eingangswiderstand	Bemerkungen
Logarithmierschaltung a)	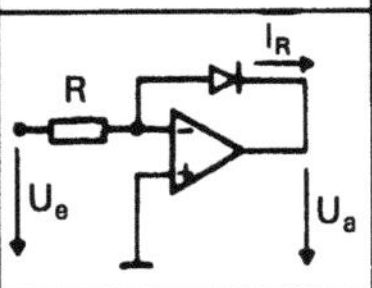	$I_R \approx I_S \exp \frac{U_a}{U_r}$ $U_a = -U_T \ln \frac{U_e}{R I_s}$	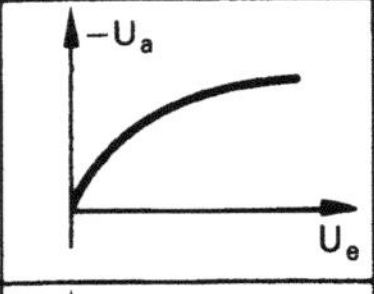	$R_e = R_1$	Schaltung arbeitet nur für $U_e > 0$
Delogarithmierschaltung b)	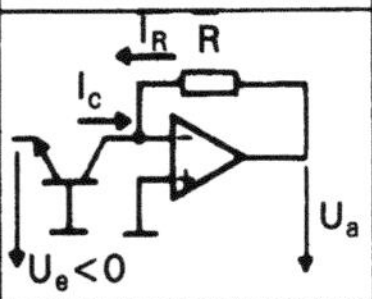	$U_a = \frac{R_1 I_s}{U_r} \exp -\frac{U_e}{U_r}$	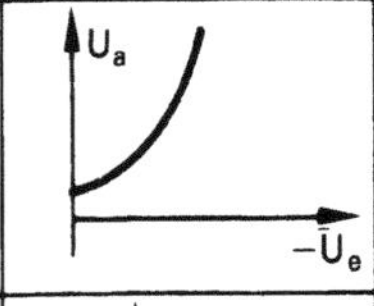		Schaltung arbeitet nur für $U_e < 0$
Einweggleichrichter c)	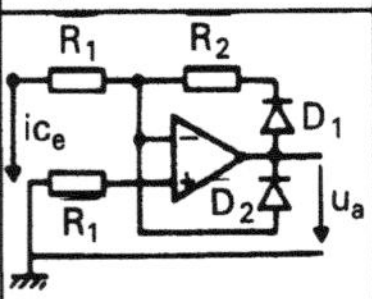	$u_a = u_e \frac{R_2}{R_1}$ für $u_e < 0$ $= 0$ für $u_e < 0$	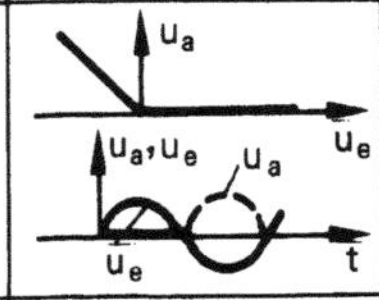	$R_e = R_1$	Präzisionsgleichrichter
Zweiweggleichrichter d)	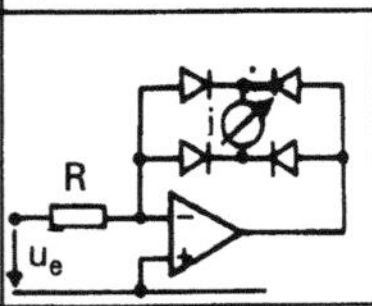	$i_a = \lvert i_e \rvert$ $i_a = \frac{u_e}{R}$	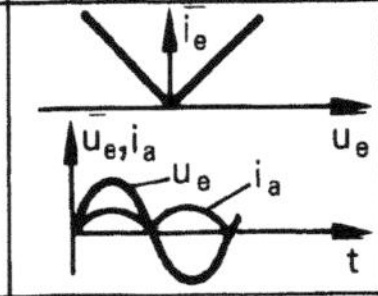	$R_e = R$	Zweiwegpräzisionsgleichrichter
Spannungsverstärker, nichtlineare Rückführung e)	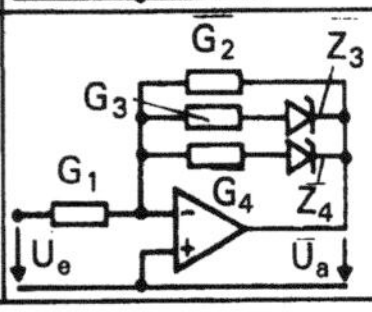	$U_a = U_e \frac{G_1}{G_2 + G_3 + \ldots}$	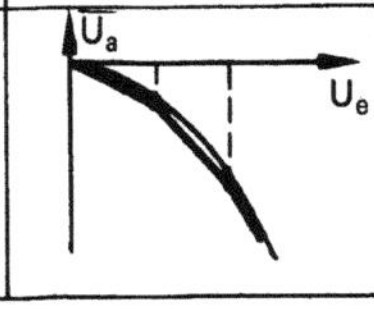	$R_e = R_1$	Annährung der Funktion $U_a\ (U_e)$ durch Stützpunkte

mierschaltung (a) mit einer Diode (oder Transistor) im Rückführungsnetzwerk, wodurch sich ein Zusammenhang U_a, ln U_e herleiten läßt. Werden Diode und Widerstand vertauscht (b, jedoch Transistoreinsatz), so entsteht eine Delogarithmier-Schaltung oder der Exponentialverstärker. Beide Schaltungen weisen noch einige Nachteile auf und lassen sich durch größeren Schaltungsaufwand bezüglich Eingangsspannungsbereich und →Temperaturkompensation verbessern.

Eine andere, weit verbreitete Form mit nichtlinearer →Gegenkopplung ist der sog. Präzisionsgleichrichter (c). Bei negativer Eingangsspannung leitet D_1 (und D_2 sperrt, Schaltung arbeitet als invertierender →Verstärker). Bei positiver Eingangsspannung leitet D_2 und D_1 sperrt: die Ausgangsspannung bleibt wegen des virtuellen Kurzschlusses am Eingang Null. Auf diese Weise entsteht eine Knickkennlinie mit verschwindender Schleusenspannung, die Schaltung arbeitet als idealer Einweggleichrichter. Durch Einfügen einer Diodenbrücke in den Rückkopplungszweig (d) wird daraus eine Zweiweg-Gleichrichterschaltung.

Eine gewünschte nichtlineare Übertragungsfunktion läßt sich z. B. näherungsweise auch dadurch erreichen, daß die Funktion in Stützpunkten (durch

Operationsverstärker-Anwendungen. Tabelle 4: O.-Schaltungen mit frequenzabhängiger Rückkopplung.

Bezeichnung	Schaltung	Übertragungseigenschaft	Frequenzgang	Sprungverhalten
a) Integrator		$u_a = -\frac{1}{RC}\int u_e d_t$		
b) Differenzierer		$u_a = -RC\,\frac{du_e}{dt}$		
c) Tiefpaß 1. Ordnung		$\frac{\underline{U}_a}{\underline{U}_e} = -\frac{R_2}{R_1}\,\frac{1}{1+j\omega CR_2}$ $\omega_g = 1/R_2C$		
d) Tiefpaß 2. Ordnung		$\frac{\underline{U}_a}{\underline{U}_e} = \frac{-(R_3/R_1)}{1+j\Omega\alpha-\Omega^2}$ α = Dämpfungsfaktor $\Omega = \omega/\omega_g$		
e) Hochpaß 1. Ordnung		$\frac{\underline{U}_a}{\underline{U}_e} = -\frac{R_2}{R_1}\,\frac{j\Omega}{1+j\Omega}$ $\Omega = \omega CR_1$		
f) Hochpaß 2. Ordnung		$\frac{\underline{U}_a}{\underline{U}_e} = -\frac{C_3}{C_1}\cdot\frac{\Omega^2}{1+j\alpha\Omega-\Omega^2}$ α = Dämpfungsfaktor		
g) Bandpaß 1. Ordnung		$\frac{\underline{U}_a}{\underline{U}_e} = -\frac{R_2}{R_1}\,\frac{j/\omega/\omega_2}{\left(1+\frac{j\omega}{\omega_1}\right)\left(1+\frac{j\omega}{\omega_2}\right)}$ $\omega_1 = \frac{1}{R_1C_1}$, $\omega_2 = \frac{1}{R_2C_2}$		

ein zusammengesetzes Rückführungsnetzwerk) angenähert wird. Dazu liegen im Rückführungszweig Widerstände und Z-Dioden reihengeschaltet, wobei die Einzelzweige bei Überschreiten einer bestimmten Z-Spannung wirksam werden. Auf diese Weise entsteht ein Polygonenzug als Näherung der gewünschten →Übertragungskennlinie.

Die Gruppe nichtlinearer O.-Anwendungen ist sehr groß, beispielsweise gehören außer den genannten Grundtypen auch Funktionsgeneratoren, Multiplizierer/Dividierer, steuerbare Verstärker, Komparatoren, AD-Wandler u. a. m. dazu.

□ Schaltungen mit linear frequenzabhängigem Verhalten (dynamische Beschaltung). Hierzu zählen Schaltungen, die im Rückführungszweig (lineare) Energiespeicherelemente - durchweg Kondensatoren wegen der geringeren Verluste - verwenden und damit eine Ausgangsspannung zeigen, die sowohl vom Momentanwert der Eingangsspannung als auch der Vorgeschichte abhängt. Die grundlegenden Schaltungen sind der Integrator und Differenzierer (a, b, Tabelle 4). Der Integrator - die wohl verbreiteste Schaltung dieser Gruppe - arbeitet im Zeitbereich integrierend, im Frequenzbereich als Tiefpaß. Aus praktischen Gründen (sog. Hochlaufen durch Integration der Eingangsfehlspannung) wird er meist mit Parallelwiderstand betrieben (c). Grundsätzlich kann die Integratorgrundschaltung auch zur Addition oder Substraktion mehrerer Signale abgewandelt werden.

Das Differenzierglied ist die „Umkehrschaltung" des Integrators (b). In dieser Grundform hat sie einige Nachteile (Verstärkung hochfrequenter Störsignale, Schwingneigung durch das RC-Glied), deshalb wird es viel seltener eingesetzt als der Integrator.

Breite Verwendung finden Stufen mit frequenzabhängiger Rückkopplung als Filtergrundstrukturen (sog. aktive RC-Filterschaltungen). So geht aus der Integratorstufe direkt ein Tiefpaß erster oder zweiter Ordnung hervor (d), ebenso aus dem Differenzierglied der Hochpaß erster und zweiter Ordnung (e, f). Wird ein Tiefpaß mit einem Hochpaß in Reihe geschaltet, so ist es möglich, bei unterschiedlichen Grenzfrequenzen ein Frequenzband zu übertragen: Bandpaßwirkung. Bild a zeigt eine Schaltung erster Ordnung mit der Bandmittenfrequenz $\omega_g^2 = \omega_1, \omega_2$. Reicht die →Flankensteilheit beim Übergang vom Durchlaß- zum Sperrbereich nicht aus, so muß der Ordnungsgrad der Stufe erhöht werden. Im Verlaufe der Zeit wurden vielfältigste Filter-Grundschaltungen mit O. angegeben.

Schaltungen mit Zeitgliedern im Rückkopplungszweig sind außerordentlich verbreitet, z. B. in der Regelungstechnik (Reglergrundtypen, PID-Regler), aktive Filtergrundstrukturen, →Gyratoren, →Funktionsgeneratoren, →Oszillatoren).

Diese knappe Zusammenstellung zeigt die enorme Bedeutung, die der O. für die Analogtechnik hat. Dies erklärt, weshalb O. heute in größerer Breite für unterschiedlichste Aufgaben verfügbar sind. *R. Paul*

Optical Disc →Speicher, optischer

Optik, lineare. Begriff, der alle optischen Effekte zusammenfaßt, die auf einem linearen Zusammenhang zwischen der elektrischen Polarisation in einem Medium (z. B. einem Kristall) und der elektrischen →Feldstärke einer Lichtwelle beruhen, die diese Polarisation induziert.

Eine Lichtwelle, deren Feldstärke E sich mit der Frequenz ν (bzw. $\omega = 2\pi \cdot \nu$) periodisch ändert, führt bei einer Ausbreitung in einem absorptionsfreien Medium zur Auslenkung der Elektronen in den Hüllen der Atome (Erzeugung erzwungener Schwingungen). Ist die Feldstärke E dieser Welle klein gegenüber den atomaren Feldstärken E_A am Ort der Elektronen (typ. $E_A \approx 10^5$–10^8 V/cm), so ist diese Auslenkung ebenso klein und die auftretenden elektrostatischen Rückstellkräfte, mit denen die Elektronen an das Atom elastisch gebunden sind, proportional zu dieser Auslenkung. An jedem Atom wird dadurch ein harmonisch, mit der Frequenz ω schwingendes Dipolmoment $p(\omega)$ erzeugt, das nach den Gesetzen der Elektrodynamik wieder eine Lichtwelle mit der gleichen Frequenz ω in alle Richtungen abstrahlt (Hertzscher Dipol). All diese emittierten Wellen überlagern sich phasenrichtig zu einer resultierenden Lichtwelle mit der Feldstärke $E'(\omega)$ in Ausbreitungsrichtung der primären Lichtwelle $E(\omega)$, die die lineare Polarisation induziert ($E'(\omega) = E(\omega)$ in einem absorptionsfreien, optisch isotropen Medium). Die Summe aller entstehenden Dipole pro Volumeneinheit wird als elektrische Polarisation $P(\omega)$ bezeichnet und hängt in diesem Fall linear von der erzeugenden Lichtfeldstärke $E(\omega)$ ab (lineares Medium):

$$P(\omega) = \varepsilon_0 \cdot \chi(\omega) \cdot E(\omega) = P_L(\omega)$$

P_L: Lineare Polarisation,
ε_0: Dielektrizitätskonstante des Vakuums ($8{,}8542 \cdot 10^{-12}$ As/Vm),
χ: Elektrische Suszeptibilität (Materialparameter, der die Stärke der Wechselwirkung mit den Elektronen festlegt, von der Frequenz ω der erzeugenden Welle abhängig ist und sowohl reell als auch - bei Berücksichtigung der Absorption - komplex sein kann).

Für ein anisotropes Medium muß für χ statt einer skalaren Größe ein Tensor eingesetzt werden (Richtung von P und E sind dann nicht mehr gleich). Die Größe χ bestimmt außerdem die relative Dielektrizitätskonstante ε und damit über die Maxwell-Relation $n^2 = \varepsilon \cdot \mu$ (μ: magnetische Suszeptibilität) den Brechungsindex n eines Mediums ($n^2=\chi+1$ im linearen, nicht magnetischen Medium ($\mu=1$)). Im Vergleich zur Ausbreitung im Vakuum ($\chi=0 \rightarrow n=1$) ergibt sich aus diesem Zusammenhang für die Fortpflanzung einer Lichtwelle innerhalb eines Mediums i. a. eine kleinere →Phasengeschwindigkeit c_M ($c_M=c_o/n(\chi)$, c_o: Vakuumlichtgeschwindigkeit).

Kleine Lichtfeldsträken, wie sie z. B. von herkömmlichen Lichtquellen (Lampen) erzeugt werden ($E(\omega) \leq 1 V/cm \ll E_A$), führen i. a. in allen Medien zu einer linearen Veränderung der Polarisation. Aus dieser Linearität resultieren Konsequenzen, die die Grundlage für die gesamte klassische, l. O. bilden:

- In einem Medium sind die optischen Konstanten (→Brechzahl, →Absorptionskoeffizent) unabhängig von der Intensität I des Lichtes ($I(\omega) \sim E^2(\omega)$).
- Die Frequenz ω einer Lichtwelle ändert sich während der Ausbreitung innerhalb und außerhalb eines Mediums nicht (Frequenzerhaltung).
- Verschiedene Lichtwellen beeinflussen sich nicht gegenseitig und lassen sich wechselwirkungsfrei überlagern (Superpositionsprinzip).

Die Wellengleichung, die die räumliche und zeitliche Entwicklung einer fortschreitenden Welle innerhalb und außerhalb eines Mediums beschreibt, stellt sich in der l. O. wie folgt dar:

$$\frac{\partial^2 E(z,t)}{\partial z^2} - \frac{1}{co^2}\frac{\partial^2 E(z,t)}{\partial t^2} = \mu_o \frac{\partial^2 P(t)}{\partial t^2}$$

(Vereinfachend wird hier eine eindimensionale Lichtausbreitung in einem isotropen, nicht magnetischen Medium ($\mu=1$) vorausgesetzt (t: Zeit, z: Ausbreitungsrichtung der Welle, μ_o: Magnetische Permeabilität des Vakuums). *R. Kaiser*

Optik, nichtlineare. Begriff, der alle optischen Effekte zusammenfaßt, die auf einem nichtlinearen Zusammenhang zwischen der elektrischen →Polarisation in einem Medium (z. B. in einem Kristall) und der elektrischen →Feldstärke einer Lichtwelle beruhen, die diese Polarisation induziert. Hierzu gehören ebenso die Effekte, die durch extern angelegte elektrische oder magnetische Felder eine nichtlineare Polarisation in einem Medium beim Durchlaufen einer Lichtwelle hervorrufen (z. B. elektrooptischer →Effekt, →Faraday-Effekt).

Lichtwellen mit elektrischen Feldstärken E(ω), die innerhalb eines Mediums klein sind gegenüber den atomaren elektrischen Feldstärken E_A am Ort der Elektronen ($E_A \approx 10^5$—10^8 V/m) führen zu harmonischen Schwingungen der Elektronen ($\omega = 2\pi \cdot \nu$, ν: Frequenz der Lichtwelle). Große Lichtfeldstärken, die vergleichbar mit den atomaren Feldstärken E_A sind, verursachen dagegen anharmonische Schwingungen der Elektronen, die neben der Grundschwingung mit der Frequenz ω ebenso Anteile mit anderen Frequenzen (Oberschwingungen) enthalten. Die elektrische Polarisation P(ω), die sich unter diesen Bedingungen in einem Medium einstellt, ist dann nicht mehr nur linear von der Felstärkeamplitude E(ω) der erzeugenden Lichtwelle abhängig (→Optik, lineare), sondern enthält zusätzliche nichtlineare Anteile (Bild):

$$P(\omega) = P_L + P_{NL} = \varepsilon_o \cdot \chi(\omega) \cdot E(\omega) + \varepsilon_o \cdot \chi_2(\omega) \cdot E^2(\omega) + \varepsilon_o \cdot \chi_3(\omega) \cdot E^3(\omega) + ...$$

Mit P_L: lineare Polarisation, P_{NL}: nichtlineare Polarisation, ε_o: →Dielektrizitätskonstante des Vakuums sowie den Materialparametern. χ: lineare elektrische Suszeptibilität Größenordnung in Festkörpern ≈ 1), χ_2: nichtlineare elektrische Suszeptibilität 2. Ordnung (in Festkörpern ≈ 10^{-10} cm/V) und χ_3: nichtlineare elektrische Suszeptibilität 3. Ordnung (in Festkörpern ≈ 10^{-17} cm^2/V^2).

Die verschiedenen Materialparamter χ_i repräsentieren allgemein Tensoren und sind nur bei einer Lichtausbreitung in isotropen Medien skalare Größen. Aufgrund der starken Abnahme der Größen χ_i mit zunehmender Ordnung i, sind die nichtlinearen Effekte mit höherer Ordnung als $i=3$ i. a. zu vernachlässigen.

Die entstehenden verschiedenen Polarisationsanteile, d. h. die unterschiedlich schwingenden Dipolmomente, strahlen wieder Lichtwellen mit Frequenzen ab, die den Frequenzen der jeweiligen Polarisationsanteile entsprechen. Die beschriebene Nichtlinearität der Polarisation führt zu einer Reihe von Phänomenen, die durch die kommerzielle Bereitstellung von leistungsstarken Lichtquellen (→Laser) eine breite Anwendung in der Praxis finden (Bild). Die wichtigsten dieser nichtlinearen Phänomene sind nachfolgend kurz im klassischen Wellenbild beschrieben, wobei vereinfachend isotrope, nicht magnetische Medien vorausgesetzt werden.

□ Frequenzverdoppelung (*engl.* Second Harmonic Generation, SHG)

Ursache: Nichtlineare Polarisation 2. Ordnung bei Ausbreitung einer Lichtwelle: $\chi_2 \neq 0$, reell).

Eine Lichtwelle $E(\omega) = E_o \cdot e^{i\omega t}$ mit der Frequenz ω und der Amplitude E_o erzeugt in einem nichtlineraren Medium 2. Ordnung ($\chi_2 \neq 0$) eine Polarisation $P(\omega) = \varepsilon_o \cdot \chi(\omega) \cdot E(\omega) + \varepsilon_o \cdot \chi_2(\omega) \cdot E^2(\omega)$. Mit Hilfe trigonometrischer Funktionen ergibt sich mathematisch ein Ausdruck für die Polarisation, der neben einem lineraren Anteil $P_L(\omega)$ zwei nichtlineare Anteile P_{NL} mit den Frequenzen $\omega = 0$ (Gleichanteil) und 2ω (Frequenzverdoppelung) enthält: $P(\omega) = P_L(\omega) + P_{NL}(\omega=0) + P_{NL}(2\omega)$. Im Gegensatz zu den Verhältnissen bei der linearen Polarisation $P_L(\omega)$ (→Optik, lineare) überlagern sich die von den einzelnen atomaren Dipolen ausgesandten Oberwellen der doppelten Frequenz (2ω) jedoch ohne zusätzliche Maßnahmen nicht phasenrichtig. Es

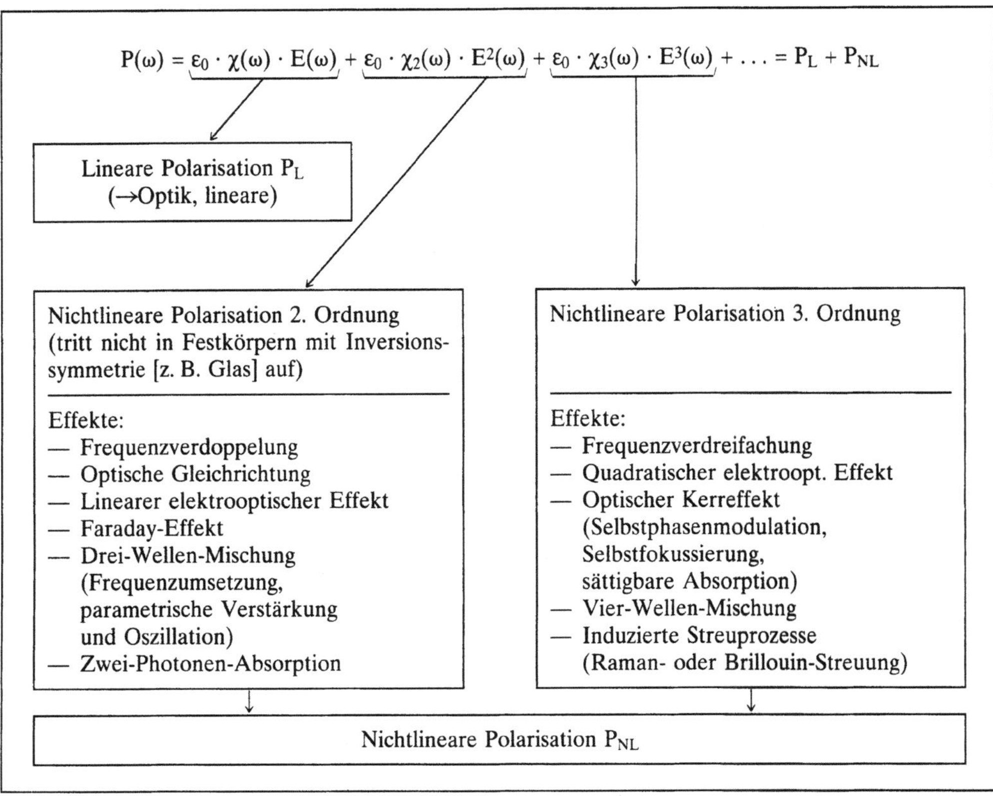

Optik, nichtlineare: Nichtlineare Polarisation zweiter und dritter Ordnung als Ursachen für verschiedene nichtlineare optische Effekte.

kommt zu destruktiven Interferenzen, wodurch sich keine resultierende Lichtwelle mit der Frequenz 2ω aufbauen kann. Die Ursache hierfür liegt in den unterschiedlichen Ausbreitungsgeschwindigkeiten c_M innerhalb eines Mediums für die generierten Oberwellen ($c_M(2\omega)$) und für die Polarisation ($c_M(\omega)$), die durch die Lichtwelle $E(\omega)$ induziert wird ($c_M(2\omega)) \neq c_M(\omega)$ da Dispersion: $n(2\omega) \neq n(\omega)$). Für eine praktisch nutzbare optische Frequenzverdoppelung muß daher eine phasenrichtige Überlagerung der Oberwellen durch →Anpassung der Brechzahlen innerhalb des Mediums erreicht werden ($n(2\omega) = n(\omega)$, *engl.* Index oder Phase Matching). Diese Forderung läßt sich in doppelbrechenden Kristallen erfüllen, wie z. B. KDP (= Kaliumdihydrogenphosphat: KH_2PO_4), ADP (= Ammoniumdihydrogenphosphat: $NH_4H_2PO_4$), Cadmiumselenid (CdSe), Cadmiumsulfid (CdS) oder Lithiumniobat ($LiNbO_3$), deren optische Brechzahlen von der Polarisationsrichtung und von der Einfallsrichtung des Lichtes abhängen.

Der konstante nichtlineare Anteil der Polarisation P_{NL} ($\omega = 0$) führt bei starker Lichtanregung zur Ausbildung einer elektrischen Spannung zwischen den Oberflächen eines optisch nichtlinearen Mediums, die vom Quadrat der Feldamplitude $E(\omega)$, d. h. von der Lichtintensität bestimmt wird (Optische Gleichrichtung).

□ Linearer elektrooptischer Effekt (→Pockelseffekt)

Ursache: Nichtlinieare Polarisation 2. Ordnung bei Ausbreitung einer Lichtwelle $E(\omega)$ und bei Anwesenheit eines externen elektrischen Feldes $E_{ext}(\omega = 0)$: $\chi_2 \neq 0$,reell.

Die Bewegung jedes atomaren Dipols erfolgt bei Einwirkung einer Lichtwelle $E(\omega)$ unter dem Einfluß einer resultierenden Feldstärke $E'(\omega) = E_{ext}(0) + E(\omega)$. Unter der Voraussetzung, daß das externe elektrische Feld am Ort der Elektronen größer ist als die Lichtfeldstärke ($E_{ext}(0) \gg E(\omega)$), stellt sich im Medium die folgende nichtlineare Polarisation 2. Ordnung ein:

$$P_{NL}(\omega) = \varepsilon_o \cdot \chi_2(\omega) \cdot [E'(\omega)]^2 = P_{NL}(\omega = 0) + \varepsilon_o \cdot \chi_2(\omega) \cdot E_{ext}(0) \cdot E(\omega).$$

Da das statische elektrische Feld die elektrische Suszeptibilität X des Medium für die Lichtwelle $E(\omega)$ ändert, läßt sich für die nichtlineare Polarisation ein linearer Ausdruck angeben:

$P_{NL}(\omega) = P_{NL}(\omega = 0) + \varepsilon_o \cdot \Delta\chi(E_{ext}(0)) \cdot E(\omega)$. Die Größe $\Delta\chi(E_{ext}(0))$ gibt dabei die lineare Änderung der Suszeptibilität mit dem externen elektrischen Feld wieder ($\Delta\chi \sim E_{ext}(0)$). Die Folge ist eine entsprechende lineare Änderung des Brechungsindexes ($\Delta n \sim E_{ext}(0)$, linearer elektrooptischer →Effekt, →Pockelseffekt).

□ Drei-Wellen-Mischung (parametrische Lichterzeugung und -verstärkung)

Ursachen: Nichtlineare Polarisation 2. Ordnung bei einer Ausbreitung von zwei Lichtwellen mit den Frequenzen ω_1 und ω_2: $\chi_2 \neq 0$,reell.

Die Superposition der beiden Lichtfeldstärken ($E(_{\omega 1}) + E(_{\omega 2})$) wirkt auf die atomaren Dipole und erzeugt eine nichtlineare Polarisation $P_{NL}(\omega) = P_{NL}(2\omega_1) + P_{NL}(2\omega_2) + P_{NL}(\omega_1 + \omega_2) + P_{NL}(\omega_1 - \omega_2)$. Aus den gleichen Gründen wie bei der Frequenzverdoppelung überlagern sich die entstehenden Lichtwellen der einzelnen Polarisationsanteile untereinander zunächst nicht phasenrichtig, d. h. nicht konstruktiv. Eine dritte Lichtwelle mit der Frequenz $\omega_3 = 2\omega_1, 2\omega_2, \omega_1 + \omega_2$ oder $\omega_1 - \omega_2$ kann sich nur dann ausbilden, wenn für eine gewünschte Frequenz (z. B. $\omega_3 = \omega_1 - \omega_2$) eine →Phasenanpassung (Brechungsindexanpassung) besteht. Je nach Wahl dieser Anpassung und der Einstrahlungsbedingungen lassen sich außer einer Verdoppelung der beiden Frequenzen ω_1 und ω_2 noch weitere Lichtfrequenzen erzielen:

- Erzeugung der Frequenzen $\omega_1 + \omega_2$ oder $\omega_1 - \omega_2$ (Frequenzkonversion).
- Verstärkung der Lichtwelle mit der Frequenz ω_1 (Signalwelle) auf Kosten der Lichtwelle mit der Frequenz ω_2 (Pumpwelle) durch Ausnutzung der Differenzfrequenzbildung (Parametrische Verstärkung). Es entsteht aufgrund der Energieerhaltung eine dritte Welle mit der Frequenz $\omega_3 = \omega_1 - \omega_2$ (Hilfswelle), die ebenfalls verstärkt wird. Wird ein solcher parametrischer Verstärker in einen →Resonator angeordnet, so entsteht ein parametrischer →Oszillator als monochromatische Lichtquelle, die über einen relativ weiten Wellenlängenbereich kontinuierlich durchstimmbar ist. Als Materialien für solche Lichtverstärker oder Lichtquellen werden in der Praxis z. B. KDP, ADP, $LiNbO_3$, $AgGaS_2$ und $AgGaSe_2$ eingesetzt.

□ →Faraday-Effekt

Ursache: Nichtlineare Polaristion 2. Ordnung bei Ausbreitung einer Lichtwelle $E(\omega)$ und bei Anwesenheit eines externen magnetischen Feldes $H_{ext}(\omega = 0)$: $\chi_2 \neq 0$,reell oder komplex.

Beide Felder wirken auf die atomaren Dipole und erzeugen eine Polarisation $P_{NL}(\omega) = \varepsilon_o \cdot \chi_2(\omega) \cdot H_{ext}(0) \cdot E(\omega)$. Die Wirkung des magnetischen Feldes besteht dabei aus einer linearen Änderung $\Delta\chi$ der Suszeptibilität χ des Mediums, was zu einer entsprechenden Brechungsindexänderung Δn führt ($P_{NL}(\omega) = \varepsilon_o \cdot \Delta\chi(\omega, H_{ext}(0)) \cdot E(\omega)$ mit $\Delta\chi(\omega, H_{ext}(0)) \sim H_{ext}(0)$ →$\Delta n \sim H_{ext}(0)$ Faraday-Effekt).

□ Frequenzverdreifachung.

Ursache: Nichtlineare Polarisation 3. Ordnung bei Ausbreitung einer Lichtwelle $E(\omega)$ in einem Medium: $\chi_3 \neq 0$,reell.

Die entstehende nichtlineare Polarisation 3. Ordnung $P_{NL}(\omega) = \varepsilon_o \cdot \chi_3(\omega) \cdot E^3(\omega)$ enthält einen Anteil mit der dreifachen Frequenz ($\omega' = 3\omega$). Bei geeigneter Phasenanpassung (Brechungsindexanpassung) kann sich – ähnlich wie bei der Frequenzverdoppelung – eine Lichtwelle mit dieser Frequenz in einem Medium ausbreiten. Aufgrund der kleinen Werte von $\chi_3(\omega)$ ist der Wirkungsgrad in der Praxis merklich kleiner als bei der Frequenzverdoppelung.

□ Quadratischer elektrooptischer Effekt (Elektrischer Kerreffekt).

Ursache: Nichtlineare Polarisation 3. Ordnung bei Ausbreitung einer Lichtwelle $E(\omega)$ und bei Anwesenheit eines extrernen elektrischen Feldes $E_{ext}(\omega = 0)$: $\chi_3 \neq 0$,reell.

In einem Medium entsteht durch das externe elektrische Feld $E_{ext}(0)$ eine Änderung der elektrischen Suszeptibilität $\Delta\chi$ ($\triangleq$ Brechnungsindexänderung Δn, siehe oben linearen, elektrooptischen Effekt), die in diesem Fall vom Quadrat der angelegten elektrischen Feldstärke abhängt. Für die nichtlineare Polarisation ergibt sich unter der Voraussetzung $E_{ext}(0) \gg E(\omega)$:

$P_{NL}(\omega) = \varepsilon_o \cdot \chi_3(\omega) \cdot [E_{ext}(0)]^2 \cdot E(\omega) = \varepsilon_o \cdot \Delta\chi(\omega), E_{ext}(0)) \cdot E(\omega)$ mit $\Delta\chi \sim [E_{ext}(0)]^2$, d. h. $\Delta n \sim [E_{ext}(0)]^2$ (quadratischer elektrooptischer Effekt, Kerreffekt, elektrischer).

□ Optischer Kerreffekt.

Ursache: Nichtlineare Polarisation 3. Ordnung bei Ausbreitung einer Lichtwelle $E(\omega)$: $\chi_3 \neq 0$, reell oder komplex.

Die entstehende nichtlineare Polarisation wird beschrieben durch eine Änderung der Suszeptibilität $\Delta\chi$, die von der Intensität I der erzeugenden Lichtwelle $E(\omega)$ abhängig ist ($I(\omega) \approx [E(\omega)]^2$):

$$P_{NL}(\omega) = \varepsilon_o \cdot \chi_3(\omega) \cdot [E(\omega)]^2 \cdot E(\omega) = \varepsilon_o \cdot \chi_3(\omega) \cdot I(\omega) \cdot E(\omega) = \varepsilon_o \cdot \Delta\chi(I(\omega)) \cdot E(\omega)$$
mit $\Delta\chi \sim I(\omega)$.

Mit dieser Eigenschaft ändert sich auch der optische Brechungsindex linear mit der Intensität ($\Delta n \sim I(\omega)$ →$\Delta n = n_2(\omega) \cdot I(\omega)$) →$n(\omega) = n_o(\omega) + n_2(\omega) \cdot I(\omega)$, $n_o(\omega)$: Brechungsindex für $I(\omega) = 0$). Der Koeffizient n_2 bewegt sich je nach Medium in einer Größenordnung von 10^{-2} cm²/W (→Halbleiter) bis 10^{-16} cm²/W (Gläser) und ist außer von der Lichtfrequenz auch von der Polarisation der Lichtwelle abhängig. Der optische Kerreffekt ist im Gegensatz zum elektrischen Kerreffekt ein selbstinduziertes Phänomen, bei dem der Brechungsindex und damit auch die Phase von der Welle selbst abhängig sind. Auf dem optischen Kerreffekt basieren verschiedene, praktisch nutzbare Erscheinungen, wie z. B.:

– Selbstphasenmodulation (χ_3 reell): Die Phase φ einer Lichtwelle wird durch die eigene Intensität $I(\omega)$ beim Durchlaufen einer Strecke L verändert ($\Delta I = 2\pi \cdot n_2 \cdot I(\omega) \cdot L/\lambda$, λ: Lichtwellenlänge). Zur Anwendung kommt diese Erscheinung z. B. bei der Herstellung von schnellen, rein optischen Modulatoren und Schaltern oder zur Erzeugung von optischen Solitonen (→Solitonen, optisch) in Lichtwellenleitern (Glasfasern).

– Selbstfokussierung (χ_3 reell): Durch eine räumliche Intensitätsverteilung $I(\omega,r)$ senkrecht zur Ausbreitungsrichtung einer Lichtwelle, wie sie z. B. bei einem räumlich begrenzten Lichtpuls auftritt, wird der Brechungsindex n eines Mediums ebenfalls vom Ort r abhängig ($n(\omega) = n_o(\omega) + n_2(\omega) \cdot I(\omega,r) = n(\omega,r)$). Im Impulsmaximum ($r=0$) ist die Lichtintensität maximal und wird mit zunehmender Entfernung r, d. h. abnehmender Intensität $I(\omega)$, kleiner. Der entstehende räumliche Gradient in der →Brechzahl führt zu einer →Fokussierung eines Lichtstrahles und findet in der Praxis z. B. bei der Herstellung von Linsen mit intensitätsabhängiger Brennweite (Optische Kerrlinsen) Anwendung. Die Erzeugung räumlich stabiler Lichtwellenpakete in dispersiven Medien (räumlich optische Solitonen) ist ein weiteres Anwendungsbeispiel.

– Sättigbare Absorption (Verstärkung), χ_3 komplex: Ist die Suszeptibilität und damit der Brechungsindex eines Mediums komplex, so wird bei der Lichtausbreitung auch die Absorption α (oder Verstärkung g) mit berücksichtigt. In diesem Fall ist die Absorption (Verstärkung) von der Intensität des Lichtes abhängig. Als praktische Anwendungen dieses Effektes sind z. B. der Einsatz von intensitätsabhängigen (ausbleichbaren) Absorbern in speziellen Lasern zur Erzeugung ultrakurzer Lichtpulse oder die Herstellung von absorptiven (verstärkenden) bistabilen optischen Elementen zu nennen.

□ Vier-Wellen-Mischung (*engl.* Four-Wave Mixing).

Ursache: Nichtlineare Polarisation 3. Ordnung bei einer Ausbreitung von drei Lichtwellen mit den Frequenzen ω_1, ω_2 und ω_3: $\chi_2 \neq 0$, reell.

Die Superposition der drei Lichtfeldstärken $(E\omega_1) + E(\omega_2) + E(\omega_3))$ wirkt auf die atomaren Dipole und erzeugt eine nichtlineare Polarisation bestehend aus mehreren Anteilen mit verschiedenen Frequenzen, die aufgrund ihrer relativ großen Anzahl hier nicht mehr detailliert aufgeführt sind. Damit sich, ähnlich wie bei den parametrischen Effekten, in dem Medium eine weitere (vierte) Lichtwelle mit einer gewünschten Frequenz ω_4 ausbilden kann, die durch eine der möglichen nichtlinearen Polarisationsanteile festgelegt wird, muß für diesen Fall ebenso eine spezielle Phasenanpassung (Brechungsindexanpassung) durchgeführt werden. Die Vier-Wellen-Mischung wird wie die Drei-Wellen-Mischung zur Erzeugung von Lichtwellen mit veränderten Frequenzen oder zur Verstärkung einzelner der eingestrahlen Lichtwellen eingesetzt.

□ Induzierte Raman-(Brillouin-)Streuung.

Ursache: Nichtlineare Polarisation 3. Ordnung bei der Ausbreitung einer Lichtwelle $E(\omega)$: $\chi_3 \neq o$, imaginär und negativ. Durch interne Atom- bzw. Molekülschwingungen mit der Frequenz ω_M (Phononen im Teilchenbild) entstehen bei der Ausbreitung einer Lichtwelle $E(\omega)$ in einem Medium oszillierende Dipolmomente mit den Frequenzen ω, ω-ω_M (Stokesfrequenz) und $\omega + \omega_M$ (Anti-Stokes-Frequenz). Diese Dipole strahlen wiederum Lichtwellen (→Photonen) mit entsprechenden Frequenzen ab. Beim Überschreiten einer genügend hohen Lichtintensität $I_N \mid E(\omega) \mid^2$ läßt sich eine stimulierte Emission erzielen (→Ramanstreuung, →Faser-Raman-Laser, →Brillouin-Streuung).

□ Induzierte Ramanverstärkung: siehe Ramanverstärkung.

Diese und andere, hier nicht näher erwähnte Phänomene der n. O. beruhen auf einer Wechselwirkung zwischen Lichtwellen über die nichtlinearen Eigenschaften eines Mediums. Es kommt zu einer Kopplung von elektrischen Feldern, die unterschiedliche Frequenzen haben und untereinander Energie austauschen können. Damit sind die Gesetze der linearen Optik hier nicht mehr anwendbar, wodurch sich aber anderseits vollkommen neue Effekte zeigen. So wird es z. B. möglich, Licht allein durch Licht zu erzeugen und zu steuern. Die Erarbeitung von praktischen, kommerziell nutzbaren Anwendungen solcher Effekte, die überwiegend auf der Wechselwirkung zwischen Photonen beruhen, ist Gegenstand der gegenwärtigen Forschung und Entwicklung im Bereich der →Photonik.

Die Wellengleichung, die die räumliche und zeitliche Entwicklung einer fortschreitenden Lichtwelle innerhalb eines Mediums beschreibt, stellt sich in der nichtlinearen Optik prinzipiell wie folgt dar:

$$\frac{\partial^2 E(z,t)}{\partial z^2} - \frac{1}{co^2}\frac{(\partial^2 E(z,t)}{\partial t^2} = \mu_o \frac{\partial^2}{\partial t^2}(P_L(z,t) + P_{NL}(z,t))$$

Vereinfachend wird hier eine eindimensionale Lichtausbreitung in einem isotropen, nicht magnetischen Medium ($\mu = 1$) vorausgesetzt (t: Zeit, z: Ausbreitungsrichtung der Welle, μ_o: Magnetische Permeabilität des Vakuums). Für $P_{NL} = 0$ ergibt sich die Wellengleichung der linearen Optik. *R. Kaiser*

Literatur: *Bergmann-Schaefer:* Lehrbuch der Experimentalphysik. Bd. 3 (Optik). Berlin–New York 1987. – *Saleh, B. E. A.* and *M. C. Teich:* Fundamentals of Photonics. New York–Chichester–Brisbane–Toronto–Singapore 1991.

Optische Speicher →Speicher, optische

Optoelektronik. O. (auch Optronik) ist ein Teilgebiet der →Elektronik und beschreibt die Anwendung physikalischer Effekte, die auf der Wechselwirkung von elektromagnetischer Strahlung mit elektrischen Ladungsträgern, basieren. In optoelektronischen Bauelementen kann optische Strahlung erzeugt, detektiert, übertragen, verarbeitet und gespeichert werden.

Optoelektronische Bauelemente werden unterschieden in Strahlungsemitter, Strahlungsempfänger und Optokoppler.

In einem Strahlungsemitter wird elektrische Energie in elektromagnetische Strahlung im sichtbaren, ultravioletten und infraroten Spektralbereich umgewandelt. Als optische Sender werden z. B. Glühlampen, Gasentladungslampen, →Laser, →Lumineszenzdioden sowie Bildanzeigeeinheiten eingesetzt.

Als Strahlungsempfänger, in denen optische Strahlung in elektrische Energie umgewandelt wird, dienen Detektoren (→Photodetektor, →Empfänger, optoelektronischer), bei denen der äußere oder innere photoelektrische Effekt ausgenutzt wird. Hierzu gehören z. B. Photoelektronenvervielfacher, →Photozellen, Sperrschicht-Photodioden, →Photoelemente (Solarzellen), →Phototransistoren (Photofeldeffekttransistor), Photothyristoren, Photowiderstände (→Photoleiter) →Bildverstärker, Bildaufnahmeeinheiten (→Bildwandler).

→Optokoppler sind Komponenten, die aus einem optischen Sender, einem Empfänger und einer kurzen optischen Übertragungsstrecke bestehen. Sind Sender und Empfänger räumlich weit voneinander entfernt, handelt es sich um ein optisches Nachrichtensystem. Die Übertragung kann direkt durch den freien Raum oder über abbildende bzw. wellenleitende (→Lichtwellenleiter) Systeme erfolgen.

Optoelektronische Schaltungen können in diskreter Form als Einzelbauelement, in hybrider Form oder als integrierte →Schaltung (→Integrierte Optik) vorliegen.

Im weiteren Sinne werden zur O. auch Bauelemente gerechnet, bei denen optische Strahlung durch elektrische Felder beeinflußt werden (→Schalter, elektrooptischer, →Wellenleitermodulatoren, →Effekt, elektrooptischer).

Optoelektronische Bauelemente finden in allen Zweigen der Naturwissenschaft und Technik weit verbreitete Anwendungen, wie z. B. in der industriellen Elektronik, Unterhaltungselektronik, Datenverarbeitung, Meßtechnik, Nachrichtentechnik, Medizintechnik, Sicherheitstechnik, Militärtechnik, Bildverarbeitung und Signalverarbeitung. *Krauser*

Optoelektronischer Empfänger →Empfänger, optoelektronisch

Optokoppler. Kombination eines optischen Senders und eines optischen Empfängers in einem gemeinsamen Gehäuse, so daß beide optisch miteinander verbunden, aber galvanisch völlig voneinander getrennt sind.

Häufig werden eine infrarote GaAs-Lumineszenzdiode und ein Si-Phototransistor verwendet, da das spektrale Emissionsmaximum der Diode ideal mit dem Empfindlichkeitsmaximum des Detektors zusammenfällt. Sie sind z. B. ober- und unterhalb einer Glasplatte angeordnet (Bild 1). Als →Empfänger kommen auch Si-Photodioden, Photothyristoren oder CdS- und CdSe-Photowiderstände und als Sender vereinzelt auch Glühlampen zum Einsatz. Das Verhältnis von Eingangs- und Ausgangsstrom ist als Wirkungsgrad des O. definiert.

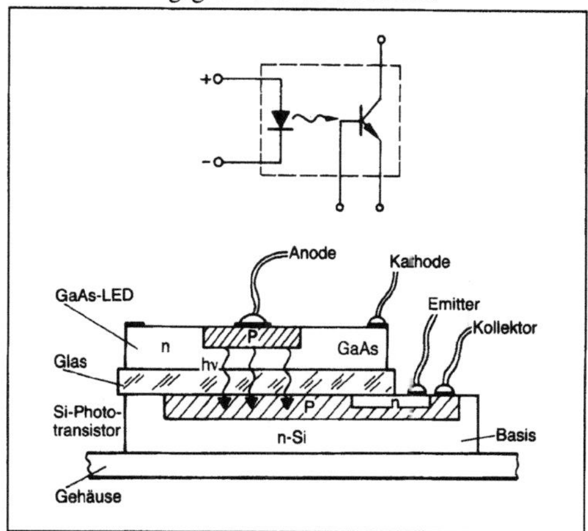

Optokoppler 1: Schaltbild und schematischer Aufbau.

Es können analoge und digitale Signale übertragen werden mit Grenzfrequenzen zwischen einigen kHz und einigen MHz, je nach Art der verwendeten Bauelemente.

Neben dem Einsatz zur Potentialtrennung und Schaltungssicherung, insbesondere bei der Verbindung von Mikroprozessoren und EDV-Anlagen mit anderen elektrischen Maschinen, finden O. als Miniatur-Lichtschranken in Durchgangs- und Reflexionsanordnung ihre Verwendung (Bild 2). *Rosenzweig*

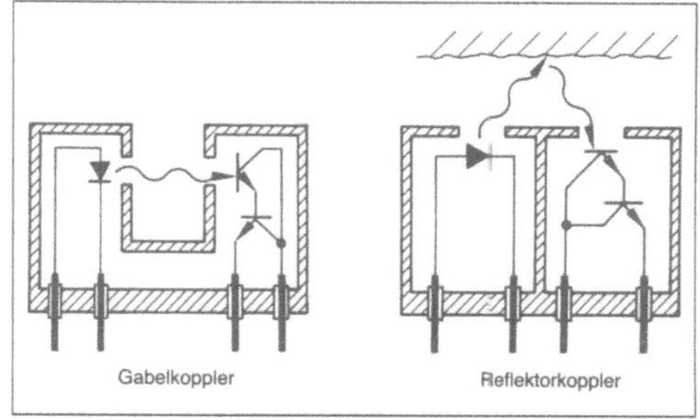

Optokoppler 2: Anwendungsbeispiele.

Literatur: *Bleicher, M.:* Halbleiter-Optoelektronik, Heidelberg 1986.

Orientierung →Kristallorientierung

Orientierungsschicht →Flüssigkristall-Anzeige

Orthikon. Eine Fernsehaufnahmeröhre aus der Frühzeit des Fernsehens. Aufbau und Funktionsweise: Eine dünne Glashaut trägt auf der einen Seite eine durchsichtige Signalelektrode, durch die das zu übertragende Bild auf die mosaikförmige →Photokathode auf der anderen Seite der Glashaut projiziert wird (Bild 1). Der die Mosaikkathode zeilenförmig abtastende →Elektronenstrahl wird zwischen Ionennetz und Stabilisierungsnetz so stark abgebremst, daß bei seinem Auftreffen auf das Mosaik der Sekundäremissionsfaktor $\delta < 1$ ist, wodurch die Mosaikelemente auf etwa Kathodenpotential stabilisiert werden. Die durch die Belichtung ausgelösten Photoelektronen heben dann das Potential um so mehr an, je stärker das einzelne Element beleuchtet wurde. Bei der nächsten Abtastung werden die Elemente wieder auf Kathodenpotential gebracht. Der dabei in der Signalelektrode induzierte Strom ergibt am Außenwiderstand ein mit dem Bildinhalt moduliertes Signal.

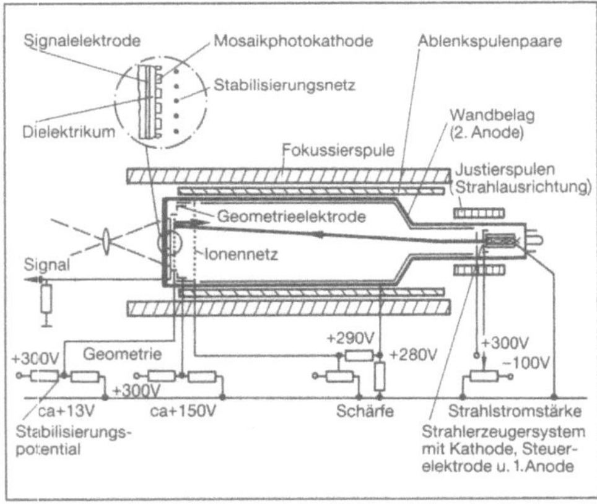

Orthikon 1: Schematischer Aufbau.

Das O. wurde zum Superorthikon mit wesentlich größerer Lichtempfindlichkeit weiterentwickelt. Beim Superorthikon wird das optische Bild auf eine durchsichtige Photokathode projiziert und die ausgelösten Photoelektronen durch ein axiales, nahezu homogenes Magnetfeld auf eine Speicherplatte fokussiert (Bild 2). Die Speicherplatte besteht aus einer elektrisch schwach leitfähigen dünnen (ca. 5 μm) Glashaut mit einem in geringem Abstand (ca. 20 μm) vor ihr ausgespannten Metallnetz hoher Elektronendurchlässigkeit als Gegenelektrode. Das Ladungsbild wandert während der Abtastperiode auf die andere Seite der Glashaut und wird von einem Elektronenstrahl mit langsamen Elektronen abgetastet. Ein Teil der Elektronen kompensiert die

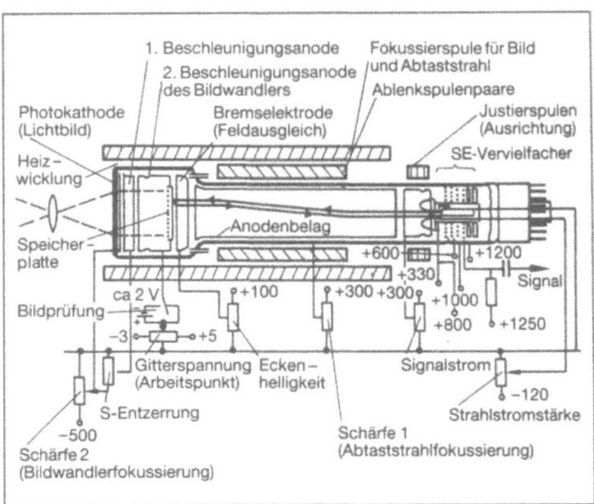

Orthikon 2: Schematischer Aufbau eines Super-O.

positiven Ladungen des Ladungsbildes, die übrigen laufen zurück und werden in einem →Sekundärelektronenvervielfacher verstärkt. *Golombek*

OS-CON. Spezieller →Aluminium-Elektrolytkondensator mit dem organischen Halbleiter TCNQ, einem komplexen Salz aus der Cyano-Gruppe, als Elektrolyt des Kondensators.

Der Wickel des Elektrolytkondensators wird mit dem bei höheren Temperaturen flüssigen TCNQ-Salz getränkt. Die große Viskosität dieser Flüssigkeit bedingt allerdings eine nur teilweise Benetzung der wirksamen aufgerauhten Anodenfläche. Aufgrund der hohen →Leitfähigkeit des bei Raumtemperatur erstarrten TCNQ-Salzes ergeben sich aber trotzdem hervorragende elektrische Eigenschaften des Bauelementes. So werden die internen Verluste des Kondensators, ausgedrückt im sog. Äquivalenten Serienwiderstand R_{ESR} des Ersatzschaltbildes, etwa um den Faktor 0,1 niedriger als beim herkömmlichen Al-Elko gleicher Kapazität und Nennspannung. Da TCNQ eine recht große chemische Stabilität aufweist, besitzen OS-CON-Elkos eine große →Lebensdauer mit stabilen elektrischen Kennwerten.

Der Einsatz dieser Spezialkondensatoren erfolgt im wesentlichen im Bereich elektrischer Stromversorgungen. Als Nachteil dieser Kondensatoren ist das Freisetzen von Cyan-Gasen (HCN), wenn auch in geringer Konzentration, im Kurzschlußfall oder bei Bränden zu erwähnen. *Both*

Oszillator, harmonischer. Er ist eine elektronische Schaltung zur Erzeugung eines periodischen sinusförmigen oder nichtsinusförmigen Signals. Der O. erzeugt die Grundschwingung, die z. B. durch Frequenzsynthese den Träger eines Funksenders für Nachrichtenübertragung bzw. Navigation (Kurzwellenverbindungen; Nachrichtenmeßtechnik) oder die Träger in einem Trägerfrequenzweitverkehrssystem bildet (Trägerfrequenzsysteme), oder die als Taktfrequenz in einem Pulsmodulationssystem (Modulation) oder als Überlagerungsfrequenz in einem Empfänger gebraucht wird. Bei den früheren O. wurde ein →Schwingkreis über eine →Funkenstrecke zu gedämpften Schwingungen angeregt. Heutige O. verwenden vorwiegend Halbleiter.

□ O. mit sinusförmigen Ausgangssignal: Sie enthalten ein frequenzbestimmendes Glied, eine →Rückkopplung über einen →Verstärker, um die Verluste im frequenzbestimmenden Glied auszugleichen und eine Regel- bzw. Begrenzungseinrichtung zur Konstanthaltung der Schwingungsamplitude. Der O. schwingt auf der Frequenz für die die Phasenbedingung erfüllt ist, d. h. die Rückkopplungsspannung muß mit der am Eingang des Verstärkers erforderlichen Steuerspannung genau in Phase sein. Eine einfache und häufig angewandte O.-Schaltung ist die →Dreipunktschaltung nach *Hartley* (Bild 1) oder *Colpitts* (Bild 2).

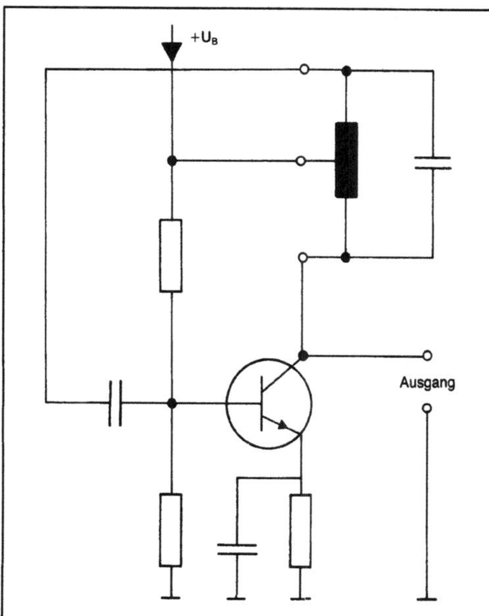

Oszillator 1: Hartley-O.

Das frequenzbestimmende Glied ist jeweils ein Schwingkreis aus Induktivität und Kapazität. Der Punkt drei ist ein Abgriff an der Induktivität oder Kapazität. Damit wird eine Phasendrehung der Rückkopplungsspannung von 180° erreicht, um die, bei einem einstufigen Transistorverstärker, zwischen seinem Eingangsstrom an der Basis und seinem Ausgangsstrom am Kollektor auftretende Gegenphase aufzuheben.

Der Emitterwiderstand begrenzt den Kollektorstrom und damit die Schwingungsamplitude. Der O. nach *Meißner* ist ähnlich Bild 1, jedoch ist zur

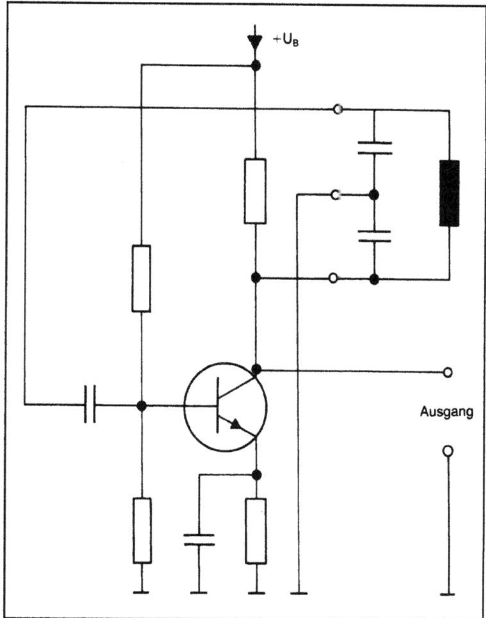

Oszillator 2: Colpitts-O.

Rückkopplung auf die Basis des Transistors eine eigene Wicklung vorgesehen. Eine für Feldeffekttransistoren wegen ihres hohen Eingangswiderstandes am Gitter günstige Schaltung ist der elektronengekoppelte O. (Bild 3).

Der Sourcestrom wird an einen Abgriff der Induktivität gelegt. Bei O. für sehr hohe Frequenzen wird das frequenzbestimmende Glied aus symmetrischen oder koaxialen Leitungskreisen gebildet. Die Störkapazitäten und Laufzeiteigenschaften des Ver-

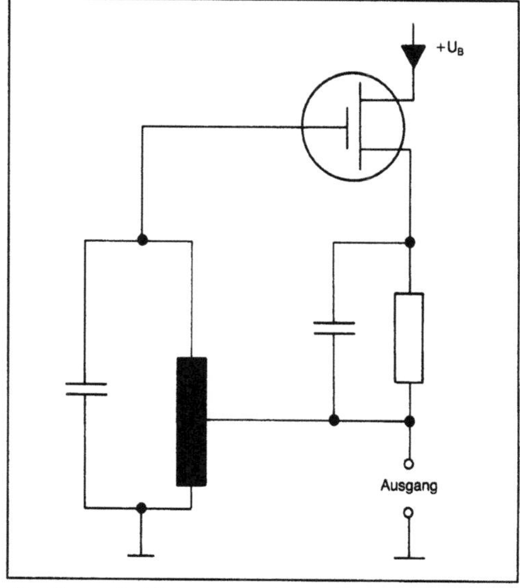

Oszillator 3: Elektronengekoppelter O. mit Feldeffekttransistor (FET).

stärkungselementes bestimmen dann wesentlich die O.-Frequenz mit.

□ Dynatron-O.: Eine fallende Strom-Spannungskennlinie stellt einen negativen Widerstand dar. Schaltet man diesen mit einem Schwingkreis zusammen, so entsteht ein im Aufbau einfacher O. Ein für sehr hohe Frequenzen geeigneter Dynatron-O. ist der Tunneldioden-O.

Der →RC-Oszillator wird vorwiegend bei niedrigen Frequenzen verwendet. Das frequenzbestimmende Element besteht aus Widerständen (R) und Kondensatoren (C). Bild 4 zeigt den *Wien-Brücke-Oszillator.* Ein Zweig der →Brückenschaltung besteht aus einer Serien- und Parallelschaltung von Kondensator und Widerstand. Dieser hat die Eigenschaft, daß bei einer bestimmten Frequenz, nämlich der O.-Frequenz, die Phasendrehung null ist. Zur Amplitudenregelung wird einer der beiden Widerstände des zweiten Zweigs durch einen temperaturabhängigen Widerstand ersetzt.

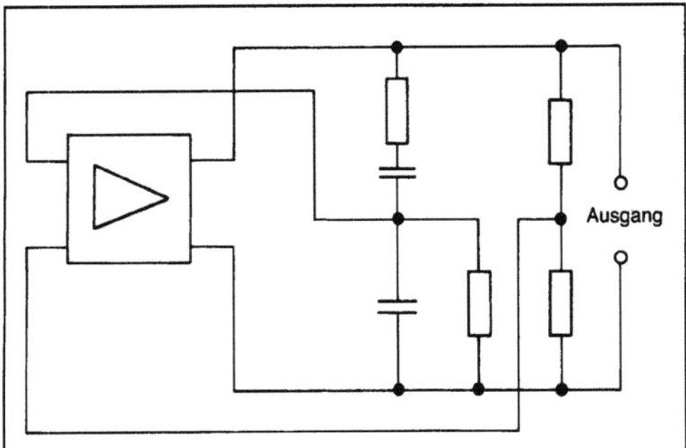

Oszillator 4: Wien-Brücke-O.

□ Der Phasenschieberoszillator (Bild 5) enthält drei in Reihe geschaltete Widerstands-Kondensatorglieder, die zusammen bei der O.-Frequenz die erforderliche Phasendrehung von 180° bewirken.

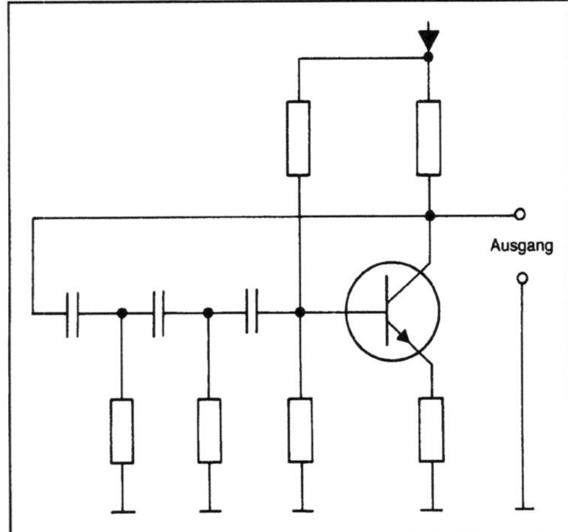

Oszillator 5: Phasenschieber-O.

Die Frequenzkonstanz eines O. ist wesentlich durch die Konstanz des frequenzbestimmenden Gliedes festgelegt. Für besonders hohe Anforderungen werden deshalb *Quarzoszillatoren* verwendet (Schwingquarze). Eine häufig angewandte Schaltung ist der *Clapp-Oszillator* (Bild 6). Der →Quarz stellt einen Schwingkreis mit sehr hoher Güte dar. Unstabilitäten der Schwingschaltung können daher die Frequenzkonstanz des Quarzes kaum beeinflussen. Der Temperatur- und Alterungseinfluß ist sehr gering, so daß eine Frequenzkonstanz von $1 \cdot 10^{-6}$ erreicht wird. Durch Einbau des Quarzes in einen Thermostat kann die Frequenzkonstanz noch wesentlich erhöht werden. Weitere Quarz-O.-Schaltungen wurden von *Pierce, Heegner* und *Meacham* angegeben.

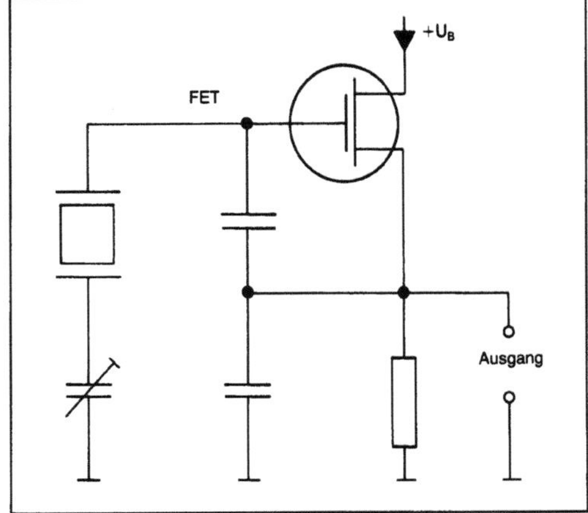

Oszillator 6: Clapp-O. mit Quarz Q.

□ Der →Multivibrator (Bild 7) ist ein O. mit nichtsinusförmigen Ausgangssignal. Er liefert am Kollektor jedes Transistors ein Rechtecksignal. Die Schwingungsdauer ist durch die Summe der Zeitkonstanten aus Kondensator und Basiswiderstand bestimmt. Entsprechend werden die beiden Transistoren abwechselnd ein- und ausgeschaltet. Der O. nach dem *Relaxationsprinzip* verwendet ein Halbleiterbauteil mit negativer Strom-Spannungskennlinie. Bild 8 zeigt eine Schaltung mit dem Unijunction-Transistor (UJT).

Der Kondensator wird über den Vorwiderstand aufgeladen und bei Zündung des UJT entladen. Am Kondensator (Ausgang links) steht deshalb eine Sägezahnspannung, an den beiden Ausgängen (rechts) ein schmaler positiver bzw. negativer Impuls zur Verfügung.

□ Spannungsgesteuerter O.: Um z. B. die Frequenz eines O. mit der Frequenz einer anderen Schwingung zu synchronisieren, muß die O.-Frequenz durch eine Gleichspannung verändert werden können. Dazu wird ein durch eine Spannung veränderbarer Blindwiderstand, z. B. eine Kapazitätsdiode,

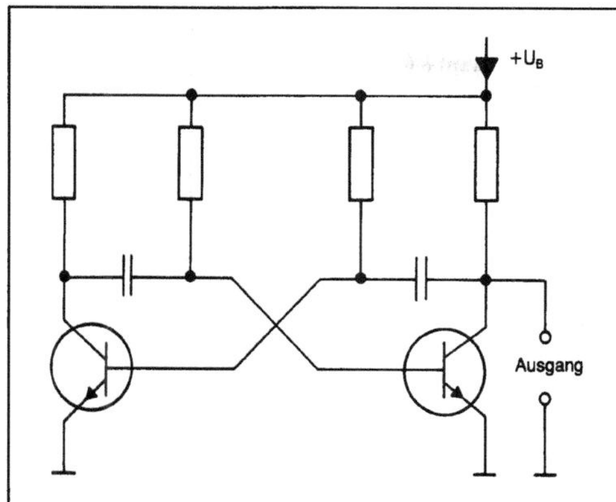

Oszillator 7: Multivibrator.

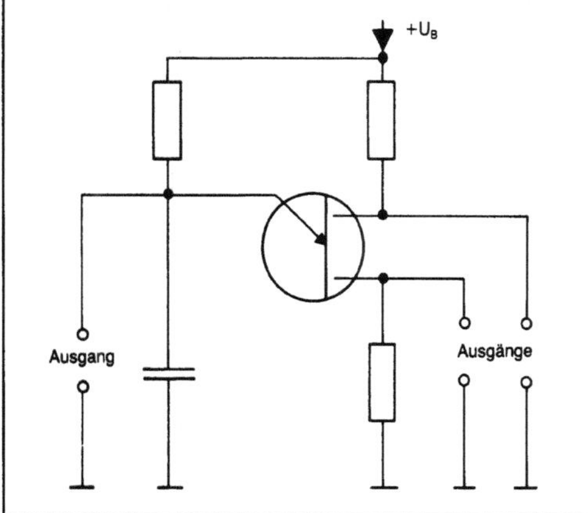

Oszillator 8: Relaxations-O. mit Unijunction-Transistor.

in das frequenzbestimmende Glied des O. geschaltet. Beim Multivibrator und ähnlichen O. dient die Steuerspannung direkt als Ladespannung für die Kondensatoren und bestimmt damit die Frequenz.

□ Phasengeregelter O.: Er ist die komplette Regelschleife, um die Frequenz eines O. exakt auf eine Vergleichsfrequenz zu synchronisieren und die Phasenabweichung bis auf den Regelfehler anzugleichen (Bild 9). Er besteht aus einem Phasendiskriminator ξ, der entsprechend dem Phasenunterschied zwischen der Schwingung des spannungsgesteuerten O. und der Vergleichsfrequenz f_v eine Gleichspannung liefert, die über einen Tiefpaß gereinigt den O. nachstellt. Anwendung, z. B. im →Fernsehempfänger, zur Synchronisierung von Zeilen- und Bildkippgeneratoren. Liegt die Eigenfrequenz des O. in der Nähe eines ganzzahligen Vielfachs der Vergleichsfrequenz, so kann der phasengeregelte O. zur →Frequenzvervielfachung verwendet werden. Um besonders bei großer Vervielfachung ein Einrasten in ein falsches Vielfaches zu vermeiden, wird in den Rückführungsweg häufig ein →Frequenzteiler eingeschleift. *Schrüfer/Hornung*

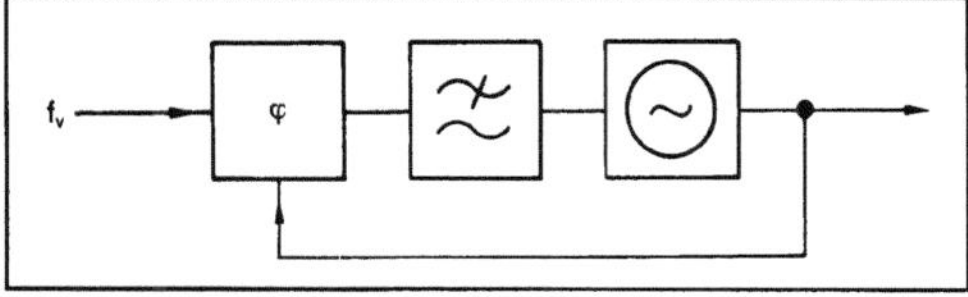

Oszillator 9: Phasengeregelter O.

Oszillator, parametrischer. Optische Komponente zur Erzeugung einer spektral durchstimmbaren Laserstrahlung aus der kohärenten Strahlung eines Lasers fester Frequenz.

Die elektrische Polarisation P eines Stoffes ist nur in der niedrigsten Näherung linear mit der elektrischen →Feldstärke E verknüpft. Allgemein gilt

$$P = \varepsilon_o\,(\chi_1\,E + \chi_2 E^2 + \chi_3 E^3 + \dots),$$

ε_o Dielektrizitätskonstante des Vakuums, χ_i Entwicklungskoeffizienten der dielektrischen Suszeptibilität. Werden in einen Kristallen mit hohen quadratischen Anteilen in der elektrischen Polarisation zwei Wellen unterschiedlicher Frequenz

$$E_1 = E_{10}\,\sin\omega_1\,t,\; E_2 = E_{20}\,\sin\omega_2\,t$$

eingestrahlt, so enthält die Polarisation

$$\begin{aligned}P = {} & \varepsilon_0\,\chi_1\,E_{10}\,\sin\omega_1\,t + \varepsilon_0\,\chi_1\,E_{20}\,\sin\omega_2\,t \\ & + \frac{1}{2}\,\varepsilon_0\,\chi_2\,E_{10}^2 + \frac{1}{2}\,\varepsilon_0\,\chi_2\,E_{20}^2 \\ & - \frac{1}{2}\,\varepsilon_0\,\chi_2\,E_{10}^2\,\cos 2\omega_1\,t - \frac{1}{2}\,\varepsilon_0\,\chi_2\,E_{20}^2\,\cos 2\omega_2\,t \\ & + \varepsilon_0\,\chi_2\,E_{10}\,E_{20}\,\cos(\omega_1 - \omega_2)\,t \\ & - \varepsilon_0\,\chi_2\,E_{10}\,E_{20}\,\cos(\omega_1 + \omega_2)\,t\end{aligned}$$

neben den einfachen und doppelten Frequenzen auch die Summen- und Differenzfrequenzen. Die Differenzfrequenzbildung kann zur parametrischen Lichtverstärkung herangezogen werden.

Durchlaufen eine intensive Pumpwelle ω_p und eine schwache Signalwelle ω_s den Kristall, so entsteht an jedem Ort eine Welle mit der Differenzfrequenz $\omega_i = \omega_p - \omega_s$ (Hilfswelle, *engl.* idler wave). Diese Teilwellen können eine abstrahlungsfähige Welle aufbauen, wenn sie sich phasenrichtig überlagern. Das ist im Falle einer →Phasenanpassung (*engl.* Phase Matching) gewährleistet, d. h. wenn

$$n_i\,\omega_i = n_p\,\omega_p - n_s\,\omega_s$$

Diese Phasenanpassung ist in optisch einachsigen Kristallen für definierte Durchstrahlungsrichtungen bezüglich der optischen Achse möglich (→Frequenzvervielfachung, optisch). Die Hilfswelle bildet ihrerseits mit der Pumpwelle die Differenzfrequenz $\omega_s = \omega_p - \omega_i$, die sich wegen der Phasenanpassung der ursprünglichen Signalwelle überlagert und sie verstärkt. Verstärkungsfaktoren bis zu 100 wurden z. B.

in $LiNbO_3$-Kristallen von wenigen cm Länge erzielt.

Im p. O. entfällt die Signalwelle. Dafür wird der nichtlineare Kristall zwischen zwei Spiegeln eingeschlossen (→Resonator). Aus dem →Rauschen können sich dann die Wellen „aufschaukeln", die einerseits Eigenmoden des Resonators sind und andererseits die Phasenbedingung erfüllen. Dabei entsteht eine Hilfswelle $\omega_i = \omega_p - \omega_s$, die sich qualitativ nicht von der Signalwelle unterscheidet, so daß sich zwei Wellen unterschiedlicher Frequenz gleichzeitig ergeben, die ausgekoppelt werden können, sofern die Spiegel für beide gleich reflektierend sind. Es gilt

$$\omega_{s1} + \omega_{s2} = \omega_p,$$

was nichts anderes als der Energiesatz im Photonenbild ist. Die Phasenanpassung ist gleichbedeutend der Impulserhaltung. Durch Änderung der Phasenanpassung über die Temperatur oder eine Drehung des Kristalls kann die emittierte Wellenlänge variiert werden.

P. O. werden vorwiegend zum Aufbau durchstimmbarer kohärenter Lichtquellen im nahen infraroten Spektralbereich verwendet. Als Materialien eignen sich die gleichen Stoffe wie zur Frequenzvervielfachung, z. B. KDP (KH_2PO_4), ADP ($NH_4H_2PO_4$), BBO (β-BaB_2O) und $LiNbO_3$.

→Optik, nichtlineare *Rosenzweig*

Literatur: *Weber/Herziger:* Laser. Weinheim 1978.

Oszilloskopröhre. Eine Vakuum-Elektronenröhre zum Darstellen von Diagrammen oder des zeitlichen Verlaufs von Spannungen. Ihr Erfinder *K. F. Braun* benutzte sie 1897 erstmals dazu, um schnell veränderliche Spannungen zu messen (Braunsche Röhre). Ihr Hauptanwendungsgebiet ist das Oszilloskop.

Eine O. (auch →Kathodenstrahlröhre) (Bild 1) besteht aus fünf Funktionsteilen: die →Elektronenkanone erzeugt einen über den Wehneltzylinder in der Intensität modulierbaren →Elektronenstrahl, der im nachfolgenden elektrostatischen Linsensystem auf den →Leuchtschirm fokussiert wird. Das Ablenksystem sorgt mit zwei Plattenpaaren für die Richtungsänderung des Elektronenstrahls mit Hilfe von transversalen elektrischen Feldern. Es folgt der Laufraum, in dem der in der Richtung abgelenkte Elektronenstrahl eine Ortsauslenkung auf dem Leuchtschirm erfährt. Im Laufraum können die Elektronen noch nachbeschleunigt werden, wenn sie für eine hohe Ablenkempfindlichkeit das Ablenksystem mit geringerer Geschwindigkeit passieren, am Leuchtschirm jedoch für eine ausreichende →Leuchtdichte eine hohe Energie benötigen. Der Leuchtschirm ist auf der Innenseite dünn mit einem Leuchtstoff beschichtet, der durch

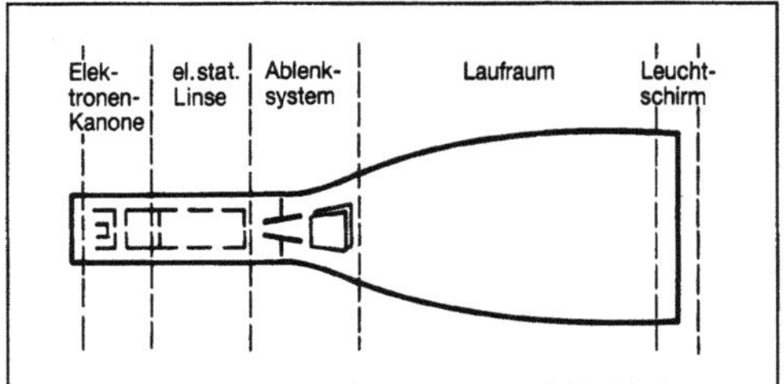

Oszilloskopröhre 1: Schematischer Aufbau.

den Elektronenstrahl am Auftreffpunkt zu Phosphoreszenz angeregt wird.

Im Elektrodensystem einer O. (Bild 2) werden die Elektronen von einer indirekt geheizten ebenen Oxidkathode von 2–3 mm Durchmesser emittiert. Eine Lochblendenelektrode auf negativem Potential, der →Wehnelt-Zylinder, bündelt die Elektronen und kann gleichzeitig zur Intensitätsmodulation (Helligkeitsmodulation) des Elektronenstrahls verwendet werden. Die nachfolgende Elektrode, eine einfache oder doppelte Lochblende beschleunigt die Elektronen auf etwa 3–4 keV und blendet schlecht fokussierte Elektronen aus. Der durch den Wehneltzylinder erzeugte Überkreuzungspunkt der Elektronenbahnen wird mit der elektrischen Doppelrohrlinse auf den Leuchtschirm abgebildet. Dabei befinden sich meist die äußeren Linsenabschnitte auf Anodenpotential, während der mittlere Teil etwa Kathodenpotential besitzt. Die Ablenkplatten erzeugen ein elektrisches Feld senkrecht zum Elektronenstrahl, das den Elektronen eine der an den Platten liegenden Spannung proportionale Quergeschwindigkeitskomponente verleiht, die zu einer Auslenkung des Leuchtflecks am Leuchtschirm führt. Um die Zeitabhängigkeit einer periodischen Wechselspannung darzustellen, legt man die zu analysierende Spannung an die Vertikalablenkplatten und an die Horizontalablenkplatten eine Kippspannung, die linear mit der Zeit anwächst und nach Erreichen eines bestimmten Wertes sprungartig auf Null zurückspringt (Kippschaltung).

Durch Überlagerung beider Ablenkungen erscheint auf dem Bildschirm der Schwingungsablauf der Spannung über der Zeit aufgetragen. Bei ganz-

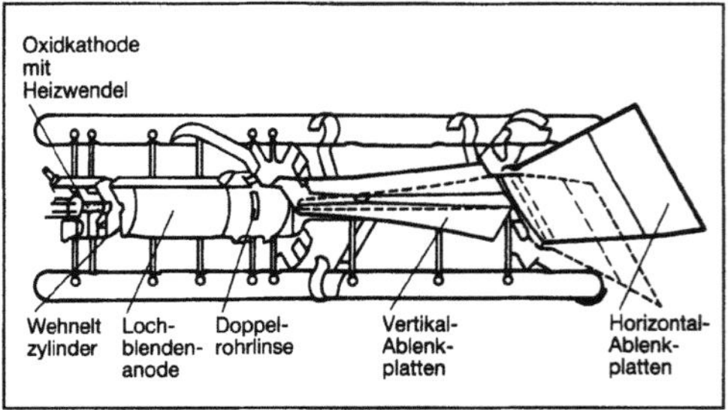

Oszilloskopröhre 2: Elektrodensystem.

zahligem Verhältnis von Signal- und Kippfrequenz entsteht ein stehendes Bild, d. h. die einzelnen Leuchtschirmbilder überdecken sich. Um das zu erreichen, kann man die Kippschwingung mit dem Meßsignal synchronisieren.

Ablenkfehler entstehen bei elektrostatischen Ablenksystemen dadurch, daß sich im transversalen elektrischen Feld auch der Absolutwert der Elektronengeschwindigkeit ändert, durch Feldinhomogenitäten an den Plattenrändern und dadurch, daß der Leuchtschirm eben ist. Genauer sind magnetische Ablenksysteme, wobei sich die Ablenkspulen nicht im Innern der Röhre befinden, sondern außen am Röhrenkolben angebracht sind. Mit magnetischen Ablenksystemen erreicht man auch erheblich stärkere Winkelauslenkungen als mit elektrostatischen Systemen. Der Nachteil von magnetischen Ablenksystemen ist allerdings, daß sie aufgrund der Selbstinduktivität der Ablenkspulen relativ träge sind. Daher bevorzugt man für O. elektrostatische Ablenkung und für Fernseh-Bildröhren und andere Sichtgeräte mit konstanter Abtastgeschwindigkeit magnetische Ablenkung.

Sichtspeicherröhren sind O. mit zwei getrennten Elektronenstrahlquellen für den Schreibstrahl und den Lesestrahl und zwei vor dem Leuchtschirm ausgespannten Netzen, dem Kollektornetz und dem Speichernetz (Bild 3). Dabei ist das Speichernetz kathodenseitig mit einem Isolierstoff hoher Sekundärelektronenausbeute, z. B. Magnesiumfluorid, bedeckt.

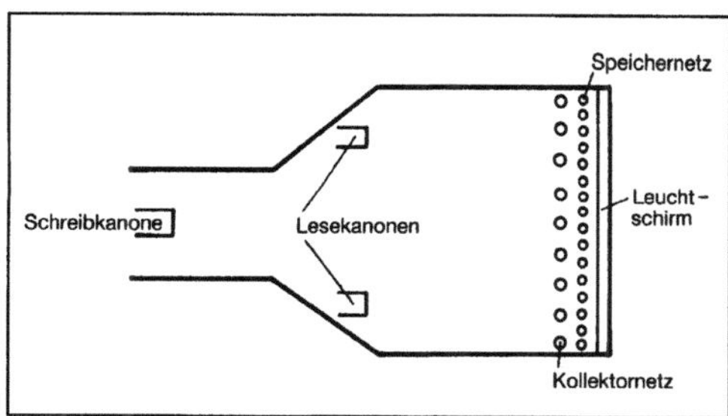

Oszilloskopröhre 3: Schematische Darstellung einer Sichtspeicherröhre.

Während des Schreibvorgangs trifft der Schreibstrahl mit hoher Energie nicht nur auf den Leuchtschirm sondern auch auf das Speichernetz und lädt die getroffenen Stellen dieses Netzes durch Auslösen von Sekundärelektronen positiv auf. Die Sekundärelektronen fließen zum Kollektornetz. Beim Lesevorgang wird das gesamte Speichernetz von den beiden Lesekanonen gleichmäßig mit Elektronen niedriger Energie bestrahlt. An den beschriebenen Stellen können sie wegen des positiven Potentials dieser Stellen das Speichernetz passieren und treffen dann, durch die zwischen Speichernetz und Leuchtschirm liegende Nachbeschleunigungsspannung beschleunigt, auf den Leuchtschirm auf und regen ihn zum Leuchten an. Die nicht beschriebenen Stellen des Speichernetzes dagegen reflektieren die Elektronen, und das Kollektornetz fängt sie auf.

Zum Löschen des gespeicherten Bildes wird das Speichernetz kurzzeitig so weit positiv gemacht, daß es die Leseelektronen erreichen können und das Ladungsbild löschen. Durch sehr kurze, nicht ganz so positive Impulse läßt sich das Ladungsbild auch nur teilweise löschen, und man kann über die Pulsfrequenz die Nachleuchtdauer des Schirms in weiten Grenzen einstellen. *Golombek/Claassen*

OTA. (Abk. *engl.* Operational Transconductance amplifier). Besondere Form des →Operationsverstärkers (Norton-Verstärker), bei der die Ausgangsspannung dem Eingangsdifferenzstrom proportional ist.

Schaltungstechnisch liegt dazu am Eingang eine Emitterstufe sowie eine Stromspiegelschaltung (Bild). Der Vorteil dieses Prinzips sind die geringe Betriebsspannung und der Wegfall der zweiten Spannungsquelle. Spannungssteuerung ist mit diesem Typ durch Vorschalten von Widerständen möglich. *R. Paul*

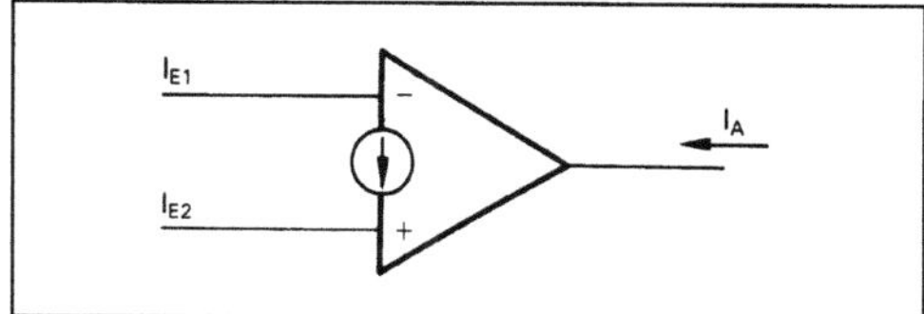

OTA: Norton-Verstärker-Schaltzeichen.

OVD-Verfahren. (*engl.* Outside-Vapour-Deposition) →Glasfaserherstellungsverfahren

Oxid. Siliciumdioxid (SiO_2) ist das natürliche O. des Siliciums. Durch seine überragenden Eigenschaften als →Maskierung gegen Dotierelemente und bei der →Ionenimplantation, als Gatedielektrikum und als →Isolator hat es die Planartechnologie und die moderne Siliciummikroelektronik erst möglich gemacht. Unterschieden werden O. nach Anwendungsbereich, O.-Dicke und Herstellverfahren. Dünnoxid ist ein O. mit einer Dicke von weniger als ca. 50 nm. →Dickoxid ist ein O. einer Dicke von ca. 0,5–1 μm. Auf →Silicium bildet sich bereits bei Raumtemperatur an Luft eine dünne Oxidschicht, das natürliche O. (*engl.* native Oxide). Nach 100 Stunden in Luft bei Raumtemperatur erreicht die Oxiddicke ihren Maximalwert von ca. 10 bis 15 Angström.

Zur Herstellung von O. werden folgende Prozesse angewendet: Oxidation, →Plasmaoxidation, CVD-

Abscheidung, LPCVD-Abscheidung, PECVD-Abscheidung, →Sputtern, anodische →Oxidation, Spin-on-Techniken.

O. wird als funktionaler Bestandteil integrierter Bauelemente verwendet: als →Gateoxid von MOS-Transistoren, als →Dielektrikum für Speicherkondensatoren und zur Trennung aktiver integrierter Bauelemente voneinander (→Feldoxid). Durch CVD-Verfahren abgeschiedene, meist mit Phosphor und/oder Bor dotierte SiO_2 Schichten werden als Zwischenisolierung bei Mehrlagenverdrahtungen verwendet (→Schichtabscheidung).

Bei der →Diffusion zur selektiven Dotierung der Siliciumscheiben dient O. als Maskierungsschicht. Die in der Siliciumtechnologie wichtigen Dotierstoffe Bor, Phosphor, Arsen und Antimon (nicht aber Gallium!) besitzen in O. wesentlich niedrigere →Diffusionskoeffizienten als in Silicium. O. ist daher sehr gut als Diffusionsmaske gegen Eindiffusion dieser Dotierstoffe geeignet (Bild a). Es reichen für die o. g. Dotierstoffe Oxiddicken von weniger als 100 nm aus. In der Praxis verwendet man jedoch Dickoxid (0,5–1 µm). Auch bei der Ionenimplantation kann eine Oxidschicht ausreichender Dicke als →Maske (Implantationsmaske) verwen-

Oxid. Tabelle: Physikalische Eigenschaften von Siliciumdioxid

	thermisches Oxid trocken	thermisches Oxid feucht	thermisches Oxid Hochdruck feucht	anod. Oxid	Plasma-Oxid	Abscheidung aus der Gasphase
Struktur	statistisches Netzwerk von Tetraedern, 50% kovalente, 50% ionische Bindung makroskopisch amorph					
Dichte [g/cm³]	2,24–2,27	2,0–2,20	2,32	1,8		
Energiebandlücke [eV]	8,9					
spez. Widerstand [Ω cm]	10^{15}–$2 \cdot 10^{16}$	10^{15}–10^{17}				
Dielektrizitätskonstante bei 1 MHz	3,84	3,9			4,4–4,6 (bei 10 kHz)	
Durchbruchsfeldstärke [10^6 V/cm]	6,8–9	6,8–9	6,8–9	5,2	10	5
Schmelzpunkt [°C]	ca. 1 700					
Dampfdruck [Torr]	10^{-3} bei 1 450 °C 10^{-1} bei 1 700 °C					
spez. Wärmekapazität [J/g·°C]	1,0					
therm. Leitfähigkeit [W/cm·°C]	0,014					
linearer thermischer Ausdehnungskoeffizient [l/°C]	$0{,}5 \cdot 10^{-6}$					
elektronische Oberflächenzustände [cm^{-2}]	ca. 10^{10}					10^{11}–10^{12}
Brechungsindex (546 nm)	1,46–1,47	1,45–1,46	1,48	1,32–1,49	1,46–1,47	

det werden (Bild b). Im Bereich →Implantation wird eine dünne Oxidschicht auch als Streuschicht bzw. Streuoxid für die Ionen verwendet um ein →Channeling der Ionen im Kristall zu verhindern. Eine dünne Oxidschicht wird auch häufig nur als Schutzschicht oder Schutzoxid auf blankem Silicium verwendet um dies vor Verunreinigungen z. B. beim →Ausheilen von Implantationen oder vor gesputterten Metallatomen während der Ionenimplantation zu schützen. Die gesamte Integrierte Halbleiterschaltung kann durch eine Passivierungsschicht aus hoch dotiertem O. (→Passivierung) vor Umwelteinflüssen geschützt werden. Padoxid ist ein O., welches in der →LOCOS-Technik als Zwischenschicht zwischen Silicium und der Nitridschicht zum Abbau von Spannungen zwischen der Nitridschicht und dem Kristall dient.

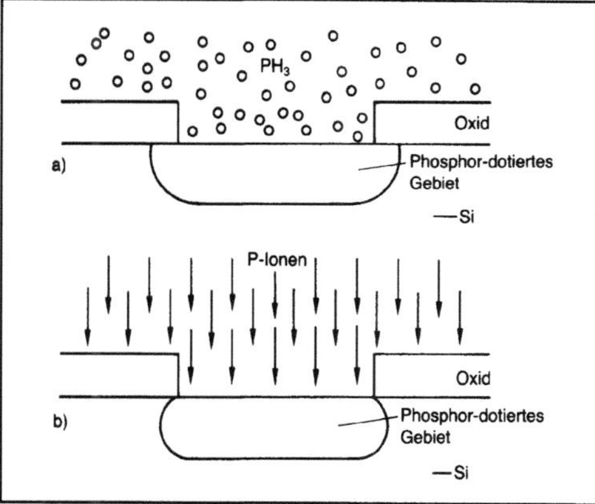

Oxid: Einsatz als Diffusionsmaske (a) und als Implantationsmaske (b).

Dotierte O. (mit Bor, Phosphor, Antimon, Arsen) werden als Dotierquelle bei der Diffusion verwendet. Dieses Verfahren ist jedoch durch moderne Gasphasendiffusionsmethoden bzw. Ionenimplantation in den Hintergrund gedrängt worden und findet fast nur noch bei Leistungshalbleiterbauelementen Anwendung.

Ebenso wie Nitrid wird SiO_2 auch bei der Passivierung und Maskierung von Verbindungshalbleitern verwendet (Tabelle). *Ryssel*

Oxidation. In der Silicium-Technologie bedeutet O. das Aufwachsen eines Oxidfilms (SiO_2) auf der Oberfläche einer Siliciumscheibe. Das →Silicium kann dabei eine einkristalline oder polykristalline Struktur (Polysilicium-Schicht) haben. Auch →Silicide können oxidiert werden.

Die Oxidbildung hat eine Volumenausdehnung von ca. 120% zur Folge, d. h. für ein 1 μm dickes Oxid wird eine 0,455 μm dicke Siliciumschicht aufgebraucht. Man unterscheidet thermische O., anodische O., Plasma-O.

Die thermische O. hat die größte Bedeutung. Nur mit diesem Verfahren können Oxide mit hoher Qualität, wie sie für heutige Halbleitertechnologien benötigt werden, bei gleichzeitig hohem Durchsatz hergestellt werden. Der Oxidationsprozeß wird in einem →Diffusionsofen bei Temperaturen von 800 bis 1200 °C durchgeführt. Bei der trockenen O. findet Sauerstoff, bei der feuchten O. Wasserdampf als Prozeßgas Verwendung.

Die Reaktionsgleichungen lauten:

$Si + O_2 \rightarrow SiO_2$ (trockene O.)

$Si + 2H_2O \rightarrow SiO_2 + 2H_2$ (feuchte O.)

Bei der thermischen O. wird in manchen Fällen zum →Gettern von Metallionen Chlor in unterschiedlicher Form zugesetzt. Verwendet wird HCl (HCl-Oxidation), Cl_2, welches als Gas in geringen Mengen (2–6%) dem Oxidationsmittel beigemischt wird, TCA (Trichlorethan) oder TCE (Trichlorethylen), Flüssigkeiten, welche dem Sauerstoff in einer Bubblerflasche beigemischt werden. Häufig wird auch die trockene und feuchte O. gemischt angewendet, indem ein bestimmtes Verhältnis von Wasserdampf zu Sauerstoff eingestellt wird.

Im Gegensatz zur O. von Metallen beruht die O. von Silicium auf der Eindiffusion der oxidierenden Komponenten durch das Oxid an die Grenzfläche Oxid-Silicium und dortiger Reaktion und nicht auf der Ausdiffusion von Silicium.

Die feuchte O. verläuft schneller als die trockene O., liefert aber ein qualitativ schlechteres Oxid. Daher wird zur Herstellung des kritischen Gateoxids für →MOS-Transistoren die trockene O. verwendet. Für das →Dickoxid (→Feldoxid), zur →Passivierung der Bereiche zwischen den aktiven Transistorgebieten (Feldbereich), wird die schnellere feuchte O. angewendet.

Die Kinetik des thermischen Oxidwachstums folgt einem linear-parabolischen Verlauf (Bild 1).

Mathematisch wird dies beschrieben durch das Wachstumsgesetz von *Deal* und *Grove:*

$$\frac{X_o^2}{B} + \frac{X_o}{B/A} = t + \tau$$

X_o ist die Oxiddicke, t die Oxidationszeit, τ eine Konstante, die das mit dem Deal-Grove-Modell nicht beschreibbare schnelle Anfangswachstum bei trockener Oxidation berücksichtigt. B ist die *parabolische Wachstumsrate,* die den parabolischen Verlauf bei großen Oxiddicken bestimmt. Das Deal-Grove-Gesetz kann dann annähernd vereinfacht werden zu:

$$X_o^2 = B(t + \tau).$$

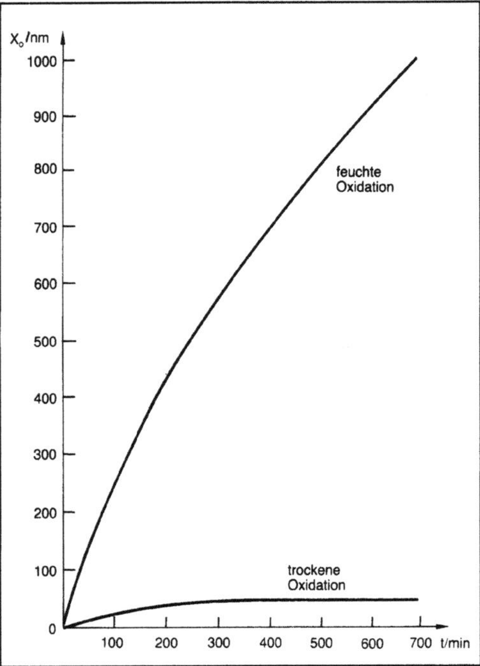

Oxidation 1: Feuchte und trockene O. von (100)-Silicium bei 900 °C.

B/A ist die *lineare Wachstumsrate,* die den linearen Verlauf bei geringen Oxiddicken bestimmt. Das Deal-Grove-Modell vereinfacht sich in diesem Fall zu:

$$X_0 = B/A\ (t+\tau).$$

Die Verringerung des Wachstums mit zunehmender Oxiddicke (parabol. Verlauf) ist durch die →Diffusion der Sauerstoff- bzw. Wassermoleküle durch das bereits bestehende Oxid als geschwindigkeitsbestimmender Schritt bedingt. Während am Anfang der O. nur eine geringe Oxiddicke zu überwinden ist und hauptsächlich die Anzahl der im Oxid gelösten Sauerstoff- bzw. Wassermoleküle und die Reaktionsrate an der Grenzfläche Oxid/Silicium das Wachstum (Rate B/A) bestimmen, müssen die Moleküle mit zunehmender Oxiddicke diese Grenzfläche erst durch Diffusion durch das Oxid erreichen (bestimmt durch B).

Beeinflußt wird das Oxidwachstum bei der thermischen O. durch:

□ Wahl der →Kristallorientierung der Siliciumscheibe.
Die Anzahl der Siliciumatome pro Flächeneinheit, die für die O. zur Verfügung stehen, ist abhängig von der Kristallebene, in der eine Siliciumscheibe geschnitten wurde. Die Oxidationsrate ist besonders bei dünnen Oxiden von dieser Anzahl pro Fläche abhängig, so daß sich für die lineare Rate B/A für die gebräuchlichsten Kristallrichtungen <111> und <100> folgendes Verhältnis ergibt:

B/A <111>:B/A <100>=1,38:1

□ Temperatur.
Sowohl die reaktionsbestimmte lineare Wachstumsrate B/A, wie auch die diffusionsbedingte Wachstumsrate B wachsen gemäß einer Arrhenius-Beziehung mit steigender Temperatur.

□ Druck.
Die Anzahl der in dem Oxid gelösten, nicht in SiO_2 gebundenen Sauerstoff- bzw. Wassermoleküle hängt linear vom Prozeßdruck ab (*Henry*sches Gesetz). Die parabolische und die lineare Wachstumsrate verhält sich dadurch proportional zum Druck. Technisch wird dies bei der Hochdruckoxidation ausgenützt. Hierbei wird mit Drücken bis zu 20 atm gearbeitet (Bild 2).

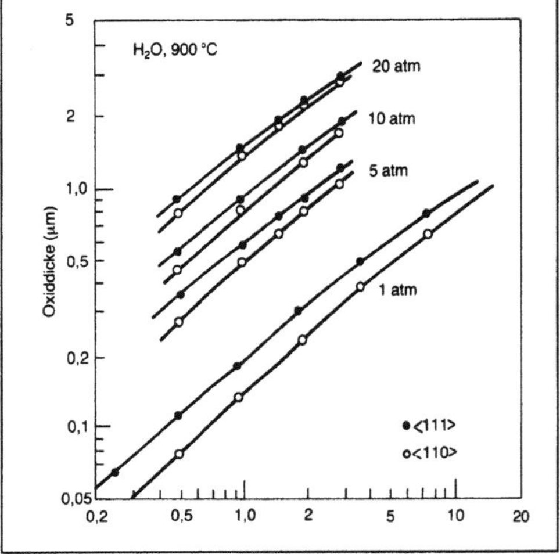

Oxidation 2: Oxiddicke als Funktion der Zeit für (111) und (100) orientiertes Silicium in Wasserdampf bei 1 bis 20 atm.

□ Dotierung.
Bei hoher Dotierung der Siliciumscheibe ($>10^{17}$ cm^{-3}) erhält man eine Erhöhung des Oxidwachstums in Abhängigkeit von der Dotierung.

Das Deal-Grove-Modell beschreibt die feuchte thermische O. über den gesamten Schichtdickenbereich und die trockene thermische O. für Oxiddikken > ca. 70 nm. Bei geringeren Oxiddicken tritt bei der trockenen O. ein wesentlich schnelleres Wachstum auf, für welches in verschiedenen Modellen mechanische Spannungen im Oxid, Oxidantentransport über Mikrokanäle, Diffusion von atomarem Sauerstoff oder Chemisorption an der Si/SiO_2-Grenzschicht verantwortlich gemacht werden. *Ryssel*

Oxidation, anodische. Die a. O. wird hauptsächlich zu analytischen Zwecken eingesetzt. Sie dient hier zum definierten Abtrag von Silicium durch Oxidation und nachfolgendes Abätzen mit Flußsäure (z. B. für die Messung von Implantationsprofilen).

Die Oxidation findet z. B. in einer 0,1 M Lösung von KNO_3 in N-Methylacetamid statt, wobei die OH-Ionen mittels einer elektrischen Spannung zur Grenzfläche Oxid/Silicium gebracht werden. Durch Konstanthalten des Ionenstromes erhält man ein lineares Schichtwachstum. Vorteil dieser Methode ist, daß die Oxidation bei Raumtemperatur abläuft. Es wird jedoch ein sehr poröses Oxid mit entsprechend schlechten elektrischen Eigenschaften erzeugt. *Ryssel*

P

P-Kanal →MOS-Technik

p-Kanal-Feldeffektransistor →Feldeffekttransistor

P-Verstärker. Der Proportional-Verstärker ist ein Spannungsverstärker, bei dem die Ausgangsspannung U_a der sprungartig angelegten Eingangsspannung U_e ebenfalls sprungartig mit der Verstärkung $V = U_a/U_e$ folgt (Bild). Der Amplitudengang des P-V. stellt eine Gerade mit konstantem Frequenzgang (F=k) dar; der Phasenwinkel ist $\xi = 0$ für alle Frequenzen ς.

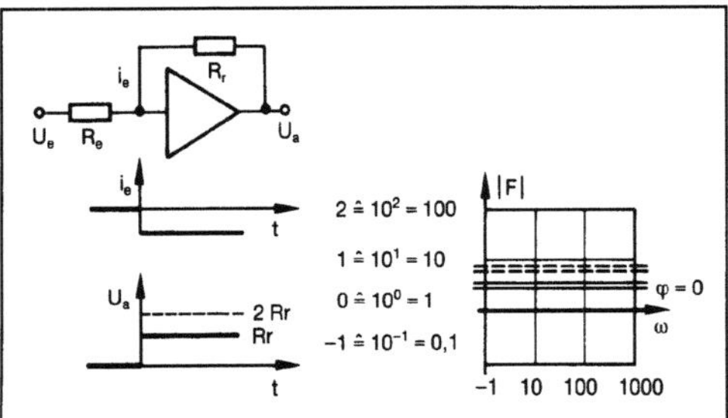

P-Verstärker: Schaltbild, Übergangsfunktion und Bode-Diagramm.

Als P-V. werden in der Antriebsregelung meist Gleichspannungs-Operationsverstärker mit entsprechender Beschaltung (Widerstand R_r) benutzt. *H. Stüben*

Literatur: *Stüben H.*: Elektrische Antriebstechnik. Essen 1987.

Packungsdichte. Bauelementedichte. Anzahl der Funktionselemente pro Flächen- oder Volumeneinheit. Sie ist ein Maß für die Integrationsgüte einer bestimmten Schaltungstechnik und damit auch der zugehörigen Technologie. Bei der zur Zeit üblichen zweidimensionalen Integration (Schaltung liegt hauptsächlich an der Chipoberfläche, von der Chipdicke werden nur 5–10 % elektronisch genutzt), wird die P. in Funktionselementen bzw. in Gatterfunktionen je Quadratmillimeter Chipfläche angegeben. Typische Werte betragen z. B. $3 \cdot 10^4$ FE/mm² bei dynamischen Halbleiterspeichern im Mbit-Bereich (64 Mb).

Überschlägig berechnet sich die P. aus dem Verhältnis von →Integrationsgrad und erforderlicher Chipfläche (wobei die Anschlußflächen jedoch mit eingehen). Auf diese Weise enthält sie alle Fortschritte, die sich aus der Vergrößerung der Chipfläche und der Strukturverkleinerung ergeben. So eignet sich die Packungsdichte besser zur Kennzeichnung der Schaltungskompaktheit als der Integrationsgrad.

Die derzeitige Entwicklung zur weiteren Erhöhung der Integration tendiert stark zur Nutzung der dritten Dimension. Dazu wird die integrierte Schaltung auf einem dünnen Halbleiterfilm hergestellt und mehrere solcher Filme übereinander gestapelt. So nutzt die dreidimensionale Integration das Halbleitervolumen besser aus. Auch hier ist der Begriff P. ein geeignetes Maß zur Kennzeichnung der Kompaktheit eines Systems durch Integration, der Integrationsgrad nicht mehr. *R. Paul*
→Miniaturisierung

Padoxid →LOCOS-Technik

PAL.

Schaltungstechnik. (*engl.* Programmable Array Logic, programmierbare Feldlogik) Spezielle Form eines programmierbaren logischen Elementes (→PLD) bestehend aus einer UND- (oder Produkt-) Matrix einer ODER- (oder Summen-) Matrix, wovon die erste programmierbar, die zweite hingegen fest eingestellt ist.

Die PAL-Struktur leitet sich direkt aus der PLA-Struktur ab, dabei ist jedoch wegen des geringeren Programmieraufwandes die ODER-Matrix bereits programmiert. Damit bildet die PAL das direkte Gegenstück zum →ROM. Während sich aber beim UND-Feld des ROM eine allgemein gültige feste Programmierung anbietet, ist dies für die ODER-Matrix der PAL nicht möglich. Hier muß der Hersteller eine größere Zahl von PAL mit verschiedenen ODER-Matrizen anbieten.

Der Einsatz von PAL gegenüber Gate-Arrays beispielsweise beschränkt sich von der wirtschaftlichen Seite her gesehen auf Schaltungen mit unter 1000 Gattern und sehr kleinen Stückzahlen, sonst wird der Einsatz von →Gate-Arrays rasch vorteilhafter. *R. Paul*

Audio-/Videotechnik. Ein Farbfernseh-Übertragungsstandard, der die Empfindlichkeit des NTSC-Systems gegenüber Phasen- und damit Farbtonfehlern beseitigt. PAL wurde durch *W. Bruch* erfunden, 1967 in Westdeutschland eingeführt und dient der kompatiblen Ergänzung des Schwarz-Weiß-Fernsehsystems (z. B. Standards B, G, I) durch Farbinformation. Der herkömmliche Schwarz-Weiß-Empfänger hat durch PAL keine wesentliche Qualitätsminderung (Abwärtskompatibilität), der Farbfernsehempfänger zeigt ein vollwertiges Farbfernsehbild.

Das Grundprinzip entspricht dem NTSC-System, daher sei auf die dortigen Erläuterungen verwiesen. In Abweichung von →NTSC werden jedoch an Stelle der Farbdifferenzgrößen J und Q bei PAL vielmehr U und V übertragen. Die Modulationsart ist wiederum Quadraturamplitudenmodulation (QAM) mit unterdrücktem Träger.

Wesentliches Merkmal von PAL ist die Korrektur von Phasenfehlern und damit Vermeidung der hierdurch erzeugten Farbtonfehler (Bild 1).

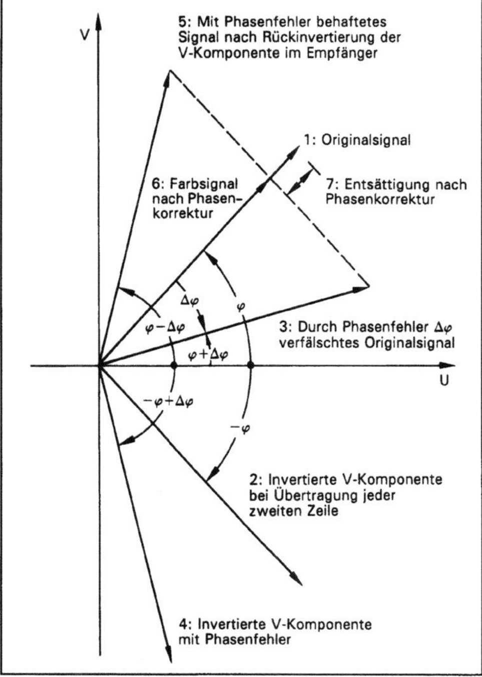

PAL 1: Korrektur von Phasenfehlern durch Inversion der V-Komponente.

Die V-Komponente des Originalsignals (1) mit Phasenwinkel φ wird im PAL-Coder des Senders in jeder zweiten Zeile invertiert (2). Daher rührt die Bezeichnung PAL für Phase Alternation Line. Zur Identifikation des V-Vorzeichens alterniert auch der Burst zeilenperiodisch zwischen 180°+45° und 180°−45° Phasenlage bezogen auf den Farbträger. Ein Phasenfehler Δφ zwischen Coder und Decoder wirkt sich auf nicht invertiertes (3) und invertiertes (4) Signal mit gleichem Vorzeichen aus.

Nachdem die Inversion im Empfänger rückgängig gemacht wurde (5), besitzen benachbarte Zeilen (3 und 5) einen Phasenfehler mit entgegengesetztem Vorzeichen. Dieser Fehler kann durch Mittelung beseitigt werden. Dabei wird der Phasenfehler in eine Verringerung der Sättigung (6) umgewandelt, für die das Auge wesentlich weniger empfindlich ist. Diese Kompensation von Phasen- und damit Farbtonfehlern wird erkauft durch einen vertikalen Auflösungsverlust aufgrund der vertikalen Mittelung und erhöhten Schaltungsaufwand für den erforderlichen Zeilenspeicher.

Der Zeilenspeicher im Empfänger wurde bisher als Ultraschall-Verzögerungsleitung realisiert. Verzögert und gemittelt wurde das auf den Farbträger modulierte Signal F im sog. Laufzeitdecoder (Bild 2).

Heute kommen zunehmend CCD-Verzögerungsleitungen mit geschalteten Kondensatoren zum Einsatz. Hierzu wird das QAM-Signal zunächst demoduliert und die alternierende Polaritätsumschaltung des V-Signals rückgängig gemacht (Bild 3). Dann werden die beiden resultierenden Farbdifferenzen R–Y und B–Y im Basisband einzeln verzögert und gemittelt. Die erforderliche Taktfrequenz ist im Basisband deutlich niedriger als im Farbträgerbereich. Dadurch ist auch die Zahl der erforderlichen Speicherzellen der CCD-Verzögerungsleitungen reduziert.

Durch die Inversion des V-Signals in jeder zweiten Zeile sind im Spektrum der Farbdifferenzsignale die V-Anteile gegenüber den U-Linien um eine halbe Zeilenfrequenz verschoben (Bild 4). Bei

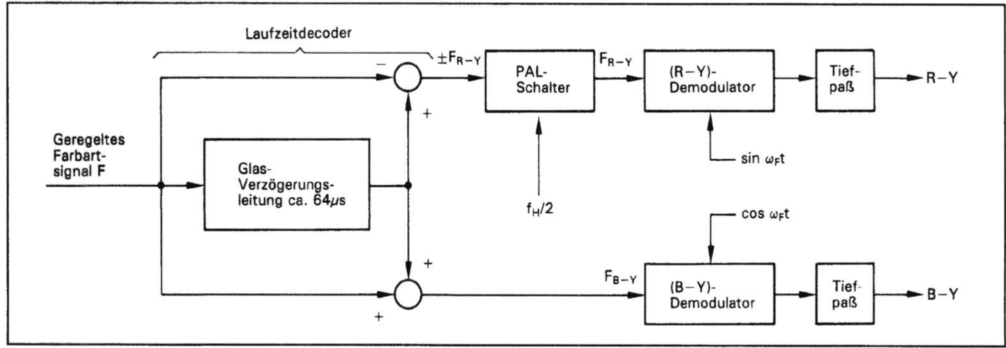

PAL 2: Herkömmlicher Laufzeitdecoder zur Mittelung des auf Farbträger modulierten Farbsignals.

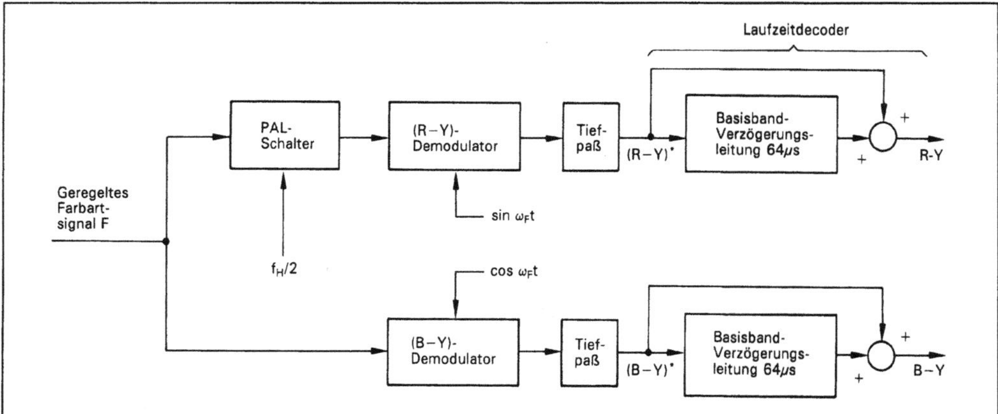

PAL 3: Korrektur von Phasenfehlern mit Laufzeitdecoder im Basisband.

einem Halbzeilenoffset des Farbträgers f_F gegenüber den Luminanzlinien würden die V-Komponenten im Spektrum gerade auf die →Luminanz zu liegen kommen. Man hat aus diesem Grund einen Viertelzeilenoffset nach Bild 4 gewählt.

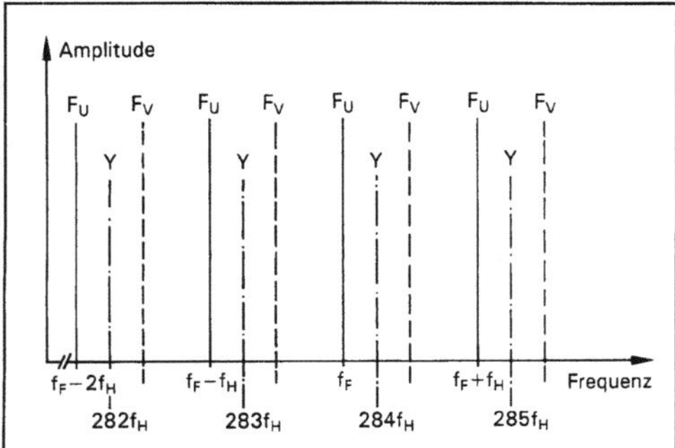

PAL 4: Viertelzeilen-Offset.

Aufgrund der Verschachtelung können Luminanz und Chrominanz bei ruhenden Bildinhalten und hinreichender Periodizität der Zeileninhalte wieder exakt mittels Kammfilter voneinander getrennt werden. Bei zu verschiedenen Zeileninhalten sind die Spektrallinien verbreitert. Luminanz und Chrominanz können spektral überlappen und sind nicht mehr vollständig zu trennen.

Die Folge sind Übersprechen von der Chrominanz in die Luminanz (Cross-Luminanz) und umgekehrt (Cross-Colour). Cross-Luminanz äußert sich z. B. in einem feinen schachbrettähnlichen Muster der Luminanz an Farbkanten. Cross-Colour bewirkt grobe Farbstruktur feiner Luminanzmuster, wie z. B. fein gestreifter Kleidungsstücke oder von Jalousien. Insbesondere Cross-Colour ist auffällig und störend.

Durch den Viertelzeilenoffset ergibt sich eine Phasenverschiebung des Farbträgers um 90° von Zeile zu Zeile. Nach 625 Zeilen sind dies 90° Phasenverschiebung. Daher sind Farbträger und Bildbeginn erst nach vier Vollbildern oder acht Teilbildern wieder in Phase. Im PAL-Studio darf nur am Beginn solcher Acht-Teilbild-Sequenzen geschnitten werden, da sonst die Farbträgerphase springt.

Damit das Störmuster des Farbsignals im Luminanzkanal sich leicht bewegt und damit weniger störend wirkt, besitzt der Farbträger in Kombination mit den Standards B, G, H, I zusätzlich einen 25 Hz-Offset.

Mit der Farbträgerfrequenz $\omega_F = 2\pi f_F$ lautet das vollständige modulierte Farbsignal

$$U_{mod} = U_Y + U_U \sin \omega_F t \pm U_v \cos \omega_F t$$
$$U_U = 0{,}493 U_{B-Y}$$
$$U_V = 0{,}877 U_{R-Y}$$

$$f_F = \left(\frac{1135}{4} + \frac{1}{625}\right) f_H.$$

Es betragen die Teilbildfrequenz $f_v = 50$ Hz, die Zeilenfrequenz $f_H = 15\,625{,}00$ Hz und die Farbträgerfrequenz $f_F = 4\,433\,618{,}75$ Hz. Die Bandbreite des Farbsignals beträgt bei den Standards B, G 570 kHz im oberen und 1 300 kHz im unteren Seitenband. *Grigat*

Literatur: *Mäusl, R.:* Fernsehtechnik. Heidelberg 1991. – *Morgenstern, B.:* Farbfernsehtechnik. Stuttgart 1983. – *Wendland, B.* und *H. Schröder:* Fernsehtechnik. Heidelberg 1991.

PALplus. Mit Einführung von →HDTV dürfte der Studiobetrieb im 4:3-Format schrittweise eingestellt werden. P. soll die PAL-Ausstrahlung terrestrisch (über Antenne) und über Satellit für die Zeit der 16:9-Ausstrahlungen zukunftssicher machen.

P. besitzt das HDTV-Bildseitenverhältnis 16:9 und soll eine preiswerte Alternative zum HDTV-Empfänger bei heutiger Auflösung darstellen. Darüber hinaus kann das PALplus-Signal (Bild 1) von allen bestehenden 4:3 PAL-Empfängern im Letter-

Empfänger \ Sender	PAL 4:3	PAL 4:3 Letterbox	PALplus 16:9	D2MAC 4:3	D2MAC 16:9	HDMAC 16:9
PAL, 4:3	576 Z.	432 Z.	432 Z.			
D2MAC+PAL, 4:3	576 Z.	432 Z.	432 Z.	576 Z.	432 Z.	432 Z.
D2MAC+PAL, 16:9	576 Z.	432 Z.	432 Z.	576 Z.	576 Z.	576 Z.
PAL, 16:9	576 Z.	432 Z.	432 Z.			
D2MAC+PALplus, 16:9	576 Z.	432 Z.	576 Z.	576 Z.	576 Z.	576 Z.
HDMAC+PALplus, 16:9	576 Z.	432 Z.	576 Z.	576 Z.	576 Z.	1152 Z.

PALplus 1: Kompatibilitätstabelle der verschiedenen Übertragungsstandards bezüglich des Bildseitenverhältnisses (nach Reimers et al.).

box-Format, d. h. mit schwarzen Streifen am oberen und unteren Bildrand ohne Zusatzgeräte dargestellt werden (Abwärtskompatibilität). Damit ist das HDTV-Bildmaterial auch bestehenden PAL-Empfängern in reduzierter Auflösung verfügbar. PAL-Empfänger mit 4:3- oder 16:9-Display können dagegen ohne Erweiterung keine →D2MAC- oder →HDMAC-Signale decodieren.

P. befindet sich in der Planungsphase. Der P. Strategiegruppe gehören neben den Rundfunkanstalten (Deutschland, Österreich, Schweiz, England) auch Vertreter der Unterhaltungsgeräteindustrie an. Eine Einführung wird frühestens 1995 erfolgen. Es wird zunächst über Satellit, später auch terrestrisch ausgestrahlt werden.

Zielsetzungen von P. sind neben dem Bildseitenverhältnis 16:9

- Vollständige Kompatibilität zu →PAL.
- Verringerung des Übersprechens zwischen →Luminanz und Chrominanz durch Vorfilterung beim Sender und Nachfilterung im Empfänger.

P. ist Übertragungsstandard und kein Verteilungsstandard im →Fernsehstudio. Es wird ein 16:9-Komponentenstudio heutiger Bildraster oder mit HDTV-Bildraster benötigt. Diskutiert wird der digitale Studiostandard nach CCIR-Empfehlung 601, für den bereits Studiogeräte existieren.

Der Coder erzeugt (Bild 2) aus dem 16:9 Quellensignal mit 576 aktiven Zeilen durch Filterung ein 4:3 Letterbox-Bild. Dieses enthält 432 aktive Zeilen mit Bildmaterial (Format 16:9) und je 72 sichtbare, schwarze Zeilen am oberen und unteren Bildrand. Dieses Bild kann von 4:3-Empfängern direkt dar-

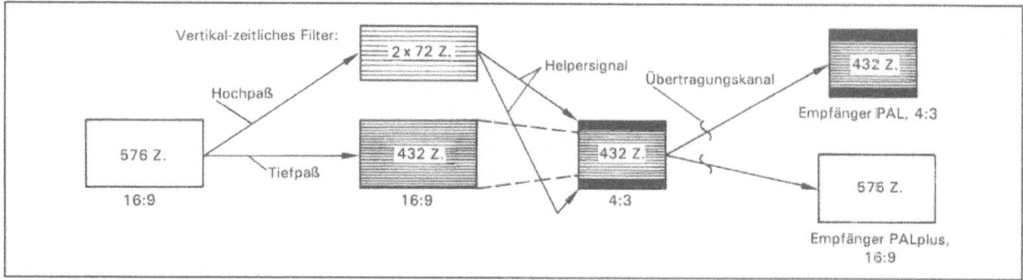

PALplus 2: P.-Übertragung durch Aufteilung des Kamerasignals in ein PAL-kompatibles Letterbox-Signal und zwei Helpersignale.

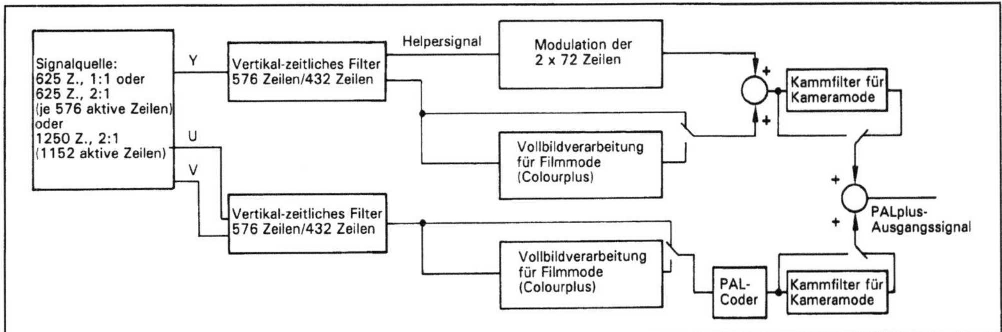

PALplus 3: Blockdiagramm des P.-Coders. Dargestellt ist Kameramode. Im Filmmode sind alle Schalter umzuschalten.

gestellt werden. Die verbleibenden herausgefilterten 144 Zeilen Bildinformation für den 16:9-Empfänger werden nach nichtlinearer Vorverzerrung auf den Farbträger moduliert und mit reduzierter Amplitude als „Helpersignal" zu den 2×72 schwarzen Zeilen am Bildrand addiert. Sie sind auf dem 4:3-Empfänger nicht wahrnehmbar. Kritisch sind Rausch- und Echostörungen des Bildes im 16:9-Empfänger aufgrund der schwachen Amplitude des Helpersignals.

Das Blockdiagramm des Coders ist in Bild 3 dargestellt. Als 16:9-Signalquelle kann anstelle des Interlace-Rasters 625 Z., 2:1 auch ein progressives Raster (1:1) oder ein hochzeiliges Raster (1 250 Z.) eingesetzt werden. Beide Alternativen erleichtern die Filterung zur Reduktion von 576 auf 432 sichtbare Zeilen in Luminanz und Chrominanz. Nur für die Luminanz wird ein Helpersignal von 2×72 Zeilen zum Ultraschwarz des oberen und unteren Bildrands addiert. Das Chrominanzsignal wird nun wie bei PAL auf den Farbträger moduliert. Mehrdimensionale Vorfilter schaffen wechselseitig freie Spektralräume, so daß bei der anschließenden Addition von Luminanz und Chrominanz bei ruhenden Bildinhalten keine spektralen Überlappungen auftreten.

Für Signale von der Fernsehkamera ist eine Filterung im Vollbild nicht problemlos möglich, denn bei bewegtem Bildinhalt entsprechen benachbarte Teilbilder verschiedenen Bewegungszuständen. Kinofilm besitzt dagegen die Bildfrequenz 24 Hz. Er wird zur Fernsehübertragung mit 25 Hz abgespielt und jedem Filmbild wird ein Fernsehvollbild zugeordnet. In diesem „Filmmode" kann für eine optimierte Trennung von Luminanz und Chrominanz im Vollbild gefiltert werden (Colourplus-Verfahren).

Ein kritischer Punkt ist die Horizontalauflösung bei der Übertragung von P. über bestehende Kanäle. Aufgrund des breiteren Bildschirms wäre eine um Faktor 16:9 / 4:3 = 1,33 erhöhte Bandbreite erforderlich. *Grigat*

Literatur: *Reimers, U.; C. P. Sandbank, A. Ziemer:* PAL-plus eine vollkompatible Weiterentwicklung des PAL-Farbfernsehens. Fernseh- und Kinotechnik 45 (1991) Nr. 8, S. 391-397.

PANDA-Faser →Glasfaserlichtwellenleiter, polarisationserhaltender

Papierkondensator →Metall-Papier-Kondensator

Parallelsimulation. Form der →Fehlersimulation, bei der mehrere angenommene →Fehler parallel, also in einem Simulationsdurchlauf gleichzeitig simuliert werden. Ein entsprechender Algorithmus bearbeitet dabei mehrere Schaltungsmodelle der zu simulierenden Schaltung – die sich jeweils bezüglich des eingebauten Fehlers unterscheiden – gleichzeitig, was mit erheblich geringerem Zeitaufwand verglichen mit der Einzelsimulation verbunden ist. *K. Winter*

Parameterprüfung. Prüfung von Spannungspegeln, Flankensteilheiten, Eingangs-/Ausgangsströmen der einzelnen Anschluß-Pins einer elektronischen Schaltung im Gegensatz zur →Funktionsprüfung, die das funktionelle Verhalten, also die globale Reaktion des Prüflings auf passend angelegte →Stimuli, prüft. I. a. beim Test integrierter Schaltungen gebräuchlich (AC-/DC-Test, PMU). *K. Winter*

Parametrierung. P. ist die softwaremäßige Eingabe von anwendungsbezogenen Daten in einen Rechner, z. B. einen →Mikroprozessor. Es werden z. B. für die Drehzahlverstellung von Drehstrommotoren mit Umrichterspeisung (Servosysteme) im Mikroprozessor die Basisdaten einer bestimmten Motorenserie (Drehzahl, Nennleistungen, Nennströme usw.) eingegeben. Dazu gehören auch die Parameter für die Beschaltung von Reglern (z. B. Drehzahl-, Stromreglern) in digitaler Form. Bei der Inbetriebnahme eines konkreten Antriebs können diese

Daten per Software angepaßt werden. Die P. ergänzt also hier die Modellstruktur des Asynchronmotors mit den konkreten Daten. *H. Stüben*

Partikel →Kontamination, →Reinraum

Paschenkurve. *F. Paschen* fand empirisch, daß in einem Gas bei homogenem Feld die Durchschlagsspannung V, d. h. die kleinste Spannung, bei der ein Funke einsetzt, eine Funktion aus Gasdruck p und Abstand der Elektroden d ist

$$V = f(p \cdot d)$$

Diese Funktion ist für verschiedene Gase unterschiedlich, hat jedoch einen typischen Verlauf: Bei großen Werten von $p \cdot d$ steigt V annähernd mit $p \cdot d$, bei kleinen Werten von $p \cdot d$ wird ein Minimum erreicht, darunter steigt V schnell an. Diese minimale Durchschlagsspannung beträgt bei Luft 327 V, d. h. unterhalb dieser Spannung findet bei homogenem Feld in Luft kein Überschlag statt. *Golombek*

Passivierung. Die P. dient dem physikalischen, mechanischen sowie elektrochemischen Schutz von Bauteilen. Die Aufbringung erfolgt über dem primären Isolator – für gewöhnlich SiO_2 – und über der →Metallisierung. Mögliche passivierende Schichten sind:

□ Silicium-Nitrid: Als Herstellungsprozesse finden PVD, LPCVD und PECVD Anwendung (→Schichtabscheidung). Die Prozeßtemperaturen betragen für LPCVD ca. 800 °C, bei Plasma-Abscheidung dagegen ca. 400 °C. Die Reaktion erfolgt nach folgender Gleichung:

$$3\ SiH_2Cl_2 + 4\ NH_3 \rightarrow Si_3N_4 + 6\ HCl + 6\ H_2$$

Auf dem Wege der Plasmaabscheidung werden sehr gute Schichtqualitäten bei Abscheideraten von bis zu 40 nm pro min erzielt. Zu den besonderen Eigenschaften des Siliciumnitrids zählt zum einen seine Kratzfestigkeit, zum anderen seine Schutzwirkung vor Feuchtigkeitseinfluß. Bereits ab ca. 80 nm Dicke stellen Siliciumnitrid-Schichten eine Diffusionsbarriere für H_2O-Dampf dar. Im PECVD-Verfahren hergestellte Schichten enthalten bis zu 30 at% Wasserstoff, der die Schichteigenschaften wesentlich beeinflussen kann.

□ PSG: Phosphorsilikaglas-Schichten werden hauptsächlich mittels LPCVD hergestellt. Die Prozeßtemperaturen liegen dabei im Bereich von ca. 300–450 °C. Die Herstellung erfolgt aus Silan, Phosphin und Sauerstoff nach folgender Reaktion:

$$2\ PH_3 + SiH_4 + 6\ O_2 \rightarrow P_2O_5 + SiO_2 + 5\ H_2O$$

PSG-Schichten finden hauptsächlich bei Bauelementen mit Zwei- oder Mehrlagen-Kontaktierungssystemen Anwendung, die bei Temperaturen bis ca. 1000 °C nicht zerstört werden. Solche Temperatur-Prozesse sind erforderlich, um das Fließen des Glases zur Einebnung von Stufen zu bewirken. Durch Erhöhung des Phosphoranteils kann die Fließtemperatur erniedrigt werden. Die Beschichtung mit PSG-Schichten liefert besonders ebene Oberflächen. Darüber hinaus wirkt PSG getternd für Verunreinigungen, insbesondere Alkali- und Erdalkali-Ionen.

□ BSG: Borsilicaglas; wie PSG mit Bor.

□ BPSG: Bor-Phosphor-Silicaglas; durch Einbau von Bor in das Phosphorsilicaglas (BPSG) kann die Fließtemperatur des Glases weiter erniedrigt werden.

□ Polyimid: Polyimid-Schichten entstehen durch Aufbringen und Aushärten von polymerisierten Imiden, dabei werden Schichtdicken im Bereich von 2–3000 nm zur Anwendung gebracht. Zu den besonderen Vorzügen des Polyimids zählen:

- hohe themische Stabilität
- gute dielektrische Eigenschaften
- relativ niedrige Prozeßtemperaturen
- ebene Oberflächen, gute Stufenbedeckung
- Schutz vor α-Teilchen (→Strahlenschäden)
- unterhalb 250 °C gute Na-Diffusionsbarriere

Da Polyimid-Schichten stark hygroskopisch wirken, ergeben sich unter Umständen Probleme bei der Haftung auf Metall.

□ Plasmanitrierung: Hierbei werden Siliciumnitrid-Schichten in einem Ammoniak- oder Stickstoffplasma durch Nitrierung der Siliciumoberfläche erzeugt. Solche Schichten werden als Diffusionsbarriere für Sauerstoff zur Ermöglichung lokalen Oxidwachstums verwendet (nach erfolgter →Strukturierung der Siliciumnitridschicht). *Ryssel*

Literatur: *Einspruch, N. G.:* VLSI Electronics, Microstructure Science. New York 1981. – *Sze, S. M.:* VLSI Technology. New York 1983.

Pattern →Prüfbitmuster

Patterneditor. Softwarehilfsmittel in CAE-/CAD-Systemen zur rationellen Eingabe logischer Bitmuster (Vektoren) oder auch von Signalverläufen, als Eingangswerte für die →Logiksimulation oder für die Erstellung von →Prüfprogrammen. *K. Winter*

Pattern-Generator. →Algorithmic Pattern Generator, →Step-and-Repeat-Verfahren

PC-Kondensator →Polycarbonatkondensator

PCVD →Schichtabscheidung, →Halbleitertechnologie

PCVD-Verfahren. (*engl.* Plasma Activated Chemical Vapour Deposition) →Glasfaserherstellung

PECVD →Schichtabscheidung

Pegel.
1. Als P. wird allgemein ein logarithmiertes Größenverhältnis zweier Energiegrößen (Feldgröße, Ströme, Spannungen) verstanden, wobei die Bezugsgröße (Nenner) willkürlich sein kann. Je nach der benutzten Logarithmen-Basis wird der Pegel in →Dezibel (dB) oder Neper (Np) angegeben. Ist der Pegel z. B. ein Leistungsverhältnis, so gilt

$L_p = 10 \lg P/P_0$ dB,

für eine Spannung analog

$L_u = 20 \lg U/U_0$ dB.

Zur besseren Kennzeichnung der verwendeten Bezugsgröße werden an die Angabe dB, Np weitere Buchstaben angeführt, z. B.
- dB_r relativer Pegel
- dB_m absoluter Leistungspegel, bezogen auf $P_0 = 1$ mA
- dB_{mo} absoluter Leistungspegel bezogen auf eine Stelle mit dem relativen Pegel OdB_r
- dB_μ Spannungspegel-Angabe bei Rundfunk/Fernsehantennen mit $U_0 = 1$ μV.

2. Übertragene Anwendung des Pegelbegriffes in Logikschaltungen (logischer P.). Man unterscheidet bei der Binärlogik
- L-Pegel (Low-Signal) mit Zuordnung des Signals „0"
- H-Pegel (High-Signal) mit Zuordnung des Signals „1".

Je nach Zuordnung wird dabei positive und negative Logik unterschieden.

Dem logischen P. ist – abhängig von der verwendeten Schaltungsausführung des betreffenden Gatters – stets eine physikalische Größe (meist Spannung z. B. U_{AL}, U_{AH}) zugeordnet. *R. Paul*

Pellistor. Der P. ist ein →Gassensor zur Messung der Konzentration brennbarer Gase (z. B. Methan oder Äthanol) in Luft. Das Prinzip dieses chemischen →Sensors basiert auf der Messung der Temperaturänderung des P. durch eine katalytische Verbrennung dieser Gasen an der Sensoroberfläche.

Konventionelle P. bestehen aus einem Platindraht, der in eine mit einem Katalysator (meist Platin) beschichtete Keramikperle eingebettet ist. Die für P. verwendeten keramischen Sintermaterialien haben eine sehr große Oberfläche um eine möglichst hohe Reaktionsrate der katalytischen Verbrennung zu erzielen. Der Platindraht dient gleichzeitig als Heizelement und →Widerstandsthermometer.

P. können als Einzelsensoren nicht zwischen verschiedenen brennbaren Gasen unterscheiden. Neuere Forschungsansätze zeigen jedoch, daß durch die Zusammenfassung mehrerer P. zu einem →Sensorarray mit unterschiedlichen Betriebstemperaturen zwischen verschiedenen Gasen unterschieden werden kann.

Um die bei der exothermen Verbrennung von Gasen entstehende Wärme zu messen, werden P. zusammen mit einem P.-Element ohne Katalysatorbeschichtung in einer →Meßbrücke verschaltet.

Durch bestimmte korrosive Gase, z. B. H_2S, kann der Katalysator vergiftet und der P. unbrauchbar werden. *Endres*

Peltier-Effekt →Thermoelektrischer Effekt

Peltier-Element. Bauelement, das unter Nutzung des Peltier-Effekts über einen elektrischen Stromfluß direkt eine Temperaturabsenkung erzeugen kann. Zur Anwendung kommen vorwiegend Halbleiterkühlelemente. *Schaumburg*

Pentode →Elektronenröhre

Permanentmagnet. Dauermagnete oder P. sind Werkstoffe, die nach dem Magnetisieren ihre magnetischen Eigenschaften mehr oder weniger unabhängig von äußeren Feldern, Erschütterungen und Temperaturänderungen beibehalten.

Die magnetische Erscheinung ist seit dem Altertum bekannt. Bis Mitte des vorigen Jahrhunderts war der Kompaß jedoch die einzige gewichtige Anwendung des Magnetismus und erst mit der Entwicklung einer elektronischen Industrie gegen Ende des vorigen Jahrhunderts entstand eine ständig steigende Nachfrage nach P. Diese setzte sich in unserem Jahrhundert verstärkt fort, insbesondere als die Rundfunk- und Fernsehempfänger-Industrie große Stückzahlen für →Lautsprecher und andere Zwecke benötigte. Weitere wichtige Anwendungsgebiete wurden: Meßgeräte, Haftanordnungen, Relais und vor allem kleine Gleichstrommotoren (z. B. als Hilfsmotor für Kraftfahrzeuge, bei denen die P. zur Felderregung dienen).

Das magnetische Moment in P. ist auf die Bahn- und Spinmomente der Elektronen im *Bohr*schen-Atommodell zurückzuführen. Die Addition der in der Elektronenhülle auftretenden Momente kann auf verschiedene Weise erfolgen. Hierbei ist der Dia-, Para- und Ferromagnetismus zu unterscheiden.

Der bei den Dauermagneten vorliegende Ferromagnetismus tritt bei den Übergangsmetallen Eisen, Nickel, Kobalt und den Seltenen Erden auf. Bei diesen Metallen erfolgt im kristallinen Zustand eine spontane Parallelstellung der magnetischen Momente innerhalb eines *Weis*schen Bereiches. Die Durchmesser der Weisschen Bereiche liegen zwischen 1 bis 100 μm. Die einzelnen Bereiche werden durch *Bloch*wände getrennt, in denen eine Drehung der Magnetisierungsrichtung erfolgt. Die spontane Magnetisierung nimmt mit steigender Temperatur ab und verschwindet bei der Curie-Temperatur. Bei dieser stoffabhängigen Temperaturgrenze wird das jeweilige Material unmagnetisch, und der →Magnet wird völlig entmagnetisiert. Nach Abkühlung unter diese Temperatur kann bei Hartferrit-Werkstoffen der alte Zustand durch erneute Magnetisierung wieder hergestellt werden. Bei Werkstoffen mit Anlaßtemperaturen im Bereich der Curie-Temperatur, wie z. B. Alnico und Selten-Erd-Kobalt, ist dieses nicht möglich.

Ein äußeres genügend starkes Magnetfeld bewirkt, daß die Weisschen Bereiche, die zufällig etwa in Richtung des Feldes orientiert sind, auf Kosten solcher mit anderer →Orientierung wachsen. Dieser Prozeß kann reversibel und irreversibel verlaufen und wird mit der Hysterekurve beschrieben (Bild 1). Zur Definition von Dauermagneten dienen die verschiedenen Kenngrößen der Hystereseschleife (Bild 2):

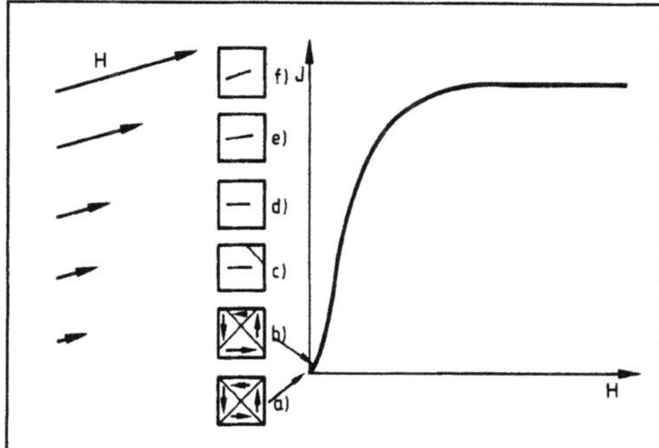

Permanentmagnet 1: Neukurve mit verschiedenen Bereichen, in denen bestimmte Ummagnetisierungsvorgänge überwiegend auftreten:
a) nach außen unmagnetischer Zustand
b) reversible Wandverschiebungen
c) irreversible Wandverschiebungen
d) Wandverschiebungen beendet
e) reversible Drehprozesse
f) Sättigung.

□ Die remanente Flußdichte B_r: Dieses ist die in einem magnetisch geschlossenen Kreis nach Durchlaufen des Sättigungszustandes bei Feldstärke Null verbleibende Flußdichte. Zwischen der magnetischen Flußdichte B und der magnetischen Polarisation J besteht die Beziehung $B = J + \mu_0 \times H$.

□ Die Koerzitivfeldstärke H_c: Hierunter versteht man die magnetische Feldstärke, bei der die magnetische Flußdichte B bzw. die magnetische Polarisation J eines vorher bis zur Sättigung magnetisierten Magneten Null wird. Hierbei sind $_BH_C$ und $_JH_C$ zu unterscheiden.

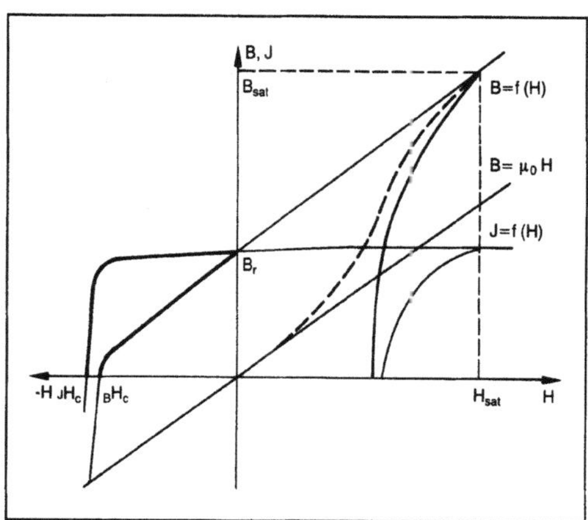

Permanentmagnet 2: Magnetische Flußdichte B und magnetische Polarisation J in Abhängigkeit von der Feldstärke H.

□ Die größte remanente Energiedichte $(B \times H)_{max}$. Dieses ist der (doppelte) maximale Energieinhalt eines Magneten pro Volumeneinheit im Bereich der Entmagnetisierungskennlinie.

Bei der Berechnung eines magnetischen Kreises, bestehend aus Dauermagneten und Flußleitstücken sind verschiedene Punkte zu berücksichtigen. Von wesentlichem Einfluß sind der Streufluß und die Lage des Arbeitspunktes auf der Entmagnetisierungskennlinie mit den Auswirkungen zusätzlicher Fremdfelder, Temperaturverschiebungen oder Veränderung der Luftspaltweite.

Durch Fortschritte in der Werkstoffentwicklung liegt inzwischen ein breites Spektrum von modernen Werkstoffen vor: Hartferrite, Plastoferrite, Alnico-, FeCo- und CrFeCo-Legierungen sowie intermetallische Verbindungen auf Basis von Samarium und Kobalt- bzw. Neodym-Eisen und Bor. Jeder dieser Werkstoffe hat vorteilhafte und nachteilige technische bzw. wirtschaftliche Eigenschaften, die im Einzelfall abgeschätzt werden müssen (Bild 3, 4).

□ Hartferrit: Die oxidkeramischen Werkstoffe auf der Basis von $BaFe_{12}O_{19}$ und $SrFe_{12}O_{19}$ konnten sich insbesondere durch wirtschaftliche Herstellungsverfahren zu den meistverwendeten Werkstoffen entwickeln. Entdeckt wurden die Bariumferrite um 1950 und Mitte der 50er Jahre durch die Strontiumferrite ergänzt. Durch intensive Entwicklungen wird inzwischen 80 % der theoretisch möglichen Energiedichte in Serienfertigung erreicht. Für dynamische Anwendungen werden Koerzitivfeldstärken von bis zu $_JH_C = 520$ kA/m erzielt. Ferritmagnete werden vorzugsweise für elektroakustische →Wandler in Ringform, für permanentmagnetisch erregte Gleichstrommotoren in Segmentform und für magnetmechanische Systeme als Ringe, Platten und Scheiben eingesetzt.

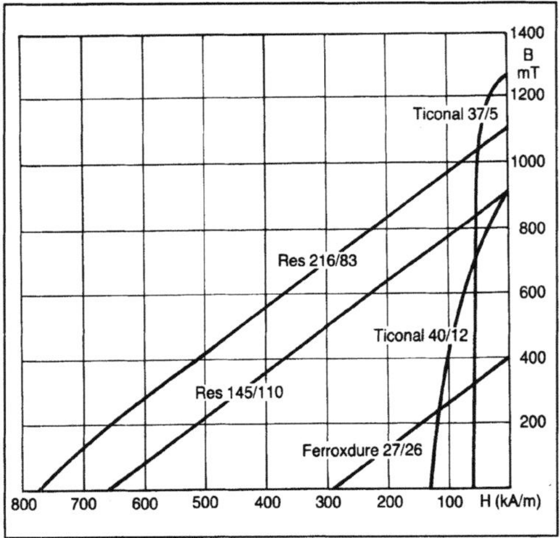

Permanentmagnet 3: Typische Entmagnetisierungskennlinie von verschiedenen Magnetwerkstoffen. (Quelle: Philips Components)

□ Plastoferrit: Im Kunststoff als Matrix eingebettetes Hartferritpulver ermöglicht die Herstellung von Magneten unter Ausnutzung der in der Kunststoffindustrie bekannten Fertigungsverfahren, vorzugsweise als Platten und Streifen, z. B. als Kühlschrankdichtungen. Durch den Einsatz der Spritzgußtechnik können auch engtolerierte Ringe realisiert werden.

□ Intermetallische Verbindungen aus einem Seltenerdmetall und Kobalt oder Eisen $SmCo_5$, Sm_2Co_{17}, Nd Fe B: Während die Samarium-Kobalt-Werkstoffe mit hohen magnetischen Eigenschaften Mitte der 70er Jahre in die Kleinserienfertigung gingen, wurde ca. 10 Jahre später der neueste Werkstoff aus Neodym-Eisen-Bor entwickelt. Magnete aus dieser Werkstoff-Familie weisen erheblich höhere magnetische Werte gegenüber Samarium-Kobalt auf. So werden maximale Energiedichten $(BH)_{max}$ von bis zu 300 kJ/m^3 erreicht. Es kommen Ringe, Scheiben, Platten und Segmente zur Anwendung.

□ →Alnico-Legierung: Die Anfänge dieser Legierung aus Aluminium, Nickel, Kobalt und Eisen reichen bis in die Mitte der 30er Jahre zurück. 20 Jahre später kamen die hochkoerzitiven titanhaltigen Legierungen mit der isothermen Magnetfeldwärmebehandlung und die hochremanenten Werkstoffe mit Stengelkristallisation hinzu. Weitere 20 Jahre später hat diese Werkstoffgruppe den Höhepunkt der Entwicklung überschritten. Sie behauptete sich vorzugsweise bei Anforderungen bezüglich kleiner Temperaturkoeffizienten, wie z. B. bei Meßinstrumenten. Alnico-Magnete werden als Ringe, Platten und Scheiben hergestellt.

□ FeCoVCr + CrFeCo-Legierungen. Durch die ausreichende Plastizität ist die Herstellung von Drähten, Bändern, Blechen und Stanzteilen gegeben. Die Magnete finden jedoch nur in speziellen Applikationen Eingang (Bild 4). *Plaumann*

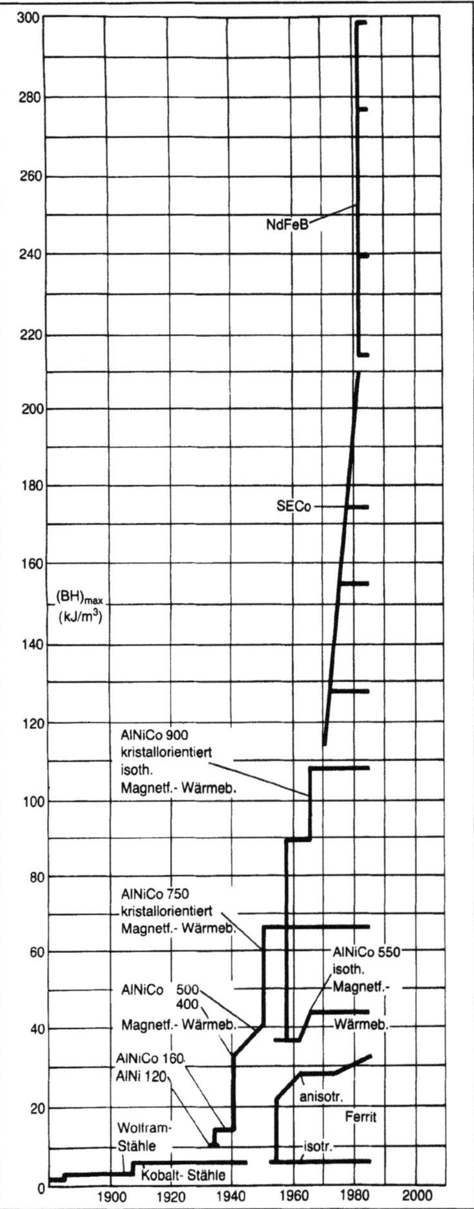

Permanentmagnet 4: Die Entwicklung der $(BH)_{max}$-Werte bei wichtigen Magnetwerkstoffen.

Literatur: *Broek, van den C. A. M.* und *A. L. Stuijts:* Ferroxdure. Philips Techn. Rundschau 37 (1977/78). Nr. 7. – *Ruschmeyer, K.:* Permanentmagnete und ihre Weiterentwicklung. Valvo Berichte. Hamburg 1985. – *Schüler, K.* und *K. Brinkmann:* Dauermagnete, Werkstoffe und Anwendungen. Berlin 1970. – *Stäblein, H.* und *W. Baran:* Die Anwendungen von Dauermagneten Techn. Mitt. Krupp-Forsch.-Ber. 43 (1885) Nr. 3.

Personenrufsystem, drahtloses. Ein zentraler Sender mit zugehörigen tragbaren Suchempfängern ermöglicht das Absetzen kurzer Meldungen an gesuchte, frei bewegliche Rufteilnehmer. Der fernbedienbare Sender strahlt Ruftöne, vorprogrammierte Meldungen und häufig auch Sprachsignale aus. Bei entsprechender Systemauslegung kann er mit 1 000 Empfängern und mehr korrespondieren. Dank seiner Leistung von mehreren Watt verfügt er über eine ausreichende, dem Zweck angepaßte Reichweite. Moderne Systeme sehen die Rücksprechfähigkeit seitens des Angerufenen vor.

Von Funktion und Aufbau vergleichbar den nationalen und internationalen Funkrufsystemen (→Eurosignal), jedoch von geringer Reichweite, dient das d. P. der gestrafften Kommunikation innerhalb abgeschlossener Organisationen. Ausgehend von dem Gedanken, mit einfachen Mitteln die Benachrichtigung frei beweglicher Personen zu realisieren, ihnen gegebenenfalls Meldungen zukommen zu lassen, ist ein aus Sender und tragbaren Kleinempfängern (Suchempfänger) gebildetes Funkrufsystem konzipiert worden. Ein zentraler Sender, von einem Tischbediengerät und Mikroprozessoren gesteuert, auch an ein Telefon anschaltbar, ruft per Rufton den gesuchten Empfänger und übermittelt Kurzmeldungen. Diese werden akustisch und/oder optisch – auf dem Display des Empfängers – zur Anzeige gebracht (Bild). Zunehmend wird Sprachdurchsage durchgeführt, primär von der Sendeseite, in modernen Anlagen auch von der Empfängerseite her. Dieses setzt selbstverständlich ein Sende-/Empfangsgerät beim Angerufenen voraus.

Im Unterschied zu den einseitig betriebenen Rufsystemen, die mit Frequenzen von 40 MHz und 160 MHz (VHF) arbeiten, wird für die zweiseitige Rufverbindung eine Frequenz von 450 MHz (UHF) gewählt. In modernen Anlagen ist ein Sender in der Lage, über tausend Empfänger, teilweise mit gleichzeitigem Ruf, zu bedienen. Jeder Empfänger verfügt dank eines Codierstecks, der die Rufnummer trägt, über einen eigenen Digitalcode. Bei dessen Anruf wird der Empfänger aktiviert und öffnet sich für die entgegenzunehmende Meldung. Senderleistungen von einigen Watt garantieren ausreichende Reichweiten.

Personenrufsystem, drahtloses: Anzeige auf dem Displayempfänger.

Entsprechend der Grundkonzeption des Systems sind es in sich abgeschlossene Organisationen wie Krankenhäuser, Hotels, Werkhallen, Verkehrszentralen u. ä., die das d. P. mit Erfolg anwenden.

Kümmritz

PET-Kondensator. Selten benutzte Kurzbezeichnung für einen →Kunststoffolien-Kondensator mit einer Isolierfolie (→Dielektrikum) aus Polyester (Polyethylen-Terephthalat). Die gängigeren Kurzbezeichnungen sind KT- (für nicht metallisierte) und MKT- (für metallisierte) Kondensatoren.

Bensieck

pH-Meßkette. Sie dient zur potentiometrischen Messung des pH-Werts (pH-Wert) und enthält eine Meß- und eine Bezugselektrode, die beide in die zu überwachende Flüssigkeit eintauchen (Bild 1). Die dafür verwendeten Glaselektroden sind mit speziellen Lösungen gefüllt, die so ausgewählt sind, daß die abgegebene Spannung weitgehend nur von der Konzentration der Wasserstoff-Ionen abhängt und nicht durch oxidierende oder reduzierende Substanzen, durch Salze oder Elektrodengifte gestört wird. Im Innern der Meßelektroden befindet sich eine Lösung mit dem pH-Wert pH_O, die den Nullpunkt festlegt. Unterscheidet sich dieser von dem pH-Wert pH_m der zu messenden Flüssigkeit, so entsteht entsprechend der Nernstschen Gleichung die Spannung U

$$U = 0{,}2\,T\,(pH_O - pH_m)\text{ mV},$$

in der T die absolute Temperatur bezeichnet. Diese Zahlenwert-Gleichung liefert bei 25 °C und einer pH-Wert-Differenz von 1 eine Spannung von

$$U = 59{,}6\text{ mV (Nernstspannung bei 25 °C).}$$

Die entstehenden Spannungen sind von ihrer Größe her zur Weiterverarbeitung gut geeignet. Da aber Glas von Natur ein →Isolator ist, ist die Glasmembran eine sehr hochohmige Spannungsquelle ($R_i \approx 10^9\,\Omega$). Dies erfordert einen sehr hochohmigen Meßverstärker ($Ri > 10^{11}\,\Omega$). Außerdem ist der Eingang sorgfältig gegen Erde zu isolieren, und die Meßleitung zwischen Elektroden und Meßverstärker muß gut abgeschirmt werden, da Einstreuungen in diesen hochohmigen Kreis nicht abfließen und das Meßergebnis verfälschen. Oft wird die Messung zusätzlich durch die feuchte, schmutzige und aggressive Umgebung so erschwert, daß eine häufige und

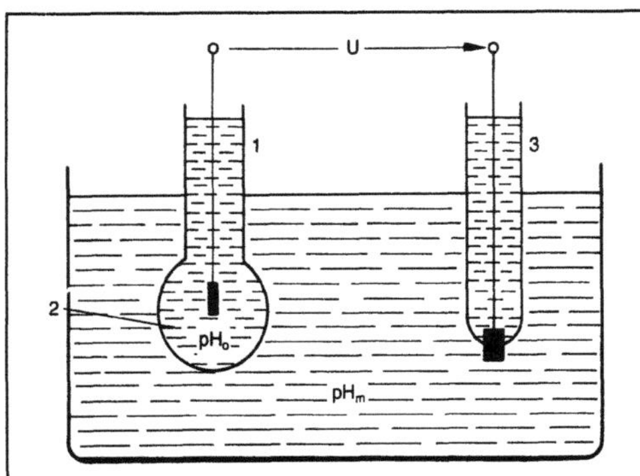

1 Meßelektrode, 2 Glasmembran, 3 Bezugselektrode

pH-Meßkette 1: Glaselektrode zum Messen des pH-Werts.

aufwendige Reinigung und Neukalibrierung der Elektroden erforderlich wird. Dies läßt sich in manchen Fällen, z. B. bei Fermentationsanlagen, durch eine Bypass-Messung umgehen.

Als Meßverstärker läßt sich ein u/i-Verstärker (Bild 2) einsetzen, der die von den Elektroden gelieferte Spannung U in einen Strom I_a umformt

$$I_a = \frac{U}{R_g} = \frac{U}{R_\vartheta + R_o}$$

Hierbei ist der Gegenkopplungswiderstand R_g in zwei Widerstände R_ϑ und R_o aufgeteilt, von denen der erste temperaturabhängig, der zweite temperaturunabhängig ist. Werden die Werte von R_ϑ und R_o so gewählt, daß die Summe der Widerstände R_g denselben Temperaturkoeffizienten aufweist wie die Elektrodenspannung, so ist der Ausgangsstrom I_a temperaturunabhängig. *F. Schneider*

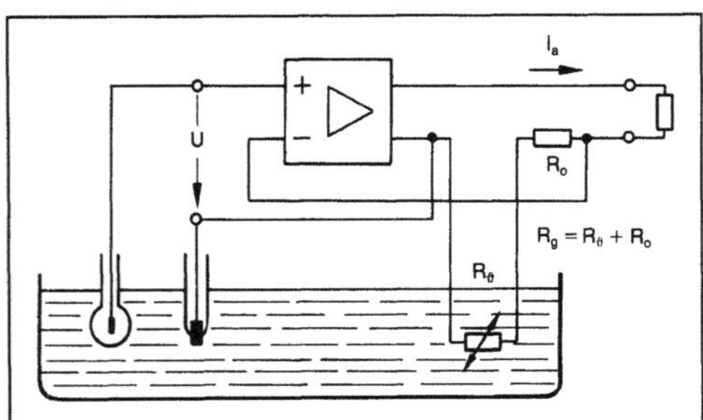

pH-Meßkette 2: Verstärkung der von den pH-Elektroden gelieferten Spannung mit automatischer Temperaturkorrektur.

Literatur: *Schrüfer, E.:* Elektrische Meßtechnik. München, 3. Auflage, 1988

Phase, cholesterinische →Flüssigkristallphasen

Phase, nematische →Flüssigkristallphasen

Phase, smektische →Flüssigkristallphasen

Phasenanpassung →Isolator, optischer

Phasenanschnitt →Anschnittsteuerung, →Steuerverfahren bei Stromrichtern

Phasenanschnittsteuerung →Anschnittsteuerung, →Steuerverfahren bei Stromrichtern

Phasenfolgelöschung →Löschverfahren bei Wechselrichtern

Phasengeschwindigkeit →Brechzahl

Phasenmodulator, optisch. →Modulator, der für optische Signalübertragungen die Phasenlage Φ einer als Träger dienenden Lichtwelle moduliert (Phasenmodulation).

Diese Modulationsart setzt für unverfälschte Signalübermittlungen eine zeitlich konstante Frequenz und Amplitude der nicht modulierten Trägerlichtwelle voraus. Die Phasenmodulation wird hervorgerufen durch den Einfluß extern modulierbarer elektrischer Felder, magnetischer Felder oder Druckwellen auf die optischen Brechzahlen in Festkörperkristallen (elektro-, magneto- oder akustooptischer →Effekt). Für die praktische Herstellung von Phasenmodulatoren findet überwiegend der lineare elektrooptische Effekt (→Pockelseffekt) Anwendung. Ohne ein externes elektrisches Feld $\vec{E}_{ext}$ besitzt diejenige Lichtwelle $\vec{E}(r,t) = \vec{E}_O * \sin(\Phi(r,t))$, die einen Modulatorkristall der Länge L verläßt, die Phase $\Phi(r,t) = 2\pi/\lambda_o \cdot r - 2\pi\nu t + \Phi_O$ ($\vec{E}_O$: Amplitude der Lichtwelle, λ_O: Wellenlänge, r: Ortskoordinate, t: Zeit, ν: Frequenz, Φ_O: Ausgangsphase). Bei Anlegen einer externen elektrischen Spannung U ändert das zwischen den Elektroden entstehende elektrische Feld $\vec{E}_{ext}$ den Brechungsindex des Modulatorkristalls um einen Wert $\Delta n = f(U)$ und verschiebt gemäß $\Delta\Phi = (2\pi/\lambda_o) \cdot L \cdot \Delta n$ die Phase Φ um $\Delta\Phi$ (Bild). Die Amplitudenmodulation von U bewirkt somit eine entsprechende Phasenmodulation der Lichtwelle. ($\Delta\Phi(t) \sim U(t)$). Die in P. ausgenutzte und durch elektrooptische Brechzahländerungen hervorgerufenen Phasenverschiebun-

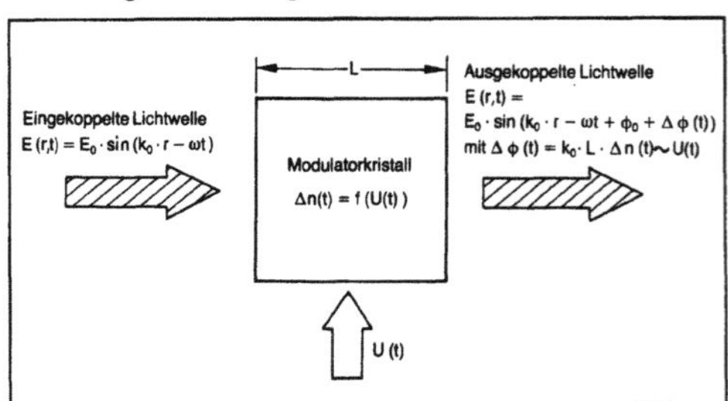

Phasenmodulator, optisch: Schematische Darstellung des Wirkungsprinzips ($k_O = 2\pi/\lambda_o$, $\omega = 2\pi \cdot \nu$, $U(t)$: extern angelegte, zeitabhängige elektrische Spannung).

gen von Lichtwellen bildet ebenso die Grundlage für eine Vielzahl anderer optischer Komponenten (z. B. →Polarisations- und →Intensitätsmodulatoren, Schalter). *R. Kaiser*

Phasenrand →Nyquist-Bedingung, →Frequenzgangkompensation

Phasenregelkreis →PLL

Phasenschiebemaske. Die Verwendung von P. ermöglicht es, die Grenzen der optischen →Lithographie zu kürzeren Wellenlängen hin zu verschieben. Bei P. wird, unabhängig vom Verfahren, eine zusätzliche strukturierte Schicht zu der konventionellen, strukturierten Chromschicht auf Glas hinzugefügt. Diese Schicht wird entweder unter oder über dem Chrom angebracht oder in das Glassubstrat der Maske geätzt. Licht, das durch das Glassubstrat bzw. zusätzlich durch diese Phasenschicht tritt hat wegen des verschiedenen Lichtweges unterschiedliche Phasenlagen. Die Interferenzeffekte zwischen diesen unterschiedlichen Strahlen führen bei kohärenten oder teilkohärenten Licht zu einem höheren Kontrast auf der Scheibenoberfläche. Dies führt zu einer verbesserten Auflösung und Fokustiefe. In der Abbildung ist eine konventionelle Maske mit einer P. nach Levenson verglichen. Die Phasenschicht dreht dabei die Phase des Lichtes um 180°. Die Beugungsmuster benachbarter Strukturen verringern Kantenbeugung anstatt sie zu verstärken. Die Dicke der Schicht muß dazu

$$d = \frac{\lambda}{2}(n-1)$$

betragen. n ist der Brechungsindex der Schicht. *Ryssel*

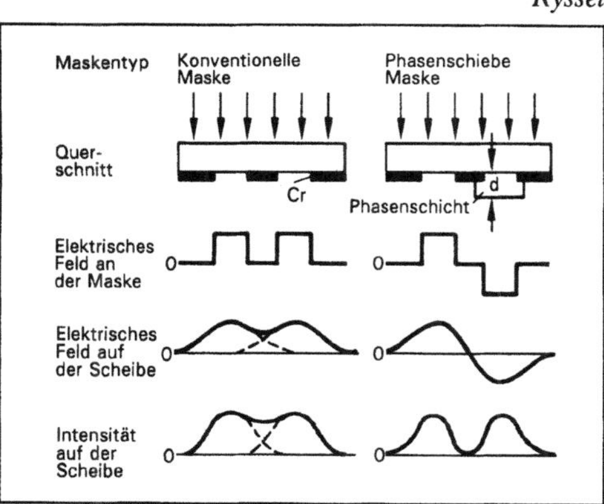

Phasenschiebemaske: Vergleich einer konventionellen Maske mit einer P. nach Levenson.

Literatur: *Burggraaf, P.:* Semiconductor International. 42 (1992) Februar – *Levenson, M. D., N. S. Viswanathan, R. A. Simpson:* IEEE Trans. Electr. Dev. ED-29 (1982) 1828 – *Levenson, M. D.:* Microlithography World. 6 (1992) March/April.

Phasenumkehrstufe. Auch Phaseninverter, Phasenumkehrschaltung genannt. Elektronische Schaltung, die eine Eingangsspannung in zwei Ausgangsspannungen entgegengesetzter Phasenlage umformt. Die Spannungsverstärkung einer solchen typischen P. beträgt – bedingt durch die Emitterfolgerschaltung (z. B. in →Bipolartechnik) – etwa Eins. P. sind zur Ansteuerung von Gegentaktschaltungen bei Wegfall des Eingangsübertragers erforderlich. In Komplementärendstufen kann sie entfallen. *R. Paul*

Phonon. Quantisierte Gitterschwingung in einem Festkörper mit Teilchencharakter (Quasiteilchen), das erfolgreich zur mikroskopischen Beschreibung vieler mechanischer, akustischer, thermischer, elektrischer und optischer Eigenschaften von Festkörpern herangezogen wird.

Atome in einem Festkörper sitzen nicht starr auf den durch den Kristallaufbau vorgegebenen Idealplätzen, sondern können um diese Gleichgewichtslage schwingen. Durch die Bindung der Atome untereinander sind ihre Schwingungen miteinander gekoppelt, es entstehen Gitterschwingungen, d. h. sich ausbreitende Wellen. Ähnlich wie die Schwingungen eines harmonischen Oszillators unterliegen auch diese Gitterschwingungen den Gesetzen der →Quantenmechanik, d. h. die Energie, die einer Schwingung mit der Keisfrequenz Ω zukommt, ist gequantelt, so daß Energien nur als Vielfache von $W = \hbar\Omega$ auftreten können ($\hbar$ = Plancksches Wirkungsquantum/2π). Neben der Frequenz bzw. Energie der Gitterwelle dient zu ihrer Charakterisierung der Wellenvektor K ($K = 2\pi/\lambda$, λ = Wellenlänge).

Es zeigt sich, daß bei Wechselwirkungen eines P. mit anderen Energiequanten bzw. Teilchen (z. B. →Photon, Elektron) oder auch mit anderen Phononen, die Größe $p = \hbar K$ die Funktion eines Impulses übernimmt. Da ein Impuls im eigentlichen Sinne bei einer Gitterwelle nicht vorhanden ist, spricht man auch von Pseudoimpuls oder Quasiimpuls. Da die Eigenschaften, Energie und Impuls besitzen zu können, typische Teilcheneigenschaften sind, wird das P. unter die Quasiteilchen des Festkörpers eingereiht. Will man mehr betonen, daß mit der Existenz von Phononen sich ein Festkörper energetisch nicht mehr im Grundzustand befindet, so spricht man vom P. auch als elementare Anregung.

Da Gitterschwingungen thermisch angeregt werden können, spielen die P. eine wichtige Rolle bei der Deutung und Berechnung der spezifischen Wärme eines Festkörpers. Wechselwirkungen zwischen P. bestimmen den Gitteranteil der →Wärmeleitung. Die Streuung von Elektronen an P. beeinflußt in starkem Maße die elektrische →Leitfähigkeit.

Zu einer quantitativen Beschreibung der Gitterschwingungen muß man sich ein Modell des Festkörpers machen. Dabei geht man meist davon aus, daß die Bindungskräfte zwischen den auf periodisch angeordneten Plätzen sitzenden Atomen des Festkörpers durch einfache Federkräfte simuliert werden können. Die Annahme, daß Federn nur zwischen unmittelbaren Nachbarn und nicht zwischen weiter entfernten Atomen wirken sollen, reduziert das Problem weiter (Bild 1).

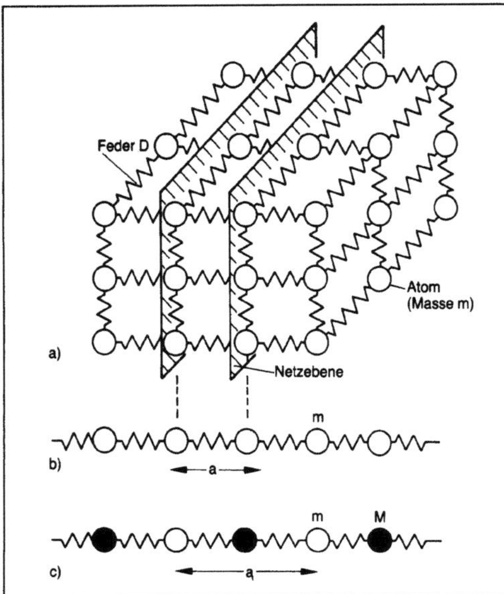

Phonon 1: Festkörper – Federmodell (a), das auf eine lineare Kette reduziert werden kann, wobei sich in einer Einheitszelle ein Atom (b) oder mehrere verschiedene Atome (c mit zwei Atomen) befinden können.

Die einfachste Behandlung gelingt jedoch mit einer weiteren Vereinfachung, der linearen Kette. Hierbei stellt man sich vor, daß die Atome einer Netzebene in speziellen Schwingungsformen völlig identisch schwingen, so daß daraus ein einzelnes Atom repräsentativ für alle herausgegriffen werden kann und mit den Repräsentanten aller anderen Netzebenen eine lineare Kette bildet (Bild 1b). Da bei der makroskopischen Ausdehnung eines Festkörpers diese Kette aus sehr vielen Atomen besteht, kann deren Anzahl auch als praktisch unendlich angenommen werden. Nun sind nur noch zwei unterschiedliche Fälle möglich: Entweder alle Atome und Federn (Federkonstante D) der Kette sind identisch (einatomige lineare Kette) oder verschiedene Atome oder Federn wechseln periodisch miteinander ab (Bild 1c).

Bei der einatomigen Kette ergibt sich ein einfacher Zusammenhang zwischen Ω und K (Dispersionsrelation), nämlich

$$\Omega = \sqrt{\frac{4D}{m}} \cdot \left| \sin \frac{Ka}{2} \right| .$$

Die Dispersionsrelation ist in Bild 2a dargestellt, wobei man erkennt, daß sich die maximale Frequenz und damit die maximale Phonoenenergie für $K_{max} = \pi/a$ einstellt, was einer Wellenlänge $\lambda_{min} = 2a$ entspricht. Kleinere Wellenlängen sind physikalisch bedeutungslos, da aufgrund des diskreten Atomaufbaus der Kette ein entsprechender Schwingungszustand auch mit einer größeren Wellenlänge (kleinerem K) aufgebaut werden kann. Man kann sich daher, unter Berücksichtigung einer möglichen →Wellenausbreitung in -x-Richtung, auf den Bereich $-\pi/a \leq K \leq +\pi/a$ beschränken (l. Brillouinzone), so daß eine reduzierte Darstellung genügt. Obwohl wir uns bei der Ableitung auf Auslenkungen in Richtung der Kette (longitudinales P.) beschränkt haben, ist die gewonnene Dispersionsrelation auch für Auslenkungen senkrecht zur Ausbreitungsrichtung (transversales P., Bild 2b) gültig, indem man lediglich eine modifizierte Federkonstante D′ benutzt. Für lange Wellenlängen ($\lambda \gg a$, kleine K-Werte, $K \ll \pi/a$) gelingt eine Verbindung zu den elastischen Kristallwellen und damit zum verallgemeinerten Elastizitätsmodul C des Materials. Es ergibt sich für den Fall, daß die lineare Kette in die kristallographische [100]-Richtung zeigt, $C_{11} = \rho a^2 D/m$ bzw. $C_{44} = \rho a^2 D'/m$, womit eine Abbildung makroskopischer auf mikroskopische Größen zur Verfügung steht (ρ = Dichte).

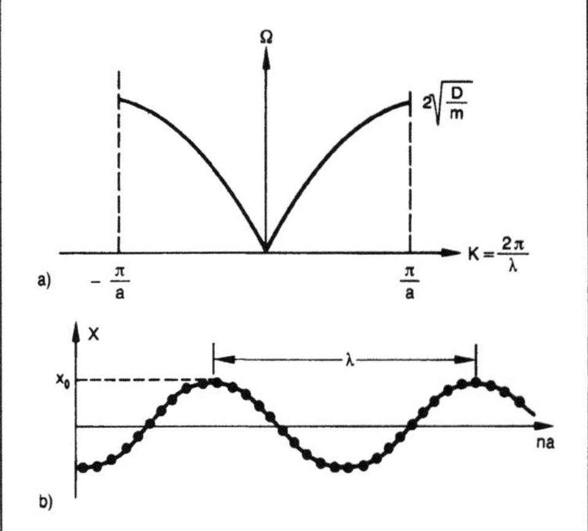

Phonon 2: Dispersionsrelation (a) für Gitterwellen (b) einer einatomigen linearen Kette mit Atomabstand a und zwischenatomaren Federn der Federkonstanten D.

Wenn die lineare Kette aus Atomen unterschiedlicher Masse mit eventuell noch unterschiedlichen Federkonstanten besteht, gibt es verschiedene Schwingungsformen. Der einfachste Fall ist der eines Ionenkristalls, in dem sich zwei Atome unterschiedlicher Massen M und m periodisch abwechseln, d. h. die Einheitszelle des Kristalls aus zwei Atomen besteht (Bild 1c). Nun ist für jede Massensorte getrennt eine Bewegungsgleichung aufzustellen, die jetzt durch zwei separate Wellenansätze mit gleichem Ω und K gelöst werden. Die resultierende Dispersionsrelation für nicht unterschiedliche Federkonstanten lautet

$$\Omega^2 = \frac{D}{\mu} \pm D \sqrt{\frac{1}{\mu_2} - \frac{4 \sin^2 (Ka/2)}{M\,m}}$$

wobei μ die reduzierte Masse der Einheitszelle ist, $1/\mu = 1/m + 1/M$. Die beiden Wurzelvorzeichen geben an, daß es zwei Lösungen (Dispersionszweige) gibt (Bild 3a). Für das negative Vorzeichen ergibt sich der akustische Phononenzweig (auch akustischer Mode), bei dem die Auslenkungen benachbarter Atome in die gleiche Richtung gehen (Bild 3b, c) und der daher durch akustische Wellen (lange Wellenlänge) angeregt werden kann. Entsprechend gibt die Steigung des praktisch linearen Verlaufs für $K \to 0$ die Schallgeschwindigkeit im Festkörper, $c = d\Omega/dK \approx \Omega/K = \lambda\nu$ ($\nu = \Omega/2\pi$ = Frequenz) an. Das positive Vorzeichen definiert den optischen Phononenzweig (auch optischer Mode), bei dem die Auslenkungen benachbarter Atome antiphasisch sind (Bild 3b, d). Dieser Mode kann im Ionenkristall durch das elektrische Feld optischer elektromagnetischer Wellen angeregt werden, da das Feld an der räumlich alternierenden Ladung der Ionen Kräfte in alternierender Richtung bewirkt. Die Variation der Frequenz des optischen Zweigs ist geringer als die des akustischen Zweigs. Beim ersten ergibt sich für K = 0 die maximale Frequenz, wobei das in sich starre negative Teilgitter gegen das starre positive Teilgitter schwingt. Die Frequenzbereiche beider Moden sind durch einen verbotenen Bereich (Frequenzlücke) getrennt, der um so größer ist, je stärker die Atommassen voneinander abweichen. Gitterschwingungen in diesem Frequenzbereich können sich nicht ausbreiten, sie werden zeitlich und räumlich gedämpft, was durch einen komplexen K-Wert beschrieben werden kann.

Allgemein kann gesagt werden, daß ein Festkörper mit s Atomen in der Einheitszelle 3s Dispersionszweige besitzt. Davon sind 3(s–1) optische Zweige, von denen wiederum 2(s–1) Zweige transversalen Wellen (TO, transversal optisch) und (s–1) Zweige longitudinalen Wellen (LO, longitudinal optisch) entsprechen. Außerdem resultieren drei akustische Zweige, von denen wieder zwei transversal (TA, transversal akustisch) und einer longitudinal (LA, longitudinal akustisch) ist. Im dreidimensionalen Kristall muß noch nach der Ausbreitungsrichtung der Wellen unterschieden werden, K wird zum Wellenvektor K. Formal verschiedene Zweige können einen identischen Verlauf besitzen, sie heißen dann miteinander entartet.

Die Messung der Dispersionszweige erfolgt durch Streuung von Neutronen, wobei beim Streuprozeß

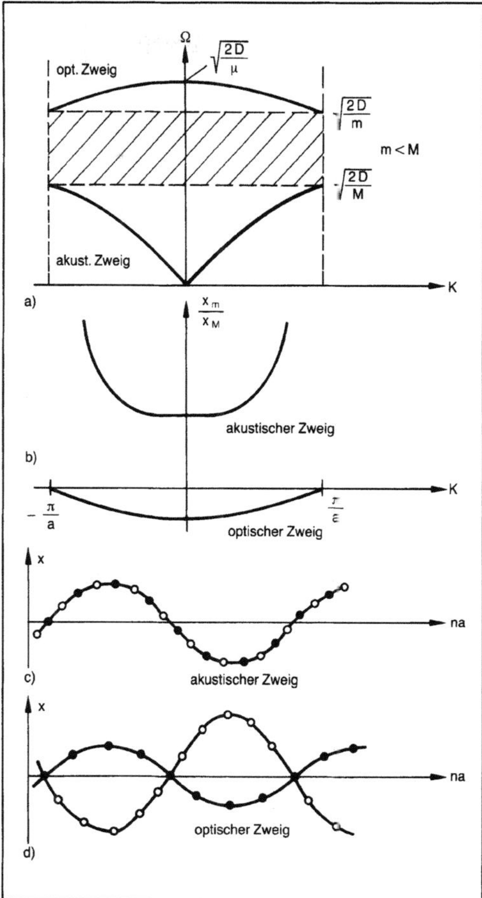

Phonon 3:
a) Dispersionsrelation der zweiatomigen linearen Kette mit Atommassen m und M
b) Relative Schwingungsamplituden benachbarter Atome für den akustischen (c) und optischen (d) Schwingungsmode.

z. B. ein Phonon erzeugt wird und die dazugehörige Energie dem Neutron entzogen wird. Entsprechendes gilt für den Impuls, so daß daraus auf den Ω(K)-Zusammenhang geschlossen werden kann. Für kleine K-Werte kann auch die Absorption von Ultrarotstrahlung verwendet werden bzw. für die akustischen Zweige die Messung der Schallgeschwindigkeit für longitudinale bzw. transversale Wellen.

Wird die Translationssymmetrie des Festkörpers gestört, so kommt es zu besonderen Schwingungsformen. So bauen sich an Punktdefekten, d. h. beim Einbau eines Fremdatoms, lokalisierte Schwingungen auf. Beispielsweise liegt die Schwingungsfrequenz eines eingebauten Fremdatoms, das leichter als das Wirtsgitteratom ist, oberhalb aller erlaubten Frequenzen. Die Nachbaratome dieses Defekts kommen dabei nicht mehr mit, so daß die Schwingung räumlich abklingt (lokalisierter Mode). Eine andere, massive Störung bildet die Festkörperoberfläche, die den Festkörper abrupt begrenzt. Die Oberflächenatome sind daher nur einseitig und damit schwächer gebunden. Es kommt zu einer Frequenzabsenkung, wobei sich die zugehörigen Schwingungen nur an der Oberfläche und nicht in das Volumen hinein ausbreiten können (Oberflächenphonon).

Neben der Dispersionsrelation ist für die Beschreibung von P. auch die Kenntnis ihrer →Zustandsdichte $D(\Omega)$ nötig. Sie gibt an, wieviele Phononen im Frequenzintervall Ω bis $\Omega + d\Omega$ auftreten können (auch Frequenzspektrum, Schwingungsspektrum). Zur Ableitung für die lineare Kette benutzt man, daß die erlaubten K-Werte einer endlichen, aus N Atomen bestehenden Kette aufgrund der Symmetrieäquivalenz zwischen linkem und rechtem Ende nur Werte $K_n = \pm\, n\,(2\pi/Na)$ ($n = 0,1, \dots N/2$) annehmen können, so daß sich die Zustandsdichte im K-Raum zu $D(K) = Na/2\pi$ ergibt. Da $D(K)dK$, die Zahl der Zustände im Intervall dK, gleich der Zahl der Zustände im zugehörigen Frequenzintervall $d\Omega$ ist, ergibt sich

$$D(\Omega) = \frac{Na}{\pi}\left(\frac{d\Omega}{dK}\right)^{-1-2,25},$$

d. h. die spektrale Zustandsdichte ist mit der Ableitung der Dispersionsrelation verknüpft. Im allgemeinen muß über alle Dispersionszweige summiert werden, $D_{total}(\Omega) = {}_i\Sigma D_i(\Omega)$ und es ergibt sich entsprechend ein stark strukturiertes Spektrum.

Im Bild der P. sind viele Festkörpereigenschaften zwanglos zu beschreiben, wie z. B. die spezifische Wärme (Debye-Theorie) oder mechanische und akustische Eigenschaften. Die Wechselwirkung der P. untereinander bestimmt den Beitrag des Gitters bei der Wärmeleitung. Natürlich wechselwirken P. im Festkörper nicht nur mit sich selbst, sondern auch mit vielen anderen Quasiteilchen. So beeinflußt z. B. die Elektron-Phonon-Wechselwirkung, d. h. die wechselseitige Streuung von Elektronen an P., drastisch das elektrische Leitvermögen von Festkörpern. Die Wechselwirkung von Photonen und Phononen führt zur →Brillouin- und →Ramanstreuung. Oftmals entstehen im Resonanzbereich der Wechselwirkung neue Arten von Quasiteilchen, z. B. Polaron- oder Cooper-Paar. *Heinz*

Literatur: *Brüesch, P.*: Phonons: Theory and Experiments. Bd. 1-3, Berlin, Heidelberg, New York (1982, 86, 87).

Phosphor. Durch die Verwendung von P. lassen sich, ähnlich wie durch die Verwendung von →Arsen und →Antimon n-dotierte Siliciumschichten herstellen. P. wird entweder beim Herstellen der Kristalle (→Kristallziehen) oder während der Herstellung von Bauelementen durch →Diffusion oder →Ionenimplantation in den Halbleiter eingebracht. Seine →Löslichkeit in Silicium beträgt bei 900 bis 1 000 °C etwa 10^{21} cm^{-3}, das Niveau im verbotenen Band liegt 46 meV vom Leitungsband (→Dotierung) entfernt.

Darüber hinaus hat P. eine große Bedeutung als Bestandteil von →III-V-Halbleitern. GaP besteht aus P. und Gallium, $GaAs_{1-x}P_x$ ist ein Mischkristall aus Gallium, Arsen und P. x (mit $0 \leq x \leq 1$) gibt den Phosphoranteil an.

Durch Dotierung von SiO_2 mit P. entsteht Phosphorglas (PSG) (→Passivierung, →Dielektrikum). *Ryssel*

Phosphore. P. (Leuchtstoffe) sind Stoffe, die durch Zuführen von Energie bei normaler Temperatur zum Leuchten angeregt werden können, d. h. weit unterhalb der Temperatur, bei der sie zu Glühen beginnen. Dieser Effekt wird →Lumineszenz genannt. Die anregende Energie kann in Form von kurzwelliger elektromagnetischer Strahlung (UV-Licht oder Röntgenstrahlen), durch Elektronen- oder Ionenstrahlung oder auch als Wärme zugeführt werden.

In der →Fernsehtechnik finden P. bei der →Fernseh-Bildwiedergabe in den Bildröhren Verwendung. Fernseh-Bildröhren sind Kathodenstrahlröhren. Bei ihnen wird der Phosphor durch Elektronenbeschuß zum Leuchten angeregt. Die im Fernsehen benützten P. sind kristalline anorganische Stoffe (z. B. ZnS) in Pulverform mit Korngrößen zwischen 5–10 μ.

Wichtige Eigenschaften von Bildschirmphosphoren sind:
- Lichtausbeute
- Linearität
- Einbrennverhalten
- →Nachleuchten
- →Farbart

Die Lichtausbeute ist das Verhältnis von abgegebenem Lichtstrom zu aufgenommener Anregungsleistung. Die Linearität bezieht sich auf die Abhängigkeit der →Leuchtdichte vom anregenden Strahlstrom. Sie wird durch einen Sättigungswert begrenzt. Das Nachleuchten eines P. muß spätestens nach einer Bildperiode soweit abgeklungen sein, daß keine Verschmierung von Bewegungen erfolgt.

Die Farbart von Schwarz-Weiß-Bildschirmen sollte unbunt sein. Da ein Phosphor mit genau der gewünschten Farbart (z. B. der der Normlichtart D65) meist nicht zur Verfügung steht, verwendet man eine Mischung aus zwei P. Beispielsweise läßt sich aus einem bläulichen ZnS:Ag-Phosphor und einem gelblichen $Zn_xCd_{1-x}S$:Ag-Phosphor bei geeignetem Mischungsverhältnis ein P. mit der gewünschten weißen Farbe herstellen.

In der Farbfernsehbildröhre wird ein Bildpunkt von einem sogenannten →Farbtripel gebildet. Ein solches besteht aus drei Phosphorpunkten, von denen jeweils einer rot, einer grün und einer blau leuchtet.

Die Farbarten der P. von Farbfernseh-Bildröhren sind standardisiert. In Europa gelten die folgenden von der EBU (European Broadcasting Union) spezifizierten Normfarbwertanteile für die drei Empfängerphosphore:

	x	y
Rotphosphor	0.640	0.330
Grünphosphor	0.290	0.600
Blauphosphor	0.150	0.060

In USA sind bei Einführung des Farbfernsehens von der NTSC (National Television System Committee) die folgenden Werte festgelegt worden:

	x	y
Rotphosphor	0.670	0.330
Grünphosphor	0.210	0.710
Blauphosphor	0.140	0.080

Von diesen Normfarbwertanteilen der NTSC-Phosphore sind die Koeffizienten zur Bildung der Luminanz- und Chrominanzsignale in allen heute üblichen Farbfernsehsystemen abgeleitet – unabhängig von den tatsächlich verwendeten Empfänger-Phosphoren.

Inzwischen wurde in USA von der SMPTE (Society of Motion Picture and Television Engineers) ein Phosphortripel als Standard vorgeschlagen, das wie das EBU-Tripel besser mit den heute verwendeten Bildschirm-P. übereinstimmt. Es ist auch unter der Bezeichnung ASP-Phosphortripel (American Standard Phosphor) bekannt und hat die Werte:

	x	y
Rotphosphor	0.635	0.340
Grünphosphor	0.305	0.595
Blauphosphor	0.155	0.070

Die Farbarten der P. bilden in der Normfarbtafel je ein Dreieck, innerhalb dessen alle Farben liegen, die auf dem betreffenden Bildschirm durch additive Mischung der Farben dieser P. wiedergegeben werden können. Tatsächlich liegen die Farbarten der heute verwendeten Bildschirmphosphore recht nahe bei den von der EBU spezifizierten Werten (Bild). Nach dem zweiten *Graßmann*schen Gesetz ist nicht die spektrale Strahlungsverteilung der P. für das Ergebnis einer additiven Mischung ausschlaggebend, sondern nur ihre Farbart. *Hausdörfer/Lang*

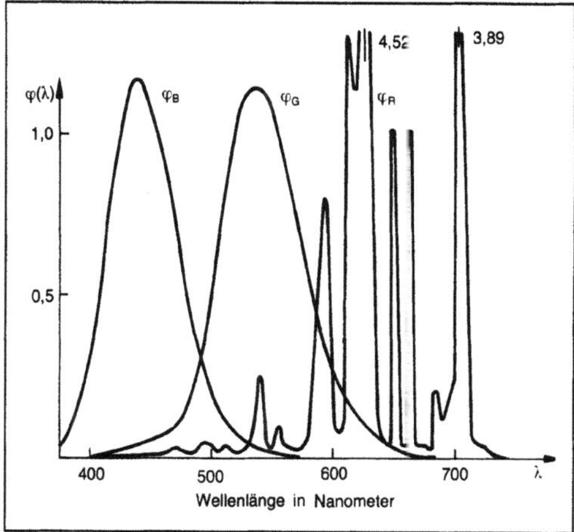

Phosphore: Typische spektrale Strahlungsverteilungen dreier Bildschirmphosphore. Blau- und Grünphosphor haben ein kontinuierliches, der Rotphosphor hat typischerweise ein linienförmiges Spektrum.

Literatur: *Lang, H.*: Farbmetrik und Farbfernsehen. München–Wien. 1978.

Phosphor-Silicaglas →Passivierung

Photodetektor. P. dienen zur Umwandlung von elektromagnetischer Strahlung des optischen Spektralbereiches (Ultraviolett bis fernes Infrarot) in ein elektrisches Strom- oder Spannungssignal (optoelektronische Signalumwandlung).

Die Gruppe der P., bestehend aus einer Vielzahl unterschiedlicher Typen, bildet eine Teilmenge der Strahlungsdetektoren (Strahlungsempfänger), wobei unter dem Begriff Strahlungsdetektoren alle Detektoren zusammengefaßt sind, die den Nachweis von elektromagnetischer Strahlung oder Teilchenstrahlung ermöglichen (Bild 1). P. werden auch in Strahlungsdetektoren eingesetzt, die für eine Detektion höherer energetischer elektromagnetischer Strahlungen ausgelegt sind. So bestehen z. B. Detektoren zur Messung von Röntgen- oder Gammastrahlung im wesentlichen aus einem Szintillatorkristall und einem Photoelektronenvervielfacher als P. (Szintillationszähler).

Je nach Art der beteiligten Wechselwirkung zwischen Licht und Materie (Festkörper) unterscheidet man zwischen direkter und indirekter optoelektronischer Signalumwandlung (Bild 1) und klassifiziert in:

□ Thermische P.: Die Wechselwirkung des Lichtes erfolgt mit den Gitteratomen des Festkörpers (Photon-Phonon-Wechselwirkung) und bewirkt indirekt über eine von der eingestrahlten Lichtleistung abhängige Temperaturänderung des Detektormate-

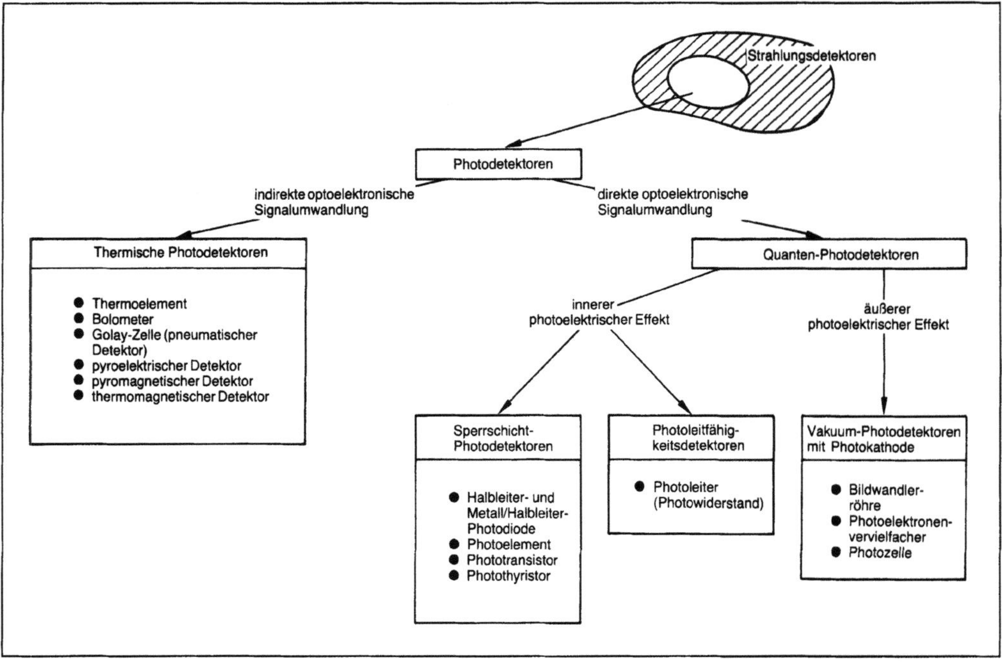

Photodetektor 1: Übersicht.

rials das elektrische Ausgangssignal (Strom, Spannung).

□ Quanten-P. (Photonendetektoren): Die Wechselwirkung des Lichtes erfolgt mit den quasifreien oder gebundenen Elektronen im Festkörper (Photon-Elektron-Wechselwirkung) und erzeugt direkt durch den photoelektrischen Effekt ein von der eingestrahlten Lichtleistung abhängiges elektrisches Ausgangssignal (Strom, Spannung). Photonendetektoren, die den äußeren photoelektrischen Effekt ausnutzen, werden auch als photoemissive Detektoren bezeichnet, da sie mit Photokathoden ausgerüstet sind, die bei Beleuchtung Photoelektronen emittieren (z. B. Photozellen, Photoelektronenvervielfacher). Diejenigen Detektoren, deren Wirkungsweise auf dem inneren photoelektrischen Effekt beruht, werden in Sperrschichtphotodetektoren und Photoleitfähigkeitsdetektoren unterteilt (Bild 1). Die Absorption der Photonen beeinflußt entweder das elektrische Verhalten von Sperrschichten an pn- oder Schottky-Übergängen (Sperrschichtphotodetektoren) oder ruft in einem →Halbleiter eine →Photoleitung hervor (Photoleitfähigkeitsdetektoren, →Photoleiter).

Bedingt durch die verschiedenen Wechselwirkungsprozesse, die den thermischen P. und den Quanten-P. zugrunde liegen, besitzen diese ebenso unterschiedliche Eigenschaften bezüglich Zeitverhalten und spektraler Arbeitsbereiche. So lassen sich die thermischen Detektoren im allgemeinen nur mit Signalfrequenzen bis zu maximal einigen hundert MHz betreiben (abhängig vom Detektortyp), weisen jedoch über größere Spektralbereiche eine von der Wellenlänge λ des Lichtes unabhängige →Photoempfindlichkeit auf (Bild 2). Dagegen ist das Frequenzverhalten der Photonendetektoren zwar wesentlich besser (je nach Detektortyp bis zu mehreren GHz), die Photoempfindlichkeit aber materialspezifisch von der Lichtwellenlänge abhängig. Das spektrale Arbeitsgebiet eines solchen Detektors wird damit auf einen relativ kleinen Bereich eingeschränkt ist (Bild 2).

Anforderungen und Kenngrößen: Die wichtigsten Eigenschaften, die ein idealer P. aufweisen sollte, sowie die zu deren Beschreibung notwendigen Kenngrößen (Gütekriterien) lassen sich wie folgt zusammenfassen:

- Der P. soll einen möglichst großen Wirkungsgrad bei der optoelektronischen Signalumwandlung im geforderten spektralen Arbeitsbereich aufweisen. Maße für die Güte dieser Energieumwandlung sind die Photoempfindlichkeit und der →Quantenwirkungsgrad des Detektors.
- Der P. soll schnell sein, d. h. eine unverfälschte Wiedergabe der empfangenen Lichtsignale auch bei hohen Modulationsfrequenzen gewährleisten. Photoempfindlichkeit bzw. Quantenwirkungsgrad müssen über einen großen Frequenzbereich konstant sein. Die Frequenz, bei der die elektrische →Ausgangsleistung des Detektors um 3 dB abgenommen hat, wird i. a. als Grenzfrequenz f_G bezeichnet und dient zur Charakterisierung der maximalen Fre-

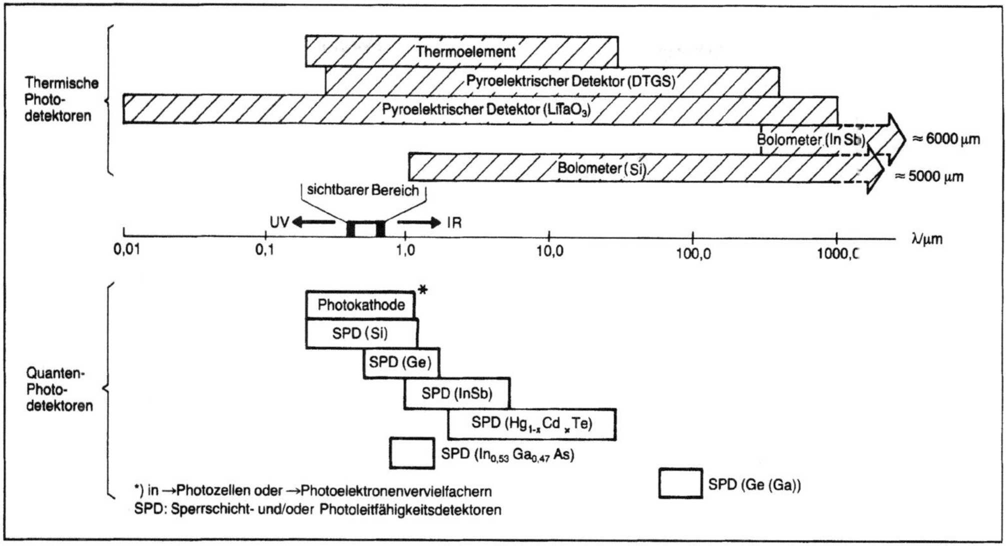

Photodetektor 2: Spektrale Arbeitsbereiche von thermischen und Quanten-P.

quenzbandbreite (Demodulationsbandbreite). Die Grenzfrequenz ist mit der Ansprechzeit oder Zeitkonstante τ_A des P. verbunden

$$f_G = \frac{1}{2\pi \cdot \tau_A}.$$

In den Datenblättern der Hersteller werden häufig zur Charakterisierung des Zeitverhaltens auch Anstiegs- und Abfallzeiten aufgeführt. Sie geben die Zeiten an, in der sich das Signal am Detektorausgang zwischen 10 % und 90 % seines Maximalwertes ändert.

– Der P. soll den Nachweis geringster Lichtsignalleistungen ermöglichen. Die kleinste noch detektierbare Strahlungsleistung wird außer von der Photoempfindlichkeit hauptsächlich vom Rauschen des Detektors (→Photodetektor-Rauschen) festgelegt und durch Angabe der äquivalenten →Rauschleistung (→NEP) charakterisiert. Eine weitere oft verwendete Kenngröße ist die Detektivität D (D = 1/NEP).

Neben diesen drei wichtigsten Anforderungen an einen idealen P. lassen sich noch weitere Ansprüche formulieren:

– Unempfindlichkeit gegenüber Temperaturschwankungen und Änderungen in den Betriebsspannungen.

– Zuverlässigkeit, Robustheit und große Lebensdauer.

– Der Betriebszustand sollte möglichst einfach sein, d. h. keine zusätzlichen Regelkreise erforderlich machen.

– Speziell die Sperrschicht- und Photoleitfähigkeitsdetektoren sollten möglichst monolithisch integrierbar mit anderen optischen und optoelektronischen Komponenten sein. Motivation hierfür ist die Herstellung von OEICs (**O**pto-**E**le**c**tronic-**I**ntegrated-**C**ircuits) mit unterschiedlich hohen Integrationsgraden.

– Kostengünstige Herstellung.

Die Erfüllung sämtlicher, hier dargestellter Anforderungen von nur einem Detektortyp ist praktisch nicht realisierbar. Real verfügbare P. zeigen Eigenschaften, die in den einzelnen Punkten mehr oder weniger stark von den Idealvorstellungen abweichen. In der Praxis wird daher immer ein Kompromiß zwischen den mit der jeweiligen Aufgabe verbundenen Anforderungen und den zur Verfügung stehenden P. mit ihren unterschiedlichen Eigenschaften einzugehen sein. *R. Kaiser*

Literatur: *Bleicher, M.*: Halbleiter-Optoelektronik, Heidelberg, 1986. – *Sze, S. M.*: Physics of Semiconductors Devices, 2. Ed., New York–Chichester–Brisbane–Toronto–Singapore, 1981. – *Winstel, G.* und *C. Weyrich:* Optoelektronik II. Reihe: Halbleiter-Elektronik, Bd. 11, Berlin–Heidelberg–New York, 1986.

Photodetektor, pyroelektrisch. Der pyroelektrische Detektor gehört zur Gruppe der thermischen →Photodetektoren. Das Wirkungsprinzip beruht auf der in ferroelektrischen Materialien entstehenden →Pyroelektrizität, welche proportional einer durch Lichtabsorption hervorgerufenen Temperaturänderung ist.

Ferroelektrische Materialien mit spontaner dielektrischer Polarisation $\vec{P}_D$ weisen – besonders in der Nähe der Curietemperatur – eine starke Temperaturabhängigkeit in ihrer Polarisation auf ($\vec{P}_D = \vec{P}_D(T)$). Durch eine absorbierte Lichtleistung dP_O entsteht in derartigen Materialien eine Temperaturänderung dT, die eine entsprechende Polarisationsänderung $d\vec{P}_D$ bewirkt:

$$\vec{P}_D (T + dT) = \vec{P}_D(T) + d\vec{P}_D.$$

(Bild). Diese ist wiederum mit einer Änderung der effektiven Ladungsträgeranzahl $Q_O(T)$ um dQ an den Kristalloberflächen verbunden. Die ursprüngliche Ladungsneutralität zwischen diesen Oberflächenladungen $Q_O(T)$ und den dadurch induzierten Ladungen auf den Elektroden $Q_i(T)$ ist dann nicht mehr gewährleistet. Der Ladungsausgleich erfolgt über einen externen Lastwiderstand R_L. Der abfließende Strom $I = dQ_i/dt$ erzeugt eine elektrische Spannung U gemäß

$$U(T) = R_L \cdot I = R_L \cdot (dQ_i/dt) = R_L \cdot (d\vec{P}_D/dT) \cdot (dT/dP_O)$$

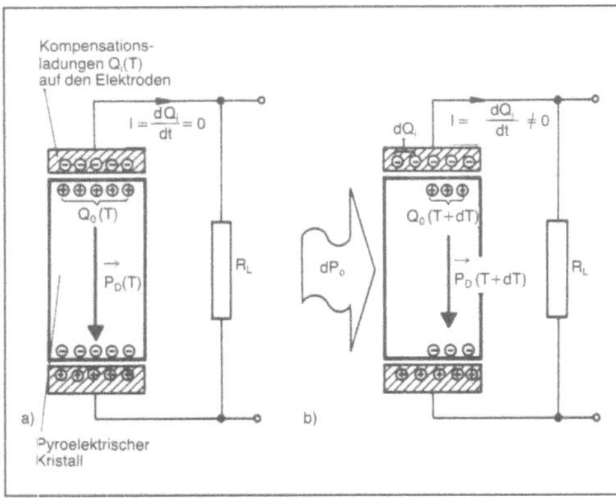

Photodetektor, pyroelektrisch: Funktionsprinzip. a) ohne Lichteinwirkung (Ladungsneutralität, $I=0$) b) mit Lichteinwirkung (Stromfluß: $I \neq 0$, R_L: Lastwiderstand).

Diese Pyroelektrizität tritt nur bei Temperaturänderungen auf. Die Messung konstanter Lichtleistungen mittels pyroelektrischer Detektoren ist daher nur im Pulsbetrieb möglich (z. B. Lock-In-Technik). Verglichen mit anderen thermischen Photodetektoren zeigen diese Detektoren bei Raumtemperatur recht gute Absolutwerte bezüglich →Photoempfindlichkeit [$\approx (10^{-5} - 10^{-4})$ A/W] und Zeitauflösung (bis in ns-Bereich möglich). *R. Kaiser*

Literatur: *Dennis, P. N. J.:* Photodetectors: An Introduction to Current Technology. New York–London, 1985.

Photodetektor, thermisch. T. P. sind Photodetektoren, die eine elektrische Ausgangsgröße (Spannung, Strom) indirekt über eine von der nachzuweisenden Strahlungsleistung abhängigen Temperaturänderung erzeugen.

Als wichtigste Vertreter dieser Detektorart sind der pyroelektrische Detektor, das →Thermoelement, das →Bolometer und die Golay-Zelle (pneumatischer Detektor) zu nennen. Ebenso gehören zu dieser Gruppe der pyromagnetische und der thermomagnetische Detektor, deren Anwendung jedoch i. a. nicht so verbreitet ist.

Die prinzipielle Wirkungsweise der thermischen Detektoren läßt sich vereinfacht mittels zweier aufeinanderfolgender Vorgänge deuten. Zunächst erfährt das absorbierende Detektormaterial eine von der eingestrahlten Lichtleistung abhängige Temperaturänderung dT (Photon-Phonon-Wechselwirkung), die ihrerseits eine thermisch/elektrische Energieumwandlung hervorruft. Diese Umwandlung erfolgt, je nach Detektortyp, unterschiedlich: Z. B. durch Veränderung der elektrischen →Leitfähigkeit (Bolometer), Entstehung einer Thermospannung (Thermoelement, Thermosäule), Veränderung von elektrischen Ladungen an den Oberflächen ferroelektrischer Kristalle (pyroelektrischer →Photodetektor), Änderung einer Magnetisierung (pyromagnetischer Detektor) oder durch das Auftreten bestimmter magnetischer Effekte (z. B. Nernst-Ettinghausen-Effekt beim thermomagnetischen Detektor). Bei der Golay-Zelle wird die Expansion eines Gases ausgenutzt, die durch eine zusätzliche optoelektronische Einrichtung ein elektrisches Signal erzeugt.

Im Gegensatz zu Quanten-Photodetektoren weisen t. P. eine von der Wellenlänge des Lichtes unabhängige →Photoempfindlichkeit (→Quantenwirkungsgrad) auf. Die spektralen Arbeitsbereiche liegen überwiegend im nahen und fernen Infrarot. Die Zeitauflösung dieser Detektoren ist aufgrund größerer thermischer Relaxationszeiten im allgemeinen nur gering. *R. Kaiser*

Literatur: *Dennis, P. N. J.:* Photodetectors: An Introduction to Current Technology, New York–London, 1985.

Photodetektor – Rauschen. Statistische Schwankungen des elektrischen Stromes am Ausgang eines →Photodetektors, welche die untere Grenze der Nachweisempfindlichkeit (→NEP) eines Detektors festlegen.

Für diese Fluktuationen sind im wesentlichen die folgenden Ursachen (Rauschquellen) verantwortlich:

□ Signalrauschen: Hierbei handelt es sich um den Rauschanteil, der auf statistische Leistungsschwankungen der Lichtsignale, die bereits am Ort der Entstehung im Sender oder durch Störeinflüsse während der Übertragung zum Photodetektor verursacht werden, sowie auf die statistische Erzeugung der elektrischen →Ladungsträger durch Photonenabsorption im Detektor zurückzuführen ist. Das Signalrauschen ist detektorunabhängig und nicht zu vermeiden. Selbst wenn sich alle störenden Einflüsse ausschalten ließen und der Detektor optimal dimensioniert wäre (→Quantenwirkungsgrad $\eta = 1$), verbleibt als unvermeidbare Rauschquelle das →Quantenrauschen (Photonenrauschen), resultierend aus der statistisch schwankenden Photonenemission der Lichtquelle und Stromerzeugung im Detektor.

□ Hintergrundrauschen: Von gleicher Natur wie das Signalrauschen, wobei der →Photostrom jedoch nicht durch die nachzuweisenden Lichtsignale, sondern durch eine unkontrolliert in den Photodetektor fallende Streustrahlung (Hintergrundstrahlung) entsteht.

□ Detektorrauschen: Unter diesem Begriff sind alle Rauschquellen zusammengefaßt, die vom Typ, der Struktur und der Dimensionierung des Photodetektors beeinflußt werden:

– Dunkelstromrauschen: Der stets in Photodetektoren fließende →Dunkelstrom führt zu einem Stromrauschen (z. B. Schrotrauschen in Sperrschicht- Photodetektoren und Photoelektronenvervielfachern, Generations/Rekombinationsrauschen in Photoleitern).

– Thermisches Rauschen (*Johnson-* oder *Nyquist-*Rauschen): Rauschanteil, der auf die ungerichtete thermische Bewegung von Ladungsträgern in einem Festkörper zurückzuführen ist (Widerstandsrauschen in Lastwiderständen).

– Zusatzrauschen: Detektoren mit verstärkenden Eigenschaften (→Lawinenphotodiode, Photoelektronenvervielfacher) bewirken, außer einer Verstärkung der Signal-, Hintergrund- und Dunkelströme, auch eine Verstärkung des Detektorrauschens. Da sowohl die Lawinenmultiplikation in Lawinenphotodioden als auch die Sekundärelektronenvervielfachung in Photoelektronenvervielfachern statistische Prozesse sind, treten ferner zusätzliche Fluktuationen im Stromsignal auf, die durch Einführung eines Zusatzrauschfaktors F_Z erfaßt werden. Das Schrotrauschen einer Lawinenphotodiode, ausgedrückt durch das mittlere Stromschwankungsquadrat $\overline{i_s^2}$, läßt sich z. B. wie folgt beschreiben:

$$\overline{i_s^2} = 2 \cdot e \cdot (I_S + I_H + I_D) \cdot \overline{M^2} \cdot F_Z(M) \cdot \Delta f$$

(e: Elementarladung, I_s: Signalphotostrom, I_H: Photostrom durch Hintergrundstrahlung, I_D: Dunkelstrom, $\overline{M^2}$: mittleres Verstärkungsquadrat, Δf: Frequenzbandbreite)

□ Verstärkerrauschen: Wird dem Photodetektor ein →Verstärker nachgeschaltet (z. B. Bipolar- oder →Feldeffekttransistor, komplette Verstärkerstufe), so verursacht dieser einen zusätzlichen Rauschanteil am Ausgang einer solchen Kombination. *R. Kaiser*

Literatur: *Müller R.*: Rauschen. Reihe: Halbleiter-Elektronik, Bd. 15, Berlin–Heidelberg–New York, 1979. – *Ross, D. A.*: Optoelektronik, München–Wien, 1982.

Photodiode →Photoelement

Photoeffekt. (Auch photoelektrischer oder lichtelektrischer Effekt). Auslösung eines Elektrons eines Atoms oder Festkörpers aus seiner Bindung heraus durch Bestrahlung mit elektromagnetischen Wellen (→Photonen).

Beim äußeren P. verläßt das →Photoelektron das Atom bzw. den Festkörper ganz, man spricht auch von →Photoemission. Die Wellenlänge λ der einfallenden Strahlung muß dazu einen Maximalwert λ_{max} (→Grenzwellenlänge) unterschreiten. Dies ist eine Folge der Quantennatur elektromagnetischer Strahlung, nach der das Strahlungsfeld aus kleinsten Einheiten (Photonen) mit der Energie $W = h\nu = hc/\lambda$ aufgebaut ist (ν = Wellenfrequenz, c = Lichtgeschwindigkeit, h = Plancksches Wirkungsquantum). Diese Energie muß größer sein als die totale Bindungsenergie W_B des auszulösenden Elektrons, d. h. $W = h\nu = hc/\lambda > W_B$, so daß sich als maximaler Wert der Wellenlänge $\lambda_{max} = hc/W_B$ ergibt. Für z. B. die Leitungselektronen eines Metalls muß die →Austrittsarbeit W_A zum Verlassen des Metalls aufgebracht werden, d. h. $W_B = W_A$, so daß sich $\lambda_{max} = hc/W_A$ ergibt. Ist $\lambda < \lambda_{max}$, so bleibt Energie übrig, um dem Elektron noch kinetische Energie W_{kin} im Außenraum mitzugeben, was durch die photoelektrische Gleichung (nach Einstein) beschrieben wird:

$$W_{kin} = h\nu - W_A.$$

Je mehr Photonen mit $\lambda < \lambda_{max}$ eingestrahlt werden, desto mehr Photoelektronen werden emittiert. Durch Absaugen mit einer äußeren Spannung entsteht ein →Photostrom, der der Intensität des Strahlungseinfalls proportional ist (→Photozelle). Die entstehende Stromdichte j hängt auch von der absoluten Temperatur T ab, was durch die *Fowler-*Gleichung $j = BT^2 f((h\nu - W_A)/kT)$ beschrieben wird (k = Boltzmann-Konstante). Dabei ist B eine Konstante und f eine in der Literatur tabellierte Funktion.

Für $\lambda > \lambda_{max}$ lassen sich jedoch auch für große Intensitäten keine Elektronen auslösen, da die Energie des einzelnen Photons die notwendige Austrittsarbeit unterschreitet. Mit wachsender Photonenenergie können auch Elektronen ausgelöst werden, die stärker gebunden sind als die Leitungselektronen des Metalls. Bei der Herauslösung aus atomaren Energieniveaus ist dazu meist bereits Röntgenstrahlung notwendig (Röntgenemission). Aus dem Auftreten von Photoelektronen bei bestimmten Wellenlängen kann so auf diese elementspezifischen Niveaus zurückgeschlossen werden (Photoelektronenspektroskopie), was zu einem chemischen Analyseverfahren ausgenutzt werden kann (ESCA).

Der innere P. unterscheidet sich vom äußeren durch die Tatsache, daß das aus einer Bindung ausgelöste Elektron im Festkörper verbleibt, d. h. dort nur in einen anderen energetischen Zustand übergeht. Ein besonders wichtiges Beispiel hierzu ist der Halbleiter-P., bei dem auf einen Halbleiter einfallende Photonen Elektronen aus dem →Valenzband oder aus Störniveaus im verbotenen Band in das →Leitungsband anheben, wo sie praktisch frei beweglich sind. Dies führt zur wichtigen Erscheinung der →Photoleitung. *Heinz*

Literatur: *Simon, H.* und *R. Suhrmann:* Der lichtelektrische Effekt und seine Anwendungen, Berlin–Heidelberg–New York 1958.

Photoelektron. Ein durch elektromagnetische Strahlung (→Photonen) aus einem Atom oder Festkörper ausgelöstes Elektron (→Photoeffekt). *Heinz*

Photoelement. P. erzeugen bei Lichteinwirkung unter Ausnutzung des photovoltaischen Effektes eine →Photospannung (Photo-EMK). Sie dienen i. a. zur Bereitstellung von elektrischer Energie (Generator), wobei die zu entnehmende elektrische Leistung von der Größe des angeschlossenen Lastwiderstandes abhängig ist.

Meist handelt es sich bei den P. um speziell konstruierte Halbleiterdioden mit →pn-Übergängen, die im photovoltaischen Bereich ihrer Strom-Spannungs-Kennlinie ohne externe Spannung betrieben werden (pn-Übergang, beleuchtet; →Solarzelle). Photospannungen lassen sich jedoch auch an den Sperrschichten von →Metall-Halbleiter-Kontakten erzeugen. P., die speziell für den Einsatz unter Sonnenlicht konzipiert und optimiert werden, sind besser bekannt unter dem Namen Solarzelle.

Wird ein sehr hochohmiges Spannungsmeßgerät (Innenwiderstand $R_i \rightarrow \infty$) an ein P. angeschlossen, so ist in dieser Betriebsart die entstehende Photo-Leerlaufspannung dem Logarithmus der eingestrahlten Lichtleistung proportional und das Element kann als →Photodetektor eingesetzt werden. Solche, i. a. als photovoltaische Detektoren oder Photosensoren bezeichnete Photodetektoren gelangen häufig zur Anwendung, wenn die Messung von Lichtleistungen über mehrere Dekaden hinweg notwendig ist. *R. Kaiser*

Photoemission. Emission von Elektronen aus ihrer Bindung im Atom oder Festkörper durch Einstrahlung von Photonen (→Photoeffekt). *Heinz*

Photoemission, inverse. Umkehrprozeß zur →Photoemission, wobei ein in einen Festkörper geschossenes Elektron dort in einen tieferen (unbesetzten) Energiezustand übergeht und die dabei frei werdende Energie zur Emission eines Photons verwendet. Mit dieser Technik können die unbesetzten Zustände eines Festkörpers untersucht werden.

Der Übergang des Elektrons in einen energetisch tieferen Zustand entspricht einer Abbremsung, die emittierten Photonen können daher auch als Bremsstrahlung interpretiert werden. Experimentell verwendet man für den Nachweis der Photonen einen Detektor für eine feste Photonenenergie und variiert die Energie der Elektronen. Das entstehende Spektrum nennt man daher Isochromatenspektrum. Da es durch Bremsstrahlung entsteht, nennt man die Technik auch Bremsstrahlen-Isochromaten-Spektroskopie (BIS). Wenn die Photonen im UV Bereich liegen, spricht man im engeren Sinne auch von UV-Isochromatenspektroskopie. Die Spektren spiegeln die elektronische →Zustandsdichte oberhalb der →Fermi-Energie, d. h. für unbesetzte Zustände wieder. Da die Elektronen nicht tief in den Festkörper eindringen können, ist die Methode oberflächenspezifisch. *Heinz*

Literatur: *Ertl, G.* und *J. Küppers:* Low Energy Electrons and Surface Chemistry. Weinheim 1986.

Photoempfänger →Empfänger, optoelektronisch

Photoempfindlichkeit. Die P. oder Ansprechempfindlichkeit (*engl.* responsivity) ist ein Gütemaß für die Umwandlung von optischer in elektrische Signale in optoelektronischen Empfängern (→Photodetektoren). Sie ist definiert als das Verhältnis des entstehenden elektrischen Ausgangssignales y (Strom, Spannung) zu der auf die Detektorfläche A eingestrahlten Lichtleistung P_o (Bild 1).

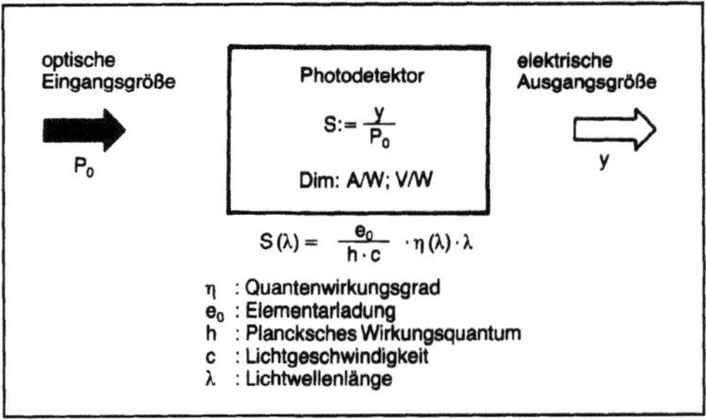

Photoempfindlichkeit 1: Definition für einen nicht verstärkenden Photodetektor (M=1) im linearen Arbeitsbereich.

Je nachdem, ob ein Strom I oder eine Spannung U am Ausgang des Detektors auftritt, wird die Einheit der P. in A/W oder V/W angegeben. Diese Größe ist meßtechnisch direkt zugänglich und damit für die praktische Anwendung der interessante Wert. Die Definition in Bild 1 setzt eine lineare Abhängigkeit des elektrischen Ausgangssignals y von der eingestrahlten Lichtleistung P_0 voraus (lin. Arbeitsbereich des Detektors).

Bei Quanten-Photodetektoren ist die Ansprechempfindlichkeit S mit der Lichtwellenlänge λ und dem wellenlängenabhängigen →Quantenwirkungsgrad $\eta = \eta(\lambda)$ verknüpft (Bild 1). Für einen idealen Detektor dieses Typs ($\eta(\lambda)$ = konstant = 1) würde die spektrale P. S(λ) linear mit der Wellenlänge ansteigen (Bild 2a). Dieser Verlauf resultiert aus der Anzahl der absorbierten Lichtquanten (Photonen) N_0, die bei konstanter spektraler Lichtleistung P_0 proportional zur Wellenlänge des Lichtes ist ($N_0 = [1/(h \cdot c)] \cdot P_0 \cdot \lambda$). Der starke Abfall von S(λ) bei einer bestimmten Wellenlänge λ_G ist bedingt durch den Bandabstand E_G des photoempfindlichen Detektormaterials (Bild 2a), der somit den spektralen Arbeitsbereich eines Detektors festlegt.

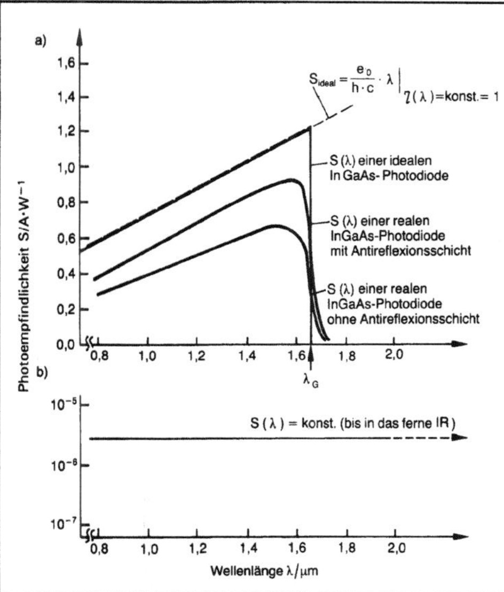

Photoempfindlichkeit 2: Spektrale P. bei konstanter spektraler Lichtleistung ($P_0 = P_0(\lambda)$ = konstant) für Quanten-Photodetektoren (a, am Beispiel einer $In_{0,53}Ga_{0,47}As$-Photodiode) und thermische Photodetektoren (b, prinzipieller Verlauf).

Reale Photodetektoren sind jedoch mit Photonenverlusten (Reflexion, Absorption, Transmission) und Ladungsträgerrekombinationen behaftet. Daher gilt für diese Detektoren – ohne Berücksichtigung verstärkender Eigenschaften – stets $\eta = \eta(\lambda) < 1$, wodurch die entsprechenden spektralen Werte von S unterhalb der idealen Kurve verlaufen (Bild 2a).

Grundsätzlich anders ist das spektrale Verhalten bei den thermischen Photodetektoren. Sie zeigen über größere Wellenlängenbereiche eine konstante Empfindlichkeit (Bild 2b), da bei ihnen allein die gesamte absorbierte Lichtleistung und nicht die absorbierte Photonenzahl entscheidend ist.

Häufig wird in den Datenblättern der Detektorhersteller eine relative spektrale Empfindlichkeit $S_{rel}(\lambda)$ angegeben. Sie ist definiert als das Verhältnis der absoluten spektralen Empfindlichkeit S(λ) bei einer Lichtwellenlänge λ zur maximalen Empfindlichkeit $S_{max}(\lambda_m)$ bei der Wellenlänge λ_m.

Neben der Leistung P_0 und der Lichtwellenlänge λ existieren noch andere Parameter, die – je nach Typ und Aufbau des Photodetektors – einen mehr oder weniger starken Einfluß auf S haben (z. B. Temperatur T, Betriebsspannung U_B, Modulationsfrequenz des Lichtes f_M). Ferner multipliziert sich bei verstärkenden Photodetektoren, wie z. B. bei der →Lawinenphotodiode, die allein aus der Lichtabsorption resultierende Empfindlichkeit mit dem Verstärkungsfaktor M. Unter Berücksichtigung all dieser zusätzlichen Abhängigkeiten ist die P. S allgemeiner zu formulieren:

$$S = \frac{d}{dP_0} y(\lambda, P_0, U_B, M, f_m, T, \ldots).$$

R. Kaiser

Photo-Feldeffekttransistor (Photo-FET). Sperrschicht-Photodetektor, der aus einem lichtempfindlichen Feldeffekttransistor (FET) besteht (unipolarer →Phototransistor)

□ Sperrschicht-Photo-Feldeffekttransistor (Photo-J-FET, J: *engl.* junction): Feldeffekttransistor mit einem Gate-Kanal-pn-Übergang, der als →Photodiode ausgebildet ist (Bild 1). Die konstante Versorgungsspannung U_G ist über einen Widerstand R_G mit dem Gate des Transistors verbunden. Bei Lichteinwirkung entsteht, wie bei jeder gewöhnlichen →Halbleiter-Photodiode auch, ein →Photostrom I_{PH}, der die Sperrwirkung der Diode verringert. Über dem Gatewiderstand R_G führt dies zu einem Spannungsabfall $\Delta U = I_{PH} * R_G$ und damit zu einer Verringerung der ohne Beleuchtung anliegenden Gate-Kanal-Sperrspannung U^0_{GS} (Bild 2). Die Breite der →Sperrschicht am Gate-Kanal-Übergang verkleinert sich dadurch und erhöht somit die elektrische →Leitfähigkeit des Drain-Source-Kanals. Eine Vergrößerung des Drainstromes I^0_D um ΔI ist die Folge (Bild 2). Bei entsprechender Beschaltung kann dieses →Bauelement auch als

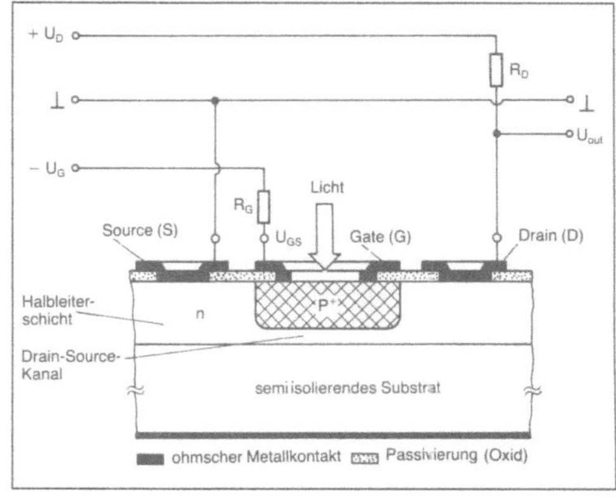

Photo-Feldeffekttransistor 1: Prinzipieller Aufbau und elektrische Beschaltung eines Sperrschicht-P.-F.

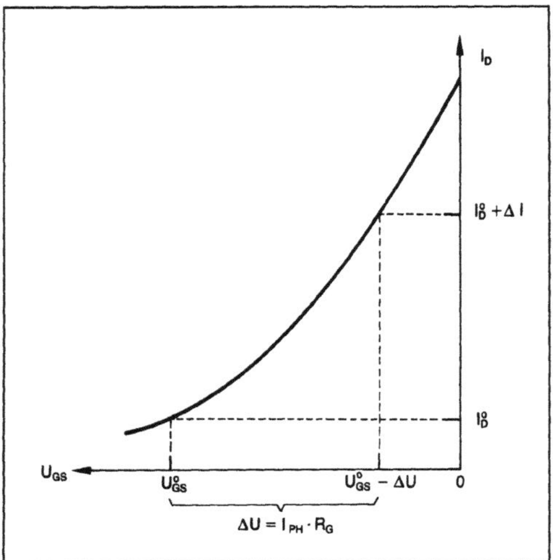

Photo-Feldeffekttransistor 2: Eingang-Kennlinienfeld eines Sperrschicht-P.-F.

Halbleiter-Photodiode oder als →Photoleiter betrieben werden.

□ Photo-MESFET, -MISFET, -MOSFET: Lichtempfindliche Feldeffekttransistoren, die als Metall-Halbleiter-Struktur (Photo-MESFET; →MESFET: Metal-Semiconductor-FET), Metall-Isolator-Halbleiter-Struktur (Photo-MISFET, →MISFET : Metal-Insulator-Semiconductor-FET), oder Metall-Oxid-Halbleiter-Struktur (Photo-MOSFET, →MOSFET : Metal-Oxide-Semiconductor-FET) aufgebaut sind. *R. Kaiser*

Photokathode. P. sind Festkörpermaterialien, die bei optischer Anregung unter Ausnutzung des äußeren photoelektrischen Effektes Elektronen emittieren.

Die Anzahl dieser Photoelektronen ist abhängig von der eingestrahlten Lichtleistung und von der →Photoempfindlichkeit bzw. Quantenausbeute (→Quantenwirkungsgrad) der P. (Bild). Ihre praktische Anwendung liegt im Wellenlängenbereich von etwa 100 nm (Ultraviolett) bis ca. 1200 nm (nahes Infrarot). Bei den verfügbaren Materialien handelt es sich hauptsächlich um spezielle Dünnschichtstrukturen (z. B. aus Na_2KSb) oder III-V-Halbleiterschichten (z. B. GaAs, InGaAs). Die Oberflächen der Halbleiter sind häufig zur Senkung der für die →Elektronenemission notwendigen →Austrittsarbeit mit Cäsium (Cs) bzw. seinen Oxiden beschichtet (P. mit **N**egativer **E**lektronen-**A**ffinität, sog. NEA-P.).

Während die Photoempfindlichkeiten der Kathoden nur geringfügig von der Temperatur abhängen, ist der Einfluß auf den →Dunkelstrom beträchtlich. Zur Herabsetzung der Nachweisgrenze werden daher Photodetektoren, die mit einer P. ausgerüstet

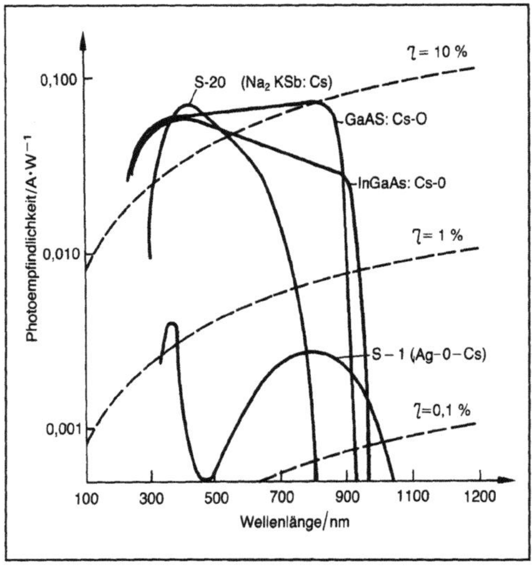

Photokathode: Typische spektrale Photoempfindlichkeiten für einige kommerziell erhältliche Ausführungen (η: Quantenwirkungsgrad).

sind, häufig gekühlt betrieben. Ein großes Interesse an P. besteht in der Praxis z. B. bei der Herstellung von Photoelektronenvervielfachern, Photozellen, Bildwandlerröhren (→Bildwandler) sowie Anzeige- und Aufnahmeröhren. *R. Kaiser*

Literatur: *Dennis, P. N. J.*: Photodetectors: An Introduction to Current Technology, New York–London, 1985.

Photolack. Organische P. sind speziell gefertigte Vielstoffsysteme, die erst im Zusammenwirken ihrer Komponenten die erforderlichen Eigenschaften (Tabelle 1) erlangen. Sie dienen zur Erzeugung von Strukturbildern durch energiereiche Strahlung in der →Lithographie. Außer ultraviolettem Licht finden Elektronen-, Röntgen-, oder Ionenstrahlung als Strahlung Anwendung. Zur Haftverbesserung erfolgt vor der Belackung mit einer Lackschleuder eine chemische Vorbehandlung der Prozeßscheiben (Priming) mit Haftvermittler (z. B. Hexamethyldisilazan: HMDS). Durch die Belichtung werden Bindungen von Makromolekülen aufgebrochen oder kleinere Moleküle polymerisiert (vernetzt). Die niedermolekularen Anteile sind in Entwicklern löslich. Lacksysteme werden nach ihrer Löslichkeitsänderung als positiv- oder negativarbeitende Lacke bezeichnet. Der Mannigfaltigkeit der Aufgaben entspricht eine Vielfalt spezialisierter P. und P.-Techniken (Mehrlagen-, Bildumkehrtechnik).

Hauptbestandteile sind Filmbildner, Photosensibilisator und ein Lösungsmittelsystem. Als Filmbildner (Resin) bei positiven Lacken werden Phenolharzverbindungen (z. B. Novolack) verwendet. Der Photosensibilisator (Sensitizer) wird durch Bestrahlung aktiviert und bewirkt die angestrebte Löslich-

Photolack. Tabelle 1: Die wichtigsten Eigenschaften von organischen P.

- hohe Empfindlichkeit gegenüber der Strahlung (Licht, Elektronen, Ionen) - gute Verarbeitungseigenschaften - geringe oder keine Toxizität - gute Lagerfähigkeit unter Lichtabschluß - gute Substrathaftung - schnelle Entwickelbarkeit in ungiftigen Lösungen - genaue Übertragbarkeit der Strukturen - reproduzierbare Flankenformen beim Entwickeln - gute Beständigkeit gegenüber wässrigen Ätzen, Trockenätzen und Wärmebehandlung - hohe Selektivität, guter Kontrast - leichte Entfernbarkeit der nicht mehr benötigten Lackstrukturen

keitsänderung. Negativlacke enthalten fast ausnahmslos partiell cyclisiertes Polyisopren als vernetzbare Komponente. Als Lösungsmittelsysteme sind vor allem aromatische Verbindungen und Ketone im Einsatz (Xylol, Aceton, etc.) (Tabelle 2).

Bei der Entwicklung belichteter P. entsteht durch differenzierte Löslichkeit des P. eine →Maske. P. dienen als Masken für →Ionenimplantation und →Ätzen.

Das Ablösen (Strippen) nicht mehr benötigter organischer Lackstrukturen erfolgt in Aceton, Caroscher Säure oder Lackveraschern (→Plasmaätzen mit Sauerstoff).

Die wichtigsten Vertreter für anorganische P. sind GeSe und As_2S_3. Die →Schichtabscheidung erfolgt durch →Sputtern. Vorteil gegenüber organischen Lacken ist die Widerstandsfähigkeit gegenüber Feuchtigkeit und Säuren. Die Strukturierung erfolgt durch →Trockenätzen. *Ryssel*

Photoleiter (Photoleitfähigkeitsdetektor, Photowiderstand). Als P. werden →Photodetektoren bezeichnet, deren Wirkungsweise auf einer durch Strahlungsabsorption hervorgerufenen Veränderung der elektrischen →Leitfähigkeit (→Photoleitung) beruht.

Mit der elektrischen Leitfähigkeit σ eines Halbleiter- oder Isolatormaterials wird ebenso dessen elektrischer Widerstand gemäß $R = l/(\sigma \cdot A) = l/(\sigma \cdot b \cdot d)$ von der eingestrahlten Lichtleistung P_o (bzw. Beleuchtungsstärke E_o) abhängig ($R = R(\sigma(P_o))$, (l,b,d: geometrische Abmessungen, Bild).

Durch Anlegen einer elektrischen Spannung U fließt bei Lichteinfall ein entsprechender Kurzschluß-Photoleitungsstrom $I_K(P_o)=U/R(P_o)$ (Bild). Dieser im äußeren Stromkreis auftretende Strom ist im allgemeinen um einen Faktor G größer als der →Photostrom I_{PH}, der allein aus der Photonenabsorption resultiert ($I_K(P_o) = G \cdot I_{PH}(P_o)$). Die Größe G wird als innere Verstärkung oder Gewinn (*engl.* gain) eines P. bezeichnet. Entsprechend der Natur

Photolack. Tabelle 2: Handelsübliche P. und ihre technischen Daten

Photolack	Art	Viskosität ($cSt=mm^2/s$) bei 25 °C	Festst.-gehalt (%)	Spektrale Empfindlichkeit	Auflösung	Schichtdicke (μm)/ Drehzahl (Upm)
AZ1350J-SF	pos. UV	30,5 ± 2	30,5 ± 1	325 ... 450 nm	2000 L/mm	1,4 ... 2,0/ 7000 ... 3000
AZ5214	pos. UV	24 ± 2	27,3 ± 1	310 ... 405 nm	1000 L/mm	1,01 ... 1,63/ 2000 ... 3000
Waycoat HPR-204	pos. UV	19 ± 2	29 ± 1	300 ... 500 nm 30 ... 35 mJ/cm²	1000 L/mm	0,9 ... 1,5/ 9000 ... 3000
KTFR	neg. UV	30 ± 2,5	28 ± 1	310 ... 480 nm 20 mJ/cm²	2,5 μm	0,9/3000
Waycoat SC 100	neg. UV	100 ± 10	17 ± 1	300 ... 400 nm	2 μm	1,2 ... 2,1/ 7000 ... 3000
OEBR-1000 IC 528	pos. e⁻	200 ± 10 cP	6 ± 0,5	5 10^{-5} C/cm² bei 20 kV	< 0,5 μm	0,4 ... 0,6/ 8000 ... 3000
OEBR-100	neg. e⁻	30 ± 2 cP	12 ± 0,5	2 10^{-6} C/cm² bei 20 kV	< 0,6 μm	0,4 ... 0,7/ 7000 ... 2000

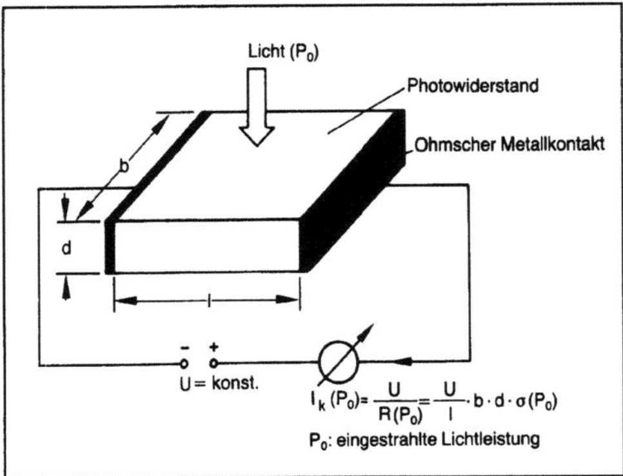

Photoleiter: Prinzipieller Aufbau und geometrische Dimensionen.

der erzeugten Photoleitung unterscheidet man hauptsächlich zwischen folgenden Typen:

□ Extrinsischer- oder Störstellen-P.: Bei Photoneneinstrahlung wird in einem möglichst reinen Halbleitermaterial mit gezielt eingebauten Fremdatomen eine extrinsische Photoleitung hervorgerufen. Die elektronischen Energieniveaus der Fremdatome liegen relativ dicht an der Valenz- oder Leitungsbandkante, wodurch bereits geringe Photonenenergien die Freisetzung von Ladungsträgern bewirken. Daher eignen sich diese P. besonders zum Nachweis langwelliger Lichtstrahlung (fernes Infrarot). Extrinsische P., bei denen die Energieabstände ΔE der →Störstellen von der jeweiligen Bandkante kleiner oder gleich der thermischen Energie $E_{th} = k \cdot T$ bei Raumtemperatur sind, müssen gekühlt betrieben werden (k: Boltzmannkonstante, T: Temperatur des Kristalls). Ohne Kühlung wäre kein →Photoeffekt zu beobachten, da die Anregung der elektrischen →Ladungsträger aller Störstellen bereits thermisch erfolgt. Der →Verstärkungsfaktor G ist bei einer homogenen, zeitlich konstanten Lichteinstrahlung abhängig von der mittleren Lebensdauer (Rekombinationszeit) τ_L der an den Störstellen entstehenden, ortsfesten Ladungen und der Transitzeit t_T der freigesetzten, beweglichen Ladungsträger ($G = \tau_L/t_T$). Die Transitzeit ist die Zeit, die bewegliche Ladungsträger bei einer angelegten elektrischen Spannung U im Mittel zum Durchlaufen der Photoleiterlänge l benötigen. Solange die Störstellen ionisiert sind, erfolgt eine ständige Nachlieferung von Ladungsträgern über die Elektroden des Photowiderstandes. So fließen z. B. während der Lebensdauer einer erzeugten positiven Störstelle (ionisierter Donator) G Elektronen durch den Stromkreis (G>1). Für G = 1 ist der auftretende Kurzschluß-Photoleitungsstrom I_K gleich dem erzeugten Photostrom I_{PH}.

Typische Störstellen-P. sind z. B. Si- oder Ge-Halbleiter-Einkristalle, die mit Au-, Hg-, Cu- oder Zn-Atomen als Fremdatome dotiert sind. Auch bei maximaler Dotierstoffkonzentration ist die Lichtabsorption jedoch kleiner als bei intrinsischen Materialien, wodurch die geometrischen Dimensionen dieser P. relativ groß sind (mm-Bereich).

□ Intrinsischer- oder Eigenleitungs-P.: Photonen, deren Energie mindestens so groß ist wie die Bandlücke E_G eines Halbleitermaterials, erzeugen in diesem eine intrinsische Photoleitung. Der Verstärkungsfaktor G wird bestimmt von den Lebensdauern τ_L der erzeugten Elektronen und Löcher, sowie von deren Transitzeiten t_T. In der Praxis gebräuchliche intrinsische Photoleitermaterialien sind z. B. CdS, CdSe, InAs, InSb, $Hg_{1-x}Cd_xTe$, PbS, PbSe.

□ Intraband-P.: Durch Photonenabsorption wird in bestimmten Materialien (GaAs, Ge, n-InSb, ...) eine Intraband-Photoleitung erzeugt. Die auf einem solchen Effekt basierenden Leitfähigkeitsdetektoren werden als Heißelektronen-Bolometer (Hot-Electron-Bolometer), Freie-Elektronen-Bolometer oder *Putley*-Detektoren bezeichnet und erlauben den Nachweis extrem langwelliger Strahlung (sub-mm bis mm). Für den Betrieb dieser Detektorart sind Temperaturen von nur wenigen Kelvin erforderlich.

□ Barrieren-P. (Dünnfilmphotoleiter): Durch optische Anregung wird eine Barrieren-Photoleitung in dünnen polykristallinen Halbleiterfilmen hervorgerufen, die auf isolierenden Trägermaterialien (Substraten) aufgebracht sind (z. B. CdS, CdSe auf Glas- oder Keramiksubstraten). Gegenüber einkristallinen P. ist eine wesentlich größere →Photoempfindlichkeit zu beobachten.

Die Vorteile der Photowiderstände als Strahlungsdetektoren liegen sowohl in den erreichbaren hohen Photoempfindlichkeiten bei kleinen Strahlungsleistungen (Verstärkungsfaktoren $G \approx 1–10^6$, zum Teil vergleichbar mit Photoelektronenvervielfachern) als auch in ihrer Einfachheit bezüglich Aufbau, Herstellung und Schaltungstechnik. Neben der begrenzten Temperaturstabilität ist als weiterer Nachteil das Zeitverhalten zu nennen. Die Anstiegs- und Abfallzeiten nehmen im allgemeinen mit der Höhe des Gewinns G zu, da maximale innere Verstärkungen Materialien mit möglichst großen Lebensdauern τ_L der generierten Ladungsträger erfordern und der Verkürzung der Transitzeiten t_T technologische Grenzen gesetzt sind.

Zur Erfassung niederfrequenter Lichtsignale finden die Photoleitfähigkeitsdetektoren jedoch in der Naturwissenschaft und Technik ein breites Anwendungsfeld. Praktische Einsatzgebiete sind z. B. die Meß-, Regel- und Steuerungstechnik (z. B. in Lichtschranken), die Forschung (z. B. in der Infrarot(IR)-Spektroskopie), die Photographie (z. B. in Belichtungsmessern), die IR-Photographie (Nachtsichtgeräte) oder der Umweltschutz (u. a. zur Messung der Luftverschmutzung). *R. Kaiser*

Literatur: *Bleicher, M.*: Halbleiter-Optoelektronik, Heidelberg, 1986. – *Winstel, G.* und *C. Weyrich:* Optoelektronik II, Reihe: Halbleiter-Elektronik, Berlin–Heidelberg–New York, 1986.

Photoleitung (Photoleitfähigkeit). P. ist diejenige Änderung der elektrischen →Leitfähigkeit von Halbleitern oder Isolatoren, die direkt durch Absorption einer elektromagnetischen Strahlung (z. B. Licht) entsteht.

Die elektrische Leitfähigkeit eines Halbleiters genügt im allgemeinen bei konstanter Temperatur T_o der Beziehung $\sigma = e\,(n_o \cdot \mu_n + p_o \cdot \mu_p)$ [e: Elementarladung; n_o, p_o: quasifreie Elektronen- bzw. Löcherkonzentration; μ_n, μ_p: Beweglichkeiten der Elektronen, Löcher]. Für eine Leitfähigkeitsänderung bei Lichtanregung lassen sich damit zwei Ursachen angeben:

□ Erhöhung der Anzahl freier →Ladungsträger (Ladungsträgerkonzentration) unter Ausnutzung des inneren photoelektrischen →Effektes: Die mit der Absorption der Lichtquanten (Photonen) verbundene Freisetzung von Elektronen aus gebundenen Energiezuständen bewirkt die Entstehung zusätzlicher quasifreier Ladungsträger (Elektronen und/oder Löcher). Je nach Art der beteiligten gebundenen elektronischen Energiezustände wird die P. wie folgt klassifiziert:

– *Eigenphotoleitung* (Intrinsische- oder Interbandphotoleitung : Elektronen werden über die Bandlücke E_G des Materials aus dem →Valenzband in das →Leitungsband gehoben, wobei eine gleich große Anzahl von Löchern (→Defektelektronen) im Valenzband auftritt. Es entsteht eine Elektronen- und Löcherphotoleitung (Bild).

– *Störstellenphotoleitung* (Extrinsische P.): Elektronen werden aus ihren elektronischen Energieniveaus von gezielt eingebauten Fremdatomen (Störstellenniveaus) in das Leitungsband des Halbleiterkristalls angehoben. Ebenso ist eine Anregung vom Valenzband in die Störstellenniveaus möglich. Welche dieser Elektronenanregungen auftritt, ist von der Natur der Störstelle abhängig (→Donator oder →Akzeptor). Entsprechend wird entweder eine Elektronenphotoleitung (bei Donatoren) oder eine Löcherphotoleitung (bei Akzeptoren) beobachtet. Die an den Fremdatomen erzeugten Ladungen bleiben jedoch an diese gebunden und tragen nicht zur Leitfähigkeit bei.

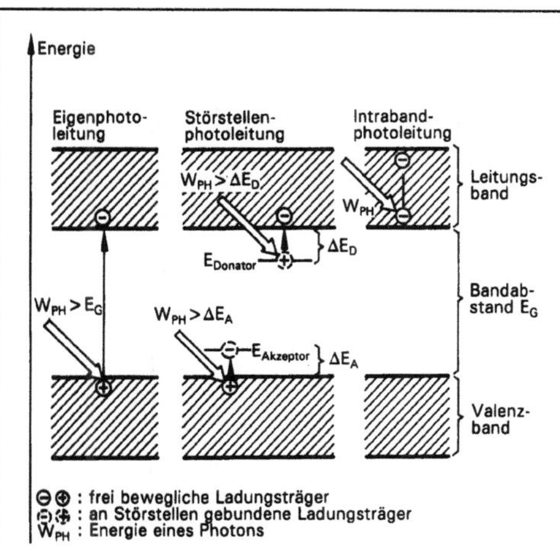

Photoleitung: Darstellung der Eigen-, Störstellen- und Intraband-P. im Bändermodell.

□ Erhöhung der Beweglichkeiten bereits erzeugter quasifreier Ladungsträger:

– *Barrieren-P.*: Ein solcher Effekt tritt in polykristallinen Materialien auf und wird vereinfacht mittels optisch induzierter Änderungen von sog. Leitfähigkeitsbarrieren gedeutet. Solche Barrieren repräsentieren Bereiche mit geringen Ladungsträgerbeweglichkeiten, die an Korngrenzen bestehen. Durch optische Anregung werden diese Beweglichkeiten merklich erhöht.

– *Intraband-P.*: Vergrößerung der →Beweglichkeit von quasifreien Elektronen durch Erhöhung ihrer mittleren kinetischen Energie innerhalb des Leitungsbandes bei optischer Anregung (Vor.: Photonenenergie $W_{PH} < $ Bandabstand E_G) (Bild). Derart energetisch angeregte Elektronen werden auch als ‚heiße →Elektronen' bezeichnet.

– *Negative Photoleitung* (Tilgung): Die Einstrahlung von Licht kann neben der bisher beschriebenen Vergrößerung der elektrischen Leitfähigkeit σ auch eine Herabsetzung bewirken. Dieser Effekt tritt auf, wenn durch Photonenabsorption eingebaute Störstellen ionisiert werden, die infolge dieser Umladung die →Rekombination quasifreier Ladungsträger begünstigen oder verstärken (Verringerung der quasifreien Ladungsträgerkonzentration).

Die P. bildet die physikalische Grundlage für einen Typ von Photodetektor, der als Photoleitfähigkeitsdetektor, →Photoleiter oder Photowiderstand bezeichnet wird. *R. Kaiser*

Literatur: *Bleicher, M.*: Halbleiter-Optoelektronik, Heidelberg, 1986. – *Winstel, G.* und *C. Weyrich:* Optoelektronik II. Reihe: Halbleiter-Elektronik. Berlin–Heidelberg–New York, 1986.

Photoleitungsdetektor, modulationsdotierter. Photoleiter, der durch Ausnutzung der hohen →Beweglichkeit eines zweidimensionalen Elektronengases (→Quantum-Well) ein großes Verstärkungsbandbreitenprodukt erreicht.

Basis ist ein planarer →Heteroübergang zwischen einem hoch n-dotierten Halbleiter hohen Bandabstandes und einem undotierten Halbleiter geringeren Bandabstandes (→Modulationsdotierung, Quantum-Well) (Bild a). In der Leitungsbanddiskontinuität bildet sich der leitende Kanal mit dem zweidimensionalen Elektronengas aus (Bild b). Das

Licht wird im Halbleiter kleineren Bandabstandes absorbiert; die erzeugten →Elektron-Loch-Paare werden durch das eingebaute elektrische Feld getrennt; die Elektronen erhöhen die →Ladungsträgerdichte im leitenden Kanal und damit den Stromfluß. Die Ansprechgeschwindigkeit wird durch den Abstand der Elektroden S und D bestimmt, wobei durch die hohe Beweglichkeit schon bei kleinen Spannungen große Driftgeschwindigkeiten und damit Anstiegszeiten im Subnanosekundenbereich möglich sind. Infolge der fehlenden Rekombinationsmöglichkeiten ist die Lebensdauer der Elektronen τ_n größer als die Driftzeit τ_D, so daß gleichzeitig eine hohe Verstärkung $G = \tau_n/\tau_D$ (→Photoleiter) erzielt wird.

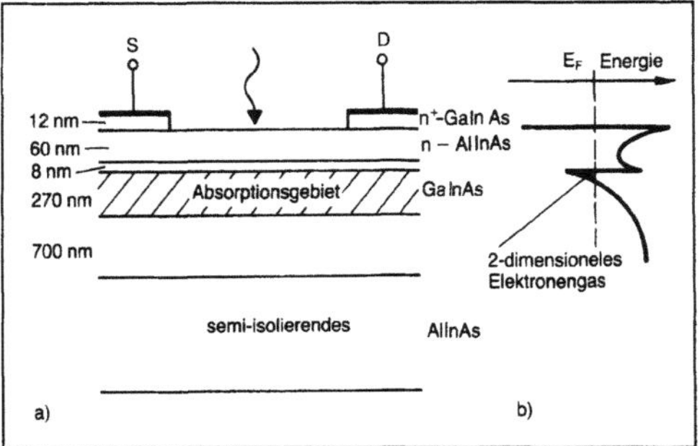

Photoleitungsdetektor, modulationsdotierter: Schematische Darstellung.
a) Schichtstruktur
b) Leitungsbandenergieverlauf (E_F – Fermienergie).

Ein wesentlicher Vorteil der Struktur ist ihre Kompatibilität mit einem modulationsdotierten →Feldeffekttransistor (→HEMT), was eine einfache Integration beider Bauelemente zu einem kompletten →Empfängermodul ermöglicht. Mit einer $Ga_{0,47}In_{0,53}As/Al_{0,48}In_{0,52}As$ – Heterostruktur und einer Elektrodengeometrie von 96 μm Länge und 4 μm Abstand wurden eine interne Verstärkung von 18, eine maximale Quantenausbeute von 300 % und eine →Anstiegszeit von 80 ps erreicht, was einem Verstärkungsbandbreitenprodukt von 72 GHz entspricht. Die spektrale Empfindlichkeit entspricht der des InGaAs-Materials, 0,6–1,65 μm.

Rosenzweig

Literatur: *Chen, C. Y.* et. al.: Modulation doped GaInAs/AlInAs planar photoconductive detectors for 1,0–1,55 μm applications. Appl. Phys. Lett. **43**, (1983) Nr. 3.

Photolithographie.

Halbleitertechnologie. Die P. (optische Lithographie) beinhaltet drei physikalische Disziplinen: die Optik, die Mechanik und die photographische Chemie. Die dabei zu betrachtenden Wellenlängen überstreichen den Bereich zwischen etwa 100 nm bis etwa 450 nm. Innerhalb dieses Bereiches werden unterschieden: tiefes UV (DUV) (≈100 bis ≈300 nm), mittleres UV (MUV) (≈300 bis ≈360 nm) und nahes UV (NUV) (≈360 bis ≈450 nm).

Zu den typischen Lichtquellen in der P. gehören Lichtbogenlampen (Höchstdrucklampen). Das Licht wird zwischen zwei Elektroden beim Stromdurchgang durch eine durch Stromionisation elektrisch leitend gewordene Gasstrecke (Quecksilberdampf, Xenon) erzeugt. Der Bereich des nahen UV-Lichtes zeigt für die im Spektrum der Hg-Lampen typischen Peaks bei 365 nm die I-Linie, bei 405 nm die H-Linie und bei 436 nm die G-Linie. Es ist zu beachten, daß bei Wellenlängen <300 nm für die Optik kein Glas mehr verwendet werden kann, da Glas für diese Wellenlängen undurchlässig ist. Die Optiken werden dann aus →Quarz, Flußspaten u. ä. gefertigt. Für die Belichtung werden auch hochintensive, gepulste Excimer-Laser-Lichtquellen eingesetzt. Von besonderem Vorteil sind dabei das streng monochromatische Licht und die hohe spektrale Energiedichte. Die Strukturübertragung mittels Excimerlaser kann sowohl über eine Maske als auch direktschreibend erfolgen, wobei bei letzterer Anwendungsart sehr viele Werkstoffe als „strahlungsempfindliche Schicht" verwendet werden können. Dabei kommen hauptsächlich Edelgashalogenidlaser zum Einsatz (betrieben z. B. mit einem Gasgemisch aus XeCl/He/Ne, womit eine Wellenlänge von 308 nm angeregt wird), da sie die leistungsstärksten UV-Impulslaser sind und mit einem hohen Wirkungsgrad arbeiten. Die in der P. verwendeten Lacke lassen sich nach den Abbildungsmechanismen in drei Kategorien unterteilen, nämlich in: Positiv-Lacke, Negativ-Lacke und Abbildungs-Umkehr-Lacke (→Photolack).

Nach den Belichtungsverfahren gliedert sich die optische Lithographie in Kontaktbelichtung, Proximity-Belichtung, 1:1 Projektionsbelichtung und verkleinernde-Projektionsbelichtung. Alle Belichtungsverfahren sind derzeit im industriellen Einsatz, wobei sich der Trend zur verkleinernden-Projektionsbelichtung hin entwickelt hat.

In der Kontaktbelichtung wird ein mit einem Photolack beschichtetes Substrat (Si-Scheibe, Blank) nach der Justierung zur Maske mit einem entsprechenden Druck an diese angepreßt (Bild 1). Je nach dem verwendeten Druck spricht man von Weichkontakt (bis ca. 20 cm Hg – meistens Vakuum), auch als Softcontact bezeichnet, oder von Hartkontakt (bis ca. 60 cm Hg – meistens Anpreßdruck auf das Substrat).

Die Belichtung in Kontaktstellung erfolgt mit kollimiertem Licht einer Quecksilber-Bogenlampe im nahen UV-Bereich. Zu den Vorteilen der Kontaktbelichtung gehören hohe Auflösung (bis zu 0,7–0,8 μm in 0,4–0,5 μm dicken Lackschichten) und niedrige Gerätekosten. Der Kontakt verursacht jedoch Defekte sowohl im Photolack am Substrat als

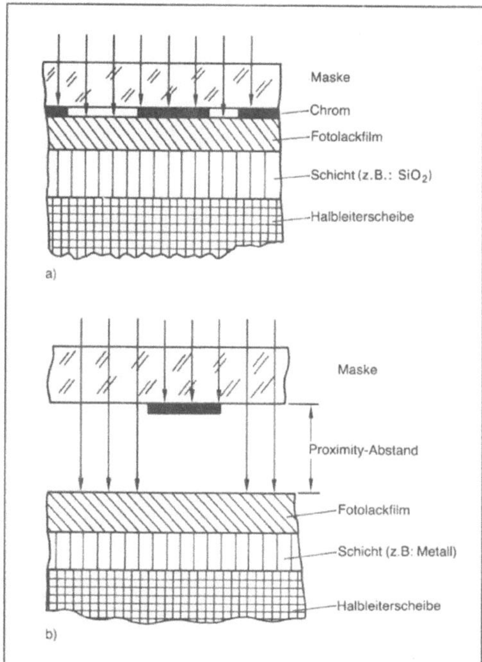

Photolithographie 1: Schematische Darstellung der
a) Kontaktbelichtung und
b) Proximity-Belichtung.

auch in der Maske. Die Oberflächenunebenheiten führen zu Scheibenverbiegungen bei Hartkontakt bzw. Beugungseffekten des Lichtes bei Weichkontakt und verhindern den reproduzierbaren, idealen Kontakt. Das sind Gründe für kurze Lebensdauer der in der Kontaktbelichtung verwendeten Masken.

Die Abstandsbelichtung, auch Proximity-Belichtung genannt, gleicht bis auf einen Abstand zwischen Maske und Scheibe (dem sog. Print-Gap von ca. 10–30 μm) der Kontaktbelichtung (Bild 1). Das minimal einstellbare Print-Gap richtet sich nach der Ebenheit der Oberfläche der Scheibe und der Durchbiegung der Maske. Der Vorteil der Abstandsbelichtung liegt darin, daß der Belichtungsvorgang kontaktlos erfolgt. Es entsteht keine mechanische Beschädigung der Masken oder Scheiben. Wegen der Lichtbeugungseffekte ist jedoch die Auflösung reduziert. Dazu kommen zusätzlich verminderter Abbildungskontrast, verlängerte Belichtungszeiten und hohe Anforderungen an die Substrate bezüglich Ebenheit.

Bei der Projektionsbelichtung werden Strukturen einer Maske bzw. Reticles durch eine Linsen- bzw. Spiegeloptik auf die Scheibe bzw. Blank (Maske) projiziert. Für die Spiegelprojektion ist eine 1:1-Abbildung, für die Linsenprojektion eine Verkleinerung (5:1, 10:1, usw.) mittels eines Steppers (→Step- and -Repeat-Verfahren) üblich.

Bei der 1:1 Projektionsbelichtung werden Maske und Scheibe parallel zueinander und gleichzeitig an einem Lichtspalt (Slit) vorbeigefahren. Maske und Scheibe werden dabei abgescannt (Bild 2). Aufgrund des langen Strahlenweges hat diese Belichtungsart eine große Fokustiefe (±8 μm bei 2 μm Auflösung). Durch die Verwendung des Slits wird die Abbildung nicht durch die chromatische Aberration beeinflußt. Einer Verschmutzung von Maske und Scheibe wird durch ihre senkrechte Anordnung vorgebeugt. Die Auflösungsgrenze liegt bei ca. 1,5 μm, wobei aufgrund der großen Fokustiefe Ebenheitsfehler durch Belackung und/oder darunter befindliche Strukturen gut kompensiert werden. Auch bei dieser Belichtungsart wird mit einem Belichtungsvorgang eine ganze Scheibe belichtet, so daß in der Produktion ein Durchsatz von 100 Scheiben pro Stunde durchaus üblich ist. Ein weiterer Vorteil ist die Verwendung von polychromatischem Licht. Nachteile dieses Systems sind die aufwendige Mechanik und Optik, ihre Pflege und Wartung.

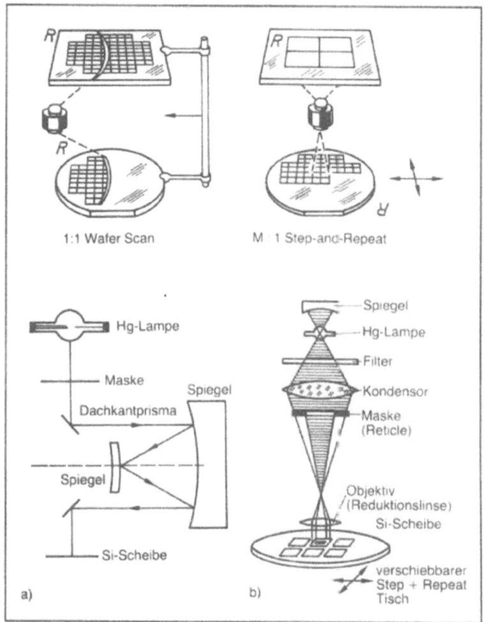

Photolithographie 2: Projektionsbelichtungssysteme:
a) Perkin-Elmer-Micralign
b) Step-and-Repeat Projektionsprinter (GCA).

Bei der verkleinernden Projektionsbelichtung gelangt das Licht einer Lichtquelle durch einen monochromatischen Filter in die Kondensoroptik des Projektionsbelichtungsgerätes und von dort auf ein Reticle (Maske). Das Reticle-Bild wird dann maßstäblich mit Hilfe von optischen Abbildungssystemen (Reduktionsoptik) 10:1 bzw. 5:1 abgebildet bzw. projiziert (Bild 2). Die Belichtung der ganzen Substratfläche erfolgt mittels Step- and Repeat-Verfahren. Dem hohen →Auflösungsvermögen dieser Belichtungsmethode (bis zu 0,5 μm) steht eine geringe Fokustiefe gegenüber. Um diesen Einfluß zu kompensieren, wird vor jedem Belichtungsschritt das zu belichtende Feld nachfokussiert. Somit verlängert sich auch die Belichtungszeit. Von besonderer Bedeutung bei diesem Belichtungsverfahren ist die Überdeckungsgenauigkeit (Overlay) des jeweiligen Maskenbildes mit dem zu belichtenden Feld auf der Scheibe. Die Justierung erfolgt optisch unter Verwendung von längerwelligem Licht und höchstpräziser Positionierung des Tisches. Die Auflösung der P. ist beugungsbegrenzt. Bei Proximity- und Kontaktbelichtung ist es die Nahfeldbeugung (Fresnelbeugung) und bei Projektionsbelichtung die Fernfeldbeugung (Fraunhoferbeugung). Sie läßt sich abschätzen zu:

Kontaktbelichtung

$$w_{min} = 3/2\sqrt{\lambda \cdot d_L/2}$$

Proximitybelichtung

$$w_{min} = 3/2\sqrt{\lambda\,(a + d_L/2)}$$

Projektionsbelichtung

$$w_{min} = \frac{\lambda}{2 \cdot NA}\left(\frac{1+3s}{1+s}\right)\left(1 + 0{,}15\left(\frac{\Delta f}{\Delta f_R}\right)^2\right)$$

D_L: Lackdicke, a: Proximityabstand, s: Kohärenzgrad des Lichtes (s = 0 kohärente Punktquelle, s = ∞ inkohärente unendliche Quelle; s ≈ 0,7 ist ein typischer Wert), Δf: Defokuslänge, Δf_R: Raleigh-Tiefenschärfe.

Bei der Verwendung von →Phasenschiebemasken ergeben sich deutlich bessere Werte. *Ryssel*

Literatur: *Brodie, I.* and *J. J. Muray:* The Physics of Microfabrication. New York - London 1984. - *Moreau, W. M.:* Semiconductor Lithography, Principles, Practices and Materials. New York - London 1988. - *Thomson, L. F.* and *M. J. Bowden:* The Lithographic Process: The Physics. in Introduction to Microlithography (ed. by L. F. Thomson, C. G. Wilson, and M. J. Bowden) American Chemical Society 1983.

Massenspeicher. Die in der Halbleitertechnik bewährten Verfahren der P., des Ätzens und des Sputterns wurden nach bis in die sechziger Jahre zurückreichenden Entwicklungsarbeiten auch zur Herstellung von Schreib-/Leseköpfen für Magnetplattenspeicher eingesetzt. Ein erstes Serienprodukt mit den *Filmköpfen* kam 1979 auf den Markt (IBM 3370).

Am physikalischen Prozess der Speicherung mit Magnetplattenlaufwerken ändern Filmköpfe nichts, aber sie begünstigen hohe lineare Aufzeichnungsdichte bei geringer seitlicher Streuung, was gleichzeitig hohe Spurdichte erlaubt. Das ist eine Folge der im Herstellungsverfahren begründeten höheren Präzision, insbesondere im Bereich der magnetischen Pole. Man konnte dem als ideal geltenden Verhältnis 1:1:1 zwischen dem Spalt im Magnetkern, der Flughöhe der Köpfe und der Dicke der Magnetschicht wieder näher kommen. Das Permalloy, eine Nickel-Eisen-Legierung, reagiert bei hohen Frequenzen noch günstiger als das zuvor verwendete Ferritmaterial der Magnetkerne. Während man diese Kerne (→Winchesterfestplatte) noch feinmechanisch aus einem Block herausarbeitete und die Wicklung unter Mikroskopen manuell aufbrachte, kommt das Verfahren bei Filmköpfen der Charakteristik der Massenfertigung näher. Auf einem Keramiksubstrat werden in rund 150 Arbeitsgängen mehrere hundert Köpfe gleichzeitig Schicht für Schicht aufgebaut. Dabei entstehen – im wesentlichen – nacheinander:

Eine Hälfte des Magnetkerns, Isolationsschicht für den Kopfspalt, Kupferspule, Isolationsschicht, zweite Hälfte des Magnetkerns. Alle Schichten zusammen sind nur wenige Mikrometer dick. Das →Substrat wird in Kopfreihen zersägt. Die Flugkörper werden herausgearbeitet, an deren Ende der eigentliche Schreib-/Lesekopf liegt. Bei einigen Ausführungen sind es zwei Schreib-/Leseköpfe, von denen nach einem Test nur der bessere im Gerät verwendet wird.

Bei neuen Magnetbandeinheiten trug eine Kombination aus herkömmlicher Ferrit-Technologie mit photolithographischen Verfahren wesentlich dazu bei, während des Lesens und Schreibens mit 2 m/s Bandgeschwindigkeit 972 Flußwechsel pro mm und 18 parallele Datenspuren zu realisieren (IBM 3480/3490).

Photolithographische Prozesse für Datenträger werden noch verhältnismäßig selten eingesetzt. Sie können zu sehr homogenen Spurstrukturen auf den Plattenoberflächen führen und höchste Aufzeichnungsdichte begünstigen.

Im Laborversuch wurden mit Hilfe eines Elektronenstrahls und elektronenempfindlichen Films konzentrische Spuren auf einer mit einer Kobaltlegierung beschichteten Platte aufgezeichnet. Nach einem Ätzprozeß im Anschluß an das Entwickeln des Films blieben voneinander getrennte Spuren mit einer Breite von nur 0.5 μm stehen. Auf diesen Spuren konnte man Bitzellen schreiben und einwandfrei lesen, die nur 0.5×0.5 μm groß waren.

Voss

Photomultiplier →Photovervielfacher

Photon. Lichtstrahlung besitzt im Sinne des Welle-Teilchen-Dualismus außer ihrem Wellencharakter auch Teilchencharakter. Diese Lichtteilchen werden als *Lichtquanten* oder P. bezeichnet. Allgemeiner gilt dies für jede Art von elektromagnetischer Strahlung: z. B. sind auch Röntgenquanten und Gammaquanten, oder die Quanten der UV- oder Infrarotstrahlung als P. aufzufassen. In der Sprache der Feldtheorie heißt das: die P. stellen die Feldquanten des elektromagnetischen Feldes dar (Quantenelektrodynamik).

Jedes P. ist durch die Angabe seines Impulses $\hbar\vec{k}$ und die Angabe seiner Polarisationsrichtung vollständig charakterisiert ($\hbar = h/2\pi$; $|\vec{k}| = 2\pi/\lambda$; λ = Wellenlänge der Strahlung; die Richtung des Vektors $\vec{k}$ gibt die Fortpflanzungsrichtung des P. an). Die Energie $h\nu$ des P. ist durch den Impuls bereits festgelegt über die Beziehung $h\nu = c\hbar k$ (ν = Frequenz der Strahlung).

Das P. ist ein extrem relativistisches Teilchen: es besitzt die Ruhmasse Null. Außerdem besitzt das P. Drehimpuls vom Betrag $\hbar$, welcher entweder parallel (rechtszirkulare →Polarisation) oder antiparallel (linkszirkulare Polarisation) bezüglich des Photonenimpulses orientiert ist. *Kuiper*

Photon Counting →Photonenzählung

Photonenzählung. (*engl.* Photon Counting) Die P. ist ein Meßverfahren zum Nachweis geringer optischer Signalleistungen bei vorgegebener Lichtwellenlänge.

Dieses Verfahren basiert auf der Zählung einzelner Strom- oder Spannungspulse und wird nachfolgend am Beispiel einer Anordnung mit einem Photoelektronenvervielfacher (PEV, →Photovervielfacher) als →Photodetektor beschrieben. Betreibt man einen geeigneten PEV bei konstanter Betriebsspannung und Temperatur, so liegen die am Ausgang des Detektors entstehenden Pulse, die allein aus der Absorption der nachzuweisenden Lichtquanten in der →Photokathode resultieren, innerhalb eines begrenzten Bereiches (Signalbereich); gruppiert um einen ganz spezifischen Wert P_S (Bild 1). Die Amplitudenverteilung derjenigen Pulse, die nicht auf die Absorption der zu messenden Photonen zurückzuführen ist, erstreckt sich dagegen über ein größeres Gebiet. Verursacht wird dieser Rauschanteil hauptsächlich durch die Freisetzung von Elektronen aus der Photokathode und aus den →Dynoden eines Sekundärelektronenvervielfachers (z. B. durch thermische →Emission, den Einfall von Höhenstrahlung, Streulicht).

Eine beträchtliche Steigerung des Signal/Rausch-Verhältnisses ist zu erreichen, wenn lediglich die innerhalb des Signalbereiches auftretenden Pulse gezählt werden. In einer Photonenzählanordnung führt man daher die verstärkten Signale des PEV einem sogenannten →Diskriminator zu, der durch Setzen eines einstellbaren elektronischen Fensters die Unterdrückung der unerwünschten Rauschsignale bewirkt (Bild 1). Die Pulse, die zwar unterschiedliche Amplituden aufweisen, jedoch innerhalb des eingestellten Fensters F_D liegen, werden vom Diskriminator zusätzlich in Pulse mit einheitlicher Höhe und Breite umgeformt (Normpulse, Bild 2). Eine nachgeschaltete Zähleinheit (Vielkanalzähler, Computer) summiert diese Einzelpulse schließlich auf.

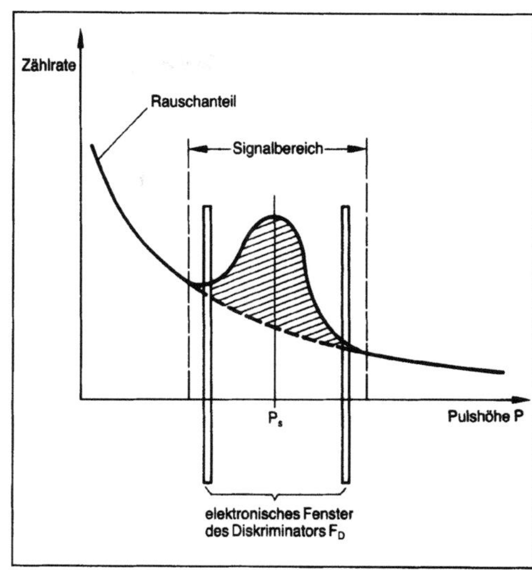

Photonenzählung 1: Pulshöhenverteilung eines Photoelektronenvervielfachers.

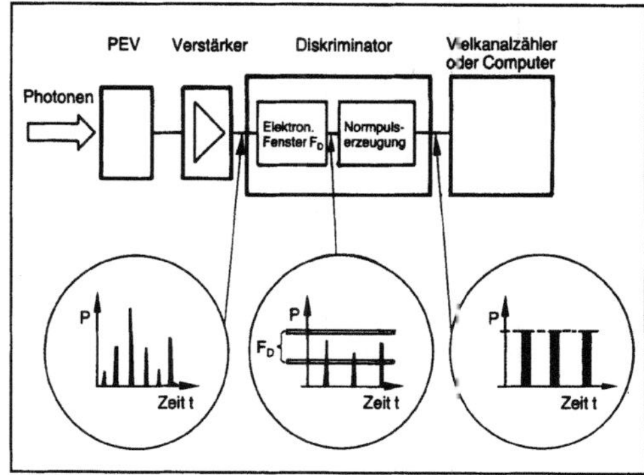

Photonenzählung 2: Prinzipieller Aufbau einer Photonenzählanordnung mit Photoelektronenvervielfacher (PEV).

Seit einigen Jahren werden zunehmend →Lawinenphotodioden (Avalanche-Photodioden) oder Channel-Plates als Photodetektoren zur P. herangezogen. Die wesentlichen Vorteile des Photonenzählverfahrens gegenüber anderen Meßmethoden, wie z. B. Gleichstrommessung oder Lock-In-Technik, lassen sich wie folgt zusammenfassen:

– optimales Signal/Rausch-Verhältnis (auch bei Signalen, die durch einzelne Photonen erzeugt werden),

- großer Dynamikbereich,
- sehr gute Langzeitstabilität,
- Messung zeitabhängiger optischer Phänomene bis in den ns-Bereich (für die Analyse schnellerer Prozesse sind spezielle Photonenzählverfahren notwendig, z. B. →Einzel-P.).

Zur Anwendung gelangt die P. überall in den Bereichen, wo der Nachweis geringer Lichtleistungen mit hoher Zeitauflösung gefordert wird (z. B. auf dem Gebiet der Spektroskopie). *R. Kaiser*

Literatur: *Donecker, J.*: Experimentelle Technik der Festkörperspektroskopie. Berlin 1985. – *Meade, M. L.*: Instrumentation aspects of photon counting applied to photometry, J. Phys. E: Sci. Instrum. 14, 1981, S. 909–918.

Photonik. Unter dem Begriff P. wird in der Optik die praktische Anwendung von verschiedenen Effekten zusammengefaßt, die eine Erzeugung, Verarbeitung, Speicherung, Verstärkung und Übertragung von optischen Signalen allein durch Photonen, d. h. ohne Beteiligung von Elektronen, ermöglichen (rein optisches Analogon zur Elektronik, oder anders ausgedrückt: Licht steuert Licht).

Die Beeinflussung von Licht durch Licht ist nur durchführbar, wenn eine Wechselwirkung zwischen den beteiligten Lichtsignalen besteht. In Materialien mit nichtlinearen optischen Eigenschaften entstehen solche Wechselwirkungen, die unterschiedliche, für die P. nutzbare, Effekte hervorrufen. Als Beispiele hierfür sind die Frequenzverdoppelung, die Frequenzverdreifachung, die Drei-Wellen-Mischung (Parametrische Verstärkung oder Oszillation), der optische Kerreffekt, die sättigbare Absorption, die Vier-Wellen-Mischung und das Auftreten von induzierten Streuprozessen (z. B. Ramanverstärkung) zu nennen (→Optik, nichtlineare). Basierend auf solchen, rein optisch erzeugten Effekten der nichtlinearen Optik sowie der Erzeugung einer stimulierten Emission durch optisches →Pumpen lassen sich in der Photonik Komponenten herstellen, bzw. Eigenschaften ausnutzen, die z. B. für den zukünftigen Aufbau von extrem leistungsfähigen optischen Nachrichtennetzen und Computern von großer Bedeutung sind.

- Übertragung von Lichtpulsen, die in einer dispersiven optischen Faser (Glasfaser) aufgrund der gezielten Ausnutzung des optischen Kerreffektes zeitlich nicht zerfließen bzw. ihre ursprüngliche Form periodisch wieder regenerieren (→Solitonen, optische).
- Herstellung von optischen Gattern zur Erzielung logischer Verknüpfungen wie AND, OR, NAND und NOR für die Verarbeitung und Speicherung von optischen Signalen durch optisch bistabile Elemente (z. B. mittels sog. optischer Transistoren, die im wesentlichen aus zwei teildurchlässigen Spiegeln und einem nichtlinearen Material bestehen) (→Bistabilität, optische).
- Verstärkung von Lichtsignalen in speziell dotierten Lichtleitfasern (z. B. in Glasfasern mit Erbium-Dotierung, sog. →Glasfaserverstärker).
- Verstärkung von Licht durch Frequenzverdoppelung, Frequenzverdreifachung und mittels parametrischer →Oszillatoren.
- Erzeugung von Licht mittels induzierter Raman-Verstärkung (Raman-Laser).
- Herstellung von sehr schnellen, lichtgesteuerten optischen Schaltern (z. B. nichtlineare Wellenleiter-(Faser)-Richtkoppler) und optische Modulatoren.

Als Materialien für solche Anwendungen werden in der P. derzeit hauptsächlich spezielle, hochreine oder gezielt dotierte Gläser, unterschiedliche Halbleiterverbindungen und organische Stoffe untersucht.

Von sehr starkem Interesse für die Zukunft ist der Einsatz von monolithisch integrierten photonischen Schaltkreisen, sog. PICs (Abk. *engl.* **P**hotonic-**I**ntegrated-**C**ircuits), in denen die Lichtsignale zwischen einzelnen photonischen Bauelementen in planaren Wellenleitern geführt werden. Aufgrund der eindrucksvollen Erfahrungen mit den monolithisch integrierten elektronischen Schaltkreisen der →Mikroelektronik in den vergangenen Jahren, erwartet man auch von monolithisch integrierten photonischen Schaltkreisen im Vergleich zu hybrid aufgebauten eine höhere Leistungsfähigkeit und Zuverlässigkeit bei wesentlich niedrigeren Herstellungskosten. Eine preisgünstige Herstellung ist insbesondere dann gefordert, wenn es um die Produktion von großen Stückzahlen geht (wie z. B. beim Aufbau von optischen Nachrichtennetzen und bei der Fertigung von optischen Computern). Erste einfache, monolithische PICs werden gegenwärtig weltweit in den Forschungslaboratorien entwickelt. Da der Begriff PIC bisher nicht eindeutig festgelegt ist, werden darunter in der Praxis vielfach auch Schaltkreise zusammengefaßt, die nicht nur aus rein optischen bzw. optisch gesteuerten Elementen bestehen, sondern zum Teil ebenso elektronische und elektrooptische Komponenten enthalten (z. B. optische Schalter oder Modulatoren, die auf dem linearen elektrooptischen Effekt (→Pockelseffekt) basieren, oder →Halbleiterlaser als Lichtquellen).

Im Vergleich zur modernen Elektronik und →Optoelektronik steckt die P. derzeit noch in ihren Anfängen. Sie wird jedoch sicherlich in der Zukunft eine Schlüsselposition in vielen Zweigen der Naturwissenschaft und Technik einnehmen (z. B. im Bereich der Informations- und Kommunikationstechnik), insbesondere wenn es in den nächsten Jahren gelingt, die bisher bekannten Materialien bezüglich Eigenschaften und Herstellungstechnologie zu optimieren, geeignetere neue Materialien und Effekte zu finden sowie eine kostengünstige Technologie zur Herstellung von leistungsfähigen photonischen Einzelkomponenten und Schaltkreisen

(PIC) zu entwickeln (→Signalverarbeitung, optische). *R. Kaiser*

Literatur: *Gibbs, H. M., G. Khitrova, N. Peyghambarian,* (Herausgeber): Nonlinear Photonics. Berlin 1990. – *Mitschke, F.:* Licht steuert Licht – Photonik. Physikalische Blätter **46**, (1990) No. 12, S. 463–469. – *Saleh, B. E. A.* and *M. C. Teich:* Fundamentals of Photonics. New York–Chichester–Brisbane–Toronto–Singapore 1991.

Photospannung. Elektrische Spannung, die an einem inhomogenen →Halbleiterbauelement entsteht, wenn elektromagnetische Strahlung (→Photonen) genügend hoher Frequenz einfällt. Dabei erzeugen die Photonen bewegliche Elektronen und Löcher, die in einem inneren Feld getrennt werden und so die Spannung aufbauen.

In Halbleitern mit räumlich veränderlicher Konzentration freier →Ladungsträger (inhomogener Halbleiter) baut sich infolge Diffusion dieser Träger ein elektrisches Feld auf. Beispiele sind der →Metall-Halbleiter-Kontakt (Schottky-Kontakt) oder der →pn-Übergang (Bild 1a). Das elektrische Feld erstreckt sich dabei über den engen Bereich der →Raumladungszone. Gelangen in diese Photonen, so können sie Elektronen aus dem Valenz- ins Leitungsband anregen, d. h. freie →Elektron-Loch-Paare erzeugen. Dazu muß die Photonenenergie die Energie des Bandabstands übersteigen. Die erzeugten beweglichen Elektronen und Löcher werden durch das elektrische Feld getrennt, das p-Gebiet wird positiv und das n-Gebiet negativ aufgeladen, d. h. eine P. aufgebaut. Aber auch außerhalb der Raumladungszone werden Elektronen und Löcher erzeugt. Jeweils die →Minoritätsträger von ihnen diffundieren zur Raumladungszone und werden dort durch das elektrische Feld abgezogen. Ihre Ladung addiert sich zu den bereits getrennten Ladungen. Der aktive Bereich des →pn-Übergangs wird dabei durch die Diffusionslängen L_n bzw. L_p begrenzt, da Ladungsträger nicht weiter diffundieren können. Die P. baut (Bild 1b) die durch die →Diffusionsspannung U_d gegebene →Bandverbiegung im pn-Übergang ab.

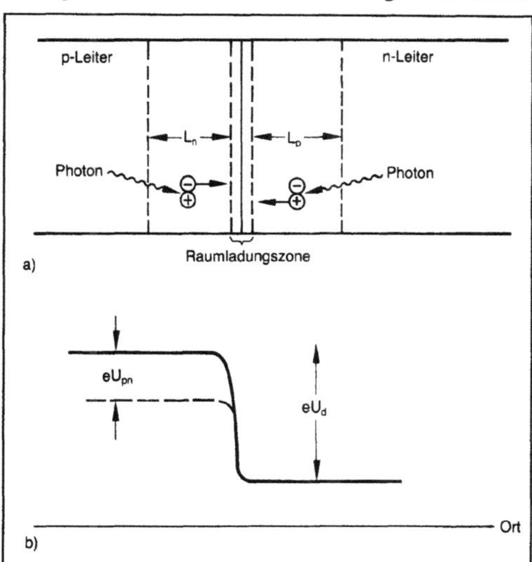

Photospannung 1: Funktionsprinzip.
a) Schematischer Aufbau eines pn-Übergangs mit optischer Erzeugung von Elektron-Loch-Paaren
b) Abbau der Bandverbiegung durch die P.

Je mehr →Elektron-Loch-Paare erzeugt werden, d. h. je größer die eingestrahlte Lichtintensität ist, um so höher wird die P. Quantitativ ergibt sich

$$U_{ph} = U_L = \frac{kT}{e} \ln\left(1 + \frac{I_{ph}}{I_s}\right) \approx \frac{kT}{e} \ln\left(\frac{I_{ph}}{I_s}\right)$$

wobei T die absolute Temperatur, k die Boltzmann-Konstante, e die Elementarladung, I_s der Dioden-Sperrstrom und I_{ph} der durch die optische Ladungsträgergeneration bewirkte →Photostrom ist ($I_{ph} \gg I_s$). Der Index L (Leerlauf) deutet an, daß die Photospannung für den Leerlauf, d. h. ohne Anschluß eines Verbrauchers, definiert ist. Da I_{ph} mit der Bestrahlungsintensität ansteigt, wächst auch U_L und zwar logarithmisch, kann aber nicht größer werden als die durch die →Dotierung festgelegte Diffusionsspannung. Da diese wiederum kleiner als die dem Bandabstand W entsprechende Spannung W/e ist, ist stets $U_L < W/e$.

Dies wird mit der Beziehung für den →Sperrstrom, $I_s = I_{so} \exp(-W/kT)$, deutlich, womit sich

$$U_L = \frac{W}{e} - \frac{kT}{e} \ln\left(\frac{I_{so}}{I_{ph}}\right)$$

ergibt ($I_{so} \gg I_{ph}$). Dabei erkennt man auch, daß U_L mit zunehmender Temperatur abnimmt. Praktische Werte von U_L liegen meist etwas höher als die Hälfte von W/e (Bild 2).

Halbleiterbauelemente, die P. erzeugen, nennt man auch →Photoelemente. Mit ihnen gelingt eine (unvollständige) direkte Konversion von Strah-

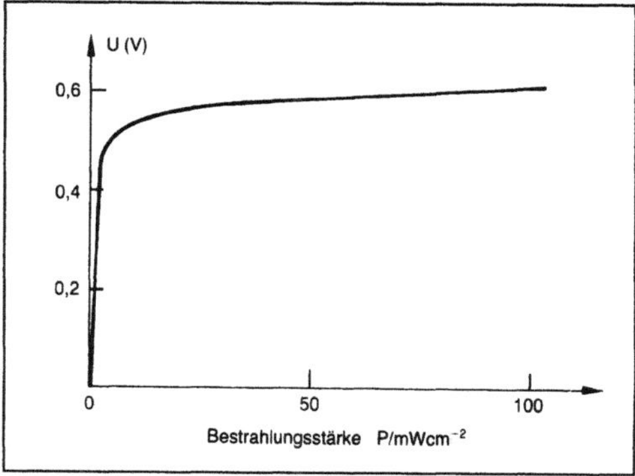

Photospannung 2: Abhängigkeit der P. von der Sonnenlichtintensität für eine Silicium-Solarzelle mit einem Bandabstand von 1.1 eV.

lungsenergie in elektrische Energie. Elemente, die für einen besonders hohen Wirkungsgrad hinsichtlich der Konversion des Sonnenlichts ausgelegt sind, heißen →Solarzellen. *Heinz*

Literatur: *Rywkin, S. M.*: Photoelektrische Erscheinungen in Halbleitern. Berlin-Heidelberg-New York 1965. – *Winstel, G.* u. *C. Weyrich*: Optoelektronik I, II, Berlin-Heidelberg-New York 1986.

Photostrom. Im allgemeinen Sprachgebrauch wird darunter derjenige zusätzliche Strom verstanden, der in einem optoelektronischen Empfänger (→Photodetektor) bei Beleuchtung fließt.

Diese Definition beinhaltet den gesamten, extern abgreifbaren elektrischen Strom eines optoelektronischen Empfängers bei Bestrahlung, d. h. inklusive der durch zusätzliche innere oder äußere Verstärkungen bedingten Anteile, wie sie in bestimmten Detektoren auftreten (z. B. →Lawinenphotodioden, →Photovervielfacher, pin-FET-Empfänger, u. a.). Streng genommen ist jedoch der P. als derjenige elektrische Strom eines Photodetektors aufzufassen, der direkt, abzüglich unvermeidbarer Ladungsträgerverluste, allein aus der absorbierten Lichtleistung resultiert. *R. Kaiser*

Photothyristor. Als optoelektronischer Schalter dienender →Thyristor, dessen →Zündung durch Lichteinstrahlung erfolgt.

Das elektrische Kennlinienfeld ist dem des gewöhnlichen Thyristors völlig äquivalent, wobei jedoch anstelle eines elektrischen Stromes die eingestrahlte Lichtleistung (Beleuchtungsstärke) der bestimmende Steuerparameter ist. Die Kipp- oder Zündspannung U_K des Thyristors sinkt mit zunehmender Lichtleistung P (Bild). Der entstehende Fluß- oder Durchflußstrom I_F wird von der angelegten Spannung und durch einen extern angeschlossenen Vorwiderstand begrenzt.

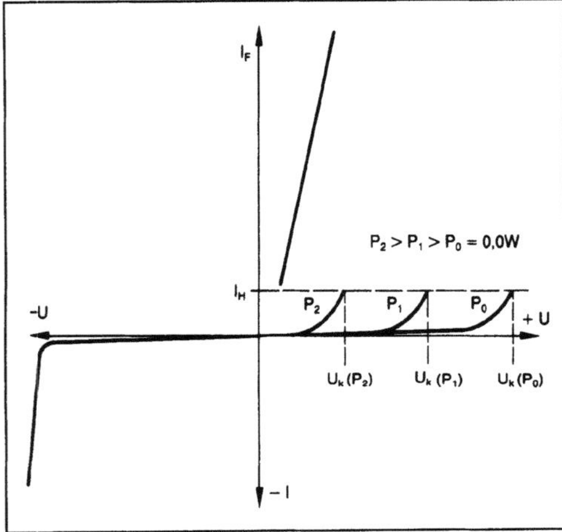

Photothyristor: Strom-Spannungs-Kennlinie (P_i-eingestrahlte Lichtleistung, i = 0, 1, 2).

Ein gezündeter P. verbleibt auch nach Abschalten der optischen Anregung im eingeschalteten Zustand (Speicherverhalten). Erst wenn der den Thyristor durchfließende Strom I_F den sogenannten →Haltestrom I_H unterschreitet (Bild), erfolgt die Abschaltung. Die Unterbrechung des Flußstromes kann ferner mittels einer zusätzlichen elektrischen Ansteuerung vorgenommen werden (Löschimpuls). Häufig werden P. zur Ansteuerung leistungsstärkerer Thyristoren eingesetzt, um möglichst hohe Schaltleistungen zu ermöglichen. Bedingt durch den Vorteil der potentialfreien Schaltung großer elektrischer Leistungen findet der P. ein breites Anwendungsfeld in der Starkstromtechnik. *R. Kaiser*

Literatur: *Gerlach, W.*: Thyristoren, Reihe: Halbleiter-Elektronik, Bd. 12, Berlin-Heidelberg-New York, 1981.

Phototransistor. Intern verstärkender Sperrschicht-Photodetektor, der einen bei Beleuchtung entstehenden →Photostrom nach dem Transistorprinzip verstärkt.

P. sind als →Bipolartransistoren oder als →Unipolartransistoren (→Photo-Feldeffekttransistor) herstellbar. Das elektrische Verhalten gleicht dem herkömmlicher Bipolar- oder →Feldeffekttransistoren. Anstelle des Basisstromes wird in den Kennlinienfeldern lediglich die eingekoppelte Strahlungsleistung bzw. Beleuchtungsstärke als Parameter angegeben.

□ Bipolar-P.: Zur Realisierung einer →Stromverstärkung wird dieser Transistor im allgemeinen in der Emitterschaltung betrieben. Der →pn-Übergang zwischen →Basis (B) und →Kollektor (C) ist als →Photodiode zu betrachten. Der Basiskontakt ist meist nicht angeschlossen, kann jedoch zwecks einer Regelung der Verstärkung β zusätzlich angesteuert werden. Ohne Lichteinwirkung ist der Transistor gesperrt und die externe Kollektor(C)-Emitter(E)-Spannung U_{CE} liegt nahezu vollständig an der hochohmigen B-C-Diode (Bild). Bei Beleuchtung der Anordnung, z. B. durch eine transparente Emitterschicht (Photonenergie W_{PH} < Bandabstand E_G) werden →Ladungsträger in der Basiszone erzeugt, welche die Sperrfähigkeit der B-C-Photodiode verringern. Damit erhöht sich die →Durchlaßspannung am E-B-Übergang. Dies bewirkt beispielsweise bei einem npn-Phototransistor (Bild) die →Injektion zusätzlicher Elektronen über die E-B-Diode in die Basis. Dort diffundieren sie zum B-C-Übergang und gelangen anschließend über diese – für sie in →Durchlaßrichtung gepolte Diode – auf die Kollektorseite, um den generierten Photostrom I_{Ph} zu erhöhen:

$I_C = (1+\beta) * (I_{Ph} + I_D)$; I_C: Kollektorstrom, I_D: Dunkelstrom, β: Stromverstärkung

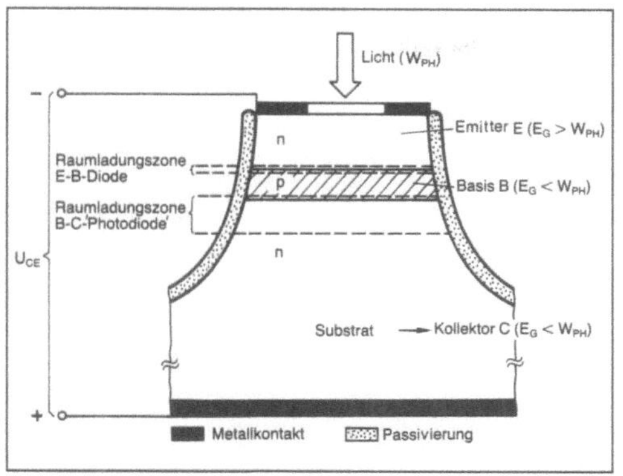

Phototransistor: Prinzipieller Aufbau eines Wide-Gap-npn-Phototransistors als Mesastruktur ohne Basisanschluß (offene Basis, I_B=0).

Zur Erlangung besonders hoher Stromverstärkungen kann der P. einen nachgeschalteten Transistor ansteuern (*Darlington*-P.). Gegenüber Photodioden zeigen P. i. a. geringere Grenzfrequenzen. □ Unipolar-P.: →Photo-Feldeffekttransistor.

R. Kaiser

Literatur: *Winstel, G.* und *C. Weyrich:* Optoelektronik II, Reihe Halbleiter-Elektronik, Berlin–Heidelberg–New York, 1986.

Photovervielfacher. Ein P. ist eine photoelektronische Vakuumröhre, die eine →Photokathode und einen Elektronenvervielfacher enthält. Die Photokathode ist eine spezielle Kathode, deren Wirkungsweise auf der →Photoemission beruht. Photonen, die auf eine photoaktive Schicht auftreffen, lösen entsprechend ihrer Quantenenergie Elektronen aus, wenn diese Energie größer als die →Austrittsarbeit ist. Die Elektronen treten in einen nachfolgenden Vervielfacher ein. Dieser nutzt den Effekt der Elektronenvervielfachung aus.

Festkörperoberflächen, die mit energiereichen Elektronen bombardiert werden, können für jedes aufprallende Elektron eine gewisse Anzahl Sekundärelektronen abgeben. Werden diese Elektronen in einem elektrischen Feld gesammelt und beschleunigt, so erzeugt beim Auftreffen auf einen ähnlichen Festkörper wieder jedes Elektron mehrere weitere Elektronen. Nach einer Reihe solcher Vervielfachungsprozesse kann aus einem einzigen primären Elektron eine beträchtliche Elektronenmenge geworden sein, die sich leicht nachweisen läßt.

Bei einem Elektronenvervielfacher (Bild) mit z. B. neun Sekundäremissionselektroden (Dynoden) beträgt der Potentialunterschied zwischen Kathode und erster Dynode sowie zwischen den einzelnen Dynoden etwa 100 V. Die Lage und Form der Dynoden ist so gewählt, daß die Elektronen jeder Stufe auf die nächste gebündelt werden. Mit

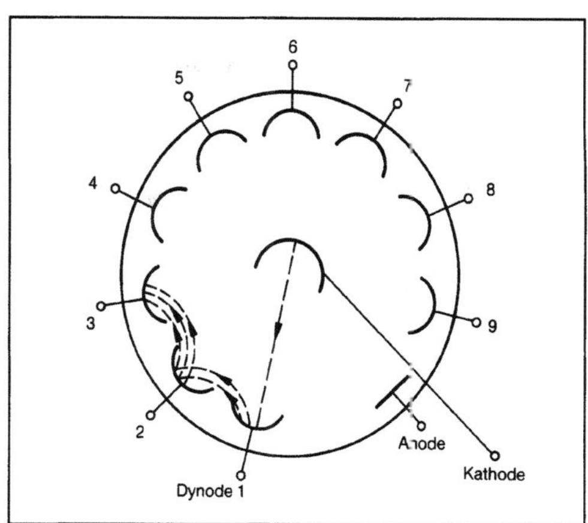

Photovervielfacher: Elektronenvervielfacher mit neun Dynoden.

einer typischen Vervielfachung um den Faktor 4 bis 5 pro Stufe erhält man insgesamt eine Verstärkung von 4^9 bis 5^9, d. h. etwa von 10^6. Die P. werden jedoch immer mehr durch Halbleiterdetektoren ersetzt.

Kiesel

Photovoltaischer Detektor →Photoelement

Photowiderstand →Photoleiter

Photozelle (auch Vakuum-Photodiode) Die P. ist ein auf dem äußeren photoelektrischen Effekt beruhender →Photodetektor mit geringer →Photoempfindlichkeit und guter Zeitauflösung.

Eine negativ vorgespannte →Photokathode und eine Anode in einer evakuierten Glasröhre bilden die Hauptbestandteile einer P. (Bild). Bei Beleuchtung emittiert die Photokathode Elektronen, die vom positiven elektrischen Potential der Anode angezogen und beschleunigt werden. Beim Einfang aller Photoelektronen durch die Anode entsteht ein der eingestrahlten Lichtenergie proportionaler Photostrom I_{PHOTO}, der unabhängig von der Arbeitsspannung U_A ist. Dieser Strom ist bei üblichen Arbeitsspannungen (50 V ÷ 200 V) jedoch nur gering

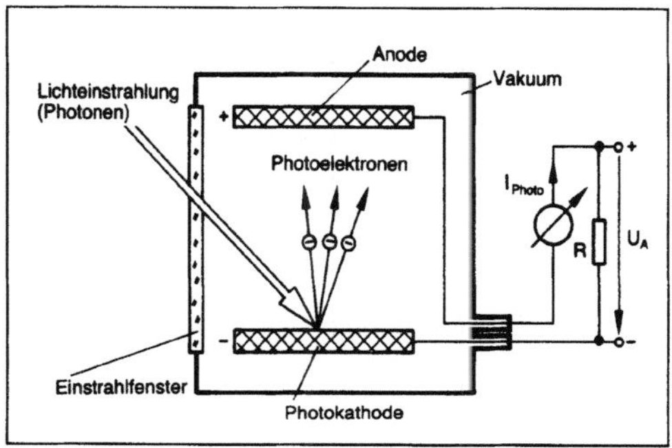

Photozelle: Funktionsprinzip (R: Lastwiderstand).

(einige μA). Enthält die P. zusätzlich ein geeignetes Füllgas (z. B. Argon), so läßt sich der Elektronenstrom durch Stoßionisation der Gasatome erhöhen. Die erreichbaren Verstärkungen sind im allgemeinen nicht sehr groß ($M \approx 10$) und werden mit einer starken Abhängigkeit der Photoempfindlichkeit von der Arbeitsspannung erkauft.

P. eignen sich i. a. nur zum Nachweis größerer Lichtleistungen. Das zeitliche →Auflösungsvermögen, begrenzt allein durch die Elektronenlaufzeiten zwischen Kathode und Anode, ist dagegen sehr hoch. Optische Impulse bis in den GHz-Bereich sind nachweisbar. P. werden in der Meßtechnik nur begrenzt eingesetzt, bedingt durch ihre geringe Photoempfindlichkeit. Dort wird dem auf gleichem Prinzip beruhenden, jedoch leistungsstärkeren →Photovervielfacher der Vorzug gegeben.

R. Kaiser

Literatur: *Dennis, P. N. J.:* Photodetectors: An Introduction to Current Technology, New York–London, 1985.

Physical Vapour Deposition →PVD

PI-Verstärker. Der Proportional-Integral-Verstärker ist ein Spannungsverstärker, bei dem die Ausgangsspannung U_a zunächst sprungartig der sprungartig angelegten Eingangsspannung U_e bis auf einen bestimmten Betrag folgt, dann aber nur noch verzögert linear ansteigt (Bild). Frequenzgang und Phasenwinkel sind aus dem Bild ersichtlich. Als PI-V. werden →Operationsverstärker mit entsprechender Beschaltung (R_r und C_r) benutzt. PI-V. werden häufig als Drehzahl- und/oder Stromregler zur →Drehzahlregelung von elektrischen Antrieben eingesetzt.

H. Stüben

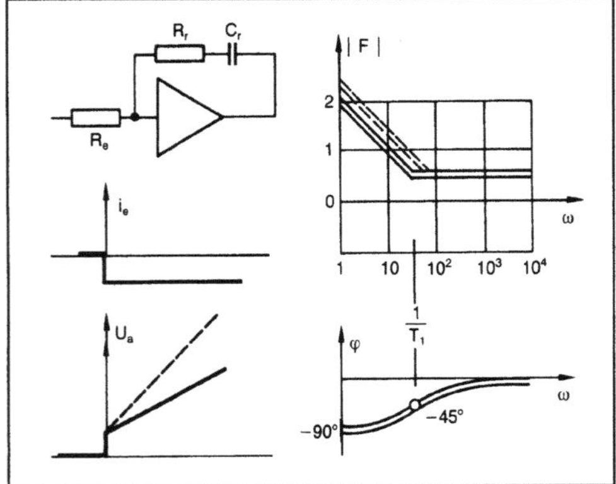

PI-Verstärker: Schaltbild, Übergangsfunktion und Bode-Diagramm.

PIC. Abk. *engl.* **P**hotonic-**I**ntegrated-**C**ircuit, integrierter photonischer Schaltkreis, →Photonik.

PID. Abk. für *engl.* Passive Infrared Detector →Photodetektor.

piezoelektrischer Effekt. Die Eigenschaft mancher Kristalle auf Druck mit der Ausbildung einer elektrischen →Polarisation zu reagieren. Umgekehrt führt ein elektrisches Feld zu einer diesem Feld proportionalen elastischen Dehnung oder Kompression (inverser p. E.).

Der p. E. wird bei Kristallen mit einer oder mehreren polaren Achsen, jedoch ohne Symmetriezentrum beobachtet. Von den 32 existierenden Kristallklassen erlauben 20 den p. E.

Der Zusammenhang zwischen den Tensoren der dielektrischen Verschiebungsdichte D_i, dem elektrischen Feld E_j und der mechanischen Spannung T_{nm} ist:

$$D_i = \varepsilon_{ij} E_j + d_{inm} T_{nm} \qquad i, j, n, m = 1, 2, 3$$

wobei ε_{ij} der Dielektrizitätstensor und d_{inm} der Tensor der piezoelektrischen Konstanten ist. Aus Symmetriegründen kann der 3×3 komponentige Spannungstensor T_{nm} als 6-komponentiger Vektor T_k und der $3 \times 3 \times 3$ komponentige Tensor der piezoelektrischen Konstanten als 3×6 komponentiger Tensor d_{ik} mit $k = 1 \ldots 6$ geschrieben werden.

Von besonderer Bedeutung sind die piezoelektrischen Konstanten d_{33}, d_{31} und $d_{16} \cdot d_{33}$ beschreibt den longitudinalen p. E. mit einer Deformation des Kristalls parallel zur Polarisation. d_{31} beschreibt den transversalen p. E. (→Quereffekt) mit einer Deformation des Kristalls senkrecht zur Polarisation. d_{16} beschreibt den →Schereffekt des p. E. mit einer Scherdeformation ($k = 4, 5, 6$) des Kristalls, verursacht durch eine Polarisation mit $i = 1$ (Bild).

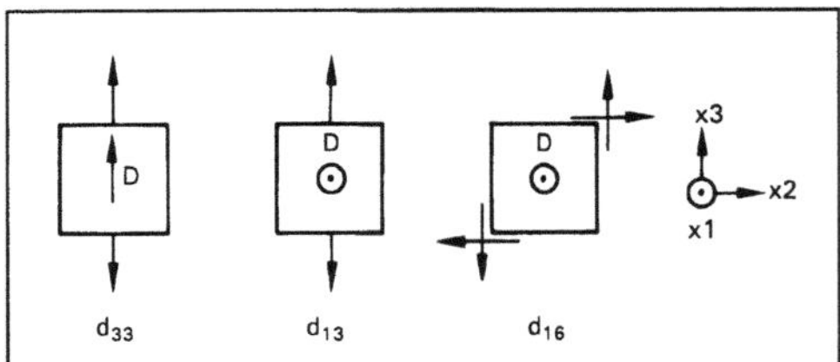

Piezoelektrischer Effekt: Die drei Hauptformen des p. E.; d_{33} = Longitudinaleffekt, d_{13} = Quereffekt, d_{16} = Schereffekt

Ein weiterer wichtiger Parameter ist der piezoelektrische →Kopplungsfaktor. Das Verhältnis aus maximal abführbarer elektrischer Energiedichte und der mechanisch zugeführten Gesamtenergiedichte wird piezoelektrischer Kopplungsfaktor (k^2) genannt. Er ist gleichbedeutend mit dem Wirkungsgrad, mit dem mechanische Energie in Elektrische umgewandelt werden kann.

Die Vorteile der piezoelektrischen Einkristalle liegen bei ihrer hohen Linearität, der geringen Temperaturabhängigkeit der elastischen Konstanten und ihrer Verlustarmut. Piezoelektrische Einkristalle eignen sich besonders für Hochfrequenzanwendungen. Keramische Werkstoffe hingegen besitzen besonders hohe piezoelektrische Wirkungsgrade, piezoelektrische Konstanten und Dielektrizitätskonstanten. Piezoelektrische Polymere zeichnen sich durch eine hohe Nachgiebigkeit (S_{kl}; k, l = 1 … 6) aus, sind aber in ihren piezoelektrischen Eigenschaften ähnlicher zu den einkristallinen Materialien (Tabelle).

Piezoelektrischer Effekt. Tabelle: Materialeigenschaften piezoelektrischer Materialien

Einheit	d_{ik} 10^{-12} CN^{-1}	k_{ik}	ϵ_{ij}	s_{kl} $10^{-12}m^2N^{-1}$	Bemerkungen i, j = 1…3; k, l = 1…6
Einkristalle:					
SiO_2	d_{11} = 2,3 d_{14} = −0,67	k_{11} = 0,1	ε_{11} = 4,5 ε_{33} = 4,7	s_{11} = 12,77 s_{12} = −1,79 s_{13} = −1,22 s_{14} = 4,50 s_{33} = 9,60 s_{44} = 20,04 s_{66} = 29,12	α-Modifikation
$LiNbO_3$	d_{33} = 6 d_{31} = −1 d_{22} = 21 d_{15} = 68	k_{33} = 0,17 k_{31} = 0,03 k_{15} = 0,68	ε_{11} = 84 ε_{33} = 30	s_{11} = 5,78 s_{12} = −1,01 s_{13} = −1,47 s_{14} = −1,02 s_{33} = 5,02 s_{44} = 17,0 s_{66} = 13,6	
$LiTaO_3$	d_{33} = 8 d_{31} = −2 d_{22} = 7 d_{15} = 26	k_{33} = 0,19 k_{31} = 0,05 k_{15} = 0,43	ε_{11} = 51 ε_{33} = 45	s_{11} = 4,87 s_{12} = −0,85 s_{13} = −1,25 s_{14} = 0,64 s_{33} = 4,36 s_{44} = 10,8 s_{66} = 10,9	k_{15} ist kein reiner Modus
ZnO	d_{33} = 12,4 d_{31} = −5,0 d_{15} = −8,3	k_{33} = 0,48 k_{31} = 0,182 k_{15} = 0,196	ε_{11} = 8,5 ε_{33} = 10,9		ZnO Schichten
Keramiken:					$Pb(Zr\text{-}Ti)O_3$ Verbindungen
PZT 5	d_{33} = 374 d_{31} = −171 d_{15} = 584	k_{33} = 0,69 k_{31} = 0,34 k_{15} = 0,685	ε_{11} = 1 730 ε_{33} = 1 700	s_{11} = 16,4 s_{12} = −5,7 s_{33} = 18,8 s_{55} = 47,5	Clevite Corporation
Vibrit 200	d_{33} = 170 d_{31} = −80 d_{15} = 220	k_{33} = 0,51 k_{31} = 0,25 k_{15} = 0,47	ε_{11} = 900 ε_{33} = 1 030	s_{11} = 11,1 s_{12} = −4,4 s_{33} = 12,1 s_{55} = 27,0	Siemens
PKM 13	d_{33} = 158 d_{31} = −59 d_{15} = 199	k_{31} = 0,19 k_{15} = 0,42	ε_{11} = 1 026 ε_{33} = 1 195	s_{11} = 9,7 s_{12} = −2,9 s_{33} = 9,9 s_{55} = 25,3	Tesla
Polymere:					
PVDF	d_{33} = 30 d_{31} = 20	k_{33} = 0,15 k_{31} = 0,1	ε_{33} = 6,2	s_{11} = 400 s_{33} = 400	Polyvinylidendifluorid

→Quarz ist das wichtigste Beispiel für eine piezoelektrische Substanz. Einkristalle aus Quarz dienen in vielen Geräten, wie z. B. in Uhren, als Resonatoren hoher Güte und Stabilität. Dabei wird eine mechanische Schwingung elektrisch angeregt. Durch einen speziellen Schnitt der Quarzkristallscheiben läßt sich eine besonders temperaturstabile Resonanzfrequenz erreichen.

Technisch von noch größerer Bedeutung sind die ferroelektrischen Piezowerkstoffe. Diese – vor allem $PbTiO_3$-$PbZrO_3$-Mischkristalle – lassen sich auf keramischem Wege, also polykristallin, herstellen. Die piezoelektrische Achse wird durch Polung eingeprägt; die Präparate arbeiten also im remanenten Zustand der ferroelektrischen Hystereseschleife (wobei die Polarisation elektrisch durch Oberflächenladungen kompensiert wird). Blei-Zirkonat-Titanat (PZT)-Keramiken finden zunehmende Anwendung als elektro-mechanische →Wandler, von Feuerzeugzündern über Sensoren bis zu Ultraschallsendern. Sie besitzen dank ihres hohen Curiepunktes (etwa 300 °C) eine hohe Stabilität und haben andere Ferroelektrika wie Bariumtitanat oder *Seignette*-Salz als Piezowerkstoffe weitgehend verdrängt (→Ferroelektrizität). Eine Rolle spielt jedoch das ferroelektrische Lithiumniobat, dessen Stabilität und Wirkungsgrad dank des sehr hohen Curiepunktes (1200 °C) besonders hoch sind. Einkristalle aus $LiNbO_3$ werden z. B. für Filter oder Resonatoren auf der Grundlage akustischer Oberflächenwellen benutzt.

Neuerdings finden auch p. E. in speziellen Kunststoffen zunehmende Beachtung. Insbesondere das Poly-Vinyliden-Difluorid $(C_2H_2F_2)_n$ läßt sich durch Polung bei erhöhter Temperatur in einen orientierten Zustand überführen, der, obwohl kein Gleichgewichtszustand, doch hinreichend stabil ist und alle Eigenschaften eines Piezelektrikums aufweist. *Hubert/Kößlinger*

Literatur: CRC Critical reviews in Solid State and Materials Sciences 9 1980 S. 399–477. — *Heywang, W.:* Sensorik. Halbleiter-Elektronik. Bd. 17. Berlin–Heidelberg–New York 1988. – *Takuro Ikei:* Fundamentals of Piezoelectricity. Oxford Science Publications, 1990. – *Jaffe, B.*, and *W. R. Cook, H. Jaffe:* Piezoelectric Ceramics. London 1977. – *Kapler, R. G.*, and *R. A. Anderson:* Piezoelectricity in Polymers. – *Zelenka, J.:* Piezoelectric Resonators and their Applications. Studies in electrical and electronic engeneering 24, 1986.

Piezoelektrizität →Piezoelektrischer Effekt

Piezokeramik. Piezoelektrische Elemente werden für Sensoren und Aktuatoren benutzt. Der piezoelektrische Effekt wurde 1880 von *J.* und *P. Curie* an Quarzkristallen entdeckt. Quarzkristalle laden sich auf Elektrodenflächen elektrisch auf, wenn sie in einer bestimmten Richtung zur →Polarisation mechanisch beansprucht werden (Bild 1). Dieser Effekt ist reversibel. Wenn in dem Kristall eine elektrische →Feldstärke erzeugt wird, z. B. durch

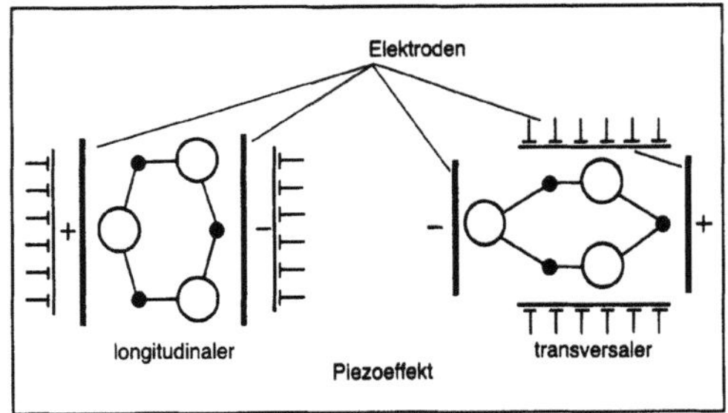

Piezokeramik 1: Schematische Darstellung des longitudinalen und des transversalen Piezoeffektes.

Anlegen einer Spannung an die Elektrodenflächen, so verändern sich die Abmessungen der Kristalle *(reziproker Piezoeffekt).*

Die hohe Güte vom Quarz macht ihn für frequenzkonstante Schwinger besonders geeignet. So werden →Schwingquarze in →Quarzoszillatoren und →Filtern verwendet. Für Druck- und Körperschallsensoren werden Quarze nur für sehr genaue Meßsensoren benutzt, da die Kennlinie linearer und die Temperaturabhängigkeit geringer ist als bei keramischen Elementen.

Seit etwa 30 Jahren werden polykristalline keramische Körper mit piezoelektrischen Eigenschaften benutzt. Die Keramik wird während des Fertigungsganges durch eine hohe elektrische Feldstärke in der gewünschten Richtung polarisiert (Bild 2). Durch die unterschiedlichen Eigenschaften dieser Werkstoffe im Vergleich zu Quarz sind sie für verschiedene Anwendungen geeignet. So werden die keramischen Elemente für die üblichen piezoelektrischen Sensoren zur Messung von Schall, Ultraschall, Körperschall, Beschleunigungen verwendet (Bild 3).

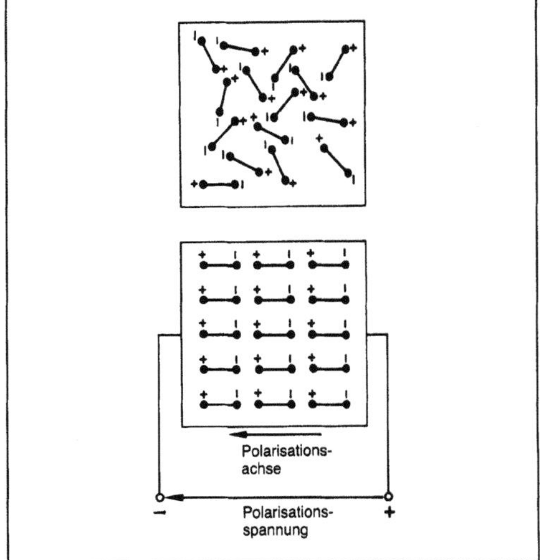

Piezokeramik 2: Erzeugung einer Polarisation in einem polykristallinen keramischen Körper.

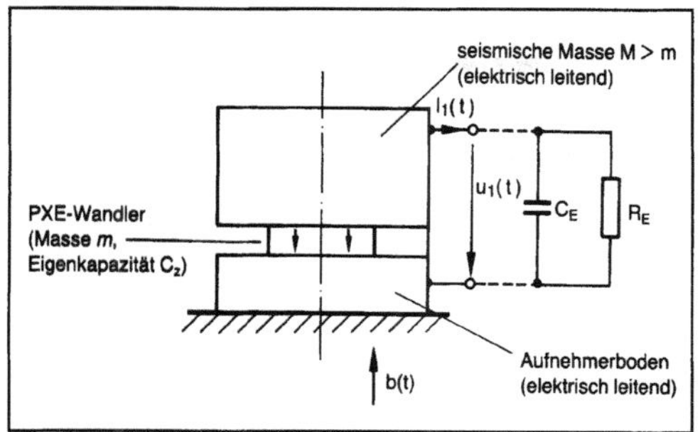

Piezokeramik 3: Prinzipieller Aufbau eines Beschleunigungsaufnehmers mit axial beanspruchter PXE-Scheibe.

Für die Schwingungserzeugung im Schall- oder Ultraschallbereich werden Biegewandler (Bild 4) oder zusammengesetzte →Wandler (Bild 5) verwendet. Biegewandler werden zur Messung von Schall und Ultraschall in Gasen, zusammengesetzte Wandler für die Erzeugung von Ultraschall in Flüssigkeiten (Reinigungsgeräte, →Echolot) und Festkörpern (Bohren, Schweißen) eingesetzt.

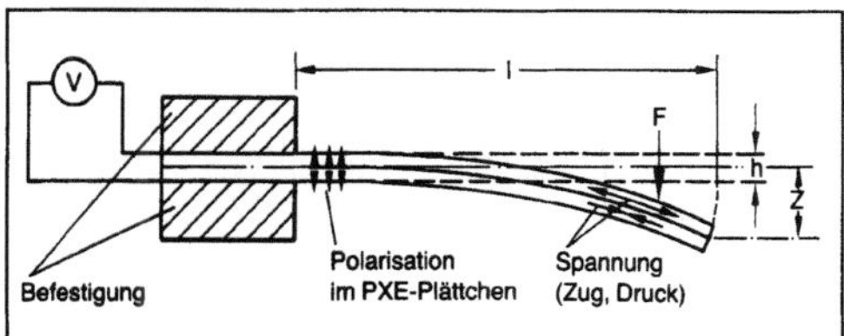

Piezokeramik 4: Einseitig eingespanntes PXE-Biegeelement.

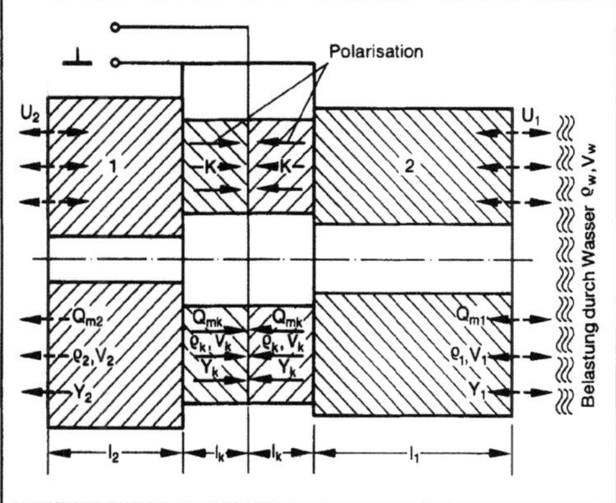

Piezokeramik 5: Zusammengesetzter Wandler.

Komplizierte Strukturen werden z. B. in der Medizintechnik zur Untersuchung von Menschen und Tieren oder in der Elektrotechnik bei Oberflächenwellenfiltern verwendet. Letztere nehmen als Verzögerungsleitungen in Fernsehempfängern zur definierten Laufzeitverzögerung von Signalen einen wichtigen Platz ein. *Ruschmeyer*

Literatur: Piezoxide-Wandler. Hamburg 1988. – Valvo-Datenbuch Piezoxide. Hamburg 1988.

Piezokeramischer Resonator. P. R. sind Bauelemente aus Piezokeramik, die den →piezoelektrischen Effekt für frequenzbestimmende oder frequenzselektierende Anwendungen nutzen. P. R. werden ähnlich wie →Schwingquarze eingesetzt, besitzen jedoch nicht deren Frequenzgenauigkeit und Stabilität.

Wichtigster Anwendungsbereich sind Zwischenfrequenzfilter in Rundfunkempfängern und neuerdings in preiswerten Taktgeneratoren für Mikroprozessor-Anwendungen.

Mit P. R. lassen sich Güten von etwa 500 bis 1000 erzielen (Schwingquarz 5×10^4 bis 5×10^6). Jedoch gestattet der P. R. gegenüber dem →Quarz einen um 1000 mal größeren →Kopplungsfaktor, eine wesentlich unkritischere Montage und Umhüllung ohne Metall- oder Glasgehäuse.

Um ein freies Schwingen zu ermöglichen, wird die mit Elektroden und Anschlüssen versehene Piezokeramik zunächst mit einer Wachsschicht überzogen. Anschließend wird eine poröse Kunststoffumhüllung kalt aufgebracht und ausgehärtet. Bei der anschließenden Erwärmung saugt diese das Wachs auf und der Resonator kann frei schwingen.

Durch mechanische Kopplung von zwei und mehr Resonatoren lassen sich einfache Filteranordnungen herstellen (piezokeramische Filter).

P. R. für die Elektronik werden für Frequenzen bis etwa 250 MHz hergestellt. Für Mikrowellenanwendungen gibt es jedoch darüber hinaus dielektrische Resonatoren bis 16 GHz, die bei kleinen Abmessungen und hoher Güte in Filtern oder Oszillatoren eingesetzt werden. *Fick*

Piezowiderstand, longitudinal. Wirkt auf einen Leiter oder anisotropen Widerstand eine uniaxiale Kompression oder Dilatation in Richtung des Stromflusses, dann führt der →Piezowiderstandseffekt zu einer Änderung des elektrischen Widerstandes des Leiters. Diesen bezeichnet man als l. P. *Schaumburg*

Piezowiderstand, transversal. Wirkt auf einen Leiter oder anisotropen Widerstand eine uniaxiale Kompression oder Dilatation senkrecht zu einem Stromfluß, dann führt der →Piezowiderstandseffekt auch bei dieser Stromrichtung zu einer Widerstandsänderung. Den Widerstand des Leiters bei dieser Anordnung bezeichnet man als t. P. *Schaumburg*

Piezowiderstandseffekt. Unter dem Einfluß einer Verformung und/oder einer mechanischen Spannung ändert sich der Widerstand eines langgestreckten Leiters oder anisotropen Widerstandes. Die Änderung des Widerstandes der Länge l mit der Querschnittsfläche A setzt sich zusammen aus einer Geometrieänderung und einer spezifischen Widerstandsänderung $\frac{\delta\rho}{\rho}$:

$$\frac{\delta R}{R} = \frac{\delta\left(\frac{1}{A}\right)}{\left(\frac{1}{A}\right)} + \frac{\delta\rho}{\rho}$$

Bei anisotropen Widerständen dominiert unter Einwirkung einer mechanischen Spannung die spezifische Widerstandsänderung, dargestellt durch den Widerstandstensor eines kristallinen Materials.

Für die spezifische Widerstandsänderung gilt:

$$\left(\frac{\delta\rho}{\rho}\right) = \Pi\,\sigma$$

P wird als Tensor der Widerstandskoeffizienten bezeichnet.

Zur Beschreibung der Nichtlinearität der Spannungsabhängigkeit des P. läßt sich durch eine *McLaurin*-Reihe mathematisch beschreiben. Unter Vernachlässigung der Schubspannungen ergibt sich:

$$\left(\frac{\delta\rho}{\rho}\right) = \sum_{i,j=1,2,\ldots} \Pi_{li}\,\sigma_l^i + \Pi_{tj}\sigma_t^j + \Pi_{ijlt}\sigma_l^i\,\sigma_t^j$$

Π_{li} und Π_{tj} sind hierbei die longitudinalen bzw. transversalen Piezowiderstandskoeffizienten der Ordnung i und j.

Die Komponenten des Tensors der Piezowiderstandskoeffizienten unterscheiden sich in Größe und Vorzeichen und sind eine Funktion des Leitungstyps, der →Dotierung, der Temperatur und der Belastung.

Beispielswerte für p-leitendes Silicium (spez. Widerstand 0,08 Ω cm):

$\Pi_{11} \approx 66\ (10^{-4})\ \Pi_{12} \approx -11\ (10^{-4})\ \Pi_{12} \approx 138\ (10^{-4})$

Für n-leitendes Silicium (spez. Widerstand 0,11 Ω cm):

$\Pi_{11} \approx -1022\ (10^{-4})\ \Pi_{12} \approx 534\ (10^{-4})$
$\Pi_{44} \approx -136\ (10^{-4})$

Für longitudinale und transversale Piezowiderstandskoeffizienten ergeben sich in p-leitendem Silicium die Werte zu:

$\Pi_{l1} \approx (10^{-4}) \rightarrow 5\ (10^{-4})\ \Pi_{l2} \approx O\ \Pi_{l3} \approx O$
$\Pi_{t1} \approx -4\ (10^{-4}) \rightarrow -5\ (10^{-4})\ \Pi_{t2} \approx 2\ (10^{-7}) \rightarrow 4\ (10^{-7})$
$\Pi_{t3} \approx O$

Alle Werte in [mm²/N]. *Offereins*

Piezowiderstandskoeffizient → Piezowiderstandseffekt

pin. Halbleiterdiode, die einen pin-Übergang als Grundstruktur enthält, der die elektronischen Eigenschaften dieses Bauelementes grundlegend bestimmt.

Vom →pn-Übergang unterscheidet sich der pin-Übergang vor allem durch eine zwischen p- und n-Gebiet (technisch hochdotierte Bereiche p^+, n^+) liegende eigenleitende (i: *engl.* intrinsic, eigenleitend) Schicht. In Flußrichtung wird diese i-Schicht dann von beiden angrenzenden hochdotierten Gebieten mit Löchern und Elektronen überschwemmt, wobei eine intensive →Rekombination in der Mittelschicht die Folge ist. So entsteht ein sehr geringer →Durchlaßwiderstand, und die Kennlinie unterscheidet sich nicht erheblich von der des pn-Überganges. In →Sperrichtung wird dagegen die gesamte i-Zone von Ladungsträgern verarmt, und es entsteht eine gegenüber dem pn-Übergang deutlich breitere →Sperrschicht und einer folglich höheren Durchbruchspannung bis zu einigen tausend Volt. Eine zweite Wirkung der i-Schicht ist die Herabsetzung der →Sperrschichtkapazität.

pin-Dioden werden wegen dieser Eigenschaften verbreitet als Gleichrichterdioden für sehr hohe Sperrspannungen eingesetzt. Ein weiteres Anwendungsgebiet als schneller Schalter im Mikrowellenbereich resultiert aus der geringen, weitgehend spannungsunabhängigen Kapazität und dem hohen Durchlaß-Sperrwiderstandsverhältnis. Darauf beruhen die Anwendungen als Mikrowellengleichrichter, Schalter, sowie als stromsteuerbarer Widerstand z. B. zur Regelung in HF-Tunern. Da der →Sperrstrom der pin-Diode hauptsächlich vom Generationsmechanismus in der i-Zone abhängt, findet diese Diode auch Anwendung als pin-Photodiode sowie Strahlungsdetektor in der Kerntechnik.

R. Paul

Pin. Bezeichnung für den einzelnen Anschlußpin eines Bauteiles oder für den Steckerstift einer Leiterplattenbaugruppe, aber auch einen Anschlußpin eines →Prüfautomaten (Charakterisierung von Prüfautomaten durch die „Pinanzahl"). *K. Winter*

Pinch-off-Spannung. (*engl.,* Abschnürspannung) Gate-Source-Spannung eines Verarmungstransistors, bei der der Drainstrom verschwindet (oder auf einen praktisch vorgegebenen kleinen Wert abgefallen ist). *R. Paul*

Pinelektronik. Teil der Prüfperipherie eines Prüfautomaten zum Senden und Empfangen digitaler →Prüfbitmuster großer Breite zur Prüfung digitaler Schaltungen wie integrierte Schaltkreise und Baugruppen.

Für die →Digitalprüfung ist es infolge der hohen Anzahl an Prüfschritten mit Stimulieren (Senden), Empfangen und Auswerten von Prüfmustern großer

Breite zur Erzielung annehmbarer Prüfzeiten notwendig, ein spezielles Prüfgerät zu verwenden, welches für jeden Prüflingsanschluß (→Pin) einen Treiber und einen →Empfänger bereitstellt. Dadurch entfallen Relais mit prellenden Kontakten für die Signaldurchschaltungen wie bei der Analogprüfung üblich. Dieses Gerät heißt P. oder Digitaltesteinheit (DTE). Der Sprachgebrauch ist nicht einheitlich, oft wird als P. auch der pinnahe Teil - hier das Pinelement - bezeichnet.

Die Treiber-Empfänger-Einheiten (Bild 1) dienen der Anpassung der →Logikpegel zwischen Prüfling und der im Verarbeitungsteil verwendeten →Schaltkreisfamilie z. B. →TTL. Sie bilden die eigentliche Schnittstelle zum Prüfling und sind in entsprechender Zahl vorhanden (bis 1000). In der Verarbeitungslogik werden die →Prüfmuster mit Hilfe von Speichern und Takten erzeugt und durch On-line-Vergleiche mit den Sollmustern →Fehler ermittelt. Der Versorgungsteil stellt die benötigten Takt- und Abtastsignale, für Treiber und Empfänger die programmierbaren Spannungen sowie andere zentrale Funktionen zur Verfügung.

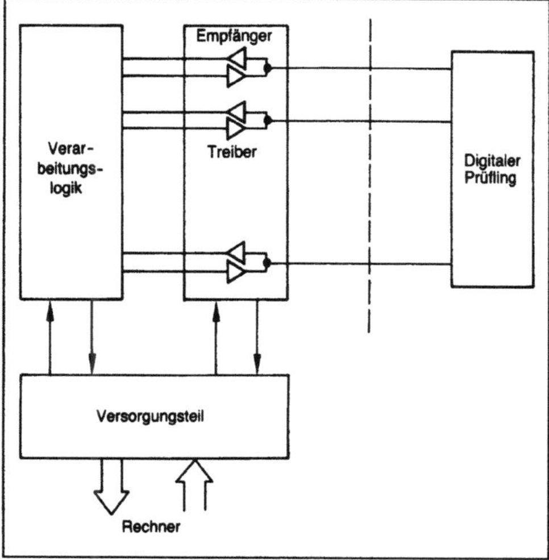

Pinelektronik 1: Prinzipieller Aufbau.

Treiber, Empfänger und der pinspezifische Teil der Verarbeitungslogik bilden zusammen ein Pinelement, wie es für jeden Pin einmal vorhanden ist (Bild 2). Im Sendebetrieb wird das Prüfbit mit dem Takt A über den Treiber als Pegelumsetzer an den Prüflingspin gelegt. Soll der Treiber hochohmig sein, wird das Tristatebit ausgegeben.

Ist der Prüflingspin ein Ausgang, arbeitet das Pinelement als Empfangskanal und der Treiber wird hochohmig geschaltet. Das Prüflingssignal durchläuft zunächst den Empfänger zur Pegelanpassung. Mit dem Abtasttakt E wird das Empfänger-Ausgangssignal abgespeichert. Takt E ist gegenüber Takt A um eine einstellbare Zeit verzögert, um die

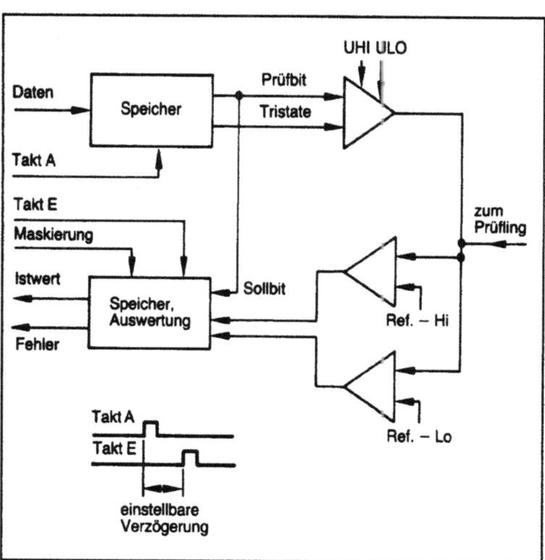

Pinelektronik 2: Pinelement.

→Reaktionszeit des Prüflings auf die Stimulierung an anderen Pins zu berücksichtigen. Eine Auswertung über einen Vergleich des gespeicherten Istwertes mit dem Prüfbit, welches jetzt den Sollwert darstellt, ergibt einen eventuellen Fehler. Soll ein Empfangskanal nicht an der Auswertung teilnehmen, weil z. B. das Prüflingssignal den x-Zustand (undefinierter Zustand) annimmt, wird der Vergleich durch das Signal „Maskierung" unterdrückt.

Die Takte A und E werden zentral im Versorgungsteil erzeugt und parallel an alle Pinelemente ausgegeben. Dadurch werden ein gleichzeitiger Bitmusterwechsel an allen Prüflingseingängen und eine simultane Abtastung aller Prüflingsausgangssignale erzielt. Abweichungen von der exakten Gleichzeitigkeit werden als →Skew bezeichnet.

Ein wesentliches Unterscheidungsmerkmal von P., welches sich erheblich im Preis widerspiegelt, ist die Programmierbarkeit der Spannungspegel für Signale vom und zum Prüfling. Die Festpegelausführungen verwenden als Treiber ein Leistungsgatter (Buffer) und als Empfänger meist einen →Schmitt-Trigger der auf dem Prüfling eingesetzten Schaltkreisfamilie (vorwiegend TTL). Damit liegen die Eigenschaften der Treiber und Empfänger fest und die Spannungspegel können nicht variiert werden. Für Prüfungen mit wechselnden Spannungspegeln für unterschiedliche Schaltkreisfamilien oder für Tests unter Grenzbedingungen werden daher Ausführungen mit programmierbaren Pegeln eingesetzt (Bild 2). Der Treiber ist im Prinzip ein Schalter, der nach Maßgabe des Prüfbits zwischen den einstellbaren Spannungen UHI und ULO hin- und herschaltet.

Auf der Empfängerseite wird ein →Komparator verwendet, der das Prüflingssignal mit einer →Referenzspannung vergleicht. Zur Erreichung einer hohen Prüfschärfe ist es sinnvoll, getrennte Vergleichsspannungen für den Hi- und den Lo-Pegel einzuführen und diese am Komparatoreingang gemäß Sollbit zu schalten. Eine bessere Möglichkeit besteht darin, zwei Komparatoren vorzusehen, die einen ständigen Vergleich mit den Referenzspannungen durchführen (Bild 2). Dieser Fenster-Komparator überprüft laufend die Pegelbereiche und liefert neben der Aussage Hi- oder Lo-Pegel im Fehlerfall noch die Zusatzinformation Pegelfehler, wenn der Signalpegel zwischen beiden Referenzspannungen liegt.

Verschiedene Zusatzeinrichtungen des Pinelementes erhöhen die Flexibilität der P. (Bild 3):

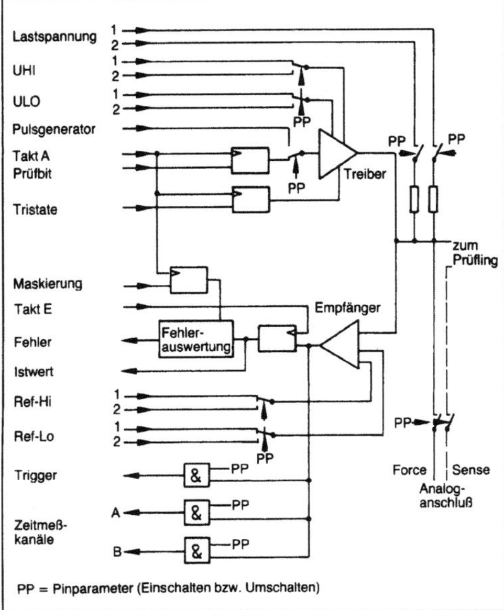

Pinelektronik 3: Pinelement mit Zusatzeinrichtungen.

- Anschaltung eines Pulsgenerators an den Treiber
- Zuschaltbare Lastwiderstände mit einstellbaren Lastspannungen
- Anschaltung des Empfängersignals an einen Triggerkanal oder an die beiden Eingänge einer Zeitmeßeinrichtung
- Umschaltung der Treiber- und Empfängerreferenzspannungen zwischen zwei einstellbaren Spannungspaaren für Hi und Lo
- Speicher für Prüfbit, Tristate und Maskierung
- Ein sogenannter Analoganschluß, mit dem entweder eine oder mehrere Relaisschienen über alle Pins für Analoggeräte gebildet werden oder der Anschluß an ein Schaltfeld hergestellt werden kann (→Hybridprüfung).

Der Versorgungsteil stellt neben den für alle Pinelemente verfügbaren Signalen auch die Funktionen →Zeitmessung und →Triggerung zur Verfügung. Letztere ist z. B. notwendig, um die Takte der P. mit dem Prüflingstakt zu synchronisieren.

Mettler

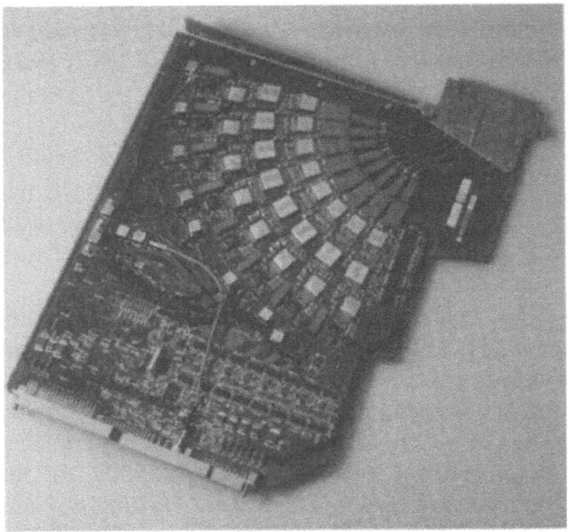

Pinelektronik 4: Typische P.-Karte (bestehend aus bipolaren ASICs) eines digitalen Testers. (Quelle: Teradyne)

pin-FET-Empfänger. Integrierter optoelektronischer Empfänger, bestehend aus der hybriden oder monolithischen Kombination einer →pin-Photodiode als →Photodetektor und einem →Feldeffekttransistor (FET) als hochohmigem →Verstärker.

Dieser verstärkende Empfänger zeigt bei optimaler Dimensionierung sowohl eine große Nachweisempfindlichkeit (→NEP) als auch eine hohe Frequenzbandbreite. Bedingt durch die weitgehend vergleichbaren Empfangseigenschaften ist er für zahlreiche Anwendungen als Alternative zur intern verstärkenden →Lawinenphotodiode (APD) anzusehen, deren Struktur, Herstellungstechnologie und Beschaltung zur Erzielung maximaler Systemeigenschaften im allgemeinen komplizierter und aufwendiger sind.

Ferner sind mit der Notwendigkeit kleiner Sperrspannungen und einer nur geringfügigen Temperaturdrift zwei weitere Pluspunkte für den pin-FET zu nennen.

Die Vorteile einer monolithischen Integration geben der Herstellung auf einem Trägermaterial (→Substrat) gegenüber der hybriden Kombination von pin-Photodioden und Feldeffekttransistoren eindeutig den Vorrang (→Empfänger, optoelektronisch). Als ein Beispiel für einen solchen monolithisch integrierten Photodetektor ist der InGaAs/InP-pin-JFET-Empfänger (Bild) zu nennen (J: engl. Junction). Beide Einzelkomponenten sind auf einem sehr hochohmigen (semi-isolierenden) Substrat angeordnet.

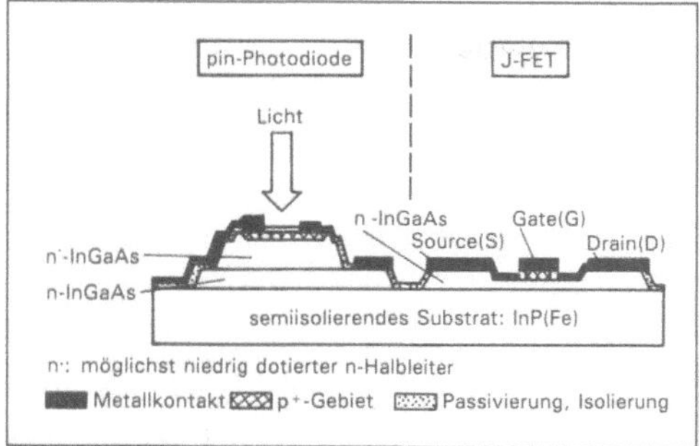

pin-FET-Empfänger: Aufbau eines monolithisch integrierten InGaAs/InP-pin-JFET-Photodetektors als Mesastruktur.

Praktische Anwendung finden integrierte pin-FET-E. mit oder ohne Glasfaseranschluß (*pig-tail*) in der Steuerungs- und Regelungstechnik (z. B. in Lichtschranken) oder in der Meßtechnik. Ebenso aussichtsreich ist ihr Einsatz in monolithisch integrierten optoelektronischen Wandlern oder Überlagerungsempfängern in zukünftigen optischen Nachrichtensystemen. *R. Kaiser*

Pinmap. Teil des Prüfprogrammes, der die Zuordnung zwischen den Anschlüssen des Prüflings und denen des dazugehörigen Prüfautomaten bzw. dessen →Prüflingsadapters beschreibt. Das →Prüfautomatenbetriebssystem arbeitet intern in der Regel mit den Nummern der Testerpins bzw. ihrer bitorientierten Darstellung und kann z. B. für die Fehleranzeige mit Hilfe der P. aus der internen Pindarstellung die Umsetzung in die lesbare Prüflingspinbezeichnung vornehmen. *K. Winter*

pin-Photodiode. Die pin-P. ist eine →Halbleiter-Photodiode, bei der sich zwischen hochdotierten p^+- und n^+-Gebieten eine hochohmige Übergangszone befindet, die aus einem undotierten (intrinsischen) oder nur schwach n- bzw. p-dotierten Halbleitermaterial besteht (Bild 1).

Der Unterschied zur pn-Photodiode liegt allein in dieser Struktur, die der Diode den Namen gibt und mit verbesserten Eigenschaften verbunden ist. Im Idealfall, d. h. bei Verwendung eines intrinsischen Halbleiters, erstreckt sich die →Raumladungszone bereits ohne eine externe elektrische Betriebsspannung $U_B < o$ (Sperrspannung n) über die gesamte Zwischenschicht. Das entstehende elektrische Feld $\vec{E}$ ist nahezu im gesamten Sperrschichtbereich maximal und konstant, wodurch eine gleichmäßig hohe Beschleunigung der generierten →Ladungsträger an allen Orten in der Raumladungszone erfolgt (Bild 1).

Bei optimaler Strukturierung und Dimensionierung zeichnen sich p.-P. i. a. durch sehr gute Eigen-

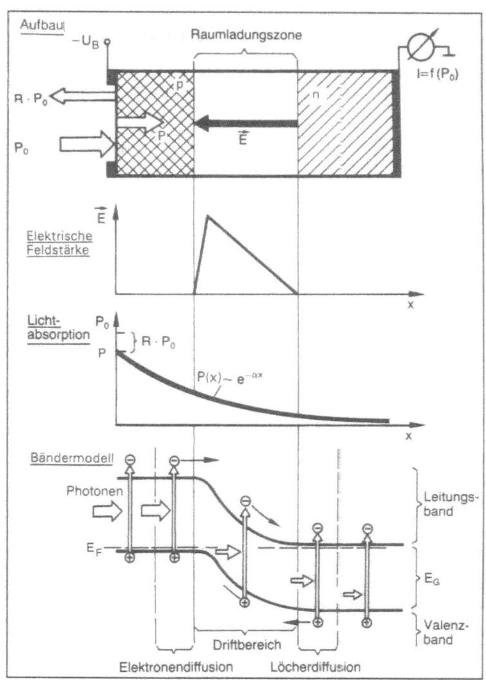

pin-Photodiode 1: Prinzipieller Aufbau, elektrische Feldverteilung, Lichtabsorption und Bändermodell (U = oV) einer idealen Homostruktur-pin-P. (E_F: Fermienergie, I: Photostrom, U_B: Betriebsspannung $<$oV).

schaften aus, die sie für eine Vielzahl von Anwendungen auf dem Gebiet der Optoelektronik favorisieren:

- hohe →Photoempfindlichkeit;
- kurze Ansprechzeiten, d. h. große Frequenzbandbreite (z. B. HP-Si-pin-Diode bis 20 GHz!);
- ausgezeichnete Linearität des Photostromes bezüglich der optischen Lichtleistung über mehrere Dekaden;
- geringes Eigenrauschen (hohe Nachweisempfindlichkeit);
- kleine Sperrspannungen.

Für den sichtbaren und nahen infraroten Spektralbereich werden Si- und Ge-pin-Dioden als Standard-Typen eingesetzt. Besonders vorteilhaft zur Herstellung leistungsfähiger p.-P. erweist sich bei Verwendung spezieller Mischkristallhalbleiter (z. B. $In_{1-x}Ga_xAs_yP_{1-y}$, $Ga_{1-x}Al_xAs$; x, y: Mischungsparameter) der Aufbau als Heterostrukturen (Bild 2). Durch die Kombination einer p.-P. mit einem →Bipolartransistor (BT) oder einem Feldeffekttransistor (→FET) entsteht ein verstärkender optoelektronischer →Empfänger (pin-BT-Empfänger, →pin-FET-Empfänger). *R. Kaiser*

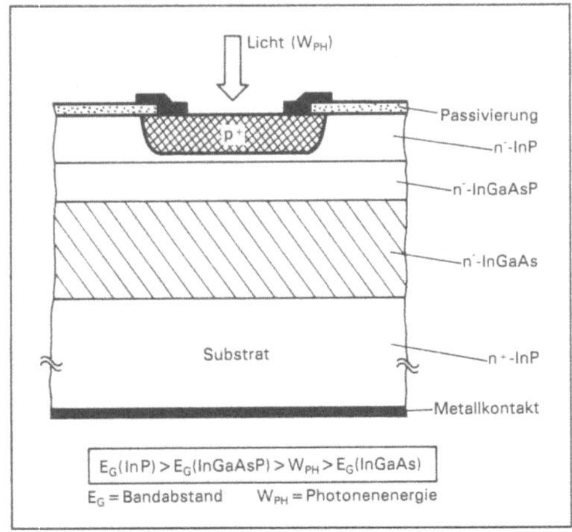

pin-Photodiode 2: Struktur einer planaren InGaAs/InP-Heterostruktur-pin-P. für Lichteinstrahlung durch das p^+-Gebiet.

Literatur: *Unger, H. G.:* Optische Nachrichtentechnik, Teil II, Heidelberg, 1985. – *Winstel, G.* und *C. Weyrich:* Optoelektronik II, Reihe: Halbleiter-Elektronik, Berlin–Heidelberg–New York, 1986.

Pit →Bildplatte

Pitch. P. ist der Abstand der Maskenlöcher bei einer Schattenmaskenröhre voneinander (→Lochmaske), in erster Näherung ist das auch der Abstand der →Farbtripel voneinander bzw. der Dots gleicher Farbe (Lochmaske). Die Festlegung des P. ist eine der wichtigsten Maßnahmen gegen das Auftreten von →Moiré. *Nerstheimer*

Literatur: *Pohl, R. W.:* Optik und Atomphysik. Berlin.

Pixel. Kleinste Auflösungseinheit eines Gitters von Struktureinheiten. In der Technik hochintegrierter Schaltungen und Halbleiter-Bildsensoren ist ein P. die kleinstmögliche Fläche, die in einem Photolithographieprozeß und Ätzschritt noch aufgelöst werden kann. Dadurch wird das →Auflösungsvermögen der Bildsensoren begrenzt.

Für hochentwickelte Fertigungsprozesse liegt ein P. heute unterhalb von einem Quadratmikrometer. *Schaumburg*

PLA. (*engl.* Programmable Logic Array, programmierbares logisches Feld) Spezielle Form eines programmierbaren logischen Elementes (→PLD) bestehend aus einer UND- (oder Produkt-) Matrix und einer ODER- (oder Summen-) Matrix, die beide programmiert werden können. Die PLA ist die am meisten eingesetzte programmierbare →Logik, da sie – im Gegensatz zum →ROM bzw. →PROM eine minimierte →Schaltungsbelegungstabelle in disjunktiver Normalform bildet (Tabelle). Der Adreßdekoder im PROM wird hier durch eine programmierbare Matrix ersetzt, in der zunächst alle UND-Terme entstehen. Ihre Ausgänge sind zugleich die Eingänge einer zweiten Matrix (ODER-Matrix). Dort werden die in der UND-Matrix erzeugten Produkte gemäß →Logikfunktion summiert und an die Ausgänge der PLA gegeben. Der Vorteil gegenüber dem PROM ist offenbar: es wird nicht die ganze Schaltungsbelegungstabelle gespeichert, sondern die ihr zugeordnete minimierte Logikfunktion. Dies bringt Einsparung, wenn die Schaltungsbelegungstafel wenig Eins-, aber viele Null-Zustände aufweist. Für die UND- und ODER-Verknüpfungen bietet sich zunächst die Technik verdrahteter Verknüpfung (sog. Wired-AND-, Wired-OR) wie beim ROM an, entweder über Masken durch den Hersteller oder beim Anwender nach den gleichen Prinzipien wie PROM, →EPROM. In diesen Fällen spricht man von feldprogrammierbarer Logik (→FPLA, Field Programmable Logic).

PLA. Tabelle: Realisierungsformen.

Realisierungsform	Erste Matrix	Zweite Matrix
Disjunktive Normalform	UND	ODER
Konjunktive Normalform	ODER	UND
NAND-Normalform	NAND	NAND
NOR-Normalform	NOR	NOR

Zunehmend werden auch das EAROM-Konzept auf die PLA übertragen: elektrisch programmierbare und löschbare Logikbausteine (EPLD). Schaltungstechnisch bieten die UND-ODER-Matrizen nicht die einzige Lösung (Tabelle), schaltungsabhängig können auch andere Realisierungen wie die NAND-NAND- und NOR-NOR-Formen günstig sein. *R. Paul*

PLA-/PLD-Generierung →Schaltkreis-Entwurf

Planartechnologie. Durch die Erfindung der P. durch *Hörni* wurde die moderne Mikroelektronik erst ermöglicht. Sie beruht auf der Oxidierbarkeit des →Siliciums, den Maskierungseigenschaften des →Siliciumdioxids (SiO_2) gegen die →Diffusion der meisten Dotierelemente und den isolierenden Eigenschaften des SiO_2. Vor Erfindung der P. wurden einzelne Bauelemente hergestellt und extern durch Drähte oder mit Hilfe einer gedruckten Schaltung verbunden. Neben der Oxidation und Diffusion sind zur Fertigung von Bauelementen in P. noch zahlreiche weitere Technologieschritte wie z. B. →Ionenimplantation, →Lithographie, →Ätzen, →Schichtabscheidung, →Metallisierung und

→Bonden notwendig. Mit Hilfe von abgeschiedenen SiO_2-Schichten ist es auch bei anderen Halbleitern, z. B. GaAs möglich, Bauelemente in P. herzustellen. Alle integrierten Siliciumschaltkreise werden in P. hergestellt (→MOS-Technik, →CMOS-Technik, →BICMOS-Technik, →Bipolartechnik).

Ryssel

Plasma Chemical Vapour Deposition
→Schichtabscheidung

Plasma Enhanced Chemical Vapour Deposition
→Schichtabscheidung

Plasmaanzeige. Den Gasentladungsanzeigen oder auch P. liegt das Prinzip der elektrischen Entladung in einem Gas zugrunde. Der Entladungsvorgang resultiert in einer Lichtemission der Gasmoleküle.

P. bestehen aus einer Zelle, die von zwei miteinander verschmolzenen Glasträgern für die Elektroden begrenzt sind. Die Elektroden im Sichtbereich des Plasma-Displays bestehen aus einem transparenten Halbleitermaterial (z. B. Indium-Zinn-Oxid oder ITO). Ihr Abstand liegt im Bereich von mehreren Millimetern. Die Elektroden werden durch Verschmelzungen der Zelle nach außen geführt und können hier mit den Zuleitungen für die elektrischen Signale verbunden werden.

Primär im Gasraum befindliche →Ladungsträger werden durch das elektrische Feld auf eine der Elektroden hin beschleunigt. Dort erzeugen sie beim Auftreffen Sekundärelektroden, die dann ebenfalls durch das elektrische Feld zur →Anode hin beschleunigt werden. Auf ihrem Wege kollidieren sie mit Gasmolekülen. Bei ausreichender Energie der Ladungsträger werden die Gasmoleküle in einen angeregten Zustand gebracht. Die Elektronen in den angeregten Zuständen können dann unter Lichtemission wieder in den Grundzustand zurückspringen. Die Farbe des Emissionslichtes ist deshalb charakteristisch für den Anregungszustand der Gasmoleküle und damit für den Mechanismus des Entladungsvorgangs, d. h. die Emissionsfarbe hängt entscheidend von der Gasmischung und den Betriebsbedingungen die Gasentladung ab.

Gasentladungen sind stark nichtlineare Vorgänge (Bild 1).

Bei einem Plasma-Display mit matrixartiger Elektrodenstruktur (Bild 2) sind die Elektroden als Streifen auf beiden Glasplatten aufgebracht. Die Elektrodensysteme auf Front- bzw. Rückplatte sind orthogonal zueinander angeordnet. Jeder Kreuzungspunkt zweier Elektroden stellt einen Bildpunkt dar.

Zur Anregung der P. legt man an eine der Zeilenelektroden ein Spannungssignal an. Dessen Amplitude ist kleiner als die Anregungsspannung. Gleichzeitig legt man an eine Spaltenelektrode ein

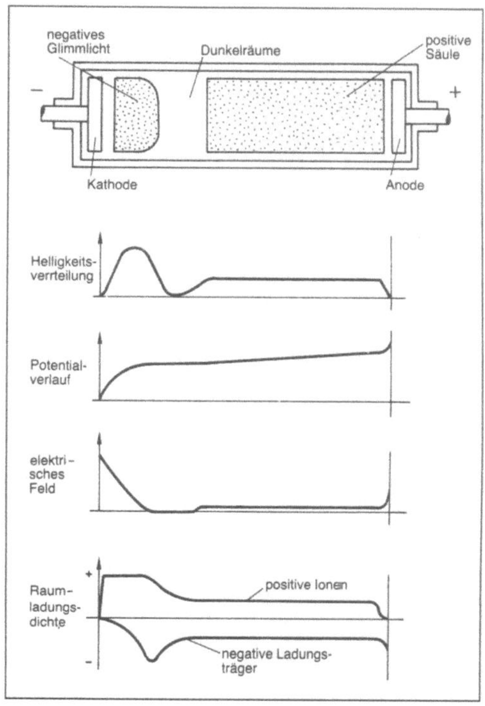

Plasmaanzeige 1: Typische Merkmale einer Gasentladung.

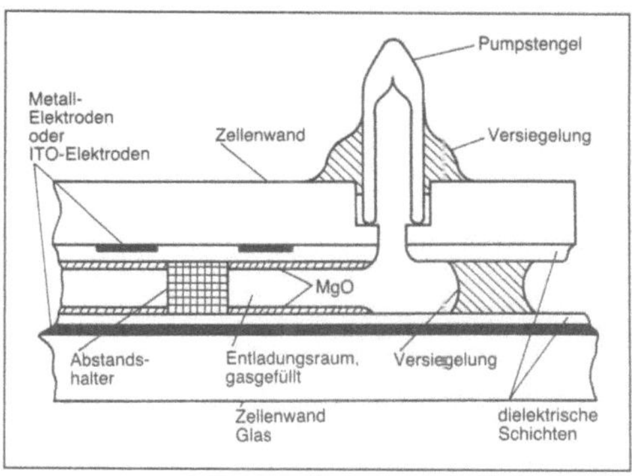

Plasmaanzeige 2: Schnitt durch ein AC-Plasma-Display. (Quelle: IBM)

zweites Signal, das ebenfalls kleiner als die Anregungsspannung ist, an. Am Kreuzungspunkt beider Elektroden überschreitet die resultierende Spannung die Anregungsschwelle. Nur hier wird das Gas wegen der nichtlinearen Kennlinie zur →Emission von Licht angeregt.

Die Matrix-Anordnung der Elektroden bringt den Vorteil mit sich, daß gleichzeitig alle Bildpunkte einer Zeile angesteuert werden können. Dazu werden gleichzeitig die Signale für alle Bildpunkte dieser Zeile an die Spaltenelektroden angelegt. Die Zeilen werden dann nacheinander in entsprechender Weise angesteuert. Nach Durchlaufen aller Zeilen konnte jeder Bildpunkt des Bildschirms einmal angeregt werden (→Multiplex-Ansteuerung).

Bei der Realisierung von P. tritt eine Vielzahl von technologischen Problemen, wie die Anordnung der Elektroden, die Gasmischung, die Werkstoffauswahl etc. auf. Dies hat zu mehreren prinzipiell unterschiedlichen Grundanordnungen geführt.

So wurden Bildschirme entwickelt, die mit Gleichspannungssignalen angeregt werden können (dc-Plasma-Displays).

Bei diesen Displays spielt die Erzeugung einer ausreichend großen Zahl von Primärladungsträgern eine entscheidende Rolle. Sie werden z. B. in separat geführten Entladungsstrecken erzeugt.

An den Elektroden von dc-Plasma-Displays treten u. U. Polarisierungseffekte auf, die dann zu einer Abnahme der →Helligkeit während des Betriebes führen.

Bedeckt man die Elektroden mit einer dünnen Isolatorschicht, so kann man Spannungssignale wechselnder Polarität an die Elektroden legen (ac-Plasma-Displays). Diese Displays verfügen über einen inerten „Speichereffekt", d. h. ein einmal angesteuerter Bildpunkt bleibt solange angesteuert, solange das Ansteuerungssignal anliegt, ohne daß je Schirmzyklus ein erneuter Zündvorgang erforderlich ist.

Die Anregungsspannung von P. liegt im Bereich von 100–250 V. Damit sind zur Ansteuerung teure Halbleiterschaltungen (IC's) erforderlich.

Die Emissionsfarbe einer P. wird im wesentlichen durch die Gasmischung bestimmt. Die meist verwendeten Edelgasgemische emittieren im gelborange Spektralbereich. Es sind jedoch auch solche Displays realisiert worden, deren Gasmischung im ultravioletten Bereich emittieren. In einem solchen Display kann auf die Wandung ein Farbwandler aufgebracht werden, der das uv-Licht in den sichtbaren Bereich überträgt. Entsprechende Anordnungen werden zum Aufbau von farbigen P. ausgewählt. Nebeneinander liegende Bildpunkte tragen dann Farbwandler, die in rot, grün oder blau emittieren.

P. haben sich in den vergangenen Jahren eine feste Marktposition überall dort erobern können, wo ihr robuster Aufbau und die sichere Funktion auch unter extremen Bedingungen, wie tiefe Temperaturen, Vorteile brachte und die hohen Kosten eine weniger bestimmende Rolle spielen. Typisches Beispiel hierfür sind militärische Anwendungen und Anwendungen im öffentlichen Verkehr (Lokomotiven).

Die hohen Kosten und das hohe Gewicht der P. läßt kaum erwarten, daß sich diese Displaytechnologie einen Massenmarkt, wie den der Fernsehgeräte, erobern kann. *Potthars*t

Plasmaätzen →Trockenätzen

Plasmabildschirm →Flachbildröhre mit Plasmaentladung

Plasmaoxidation. Ziel der P. ist die Herstellung von Oxiden bei niedrigeren Temperaturen als bei der klassischen thermischen →Oxidation. Die P. ist ein Niederdruckprozeß, wobei der Sauerstoff bedingt durch das Plasma in angeregter Form oder auch ionisiert vorliegen kann.

Die Erzeugung des Plasmas geschieht durch eine Glühkathoden-Gleichspannungsentladung, durch induktiv eingekoppelte Hochfrequenz oder durch Einkoppelung von Mikrowellen.

Der Prozeßdruck variiert je nach Verfahren, liegt jedoch unter 0,5 mbar. Der Wachstumsprozeß erfolgt linear-parabolisch. Die Wachstumsrate läßt sich durch Erhöhen der Scheibentemperatur, der Plasmaenergie und der positiven Vorspannung der Scheibe steigern. Durch Konstanthaltung des Stromes läßt sich, ähnlich wie bei der anodischen Oxidation, eine lineare Wachstumsrate erzielen.

Mit der P. erhält man vergleichbare Wachstumsraten wie bei der thermischen Oxidation bereits bei 400 °C. Die Reinheit des Oxids (→Sputtern von den Prozeßkammerwänden durch die Plasmaionen) ist dagegen schlechter als bei thermischen Oxiden. Auch treten bei der P. höhere Oxidladungsdichten auf (Faktor 2). Die Spannungsfestigkeit (Durchbruchsfeldstärke 4–8 MV/cm) ist jedoch vergleichbar mit thermischen Oxiden. Es tritt kein bird's beak-Effekt (→LOCOS-Technik) auf. *Ryssel*

Plasmaprozeß →Schichtabscheidung, →Trockenätzen

Plasmawellen-Beschleuniger. Neuartiges Konzept zur Beschleunigung von Teilchen, bei dem in einem Plasma mit Hilfe von Hochleistungslasern longitudinale Plasmawellen angeregt und deren extrem starke lokale elektrischen Felder ausgenutzt werden. Zieht man geladene Teilchen im Plasma auseinander, so entsteht ein elektrisches Feld, das der Trennung entgegenwirkt. Nach Loslassen schwingen diese Teilchen in ihrem eigenen Feld um eine neutrale Ruhelage mit der Plasmafrequenz (e = Elementarladung)

$$\omega_p = \left(4\pi \cdot N \cdot Z \cdot \frac{e^2}{m}\right)^{1/2},$$

die bei gegebener Kernmasse m und Ladungszahl Z nur noch von der Zahl der Teilchen N im Volumen und damit vom Gasdruck abhängt. Mit einem Laserstrahl, der nur transversale elektrische Felder hat, können auch nur transversale Plasmawellen angeregt werden. Deshalb benutzt man zwei Laserstrahlen, die sich in der Frequenz gerade um die Plasmafrequenz ω_p unterscheiden. Diese überlagern sich zu einer Schwebung (*engl.* beat-wave), wodurch sich ein periodisch gepulster Laserstrahl ergibt mit der Pulsfrequenz ω_p. Dieser macht im Plasma eine *Raman*-Vorwärtsstreuung, die die gewünschten longitudinalen Plasmawellen anregt. Die dabei möglichen Feldstärken von ca. 10^{11} V/m können zur Beschleunigung von Teilchen genutzt werden.

Wille

Plastoferrit →Permanentmagnet

Plattenlaufwerk →Magnetplattenlaufwerk

Plausibilitätskontrolle. Prüfung, ob verschiedene, auf Grund theoretischer Überlegungen zusammenhängende Signale miteinander verträglich sind.

Bei vielen Prozessen hängen die einzelnen Größen in einer definierten Weise voneinander ab. Bei Sattdampf z. B. sind die Temperatur und der Druck über die Siedekurve gekoppelt. Hier läßt sich kontrollieren, ob gemessene Temperatur- und Druckwerte zueinander passen, oder ob eine der beiden Meßstellen gestört ist.

Die P. zur →Ausfallerkennung läßt sich insbesondere dann anwenden, wenn Komponenten oder Teilsysteme mit Hilfe eines mathematischen Modells nachgebildet werden können. Dieses Modell wird einem Prozeßrechner zur Verfügung gestellt, der dann prozeßgekoppelt die Meßwerte auf ihre Plausibilität, d. h. auf ihre Verträglichkeit mit dem Modell hin überprüfen kann. Dabei können nicht nur gleichartige Größen, sondern auch unterschiedliche, und nicht nur direkt gemessene Größen, sondern auch berechnete verglichen werden.

Die P. hilft auch in Ausnahmesituationen zu entscheiden, ob ungewöhnliche Meßsignale vertrauenswürdig sind und damit ungewöhnliche Betriebsbedingungen anzeigen.

Die Vorgehensweise bei der P. wird anhand des Bildes deutlich. Der gezeigte Kreislauf besteht aus einer Rohrleitung mit Pumpe und einem Wärmeaustauscher, durch den das Kühlmittel gepumpt wird. Gemessen werden die Förderhöhe H als Differenzdruck und die Durchflußmenge Q. Bekannt sind weiterhin die Kennlinie P der Pumpe (große Fördermenge bei kleiner Förderhöhe) und die Kennlinie R der Rohrleitung (großer Widerstand bei großem Durchfluß). Der Nennbetriebspunkt mit der Fördermenge Q_o und der Förderhöhe H_o ergibt sich als Schnittpunkt der beiden Kennlinien (Bild, b). Die gemessenen Werte sind die Durchflußmenge Q_m und die Förderhöhe H_m. Bei bestimmungsgemäßem Betrieb wird der Nennbetriebspunkt erreicht, $Q_m = Q_o$ und $H_m = H_o$. Weichen die gemessenen Werte von den gespeicherten Kennlinien ab, so lassen sich folgende Störungen identifizieren:

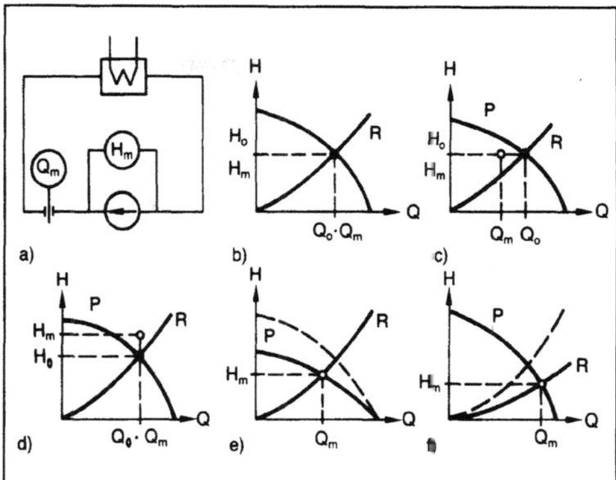

Plausibilitätskontrolle: Kühlkreislauf mit einer Differenzdruckmessung H_m und einer Durchflußmessung Q_m.
a) Schema
b) Kennlinie im ungestörten Betrieb
c) Fehlerhafte Durchflußmessung
d) Fehlerhafte Differenzdruckmessung
e) Pumpenversagen
f) Leck der Rohrleitung.

– Fehlerhafte Durchflußmessung; Das Wertepaar H_m, Q_m paßt zu keiner Kennlinie. Der Vergleich der gemessenen und berechneten Werte identifiziert mit $H_m - H_o = 0$ und $Q_m - Q_o \neq 0$ die Durchflußmessung als gestört.

– Fehlerhafte Differenzdruckmessung; das Wertepaar H_m, Q_m liegt wieder außerhalb der Kennlinie. Mit $Q_m - Q_o = 0$ und $H_m - H_o \neq 0$ wird die gestörte Differenzdruckmessung gefunden.

– Pumpenversager; die Kennlinie der Pumpe ist in Richtung niedrigerer Förderhöhen verschoben. Die gemessene Fördermenge Q_m ist kleiner als Q_o; das Wertepaar Q_m und H_m liegt auf der ursprünglichen Rohrleitungskennlinie.

– Leck der Rohrleitung; die Kennlinie der Rohrleitung ist in Richtung niedrigerer Strömungswiderstände verschoben. Die gemessene Fördermenge Q_m ist größer als Q_o. Das Wertepaar Q_m und H_m liegt auf der ursprünglichen Kennlinie der Pumpe. Eine Verschiebung der Rohrleitungskennlinie in Richtung höherer Differenzdrücke weist auf eine verschmutzte Rohrleitung hin.

Schrüfer

Literatur: *Hawickhorst, W.*: Ein neues rechnergestütztes Konzept für die Inspektion der technischen Sicherheitseinrichtungen in Kernkraftwerken. Diss. TU. München 1977. – *Schrüfer, E.*: Zuverlässigkeit von Meß- und Automatisierungseinrichtungen. München 1984.

Plazierung. P. ist die Positionierung eines Stromlauf- oder Layoutsymboles auf dem Bildschirm eines CAD-/CAE-Arbeitsplatzes. Symbole können

in der Originaldarstellungsform mit oder ohne Berücksichtigung eines Rasters positioniert, vergrößert und verkleinert, aber auch vorher gedreht oder seitenverkehrt (Spiegelung) dargestellt werden:
□ Drehung: Die Drehlage kann in der Regel in 90°-Schritten verändert werden. Manche Systeme erlauben jedoch auch beliebige Drehwinkel.
□ Spiegelung: Dabei wird ein Symbol gespiegelt, also seitenverkehrt dargestellt, und in dieser Form z. B. in das Layout-Abbild eingefügt. Die Spiegelung wird z. B. bei der Layout-Erstellung für doppelseitig bestückte SMT-Baugruppen angewandt.

K. Winter

PLD. (*engl.* Programmable Logic Device, programmierbare Logikschaltung, programmierbare Logik)

1. Allgemein: Digitale Struktur, bei der die Festlegung der logischen Funktion durch den Anwender erfolgt. Grundsätzlich sind dabei zwei Strategien gangbar:
- Variation der Funktion von typischen logischen Strukturen wie z. B. Multiplexer/Demultiplexer, NOR-Matrix, →ROM (→PROM, →EPROM), →RAM,
- Variation der Kopplung dieser logischen Strukturelemente.

Ein bekanntes Beispiel aus der ersten Gruppe ist der →Multiplexer, dem bei fester Wertebelegung der Programmiervariablen eine kanonische disjunktive Normalform zugeordnet werden kann. Weiter lassen sich durch eine zweistufige Anordnung von NOR-Matrizen mit definiert vorgeschalteten Negationen Bündel beliebig logischer Funktionen realisieren. Schließlich können auch Speicherstrukturen (ROM, PROM, EPROM, RAM) als universelle Logikstrukturen eingesetzt werden, weil die Programmierung und logische Funktionsbildung zeitlich gestaffelt ist. Drei- und vierstufige Normalformdarstellungen (z. B. UND-UND-ODER-, UND-ODER-UND-ODER) werden durch Kopplungen verschiedener logischer Grundstrukturen realisiert, z. B. Dekoder-Multiplexer-OR-Matrix u. a.

2. Speziell: Integrierte digitale Schaltung meist hohen Integrationsgrades mit einer matrixartigen Gatteranordnung, die durch Programmierung eine komplexe logische Funktion zu realisieren gestattet. Verbreitet sind dabei Strukturen für zweistufige Logik, zunehmend werden auch Strukturen für komplexere Funktionen entwickelt.

Üblicherweise werden logische Funktionen durch Standardschaltkreise mit vorgegeben, d. h. durch feste →Verdrahtung entstandene logische Funktionen aufgebaut. Dabei entsteht neben einem erheblichen Aufwand an Verdrahtungs- und Prüfarbeiten auch der Zwang, einen größeren Schaltkreisvorrat verfügbar zu halten. Strukturmäßig sind diese Schaltungen nicht besonders regulär aufgebaut.

Seit einiger Zeit gibt es aber verschiedene sehr regulär, d. h. arrayartig aufgebaute hochintegrierte Schaltkreise zur Realisierung logischer Funktionen, die der Anwender – entweder mit oder ohne Hilfe des Herstellers – programmieren kann. Dazu zählen drei Hauptgruppen:
□ (programmierbare) →Speicher wie ROM, PROM, EPROM, →EEPROM
□ programmierbare Logikbausteine PLD (im engeren Sinne) wie:
- →PAL (Programmable Array Logic)
- →PLA (Programmable Logic Array)
- EPLD (Erasable Programmable Logic Device)
- GAL (Generic Array Logic)
- RAL (Reprogrammable Array Logic)
- →FPLA (Field Programmable Logic Array)
- FPGA (Field Programmable Gate Array)
- FPLS (Field Programmable Logic Sequencer)

□ programmierbare Spezialfunktionen wie
- Frequenz-Dekoder
- Dioden-Matrizen.

Neben den Speichern erlebte vor allem die Gruppe der programmierbaren Logiken in letzter Zeit eine erhebliche Verbreitung dank ihrer Vorteile:

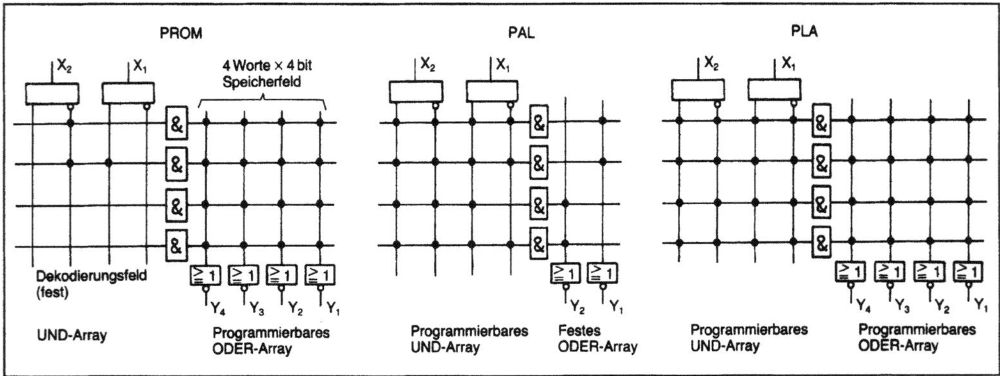

PLD: Programmierbare logische Anordnungen.

– kürzeste Entwicklungszeit,
– erhebliche Einsparungen an Leiterkarten, Verbindungen, Stecker, Volumen und Arbeitsaufwand,
– einfachste Änderungs- und Anpaßbarkeit sowie
– deutlich höhere →Packungsdichte, zwei bis drei PLD ersetzen zehn bis 15 SSI- und MSI-Standardschaltungen.

Die Grundidee dieser Schaltungen geht auf die Logikrealisierung durch den ROM zurück. Bekanntlich entspricht seine Funktion genau der eines regulär strukturierten (zweistufigen) Schaltnetzes. Dabei wird an den Eingang eine „Adresse" – bestehend aus dem Eingangswort mit den binären Eingangsvariablen – angelegt und am Ausgang der unter dieser Adresse gespeicherte (hineinprogrammierte) Inhalt ausgelesen (Bild). So realisiert das ROM eine kanonische Normalform der Schaltfunktion, und es besteht im Prinzip aus einer festverdrahteten UND-Matrix zur völligen Dekodierung der verschiedenen Adressen und einer ODER-Matrix, die den in den Adressen gespeicherten Inhalt festlegt. Bei den PLD sind nun beide Matrizen oder nur die ODER-Matrix programmierbar (PAL, PLA). Dadurch ergibt sich eine Reihe von Vorteilen für die Realisierung kombinatorischer Funktionen.

R. Paul

Literatur: *Hodges, D. and H. Jackson:* Analysis and Design of Digital Integrated Circuits. New York 1983. – *Millman, J. and A. Grabel:* Microelectronics. New York 1986.

PLL. Der Phasenregelkreis (*engl.* phase locked loop, phasenverkoppelte Regelschleife) ist ein geschlossener Regelkreis bestehend aus einem Phasendetektor, einem Tiefpaß, einem →Verstärker und einem spannungsgeregelten Oszillator (→VCO) (Bild). Man führt das Signal des spannungsgesteuerten Oszillators und das eines Referenzoszillators (Signalgenerator) dem Phasenvergleicher zu. Das ist bei der linearen PLL ein Analogmultiplizierer. Unterscheiden sie beide Signale, so erscheint am Ausgang des Phasendetektors eine Schwingung mit der Summen- und Differenzfrequenz. Der Tiefpaß unterdrückt die Summenfrequenz, das Differenzsignal wird verstärkt und

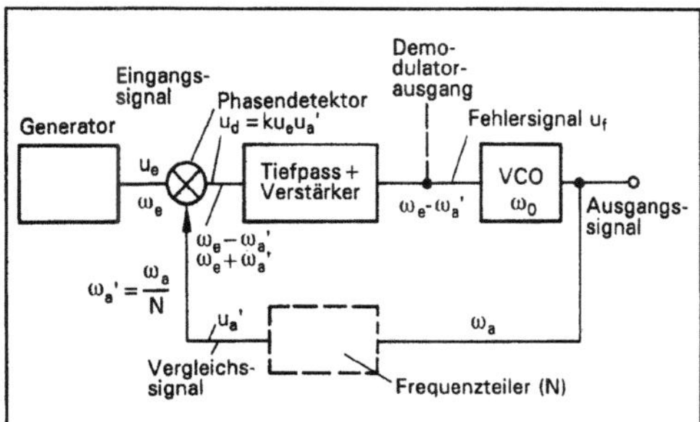

PLL: Schematische Darstellung.

steuert den Oszillator so, daß die Frequenzen von Vergleichs- und Eingangssignal schließlich übereinstimmen. Von einer bestimmten Phasendifferenz an ist das System „eingerastet" (Regelkreis geschlossen), d. h. das Signal des freischwingenden Oszillators ist phasenstar mit dem Referenzoszillator gekoppelt.

PLL stehen heute als IC's in breiter Auswahl zur Verfügung und haben breite Anwendung erlangt als →Decoder (PAL, Stereo, Modem) sowie zur Frequenzsynthese (→Tuner in Rundfunk- und Fernsehgeräten, FSK-Empfänger).

R. Paul

PLL-Synthesizer. Bezeichnung für eine Schaltung zur Erzeugung von hochgenauen Frequenzen, die durch den Vergleich von abstimmbaren Oszillatoren mit der herabgeteilten Frequenz eines Quarzgenerators über eine Regelschleife gewonnen werden. Diese Form der indirekten Synthese (Bild) wird in den Geräten der Unterhaltungselektronik überwiegend angewandt. Die ebenfalls mögliche direkte Synthese (Frequenzteilung der Quarz-Referenzquelle) macht in der Praxis größere Schwierigkeiten (Störstrahlung, Filterprobleme).

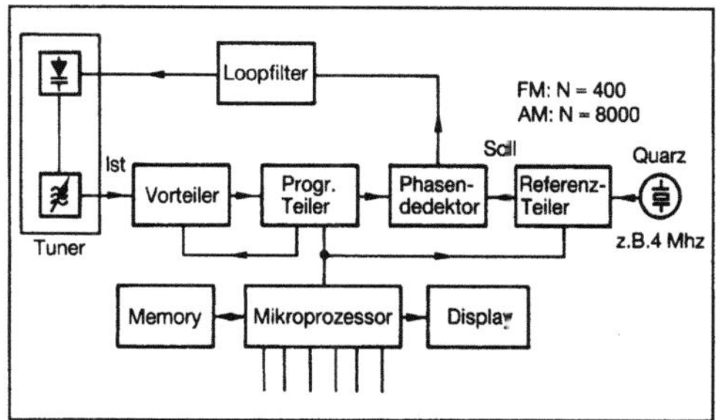

PLL-Synthesizer: Blockschema einer PLL-Schaltung mit Signalwegen.

In einer PLL-Schaltung (*engl.* Phase Locked Loop) (Bild) wird die Tuner-Oszillatorfrequenz (Ist-Wert) mit der Quarz-Referenzfrequenz (Soll-Wert) verglichen und ist dabei über eine Regelschleife (Loop-Filter) frequenz- und phasenstarr mit ihr verkoppelt. Das Abstimmen auf einen Sender erfolgt in Frequenzschritten, die von den Teilerverhältnissen abhängig sind. Im UKW-Bereich sind Werte von 100 kHz, 50 kHz bis herunter zu 10 kHz gebräuchlich, auf den AM-Bereichen muß noch um den Faktor 100 weiter geteilt werden, z. B. auf 500-Hz-Schritte. Durch die Verkopplung der Tuner-Oszillatorfrequenz mit der Quarz-Referenzfrequenz kann die Abstimmung auf den Sender mit der Präzision und Stabilität der Quarzfrequenz erfolgen und die Senderfrequenz gleichzeitig auf einem Display angezeigt werden.

Bahr

Plumbicon. Das Aufnahmerohr vom Vidicontyp (Philips) mit Sperrschicht-Photoleitertarget hat in der Farbfernseh-Aufnahmetechnik des Fernsehrundfunks weite Verbreitung gefunden. Als Targetmaterial wird Bleioxid in der roten, tetragonalen Modifikation verwendet, das Target selbst ist in der Form einer NIP-Photodiode aufgebaut.

Das P. zeichnet sich durch eine kompakte Bauform und unkomplizierte Betriebsweise, eine hohe Quantenausbeute sowie spektrale Empfindlichkeit der Schicht vornehmlich im Bereich des blauen Lichts aus. Die früher bemängelte Empfindlichkeit im Roten wurde durch Entwicklung einer speziellen Wandlerschicht verbessert. Der →Dunkelstrom des Targets ist außerordentlich klein. Das P. verfügt über eine lineare Kennlinie. Bei sehr starken Aussteuerungen können Fackelerscheinungen (Blooming) auftreten, da der Abtaststrahl hierbei mehrere Vollbildzyklen benötigt, um die Ladungen des Targets auszulesen. Um diese Effekte zu reduzieren, wurde ein Strahlerzeugungssystem entwickelt, das eine momentane Hochtastung des Abtaststrahls gestattet, und das als Anti Comet Tail-Gun (ACT) bekannt ist.

Hervorzuheben ist die geringe zeitliche Trägheit des P., mit der wechselnde Bildinhalte mit starken Kontrasten verarbeitet werden können. Es tritt lediglich eine geringe (kapazitive) Entladeträgheit (Discharge Lag) auf, die durch Anwendung eines Vorlichtes (Bias Light) wesentlich reduziert werden kann.

Zwischen den Größen Auflösung, Dicke der Targetschicht, zeitlicher Trägheit und der Energieverteilung der Elektronen im Abtaststrahl besteht ein funktioneller Zusammenhang.

Im Bestreben, die Auflösung des P. zu verbessern, wurde die Dicke des Targets reduziert. Hierdurch resultierende Zunahme der zeitlichen Trägheit wurde durch die Entwicklung eines neuen Strahlerzeugungssystems, des Diode Gun, begegnet.

Die Strahlablenkung sowie die →Fokussierung des Abtaststrahls erfolgt durch magnetische Felder, es sind aber auch Varianten mit magnetischer →Ablenkung und elektrostatischer Fokussierung sowie elektrostatische Ablenkung und magnetischer Fokussierung bekannt. *Hausdörfer/Weitzel*

Literatur: *de Haan, E. F.* und *A. van der Drift, P. P. N. Schamper:* Philips Technische Review, 25 (1964), S. 133. – *Franken, A. D.:* RTM, 23 (1979), S. 113.

PMOS-Technik. (*engl.* P-Channel-Metal Oxide Semiconductor Technique, p-Kanal-Metall-Oxid-Halbleitertechnik) →MOS-Technik, die ausschließlich p-Kanaltransistoren verwendet. Sie war historisch die erste, in größerem Umfang entwickelte MOS-Technik. Die große →Schwellspannung dieser Technik erforderte sehr große Betriebsspannungen (Hochvolt-Technik). Deshalb war die PMOS-T. nicht TTL-kompatibel und hatte nur geringe Grenzfrequenzen (100 kHz bis 3 MHz). Sie wird (von einigen Sonderanwendungen wie einfachen Taschenrechnern, langsamen Steuerschaltungen u. a. abgesehen) kaum noch angewendet, weil die zwischenzeitlich entwickelte →NMOS-Technik bedeutend bessere Eigenschaften hat. *R. Paul*

pn-Diode. →Halbleiterdiode, die den →pn-Übergang (oder mehrere) als Grundstruktur benutzt und deren elektronische Eigenschaften somit durch den pn-Übergang und seine grundsätzlichen Einflußgrößen (Material, Dotierung, Geometrie) gegeben sind (Bild).

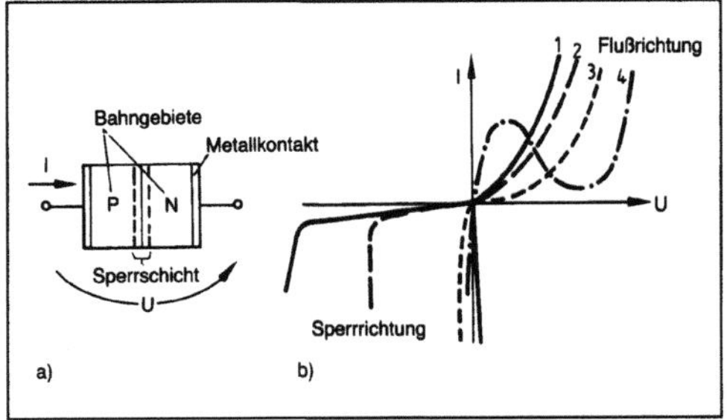

1 – Lawinen-Diode ($N \approx 10^{15}$–10^{16} cm^{-3}), 2 – Z-Diode ($N \approx 10^{17}$–$5 \cdot 10^{18}$ cm^{-3}), 3 – Rückwärts-Diode ($N \approx 5; 10^{19}$ cm^{-3}), 4 – Tunnel-Diode ($N \approx 10^{20}$–10^{21} cm^{-3})

pn-Diode: Schematische Darstellung.
a) Aufbau
b) Kennlinie, Einfluß der Störstellenkonzentrationen N auf die Kennlinienform.

Am verbreitesten ist die pn-D. mit Homo-pn-Übergang auf Siliciumbasis. Diese Form wird als p. schlechthin verstanden. Ihr Strom-Spannungsverhalten (→Kennlinie) ist stark abhängig von der anliegenden Spannungsrichtung; es wird in sehr guter Näherung durch

$$I = I_S (\exp U/U_T - 1)$$

(I_S Sättigungsstrom, $U_T = kT/q = 26\,mV$ $T = 300\,K$ Temperaturspannung, q Elementarladung, k Boltzmann-Konstante, T absolute Temperatur) ausgedrückt. Die Kennlinie dieses sog. idealen pn-Überganges wird vom Sättigungsstrom I_S (konstruktiv-technologische Größe) und der Temperaturspannung U_T (Naturkonstante) bestimmt.

Man unterscheidet

□ Durchlaß- oder Flußrichtung mit Durchlaßstrom und Durchlaßspannung,

□ →Sperrichtung mit Sperrstrom und Sperrspannung.

Die typischen elektrischen Eigenschaften der pn-D. leiten sich aus denen des pn-Überganges ab:

– →Sperrstrom, der hauptsächlich durch Ladungsträger-(netto)generation in der →Sperrschicht entsteht und damit temperatur-, druck-, feld- und vor allem strahlungsabhängig ist (→Photodiode). Generell reagiert der Sättigungsstrom I_S empfindlich auf →Minoritätsträger, die in der Sperrschicht oder ihrer Nähe erzeugt werden: Das Sperrfeld saugt diese Träger sofort in die Bahngebiete ab und erhöht so den Sättigungsstrom. Diese „Sammelwirkung" spielt eine wichtige Rolle in verschiedenen Bauelementeprinzipien und -effekten: beim →Bipolartransistor in der Kollektorsperrschicht, in der Photodiode (wo einfallendes Licht Ladungsträgerpaare besonders in der Sperrschicht erzeugt), bei der Lawinenvervielfachung und der thermischen →Generation, die für die starke Temperaturabhängigkeit des Sättigungsstromes verantwortlich ist.

- Existenz einer →Sperrschichtkapazität insbesondere im →Sperrbereich sowie einer →Diffusionskapazität im Flußbereich (Ladungsspeicherung),
- dominante Effekte (z. B. →Durchbruch, Tunnelverhalten) abhängig von Halbleiterwerkstoff, Dotierung und Bauform.

Daraus leiten sich eine Reihe spezieller Dioden ab, wie →Avalanche-, →Z-Dioden, →Tunnel-, →Kapazitäts-, Ladungsspeicherdioden, pin-Dioden, →Rückwärtsdioden u. a. m. Der Begriff pn-D. wird auch verwendet, wenn die Halbleiterstruktur mehr als einen pn-Übergang enthält, aber elektrisch nur als Zweipolelement betrieben wird. Beispiele dafür sind →Vierschichtdiode, →DIAC u. a.

R. Paul

Literatur: *Kesel, G.* und *J. Hammerschmitt; F. Lange:* Signalverarbeitende Dioden. Berlin 1982. – *Paul, R.:* Halbleiterdioden. Heidelberg 1977.

pn-Isolation →Sperrschichtisolation

pn-Übergang. Kontakt zwischen n- und p-Halbleiter mit nichtlineare Strom-Spannungs-Kennlinie und Anwendungen wie Gleichrichtung, Schalten und Mischen. Wichtiger Grundbaustein zum Aufbau weiterer Halbleiterbauelemente wie z. B. →Transistor oder →Thyristor.

Die Wirkungsweise eines pn-Ü. (auch pn-Kontakt, pn-Diode, Halbleiterdiode) läßt sich am besten mit Hilfe einer Betrachtung der elektrischen Potentiale und der räumlichen Ladungsträgerverteilung verstehen. Am übersichtlichsten gelingt dies für den abrupten Übergang (*engl.* junction), bei dem sich die →Dotierung an der Kontaktstelle unstetig ändert, d. h. sich ein plötzlicher Übergang von p- in n-leitendes Gebiet vollzieht (Bild 1 a). Trägt man die Differenz der Dotierungskonzentrationen im n-Gebiet (→Donatoren der Dichte N_D) und der im p-Gebiet (→Akzeptoren der Dichte N_A) über dem Ort x auf (Bild 1 b), so wird die Unstetigkeit besonders deutlich. Ist $N_D = N_A$, so spricht man auch von einem symmetrischen pn-Übergang.

Unmittelbar nach der Dotierung sind im n-leitenden Teil der Kontaktzone sehr viele, nämlich $n_{no} = N_D$ Leitungselektronen (pro cm^{-3}) vorhanden,

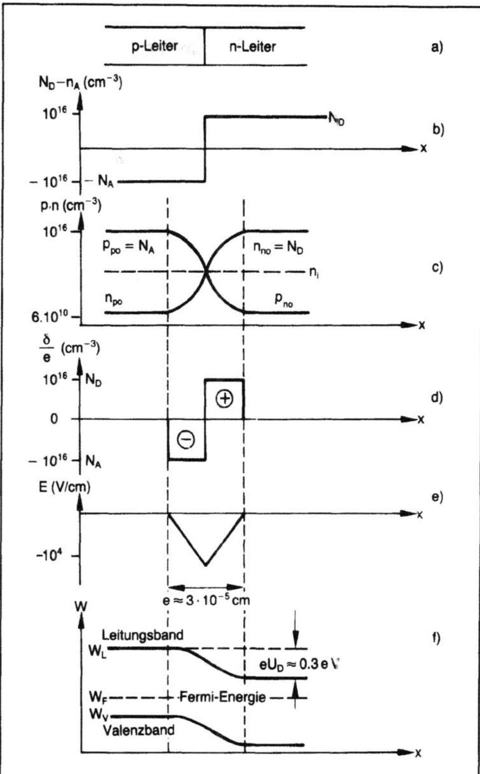

pn-Übergang 1: Gleichgewichtsverhältnisse beim stromlosen pn-Ü.
a) p- und n-Leiter
b) Dotierungsprofil
c) Ladungsträgerverteilung
d) Raumladungsverteilung
e) Feldverlauf
f) Bändermodell.

im p-leitenden Teil um Größenordnungen weniger, nämlich $n_{po} = n_i^2/N_A$, wobei n_i die Intrinsicdichte ist (für →Germanium bei Zimmertemperatur ist $n_i \approx 2{,}5 \cdot 10^{13} cm^{-3}$). Dieser Konzentrationsunterschied führt zu einem →Diffusionsstrom der Elektronen vom n-Gebiet ins p-Gebiet. Die analogen Verhältnisse für Löcher ($p_{po} = N_A$, $p_{no} = n_i^2/N_D$) führen zu einem Diffusionsstrom von Löchern in umgekehrter Richtung. Damit baut sich im n- und p-Gebiet eine positive bzw. negative Raumladung ρ auf (Bild 1 d), die ihrerseits ein elektrisches Feld E erzeugt (Bild 1 c). Dieses wiederum zieht Feldströme von Elektronen und Löchern nach sich, die den jeweiligen Diffusionsströmen entgegengerichtet und im sich einstellenden Gleichgewicht betragsmäßig gleich sind. Es resultiert eine stabile Verteilung der Elektronen und Löcher (Bild 1 c, logarithmischer Maßstab!). Innerhalb des Raumladungsgebiets besteht eine Verarmung an freien Ladungsträgern, so daß ein hoher elektrischer Widerstand für die

Übergangszone resultiert. Die Breite des Verarmungsgebiets bzw. der →Raumladungszone berechnet sich dabei näherungsweise, d. h. unter Annahme praktisch konstanter Raumladungsdichten links ($\rho = -eN_A$) und rechts ($\rho = eN_D$) der Übergangslinie (Schottky-Näherung) zu

$$l = \sqrt{\frac{2\varepsilon\varepsilon_0}{e} U_D \left(\frac{1}{N_A} + \frac{1}{N_D}\right)},$$

wobei ε die →Dielektrizitätskonstante des Materials und ε_0 die Influenzkonstante ist (e = Elementarladung). U_D ist der durch das aufgebaute elektrische Feld erzeugte Anstieg des elektrischen Potentials ($U_D = -\int E\,dx$) und wird als →Diffusionsspannung bezeichnet. Aufgrund dieses Anstiegs kommt es zu einer →Bandverbiegung (Bild 1f). Da insgesamt kein Gesamtstrom fließt, verläuft die →Fermi-Energie überall gleich hoch (thermisches Gleichgewicht) und die Höhe der Diffusionsspannung berechnet sich zu

$$U_D = \frac{kT}{e} \ln\left(\frac{N_D N_A}{n_i^2}\right),$$

wobei man die lineare Abhängigkeit von der absoluten Temperatur T erkennt (k = Boltzmann-Konstante). Für die Zahlenwerte des obigen Beispiels ergibt sich bei Zimmertemperatur $U_D = 0{,}3$ V. Die Breite der Ladungsträgerverarmungszone wird damit $l \approx 3 \cdot 10^{-5}$ cm, d. h. sehr klein gegen die Länge der Gesamtanordnung.

Liegt eine äußere Spannung U zwischen p- und n-Leiter an, so kompensieren sich die Diffusions- und Feldströme nicht mehr gegenseitig, es resultiert ein äußerer Strom. Für U>O (positiver Pol am p-Gebiet) wird dabei die Bandverbiegung abgebaut, die →Ladungsträger müssen einen weniger hohen Berg hinaufdiffundieren (Bild 2a). Damit überwiegt der Diffusionsstrom und es kommt zu einer Minoritätsträgerinjektion, d. h. einer →Injektion von Elektronen ins p-Gebiet und von Löchern ins n-Gebiet. Die Ladungsträgerverarmung im Raumladungsgebiet und damit dessen elektrischer Widerstand werden abgebaut und die Minoritätsträgerkonzentrationen außerhalb steigen beträchtlich über die Gleichgewichtswerte n_{po} bzw. p_{no} an (Überschußminoritätsträger), so daß sich dort Diffusionsschwänze ergeben (Bild 2b). Durch den pn-Ü. fließt mit U > 0 ein beträchtlicher →Durchlaßstrom in Durchlaßrichtung (auch Flußrichtung, Vorwärtsrichtung).

Bei umgekehrter Polung der äußeren Spannung, U < O (Sperrfall), wird die Bandverbiegung im Übergangsgebiet noch erhöht, d. h. die →Diffusion der Ladungsträger wird zusätzlich erschwert. Die Verarmung des sich vergrößernden Raumladungsgebiets und damit sein elektrischer Widerstand wird noch erhöht, es kann nur ein sehr kleiner Strom

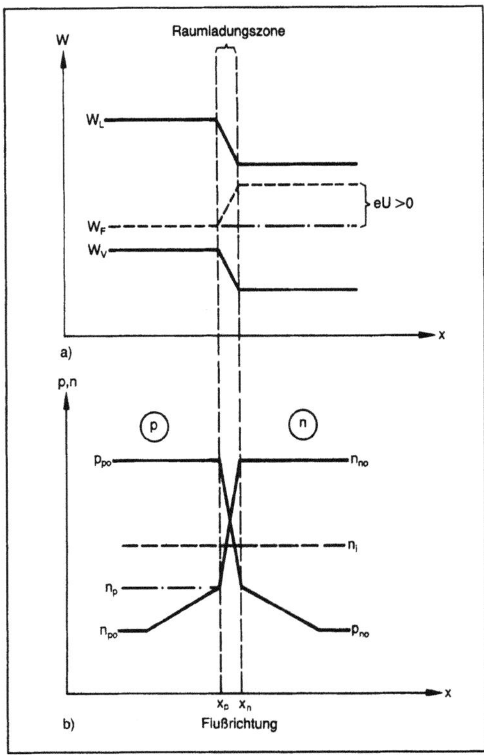

pn-Übergang 2: Bandverbiegung (a) und Ladungsträgerverteilung (b) im pn-Ü. bei Anliegen einer Flußspannung (U > O).

fließen (→Sperrstrom). Außerhalb der Raumladungszone sinkt die Konzentration der jeweiligen →Minoritätsträger unter die Gleichgewichtswerte.

Der quantitative Zusammenhang zwischen Strom und Spannung ergibt sich in Shockley-Näherung (Vernachlässigung der →Rekombination im Übergangsgebiet) zu

$$j = j_s\,(\exp(eU/kT)-1) \text{ mit } j_s = \left(\frac{eD_n}{L_n} n_{po} + \frac{eD_p}{L_p} p_{no}\right),$$

wobei D_n und D_p bzw. L_n und L_p die Diffusionskonstanten bzw. Diffusionslängen von Elektronen und Löcher sind.

Dies ist die Strom-Spannungs-Kennlinie der Diode (Strom I = jA mit A = Diodenquerschnitt), die (Bild 3a) stark asymmetrisch ist. In Flußrichtung ergibt sich nach Überschreiten einer Schleusenspannung U_s (auch Flußspannung) ein starker Anstieg des Stroms. Für Germanium ist $U_s \approx 0{,}3$–$0{,}4$ V, für Silicium ergibt sich $U_s \approx 0{,}7$–1 V. Den ersten Teil des Anstiegs kann man durch eine Gerade annähern, deren reziproke Steigung den differentiellen Widerstand r angibt. In →Sperrichtung sättigt sich der Strom beim Sperrstrom $I_s = j_s A$, wenn eine →Sperrspannung von etwa $|U| > 100$ mV überschritten ist. Die Unabhängigkeit von j_s von der Sperrspannung resultiert aus der Tatsache, daß j_s von Ladungsträgern getragen wird, die in der Umgebung der Raumladungszone durch thermische Generation, d. h. ohne Einfluß der Spannung erzeugt werden. Dies ist auch aus der Formel für j_s ersichtlich, die sich mit $D = L^2/\tau$ umformen läßt zu $j_s = e(L_p p_{no}/\tau_p + L_n n_{po}/\tau_n)$. Da $\tau_{n,p}$ die Lebensdauern von Elektronen bzw. Löchern angeben, stellen p_{no}/τ_n bzw. n_{po}/τ_n die Generationsraten dar, die mit der Ausdehnung des jeweiligen Gebiets $L_{n,p}$ zu gewichten ist. Wegen $p_{no} = n_i^2/N_D$ bzw. $n_{po} = n_i^2/N_A$ hängt der Sperrstrom stark von der Dotierung ab und mit $n_i^2 \sim \exp(-\Delta W/kT)$ auch von der Temperatur T (ΔW = Bandabstand).

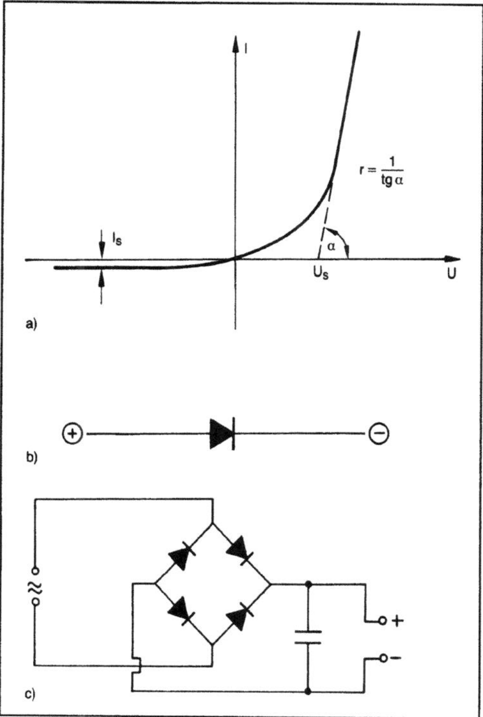

pn-Übergang 3: Schematische Darstellung.
a) Kennlinie des pn-Ü. (schematisch) mit U_s = Schleusenspannung, r = differentieller Widerstand
b) Das Schaltsymbol gibt die Durchlaßrichtung an
c) Typische Zweiweg- oder Doppelweg-Gleichrichter-Schaltung.

Die Shockleysche Annahme der Rekombinationsfreiheit im Raumladungsgebiet ist natürlich nur näherungsweise erfüllt. Stärkere Abweichungen davon können pauschal durch einen exponentiellen Faktor m in der Kennliniengleichung berücksichtigt werden,

$$j = j_s\,(\exp(eU/mkT) - 1),$$

wobei m Werte zwischen 1 und 2 annehmen kann. Auch die Annahme, daß sich das elektrische Feld praktisch ganz auf die Raumladungszone konzentriert, ist nicht exakt erfüllt. Die Zuleitungen aus Halbleitermaterial (Bahngebiete) stellen Widerstände (Bahnwiderstände) dar, die einen zusätzlichen Spannungsabfall bewirken. Die reale Kennlinie ist daher mit der zugehörigen Widerstandsgeraden durch Addition der jeweiligen Spannungen zu korrigieren (Bild 3b). Auch gilt die Sättigung des Sperrstroms nicht bis zu beliebig hohen Sperrspannungen, sondern es entstehen Durchbrüche (→Lawinendurchbruch), die jedoch auch zum Bau spezieller Dioden ausgenutzt werden (Zener-Diode).

Die Eigenschaft der Diode, den Strom in eine Richtung zu sperren und in der anderen durchzulassen, wird zur Gleichrichtung von Wechselströmen benutzt (Schaltsymbol Bild 3c). Da je nach Polung der anliegenden Spannung die Diode in einen Zustand mit hohem bzw. niedrigem elektrischen Widerstand geschaltet werden kann, findet sie auch als Schalter Anwendung. Bei zeitlich veränderlichen Spannungen spielen jedoch innere Kapazitäten des pn-Übergangs eine wichtige Rolle. In der Raumladungszone sind links und rechts von der Übergangstrennlinie negative bzw. positive Ladungsträger ähnlich wie in einem Kondensator gespeichert. Die Breite der Raumladungszone ist von der äußeren Spannung abhängig. In der Formel für l für den stromlosen Fall ist dazu die Diffusionsspannung durch die Höhe der Bandverbiegung (U_D–U) zu ersetzen. Bei einer Spannungsänderung ΔU ergibt sich somit eine Änderung der gespeicherten Ladung $\Delta Q = eN\Delta lA$ (für $N = N_D = N_A$), wobei A der Diodenquerschnitt und Δl die Änderung der Raumladungsausdehnung ist. Die resultierende →Sperrschichtkapazität ist damit $C_s = \Delta Q/\Delta U = \varepsilon\varepsilon_0 A/l$. Sie ist wie l sowohl spannungs- als auch dotierungsabhängig. Typische Werte sind $C_s/A \approx 10^3$–$10^4\,\mathrm{pF/cm^2}$. Die Möglichkeit der Kapazitätssteuerung durch die angelegte Spannung wird in Kapazitätsdioden ausgenutzt, z. B. zum Abstimmen von elektrischen Schwingkreisen auf eine Sollfrequenz. Zwar steigt C_s für positive Spannungen, im Durchlaßfall überwiegt jedoch die Diffusionskapazität C_{diff} mit typischen Werten von etwa $C_{diff}/A \approx 0{,}1$–$100\,\mu\mathrm{F/cm^2}$.

Neben dem (differentiellen) Ohmschen Widerstand der Diode, $r = \Delta U/\Delta I = kT/(e(I + I_s))$ (mit I = jA) sind also auch ihre Kapazitäten zu berücksichtigen, wenn sie bei Wechselstrom eingesetzt werden soll. Dazu wird gewöhnlich das Kleinsignal-Ersatzschaltbild benutzt, das aus einer Parallelschaltung von r, C_s und C_{diff} besteht, denen noch der Bahnwiderstand R_B vorgeschaltet ist. Die Kapazitäten bestimmen, bis zu welchen Wechselstromfrequenzen die Diode eingesetzt werden kann, bzw. welche Schaltzeiten sie erlaubt.

Die technische Ausführung von pn-Dioden unterscheidet Spitzendioden und Flächendioden. Bei ersteren wird eine Metallspitze (z. B. Gold, Golddrahtdiode) auf einen n-Typ Germanium-Halbleiter aufgesetzt, wobei das Metall durch den Aufsetzdruck kurzzeitig schmilzt. Es dringt dabei etwas in den Halbleiter ein und erzeugt eine p-Dotierung, wodurch der pn-Ü. hergestellt ist. Es ergeben sich gute Hochfrequenz- bzw. Schalteigenschaften. Bei den viel häufigeren Flächendioden (auch Planardioden), die vorwiegend Silicium als Grundmaterial verwenden, ist das Dotierungsgebiet nicht punktförmig, sondern ausgedehnt. Der Übergang kann ebenfalls durch schmelzendes Aufdrücken eines Metallkügelchens (z. B. Al auf n-Silicium) erfolgen oder durch gezieltes Eindiffundieren des Dotierungsmaterials. Silicium - pn-Ü. erlauben hohe Sperrspannungen (bis 1000 V) und hohe Durchlaßströme (bis 1000 A). Für spezielle Anwendungsbereiche haben sich durch Variation von z. B. Dotierung oder geometrischem Aufbau eine Vielzahl von Diodentypen entwickelt. Beispiele sind als passive Elemente die pin-Diode, Zener-Diode, →Rückwärtsdiode und als aktive Bauelemente die →Gunn-Diode (Gunn-Effekt) und die →Tunneldiode. Photoelemente (→Photodiode) und →Lumineszenzdiode wandeln einfallendes Licht in elektrische Energie bzw. letztere in Lichtemission um.

pn-Ü. können bezüglich der →Halbleiterwerkstoffe beider Bahngebiete homogen aufgebaut sein (Homo-pn-Ü., z. B. aus Silicium) oder heterogen (Hetero-pn-Ü., z. B. n-Gebiet GaAs, p-Gebiet Si). Das Material hat Einfluß z. B. auf die Schleusenspannung der Kennlinie. Auch hinsichtlich des Störstellenüberganges in der Grenzfläche - dem Störstellenprofil - gibt es typische Fälle: abrupter Übergang mit sprunghafter Dotierungsänderung, graduierter oder allmählicher Übergang u. a. Bezüglich des Dotierungsgrades in den Bahngebieten unterscheidet man symmetrische pn-Ü. (gleich hohe Dotierungen in den p- und n-Gebieten) von unsymmetrischen.

Die Herstellung von Homo-pn-Ü. erfolgt - namentlich bei Silicium - heute durchweg mit den Schritten der Planartechnik. Hetero-pn-Ü. benutzen dagegen verbreitet Epitaxieverfahren (→Molekularstrahlepitaxie), teilweise auch →Implantation.

Der pn-Ü. ist die grundlegende Halbleiterstruktur
- als *Homoübergang* insbesondere für diskrete und integrierte Bipolarbauelemente, aber auch für einen sehr großen Teil anderer Halbleiterbauelemente (z. B. Steuerstrecke beim →SFET, Drain-Source-Gebiete beim →MISFET)
- als *Heteroübergang* für sehr viele optoelektronische Bauelemente.

Für die Modellierung der pn-Diode als Netzwerkelement wird die Kennlinie häufig durch eine Knickform ersetzt, bestehend aus der Reihenschaltung von Schleusenspannung und einem Vorwiderstand bzw. der Rechteckform (ideal) im Ursprung.

Heinz/R. Paul

Literatur: *Geist, D.*: Halbleiterphysik II. Sperrschichten und Randschichten - Bauelemente. Braunschweig 1970. - *Müller, R.*: Bauelemente der Halbleiter-Elektronik. Reihe Halbleiter-Elektronik Bd. 2. Berlin-Heidelberg-New York 1979. - *Spenke, E.*: pn-Übergänge. Reihe Halbleiter-Elektronik Bd. 5. Berlin–Heidelberg–New York 1979.

pn-Übergang, beleuchtet. Das elektrische Verhalten eines pn-Überganges bei Lichteinwirkung bildet die physikalische Grundlage für die Wirkungsweise zahlreicher Photodetektoren und Photoelemente (Solarzellen) auf Halbleiterbasis.

Durch Photonenabsorption entstehen in der →Sperrschicht (→Raumladungszone) →Elektron-Loch-Paare, die einen von der eingestrahlten Lichtleistung (Beleuchtungsstärke) abhängigen Photostrom I_{PHOTO} hervorrufen (Bild). Je nachdem, ob der →pn-Übergang mit oder ohne externer Vorspannung (Betriebsspannung) U_B bei Lichteinfall betrieben wird, unterscheidet man i. a. zwischen folgenden Betriebsarten und Definitionen:

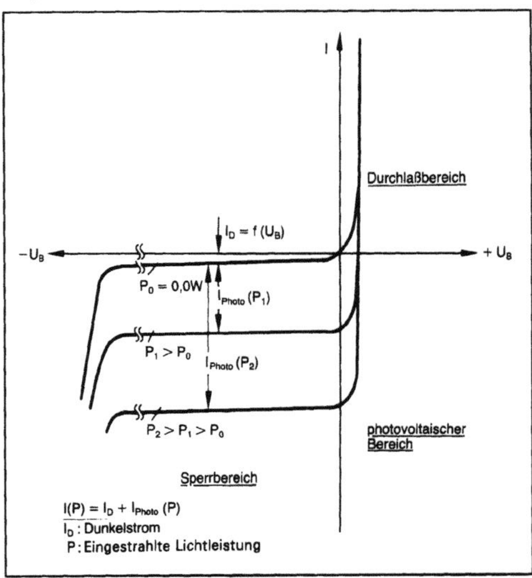

pn-Übergang, beleuchtet: Strom-Spannungs-Kennlinien eines pn-Überganges mit und ohne Lichteinstrahlung.

□ Vorspannung $U_B \neq 0$:
a) $U_B > 0$, $I > 0$ (→Durchlaßbereich): Keine Nutzung als →Photodetektor! Jedoch bei →Ladungsträgerinjektion sowie spezieller Strukturierung und Dimensionierung des pn-Überganges Betrieb als lichtemittierende Diode (→LED) oder als Laserdiode (→Halbleiterlaser).
b) $U_B < 0$, $I < 0$ (Sperrbereich): Entstehung eines Photostromes, der - bei nicht übermäßig großen Lichtintensitäten - proportional zur eingestrahlten

Lichtleistung ist, so daß ein Betrieb als Photodetektor möglich ist (spezielle Bezeichnung: →Halbleiter-Photodiode oder einfach Photodiode).

□ Keine Vorspannung, $U_B = 0$

a) $U_B = 0$, $I < 0$ (Lastwiderstand $R_L \to \infty$, photovoltaischer Bereich): Entstehung einer dem Logarithmus der eingestrahlten Lichtleistung proportionalen Leerlauf- →Photospannung durch den photopholtaischen Effekt, so daß eine Anwendung als Photodetektor erfolgen kann (spezielle Bezeichnung: photovoltaischer Detektor oder Photosensor).

b) $U_B = 0$, $I < 0$ (Lastwiderstand $0 < R_L \ll \infty$, photovoltaischer Bereich): Entnahme einer vom angeschlossenen Lastwiderstand R_L abhängigen elektrischen Leistung (photovoltaischer Effekt), was den Betrieb als elektrischen Generator (spezielle Bezeichnung: →Photoelement oder →Solarzelle) erlaubt. *R. Kaiser*

Pockelseffekt. Lineare Änderung der optischen Brechzahlen in Festkörperkristallen mit der Amplitude eines extern anliegenden elektrischen Feldes $\vec{E}_{ext}$ ($\Delta n \sim |\vec{E}_{ext}|$, linearer elektrooptischer Effekt).

Aus Symmetriegründen tritt dieser Effekt nur in Kristallen auf, die kein Inversionszentrum besitzen. Die Kombination eines linearen elektrooptischen Kristalles mit den erforderlichen Elektroden wird häufig als *Pockelszelle* bezeichnet. Je nach Orientierung des elektrischen Feldes $\vec{E}_{ext}$ zur Ausbreitungsrichtung des Lichtes $\vec{k}$ wird zwischen dem longituidunalen ($\vec{E}_{ext} \parallel \vec{k}$) und dem transversalen Pockelseffekt ($\vec{E}_{ext} \perp \vec{k}$) unterschieden. Als technisch nutzbare Materialien sind z. B. KDP (Kaliumdihydrogenphosphat KH_2PO_4), ADP (Ammoniumdihydrogenphosphat $NH_4H_2PO_4$), $LiNbO_3$, $LiTaO_3$, $BaTiO_3$, GaAs, InP, InGaAsP, ZnTe zu nennen.

Der P. findet eine breite Anwendung zur Herstellung von Komponenten, die eine lineare elektrooptische Beeinflussung von Lichtwellen bewirken. Lichtmodulatoren als →Phasen-, →Polarisations- oder →Intensitätsmodulatoren für optische Signalübertragungen, optische →Schalter und Schaltmatrizen, Polarisationskonverter oder →Lyot-Filter (z. B. zur Frequenzselektion bei Farbstofflasern) sind einige Beispiele dafür. *R. Kaiser*

Pockelszelle →Pockelseffekt

Poisson-Verteilung. In der Zuverlässigkeitstechnik sind Ereignisse von Bedeutung, die zu zufälligen Zeitpunkten stattfinden. Die Zufallsvariable X ist die Zahl x der Ereignisse in einem Zeitintervall. Ist der Mittelwert für die Zahl der Ereignisse bekannt mit $\bar{x} = \alpha$, so läßt sich die Wahrscheinlichkeit, daß die Zufallsvariable X den Wert x annimmt, aus der Dichtefunktion f(x) der P.-V. errechnen:

$$f(x) = \frac{\alpha^x}{x!} e^{-\alpha}.$$

Die Wahrscheinlichkeit, daß die Zufallsvariable X einen Wert $\leq x$ erreicht wird durch die Summenfunktion F(x) geliefert:

$$F(x) = \sum_{k=0}^{x} \frac{\alpha^k}{k!} e^{-\alpha}.$$

Die Zufallsvariable X, als eine Zahl von Ereignissen, kann nur einen ganzzahligen Wert annehmen. Die P.-V. ist damit in Abhängigkeit von x eine diskrete Verteilung (Bild 1).

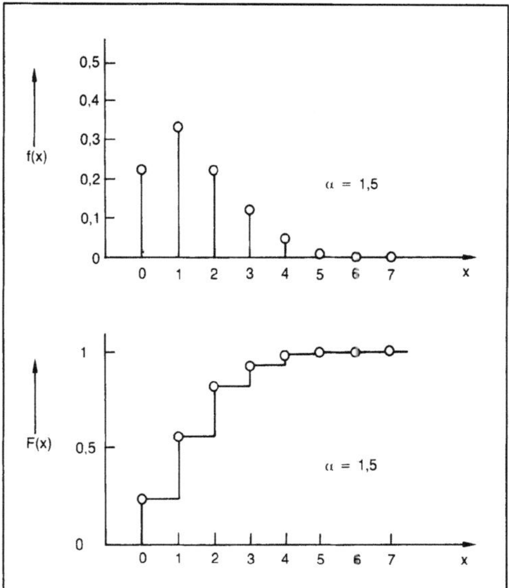

Poisson-Verteilung 1: Dichtefunktion f(x) und Summenfunktion F(x) der P.-V. für α = 1,5 in Abhängigkeit von der Zahl der Ereignisse x.

Die Fragen, die mit Hilfe der P.-V. zu beantworten sind, haben im allgemeinen die folgende Struktur: Für ein Ereignis ist das durchschnittliche Auftreten $\bar{x} = \alpha$ bekannt, und zu berechnen ist die Wahrscheinlichkeit, mit der das Ereignis *nicht, genau, höchstens, mindestens, mehr als* x-mal eintritt.

□ Wahrscheinlichkeit für den Mittelwert α bei einer bekannten Zahl x der Ereignisse: Eine andere Art der Fragestellung tritt auf, wenn bei einem Versuch $x = k$ Ereignisse gefunden wurden und wenn nun der Erwartungswert oder Mittelwert $\bar{x} = \alpha$ gesucht ist. Die gewünschte Variable α kann prinzipiell jeden Wert annehmen, ist also stetig. Die Wahrscheinlichkeiten für die einzelnen Werte sind natürlich unterschiedlich.

Die Dichte- und Summenfunktion der Verteilung haben die Form:

$$f(\alpha) = \frac{\alpha^k}{k!} e^{-\alpha}$$

$$F(\alpha) = \int_{v=0}^{\alpha} \frac{v^k}{k!} e^{-v} dv$$

Bild 2 zeigt die Dichtefunktion der P.-V. in Abhängigkeit von α mit $x=k$ als Parameter. Die Maxima der Funktionen liegen bei $\alpha=k$. Das heißt, der im Versuch aufgetretene Wert k ist der wahrscheinlichste. Er ist aber nicht identisch mit dem Erwartungswert, der sich ergibt zu

$$E(\alpha) = \overline{\alpha} = k+1$$

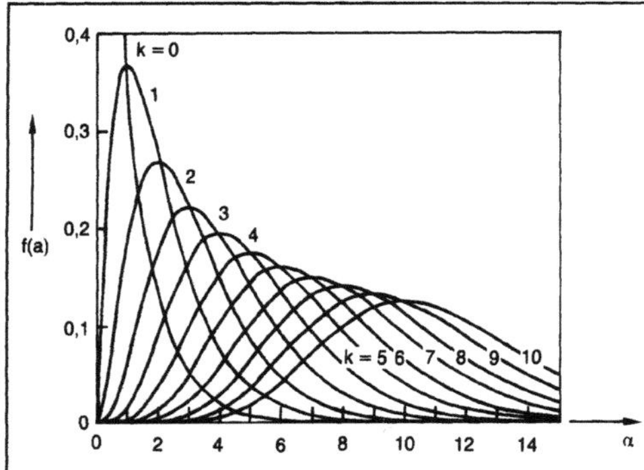

Poisson-Verteilung 2: Dichtefunktion der P.-V. in Abhängigkeit von α mit x=k als Parameter. Die Maxima der Funktionen liegen bei α=k. Die Funktion mit dem Parameter k-1 schneidet die Funktion mit dem Parameter k bei ihrem Maximum. Für k=0 ergibt sich die e-Funktion. Für k>10 lassen sich die Funktionen durch Gauß-Verteilungen annähern.

In Bild 2 schneiden die Funktionen mit dem Parameter k–1 die Funktionen mit dem Parameter k bei ihrem Maximum. Für $k=0$ ergibt sich die Exponential-Funktion. Für $k>10$ lassen sich die P.-V. durch Gauß-Verteilungen annähern.

Literatur: *Gaede, K. W.:* Zuverlässigkeit, Mathematische Modelle. München, Wien 1977. - *Härtler, G.:* Statistische Methoden für die Zuverlässigkeitsanalyse. Ost-Berlin 1983. - *Heinhold, J.:* u. *K. W. Gaede:* Ingenieur-Statistik. München 1964. - *Köchel, P.:* Zuverlässigkeit technischer Systeme. Leipzig 1983, Thun und Frankfurt/Main. - *Kreyszig, E.:* Statistische Methoden und ihre Anwendungen. Göttingen 1975. - MBB: Technische Zuverlässigkeit. Berlin, Heidelberg 1977. - *Schrüfer, E.:* Zuverlässigkeit von Meß- und Automatisierungseinrichtungen. München 1984. - *Störmer, H.:* Mathematische Theorie der Zuverlässigkeit, Einführung und Anwendung. München 1970.

Polarisation. Bei der Ausbreitung von Wellen beobachtet man, daß die Ausbreitungsgeschwindigkeit von der P. der Welle abhängen kann. Bei Licht (elektromagnetische transversale Welle) ist dies für die Ausbreitung in optisch anisotropen Kristallen der Fall, d. h. bei Kristallen, deren physikalische Eigenschaften richtungsabhängig sind. Dabei ist die kristallographische Achse des Kristalls (optische Achse) von Bedeutung. Ist einfallendes Licht so (linear) polarisiert, daß die Schwingungsrichtung senkrecht zu der von der Einfallsrichtung und der optischen Achse aufgespannten Ebene (Hauptschnitt) steht, so ist die Ausbreitungsgeschwindigkeit dieses Lichtstrahls isotrop (ordentlicher Strahl mit Brechungsindex n_0). Liegt die Schwingungsrichtung dagegen parallel zum Hauptschnitt, so ist die Ausbreitungsgeschwindigkeit richtungsabhängig, d. h. Wellenflächen sind hier Rotationsellipsoide statt Kugeln (außerordentlicher Strahl mit Brechungsindex n_e). Ist die Differenz $\Delta n = n_e - n_o$ negativ, so spricht man von negativen Kristallen, im anderen Fall von positiven Kristallen. So ist z. B. Kalkspat ($n_o = 1{,}6584$, $n_e = 1{,}4864$) mit $\Delta n = -0{,}1720$ ein negativer Kristall, während Rutil ($n_o = 2{,}6158$, $n_e = 2{,}9029$) mit $\Delta n = +0{,}2871$ positiv ist. Da die Lichtgeschwindigkeit im Kristall $v = c/n$ ist (c = Lichtgeschwindigkeit im Vakuum), ergibt sich als Differenz der Ausbreitungsgeschwindigkeiten zwischen ordentlichem und außerordentlichem Strahl für Kalkspat ca. –21 000 km/s, für Rutil ca. +11 300 km/s. Die beschriebene doppelbrechende Eigenschaft verschiedener Kristalle wird zur Erzeugung von polarisiertem Licht ausgenützt.

Auch für Gitterwellen in Kristallen (→Phonon) ist die Ausbreitungsgeschwindigkeit in der Regel von der P. abhängig. Gegenüber elektromagnetischen Wellen ist hier noch zwischen longitudinaler und transversaler P. (Schwingungsrichtung parallel bzw. senkrecht zur Ausbreitungsrichtung) zu unterscheiden. *Heinz*

Polarisationsfolie. Elektronische Anzeigen, wie →Flüssigkristall-, ferroelektrische und magnetooptische →Anzeigen, benötigen Polarisationsfilter auf ihrer Front- und Rückseite, um die Schaltzustände dieser Anzeigen sichtbar zu machen.

Polarisationsfilter werden als Folien am Markt angeboten. Diese Folien werden direkt mit den Zellen verklebt.

Die aktive Polarisationsschicht einer P. (Bild) für den transmissiven Betrieb besteht i. a. aus Polivinyl-

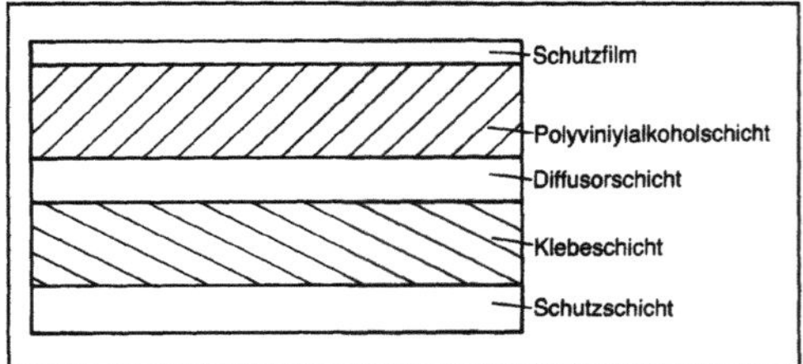

Polarisationsfolie: Querschnitt durch Schichtfolge.

alkohol (PVA). In diese Schicht sind mehratomige Jod-Moleküle, oder auch dichroitische Farbstoffmoleküle eingelagert. Zur einheitlichen Ausrichtung dieser Moleküle in der PVA-Schicht wird sie gereckt.

Natürliches Licht besteht aus vielen voneinander unabhängigen Wellenzügen, wobei jeder einzelne von ihnen in einer bestimmten Richtung schwingt. Die Schwingungsebenen können durch Vektoren beschrieben werden, deren Schwingungsrichtungen senkrecht zueinander sind.

Trifft Licht auf eine P., so absorbieren die Poly-Jodmoleküle, bzw. die dichroitischen Farbstoffmoleküle, den Anteil des Lichtes stärker, der in Richtung ihrer Moleküllängsachsen schwingt. Licht, das die Folie passiert hat, hat damit einen höheren Intensitätsanteil, mit einer Schwingungsrichtung senkrecht zur Streckachse der PVA-Folie.

PVA-Filme sind sehr empfindlich. Deshalb müssen sie für den technischen Einsatz beidseitig mit einer Schutzschicht z. B. Celluloseschicht, abgedeckt sein.

Die Klebeschicht zum Glas hat auf der einen Seite leichte Verarbeitung, d. h. sichere Klebung nach einem einmaligen Auflaminieren zu garantieren. Dabei dürfen keine Luftblasen zwischen Glas und P. sichtbar sein. Die Frontseite der P. ist meist mit einer kratzfesten Oberfläche versehen. In Sonderausführungen werden P. auch mit einer Schicht zur Verminderung von Reflexen versehen. Andere P. sind zum Schutz der Flüssigkristall-Mischung mit einer zusätzlichen Absorptionsschicht für uv-Strahlung ausgerüstet.

Zum Aufbau von elektrooptischen Anzeigen für den reflektiven Betrieb können P. zusätzlich mit einem besonders effizienten Metallreflektor ausgerüstet sein. Zur Vermeidung von Reflexen in bevorzugte Richtungen sollten die Reflektorschichten stark streuende Eigenschaften haben. Reflektorfolien werden dann auf die Rückseite der Anzeige geklebt.

Die Dicke der P. liegt üblicherweise bei 0,2 bis 0,3 mm.

Die wichtigsten Merkmale der Folien sind:

□ Polarisationsgrad: er beträgt meist 85–99 %; dies resultiert in einer Schwächung des Lichtes nach Durchlaufen gekreuzter Filter um 98–99,9 %.

□ Transmission: die Werte liegen im Bereich von meist 40–49 %.

□ Stabilität der Folien gegenüber Umwelteinflüssen: als kritischer Parameter tritt hier besonders die Luftfeuchtigkeit auf.

Die Auswahl einer günstigen Polarisatorkombination ist entscheidend für das optische Erscheinungsbild der Anzeigen. Der hohe Intensitätsverlust in den P. läßt Anzeigen meist relativ dunkel erscheinen. Deshalb werden insbesondere für reflektive Anzeigen Folien mit hoher Transmission eingesetzt. Dies muß jedoch mit relativ geringen Kontrasten erkauft werden. In einer reflektiven Anzeige haben sich jedoch Kontraste von 1:2 bis 1:6 als ausreichend erwiesen. Für den Betrieb von Anzeigen im transmissiven Modus sind dagegen Kontraste von mehr als 1:20 erforderlich.

Für eine Reihe von Anwendungen werden Anzeigen gewünscht, die in heller Umgebung wie eine reflektive Anzeige erscheinen; in der Dunkelheit sollen sie jedoch hinterleuchtet werden können. Dazu wurden sogenannte Transflektorfolien entwickelt. Sie unterscheiden sich von den Reflektorfolien lediglich dadurch, daß die Reflexion auf ca. 50–75 % reduziert wurde. *Potthar st*

Polarisationsmodulator. →Modulator, der für optische Signalübertragungen den Polarisationszustand einer als Träger dienenden Lichtwelle moduliert (Polarisationsmodulation).

Voraussetzung für die Polarisationsmodulation ist eine zeitlich konstante →Polarisation und Frequenz der nicht modulierten Trägerwelle.

□ Elektrooptischer P.: Dieser Modulatortyp nutzt den linearen elektrooptischen Effekt (→Pockelseffekt) wie folgt aus: Eine linear polarisierte Lichtwelle $\vec{E}(z, t)$ wird – bezüglich ihrer Polarisationsrichtung – unter einem Winkel α zur x-Achse in einen elektrooptischen Kristall der Länge L eingestrahlt (Bild). Diese Welle besitzt in den Richtungen x und y die Komponenten $\vec{E}_x(z,t)$ und $\vec{E}_y(z,t)$. Ohne Einwirkung eines elektrischen Feldes (Spannung U=0) bewegen sich diese beiden Teilwellen in einem optisch isotropen Medium mit der gleichen →Phasengeschwindigkeit entlang der z-Achse (gleiche

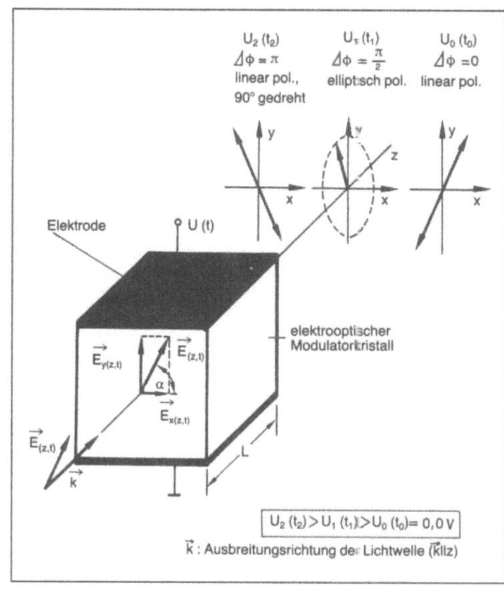

Polarisationsmodulator: Prinzip eines elektrooptischen P.

Brechzahlen $n_x = n_y$, d. h. gleiche Phasen $\Phi = \Phi_x = \Phi_y$). Die Lichtwelle $\vec{E}(z, t)$ ist nach Verlassen des Kristalles unverändert in ihrer ursprünglichen Richtung linear polarisiert. Bei Anlegen einer elektrischen Spannung U tritt durch den Pockelseffekt im Material eine optische Anisotropie auf (→Doppelbrechung). Die beiden in x- und y-Richtung schwingenden Teilwellen besitzen nunmehr unterschiedliche Phasengeschwindigkeiten ($n_x \neq n_y$, d. h. ungleiche Phase $\Phi_x \neq \Phi_y$). Eine Phasendifferenz $\Delta \Phi = \Phi_x - \Phi_y$ stellt sich zwischen diesen Wellen ein, die abhängig von der Stärke der angelegten Spannung U ist. Die den Kristall verlassende Welle ist dann i. a. elliptisch polarisiert, wobei die Lage der Ellipse zur x-Achse durch $\Delta \Phi = f(U)$ gegeben ist. Für den Fall $\Delta \Phi = \pi, 3\pi, 5\pi, \ldots$ erhält man wieder eine linear polarisierte Welle, die jedoch gegenüber der einfallenden Welle um 90° gedreht ist (Bild). Eine Phasenverschiebung von $\Delta \Phi = 0, 2\pi, 4\pi, \ldots$ ruft dagegen keine Änderung des Polarisationszustandes gegenüber der eingestrahlten Lichtwelle hervor. Die zeitliche Variation der Spannung U bewirkt die gewünschte Polarisationsmodulation, die in diesem Fall auf einer Phasendifferenzmodulation zwischen zwei Teilwellen beruht ($\Delta \Phi(t) \sim U(t)$).

□ Magnetooptischer P. (Faraday-Dreher): Linear polarisiertes Licht erfährt im Modulatorkristall durch den →Faraday-Effekt eine Drehung der Polarisationsebene, die von der Stärke eines angelegten Magnetfeldes bestimmt wird. Die Lichtwelle bleibt bei dieser Drehung linear polarisiert! Die zeitliche Veränderung des Stromes, der das Magnetfeld verursacht, bewirkt die gewünschte Polarisationsmodulation. Da der Faraday-Effekt nicht reziprok ist, wird die magnetische Drehung der Polarisationsebene ferner zur Herstellung von optischen Isolatoren eingesetzt.

Durch die Kombination eines P. mit zwei externen Polarisatoren entsteht ein →Amplituden- bzw. →Intensitätsmodulator. *R. Kaiser*

Polarisationszustand →Polarisation

Polieren. Das P. von →Halbleiterscheiben dient dazu, eine glatte, ebene, defektfreie, einkristalline Oberfläche zu erzeugen, die die Basis für nahezu alle nachfolgenden Prozesse zur Bauelementeherstellung ist.

Als Polierverfahren hat das chemisch-mechanische P. in Form des Wischpolierens die größte Bedeutung. Das Poliermittel besteht dabei aus kolloidal gelösten oder feinkörnig-amorphen Siliciumoxid in einer alkalischen Lösung. Die Korngröße beträgt ca. 20 nm, der p-Wert liegt bei ca. 11. Der Abtragsmechanismus ist damit zu erklären, daß die mechanische Aktivierung des Siliciums die Bildung von Alkalisilikaten fördert, die durch die Polierflüssigkeit gelöst und durch das Wischen auf einer weichen Unterlage abtransportiert werden. Da sich dabei das Poliermittel verbraucht, muß während des Prozesses kontinuierlich frisches Poliermittel zugeführt werden.

In Abhängigkeit von Druck und Temperatur werden Abtragsraten für <111>-orientierte Siliciumscheiben von 0,8–1,5 μm min^{-1} und für <100>-orientierte Siliciumscheiben von 1,0–2,0 μm min^{-1} erzielt. Den Abschluß des Poliervorganges bildet eine intensive Behandlung mit deionisiertem Wasser.

Um Polierdefekte zu vermeiden, wird der Poliervorgang in Reinsträumen durchgeführt. Das Ablösen der polierten Siliciumscheiben von der Trägerplatte erfolgt entweder durch Erhitzen oder durch einfaches Absprengen mit einer Klinge. Die anschließende →Reinigung erfolgt in einem mehrstufigen Prozeß.

Die polierte Oberfläche muß frei sein von Kratzern, Orangenstruktur, Schleier, Grübchen, Subsurface damage, Verunreinigungen und Randausbrüchen.

Andere Polierverfahren, wie z. B. mehrstufiges mechanisches P., Vibrationspolieren, Ätzpolieren usw. sind großtechnisch nicht mehr im Einsatz.

Das beidseitige P. erfolgt ebenfalls auf der Basis des chemisch-mechanischen Wischpolierens, dabei entfällt das Aufkitten der Scheiben. Diese werden in geeigneten Käfigen zwischen zwei mit Poliertuch bespannten Polierplatten gehalten und dann – wie oben beschrieben – poliert. *Ryssel*

Polycarbonat-Kondensator. (auch MKC-, KC-Kondensator) P. sind Kunststoffolienkondensatoren mit dem polymerisierten Ester der Kohlensäure und des Dioxidiphenylpropans als →Dielektrikum. Die relative Dielektrizitätskonstante ε_r eines Dielektrikums aus Polycarbonatfolie liegt etwa zwischen 3,0 und 3,2 bei 1 kHz. Der Wert ist frequenzabhängig. Durch die guten mechanischen Eigenschaften der Folie (die Reißfestigkeit beträgt etwa 80 bis 90 N/mm^2) liegen für die Verarbeitung der Folie zu Kondensatoren recht günstige Bedingungen vor.

Kondensatoren aus Polycarbonatfolien werden seit Anfang der 50er Jahre angeboten. Die Kurzbezeichnungen für diese Kondensatoren sind nach DIN 41379 *KC-Kondensatoren* für die Ausführungsform mit Metallbelägen und *MKC-Kondensatoren* für die Ausführungsform mit metallisierter Polycarbonatfolie.

P. werden in der Elektronik hauptsächlich zur Kopplung, zur Entkopplung, in Filtern und in Zeitgliedern eingesetzt. Die elektrischen Eigenschaften dieser Kondensatoren sind relativ gering von der Temperatur abhängig, so daß MKC- und KC-Kondensatoren auch in Bereichen mit robusten Umweltbedingungen anzutreffen sind. *Bensieck*

Polyesterkondensator. (auch MKT-, KT-Kondensator) P. sind →Kunststoffolienkondensatoren mit Polyethylenterephthalat (Polyester) als →Dielektrikum mit einer rel. Dielektrizitätskonstante von $\varepsilon_r = 3{,}2–3{,}3$ im Bereich von 50 Hz–1 MHz. Sie werden sowohl als Wickelkondensatoren als auch als Schichtkondensatoren ausgeführt. Die Kurzbezeichnung für diese Kondensatoren nach DIN 41379 ist KT für die Ausführungsform mit Metallfolien als Elektroden und MKT für diejenige mit metallisierten Polyesterfolien. P. werden hauptsächlich für Siebung, Kopplung und Entkopplung in elektronischen Schaltungen eingesetzt. Sie sind preiswerte Massenkondensatoren in der modernen Elektronik. *Bensieck*

Polyimid →Passivierung

Polykristall. Material, das aus einer Vielzahl kleiner Kristallite besteht und das sich in einer Reihe von Eigenschaften von einkristallinem Material unterscheidet. In der Mikroelektronik wird polykristallines Material verbreitet in Form des →Polysiliciums verwendet. *R. Paul*

Polymer, piezoelektrisch. Einige Polymere haben ausgeprägt piezoelektrische und pyroelektrische Eigenschaften. Beispiele dafür sind Polyvinylidendifluorid (PVDF) und Triglycinsulfid. *Schaumburg*

Polymer-Elektrolytkondensator. P.-E. sind Elektrolytkondensatoren mit einem leitfähigen Polymer als Kathode (Elektrolyt). Anodenmaterial ist bei dieser Neuentwicklung Aluminium, dessen Oberfläche wie bei →Aluminium-Elektrolytkondensatoren hoch aufgerauht ist und mit dem elektrolytisch erzeugten Aluminiumoxid (Al_2O_3), dem →Dielektrikum des Kondensators bedeckt ist.

Ein im Verhältnis zu anderen Elektrolytsystemen sehr leitfähiges Polymer als Kathode hat zur Folge, daß die damit hergestellten →Elektrolytkondensatoren sehr niedrige Eigenverluste, d. h. einen sehr niedrigen äquivalenten Serienwiderstand R_{ESR} aufweisen. Damit sind diese Kondensatoren insbesondere für Siebschaltungen in Stromversorgungen geeignet. *Both*

Polyphenylensulfid-Kondensator. →Kunststofffolien-Kondensator mit einer Isolierfolie (Dielektrikum) aus Polyphenylensulfid (Abk. PPS) *Bensieck*

Polypropylen-Kondensator. (auch MKP-, KP-Kondensator) P.-K. sind →Kunststoffolienkondensatoren mit dem unpolaren thermoplastischen Isolierstoff Polypropylen als →Dielektrikum. Die rel. Dielektrizitätskonstante dieser Folie liegt bei $\varepsilon_r = 2{,}3$ bei 1 GHz. Die Spannungs-Durchschlagsfestigkeit dieser Folie ist mit ≥ 100 V/μm außergewöhnlich hoch, so daß mit Hilfe dieser Folien auch Hochspannungskondensatoren mit relativ kleinem Bauvolumen herstellbar sind.

P.-K. werden sowohl mit Metallfolien als Elektroden, (Kurzbezeichnung nach DIN 41379: KP), als auch mit metallisierten Kunststoffolien (MKP) hergestellt. Die Kondensatoren weisen eine recht geringe Temperatur- und Frequenzabhängigkeit der elektrischen Parameter auf. Daraus resultieren die Haupteinsatzbereiche in der Elektronik für diese Kondensatoren in frequenzbestimmenden Kreisen, Filtern, Schwingkreisen und Zeitgliedern.

Aufgrund des im Vergleich zu anderen üblichen Kunststoffolien niedrigen Verlustfaktors von $\tan \delta = 0{,}2–0{,}5 \cdot 10^{-3}$ bei 1 GHz und der hohen Spannungsfestigkeit werden Kondensatoren mit Polypropylenfolie darüber hinaus vorzugsweise für Impuls- und Wechselstromanwendungen eingesetzt. *Bensieck*

Polysilicium. Polykristallines Silicium. Silicium, das aus einer großen Zahl kleiner Kristallite besteht und sich in einer Reihe von Eigenschaften vom einkristallinen Silicium unterscheidet. P. wird in der Halbleitertechnik und Mikroelektronik sehr umfangreich eingesetzt, z. B.

- als Ausgangsprodukt für die Si-Einkristallherstellung
- als Material für Gateelektroden (für →MOS-Transistoren) und Leiterbahnen, insbesondere in der →MOS-Technik
- als Trägermaterial für dielektrische isolierte Schaltungen sowie als elektrisch isolierendes Füllmaterial in manchen Halbleitertechnologien,
- als halbleitende Schicht auf einem isolierenden →Substrat, in der durch lokale Rekristallisation (Aufschmelzen durch Elektronen- oder Laserstrahl und anschließendes Erstarren) einkristalline Bereiche hergestellt werden können (→SOI-Technik). Solche Verfahren sind für die dreidimensionale Integration interessant.

Polykristallines Silicium ermöglichte durch seinen Einsatz selbstjustierende Strukturierungsverfahren, durch die parasitäre Elemente deutlich reduziert und die elektrischen Eigenschaften der Schaltkreise verbessert werden konnten. Seine große Einsatzbreite verdankt es der Tatsache, daß der spezifische Widerstand durch →Dotierung aus dem nahezu eigenleitenden Gebiet bis in Bereiche guter Leitfähigkeit eingestellt werden kann. Für den Höchstintegrationsbereich sind die Leitungswiderstände von Poly-Si-Leitungen wegen des stark abnehmenden Querschnittes noch zu groß; hier ist ein Übergang zu Silicid-Schichten (oder eine Kombination von Poly-Si und Silicid-Schicht) im Trend. *R. Paul*

Literatur: *Sze, S. M.:* VLSI Technology. New York 1983.

Halbleitertechnologie. P. hat heute in der Halbleitertechnologie große Bedeutung als Gate-Elektrode für →MOS-Transistoren, für Widerstände, als Diffusionsquelle zur Herstellung von flachen pn-Übergängen, als Emitter für Bipolartransistoren, für Leiterbahnen, zur →Passivierung und zur Herstellung von preiswerten Solarzellen. Der spezifische Widerstand von P. kann durch geeignete →Dotierung von ca. 10^7 bis 10^{-3} Ωcm variiert werden.

Die übliche Herstellungsmethode für Polysiliciumschichten ist die pyrolytische Abscheidung aus Silan im LPCVD-Ofen (→Schichtabscheidung) bei etwa 620 °C. Die Reaktionsgleichung lautet:

$$SiH_4 \rightarrow Si + 2H_2$$

Verwendet wird entweder reines Silan oder Silan mit N_2 als Trägergas. Beschichtet werden bei einem Prozeß 100 bis 200 Scheiben bei einer Abscheidetemperatur von 620 °C und einer Abscheiderate von etwa 75–200 Å pro Minute. Die Dotierung kann während der Abscheidung erfolgen oder nach der Abscheidung mit Hilfe von →Diffusion oder →Ionenimplantation. Die Dotierung erfolgt mit Sauerstoff für hochohmige Schichten (→SIPOS) und mit →Phosphor, →Bor oder →Arsen für leitfähige Schichten bzw. für die Verwendung als Diffusionsquelle.

Die Schichteigenschaften hängen stark von den Abscheideparametern wie Temperatur, Druck, Silankonzentration und Dotierstoffkonzentration ab. Einer der wichtigsten Prozeßparameter ist die Abscheidetemperatur. Bei Temperaturen unter etwa 575 °C entstehen →amorphe Schichten mit einer sehr glatten Oberfläche. Hier ist allerdings die Abscheiderate sehr gering. Bei der Standardabscheidetemperatur von 620 °C entsteht polykristallines Silicium, das bedingt durch das säulenförmige Wachstum eine rauhe Oberfläche aufweist. Bei Temperaturen über 650 °C treten Gasphasenreaktionen und Gasverarmung auf, die eine sehr rauhe Schicht und schlechte Schichtdickenhomogenitäten bewirken. *Ryssel*

Literatur: *Sze, S. M.:* VLSI Technology. New York 1983.

Polystyrol-Kondensator. (auch KS-Kondensator) P.-K. sind →Kunststoffolienkondensatoren mit dem unpolaren thermoplastischen Isolierstoff Polystyrol als →Dielektrikum. Die Folie, die in einem Warmreckprozeß als Extruderblasfolie gezogen wird, weist eine praktisch frequenzunabhängige relative Dielektrizitätskonstante ε_r von etwa 2,5 auf. Verarbeitet zu Kondensatoren mit axialen oder radialen Anschlüssen besitzen P.-K. eine außergewöhnlich geringe Temperatur- und Frequenzabhängigkeit der wichtigsten elektrischen Parameter. Dies hat zur Folge, daß KS-Kondensatoren (Kurzbezeichnung nach DIN 41379) hauptsächlich in Zeitgliedern, Filtern, Schwingkreisen und in Abstimmkreisen eingesetzt werden.

P.-K., auch *Styroflexkondensatoren* genannt, können jedoch nur etwa bis 70 °C betrieben werden und besitzen ein relativ großes Bauvolumen. *Bensieck*

Port. (*engl.* für „Tor"). Begriff aus der Stromlauferfassung. Ein P. ist der einzelne logische Anschlußpunkt an einem Schaltelement oder einem Baustein, der mit anderen Elementen verdrahtet werden kann. Man unterscheidet zwischen Inputs (Eingangs-P.), Outputs (Ausgangs-P.) und Inouts (bidirektionaler P.). *K. Winter*

Porzellankondensator →Keramikkondensator

Positionssensor. Sensor zur Ermittlung der Ortskoordinaten eines Gegenstandes. Zur Anwendung kommen verschiedene Prinzipien:

□ optische Verfahren: Erfassung des Gegenstandes mit einem →Bildsensor, CCD-Sensor u. a. und Auswertung des Bildes bezüglich der Position.

□ magnetische Verfahren: Die Gegenstände sind entweder selbst magnetisch aktiv oder sie sind mit magnetisch aktiven Markierungen versehen. In beiden Fällen ändern sie in vorbestimmbarer Weise das Magnetfeld in der Umgebung eines Magnetsensors.

Für spezielle Anwendungen gibt es eine Vielzahl weiterer Verfahren. Kann der Gegenstand durch einen kleinen Lichtfleck (z. B. Laserstrahl) repräsentiert werden, dann können Silicium-P. (*engl.* PSD, photosensitive detector) eingesetzt werden (Bild). Auf einer photoempfindlichen Fläche kann durch Addition, Subtraktion und Division der an den vier Seitenkanten des PSD abgegriffenen Signale die Position des Lichtflecks elektronisch ermittelt werden. *Schaumburg*

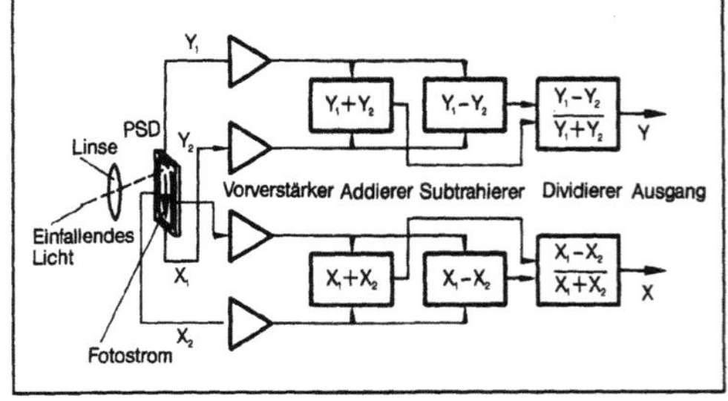

Positionssensor: Zweidimensionale Positionsmessung mit einem PSD. (Quelle: Schanz)

Literatur: *Schanz, G. W.:* Sensoren. Heidelberg 1986.

Positronenkonverter. Eine Einrichtung in Elektronenbeschleunigern zur Erzeugung von Positronen, den Antiteilchen der Elektronen aus Elementarteilchenprozessen. Dazu beschleunigt man zunächst einen intensiven Elektronenstrahl auf eine Energie E>100 MeV. Dieser wird dann auf ein Wolframblech (Target) geschossen. Dabei laufen nacheinander zwei Teilchenprozesse ab (Bild):

1. $e^- + Kern \rightarrow e^- + \gamma + Kern$ (Bremsstrahlung)
2. $\gamma + Kern \rightarrow e^- + e^+ + Kern$ (Paarbildung)

Zuerst wird das Elektron in der Nähe eines Atomkerns abgebremst und erzeugt ein γ-Quant hinreichend hoher Energie. Dieses Quant kann innerhalb desselben Wolframtargets beim Stoß mit einem weiteren Kern vernichtet werden und dabei ein Paar aus einem Elektron und einem Positron bilden. Derartige Prozesse können kaskadenartig mehrfach hintereinander ablaufen. Die Ausbeute an e^+-e^--Paaren ist dabei im wesentlichen durch das Produkt aus Energie und Intensität des primären Elektronenstrahls bestimmt. Um reine Positronenstrahlen zu gewinnen, wird hinter dem Target ein Linearbeschleuniger installiert, dessen Beschleunigungsspannung so gepolt ist, daß nur positiv geladene Teilchen weitertransportiert werden. *Wille*

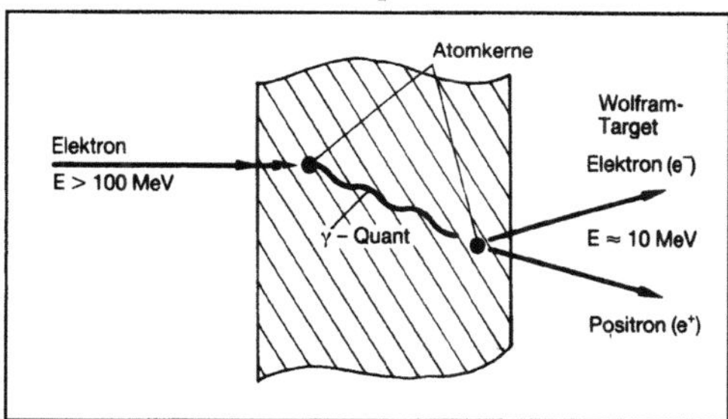

Positronenkonverter: Prinzip der Erzeugung von Positronen.

Postprocessing. Bei CAD-Verfahren nachgeschaltete Auswerteverfahren (Software-Programme) zur Erzeugung von Bestückdaten, Bohrdaten, Fräsdaten, Plotdaten, Testdaten usw. *K. Winter*

Potential. In der Elektrostatik ist das elektrische Feld $\underline{E}$ rotationsfrei, so daß es sich als Gradient eines skalaren Potentials ξ darstellen läßt.

$$\underline{E} = -\operatorname{grad} \xi.$$

Umgekehrt kann das P. aus dem elektrischen Feld durch Integration über einen beliebigen Weg s gewonnen werden

$$\xi = -\int \underline{E}\, d\underline{s}.$$

Die Integrationskonstante wird dabei in der Regel so gewählt, daß das P. im Unendlichen verschwindet. Die Potentialdifferenz zwischen zwei Punkten 1 und 2 wird als Spannung U_{12} bezeichnet

$$U_{12} = \xi_1 - \xi_2 = \int_1^2 \underline{E}\, d\underline{s}.$$

Die magnetische Induktion $\underline{B}$ läßt sich in jedem Fall, d. h. auch in der Elektrodynamik, durch die Rotation eines Vektorpotentials $\underline{A}$ ausdrücken, da die Divergenz der magnetischen Induktion entsprechend der dritten *Maxwell*-Gleichung überall Null ist

$$\underline{B} = \operatorname{rot} \underline{A}.$$

Aus der zweiten Maxwell-Gleichung

$$\operatorname{rot} \underline{E} = -\frac{\partial \underline{B}}{\partial t}$$

folgt dann

$$\operatorname{rot}\left(\underline{E} + \frac{\partial \underline{A}}{\partial t}\right) = 0,$$

so daß in der Elektrodynamik die Summe $\underline{E} + \frac{\partial \underline{A}}{\partial t}$ aus dem Gradienten eines skalaren Potentials ξ abgeleitet werden kann. Das elektrische Feld berechnet sich dann zu

$$\underline{E} = -\operatorname{grad} \xi - \frac{\partial \underline{A}}{\partial t}.$$

Das Vektorpotential $\underline{A}$ ist dadurch jedoch noch nicht eindeutig bestimmt. Das ist erst der Fall, wenn auch seine Divergenz gegeben ist. Sie wird durch die Lorentz-Bedingung so bestimmt, daß die übrigen Maxwell-Gleichungen in der Potentialdarstellung eine möglichst einfache Form erhalten

$$\operatorname{div} \underline{A} = -\varepsilon\mu \frac{\partial \xi}{dt}.$$

Hierin ist ε die Permittivität und μ die Permeabilität in dem Medium. *Claassen*

Potentialfeld. Eine skalare Ortsfunktion $V(\vec{r})$, welche einem konservativen Kraftfeld $\vec{F}(\vec{r})$ durch die Vorschrift $\vec{F}(\vec{r}) = -\operatorname{grad}(V(\vec{r}))$ zugeordnet werden kann. In analoger Weise können auch elektrostatischen Feldern $\vec{E}(\vec{r})$ und magnetostatischen Feldern $\vec{H}(\vec{r})$ entsprechende P. zugeordnet werden. *Kuiper*

Potentiometer. P. sind elektronische Widerstandsbauelemente mit mindestens drei Anschlüssen vorwiegend zur Verwendung als einstellbarer Spannungsteiler. Zwei der Anschlüsse sind direkt mit den Enden des eigentlichen Widerstandselements verbunden und ein weiterer Anschluß führt zu einem beweglichen Kontakt, der mechanisch über das Widerstandselement geführt werden kann (Bild 1).

Im Hinblick auf die Einsatzgebiete werden P. eingeteilt in:

- □ Trimmpotentiometer für Abgleichfunktionen
- □ Stellpotentiometer für die Bedienung von Geräten.

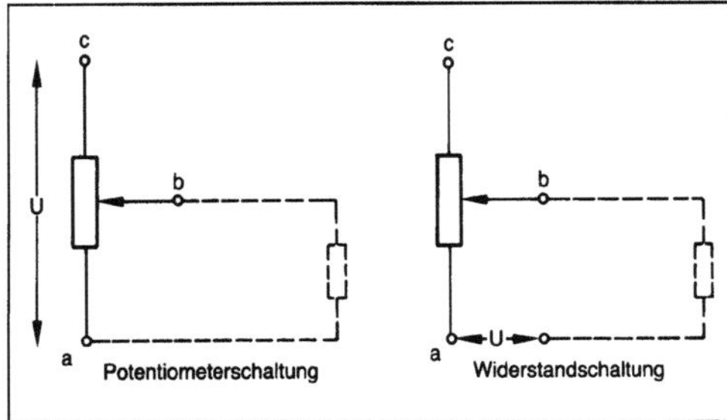

Potentiometer 1: Anschlüsse eines P.:
a) der Endanschluß, der elektrisch dem Schleifkontakt am nächsten liegt, wenn die Achse ganz im Gegenuhrzeigersinn gedreht ist
b) der Schleiferanschluß
c) der andere Endanschluß.

Trimmpotentiometer werden z. B. verwendet, um Arbeitspunkte elektronischer Schaltungen, Spannungspegel oder Ströme einzustellen. Daraus ergibt sich eine relativ seltene Betätigung, die in Prüfnormen bei 100 Zyklen festgelegt ist.

Stellpotentiometer sind das Bindeglied zwischen Umwelt und Elektronik. Als Ist- und Sollwertgeber sind sie zur Umsetzung von Winkel- und Weginformationen erforderlich, um den modernen Schaltungen mit Mikroprozessoren, Analog-Digital- Umsetzern und Operationsverstärkern verarbeitbare Signale zuzuführen. Hiermit ist auch eine höhere Zahl der mechanischen Betätigungen von mindestens 10 000 Zyklen verbunden. Ein günstiges Preis-Leistungsverhältnis führt außerdem zu einer zunehmenden Verbreitung potentiometrischer Sensoren in Gebersystemen.

Die sich wandelnden Einsatzgebiete und neuen Anwendungen, bedingt durch die Mikroelektronik, haben zu vielen P.-Bau- und Ausführungsformen, sowie auch neuen Technologien geführt (Bild 2).

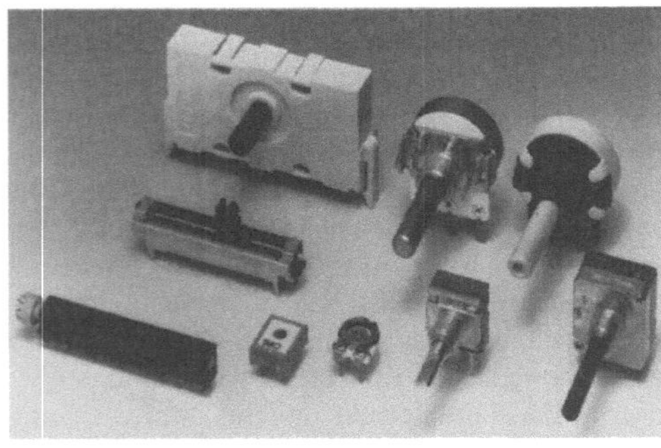

Potentiometer 2: Einige Bau- und Ausführungsformen: Drehpotentiometer (rechts), Trimmpotentiometer (mitte unten), Fokuspotentiometer (links oben), Schiebepotentiometer (mitte links), Spindelpotentiometer (unten links). (Quelle: Philips Components)

Bezüglich der Widerstandselemente können P. aus Drahtwicklungen, den historisch ersten Ausführungsformen, aus Carbonschichten auf Hartpapier, aus Cermetschichten auf Keramiksubstraten oder aus leitenden Kunststoffen bestehen.

Eine Carbonschicht ist zusammengesetzt aus Graphit und Kunstharz, die Cermetschichten dagegen aus einem Glasfilm, in welchem leitende Metallpartikel eingelagert und bei ca. 900 °C gesintert sind.

Der bewegliche *Schleifkontakt* muß in genauer Abstimmung auf Anwendung und Widerstandselement ausgebildet sein. Verwendung finden Schleiferkonfigurationen vom Einfachkontakt als Kalotte oder Kohlestift über den Doppelschleifer bis zu Mehrfingersystemen, auch in schwingungsgedämpfter Ausführung. Hierdurch wird der →*Übergangswiderstand* bestimmt, der einen möglichst geringen Wert aufweisen und beibehalten soll. Er ist die Summe aller Kontaktwiderstände zwischen Widerstandselement und Schleifer und besitzt eine statische und dynamische Komponente (Bild 3). Der Übergangswiderstand sollte bei etwa 1,5 % des Nennwiderstandswertes liegen.

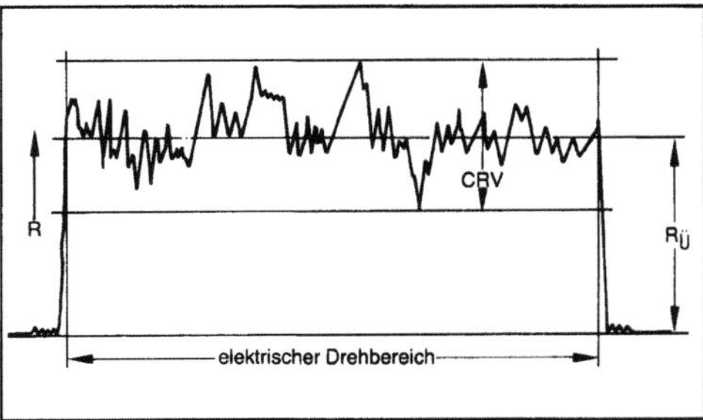

Potentiometer 3: Der Übergangswiderstand eines P.-Schleifkontaktes ist keine exakt bestimmbare Größe. Die Bandbreite CRV ist ein Maß für die Qualität des Kontaktes.

Ein P. kann als Bauelement auf zwei Arten geschaltet werden (Bild 4):

□ als Spannungsteiler *(Potentiometerschaltung)* oder

□ als veränderbarer Widerstand *Widerstandsschaltung)*

Während die Spannungsteilerschaltung gegen Übergangswiderstandsänderungen relativ unempfindlich ist, kommen diese im veränderbaren Widerstand voll zur Auswirkung.

Durch die Widerstandskurve wird angegeben, wie sich das Spannungsteilerverhältnis oder der abgegriffene Widerstandswert in Abhängigkeit von der Schleiferstellung ändert. Üblich ist der lineare Verlauf, daneben sind aber auch logarithmische und spezielle Widerstandskurven möglich. Durch Prüftore kann der Widerstandswertverlauf festgelegt werden (Bild 5). *Jahnke*

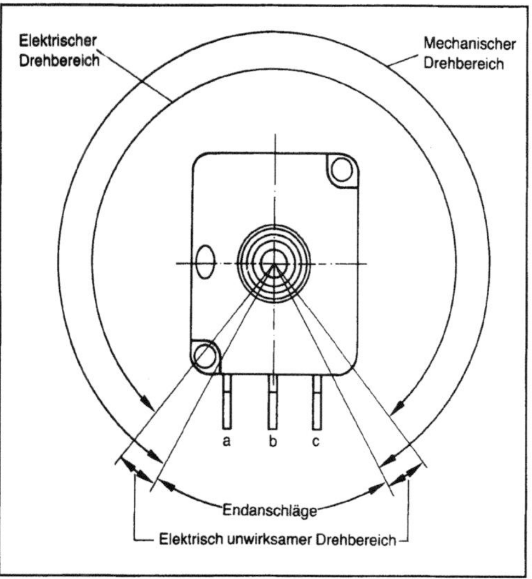

Potentiometer 4: P. in Potentiometerschaltung und Widerstandschaltung.

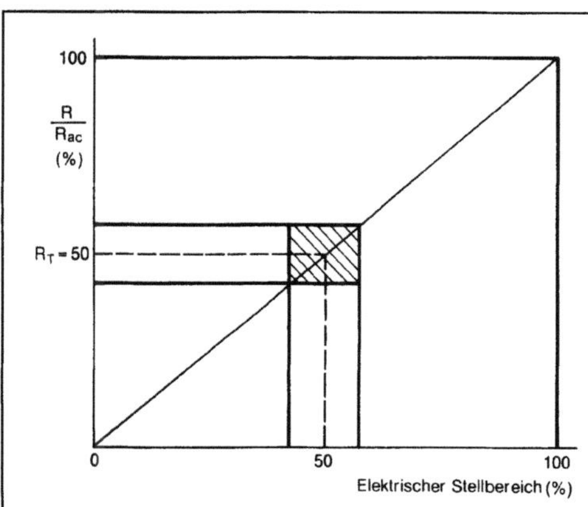

Potentiometer 5: Beispiel einer linearen Widerstandskurve eines P. mit Prüftor bei 50 % Stellbereich. Rac: Gesamtwiderstandswert, RT: Teilwiderstand (bei Teileinstellung).

PP-Kondensator →Polypropylenkondensator

pp⁺-Übergang →Dichteübergang

PPS-Kondensator. Kurzbezeichnung für einen →Kunststoffolien-Kondensator mit einer Isolierfolie (Dielektrikum) aus Polyphenylensulfid. *Bensieck*

Preemphase →D2MAC-Paket

Preßteller. Der P. enthält die Durchführungen zum Anschluß der Elektroden des Strahlerzeuger-Systems. Der P. ist aufgebaut aus einem runden gläsernen Glasteller mit metallenen Zuführungsstiften, die vakuumdicht im Glasteller verschmolzen sind. In der Mitte des Glastellers ist ein hohler, gläserner Pumpstengel angebracht. Die Zuführungsstifte bilden die elektrischen Verbindungen von außerhalb der →Bildröhre mit den Elektroden (→Kathode, Heizfaden, →Gitter) innerhalb der Bildröhre.

Wichtig ist, daß das →Elektronenstrahlsystem (Kanone) zum P. sehr genau ausgerichtet wird, weil die Zuführungsstifte des Tellers beim Einschmelzen der Kanone dazu benutzt werden, diese zu zentrieren. Bei der →Systemeinschmelzung wird das im Bildröhrenhals ausgerichtete System mit seinem gläsernen P. mit dem Glas des Halses verschmolzen. Durch den Pumpstengel, der anschließend abgeschmolzen wird, wird die Luft aus dem Kolben gepumpt. *Keitel/Nerstheimer*

Literatur: Tradition in Qualität: Bildröhrenfertigung in Aachen. Hrsg. Philips, Hamburg.

Primäremission. Unter P. versteht man die Freisetzung von Elektronen meist aus fester Materie ins Vakuum oder einen gasgefüllten Raum durch thermische →Emission, →Photoemission (→Photoeffekt) oder →Feldemission. Darüberhinaus können Elektronen auch durch Elektronenstöße ausgelöst werden (→Sekundäremission).

Allen diesen Emissionsarten ist gemeinsam, daß Energie mindestens in Höhe der →Austrittsarbeit zugeführt werden muß, damit Elektronen die feste Oberfläche verlassen können. Eine weitere Möglichkeit ist die Herabsetzung der Bindungsenergie eines Elektrons durch ein elektrisches Feld und Durchtunnelung des restlichen Potentialbergs, wie es bei der Feldemission geschieht.

Zur genaueren Herleitung der Emissionsvorgänge bedient man sich der Quantendarstellung der Elektronenenergie in einem Atom. Danach kann ein Elektron im Atom nur bestimmte Energieniveaus bzw. Elektronenschalen einnehmen. Der Übergang von einem Niveau zum anderen und ins Vakuum erfordert daher auch diskrete Energiebeträge, im letzteren Fall die Austrittsarbeit. *Kiesel*

Literatur: *Eichmeier, J.:* Moderne Vakuumelektronik. Berlin–Heidelberg–New York 1981.

Primärfarben. Die Farb-Kathodenstrahlröhre in der Form der Drei-Strahl-Farbbildröhre und damit das Farbfernsehen überhaupt, beruht u. a. auf der Tatsache, daß durch Mischen von Farben andere, neue Farben entstehen. Die Ausgangsfarben sind bei der Farb-Kathodenstrahlröhre die drei P.:
- rot
- grün
- blau.

Sie liegen im *Kelly*-Farbdiagramm auf den drei Ecken eines Dreiecks, das fast alle in der Natur vorkommenden Farben einschließlich der unbunten Farben „schwarz“ und „weiß“ sowie der „purpur-Farben“ umschließt. Durch additive Farbmischung können alle in dem Dreieck und auf seinen Seitenlinien liegenden Farben erzeugt werden.
Nerstheimer

Literatur: *Barthelt, R. R.* und *G. A. W. Vermeulen:* Ein experimenteller Leuchtschirm in Direktsichtröhren für Farbfernsehen. Philips Techn. Rdsch. 23 (1961/62) Nr. 5. – Farbfernsehtechnik I. Hrsg. Telefunken, München. – Principles of Color Television. Hrsg. Hazeltine Laboratories Staff, New York. – Tradition in Qualität: Bildröhrenfertigung in Aachen. Hrsg. Philips, Hamburg.

Primitives. P. sind die elementaren Schaltelemente, aus denen eine integrierte →Schaltung zusammengesetzt wird. Die P. werden beim Halbleiterhersteller jeweils für eine bestimmte Schaltungstechnologie definiert (einige -zig Elemente) und dem Kunden in Form von →CAD-Bibliotheken für den →Schaltungsentwurf zur Verfügung gestellt (Symbolbibliothek, Simulationsbibliothek). Jedem P. ist eine entsprechende Layoutbeschreibung zugeordnet, nach der die Schaltung physikalisch umgesetzt wird. *K. Winter*

Prismenkoppler. Ein P. dient zur selektiven Ein- und/oder Auskopplung von ausbreitungsfähigen optischen Wellen in einer planaren Wellenleiterstruktur (→Schichtwellenleiter, →Streifenwellenleiter).

Ein Prisma mit einer höheren Brechzahl (n_p) als der Wellenleiter (n_w) wird auf diesen so dicht aufgesetzt, daß das Licht an der Prismenbasis nicht mehr vollständig totalreflektiert wird: Längs der Strecke L, in der die Lichtwellen auf den Prismenboden treffen, tritt das Licht vom Prisma in den Wellenleiter über (optischer →Tunneleffekt). Die erforderliche Wechselwirkungslänge für vollständiges Einkoppeln beträgt $L = \pi/2\,k$, mit k: Koppelkonstante (→Richtkoppler, integriert optischer). k ist abhängig von den Brechzahlen des Prismas n_p, des Zwischenraumes zwischen Prisma und Wellenleiteroberfläche n_z, des Wellenleiters n_w und vom Abstand Prisma-Wellenleiter s (Bild).

Für optimale Kopplung muß der Lichtstrahl exakt die 90°-Kante des Prismas passieren. Ist er zu weit nach rechts verschoben, wird nicht über die gesamte Länge L eingekoppelt, ist er zu weit nach links verschoben, kommt es zu einer partiellen Auskopplung in das Prisma zurück. In der Praxis erhält man für einen Lichtstrahl mit gaußförmigem Profil eine Koppeleffizienz von ca. 80%.

Auch zur Auskopplung des Lichtes kann ein Koppelprisma benutzt werden. Dieser Vorgang ist der oben beschriebenen Einkopplung reziprok.

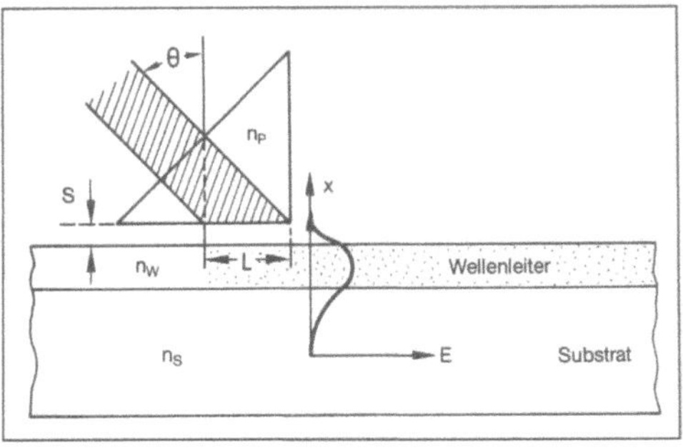

Prismenkoppler: Schematische Darstellung.

Ebenso wie durch Änderung des Einstrahlwinkels am Prisma →Wellenleitermoden selektiv angeregt werden, können mit einem Auskoppelprisma die Wellenleitermoden unter verschiedenem Winkel ausgekoppelt und somit eine Modenanalyse durchgeführt werden. Außerdem wird die Prismenkopplungsmethode auch zur Bestimmung von Wellenleiterverlusten eingesetzt. *Krauser*

Produktionsprüfung. →Baugruppenprüfung, bei der im wesentlichen →Fehler erkannt werden, die in der Regel beim Produktionsvorgang auftreten können: Bestückungsfehler, Lötfehler, Leiterbahnunterbrechungen, Kurzschlüsse, nicht z. B. Parametermessungen an Signalen. Der Produktionstest wird meist als →In-Circuit-Test durchgeführt. *K. Winter*

PROFIBUS. Der P. (*engl.* PROcess FIeld BUS) ist eine Feldbuslösung (Feldbus) der Firmen Siemens, Bosch und Klöckner-Möller, die Anfang 1987 von dem Zentralverband der Elektrotechnik und Elektronikindustrie (ZVEI) als Grundlage für einen Feldbus-Standard ausgewählt wurde. Die Realisierung und Zuführung zur Normung, sowie die Entwicklung von Konformitätsprüfungen und Diagnosegeräten wurden zwischen 1987 und 1990 im Rahmen des BMFT-Verbundprojekts „Feldbus“ vorangetrieben. Seit Dezember 1990 liegen die Normen DIN 19245, Teil 1 (Übertragungstechnik, Transportprotokoll) und Teil 2 (Anwendungsprotokoll und Anwenderschnittstelle) vor.

Die wichtigsten technischen Merkmale des P. sind die Übertragung auf verdrillten geschirmten Zweidrahtleitungen (Übertragungsmedium) mit Datenübertragungsraten zwischen 9,6 und 500 kBit/s. Auf Kosten der hohen Datensicherheit mit Hamming-Distanz Hd=4, erreicht der P. im Vergleich zu anderen Feldbussystemen eine hohe Effektivität (Verhältnis Gesamt- zu Nutzdaten) bei der Übertragung kurzer Nachrichten. Der Zugriff auf das gemeinsame Übertragungsmedium ist dezentral durch einen Token-Passing-Mechanismus (Token, Token-Bus, →Token-Ring) geregelt. Um die Kommunikation mit höheren Netzwerkhierarchien wie

z. B. einem MAP-Netzwerk zu erleichtern, wurde für das Anwenderprotokoll eine Teilmenge der MMS-Dienste definiert. *Spaniol*

Literatur: *Hofmann, E.*: Das BMFT-Verbundprojekt ‚Feldbus'. Automatisierungstechnische Praxis atp, 30 (1988), Nr. 5 – DIN 19245-„PROFIBUS".

Profil. Der Begriff P. hat in der →Halbleitertechnologie unterschiedliche Bedeutungen. Zunächst dient er zur Beschreibung der räumlichen Verteilung von →Dotierungselementen und →Kristalldefekten. Meistens versteht man unter P. eine Verteilung senkrecht zur Oberfläche, man spricht aber auch von zwei- oder dreidimensionalen P. (Bild 1).

Weitere charakteristische Größen im Halbleiter, wie →Lebensdauer, →Beweglichkeit, usw. haben ebenfalls häufig eine Tiefenverteilung, die dann analog als P. bezeichnet wird.

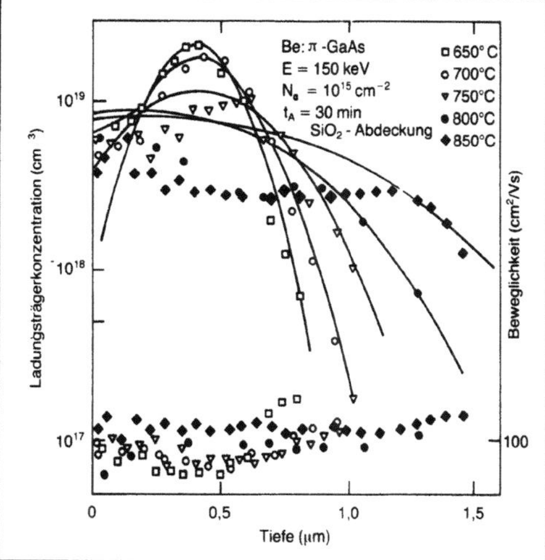

Profil 1: Dotierungsprofile und Beweglichkeit von berylliumimplantierte GaAs nach Temperung bei 650–850 °C; Energie 150 keV, Dosis 10^{15} cm^{-2}.

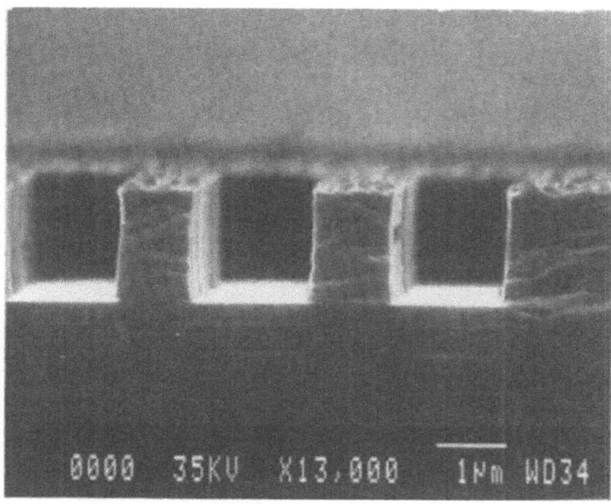

Profil 2: Querschnitt durch ein Ätzprofil im Polysilicium.

Weiterhin benutzt man den Begriff P. als Synonym für die „Topographie" der Oberfläche, man spricht z. B. von Oberflächenprofil oder Ätzprofil (Bild 2). Meßgeräte für diese Größe werden auch manchmal als Profilometer bezeichnet. *Ryssel*

Literatur: *Ryssel, H.* und *I. Ruge:* Ionenimplantation. Stuttgart 1978.

Profildispersion. P. tritt in →Gradientenfasern auf und ist ein Maß für die Modenlaufzeitdifferenzen, die durch die Wellenlängenabhängigkeit des Brechzahlprofils entstehen.

Das Brechzahlprofil kann in der Regel nur für eine bestimmte Betriebswellenlänge optimiert werden. Da die Brechzahlen in unterschiedlicher Weise von der Wellenlänge abhängen, ändert sich bei Abweichungen von dieser Wellenlänge auch das Brechzahlprofil und damit auch die →Dispersion. Ziel ist es, eine Profilfunktion f (r, λ) zu finden, mit der die P. minimiert werden kann. *Krauser*

Programming-Fault. →Fehler der durch fehlerhafte Programmierung von Bausteinen entsteht. Dies können Speicherfehler (→PROM) sein aber auch Programmierfehler bei programmierbarer Hardware (→PLD's, →PLA's). *K. Winter*

Projektionsanzeige. Zur Darstellung von Bildern auf sehr großer Fläche verwendet man P. Sie bestehen im wesentlichen aus einem weitgehend konventionell aufgebauten Projektor. Als lichtsteuerndes Element werden anstelle des bekannten Diapositivs unterschiedliche elektronisch punktweise ansteuerbare Elemente, wie Flüssigkristall-Zellen oder Kleinströhren mit einem aus ferroelektrischen Target, wie z. B. Kalium-Dihydrogen-Phosphat (KDP), verwendet.

Bei der Kleinströhre werden in das KDP-Plättchen Punkte mit wechselnder dielektrischer Polarisation eingeschrieben. Diese Punkte sind dann gleichzusetzen mit einer Struktur der →Doppelbrechung des Targets, oder dessen Reflexionseigen-

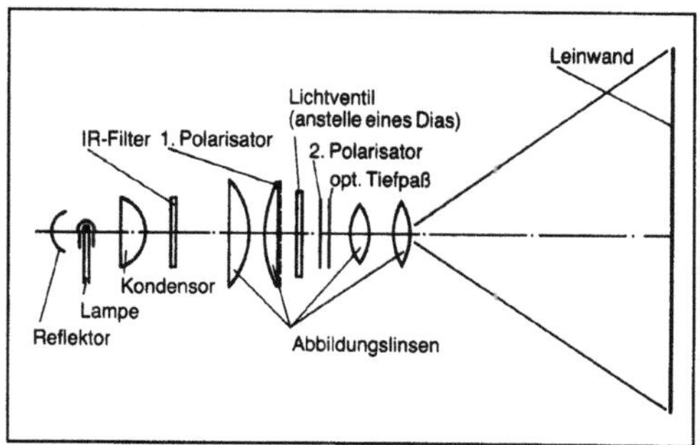

Projektionsanzeige 1: Grundaufbau einer P. mit Flüssigkristall-Lichtventil. (Quelle: Lüder)

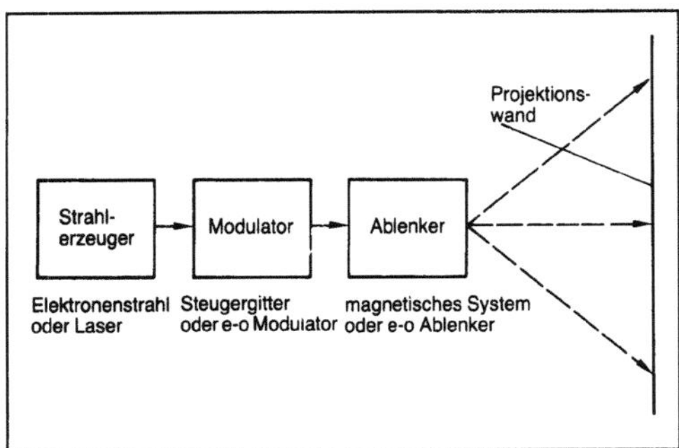

Projektionsanzeige 2: Grundaufbau

schaften. Die Struktur kann dann mit Hilfe von polarisiertem Licht auf einen Projektionsschirm vergrößert dargestellt werden. So konnte mit Hilfe einer ca. 30 mm großen Röhre ein Fernsehbild mit einer Fläche bis ca. 50 m^2 dargestellt werden.

Bei Verwendung einer Flüssigkristall-Zelle als aktivem Element zeichnen sich die angesteuerten Bildpunkte durch unterschiedliche Transmission aus. Die Zelle wirkt im Strahlengang des Projektors wie ein Diapositiv. Um farbige Bilder darzustellen, wird in dem Projektor für jede der drei Grundfarben je eine Zelle eingebaut und das Bild in dieser Grundfarbe projiziert. Die Bilder der drei Grundfarben werden passgenau übereinander auf einen Schirm projiziert. Systeme dieser Bauart werden zur Zeit für das geplante hochauflösende →Fernsehsystem (→HDTV) u. a. in Japan und in der Bundesrepublik Deutschland entwickelt. *Pottharst*

Literatur: *Lüder, E.* u. a.: ITG-Fachtagung Vakuumelektronik und Displays, 1989.

Projektionsfernsehen. Beim Fernseh-Projektionsempfänger wird mit Hilfe eines optischen Systems ein Bild vergrößert auf einen Schirm projiziert. Direktsicht-Bildröhren lassen sich nicht in beliebiger Größe herstellen. Volumen, Gewicht und die nötigen Maschinen setzen Grenzen. Die Vorteile der Projektion bestehen darin, daß man hiermit viel größere Bildabmessungen erreichen kann, außerdem läßt sich der Lichtstrom des Projektionsbildes mit Spiegeln umlenken.

Die größte Verbreitung haben Geräte, bei denen für die drei Grundfarben je eine monochromatische →Bildröhre verwendet wird. Diese Bildröhren mit einer Schirmdiagonale von <10 cm erreichen durch den Fortfall der Schattenmaske und durch gekühlte Schirme eine so hohe Helligkeit, daß Bilder mit 3–4 m Diagonale ausgeleuchtet werden können. Besondere Aufmerksamkeit verdienen für ein gleichmäßiges, helles Bild auch die Wiedergabeschirme. Je nach Verfahren können diese Schirme Auflicht- oder Rückprojektionsschirme sein.

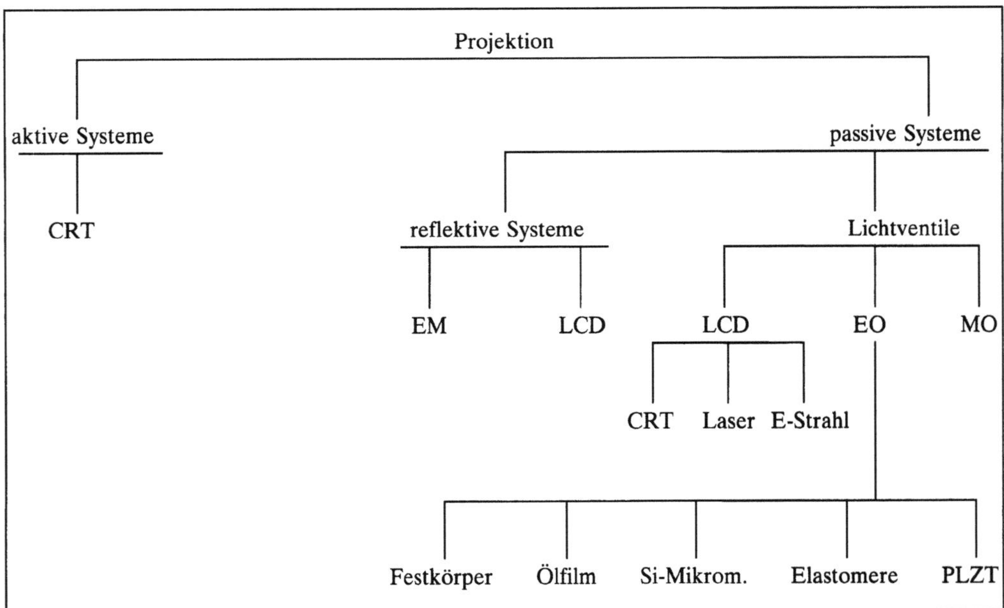

CRT Kathodenstrahlröhre, EM Elektromechanische Techniken, LCD, Flüssigkristall-Anzeigen EO, Elektrooptische Techniken, MO, Magnetooptische Techniken, E-Strahl, Elektronenstrahl-Ansteuerung, PLZT transparente Keramik aus Blei-Zirkonat-Titanat, Lanthan-dotiert

Projektionsanzeige 3: Überblick der wichtigsten P.-Anordnungen

Besonders große und helle Bilder werden erzielt, wenn nach dem Prinzip des Lichtventils gearbeitet wird. Dieses Prinzip läßt den Einsatz von hellen Fremdlichtquellen zu.

Ein Verfahren, das nach diesem Prinzip arbeitet, ist das Simultan-Eidophor. Infolge seiner starken Lichtquelle hat es einen hohen Lichtstrom und erzielt ohne weiteres farbige Bilder bis zu 10 m Breite. Das Simultan-Eidophor setzt das farbige Fernsehbild aus drei einfarbigen Auszügen – aus dem roten, grünen und blauen Teilbild – zusammen und erzeugt durch additive Mischung auf der Projektionswand das vollständige Farbbild. Dazu enthält es drei Elektronenstrahlsysteme und drei Spiegelträger mit je einer Ölschicht.

Auf diesen drei Ölschichten werden die drei Farbauszüge des Bildes entsprechend ihrer eigenen Helligkeitsverteilung aufgetragen und rufen auf der Öloberfläche aufgrund der unterschiedlichen Elektronendichte und der Oberflächenspannung ein Reliefbild hervor. Das Licht einer Xenonlampe wird durch ein dichroitisches Spiegelsystem mit Interferenzverspiegelungen nahezu verlustlos in die drei Farbbereiche Rot, Grün und Blau aufgeteilt. Diese drei Farbbereiche werden dann den betreffenden Reliefbildern zugeleitet. Entsprechend der Oberflächendeformation wird mehr oder weniger Licht durch ein Spiegelsystem den drei Objektiven zugeführt und von diesen auf die Leinwand geworfen. Dort werden die projizierten Teilbilder so genau aufeinandergelegt, daß sich die Konturen decken und ein farbiges Bild entsteht.

Die größten Zukunftschancen für Projektionsgeräte werden heute Geräten mit →Lichtventilen in LCD-Technik eingeräumt. Dabei wird Licht von einer starken und homogenen Lichtquelle in die drei Farbkomponenten Rot, Grün und Blau zerlegt und durch drei entsprechenden LCD-Matrix-Displays geleitet. Die LCD-Matrix-Displays modulieren die Farbstrahlen. Die modulierten Farbstrahlen werden auf einen Projektionsschirm übereinander projiziert.

Man unterscheidet Rückprojektionsgeräte und Auflichtprojektionsgeräte. Bei ersteren wird das Bild von hinten auf einen durchsichtigen Schirm projiziert und von vorne beobachtet. Dabei sind normalerweise Projektionseinrichtung und Bildschirm fest in einem Gerät miteinander verbunden. Bei Auflichtprojektionsgeräten hingegen sind Projektionsapparat und Projektionsschirm (Leinwand) getrennt. *Keitel/Nerstheimer*

Literatur: Einführung in die Farbfernsehservicetechnik, Bd. I: Grundlagen der Farbfernsehtechnik. Hrsg. N. V. Philips Gloeilampenfabrieken Eindhoven, Niederlande.

Projektionslithographie →Lithographie, →Photolithographie

Projizierte Reichweite →Ionenimplantation, →Reichweite

PROM. (*engl.* Programmable Read Only Memory, programmierbarer Nur-Lese-Speicher) →Halbleiter-Festwertspeicher (→ROM), der vom Anwender selbst programmiert werden kann.

Ein deutlicher Fortschritt gegenüber den applikationsbegrenzten Möglichkeiten des ROM war die Möglichkeit, die ein- oder mehrmalige Programmierung eines Festwertspeichers dem Anwender selbst zu überlassen. Das führte direkt zum PROM. Generell wird der Begriff PROM dabei für zwei Sachverhalte verwendet:

□ als Überbegriff für alle auf irgendeine Art anwenderprogrammierbaren ROMs, vor allem mehrfach programmierbare. Dazu zählen →EPROM und →EEPROM,

□ speziell für ROM, die vom Anwender nur einmal (irreversibel) programmiert werden können.

Die einmalige Programmierung erfolgt üblicherweise in zwei Varianten (Bild):

– lösbare Verbindung mittels Durchschmelzen einer Leiterbahn (fusable link) durch Stromüberlastung nach dem Prinzip einer Schmelzsicherung

– Materialtransport durch Lawinen-Effekt (Avalanche Induced Migration, AIM), um leitende Verbindungen aufzubauen oder zu unterbrechen.

Im ersten Fall liegen z. B. NiCr-Filmwiderstände in Reihe zu einer Diode oder einem Transistor in den Kreuzungspunkten der Wort-Bit-Leitungen. Sie werden durch Anlegen eines Stromimpulses unterbrochen. Die Programmierung erfolgt mit einem Programmiergerät, da ein bestimmter Zeitablauf eingehalten werden muß.

Im zweiten Fall liegt z. B. ein →Bipolartransistor mit offener Basis zwischen Wort- und Bitleitung, der normalerweise sperrt. Zur Programmierung wird die Kollektor-Basis-Diode flußgepolt und die Emitter-Basis-Diode so sperrbelastet, daß dort →Lawinendurchbruch einsetzt. Der dabei fließende Strom transportiert Aluminium aus dem Emitterkontaktbereich in die Emitter-Basis-Diode und schließt sie kurz. Dann stellt die Basis-Kollektor-Diode die gewünschte Verbindung her.

Obwohl heute PROMs mit beträchtlichen Speicherkapazitäten (bis 1 Mbit und mehr) verfügbar sind, haftet diesem Speichertyp doch der generelle Nachteil der einmaligen Programmierbarkeit an. Eine Umprogrammierung ist nur beschränkt möglich, da lediglich noch die nicht programmierten Punkte verfügbar sind. Eine Wiederverbindung einmal getrennter Leitungen ist praktisch unmöglich. Deshalb werden PROMs immer mehr von EPROM und EEPROM verdrängt. *R. Paul*

Literatur: *Millman, J.* and *A. Grabel:* Microelectronics. New York 1986. – *Tietze, U.* und *Ch. Schenk:* Halbleiterschaltungstechnik. Berlin 1985.

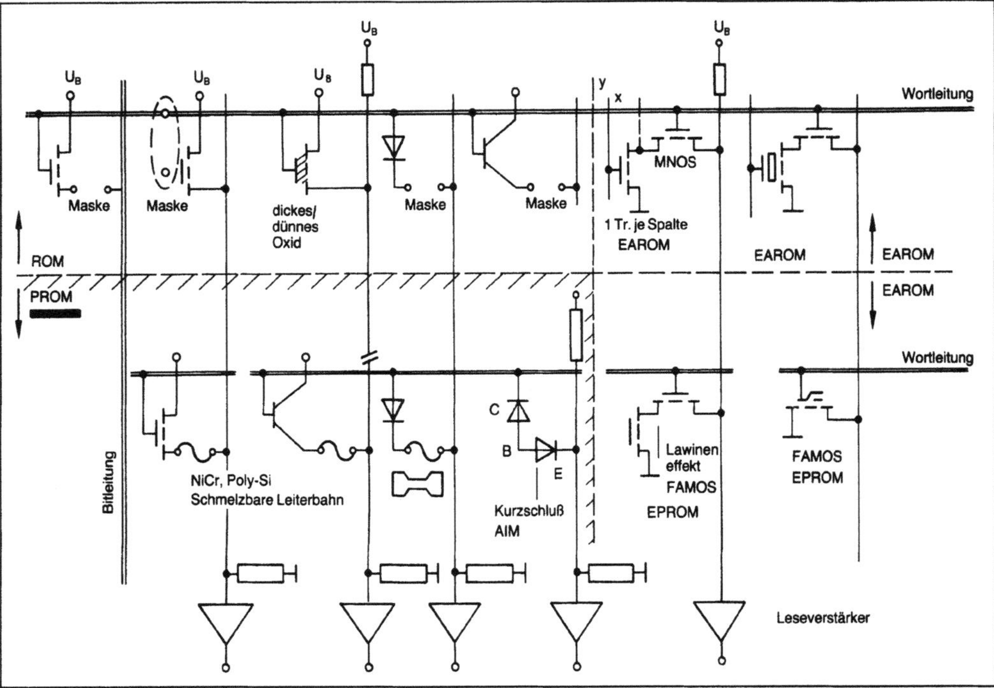

PROM: Programmierverfahren.

Propagation delay. Zeit zwischen einem Signalwechsel am Eingang eines Prüflings und dem Signalwechsel an einem bestimmten inneren Knoten oder einem bestimmten Ausgang (→Laufzeitmessung).

K. Winter

Proportionalzählrohr. Bei dem P. ist die Anzahl der zur Messung gelangenden Ionen proportional der Zahl der primär erzeugten. Damit hängt sie von der Art und Energie der sie auslösenden Strahlung ab. Die P. sind daher zur Messung der auftretenden Energiedosen und der Aktivität von Radionukliden geeignet.

Bei dem Messen von Teilchen kleiner Reichweite lassen sich mit P. Ansprechwahrscheinlichkeiten von nahezu 100% erreichen; bei Röntgen- und Gammastrahlung liegt der Wirkungsgrad dagegen in der Größenordnung von wenigen Prozent, bei hohen Energien sogar bei 0,1%. Deshalb werden P. vielfach durch den →Szintillationsmeßkopf verdrängt, der ihnen durch größeres Ansprechvermögen und bessere Zeitauflösung überlegen ist.

Die Bauart der P. kann dem Verwendungszweck gut angepaßt werden. Für Strahlenschutzzwecke finden Großflächen-P. mit 2π-Geometrie in Kontaminationsmonitoren Verwendung. Zur Absolutbestimmung von Aktivitäten benützt man →Zählrohre mit 4π-Geometrie, bei denen die Meßprobe in das Zählrohr selbst eingebracht wird.

Auch die Gasfüllung der P. wird dem jeweiligen Verwendungszweck entsprechend gewählt; so werden z. B. die Zählrohre zum Messen schneller Neutronen mit Wasserstoff und die zum Messen thermischer Neutronen vorzugsweise mit BF_3 gefüllt (→Neutronen-Dosismessung).

Die Lebensdauer von P. ist infolge irreversibler Vorgänge im Zählgas auf etwa 10^{12} Impulse begrenzt.

Wachsmann

Protonenlinac. Linear angeordneter Beschleuniger zur Erzeugung hochenergetischer Protonenstrahlen für die Kern- und Elementarteilchenphysik sowie zur Vorbeschleunigung an Synchrotrons. Der P. besteht aus der →Ionenquelle, einem Vorbeschleuniger und der eigentlichen →Beschleunigungsstruktur. Die in der Ionenquelle erzeugten Protonen werden zunächst mit Hilfe von Gleichspannung vorbeschleunigt. Im allgemeinen werden sie dabei auf Energien zwischen 450 und 750 keV gebracht. Daran schließt sich eine mit hochfrequenter Wechselspannung betriebene →Alvarez-Struktur. Die Protonen können dann mit Hilfe dieses *Alvarez*-Linacs auf Energien bis etwa 200 MeV gebracht werden. Bei höheren Energien wird die Alvarez-Struktur sehr ineffizient. Daher muß man dann zu einzelnen Cavities greifen. Die erforderliche Hochfrequenzleistung wird beim P. üblicherweise aus Triodenröhren erzeugt, die im Impulsbetrieb laufen. Die →Fokussierung des Protonenstrahls erfolgt durch Quadrupolmagnete in den Driftröhren der Alvarez-Struktur.

Da die wegen des technischen Aufwandes bei P. erreichbare Strahlenergie sehr begrenzt ist (im allgemeinen liegt sie deutlich unter 1 GeV (= 10^9 eV)), werden sie vorwiegend als Vorbeschleuniger für Synchrotrons eingesetzt, die bei extrem niedrigen Energien sehr instabil arbeiten würden.

Eine weitere wichtige Anwendung haben die P. bei der Erzeugung von Neutronen durch Spallation. Dabei werden die im Linac auf hinreichend hohe Energie beschleunigten Protonen auf ein Target geschossen, das aus sehr neutronenreichen Elementen wie Blei oder Uran besteht. Beim Auftreffen der Protonen auf die Targetatomkerne zerplatzen diese (Spallation). Dabei wird eine große Zahl von Neutronen frei, die vornehmlich in der →Festkörperphysik genutzt werden. Im Vergleich zur Erzeugung von Neutronen in einem Kernreaktor hat dieses Verfahren den Vorteil, daß wegen der gepulsten Protonen auch die Neutronen gepulst sind. Dieses spezielle Zeitverhalten ist für eine Reihe von Anwendungen wichtig.

Eine Spezialform des P. ist der →Schwerionenlinac, der die Beschleunigung praktisch aller denkbaren Ionen bis herauf zum Uran ermöglicht. *Wille*

Literatur: *Livingston, M.* und *J. Blewett:* Particle Accelerators. New York 1962.

Prozessor. Zentrale, verarbeitende Einheit von Digitalrechnern. Der P. umfaßt die steuernde Einheit, das Leitwerk, sowie die eigentliche informationsverarbeitende Einheit, das Rechenwerk. Das Leitwerk adressiert über den Befehlszähler die Maschinenbefehle und übernimmt diese schrittweise bei der Programmausführung aus dem Hauptspeicher. In Abhängigkeit des jeweiligen Maschinenbefehls generiert das Leitwerk alle Steuersignale für alle Teilwerke des Rechners zur Ausführung des Befehls. Leitwerke können mikroprogrammiert oder festverdrahtet realisiert sein (→Mikroprogrammierung).

Das Rechenwerk umfaßt die arithmetisch-logische Einheit, in der die Daten verknüpft werden, →Register zur Speicherung von Zwischenergebnissen, gegebenenfalls weitere transformierende Einheiten wie →Zähler, Shifter und Datenpfade zwischen diesen Elementen.

P. können diskret aufgebaut sein, das heißt, physikalisch aus einer Vielzahl von Elementen bestehen. Die hohe Integrationsdichte von Halbleiterbausteinen erlaubt aber auch die Bereitstellung aller logischen Funktionen eines P. auf genau einem VLSI-Baustein. Man spricht dann vom Mikroprozessor. *Bode*

Prozessortest. Teil der Prüfung von mikroprozessorbestückten Leiterplattenbaugruppen, bei dem im wesentlichen die Funktionen des Prozessors geprüft werden. Nach Möglichkeit werden dabei die Steuer-, Daten- und Adressleitungen kontaktiert. Mehrere Verfahren werden dabei angewandt:

– Verfolgung von auf der Baugruppe gespeicherten Programmen im Einzelschnittbetrieb (Single-Step-Betrieb).

– Abarbeitung von Programmen durch den Prozessor, die mit Hilfe von Zusatzschaltungen und ggf. externen Speichern im Single-Step-Betrieb oder in Echtzeit dem Prozessor zugeführt werden.

– Bei Einchip-Computern: Kontrolle des Speicherinhaltes.

Anhand des Geschehens auf Daten- und Adreßleitungen kann die ordnungsgemäße Funktion des Prozessors überprüft werden. An die o. g. Verfahren schließt sich in der Regel ein Baugruppenfunktionstest an, mit dem auch dynamische →Fehler erkannt werden, die sich erst beim Zusammenwirken aller Baugruppenkomponenten zeigen. *K. Winter*

Prozeßsimulation. Ziel der P. ist die quantitative Beschreibung der sich durch Prozeßschritte ergebenden Wafertopologie und der Verteilung der Fremdatome im Wafer (→Halbleiterscheibe). Die P. erfolgt meist numerisch, in einfachen Fällen aber auch durch die Auswertung von analytischen Formeln. Zur Beschreibung der verschiedenen Prozeßschritte werden sehr unterschiedliche Methoden angewandt, die im folgenden erläutert werden.

→*Ionenimplantation* kann sehr gut durch Monte-Carlo-Methoden beschrieben werden. Bei dieser Methode wird jeweils ein einziges Dotieratom auf seinem Weg durch den Kristall verfolgt. Auf diesem Weg erfährt es Streuungen, die in geeigneter Weise statistisch ausgewählt werden. Auf diese Weise läßt sich nicht nur die Verteilung der implantierten Ionen, sondern auch die Veränderung der Waferoberfläche durch Absputtern erfassen. Monte-Carlo-Methoden haben jedoch den Nachteil, daß sie sehr zeitintensiv sind. In der Regel ist man auch an der Veränderung der Wafertopologie weniger interessiert, da sie im Bereich der technischen Anwendungen nur einen vernachlässigbaren Nebeneffekt darstellt.

Eine Beschleunigung der Berechnung, die jedoch gleichfalls auf atomistischer Grundlage beruht, ist durch die Lösung der →Boltzmann-Transportgleichung für die eindringenden Ionen zu erwarten. Dabei wird die Umverteilung der Ionen im Phasenraum in Form einer →Kontinuitätsgleichung betrachtet. Leider ist auch diese Methode noch recht zeitintensiv, so daß man in der Regel auf analytische Beschreibungen zurückgreift.

Bei der analytischen Beschreibung von Ionenimplantationsprofilen verwendet man in der Regel zur Charakterisierung der Profile die statistischen Momente Erwartungswert, Standardabweichung,

Schiefe und Wölbung. Diese charakteristischen Momente werden durch Anpassung von statistischen Verteilungen (z. B. *Gauß-* oder *Pearson*-Verteilungen) an Meßprofile ermittelt. Im weiteren werden dann nur mehr die so gefundenen statistischen Verteilungen verwendet. Im Gegensatz zu den oben beschriebenen direkten Methoden treten hier Schwierigkeiten bei der Berücksichtigung der unterschiedlichen Stopping-Powers von maskierenden Schichten auf. Die Erweiterung von eindimensionalen Profilen in zwei Dimensionen erfolgt durch Faltung mit symmetrischen lateralen Verteilungen unter Berücksichtigung der Maskenstruktur.

Unter →*Diffusion* versteht man in diesem Zusammenhang die Umverteilung von sich im Wafer befindlichen Fremdatomen, das Eindringen von Fremdatomen aus der Umgebung in den Wafer und das Abdampfen in die Umgebung. Diffusion tritt bei allen Prozeßschritten mit hohen Temperaturen auf. Diese sind z. B. →Vorbelegung, →Aktivierung und →Ausheilen von Ionenimplantationen, →Epitaxie, Ionenimplantation bei hohen Temperaturen, Eintreiben von Profilen sowie trockene und feuchte →Oxidation.

Die Berechnung der sich ergebenden Profile erfolgt in der Regel durch die Lösung von Diffusionsgleichungen wie z. B. dem zweiten Fick'schen Gesetz (Diffusion). Dabei wird in der Regel für jedes betrachtete Fremdatom eine Diffusionsgleichung aufgestellt und durch die Poissongleichung (die 3. Maxwell'sche Gleichung) ergänzt. In letzter Zeit wird auch noch die Diffusion von →Punktdefekten mitberechnet, da deren Verteilung maßgeblichen Einfluß auf die Diffusion hat. Durch geeignete Beschreibung der Punktdefektkonzentrationen kann man z. B. Effekte wie die Beschleunigte Diffusion während einer Oxidation oder durch hohe Phosphorkonzentrationen beschreiben.

Das entstehende parabolische System nichtlinearer, gekoppelter partieller Differentialgleichungen kann in der Regel nur numerisch gelöst werden. Das Abdampfen und die Eindiffusion von Fremdatomen wird durch eine geeignete Wahl der Randbedingungen berücksichtigt. Zusätzlich muß noch die Veränderung der Topologie durch Oxidation berücksichtigt werden.

Die Simulation der *Oxidation* beschränkt sich in der Regel auf die Beschreibung der Veränderung der Wafertopologie durch thermische Oxidation. Die Beschreibung der Erzeugung von Punktdefekten am oxidierten Silicium/Siliciumdioxid-Interface wird meist der Diffusion zugerechnet, die im übrigen immer bei der Oxidation mit zu berücksichtigen ist.

Die Veränderung der Wafertopologie wird meist durch numerische Lösung der Oxidationsgesetze (Oxidation) berechnet. Bei der zweidimensionalen Betrachtung sind Teile der Oberfläche zu Beginn der Oxidation mit Nitrid abgedeckt (→LOCOS-Technik), so daß an diesen Stellen keine Oxidanten in das Oxid gelangen können. Die Oxidanten diffundieren von den nicht abgedeckten Stellen durch das Oxid zu der Silicium/Siliciumdioxid-Grenzschicht und reagieren dort mit dem Silicium zu Siliciumdioxid. Dieses Siliciumdioxid hat, verglichen mit den Ausgangsstoffen, ein 2,2faches Volumen. Es ergeben sich dadurch Spannungen, die durch viskoelastisches Fließen des Oxides relaxiert werden. Die Berechnung des mechanischen Fließens erfolgt über die Lösung der die mechanischen Verhältnisse beschreibenden *Navier*-Gleichungen. Bei der numerischen Betrachtung ist noch die Abhängigkeit des Diffusionskoeffizienten vom Druck zu berücksichtigen.

Algorithmisch wird die Veränderung der Oberfläche, wie unter Topographie beschrieben, über einen ‚String-Algorithmus' durchgeführt.

Unter *Epitaxie* versteht man das Aufwachsen von kristallinem Material auf ein Substrat (→Halbleiterscheibe). Das aufgewachsene Material kann dabei dotiert werden. Die Beschreibung dieser →Dotierung erfolgt über gewöhnliche Differentialgleichungen. Zusätzlich muß noch die Umverteilung der Fremdatome während des Epitaxieprozesses berücksichtigt werden.

Unter *Topographiesimulation* versteht man die Simulation aller Prozesse, bei denen nur die Wafertopologie geändert wird. Darunter fallen z. B. →Lithographie, →Ätzen, →Schichtabscheidung und →Metallisierung.

Die Simulation erfolgt über einen ‚String-Algorithmus'. Dabei wird im zweidimensionalen Fall die Topologie durch einen Polygonzug beschrieben. Die Versetzung der Stützpunkte des Polygons wird durch die Applikation von physikalischen Modellen bestimmt (z. B. durch Ätzraten). Schwierigkeiten können vor allem durch die Ausbildung von unphysikalischen Schlingen im Polygonzug entstehen.

Ryssel

Prüfautomat. Ein P. beinhaltet alle Hilfsmittel in Hard- und Software, die zur Durchführung einer Prüfung von Bausteinen, Leiterplattenbaugruppen notwendig sind: →Stimuli, Meßgeräte, Stromversorgung, Grundadapter, Steuerrechner mit →Prüfautomatenbetriebssystem (Bild).

Mit Hilfe der Stimuli werden die für die jeweiligen Prüfungen notwendigen Signale erzeugt und dem Prüfling zugeführt (logische Signale, analoge Signale).

Die Meßgeräte empfangen die vom Prüfling kommenden Signale, bewerten sie ggf. oder geben sie an den Steuerrechner zur Weiterverarbeitung weiter (logische Signale, Frequenzen, Spannungen usw.). Zu den Meßgeräten gehört z. B. auch die Elektronik für die automatisierte Fehlersuche.

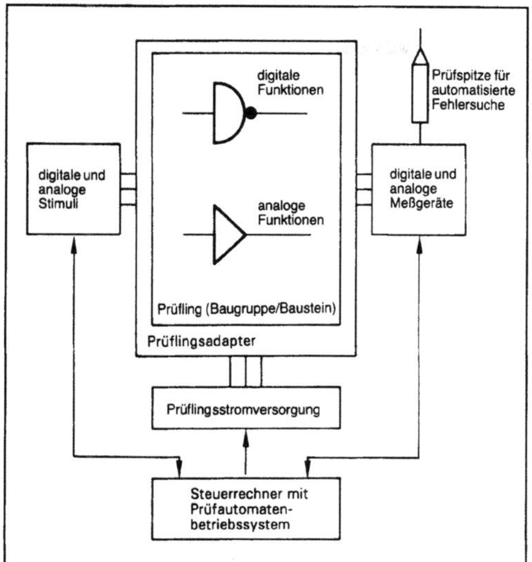

Prüfautomat: Prinzipieller Aufbau.

Die Stromversorgung stellt die zum Betrieb des Prüflings notwendigen Spannungen/Ströme zur Verfügung.

Der sog. Grundadapter des P. ermöglicht den Anschluß universeller oder prüflingsspezifischer Adapter.

Der Steuerrechner mit dem Prüfautomatenbetriebssystem kontrolliert den Prüfablauf, steuert Stimuli, Meßgeräte und Stromversorgung, bewertet die Meßergebnisse und vermittelt die Kommunikation mit der Bedienperson des P. Darüber hinaus beinhaltet er Programme zur automatisierten Lokalisierung von Fehlern (Automatisierte Fehlersuche), zur Erstellung der Statistik über das Prüfgeschehen, Hilfen zur Prüfprogrammerstellung und -Korrektur usw.

Bei P. wird hinsichtlich der Prüfobjekte unterschieden zwischen
- Verdrahtungstester/Leiterplattentester
- Wafertester, Bausteintester
- Baugruppentester und Testern für spezielle Anwendungen z. B. Hochfrequenztester, Tester für Datenübertragungssignale, Tester für Stromversorgungen usw.

Abhängig von der Art der zu prüfenden Signale wird unterschieden zwischen
- digitalen P.
- analogen P.
- hybriden P. mit gemischt digitaler/analoger Funktion

Unterschiede im Prüfverfahren führen zu einer Einteilung in

□ In-Circuit-Tester (digital und/oder analog) (→In-Circuit-Test)

□ Funktionstester (digital und/oder analog) (→Funktionsprüfung).

Eingesetzt werden P. zur Bausteinspezifikation beim Fertigungstest, Wareneingangskontrolle, Endkontrolle und Dauerprüfung sowie beim Reparaturtest. *K. Winter*

Prüfautomatenbetriebssystem. Spezielle Software, die zum Betrieb eines →Prüfautomaten und zur Erstellung der →Prüfprogramme notwendig ist und auch an die Erfordernisse eines bestimmten Prüfautomatentyps individuell angepaßt ist. Das P. erweitert dabei die Funktionalität des grundsätzlich vorhandenen Standardrechnerbetriebssystems (z. B. DOS, UNIX, VMS). Abhängig von der Art des Prüfautomaten enthält das P. folgende spezielle Programmpakete:
- Prüfprogrammverwaltung zur Buchführung über vorhandene Prüfprogramme, zur Archivierung und zur Versionsverwaltung bei Prüfprogrammodifikationen, zum Löschen, Neueingeben oder Editieren von Prüfprogrammen.
- Prüfspracheneditor zum komfortablen Erstellen und Korrigieren von Prüfprogrammen.
- Prüfsprachencompiler zum Übersetzen der Prüfprogramme in einen ablauffähigen Objektcode oder einen zur →Prüfzeit zu interpretierenden Zwischencode (Prüfspracheninterpreter).
- Prüfautomaten-Controller zur Steuerung des Prüfablaufes, d. h. zur →Parametrierung und Datenversorgung der Prüfhardware, zur Übernahme und Auswertung der Meßergebnisse, zur Steuerung der Ablaufrichtung des Prüfprogrammes abhängig u. U. auch vom Prüflingsverhalten.
- Testhilfe (→Debugger) zum Austesten von Prüfprogrammen.
- Hilfsmittel zur voll- oder teilautomatisierten Fehlersuche und -lokalisierung als Hilfe bei nachfolgenden Reparaturen.
- Bedienerführung zur korrekten Hantierung am Prüfling oder →Prüflingsadapter.
- Aufzeichnung der Prüfergebnisse zur Qualitätsbeurteilung des Fertigungsprozesses oder auch zum Aufbau eines Erfahrungskataloges (Qualitätsdatenmanagementsystem).
- Kommunikation mit übergeordneten Rechnersystemen im Fertigungsgeschehen. *K. Winter*

Prüfautomatenselbsttest. Mit Hilfe des P. wird sichergestellt, daß alle Prüfautomatenfunktionen fehlerfrei arbeiten. Hierzu werden alle →Stimuli mit bestimmten Werten programmiert und die damit erzeugten Signale mit den Meßeinrichtungen des →Prüfautomaten überprüft. Sofern nicht Stimuli-Pins elektronisch oder über Relais verbunden werden können, müssen hierzu eine oder mehrere spezielle Leiterplatten mit entsprechender →Verdrahtung anstelle eines Prüflings mit dem Prüfautomaten verbunden werden. Im Prüfautomaten laufen dann die Selbsttestprogramme ab, die in der Regel eine Fehlerlokalisierung bis zur defekten Baugruppe des Prüfautomaten oder eines ihrer Systeme erlauben. Selbsttestprogramme werden entweder in der Prüfsprache des Prüfautomaten geschrieben, so daß auch das →Prüfautomatenbetriebssystem mitgetestet wird, oder z. B. in der Assemblersprache des Steuerrechners, was größte Flexibilität bei der Wahl der notwendigen Prüfautomatenfunktionen, aber auch erheblichen Aufwand bei der Erstellung bedeutet. *K. Winter*

Prüfbitmuster. Logische Bitmuster (→Pattern, Vektoren), die zum Test digitaler Schaltungen benutzt werden. Die P. stimmen nicht unbedingt mit den Bitmustern überein, die im realen Betrieb der Schaltung vorkommen. Wesentlich ist hier die leichte Generierbarkeit und das Ziel, mit Hilfe von möglichst wenigen P. den Funktionsnachweis durchzuführen bzw. im Fehlerfall eine möglichst schnelle und exakte Fehlerlokalisierung vornehmen zu können.

Die P. werden manuell erzeugt, wenn kein CAE-System zur Verfügung steht, oder sie entstehen mit Hilfe des Einsatzes der →Prüfsimulation oder der →Testmustergenerierung. In bestimmten Fällen werden auch Zufallsmuster hardwaremäßig generiert (Random-Generator). *K. Winter*

Prüfgeschwindigkeit. Die P. liefert eine Aussage über die Arbeitsgeschwindigkeit eines →Prüfautomaten und erlaubt damit die Kalkulation der Laufzeiten von →Prüfprogrammen mit sehr vielen gleichartigen Prüfschritten. Sie wird i. d. R. angegeben als Zahl der Prüfschritte/s. Übliche P. bewegen sich im Bereich von einigen Hundert bzw. Tausend Prüfschritte/s beim Test unbestückter Leiterplatten bis zu einigen 10 Mio Prüfschritte/Zyklen beim digitalen Bausteintest. *K. Winter*

Prüflingsadapter. Verbindungselement zwischen →Prüfautomat und Prüfling. Über den P. wird die Prüfautomatenschnittstelle mit der Prüflingsschnittstelle verbunden. Die Prüfautomatenschnittstelle besteht in der Regel aus einem einheitlichen Steckerfeld oder aus einem Nadelfeld, an die die einzuspeisenden oder zu messenden Signale, aber auch die Stromzuführung für den Prüfling angeschlossen werden. Im Falle des Leiterplattentests kann die P.-Schnittstelle auch als Kontaktflächenfeld ausgebildet sein.

Von der Verwendbarkeit in bezug auf einen bestimmten Prüfling oder eine Klasse von Prüflingen wird unterschieden zwischen Universaladapter, Familienadapter oder prüflingsspezifischem Adapter.

Bei Universaladaptern (→Nadeladapter) werden die Positionen für die einzelnen Nadeln in einem einheitlichen Rasterfeld festgelegt. Dies bedeutet, daß auch die Aufsetzpunkte auf dem Prüfling (Durchkontaktierungen, Prüfpads) in einem einheitlichen Raster liegen müssen. Die individuelle Adaptierung erfolgt durch die entsprechende elektrische Auswahl der notwendigen Nadeln.

Familienadapter sind so gestaltet, daß sie mechanisch mit mehreren unterschiedlichen Prüflingen verbunden werden können, die aber z. B. alle – bedingt durch eine bestimmte Einbautechnik – gleichartige Steckverbindungen verwenden. Hierbei gibt

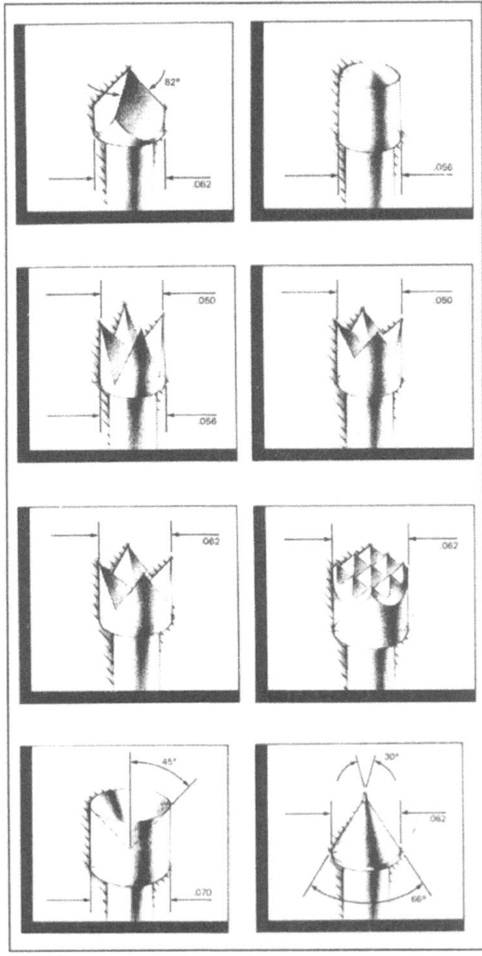

Prüflingsadapter: Typische Nadelformen für die Nadelbettadaptierung. (Quelle: Gen Rad)
a) dreiseitiges Stichel
b) sphärisch
c) selbstreinigende Krone
d) Krone mit 50 mm Durchmesser
e) Krone mit 62 mm Durchmesser
f) gezackt
g) becherförmig
h) konisch.

es u. U. individuelle Anpassungen im elektrischen Teil.

Prüflingsspezifische Adapter sind individuell mechanisch wie elektrisch ausschließlich auf einen bestimmten Prüfling ausgerichtet, entsprechend teuer und nur schwer modifizierbar.

Die →Kontaktierung des Prüflings erfolgt in der Regel von der Lötseite her, jedoch ist auch eine Kontaktierung von der Bauteilseite oder auch gleichzeitig von beiden Seiten her möglich. Letzteres trifft immer mehr bei SMD-bestückten Leiterplattenbaugruppen zu. Bestimmte Adapterformen erlauben ein gezieltes Anpressen bestimmter Nadelgruppen z. B. beim kombinierten In-Circuit-Test/ Funktionstest (Stufenadapter).

Hinsichtlich Kontaktierverfahren wird unterschieden zwischen Steckadapter, wenn die Anschlußstecker mit dem Prüflingsadapter verbunden werden oder Nadeladapter, wenn Leiterbahnen, Lötaugen oder speziell für die Prüfung vorgesehene Prüfpads mittels gefederter Nadeln kontaktiert werden. In Sonderfällen kann auch die Adaptierung mit einem Clip (zangenförmiges Gebilde mit elektrischen Kontakten) an einzelnen – vornehmlich digitalen – Bausteinen erfolgen. Bestimmte Mischformen der genannten Adaptiertechniken werden im Einzelfall angewandt.

Der Vorgang der Verbindung des Prüflings mit dem Adapter erfolgt manuell (Steckadapter) oder automatisiert und kontrolliert durch den Steuerrechner des Prüfautomaten mittels Vakuumansaugung oder durch pneumatische, hydraulische oder elektromechanische Anpressung.

Eine besondere Form der Adaptierung erfordern Bausteine und →Wafer (Testhead, →Waferprober, →Handler).

□ Design und Fertigung von P.: Die Fertigungsdaten, also z. B. die Angabe der Nadelpositionen für prüflingsspezifische Adapter, werden aus der auf Filmen dargestellten Graphik für das →Layout gewonnen.

Werden die Daten direkt per Programm aus CAE-Daten abgeleitet, spricht man von Adapterdatengenerierung mit dem Ziel eines weitgehend automatisierten Designs und einer maschinellen Fertigung der prüflingsspezifischen Teile eines P.

Im einzelnen werden dabei Art und Koordinaten der Kontaktierpunkte, ihr logischer Zusammenhang (Netzlisteninformation) und die Geometrie der Leiterplattenumrandung aus dem CAE-System gewonnen.

Der hierzu verwendete Adapterdatengenerator legt fest, an welchen Stellen Nadeln gesetzt werden, wie sie beschaffen sein müssen und wie ihre →Verdrahtung erfolgen soll. Darüber hinaus wird bestimmt, wie die mechanische Aufnahme des Prüflings gestaltet werden muß. Die Daten hierfür werden in Form von NC-Daten für Bohr- und Fräsmaschinen, in Form von Bestückungslisten für die Nadeln, sowie in Form von Verdrahtungslisten zur Verfügung gestellt.

Folgende von Hand nur mit großem Aufwand durchführbaren Funktionen sind damit möglich:
- Günstigste Plazierung und Auswahl von Nadeln unter Berücksichtigung von Leitungslängen, max. Flächendrücken und unterschiedlichen Kontaktierungsmöglichkeiten innerhalb eines elektrischen Netzes;
- beliebige Koordinatentransformation bei vom CAE-System abweichender Drehlage des Prüflings;
- Festlegung zusätzlicher Prüfpunkte;
- Berücksichtigung von einseitiger oder doppelseitiger Adaptierung;
- automatisierte Erstellung des Pinzuordnungsteiles im →Prüfprogramm (→Pinmap) mit Berücksichtigung unterschiedlicher funktioneller Eigenschaften der einzelnen Prüfautomatenanschlüsse.

□ Adapter mit zusätzlicher Elektronik (Aktive Adapter): P. mit zusätzlicher Elektronik, die bestimmte Umgebungsbedingungen für den Prüfling herstellt oder bestimmte Meßwerte transformiert, werden als aktive Adapter bezeichnet. Auf diese Weise können für einen bestimmten Prüfling individuell angepaßte Prüfverfahren gewählt werden und im Einzelfall auf einen teuren Prüfautomaten mit sonst ungenutzten speziellen Eigenschaften verzichtet werden. *K. Winter*

Prüfmuster →Prüfbitmuster, →Testmuster

Prüfpattern →Prüfbitmuster

Prüfprogramm. Übergeordneter Begriff für alle Software-Daten, die zur Prüfung eines elektronischen Bausteines oder einer Leiterplattenbaugruppe notwendig sind.

Ein P. enthält die Beschreibung aller Signale, die an einen Prüfling angelegt oder an den Ausgängen des Prüflings gemessen werden sollen, ihren zeitlichen Ablauf, aber auch z. B. die Beschreibung der Randbedingungen, unter denen eine Prüfung (z. B. Verdrahtung mit dem Prüfautomaten, Zusatzbeschaltung) abläuft. Die Beschreibung kann allgemein erfolgen aber auch auf die speziellen Funktionen der →Stimuli und Meßgeräte eingehen.

Ein P. wird üblicherweise in einer problembezogenen Prüfsprache geschrieben. In bestimmten Fällen kann die Programmierung auch in einer Assembler- oder Hochsprache erfolgen.

P. werden in der Regel vor ihrer Abarbeitung compiliert und der entstehende Code vom →Prüfautomatenbetriebssystem entweder unmittelbar interpretiert (Zwischencodelösung) oder als Rechnerprogramm direkt zum Ablauf gebracht. In bestimmten Fällen, wenn die Ausführungszeit unkritisch ist und vor allem Korrekturen während der laufenden Prüfung möglich sein sollen, wird das P. direkt vom Prüfautomatenbetriebssystem interpretiert und in die entsprechenden Steuer- und Meßvorgänge umgesetzt. *K. Winter*

Prüfprogrammbibliothek. Die P. ist ein Ablagesystem auf dem →Massenspeicher eines →Prüfautomaten für alle →Prüfprogramme, die auf ihm zum Ablauf kommen. Wegen der Vielzahl der Prüfprogramme ist die P. vor allem bei Bausteintestern und bei In-Circuit-Testern üblich.

Die P. ist meist nach Produktlinien bestimmter Hersteller von Standard-Bausteinen geordnet, jedoch können beliebige andere Organisationsformen gewählt werden. Mit Hilfe bestimmter Softwarehilfsmittel können einzelne oder Gruppen von Prüfprogrammen kopiert/erweitert, gelöscht oder modifiziert werden, bzw. es können bestimmte Abfragen gemacht werden.

Inhalt der P. sind Prüfprogramme für digitale oder analoge Bauelemente, bzw. zum Betrieb dieser Bauelemente im →In-Circuit-Test. In vielen Fällen werden P. von den Testerherstellern zur Verfügung gestellt. *K. Winter*

Prüfprogrammgenerator. Software-Paket zur automatisierten Erzeugung von →Prüfprogrammen. Meistens wird ein Programmrahmen vorgegeben, in den über Masken oder Windowtechnik vom Prüfprogrammersteller die prüflingsspezifischen Parameter eingetragen werden. Der Begriff P. taucht auch auf, wenn Prüfprogramme aus CAE-Verfahren abgeleitet und zu Prüfprogrammen umgesetzt werden, wobei die Eigenschaften des Prüfautomaten berücksichtigt werden. *K. Winter*

Prüfprogrammtest →Debugger

Prüfsignal. P. dienen zur Kontrolle der Funktionsfähigkeit einer Meß- oder Automatisierungseinheit. Die P. sind in der Regel auf Grund der gewonnenen Erfahrungen intuitiv gewählt und nicht aus irgendwelchen Algorithmen berechnet. Die zu überwachende Einrichtung wird zu bestimmten Zeiten mit dem P. stimuliert. Kontrolliert wird, ob das Ausgangssignal den erwarteten Wert annimmt. *Schrüfer*

Prüfsimulation. Form der →Simulation, bei der die Eigenschaften eines konkreten Prüfautomaten, auf dem später die Prüfung durchgeführt werden soll, nachgebildet werden. Die P. ist notwendig, weil ein →Prüfautomat in alle Regel die Verhältnisse bei der Richtigsimulation nicht vollständig nachbilden kann (Geschwindigkeit, Zeitauflösung). Die Durchführung der P. kann u. U. bei einer konkreten Schaltung zu Abweichungen im logischen Verhalten gegenüber dem Idealfall der Richtigsimulation führen.

Die P. soll bestätigen, daß unter den vorgegebenen Prüfbedingungen fehlerfrei geprüft werden kann. Dazu werden die bei der P. vorgegebenen Bitmuster und ihre Zeitverhalten von einem →Prüfprogrammgenerator in ein →Prüfprogramm umgesetzt. Die P. dient auch dazu, Daten für die spätere automatisierte Fehlersuche an Bausteinen oder Baugruppen zu gewinnen.

Im Vergleich zur ‚kontinuierlichen' Richtigsimulation/Verifikation werden bei der P. die Zyklen am Prüfautomaten nachgebildet und die Ergebniswerte zum Abtastzeitpunkt diskontinuierlich aufgezeichnet.

Eine universelle Anwendung der P. für mehrere konkrete Prüfautomaten mit unterschiedlichen Timing-Eigenschaften läßt sich erreichen durch Nutzung der Makrotechnik für alle zeitabhängigen Einstellungen im Prüfprogramm bzw. bei den Eingaben zur Simulation. *K. Winter*

Prüfspitze. In der Baugruppenprüftechnik verwendete Sonde mit einer Nadel als Kontaktiervorrichtung und einer – in der Regel nahe der P. angeordneten – speziellen Meß- oder auch Stimuluseinrichtung, wie sie bei der automatisierten Fehlersuche (Guided-Probe-Verfahren) benutzt wird. Mit der P. können bei der →Baugruppenprüfung Signale gemessen oder auch eingeprägt werden.

Der Prüfer erhält vom →Prüfautomatenbetriebssystem Anweisungen, welche innere Knoten jeweils zu kontaktieren sind. Das Prüfautomatenbetriebssystem wertet die jeweiligen Meßergebnisse aus, speist ggf. bestimmte Signale ein und ermöglicht damit letztlich die Lokalisierung von Fehlerursachen. Die P. wird u. U. auch während des Prüfprogrammtests (→Debugger) verwendet. Bei sehr aufwendigen Prüfautomaten kann die P. auch vollautomatisch über eine Robotersteuerung nach den aus dem Baugruppenlayout abgeleiteten Daten positioniert werden. *K. Winter*

Prüfstatistik. Statistik über das Ergebnis der Prüfung an einem Kollektiv gleichartiger Prüfobjekte. P. liefern Aussagen über die Zahl der geprüften Bauelemente oder Baugruppen und den jeweiligen Anteil fehlerfreier und fehlerhafter Elemente. In bestimmten Fällen erfolgt auch noch eine Aufteilung der Fehler in bestimmte Fehlerklassen, also in Bestückungsfehler (falsches Element, falsch eingesetzt), Lötfehler (schlechte Lötung, Kurzschluß), fehlerhafte Leiterplatten, fehlerhafte Bauteile usw. P. geben u. U. auch an, mit welcher Testmethode die Fehler jeweils erkannt wurden (→Fehlerklassifikation).

Die P. wird automatisch am →Prüfautomaten oder von Hand erstellt. Die Darstellung erfolgt in

Tabellenform oder als Balkendiagramm. Über die P. lassen sich Rückschlüsse ziehen über Schwachpunkte in der Fertigung oder Mängel bei der Eingangsprüfung, über die Prüfkosten oder über eventuell notwendiges neues Investment.

K. Winter

Prüfstrategie. Festlegung der Prüfverfahren und sonstigen Qualitätssicherungsmaßnahmen und ihrer Reihenfolge, um z. B. eine möglichst wirtschaftliche, schnelle oder präzise Prüfung durchführen zu können. Die P. ist abhängig von der Art des Prüflings. Bei der →Baugruppenprüfung wird z. B. eine Lötkontrolle und ein →In-Circuit-Test durchgeführt oder nur ein Funktionstest oder es werden mehrere Prüfverfahren kombiniert. *K. Winter*

Prüftechnik. Aufgabe der P. für elektrische/elektronische Produkte ist es, sicherzustellen, daß die spezifizierten elektrischen Eigenschaften des Produktes mit geeigneten Prüfmitteln zuverlässig nachgewiesen werden. Zusätzlich muß sie im Fehlerfall eine Analyse ermöglichen, worauf die erkannten Abweichungen von der Spezifikation zurückzuführen sind (Fehlerverfolgung, Fehlerlokalisierung) und wie die Fehlerursachen gegebenenfalls beseitigt werden können (Erstellen einer ausführlichen Reparaturanleitung im Idealfall). Die P. muß das Umfeld für die Prüfung vorbereiten (Prüfvorbereitung) und darüber hinaus dazu beitragen, die bei der Prüfung gewonnenen Erkenntnisse in die Verbesserung von Entwicklung (→Design for Testability), Bauteilbeschaffung (Wareneingangsprüfung) und Produktionsverfahren (Produktionstest) eines Produktes einfließen zu lassen, um auf diesem Wege zu insgesamt fehlerfreien und ausfallsicheren Produkten zu kommen (Qualitätsdatenmanagement). Die Aufgaben der Prüftechnik sind dabei auch unter dem Aspekt der wirtschaftlich akzeptablen Gesamtaufwände für Entwicklung, Fertigung und Qualitätssicherung eines Produktes zu sehen.

Die Objekte, bei denen die P. Anwendung findet, sind: passive Bauelemente (→Widerstände, →Kondensatoren, →Spulen), aktive Bauelemente (→Transistoren, →Thyristoren, →Operationsverstärker usw.), →Wafer, hochintegrierte elektronische Bauelemente einschl. Mikroprozessorkomponenten, unbestückte Leiterplatten bzw. deren Einzellagen, bestückte Leiterplattenbaugruppen, Kabel, komplette Geräte und Systeme, zum Teil in Verbindung mit den passenden Sensoren und Aktoren.

Entsprechend vielfältig ist die Palette unterschiedlicher teils speziell angepaßter Prüfgeräte oder auch universell einsetzbarer Prüfautomaten wie manuell bedienter Meßplätze, Bausteintester für Wafer und Bausteine, Leiterplattentester, Baugruppentester für analoge, digitale oder gemischt bestückte Leiterplattenbaugruppen, Kabeltester (Kabelprüfung), Dauertesteinrichtungen (Dauertest) oder spezieller Geräte für den →Systemtest.

Der hohe Automatisierungsgrad, den die P. bereits erreicht hat, zeigt sich in den komplexen Softwareprogrammen, die die Prüfautomaten steuern (→Prüfautomatenbetriebssystem, →Diagnoseverfahren), die Erstellung von Prüfprogrammen erleichtern oder sogar automatisieren (→Prüfprogrammgenerator, Prüfprogramme compilieren (Prüfsprachencompiler) und letztlich auch die Kommunikation zur Fertigungsteuerung in einer Fabrik oder zu Hilfsmitteln für die Qualitätsüberwachung (→Prüfstatistik, Qualitätsdatenmanagementsystem) herstellen.

Die Art des Prüfobjektes bestimmt das Prüfverfahren, nämlich zunächst die Messung elementarer elektrischer Grundgrößen wie Spannung, Strom, Widerstand, Kapazität, Zeit, Frequenz und die Interpretation dieser Größen bezüglich Vorgaben in einem →Prüfprogramm. Aufbauend auf diesen elementaren Prüfungen basieren komplexere Prüfungen unter Verwendung zusätzlicher Hardwarefunktionen oder unter Zuhilfenahme entsprechender Softwarefunktionen als Teil des Prüfautomatenbetriebssystemes wie →Isolationsprüfung, Durchgangsprüfung, Analogprüfung und →Digitalprüfung in Form von Prescreening, →In-Circuit-Test oder →Funktionsprüfung bis hin zu hochkomplexen parametrisierbaren Prüfungen wie z. B. →Kurzschlußprüfung, Bustest, →Prozessortest, →Speicherprüfung, →Systemtest.

Die P. wird in den verschiedensten Stufen des Entwicklungs- und Fertigungsprozesses eingesetzt, nämlich zur →Verifikation (→Verifier) und Spezifikation bei der Entwicklung, beim Wareneingang (Wareneingangskontrolle), in den verschiedenen Fertigungsstufen, beim Dauertest, bei der Endkontrolle und bei der Reparatur. Die P. gilt somit nicht als letzte Kontrollinstanz nach Abschluß der Fertigung, sondern sie ist in alle Stufen des Entwicklungs- und Fertigungsprozesses eines elektronischen Produktes voll integriert.

Bereits in der Entwicklungsphase müssen Prüfbelange berücksichtigt werden, in dem durch Modifikationen in den Schaltungen (Design for Testablity) oder durch Zusatzschaltungen (→Boundary Scan, →Built in Self test) die Voraussetzungen für eine exakte und wirtschaftliche Prüfung geschaffen werden. Dies gilt z. B. auch im Hinblick auf die zur Verfügung stehenden Prüfautomaten (Prüfautomaten-Regelprüfer).

Ein erheblicher Rationalisierungseffekt besteht darin, daß aus den beim Design entstehenden Daten Prüfprogramme (Prüfprogrammgenerator) und z. B. Adapterkonstruktionsdaten (Adapterdatengenerierung) automatisch abgeleitet werden können. Durch den Produktionstest werden Fertigungsparameter automatisch beeinflußt. Die Auswertung der Prüfstatistik bestimmt das Investment in Fertigungs- und Prüfmittel und die ausgewählte →Prüfstrategie für ein bestimmtes Produkt.

Die Aufwände für die Prüfung eines elektronischen Produktes beanspruchen heute einen immer größer werdenden Anteil an den Gesamtentwicklungs- und Herstellkosten. Viele Produkte könnten heute ohne eine aufwendige P. überhaupt nicht mehr wirtschaftlich hergestellt werden. Dies führt zwangsläufig zu immer größeren Aufwänden hinsichtlich der Automatisierung des Prüfprozesses und zwar von der Automatisierung beim Design bis hin zur robotergesteuerten Prüfung, zur Fehlersuche und Fehlerlokalisierung bei Leiterplattenbaugruppen und z. B. zur automatisierten Reparatur bei hochkomplexen Bausteinen. Die P. ist von einem offensichtlich notwendigen teuren Übel zu einem bestimmenden Faktor im modernen Produktionsprozeß geworden. *K. Winter*

Literatur: *Köcher, D.:* Einführung in das automatische Testen bestückter Leiterplatten. München 1979. – Prüfung von Leiterplattenbaugruppen LPBG. Empfehlungen der VDI-Gesellschaft Feinwerktechnik. München–Wien 1990. – *Stover, A. C.:* ATE-Automatic Test Equipment. New York 1984. – Tester-Kompendium. Firmeninformation Rhode & Schwarz München.

Prüfung, zerstörungsfreie. Zur Kontrolle des Aufbaues von Bauelementen, Substraten und vor allem in der →Hybridtechnik und in der →Leiterplattentechnik werden in der Entwicklung und in Abschnitten der Fertigung Prüfungen eingeschaltet. Neben der Kontrolle der →Gefüge erfordern die erhöhten Qualitätsanforderungen (ISO 9000) eine vollständige Dokumentation der Herstellungsschritte, an kritischen Positionen auch Bilddokumente z. B. mit Analysen von Oberflächen.

Abbildende Verfahren erfassen z. B. Löt-, Kleb- und Schweißprozesse in Video-Dokumentation oder die lichtmikroskopische bzw. raster-elektronenmikroskopische Aufnahme geätzter Halbleiterstrukturen. Verborgene Fehler werden mit Hilfe der Röntgendurchstrahlung oder der akustischen Mikroskopie dargestellt. Die Röntgenstrahlung aus extrem kleinflächiger Quelle ($<10\ \mu m^2$) bildet vor allem Fehler wie Poren und Unterbrechungen in Leiterbahnen mit hoher Randschärfe ab. Schichtbilder werden mit den Ultraschallmethoden erhalten. Beim C-SLAM-Verfahren durchläuft eine anfangs plane Wellenfront das Bauelement. Dichteunterschiede, Sprünge in den elastischen und Dämpfungseigenschaften und vor allem Poren und Delaminationen verändern das Schallbild an der Probenoberfläche, das mit einem Laserstrahl abgetastet wird. Im akustischen Raster-Reflexionsmikroskop fokussiert ein piezoelektrischer Schallgeber einen Schallpuls in eine Schichtebene der Probe und dient zur Aufnahme des longitudinalen und transversalen Reflexionssignals.

Während die genannten Verfahren die Inhomogenitäten der Werkstoffe anhand ihrer physikalischen Eigenschaften im stationären Zustand erfassen, ermöglicht die Messung der Oberflächenbewegung gleichzeitig mit der thermographischen Abbildung, das dynamische Verhalten wärmebelasteter Bauelemente, Hybridschaltkreise und ganzer Baugruppen in Leiterplattentechnik zu messen. Die holografische Interferometrie und elektronische Speckle Pattern-Interferometrie eignen sich zur unmittelbaren Überprüfung der Finite-Elemente-Modellrechnungen. *Hieber*

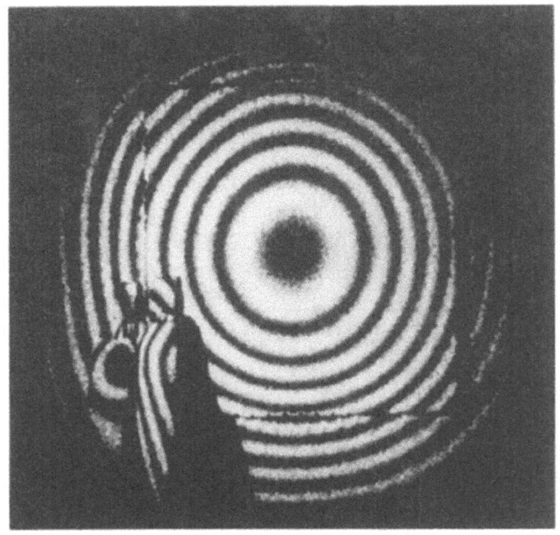

Prüfung, zerstörungsfreie: Bewegungsbild einer durch unterschiedliche Wärmedehnung auswandernden Kante eines Chipträgers auf Keramiksubstrat, dargestellt in der holografischen Interferometrie.

Prüfzeit. Die Zeit, welche für die Prüfung eines Prüflings benötigt wird, einschließlich aller Nebentätigkeiten.

Zur P. zählen die Komponenten
- Rüstzeit,
- Prüfprogrammlaufzeit und oft auch
- Fehlersuchzeit.

Die Rüstzeit beinhaltet das Entnehmen des Prüflings aus seinem Transportbehälter, den Anschluß an den Adapter durch Einstecken, Einlegen oder Verbindung von Kabeln und den Start des Prüfprogrammes. Sie ist besonders hoch, wenn manuell Kabel anzuschließen sind, wie dies bei der →Verdrahtungsprüfung z. B. von verdrahteten Baugruppenrahmen der Fall ist. Nach der Prüfung wird der Prüfling gekennzeichnet, vom Adapter entfernt und wieder in den Transportbehälter gelegt.

Die Programmlaufzeit zählt vom Start des Prüfprogrammes bis zum Programmende mit der Meldung „Prüfling in Ordnung oder fehlerhaft“. Ihre

Länge hängt wesentlich von der Menge der Prüfdaten ab. Bei digitalen Prüflingen spielt dabei ein Neuladen der Pinspeicher eine Rolle. Bei analogen Schaltungsteilen können die Zeitkonstanten bei Kapazitäten und Induktivitäten sehr lang sein. Zur Programmlaufzeit gehören auch alle manuelle Handlungen wie Abgleiche, Schalterbetätigungen, visuelle Prüfung von Anzeigen usw.

Die Fehlersuchzeit wird nicht immer zur P. gerechnet, sie tritt bei manchen Prüfverfahren nicht gesondert in Erscheinung. Bei der →Bauelementeprüfung gibt es keine Fehlersuche.

Die P. soll in allen ihren Komponenten so klein wie möglich gehalten werden, da sie entscheidenden Einfluß auf die Prüfkosten hat. *Mettler*

Prüfzyklus. Zeitraum, in welchem Eingangssignale an einen Prüfling angelegt und die zugehörigen Ausgangssignale kontrolliert werden. Bei ‚statischen' Prüflingen wird mit dem Zyklusende wieder ein Zustand erreicht, der über beliebig lange Zeiten unverändert bestehen bleiben kann. Bei ‚dynamischen' Prüflingen müssen u. U. weitere Zyklen ohne Unterbrechung folgen.

Ein typischer P. läßt sich vereinfacht anhand eines Lesezugriffes auf eine →Speicherzelle in einem →RAM oder →ROM darstellen:
- Adresse an den Adreßbus anlegen,
- Steuersignale cs (chip select) und rd (read memory) auslösen,
- Lesedatum (= Speicherinhalt) erscheint zu der erwarteten →Zugriffszeit und wird entweder für eine spätere Auswertung im Prüfautomaten zwischengespeichert oder sofort hardwaremäßig auf Richtigkeit kontrolliert.

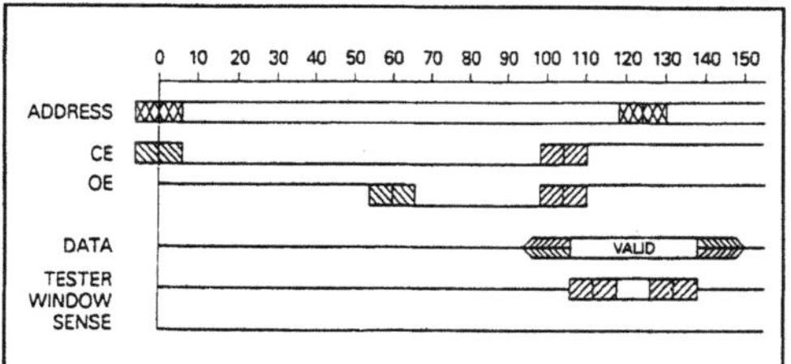

Prüfzyklus: Zeitdiagramm für ein Speicher-Lese-Zyklus. (Quelle: GenRad)

Nach Ausführung der o. g. Vorgänge kann der nächste P. mit veränderter Adreßinformation ablaufen. *K. Winter*

Pseudo-NMOS-Technik. Da eine logische kombinatorische Verknüpfung mit N-Eingängen in CMOS-Technik insgesamt 2N-Transistoren benötigt, steigt der Flächenaufwand entsprechend. Abhilfe schafft hier die P.-N.-T. mit nur N+1 Transistoren für die gleiche Aufgabe.

Grundlage ist der Pseudo-NMOS-Inverter mit geschaltetem NMOS-Transistor und nichtgeschaltetem PMOS-Lastelement (dessen Gate folglich an Masse liegt). Das Bild zeigt ein so aufgebautes Zweifach-NAND-Gatter. Dem Vorteil der Flächenersparnis stehen als Nachteil gegenüber, daß ständige →Verlustleistung umgesetzt wird (Verhältnislogik) und der logische Hub kleiner als U_{DD} ist. Relativ günstig lassen sich logische Arrays aufbauen, bei denen der Schalterteil ein NMOS-Array (Reihen-Parallelschaltung von Transistoren) bildet, die alle am gemeinsamen Lastelement liegen.

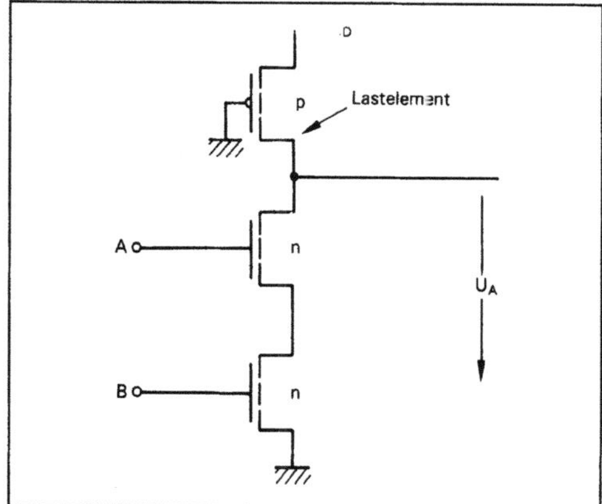

Pseudo-NMOS-Technik: Zweifach-NAND-Gatter.

Neben der P.-N.-T. ist auch die seltenere Pseudo-PMOS-Form möglich. Die P.-N.-T. wird verwendet, wenn man eine NMOS-Schaltung mit Mitteln der CMOS-Technik nachbilden will, ohne einen neuen Entwurf ausführen zu müssen. *R. Paul*

PSG →Passivierung

PTC-Thermistor →Kaltleiter

PTC-Widerstand →Kaltleiter

Pufferspeicher. Unter Datenpufferung versteht man die kurzfristige Zwischenspeicherung von Daten bei einem Übertragungsvorgang. Dabei kommt sowohl die Übertragung zwischen Eingabe-/Ausgabegerät und Hauptspeicher, als auch zwischen Hauptspeicher und Prozessor in Frage.

Beim Verkehr mit Eingabe-/Ausgabegeräten dient der Puffer dem Ausgleich unterschiedlicher Geschwindigkeiten und Informationsgrößen: die einzugebende Information wird byte- oder bitweise solange im Puffer gesammelt, bis dieser gefüllt ist (Wort) und in den Hauptspeicher übernommen wird. Dieser Übernahmevorgang ist nur zu Zeitpunkten möglich, wo keine anderen Funktionseinheiten auf den betreffenden Speicherbereich zugreifen, so daß der Puffer auch eine Synchronisationsaufgabe erfüllt. (Entsprechendes gilt für die Ausgabe.) Während dieser Puffer i. a. ein Wort groß und hardwaremäßig vorhanden ist, übt der Hauptspeicherbereich, in den die Information übernommen wird, softwaremäßig die Funktion eines Puffers aus: ein Datenblock, dessen Größe von der physikalischen Strukturierung der Daten auf dem peripheren Gerät abhängt, wird in diesen Hauptspeicherbereich übertragen, und dann entsprechend der logischen, vom Programm wählbaren Struktur der Daten verarbeitet. Entsprechend werden bei Ausgabeanweisungen im Programm die Daten solange in dem als Ausgabepuffer bereitgestellten Hauptspeicherbereich gesammelt, bis ein Block vollständig ist und übertragen wird.

Zwischen Hauptspeicher und Prozessor kann ein Puffer zur Geschwindigkeitssteigerung benutzt werden. Bei großen Speichern ist die →Zugriffszeit nämlich größer als bei kleinen. Um ohne zu hohe Kosten eine kürzere Zugriffszeit zu erreichen, schaltet man vor den Hauptspeicher einen schnelleren Puffer (*Cache*-Speicher) und nutzt die Erfahrung aus, daß sich die Zugriffe meist in bestimmten Speicherbereichen häufen: Wird ein Wort aus dem Speicher benötigt, so wird mit ihm der ganze Speicherabschnitt, zu dem es gehört, in den Puffer übertragen. Wird anschließend ein Wort aus dem gleichen Speicherabschnitt benötigt (was häufig vorkommt), so ist ein schneller Zugriff möglich. Der Geschwindigkeitsgewinn hängt davon ab, wie groß diese Speicherabschnitte sind und wie viele davon gleichzeitig im Puffer untergebracht werden können (→Kontrolleinheit). *H.-Jürgen Schneider*

Pullup-/Pulldown-Widerstand. P.-W. werden eingesetzt zur Beschaltung von freien Anschlüssen bei digitalen Schaltungen, um einen definierten →Logikpegel zu erreichen und damit auch die Gefahr der Einspeisung von Störimpulsen zu minimieren. In bestimmten Fällen wird mit P.-W. auch die Betriebsart von bestimmten Bauelementen fest eingestellt, z. B. die Zählrichtung bei Vorwärts-/Rückwärts-Zählern. Über P.-W. werden Bausteinanschlüsse üblicherweise an 0 Volt (pulldown) oder an die Betriebsspannung des Bausteines (pullup) gelegt. *K. Winter*

Pulsbreitenmodulation →Wechselrichter

Pulsdauermodulation. Amplitudenunabhängige Übertragungsart von elektrischen Signalen, bei der die Dauer oder Länge von digitalen Impulsen abhängig von der zu übertragenden Größe moduliert wird. Die Demodulation erfolgt z. B. durch eine zeitliche Mitteilung. *Schaumburg*

Pulsfolgesteuerung. P. (auch Frequenzsteuerung) ist ein Taktverfahren, das für die Gleichspannungssteuerung bei Gleichstromstellern verwendet wird. Im Gegensatz zur Pulsbreitenmodulation (→Wechselrichter) bleibt hier die Impulsbreite konstant. Die Impulsfrequenz wird variiert. (→Gleichstromsteller) *H. Stüben*

Pulskompression. Verfahren zur zeitlichen Verkürzung von Laserlichtimpulsen mit passiven linearen und nichtlinearen optischen Komponenten.

Der Laserimpuls der Lichtfrequenz f_0 wird zunächst durch ein optisches Material geschickt, dessen →Brechzahl n mit wachsender Strahlungsintensität I abnimmt. Dadurch erfolgt eine Phasenmodulation und eine Frequenzänderung Δf. Der Impuls hat nach dem Passieren dieser nichtlinearen Komponente eine mit der Zeit zunehmende Frequenz (chirp). Wird er anschließend durch eine optische Komponente mit unterschiedlichen Laufzeiten t_L für die einzelnen Frequenzen geschickt, so kann die hochfrequente Strahlung des Pulsendes die niederfrequente Strahlung des Pulsanfanges einholen.

Als erste nichtlineare Komponente werden häufig optische Fasern verwendet, als zweite z. B. zwei hintereinander geschaltete Reflexionsgitter, bei denen die niederfrequenten Anteile als Folge der stärkeren Beugung längere Wege haben (Bild). Andere Verfahren benutzen auch hierfür eine Faser mit geeigneter (anomaler) Dispersion. Mit speziel-

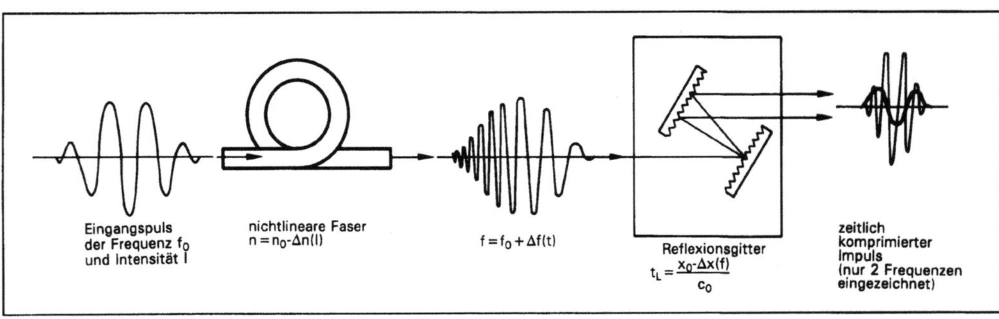

Pulskompression: Beispiel für ein Verfahren zur P.

len Materialien können beide Effekte in einer Faser erzeugt werden.

Der Impuls kann bis auf 1 % seiner ursprünglichen Breite verkürzt werden. *Rosenzweig*

Pulswechselrichter →Wechselrichter

Pulszahl. In →Stromrichterschaltungen ist die P. nach VDE 0558 definiert als die Gesamtzahl der nicht gleichzeitigen in gleichen Zeitabständen erfolgenden Stromübernahmen (→Kommutierung) zwischen Hauptzweigen einer Stromrichterschaltung während einer Periode. (→Stromrichter). *H. Stüben*

Pumpen, synchrones →Modenkopplung

Punch-through-Effekt →Durchgreifeffekt

Punch-through-Spannung. Kollektor-Basis-Spannung beim →Bipolartransistor, bei der der →Durchgreifeffekt einsetzt. *R. Paul*

Punktdefekt. Unter P. versteht man Leerstellen und Zwischengitteratome. Verläßt ein Gitteratom seinen Platz, etwa durch thermische Schwingungen oder durch den Beschuß mit Ionen (→Ionenimplantation), bleibt ein unbesetzter Gitterplatz, eine „→Leerstelle" zurück, und ein „→Zwischengitteratom" ist entstanden. Leerstellen-Zwischengitteratome nennt man *Frenkel*-Defekte, diffundiert das Zwischengitteratom an die Oberfläche und bleibt die Leerstelle im Kristall zurück, so spricht man von *Schottky*-Defekten. Wenn zwei Leerstellen auf benachbarten Gitterplätzen entstehen, so bildet sich eine Doppelleerstelle.

P. können unterschiedliche Ladungszustände annehmen (neutral-, positiv-, negativ geladen, mehrfachgeladen). Aus thermodynamischen Gründen enthält jeder Festkörper im Gleichgewicht eine gewisse Konzentration von Punktdefekten. P. sind wichtige Vehikel der →Diffusion. P. entstehen durch verschiedene Prozeßschritte, z. B. Ionenimplantation und vor allem →Oxidation und können auf diese Art zu prozeßabhängigen Diffusionseffekten wie oxidationsbeschleunigter Diffusion (OED) führen. Bei rascher Abkühlung von Kristallen kann eine Überschußkonzentration von P. eingefroren werden, die später wieder frei wird. *Ryssel*

Punktkontaktdiode. (auch Spitzendiode) →Halbleiterdiode mit einem etwa halbkugelförmigen pn-Übergang unter einem Metall-Spitzenkontakt (Molybdän, Wolfram) in einem n-dotierten Halbleiterplättchen, wobei der →pn-Übergang durch Formierstromstöße gebildet wird. Die P. wurde hauptsächlich in Germanium-Technik hergestellt. Ihr Vorteil war die sehr kleine →Sperrschichtkapazität (wegen des kleinflächigen pn-Überganges, woraus sich die guten Eigenschaften als HF-Gleichrichter ableiten. Die P. ist heute weitgehend durch kleinflächige Si-Dioden (Planartechnik) mit ähnlich guten Eigenschaften abgelöst worden. *R. Paul*

Punktmatrix →Bildelement

Punktsensor, faseroptischer. Ein Typ faseroptischer →Sensoren zur Erfassung von Meßwerten an einer klar definierten Meßstelle. Gegensatz: verteilter faseroptischer Sensor. *Ulrich*

Putley-Detektor. →Photodetektor zum Nachweis extrem langwelliger elektromagnetischer Strahlung, dessen Wirkungsweise auf einer bei Beleuchtung entstehenden Intraband-Photoleitung beruht (→Photoleitung, →Photoleiter). *R. Kaiser*

PVD. (*engl.* Physical Vapor Deposition). PVD ist ein Oberbegriff für die physikalischen Abscheideverfahren →Aufdampfen und →Sputtern. *Ryssel*

pyroelektrisch. Änderung der elektrischen Polarisation eines Materials mit der Temperatur. Eine Pyroelektrizität entsteht z. B. durch die Temperaturabhängigkeit der →Piezoelektrizität aufgrund einer thermischen Ausdehnung und anderer Effekte. Auch der elektrokalorische Effekt (Temperaturänderung nach Veränderung der elektrischen Polarisation durch äußere Felder) zählt zu den pyroelektrischen Eigenschaften.

Jeder p. Kristall ist auch piezoelektrisch, die Umkehrung gilt nicht.

Der Zusammenhang zwischen der dielektrischen Verschiebungsdichte D und einem eindimensionalen Temperaturgradienten ΔT wird beschrieben durch

$$\vec{D} = \vec{p}\,\Delta T$$

Dabei sind in $\vec{p}$ die p. Konstanten zusammengefaßt. Besonders ausgeprägt ist der pyroelektrische Effekt bei temperaturinduzierten Phasenübergängen (Tabelle).

	P C (m² · K)	ε_r	p · c WS (m³ · K)	ϑ_C °C	k_π^2 1)	tan δ	$\sqrt{\frac{k_\pi^2}{\tan\delta}}$
Einkristalle:							
TGS	$3{,}5\times10^{-4}$	30	$2{,}5\times10^{6}$	49	7,5%	5×10^{-3} 3×10^{-2}	2,5
$LiTaO_3$	2×10^{-4}	45	$3{,}2\times10^{6}$	618	1%	10^{-4}	3
Keramiken:							
$BaTiO_3$	4×10^{-4}	1000	3×10^{6}	120	0,2%	6×10^{-3}	0,6
PZT	$4{,}2\times10^{-4}$	1600	$2{,}7\times10^{6}$	340	0,14%	$1{,}8\times10^{-2}$	0,3
Polymere:							
PVDF	$0{,}4\times10^{-4}$	12	$2{,}3\times10^{6}$	80[2]	0,2%	10^{-2}	0,4

pyroelektrisch. Tabelle: Eigenschaften pyroelektrischer Materialien. (Quelle: Heywang)

In der Sensorik werden p. Materialien zur Wärmestrahlungsmessung eingesetzt, teilweise auch mit Ortsauflösung. *Schaumburg*

Literatur: *Heywang, W.:* Sensorik. Berlin 1984. - *Tichý, J.* und *P. Gautschi:* Piezoelektrische Meßtechnik. Berlin 1980.

Pyroelektrischer Detektor →Photodetektor, pyroelektrisch

Pyrometer. Strahlungsthermometer (auch Strahlungs-P. genannt) benutzen die von jedem Körper ausgesandte Temperaturstrahlung zum Messen seiner Temperatur.

Jede Oberfläche mit einer absoluten Temperatur $T > 0$ K sendet elektromagnetische Strahlung im Wellenlängenbereich $0{,}1 < \lambda < 1000 \mu m$ aus, die Temperaturstrahlung. Trifft ein solcher Strahlungsfluß auf eine andere Oberfläche, so wird er teilweise reflektiert, absorbiert oder durchgelassen. Ein Körper, der weder Strahlung durchläßt noch reflektiert, sondern die ganze einfallende Strahlung absorbiert, hat den Absorptionsgrad $\alpha = 1$ und wird als Schwarzer Körper bezeichnet. Er ist technisch in guter Näherung realisierbar durch einen Hohlraum mit kleiner Öffnung. Ein solcher Körper emittiert auch Strahlung und wird daher auch als Schwarzer Strahler bezeichnet. Die spektrale spezifische (auf Wellenlänge und Oberfläche bezogene) Strahlungsleistung $M_{\lambda s}(T)$ eines Schwarzen Strahlers bei der Temperatur T ergibt sich aus dem Planckschen Strahlungsgesetz und ist in Bild 1 dargestellt (Infrarot). Dabei steht der Index s für Schwarzer Strahler. Ein beliebiger Temperaturstrahler ($\alpha < 1$) hat eine spektrale spezifische Strahlungsleistung

$M_{\lambda}(T) = \varepsilon(\lambda, T) \cdot M_{\lambda s}(T)$.

Darin ist $\varepsilon(\lambda,T)$ der von λ und T abhängige Emissionsgrad des betrachteten Strahlers. Für den Schwarzen Strahler gilt:

$\varepsilon_s(\lambda, T) = 1$.

Nach dem Kirchhoffschen Gesetz ist für jeden Strahler der Emissionsgrad ε gleich dem Absorptionsgrad α:

$\varepsilon(\lambda, T) = \alpha(\lambda, T)$.

Integriert man $M_{\lambda}(T)$ bei konstantem T über λ, so erhält man die gesamte spezifische (flächenbezogene) Strahlungsleistung M(T) bei der Temperatur T

$M(T) = \varepsilon_g \cdot \sigma \cdot T^4$.

(Stefan-Boltzmannsches Strahlungsgesetz mit dem Gesamtemissionsgrad $\varepsilon_g \leq 1$ ($\varepsilon_{gs} = 1$) und der Stefan-Boltzmann-Konstante $\sigma = 5{,}670 \cdot 10^{-8}$ W/m²K⁴).

Aus Bild 1 ersieht man, daß die spektrale spezifische Strahlungsleistung des Schwarzen Strahlers ein Maximum hat, das sich mit abnehmender Temperatur T zu längeren Wellenlängen λ hin verschiebt.

Nach dem Wienschen Verschiebungsgesetz liegt das Maximum bei

$$\lambda_{max} = \frac{2896 \ \mu m \ K}{T}$$

Bei einem Menschen mit einer Oberflächentemperatur von 35 °C (308 K) ist $\lambda_{max} \approx 9{,}4 \mu m$.

Für Strahlungs-P. ergeben sich aus den Strahlungsgesetzen drei prinzipielle Realisierungsmöglichkeiten:

- Erfassen der gesamten Strahlungsleistung M(T), d. h. der Fläche unter einer Kurve mit T = konst. (Bild 1) (Gesamtstrahlungs-P.),
- Messen der Strahlungsleistung $M_{\lambda}(T)$ in einem bestimmten Wellenlängenband $\lambda_1 \ldots \lambda_2$ (Band- oder Teilstrahlungs-P.),
- Messen der Strahlungsleistungen $M_{\lambda K}(T)$ und $M_{\lambda L}(T)$ für zwei verschiedene Wellenlängenbänder (Farben) λ_K und λ_L und Bilden des Quotienten (Farb-P.).

Hier sollen nur solche Verfahren behandelt werden, bei denen die Temperatur mittels eines Detektors unmittelbar aus der Strahlungsleistung (Strahldichte) ermittelt wird, nicht aber Verfahren, die auf einem subjektiven Vergleich mit Hilfe des Auges beruhen.

Vorteile der →Temperaturmessung mit P.:

- Das Messen erfolgt berührungslos, daher kein Energieentzug und keine Störung des Temperaturfelds durch das Messen, im Gegensatz zu Berührungsthermometern (→Thermoelement, →Widerstandsthermometer).

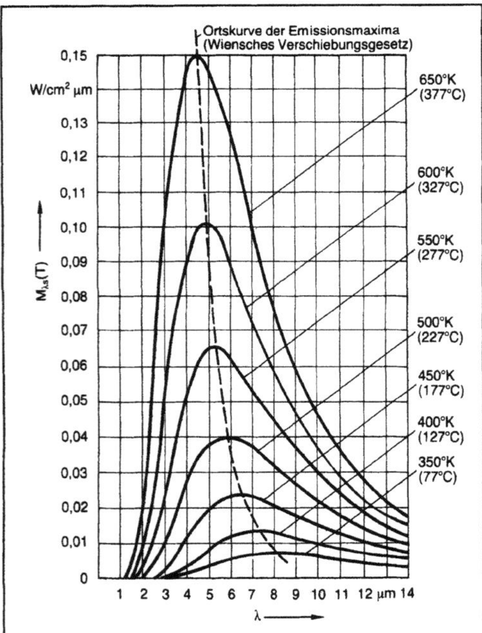

Pyrometer 1: Spektrale spezifische Strahlungsleistung $M_{\lambda s}(T)$ in Abhängigkeit von der Wellenlänge λ für unterschiedliche Temperaturen.

– Die Messung kann an bewegten Teilen oder an schlecht zugänglichen Orten durchgeführt werden.
– Die Einstellzeit ist kürzer als bei den meisten Berührungsthermometern.
– Auch sehr hohe Temperaturen (>3000 °C) lassen sich erfassen.

Als Nachteile sind zu nennen:
– Wenn der Emissionsgrad ε nicht genau genug bekannt oder zu niedrig ist oder wenn er sehr schwankt, ist die Meßunsicherheit relativ groß. Einige Beispiele für den Emissionsgrad ε verschiedener Materialien zeigt die Tabelle.
– Niedrige Temperaturen lassen sich nicht gut erfassen.

Voraussetzung für die berührungslose Temperaturmessung ist, daß die Luft mit den enthaltenen Kohlendioxiden, Stickoxiden und Wasserdampf in einigen Bereichen, den sog. atmosphärischen Fenstern, gut durchlässig ist für Infrarotstrahlung.

Ein Strahlungs-P. besteht aus drei Hauptteilen: der Optik, dem strahlungsempfindlichen Detektor und dem Gehäuse, das Optik und Detektor mechanisch und thermisch schützt.

Folgende Detektoren werden eingesetzt (Sensoren):
□ Thermische Detektoren (messen ein breites Wellenband):
a) Thermoelement, einzeln oder in Serie (Thermosäule),
b) →Bolometer (Widerstandsthermometer, →Thermistor),
c) Pyroelektrische Empfänger, die durch Wärme polarisiert werden, z. B. PVDF (Polyvinylidendifluorid)-Folie,
d) Bimetall- und pneumatische Empfänger.
□ Photoelektrische Detektoren (schmalbandig):
a) Photozellen (äußerer lichtelektrischer Effekt),
b) Photowiderstände,
c) Photoelemente, -dioden, -transistoren.

Durch die Konstruktion wird dafür gesorgt, daß das elektrische Ausgangssignal proportional der vom Detektor absorbierten Strahlungsleistung ist, nicht aber von der Meßentfernung abhängt. Beim Verwenden von Linsen kann man auch in größeren Entfernungen die Temperaturen kleiner Flächen messen. Bei üblichen P. ist der Meßfelddurchmesser 1/10-1/200 der Meßentfernung. Dem Hauptproblem der Pyrometrie, daß der Emissionsgrad ε freistrahlender Körper von der Temperatur, der Wellenlänge, vom Material und von der Oberflächenbeschaffenheit abhängt und deshalb i. a. mehr oder weniger vom idealen Wert 1 des Schwarzen Strahlers abweicht, begegnet man bei ausgeführten P. auf verschiedene Weise.

Beim Gesamtstrahlungs-P. wird das gesamte Spektrum der vom Meßobjekt ausgehenden Strahlungsleistung M(T) erfaßt. Man kann so die Temperatur T ermitteln, falls der Körper schwarz strahlt. Diese Voraussetzung schränkt die Strahlungspyrometrie nicht so sehr ein, wie es zunächst scheint. Bringt man nämlich einen Körper mit beliebigem Emissionsgrad in einen Hohlraum, so strahlt eine kleine Öffnung darin ebenfalls schwarz. Dem Hohlraumstrahler kommen in der Praxis viele technische Öfen recht nahe. Bei jedem Körper, der sich nicht in einem Hohlraumstrahler befindet, weicht der Emissionsgrad von 1 ab. Wenn der Emissionsgrad bekannt ist, läßt sich dieser Einfluß korrigieren. Gesamtstrahlungs-P. verwenden als Detektoren z. B. Thermosäulen oder Bolometer. Mit solchen P.

Pyrometer. Tabelle: Emissionsgrad ε für verschiedene Materialien

Metalle	ε	Sonstige Stoffe	ε
Metalle, blank poliert	0,03—0,05	Papier, Holz	0,80
Aluminiumblech, roh	0,07	Schamotte	0,85
Nickel, matt	0,11	Ziegel, unverputzt	0,88
Messing, matt	0,22	Emaille, Lacke	0,91
Stahl, blank geschmirgelt	0,24	Porzellan, glasiert	0,92
Zink, grau oxidiert	0,26	Mörtel, Putz	0,93
Blei, grau oxidiert	0,28	Glas, glatt	0,93
Aluminium, gesandstrahlt	0,40	schwarzer Mattlack	0,93–0,98
Kupfer, oxidiert	0,60	Wasser, Eis	0,96
Stahl, rot angerostet	0,61	Asbestschiefer	0,96
Stahlblech, Walzhaut	0,77	menschl. Haut	0,98
Stahl, stark verrostet	0,85	Schwarzer Körper	1,00

lassen sich Temperaturen von –40 °C bis 800 °C und höher messen.

Ein Bandstrahlungs-P. wertet die Strahlungsleistung eines Wellenbands aus. Bei dem P. nach Bild 2 wird die einfallende Strahlung durch die Objektivlinse auf eine elffach-Thermosäule konzentriert. Um den Einfluß der Gehäusetemperatur auf die Anzeige zu kompensieren, ist ein temperaturabhängiger Widerstand parallel zum Strahlungsempfänger geschaltet, Meßbereiche von 0 bis ca. 2000 °C, eingeteilt in mehrere Intervalle.

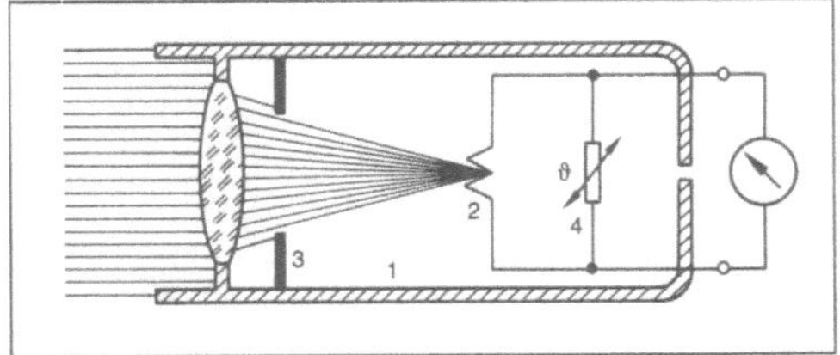

1 Gehäuse, 2 Thermosäule, 3 Blende, 4 Temperatur-Kompensationswiderstand

Pyrometer 2: Schematische Darstellung eines Bandstrahlungs-P. (Quelle: Ardometer, Siemens AG)

Beim Teilstrahlungs-P. wird die Strahlung eines schmalen Wellenlängenbereichs registriert. Bild 3 zeigt den prinzipiellen Aufbau eines Intensitäts-P. Durch die spektrale Empfindlichkeit des Photoelements wird automatisch nur ein Teilbereich der ausgesandten Strahlung zum Messen verwendet. Der vom →Photoelement abgegebene Kurzschlußstrom ist ein Maß für die Temperatur des Strahlers. Ein Vorteil der Teilstrahlungs-P. in den bekannten technischen Ausführungen den Gesamtstrahlungs-P. gegenüber ist die bessere Kenntnis des Emissionsgrads $\varepsilon(\lambda, T)$ bei einer Wellenlänge λ oder in einem schmalen Wellenlängenbereich. Die ausgeführten Meßbereiche liegen im Temperaturbereich zwischen 200 °C und 1800 °C.

Wesentlicher Nachteil der beschriebenen P. ist, daß sie ohne Korrektur zu wenig anzeigen, wenn $\varepsilon < 1$ ist. Das Meßergebnis verfälschen außerdem absorbierende Teilchenschichten z. B. Rauch, Wasserdampf usw. Diesen Fehlern begegnet in gewissen

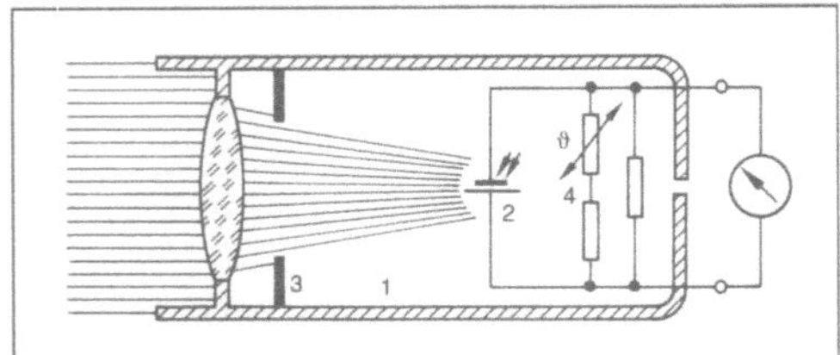

1 Gehäuse, 2 Photoelement, 3 Blende, 4 Temperatur-Kompensationswiderstand

Pyrometer 3: Schematische Darstellung eines Teilstrahlungs-P. (Quelle: Ardofot, Siemens AG)

Grenzen das Farb-P. Bei ihm nützt man das Plancksche Strahlungsgesetz aus. Der Quotient der Strahlungsleistungen $M_{\lambda K}(T)$ und $M_{\lambda L}(T)$ bei zwei Wellenlängen λ_K und λ_L hängt von der Temperatur T ab, denn die Strahlungsleistung bei den kleineren Wellenlängen ändert sich stärker mit der Temperatur als bei größeren Wellenlängen. Da ein solches Verhalten im sichtbaren Gebiet als Farbänderung zum Ausdruck kommt, nennt man die das Intensitätsverhältnis messende Geräte Farb-P. Man kann nachweisen, daß der Quotient der Strahlungsleistungen unabhängig wird vom Emissionsgrad des Strahlers und somit ein Maß für die wahre Temperatur ist, wenn das Meßobjekt und u. U. vorgelagerte Teilchenschichten zumindest in den beiden Wellenlängen gleichen Emissionsgrad haben. Bild 4 zeigt die grundlegende Schaltung des Farb-P. „Ardocol". Durch die (leider geringfügig temperaturabhängige) Eigenschaft des Indiumphosphidfilters, im wesentlichen Licht der Wellenlänge um $\lambda_2 = 1{,}0\,\mu m$ durchzulassen und Licht der Wellenlänge $\lambda_1 = 0{,}9\,\mu m$ zu reflektieren, wird die Spannung $U_{\lambda 2}$ des einen Photoelements von der Strahldichte der Wellenlänge λ_2, die Spannung $U_{\lambda 1}$ des zweiten Photoelements von der Strahldichte der Wellenlänge λ_2 abhängig. Die Division erfolgt elektronisch. Es lassen sich Temperaturen bis über 3000 °C messen.

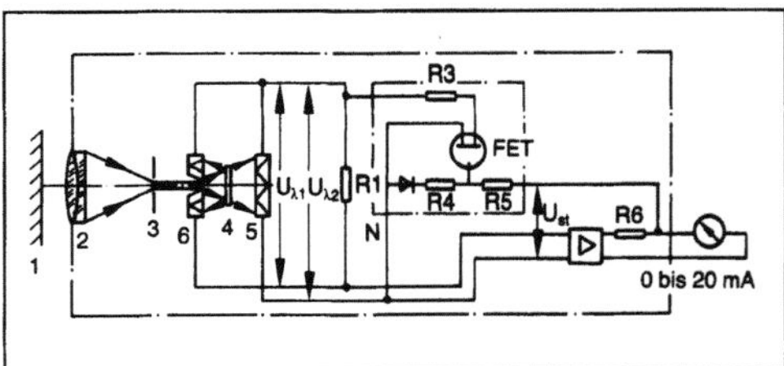

1 Strahler, 2 Objektiv, 3 Lichtleitstab, 4 Indiumphosphid-Filter, 5, 6 Silicium-Photoelement, $U_{\lambda 1}$, $U_{\lambda 2}$ Photoelement-Spannungen, N Netzwerk (thermostatisiert), U_{St} Gegenkopplungsspannung, FET Feldeffekttransistor

Pyrometer 4: Schematische Darstellung eines Farb-P. mit eingebautem Meßumformer. (Quelle: Ardocol, Siemens AG)

Eine spezielle Ausführung mißt die Strahldichte bei ca. acht verschiedenen Wellenlängen. Aus dem so entstehenden überbestimmten Gleichungssystem lassen sich die Temperatur T und der Emissionsgrad ε der strahlenden Oberfläche errechnen.

Mit Hilfe der schon erwähnten pyroelektrischen PVDF-Folie läßt sich einfach ein sog. Passiv-Infrarot-Detektor aufbauen. Ein gegenüber der Umgebung wärmerer oder kälterer Körper erzeugt auf der PVDF-Folie eine Ladung, die elektrisch erfaßt werden kann. Dieser Sensor funktioniert nur, wenn er mit Temperaturänderungen beaufschlagt wird, für das Messen gleichbleibender Temperaturen ist er wegen der elektrischen Ausgangsgröße-Ladung nicht geeignet. Anwenden läßt sich ein Passiv-Infrarot-Detektor, um Licht (im Treppenhaus oder in Wohnräumen), Wasserarmaturen oder Händetrockner ein- und auszuschalten; auch für Türöffner, Liftsteuerungen und Alarmanlagen ist er geeignet. Zum berührungslosen Messen der Temperaturverteilung auf Oberflächen: Thermographie. Temperaturmessung. *Hammerschmidt*

Literatur: *Liebler, E.* u. *R. Plesch:* Lexikon der Analysen-, Meß- und Regelungstechnik. Siemens, Berlin/München 1980. – *Lieneweg, F.:* Handbuch technische Temperaturmessung. Braunschweig 1976. – *Walter, L.* u. *D. Gerber:* Infrarotmeßtechnik. Berlin 1983.

Q

Quadraturamplitudenmodulation →NTSC

Qualifikation. Nachweis, daß eine Komponente für eine vorgesehene Aufgabe geeignet ist und dementsprechend in der Fertigung verwendet werden darf.

Ist eine Komponente (Bauelement) nach einer bestimmten Spezifikation gefertigt oder auch gütebestätigt (→Gütebestätigung), so ist noch nicht ihre Eignung für eine konkrete Aufgabe nachgewiesen. Diese Eignung für eine bestimmte Anwendung wird in Form einer Q. untersucht. Das Bild informiert beispielhaft über die Maßnahmen, die zur Q. eines integrierten Schaltkreises durchgeführt wurden.

Ist die generelle Eignung festgestellt, so wird die Komponente vom Gerätehersteller für den Einbau in die Geräte freigegeben und der Umfang der Eingangsprüfungen wird festgelegt. Empfohlen wird, die LSI- und VLSI-Schaltkreise Stück für Stück zu prüfen und ggfs. auch vorzubehandeln. Fehlerhafte Komponenten werden damit so früh wie möglich und damit kostengünstig entdeckt. Frühausfälle der bestückten Geräte während der Garantiephase werden vermieden.

Die Bauelemente können entweder beim Anwender oder in einem externen Prüfinstitut qualifiziert und geprüft werden. Abhängig von der Zahl der durchzuführenden Q. ist die eine oder andere Lösung die kostengünstigere. *Schrüfer*

Literatur: *Birolini, A.:* Möglichkeiten und Grenzen der Qualifikation, Prüfung und Vorbehandlung integrierter Schaltungen. QZ 27 (1982) H. 11, S. 321/352.

Qualitätsklasse. Die Q. (*engl.* quality level) definiert die zur Sicherung der Qualität eines Erzeugnisses ergriffenen organisatorischen und technischen Maßnahmen. Diese Maßnahmen sind für verschiedene Q. unterschiedlich.

Unter der Annahme, daß der Entwurf, die Konstruktion, das Material, die Herstellung und Verarbeitung, die Lagerung und der Transport, entsprechend dem Qualitätssicherungssystem des herstel-

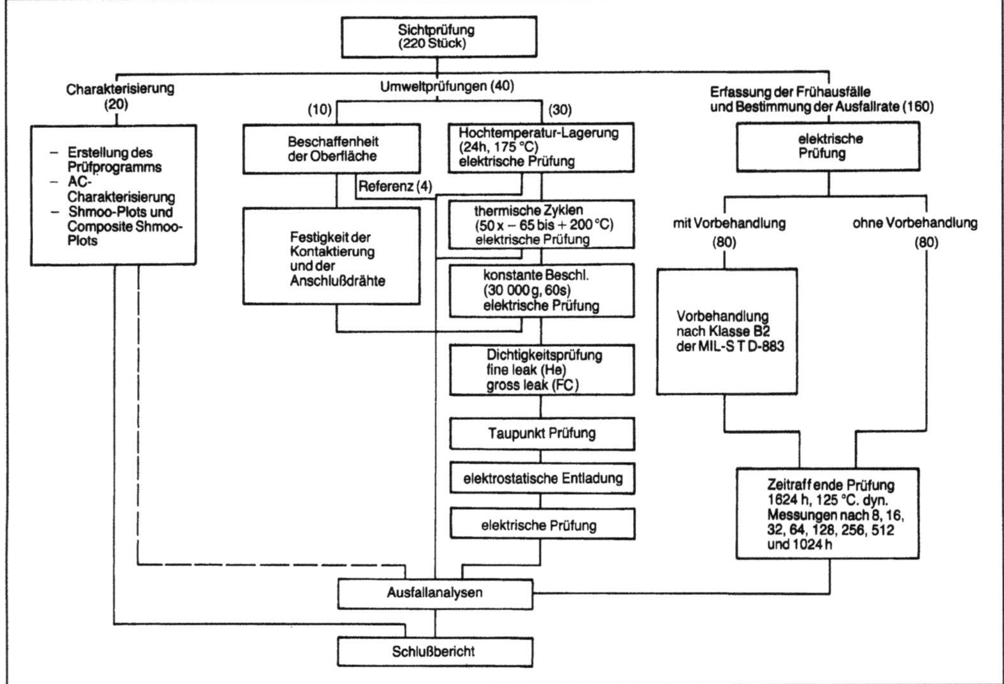

Qualifikation: Qualifikationsprüfung einer CMOS LSI-Semi-Kundenschaltung in Keramikgehäuse am CSEE (Centre Suisse d'essais des Composants Electroniques CH-2000 Neuchâtel). (Quelle: Birolini, A.)

lenden Betriebs erfolgen, hängt die erreichte Qualität hauptsächlich davon ab, ob es gelingt, vor Auslieferung die schlechten Komponenten zu selektieren. Durch eine gezielte Vorbehandlung und Prüfung wird versucht, die vorgeschädigten Bauelemente zu finden und vor der Lieferung an den Kunden auszusondern. Die Schärfe der Prüfung (screening) richtet sich dabei nach der für das Lieferlos angestrebten →Zuverlässigkeit. Für Einzelhalbleiter zum Beispiel sind in der MIL Spezifikation STD-750 fünf Qualitätsstufen (quality levels) definiert. *Pl* steht für Plastik-gekapselte Bauelemente; *L* für *lower*, für normale Handelsware. Mit dem patentrechtlich geschützten Warenzeichen JAN dürfen die Produkte nur gestempelt werden, wenn

- die Bauelemente in ihren elektrischen, mechanischen und physikalischen Eigenschaften bestimmten MIL-Spezifikationen genügen,
- der Hersteller sich generell für die Fertigung der Bauteile qualifiziert hat und
- die Prüfung auf Übereinstimmung mit der geforderten Qualität stichprobenartig an dem Lieferlos durchgeführt ist.

Die bessere Qualitätsstufe JAN TX (testing extra) verlangt vor Auslieferung einen Betrieb bei erhöhten Temperaturen (burn in) und eine gezielte Auswahlprüfung nicht nur stichprobenartig, sondern an allen zu liefernden Bauteilen. Die Sichtprüfung vor dem Verschließen der IC's (visual precup inspection) kommt bei den TXV-Typen noch hinzu.

Ähnliche Qualitätsstufen sind auch für andere Bauelemente definiert. In der Tabelle sind die jeweils anzuwendenden Spezifikationen, die darin erklärten Q. und die zugehörigen π_Q-Faktoren zusammengestellt. Diese Faktoren sind auf die höchste Q. bezogen. Die →Ausfallrate eines plastikgekapselten Transistors ist also 10mal so groß wie die eines Transistors mit der Qualitätsstufe JAN und dessen Ausfallrate ist nochmals um den Faktor 10 größer als die eines Transistors der Klasse JAN TXV.

Die in den einzelnen Q. durchzuführenden Maßnahmen sind z. B. für diskrete Halbleiter in der Spezifikation MIL-STD-750 und für integrierte Schaltkreise in MIL-STD-883 definiert. Einige dieser Schritte werden im folgenden kurz erläutert:

□ Hochtemperturlagerung: Sie dient zur Stabilisierung der elektrischen und mechanischen Parameter. Die Bauelemente liegen mit den Anschlüssen auf einer Metallplatte in Wärmeschränken, ohne daß sie elektrisch betrieben werden.

□ Thermische Zyklen: Bei dieser Prüfung werden die Bauelemente Temperaturänderungsgeschwindigkeiten von mindestens 50 °C/min ausgesetzt. Sie werden dadurch *mechanisch* beansprucht. Durch das unterschiedliche Wärmeleitungsvermögen und durch die unterschiedlichen Temperatur-Ausdehnungskoeffizienten der verwendeten Werkstoffe

Qualitätsklasse. Tabelle: Normierte Qualitätsfaktoren π_Q nach MIL HDBK 217 D (1982). Die Zahlenwerte gelten nicht absolut, sondern sind auf die höchste Q. bezogen.

Bauelement und Spezifikation	Qualitätsklassen und Qualitätsfaktoren								
Monolithische integrierte Schaltungen (MIL-M-38510, MIL-STD-883)	S 1	B 2	B-0 4	B-1 6	B-2 13	C 16	C-1 26	D 35	D-1 70
Hybride integrierte Schaltungen (MIL-M-38510, MIL-STD-883)		B 1						D 60	
Diskrete Halbleiterbauelemente (MIL-S-19500, MIL-STD-750)		JANTXV 1	JANTX 2	JAN 10	Lower 510	Plastic 100			
Widerstände (ohne Pot.) (MIL-STD-199, MIL-STD-202)	S 1	R 3.3	P 10	M 33	NE 165	Lower 500			
Kondensatoren (MIL-STD-199, MIL-STD-202)	S 1	R 3.3	P 10	M 33	L 50	NE 100	Lower 333		

bauen sich mechanische Spannungen auf, welche die Schwachstellen in den Strukturen zerstören. Um diese Prüfung durchzuführen, sind Wärmeschränke mit zwei getrennten Kammern notwendig. Das Prüfgut kann dann direkt von der heißen Kammer in die kalte und umgekehrt gebracht werden (Zwei-Kammer-Schocktest). Manchmal werden auch zwei auf unterschiedlichen Temperaturen befindliche Flüssigkeitsbäder verwendet, in die das Prüfgut abwechselnd eingetaucht wird (Flüssigkeits-Schocktest).

□ Burn in: Eine Kombination von →Hochtemperaturlagerung und elektrischem Betrieb. Ziel dieses Schrittes ist, durch die erhöhte Temperatur zeitraffend Frühausfälle hervorzurufen. Diese Prüfung ist zwar relativ aufwendig, aber sehr effektiv.

□ Konstante Beschleunigung: Dieser Schritt wird praktisch nur bei IC's in Keramikgehäusen durchgeführt. Er soll die mechanische Festigkeit der Anschlußdrähte, der →Kontaktierung und der Verbindung zwischen Kristall und Gehäuse prüfen. Die IC's werden dabei in eine Zentrifuge gelegt und für eine Minute der angegebenen Beschleunigung ausgesetzt.

□ →Dichtigkeitsprüfung: Auch dieses Verfahren wird nur bei IC's in Keramikgehäusen durchgeführt. Bei der Feinprüfung (fine leak) werden die gekapselten IC's zunächst für eine Stunde in eine Vakuumkammer mit einem Druck von 0,5 mmHg gelegt und dann 20 Stunden lang in einer Heliumatmosphäre von 5 bar gelagert. Nach einer Wartezeit in Luft von ca. 30 Minuten wird dann im Vakuum mit einem Massenspektrometer das ausfließende Helium gemessen und die Undichtigkeit wird bestimmt. Bei der Grobprüfung (gross leak) liegen die IC's zunächst eine Stunde lang in einer Unterdruckkammer mit einem Druck von etwa 5 mmHg, dann für drei Stunden in Fluorcarbon FC 72 bei einem Druck von 5 bar. Nach einer kurzen Wartezeit in Luft werden die IC's in ein Bad gelegt, wobei evtl. aufsteigende Blasen einen Ausfall kenntlich machen.

□ Wirksamkeit der verschiedenen Prüfungen: Die Bauelemente können aus verschiedenen Ursachen potentiell geschädigt sein. Um diese Schwachstellen zu finden, sind dann mehrere, unterschiedlich wirksame Tests erforderlich. Bei der Untersuchung von integrierten Schaltkreisen in Keramikgehäusen entdeckten die einzelnen Verfahrensschritte den folgenden Anteil von geschädigten Bauelementen:

Hochtemperaturlagerung	5–10%
Thermische Zyklen	5–15%
Burn in	50–70%
Konstante Beschleunigung	5–10%
Dichtigkeitsprüfung	10–20%.

Bei einer sorgfältigen Vorbehandlung und Prüfung werden weitgehend alle geschädigten Bauelemente erkannt und eliminiert. Das dem Anwender gelieferte Los zeigt dann eine konstante, auf zufällig wirksam werdende Mechanismen zurückgehende Ausfallrate (Bild). *Schrüfer*

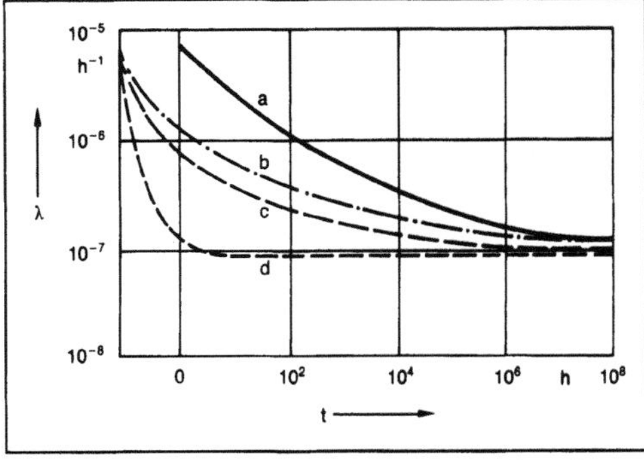

t=0 Zeitpunkt der Auslieferung an den Kunden, a) ohne Vorbehandlung, b) nur elektrische Tests, c) Hochtemperaturlagerung, Temperaturzyklen und elektrische Tests, d) Hochtemperaturlagerung, Temperaturzyklen und burn in

Qualitätsklasse: Einfluß der Vorbehandlung auf die Ausfallrate von integrierten Schaltkreisen.

Literatur: *Birolini, A.:* Qualität und Zuverlässigkeit technischer Systeme. Berlin 1985. – *Schrüfer, E.:* Zuverlässigkeit von Meß- und Automatisierungseinrichtungen. München 1984.

Quality level →Qualitätsklasse

Quantenelektronik. Die Q. befaßt sich mit den physikalischen Effekten der Wechselwirkung zwischen Materie und Licht und den daraus resultierenden Geräten auf der Basis der Quantentheorie.

Ausgang ist die Beschreibung der mechanischen Teilchen (Atomkerne und Elektronen) und des elektromagnetischen Feldes in der voll quantisierten Darstellung →Quantenmechanik, →Feldquantisierung). Die Übergangswahrscheinlichkeiten zwischen zwei elektronischen Eigenzuständen mit den Energien E_a und E_e eines Atoms durch ein elektromagnetisches Feld der Photonenzahl $n_{l\sigma}$ und der Frequenz $\omega_{l\sigma}=2f\pi$ ist in der Dipolnäherung

$$W(a,e,t) = \frac{\pi\omega_{l\sigma}}{\varepsilon V} <\mu>^2 g_e t \cdot \begin{cases} (n_{l\sigma}+1)\,\delta\,(E_e - E_a + \hbar\omega_{l\sigma}) & \text{Emission} \\ n_{l\sigma}\quad\delta\,(E_e - E_a - \hbar\omega_{l\sigma}) & \text{Absorption} \end{cases}$$

ε, $V=L^3$ und g_e sind die →Dielektrizitätskonstante, das Volumen und der Entartungsgrad des Endzustandes, $<\mu>$ das Dipolmatrixelement. Die Übergangswahrscheinlichkeit nimmt mit wachsender Zeit zu; sie ist aber nur von Null verschieden, wenn die Photonenenergie der Energiedifferenz der elektronischen Zustände entspricht. Die Wahrscheinlichkeit des Überganges unter Aufnahme eines Photons (Absorption) ist proportional der Photonenzahl $n_{l\sigma}$. Die Wahrscheinlichkeit zur Aussendung eines Photons enthält zwei Anteile, einer ist proportional zur Photonenzahl (induzierte Emission), der andere ist auch ohne äußeres Feld vorhanden (spontane Emission). Dieser Term tritt in der klassischen Beschreibung nicht auf, er folgt aus der Feldquantisierung. Die spontane Emission ist zu interpretieren als durch statistische Fluktuationen des Feldes um Null induzierte Übergänge.

Die Lebensdauer τ_{sp} des angeregten Zustandes wird definiert, indem die Wahrscheinlichkeit des spontanen Überganges in den Grundzustand unter Aussendung des Photons eines beliebigen Modus des Strahlungsfeldes als 1 angenommen wird.

$$\frac{1}{\tau_{sp}} = \frac{2\omega_{l\sigma} n^3 g_e}{\varepsilon h c_0^3} <\mu>^2 = \frac{16\pi^3 f^3 n^3 g_e}{\varepsilon h c_0^3} <\mu>^2 = A_{21}$$

(c_o Vakuum-Lichtgeschwindigkeit, n Brechzahl des Mediums und h Planksches Wirkungsquantum). A_{21} wird Einsteinkoeffizient für spontane Prozesse genannt.

Durch die induzierten elektronischen Übergänge zwischen den N Atomen, von denen sich N_1 im Grundzustand und N_2 im angeregten Zustand mit den Entartungsgraden g_1 und g_2 befinden, ändert sich die elektromagnetische Leistung $\hbar = h/2\pi$

$$\Delta P = \hbar\omega_{l\sigma} \left[N_2 \frac{dw\,(2,1,t)_{ind}}{dt} - N_1 \frac{dw\,(1,2,t)_{ind}}{dt} \right]$$

Wird die Änderung ins Verhältnis zur eingestrahlten Leistung

$$P = \frac{\hbar\omega_{l\sigma}}{V} n_{l\sigma} \cdot L^2 \frac{c_o}{n}$$

gesetzt, so läßt sich über $\Delta P/P = \alpha(\omega)$ mit der Lösung $P = P_0 e^{\alpha x}$ eine Konstante $\alpha(\omega)$ definieren:

$$\alpha(\omega) = \frac{1}{8\pi\,\tau_{sp}} \frac{c_o^2}{n^2 f^2 V} \left(N_2 - N_1 \frac{g_2}{g_1} \right)$$

$$= \frac{n\,\hbar\omega_{l\sigma}}{c_o V} N_2\, B_{21} \left(1 - \frac{N_1 g_2}{N_2 g_1} \right)$$

mit B_{21} Einsteinkoeffizient für induzierte Emission. Es gilt

$$B_{12} = B_{21} \frac{g_2}{g_1}$$

und

$$B_{21} = \frac{c_o^3}{8\pi h f^3 n^3} A_{21} = \frac{c_o^3}{8\pi\, h\, f^3 n^3} \frac{1}{\tau_{sp}}$$

Im thermodynamischen Gleichgewicht der Temperatur T besteht zwischen den Besetzungszahlen das Verhältnis

$$\frac{N_1 g_2}{N_2 g_1} = \exp\left(\frac{E_2 - E_1}{kT}\right) = \exp\left(\frac{\hbar\omega_{l\sigma}}{kT}\right)$$

(k Boltzmann-Konstante).

Der Grundzustand ist also immer am stärksten besetzt, so daß $\alpha(\omega) < 0$; das elektromagnetische Feld wird geschwächt. Eine Verstärkung kann nur erfolgen, wenn

$$\frac{N_1 g_2}{N_2 g_1} < 1$$

d. h. eine sog. Besetzungsinversion vorliegt. Dementsprechend heißt $\alpha(\omega) < 0$ Absorptionskoeffizient und $\alpha(\omega) > 0$ Verstärkungs- oder Gain-Koeffizient.

Die Q. wird zur Beschreibung sämtlicher Prozesse der Lichtentstehung einschließlich dem →Laser sowie der Umwandlung von Licht in elektrische →Ladungsträger, d. h. photoelektrischer Empfänger, benutzt.

Mit dem bestehenden Formalismus lassen sich aus der spontanen Emission und den Besetzungszahlen im thermodynamischen Gleichgewicht bekannte Gesetze relativ einfach herleiten. Dazu gehören die mittlere →Rauschleistung

$$P_R = \frac{hf\,df}{\exp\left(\frac{hf}{kT}\right) - 1}$$

und die Plancksche Strahlungsformel für die spektrale Energiedichte u(f)

$$u(f) = \frac{8\pi f^2 n^3}{c_o^3} \frac{hf}{\exp\left(\frac{hf}{kT}\right) - 1}$$

Der Begriff Q. bezieht sich in seiner ursprünglichen Bedeutung auf die Wechselwirkungen zwischen den Quanten des elektromagnetischen Feldes (→Photonen) und den Trägern der elektrischen Ladung (Elektronen, bzw. Defektelektronen oder Löchern). Nicht gedacht war dabei an elektronische Eigenschaften, die aus der →Quantisierung von elektronischen Zuständen in niederdimensionalen Schichtstrukturen (→Quantum-Wells) resultieren; also die Elektronik von Halbleitern mit makroskopisch wahrnehmbaren Quantisierungseffekten. In zunehmendem Maße wird der Begriff auch dafür verwendet. *Rosenzweig*

Literatur: *Grau, G. K.:* Quantenelektronik. Braunschweig 1978.

Quantenmechanik. Theorie zur Beschreibung der nichtrelativistischen Bewegung von Elementarteilchen und deren Wechselwirkungen.

In der klassischen Physik werden die Bewegungsgleichungen aus der Hamiltonfunktion H (Summe aller kinetischen und potentiellen Energien) durch Differentiation nach den kanonisch konjugierten Variablen Ort q und Impuls p ermittelt (z. B.

Elektron der Masse m und der Ladung e_0 im elektrostatischen Potential des Atomkernes)

$$H = E_{Kin} + E_{pot} = \frac{p^2}{2m} - \frac{e_0^2}{q}$$

$$\frac{dq}{dt} = \frac{dH}{dp} \qquad \frac{dp}{dt} = -\frac{dH}{dq}$$

In der Q. werden die klassischen Variablen p und q durch hermitische Operatoren q=r und $p=-i\hbar\nabla$ ($\hbar = h/2\pi$, h Plancksches Wirkungsquantum) ersetzt. Da der Impulsoperator ein Differentialoperator ist, ergibt sich für den resultierenden Hamiltonoperator $\underline{H}$ eine Differentialgleichung ähnlich der elektrodynamischen Wellengleichung. Das mathematische Problem besteht jetzt in der Bestimmung der Eigenwerte E_n und der Eigenfunktionen $\varphi_n(r)$ des Hamiltonoperators

$$\underline{H}\,\varphi_n(r) = \left(-\frac{\hbar^2}{2m}\Delta - \frac{e_0^2}{r}\right)\varphi_n(r) = E_n\varphi_n(r)$$

Physikalisch bedeuten die Eigenwerte E_n die Energien der erlaubten Gleichgewichtszustände des Systems, während das Betragsquadrat der Eigenfunktionen die Aufenthaltswahrscheinlichkeit (Erwartungswert des Ortes) wiedergibt.

Mit diesem Verfahren lassen sich exakt die Eigenzustände des Wasserstoffatoms (s. o.) sowie eines harmonischen →Oszillators der Masse M und der Eigenfrequenz ω_0 bestimmen

$$\underline{H}_{osz}\,\psi_n(r) = \left(-\frac{\hbar^2}{2M}\Delta + \frac{1}{2}M\,\omega_0{}^2r^2\right)\psi_n(r) = E_n\,\psi_n(r)$$

Atome oder Moleküle mit mehreren Kernen und Elektronen und entsprechenden Wechselwirkungen untereinander lassen sich durch die Störungsrechnung behandeln. Dazu wird der Gesamt-Hamiltonoperator durch geeignete mathematische Transformationen auf einen bekannten Operator $\underline{H}_0$ zuzüglich eines Störoperators $\underline{H}'$ zurückgeführt. Aus der Matrix (M_{nm})

$$M_{nm} = \int_{-\infty}^{\infty} \varphi_n(r)\,\underline{H}'\,\varphi_m^*(r)\,d^3r$$

des Störoperators mit den Eigenfunktionen des bekannten Operators folgen dann als Eigenwerte und -funktionen die Energien und Eigenzustände des Gesamtsystems.

Die Störungsrechnung kann auch angewendet werden, um den Einfluß äußerer Felder auf ein atomares System zu ermitteln. Soll ein äußeres elektromagnetisches Feld, beschrieben durch das Vektorpotential A, berücksichtigt werden, so ist zunächst der mechanische Impuls durch den elektromagnetischen Impuls

$$\vec{p} = m\vec{v} - e_0\vec{A}$$

zu ersetzen. Im Falle des Wasserstoffatoms hat der Hamiltonoperator dann die Form

$$\underline{H} = \frac{\vec{p}^2}{2m} - \frac{e_0^2}{r} + \frac{e_0}{m}\vec{p}\cdot\vec{A} + \frac{e_0^2}{2m}\vec{A}^2 + \sum_{l,\sigma}\hbar\omega_{l\sigma}\left(a_{l\sigma}^+ a_{l\sigma} + \frac{1}{2}\Lambda\right)$$

worin zusätzlich die Energie des elektromagnetischen Feldes über die Operatoren a und a^+ und den Einheitsoperator Λ enthalten ist (→Feldquantisierung). Der in A quadratische (diamagnetische) Term wird i. a. wegen seiner Kleinheit vernachlässigt. Wird das Vektorpotential am Ort des Kernes in eine Reihe entwickelt und nur das null-te Glied berücksichtigt, so resultiert die sog. Dipolnäherung

$$\vec{\mu} = -e_0\,\vec{r}(t)$$

$$\underline{H}\,\varphi_n(r) = \left(-\frac{\hbar^2}{2m}\Delta - \frac{e_0^2}{r} - \vec{\mu}\,\vec{E}(0) + \sum_{l,\sigma}\hbar\omega_{l\sigma}\left(a_{l\sigma}^+ a_{l\sigma} + \frac{1}{2}\Lambda\right)\right)\varphi_n(r) = E_n\varphi_n(r)$$

wobei

$$\vec{E} = i\sum_{l,\sigma}\sqrt{\frac{\hbar\omega_{l\sigma}}{2\varepsilon V}}\,(a_{l\sigma} - a_{l\sigma}^+)\,\vec{e}_{l\sigma}$$

die elektrische →Feldstärke am Ort des Kernes ist (V Volumen, ε Dielektrizitätskonstante und $\vec{e}_{l\sigma}$ Einheitsvektor).

Aus der Störungsrechnung ergibt sich dann die „goldene Regel" der Übergangswahrscheinlichkeit für Dipolübergänge

$$w(a,e,t) = \frac{2\pi t}{\hbar} < \mu >^2 \delta\,(E_e - E_a \pm \hbar\omega_{l\sigma})$$

($<\mu>$ Dipolmatrixelement, δ Kronecker-Symbol, $\delta(0) = 1$, $\delta(\neq 0) = 0$).

Die Übergangswahrscheinlichkeit nimmt mit wachsender Zeit t zu; sie ist nur von Null verschieden, wenn die Photonenenergie des elektromagnetischen Feldes mit der Energiedifferenz der elektronischen Zustände übereinstimmt und das Matrixelement von Null verschieden ist. *Rosenzweig*

Literatur: *Grau, G. K.*: Quantenelektronik. Braunschweig 1978.

Quantenrauschen. Physikalisch unvermeidbares →Rauschen des Signalstromes am Ausgang eines Strahlungsdetektors, dessen Ursache in der Quantennatur der elektromagnetischen Strahlung und der damit verbundenen Quantenstatistik liegt.

Licht beispielsweise, eine elektromagnetische Strahlung im Wellenlängenbereich von 400 nm bis 800 nm, besteht aus statistisch unabhängigen Photonen, die jeweils mit einer gewissen Wahrscheinlichkeit in einem →Photodetektor elektrische →Ladungsträger (Elektronen und/oder Löcher) erzeugen. Die Menge der absorbierten Photonen schwankt im Laufe der Zeit regellos um einen Mittelwert. Der entstehende Strom besteht demzufolge aus statistisch unabhängiger elektrischer Ladungsträger und schwankt ebenso regellos. Dieses auf Fluktuation der Photonen zurückzuführende Stromrauschen wird allgemein als Q. (Photonenrauschen) bezeichnet. Selbst bei Ausschaltung aller störenden Einflüsse auf die Lichtsignale während der Übertragung vom Sender zum Photodetektor, verbleiben die Fluktuationen in der Photonenverteilung innerhalb der Lichtquelle als nicht zu beseitigender Rauschanteil. Das Q. legt damit die physikalische Nachweisgrenze eines Photodetektors fest (→Photodetektor-Rauschen, →Rauschleistung, äquivalente).

R. Kaiser

Literatur: *Müller, R.*: Rauschen. Reihe: Halbleiter-Elektronik, Bd. 15, Berlin–Heidelberg–New York, 1979.

Quantenwirkungsgrad. (auch QW Quantenausbeute) Der QW repräsentiert das Verhältnis von Strahlungsquanten zu elektrischen Ladungsträgern, die an einer Wechselwirkung zwischen elektromagnetischer Strahlung und Materie beteiligt sind.

□ QW-Strahlungsdetektor: Der QW dient zur Charakterisierung der Güte von →Strahlungsdetektoren (z. B. →Photodetektoren, Szintillationszähler) und wird als Verhältnis der pro Zeiteinheit durch Strahlungsabsorption generierten elektrischen Ladungsträger/Ladungsträgerpaare N_{EL} zu der eingekoppelten Anzahl von Strahlungsquanten (z. B. Photonen beim Photodetektor) N_{SQ} angegeben:

$$\eta_D = \frac{N_{EL}}{N_{SQ}}$$

Ohne interne Verstärkungsmechanismen (z. B. →Avalanche-Effekt in Lawinenphotodioden) oder nachgeschaltete elektrische Verstärkerelemente (z. B. Transistorstufen, →Sekundärelektronenvervielfacher) ist dieser Wert bei realen Strahlungsempfängern stets <1. Ursachen hierfür sind unvermeidbare Strahlungsquanten(Photonen)- und Ladungsträgerverluste.

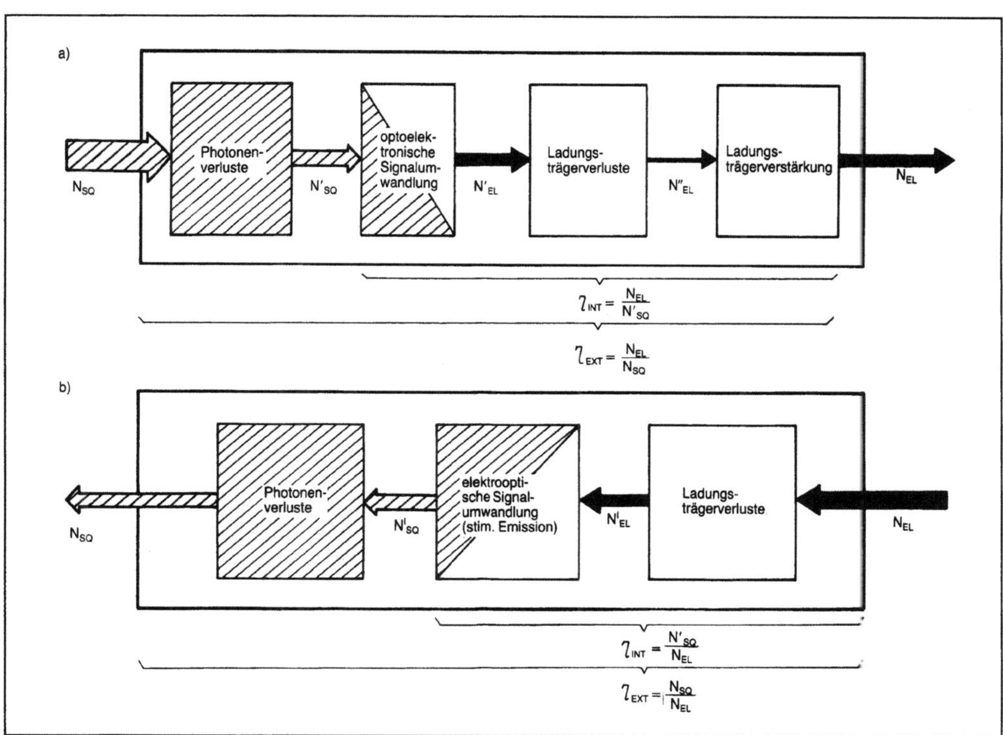

Quantenwirkungsgrad: Externer und interner Q. (N_{SQ}-Anzahl der Strahlungsquanten (Photonen), N_{EL}-Anzahl der elektrischen Ladungsträger).
a) für einen nicht verstärkenden Photodetektor
b) für einen Halbleiterlaser.

□ QW-Strahlungsquelle: Bestimmte Lichtquellen, deren Wirkungsweise auf der →Injektion elektrischer →Ladungsträger beruht, werden häufig ebenso durch die Angabe eines QW charakterisiert (z. B. lichtemittierende Dioden (→LEDs) oder →Halbleiterlaser). Hierbei ist der Wirkungsgrad als das Verhältnis der durch strahlende Ladungsträgerrekombinationen erzeugten Anzahl von Photonen N_{SQ} zur injizierten Ladungsträgermenge N_{EL} definiert:

$$\eta_L = \frac{N_{SQ}}{N_{EL}}$$

□ Externer und interner QW: In der Praxis wird im allgemeinen zwischen externem und internem QW unterschieden. Der externe Wert bezieht sich auf die an den Ein- und Ausgängen eines Strahlungsdetektors oder einer Injektionslichtquelle auftretenden Strahlungsquanten- und Ladungsträgermengen. Alle internen Verluste sind in dieser Größe enthalten (Bild). Der interne QW berücksichtigt dagegen all diejenigen Verluste, die bezüglich der Eingangsgröße bis zur gewünschten Energieumwandlung auftreten ($\eta_{int} > \eta_{ext}$). *R. Kaiser*

Quantisierung. In der klassischen Physik können praktisch alle physikalischen Größen kontinuierliche Werte annehmen (außer elektrische Ladung). Beim Übergang zu mikroskopischen Systemen, z. B. für die Elektronen in einem Atom oder für die Elektronen und Atome in einem Festkörper, erzwingen die Gesetze der →Quantenmechanik, daß viele Größen nur ganz bestimmte diskrete Werte mit endlichen Abständen untereinander annehmen können. Dies wird als Q. bezeichnet. So, können z. B. Drehimpulse je nach Teilchensorte nur ganzzahlige oder halbzahlige Vielfache des Quantums $\hbar$ (= Plancksches Wirkungsquantum /2π) annehmen oder die Energie eines elektromagnetischen Felds der Frequenz ω nur Vielfache des Energiequants ω. Eine Vielzahl auch makroskopischer Erscheinungen ist nur aufgrund dieses Quantencharakters zu verstehen. *Heinz*

Quantisierungsfehler. Ein Q. tritt immer auf, wenn eine analoge wertkontinuierliche Größe in eine Zahl mit endlich vielen Stellen umgesetzt wird. Dies ist zum Beispiel bei der Analog/Digital-Umsetzung oder bei der digitalen →Zeitmessung der Fall. Die absolute Größe des Q. hängt von den niedrigwertigsten bit (*engl.* least significant bit, lsb) oder allgemein von der niedrigwertigsten Stelle (least significant digit, lsd) der Zahlendarstellung ab. Der Q. liegt für den Fall der mathematischen Rundung im Bereich $-\frac{1}{2}$ lsb $\leqq$ Q $\leqq \frac{1}{2}$ lsb.

Sind die Q. rein zufällig und voneinander statistisch unabhängig, so lassen sie sich durch eine wiederholte Messung des Signals und durch Mittelwertbildung reduzieren. Werden N quantisierte Meßwerte gemittelt, so verringert sich der zufällige Anteil des Q. proportional zu $1/\sqrt{N}$.

Der Nachweis der statistischen Unabhängigkeit läßt sich über die Untersuchung der Autokorrelationsfunktion führen. Im Fall völliger Unabhängigkeit ist die Autokorrelationsfunktion ein nadelförmiger Impuls. Zu diesem Impuls gehört im Frequenzbereich ein konstantes Leistungsdichtespektrum, das sog. weiße Quantisierungsrauschen. Unter diesen Voraussetzungen kann durch eine geeignete Mittelwertbildung, durch die sog. Überabtastung die Auflösung eines Analog/Digital-Umsetzers soweit erhöht werden, daß sie besser als ein Quantisierungsschritt wird. *Schrüfer/Knappe*

Quantum-Box →Quantum-Well

Quantum-Well. (*engl.*, bedeutet Quantenbrunnen). Ein Q.-W. ist eine Doppelheterostruktur, bei der eine dünne Schicht eines Halbleiters geringen Bandabstandes eingebettet ist zwischen dickeren Schichten eines Halbleiters höheren Bandabstandes. Die Dicke L_z der eingebetteten Schicht beträgt wenige Nanometer (1–30), was einigen Atomlagen (3–100) entspricht, so daß sie dünner ist als die freie Weglänge der Elektronen. Die Beschränkung der Bewegung in der z-Achse auf die Breite des Potentialtopfes führt zu einer →Quantisierung der kinetischen Energie (Bild 1a)

$$E_n(k_z) = \frac{\hbar^2 k_n^2}{2m^*} = \frac{\hbar^2}{2m^*}\left(\frac{n}{L_z}\right)^2, \quad n \in \mathbb{N}$$

wobei $\hbar = h/2\pi$, h das Plancksche Wirkungsquantum und m* die sog. effektive Masse der →Ladungsträger sind. Als Folge der *Heisenberg*schen Unschärferelation haben die im Potentialtopf lokalisierten Teilchen eine Impulsunschärfe und damit eine Nullpunktsenergie, so daß der tiefste Zustand höher liegt als die Bandkante des Volumenmaterials. Die Quantisierung beschränkt sich aber nur auf eine Dimension, in der Schicht können sich die Teilchen frei bewegen (zweidimensionales →Elektronengas), wobei die für Volumenmaterial bekannte Energieparabel gilt (Bild 1c)

$$E(k_{\parallel}) = \frac{\hbar^2}{2m^*}\left(\frac{n}{L_z}\right)^2 + \frac{\hbar^2}{2m^*} K_{\parallel}^2$$

Bild 2 zeigt die →Lumineszenz des Grundzustandsüberganges für InGaAs-Q.W. von 100 nm bis 0,6 nm Dicke eingebettet in InP.

Die veränderte →Bandstruktur beeinflußt entscheidend die →Zustandsdichte. Während sie für das Volumenmaterial wurzelförmig mit der Energie zunimmt und an der Unterkante 0 beträgt, ist

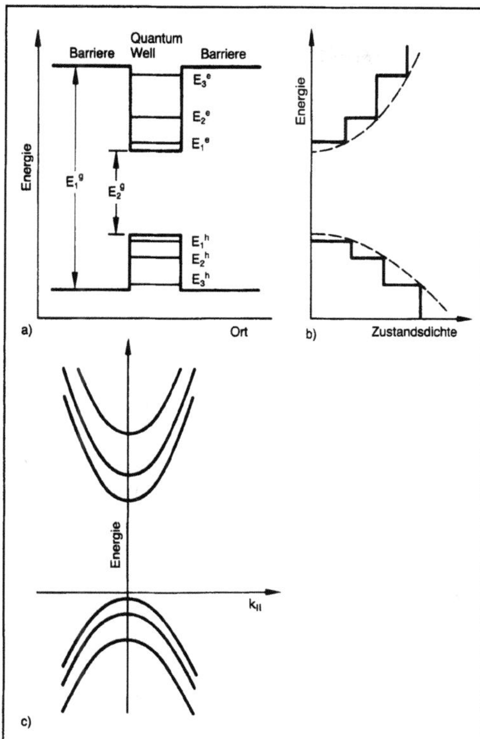

Quantum-Well 1: Schematische Darstellung.
a) Energiebandverlauf senkrecht zur Schichtfolge
b) Zustandsdichte
c) Energieparabeln in der Schichtebene.

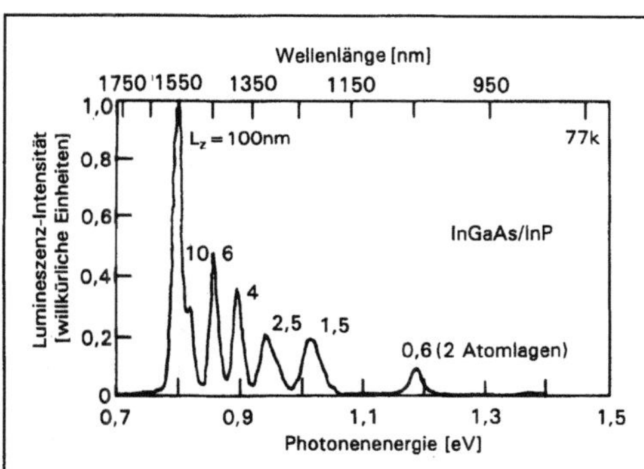

Quantum-Well 2: Photolumineszenz einer Probe mit Q.-W. unterschiedlicher Dicke.

die Zustandsdichte für das zweidimensionale Elektronengas eine Stufenfunktion. Sie ist innerhalb eines Unterniveaus n konstant und vor allem für den tiefsten Zustand von 0 verschieden (Bild 1b).

Die Energiequantisierung und die Zustandsdichte gelten analog auch für die Löcher.

Die stufenförmigen Zustandsdichten spiegeln sich im spektralen Verlauf der Absorption wieder. Der Treppenfunktion sind zusätzlich scharfe Absorptionsmaxima überlagert; sie entsprechen der Anregung sog. Exzitonen, d.h. durch die Coulombanziehung gebundenen →Elektron-Loch-Paaren, deren wasserstoffähnliche Energiespektren um die Bindungsenergie unterhalb der Bandkante liegen. Im Volumenmaterial sind Elektron und Loch über viele Gitterabstände voneinander getrennt (Exzitonenradius); die Bindung ist schwach und wird durch die Raumtemperatur aufgebrochen. Im Q.-W. ist der Exzitonenradius auf die Potentialtopfbreite beschränkt, entsprechend hoch ist die Bindungsenergie, so daß die Exzitonen auch noch bei Raumtemperatur existieren. Das Raumtemperatur-Exziton ist Ursache für zwei Effekte:

□ Es treten Nichtlinearitäten in der optischen Absorption auf. Mit wachsender Anregungsdichte wird die Coulomb-Wechselwirkung zwischen Elektron und Loch durch die freien Ladungsträger abgeschirmt, so daß keine Exzitonenanregung erfolgen kann. Durch das kleine Volumen tritt die Absorptionssättigung bereits bei zehnmal kleineren Anregungsdichten als im Volumenmaterial auf.

□ Wird ein elektrisches Feld senkrecht zur Schichtenebene angelegt, so verschiebt sich die Absorptionskante zu längeren Wellen. Prinzipiell entspricht das dem aus dem *Stark*-Effekt resultierenden *Franz-Keldysh*-Effekt, jedoch tritt auch hier eine Verstärkung auf (Quantum-confined Stark effect). Durch das Feld verringert sich vor allem die effektive Barrierenhöhe und damit die Nullpunktsenergie. Auch die Bindungsenergie des Exzitons nimmt geringfügig ab, es bleibt aber bestehen und dissoziiert nicht. Durch die Verschiebung der Bandkante läßt sich für eine konstante Wellenlänge mit der elektrischen →Feldstärke die Absorption ändern. Damit verbunden ist auch eine Änderung des Realteiles des Brechungsindex (→Kerr-, →Pockelseffekt).

Auch in den elektrischen Eigenschaften weisen Q.-W.-Strukturen Besonderheiten auf. Durch selektive Dotierung des Barrierenhalbleiters (→Modulationsdotierung) werden freie Ladungsträger geschaffen, die sich in den energetisch günstigeren Zuständen des Wells ansammeln. Damit sind sie räumlich von ihren Spenderionen getrennt, was die Coulomb-Wechselwirkung stark reduziert und zu einer um Größenordnungen höheren →Beweglichkeit führt im Vergleich zum Volumenmaterial gleicher Dotierung (Bild 3).

Um ein derartiges hoch bewegliches zweidimensionales Elektronengas zu erzeugen, muß keine vollständige Doppelheterostruktur gewachsen werden. Es reicht auch der Übergang zwischen einem stark dotierten Halbleiter hohen Bandabstandes und einem nicht dotierten Halbleiter geringen

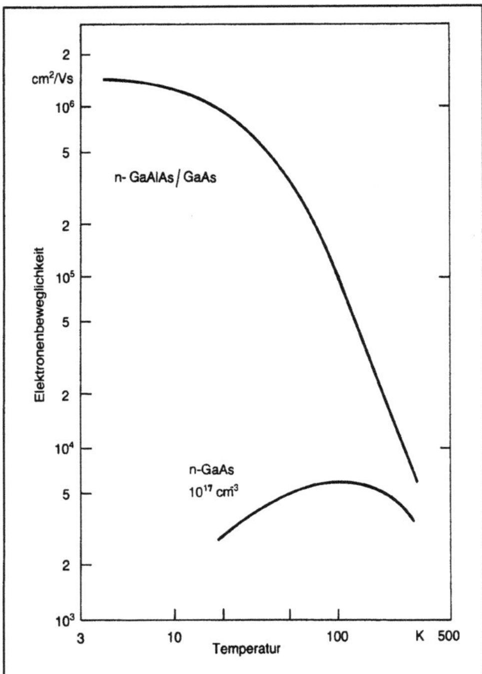

Quantum-Well 3: Vergleich der Elektronenbeweglichkeit im Q.-W. und im Volumenmaterial.

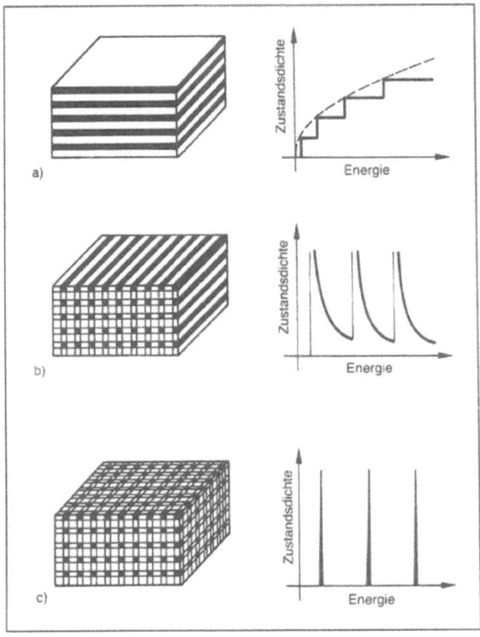

Quantum-Well 4: Schematische Struktur und Zustandsdichten eines
a) eindimensional-(Quantum-Well)
b) zweidimensional-(Quantum-Wire) und
c) dreidimensional-(Quantum-Box) begrenzten Elektronengases.

Bandabstandes. An der Grenzfläche bildet sich durch die Leitungsbanddiskontinuitäten ein Potentialtopf. Um die Coulomb-Wechselwirkung zwischen Ladungsträgern und Rumpfionen noch weiter zu reduzieren, erweist es sich als zweckmäßig, eine dünne undotierte Schicht des Materials hohen Bandabstandes einzubauen.

Die charakteristischen optischen und elektrischen Eigenschaften der Q.-W. werden mit der Zerstörung der Schichtstruktur aufgehoben. Das kann relativ einfach durch →Diffusion oder →Implantation von Fremdatomen erfolgen (diffusion induced disorder). Damit ergeben sich Strukturierungsmöglichkeiten ohne Materialabtragung (→Ätzen), was durchaus Vorteile in der Herstellung komplexer Schaltkreise hat.

Neuere Entwicklungen gehen in Richtung mehrdimensionaler Q.-W.-Strukturen, d. h. die Beschränkung der Bewegung in zwei oder alle drei Raumrichtungen (Quantum-Wire oder Quantum-Box). Die Zustandsdichte bestände im Falle der Quantum-Box aus einer Folge von Singularitäten (Bild 4), was insbesondere für →Halbleiterlaser geringere Schwellenströme verspricht. Darüber hinaus ließen sich dreidimensionale synthetische Kristalle herstellen (→Festkörper-Übergitter), deren Eigenschaften über die Geometrie festgelegt sind. Die technologischen Probleme zur Herstellung mehrdimensionaler Q.-W. sind aber z. Zt. noch nicht gelöst. *Rosenzweig*

Literatur: *Dingle, R.:* Applications of Multiquantum Wells, Selective Doping and Superlatices. London 1987. Vol. 24 aus der Reihe: *Willardson, R. K.* and *A. C. Beer* (Ed.): Semiconductors and Semimetals. – *Okamoto, H.:* Semiconductor Quantum-Well structures for Optoelectronics. – Recent advances and future prospects. Jap. J. Appl. Phys. **26** (1987) S. 315.

Quantum-Well-Bauelement. Elektronische, optische und elektrooptische Bauelemente, die die speziellen Eigenschaften von Quantum-Well-Strukturen bzw. des zweidimensionalen Elektronengases ausnutzen.

Multi-Quantum-Well-Strukturen mit 1–10 Wells finden zunehmende Anwendung als aktive Schicht in →Halbleiterlasern. Zum einen lassen sich kürzere Emissionswellenlängen als mit dem Volumenmaterial erreichen, zum anderen sind infolge der endlichen Zustandsdichten an den Bandkanten die Schwellenströme geringer und die Quantenwirkungsgrade höher (→Quantum-Well-Halbleiterlaser).

Die hohe Beweglichkeit des zweidimensionalen Elektronengases führt zu einer Reihe von Transistortypen, die in hochfrequenten Mikrowellenschaltungen und in schnellen logischen- und Speicherschaltkreisen verwendet werden. Obwohl das

Grundprinzip identisch ist, liegen unterschiedliche Bezeichnungen vor wie →HEMT (high electron mobility transistor), TEGFET (two-dimensional electron gas field effect transistor), MODFET (mobility doped field effect transistor) und SDHT (selective doped heterojunction transistor). Eine Abwandlung bildet der →NERFET (negative differentiell resistance field effect transistor). Er ermöglicht einen löschbaren →Schreib-Lese-Speicher. Das zweidimensionale Elektronengas läßt sich zudem als schneller modulationsdotierter →Photoleiter verwenden.

Die elektrooptischen Eigenschaften, d. h. die aus dem Quantum-confined-Stark-Effect resultierende starke Abhängigkeit der →Brechzahl und des Absorptionskoeffizienten von äußeren elektrischen Feldern werden in →Quantum-Well-Modulatoren der optischen Nachrichtentechnik verwendet. Das sog. →SEED (self electrooptic effect device) erlaubt einen optischen →Schalter bzw. Modulationskonverter.

Die Nichtlinearitäten in der Exzitonenabsorption können als sättigbare Absorber für modengekoppelte Halbleiterlaser ausgenutzt werden. Die Anwendung dieser bistabilen Elemente als optische Schalter ist ebenfalls nachgewiesen, aber noch nicht ausgereift.

Die Potentialdiskontinuitäten der Quantum-Wells werden in →Avalanche-Photodioden zur Ladungsträgermultiplikation herangezogen, wodurch sich gleichzeitig das →Rauschen reduziert (→Multi-Quantum-Well-Avalanche-Photodiode, →Quantum-Well-Festkörper-Multiplier, Graded-gap separate absorption and multiplication Avalanche Photodiode).

Kurzwellige GaAlAs/GaAs-Multi-Quantum-Well-Laser sind bereits technologischer Standard. Sie werden vor allem als Hochleistungslaser mit Leistungen bis zu 1 W im kontinuierlichen Betrieb verwendet. Transistoren auf der Basis der zweidimensionalen Elektronengases sind in schnellen logischen Schaltungen und Speichereinheiten bereits weit verbreitet. Die übrigen Strukturen und Bauelemente befinden sich in der Phase zwischen Entwicklung und Produktion. Insbesondere langwellige Quantum-Well-Laser für die optische Nachrichtentechnik haben noch nicht die von den kurzwelligen GaAlAs/GaAs-Lasern bekannten Qualitäten erreicht. Hier werden entscheidende Verbesserungen durch die Ausnutzung sog. verspannter Schichtstrukturen (→strained layers) erwartet.

Rosenzweig

Literatur: *Dingle, R.:* Applications of Multiquantum Wells, Selective Doping and Superlatices. London 1987. Vol. 24 aus der Reihe: *Willardson, R. K.* and *A. C. Beer* (Ed.): Semiconductors and Semimetals. – *Okamoto, H.:* Semiconductor Quantum-Well structures for Optoelectronics. – Recent advances and future prospects. Japs. J. Appl. Phys. **26** (1987) S. 315.

Quantum-Well-Festkörper-Photomultiplier →Quantum-Well, →Avalanche Photodiode

Quantum-Well-Halbleiterlaser. Heterostruktur-Halbleiterlaser, dessen aktive Schicht aus einer Quantum-Well-Struktur besteht (Bild).

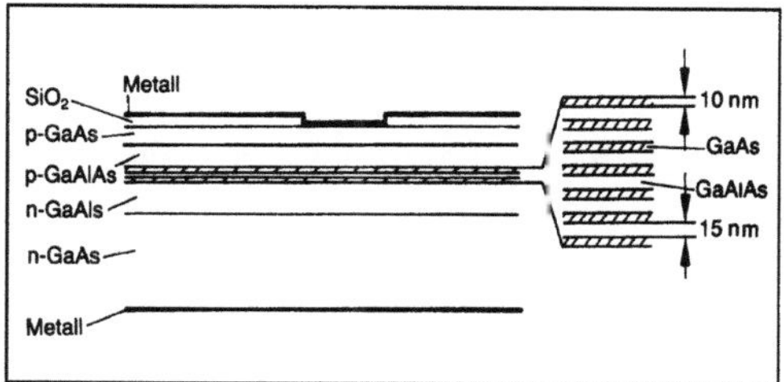

Quantum-Well-Halbleiterlaser: Schematische Darstellung am Beispiel eines Multi-Quantum-Well-GaAlAs/GaAs-Oxidstreifenlasers.

Die Beschränkung der freien Weglänge der →Ladungsträger auf die Dicke des Quantum-Wells führt zu einer stufenförmigen →Zustandsdichte, die bereits an der Unterkante des Bandes deutlich von Null verschieden ist. Das hat für den →Halbleiterlaser entscheidende Vorteile:

Die optische Verstärkung (gain g) ist bei gleicher →Ladungsträgerdichte N höher. Da andererseits die Absorptions- und Auskoppelverluste gleich groß sein sollten wie im Volumenmaterial, resultieren geringere Schwellenstromdichten. Gleichzeitig ist die Änderung des gains mit der Ladungsträgerdichte dg/dN größer.

Die Energieverteilung der Ladungsträger ändert sich mit der Temperatur weniger, so daß eine geringere Temperaturabhängigkeit des Schwellenstromes, also ein größeres T_0 (→Schwellenstrom) vorliegt. In InGaAsP/InP-Lasern sollte ein zusätzlicher Effekt auftreten. Das kleine T_0 dieser Laser wird auf Auger-Rekombinationen zurückgeführt, deren Wahrscheinlichkeit mit N^3 zunimmt. Die Absenkung der Schwellenladungsträgerdichte reduziert daher stark die Zahl der Auger-Prozessem, so daß eine zusätzliche Steigerung des T_0 erfolgt. Die experimentelle Bestätigung steht allerdings noch aus.

Durch das größere dg/dN ist die Frequenz der Relaxationsschwingungen (→Halbleiterlaser, Modulationsverhalten) etwa doppelt so hoch, die Linienverbreiterung bei Modulation (→Halbleiterlaser, chirp) aber nur einhalb so groß wie in entsprechenden Doppelheterostrukturen. Damit vergrößert sich die Modulationsbandbreite, während sich gleichzeitig die mit der Amplitudenmodulation i. a. verknüpfte Frequenzmodulation verringert.

Die günstigen Effekte sollten sich in Quantumwire und Quantum-box-Strukturen (→Quantum-Well) noch verstärken.

Quantum-Wells haben einen weiteren Vorteil, nämlich die Verschiebung der Emissionswellenlängen zu kürzeren Wellenlängen, die von den III-V-Mischverbindungen nicht abgedeckt werden können.

Ein einzelner Quantum-Well allein als aktive Schicht bringt allerdings kaum Vorteile, da die extrem dünne Schicht (d_z=2–10 nm) ein schlechtes optisches confinement hat. Einen Ausweg bilden GRINSCH-Strukturen (→GRINSCH-Halbleiterlaser) oder →Multi-Quantum-Well-Halbleiterlaser mit 4–10 Quantum-Wells als aktive Schicht.

Die prognostizierten verbesserten Eigenschaften konnten an kurzwelligen GaAlAs/GaAs-Halbleiterlasern bestätigt werden. Für die langwelligen InGaAs/InGaAsP-Halbleiterlaser fallen die Verbesserungen allerdings weit geringer aus.

Rosenzweig

Literatur: *Dingle, R.:* Applications of Multiquantum Wells, Selective Doping and Superlattices. London 1987. – Vol. 24 der Reihe: *Williardson, R. H.* and *A. C. Beer* (Ed): Semiconductors and Semimetals.

Quantum-Well-Modulator. Heterostruktur-Bauelement, das die starken elektrooptischen Effekte in Quantum-Well-Strukturen zur hochfrequenten Modulation optischer Strahlung ausnutzt.

In Quantum-Well-Strukturen verschiebt sich die Absorptionskante mit wachsender äußerer elektrischer Feldstärke zu längeren Wellen (→Franz-Keldysh-Effekt) etwa 50mal stärker als im Volumenmaterial (Quantum-confined Stark Effect). Entsprechend ändert sich für eine feste Wellenlänge die Absorption mit der Feldstärke, was zur Intensitätsmodulation herangezogen werden kann.

Die Multi-Quantum-Well-Schichtenfolge wird i. a. als undotierte i-Region in eine pin-Diode eingebaut. Es ist sowohl eine Durchstrahlung senkrecht zur Schichtenfolge (transversaler Modulator) als auch parallel zur Schicht möglich. Allerdings muß im zweiten Fall für die seitliche (laterale) Führung des Lichtes ein Wellenleiter ausgebildet werden (→Wellenleiter-Modulator). In der Anwendung ist vor allem der Modulationshub $R = I_{max}/I_{min}$ von Bedeutung. Er berechnet sich zu

$$R = \exp(\Delta\alpha \cdot L \cdot \Gamma)$$

wobei $\Delta\alpha$ die Änderung des Absorptionskoeffizienten, L die durchstrahlte Länge und Γ den Anteil der durch die QW-Struktur gestrahlten optischen Leistung (confinement-Faktor) beschreiben.

Beim transversalen Modulator (Bild 1) ist $\Gamma = 1$. Um hohe Feldstärken zu erreichen, kann L nicht beliebig dick sein, es liegt im Bereich von 0,5 µm. Daher ist der Modulationshub trotz eines großen $\Delta\alpha$ von $\Delta\alpha = 1{,}2 \cdot 10^4\,\text{cm}^{-1}$ relativ gering, nämlich R = 2.

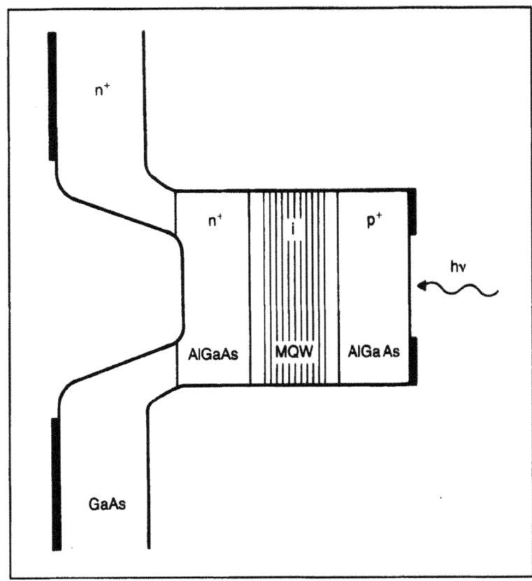

Quantum-Well-Modulator 1: Transversaler Modulator (schematisch).

Im Wellenleiter-Modulator (Bild 2) kann die Länge L größer sein, typ. sind 100–200 µm. Jedoch wird nur ein Teil der Welle im Wellenleiter geführt, $\Gamma<1$. In bisher realisierten Strukturen betrug Γ=0,01, so daß auch hier nur R=10 erreicht wurde. Eine weitere Längenzunahme ist wenig sinnvoll, da einerseits die Verluste im Wellenleiter durch Absorption und Streuung (ca. 3 dB/100 µm) zunehmen, andererseits durch die größere Fläche die →Grenzfrequenz sinkt (f_g=4 GHz).

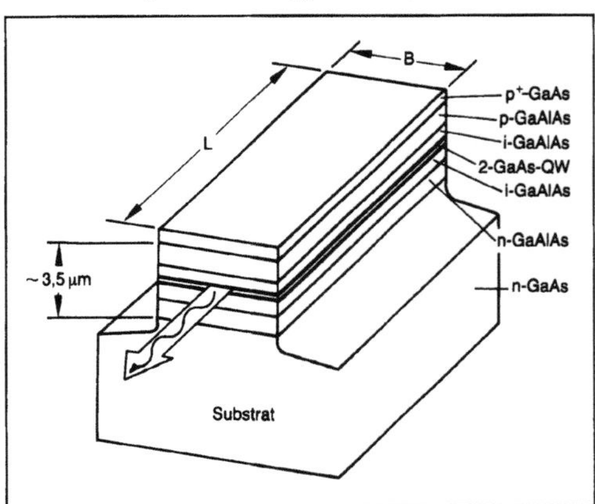

Quantum-Well-Modulator 2: Wellenleiter-Modulator (schematisch).

Die Leistungsfähigkeit der Quantum-Well-Absorptionsmodulatoren ist aber noch nicht ausgeschöpft. Mit einem stärker geführten Wellenleiter ließe sich durch einen hohen confinement-Faktor von Γ=0,5 ein R=10 bereits mit einer Baulänge von 3 µm erreichen. Die Restabsorption wäre dann zu vernachlässigen, die Grenzfrequenz läge bei 3 THz.

Auch die Änderung des Brechungsindex durch ein äußeres elektrisches Feld (→Kerr-, →Pockelseffekt) ist mit $\Delta n/n = 1\%$ (bei $V = 3 \cdot 10^5$ V/cm) im →Quantum-Well etwa 30mal größer als im Volumenmaterial. In $Al_{0.32}Ga_{0.68}As/GaAs$ wurde eine Phasendrehung von bis zu 520°/Vmm erreicht, so daß auch hier prinzipiell kurze Baulängen möglich sind. Da die großen Phasenänderungen nur für Wellenlängen nahe der →Bandkante zu erreichen sind, tritt gleichzeitig eine Intensitätsmodulation auf. An der Optimierung zwischen Phasen- und Intensitätsmodulation durch Materialwahl und Design wird z. Zt. gearbeitet. *Rosenzweig*

Literatur: *Dingle, R.*: Applications of Multiquantum Wells, Selective Doping and Superlatices. London 1987. Vol. 24 aus der Reihe: *Willardson, R. K.* and *A. C. Beer* (Ed.): Semiconductors and Semimetals.

Quantum-Wire →Quantum-Well

Quarz. Mineral SiO_2. In amorpher Form häufiger Bestandteil der Erdkruste. Kristallisiert hexagonal polar unterhalb 573 °C als piezoelektrischer α-Q. Monokristalle hoher Reinheit werden zu Piezosensoren, piezoelektrischen Wandlern und Schwingquarzen verarbeitet. UV-durchlässig, daher auch Verwendung für optische Zwecke.

Synthetischer Q.: Große Quarzkristalle werden durch Hydrothermalzüchtung bei Temperaturen um 400 °C und hohem Druck (≈ 200 MPa) an vororientierten Keimen gewonnen. *Fick*

Quarzfilter. Frequenzfilter, in denen ein oder mehrere Quarzvibratoren zur Frequenzselektion enthalten sind. Im unteren Frequenzbereich bis ca. 5 MHz benutzt man Filterquarze, die ähnlich den Oszillatorquarzen aufgebaut sind. Im Frequenzbereich zwischen 5 und 280 MHz sind monolithische Q. gebräuchlich. Letztere sind Q., bei denen ein oder mehrere Quarzvibratoren auf einem gemeinsamen Quarzelement angeordnet sind (Bild 1). Die Kopplung zwischen den einzelnen Vibratoren kann mechanisch und/oder elektrisch erfolgen. Die Anzahl der verwendeten Filterquarze bestimmt die →Flankensteilheit, die Sperrdämpfung und die Breite des Durchlaßbereiches. Sperrdämpfungen von 120 dB bei einer Flankensteilheit von 10 dB/kHz bei einer Frequenz 10,7 MHz lassen sich erreichen.

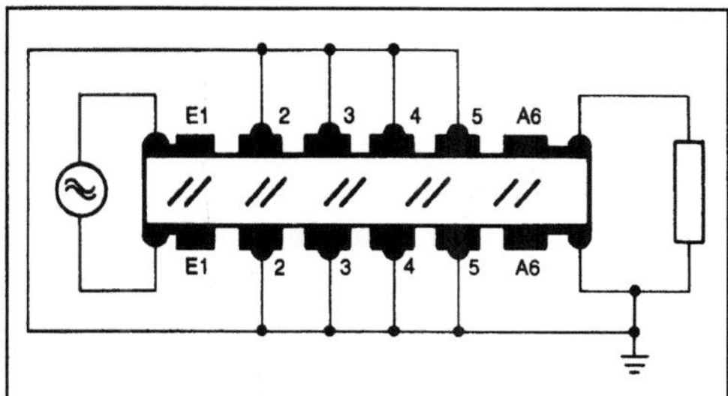

Quarzfilter 1: Sechskreisiges monolithisches Q.

Im Frequenzbereich ab 30 MHz kommen auch Oberflächenwellenfilter (OWF, *engl.* SAW surface acustic waves) zur Anwendung. Bei diesen Frequenzfiltern werden auf einem piezoelektrischen Substat Oberflächenwellen durch eine fingerartige Elektrodenstruktur angeregt. Abstand, Anzahl und Länge dieser auf das Quarzsubstrat aufgedampften Fingerelektrode bestimmen die Filtereigenschaften und sind in weiten Bereichen wählbar, so daß mit SAW-Filtern größere Bandbreiten als wie mit anderen Q. erzielt werden. Allerdings müssen eine wesentlich höhere Durchgangsdämpfung und längere Laufzeiten in Kauf genommen werden (Bild 2).

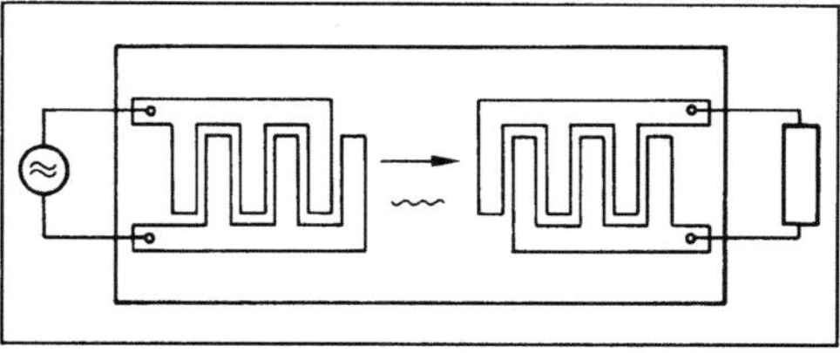

Quarzfilter 2: Prinzip des SAW-Filters mit Fingerelektroden zur Anregung der Oberflächenwellen.

Q. bzw. Oberflächenwellenfilter kommen in Nachrichtengeräten, analogen Telefon-Trägerfrequenzsystemen und Farbfernsehgeräten zur Anwendung. Die Hauptbestimmungsgrößen sind: Mittenfrequenz, →Durchlaßbereich und Durchlaßdämpfung, →Sperrbereich und Sperrdämpfung, Eingangs- und Ausgangsimpedanzen, mechanische Abmessungen. *Fick*

Literatur: *Cady, W. G.*: Pioezoelectricity. New York 1946. – *Heising, R. A.*: Quartz crystals for electrical circuits. New York 1946. – *Herzog, W.*: Siebschaltungen mit Schwingkristallen. Wiesbaden 1946. – *Poschenrieder, W.* und *F. Schöfer*: Das elektromechanische Quarzfilter. Frequenzen 17 (1963) H. 3. – *Sykes, R. A.* und *D. Beaver*: High Frequency Monolithic Crystal Filters. Proc. 20th Annual Frequency Control Symposium (1966) S. 288—308 - Hrsg. ZVEI: Schwingquarze, ein unverzichtbares Bauelement in der Elektronik. Berlin 1982.

Quarzoszillator. Die Zusammenschaltung eines Schwingquarzes mit einer Oszillatorschaltung nennt man Q. Seine Frequenz wird im wesentlichen durch den verwendeten →Schwingquarz bestimmt. Der Q. kann Bestandteil einer größeren Schaltung sein oder als gesonderte Baugruppe hergestellt werden (Bild).

In Übereinstimmung mit internationalen Normen werden Q.entsprechend ihrer grundlegenden Eigenschaften und Leistungsmerkmale in vier Hauptgruppen unterteilt.

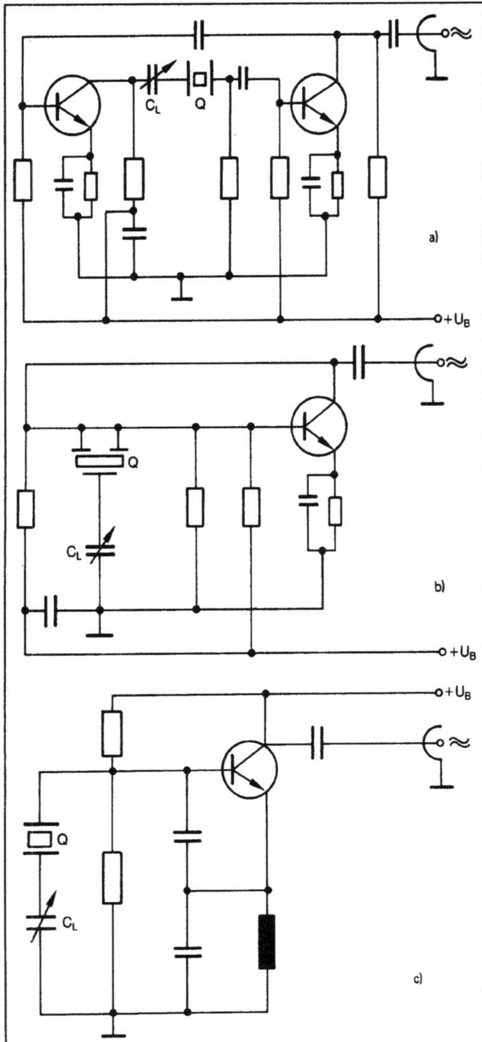

Quarzoszillator: Q.-Schaltungen.
a) Heegener Q. bis 50 kHz
b) Q. für Drei-Pol-Schwingquarze
c) Clapp-Oszillator für AT-Schwingquarze (Grundton).

□ Einfache Q. (*engl.* PXO, package crystal oscillator) werden als kleine, leicht montierbare Baugruppen gefertigt. Hauptmerkmale sind Frequenztoleranzen von 10 bis $100 \cdot 10^{-6}$ bei kleinem Volumen und geringem Stromverbrauch.

□ Spannungsgesteuerte Q. (*engl.* VCXO, voltage controlled crystal oscillator) werden zur Modulation der HF-Schwingung und in Frequenznachregelschaltungen verwendet (→PLL, Phase-Lock-Loop). Sie haben einen Ziehbereich, das ist der Frequenzbereich, um den sich die Oszillatorfrequenz durch Spannungsänderung am VCXO variieren läßt, von einigen 10^{-4}.

□ Temperaturkompensierte Q. (*engl.* TCXO, temperature compensated crystal oscillator) gleichen den an sich schon kleinen Temperaturgang des Schwingquarzes durch ein Kompensationsnetzwerk noch weiter aus. Die Spannung an einer Kapazitätsdiode, die als Lastkapazität für den Schwingquarz dient, wird temperaturabhängig gesteuert. Die →Kompensation kann analog durch bestimmte diskrete Bauelemente wie →Heißleiter oder →Kaltleiter erfolgen oder aber auch mit einer digitalen Logik unter Zuhilfenahme eines Temperaturmeßquarzes als →Temperatursensor. Temperaturgänge von $0{,}1 \cdot 10^{-6}$ in Temperaturbereichen zwischen −40 °C und +85 °C sind erreichbar. Die Grenzen liegen in der verbleibenden Temperatur-Frequenz-Hysterese und der Alterung des Schwingquarzes.

□ Temperaturstabilisierte Q. (*engl.* OCXO, oven controlled crystal oscillator) sind solche, die in einem temperaturstabiliserten Raum (Thermostat) angeordnet sind. Durch ständige Energiezufuhr muß dieses Gehäuse in seinem Inneren auf einer Temperatur gehalten werden, die höher als die höchste Umgebungstemperatur liegt. Durch geeignete Wahl des Quarzschnittes legt man den Umkehrpunkt der Temperaturfrequenzkurve genau auf die Thermostattemperatur, so daß die verbleibende geringe Temperaturschwankung durch den Regelvorgang des Thermostaten nur noch einen extrem kleinen Einfluß auf die Frequenz hat. Frequenzabweichungen von 10^{-10} sind erzielbar. Mit derartigen Q. konnten *Giebe* und *Scheibe* in den Dreißiger Jahren bei der Physikalisch Technischen Reichsanstalt zum ersten mal Unregelmäßigkeiten in der Rotation der Erde nachweisen.

Q. werden durch Frequenz, Frequenztoleranz, Ausgangssignal (Sinus, Rechteck), Versorgungsspannung, Leistungsaufnahme und Abmessungen als Hauptbestimmungsgrößen gekennzeichnet.

Fick

Literatur: *Cady, W. G.:* Piezoelectricity. New York 1946. – *Heising, R. A.:* Quartz crystals for electrical circuits. New York 1946. – *Herzog, W.:* Siebschaltungen mit Schwingkristallen. Wiesbaden 1949. – *Poschenrieder, W.* und *F. Schöfer:* Das elektromechanische Quarzfilter. Frequenzen 17 (1963) H. 3. – *Sykes, R. A.* u. *D. Beaver:* High Frequency Monolithic Crystal Filters. Proc: 20th Annual Frequency Control Symposium (1966), S. 288—308. – Hrsg. ZVEI: Schwingquarze, ein unverzichtbares Bauelement in der Elektronik. Berlin, 1982.

Quarz-Sensor. Quarz wird bei der Realisierung von Sensoren auf der Basis von →Schwingquarz und SAW-Bauelementen verwendet. Bei Schwingquarzen erzeugen die zu messenden physikalischen Größen eine Änderung der elektrischen Parameter L_1, C_1, R_1 (Schwingquarz) in Form von Krafteinwirkung oder Temperatur bzw. Massenänderung und damit eine Änderung der Resonanzfrequenz. Außerdem läßt sich die Schwingcharakteristik durch den Quarzschnitt, Geometrie und Wahl des Schwingungsmodus beeinflussen. Q.-S. lassen sich für die Messung von zahlreichen physikalischen, biologischen und chemischen Größen wie z. B. Temperatur, Kraft, Beschleunigung, Feuchte, Viskosität, Konzentrationen in Gasen und Flüssigkeiten etc. realisieren.

Zu den Vorteilen der Q.-S. zählen die hohe →Genauigkeit, Langzeitstabilität, →Zuverlässigkeit und geringe Leistungsaufnahme, sowie daß ihr Ausgangssignal mit Hilfe einfacher Zählschaltungen digital verarbeitet werden kann. Bei →SAW-Bauelementen ändern die zu messenden Größen die Geschwindigkeit oder Amplitude der Oberflächenwellen. Während sich mit der Messung der Geschwindigkeit Änderungen der adsorbierten Masse erfassen lassen, kann man durch Amplitudenmessungen Dichteänderungen feststellen. Mit Hilfe von SAW-Bauelementen lassen sich Sensoren für chemische und biologische Größen realisieren.

Csepregi

Literatur: *Christen, M.* und *W. Hottinger:* Quarztechnologische Aspekte und Anwendungsmöglichkeiten. AMA Seminar, Heidelberg, Okt. 1989.

Quasi-Fermi-Niveau. →Energieniveau in nicht im thermischen Gleichgewicht befindlichen Halbleitern, das die Besetzung elektronischer Zustände mit Elektronen oder Löchern mit Hilfe der Gleichgewichtsverteilung (Fermi-Dirac-Statistik) zu beschreiben gestattet.

Im thermischen Gleichgewicht gibt die →Fermi-Energie W_F das Energieniveau eines elektronischen Zustands an, dessen Besetzung mit der Wahrscheinlichkeit 1/2 erfolgt. Bei bekannter Verteilung der elektronischen Zustände kann durch ihre Verwendung in der Fermi-Dirac-Statistik die Besetzung dieser Zustände mit Elektronen bzw. Löcher beschrieben werden, womit man z. B. die Konzentrationen der freien →Ladungsträger (Elektronen im →Leitungsband, Löcher im →Valenzband) ermitteln kann. Wird das thermische Gleichgewicht massiv gestört, z. B. durch einfallende Strahlung, die zusätzliche freie Ladungsträger erzeugt, so gelingt dies nicht mehr. Es muß vielmehr für Elektronen und Löcher getrennt, je eine Fermi-Energie, das QFM. (auch Quasi-Fermi-Energie) W_{Fn} bzw. W_{Fp} angegeben werden, um eine richtige Beschreibung durch die nur im thermischen Gleichgewicht gültige Statistik formal zu ermöglichen. Bei W_{Fn} bzw. W_{Fp} ist dann wieder die Besetzungswahrscheinlichkeit eines Zustandes mit einem Elektron bzw. einem Loch genau 1/2. Manchmal wird für das QFM. auch die Bezeichnung Imref (Fermi – rückwärts gelesen) verwendet.

Heinz

Quasineutralität →Neutralitätsbedingung

Quaternäre Halbleiter →Verbindungshalbleiter

Quecksilberdampfstromrichter. Der Q. ist ein elektrisches Ventil, das Strom nur in einer Richtung mit geringem Widerstand durchläßt. In der anderen Richtung sperrt es durch sehr hohen Innenwiderstand.

Bei diesem Ventil ist der Strom ein Elektronenstrom von der Kathode zur Anode. Die Elektronen fließen nur, wenn die Anode gegenüber der Kathode positiv ist. Am Stromfluß sind hier Quecksilberdampf-Ionen unter einem Dampfdruck von etwa 1 μbar beteiligt. Der →Spannungsabfall in →Durchlaßrichtung beträgt etwa 20 V (bei Leistungshalbleitern 1–2 V!). Die Elektronen werden an dem heißen Lichtbogenfuß auf der Quecksilber-Oberfläche durch Ionisation von Quecksilberdampf freigesetzt.

Je nach der Art, wie der Lichtbogenfußpunkt erzeugt und aufrechterhalten wird, unterscheidet man Exitrons (mit Hilfslichtbogen und Gittersteuerung) und Ignitrons (Halbleiter-Zündstift). Quecksilberdampf-Gleichrichter mit elektrisch beheizter Kathode werden als Thyratrons bezeichnet.

Bei den Q. gibt es – wie bei den Leistungshalbleitern – ungesteuerte und gesteuerte Ausführungen. Bei der gesteuerten Ausführung wird die Phasenanschnittsteuerung (→Anschnittsteuerung) durchgeführt. Von der Lage des Zünd- bzw. Steuerwinkels α (→Steuerverfahren für Stromrichter) hängt die durchgelassene →Spannungszeitfläche und damit der arithmetische Mittelwert der Ausgangsgleichspannung ab.

Q. wurden bis etwa 1965 in vielen Bereichen angewendet: für die Bahnstromversorgung, für elektrische Gleich- und Drehstromantriebe mit Stromrichter- bzw. Umrichterspeisung. Sie wurden ab ca. 1965 zunehmend durch Stromrichter mit Leistungshalbleitern verdrängt. Diese übernahmen die gleichen Aufgaben, sind aber wesentlich kleiner, bieten bessere Wirkungsgrade und sind wartungsfrei.

H. Stüben

Quecksilberrelais. Elektromechanisches (Schalt-) Relais, dessen →Kontaktwerkstoff aus (flüssigem) Quecksilber besteht.

Häufig sind Q. als →Reedrelais mit einer quecksilberbenetzten Kontaktfeder ausgeführt. In diesem Fall ist das Glasröhrchen, das als Schaltkammer dient, in angenähert vertikaler Einbaustellung zu betreiben. Die Einspannstelle der Kontaktfeder befindet sich in einem Quecksilbervorrat am unteren Ende des Glasröhrchens. Das an der Feder durch Kapillarkräfte hochsteigende Quecksilber stellt die dauernde Benetzung der Kontaktstelle sicher.

Q. sind mit einem reduzierenden Gas, i. a. Wasserstoff, gefüllt.

Vorteil des Quecksilberkontaktes gegenüber Festkontakten ist das Ausbleiben von Kontaktprellungen (d. h. wiederholten Öffnungs- und Schließvorgängen bis zum endgültigen Schließen des Kontaktes) und der gleichbleibende Kontaktwiderstand durch die sich ständig erneuernde Kontaktoberfläche. *Rauterberg*

Quereffekt. Bei unterschiedlicher →Orientierung von →Polarisation und äußerem Spannungsfeld unterscheidet man bei piezoelektrischen Materialien einen Längseffekt, →Schereffekt und Q. (→piezoelektrisch). *Schaumburg*

Querempfindlichkeit. Unerwünschte Eigenschaft vieler Sensoren, nicht nur auf den gewünschten, sondern auch auf andere Umweltparameter anzusprechen. Insbesondere ist die Q. zur Temperatur in den meisten Fällen vorhanden und erfordert eine →Temperaturkompensation.

Ausgeprägt ist die Q. bei →Gassensoren, bei denen häufig auch eine Empfindlichkeit gegenüber anderen als den zu messenden Gasen vorliegt. Eine quantitative Messung wird dadurch wesentlich erschwert. *Schaumburg*

QUIL-Gehäuse →Dual-in-line-Gehäuse

R

Radiophotolumineszenz-Dosimeter. Radiophotolumineszenz nennt man die Fähigkeit gewisser Gläser, wie z. B. von Silberphosphatglas, nach der Einwirkung ionisierender Strahlungen beim Anleuchten mit ultraviolettem Licht sichtbares Fluoreszenzlicht auszusenden. Dieses Licht ist dabei proportional der Dosis, mit der der Detektor bestrahlt wurde und kann als Maß für diese verwendet werden. Die Information kann von Glas-Dosimeterdetektoren auch in größeren Zeitabständen praktisch verlustlos beliebig oft ohne nennenswertes Fading abgefragt werden; sie sind also „unlöschbare" Dosimeter.

Das vom Detektor ausgesandte Licht wird (Bild 1) in einem →Photomultiplier in einen dosisproportionalen Strom umgesetzt und dieser über einen Verstärker einem Anzeigegerät zugeführt. Bei entsprechender Kalibrierung zeigt dieses die Dosis, der der Detektor ausgesetzt war, unmittelbar an.

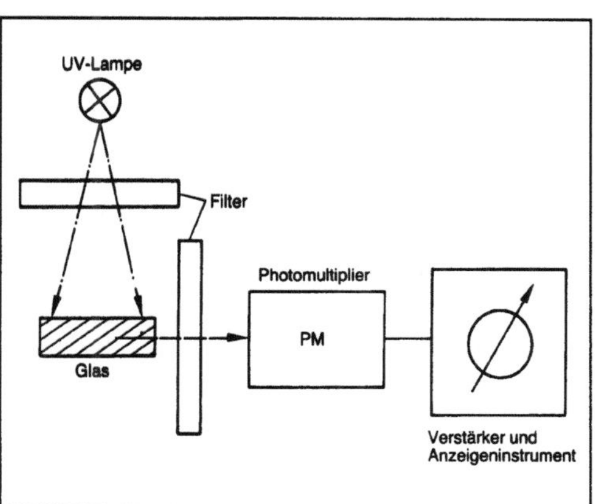

Radiophotolumineszenz-Dosimeter 1: Schema der Auswertung.

Glas-Dosimeter sind insbesondere zum Messen von Röntgen- und Gammastrahlen, bei entsprechender Dimensionierung, aber auch von schnellen Elektronen geeignet. Bei Strahlungen unter etwa 300 keV effektiver Quantenenergie ist ihre Energieabhängigkeit relativ groß (Bild 2).

Um diese nach Möglichkeit auszugleichen, werden Kompensationsfilter verwendet, wobei diese Kugeldosimeter den Detektor als gelochte Umhüllung am besten allseitig umschließen und damit von der Strahleneinfallsrichtung unabhängig machen. Auf diese Weise kann man Strahlungen herunter bis

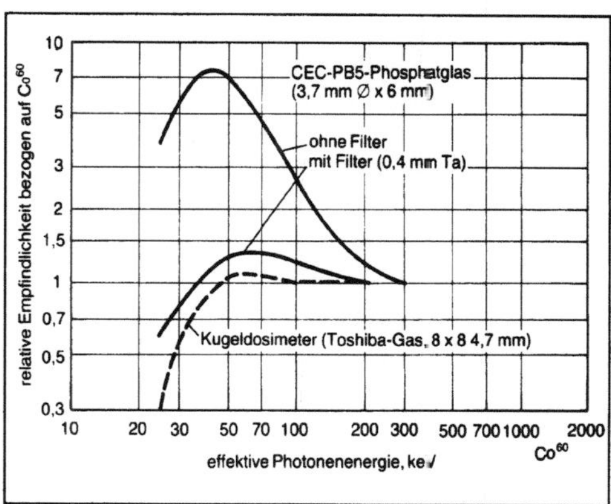

Radiophotolumineszenz-Dosimeter 2: Energieabhängigkeit von Silberphosphatglas ohne und mit Kompensationsfiltern.

etwa 50 keV praktisch fehlerfrei messen. Benutzt man dagegen mehrere Glasdosimeter hinter verschiedenen Filtern, so lassen sich auch Aussagen über die Energie der gemessenen Strahlungen machen.

Der Meßbereich von R.-D. reicht von etwa 1 mGy bis 50 Gy oder auch höher. Die erreichbare Genauigkeit liegt besonders bei höheren Dosen innerhalb von etwa ± 10 %.

Glasdosimeter können durch eine thermische Behandlung bei höheren Temperaturen auch regeneriert, d. h., die in ihnen gespeicherte Information kann gelöscht werden, so daß ihre wiederholte Verwendung möglich ist.

Vorteile der Glasdosimetrie sind, daß die Detektoren bei ausreichender →Empfindlichkeit klein sein können (einige mm^3 bis etwa 1 cm^3), daß sie mechanisch, chemisch und thermisch sehr widerstandsfähig sind, daß sie die beliebig oft abfragbare Information lange Zeit speichern und schließlich, daß mindestens die Detektoren (nicht die Auswertegeräte!) kostengünstig sind. *Wachsmann*

Literatur: DIN 6818 Tl. 6: Dosismeßverfahren in der radiologischen Technik, Photolumineszenzdosimetrie, Hrsg. Dt. Inst. f. Normung. Dez. 1988.

Radizierer →Multiplizierer

Raffungsfaktor →Arrhenius-Gleichung

RAM. (*engl.* Random Access Memory, Speicher mit wahlfreiem Zugriff) Halbleitervariablenspeicher mit wahlfreiem Zugriff als Form eines Schreib-Lese-Speichers, bei der die Speicherzellen matrixförmig angeordnet sind.

Die Bezeichnung RAM ist nicht ganz glücklich, denn es gibt auch andere Speicher (wie den →ROM) mit wahlfreiem Zugriff. Vorteilhafter wäre deshalb die Bezeichnung →Schreib-Lese-Speicher (RWM) mit wahlfreiem Zugriff.

Der RAM ist ein flüchtiger Speicher, bei dem die Daten nach Abschalten der Betriebsspannung verlorengehen (sofern keine besonderen Maßnahmen getroffen werden). Er besteht u. a. aus vier Teilkomplexen (die nicht alle vollständig vertreten sein müssen) (Bild 1):

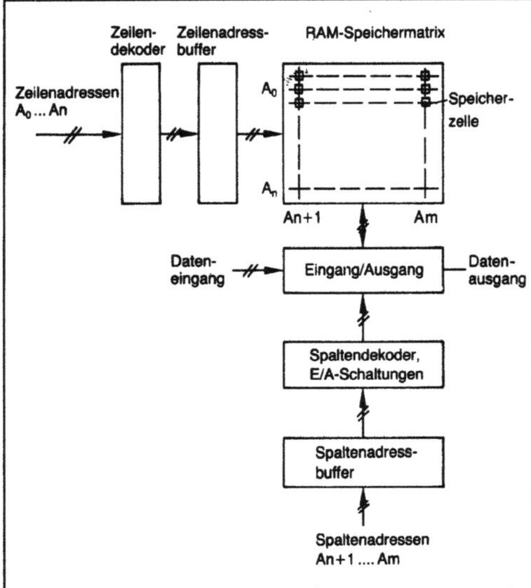

RAM 1: Prinzipielle Organisation.

□ die Speichermatrix, die die Informationen enthält
□ eine Dekodiervorrichtung zum Dekodieren der X- und Y-Adresse
□ Lese- und Schreibverstärker, u. U. →Bustreiber
□ eine Steuerlogik zur Realisierung der gewünschten Funktion (Lesen, Schreiben), zur Erkennung der Auswahl dieses Speichers, zur Freigabe oder Sperre seiner Ausgänge u. a. m. Zusätzlich angebracht sind oft noch die Anschlüsse CS: Chip Select, CE: Chip Enable, ME: Memory Enable, durch die der ganze Baustein abgeschaltet werden kann. Ein solcher Steuerbefehl ist bei Kapazitätserweiterungen erforderlich, wenn aus mehreren Speichern ein bestimmter ausgewählt werden soll.

Varianten ergeben sich
– durch Anordnung der →Speicherzelle in mehreren Teilmatrizen
– gemeinsame Eingänge für Zeilen- und Spaltenadressen über →Multiplexer (s. u.)
– Dateneingänge und -ausgänge auf jeweils gemeinsamen Anschlüssen.

Der RAM ist vielfach *bitorganisiert.* Dabei kann jede Zelle einzeln angesteuert werden. Für ein →Array mit z. B. n = 8 x 8 oder 64 Bit sind dann drei Zeilen (X) ($2^3 = 8$) erforderlich, um eines aus den acht Worten anwählen zu können, und jeweils drei Spalten (Y), um das gewünschte Bit im Wort zu erreichen. Man spricht hier auch von Koinzidenzauswahl. Dabei wird nur die Speicherzelle aktiviert, deren X- und Y-Leitung gleichzeitig aktiviert sind. Die zur Adressierung erforderlichen Signale werden in z-Zeilen und s = m – z Spaltensignale unterteilt. Dann lassen sich beim bitorganisierten Speicher 2^z Zeilenleitungen und 2^s Spaltenleitungen einzeln anwählen, wobei in den Kreuzungspunkten jeweils Speicherzellen sitzen. Um den Flächenbedarf klein zu halten, werden quadratische Speichermatrizen bevorzugt (z = s).

Daneben gibt es noch die *k-Wort-Organisation* (lineare Auswahl), wobei die Wortbreite k bevorzugt 4 oder 8 Bit beträgt. Hier werden gleichzeitig vier bzw. acht Speicherzellen mit einer Adresse ausgewählt. Dieses Verfahren ist vor allem für kleinere Speicher zweckmäßig. Durch die Adreßkodierung sinkt der Adreßleitungsbedarf bei Bitorganisation auf m = ld n (Bild 2). Noch günstiger ist es, die Adressen zusätzlich über einen →Demultiplexer (Bild 3) in nieder- und höherwertige Anteile zu trennen und nacheinander anzuwählen, denn diese Methode erfordert nur 1/2 ld n Adreßleitungen. Sie wird deshalb für Speicher mit großer Kapazität verwendet.

Die Eigenschaften des RAM hängen sehr stark von der Art der Schaltungstechnik der Speicherzellen sowie der übrigen Peripherieschaltungen ab, vor allem aber davon, ob es sich um statische oder dynamische RAM handelt:

□ statischer RAM (→SRAM): die Information bleibt in der Speicherzelle erhalten, solange die Batteriespannung anliegt,

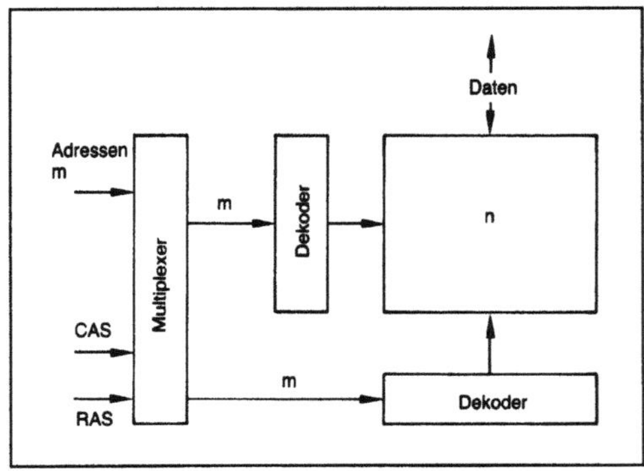

n – Bitkapazität, m – Zahl der Adreßleitungen, k – Wortbreite

RAM 2: Prinzip eines bitorganisierten RAM für größere Speicherkapazität n (n = 1 kB–4 MB) mit Multiplexer.

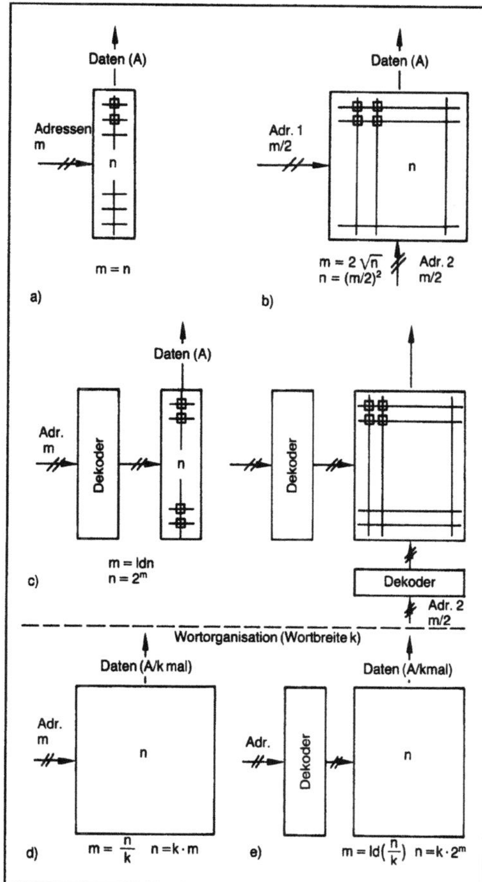

RAM 3: Bitorganisation (a, b, c) und Wortorganisation (d, e) für steigende Bitkapazitäten.
a) <16 Bit
b) <64 Bit
c) 64 Bit–16 kB
d) <128 Bit
e) <64 kB.

□ dynamischer RAM (→DRAM): die Information bleibt in der Speicherzelle nur eine begrenzte Zeit erhalten und muß deshalb periodisch aufgefrischt werden. Obwohl sich in diesem Fall die Speicherzellen schaltungstechnisch stark vereinfachen, ist eine Auffrischung erforderlich. Trotz dieses Nachteils hat sich dieses Prinzip für höchstintegrierte Speicher durchgesetzt. Im Vergleich zum DRAM benötigt der SRAM mehr Chipfläche, ist dafür aber wegen der fehlenden Auffrischschaltung einfacher anzuwenden.

Wichtige Parameter des RAM sind Speicherkapazität, →Zugriffszeit, Datenrate, Betriebsspannung, Flächenbedarf, Bitkosten u. a. m. RAM's werden heute in der Elektronik, besonders aber Datentechnik (Mikrorechner) sehr umfangreich als Arbeitsspeicher eingesetzt. Daneben haben sich einige spezielle Typen herausgebildet:

- *Zweitor-RAM* (Dual Port RAM). Sie sind zweckmäßig, wenn z. B. zwei Prozessoren, die unabhängige Vorgänge steuern, auf einen RAM zurückgreifen müssen. Dazu wurden RAM mit zwei Zugängen entwickelt. Gleichzeitiges Schreiben ist zu vermeiden, was auf verschiedene Art erreicht werden kann.
- *Video RAM* als spezielle Zweitor-RAM. Der erste Ein/Ausgang wird wie üblich ausgelegt, der zweite hingegen als ROM mit serieller Auslesung, wobei alle Zellen einer Zeile seriell zur Anzeige auf einen →Bildschirm ausgelesen werden. Innerhalb eines Speicherzyklus übernimmt ein →Schieberegister alle Daten, so daß der Speicher voll für den Lese-Speicher-Zyklus zur Verfügung steht und ebenso wie für die Videoanzeige.
- *Inhaltsadressierte Speicher,* für Datensuchoperationen. Er hat zusätzlich zu den Betriebsarten „Lesen" und „Schreiben" des RAM noch die Betriebsart „Vergleich". Dabei wird das gespeicherte Wort Zelle für Zelle mit einem vorgegebenem Suchwort verglichen und das Ergebnis auf eine Vergleichsleitung am Ausgang gegeben.
- *Nichtflüchtige Speicher* (→NOVRAM), bei denen durch zusätzliche Maßnahmen der Inhalt bei Ausfall der Betriebsspannung erhalten bleibt.

R. Paul

Literatur: *Millman, J.* and *A. Grabel:* Microelectronics. New York 1986. – *Tietze, U.* und *Ch. Schenk:* Halbleiterschaltungstechnik. Berlin 1985.

RAM-Test →Speicherprüfung

Ramanstreuung. R. in der Glasfaser ist die Wechselwirkung von monochromatischem Licht mit optischen Phononen. Dabei wird ein →Phonon mit der Frequenz $\delta\nu_R$ erzeugt oder vernichtet.

Außer der Frequenz ν_0 des einfallenden Lichtes treten zwei neue Frequenzen auf, die um den Wert $\pm\delta\nu_R$ gegenüber ν_0 verschoben sind (Stokes- bzw. Antistokesverschiebung). Die relative Frequenzverschiebung $\delta\nu_R/\nu_0$ liegt in der Größenordnung 10^{-2}–10^{-3}. Im Gegensatz zur Brillouinstreuung erfolgt die R. in Vorwärts- und Rückwärtsrichtung. Der beschriebene Vorgang wird mit spontaner R. bezeichnet.

Bei genügend hoher Eingangsleistung kommt es von einem bestimmten Schwellenwert an zu stimulierter Emission. Ist das Streumedium eine Glasfaser (→Lichtwellenleiter), kann die gestreute Lichtleistung wegen der großen Wechselwirkungslänge (z. B. einige km) und des kleinen Querschnitts zu einem merklichen Effekt werden. Für eine lange Glasfaser gilt für die Schwellenleistung P_R folgende Abschätzung:

$$P_R \approx 5{,}9 \cdot 10^{-2} \cdot d^2 \cdot \lambda \cdot \alpha,$$

wobei d: Faserkerndurchmesser in μm, λ: Wellenlänge in μm, α: Faserdämpfung in dB/km, P_R in W.

Da die Schwellenleistung i. a. im Bereich einiger Watt und höher liegt, spielt die R. (im Gegensatz zur Brillouinstreuung) in optischen Übertragungssystemen eine untergeordnete Rolle.

Basierend auf der stimulierten R. kann eine in der Wellenlänge abstimmbare Lichtquelle (→Faser-Raman-Laser) aufgebaut werden. *Krauser*

Raman-Zelle. Optische Komponente der Lasertechnik zur Erzeugung weiterer zu einer Pumpfrequenz spektral versetzter Laserlinien (→Faser-Raman-Laser).

Der Raman-Prozeß ist ein inelastischer Streuvorgang, bei dem ein einfallendes Lichtquant hf_P (h Plancksches Wirkungsquantum) über ein virtuelles Hilfsniveau E_H in ein Lichtquant niedrigerer Frequenz hf_s (Stokes-Prozeß) oder höherer Frequenz hf_{AS} (Anti-Stokes-Prozeß) überführt wird, wobei die Energiedifferenz vom Molekül als Schwingungsenergie der Frequenz f_R aufgenommen bzw. abgegeben wird (Bild). Die Raman-Streuung ist schwach und ungerichtet. Im Falle sehr hoher Pumpleistungsdichten befinden sich sehr viele Moleküle im angeregten virtuellen Zustand E_H, so daß eine Besetzungsinversion des Hilfsniveaus gegenüber den Grundniveaus vorliegt. Die Strahlung f_s und f_{AS} wird durch induzierte Emission verstärkt (stimulierter Raman-Effekt). Es entstehen Lichtstrahlen gleicher Richtung und Qualität wie der Pumpstrahl, aber in der Frequenz um die Molekül-spezifische Frequenz f_R nach unten bzw. oben verschoben. Der Umsetzungs-Wirkungsgrad η beträgt

$$\eta = (f_P - f_R)/f_P;$$

er nähert sich $\eta = 1$, da f_R klein gegenüber f_P ist (Tabelle). Bei sehr hohen Pumpleistungsdichten sind auch Mehrfach-Streuungen möglich, so daß Frequenzen entstehen, die um ein Vielfaches von f_R versetzt sind.

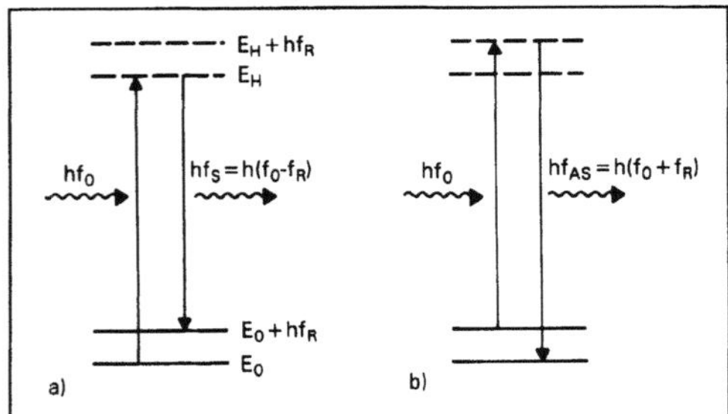

Raman-Zelle: Raman-Streuung, schematisch.
a) Stokes-Prozeß
b) Anti-Stokes-Prozeß.

Raman-Zelle. Tabelle: Molekülspezifische Frequenzen.

Gas	f_R [10^{13} Hz]
H_2	1.98
CH_4	1.39
N_2	1.11
HF	1.89

In der einfachsten Form besteht eine R.-Z. aus einer Gaszelle, in der Gas unter hohem Druck eingeschlossen ist (10–100 bar). Der Pumplaserstrahl wird zur Erhöhung der Leistungsdichte fokussiert. Im Normalfall entstehen mehrere Frequenzen (f_0-2f_R, f_0-f_R, f_0, f_0+f_R, f_0+2f_R), die durch entsprechende Spiegel selektiert werden können. *Rosenzweig*

Randschicht. Dünne Schicht am Rand oder in einer anderen räumlichen Inhomogenität eines Halbleiters, die meist elektrisch geladen ist (→Raumladungszone). Dabei können die Konzentrationen der freien Elektronen bzw. Defektelektronen gegenüber dem Fall des homogenen →Halbleiter beträchtlich abweichen, es kann zu einer Verarmung oder Anreicherung von Majoritätsträgern kommen (→Verarmungsrandschicht bzw. →Anreicherungsrandschicht).

Einfachstes Beispiel ist der Oberflächenbereich eines Halbleiters, wenn an der Oberfläche zusätzliche elektronische Zustände vorhanden sind (→Oberflächenzustand). Werden diese z. B. im Fall eines n-Halbleiters (Elektronen als →Majoritätsträger) mit Elektronen besetzt, so fehlen diese im Halbleiterinnern. Es bildet sich dort unter der Oberfläche, d. h. im Randbereich, eine dünne Elektronenverarmungszone und damit auch positive Raumladungszone aus (Schichtbreite in der Größenordnung 10^{-6}m), d. h. der elektrische Widerstand dieser Schicht steigt (→Sperrschicht).

Die →Raumladung bewirkt eine Krümmung aller elektrischen Potentiale wie es die Poisson-Gleichung beschreibt, so daß es in der R. zu einer Verbiegung von Valenz- und Leitungsband kommt (→Bandverbiegung). Da im thermischen Gleichgewicht das Produkt aus Elektronen- und Löcherkonzentration konstant bleiben muß, steigt letztere entsprechend. Dies kann bis zur Ausbildung einer →Inversionsschicht führen, die dann vorliegt, wenn die Elektronen zu Minoritätsträgern und die Löcher zu Majoritätsträgern geworden sind. Entsprechendes gilt für einen p-Halbleiter und positiv geladene Oberflächenzustände.

Technisch wichtig sind z. B. die R. der Übergangszone des →Metall-Halbleiter-Kontakts und des →pn-Übergangs. *Heinz*

Rapid Thermal Annealing →Kurzzeitausheilen

Rapid Thermal Processing. Das erste RTP-Verfahren war das Rapid-Thermal-Annealing (RTA) (→Kurzzeitausheilen). Während beim RTA lediglich ein →Ausheilen bei erhöhten Temperaturen stattfindet (Dauer nur bis s), finden beim RTP auch chemische Reaktionen statt. Wie beim Kurzzeitausheilen ermöglicht beim RTP die Optimierung von Zeitdauer und Temperatur die gewünschte Reaktion über andere, konkurrierende zu bevorzugen, dadurch daß die unterschiedlichen Aktivierungsenergien verschiedene Temperaturabhängigkeiten verursachen.

Alle RTP-Verfahren sind Einzelscheibenverfahren. Dadurch ist eine bessere Prozeßkontrolle möglich, z. B. im Vergleich zur →Oxidation oder →Diffusion, wo 50–200 Scheiben gleichzeitig prozessiert werden, aber gleichzeitig ist deshalb eine wesentlich kürzere Zeit für den Prozeßschritt erforderlich.

Folgende RTP-Verfahren finden derzeit neben dem Rapid Thermal Annealing Anwendung:

□ Kurzzeitoxidation für dünne Gateoxide

□ Nitridierung von Oxidschichten für die →LOCOS-Technik

□ Silicidbildung aus aufgedampften Metallschichten (→Silicid)

□ Verfließen zum PSG- und BPSG-Schichten-Planarisierung (→Passivierung). *Ryssel*

Raster →Schaltkreis-Entwurf

Rasterelektronenmikroskop. Im R. (*engl.* Scanning Electron Microscope, SEM) tastet eine feine Elektronensonde das Objekt zeilenweise ab. Geeignete →Elektronendetektoren messen die ausgelösten Bildsignale und steuern die →Helligkeit synchron laufender Bildmonitoren, die visuell beobachtet oder mit einer →Kamera photographiert werden können. Verschiedenartige Wechselwirkungsprozesse vermitteln unterschiedliche Informationen über das Objekt.

Mit R. werden meist Oberflächen untersucht, aber auch →Durchstrahlungs-Rastermikroskope haben als eigenständige Geräte oder als Ausbaustufen von →Durchstrahlungselektronenmikroskopen Bedeutung erlangt. Besonderes Kennzeichen der Oberflächenrastermikroskope ist ihre hohe Tiefenschärfe, eine Folge der für feine Sonden erforderlichen Aperturbeschränkung des bestrahlenden Bündels.

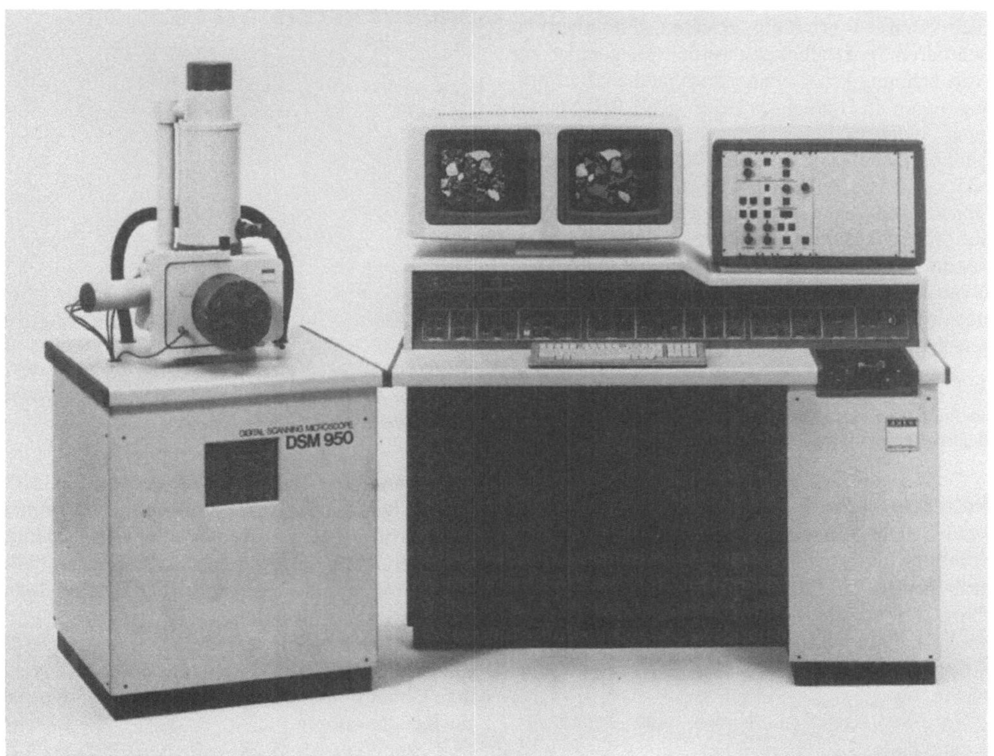

Rasterelektronenmikroskop: Gerät mit Mikroprozessorsteuerung und integriertem Bildspeicher. (Quelle: Zeiss)

Die Elektronenenergie im R. liegt meist bei 30 keV. In steigendem Maß werden aber die thermionischen →Elektronenstrahler durch Feldemissionsquellen ersetzt, die eine bessere Auflösung und eine Senkung der Energie bis unter 1 keV ermöglichen. Wird der Neutralpunkt der Sekundäremission eingestellt, so können sogar isolierende Oberflächen abgebildet werden.

Elektronendetektoren verschiedener Bauarten gehören zur Standardausrüstung. Sekundärelektronen mit Energien unter 50 eV werden mit dem *Everhart-Thornley-Detektor* gemessen. Da sie von der Oberfläche und überwiegend aus dem Primärstrahlbereich stammen, ermöglichen sie die beste Auflösung unter 10 nm. Die starke Abhängigkeit ihrer →Ausbeute von der Einstrahlrichtung führt zu hohem Topographiekontrast, der den Bildern ein sehr plastisches Aussehen gibt. Rückstreuelektronen liefern Bilder mit einer Auflösung um 0,1 μm, die wegen der Ordnungszahlabhängigkeit des Rückstreukoeffizienten überwiegend Materialkontrast zeigen.

Durch Anbau eines energie- oder wellenlängendispersiven Röntgendetektors wird das Rastermikroskop zum analytischen →Elektronenmikroskop, das aus den Röntgenspektren die chemische Zusammensetzung und durch Kontraststeuerung mit einzelnen Röntgenlinien die örtliche Verteilung von Elementen zu ermitteln gestattet. Photonen im sichtbaren Spektralbereich werden gelegentlich zur Aufzeichnung von Lumineszenzeigenschaften herangezogen. In Halbleitern lassen sich EBIC-Signale (*engl.* electron beam induced current) für den Bildkontrast nutzen, die durch Elektronenlochpaarbildung entstehen und an →pn-Übergängen im Objekt erfaßt werden können. EBIC-Kontrast und die Möglichkeit durch Energie-analysierende Detektoren Potentialverteilungen auf Oberflächen sichtbar zu machen, haben dem R. eine hohe Bedeutung in Halbleiterforschung und -Industrie verschafft (→Elektronenstrahlmeßtechnik).

Herrmann

Literatur: *Reimer, L.:* Scanning Electron Microscopy. Berlin, Heidelberg, New York 1985.

Rasterkorrektur. R. ist die Korrektur von Rasterfehlern. Die Korrektur kann mittels Korrektur-Schaltung (aktiv oder passiv) erfolgen. Sie kann aber auch bereits im Entwurf der Kombination Bildröhre-Ablenkeinheit erfolgen. Zu korrigierende Fehler können sein:

- Ost-West-Raster mit Kissen- oder Tonnenverzeichnung
- Nord-Süd-Raster mit Kissen- oder Tonnenverzeichnung
- Ablenk-Nichtlinearität (horizontal)
- fehlende Raster-Orthogonalität
- Trapezverzerrung
- Rasterverdrehung
- Rasterexzentrizität.

Bei modernen Kathodenstrahl-Bildröhren nach dem In-line-Prinzip sind folgende Fehler vom Entwurf der Kombination Röhre-Ablenkeinheit her korrigiert:

- Nord-Süd-Raster
- Ost-West-Raster (noch nicht bei 110°-Röhren)
- Raster-Orthogonalität
- Trapez-Verzerrung
- Raster-Verdrehung
- Raster-Exzentrizität

Es bleiben zur Korrektur mittels →Schaltung:

- Ost-West-Raster (bei 110°-Röhren)
- Ablenk-Nichtlinearität.

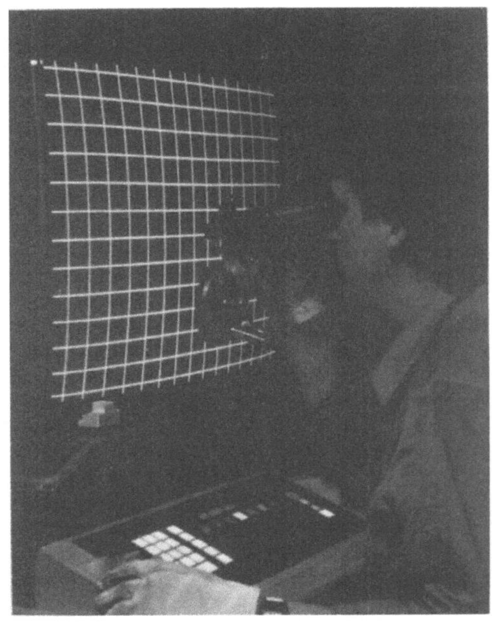

Rasterkorrektur: Meßtisch zur Kontrolle von Rasterform, Konvergenz und Landung (Quelle: Philips Components)

Die Ost-West-Raster-Fehler werden bei 110°-Röhren bei kleinen Korrekturwerten (<5 %) mittels einer aktiven oder passiven Transduktor-Schaltung korrigiert. Bei erforderlichen Korrekturgraden >5 % kommt die bekannte Diodenmodulator-Schaltung zur Anwendung.

Die Ablenk-Nichtlinearitäten werden durch die Linearitätsspule korrigiert sowie durch die geeignete Dimensionierung von Tangens- und S-Korrektur-Kondensatoren.

Nerstheimer

Literatur: Einführung in die Farbfernsehservicetechnik, Bd. I: Grundlagen der Farbfernsehtechnik. Hrsg. N. V. Philips Gloeilampenfabrieken Eindhoven, Niederlande. – Elektronik-Taschenbuch, Bd. II, Bonn.

Raster-Scan, Vector-Scan. Dieses sind zwei unterschiedliche Methoden, mit dem →Elektronenstrahl, der auf dem Bildschirm unabgelenkt einen Punkt (Spot) abbildet, um durch unterschiedliche →Ablenkung ein Bild oder eine alpha-numerische Information (z. B. Text) darzustellen.

Beim R.-S.-Verfahren wird der Bildschirm, der Fernsehnorm entsprechend, zeilenweise von dem Elektronenstrahl abgetastet. An den entsprechenden Stellen wird dann das Elektronenstrahl-System über die Ansteuerung hell gesteuert, es fließt Strahlstrom, der Bildschirm emittiert Licht. So wird Bildelement (→Pixel) für Bildelement, Zeile für Zeile, Halbbild für Halbbild das ganze Bild aufgebaut.

Anders beim Vector-Scan-Verfahren: Bei diesem wird der Elektronenstrahl so abgelenkt, wie ein Bleistift beim Schreiben geführt wird. Der Vorteil des V.-S.-Verfahrens liegt dann auch in der besseren Lesbarkeit von alpha-numerischen Informationen vor allem auf monochromatischen Kathodenstrahlröhren.

Schräg verlaufende Linien werden bei Wiedergabe nach dem R.-S.-Verfahren aus kleinen horizontalen Zeilenstücken, die um jeweils eine Zeilenbreite gegeneinander versetzt sind, zusammengesetzt.

Beim V.-S. hingegen sind auch schräg verlaufende Linien wie aus „einem Guß" gezogen. Damit werden Auflösung und Lesbarkeit deutlich verbessert. *Nerstheimer*

Literatur: *Bartlett, N. J.:* The Penetron Colour Display. Electronic Engineering, April 1984, S. 57–64.

Rastertunnelmikroskop. (RTM, *engl.* scanning tunneling microscope STM). Spitzenabtastverfahren zur hochauflösenden Abbildung von Festkörperoberflächen über den Tunnelstrom.

Eine sehr feine, im Idealfall monoatomare Metallspitze wird mit einer dreidimensionalen piezomechanischen Verstellvorrichtung dem Festkörper bis auf einen Abstand s in atomarer Größenordnung genähert und zeilenweise parallel zu seiner Oberfläche bewegt. Durch den quantenmechanischen →Tunneleffekt findet dann ein direkter Elektronenübergang zwischen den Festkörpern statt. Eine Potentialdifferenz U (≈ 1 V) erzeugt einen Tunnelstrom (≈ 1nA) von

$$I \propto U/s \exp(-s/\text{Å} \sqrt{\Phi/V})$$

(Φ = mittlere Austrittsarbeit von Spitzen- und Probematerial).

Seine starke Abhängigkeit vom Abstand ermöglicht es, Oberflächenprofile mit subatomarer Höhenauflösung bei atomarer Lateralauflösung ortsabhängig darzustellen. Das Gerät arbeitet nicht nur im Vakuum, sondern auch unter Luft und Flüssigkeiten. Mehrere kommerzielle Geräte mit digitaler Steuerung, Bilderfassung und -verarbeitung stehen inzwischen zur Verfügung.

Um beim Rastern größerer Bereiche eine Kollision mit zu hohen Objektunebenheiten zu vermeiden, wird der Tunnelstrom auf einen Sollwert geregelt und das hierfür notwendige Steuersignal der Vertikalposition der Spitze als Bildinformation verwendet. Während dieses bei einheitlichen Metallen der Topographie der Oberfläche folgt, bewirkt eine örtliche Abhängigkeit der Austrittsarbeit einen zusätzlichen Einfluß, der sich aber durch Aufnahme einer Tunnelstromkennlinie I(s) punktuell ermitteln läßt [$\Phi \propto (\mathrm{dln}I/\mathrm{d}s)^2$. Aus der I-U-Kennlinie lassen sich Informationen über die →Bandstruktur und elektronische Zustandsdichten [$\propto (\mathrm{d}I/\mathrm{d}U)/(I/U)$] von Halbleitern mit fast atomarer Ortsauflösung gewinnen (Rastertunnelspektroskopie).

Das RTM hat sich als ein leistungsfähiges Abbildungsverfahren für Oberflächen erwiesen, das in der Metall- und Halbleiterforschung, der Oberflächenphysik und -chemie und sogar an biologischen Systemen neuartige Erkenntnisse über Strukturen und Vorgänge in molekularen Dimensionen liefert. Auch die gezielte Modifikation von Oberflächen ist als ein interessanter Ansatz für die Informationsspeicherung in Nanometerdimensionen bereits gezeigt worden („Nanoengineering").

Die hohe Präzision der piezomechanischen Verstellung wird inzwischen für viele andere Abtastgeräte angewendet, bei denen die hohe Lokalisation eines Wechselwirkungseffekts Informationsgrundlage ist. Beispielsweise läßt sich durch eine Konzentration von Photonen durch Lichtleiter oder Blenden in Sub-µm-Größenordnung die durch Wellenlänge und Linsenapertur vorgegebene Auflösungsgrenze des Lichtmikroskops erheblich unterschreiten. Im →Atomkraftmikroskop wird die auf eine Abtastspitze ausgeübte mechanische Kraft gemessen. *Herrmann*

Literatur: *Binnig, G.; H. Rohrer, Ch. Gerber* and *E. Weibel:* Phys. Rev. Lett. 49 (1982) pp. 57. – *Fuchs, H.:* Strukturen-Farben-Kräfte: Wanderjahre der Rastertunnelmikroskopie. Phys. Blätter 45 (1989) S. 105–115. – *Hansma, P. K.* and *J. Tersoff:* J. Appl. Phys. 61 (1987) R1.

Raumladung. Eine große Anzahl mehr oder weniger gleichmäßig über den Raum verteilter elektrischer →Ladungsträger kann durch eine kontinuierliche Raumladungsdichte (Mittelwert der elektrischen Ladung pro Volumen) ausgedrückt werden. Elektrisches Feld und Potential lassen sich dann anstelle von Summen über alle Ladungen durch Integrale über die Raumladungsdichte darstellen (Elektrostatik). R. treten im Bereich der Elektronenströmung in Elektronenröhren auf, in Gasentladungen, in Sperrschichten von Halbleitern und bei atmosphärischen Aufladungen. In Metallen, hochdotierten Halbleitern und Elektrolyten kompensieren sich dagegen (mit Ausnahme sehr dünner, oberflächennaher Schichten) positive und negative R. *Claassen*

Raumladungsbegrenzung. Bei einer Reihe elektronischer Bauelemente (Elektronenröhren, Halbleiterbauelemente) beruht der Stromfluß darauf, daß von einer Elektrode Ladungsträger emittiert werden (z. B. Elektronen von einer Glühkathode) und anschließend durch einen felderfüllten Raum zu einer zweiten Elektrode driften. Die emittierten Ladungsträger erzeugen dabei ein eigenes Raumladungsfeld, das dem Stromfluß entgegenwirkt. Bei hoher Emissionsfähigkeit der emittierenden Elektrode und nicht zu hoher Spannung am Driftraum begrenzt das Raumladungsfeld schließlich die Emission. Im Vakuum (→Elektronenröhren) folgt daraus die bekannte $U^{3/2}$ Abhängigkeit des Stromes. Im Festkörper mit feldproportionaler Driftgeschwindigkeit ergibt sich eine etwas kompliziertere Abhängigkeit, in die auch die →Dotierung (Halbleiter) des Driftraumes mit eingeht. *Claassen*

Raumladungskapazität. Befinden sich zwischen zwei Elektroden freie Ladungsträger, so fließt bei angelegter Wechselspannung der Winkelfrequenz ς nicht nur ein Verschiebungsstrom, sondern auch ein Teilchenstrom aufgrund der Bewegungen der Teilchen im Feld. Während der Verschiebungsstrom um 90° der Wechselspannung vorauseilt, besitzt der Teilchenstrom im Vakuum eine Phasenverzögerung von 90° gegenüber der Wechselspannung aufgrund der Massenträgheit der Teilchen. Der Teilchenstrom fließt also in Gegenphase zum Verschiebungsstrom und vermindert so die Kapazität C_r mit Raumladung gegenüber der Kapazität C_0 ohne Raumladung um den Faktor

$$\frac{C_r}{C_0} = 1 - \frac{q\varrho}{m\varsigma^2}.$$

Hierin ist q die Ladung und m die Masse der Teilchen, die die Raumladungsdichte ϱ bilden.

Der Raumladungseffekt verringert sich mit zunehmender Frequenz. Dies ist beispielsweise die Ursache für die Frequenzabhängigkeit der Kapazität zwischen den Elektroden von Elektronenröhren. *Claassen*

Raumladungskennlinie. Strom-Spannungskennlinie zwischen einer elektronenemittierenden Elektrode (→Kathode) und einer elektronenaufnehmenden Elektrode (→Anode) im Vakuum, wenn die Kathode genügend Elektronen emittiert, daß der Strom nur durch die →Raumladung der Elektronen begrenzt ist (→Elektronenröhren).

Löst man die Poisson-Gleichung

$$\Delta\xi = -\frac{\varrho}{\varepsilon_0}$$

für das Potential ξ, das durch die Raumladung ϱ erzeugt wird (ε_0 = elektrische Feldkonstante), zusammen mit der →Kontinuitätsgleichung für die Stromdichte $\underline{J}$

$$\operatorname{div}\underline{J} = \operatorname{div}(\varrho\underline{v}) = 0,$$

($\underline{v}$ = Geschwindigkeit der Elektronen) und der Bewegungsgleichung für die Elektronen

$$\frac{1}{2}m\,|\underline{v}|^2 = e\xi$$

(m = Elektronenmasse, e = Elementarladung), so erhält man für den Strom I zwischen zwei planparallelen Elektroden der Fläche A im Abstand d

$$I = \frac{4\sqrt{2}}{9}\sqrt{\frac{e}{m}}\,\varepsilon_0\frac{A}{d^2}U^{3/2},$$

wenn die Austrittsgeschwindigkeit der Elektronen aus der Kathode vernachlässigt wird. Dieser Zusammenhang gilt auch für eine zylindrische Elektrodenanordnung der Länge l mit dünner Kathode und Anodenzylinderradius r, wenn man die Fläche A durch die Anodenfläche $2\pi rl$ und den Abstand d durch r ersetzt. Die R. wird auch als *$U^{3/2}$-Gesetz* bezeichnet. *Claassen*

Raumladungszone. Elektrisch geladener räumlicher Bereich in Halbleitern und Isolatoren, der an Inhomogenitäten wie Kontakten oder Gebieten variierender →Dotierung auftritt.

Am übersichtlichsten und technisch wichtig sind die Verhältnisse beim →Metall-Halbleiter-Kontakt und beim pn-Übergang. Bereits ohne äußere Spannung bildet sich durch Diffusion eine →Raumladung aus, die sich über die Strecke einer →Debye-Länge ausdehnt. Bei zusätzlich in Sperrichtung angelegter Spannung U dehnt sich die Raumladungszone weiter aus, da frei bewegliche →Ladungsträger abgezogen werden und die ortsfesten Dotierungsionen als Raumladung zurückbleiben. Die Breite der R. (auch Raumladungsschicht, →Sperrschicht) ergibt sich für den pn-Übergang zu

$$l = \sqrt{\frac{2\varepsilon\varepsilon_0}{e}(U_D - U)\left(\frac{1}{N_A} + \frac{1}{N_D}\right)}$$

wobei U_D die Diffusionsspannung und N_A bzw. N_D die Dotierungskonzentrationen mit Akzeptoren bzw. Donatoren sind (ε_0 = Influenzkonstante, ε = relative Dielektrizitätskonstante, e = Elementarladung). Für die Raumladungszonenbreite eines →Metall-Halbleiter-Kontakts ergibt sich der gleiche Ausdruck, wobei für einen n-Halbleiter (p-Halbleiter) $1/N_A = 0$ ($1/N_D = 0$) gesetzt wird. Typische Werte von l liegen zwischen 1 und 100 µm. Da in einer R. spannungsabhängig Ladung gespeichert wird, stellt sie für Wechselspannungen auch eine Kapazität dar (→Raumladungskapazität, →Sperrschichtkapazität). *Heinz*

Rauschen.

Sensorik. Schwankungen in den Eigenschaften des Sensormaterials und der →Ladungsträger führen zu entsprechenden Schwankungen des Sensorstroms; Sie werden als R. bezeichnet.

Bei optischen Sensoren definiert man eine →NEP (*engl.* noise equivalent power) durch das Verhältnis von Rauschstrom zu Strahlungsempfindlichkeit bei einem Signal-Rausch-Verhältnis von 1.

Ein besonderer Vorteil von piezoelektrischen und pyroelektrischen Sensoren – im Gegensatz zu den resistiven Sensoren – ist das außerordentlich geringe R. *Schaumburg*

Nachrichtentechnik. Nachrichtenübertragungssysteme werden in ihrem Leistungsvermögen u. a. durch statistische Prozesse, dem R. begrenzt. Drei Hauptgruppen des R. sind zu unterscheiden: Thermisches R., Schrotrauschen und Empfangsrauschen. Während die ersten beiden gerätespezifisch sind – Folge statistischer Prozesse in Leitern und Halbleitern –, liegt der Ursprung des Empfangsrauschens außerhalb der Empfangsanlage. Von ihr werden neben dem atmosphärischen R. galaktisches und kosmisches R. erfaßt.

Unregelmäßige (statistische) Strom- und Spannungsschwankungen führen in der Nachrichtentechnik zu dem aus der Akustik übernommenen Begriff des R. Eine Rauschspannung (Bild 1) wird z. B. in einem Empfänger wahrgenommen, ohne daß ein Nutzsignal vorhanden ist. *W. Schottky* erkannte (1918), daß das R. der Nachrichtenübertragung eine untere Grenze setzt. Er unterschied zwischen thermischem R. und Schrotrauschen.

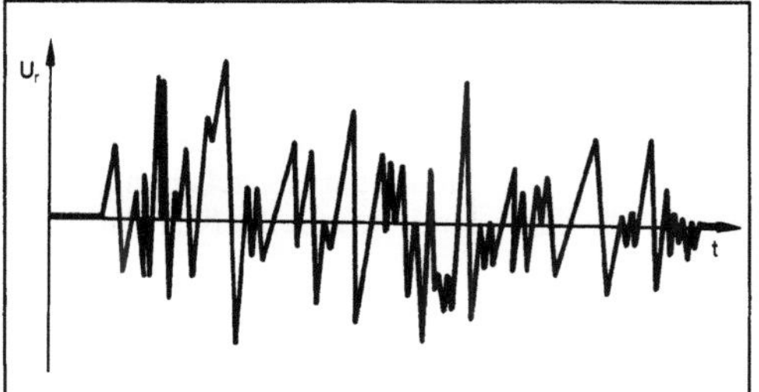

Rauschen 1: Rauschspannung U_r an einem Widerstand als Funktion der Zeit t.

□ Thermisches R. ist Folge der unregelmäßigen thermischen Elektronenbewegung in reellen Leitern und Widerständen (R). Hierdurch entstehen an denselben nachweisbare Spannungsschwankungen. Nach Schottky ist die thermische Rauschleistung proportional kT, quantitativ durch *Johnson* und *Nyquist* durch die Gleichung

$$U_R^2 = 4kTR\Delta f \tag{1}$$

beschrieben mit T = absolute Temperatur in Kelvin, k = Boltzmannkonstante und Δf = Frequenzbandbreite. In der amerikanischen Literatur wird das thermische Rauschen auch *Johnson noise* genannt.

In einem angepaßten Kreis, in dem die inneren Widerstände von Signalsspannungs- und Rauschspannungsquelle gleich dem Belastungswiderstand R sind, liefert die Signalquelle die

$$\text{Leistung} \qquad P_S = U_S^2/4R \tag{2}$$

und die Rauschquelle die Rauschleistung

$$P_R = U_R^2/4R = kT\Delta f \tag{3}$$

d. h. die Rauschleistung ist unabhängig vom Widerstand R. Ferner läßt Gl. (3) erkennen, daß die Rauschleistung in gleich breiten Frequenzbändern Δf gleich groß ist:

$$P_R/\Delta f = kT \tag{4}$$

und nur von der absoluten Temperatur T abhängt. Dieses R. nennt man „weißes Rauschen" *(Gaussian noise)*, entsprechend der aus der physiologischen →Optik bekannten Tatsache der Bildung weißen Lichts aus der gleichmäßigen Mischung aller Spektralfarben.

Eine genauere Betrachtung der spektralen Rauschleistungsdichte zeigt, daß dieselbe bei extrem hohen Frequenzen abfallen muß. Unter Berücksichtigung der quantenhaften Struktur der Energiestrahlung folgt aus dem Planckschen Strahlungsgesetz:

$$P_R/\Delta f = \frac{hf}{e^{hf/KT}-1} \tag{5}$$

mit h als Planckschses Wirkungsquantum ($6{,}63 \cdot 10^{-34}$ Js) (Bild 2).

□ Das Schrotrauschen (*engl.* shot noise), ehemals von Verstärkerröhren verursacht (unregelmäßiger Austritt von Elektronen aus der Kathode), wird gegenwärtig überwiegend den Halbleitern zugeschrieben. Es ist die Folge von quantenhaften Strömen in Transistoren und anderen Halbleitern. Wie die des thermischen R. ist die spektrale Leistungsdichte des Schrotrauschens bis zu hohen

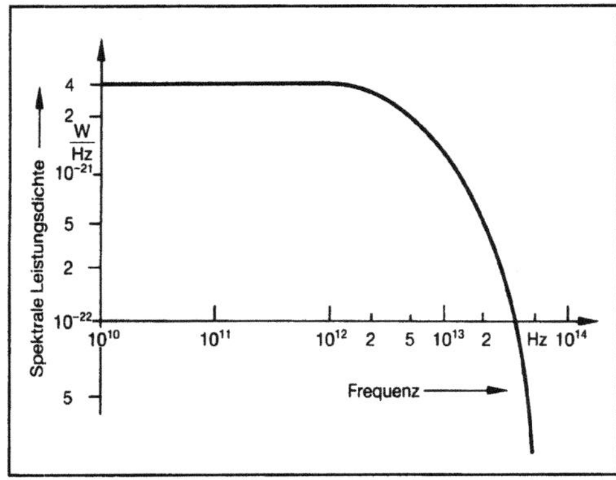

Rauschen 2: Spektrale Leistungsdichte des thermischen Rauschens in Abhängigkeit von der Frequenz (T = 290 K).

Frequenzen ebenfalls frequenzunabhängig; sie addiert sich zu der des thermischen R. Dies drückt sich durch Hinzunahme eines Faktors, der Rauschzahl F, in Gleichung (3) aus:

$$P_R = FkT_0\Delta f \qquad (6)$$

T_0 ist hier Bezugstemperatur, z. B. 290 K. Eingeführt ist ferner die fiktive Rauschtemperatur $T_R = FT_0$.

Während normale Funkverbindungen durch Rauschprozesse relativ wenig oder garnicht gestört werden, gilt es im Falle extrem niedriger Empfangsfeldstärken, etwa im Satellitenfunk, bei Radio- und Radarastronomie u. ä., das R. auf extrem niedrige Werte herunterzudrücken. Dies gelingt durch Kühlung der relevanten Verstärkerstufen mit flüssigem Helium oder durch Anwendung des parametrischen Verstärkerprinzips.

□ Funk- oder Empfangsrauschen: Zusätzlich zum gerätespezifischen R. müssen Rauschprozesse auch außerhalb der Funkanlagen ins Kalkül gezogen werden. Sie werden von der Antenne aufgenommen und sind als Funk- oder Empfangsrauschen bekannt. Hierzu gehören:

- atmosphärisches R., unterhalb 20 MHz durch Blitzentladungen, oberhalb 1 GHz durch Strahlungen des Sauerstoffs und des Wasserdampfs in der Atmosphäre verursacht.

Blitz- und Funkenentladungen, impulsartiges Einbrechen hoher Feldstärken in Empfangskanäle u. ä. führen zu Rauschzuständen *(Geräuschen),* die als *Burstnoise* („Stoßrauschen") bekannt sind. Sie treten unregelmäßig mit unterschiedlicher Intensität auf, sind in der Regel extrem Kurzzeitig und finden sich in ihren Auswirkungen an verschiedenen Stellen des Empfangsspektrums wieder. Niederfrequent machen sie sich als Knackgeräusch, „Prasseln" u. ä. bemerkbar.

- galaktisches R., herrührend von strahlenden Radiosternen in der Milchstraße mit Rauschmaxima im Frequenzbereich von 20 MHz bis 2 GHz. Hierzu gehört auch die Rauschstrahlung der Sonne,
- kosmisches R., als Hintergrundstrahlung im Frequenzbereich von 1 GHz bis 10 GHz auftretend (Radio- und Radarastronomie). *Kümmritz/Kersten*

Literatur: CCIR Report 322-2: Characteristics and applications of atmospheric radio noise data. ITU, Genf, 1982. – CCIR Report 670: Worldwide minimum external noise levels, 0,1 Hz to 100 GHz, ITU Genf 1982. – *Hölzler, E.* und *D. Thierbach:* Nachrichtenübertragung, Berlin–Heidelberg–New York. 1966. – *Hölzler, E.* und *H. Holzwarth:* Pulstechnik I. Berlin–Heidelberg–New York, 1975. – *Küpfmüller, K.:* Einführung in die theoretische Elektrotechnik, Berlin–Heidelberg–New York 1973. – *Meinke, H.* und *F. W. Gundlach:* Taschenbuch der Hochfrequenztechnik. Berlin–Heidelberg–New York–Tokyo, 1986. – *Müller, R.:* Rauschen. Berlin–Heidelberg–New York, 1979. – DIN 1311, 1320, 1344, 5488.

Rauschleistung, äquivalente. (*engl.* Noise-Equivalent-Power, NEP) Die ä. R. ist diejenige 100% modulierte Strahlungsleistung, die am Ausgang eines Strahlungsdetektors einen Signalstrom hervorruft, dessen Effektivwert gleich dem gesamten effektiven Rauschstrom des Detektors ist (Signal-Rausch-Verhältnis S/N = 1).

Diese Größe legt die Nachweisgrenze eines Detektors fest, da Signale mit kleineren Leistungen als die NEP i. a. nicht nachweisbar sind. Die dem →Rauschen eines Photodetektors äquivalente Lichtleistung ist abhängig von der →Photoempfindlichkeit S und dem sämtliche Rauschanteile enthaltenden effektiven Rauschstrom I_N:

$$\mathrm{NEP} = \frac{I_N}{S} = f(\lambda, T, \Delta f, A, \ldots); \text{ Einheit: Watt (W),}$$

λ: Lichtwellenlänge, T: Temperatur, Δf: Signal-Frequenzbandbreite, A: Detektorfläche.

Die Abhängigkeit von der Lichtwellenlänge λ ist durch die Photoempfindlichkeit gegeben. Der bestimmende Faktor für die NEP ist der Rauschstrom I_N, da moderne Photodetektoren bereits sehr hohe Photoempfindlichkeiten bzw. Quantenwirkungsgrade η aufweisen ($\eta \geqslant 90\%$ technisch realisierbar). Häufig wird die ä. R. auch auf die Quadratwurzel aus dem Produkt von Signalfrequenzbandbreite Δf und Detektorfläche A bezogen:

$$\mathrm{NEP} = \frac{I_N}{S} \cdot \frac{1}{\sqrt{\Delta f \cdot A}}; \qquad \text{Einheit: } \frac{W}{\sqrt{H_2} \cdot cm}$$

Eine weitere Größe zur Charakterisierung der Nachweisempfindlichkeit eines Detektors, die vielfach in den Datenblättern der Hersteller angegeben wird, ist die durch den Kehrwert der NEP definierte →Detektivität. *R. Kaiser*

Literatur: *Ross, D. A.:* Optoelektronik, München–Wien, 1982.

Rauschröhre. Sie dient als Standardrauschquelle in der Meßtechnik. Es gibt zwei Arten von R.

□ die *Rauschdiode*, eine Hochvakuumdiode mit direkt geheizter Wolframkathode, die als Rauschnormal dient. Sie arbeitet im Sättigungsgebiet des Anodenstroms, in dem das Schrot-Rauschen besonders stark in Erscheinung tritt. Dabei gehorcht der Rauschstrom der Gleichung

$$\overline{I_R^2} = 2\,e\,I_a\,\Delta f$$

mit I_R Rauschstrom, e Ladung des Elektrons ($= 1{,}6 \times 10^{-19}$ As), I_A Anodengleichstrom und Δf Bandbreite des benutzten Frequenzbandes.

Über einen Widerstand im Anodenkreis kann die →Rauschleistung abgegriffen werden. Sie läßt sich einstellen, indem man durch Ändern der Heizspannung den Anodenstrom beeinflußt (Bild 1).

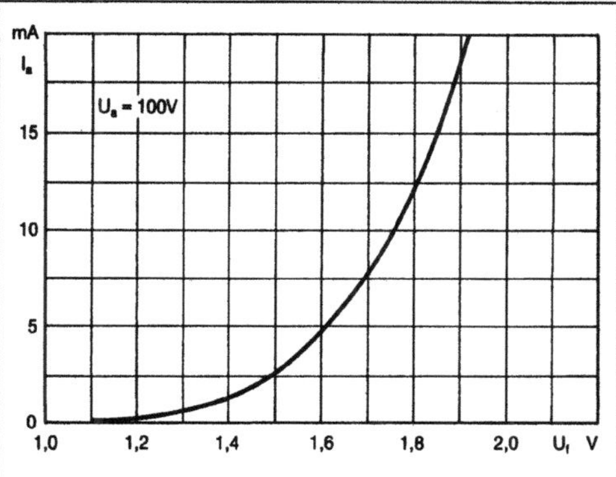

Rauschröhre 1: Emissionskennlinie der Rauschdiode K 81 A. (Quelle: Philips Components)

Solche Röhren liefern „weißes", d. h. frequenzunabhängiges Rauschen bis etwa 500 MHz, darüber hinaus beeinflussen Zuleitungsinduktivitäten und Röhrenkapazitäten das Rauschen.

□ die *Gasentladungsrauschröhre*, eine Gasentladungsröhre mit Neon- oder Argonfüllung, bei der die hohe Elektronentemperatur der positiven Säule als Rauschquelle dient. Die Röhre durchdringt unter spitzem Winkel die E-Ebene des Hohlleiters (Bild 2) und ist damit gut an den Hohlleiter angepaßt. Die Rauschzahl hängt von Gasart, Gasdruck und Röhrendurchmesser ab und beträgt bei argongefüllten R. gewöhnlich ungefähr 15,5 dB und bei neongefüllten Röhren ungefähr 18 dB.

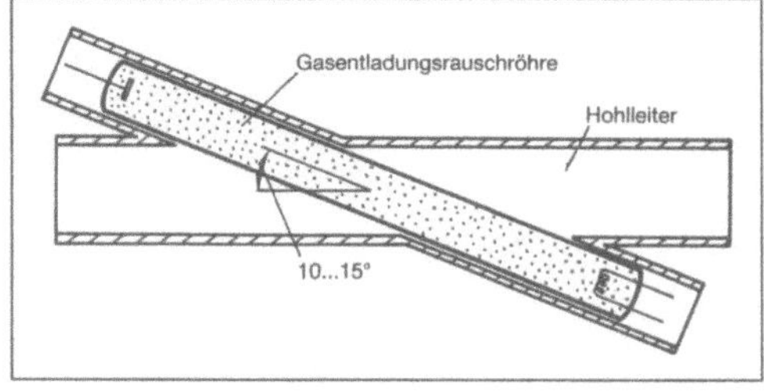

Rauschröhre 2: Einbau einer Gasentladungsrauschröhre in einen Hohlleiter.

Gasentladungsrauschröhren werden für Frequenzen von etwa 500 MHz bis über 30 GHz benutzt.

Golombek

Literatur: Handbuch für Hochfrequenz- und Elektro-Techniker. Bd. II, Berlin-Borsigwalde 1953. – *Johnson* u. *Dermer:* Gaseous discharge super-high-frequency noise sources. ProcIRE. Aug. 1951, S. 908 ff. – *Mumford:* A broad-band microwave noise source. Bell syst. Tech. J. Vol 28, (1969) S. 608 ff.

RC-Glied →Zeitglied

RC-Oszillator. →Oszillator

RC-Verstärker. Verbreitet auch als Widerstandsverstärker bezeichnet.

Elektronische Schaltung, bei der die einzelnen Verstärkerstufen kapazitiv gekoppelt sind und die deshalb neben Verstärkerbauelementen nur Widerstände und Kondensatoren enthält. Der R. kann nur Wechselspannungen verarbeiten; er hat deshalb eine untere und obere →Grenzfrequenz. Die erstere hängt direkt von der Größe der Koppelkondensatoren ab, die obere hauptsächlich von den Eingangs- und Ausgangskapazitäten der Verstärkerbauelemente (z. B. →Transistoren). R. werden durchweg in diskreter Schaltungstechnik ausgeführt, weil sich größere Kondensatoren praktisch nicht integrieren lassen. Sie finden – abhängig von ihrer Bandbreite – Einsatz als →NF- und →Breitbandverstärker, als →Meßverstärker u. a.

In integrierter Schaltungstechnik werden die Aufgaben des R. von direktgekoppelten Verstärkern, allen voran dem →Operationsverstärker übernommen.

R. Paul

Read-Diode →IMPATT-Diode

Reaktionszeit. Die für einen Sensor erforderliche Zeit, bis die Änderung einer Umweltgröße am Ausgang des Sensors mit hinreichender →Genauigkeit reflektiert wird. Diese Zeitdauer enthält alle Verzögerungen, von der Übertragung der Umweltgröße auf das Sensorelement, die Umsetzung dort in ein elektrisches Signal, sowie die Übertragung an den Ausgang des Sensors.

Besonders lange R. ergeben sich häufig im Bereich der chemischen Sensoren (→Gassensoren).

Schaumburg

Realsimulator. (*Engl.* Hardware modeller). Bei der →Simulation von digitalen Baugruppen eingesetztes Werkzeug, um eine vollständige Simulation durchführen zu können, auch wenn es nicht für alle Bausteine Simulationsmodelle gibt bzw. diese nur schwer herstellbar sind. Bei dem R. wird das logische Verhalten eines Bausteines oder eines Bausteinclusters mit Hilfe einer realen Hardware gewonnen und dem Simulator für die weitere Simulation zur Verfügung gestellt. Mit einem R. lassen sich auch Baugruppen mit Mikroprozessoren simulieren. Diese müssen dabei mit einer einfachen Software zur Simulation mindestens der Ein-/Ausgabefunktionen an die Peripherie betrieben werden. Die Betriebsdaten eines größeren Spektrums z. B. von Mikroprozessorkomponenten sind in Bibliotheken abgespeichert.

Die vom R. eingespeisten und abgenommenen Vektoren werden nach Bedarf in →CAD-Bibliotheken hinterlegt und können somit weiterverwendet werden (Bild). Der R. erlaubt in vielen Fällen eine schnellere und kostengünstigere →Logiksimulation, als sie mit Hilfe von Software-Modellen möglich wäre. *K. Winter*

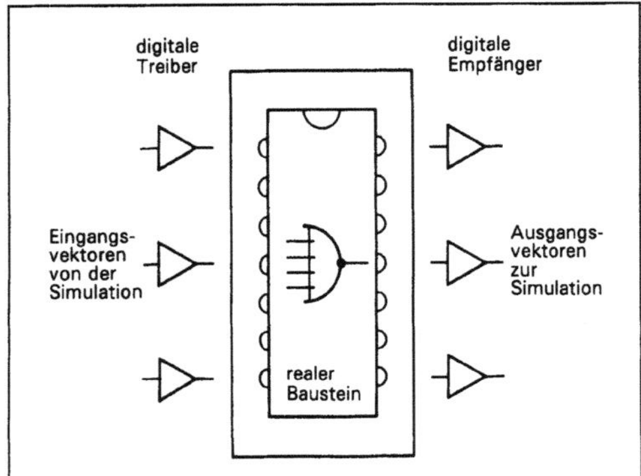

Realsimulator: Vom Simulator erzeugte Bitmuster werden in den Baustein eingespeist und seine Ausgangssignale vom Simulator weiterverwendet.

Rechtecksteuerverfahren →Wechselrichter

Redundanz.

1. R. ist in der Informationstheorie die Bezeichnung für das Vorhandensein von an sich überflüssigen Elementen in einer Nachricht, die keine zusätzlichen Informationen liefern, sondern lediglich die beabsichtigte Grundinformation stützen.

2. R. ist das Vorhandensein von mehr funktionsbereiten technischen Mitteln, als zur Erfüllung der vorgesehenen Funktion notwendig ist (Definition in der Regel des Kerntechnischen Ausschusses KTA 3501).

In einem System läßt sich der Zufallsausfall eines Geräts beherrschen, wenn Reservegeräte die Funktion des ausgefallenen übernehmen. Die Reservegeräte, die im Überfluß vorhanden sind werden als redundant bezeichnet. Bei der *aktiven R.* sind die Ersatzeinheiten dauernd eingeschaltet und in Betrieb, bei der passiven R. (stand by equipment) wird die Reserveeinheit erst nach →Ausfall der Originaleinheit aktiviert.

Die aktive R. wird gewöhnlich durch parallel geschaltete Kanäle realisiert. Gebräuchlich sind Auswahlschaltungen (Bild). Ein Kontakt genügt zum Schalten der Spannung, der andere parallel liegende ist redundant. Die notwendige Funktion wird auch dann noch erbracht, wenn einer der als unabhängig angenommenen Kontakte versagen würde.

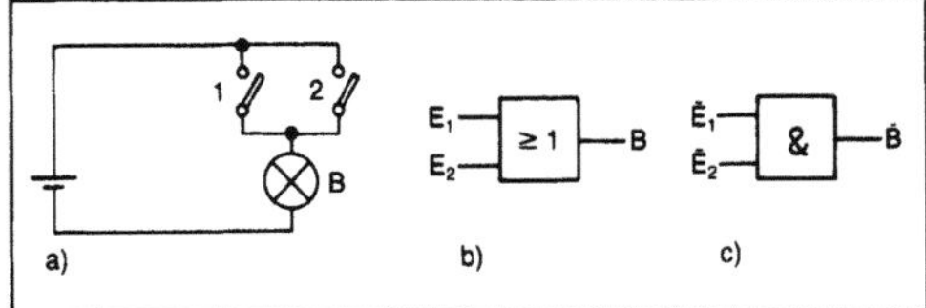

Redundanz: Beispiel eines (1 von 2)-Systems.
a) Parallelschaltung mit
b) Erfolgsbaum und
c) Fehlerbaum.

Bei der im Bild gezeigten Schaltung fließt ein Strom über die Lampe (Ereignis B), wenn entweder der Schalter 1 oder der Schalter 2 oder beide geschlossen sind. Diese Ereignisse E_i haben die Wahrscheinlichkeit $w(E_i)$.

E_i: Der Kontakt i schaltet
$\overline{E}_i$: Der Kontakt i schaltet nicht
$B = E_1 \vee E_2$: Die Lampe brennt
$\overline{B} = \overline{E}_1 \wedge \overline{E}_2$: Die Lampe brennt nicht
$w(E_i) = 1\text{-}p$: Wahrscheinlichkeit, daß der Kontakt i schaltet
$w(\overline{E}_i) = p$: Wahrscheinlichkeit, daß der Kontakt i nicht schaltet.

In einer Schaltung mit zwei Komponenten ist die Wahrscheinlichkeit für den Erfolg

$$w(B) = 1 - p^2$$

und die für den Ausfall

$$w(\overline{B}) = w(\overline{E}_1) \cdot w(\overline{E}_2) = p \cdot p = p^2$$

Die Wahrscheinlichkeit für den Erfolg nimmt, da p eine Zahl kleiner 1 ist, mit der Zahl der Komponenten zu.

In der obigen Gleichung wurden die Wahrscheinlichkeiten $w(\overline{E}_i)$ für den Ausfall der Komponenten multipliziert. Dies ist nur bei unabhängigen Ereignissen richtig. Sind die Ereignisse E_i nicht unabhängig, so ist mit *bedingten* Wahrscheinlichkeiten zu rechnen. In diesem Falle wird bei einer völligen Abhängigkeit der beiden Kontakte mit $w(\overline{E}_2 | \overline{E}_1) = 1$ die letzte Gleichung lauten:

$$w(\overline{B}) = w(\overline{E}_1) \cdot w(\overline{E}_2 | \overline{E}_1) = p \cdot 1 = p$$

Die R. schützt also nicht gegen die abhängigen Ausfälle. Zur Beherrschung dieser common mode failures, dieser Ausfälle, die aufgrund einer einzigen gemeinsamen Ursache entstehen, sind andere Maßnahmen wie z. B.

- Diversität
- räumliche Trennung
- elektrische Entkopplung

notwendig.

Redundante Schaltungen ermöglichen eine Ausfallerkennung durch den Vergleich der Ergebnisse (→Ausfallerkennung durch Redundanz). *Schrüfer*

Reedrelais. Elektromechanisches (Schalt-)Relais, bei dem die Trennung von Magnetsystem und →Kontaktsatz fehlt (Bild). Die Kontaktfedern bestehen aus ferromagnetischem Material. Unter der Wirkung des magnetischen Flusses, der von der Erregerspule erzeugt wird und die Kontaktfedern durchfließt, ziehen sie sich an und schließen so den Kontaktkreis. Nach dem Abschalten des Spulenstromes öffnet sich der Kontakt aufgrund der mechanischen Rückstellkräfte der Federn wieder (→Relais, monostabiles). Durch Verwendung von Dauermagneten lassen sich auch bistabile Ausführungen realisieren (→Relais, bistabiles). Statt zweier Federn kann auch nur eine Feder vorliegen, die gegen ein starres Polblech als Gegenkontakt schaltet. Die Federn sind an ihren kontaktgebenden Enden mit →Kontaktwerkstoff beschichtet. Sie sind in einem Glasröhrchen eingeschmolzen, das mit einem Schutzgas (z. B. Stickstoff) gefüllt ist. *Rauterberg*

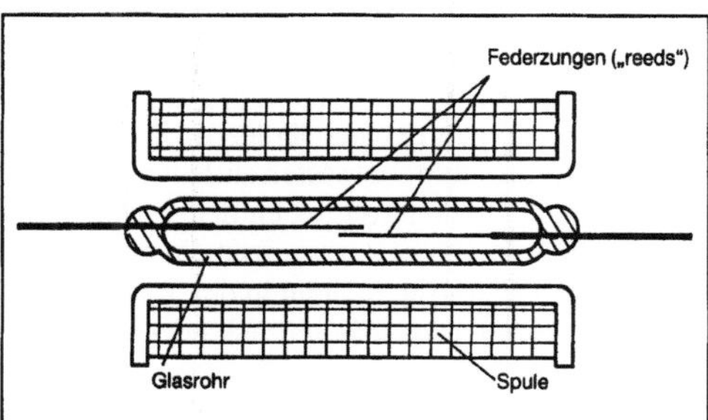

Reedrelais: Prinzipieller Aufbau.

Referenzdiode. →Halbleiterdiode, die durch Stromeinprägung zur Erzeugung einer →Referenzspannung verwendet wird. Im einfachsten Fall dient dazu eine →Z-Diode, für höhere Anforderungen an die Temperaturkonstanz der Referenzspannung wird ihr eine flußgepolte Si-Diode in Reihe geschaltet, so daß eine Kompensation der Temperaturgänge möglich ist. Solche Kombinationsschaltungen heißen oft →Referenzelement. *R. Paul*

Referenzelement. (auch Spannungsreferenzelement) Elektronische Schaltung, heute durchweg auf Halbleiterbasis, und insbesondere auch in monolithisch integrierter Technik ausgeführt, die an zwei Ausgangsklemmen eine →Referenzspannung bei weitgehend variablem Klemmenstrom liefert. Das R. wird deshalb häufig auch als →Konstantspannungsquelle bezeichnet. Schaltungstechnisch sind z. B. folgende Lösungen üblich (Bild):

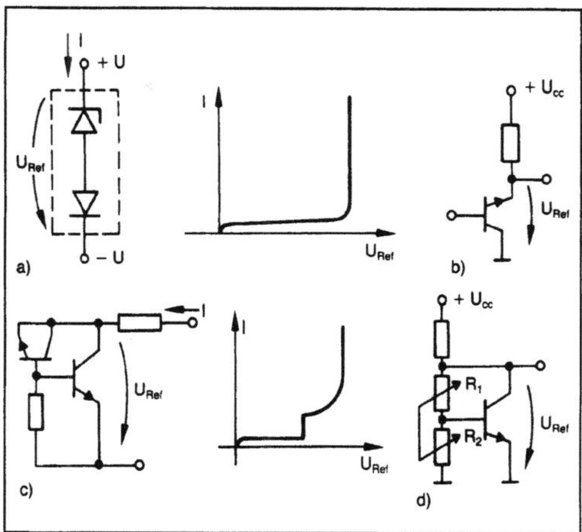

Referenzelement: Erzeugung von Referenzspannung.
a) Reihenschaltung von Dioden
b) Bipolartransistor als Z-Diode
c) Schaltung mit Z-Diode und Paralleltransistor
d) Schaltung mit einstellbarer Referenzspannung.

□ Flußspannung einer Si-Diode bei gegebenem Flußstrom, die etwa eine Referenzspannung von 0,7 V mit negativem TK ergibt oder Reihenschaltung mehrerer Dioden. Die Verwendung von →LED ermöglicht höhere Spannungsabfälle,

□ In Sperrichtung betriebene Basis-Emitter-Diode im npn-Transistor, die wegen der hohen Dotierung als →Z-Diode arbeitet mit einer Durchbruchspannung von 5–8 V bei positivem TK. Die Schaltung kann auch so abgewandelt werden (Bild c), daß sie als Z-Diode arbeitet, die mit Konstantstrom versorgt wird.

□ Reihenschaltung von Z-Dioden mit flußgepolter Si-Diode (Kompensation der TK).

□ Referenzspannungsschaltung mit Bipolartransistoren (Bild d), deren Referenzwert einstellbar ist.

□ Bandgapreferenzspannungsquellen. Das sind Schaltungen, bei denen der Temperaturgang des Bandabstandes von Silicium zur →Kompensation des Temperaturganges der Temperaturspannung U_T herangezogen wird, um eine konstante Referenzspannung zu erhalten.

R. – die es auch in →MOS-Technik gibt –, finden sich heute als vielseitig eingesetzte Schaltungsgruppe in vielen analogen, aber auch digitalen Schaltkreisen. *R. Paul*

Referenzspannung. Bezeichnung für eine zeitlich konstante und von äußeren Bedingungen unabhängige Spannung, die von einem →Referenzelement erzeugt und als Bezugsnormal verwendet wird. Sie stellt insbesondere in elektrischen Spannungsreglerschaltungen den Sollwert dar, der mit dem Istwert verglichen wird und dessen Differenz ein Stellglied steuert. Die R. ist in elektronischen Schaltungen sehr häufig erforderlich, z. B. als Bezugsspannung in Spannungskomparatoren, in Reglerschaltungen (insbesondere monolithisch integrierten Spannungsreglerschaltkreisen), in Digital-Analog-Wandlern als Bezugsspannung zum Schalten von Bewerterschaltkreisen u. a. m.

Die R. wird mit einer sog. Referenzspannungsquelle erzeugt, entweder

□ durch ein Normalelement (z. B. Weston-Element) in der Meßtechnik, meist aber

□ durch eine →Referenzdiode oder ein Referenzelement. *R. Paul*

Reflexion, selektive →Flüssigkristallphasen

Reflow-Löten. Beim Löten in der elektronischen →Verbindungstechnik mit Wiederaufschmelzen (*engl.* Reflow) wird zunächst der Lotwerkstoff in der vorgesehenen Menge an den Ort der Anschlußflächen gebracht und liegt dort in fester Form vor. Die zum Aufschmelzen erforderliche Wärme wird im Verlauf des Lötprozesses über Heißgas oder Dampf, Wärme- oder Lichtstrahlung oder über →Wärmeleitung aus einem Heizbügel bzw. durch die Trägerplatte hindurch eingebracht (Tabelle 1). Nach dem Aufschmelzen der im Volumen und an den Anschlußflächen begrenzten Lotmenge wird die Wärmezufuhr reduziert oder abgeschaltet. Mit der Abkühlung des Aufbaues erstarrt das Weichlot und stellt die feste Verbindung her. Genau genommen beschreibt der Begriff Wiederaufschmelzen/Reflow den eigentlichen Verbindungsschritt, das Aufschmelzen; dieses erfolgt nach der Einbringung des Lotwerkstoffes und dessen →Vorschmelzen (Bild). Der Begriff wird – vor allem in der englischen Sprache – auf alle Lötverfahren angewandt, bei

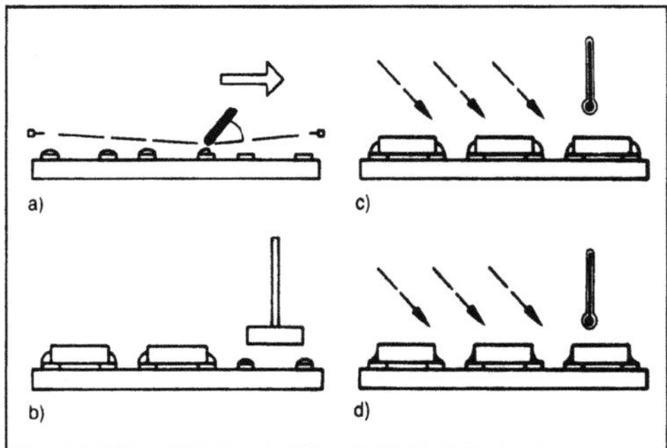

Reflow-Löten: Arbeitsschritte
a) Lotpaste siebdrucken
b) Bestücken mit SMDs
c) Lotpaste vortrocknen
d) Reflowlöten.

denen erst eine nachträgliche Wärmeeinbringung die Lötverbindung herstellt.

Die zum Aufschmelzen und Benetzen erforderliche Wärme (Tabelle 2) wird entweder örtlich, also am Ort einer oder weniger, dicht benachbarter Weichlötverbindungen, oder aber gleichmäßig über die ganze Schaltungsfläche (Leiterplatte oder übergeordneter Träger) eingebracht.

Die Zeittakte der Erwärmung bewegen sich zwischen ms (Laserpulse) und 20–40 s (Heizung im gesättigten Fluor-Inert-Gas, das sog. Vapor Phase Soldering). Bei kurzer Erwärmungsdauer soll der Träger vorgeheizt werden, um in den zusammengelöteten Bauelementen und Trägern Wärmespannungen zu reduzieren. Lotpasten enthalten flüchtige Lösungs- und Bindemittel neben den verflüssigenden Flußmitteln. Bei zu kurzzeitigem Aufschmelzen und raschem Erstarren bleiben in der Weichlotverbindung Gasblasen zurück, die sich negativ auf die thermomechanische →Zuverlässigkeit der Verbindungen auswirken. Bauelemente mit Abmessungen unter rd. 2 mm können sich infolge der Oberflächenspannung einseitig aufrichten, wenn bei ungleichmä-

Reflow-Löten. Tabelle 1: Werkstoffeinbringung und Prozeßschritte

Ausgangswerkstoff	vorgefertigtes, massives Halbzeug (Preform)	Pulver in Paste angerührt (Solder cream)	elektrolytisch niedergeschlagene Schicht oder Kuppen (Solder bumps)
Einbringung, Vorbereitung	Einlegen	Auftupfen mit Dispenser oder Siebdrucken	Verschmelzen
Lötprozeß	Aufschmelzen mit Wärmeeinbringung durch Fremdheizung	Aufschmelzen bis zur Koagulation des Lotwerkstoffes	

Reflow-Löten. Tabelle 2: Wärmeeinbringung zum Wiederaufschmelzen

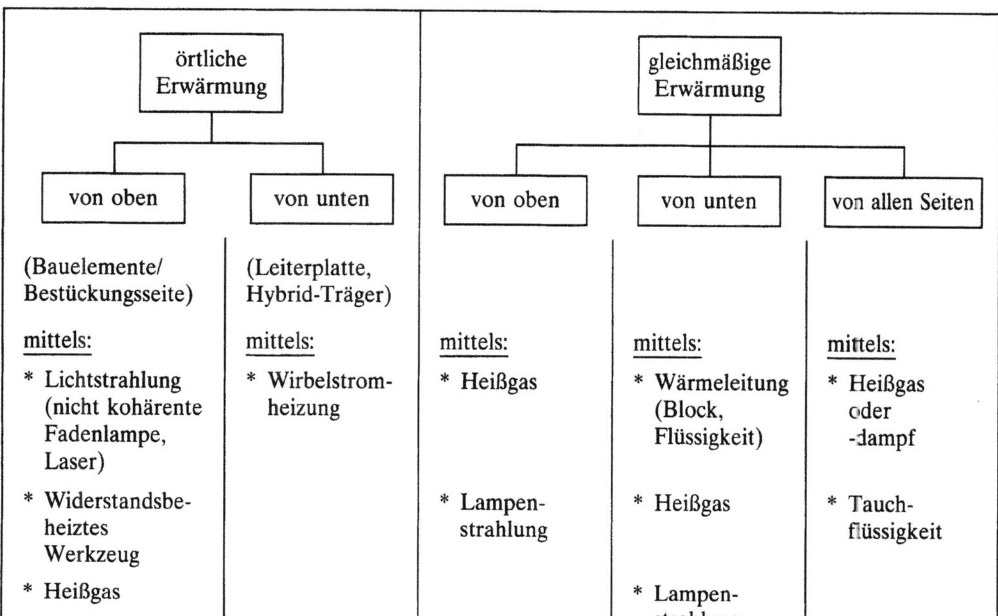

örtliche Erwärmung		gleichmäßige Erwärmung		
von oben	von unten	von oben	von unten	von allen Seiten
(Bauelemente/ Bestückungsseite)	(Leiterplatte, Hybrid-Träger)			
mittels:	mittels:	mittels:	mittels:	mittels:
* Lichtstrahlung (nicht kohärente Fadenlampe, Laser)	* Wirbelstromheizung	* Heißgas	* Wärmeleitung (Block, Flüssigkeit)	* Heißgas oder -dampf
* Widerstandsbeheiztes Werkzeug		* Lampenstrahlung	* Heißgas	* Tauchflüssigkeit
* Heißgas			* Lampenstrahlung	

ßiger Erwärmung nur eine Weichlötverbindung benetzt, die andere trocken bleibt (*Manhattan-Effekt*). *Hieber*

Refresh-time. Zeit, innerhalb der ein →DRAM spätestens einen sog. refresh-Impuls erhalten muß, um die gespeicherte Information nicht zu verlieren. Refresh-Impulse können bausteinintern oder auch extern erzeugt werden. Während des Wirkens eines Refresh-Impulses werden die normalen Lese- oder Schreiboperationen unterbrochen und z. B. ein sog. Wait-Zyklus eingeführt. *K. Winter*

Regenerator. (auch Repeater). Verstärkereinheit in der optischen Übertragungsstrecke zwischen Sender und Empfänger, um die Dämpfungsverluste der Faser zu kompensieren. Die Wiederaufbereitung des Signals kann elektronisch oder optisch erfolgen.

□ Elektronisch: der R. besteht aus einem kompletten opto-elektronischen Empfänger (Demultiplexer, →Photodiode), einem rein elektronischen →Verstärker und einem kompletten elektro-optischen Sender (→Laser, Koppler) (Bild 1). Durch entsprechende elektronische Schaltungen können Untergrund und Störsignale kompensiert werden. Bei kohärenten Übertragungsverfahren ist sogar eine →Kompensation der Faserdispersion möglich. Es entsteht nahezu wieder das ursprüngliche Signal, so daß elektronische Repeater prinzipiell in beliebiger Zahl kaskadierbar sind. Der Aufwand ist hoch, da jeder Kanal einzeln aufbereitet werden muß.

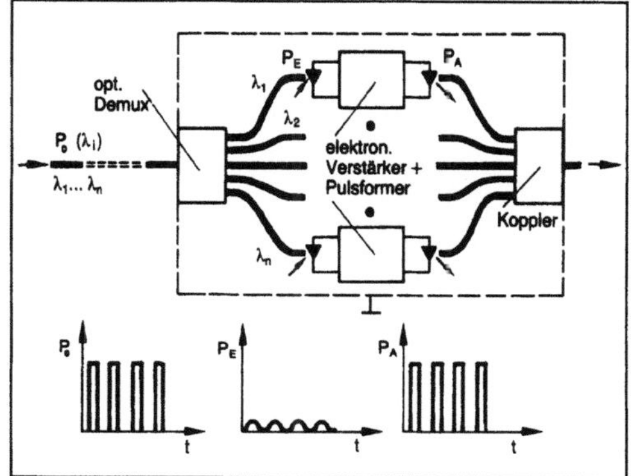

Regenerator 1: Elektro-optischer Repeater (schematisch).

□ optisch: der R. besteht aus einem optischen Verstärker (Bild 2) (→Halbleiterverstärker, optischer oder →Faserverstärker). Er hat den Vorteil, daß alle Kanäle innerhalb der →Bandbreite des Verstärkers gleichzeitig verstärkt werden, allerdings auch alle Störungen einschließlich Untergrund. Eine Korrektur der →Dispersion ist nicht möglich. Besonders kritisch ist der Untergrund, der durch die spontane Emission der ersten (und aller weiteren) Verstärkerstufen entsteht und in jeder weiteren Stufe mitverstärkt wird, bis er die folgende Stufe in die Sättigung treibt. Die Anzahl der Verstärker ist daher durch die gleichzeitige Verstärkung der spontanen Lumineszenz und/oder durch die Dispersion der Gesamtstrecke begrenzt. *Rosenzweig*

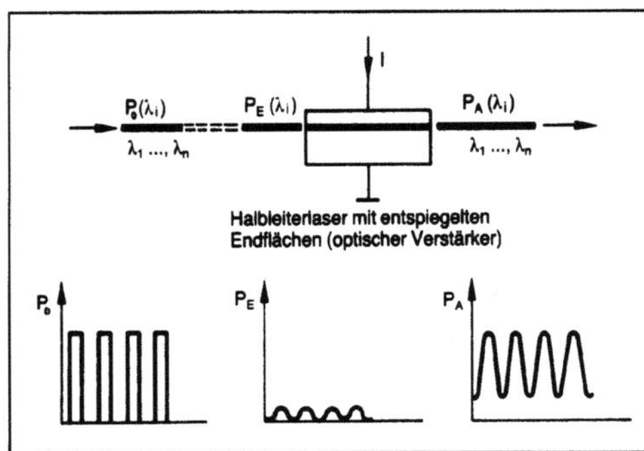

Regenerator 2: Optischer Repeater (schematisch).

Register. Digitale Speichereinheit mit begrenzter Speicherkapazität (meist von Größe eines Befehls oder Datenwortes) und sehr kurzer →Zugriffszeit. Es führt die Grundfunktionen „Schreiben", „Speichern" und „Lesen" aus.

R. dienen zur kurzzeitigen Zwischenspeicherung von Operanden, Zwischenergebnissen, Steuerinformationen. R. befinden sich sowohl im Steuerwerk (Befehls-, Adressenregister) als auch in der →ALU (Akkumulator, andere Arbeitsregister).

Eine besondere Form des R. ist das →Schieberegister. Schaltungstechnisch können R. in statischer und dynamischer Technik ausgeführt sein. *R. Paul*

Register-Transfer-Beschreibung →Logiksimulation

Registriergerät. Registrierende oder schreibende Meßgeräte gehören zu den Ausgabegeräten einer →Meßeinrichtung (→Meßgerät). Sie zeichnen den Verlauf einer Meßgröße als Funktion der Zeit oder einer anderen Größe fortlaufend auf. Im praktischen Einsatz befinden sich häufig Schreiber mit elektrischer oder pneumatischer Eingangsgröße. Andere Meßgrößen werden durch geeignete Meßaufnehmer oder Meßumformer zweckmäßig in elektrische oder pneumatische Meßsignale umgeformt und sind so ebenfalls registrierbar. Die von schreibenden Meßgeräten gelieferten Diagramme oder Schriebe dokumentieren den Ablauf z. B. von Laborversuchen, Betriebsvorgängen und Betriebsstörungen. Für die verschiedenen Anwendungsfälle gibt es eine Vielzahl von Gerätearten, die sich insbesondere unterscheiden bezüglich der Meßsysteme und der Schreibsysteme. Nachstehend sollen wegen ihres universellen Einsatzes bevorzugt schreibende Meßgeräte mit elektrischer Eingangsgröße behandelt werden.

□ Meßsysteme. Langsam veränderliche Größen lassen sich kostengünstig mit Meßwerkschreibern registrieren. Diese Geräte besitzen ein klassisches Meßwerk (z. B. Drehspule, Meßgerät, elektrisches), auf dessen Zeiger eine Schreibeinrichtung montiert ist. Der Vorschub des Registrierpapiers erfolgt senkrecht zur Achse der Drehspule durch ein Federwerk oder einen Synchronmotor. Es ergibt sich ein fortlaufender oder punktförmiger Kurvenzug, die Meßgröße wird als Funktion der Zeit dargestellt. Dabei ist für eine Aufzeichnung in rechtwinkligen Koordinaten eine mechanische Geradführung (z. B. Ellipsenlenker, Koppellenker) erforderlich, die den Winkelausschlag des Meßwerks in eine möglichst lineare, geradlinige Bewegung der Schreibfeder umsetzt.

Ein Kompensationsschreiber ist ein automatisierter →Gleichspannungskompensator (Bild 1) der mit einer Servoeinrichtung selbsttätig den Abgleich herbeiführt (→Kompensations-Meßverfahren). Die Meßspannung U_y wird mit einer Kompensationsspannung U_K verglichen, die Spannungsdifferenz ΔU wird verstärkt und auf einen Meßmotor M gegeben, der z. B. über ein Schleifdraht-Potentiometer die Kompensationsspannung so lange verändert, bis die Differenz zu null geworden ist. Die Stellung des Schleifers am Potentiometer ist ein Maß für die Meßspannung. Auf der Motorachse ist eine Seilscheibe befestigt; ein von ihr angetriebenes Seil zieht einen Schlitten mit der Schreibeinrichtung auf einer Führungsschiene. Diese Seilgeradführung arbeitet fehlerfrei, so daß sich eine nahezu lineare Kennlinie ergibt. In Bild 1 sind der Abgriff eines linearen Potentiometers und das Schreibsystem direkt miteinander verbunden. Als Stellungsabgriffe werden neben Potentiometern auch verschleißfreie Meßaufnehmer (→Meßaufnehmer, kapazitiver) eingesetzt. Zusammen mit linearen Stellungsabgriffen sind als Meßmotoren auch Linearmotoren möglich. Durch das hohe Drehmoment bzw. die hohe Zugkraft des Meßmotors läßt sich ge-

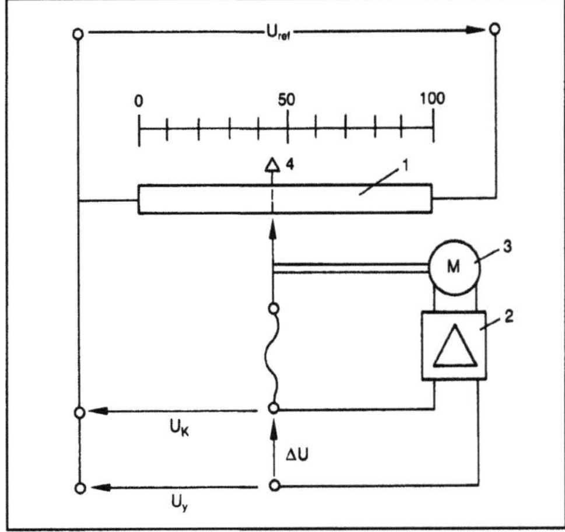

1 Meßpotentiometer, 2 Differenzverstärker, 3 Meßmotor, 4 Schreibwerk

Registriergerät 1: Prinzipschaltung eines Kompensationsschreibers.

genüber den Meßwerkschreibern eine höhere Schreibgeschwindigkeit und wegen der größeren bewegbaren Massen ein robusterer Aufbau des Schreibsystems erreichen. Ebenfalls günstig ist der große Eingangswiderstand des Servosystems, so daß die Meßspannung nahezu ideal erfaßt wird. Erkauft werden diese Vorteile mit einem höheren technischen Aufwand und – besonders bei Potentiometerabgriffen – mit einer gewissen Störanfälligkeit des Abgriffsystems. Moderne Kompensationsschreiber verdrängen mehr und mehr die klassischen Meßwerkschreiber.

Servosysteme mit Schrittmotor benötigen kein Meßpotentiometer. Hier wird das Eingangssignal in einen Digitalwert umgesetzt (→Analog/Digital-Umsetzer). Der Meßmotor wird dann um die Anzahl von Schritten weitergedreht, die der Differenz zwischen dem momentanen und dem vorhergehenden Digitalwert entspricht. Bei diesem Verfahren können Zählfehler auftreten, die einer Korrektur bedürfen. Ein anderes Verfahren mit Schrittmotor stellt die Stellung des Schreibsystems mit Hilfe eines absolut kodierten Maßstabs fest (→Längen- und Winkelmessung), so daß sich eine Zählfehlerkontrolle erübrigt. Diese Systeme sind besonders geeignet für jene Ausgabegeräte von Digitalrechnern, auf denen Kurven ausgegeben und beschriftet werden (Plotter, Zeichengerät).

□ Schreibsysteme, Schreiberbauarten. Die technische Ausführung des Schreibsystems wird wesentlich dadurch bestimmt, wieviele langsam- oder schnellveränderliche Meßgrößen vorliegen, ob die Registrierung kontinuierlich (Linienschreiber) oder nur zu bestimmten Zeitpunkten (Punktschreiber) erfolgt.

□ Linienschreiber. Ein Großteil aller Schreiber für Frequenzbereiche unter 1 Hz ist mit einem Tintensystem (Röhrenfeder und Tintentank) oder mit einem Faserstiftsystem ausgestattet. Das Aufbauprinzip eines Schreibers mit Kompensationsmeßwerk für den Einsatz in Labor oder Betrieb ist in Bild 2 dargestellt. Üblich sind bei derartigen Schreibern bis zu zehn parallele Kanäle, bis zu 250 mm Schreibbreite und mit den eingebauten Meßverstärkern empfindliche Meßbereiche bis unter 0,5 mV bei voller Schreibbreite.

Wenn jeder der n parallelen Kanäle die ganze Schreibbreite überstreichen kann, ergäbe sich bei gleichzeitiger direkter Registrierung der verschiedenen Kanäle ein zeitlicher Versatz der einzelnen Schriebe. Deshalb gibt es Schreiber mit n-1 Zwischenspeichern, die n-1 Meßsignale so lange verzögern, bis das bewegte Papier unter der jeweiligen Feder angekommen ist.

Zum kontinuierlichen Aufzeichnen schnellveränderlicher Meßgrößen eignen sich Tintenstrahl-, Thermo- und Lichtschreiber. Bei einem Tintenstrahlschreiber wird eine Schreibflüssigkeit unter hohem Druck durch eine feine Spritzdüse (ca. 10 µm), die mit dem Meßwerkzeiger verbunden ist, auf den Registrierstreifen gespritzt. Der Schreibarm üblicher Schreiber ist hier also durch einen Tintenstrahl ersetzt. Bei einem Thermoschreiber bewegt sich ein beheizter Schreibstift über ein chemisch präpariertes Papier, wodurch der Kurvenzug entsteht. Die beiden letztgenannten Schreibertypen werden in der Regel als Meßwerkschreiber (mit einem besonderen Kompensationssystem) für Grenzfrequenzen bis zu einigen 100 Hz gebaut. Bei Lichtschreibern (Lichtstrahloszillograph, Galvanometerschreiber) wird die Aufzeichnung mit Hilfe eines vom Meßwerk gesteuerten Lichtstrahls auf lichtempfindlichem Papier vorgenommen. Das Licht einer Quecksilber-Höchstdrucklampe fällt auf einen am Meßwerk (→Galvanometer) angebrachten Spiegel und wird dort entsprechend abgelenkt. Das Meßwerk, ein Schleifenschwinger (nur eine Windung) oder Spulenschwinger, wird nur durch den Spiegel belastet, der Lichtzeiger selbst ist trägheitslos. Deshalb lassen sich sehr kurze Einstellzeiten erzielen, so daß schnellveränderliche Vorgänge mit Frequenzen bis zu mehreren kHz registriert werden können.

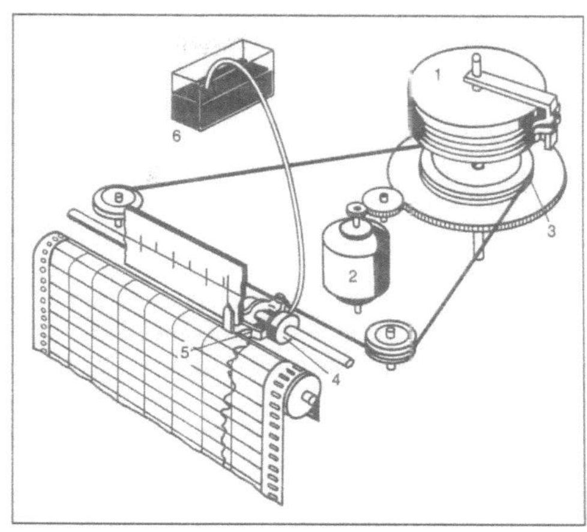

1 Meßpotentiometer, 2 Meßmotor, 3 Seilscheibe, 4 Schreibwagen, 5 Schreibfeder, 6 Tintentank

Registriergerät 2: Kompensations-Linienschreiber Kompensograph, Aufbauprinzip. (Quelle: Siemens AG)

Die bisher behandelten Linienschreiber registrieren Meßsignale jeweils als Funktion der Zeit. Für den Laboreinsatz benötigt man jedoch auch Schreiber, die eine oder mehrere Größen über einer anderen Größe aufzeichnen, die nicht zeitproportional ist. Diese XY-Schreiber oder Koordinatenschreiber haben für die X-Achse und jeden Y-Eingang getrennte Servosysteme. Übliche Schreibflächen haben die Größe DIN A4 oder DIN

A3. Mit einem besonderen Papierantrieb lassen sich XY-Schreiber auch als Zeitschreiber einsetzen.

Linienschreiber ohne elektrischen Netzanschluß werden eingesetzt z. B. zur fortlaufenden Registrierung von Temperatur- und Luftfeuchte in Räumen. Sie enthalten nichtelektrische Meßwerke; das Registrierpapier wird mittels Federwerk oder über einen batteriegespeisten Motor an den Schreibwerken vorbeibewegt.

Zum Registrieren sehr schneller periodischer Vorgänge dient das →Elektronenstrahl-Oszilloskop; bei schnellen nichtperiodischen Vorgängen kann man das Schirmbild des Oszilloskops photographieren, ein Oszilloskop mit Speicherröhre oder ein Digital-Oszilloskop einsetzen.

□ Punktschreiber. Mit herkömmlichen Punktschreibern können die Meßwerte mehrerer Meßstellen auf einem gemeinsamen Registrierstreifen aufgezeichnet werden, wenn es sich um relativ langsam veränderliche Vorgänge handelt. Durch einen Umschalter werden die einzelnen Meßstellen fortlaufend in einem festgelegten Zyklus zum Meßwerk durchgeschaltet. Bei Punktschreibern mit klassischem Meßwerk kann sich der Zeiger frei auf den jeweiligen Meßwert einstellen. Erst bei der Registrierung des Meßpunkts wird der Zeiger von einem Fallbügel in regelmäßigen Zeitabständen kurz auf das unter dem Zeigerende ablaufende Registrierpapier gedrückt und ein Meßpunkt erzeugt.

In Punktschreibern mit Servosystem ist der Zeiger häufig durch ein rotierendes, mehrfarbiges Faserstiftsystem ersetzt. Damit läßt sich eine übersichtliche Darstellung der verschiedenen Meßgrößen erreichen.

Ein piezoelektrisches Aufzeichnungsverfahren (→Piezoelektrizität), auch Ink-Jet-Prinzip genannt (Bild 3, 4), ermöglicht es, die Eigenschaften von

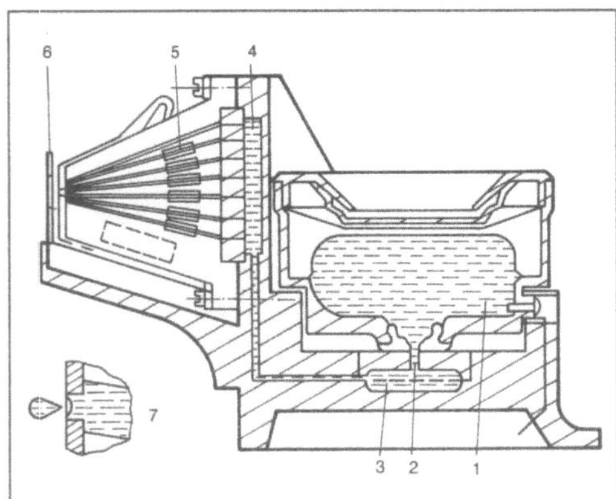

1 Tintentank, 2 Stahlröhrchen, 3 Filter, 4 Verteiler, 5 Piezoelektrisches Röhrchen, 6 Düsenplatte, 7 Schreibdüsenöffnung vergrößert

Registriergerät 3: Aufbau eines piezoelektrischen Schreibwerks. (Quelle: Siemens AG)

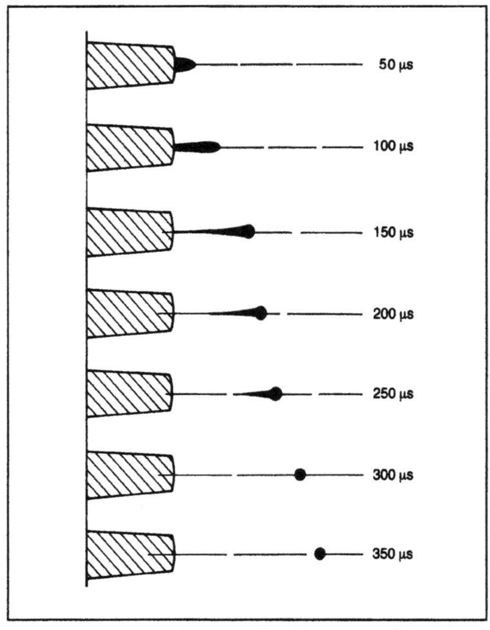

Registriergerät 4: Austritt des Tintentröpfchens aus der Düse.

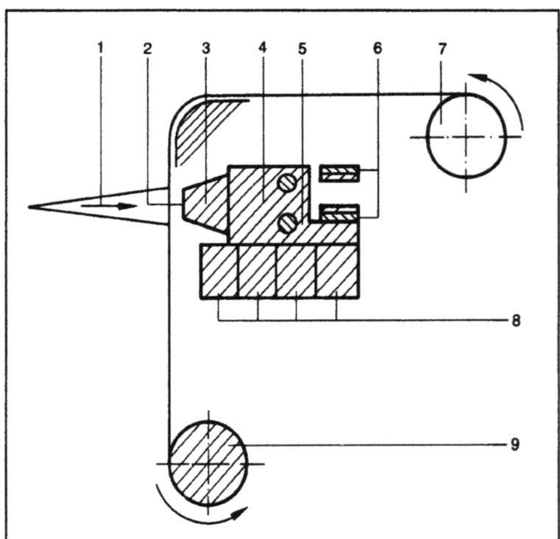

1 Betrachtungsrichtung, 2 Schreibstelle, 3 Düsenbaugruppe, 4 Schreibkopf, 5 Führungsstange, 6 Zahnriemen, 7 Papiervorratsrolle, 8 Tintentanks, 9 Aufwickelrolle

Registriergerät 5: Prinzipielle Darstellung der Meßwertaufzeichnung.

Linien- bzw. Punktschreibern und alphanumerischen Druckern zu vereinigen. Die prinzipielle Darstellung der Meßwertaufzeichnung auf der Rückseite des Diagrammpapiers zeigt Bild 5. Es können ca. 30 verschiedene Kurven mit bis zu sieben Farben geschrieben und durch Textzeilen kommentiert werden. Bei anderen neuen Schreibertypen gibt es kein mechanisch bewegtes Meßwerk mehr, sondern einen Fest-Schreibkopf mit z. B. 720 oder 1024 Schreibstellen bzw. vier oder mehr Schreibstellen je Millimeter. Die Schreibstellen sind z. B. einzeln ansprechbare Heizelemente, die auf thermosensitives Papier wirken, oder einzeln ansprechbare Elektroden, die auf elektrostatisch ausgerüstetem Papier ein Bild erzeugen, das ähnlich wie im Laser-Drucker sichtbar gemacht und fixiert wird. Als Grenzfrequenz wird hier 10 kHz angegeben. Auch bei diesen Verfahren werden die Diagrammlinien und die Beschriftung aus einzelnen Punkten zusammengesetzt.

Eine ebenfalls im Prinzip diskontinuierliche Registrierung sehr schneller einmaliger Vorgänge ist mit Transientenspeichern möglich. Diese tasten ein Signal in sehr schneller Folge ab, setzen die abgetasteten Analogwerte mittels eines Analog/Digital-Umsetzers in Digitalwerte um und speichern diese. Anschließend können die gespeicherten Werte beliebig oft und beliebig langsam auf einem Schreiber oder Plotter analog dargestellt werden.

Hammerschmidt

Reglersperre. Die Regelfunktion von Regelkreisen für elektrische Antriebe muß in Störungsfällen oder sonstigen außergewöhnlichen Situationen durch einen Sperrbefehl unterbunden werden können, um Schäden an Mensch, Maschine und dem Antrieb selbst zu vermeiden. Je nach Aufbau des Regelkreises kann dieser Sperrbefehl an einen Drehzahl- oder Stromregler gegeben werden. Dazu ist ein Ablauf der Steuerung und Regelung zu gewährleisten, der weitere Schäden ausschließt. Bei stromrichtergespeisten elektrischen Antrieben wird der Strom durch Einstellen der Wechselrichter-Grenzlage (→Steuerverfahren für Stromrichter) heruntergeführt, der Antrieb möglichst gebremst und stillgesetzt. *H. Stüben*

Reichweite. Die R. ist eine (statistische) Größe zur Beschreibung der Eindringtiefe von Elektronen oder Ionen ins Material (→Ionenimplantation). Meistens benutzt man die Größe projizierte R., wo man den statistischen Wert der R. in Richtung senkrecht zur Oberfläche mißt.

Die R. ist durch die Energie der einfallenden Teilchen und durch das Verhältnis Massen von Projektil und Target bestimmt. Elektronen werden im Material durch Wechselwirkung mit den Elektronenwolken der Matrixatome abgebremst. Die kinetische Energie der Elektronen wandelt sich in charakteristische Röntgenstrahlung und Bremsstrahlung um (deren sekundäre Absorption ist für die Temperaturerhöhung verantwortlich), für die Beschreibung der Abbremsung von Ionen (Ionenimplantation).

Beide Größen weisen eine R.-Streuung auf, die eine besonders wichtige Größe bei der →Implantation darstellt. *Ryssel*

Reichweitestreuung →Ionenimplantation

Reinigung. Die R. von Halbleitern stellt einen wichtigen Prozeßschritt in der →Halbleitertechnologie dar und beeinflußt entscheidend die Qualität der Bauelemente und die →Ausbeute. Durch die R. müssen organische und anorganische Verunreinigungen entfernt werden, die während des Herstellungsprozesses auf die Halbleiteroberfläche gelangen. Diese Verunreinigungen beinhalten Staubpartikel, Lackreste, organische Filme, Alkali- und Metallionen. Im allgemeinen werden Reinigungsprozesse nach dem →Läppen, →Sägen und →Polieren der Halbleiterscheiben sowie vor allen Hochtemperaturprozessen (→Oxidation, →Diffusion und →Schichtabscheidungen) durchgeführt. Damit soll das Dotieren des Halbleiters mit „life time killer“ wie Fe, Cu, usw. oder das Eindringen von Ionen in die Passivierungsschicht verhindert werden. Auch vor der Lackbeschichtung und der →Lithographie müssen die Halbleiteroberflächen, besonders bei Submikrometerstrukturen, völlig frei von Partikeln einer bestimmten Größe sein, um die Funktionsweise der Bauelemente auf Grund der abgebildeten Strukturen zu gewährleisten.

Zur Oberflächenreinigung finden meist folgende mechanischen und chemischen Verfahren Anwendung:

□ Scrubbing: Bei diesem Reinigungsverfahren werden Bürsten (Bild) verwendet oder Flüssigkeiten mit hohem Druck durch Düsen auf die Halbleiteroberfläche gesprüht. Letzteres Verfahren gewinnt zunehmend an Bedeutung, da eine mögliche Schädigung der Halbleiteroberfläche durch die starke mechanische Beanspruchung beim Bürsten entfällt, und es besteht außerdem der Vorteil, daß stets nur frische unverschmutzte Reinigungslösung (Wasser oder Chemikalien) mit der Oberfläche in Kontakt

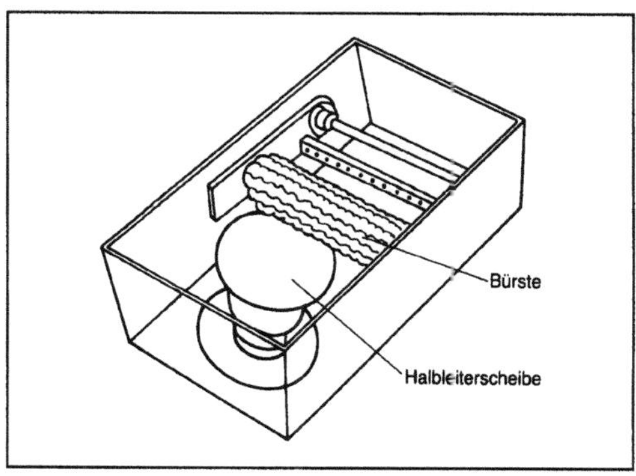

Reinigung: Scrubbing-Modul mit Bürste.

kommt. Auch können durch das Bürsten der Oberfläche selbst wieder Partikel entstehen.

□ R. mit Schallwellen: Bei dieser R. werden Partikel mittels Schallwellen von der Halbleiteroberfläche gelöst. Übliche Verfahren verwenden Wellenlängenbereiche, die im Ultraschallbereich (25 kHz und mehr, „ultra sonic"), im hohen Ultraschallbereich (800 kHz „mega sonic") und im hörbaren Bereich (bis 20 kHz „acoustic") liegen. Bei diesen Verfahren befinden sich die Halbleiterscheiben in stehenden oder laminar fließenden Flüssigkeiten. Teilweise werden auch die Scheiben durch stehende Wellen bewegt. Durch die unterschiedliche Energie werden bei den einzelnen Verfahren Partikel mit unterschiedlicher Oberflächenbindung und Partikelgröße entfernt. Der hohe Ultraschallbereich ist z. B. gut geeignet, polare Partikel mit guter Oberflächenhaftung, die sich nach der HF-Ätzung an der Oberfläche abscheiden, zu entfernen.

□ UV/Ozon-R.: Bei diesem Verfahren wird die Scheibenoberfläche mit UV-Licht einer Wellenlänge von 185–254 nm bestrahlt. Bei der Absorption des UV-Lichtes durch Sauerstoff werden Ozon (O_3)-Moleküle gebildet, die ein starkes Oxidationsmittel darstellen. Dieses Verfahren ist gut geeignet, um organische Verunreinigungen wie Fettfilme und Photolackreste von der Oberfläche zu entfernen, da das Ozon mit den organischen Rückständen unter Bildung von CO, CO_2 und H_2O reagiert.

□ Chemische Reinigungsverfahren: Chemische R. werden in der Halbleiterfertigung hauptsächlich durchgeführt, um ionische und atomare Verunreinigungen von den Scheiben zu lösen. Diese R. bestehen zumeist aus Sequenzen von Reinigungslösungen, die teilweise auch mit den vorher besprochenen mechanischen Reinigungsverfahren kombiniert werden. Durch diese Folge von Reinigungsschritten sollen möglichst effektiv sowohl Partikel als auch ionische und atomare Verunreinigungen von der Halbleiteroberfläche entfernt werden. Im folgenden ist eine der gebräuchlichsten Reinigungsverfahren für Siliciumscheiben, die RCA-R., aufgeführt:

1. Vorreinigung:
- Ablösen des →Photolackes (falls nötig) mit Aceton oder Plasma-Lackverascher
- Spülen mit deionisiertem Wasser

2. Entfernung noch verbliebener organischer Verunreinigungen und verschiedener Metalle in einer Lösung von 5 H_2O : NH_4OH (29%) : H_2O_2 (30%)
- Eintauchen der Halbleiterscheiben in die Lösung
- Aufheizen der Lösung auf 75–80 °C und 10 min auf dieser Temperatur belassen. Danach Scheiben herausnehmen und mit deionisiertem Wasser spülen.

3. Abätzen des dünnen Oxidfilmes:
- ∅ Scheiben in Flußsäurelösung tauchen (HF : 50 H_2O)
- Spülen mit deionisiertem Wasser

4. Desorption der verbliebenen atomaren und ionischen Verunreinigungen:
- Lösung von 6 H_2O : HCl (37%) : H_2O_2 (30%)
- Lösung auf 80 °C erhitzen und die Scheiben für 10–15 min in die Lösung geben.
- Spülen der Scheiben mit deionisiertem Wasser

5. Trocknen der Scheiben in einer Zentrifuge unter Stickstoffatmosphäre.

In der industriellen Anwendung wird diese naßchemische R. meist in automatischen Geräten durchgeführt. *Ryssel*

Literatur: *Skidmore, K.*: Cleaning Techniques for Wafer Surfaces. Semiconductor International. (1987) August, S. 79 bis 85.

Reinraum. Der R. ist ein von der Umgebungsatmosphäre abgegrenzter Bereich in dem besondere Bedingungen bezüglich Staubfreiheit (→Kontamination) der Luft hergestellt und aufrechterhalten werden.

Die breiteste industrielle Anwendung hat der R. in der Mikroelektronik gefunden, wo Partikelablagerungen die Funktion von Schaltungen beeinträchtigen bzw. deren Ausfall verursachen können. Die Fertigung von hochintegrierten Schaltungen (→VLSI, →ULSI) findet heute ausnahmslos in Reinräumen statt, da sonst keine ökonomisch vertretbaren Ausbeuten erzielt werden können. Bei Strukturbreiten die unter 1 μm liegen, sind bereits Partikel mit der Größe von 0,25 μm kritisch. Als sogenannte Killerpartikel können sie z. B. Kurzschlüsse oder Störungen der nachfolgenden Photolithographieschritte verursachen (→Defekte).

Durch entsprechende bauliche und technische Maßnahmen wird der Schwebstoffgehalt, d. h. die Anzahl der Staubpartikel in der Luft von R. im Verhältnis zu der Außenluft um mehrere Zehnerpotenzen (typisch 5 Zehnerpotenzen und mehr) gesenkt und die noch verbleibende Schwebstoffkonzentration ist für die sogenannte Reinraumklasse maßgebend. Die Reinraumklassen und Meßverfahren zu ihrer Bestimmung sind in Normen festgelegt (z. B. US-FS 209b, VDI 2083). Die Klasse 100 bedeutet, daß pro Kubikfuß (= 28,32 l) der Luft höchstens 100 Partikel mit dem Durchmesser ≥0,5 μm zulässig sind (Bild 1). Für die Klassen 10 und 1 existieren noch keine allgemein gültigen Spezifikationen, obwohl solche R. bereits im Betrieb sind.

Die Errichtung von R. ist mit erheblichen Kosten verbunden, ebenso der notwendigerweise kontinuierliche Betrieb. Für die Infrastruktur (Ver- und Entsorgung) wird zusätzlich die vier- bis sechsfache Fläche des R. benötigt. Die technische Realisierung eines R. hängt von der geforderten Reinraumklasse ab. In reinen Räumen der Klassen 10 000 und 1 000 wird die Luft durch Deckenfilter zugeführt und

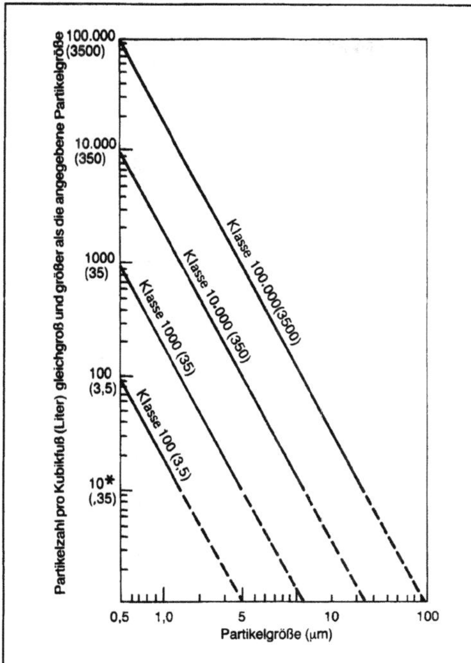

Reinraum 1: R.-Klassen nach Federal Standard 209b.

durch Wandöffnungen in Bodennähe abgeführt. Im R. herrscht somit ein leichter Überdruck, was das Eindringen von ungefilterter Luft verhindert. Die eigentlichen Arbeitsbereiche können noch zusätzlich mit sog. Laminarboxen ausgestattet sein, die lokal eine vertikale turbulenzarme Luftströmung und damit bessere Reinraumklasse (meistens 100) erzeugen.

R. der Klassen 100 und besser werden mit vollständiger HEPA-Filterdecke (*engl.* High Efficiency Particulate Air Filter) und oft mit gelochtem Doppelboden gebaut, womit sich eine ungestörte laminare Strömung auf der gesamten Reinraumfläche herstellen läßt. Ein solcher R. hat eine stabilisierte Lufttemperatur und -feuchtigkeit von typisch 22 °C und 50 %. Die vertikale Luftgeschwindigkeit beträgt 0,45 m/s, was einem bis 600fachem Luftaustausch pro Stunde entspricht.

Um die mit der Errichtung von R. der Klasse 100 oder niedriger verbundenen Kosten zu reduzieren, versucht man lokale R. zu verwenden (ähnlich den oben erwähnten Laminarboxen) und die Scheiben aus geschlossenen Transportboxen mit Hilfe einer standardisierten Übergabestation (SMIF, standard mechanical interface) in das Gerät zu bringen (Bild 2).

Der Zugang zum R. ist ausschließlich über Material- und Personenschleusen mit sich gegenseitig verriegelnden Außen- und Innentüren gestattet. Da der Mensch eine der größten Partikelquellen im R.

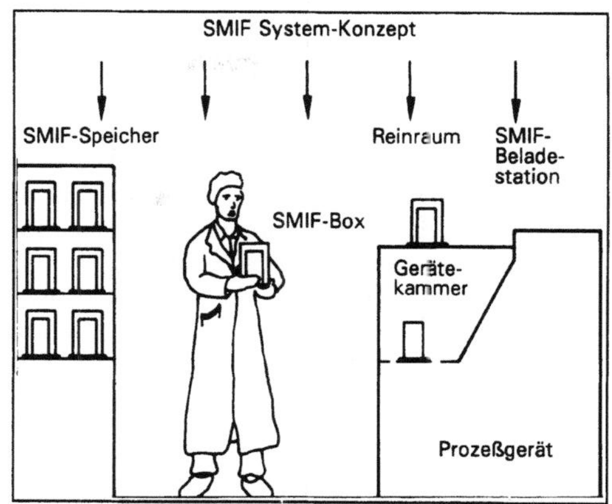

Reinraum 2: Standardisierte Übergabestation

ist, werden geschlossene Reinraumanzüge, Kopfhauben mit Mundschutz, Überziehschuhe und Handschuhe getragen.

Das Verhalten im R. ist durch spezielle Vorschriften geregelt (z. B. absolutes Rauch-, Eß- und Trinkverbot, Verbot von Nagellack und Make-up, Vermeiden von heftigen Bewegungen u. a.).

Alle im R. eingesetzten Geräte, Werkzeuge und Materialien müssen reinraumtauglich sein, d. h. selbst nur ein Minimum an Partikeln generieren (abriebfeste Oberflächen, fusselfreie Stoffe, gefilterte Reinigungsmittel) und die Laminarströmung möglichst nicht stören (strömungsgünstige Form, wandbündiger Einbau, gelochte Arbeitsflächen).

Ryssel

Literatur: *Minamino, O.* and *S. Fujii:* 8th International Symposium on Contamination Control. S. 179–181, Milan 1986.

Rekombination. Wiedervereinigung von →Elektron-Loch-Paaren in Halbleitern.

Bei sehr tiefen Temperaturen ist das →Leitungsband eines Halbleiters völlig leer von Elektronen, das →Valenzband vollständig mit Elektronen besetzt. Durch Zufuhr von Energie, z. B. thermische Energie durch Erwärmung oder Strahlungsenergie durch Lichteinfall, können Valenzbandelektronen die Energiebreite W_g des verbotenen Bands überqueren (Bild a). Es werden so Ladungsträgerpaare, d. h. Elektronen im Leitungsband und die entstandenen Löcher im Valenzband, generiert (Generationsrate G = Anzahl der pro Zeit- und Volumeneinheit erzeugten Paare). Der umgekehrte Prozeß der Ladungsträgervernichtung (R.) bewirkt, daß die Konzentration der in den Bändern praktisch freien Ladungsträger nicht beliebig ansteigt, sondern sich ein Gleichgewicht einstellt. Dies ist durch die Gleichheit von →Generationsrate und Rekombinationsrate (R = Anzahl der pro Zeit- und Volumeneinheit stattfindenden Rekombinationsprozesse) bestimmt, $G = R$. Im instationären Fall ist $G \neq R$, d. h. die Rekombinationsrate kann die Generationsrate überwiegen und umgekehrt. Interessiert man sich z. B. für $R > G$ nur für die Bilanz der Erzeugung und Vernichtung von Ladungsträger, so spricht man von R-G auch als *Nettorekombinationsrate.*

Es sind verschiedene Arten von Rekombinationsprozesse zu unterscheiden, die auch Rekombinationskanäle oder Rekombinationsmechanismen genannt werden. Zunächst gibt es die *direkte* R. (Bild b), die die direkte Umkehrung der Band-zu-Band-Generation darstellt, wobei sich Elektron und Loch direkt vereinigen (auch bimolekulare R.). Die zugehörige Rekombinationsrate ist, da sich ein Elektron und ein Loch dazu räumlich treffen müssen, zur Konzentration n und p der Elektronen bzw. Löcher proportional, so daß sich mit dem Rekombinationskoeffizienten r als Proportionalitätsfaktor die Rate $R = rnp$ ergibt. Da bei Eigenhalbleitern $n = p$ ist, wird dort $R = rn^2 = rp^2$, weshalb man oft auch von *quadratischer* R. spricht.

Da im thermischen Gleichgewicht die Fermi-Dirac-Statistik die Ladungsträgerkonzentrationen mit $n\,p = N_L\,N_V \exp(-W_g/kT)$ (N_L, N_V = effektive Zustandsdichte im Leitungs- bzw. Valenzband, kT = thermische Energie) unabhängig von der thermischen Generationsrate $G_{th} = G_{th0} \exp(-W_g/kT)$ und von R bestimmt, ergibt sich die vom Bandabstand W_g unabhängige Beziehung $N_L N_V = G_{th0}/r$. Im Nichtgleichgewichtsfall, z. B. bei zusätzlicher optischer Generation G_{opt}, ergibt sich im Eigenhalbleiter aus $R = G = G_{th} + G_{opt}$ die Beziehung $n = p = (G/r)^{1/2}$, d. h. die Ladungsträgerkonzentrationen wachsen nur mit der Quadratwurzel aus der Generationsrate. In anderer Sprechweise bedeutet dies, daß man i. A. keine konstante Lebensdauer τ der Ladungsträger definieren kann ($n = G\tau$). Dies gelingt nur für die Überschußladungsträger Δn bzw. Δp ($n = n_{th} + \Delta n$, $p = p_{th} + \Delta p$) und für kleine Zusatzanregungen $G_{opt} \ll G_{th}$, d. h. kleine Störungen des thermischen Gleichgewichts. Dann läßt sich die Wurzel linarisieren wobei $\tau \approx (4G_{th}r)^{-1/2}$ resultiert. Insbesondere für den in der Anwendung wichtigen Fall $G_{opt} \gg G_{th}$ gilt dies jedoch nicht. Beim Abschalten der Generation geht dann das System auch nicht mit einer konstanten charakteristischen Zeit in den thermischen Gleichgewichtszustand zurück, sondern mit $dn/dt = -rn^2$ nach dem hyperbolischen Zeitgesetz $n = n_0/(1 + n_0 r\,t)$, wobei n_0 die Konzentration beim Abschaltzeitpunkt $t = 0$ ist. Ähnliche Verhältnisse liegen auch außerhalb der Eigenleitung, d. h. im Dotierungsfall vor. Bei n-Dotierung, bei der die thermische Generation von Elektronen aus Donatoren erfolgt und $n_{th} \gg p_{th}$ erzeugt, ergibt sich im Fall schwacher Störung des thermischen Gleichgewichts eine konstante Lebensdauer für die →Minoritätsträger $\tau_p = 1/rn_{th}$. Umgekehrt ergibt sich bei p-Dotierung für die Elektronen als Minoritätsträger $\tau_n = 1/rp_{th}$.

Wichtiger als die direkte R. ist jedoch die *Störstellenrekombination,* wobei das in das Valenzband zurückkehrende Elektron vorübergehend eine Störstelle (Fremdatom, →Gitterfehlstelle) mit einem →Energieniveau im verbotenen Band besetzt. Erst von dort aus rekombiniert es endgültig mit dem Loch im Valenzband, bzw. – äquivalent gesprochen – die besetzte Störstelle fängt das Loch im Valenzband ein (Bild c). →Störstellen mit der Fähigkeit, sowohl Elektronen als auch Löcher einzufangen, heißen demgemäß Rekombinationszentren (Konzentration N_R). Die Beeinflussung der Lebensdauern von Minoritäts- und Majoritätsträgern hängt von der Gleichgewichtsbesetzung der Zentren ab. Ist der Einfang von Löchern der schnellere Prozeß, so werden praktisch alle Zentren mit Löchern besetzt und $N_{Rp} \approx N_R$ resultiert. Für die Elektronenrekombination gilt dann $R \approx r_n n\, N_{Rp} \approx r_n N_R$, d. h. es resultiert eine konstante Elektronenlebensdauer $\tau_n = 1/N_R r_n$. Der Rekombinationskoeffizient r_n ergibt sich dabei aus dem Elektroneneinfangquerschnitt σ_n und der thermischen Geschwindigkeit der Elektronen, $r_n = v_{th} \cdot \sigma_n$. Der entgegengesetzte Fall liegt z. B. für die Störstelle Gold in Silicium vor, die praktisch vollständig negativ geladen ist, d. h. $N_{Rn} \approx N_R$. Dann ergibt sich die Löcherlebensdauer $\tau_p = 1/\sigma_p \cdot v_{th} \cdot N_R$, was mit den Werten $\sigma_p = 5 \cdot 10^{-15}\,cm^2$, $v_{th} = 2 \cdot 10^7\,cm/s$, $N_R = 10^{15}\,cm^{-3}$ einen Wert $\tau_p = 10^{-8}\,s$ ergibt. In Zwischenfällen können N_{Rn} bzw. N_{Rp} bei starker Störung des thermischen Gleichgewichts umgeladen werden, so daß auch hier nicht notwendig eine konstante Lebensdauer resultieren muß.

In der Regel wirken gleichzeitig mehrere Rekombinationskanäle. Die Einzellebensdauern addieren sich dann reziprok zur Gesamtlebensdauer $1/\tau_{ges} = {}_i\Sigma 1/\tau_i$. Eine Störstelle muß auch nicht notwendig als →Rekombinationszentrum wirken. So nimmt bei Energieniveaus, die von Mitte des verbotenen Bands weg näher zu einem erlaubten Band liegen, die Wahrscheinlichkeit der thermischen Reemission eines einmal eingefangenen Ladungsträgers in sein Herkunftsband zu. Überwiegt die Reemission vor der Weiterleitung ins gegenüberliegende Band bzw. kann man letztere sogar vernachlässigen (Bild d) so spricht man von Haftstellen. Da auch die Haftstellen Ladungsträger aus den Bändern herausnehmen, beeinflussen auch sie – mehr indirekt – die Lebensdauern. Ob eine Störstelle als Rekombinationszentrum oder als →Haftstelle wirkt hängt zwar von den zugehörigen Ladungsträgereinfangquerschnitten ab, meist dominierend ist jedoch der Einfluß des energetischen Abstands von einem Band, da die thermische Reemissionswahrscheinlichkeit mit wachsendem Abstand exponentiell sinkt. Ganz grob lassen sich sog. Demarkationsniveaus W_{Dn} bzw. W_{Dp} angeben (Bild), oberhalb bzw. unterhalb derer Störniveaus als Haftstellen für Elektronen bzw. Löcher wirken. Niveaus dazwischen sind meist Rekombinationszentren. Für Störstelleniveaus exakt auf einem Demar-

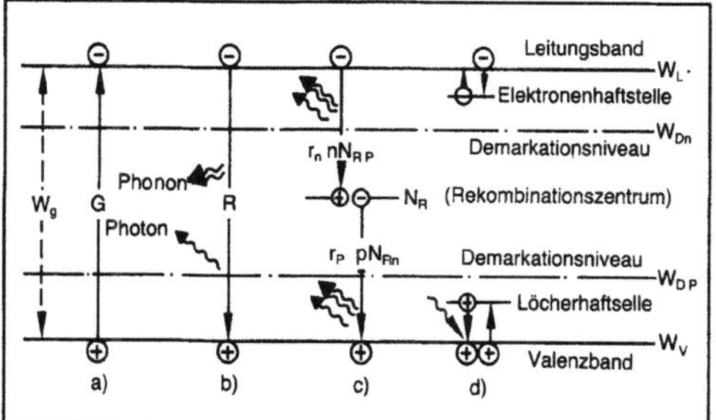

Rekombination: Verschiedene R.-Prozesse in Halbleitern.

kationsniveau sind die Wahrscheinlichkeiten für Reemission und weitere R. gleich groß.

Die optische Generation von Ladungsträgern aus Haftstellen durch Einstrahlung von Licht kann manchmal einen Rekombinationskanal, der über andere Zentren läuft, weiter öffnen (Bild c, d). Dadurch können Ladungsträgerkonzentrationen in den Bändern trotz globaler Energiezufuhr sinken, man spricht von Tilgung.

Die bei der R. von Ladungsträgern frei werdende Energie muß natürlich irgendwie aus dem Elektronensystem herausgenommen werden. Hierzu kommen z. B. Photonen in Frage, man spricht dann von *strahlender* R. (Rekombinationsstrahlung), die für den Bau optoelektronischer Bauelemente wesentlich ist (z. B. →Lumineszenzdiode). Allerdings trägt das →Photon praktisch keinen Impuls mit sich fort, so daß ein strahlender →Band-Band-Übergang nur bei direkten Halbleitern (z. B. GaAs) vorkommt. Bei ihnen liegen die mit Elektronen bzw. Löchern besetzten Extrema von Leitungs- bzw. Valenzaband im Energie-Impuls-Diagramm (→Bändermodell) direkt übereinander, so daß bei einem elektronischen Übergang (direkter Übergang) keine Impulsdifferenzen entstehen. Bei indirekten Übergängen müssen zur Erfüllung der Impulsbilanz weitere Teilchen beteiligt sein (z. B. →Phononen), was zu einer deutlichen Absenkung der Wahrscheinlichkeit für strahlende R. führt. Im Fall der Störstellenrekombination kann die Störstelle jedoch Impuls aufnehmen. Darüber hinaus kann mit der energetischen Lage des Rekombinationszentrums durch Einbau unterschiedlicher Störatome auch die Wellenlänge des Rekombinationslichts variiert werden (→Lumineszenzdiode).

Häufiger als strahlende Übergänge ereignet sich jedoch die *strahlunglose* R. Hierbei wird die Rekombinationsenergie meist vom Phononensystem des Gitters aufgenommen, also in Wärme verwandelt. Eine weitere Möglichkeit strahlungsloser R. ist die *Auger*-R., bei der ähnlich dem atomaren →Auger-Effekt die frei werdende Energie einem weiteren Bandelektron übertragen wird. Dies wird dann zwar hoch ins Band angeregt, relaxiert dann aber schnell über die Elektron-Phonon-Wechselwirkung, d. h. unter Energieabgabe an das Gitter. *Heinz*

Literatur: *Conradt, R.*: Auger-Rekombination in Halbleitern. Festkörperprobleme XII, Nr. 449 (Hrsg. O. Madelung) Vieweg, Braunschweig 1972. – *Haug, A.*: *Stralungslose Rekombination in Halbleitern. Festkörperprobleme XII (Hrsg.: O. Madelung) Nr. 411 Braunschweig 1972.* – *Schultz, W.*: Rekombinations- und Generationsprozesse in Halbleitern. Festkörperprobleme V, Nr. 165 (Hrsg.: F. Sauter) Braunschweig 1966.

Rekombinationsrate →Nettorekombinationsrate

Rekombinationszentrum. Störstelle in einem Halbleiter, über die als Zwischenstadium die Rekombination von Elektronen und Löchern verläuft. *Heinz*

Relais. Elektrisches Schaltbauteil oder Gerät, das aufgrund von elektrischen Steuerspannungen (Eingang) einen oder mehrere Stromkreise (Ausgang) schließt oder unterbricht.

Dadurch ergeben sich folgende Anwendungsfälle:

- Schalten großer Leistungen, gesteuert durch kleine.
- Trennung verschiedener Spannungsniveaus (Potentiale), z. B. Niederspannungen auf der Eingangsseite und Netzspannungen auf der Ausgangsseite.
- Trennung von Gleich- und Wechselstromkreisen.
- Gleichzeitiges Schalten mehrerer Stromkreise durch ein einziges Steuersignal.
- Verknüpfen von Informationen, dadurch Aufbau von Steuerungsabläufen.

Historisch bedingt verbergen sich hinter dem Begriff Relais bzgl. Bauform, Baugröße und Einsatzbereich sehr unterschiedliche Bauteile bzw. Geräte (Bild). So sind Überwachungs-, Meß- und Schutzrelais den Geräten zuzuordnen. Sie können Abmessungen bis zur Größe eines Schaltschrankes einnehmen und werden vornehmlich in der Energietechnik eingesetzt.

Auch →Zeitrelais – zumindest solche mit einstellbarer →Verzögerungszeit – sind eher als Geräte einzustufen. Dagegen ist das R. im engeren Sinne, auch als →Schaltrelais bezeichnet, ein Bauteil, das im gesamten Bereich der Elektrotechnik Einsatz findet.

Erster Anwendungsfall von R. war seit Mitte des 19. Jahrhunderts der Einsatz in der Telegraphie zur Auffrischung der Fernschreibsignale bei der Überbrückung großer Entfernungen. Dabei wurde die Verstärkungswirkung von R. ausgenutzt, d. h. die Fähigkeit aufgrund der Ansteuerung mit kleinen Spannungen und Strömen sehr viel größere zu schalten. Diesem Anwendungsfall dürfte das R. – in

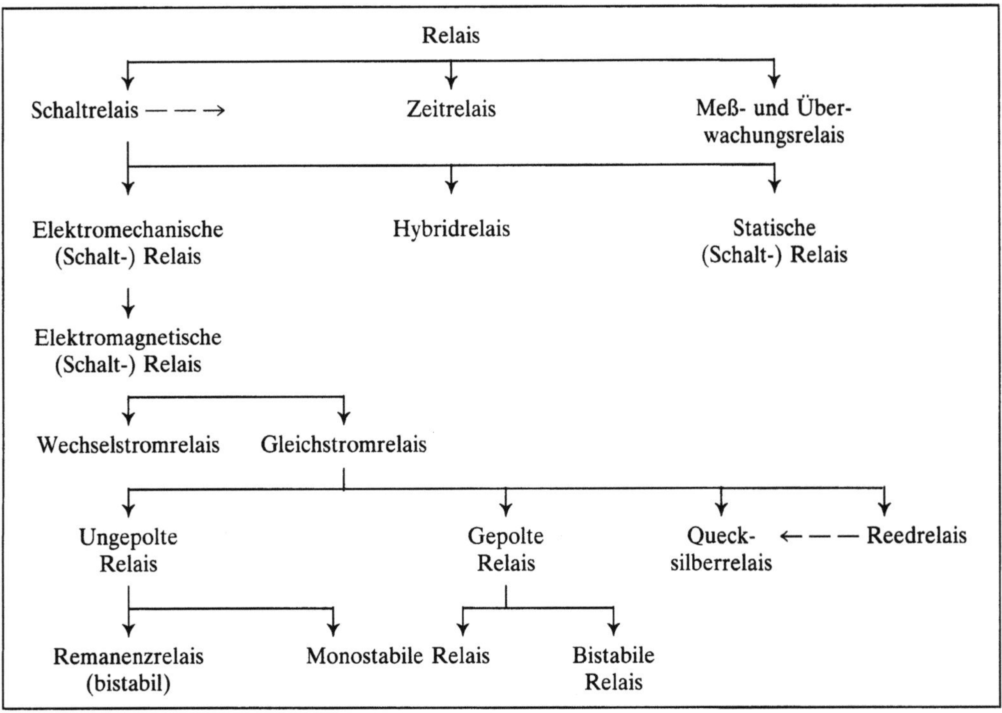

Relais: Übersicht, zur Vereinfachung ist nur ein Teil der denkbaren Verzweigungen eingetragen. So gibt es z. B. auch bei den Reed- und Quecksilberrelais ungepolte und gepolte, mono- und bistabile R.

Anlehnung an die *Relaisstationen,* bei denen die Pferde der Postkutschen gewechselt wurden – seinen Namen verdanken. *Rauterberg*

Literatur: *Rint C.* (Hrsg.): Handbuch für Hochfrequenz- und Elektrotechniker. Bd. 1. München/Heidelberg 1979.

Relais, bistabiles. Elektromechanisches →Relais, i. a. →Gleichstromrelais, mit zwei stabilen Schaltstellungen, in denen es wahlweise nach Abschalten des Erregerstromes der Spule verbleibt.

Das bistabile Schaltverhalten wird meist durch Dauermagnete im Magnetsystem erzielt, d. h. b. R. sind meist gepolte Relais. In diesem Fall bestimmt die Richtung (Polarität) des Spulenstromes, welche Schaltstellung eingenommen wird. *Rauterberg*

Relais, elektromechanisches. Das e. R. – oder genauer elektromechanische Schaltrelais – ist die am weitesten verbreitete Form des Relais. Es dient universellen Schaltaufgaben im gesamten Bereich der Elektrotechnik.

Wie alle Bauteile sind auch Relais in den letzten Jahrzehnten erheblich kleiner geworden (Bild 1). Das Volumen des größten und kleinsten dieser Reihe vergleichbarer Relais, die zwischen 1934 und 1987 entwickelt wurden, unterscheidet sich um mehr als den Faktor 1000.

Weitaus häufigstes Antriebsprinzip ist das elektromagnetische, das auf der Krafteinwirkung eines Magnetfeldes auf Eisenteile beruht.

Grundbestandteile des e. R. sind (Bild 2): Magnetsystem und →Kontaktsatz.

Der Steuerstrom wird über die Relaisanschlüsse zur →Spule des Magnetsystems geführt. Der Strom in der Spule erzeugt einen Magnetfluß. Dieser fließt durch den Eisenkern zum Arbeitsluftspalt, tritt dort auf den Anker über und fließt über das Joch zum Kern zurück. Im Arbeitsluftspalt übt der Magnetfluß auf den Anker eine Zugkraft aus und bewegt ihn bis zum Anschlag auf der Polfläche.

Die Ankerbewegung wird – häufig über ein Zwischenglied, den Schieber – auf die Federn des Kontaktsatzes übertragen. Dadurch wird eine Berührung zwischen den Kontaktstücken verursacht oder aufgehoben. Die Kontaktfedern und Kontaktstücke werden beim Einsatz des Relais – über die Relaisanschlüsse – mit einem elektrischen Kreis verbunden. Diesen schließen oder unterbrechen sie, wenn das Relais betätigt wird.

Beim →Reedrelais entfällt die Trennung zwischen Magnetsystem und Kontaktsatz.

Man unterscheidet zwischen monostabilen und bistabilen Relais entsprechend der Zahl der Schaltstellungen, die nach Abschalten der Steuerspannung vorliegen können.

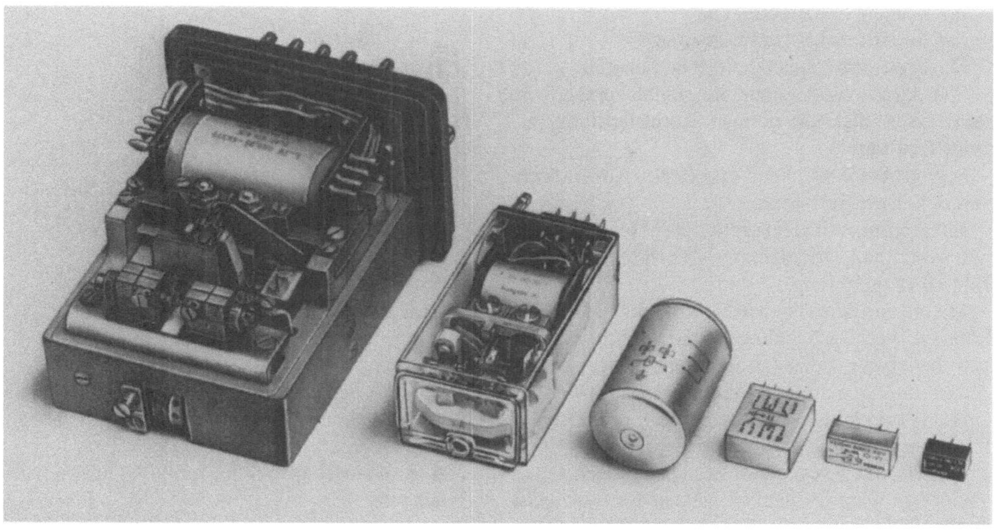

Relais, elektromechanisches 1: Miniaturisierung von Relais: Gepolte Relais aus den Jahren 1934 (links) bis 1987 (rechts).

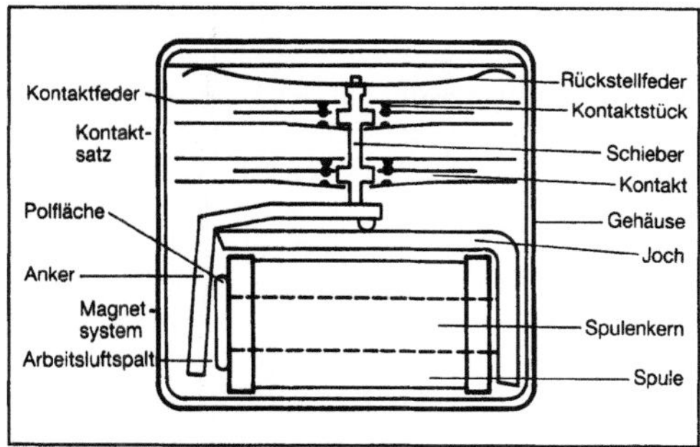

Relais, elektromechanisches 2: Ungepoltes Relais mit vier Wechslern.

Gemäß der Art ihrer Eingangs- oder Steuerspannung wird zwischen Gleichstrom- und Wechselstromrelais unterschieden.

Prinzipiell unterschiedliche Magnetsysteme haben das ungepolte und das gepolte Relais. Das letztere enthält einen oder mehrere Dauermagnete, deren magnetischer Fluß sich dem von der stromdurchflossenen Spule erzeugten überlagert.

→Remanenzrelais bilden eine Zwischengruppe. Bei diesen wird bistabiles Schaltverhalten dadurch bewirkt, daß Teile des magnetischen Kreises durch den von der Spule erzeugten magnetischen Fluß im Wechsel der Ansteuerimpulse auf- und entmagnetisiert werden.

E. R. gibt es in verschiedenen Gehäuse- und Anschlußformen. Man unterscheidet zwischen offenen, staubgeschützten, waschdichten und hermetisch dichten Relais.

Die Anschlüsse können zum Einlöten auf Leiterplatten, zum Einsetzen in Fassungen, zum Anlöten von Schaltdrähten oder zum Aufschieben von Kabelsteckern ausgebildet sein.

Folgende Einsatzbereiche sind zu unterscheiden:

□ Schwachstromanwendungen: Diese Relais haben Gehäusegrößen von z. T. unter $1\,cm^3$. Sie werden fast ausschließlich auf Leiterplatten eingesetzt. Die Schaltspannungen reichen bis etwa 150 V, die Schaltströme bis 2 A. Die erforderliche Steuerleistung liegt z. T. unter 1/10 W. Lebensdauern von bis zu einer Milliarde Schaltungen werden erzielt.

Einsatzgebiete sind vor allem Telekommunikation, Medizinische Technik, Datenverarbeitung und Meßtechnik.

□ Anwendungen, bei denen Netzspannungen (220/380 V) geschaltet werden: Hier bestehen hohe Sicherheitsanforderungen (IEC- und Europanormen, VDE-Vorschriften, Regelwerke der Berufsgenossenschaften u. a.). Einsatzgebiete sind z. B.: Steuer- und Regeltechnik, Hausgeräte (Fernsehgeräte, Waschmaschinen, Herde, etc.). Installationstechnik und sicherheitstechnische Einrichtungen (Aufzüge, hydraulische Pressen).

□ Kfz-Anwendungen: In modernen Kraftfahrzeugen gibt es über 50 Relaisfunktionen vom Blinker bis zum Antiblockiersystem.

Die Einschalt-Stromspitzen betragen bis zu 200 A. Kfz-Relais sind extrem robuste und relativ kostengünstige Bauteile.

Gegenüber statischen Relais und sonstigen elektronischen Alternativen wird beim e. R. häufig als nachteilig betrachtet:

– die mechanische Abnutzung

- die kleinere Schalthäufigkeit
- das hörbare Schaltgeräusch

Dagegen sind folgende Vorteile anzuführen:
- Sehr kleiner Widerstand des geschlossenen Kontaktkreises, dadurch geringe Verlustleistung, geringe Erwärmung.
- Sehr großer Widerstand des offenen Kontaktkreises, d. h. kein Reststrom.
- Integration mehrerer getrennter Schaltfunktionen (→Öffner, →Schließer, →Wechsler) im selben Bauteil (Kontaktsatz).
- Mit ein und demselben Schaltkontakt eines Relais können Wechselspannungen und Gleichspannungen beliebiger Polarität innerhalb eines großen Strom- und Spannungsbereiches geschaltet werden.
- Hohe kurzzeitige Überlastbarkeit von Eingang und Ausgang bzgl. Strom und Spannung, geringe Empfindlichkeit gegenüber Störspannungen.
- Geringe Empfindlichkeit gegenüber kurzzeitig hohen Temperaturen.
- Ausführbarkeit als Sicherheitsschalter durch starre mechanische Koppelung mehrerer Schaltfunktionen.
- Speicherung des Betriebszustandes (bistabile Relais) bei →Ausfall der Spannungsversorgung.

Diese Eigenschaften und die Tatsache, daß elektromechanische Schaltrelais vielfach die wirtschaftlichste Realisierung einer Schaltaufgabe ermöglichen, führen dazu, daß sie im gesamten Bereich der Elektrotechnik Anwendung finden. *Rauterberg*

Literatur: *Köhler, W. M.*: Relais. München 1978. – *Greif, H.*: Moderne Relais und ihre Schaltungen. München – Wien 1987.

Relais, elektronisches →Relais, statisches

Relais, gepoltes. Auch polarisiertes Relais. Elektromechanisches Relais, speziell Gleichstromrelais, dessen Magnetsystem mindestens einen Dauermagneten enthält. Der magnetische Fluß des Dauermagneten überlagert sich mit dem durch den Spulenstrom erzeugten Steuerfluß (Bild).

Damit die Addition und Subtraktion der Flußanteile in den Arbeitsluftspalten im richtigen Sinne erfolgt, muß die Richtung des Steuerflusses stimmen. Das erfordert auch eine vorgegebene Richtung (Polarität) des Spulenstromes.

Gründe für den Einsatz gepolter Magnetsysteme – trotz ihres aufwendigeren Aufbaus – sind:
- Durch die Flußüberlagerung, d. h. Summen- und Differenzbildung, erhält das System einen erhöhten Wirkungsgrad gegenüber ungepolten Relais. Es benötigt also eine geringere Eingangsleistung.
- Die Haftkraft des Dauerflusses kann zur Realisierung bistabiler Relais genutzt werden. *Rauterberg*

Relais, monostabiles. Elektromechanisches →Relais, das – im Gegensatz zum bistabilen Relais – nur eine stabile Schaltstellung besitzt. In diese kehrt es nach Abschalten des Erregerstromes selbsttätig zurück.

M. R. können sowohl ungepolte als auch gepolte Relais sein. *Rauterberg*

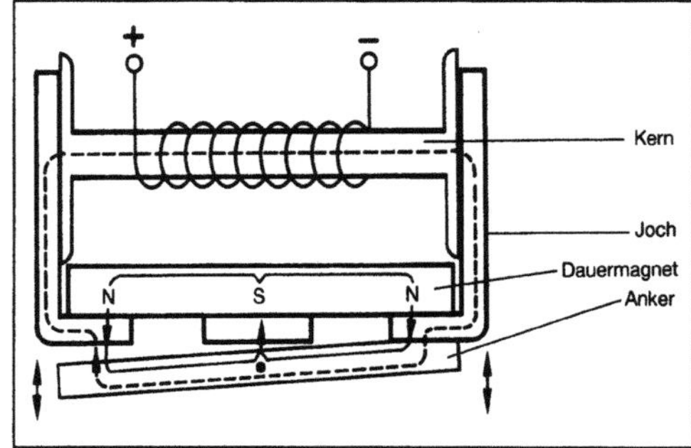

Relais, gepoltes: Gepoltes Magnetsystem.

Relais, statisches. (auch elektronisches Relais oder Halbleiterrelais, *engl.* solid state relay, SSR). Relais, insbesondere Schaltrelais, das aus elektronischen Schaltungen ohne mechanisch bewegte Teile besteht.

S. R. werden sowohl auf der Eingangs- als auch der Ausgangsseite für Gleich- oder Wechselstrom und für kleine oder große elektrische Leistungen angeboten.

Ausgangsbauteil ist meist ein →Triac oder →Thyristor, wenn Wechselspannungen zu schalten sind bzw. ein oder mehrere Leistungstransistoren zum Schalten von Gleichspannungen.

Die elektrische Trennung (Potentialtrennung) zwischen Eingangs- und Ausgangsseite wird meist durch einen →Optokoppler, gelegentlich auch durch einen →Übertrager (→Transformator) vorgenommen. Ausführungen, die zur Trennung ein →Reedrelais enthalten, sind wegen der bewegten Reedfeder nicht den statischen, sondern den →Hybridrelais zuzurechnen.

Außer der reinen Schaltfunktion kann das s. R. noch weitere Zusätze enthalten. Diese können z. B. dazu dienen, das s. R. gegen hohe Störspannungen zu schützen (Transientenschutz). Auch der Nullpunktschalter ist ein solcher Zusatz. Er wählt beim Schalten von Wechselspannungen automatisch den günstigsten Ein- und Ausschaltzeitpunkt. Dies ist besonders wichtig beim möglichst störungsfreien Schalten von Induktivitäten. Der günstigste Zeitpunkt ist beim Einschalten der Nulldurchgang der Spannung und beim Ausschalten der des Stromes. (→Relais, elektromechanisches) *Rauterberg*

Relais, ungepoltes. Auch nicht polarisiertes oder neutrales Relais. Elektromechanisches →Relais, dessen Magnetsystem keine Dauermagnete enthält.

Daher ist das ungepolte Relais auch von der Richtung (der Polarität) des Spulenstromes unabhängig. *Rauterberg*

Relaxationsoszillator. Eine astabile Kippschaltung, die dauernd ihren Zustand wechselt, bildet einen R. (→Multivibrator). Die frequenzbestimmenden Bauteile sind Widerstände, Kondensatoren und Spannungen. Werden zwei dieser Größen konstant gehalten, so läßt sich die dritte als digitale meßbare Frequenz oder Periodendauer darstellen. Die R. werden so nicht nur als Taktgeneratoren, sondern auch als Frequenzumsetzer verwendet.

Astabile Kippschaltung zur R- oder C-Frequenz-Umsetzung: Das Bild zeigt die Schaltung eines R., der aus →Integrationsverstärker, Invertierer und →Komparator besteht. Seine Frequenz f und seine Periodendauer T ergeben sich zu

$$f = \frac{1}{T} = \frac{1}{4}\,\frac{R_1 + R_2}{R_2}\,\frac{R_4}{R_3}\,\frac{1}{RC}.$$

Wird bei einer Widerstands-Frequenz-Umsetzung eine Frequenz proportional zu einem unbekannten Widerstand R_x benötigt, so kann der unbekannte Widerstand R_x an der Stelle von R_4 eingesetzt werden. Ist umgekehrt eine Kennlinie $f = k/R_x$ gewünscht, so könnte einer der Widerstände R_2, R_3 oder R durch R_x ausgetauscht werden. Werden schließlich die Widerstände konstant gehalten und

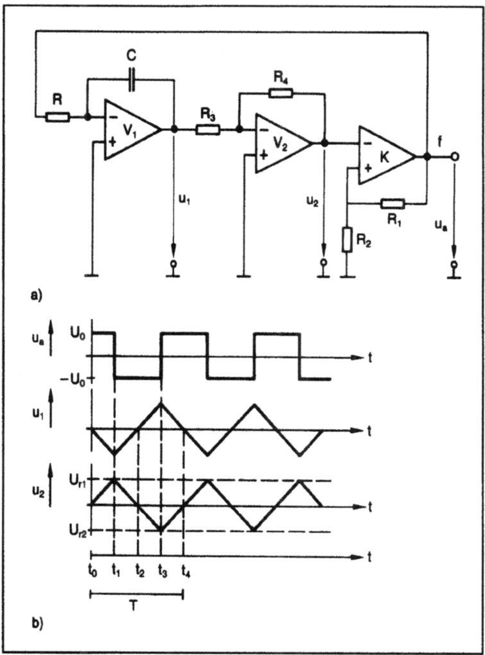

Relaxationsoszillator: Astabile Kippschaltung mit Integrationsverstärker und Komparator.
a) Schaltung
b) Signale.

wird die Kapazität C variiert, so ergibt sich der Zusammenhang $f = k_1/C$.

Generell kann der Anwender noch entscheiden, ob die Periodendauermessung eventuell der →Frequenzmessung vorzuziehen ist. In diesem Fall würde der R. nicht als Frequenz-, sondern als Zeitumsetzer benutzt.

Die gezeigte Schaltung zeichnet sich dadurch aus, daß die Offsetdriften (→Offset) der →Operationsverstärker nicht in die Meßgenauigkeit eingehen. Damit bietet sich der R. auch als Alternative für die Meßaufgaben an, bei denen sonst auf einen Zerhacker- oder Trägerfrequenz-Verstärker (→Modulationsverstärker) hätte zurückgegriffen werden müssen. *Schrüfer*

Relaxationsschwingungen. Schwingungen der optischen Leistung eines Lasers bei Änderung der Pumpleistung. Die Erhöhung der Pumpleistung führt zu einer Zunahme der Elektronenzahl im angeregten Zustand E_3 um ΔN_3, die sich in einer entsprechenden Erhöhung der Photonenzahl n_{ph} widerspiegeln soll. Die Änderung der emittierten Leistung ist aus den Bilanzgleichungen (→Quantenelektronik) zu berechnen. Unter der vereinfachenden Annahme, daß der Lasergrundzustand E_2 stets leer ist, ergibt sich für die zeitliche Änderung der Photonenzahl.

$$n_{ph}(t) = A\,\rho\cos\left(t\cdot\sqrt{\omega_0^2 - \frac{\gamma^2}{4}}\right)\exp\left(-\frac{\gamma t}{2}\right)$$

d. h. eine Schwingung mit der Frequenz

$$\omega_0^2 = \frac{1}{\tau_3\,\tau_{ph}}\cdot\left(\frac{\Delta N_3}{N_{3sch}} - 1\right)$$

und der Abklingzeit

$$\frac{1}{\gamma} = \tau_3\,\frac{N_{3sch}}{\Delta N_3}$$

Die Frequenz ist um so höher und die Abklingzeit um so geringer, je größer das Verhältnis der Besetzungszahl – Änderung ΔN_3 zur Schwellenbesetzungszahl N_{3sch} ist, und um so kleiner die Ladungsträger- und Photonenlebensdauern τ_3 und τ_{ph} sind (Bild). *Rosenzweig*

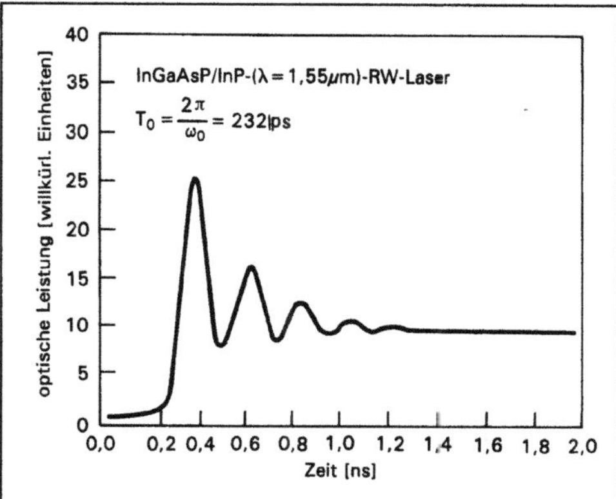

Relaxationsschwingungen: R. eines Halbleiterlasers.

Literatur: *Grau, G. K.:* Quantenelektronik. Braunschweig 1978.

Remanenzrelais. Elektromechanisches (Schalt-) →Relais, bei dem der remanente, d. h. verbleibende Magnetfluß das Magnetsystem in Arbeitsstellung hält, auch wenn der Spulenstrom abgeschaltet worden ist. Das R. hat daher zwei stabile Schaltstellungen, zählt also zu den bistabilen Relais.

Der relativ hohe remanente Fluß wird dadurch gewährleistet, daß Teile des Magnetsystems, meist der Spulenkern, aus einem sog. halbharten ferromagnetischen Material - z. B. Eisen mit hohem Kohlenstoffgehalt - bestehen. Diese Werkstoffe liegen in der Koerzitivfeldstärke und Remanenz zwischen den weichmagnetischen und den hart- oder permanent magnetischen Werkstoffen und stellen einen Kompromiß zwischen niedrigem magnetischen Widerstand und hoher erreichbarer Dauermagnetisierung dar.

Vorteile gegenüber anderen bistabilen Relais sind die Einsparung eines gesonderten Dauermagneten einschließlich zugehöriger Flußführungsteile sowie die Tatsache, daß eine der beiden Schaltstellungen, die Arbeitsstellung, nur durch den Erregerstrom, nicht jedoch durch noch so starke mechanische Erschütterungen (bleibend) eingenommen wird.

Rauterberg

Reparaturrate. Die R. μ ist ein Parameter zur Beschreibung der →Reparaturwahrscheinlichkeit. Ihr Kehrwert ergibt die mittlere Reparaturzeit (mean time to repair) →MTTR

$$\frac{1}{\mu} = \text{MTTR} \quad .$$

Schrüfer

Reparaturwahrscheinlichkeit. Die R. (auch Wartbarkeitsfunktion, *engl.* maintenance function) ist die Wahrscheinlichkeit, daß eine ausgefallene, reparierbare Komponente wieder in den funktionsfähigen Zustand zurückgeführt ist.

In Übereinstimmung mit der Praxis werden für die Erneuerung unterschiedlich lange Reparaturzeiten angenommen. Einige Ausfälle lassen sich schnell beheben, andere erst nach einer längeren Zeit (Bild). Mit Hilfe des Parameters →Reparaturrate μ [h^{-1}] läßt sich die R. M(t) definieren

$$M(t) = \frac{\text{Zahl der reparierten Geräte}}{\text{Zahl der ausgefallenen Geräte}} = 1 - e^{-\mu t}$$

Der Kehrwert der Reparaturrate ist die mittlere Reparaturzeit oder →MTTR (mean time to repair),

$$\text{MTTR} = \frac{1}{\mu} \quad .$$

Bei reparierbaren Geräten wird die mittlere Zeit zwischen zwei Ausfällen als mittlere Betriebszeit →MTBF (mean time between failures) bezeichnet. Sie ist bei exponentiell verteilten Lebensdauern wie die →MTTFF gleich dem Kehrwert der →Ausfallrate

$$\text{MTBF} = \frac{1}{\lambda} \quad .$$

Schrüfer

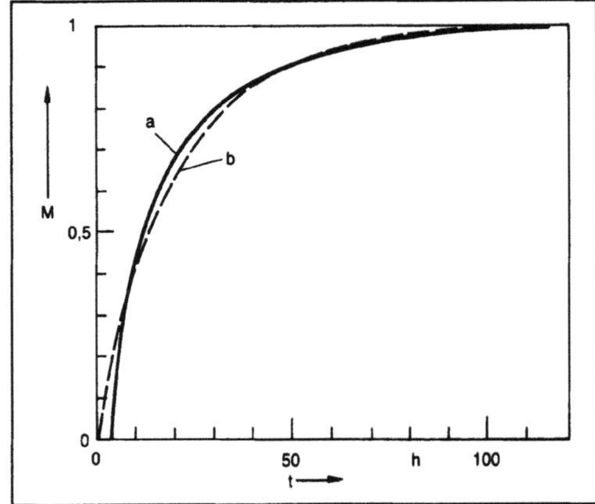

Reparaturwahrscheinlichkeit: Reparaturzeiten von Diesel-Motoren. Die Kurve a (beobachtete Zeiten) läßt sich approximieren durch die Kurve b mit der Reparaturrate $\mu = 5.10^{-2} h^{-1}$.

Literatur: *Rasmussen, N. C.* Reactor Study - An Assessment of Accident Risks in US Commercial Nuclear Power Plants, United States Nuclear Regulatory Commission, WASH-1400 (NUREG-75/014), 1975.

Resist →Photolack

Resonant Hot Electron Tunneling Transistor (RHET) →Resonant Tunneling Transistor

Resonant tunneling transistor (RTT). Uni- oder →Bipolartransistor mit einer Quantum-Well-Schicht und einer Doppelbarriere im Emitter-Basis-Übergang bzw. in der Basis, durch die die →Ladungsträger über den →Tunneleffekt in den →Kollektor injiziert werden.

Das Prinzip am Beispiel eines →Unipolartransistors (Bild 1): Im Übergang zwischen →Emitter und Basis befinden sich zwei dünne Schichten eines Materials höheren Bandabstandes (Potentialbarrieren) (Bild 1 a). Ist der Abstand zwischen ihnen klein genug (<20 nm), so bildet sich ein Potentialtopf aus (→Quantum-Well), dessen Energiezustände höher liegen als die →Fermi-Energie des Emitters, so daß effektiv eine breitere Barriere vorliegt, durch die Elektronen nicht tunneln können. Wird jetzt die Emitter-Basis-Spannung erhöht, so tritt schließlich Gleichheit zwischen der Fermienergie und dem ersten Zustand des Quantum-Wells ein (Resonanz); die Elektronen können durch die beiden schmalen Potentialbarrieren tunneln und werden als *heiße*

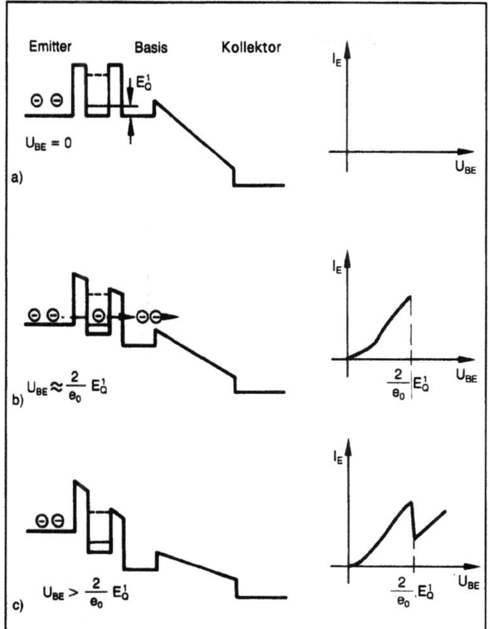

Resonant tunneling transistor 1: Energiebandverlauf und Kennlinien eines RTT (schematisch).

→Elektronen quasi ballistisch in die Basis und in den Kollektor injiziert (Bild 1b). Der Kollektorstrom steigt also an. Bei weiterer Spannungserhöhung entfällt die Resonanz, und der Kollektorstrom bricht zusammen; ein erneutes Ansteigen erfolgt zur Resonanz mit dem nächsten Quantum-Well-Niveau (Bild 1c). Die Maxima sind um so zahlreicher und enger benachbart, je breiter der Quantum-Well ist. Ein gleichmäßiger Abstand läßt sich durch ein parabolisches Potential im Quantum-Well erzeugen.

Die kurzen Transientenzeiten ballistischer Ladungsträger und der differentiell negative Widerstand erlauben Anwendungen in hochfrequenten Schaltkreisen; 44 GHz wurden mit ersten Labormustern erreicht, mehr als 100 GHz scheinen nach weiterer Optimierung der Geometrien erreichbar. Die Periodizität des Kollektorsignals mit der Emitter-Basis-Spannung ermöglicht darüber hinaus logische Schaltkreise (z. B. Paritätsgenerator oder →Analog-Digital-Umsetzer) mit sehr wenigen Transistoren, so daß neben kurzen Schaltzeiten auch hohe Packungsdichten zu erzielen sind.

Resonante Tunnelprozesse lassen sich auch in Bipolartransistoren ausnutzen, z. B. durch einen Quantum-Well mit Doppelbarriere in der Basis.

Ein Nachteil der bisherigen Strukturen besteht in der starken Wechselwirkung der *heißen* Elektronen mit dem Gitter, die die freie Weglänge der Ladungsträger und damit die →Injektion in den Kollektor beeinträchtigt. Daher arbeiten die Bauelemente effizient nur bei tiefen Temperaturen $T \leq 77$ K.

Durch die Verwendung von Heterostrukturen mit graduellen Bandabstandsübergängen kann aber ein einwandfreies Arbeiten auch bei Raumtemperatur erreicht werden (Bild 2). Die entscheidende Änderung besteht in der Heterostruktur-Basis, deren Zusammensetzung so gewählt ist, daß bereits ohne äußere Spannung emitterseitig das Ferminiveau mit dem Grundzustand des Quantum-Wells energetisch zusammenfällt. Dadurch können die Elektronen thermisch über den Tunneleffekt in den Kollektor injiziert werden, d. h. der Transistor verhält sich zunächst wie ein normaler Heterostruktur-Transistor; mit wachsendem Basisstrom steigt der Kollektorstrom. Schließlich rutscht die Emitter-Fermienergie über das Niveau des Quantum-Wells hinaus, die Resonanz entfällt, und der Kollektorstrom bricht abrupt zusammen.

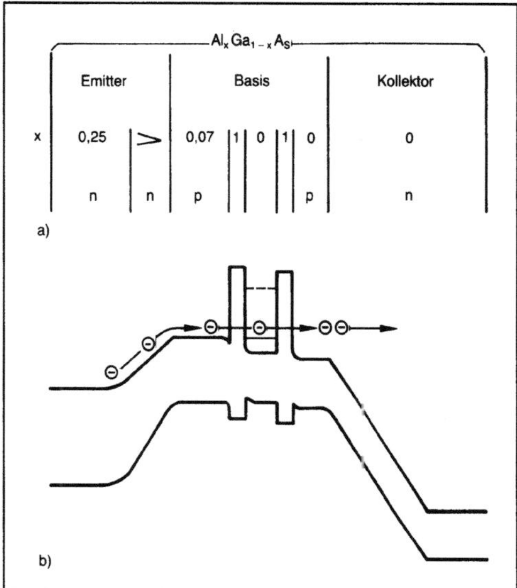

Resonant tunneling transistor 2: Resonanter-Bipolar-Transistor für Raumtemperatur-Betrieb.
a) Aufbau
b) Energiebandverlauf.

RTTs sind in Höchstfrequenz- und logischen Schaltungen als Alternative zu →HEMTs anzusehen. *Rosenzweig*

Literatur: *Dingle, R.*: Applications of Multiquantum Wells, Selective Doping and Superlatices. London 1987. Vol. 24 aus der Reihe: *Willardson, R. K.* and *A. C. Beer* (Ed.): Semiconductors and Semimetals.

Resonanz-Tunneleffekt. Nutzung der erhöhten Transparenz einer Elektronenwelle, wenn zwei benachbarte (dünne) Potentialschwellen →Tunneleffekt zeigen und ein diskretes Energieniveau des zwischenliegenden Potentialtopfes mit der Energie der Elektronenwelle übereinstimmt.

Befinden sich zwischen hochdotierten n^+-GaAs-Gebieten zwei sehr schmale ($d \approx 1{,}5$ nm) breitbandige Schichten (AlAs, Bandbreite $W_G \approx 2{,}16$ eV) getrennt durch einen schmalen GaAs-Streifen ($d = 5$ nm, Potentialtopf), so ergibt sich das im Bild 1a dargestellte →Bändermodell. Im Potentialtopf stellen sich durch →Quantisierung diskrete Energieniveaus ein, von denen das erste das Energieniveau W_1 habe.

Wird an diese Diodenstruktur eine Spannung angelegt (Bild 1b), so setzt Tunnelstrom durch die beiden Potentialwälle 1, 3 ein. Er wird dann besonders groß, wenn das diskrete Energieniveau W_1 des Potentialtopfes mit der Ausgangsenergie der Elektronenwelle übereinstimmt: steiler Stromanstieg in der I-U-Kennlinie (Bild 1d). Steigt die Spannung weiter (Bild 1c), so stimmt die Elektronenenergie zwischen Katode und Energieniveau W_1 nicht mehr überein und der Strom fällt.

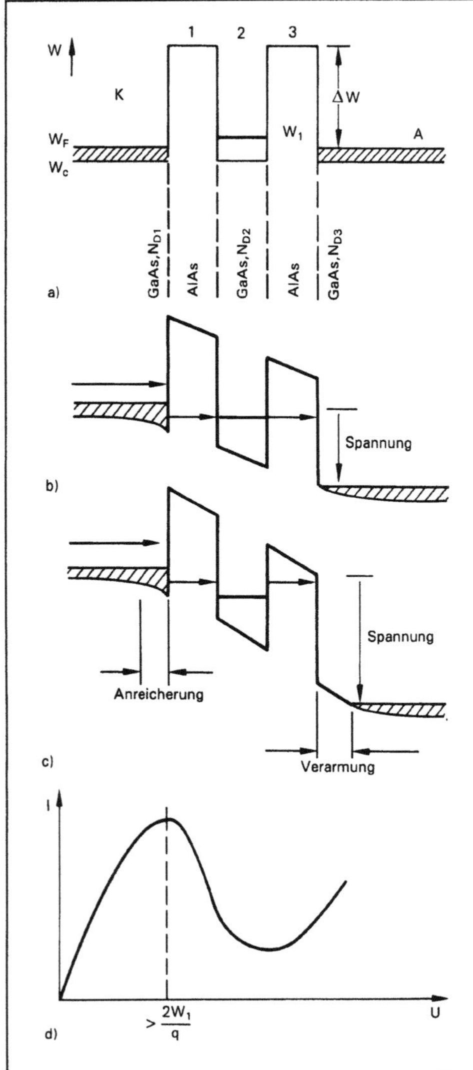

Resonanz-Tunneleffekt 1: Funktionsprinzip
a) Bändermodell der Diode
b) Resonanztunnelfall, großer Strom
c) Geringer Strom nach Resonanztunnelfall
d) Kennlinie.

Dieser R.-T. wird mit dem so erzeugten negativen Wirkwiderstand in einer Reihe von Mikrowellenbauelemente (Resonanz-Tunneldiode, Quantennapf-Laufzeitdiode; →Resonanz-Tunneltransistor) genutzt, aber auch in optoelektronischen Bauelementen. Bild 2 zeigt eine Laufzeitdiode. Die Erwartungen an die obere Frequenzbegrenzung sind sehr optimistisch, sie reichen von einigen 100 GHz bis 2,5 THz. *R. Paul*

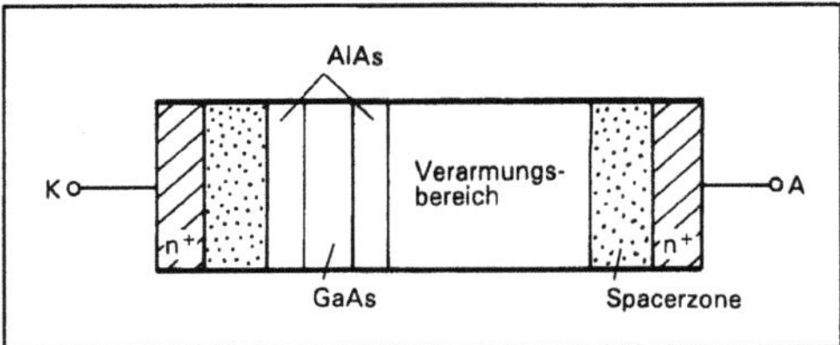

Resonanz-Tunneleffekt 2: Aufbau einer Resonanztunneldiode.

Resonator, optischer. Anordnung aus zwei oder mehr Spiegeln, zwischen denen eine optische Welle hin- und herläuft und sich bis auf einen Amplitudenfaktor reproduziert.

Prinzipiell werden zwei Arten von R. unterschieden, solche mit stehender Welle zwischen den Spiegelflächen (lineare R.) und solche mit fortschreitender Welle (Ringresonatoren) (Bild 1). Die linearen R. mit dem Spiegelabstand L lassen sich nach den Krümmungsradien R_1, R_2 der Spiegel unterscheiden in (Bild 2a):

planparalleler Resonator	$R_1 = R_2 = \infty$
konkaver Resonator	$R_1 \neq \infty,\ R_2 \neq \infty$
Res. mit gemeinsamen Brennpunkten	$R_1 = R_2 = L$
Halbkugelresonator	$R_1 = \infty,\ R_2 = L$
konzentrischer Resonator	$R_1 = R_2 = \frac{L}{2}$
Res. Typ „langer Strahl“	$R_1 >> L,\ R_2 >> L$

Für die meisten Anwendungen sind stabile R. gesucht, d. h. die Strahlen sollen auch nach beliebig vielen Reflexionen im R. bleiben, sie sind daher auf die Achsennähe konzentriert und bilden Kaustiken (Bild 2b). Als Stabilitätskriterium gilt

$$0 < G_1 G_2 = \left(1 - \frac{L}{R_1}\right) \cdot \left(1 - \frac{L}{R_2}\right) < 1$$

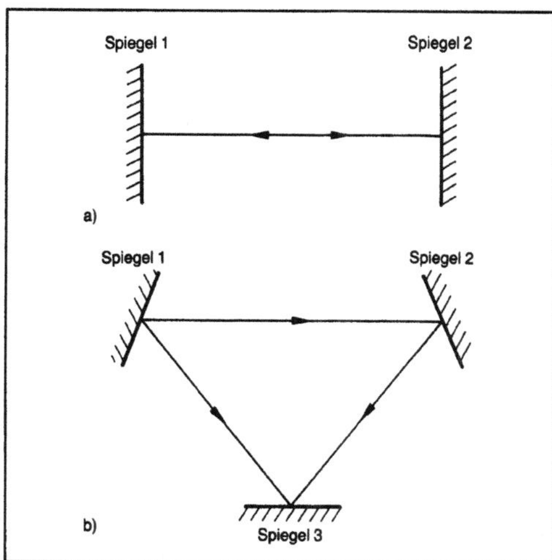

Resonator, optischer 1: Schematische Darstellung.
a) Linearer R.
b) Ring-Resonator.

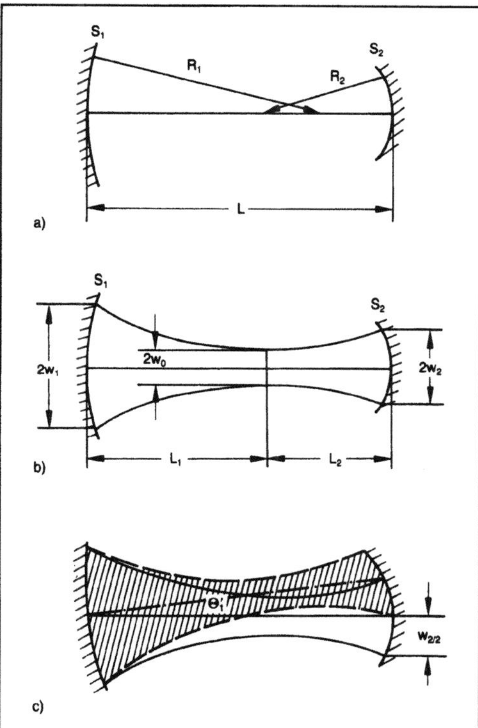

Resonator, optischer 2: Definition der Bezeichnungen am linearen R.:
a) geometrische Abmessungen
b) Gaußsches Bündel
c) Kippwinkel.

Die Bedingung der Reproduzierung des Feldes bis auf einen Intensitätsfaktor $r\,e^{iK2\pi}$ ($r<1$, $K=1, 2, 3, \ldots$) während eines Umlaufes wird nur von bestimmten Frequenzen f bzw. Wellenlängen λ, den Eigenmoden des R., erfüllt.

$$f_{quv} = \frac{c_0}{2Ln}\left[q + \frac{1}{\pi}(1 + u + v) \arccos \sqrt{G_1 G_2}\right]$$

q, u und v beschreiben die Anzahl der axialen und transversalen Knotenpunkte des Feldes, c_o ist die Vakuum-Lichtgeschwindigkeit. Der Abstand zweier axialer Moden ($u=v=0$) ist

$$\Delta f = \frac{v_{gr}}{2L} \quad \text{bzw.} \quad \Delta\lambda = \frac{\lambda^2}{2nL}$$

(v_{gr} Gruppengeschwindigkeit)

Die Güte Q des R. wird charakterisiert durch die Verluste δ pro Umlauf bzw. durch das Verhältnis von Linienabstand Δf zur Mittenfrequenz f

$$Q = \frac{4\pi L}{\delta\lambda} = \frac{f}{\Delta f}$$

Die Verluste setzen sich zusammen aus der ausgekoppelten Leistung (Transmission), der internen Absorption und der Beugung

$$\delta = \delta_T + \delta_A + \delta_B$$

Sie lassen sich auch durch eine sog. Photonenlebensdauer τ_{ph} beschreiben bzw. durch das Verhältnis der Umlauflänge 2L und der von den Photonen während ihrer Lebensdauer zurückgelegten Strecke

$$\delta = \frac{2Ln}{c_o\, \tau_{ph}}$$

Das Strahlungsprofil der axialen Moden, d. h. die optische Feldverteilung senkrecht zur Resonatorachse ist rotationssymmetrisch und entspricht einer Gaußverteilung. Die Kenndaten des sog. Gaußschen Bündels sind die Radien an den Spiegeln und in der Taille (w_1, w_2 und w_0), an denen die optische Feldstärke auf 1/e des Maximums abgesunken ist (Bild 2b)

$$w_1^4 = \left(\frac{\lambda R_1}{\pi}\right)^2 \frac{R_2 - L}{R_1 - L}\,\frac{L}{R_1 + R_2 - L}$$

$$w_2^4 = \left(\frac{\lambda R_2}{\pi}\right)^2 \frac{R_1 - L}{R_2 - L}\,\frac{L}{R_1 + R_2 - L}$$

$$w_0^4 = \left(\frac{\lambda}{\pi}\right)^2 \frac{L\,(R_1 - L)\,(R_2 - L)\,(R_1 + R_2 - L)}{(R_1 + R_2 - 2L)^2}$$

Das Streckenverhältnis der Taille ist

$$\frac{L_1}{L_2} = \frac{R_2 - L}{R_1 - L}$$

Die Spiegelflächen sind beim stabilen R. gleichzeitig Flächen konstanter Phase. Die Divergenz des

Gaußschen Bündels weit außerhalb des R. ist beugungsbegrenzt

$$\Phi = \frac{\lambda}{\pi\, w_0}$$

Von Bedeutung für die mechanische Stabilität des R. ist die Empfindlichkeit gegenüber einer Spiegelkippung um den Winkel Θ. Θ'_1, Θ'_2 sind die Winkel, für die der Bündelversatz am gekippten Spiegel (z. B. R_1) bzw. am anderen Spiegel gerade dem Querschnittsradius entspricht (Bild 2c).

$$\Theta'_1 = \frac{w_1\,(R_1 + R_2 - L)}{R_1\,(R_2 - L)}$$

$$\Theta'_2 = \frac{w_2\,(R_1 + R_2 - L)}{R_1\,R_2}$$

Als Grenzwinkel ist der kleinere der beiden Winkel anzusehen. Es zeigt sich, daß der konkave R. mit gemeinsamen Brennpunkten am unempfindlichsten gegenüber Verkippungen ist, der maximale Kippwinkel beträgt

$$\Theta'_1 = \frac{w}{R}.$$

Rosenzweig

Literatur: Handbuch der Elektronik. München 1979.

Resonator, piezokeramischer →Piezokeramischer Resonator

Response, response data. Beschreibung der Reaktion eines Prüflings als Folge der Stimulierung (→Stimulus). *K. Winter*

Restfehleranteil →Ausfallerkennung

Restwiderstand. Endlicher elektrischer Widerstand, den Metalle bzw. Legierungen bei immer weiter abnehmender Temperatur schließlich annehmen, bevor sie (eventuell) supraleitend werden. Er wird durch Streuung von Elektronen an Defekten bzw. der Probenoberfläche bestimmt (→Leitfähigkeit, elektrische). *Heinz*

Reticle →Maske

Retrograde Well →CMOS-Technik

RF-Transistor. (*engl.* Radio-Frequency-Transistor) →HF-Transistor

RIBE →Trockenätzen

Richtkoppler, integriert optischer. Ein i. o. R. (→Integrierte Optik) besteht aus zwei planaren Wellenleitern (→Schichtwellenleiter, →Streifenwellenleiter), die über eine Strecke L in geringem Abstand voneinander angeordnet sind. Dadurch kann eine Lichtwelle vom Wellenleiter 1 in den Wellenleiter 2 überkoppeln.

Das elektrische Feld einer im Wellenleiter geführten Welle klingt im Außenraum exponentiell ab. Befindet sich in diesem Gebiet ein zweiter parallel verlaufender Wellenleiter, tritt die Lichtwelle in diesen über (Bild). Ist die →Phasengeschwindigkeit in beiden Wellenleitern gleich, d. h. →Brechzahl und geometrische Abmessungen stimmen überein, findet nach einer charakteristischen Länge l_k (Koppellänge) eine vollständige Überkopplung statt. Für l_k gilt: $l_k = \pi/2k$, mit k: Koppelkonstante. k ist abhängig von der Betriebswellenlänge λ, vom Abstand der Wellenleiter im Koppelbereich und von der Stärke der Wellenführung. Durch Wahl einer entsprechenden Baulänge läßt sich an den Ausgängen jede beliebige Intensitätsverteilung einstellen.

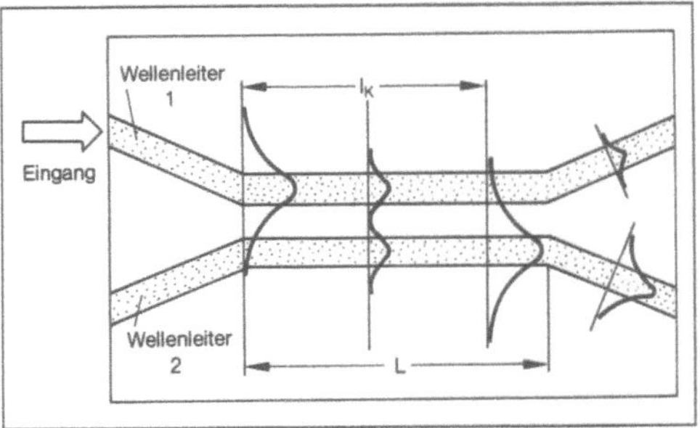

Richtkoppler, integriert-optischer: Schematische Darstellung.

Typische Werte für einen $LiNbO_3$-Richtkoppler sind: Wellenleiterbreite ca. 5 μm, Abstand der Wellenleiter im Koppelgebiet ca. 5 μm, Koppellänge l_k ca. 5 mm.

Passive Richtkoppler werden zur Verteilung (→Sternkoppler) von Licht in integriert optischen Schaltungen (Integrierte Optik) eingesetzt. In einem elektrooptischen Material (z. B. $LiNbO_3$, GaAs, InP) können die Ausbreitungskonstanten durch ein äußeres elektrisches Feld beeinflußt werden, so daß Schalten und Modulation des Lichtes möglich wird (→Schalter, elektrooptischer). *Krauser*

Richtungsgabel →Zirkulator

Ring, neutraler. Bei einer kreisförmigen →Druckmembran ändern sich die Radial- und Tangentialspannungen vom Mittelpunkt zum Rand nach Größe und Vorzeichen. Die kreisförmige Linie auf der Membran für den spannungsfreien Zustand nennt man n. R.

Auch für die relative Widerstandsänderung gibt es einen n. R. (Druckmembran), allerdings nur für den radialen →Piezowiderstandseffekt. Der n. R. für den tangentialen Effekt liegt außerhalb der Einspannung. *Schaumburg*

Ringkern →Ferritkern

Ringoszillator. Kaskadenschaltung einer Reihe von (gleichen) Inverterschaltungen und direkter →Rückkopplung des Ausgangs auf den Eingang, so daß durch Erfüllung der →Barkhausen-Schwingungsbedingung →Selbsterregung entsteht. Die Schwingungsfrequenz hängt insbesondere von den reaktiven Elementen und der Laufzeit der einzelnen Inverterstufen ab, so daß sich eine mittlere →Verzögerungszeit des Inverters definieren läßt. Sie ist charakteristisch für eine bestimmte Schaltungstechnik und dient beispielsweise im Verlustleistungs-, Verzögerungszeit-Produkt zum Schaltungsvergleich.

Die zur Selbsterregung erforderliche Mindestzahl von Invertern hängt stark von den phasenverschiebenden Einflüssen im →Inverter ab. Üblich sind Anzahlen >3 (meist 9...13). Die Schwingungsfrequenz (Frequenz) ist gleich der Hälfte der reziproken Gesamtverzögerung der gesamten Inverterkette.

Der R. erlaubt eine relativ einfache und wirklichkeitsnahe Bestimmung der Gatterverzögerungszeit vor allem für schnelle Digitalschaltungen. Er wird deshalb vor allem bei der Entwicklung neuer Prozeßtechnologien eingesetzt. *R. Paul*

Risiko. In der Entscheidungstheorie ist das R. der Erwartungswert der Verluste. Es berechnet sich als Produkt aus der Eintrittswahrscheinlichkeit eines Ereignisses und dem durch dieses Ereignis verursachten Schaden. *Schrüfer*

Ritzen. Durch R. mit einem Diamanten und anschließendes Brechen lassen sich Halbleiterchips aus Scheiben vereinzeln. Beim oberflächlichen R. entstehen durch die mechanischen Spannungen Gleitlinien, die im Idealfall durch den Kristall laufen. Entlang dieser Gleitlinien bricht der Kristall beim anschließenden Brechen. Das Brechen erfolgt durch mechanische Verbiegung der Scheiben, z. B. durch Überwalzen oder indem man die zuvor auf Selbstklebefolien befestigten Scheiben über Kanten oder gewölbte Flächen zieht. Die Kristalle springen während dieser mechanischen Verspannung entlang der hauptsächlichen →Kristallorientierungen (Bild). Da bei großen Chips die Kristalle nicht reproduzierbar entlang der gewünschten Kristallebenen brechen, wird in steigendem Umfang →Sägen zur Trennung der Chips verwendet. *Ryssel*

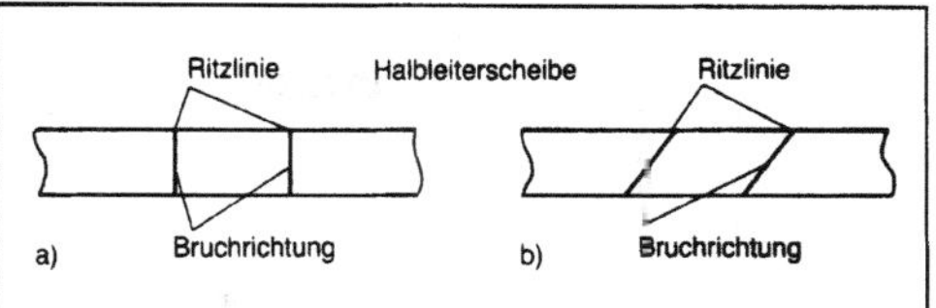

Ritzen: Querschnitt durch Halbleiterscheiben: Angedeutet ist der Verlauf der Bruchrichtung bei a) <100>- und b) <111>-Kristallorientierung nach oberflächlichem R. und anschließendem Brechen.

RLT →Thyristor, rückwärtsleitender

ROM. (*engl.* Read Only Memory, Nur-Lese-Speicher, Festwertspeicher) In strenger Bedeutung des Begriffs versteht man unter einem ROM einen →Halbleiter-Festwertspeicher, dem durch einen Programmiervorgang ein festes Datenmuster eingeprägt worden ist und der nur gelesen werden kann.

Im übertragenen Sinne hingegen zählt man zu dieser Gruppe auch jene Speicher, bei denen zwar Schreibvorgänge möglich sind, die aber einen größeren Zeitaufwand oder zusätzliche Maßnahmen erfordern, so daß eine Informationsänderung nicht zu häufig stattfinden kann: Meist-Lese-Speicher (Read Mostly Memory, RMM, sog. wiederholt programmierbare, also löschbare ROM). Deshalb unterteilt man die ROM häufig in irreversible (einmalig programmierbare) und reversible (mehrfach programmierbare) Festwertspeicher (Bild 1). Nach dem Strukturaufbau gibt es

□ die parallele wahlfreie Zugriffsart (RAM-Struktur) und

□ das zweistufige PLA-Prinzip. Im letzteren Fall spricht man üblicherweise von programmierbaren logischen Arrays, die als eine besonders optimierte Form der Matrixstruktur aufgefaßt werden können.

Gewöhnlich versteht man unter einem ROM nur die matrixartig aufgebaute Struktur mit parallelen wahlfreiem Zugriff, die alle Merkmale eines →RAM besitzt, jedoch ohne oder nur mit eingeschränkter Schreibmöglichkeit. Deshalb gelten auch wie dort als wichtige Parameter: Speicherkapazität, →Zugriffszeit, Datenrate, Flächenbedarf, Bitkosten u. a. m.

Die im ROM gespeicherte Information ist im Gegensatz zum RAM nichtflüchtig: sie bleibt bei Ausfall der Betriebsspannung erhalten. Die zu speichernde Information kann in einem ROM wie erwähnt auf zwei verschiedene Arten „eingeschrieben" werden:

□ *Irreversibel* entweder beim Hersteller (in einem der letzten Herstellungsschritte) oder beim Anwender durch entsprechende Programmiergeräte für

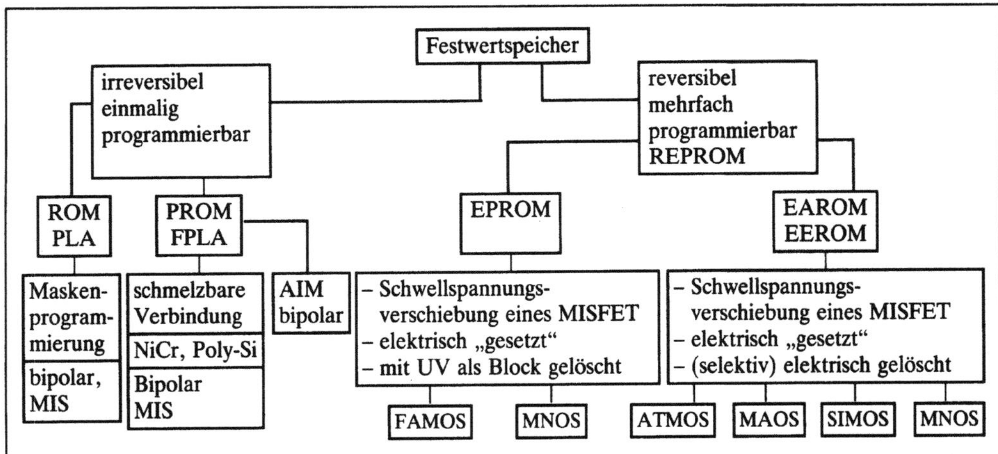

ROM 1: Übersicht der Halbleiter-Festwertspeicher.

entsprechend vorbereitete Speicher. Im ersten Fall spricht man von maskenprogrammierbaren ROM oder ROM schlechthin. Die Speicher der zweiten, anwenderprogrammierbaren Gruppe heißen programmierbare ROM (→PROM).

□ *Reversibel* oder *wiederprogrammierbare* ROM. Hier kann die Information geändert werden, entweder

- durch Bestrahlung des gesamten Speichers mit UV-Licht und Wiederprogrammierung in einem Programmiergerät: Erasable PROM (→EPROM),
- durch elektrische Änderung entweder aller Zellen gleichzeitig oder nur der Einzelzellen. Diese Löschung kann in der Schaltung geschehen (Electrically Erasable ROM, EEROM).

Löschen und Programmieren kann in beiden Fällen häufiger erfolgen, wenn es auch eine gewisse Zeit erfordert. Deshalb bezeichnet man diese Speicher nicht als →Schreib-Lese-Speicher, sondern als Read Mostly Memories (RMM).

Schaltungstechnisch werden für ROM sowohl →Bipolar-, als vor allem auch →MOS-Techniken eingesetzt, für löschbare Speicher nur MOS-Techniken auf Grundlage z. B. des →MNOSFET oder →FAMOST. Der Strukturaufbau des ROM gleicht dem eines RAM (Bild 2), er enthält insbesondere

- die Speichermatrix mit der gespeicherten Information, aber hier einfacher aufgebauten Speicherzellen
- eine Dekodiervorrichtung zum Dekodieren der Adresse
- Leseverstärker
- ggf. eine Steuerlogik zur Steuerung der Lese- und Schreiboperation.

Wie RAM sind auch ROM entweder wort- oder bitorganisiert. Als Speicherzellen, d. h. Koppelelemente zwischen Wort- und Bitleitungen, kommen bei den ROM in Frage: Widerstände, Dioden,

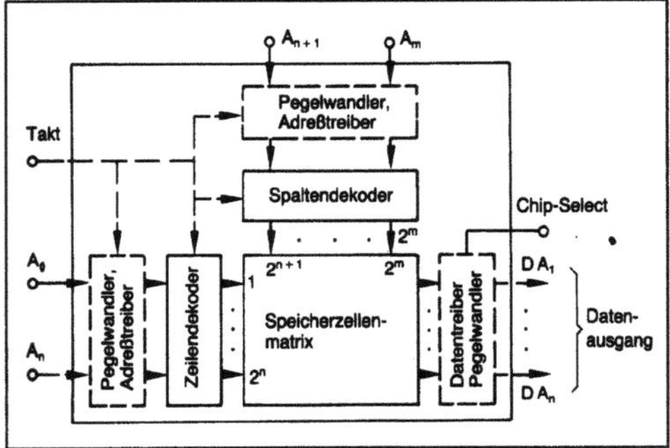

ROM 2: Prinzipieller Aufbau.

Bipolar- und MOS-Transistoren. Ein Widerstand kann dabei nieder- oder hochohmig sein (Zustand L, H), was beim Auslesen festgestellt wird.

Bei der Herstellerprogrammierung z. B. erfolgt die Programmierung mit dem Maskenentwurf. Für die →MOS-Technik sind dazu üblich (Bild 3):

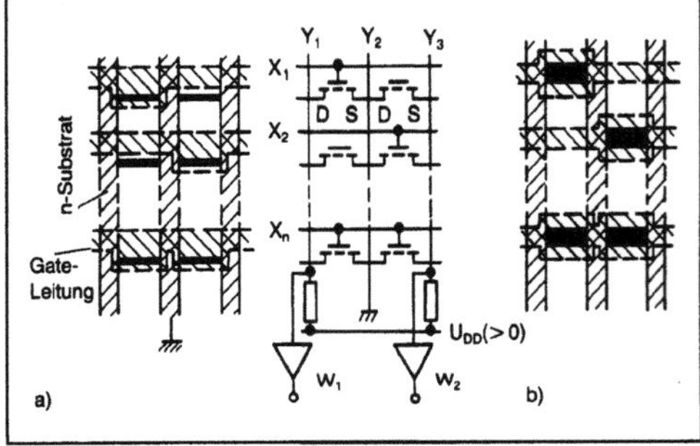

ROM 3: Maskenprogrammierung in MOS-Technik.
a) Programmierung über Gateverbindungsleitungen
b) Programmierung über Gateelektroden.

□ Herstellung matrixartig angeordneter →MOSFET und Anbringen von Gateelektroden (d. h. Verbindung mit der Adreßleitung) nur dort, wo angesteuert werden soll. Dies erfolgt beim letzten Maskierungsschritt.

□ Herstellung von unterschiedlich dicken Isolatorbereichen für die Gateelektrode, so daß nur die MOSFET mit dünner Isolatorschicht leitend werden können.

In der →Bipolartechnik bestehen die Speicherzellen aus Dioden oder Bipolartransistoren, die durch einen zusätzlichen Maskierungsschritt an die Leitungen angeschlossen werden (PROM). ROMs werden heute mit Speicherkapazität bis in den Mbit-Bereich angeboten (vor allem in MOS-Technik) bei Zugriffszeiten um 100ns. Sie profitieren stark von den Fortschritten der RAM. Die Tendenz geht eindeutig zu programmierbaren RAM, weil die Herstellerprogrammierung weniger Flexibilität als die Anwenderprogrammierung bietet und an eine gewisse Stückzahl gebunden ist.

Das Anwendungsgebiet der ROM ist groß. Es reicht von Codewandlern über Tabellenspeicher, Mikroprogrammspeicher, Zeichengeneratoren bis hin zur Realisierung von Logikstrukturen. Im letzten Fall liegt eine besondere Anwendung der ROM vor, die eine gewisse Verwandtschaft zu den programmierbaren Logiken (→PLA) besitzt. *R. Paul*

Literatur: *Millman, J.* and *A. Grabel:* Microelectronics. New York 1986. – *Tietze, U.* und *Ch. Schenk:* Halbleiterschaltungstechnik. Berlin 1985.

ROM-Test →Speicherprüfung

Röntgenlaser. Laser für den Wellenlängenbereich der Röntgenstrahlung ($\lambda < 100$ nm).

Elektronische Übergänge mit Energien im Bereich der Röntgenstrahlung treten in neutralen Atomen nur in den inneren Schalen auf, z. B. K_α-Linie des Kupfers. Die geringen Lebensdauern der angeregten Zustände und die hohe Selbstabsorption erschweren eine Realisierung der Laser. Eine Alternative bilden äußere Übergänge in hochionisierten Atomen. Die Erzeugung der Ionen wird i. a. durch die Bestrahlung fester Körper mit kurzen Impulsen von Hochleistungslasern (Nd:Glas-, CO_2-Laser) vorgenommen, wodurch ein Hochtemperaturplasma entsteht. Die Besetzung der angeregten Zustände kann dann durch Elektronenstoß (z. B. Se^{24+}) oder direkte bzw. kaskadierte Übergänge aus höheren Niveaus (Rekombinationsanregung, z. B. C^{5+}) erfolgen (Bild).

Das größte Problem stellen die Resonatorspiegel dar. Alle verfügbaren Materialien haben im nahen Röntgenbereich nur eine geringe Reflexion. Die Ausnutzung der Bragg-Reflexion an Kristallgittern ist erst für harte Röntgenstrahlung unterhalb von 1 nm Wellenlänge möglich. Daher kann z. Zt. nur

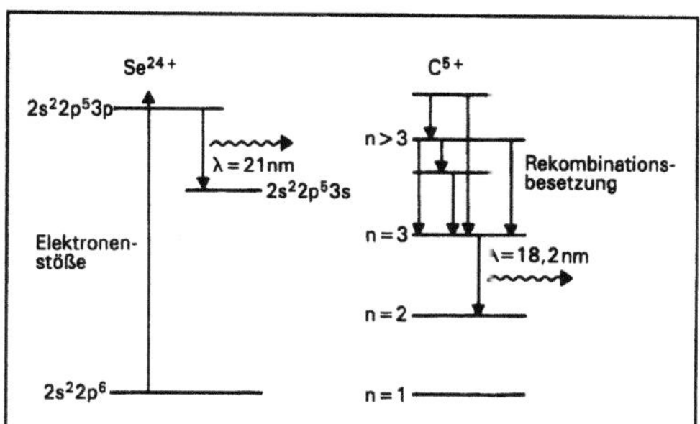

Röntgenlaser: Energieniveaus, Anregungs- und Emissionsübergänge für zwei R.-Materialien.

Röntgensuperstrahlung demonstriert werden. Zukünftige Anwendungen liegen in der Spektroskopie, Röntgenholographie, Strukturuntersuchung und Medizin. *Rosenzweig*

Literatur: *Eichler, J. und H.-J. Eichler:* Laser. Berlin–Heidelberg, 1990.

Röntgenlithographie. Die angestrebte, höchstmögliche Integrationsdichte von integrierten Schaltungen erfordert verbesserte Lithographieverfahren. Die maskenlosen Elektronenstrahl- und Ionenstrahl-Lithographien haben viele Vorteile (vor allem im Bezug auf die größtmögliche Auflösung), jedoch aus wirtschaftlichen Gründen (zu geringer Durchsatz) konnten sie sich bisher in der Herstellung von Halbleiterbausteinen nicht durchsetzen. R. als ein berührungsloses Schattenprojektionsverfahren (1:1 Proximity) stellt hierfür eine echte Alternative dar (Bild 1). Außer hoher Auflösung bietet diese Lithographieart viele andere Vorteile wie z. B. die Möglichkeit der Bestrahlung sehr dicker Resistschichten ohne Notwendigkeit von Multilayer-Techniken, große Fokustiefe und unkritische Masken-Wafer-Abstände (üblich um 70 μm). Das Problem stellt hier lediglich die Entstehung von Überdeckungsfehler bei mehreren Maskenebenen dar.

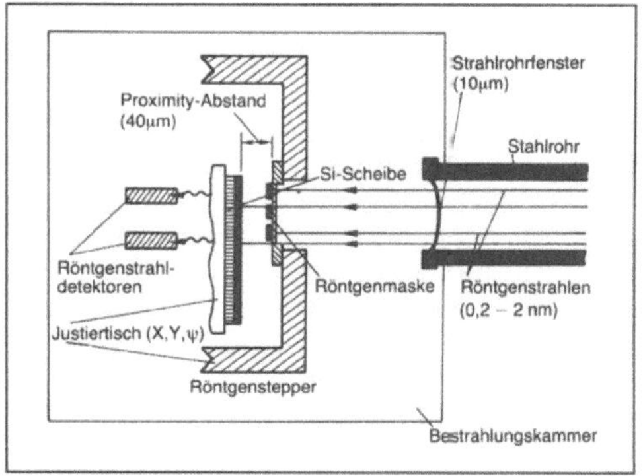

Röntgenlithographie 1: Prinzipdarstellung der Bestrahlungsanordnung bei der Lithographie mit Synchrotronstrahlung (COSY).

Für 0,2–0,3 µm Auflösung wird z. B. eine Überdeckungsgenauigkeit von 50 nm benötigt. Die wichtigsten Ursachen für Überdeckungsfehler sind die Ausrichtungsungenauigkeit, Masken- und Wafer-Verzerrung (→Halbleiterscheiben) und die von der Fresnelschen Beugung begrenzte Qualität des Schattenmusters. Um thermische Effekte beim Bestrahlen zu vermeiden, wird mit Heliumgaswärmeleitung zwischen Maske und Wafer gearbeitet.

Weiches Röntgenlicht, das in Form von →Synchrotronstrahlung von Elektronenspeicherringen ausgesendet wird, bietet besondere Vorteile für die Strukturübertragung. Es ist im Vergleich zur anderen Röntgenlichtquellen (→Röntgenröhre, Plasmaquelle) relativ scharf gebündelt und sehr intensiv (etwa 250 mW/cm^2 im Bereich von $\lambda = 1{,}2$ nm). Synchrotronstrahlung entsteht, wenn Elektronen mit angenäherter Lichtgeschwindigkeit von ihrer geraden Bahn abgelenkt werden. Röntgenstrahlanlagen sind als Strahlführungssysteme mit zwei 180°-ablenkenden, supraleitenden Magneten konzipiert. Die Röntgenstrahlaustrittsöffnungen sind tangential am Umfang der 180°-Ablenkmagnete angeordnet, wo Röntgenstrahlen emittiert werden. Die Anzahl der Röntgenstrahlrohre, die an den Speicherring angeschlossen werden können, ist durch den Flächenbedarf für Stepper-Systeme begrenzt. Die in den Speicherring injizierten Elektronen haben eine Energie von 50 MeV. In den beiden geraden Abschnitten des Speicherrings sind Beschleunigungs- und Fokussierelemente eingebaut. Die Positionierung von Wafer und Masken (Ausrichtungsgenauigkeit 50 nm) des am Speicherring installierten Steppers (→Step- and -Repeat-Verfahren) erfolgt senkrecht. Die Feinjustierung zueinander erfolgt mittels eines optischen Muster-Erkennungssystems mit Metallmarkierungen auf den Masken und eingeätzten Rillen auf dem Wafer (→Halbleiterscheibe) (System aus Kreuzen und Quadraten).

Die Auflösung der R. wird durch die Reichweite der Photoelektronen begrenzt, die durch die Röntgenstrahlung erzeugt werden und für den eigentlichen Belichtungsprozeß verantwortlich sind; sie liegt bei ca. 0,1 µm.

Besondere Schwierigkeit in der R. bereitet die Forderung nach einer defektfreien Maske. Ein kritischer Punkt bei der Röntgenmaskenherstellung ist deswegen die Defektkontrolle und die Defektreparatur. Enorme Anforderungen an Röntgenmasken wie z. B. hohe Transparenz des Maskenträgers, größtmögliches Verhältnis der Absorptionskoeffizienten vom Absorber und Träger (Maskenkontrast >10), Transparenz im sichtbaren Wellenlängenbereich, mechanische Stabilität, Strukturabweichungen (≤50 nm), Ebenheit (auf etwa 1 µm begrenzt) und Lebensdauer (≥10 000 Belichtungen) bewirken, daß nur dünne Membranen (einige µm Stärke) aus leichten Elementen als Träger in Frage kommen. Hierfür hat sich, vor allem auf Grund der ausgereiften Technologie, Silicium bewährt. Auch BN, SiN und SiC werden als Maskensubstratmaterialien verwendet; polykristalliner Diamant käme als Substrat ebenfalls in Frage. Besonders SiC (und polykristalliner Diamant) erscheinen aussichtsreich, da sie über höhere Elastizitätsmodule und bessere optische Transparenz als Silicium verfügen. Die →Maskentechnik für SiC ist jedoch noch nicht soweit wie die Silicium-Maskentechnik entwickelt und für Diamant nicht existent.

Die Herstellung von Silicium-Maskensubstraten erfolgt mit Hilfe einer selektiv wirkenden Ätztechnik, wobei die Einstellung der Selektivität durch eine hochgradige Bordotierung erreicht wird. Im Wellenlängenbereich um 1 nm gibt es keine so großen Unterschiede in der Transparenz bzw. Absorption verschiedener Materialien wie in der →Photolithographie. Um entsprechenden Maskenkontrast zu sichern, wird als Absorber für die Röntgenmasken ein Schwermetall (Gold, Wolfram) verwendet. Absorberstrukturierung mit Gold erfolgt mittels galvanischer Abscheidung. Muster auf der Muttermaske (→Maske) werden generell mit Hilfe des Elektronenstrahls (→Elektronenstrahllithographie) geschrieben. Um eine ausreichende optische Transparenz der Röntgenmaske zu gewährleisten, wird entweder nach dem Dünnätzprozeß (Substratherstellung) oder nach der Galvanik (Absorberstrukturierung) beidseitig eine $\lambda/4$ Vergütungsschicht aus Siliciumnitrid aufgebracht. Zur besseren Handhabung wird anschließend die eigentliche Röntgenmaske (Bild 2) auf einen runden Glasträger aufgeklebt.

Ryssel

Literatur: *Heuberger, A.:* X-Ray Lithography. Solid State Techn. (1986) Feb. S. 93–101. – *Moreau, W. M.:* Semiconductor Lithography, Principles, Practices and Materials. New York–London 1988.

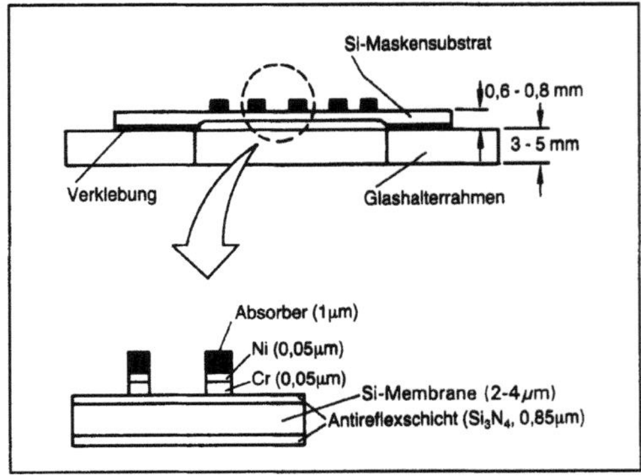

Röntgenlithographie 2: Aufbau einer Röntgenmaske.

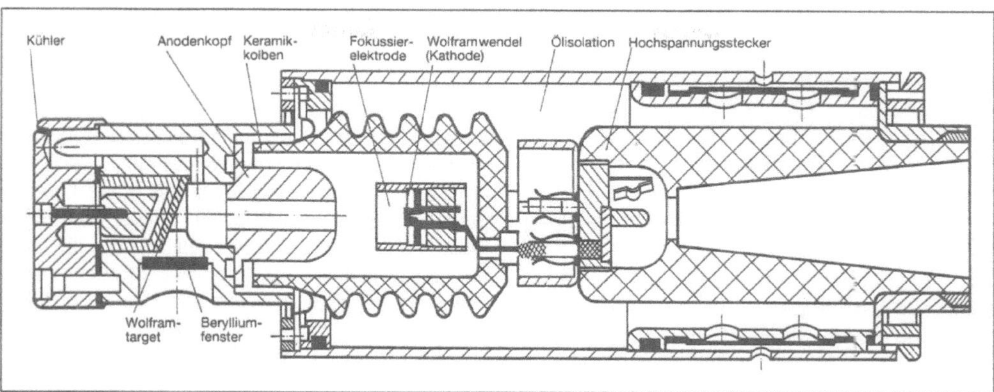

Röntgenröhre 1: Schematische Darstellung einer Festanoden-R.

Röntgenröhre. Eine →Elektronenröhre zur Erzeugung von Röntgenstrahlen. Diese entstehen, wenn schnelle Elektronen auf Materie auftreffen und in ihr abgebremst werden. In der R. werden von einer Kathode emittierte Elektronen stark beschleunigt und treffen, zu einem kleinen Brennfleck fokussiert, auf eine Anode (früher auch Antikathode genannt) auf. Dieser Brennfleck ist der Ausgangspunkt der Röntgenstrahlen.

Die älteste Form der R. ist die Ionenröhre, eine gashaltige R., die nur auf 0,05 bis 0,5 mbar evakuiert ist und bis etwa 1925 üblich war. Bei ihr lassen sich die Energie (Härte) der Röntgenstrahlung und ihre Intensität nicht unabhängig voneinander einstellen.

Die heute allgemein verwendete R. ist die Hochvakuumröntgenröhre, die mit Drücken von weniger als 10^{-8} bar arbeitet. In einer Röhrenhülle aus Glas oder Metall-Keramik werden von einer Wolframwendel als Kathode Elektronen emittiert. Diese Kathode steckt in einer Fokussierelektrode, die meist auf Kathodenpotential liegt und durch ihre Form für eine gute Bündelung der Elektronen sorgt, so daß sie nach Durchlaufen der zwischen Kathode und Anode liegenden Spannung von 50–400 kV in einem 0,1–1,5 mm großen Brennfleck mit hoher Geschwindigkeit auf die Anode auftreffen. Die Anode besteht im Bereich des Brennflecks aus Wolfram oder einer seiner Legierungen. Sie wandelt weniger als 1% der Energie in Röntgenstrahlung um, die durch den Gaskolben oder ein Berylliumfenster aus der Röhre austritt. Die übrige Energie wird in der Anode in Wärme umgesetzt und erhitzt sie stark. Im einfachsten Fall gibt die Anode ihre Wärme durch Strahlung ab, sie kann aber auch durch Wasser oder Öl zwangsgekühlt werden (Bild 1).

Für sehr hohe Belastungen, z. B. in der Radiographie, wo man kurzzeitig 50–150 kW benötigt, sind daher Anoden entwickelt worden, bei denen der Brennfleck auf einem sich schnelldrehenden Anodenteller immer nur eine kleine Stelle einer Kreisbahn kurzzeitig bis etwa 2500 °C aufheizt, die sich danach, wenn sie vom Brennfleck weg rotiert ist, durch Wärmestrahlung wieder abkühlen kann (→Drehanode) (Bild 2).

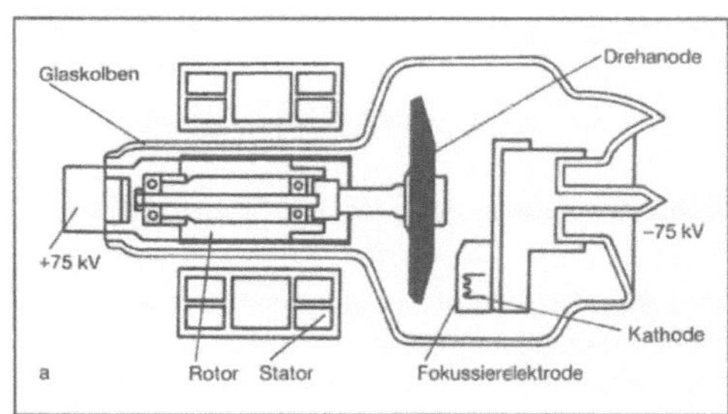

Röntgenröhre 2: Drehanoden-R., schematische Darstellung.

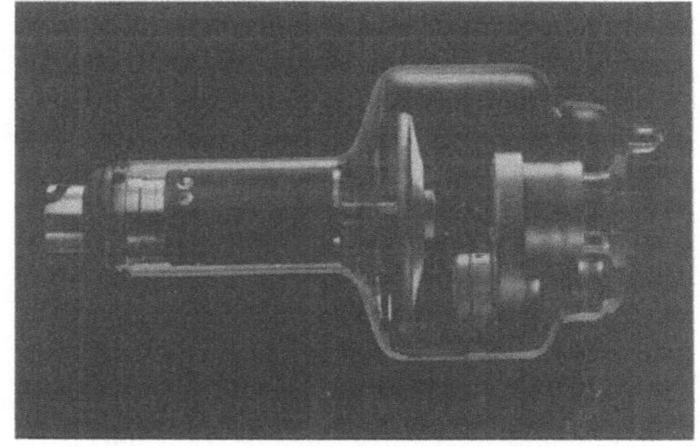

Röntgenröhre 3: Drehanoden-R. (Quelle: Philips)

Bei der Hochvakuumröntgenröhre läßt sich die Energie (Härte) der Röntgenstrahlung durch die Höhe der angelegten →Anodenspannung einstellen. Da die Wolframkathode im Sättigungsgebiet arbeitet, läßt sich der Anodenstrom und damit die

Intensität der Strahlung über den Heizstrom regeln.

Hauptanwendungsgebiete für R.sind
- Medizin mit Durchleuchtung, Röntgeneinzel- und -serienaufnahmen, Computertomographie
- Materialuntersuchungen wie die Prüfung von Schweißnähten, Untersuchungen von Kesseln usw.
- Röntgenspektralanalyse und Kristallstrukturuntersuchungen. *Golombek*

Röntgenstörstrahlung. Fernsehgeräte und Datensichtgeräte werden mit einer Hochspannung von bis zu 30 kV und teilweise darüber betrieben. Damit unterliegen diese Geräte den Bestimmungen der jeweils gültigen RöV (Röntgenverordnung).

Nach der Röntgenverordnung zählen Fernsehgeräte und Datensichtgeräte zu den Röntgenstörstrahlern. Das sind Geräte oder Vorrichtungen, bei deren Betrieb Röntgenstrahlen entstehen, ohne daß sie dafür gebaut und betrieben werden. Die Strahlung, die von solchen Geräten ausgeht, ist dann die R. Diese ist aufgrund der relativ niederen Beschleunigungsspannung eine „weiche" langwellige Strahlung mit geringer Eindringtiefe. (→Dosisleistung, zulässige). *Nerstheimer/Keitel*

Literatur: Die Fernseh-Bildröhre. Hrsg. Telefunken, Ulm.

Rotationssensor →Gyroskop, faseroptischer

Routing. Erstellung der Leitungsführung zum logischen/elektrischen Verbinden von einzelnen Ports von Bausteinen oder Schaltelementen bei der Stromlauferfassung oder bei der Layouterstellung. Hierbei sind bestimmte Regeln einzuhalten (Abstände, Kreuzungen usw.). Das R. erfolgt automatisch beim →Autorouting.

In der Kommunikationstechnik versteht man unter R. die Auswahl und Festlegung eines konkreten Nachrichtenweges in einem Leitungsnetz. *K. Winter*

RS-Flip-Flop →Flip-Flop

RTA →Kurzzeitausheilen

RTL. (*engl.* Resistor-Transistor-Logic, Widerstands-Transistor-Logik) Digitale →Schaltkreisfamilie, bei der das Logikgatter Widerstände im Verknüpfungsteil und einen nachfolgenden →Bipolartransistor als Inverterstufe enthält. Historisch erste digitale Schaltungsfamilie, die heute nicht mehr eingesetzt wird. *R. Paul*

RTP →Rapid Thermal Processing

Rubinlaser. Optisch gepumpter →Festkörperlaser mit einem synthetischen Rubin-Kristall als aktives Medium und einer Emissions-Wellenlänge von 694,3 nm.

Durch optisches Pumpen mit einer Blitzlampe werden Elektronen aus dem Grundniveau $^4A_2$ in die Bänder $^4T_1$ und $^4T_2$ gehoben, aus denen sie innerhalb von 1 ns strahlungslos in das obere Laserniveau ^2E übergehen (Bild 1). Dieses Niveau ist seinerseits zweifach aufgespalten (2A, E'). Mit einer Lebensdauer von 3 ms sind beide Zustände metastabil, so daß bei hoher Anregung eine Besetzungsinversion erreicht wird. Der $E' \rightarrow {}^4A_2$-Übergang erreicht früher die Schwelle, so daß nur dieser anschwingt. Die Elektronen relaxieren aus dem 2A- in den E'-Zustand und tragen damit ebenfalls zum Verstärkungsprozeß bei. Durch die stimulierte Emission wird der Grundzustand wieder bevölkert, die Besetzungsinversion und damit die Laseremission brechen nach kurzer Zeit zusammen, so daß nur ein Pulsbetrieb sinnvoll ist. Pulsdauern und Pulsleistungen lassen sich durch Verwendung von →Güteschaltungen und →Modenkopplung beeinflussen (Tabelle). Der Rubinstab kann auch kontinuierlich gepumpt werden. Es erfolgt dann eine quasikontinuierliche Emission in Form einzelner Pulse, deren Intensität und Folgefrequenz von der Pumpleistung abhängt; die mittlere emittierte Leistung beträgt 1 W.

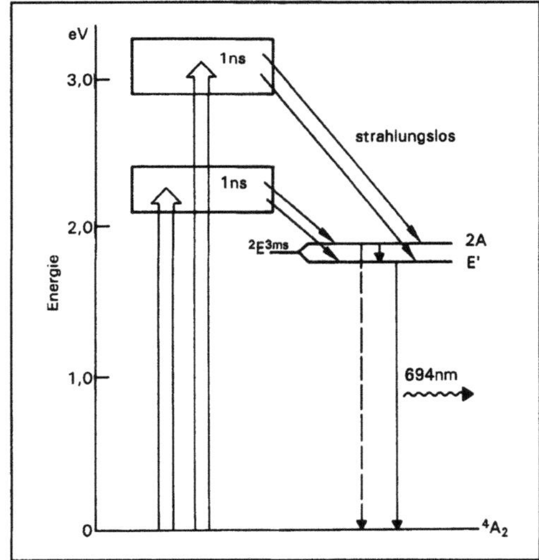

Rubinlaser 1: Energieniveaus und Übergänge in Al_2O_3*:*Cr^{3+}.

Kommerzielle Rubinstäbe haben eine Länge von bis zu 30 cm und einen Durchmesser bis zu 2,5 cm. Die optimale Dotierung liegt bei 0,05 % Gewichtsanteilen von Cr_2O_3. Die Laserschwelle wird mit einer optischen Pumpenergie von 3,2 Jcm^{-3} erreicht; die maximale Verstärkung liegt bei 0,2 cm^{-1}. Die

Rubinlaser. Tabelle: Leistungsdaten für verschiedene Betriebsarten eines R.

Betriebsart	Impulsdauer	Leistung	Pulsenergie
Quasikontinuierlich		1 W	
Normalpuls	300 µs	100 kW	30 J
Güteschaltung	10 ns	100 MW	1 J
Modenkopplung	100 ps	~10 GW	1 J

Anregung erfolgt durch Xenon-Blitzlampen. Sie sind entweder wendelförmig um den Rubinstab „gewickelt" (Bild 2) oder eine stabförmige Blitzlampe und der Rubinstab befinden sich in den beiden Brennlinien einer Kammer mit elliptischen Querschnitt. Die starke Erwärmung durch die Lichtabsorption beschränkt die Pulsfolgefrequenz auf wenige Hz.

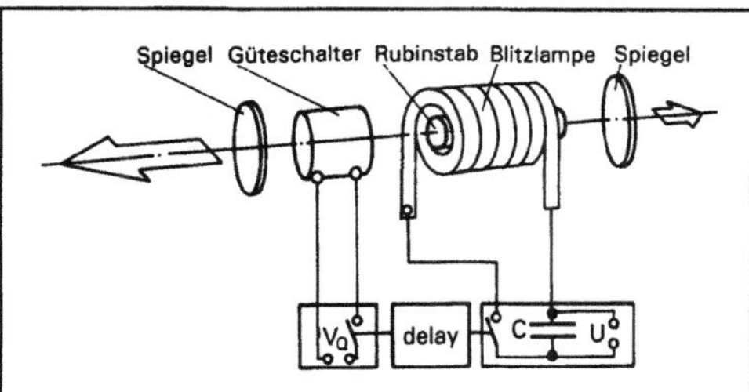

Rubinlaser 2: Schematischer Aufbau eines R. mit Güteschaltung.

R. werden in der Holographie, als Hochleistungslaser in der Materialbearbeitung und in der zivilen und militärischen Forschung verwendet. Historisch stellt der R. die erste technische Realisierung des Laserprinzips dar. *Rosenzweig*

Literatur: *Eichler, J. und H.-J. Eichler:* Laser. Berlin–Heidelberg, 1990.

Rückkopplung. R., auch als Rückführung (Automatisierungstechnik) bezeichnete Maßnahme bedeutet, das Ausgangssignal eines Übertragungsgliedes (→Verstärker) auf dessen Eingang ganz oder teilweise zurückzuführen. Die entsprechende Schaltung heißt Rückkopplungsschaltung, bestehend aus einem Verstärker und einem Rückführungsnetzwerk. Je nach Phasenlage des rückgeführten Signals wird dabei die Verstärkereingangsgröße verstärkt (→Mitkopplung) oder geschwächt (→Gegenkopplung). Im besonderen Fall einer ±90° Phasenverschiebung des rückgekoppelten Signals tritt am Verstärkerausgang eine Reaktanz auf.

Ist $\underline{v}$ die Verstärkung (ohne R.) und $\underline{k}$ der Rückkopplungsfaktor des Rückführungsnetzwerkes, so ergibt sich als Verstärkung $\underline{v}'$ des rückgekoppelten Systems

$$\underline{v}' = \frac{\underline{v}}{1 - \underline{k}\,\underline{v}}$$

Für $\underline{k}\,\underline{v} > 0$ erfolgt Mitkopplung, für $\underline{k}\,\underline{v} < 0$ Gegenkopplung und für $\underline{k}\,\underline{v} \geq 1$ (→Barkhausen-Gleichung) tritt →Selbsterregung ein (→Oszillator). Der Ausdruck $1-\underline{k}\,\underline{v}$ wird als Rückkopplungsgrad bezeichnet, $\underline{k}\,\underline{v}$ als Schleifenverstärkung. Das Rückkopplungsnetzwerk, das den Verstärkerausgang mit seinem -eingang verbindet, wird häufig als Rückkopplungsvierpol ausgebildet. Die Zusammenschaltung selbst ist in einer der vier grundsätzlichen Vierpolzusammenschaltungen möglich. Das Rückkopplungsnetzwerk selbst kann beliebig lineare und nichtlineare Bauelemente enthalten. *R. Paul*

Rücklauf-Dunkeltastung. Bei höher eingestellter →Helligkeit kann es vorkommen, daß die Rückläufe der Horizontal- und der Vertikalablenkung zu sehen sind. Ebenso können Signale aus den normalerweise unsichtbaren Prüfzeilen (z. B. Videotext) am oberen Bildrand sichtbar werden.

Um das zu vermeiden, wird die →Kathodenstrahlröhre während der Rücklaufzeit beziehungsweise außerhalb der Zeit der sichtbaren Zeilen dunkel gesteuert. Dazu wird aus den Rücklaufimpulsen (horizontal und vertikal) ein vor allem zeitlich passendes Impulsgemisch geformt. Dieses Impulsgemisch wird an passender Stelle in den Signalverstärker eingespeist und bewirkt so die Dunkelsteuerung der Kathodenstrahlröhre zur gewünschten Zeit. *Nerstheimer*

Literatur: Elektronik-Taschenbuch, Bd. II, Bonn. – Farbfernsehtechnik II. Hrsg. Telefunken, Berlin. – *Köhler, A.* und *R. Schiffel:* Funkschau-Arbeitsblätter: Grundschaltungen der Elektronik, G 13, Datensichtgeräte. Funkschau 1985/86, München.

Rückschlagimpuls. Wenn der Elektronenstrahl einer →Kathodenstrahlröhre bis zum Zeilenende (horizontal) oder zum unteren Ende eines Halb- oder eines Vollbildes abgelenkt worden ist, muß er zurückgebracht werden zum Beginn der nächsten Zeile oder zum Beginn des nächsten Halbbildes.

Das geschieht vertikal mittels einer entsprechend geformten Ablenkspannung, die den Vertikalrückschlagimpuls beinhaltet und der Änderungsgeschwindigkeit des Ablenkstromes proportional ist.

Bei der Horizontalablenkung ist während des Hinlaufs eine nahezu konstante Spannung an den Ablenkstromkreis geschaltet. Am Ende des Zeilenhinlaufs wird der Stromfluß unterbrochen. Dadurch führen die im Stromkreis befindlichen Induktivitäten zusammen mit den entsprechenden Kapazitäten eine freie Schwingung durch, deren erste Halbwelle den Zeilenrückschlagimpuls darstellt (→Hochspannungserzeugung). Nach dieser ersten Halbwelle wird der Ablenkstromkreis wieder geschlossen. Durch diese starke Bedämpfung wird die freie Schwingung abgebrochen und der nächste Hinlauf beginnt. *Nerstheimer*

Literatur: Elektronik-Taschenbuch, Bd. II, Bonn. – Farbfernsehtechnik II. Hrsg. Telefunken, Berlin. – *Köhler, A.* und *R. Schiffel:* Funkschau-Arbeitsblätter: Grundschaltungen der Elektronik, G 13, Datensichtgeräte. Funkschau (1985/86) München.

Rückstoßionisationskammer →Neutronen-Dosismessung

Rückstoßzählrohr. R. sind mit Wasserstoff oder einem wasserstoffhaltigen Gas gefüllte →Proportionalzählrohre zum Messen von schnellen Neutronen. Ihr Nachweisprinzip beruht auf dem elastischen Stoß eines Neutrons mit dem gleich schweren Wasserstoffkern. Je nach dem Winkel zwischen der Flugbahn des Neutrons und des Rückstoßprotons wird die kinetische Energie des Neutrons ganz („gerader Kugelstoß") oder teilweise auf das Proton übertragen, dessen Energieabgabe im Zählvolumen bestimmt wird. Da der Wirkungsquerschnitt für die Reaktion sehr genau bekannt ist (bei 1 MeV $\sigma = 4{,}26 \times 10^{-24}\,\text{cm}^2$), eignet sich das Zählrohr sehr gut zum absoluten Bestimmen der Neutronenflußdichte.

Die Neutron-Proton-Streuung ist im Schwerpunktsystem bis etwa 14 MeV istotrop und mit den Gesetzen des mechanischen, verlustlosen Kugelstoßes beschreibbar. Daher eignet sich das Zählrohr auch zur Spektrometrie von Neutronen. Mit zunehmender Energie nimmt der Wirkungsquerschnitt und damit auch das Ansprechvermögen des Zählrohrs ab. Störend wirkt sich der Wandeffekt aus, wenn die Rückstoßprotonen nicht ihre gesamte Energie im Zählvolumen abgeben können, sowie der durch Photonenstrahlung in der Zählrohrwand und im Gas ausgelöste Elektronenuntergrund.

In Spezialausführungen sind R. auch zur →Dosismessung geeignet (→Neutronen-Dosismessung). *Wachsmann*

Rückstreumeßtechnik, optische. Die o. R. wird benutzt, um den Dämpfungsverlauf (→Glasfaserdämpfung) einer Glasfaser (→Lichtwellenleiter) ortsaufgelöst zu untersuchen, wobei nur ein Faserende zugänglich zu sein braucht. Außerdem können Fehler geortet und Kabellängen bestimmt werden.

Ein kurzer Laserimpuls wird in eine Glasfaser eingekoppelt. Das rückgestreute bzw. reflektierte Licht fällt über einen Strahlteiler auf den →Photodetektor (Bild 1). Aus der Laufzeit des an einer Fehlstelle (z. B. Kabelbruch, Spleiß- oder Steckverbindung) gestreuten Lichtes können der Ort der Fehlstelle sowie der durch sie verursachte Dämpfungssprung ermittelt werden. Das Prinzip der Dämpfungsmessung beruht darauf, daß im Wellenlängenbereich zwischen 0,8 μm und 1,6 μm die Dämpfung hauptsächlich auf die Rayleighstreuung zurückzuführen ist. Dabei wird das Licht gleichmäßig in alle Richtungen, auch rückwärts, gestreut. Die rückgestreute Lichtleistung ist um ca. 10 000 bis 100 000 mal kleiner als die eingestrahlte Lichtleistung.

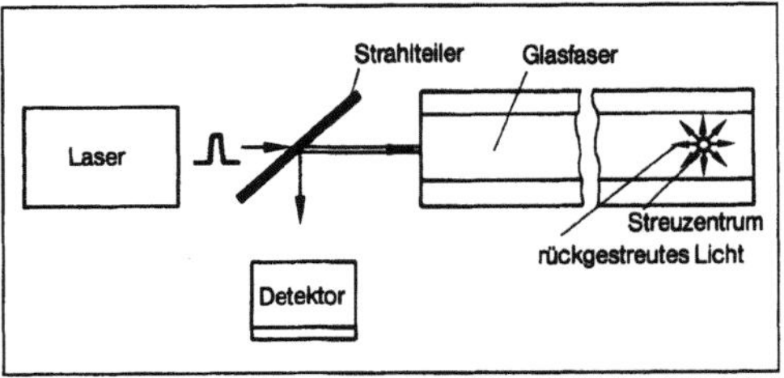

Rückstreumeßtechnik, optische 1: Blockdiagramm.

In Bild 2 ist eine Rückstreukurve dargestellt. Die am Anfang auftretende Spitze (1) wird durch die Reflexion an der Faserstirnfläche verursacht. Für eine ungestörte Faser ergibt sich dann ein exponentieller Abfall (2). Der Dämpfungssprung (3) kann durch eine Spleiß- oder Steckerverbindung hervorgerufen sein. Das folgende Maximum (4) ist durch die Reflexion am Faserende bedingt.

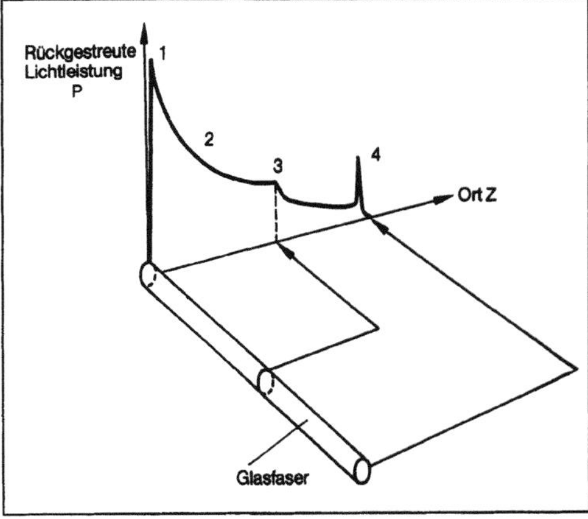

Rückstreumeßtechnik, optische 2: Rückstreukurve.

Die Dämpfung α der Faser ergibt sich unter der Voraussetzung, daß homogene Verhältnisse zwischen den Meßorten z_1 und z_2 vorliegen, aus $\alpha(\text{dB/km}) = [10/2(z_2 - z_1)] \cdot \lg[P(z_1)/P(z_2)]$. *Krauser*

Rückwärtsdiode. (*engl.* Backward-Diode) Halbleiterdiode auf Grundlage des →pn-Überganges, bei der durch hohe →Dotierung (aber etwas geringer als bei der →Tunneldiode) die Durchbruchspannung in Nullpunktnähe liegt (→pn-Diode). Dadurch wird sie bereits bei sehr kleinen Sperrspannungen gut leitend. Durch die zwar hohe, aber nicht zu hohe Dotierung tritt im →Bändermodell im Vergleich zur Tunneldiode keine Bänderüberlappung auf, doch reicht das innere Feld in Nullpunktnähe bereits zum →Zener-Effekt aus. Ebenso entsteht der gutleitende „Sperrzustand", während die Diode im Flußzustand etwa bis zur Schleusenspannung U_S sperrt. Sie wird deshalb schaltungstechnisch in Rückwärtsrichtung betrieben. Ihre starke Krümmung im Kennlinienursprung dient besonders zur Gleichrichtung sehr kleiner Signale im HF-Bereich. *R. Paul*

Rückwärtsstrom. Der durch eine →Halbleiterdiode in Rückwärtsrichtung fließende Strom bei anliegender →Sperrspannung. Im stationären Fall stimmt er mit dem →Sperrstrom überein, bei Schaltvorgängen kann er jedoch deutlich über dem Sperrstrom liegen. Er fließt z. B., wenn an einen vorher flußgepolten →pn-Übergang plötzlich eine Sperrspannung angelegt wird und der Übergang durch Speichereffekte noch eine Zeit im Flußzustand verharrt. *R. Paul*

Rückwärtswellenröhre. Eine R. ist eine →Laufzeitröhre, deren Wirkungsweise auf der Wechselwirkung der Raumladungswelle mit einer sich fortpflanzenden elektromagnetischen Welle beruht, deren Richtung der →Gruppengeschwindigkeit entgegengesetzt zur Richtung der Elektronengeschwindigkeit ist. Sie gehört in die Gruppe der Mikrowellenröhren.

Die Röhre (Bild) besteht aus einer →Elektronenkanone, einer →Verzögerungsleitung und einem →Kollektor. Die Verzögerungsleitung hat meist die Form einer Interdigitalleitung, auf der sehr viele Wellentypen ausbreitungsfähig sind, u. a. auch solche mit geeigneter entgegengesetzter Gruppengeschwindigkeit. Die Amplitude der elektromagnetischen Welle auf der Leitung wächst entgegengesetzt zur Richtung des Elektronenstrahls an, die Hochfrequenzleistung wird dementsprechend am Röhrenanfang ausgekoppelt.

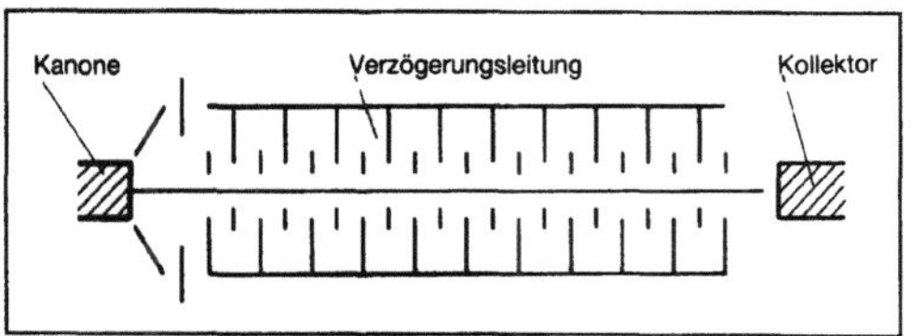

Rückwärtswellenröhre: Schematische Darstellung.

Die R. arbeitet als →Oszillator mit Ausgangsleistungen von einigen Watt bei Frequenzen bis 100 GHz und einigen Milliwatt bis zu 600 GHz. *Kiesel*

Literatur: *Eichmeier, J.:* Moderne Vakuumelektronik. Berlin–Heidelberg–New York 1981.

Rundsteuersender. R. dienen der Übertragung von Informationen (z. B. Ein- und Ausschaltbefehlen für Beleuchtungsanlagen über öffentliche elektrische Versorgungsnetze). Die Sender werden als selbstgeführte →Umrichter für feste Frequenzen ausgeführt. Die Empfänger sind auf diese Frequenzen abgestimmt und erhalten die Befehle in Form codierter Impulsfolgen. Übliche Frequenzen sind 175, 190, 215 und 450 Hz. Die Sendeleistungen liegen zwischen 10 und 500 kVA. *H. Stüben*

Runzelröhre. Ein in Linearbeschleunigern für Elektronen verwendeter runder Hohlleiter mit longitudinalem elektrischen Feld entlang der Achse. Da Elektronen wegen ihrer sehr kleinen Ruheenergie ($E_0 = 511$ keV) schon bei Bewegungsenergien von wenigen MeV praktisch die Lichtgeschwindigkeit erreicht haben, werden sie beim weiteren Beschleunigen nicht mehr schneller, sondern erhöhen nur noch ihre Masse. Die Geschwindigkeit im →Linearbeschleuniger ist also praktisch konstant. Das erlaubt den Einsatz einer →Beschleunigungsstruktur, bei der die elektromagnetische Welle ebenfalls mit konstanter Geschwindigkeit mit den Teilchen mitläuft.

Daher benutzt man die R., ein Hohlleiter vom TM_{01}-Typ (Bild). Üblicherweise ist die →Phasengeschwindigkeit einer Welle im Hohlleiter größer als die Lichtgeschwindigkeit. Zum Beschleunigen ist es aber erforderlich, daß die Teilchen und die mitlaufende Welle exakt dieselbe Geschwindigkeit haben. Daher ist die R. mit einer Vielzahl von runden Irisblenden bestückt, die etwa den Abstand einer halben Wellenlänge haben. Die Erregung der TM_{01}-Welle geschieht über einen senkrecht angekoppelten Hohlleiter im Standard-TE_{10}-Mode. Im üblicherweise verwendeten Impulsbetrieb werden dabei in der R. Spannungen von 15 MV/m erreicht. In speziellen Tests sind schon Werte über 100 MV/m realisiert worden. *Wille*

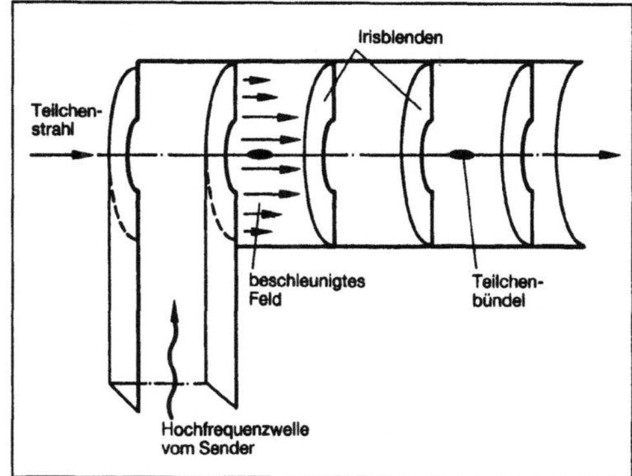

Runzelröhre: Vereinfachter Querschnitt durch die R. eines Elektronenlinacs mit erregendem Hohlleiter.

S

Sägen. Zum S. von Wafern (= Außenbordtrennschleifen) in rechteckige diskrete Bauelemente oder Chips mit Hilfe einer Wafersäge wird der fertig prozessierte Wafer (→Halbleiterscheibe) auf einer Selbstklebefolie in einen Rahmen gespannt, der auf den Sägetisch (Chuck) montiert wird. Das Sägeblatt besteht aus einer dünnen Stahlscheibe, die mit Diamantkörnern (Körnung 3–7 μ) bestückt ist. Bedingt durch Zentrifugalkräfte auf Grund der schnellen Rotation (15 000–40 000 U/min) wird das dünne Sägeblatt (Schnittbreite 30–100 μm) genügend steif für den Sägevorgang. Die Schnittiefe wird so gewählt, daß der Wafer durchgesägt, die ca. 70 μm dicke Folie jedoch nur angesägt wird. Die maximale Schnittiefe liegt bei 750–2 500 μm. Zur Kühlung wird die Schnittstelle während des Sägevorgangs mit Wasser gespült. *Ryssel*

Sägezahngenerator →Elektronenstrahl-Oszilloskop

Sägezahnsteuerung →Steuerverfahren für Stromrichter

SAGM-APD →SAM-APD

SAL-Elektrolytkondensator. Spezieller →Aluminium-Elektrolytkondensator mit dem festen halbleitenden Material Braunstein (MnO_2) als Elektrolyt des Kondensators.

Der Aufbau des SAL-Kondensators ähnelt dem der sog. *nassen* Elektrolytkondensatoren. Der Elektrolyt (die Kathode) wird zunächst in flüssiger Form (Mangannitrat), die sich der Porenstruktur der aufgerauhten Anode anpaßt, in den Kondensatorwickel hineingebracht und danach in einem pyrolytischen Prozeß in den festen Elektrolyten Braunstein umgeformt.

Dieser *trockene* Elektrolyt besitzt aufgrund der chemischen Stabilität und der Temperaturbeständigkeit des Braunsteins eine hervorragende Langzeitstabilität. Die halbleitenden Eigenschaften des Braunsteins gekoppelt mit der Unempfindlichkeit des Dielektrikums Al_2O_3 des Kondensators bewirkt außerdem eine große Beständigkeit gegen Spannungen falscher Polarität.

Eingesetzt werden SAL-Elkos im wesentlichen im Bereich elektrischer Stromversorgungen, insbesondere wenn hohe Strombelastbarkeit, gute Tieftemperatureigenschaften oder weiter Temperaturbereich verlangt wird. *Both*

SAM-APD. (*engl.* Separate- Absorption- and Multiplication- Avalanche- Photo-Diode). Heterostruktur-Lawinenphotodiode (→Avalanche-Photodiode), die durch ihren spezifischen Aufbau räumlich getrennte Bereiche für die Photonenabsorption und für die Ladungsträgervervielfachung innerhalb der →Raumladungszone aufweist.

Gerade bei der Verwendung von Halbleitern mit kleinen Bandabständen E_G und mit n-Dotierungen oberhalb von $n \approx 5 \cdot 10^{14}$ cm^{-3} bietet eine derartige SAM-Struktur (Bild 1) oft die einzige Möglichkeit zur Herstellung leistungsfähiger APDs. In solchen Materialien setzen bereits bei verhältnismäßig geringen Sperrspannungen Tunnelprozesse ein, die zu einer starken Erhöhung des Dunkelstromes führen und einen vorzeitigen →Durchbruch der Diode begünstigen. Der Tunneldurchbruch erfolgt vor dem Einsetzen der Lawinenmultiplikation. Dieses Verhalten läßt sich weitgehend vermeiden, indem der Bereich hoher elektrischer →Feldstärke, d. h. das Gebiet zur Ladungsträgervervielfachung (Lawinen- oder Multiplikationszone), in ein Halbleitermaterial mit großem →Bandabstand gelegt wird (z. B. InP). Die Zone mit dem kleinen elektrischen Feld befindet sich dagegen im schmalbandigen Material (z. B. $In_{1-x}Ga_xAs$, x = 0,47). Dort erfolgt allein die Generation der →Ladungsträger durch Photonenabsorption ($W_{PH} > E_G$) sowie deren Trennung (Absorptions- und Driftzone).

Solch relativ einfache Diodenstrukturen sind jedoch für den Empfang hochfrequenter Lichtsignale ($f_s \geq 1$ GHz) i. a. nicht geeignet. Die Ursache hierfür ist z. B. bei InGaAs/InP – SAM-APDs (Bild 1) auf eine Anreicherung von Löchern an der großen Valenzbanddiskontinuität des InGaAs/InP-Heteroüberganges zurückzuführen. Um die Zeitkonstanten dieser Photodioden entscheidend zu verbessern, ist zwischen der Multiplikationszone (InP) und der Absorptionszone (InGaAs) ein Übergangsgebiet einzubauen, mit dem eine kontinuierliche Anpassung der Bandabstände erzielt und das Auftreten einer großen Banddiskontinuität vermieden wird. Für den Aufbau eines solchen Überganges bieten sich zwei Möglichkeiten an:

– Die Übergangszone besteht aus verschiedenen Halbleiterschichten, deren Bandabstände E_G zur Multiplikationszone hin stetig zunehmen (Bild 2a). Zu erreichen ist dies z. B. bei einer InGaAs/InP – SAM-APD durch das Wachsen von gitterangepaßten $In_{1-x}Ga_xAs_yP_{1-y}$-Schichten mit unterschiedlichen Mischungsverhältnissen x : y.

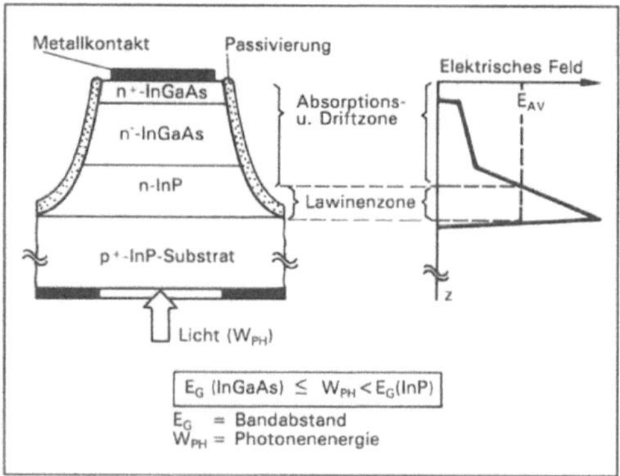

SAM-APD 1: Aufbau und elektrische Feldverteilung am Beispiel einer InGaAs/InP-SAM-APD als Mesastruktur.

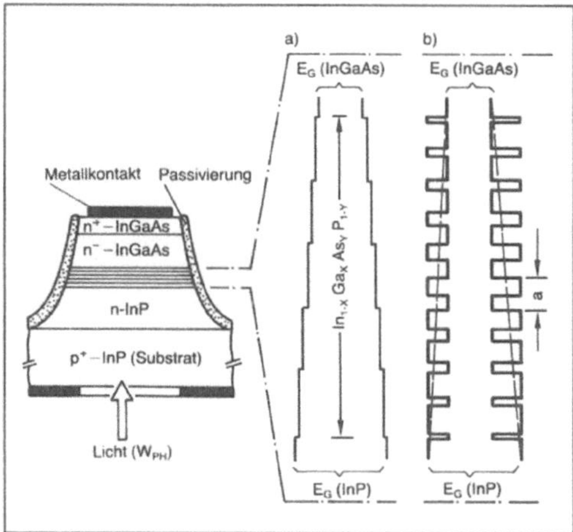

SAM-APD 2: Aufbau einer InGaAs/InP-SAGM-APD mit InGaAsP-Graded-Gap-Schichtfolge (a) und Multi-Quantum-Well-Schichtfolge (b) als Übergangszone zur Bandabstandsanpassung.

– Die Übergangszone ist eine Multi-Quantum-Well-Schichtfolge, abwechselnd bestehend aus den Halbleitermaterialien von Multiplikations- und Absorptionszone (z. B. InGaAs, InP, InGaAs, InP, Bild 2b), deren Gesamtperiode a konstant bleibt, das Breitenverhältnis (InGaAs zu InP in Bild 2b) aber stetig zur Multiplikationszone hin abnimmt (→Superlattice). Die Periodenzahl liegt i. a. bei 10 bis 20.

SAM-APDs mit Gebieten zur stetigen Bandabstandsanpassung werden auch als SAGM-APDs (engl. Separate Absorption Grading and Multiplication – APDs) bezeichnet. *R. Kaiser*

Literatur: *Capasso, F.*: Graded-Gap and Superlattice Devices by Bandgap Engineering, in Semiconductors and Semimetals, San Diego, Vol. 24 (1987), S. 319-392.

SAMOS-Technologie. Begriff in mehrfacher Bedeutung verwendet:
– *engl.* Stacked-Gate-Avalanche-Injection-MOS, Stapelgate-Lawineninjektions-MOSFET, Speicherfeldeffekttransistor, der dem →FAMOST entspricht, aber mit übereinanderliegenden Gateanordnungen,
– Silicon and Aluminium-Oxide-Semiconductor Technologie, die mit Doppelisolatorschicht (analog zum →MNOSFET) arbeitet,
– Self-Aligning-Gate-MOS, →MOS-Transistor mit selbstjustierender Gateelektrode.

Bei der Herstellung des →MOSFET ist eine gewisse Überlappung der Gate-Metallisierung über Source und Drain aus fertigungstechnischen Gründen unvermeidlich. Dadurch entstehen schädliche Kapazitäten zwischen Gate-Source und Gate-Drain. Letztere wirkt durch den →Miller-Effekt als Zusatzkapazität zwischen Source und Gate, die die Quelle belastet und die Schaltgeschwindigkeit herabsetzt. Mit dem Prinzip des selbstjustierenden Gates steht ein Verfahren bereit, das diese Gateüberlappung weitgehend vermeidet. Idee ist dabei, das Gate als →Maske für die Herstellung der Source-Drain-Gebiete zu verwenden. Das kann auf verschiedene Weise geschehen:
– Einsatz einer Polysilicium-Schicht als Gate (sog. Si-Gate-Technik) für die nachfolgende →Diffusion oder →Implantation der Source-Drain-Gebiete,
– Prinzip der lokalen Oxidation (→LOCOS-Technik). *R. Paul*

Sample-and-Hold-Glied →Abtast- und Haltekreis

Sampling-Oszilloskop →Elektronenstrahl-Oszilloskop

SAP →Staircase Avalanche Photodiode

Sättigungsbereich.
1. Beim →**Bipolartransistor** zur Kennzeichnung des Betriebsfalles, in dem beide pn-Übergänge leitend sind. Dieser Zustand wird als S. oder Übersteuerungsbereich gekennzeichnet. Dabei hängt es von den Steuerbedingungen und dem Lastwiderstand ab, ob der Bipolartransistor in dieses Gebiet gelangen kann oder nicht. Dementsprechend unterscheidet man speziell im Schalterbetrieb den Sättigungs- oder Übersteuerungsfall vom nicht übersteuerten Zustand.

2. Beim →**FET** versteht man unter dem S. den Teil im Ausgangskennlinienfeld nach der Kanalabschnürung.

3. Bei ausgeprägter Konstanz eines Sperrstromes über der Sperrspannung spricht man häufig von einem S. und nennt den zugehörigen →Sperrstrom auch →Sättigungsstrom. *R. Paul*

Sättigungsstrom. Höchster Strom, der in einem elektronischen Bauelement als Funktion eines variierenden Parameters (meist einer Spannung) erreicht werden kann. *Heinz*

Saugdrosselschaltung →Stromrichterschaltungen

Säule, positive. Leuchtende Säule in einer Gasentladung zwischen dem Faraday-Dunkelraum und dem anodischen Glimmlicht, die häufig einen großen Teil der Gasentladung einnimmt. In der positiven Säule ist eine hohe Dichte positiver Ionen und Elektronen vorhanden. Die Gesamtraumladung kompensiert sich jedoch fast vollständig, wobei der Stromtransport wegen ihrer größeren →Beweglichkeit fast vollständig von den Elektronen getragen wird. *Claassen*

SAW-Bauelement. (*engl.* Surface Acoustic Wave, akustische Oberflächenwelle, AOW) Akustoelektronisches Bauelement, das die Wechselwirkung zwischen elastischen Wellen an der Oberfläche piezoelektrischer Festkörper und Ladungsträgern zur Signalübertragung und -verarbeitung nutzt. Ein S. muß grundsätzlich durchführen:

□ Weiterleitung und Übertragungsbeeinflussung (Dämpfung, Verstärkung) der Welle,
□ Rückwandlung der Welle in ein elektrisches Signal durch elektrostriktive (umgekehrt piezoelektrische) Effekte. Als Werkstoff für S. dient hauptsächlich Lithiumniobtat ($LiNbO_3$).

Die erste Wandlungsaufgabe wird mit dem sog. Interdigitalwandler durchgeführt. Er besteht aus ineinandergreifenden kammartigen Metallelektroden (Bild 1), deren konstruktive Gestaltung (Zahl der Fingerpaare, Geometrie, gegenseitige Überdeckung) dem Wandlungsvorgang eine Frequenzcharakteristik verleiht und diese bestimmt. Ein solcher Wandler arbeitet grundsätzlich umkehrbar, er kann deshalb auch als →Empfänger verwendet werden. Nachteilig ist ferner, daß er Wellen nach beiden Richtungen abstrahlt. Das erfordert an beiden Enden des Substrates eine Dämpfungsmasse, um ungewollte Reflexionen zu vermeiden.

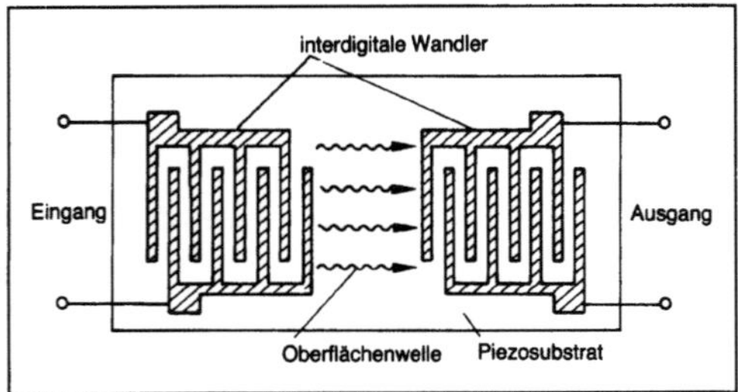

SAW-Bauelement 1: Prinzip des Oberflächenwellenfilters.

Ein S. besitzt zwei derartige Wandler, und seine Übertragungscharakteristik wird hauptsächlich durch die Frequenzgänge der Wandler bestimmt.

Der Anwendungsvorteil der S. ergibt sich vor allem aus den stark verschiedenen Fortpflanzungsgeschwindigkeiten (Faktor 10^5) mechanischer und elektrischer Wellen im freien Raum, weil die Wellenlänge jetzt um einem Faktor 10^5 kleiner ist. Im Gegensatz zu piezoelektrischen Schwingern, bei denen das ganze Volumen an der mechanischen Bewegung teilnimmt, bietet die Beschränkung auf die Oberfläche eine deutlich höhere Übertragungsfrequenz.

Neben diesem passiven, verstärkungslosen S. gibt es auch aktive, d. h. solche, die mit Verstärkung arbeiten. Sie basieren auf der Wechselwirkung zwischen der Oberflächenwelle und Ladungsträgern, die parallel zur →Wellenausbreitung als Folge eines Gleichfeldes driften. Bewegen sich die →Ladungsträger schneller als die Ausbreitungsgeschwindigkeit der Schallwelle (etwa $1–5 \cdot 10^3$ m/s), so können sie Energie an die Wellen abgeben und diese verstärken. Konstruktiv läßt sich eine Verstärkung z. B. dadurch erreichen (Bild 2), daß auf das piezoelektrische Material Isolator-Halbleiterschichten gebracht werden, von denen in letzterer ein Längsfeld erzeugt wird. Sind die Dicken beider Schichten vergleichbar oder kleiner als die akustische Wellenlänge, so besteht eine direkte akustische Kopplung zum Substrat.

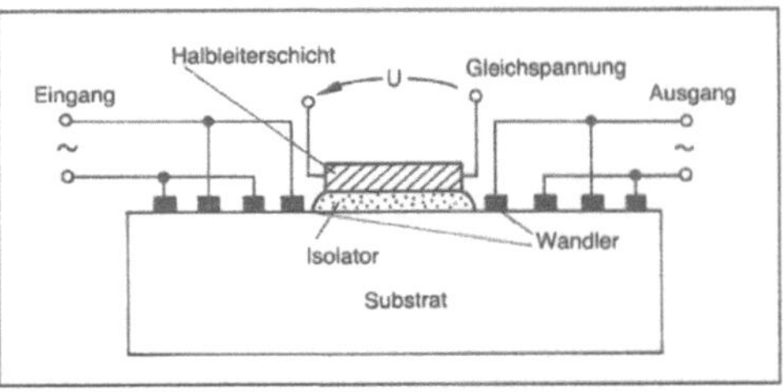

SAW-Bauelement 2: Verstärker mit akustischer Kopplung.

S. werden bisher hauptsächlich als Verzögerungsleitungen, als →Filter, →Richtkoppler, Pulsformer oder (mit Verstärkern) als Oszillatoren angewendet. Dabei dominieren die beiden erstgenannten Beispiele bei weitem (Dispersionsfilter zur Kompression und Dehnung von Radarsignalen, Bandfilter für Fernseh- und Rundfunkgeräte, Optimalfilter für die Signalkodierung). *R. Paul*

Scanner →Meßstellenumschalter

Scanpath →Boundary Scan

SCART-Schnittstelle →Euro-AV-Anschluß

SCH-Laser. (Abk. *engl.* Separate-Confinement-Heterostruktur-Laser) →Halbleiterlaser mit mehr als zwei →Heteroübergängen zur unabhängigen Beeinflussung des elektrischen und des optischen →confinements.

In →Doppelheterostruktur-Lasern werden Ladungsträger und optisches Feld durch Potential- bzw. Brechungsindexsprünge auf die aktive Schicht konzentriert (elektrisches und optisches confinement). Der Reduzierung der Schwellenstromdichten durch dünnere aktive Schichten steht die Verringerung der Wellenführung gegenüber, so daß ein Minimum bei 0,15 μm <d <0,3 μm erreicht wird. Die Verknüpfung von elektrischem und optischem confinement läßt sich durch Mehrfach-Heterostrukturen umgehen.

Im SCH-L. wird die extrem dünne aktive Schicht (d~0,05 μm) zunächst beidseitig von Material mit nur geringfügig höherem →Bandabstand umgeben. Die Differenz der Bandabstände ist ausreichend, um die →Ladungsträger auf die aktive Schicht zu konzentrieren; der →Wellenleiter wird aber durch den großen Brechungsindexsprung zu den äußeren Schichten mit dem sehr viel größeren Bandabstand gebildet (Bild 1). Auf diese Weise werden Schwellenstromdichten von 500 Acm^{-2} für GaAlAs-Laser erzielt.

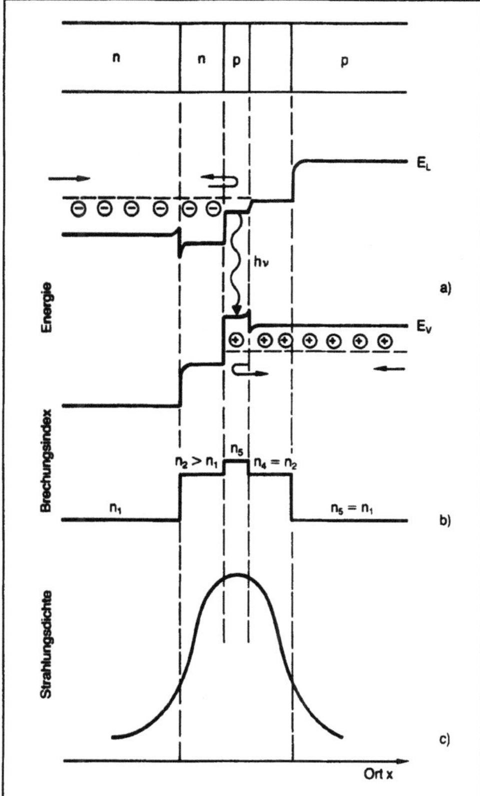

SCH-Laser 1: Schematische Darstellung
a) Bandenergieverlauf
b) Brechungsindexprofil
c) Strahlungsdichteverlauf.

Schließt sich an die extrem dünne aktive Schicht nur einseitig eine dicke Schicht mit geringfügig höherem Bandabstand an, so wird die Bezeichnung LOC-(Large-Optical-Cavity-)Laser verwendet. Diese asymmetrische Struktur erfordert nur vier Schichten unterschiedlicher Zusammensetzung, ist aber weniger effizient, da das Maximum des elektromagnetischen Feldes nicht mit der aktiven Schicht zusammenfällt (Bild 2). *Rosenzweig*

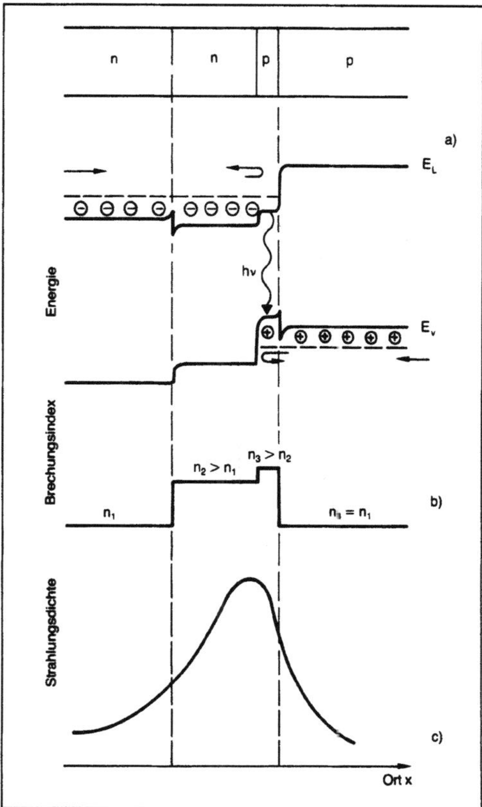

SCH-Laser 2: LOC-Laser
a) Bandenergieverlauf
b) Brechungsindexprofil
c) Strahlungsdichteverlauf.

Schalenkern →Ferritkern

Schaltdiode. →Halbleiterdiode, die als elektronischer Schalter eingesetzt wird. Sie wirkt im →Durchlaßbereich wegen des geringen Widerstandes wie ein geschlossener, im →Sperrbereich wegen des hohen Widerstandes wie ein offener Schalter. Damit kann ihre Kennlinie gut durch eine Knickkennlinie im Nullpunkt angenähert werden.

Sehr verbreitet werden als S. →pn-Dioden mit guten dynamischen Umschalteigenschaften (geringe →Sperrschichtkapazität, kurze Schaltzeiten) eingesetzt (Bild). Schaltet man eine solche Diode zur Zeit t_0 vom Fluß- in den Sperrzustand, so fließt zunächst ein beträchtlicher, hauptsächlich durch die Schaltung begrenzter Rückstrom I_R, m. a. W. sind die Sperreigenschaften noch wenig ausgeprägt. Als Ursache dieses Stromes wirken die in den Bahngebieten noch gespeicherten →Minoritätsträger (Speicherladung), die zunächst abgeführt werden müssen. Nach einer Speicherzeit t_s ist diese Ladungsabfuhr erfolgt und ein schneller Abfall des Rückstromes auf den →Sperrstrom ist die Folge. Für sehr kurze Schaltzeiten (im Nanosekundenbereich) werden →Schottky-Dioden als S. verwendet, weil dort störende Ladungsspeicherungen durch Minoritätsträger grundsätzlich entfallen. *R. Paul*

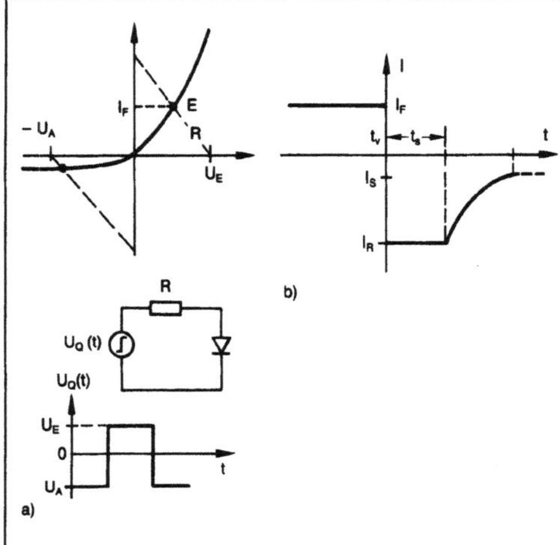

Schaltdiode: Funktionsprinzip und Darstellung.
a) Grundschaltung und Kennlinie mit Angabe der Ein- und Ausschaltpunkte
b) Zeitverlauf des Stromes, wenn die Schaltdiode zur Zeit t_o aus dem Flußzustand abgeschaltet wird.

Schaltelement →Stromlaufplan, →Primitive

Schalter. Elektromechanische Bauelemente, deren Aufgabe es ist, Stromkreise zu schließen oder zu trennen. Zu diesem Zweck besitzen sie einen oder mehrere elektrische Kontakte, die je nach Stellung des Betätigers geöffnet oder geschlossen werden. Bei geschlossenen Kontakten müssen die elektrischen Ströme weitgehend verlustfrei übertragen werden, bei geöffneten Kontakten muß der Stromfluß gesperrt sein. Dies soll oft über eine hohe Zahl von Schaltungen und bei ungünstigen Umweltbedingungen – ob häufig oder selten betätigt – gewährleistet sein. Es soll auch keine Gefahr für Sachen und Personen von S. ausgehen, die gemäß ihrer Bestimmung und Einbauvorschrift in elektrische Geräte oder Anlagen eingebaut sind.

Um die dementsprechende Qualität der S. zu gewährleisten, sind diverse Prüfnormen und Prüfvorschriften festgelegt worden, z. B. in der Bundesrepublik Deutschland durch die DIN 41640 und begleitende Normen sowie – betreffend Sicherheit von S., die in Stromkreisen mit lebensgefährlicher Spannung eingebaut werden können – VDE-Vorschriften; S., die den VDE-Vorschriften entsprechen, tragen meistens auch das →VDE-Zeichen und Angaben über die zugelassenen Ströme und Spannungen.

Die S. können nach diversen Sachmerkmalen aufgeteilt werden. (DIN 4000).

□ Aufteilung nach Betätigungsart, z. B.:
– Drehschalter: Betätigung durch Drehknopf, -knebel, ggf. mittels Schraubenzieher
– Schiebeschalter: Betätigung durch Verschieben des Betätigers
– Druckknopfschalter: Betätigung durch Druck auf den Betätiger; im Unterschied zu Tasten bleibt nach dem Loslassen des Betätigers der Schaltzustand erhalten. Erst bei nochmaliger Betätigung wird der Schaltzustand geändert.
– Kippschalter, Kipphebelschalter: Betätigung durch Kipp-Hebel des S.
– Wippschalter, Wippenschalter: Betätigung durch Druck auf den entsprechenden Teilabschnitt einer Wippe

□ Aufteilung nach Art der Kontakte, z. B.:
– →Öffner
– →Schließer
– →Wechsler, Umschalter

□ Aufteilung nach Schaltart, z. B.:
– unterbrechend schaltend: Stromkreis 1 wird unterbrochen bevor Stromkreis 2 geschlossen wird
– überbrückend schaltend: Stromkreis 1 wird erst unterbrochen, wenn Stromkreis 2 bereits geschlossen ist

□ Aufteilung nach Anzahl der Pole:
– einpolig
– zwei- oder mehrpolig: Die Polzahl gibt an, wie viele Stromkreise bei Betätigung des Schalters gleichzeitig geschaltet werden können.

□ Aufteilung nach Anzahl der Schaltebenen:
– Einebenenschalter (einstöckiger Schalter)
– Zwei- oder Mehrebenenschalter (zwei- oder mehrstöckiger Schalter): Eine Schaltebene kann ein- oder mehrpolig ausgeführt werden. Die Anzahl der Schaltebenen mal Anzahl der Pole gibt an, wie viele Stromkreise bei Betätigung des S. gleichzeitig geschaltet werden können.

□ Aufteilung nach Anschlußart, z. B.:
– Anschlüsse für gedruckte Schaltung (GS), zum Einstecken der Lötanschlüsse in Bohrungen einer Leiterplatte und anschließendem Schwall-Löten bestimmt.
– Lötanschlüsse für Einzeldrähte (Lötösen zum Einlöten von Einzeldrähten, Kabeln, Litzen)

– Steckanschlüsse: Anschlüsse, die z. B. als Flachstecker (DIN 46244) zu den an den Leitungen angebrachten Steckhülsen (DIN 46245) passend ausgeführt sind
□ Nach Anzahl der Schaltstellungen
– zweistufig: zwei Schaltstellungen des Betätigers möglich, z. B. Ein-/Aus-Schalter.
– drei- oder mehrstufig: drei oder mehrere Schaltstellungen des Betätigers möglich.
□ Aufteilung nach Bestimmung, z. B.:
– Installationsschalter: z. B. Lichtschalter für die Haus- oder Wohnungsinstallation
– Geräteschalter: z. B. für Haushaltgeräte, für Meß- und Prüfgeräte, Bürogeräte
– Service- und Einstellschalter: z. B. für die Einstellung der Betriebszustände von elektronischen Baugruppen
– Kfz-Schalter: z. B. für Beleuchtung, Heizung, Hupe, Scheibenwischer, elektrische Fensterheber eines Pkw
– Lastschalter, Trenner, Lasttrenner und Schalter-Sicherungs-Einheiten für die Industrie. *Pagnin*

Literatur: DIN 4000 Teil 56: Sachmerkmal-Leisten für elektrische Schalter und Schaltgeräte. – DIN 46244. – DIN 46245.

Schalter, elektrooptischer. Mit e. S. oder Modulatoren wird unter Ausnutzung des elektrooptischen Effektes Licht von einem →Wellenleiter zum anderen umgeschaltet bzw. moduliert.

Die Modulation von Lichtwellen, die in einem Wellenleiter geführt werden, ist besonders effektiv, da die Überlappung der geführten Wellen mit der modulierenden Steuergröße relativ groß ist. Mit Wellenleiterbauelementen können die Intensität (→Intensitätsmodulator), Phase (→Phasenmodulator) oder →Polarisation (→Polarisationsmodulator) des Lichtes moduliert werden.

Nach Anbringen geeigneter Elektroden an den Wellenleiter können große elektrische Felder mit kleinen Spannungen (typische Größenordnung 10 V) erzeugt werden. Wegen der kleinen Kapazitäten der Steuerelektroden ist der Aufbau sehr schneller Modulatoren und Schalter möglich.

Materialien: Außer isolierenden Materialien werden auch Halbleiter für elektrooptische Wellenleiterschalter/modulatoren eingesetzt. In Halbleitermaterialien wird das elektrische Feld durch in Sperrichtung betriebene →pn-Übergänge, Schottky- oder MOS-Konfigurationen erzeugt.

Bauelemente: Im folgenden werden die wichtigsten elektrooptischen Modulatoren/integriert optischen Schalter diskutiert:

Phasenmodulatoren bestehen aus einem monomodalen →Streifenwellenleiter, dessen Brechzahl n durch Anlegen eines elektrischen Feldes E variiert wird (Bild 1). Mit speziellen Elektrodenanordnungen sind mit $LiNbO_3$-Phasenmodulatoren Bandbreiten von mehr als 10 GHz erreicht worden.

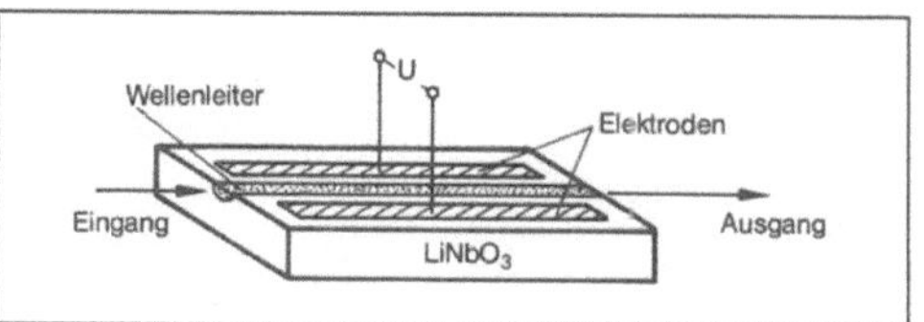

Schalter, elektrooptischer 1: Prinzip eines Phasenmodulators.

Mit Richtkopplermodulatoren/Schaltern ist es möglich, das Verhältnis der optischen Leistungen beider Ausgänge elektrooptisch einzustellen (Bild 2). Ein von außen angelegtes elektrisches Feld bewirkt eine Variation der Brechzahl in beiden Wellenleitern, wodurch die Koppellänge verändert wird. Eine Modifikation des Richtkopplers ist der X-Schalter (Bild 3), bei dem sich zwei monomodale Wellenleiter kreuzen. X-Schalter wegen ihrer geringen Länge z. B. für den Einsatz in Schaltmatrizen gut geeignet.

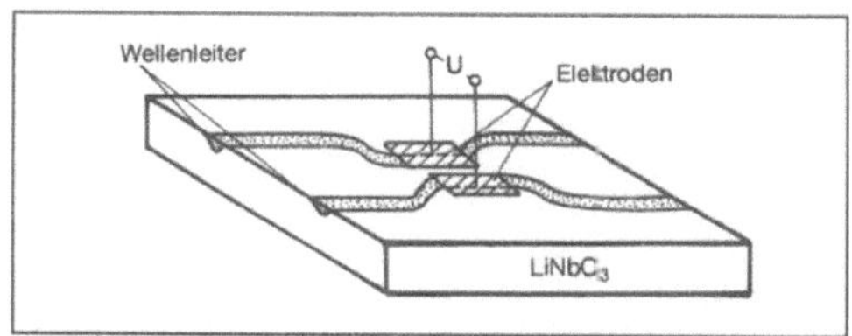

Schalter, elektrooptischer 2: Prinzip eines Richtkopplerschalters/modulators.

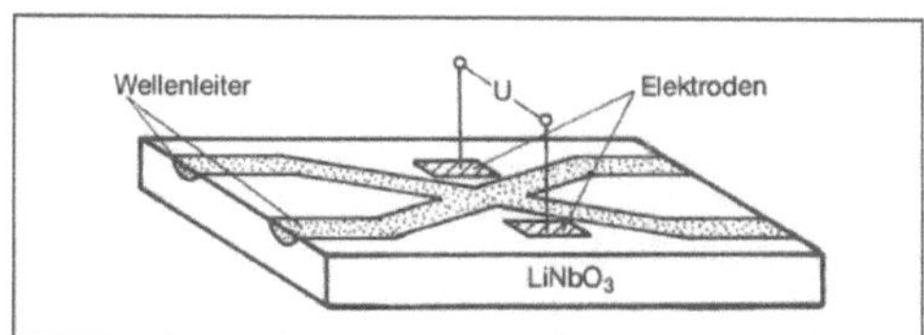

Schalter, elektrooptischer 3: Prinzip eines X-Schalters.

Als Intensitätsmodulator kann ein integriert optisches →Mach-Zehnder-Interferometer benutzt werden (Bild 4). Durch Anlegen einer Spannung wird die Brechzahl in den Wellenleiterarmen in unterschiedlicher Weise variiert; dadurch ändert sich die Phasenlage der beiden Lichtwellen, so daß Verstärkung oder Auslöschung auftritt. Mit dieser Anordnung können Modulationsbandbreiten von mehr als 10 GHz erreicht werden.

Polarisationsmodulatoren (-konverter) bestehen aus einem einzelnen Wellenleiter; seine Richtung und die Orientierung des elektrischen Feldes bezüglich der Kristallachsen müssen so orientiert sein, daß es je nach angelegter Spannung zu einer Umwandlung der beiden orthogonalen Polarisationsrichtungen kommt.

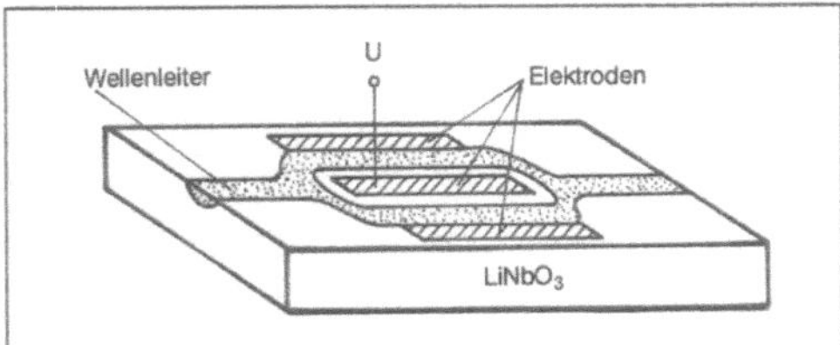

Schalter, elektrooptischer 4: Prinzip eines Mach-Zehnder-Intensitätsmodulators.

Die hier vorgestellten Schalter/Modulatoren sind prinzipiell mit den in der Tabelle angegebenen Materialien realisierbar. *Krauser*

Schalter, elektrooptischer. Tabelle: Übersicht häufig verwendeter Materialien für elektrooptische Wellenleitermodulatoren

Material	Elektrooptischer Koeffizient 10^{-12} m/V	Brechzahl n(λ = 0,6 μm)
$LiNbO_3$ (Isolator)	$r_{33} = 30{,}8$ $r_{13} = 8{,}6$ $r_{22} = 3{,}4$ $r_{42} = 28$	$n_o = 2{,}29$ $n_e = 2{,}20$
$LiTaO_3$ (Isolator)	$r_{33} = 30{,}3$ $r_{13} = 5{,}7$	$n_o = 2{,}175$ $n_e = 2{,}180$
GaAs* (Halbleiter)	$r_{41} = 1{,}6$	n = 3,3**
InP*	$r_{41} = 1{,}6$	n = 3,21**

* Auch die ternären (AlGaAs, InAlAs) und quaternären (InGaAsP, InGaAlAs) Verbindungen werden als Materialien eingesetzt (Streifenwellenleiter).
** für λ = 1,3 μm.

Literatur: *Ebeling, J. K.:* Integrierte Optoelektronik. Berlin–Heidelberg–New York 1992.

Schalter, magneto-optischer. Komponente zum Umschalten von Lichtwegen, deren Wirkung auf dem →Faraday-Effekt in einem magnetooptischen Material, vorzugsweise magnetischem →Granat, beruht. Durch Umschalten eines äußeren Magnetfeldes kann die Magnetisierung von einer Richtung parallel zum Lichtweg in eine Richtung antiparallel dazu geschaltet werden. Dadurch wird die Drehung der Polarisationsebene von linear polarisiertem Licht von 45° in −45° geändert. Ein geeignet orientiertes, nachgeschaltetes, doppelbrechendes Element (z. B. Wollaston-Prisma) lenkt die beiden senkrecht zueinander polarisierten Lichtwellen in zwei verschiedene Richtungen, die somit durch Schalten der Magnetfeldrichtung angewählt werden können.

Der Schalter arbeitet mit linear polarisiertem Licht. Andernfalls muß das Licht in die beiden senkrecht zueinander polarisierten Anteile getrennt werden. Nach dem Schalten werden die beiden Anteile wieder zusammengeführt. *Dammann*

Schalter, optischer →Schalter, elektrooptischer, →Halbleiterlaser-Bistabilität

Schalter-Kondensator-Filter. (*engl.* Switched Capacitor Filter, SC-Technik) Schaltungstechnik, insbesondere der →MOS-Technik, bei der Widerstandsfunktionen durch getaktete Kondensatoren ersetzt werden zur Realisierung monolithisch integrierter selektiver Schaltungen nach dem Prinzip der RC-Filter.

Da Induktivitäten in monolithischer Schaltkreistechnik nicht herstellbar sind, sie aber in der historischen Entwicklung für Filteraufgaben unerläßlich waren, entstand in den 60er Jahren die aktive RC-Filtertechnik als ein Versuch, Selektionsprobleme mit einer integrationsfähigen Schaltungstechnik zu lösen. Realisiert wurden RC-Filter vorwiegend in Dick- und Dünnfilmtechnik. Vom Schaltungskonzept her waren nur Operationsverstärker, Widerstände und Kondensatoren erforderlich. Probleme bei der Ausführung in monolithischer Technik einerseits und die Suche nach Filterprinzipien andererseits, die mit einer VLSI-kompatiblen Technologie hergestellt werden konnten, führten in den 70er Jahren zu monolithischen Filterlösungen mittels der MOS-Technik. Gegenwärtig sind zwei Formen bekannt:

□ analoge Abtastfilter, die besonders als Ladungstransferfolger (→CCD) und S.-K.-F. Verbreitung fanden,

□ Digitalfilter. Hier führt ein Mikrorechner oder →Signalprozessor in zeitlicher Folge einfache Arithmetikoperationen (Addition, Multiplikation, Speichern) durch. Falls analoge Eingangs- oder Ausgangssignale erwünscht sind, werden D/A-A/D-Umsetzer zugeschaltet.

S.-K.-F. bestehen aus Schaltern, Kondensatoren und Operationsverstärkern, die sich alle gut in MOS-Technik realisieren lassen. Sie lehnten sich zunächst an die Schaltungstechnik aktiver RC-Filter an mit dem Ziel, den sehr flächenaufwendigen Widerstand durch einen geschalteten Kondensator zu ersetzen (Bild 1). Wird nämlich ein Kondensator über einen Schalter S periodisch an den Ein- und Ausgang eines Dreipols geschaltet, so erfolgt im zeitlichen Mittel ein Ladungstransport vom Eingang nach dem Ausgang und die Ladungsänderung $\Delta Q = C(U_E - U_A)$ am Kondensator kann als ein mittlerer Strom $\bar{i}$

$$\bar{i} = \frac{\Delta Q}{T} = \frac{C(U_E - U_A)}{T}$$

zwischen diesen Klemmen verstanden werden. Mit Bezug auf den Spannungsabfall $U_E - U_A$ läßt sich dieses Verhalten auch durch einen Widerstand

$$R = \frac{U_E - U_A}{\bar{i}} = \frac{T}{C},$$

beschreiben, wenn nur die Taktfrequenz (1/T) deutlich größer als die maximale Signalfrequenz der Eingangsspannung $u_E(t)$ ist. Der Schalter wird durch die zwei →MOSFET realisiert, die von zwei sich zeitlich nicht überlappenden Taktsignalen angesteuert werden. So kann z. B. ein RC-Tiefpaß realisiert werden, dessen Zeitkonstante $\tau = RC = C_2/C_1\,T$ bei ausreichend großer Abtastrate nur von den Kapazitätsverhältnissen und der Taktfrequenz abhängt (Bild 2). Derartige Kapazitätsverhältnisse lassen sich in MOS-Technik mit großer Präzision (Toleranz $\leqq 0{,}1\,\%$) realisieren (→MOS-Kondensator, integrierter).

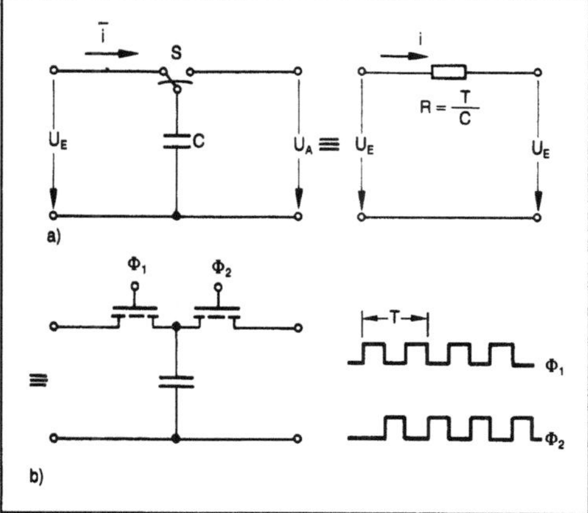

Schalter-Kondensator-Filter 1: Funktionsprinzip.
a) Grundschaltung und äquivalente Schaltung bei hoher Taktfrequenz (Signalfrequenz ≪ 1/T)
b) Realisierung der Schaltung mit MOSFET-Schaltern.

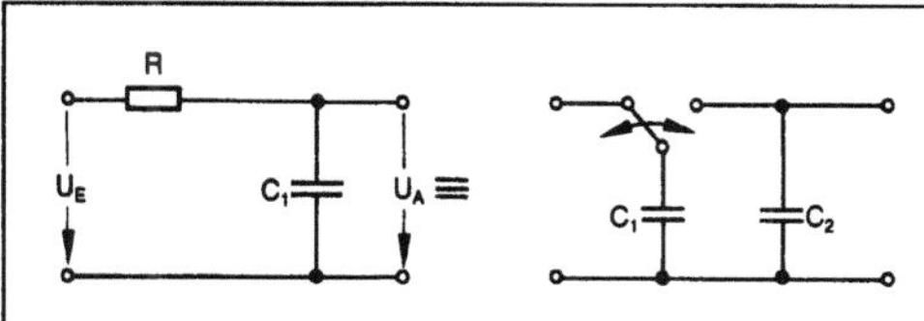

Schalter-Kondensator-Filter 2: Tiefpaßfilter realisiert nach dem SC-Prinzip.

Eine für die Filtertechnik sehr weit verbreitete Grundstruktur – der RC- bzw. SC-Integrator (Bild 3). Auch einen invertierenden →Verstärker kann man nach diesem Prinzip aufbauen. Die beiden Schalter S_1 und s_2 schließen abwechselnd in Gegenphase, und es ergibt sich $U_A/U_E = -\,C_1/C_2$.

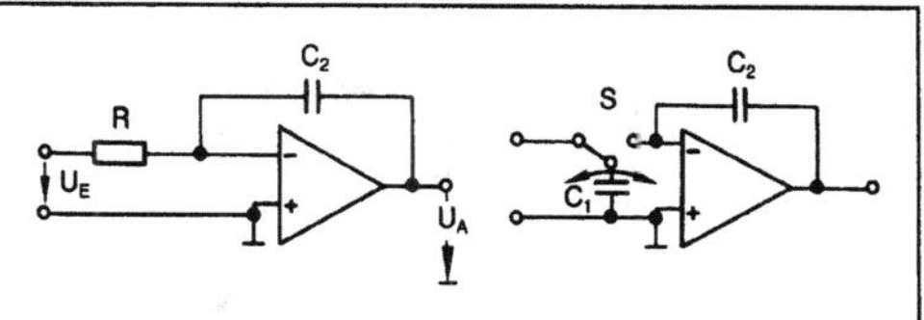

Schalter-Kondensator-Filter 3: Integrator. Übliche Realisierung mit RC-Glied (links) und Schalter-Kondensator-Anordnung (rechts).

War das Schalter-Kondensator-Prinzip anfangs auf Filter beschränkt, so fand es zwischenzeitlich auch in anderen Fällen Anwendung: z. B. →Komparatoren, →Gleichrichter, →Modulatoren, →Multiplizierer, →Oszillatoren, Phasenschieber, A/D-D/A-Wandler u. a.).

Obwohl die verschiedenen Vorteile der S.-K.-F. deutlich überwiegen, muß jedoch auf einen Nachteil hingewiesen werden: das ständige Umschalten der Kondensatoren verursacht ein zusätzliches Rauschsignal (Signal-Rauschabstand zwischen 60–80 dB) sowie eine zusätzliche →Offsetspannung in der Größenordnung von 10 mV. Dies beeinträchtigt das Nutzsignal.

Des weiteren muß bei der digitalen Verarbeitung analoger Signale das Analogsignal nach dem Abtasttheorem mit wenigstens der doppelten höchsten Signalfrequenz abgetastet werden. Um dies zu sichern, sind Vor- und ebenso ein Nachfilter erforderlich. Sie sieben höhere Frequenzen im Spektrum bedingt durch die Schalter aus. *R. Paul*

Literatur: *Höfflinger, B.* und *G. Zimmer* (Hrsg.): Hochintegrierte analoge Schaltungen. München 1987. – *Weiß, H.* und *K. Horninger:* Integrierte MOS-Schaltungen. Berlin 1986.

Schaltkreis, dreidimensionaler. Die Vergrößerung der →Packungsdichte (→Miniaturisierung) elektronischer Funktionen in integrierten Bauelementen stößt auf Grenzen: Verkleinerte laterale Abmessungen z. B. logischer Schaltelemente (aufgebaut als CMOS-Gate-Arrays) führen zu Schaltleistungen in der Größenordnung von pW und zu hohen Feldstärken in den dielektrischen Isolierschichten mit der Folge sinkender →Zuverlässigkeit (→Rauschen, →Tunneleffekt). Die notwendige Strukturiertechnik mit lateraler Genauigkeit bis zu 100 nm ist aufwendig und führt zu Produktionsfehlern in der Ausbeute.

Kurze Leiterbahnwege mit Breiten in der Größenordnung einiger µm, Schaltelemente (→Bauelement, →Aufbautechnik) ausreichender Größe lassen sich auch bei höchster Packungsdichte anlegen, wenn aktive Schaltelemente übereinander gepackt werden. Nach der Erzeugung von Transistorstrukturen im Silicium-Einkristall werden zunächst eine Isolationsschicht aus SiO_2 oder Si_3N_4 und darüber eine weitere halbleitende Schicht aus Polysilicium

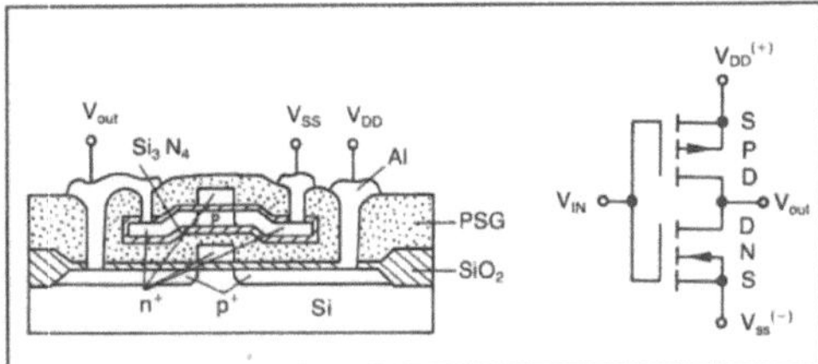

Schaltkreis, dreidimensionaler: CMOS-Inverterschaltelement. (Quelle: Fuyiton)

abgeschieden. In dieser ist die →Beweglichkeit der →Ladungsträger wegen der Korngröße im Bereich von 10 nm noch zu klein. Deshalb wird diese Schicht mit Vorheizung auf rd. 1000°C durch zusätzliche Wärmestrahlung (→Laser, Graphitheizer) aufgeschmolzen und neu kristallisiert. Probleme in der sog. 3-D-Technik integrierter Halbleiterbauelemente liegen in der Übertragung von Unebenheiten aus der primären Struktur im Siliciumkristall durch die Isolierschichten hindurch in die darüberliegende →Schaltungsebene sowie in der Anschlußtechnik.

In der →Leiterplattentechnik wird versucht, durch →Bestückung mit Bauelementen auf beiden Oberflächen erhöhte Packungsdichte zu erreichen. Hybridintegrierte Schaltkreise werden selbst in →Mehrlagenverdrahtung (→Dickschichttechnik, →Dünnschichttechnik) aufgebaut, dicht mit Chipbauelementen in →Oberflächenmontage bestückt und dann selbst vertikal auf Leiterplatte montiert. *Hieber*

Schaltkreis, kundenspezifischer. Monolithischer Halbleiterbaustein, dessen Internstruktur durch den Anwender modifizierbar ist („kundenspezifisch"). Man unterscheidet programmierbare Logik-Schaltkreise, semikundenspezifische Schaltkreise und voll-kundenspezifische Schaltkreise.

□ Programmierbare Logik-Schaltkreise haben eine fest vorgegebene Internstruktur, diese kann aber durch den Anwender, z. B. durch Durchbrennen dünner Leiterbahnen, hardwaremäßig modifiziert werden. Dieser Vorgang wird meist etwas irreführend als „Programmieren" der Bausteine bezeichnet. Die fest vorgegebene Internstruktur besteht aus einem Feld von UND-Gattern, gefolgt von einem Feld von ODER-Gattern, die die Eingänge und die invertierten Eingänge mit den Ausgängen des Bausteins verbinden. PAL-Bausteine (programmable array logic) haben ein programmierbares UND-, jedoch festes ODER-Feld, PROM-Bausteine (programmable read only memory) festes UND-, programmierbares ODER-Feld, schließlich PLA-Bausteine (fuse programmable logic array) programmierbare UND- und ODER-Felder (Bild). Varianten dieser Bausteine umfassen interne →Register und Rückführungen, um auch endliche Automaten zu realisieren.

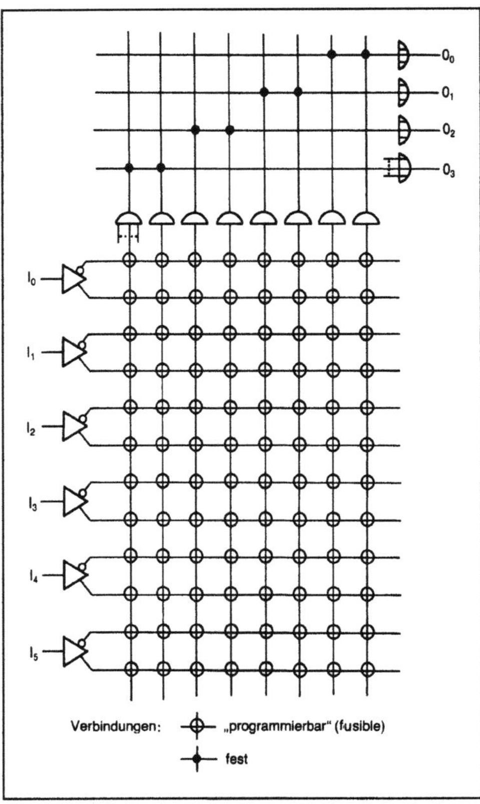

Schaltkreis, kundenspezifischer: Ausführungsbeispiel PAL (Aus Gründen der einfacheren Darstellung sind die getrennten Eingangsleitungen in die UND- und ODER-Gatter jeweils nur durch eine Linie repräsentiert).

□ Semikundenspezifische →Schaltkreise haben Internstrukturen, die der Kunde auf der Basis fest vorgegebener Bibliotheken von Standardfunktionen festlegt. Bei den gate-array-Bausteinen liegt diese Bibliothek als auf dem Baustein fest vorfabrizierte Menge einfacher Standardfunktionen (→SSI, →MSI) vor. Die kundenspezifische Anpassung erfolgt nur durch die Wahl der Verbindungsstruktur. Bei Standard-Zellen-Bausteinen ist die Bibliothek als Software-Entwurfssystem vorhanden, Grundfunktionen können auch höhere Komplexität haben (→LSI bis →VLSI).

□ Voll kundenspezifische Schaltkreise sind ohne Berücksichtigung herstellungstechnischer Vorgaben wie Zellen-Bibliotheken durch den Anwender voll auf die Anwendung maßgeschneidert. *Bode*

Schaltkreis, semikundenspezifischer. Halbleiterbaustein, dessen Internstruktur durch den Anwender auf der Basis vorgegebener Grundschaltungen in sogenannten Zellenbibliotheken bestimmt wird. Man unterscheidet Standardzellen und gate-array-Bausteine (→Schaltkreis, kundenspezifischer). *Bode*

Schaltkreis-Entwurf →Schaltungsentwurf, rechnerunterstützter

Schaltkreisfamilie.

1. Allgemein: Gruppe von integrierten Schaltkreisen mit gleichartiger Grundschaltungstechnik und Anschlußbedingungen.

2. Im engeren Sinne Gruppe von Digitalschaltkreisen, die mit gleicher Grundschaltungstechnik verschiedene logische Funktionen ausführen und in Pegeln (L, H), Leistungsverbrauch (pro Gatter), →Verzögerungszeit, →Lastfaktor, →Störsicherheit und Herstellungstechnik weitgehend bis völlig übereinstimmen. Dabei entwickelten sich aus Grundfamilien (z. B. →TTL, →ECL, →CMOS) im Verlaufe der Zeit weiter spezifizierte Anforderungen zahlreiche Varianten (Bild) von S. *R. Paul*

Schaltnetzteil →Netzgerät, →Schaltregler

Schaltregler. S. sind Stabilisierungsschaltungen in Gleichspannungsversorgungsschaltungen, bei denen ein →Leistungstransistor als Stellglied in einem einer Regelspannung entsprechenden Tastverhältnis periodisch ein- und ausgeschaltet wird. Man unterscheidet (Bild 1):

□ Sekundärgetaktete S., dabei wird an der Ausgangsseite eines Netztransformators eine Gleich-

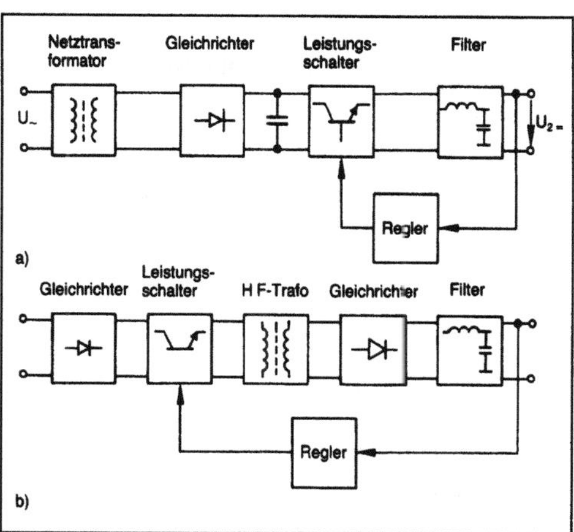

Schaltregler 1: Schematische Darstellung.
a) Sekundär getakteter Schaltregler
b) Primär getakteter S.

spannung erzeugt und diese durch ein Stellglied (→Transistor) taktmäßig geregelt.

□ Primärgetaktete S., dabei wird zur Reduktion der Verluste im Netztransformator nicht die Netzspannung transformiert, sondern diese direkt in eine Gleichspannung verwandelt, durch einen Leistungsschalter zerhackt, einem HF-Transformator zugeführt, wieder gleichgerichtet und aus der Aus-

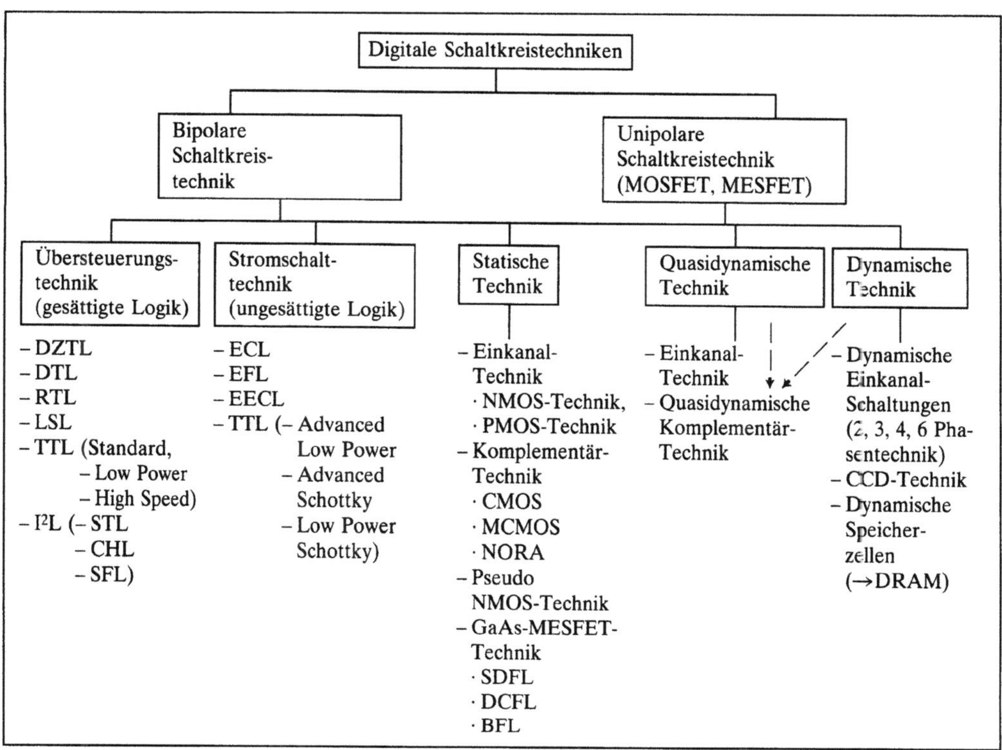

Schaltkreisfamilie: Überblick digitaler Schaltkreisfamilien und -techniken.

gangsspannung der Leistungsschalter geregelt. Eine derartige Anordnung heißt auch Schaltnetzteil.

Von den Klemmen der erzeugten Eingangsgleichspannung her gesehen sind beide →Gleichspannungswandler; im letzten Fall mit Transformationswirkung im HF-Trafo. Da aber auch sekundärgetaktete Schaltregler – je nach der Schaltungsauslegung – eine Ausgangsspannung größer oder kleiner als die Eingangsspannung liefern, können Gleichspannungswandler auch mit sekundär getakteten Schaltreglern aufgebaut werden. Im letzten Fall ist der Transistorschalter, eine Diode (→Freilaufdiode) und eine Speicherinduktivität unterschiedlich anzuordnen (Bild 2). Beim Abwärtswandler erzeugt der Schalter eine Wechselspannung, deren mittlerer Wert – abhängig vom Tastverhältnis – zwischen der Eingangsspannung und Null liegt. Bei Aufwärtswandlern wird Ausgangs- gleich Eingangsspannung in der oberen Schalterstellung und beim Umschalten in die untere Stellung Energie in der Speicherinduktivität gespeichert. Sie gelangt in der nachfolgenden oberen Schalterstellung zusätzlich an den Ausgang und vergrößert die Ausgangsspannung. Im letzten Fall schließlich speichert die Induktivität Energie, solange der Schalter nach links liegt. Beim Umschalten nach rechts behält der Strom durch die Induktivität zunächst seine Richtung bei und lädt den Kondensator auf negative Werte auf: Umkehrwandler.

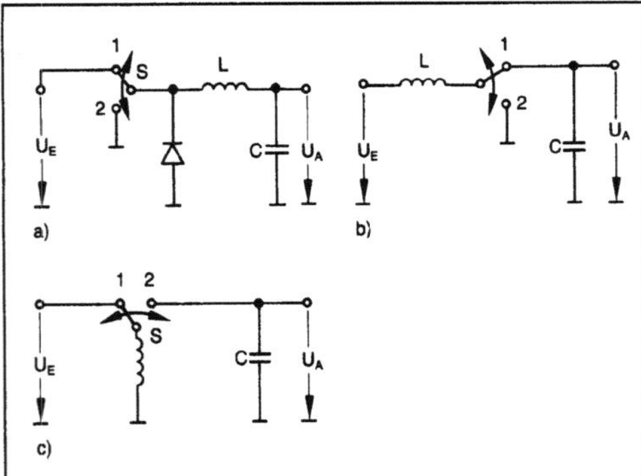

Schaltregler 2: Prinzipien von sekundär getakteten S.
a) Abwärtswandler
b) Aufwärtswandler
c) Umkehrwandler.

In allen Fällen erfolgt die Steuerung des Schalters durch einen Ansteuerschaltkreis.

Die Vorteile der S. stimmen im Prinzip mit denen der Gleichspannungswandler überein:
□ hoher energetischer Wirkungsgrad
□ geringer Siebaufwand durch hohe Taktfrequenz
□ großer Eingangsspannungsbereich.

Die Nachteile:
– Verwendung spezieller Bauelemente (schnelle Leistungstransistoren, Spezialferrite für die Speicherdrossel)
– größerer Entstöraufwand
– langsame Reaktion auf schnelle Lastwechsel (Grenze durch Taktfrequenz gegeben)
– Ansteuerschaltkreis erforderlich.

Trotz der genannten Nachteile haben sich S. in der Elektronik heute breit durchgesetzt. *R. Paul*

Schaltrelais. Relais für universelle Schaltaufgaben im gesamten Bereich der Elektrotechnik. Im Gegensatz zum Meßrelais (das zu den Geräten zählt) ist das S. zur Ansteuerung mit definierten Spannungspegeln vorgesehen, die entweder Null oder nahe der jeweiligen Nennspannung sind. Wenn von dem Relais als Bauteil die Rede ist, ist immer das S. gemeint.

Die am weitesten verbreitete Ausführung ist das elektromechanische (Schalt-)Relais.

Daneben gibt es statische Relais, auch als →Halbleiterrelais und elektronische Relais bekannt. Diese enthalten keine bewegten Teile. Relais, die sowohl elektronische Schaltungen als auch mechanisch bewegte Teile enthalten, sind die →Hybridrelais.

Historisch bedingt fallen gemäß der deutschen Normung auch →Zeitrelais in die Gruppe der S. *Rauterberg*

Schalttransistor. →Transistor, der vorzugsweise als elektronischer Schalter eingesetzt wird und durch das Steuersignal zwischen zwei Arbeitspunkten: Ein (großer Ausgangsstrom) und Aus (kleiner Ausgangsstrom) im Ausgangskennlinienfeld geschaltet wird.

Grundsätzlich eignen sich als S. sowohl Bipolar- als auch Unipolartransistoren. In beiden Fällen wird eine möglichst kurze Umschaltzeit gewünscht.

Kommt als S. ein →Bipolartransistor zum Einsatz, so sind kurze Schaltzeiten, kleine Restströme, kleine Restspannung sowie eine hohe →Grenzfrequenz zu fordern. Beim Schalten größerer Leistungen besteht – vor allem bei induktiver Last – die Gefahr des Durchbruchs. Deshalb sind Schutzmaßnahmen (z. B. Klammerdiode) erforderlich.

Deutliche Vorteile gegenüber dem Bipolartransistor hat der →MOSFET insbesondere beim Schalten größerer Leistungen. Zum einen fällt der mit erheblicher Ladungsspeicherung verbundene →Sättigungsbereich und damit die Speicherzeit weg, zum anderen sind die Schaltzeiten grundsätzlich sehr klein und die Gefahr eines zweiten Durchbruchs besteht praktisch nicht. Spezielle Leistungsschalttransistoren werden unter zahlreichen Herstellerbezeichnungen (z. B. HEXFET, SIPMOS u. a. m.) angeboten. *R. Paul*

Schaltung.

1. Allgemein: Plan bzw. Anordnung von elektronischen Bauelementen und deren Verbindung zum Zwecke des Austauschs elektrischer Energie zwischen zwei oder mehreren Stellen über die S. oder zur Realisierung einer bestimmten Funktion mittels elektrischer Signalträger.

2. Ergebnis der unter 1. genannten Tätigkeit. Man unterscheidet z. B.

– nach der Zeitabhängigkeit der Energieübertragung: Gleichstrom-, Wechselstromschaltungen u. a.

– nach der Signalart, analoge und digitale Schaltungen

– nach den typischen Klemmenverhalten der elektronischen Bauelemente lineare, nichtlineare, zeitinvariante, zeitvariante Schaltungen u. a. m.

Eine S. hat immer eine Funktions- oder Systemaufgabe (z. B. Spannungsteilung, Filterung, Verstärkung, Schalten, Verknüpfen, Multiplizieren), die durch eine bestimmte technische Realisierung mit elektronischen Bauelementen – die →Schaltungstechnik – erreicht wird. Stets handelt es sich dabei um die Verarbeitung analoger und/oder digitaler Signale, und die Einteilung der S. nach diesen Signalen ist ein erster Einteilungsgesichtspunkt (Bild). Auch die Art und Weise der Funktionsrealisierung, z. B. durch Verdrahten von Grundelementen, durch Schaltungsintegration oder durch eine programmierbare Lösung kann ein Merkmal der S. sein.

Schließlich gibt es auch eine große Vielfalt bei der technischen Schaltungsrealisierung durch bestimmte Gruppen von Bauelementen, z. B. →Bipolar-, →Feldeffekttransistoren u. a.; demgemäß kennt man die Bipolar- und Unipolartechniken u. a. Arten. *R. Paul*

Schaltung, analoge integrierte. Umgangssprachlich verbreitet auch als Analogschaltkreis bezeichnet: integrierte →Schaltung für die Verarbeitung analoger Signale, d. h. solcher, bei denen die Ausgangsgröße eine stetige Funktion der Eingangsgröße ist. Liegt ein linearer Funktionszusammenhang vor, so spricht man von einer linearen integrierten Schaltung.

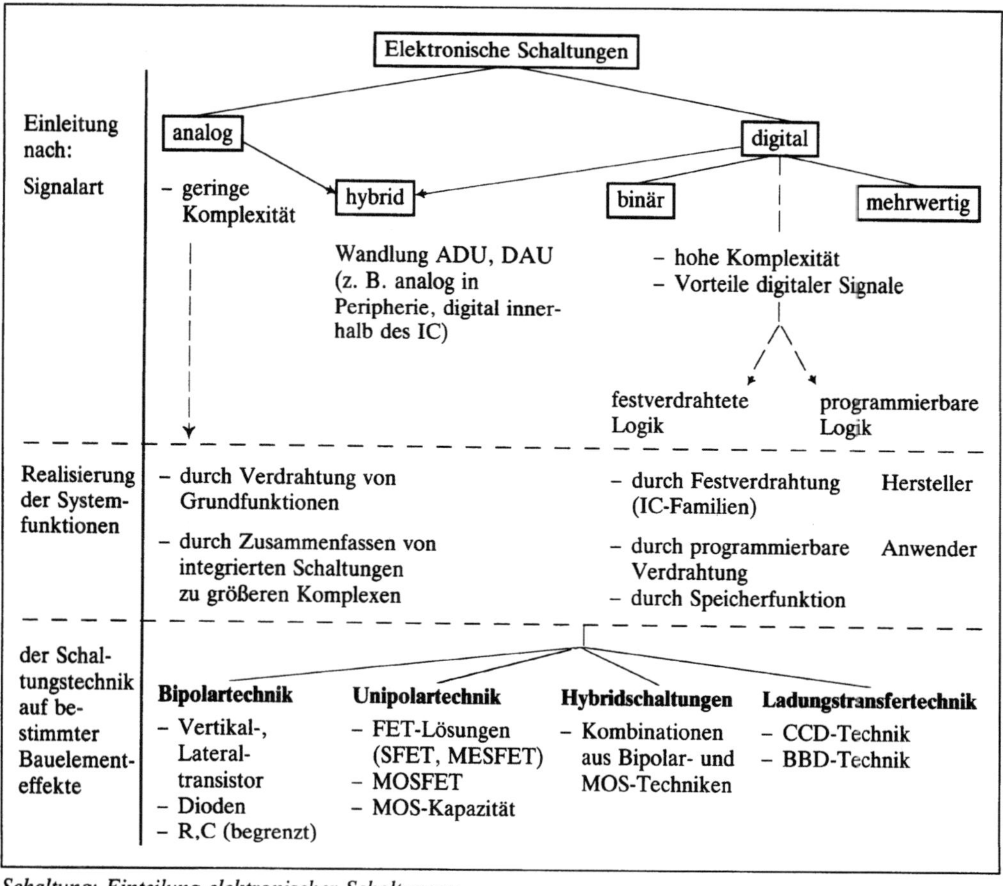

Schaltung: Einteilung elektronischer Schaltungen.

Analoge integrierte Schaltungen (a. i. S.) werden hauptsächlich als monolithische integrierte Schaltungen realisiert, doch sind für spezielle Anwendungen (z. B. →Mikrowellentechnik, rauhe Umgebungsbedingungen, geringe Stückzahl) auch Hybridschaltungen üblich.

Ein Merkmal a. i. S. im Vergleich zu diskret aufgebauten ist, daß Kondensatoren (besonders für Kopplungszwecke) und große Widerstandswerte aus Gründen der Flächenersparnis weitgehend vermieden werden und sich deshalb eine integrationsspezifische Schaltungstechnik herausbildete (z. B.

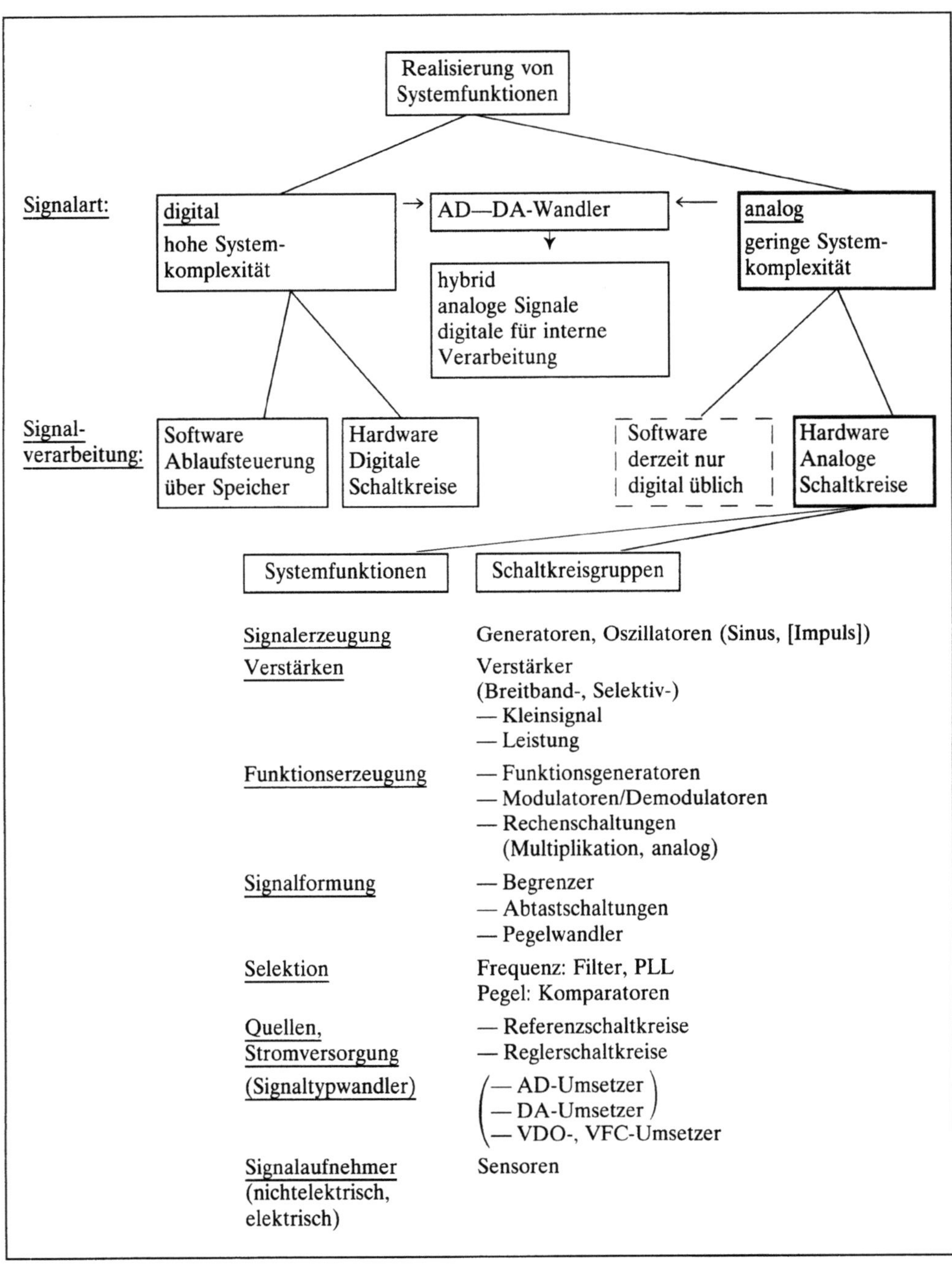

Schaltung, analoge integrierte: Typische Schaltkreisgruppen.

Direktkopplung, Differenzverstärkereinsatz, aktive Last, Konstantstrom- und -spannungsquellen, eisenlose Ausgangsstufen). Größere Kondensatoren und Widerstände werden extern zugeschaltet.

Realisiert wurden a. i. S. lange Zeit nur in →Bipolartechnik; erst in jüngster Zeit griff die →MOS-Technik, insbesondere die →CMOS-Technik mehr und mehr Platz. Einen wichtigen Einfluß übte dabei das Schalter-Kondensator-Prinzip aus (obwohl es im strengen Sinne kein Analogverfahren ist).

A. i. S. führen typische Funktionen der →Analogtechnik mit festverdrahteten Schaltungen aus (im Gegensatz zur Digitaltechnik, wo neben der Festverdrahtung auch die programmierbare oder überhaupt programmgesteuerte Systemfunktion üblich ist). Die analogen Systemfunktionen werden dabei überwiegend durch lineare (verstärkende), multiplikative, selektive, schaltende und begrenzende Effekte erreicht. Aus diesen Systemaufgaben leiten sich sofort typische Gruppen analoger Schaltkreise ab (Bild).

Zum großen Kreis a. i. S. zählen die der sog. →Konsumelektronik ebenso wie die aus Sondergebieten, wie etwa Empfängerschaltkreise, ZF-Schaltkreise, →NF-Verstärker, Stereoregler, Leistungsregler, Fernsehschaltkreise, integrierte Schaltungen für die Kraftfahrzeug-, Foto-, Medizintechnik und viele andere mehr.

Ein typisches Merkmal analoger (wie digitaler) integrierter Schaltungen ist eine

□ strukturierte Zusammensetzung komplexerer Strukturen aus einfacheren Grundelementen oder Grundschaltungen, z. B. eines Generators aus Verstärkern und Begrenzern

□ sowie der Aufbau der Grundschaltungen aus kleineren, häufig wiederkehrenden Einheiten, den Substrukturen. Das sind z. B. Verstärkerstufen,

Schaltung, analoge integrierte. Tabelle: Zusammenstellung typischer Substrukturen der Analogtechnik.

Substrukturen	Grundelemente
– Referenzquelle (Strom-, Spannung)	– Verstärker
– Pegelverschiebung	– Leistungsstufen
– Eingangsstufen	– Begrenzer
– Differenzverstärker	– Komparatoren
– Transkonduktanzverstärker	– Analogmultiplexer
– Ausgangsstufen	– Abtast-Halbkreise
– Begrenzerstufe	
– Phasenumkehr	
– Analogschalter	

Quellen, Potentialverschiebestufen, Gleichrichterschaltungen u. a. Sie gingen einerseits aus spezifischen Begrenzungen und Anforderungen integrierter Schaltkreise hervor (z. B. dem Verzicht auf große Widerstände und Kondensatoren und überhaupt Induktivitäten u. a.), andererseits nutzen sie mit Vorteil Lösungen, die die Integration erst möglich machte (wie z. B. Mehrfachtransistoren, →Komplementärtechniken, →Transistorlast u. a.). *R. Paul*

Literatur: *Höfflinger, B.* und *G. Zimmer* (Hrsg.): Hochintegrierte analoge Schaltungen. München–Wien 1987. – *Weiß, H.* und *K. Horninger:* Integrierte MOS-Schaltungen. Berlin 1986.

Schaltung, digitale integrierte. (umgangssprachlich auch als Digitalschaltkreis bezeichnet) Integrierte →Schaltung für die Erzeugung, Verarbeitung und Speicherung digitaler, insbesondere binärer Signale. Merkmal dieser Schaltungsgruppe ist, daß die Digitalsignale durch zwei Signalzustände 0, 1 (entsprechende Pegelwerte H oder L) gekennzeichnet sind. Die d. i. S. erzeugt, verarbeitet oder speichert diese Zustände, deshalb treten sie auch innerhalb der Schaltung auf. Gemeinsames Merkmal dieser S. ist die Verwendung des Transistors als gesteuerter elektronischer Schalter.

Die Elemente (Grundschaltungen) der Digitalschaltkreise sind die Logikgatter für die Verknüpfungen UND, ODER und die Negation sowie, daraus ableitbar, jedoch meist als eigenständige Einheiten aufgefaßt, das →Flip-Flop als Grundelement sequentieller digitaler Schaltungen. Aus diesen Elementen lassen sich alle komplexeren Digitalschaltungen aufbauen (Bild 1).

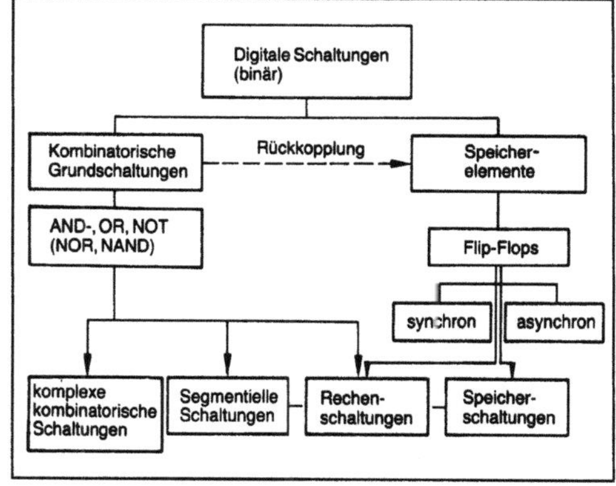

Schaltung, digitale integrierte 1: Übersicht.

Schaltungstechnisch nutzen digitale integrierte Schaltungen – wie die analogen – bestimmte Substrukturen (Tabelle), aus denen die Grundelemente wie →Gatter und Flip-Flops, aber auch etwa größere kombinatorische und sequentielle Schaltungen (wie →Multiplexer, →Zähler, →Teiler, →Register

Schaltung, digitale integrierte. Tabelle: Substrukturen und Grundelemente für d. i. S.

Substrukturen	Grundelemente
- Inverter - Stromschalter - Transmissions-Gatter - Treiberstufen - dynamische Speicher-elemente - Ladungstransfer-grundzelle	- Gatter - Flip-Flop - Ein-Ausgabe-schaltungen - Grundverknüpfungen - komplexe Speicher-zellen - Multiplexer, Demultiplexer - Zähler, Teiler - Register

u. a.) aufgebaut sind. Sie wiederum bilden die Elemente von noch komplexeren Systemen.

Die digitalen Substrukturen umfassen hauptsächlich den Inverter (statische, dynamische), Stromschalter, Transmissionsgatter und einfache Speicherzellen, um die wichtigsten zu nennen. Die digitalen Grundschaltungen können jeweils in verschiedenen Schaltungstechniken ausgeführt sein (Bild 2), die wichtigsten Gruppen sind dabei die Bipolar- und Unipolartechniken.

S. werden üblicherweise nach dem Grundtyp der meist verwendeten Schalterelemente eingeteilt: →Bipolar- und →Unipolartechnik, wobei sich im Verlaufe der Zeit eine Reihe von Schaltkreisfamilien herausbildeten. Jede →Schaltkreisfamilie zeichnet sich durch jeweils typische gemeinsame Merkmale wie Schaltgeschwindigkeit, Leistungsverbrauch pro Gatter, Eingangs-, Ausgangspegel, Belastbarkeit und Kompatibilität untereinander aus. Darüber hinaus gibt es eine Tendenz, auch Schaltkreisfamilien untereinander kompatibel zu gestalten.

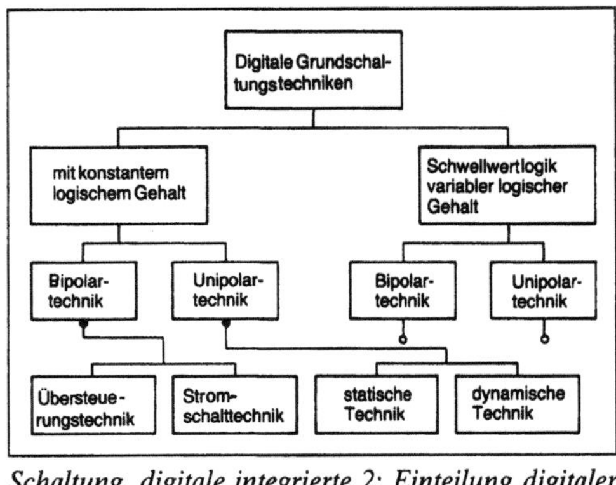

Schaltung, digitale integrierte 2: Einteilung digitaler Grundschaltungen.

Integrierte Digitalschaltungen erstrecken sich heute über die gesamte Breite des verfügbaren Integrationsgrades. *R. Paul*

Literatur: *Hodges, D.* und *H. Jackson:* Analysis and Design of Digital Integrated Circuits. New York 1983. – *Millman, J.* and *A. Grabel: Microelectronics. New York 1986.* – *Paul, R.:* Mikroelektronik – eine Übersicht. Berlin 1990.

Schaltung, integrierte (IS). (umgangssprachlich auch IS oder Schaltkreis genannt) Schaltungsanordnung, die mehrere verschiedenartige elektronische Bauelemente (besser Funktionselemente) auf einem gemeinsamen Substrat in elektrischer und mechanischer Verbindung enthält. Im Gegensatz zur Schaltung mit diskreten Bauelementen sind die Bauelemente in der IS untrennbar und damit auch nicht reparierbar miteinander verbunden.

Die heute verfügbare große Angebotsbreite integrierter Schaltungen kann nach sehr unterschiedlichen Gesichtspunkten unterteilt werden, etwa

□ der Realisierungstechnik (Bild 1), d. h. den typischen Herstellungsverfahren. Dabei gibt es drei typische Gruppen:

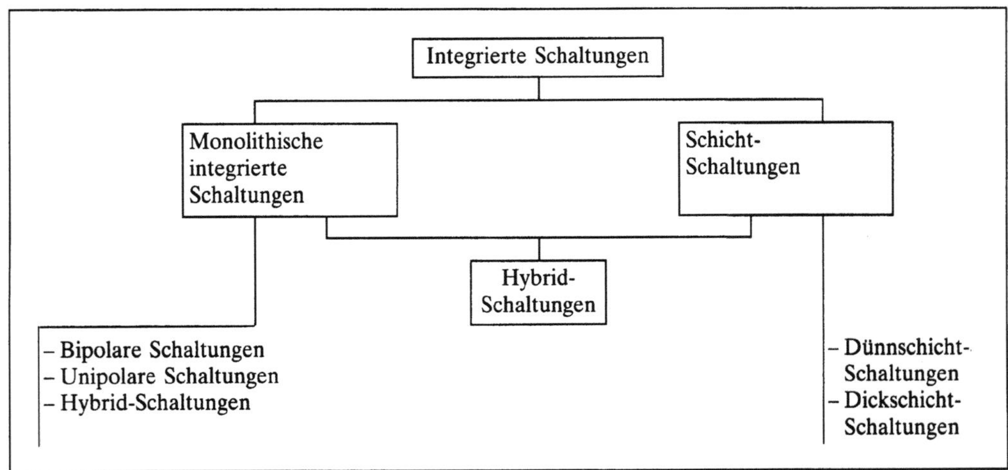

Schaltung, integrierte 1: Übersicht der typischen Realisierungstechniken.

- monolithische IS, auch Festkörper oder Halbleiterblockschaltungen bezeichnet. Sie werden hauptsächlich auf Silicium-Substrat mittels der Planartechnik hergestellt und haben mit über 90% Anteil am Gesamtaufkommen integrierter Schaltungen weltweit die größte Verbreitung.
- Schicht- oder Filmschaltungen (die sog. Dünnschicht- oder Dickschichtschaltung), die hauptsächlich Verfahren zur Herstellung dünner Filme auf isolierendem Träger verwenden.
- Hybridschaltungen, die Kombination der beiden Realisierungstechniken nutzen.

□ den typischen verwendeten →Funktionselementen: bipolare und unipolare IS (man spricht umgangssprachlich von →Bipolar- und →Unipolartechnik und im besonderen von →MOS-Technik, denn es gehören zur Unipolartechnik auch →CMOS-, MESFET- und CCD-Techniken). Weltweit halten sich die Aufkommen an Bipolar- und Unipolartechniken derzeit noch etwa das Gleichgewicht, doch nimmt der Anteil letzterer vor allem bei den höher integrierten Schaltungen ständig zu.

Vorteilhaft lassen sich bestimmte gute Eigenschaften beider Techniken in sog. Mischtechnologien vereinigen: BIFET-, BMOS-, →BICMOS-Technik.

□ Nach der Art der →Signalverarbeitung. Die beiden Hauptgruppen sind dabei digitale und analoge IS, von denen erstere in Aufkommen und Einsatz deutlich überwiegen, hauptsächlich bei höheren Integrationsgraden. Verknüpfungen zwischen Gruppen gibt es nicht nur bei Digital-Analog-Wandlern, sondern zunehmend auch durch eine gemischte Signalverarbeitung auf dem gleichen Chip, vor allem bei komplexeren Systemen.

□ Nach dem →Integrationsgrad. Man kennt SSI-, MSI-, LSI-, VLSI- und ULSI- sowie WSI-Schaltungen, wobei die höchstintegrierten Schaltungen nicht nur eine Schrittmacherfunktion für die Entwicklung der Herstellungstechniken besitzen, sondern zugleich auch Herausforderungen an die Entwurfsverfahren und die möglichen Einsatzgebiete darstellen. Immerhin erlauben die unterschiedlichen Integrationsstufen heute sowohl die Realisierung von Baugruppen und Untersystemen (z. B. →Verstärker, →Mischer, →Zähler) als auch ganzer Systeme (z. B. Digitalvoltmeter-IC, Armbanduhr-, Mikrorechner-, Taschenrechner-IC u. a. m.).

Die tieferen Gründe, weshalb die IS in einem Zeitraum von nur etwa 25 Jahren die →Schaltungstechnik mit diskreten Bauelementen praktisch vollständig ablöste, liegen in den Vorteilen der Integration selbst begründet:
- starke →Miniaturisierung der gesamten Schaltung, d. h. deutliche Reduktion von Volumen und Gewicht der Geräte,
- drastische Senkung der Herstellungskosten integrierter Schaltungen, weil es sich um kollektive

Schaltung, integrierte 2: Ausschnitt aus einem 64-Megabit-Speicher, der als „First Silicon" aus der gemeinsamen Entwicklung von IBM und Siemens vorliegt. Die Strukturen sind von hohem ästhetischen Reiz und zeigen Teile der Zellenanordnung sowie Adreßleitungen (Quelle: Siemens).

Fertigungsschritte handelt: ein Bearbeitungsschritt wirkt zugleich auf eine große Zahl von Schaltkreisen (im Gegensatz zu seriellen Fertigung üblicher Schaltungen),
- durch starke Reduktion der Verbindungsstellen der Schaltung (Lötpunkte) steigt die →Zuverlässigkeit der Gesamtschaltung,
- die Miniaturisierung der Schaltung erhöht die Arbeitsgeschwindigkeit wegen der kleineren Geometrie der Funktionselemente und Verbindungsleitungen, gleichzeitig sinkt die →Verlustleistung. Beispielsweise beträgt die Verlustleistung einer IS im Durchschnitt nur ein bis mehrere Watt, ziemlich unabhängig vom Integrationsgrad!
- Der hohe Integrationsgrad ermöglicht die wirtschaftliche Ausführung größter Systeme, die in diskreter Schaltungstechnik nie möglich gewesen wären. *R. Paul*

Literatur: *Tietze, U.* und *Ch. Schenk:* Halbleiterschaltungstechnik. Berlin 1985. – *Weiß, H.* und *K. Horninger:* Integrierte MOS-Schaltungen. Berlin 1986.

Schaltung, lineare integrierte. (umgangssprachlich verbreitet als Linearschaltkreise, oft fälschlicherweise auch als Analogschaltkreise bezeichnet) Integrierte →Schaltung für die Verarbeitung analoger Signale, wenn die Ausgangsgröße in einem begrenzten Bereich eine lineare Funktion der Eingangsgröße ist. Aus der Gruppe der integrierten analogen Schaltungen gehören dazu insbesondere →Verstärker (→Operations-, →Leistungsverstärker) und ein Teil mit ihnen durchführbaren linearen Operationen wie z. B. Addier- und Summierschaltungen, Integratoren, Differenzierer. Im Gegensatz dazu umfassen nichtlineare integrierte Schaltungen solche Schaltkreise wie →Multiplizierer, →Komparatoren, Funktionsbildner, Reglerschaltkreise u. a. m. *R. Paul*

Schaltung, sequentielle. Schaltung auch Folgeschaltung, Schaltwerk oder speicherhaltige Schaltung genannt, bei denen das Ausgangssignal nicht nur von den Eingangssignalen, sondern auch von der Reihenfolge ihres Auftretens abhängt. So erfaßt die s. S. – im Gegensatz zur kombinatorischen – auch die Vorgeschichte eines Vorganges mit. Eine derartige Schaltung hat also Gedächtniswirkung.

Technisch entstehen s. S., indem in kombinatorischen Schaltungen Rückführungen und Signalverzögerungen vorgesehen werden (Bild 1).

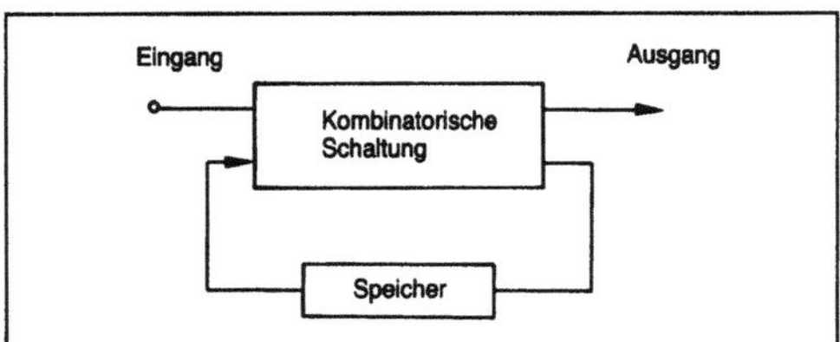

Schaltung, sequentielle 1: Allgemeine Ausführung bestehend aus einem kombinatorischen und einem speicherhaltigen Anteil.

Das Verhalten einer s. S. wird deshalb durch Eingangs-, Ausgangs- und Zustandsvariable beschrieben, und zwar durch

- eine Übergabefunktion oder Übergangsfunktion, die angibt, welcher neue Zustand sich durch die Eingangsgrößen einstellt, wie also der Zustand Z zur Zeit t_{n+1} von den Zuständen ^{n}Z und den Eingangsvariablen ^{n}X zur Zeit t_n abhängt,
- eine Ausgabe-, Ausgangs- oder Ergebnisfunktion. Sie gibt die Ausgangsgröße Y bei Zustand Z und der Eingangsgröße X an.

Neben dieser mathematischen Beschreibung des Verhaltens einer s. S. sind auch andere Arten möglich (z. B. Wertetafeln, Schaltbilder, Zustandsdiagramme oder -graphen, Petrinetze).

Bei s. S. unterteilt man hinsichtlich des Zeitverhaltens nach ungetakteten (asynchronen) und getakteten (synchronen) Anordnen. Bei den ersteren führen die Flanken der Eingangssignale (sofern sie auftreten) zu Änderungen, bei den letzten erfolgt nur dann eine Zustandsänderung, wenn ein Taktimpuls auf die Speicherelemente der sequentiellen Schaltung (z. B. →Flip-Flop) einwirkt.

Nach dem Zusammenhang zwischen Ausgangsgröße und inneren Zustand kennt man zwei Gruppen s. S. (Bild 2):

□ *Moore*-Automat. Hier hängt das Ausgangssignal zur Zeit t_{1+n} nur vom inneren Zustand der Schaltung ab und dieser innere Zustand kann zur Zeit t_n eingestellt werden. Ein einfaches Beispiel eines Moore-Automaten ist das RS-Flip-Flop (FF).

□ *Mealy*-Automat. Hier hängt das Ausgangssignal zur Zeit t_{1+n} vom inneren Zustand zur Zeit t_n und den Eingangsgrößen zur Zeit t_{n+1} ab. Mealy- und Moore-Automaten sind ineinander überführbar.

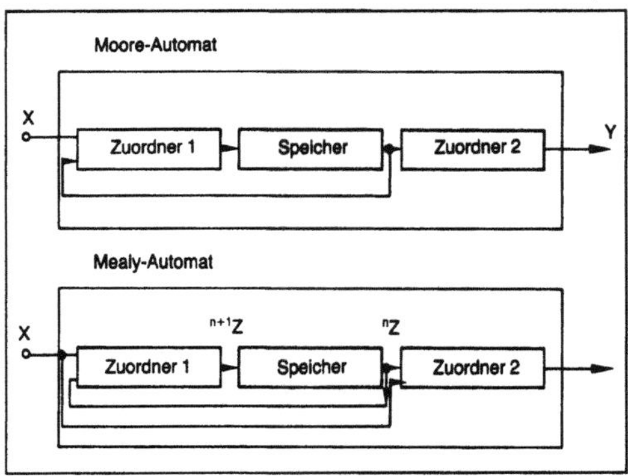

Schaltung, sequentielle 2: Moore- und Mealy-Automaten.

Den Bildern nach muß eine s. S. grundsätzlich die folgenden Grundelemente enthalten:

- eine erste kombinatorische Schaltung, auch Übergangsschaltnetz (Next-State-Decoder) oder Zuordner 1 genannt, das aus Eingangsgrößen und Momentanzustand den Folgezustand ableitet,
- eine zweite kombinatorische Schaltung (Ausgangsschaltnetz, Output-Decoder, Zuordner 2), das die Ausgangsvariablen bereitstellt,
- einen Speicher (auch ein Verzögerungselement), das den Momentanzustand erhält.

S. S. finden in der Digitaltechnik breiteste Anwendung beispielsweise in Zählern, Teilern, Registern, Halbleiterspeichern und Mikroprozessoren. *R. Paul*

Schaltungsbelegungstabelle. (auch Wahrheitstafel) Tafel der Übergänge oder Funktionstabelle genannte tabellarische Anordnung aller möglichen Zustände der Ausgänge einer logischen Schaltung in Abhängigkeit von allen möglichen Eingangszuständen. Die S. vermittelt einen raschen Überblick über die Funktion einer logischen Schaltung. Aus Übersichtsgründen wird sie jedoch nur für kleinere Schaltungen (z. B. Grundgatter, →Flip-Flop, Addierer, →Multiplexer) verwendet. *R. Paul*

Schaltungsbeschreibung. Die funktionale Beschreibung einer elektronischen Schaltung als Eingabeinformation für →Logiksynthese und →Logiksimulation oder auch für Prüfautomaten erfolgt in Form von

- Strukturbeschreibung (→Netzliste),
- →Wahrheitstabellen,
- Register-Transfer-Beschreibung,
- →Verhaltensbeschreibung.

Bei der Eingabe für →Prüfautomaten wird in der Regel eine Strukturbeschreibung verwendet. Die S. bezieht sich u. U. auch auf die physikalische Realisierung. Hier spricht man von Layout-Beschreibungen (→Schaltungsentwurf). *K. Winter*

Schaltungsebene. Elektronische Schaltkreise sind Anordnungen aus elektrischen Funktionselementen, die mittels der →Verbindungstechnik untereinander und zur physikalischen Außenwelt hin verknüpft sind. Als →Funktionselemente bezeichnen wir diejenigen Einzelteile der →Schaltung, welche in dieser durch festgelegte Eigenschaften wesentliche Funktionen erfüllen. Funktionselemente werden einzeln oder zusammengefaßt erzeugt und gehandhabt: elektrische Bauelemente. Diese erfüllen eine oder mehrere Funktionen und werden, teilweise in Gehäuse oder Umhüllungen eingesetzt, in übergeordnete Schaltkreise eingebaut.

Zu Anfang der Schwachstromtechnik wurden aktive und passive, diskrete Bauelemente einzeln auf Trägern befestigt und entsprechend dem Schaltplan verbunden. Als Baugruppen gelten Ansammlungen von diskreten und integrierten Bauelementen, die auf einem Träger angeordnet sind. Die S., also der logische Teilausschnitt einer Gesamtschaltung, mit dem die Baugruppe samt den enthaltenen elektrischen Verbindungen dargestellt wird, heißt *Ordnungsebene.*

Teile von Schaltkreisen oder ganze Schaltkreise werden zeichnerisch derart zusammengefaßt, daß sie sich in einer Ebene übersichtlich darstellen lassen. Umfangreichere Schaltungen werden aus Teilen aufgebaut, von denen jede sich wieder in einer Ebene darstellen läßt (→Aufbautechnik). Teilbereiche einer ganzen Schaltung lassen sich als integrierte „schwarze Kästchen" behandeln; diese können in der übergeordneten Schaltung dann wie einzelne Bauelemente aussehen, denen charakteristische elektronische Funktionen zugeordnet werden. Somit sind elektrische Verbindungen innerhalb der Bauelemente, zwischen den Bauelementen auf gleicher S. oder zwischen verschiedenen S. erforderlich.

Die Aufbautechnik der Mikroelektronik umfaßt die drei im Bild dargestellten S. der diskreten und integrierten Funktionsträger, der übergeordneten oder Hybrid-S. und der gedruckten Leiterplatten. Zwischen diese Hauptebenen werden entsprechend den unterschiedlich vorbereiteten Bauelementanschlüssen Zwischenebenen wie die aus Blech gestanzten →Leiterrahmen und →Zwischenträger in Gestalt von beschichteten Folien oder Plättchen eingeschaltet.

Die Integration erfolgt in den drei Ebenen so, daß möglichst einheitliche Herstellungsverfahren angewandt werden können.

Anschlüsse an den Bauelementen gehen in Verbindungen der Schaltkreisebenen über. Die Verbindungstechnik zur Chipmontage auf Zwischenträger, in der Hybridebene oder direkt auf der Leiterplatte zeigt die hohe Flexibilität der →Oberflächenmontage zur Verteilung elektronischer Funktionen auf die S. *Hieber*

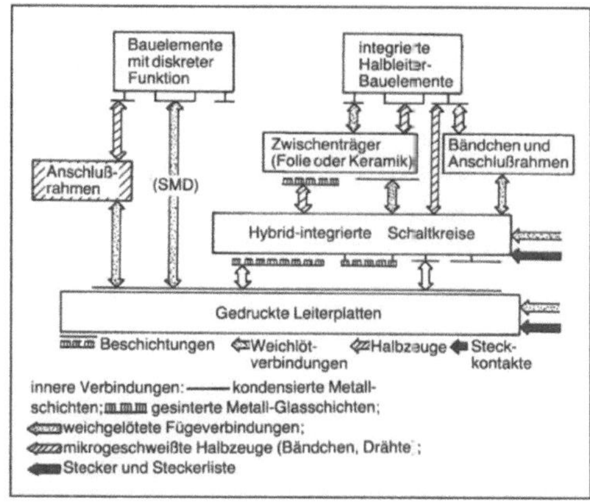

Schaltungsebene: Einordnung von Bauelementen und Schaltungsteilen in verschiedene Ebenen von Schaltkreisen; innere Verbindungen liegen in einer Schaltkreisebene, äußere Verbindungen verlaufen zwischen verschiedenen Schaltkreisebenen.

Schaltungsentwurf, rechnerunterstützter. Häufig auch als CAD bezeichnete Zusammenfassung aller Maßnahmen (Strategien, Methoden, Tätigkeiten, Werkzeuge), die den Entwurf einer integrierten →Schaltung von der Aufgabenstellung (→Verhaltensbeschreibung) bis hin zur Maskenherstellung (oder eines entsprechenden Datenträgers) unter Berücksichtigung der Prozeßtechnologie, der Testbarkeit und Wirtschaftlichkeit mit starker Rechnerunterstützung bei gleichzeitiger Tendenz zur immer stärkeren Automatisierung zum Inhalt hat.

Im Zuge der Realisierung einer integrierten Schaltung wird der Schaltungsentwurf auch als Zyklus 0 bezeichnet (Bild 1). Die Grundschritte zur Herstellung einer integrierten Schaltung sind im Bild 1 stark vereinfacht dargestellt. Sie lassen folgende Abschnitte erkennen:

- den Entwurf (oder Zyklus 0), der alle Schritte von der Aufgabendefinition (Verhaltensbeschreibung) bis zur Bereitstellung der Daten für den Maskensatz (ggf. Fertigungssteuerung) und Testdaten umfaßt,
- die eigentliche Chipherstellung, die gewöhnlich in die Teilschritte Scheibenprozeß, Montage und Test zerlegt wird.

Die Fortschritte bei der Schaltungsintegration durch neue Prozeßtechnologien, sinkende Strukturabmessungen, und höheren →Integrationsgrad führten vor allem zu einer wachsenden Komplexität der realisierten Schaltungen, die zwangsläufig ständig steigende Anforderungen an den Schaltungsentwurf bedingten:

- Verkürzung der Entwicklungs- und Entwurfszeiten, da der Aufwand etwa proportional zur Transistorzahl steigt
- Reduktion von Entwurfsfehlern durch verbesserte Validierung und →Verifikation

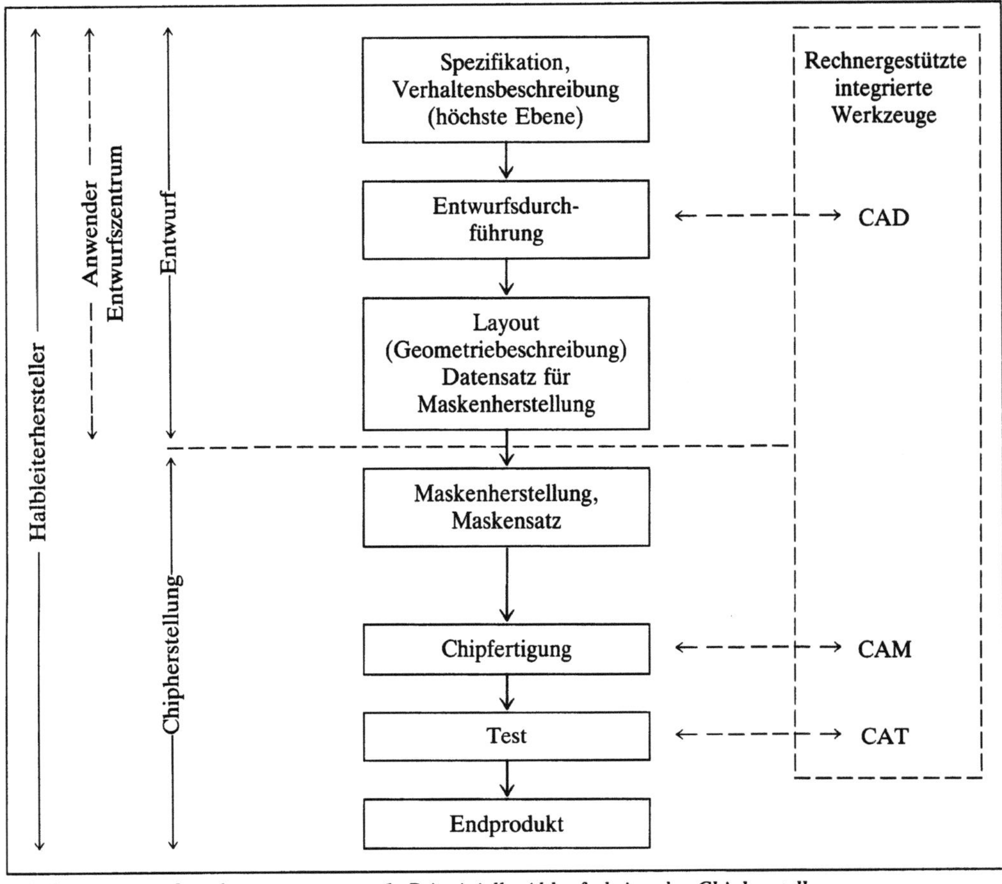

Schaltungsentwurf, rechnerunterstützter 1: Prinzipielle Ablaufschritte der Chipherstellung

- Einbezug von Testbarkeitsmaßnahmen bereits in den Entwurfsvorgang und Maßnahmen zur Senkung des Testaufwandes, der überproportional zur Gatterzahl steigt
- fehlerfreier Entwurf bereits vor der Realisierung (Maskenherstellung), da die Herstellung eines neuen Maskensatzes etwa nach der Erprobung von Prototypen zu kostenaufwendig ist.

Dadurch kommt der →Simulation im Entwurfsprozeß entscheidende Bedeutung zu.

Daraus ergab sich zwangsläufig, den Rechner zunehmend zur Entwurfsunterstützung heranzuziehen, aber auch in der Fertigung (CAM, Computer aided manufacturing) und beim Test (CAT, Computer aided test), wobei heute eine zunehmende Verschmelzung mit dem Schaltungsentwurf über Schnittstellen zu verzeichnen ist.

Für den Schaltungsentwurf als Methode zur hardwareorientierten Realisierung elektronischer Systeme (s. u.) bildete sich im Verlaufe der Zeit eine gewisse Systematik heraus, deren Anstoß die ersten Digitalschaltkreise vor rd. drei Jahrzehnten gaben. Nicht nur die Vorteile der Digitaltechnik, sondern von allem auch ihre normierende Wirkung (Aufbau von Schaltkreisfamilien, z. B. →TTL, →ECL, →CMOS, Standardschaltung auf Gatterebene) führte sehr bald dazu, daß digitale Systeme nicht mehr auf Transistor-, sondern der Gatterebene, also in „höheren Einheiten" (wie →Gatter, →Flip-Flops, →Zähler, →Multiplexer u. a.) baukastenartig entworfen und durch verfügbare Schaltkreise realisiert werden konnten.

Dabei zeichnete sich sehr bald folgende Problemlösungsstrategie ab:

□ Systemstudie und Spezifikation (Beschreibung der Zielvorgaben, Erarbeitung von Lösungskonzepten, Variantenvergleich, Aufteilung in Teilsysteme, Schnittstellenvereinbarungen, Spezifikation für Einzelsysteme und deren Test).

□ System- oder Teilsystementwurf: Ausgehend von den Zielvorgaben wird – meist in Form der sog. *Top-down*-Methode – die System- oder Teilsystemfunktion hierarchisch nach unten schrittweise verfeinert. Inhalte sind die Architekturentwicklung, Funktionsdiagramme und die Strukturen einzelner Systemmodule sowie die Teststrategie. Bei größeren

Systemen werden Architektur- und Moduldesign häufig in zwei getrennten Phasen behandelt.

□ Implementierung: In dieser Phase werden die einzelnen Teilsysteme oder -module entworfen und mit den erarbeiteten Testdaten geprüft.

□ Zusammenfügen und Test der einzelnen Module zum Gesamtsystem und Prüfung auf funktionale Korrektheit und Erfüllung der Anforderungen (sog. Verifikation).

□ In der anschließenden Produktionsphase dienen die Ergebnisse der Verifikation in Form von Fertigungsunterlagen zur Herstellung des Systems.

Gilt diese Realisierungsstrategie sowohl für den Anwender als auch Hersteller integrierter Schaltungen, so

- erfuhr sie durch die Fortschritte der Mikroelektronik (steigender Integrationsgrad, Vermischung von analogen und digitalen Systemen, Erfindung des Mikroprozessors u. a.) einerseits eine zunehmende Verlagerung von Aufgabenbereichen aus der Anwenderhand zum Halbleiterhersteller, soweit es sich um die hardwareseitige Systemrealisierung handelt (mit dem Nachteil der Anwenderabhängigkeit),
- wurden andererseits eine Reihe von Methoden entwickelt, die Realisierungsflexibilität beim Anwender zu belassen und dieser Abhängigkeit entgegenzuwirken durch
- softwaremäßige Aufgabenlösungen mittels des Mikroprozessoreinsatzes,
- Bereitstellung von Schaltkreisentwurfssystemen und Realisierungsformen (z. B. ASIC-, Gatter-Array u. a.), mit denen der Anwender selbst den ganzen Entwurf oder Teile davon ausführen kann.

Der Entwurf einer integrierten Schaltung ist stets eine Hardwareaufgabe, die aus sehr unterschiedlichem Aspekt betrachtet werden kann (Bild 2)

- der jeweiligen Ebene, auf der der Entwurf stattfindet (z. B. Architektur, Logik, Schaltung)
- dem Darstellungsbereich: Verhalten, Struktur, Geometrie
- dem momentan durchgeführten Entwurfsschritt und den Werkzeugen: Analyse, Synthese, Konsistenzprüfung (Verifikation)
- dem Entwurfsstil oder der Realisierungstechnik: Vollkunden-, Semikunden-, Standardzellenentwurf u. a.

1. Entwurfsebenen.

Beim Entwurf einer integrierten Schaltung lassen sich typischerweise vier sog. Entwurfsebenen erkennen: System- oder Architekturebene, Logikebene, Schaltkreis- oder sog. →Schaltungsebene und die Layoutebene, die in einer Ablauffolge auftreten. Die höhere Ebene ist stets eine Abstraktion der nächsttieferen. Dabei ist es üblich, die ersten beiden Ebenen als „Logikdesign", die letzteren beiden als „Physikalisches Design" (nicht ganz korrekt übernommen vom Begriff „physical design") zu bezeichnen. Auf jeder Ebene können →Fehler der verschiedensten Art – z. B. Verletzung von Realisierungsvorschriften u. a. – entstehen. Deshalb muß der Entwurfsprozeß jeweils die Schritte *Implementierung* und *Test* (Verifikation) mehrfach iterierend durchlaufen, denn es muß gesichert sein, daß

- die Vorgabe der vorangegangenen, bereits „entworfenen" Ebene gewährleistet bleibt und
- Entwurfsregeln für alle Ebenen eingehalten werden.

□ System- oder Architekturebene: Typische Elemente dieser Ebene sind CPUs, Prozessoren, Datenspeicher, Controller, Speicher, E/A-Einheiten, Bussysteme und Verbindungsnetze.

□ Algorithmische Ebene: Hier wird das Verhalten des Systems bzw. der Systemelemente durch Algorithmen beschrieben.

□ Register-Transfer-Ebene: Auf dieser Ebene sind ALUs, Decoder, Zähler, Register, Multiplexer u. a. sowie Verbindungsnetze die elementaren Objekte. Sie werden z. B. durch diskrete Funktionen verhaltensmäßig beschrieben und strukturelle durch Netzlisten dargestellt.

□ Gatter- oder Logikebene: Hier sind die Elemente die logischen Verknüpfungen (NAND, NOR-Gatter, Flipflops als Speichergrundstruktur), die verhaltensmäßig durch Boolsche Gleichungen und strukturelle durch Netzlisten beschrieben werden.

□ Schaltungs- oder elektrische Ebene, →Layout: Elementare Objekte dieser Ebene sind Transistoren, Kondensatoren, Widerstände und Verbindungsleitungen, die in einer bestimmten →Schaltungstechnik (Basistechnologie) ausgeführt werden. Dabei sind bestimmte Grundregeln (Electrical Design Rules) einzuhalten. Das Verhalten dieser Ebene erfolgt durch Differentialgleichungen. Aus geometrischer Sicht schließt diese Stufe das Layout ein: Konstruktion aller Maskenangaben für die Fertigung, Erstellung der Maskendatenträger und Prüfdatenerstellung.

Vielfach wird zwischen Schaltungs- und Gatterebene noch das sog. „symbolische Layout" und die „Schalterebene" eingefügt. Die Elemente sind dabei Transistoren als idealisierte Schalter (und Netzelemente), die verhaltensmäßig durch mehrwertige Differentialgleichungen und geometrisch durch „Stick-Diagramme" beschrieben werden.

2. Darstellungsbereiche.

Die Darstellungsbereiche einer integrierten Schaltung können sich auf die Struktur, das Verhalten oder die Geometrie einer jeweiligen Ebene beziehen.

□ Strukturbeschreibung: Die Struktur einer Schaltung (= System) ist durch ihre Aufbaukomponenten und die zugehörigen Verbindungen, das sog. Netz gegeben, weil jede Komponente Verbindungspunkte zu den Nachbarelementen hat. Die Kompo-

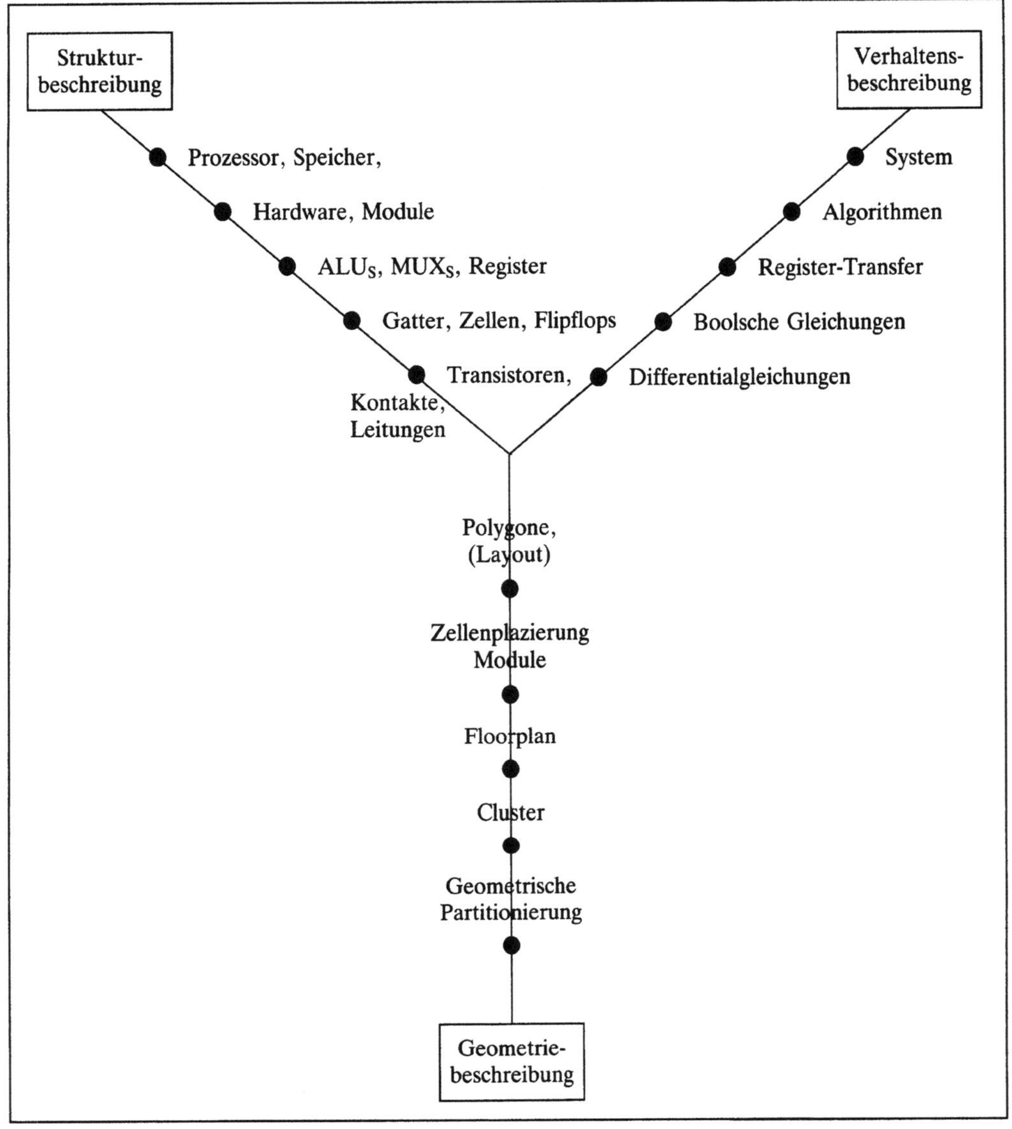

Schaltungsentwurf, rechnerunterstützter 2: Beschreibungsmöglichkeiten der Entwurfsebene

nenten hängen eng mit der Ebene der →Schaltungsbeschreibung zusammen (Bild 3).

Die strukturelle Darstellung des Systems kann erfolgen

- graphisch durch Block- der Register-Transfer-Diagramme, Logikpläne-, Transistor- (oder vereinfacht Stick-) Diagramme
- sprachlich (Definition von Netzlisten u. a.).

Die Werkzeuge auf diesen Ebenen sind

- Simulatoren
- graphische Editoren zur interaktiven Struktureingabe (sog. Schema-Editoren), die sowohl zergliedernd (top-down) als auch aufbauend (bottom up) arbeiten können.

□ Verhaltensbeschreibung. Das Verhalten eines Systems kann aus ganz verschiedenen Aspekten bewertet werden: funktionell, temporal (Zeitverhalten), elektrisch u. a. Dementsprechend unterschiedlich sind die Beschreibungsformen: Natürliche Sprache, Zeit- und Ablaufdiagramme, Programmiersprache, Zustandsdiagramme (mit Übergängen) oder -tabellen auf den logischen Ebenen, Boolsche Gleichungen (Funktionstabellen), Netzwerkbeschreibungen (Differentialgleichungen).

□ Geometriebeschreibung. Die Geometrie oder das Layout beschreibt allgemein die physikalische Implementierung des Systems oder Schaltung. Abhängig von der jeweiligen Ebene kann dies sein:

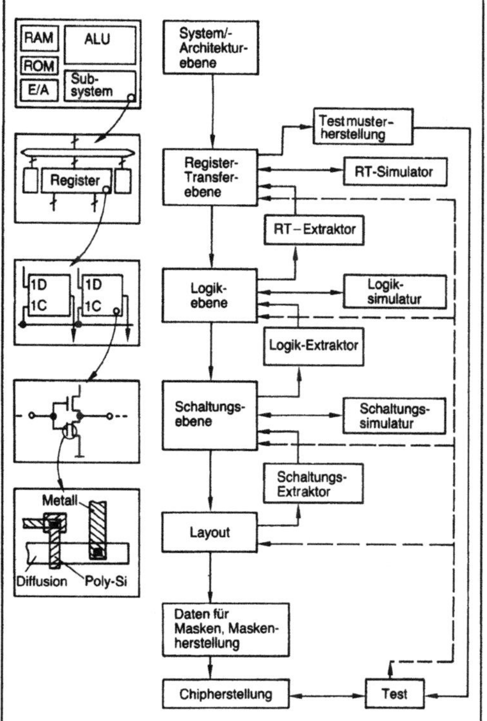

Schaltungsentwurf, rechnerunterstützter 3: Typischer Ablauf eines IC-Entwurfes, Entwurfsebenen

– ein →Cluster (Zusammenfassung größerer Funktionskomplexe auf einem Chip)
– Chip- oder Floorplan, wodurch Form und Fläche einzelner Komponenten auf möglichst hoher Ebene
– Plazierung und →Verdrahtung einzelner Bereiche (einschließlich des Platzes für Bussysteme)
– Polygone (und deren Absolutlage) z. B. auf der Transistor- und Verbindungsebene.

3. Entwurfsstil.

Stand ursprünglich im LSI-Bereich noch die Forderung nach minimaler Chipfläche und geringer Transistoranzahl im Mittelpunkt, so gewann mit fortschreitender Integration der Trend zur möglichst schnellen Personalisierbarkeit der Schaltung auf das individuelle Anwendungsproblem zunehmend an Bedeutung. Ursache dafür war der Widerspruch zwischen steigendem Integrationsgrad und zunehmender Anwendungseinschränkung bei den Standardschaltungen. Eine erste Lösung bot der →Mikroprozessor, der als hochintegrierte Standardschaltung in großen Stückzahlen gefertigt und vom Anwender durch Software der jeweiligen Aufgabe angepaßt werden kann. Eine zweite Art der Personalisierung ist die Kundenschaltung (→ASIC). Das ist eine Schaltung, deren Struktureinzelheiten (z. B. durch einzelne Masken oder Verbindungsleitungen) auf der physikalischen Ebene vom Anwender beeinflußbar sind. Dabei werden gewisse Entwurfseinschränkungen hingenommen, wenn sich nur der Entwurf vereinfachen läßt, die Maskenzahl sinkt oder auf bereits vorentworfene Einheiten zurückgegriffen werden kann und damit die Wirtschaftlichkeit steigt.

Für das zweckmäßigste Entwurfsverfahren durch Nutzung mehr oder weniger bereits angearbeiteter „Bestandteile" hat sich der Begriff Entwurfsstil herausgeprägt. Derzeit sind folgende Entwurfsstile verbreitet (Bild 4):

□ Vollkundenspezifischer Entwurf (*engl.* full custom design): Schaltkreis, der detailliert nach Anwenderwunsch bei optimalem Layout (→Pakkungsdichte, Schaltgeschwindigkeit, →Verlustleistung) auf der Transistorebene entworfen wird. Es besteht volle Entwurfsfreiheit, erforderlich ist die ganze Erfahrung des Entwerfers bei langer Entwicklungszeit. Die Beziehung zur Technologie ist sehr eng, deshalb wird dieser Entwurf hauptsächlich vom Halbleiterhersteller durchgeführt, wobei der Entwicklungsablauf dem der Standardschaltung entspricht. Maßnahmen zur Produktivitätssteigerung sind Entwurfsunterteilung, Wiederverwendung bereits entworfener Teile sowie der Einsatz automatischer Zellgeneratoren.

□ Zellentwurf (*engl.* cell design). Hier wird auf eine Bibliothek vorhandener Zellen zurückgegriffen, die dann entsprechend plaziert und verdrahtet werden. Zellen können sein:

– Makrozellen, die funktionelle Blöcke enthalten (die wieder aus Standardzellen bestehen können), z. B. Speicher, PLA, Zähler, ALU, Register. Die Makrozellen haben unterschiedliche Höhe und Breite und Anschlüsse nach allen Seiten. Die Plazierung und Verdrahtung kann automatisch erfolgen. (Derartige Werkzeuge heißen Silicon Compiler). Die Entwürfe sind zwar nicht ganz so kompakt wie ein MZ-Entwurf von Hand, dafür sinkt der Entwicklungsaufwand.

– Standardzellen entstammen einer vorhandenen (optimierten) Zellenbibliothek, die in ihrer Funktion stark an Standardfamilien angelehnt ist. Die Zellen haben gleiche Höhe und ähnliche Breite. Sie lassen sich daher in Spalten aneinanderreihen und einfach verbinden. Eine Folge dieser Geometrieeinschränkung ist, daß nur einfache Zellen (Gatter, Ein-bit-Register, einfache Addierer) vorhanden sind. Größere Blöcke (z. B. PLA) lassen sich so nur umständlich realisieren.

□ Arrayentwurf, wobei auf regelmäßig aufgebaute Transistoranordnungen – sog. →Arrays – rückgegriffen wird, die standardmäßig hergestellt werden können. Entwurfsgegenstand sind die Verbindungen der einzelnen Transistoren, die nur wenige Prozeßschritte (→Metallisierung, →Kontaktierung) erfordern. Im Vergleich zu Standardzellen ist

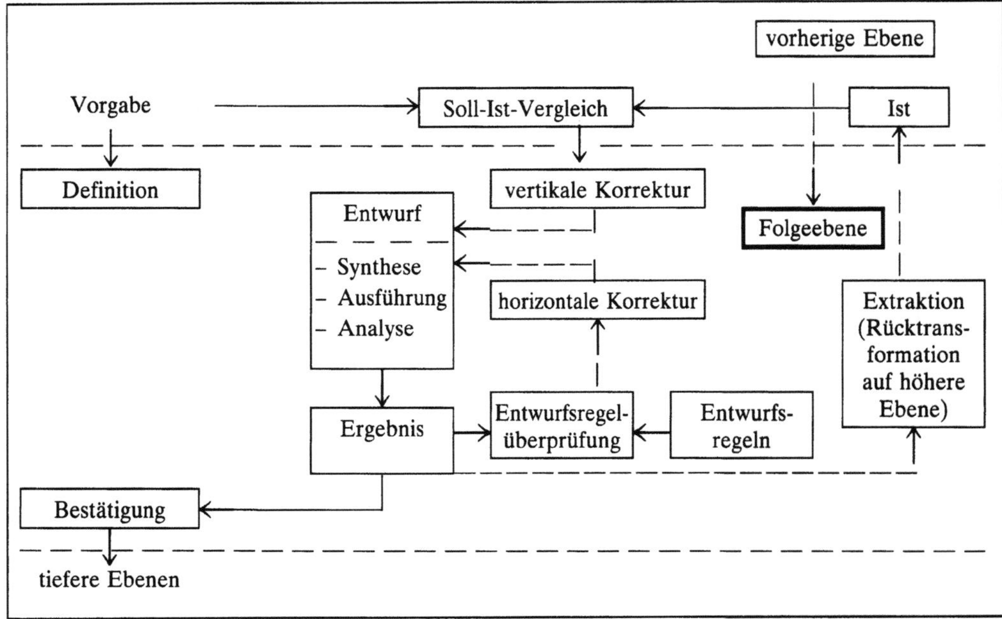

Schaltungsentwurf, rechnerunterstützter 4: Verifikationsvorgang

die Regelmäßigkeit größer. Je nach der Zahl und Art zusammengefaßter Transistoren unterscheidet man: →Gate-Arrays und →PLA.

□ Programmierbare Schaltungen (→PLD). Das sind Anordnungen, bei denen Verbindungen elektrisch einmalig oder wiederholbar von Kunden durch Programmierung erfolgen können. Dazu zählen neben →PROM, →EPROM, →EEPROM vor allem Varianten von PLA (→FPLA, →PAL), wobei die Zellen und/oder Verbindungen programmierbar sind (LCA: Logic cell array). In allen Fällen wird auf kundenspezifische Prozeßschritte verzichtet. Diese Systemrealisierung eignet sich besonders für sehr kleine Stückzahlen.

Die Wahl des Entwurfsstils selbst hängt von einer Reihe von Kriterien ab:
- den Kosten pro Chip, die aus Entwurfs- und Herstellungskosten entstehen
- die Schaltungskomplexität
- die Entwicklungszeit und Entwurfskapazität.

4. Entwurfsschritte, Werkzeuge

Auf jeder Entwurfsebene müssen für jede Entwurfsdarstellung (Verhalten, Struktur, Geometrie) eine Reihe wiederkehrender Entwurfsschritte durchgeführt werden (Analyse und Simulation, Verbindung, Verdrahtung, Optimierung, Regelüberprüfung, Testsatzerzeugung und Testbarkeitsprüfungen, Synthese, Leistungsbewertung sowie Dokumentation und Statistik). Sie können grob in drei Gruppen unterteilt werden: Analyse, Synthese und Verifikation. Die älteste und zugleich am weitesten ausgebaute Gruppe sind dabei Analyseschritte.

□ Analyseschritte. Zu dieser Gruppe zählt hauptsächlich die Simulation auf der jeweiligen Ebene. Sie dient zur Verifikation des Verhaltens einer betreffenden Ebene im Zeit- oder Frequenzbereich. Ihre Grundlagen sind die Struktur- oder Verhaltensbeschreibung (Bild 2) und die mathematischen Modelle der →Signalverarbeitung, da jede Ebene durch Komponenten und Verknüpfungsregeln eindeutig gekennzeichnet ist. Aus ökonomischen Gründen erfolgt derzeit die Simulation durchweg in einer Ebene (meist hierarchisch top-down), wobei häufig benachbarte Gebiete einbezogen werden.

□ Analyseschritte sind auf allen Ebenen möglich und erforderlich, wobei jeweils typische Beschreibungsniveaus benutzt werden. Ihre Detailliertheit ist auf der Logik- und Schaltungsebene besonders groß und wird dort als Logik- und Schaltungssimulation bezeichnet.

So werden beispielsweise bei der Schaltungssimulation die zur Schaltung gehörigen Netzwerkgleichungen rechnergestützt gelöst, und man erhält Aussagen über das Strom-Spannungs-Zeitverhalten der Schaltung. Erforderlich sind hierfür geeignete Transistor- und Bauelementemodelle. Sie stehen entweder analytisch als definierbare Routine oder als Kennlinienbeschreibungsliste zur Verfügung, die Technologieparameter entstammen z. B. der →Prozeßsimulation.

Netzwerkanalyseprogramme sind heute für vielfältige Analysen verfügbar: Gleichstrom-, Transienten-, Frequenz-, Empfindlichkeits-, Rauschanalyse u. a., wobei für Digitalschaltungen nur die Gleichstrom- und Transientenanalyse Bedeutung haben.

Bekannte Simulatoren sind SPICE, ECAP, WATAND, DIANA, SCEPTRE, DOMOS u. a. m.

□ Syntheseschritte. Beim IC-Entwurf treten zwei Gruppen von Syntheseaufgaben auf:

– die Struktursynthese zur automatischen Umsetzung einer Verhaltens- in eine Strukturbeschreibung

– die Layoutsynthese, die automatische Erzeugung einer Geometrie aus einer Strukturbeschreibung

in beiden Fällen für die verschiedenen Entwurfsebenen.

Auf der Architekturebene erwartet man von einem Syntheseverfahren eine Umsetzung des algorithmisch beschriebenen Verhaltens eine automatisch abgeleitete Strukturbeschreibung. Solche Systeme befinden sich wohl im Entwicklungsstadium, haben aber die breite Anwendung noch nicht erreicht.

Auf der Logikebene sind Synthesewerkzeuge, die eine Verhaltensbeschreibung (z. B. als Zustandstafeln, Übergangsdiagramme oder Boolsche Gleichungen) in eine Strukturbeschreibung in Form eines Schaltnetzwerkes oder einen endlichen Automaten überführen, bereits seit längerem im Einsatz. Synthesewerkzeuge auf Schaltungsebene werden dagegen kaum angewendet, denn im Gegensatz zu den beiden vorhergehenden Gruppen, die weitgehend technologieunabhängig sind, spielt die Technologie für die Schaltungsebene eine bedeutende Rolle. Hier ist nach wie vor die Intuition des Entwerfers gefordert. Weit verbreitet sind dagegen Layoutsynthesewerkzeuge. Dazu zählen Programme zur Gewinnung des Floorplanes, zur automatischen Plazierung und Verdrahtung (vor allem von Standardzellen und Gatearrays, seltener von allgemeinen Zellen) oder Kompaktierer, die aus einem Stickdiagramm als Strukturbeschreibung auf RT-Ebene direkt das Layout gewinnen. Der sehr unterschiedliche Stand der Layoutsynthese hängt damit zusammen, daß sie stark vom Entwurfsstil abhängt.

□ Verifikationsschritte. Die Verifikation auf einer Ebene hat die Konsistenz sowohl in der gleichen (horizontalen) wie auch zur vorhergehenden (vertikalen) Ebene sicherzustellen. Für den Entwurf auf einer Ebenen liegen stets die Ergebnisse (Sollvorgehen) der vorherigen Ebene vor, z. B. als strukturisierter Datensatz, außerdem gibt es Entwurfsregeln für diese Ebene als formalisierter Datensatz und/oder Wissen und Erfahrung des Entwerfers. So ist z. B. für den Layout-Entwurf der Transistorschaltungsplan die Vorgabe. Die Umsetzung ins Layout erfolgt durch Wissen über die Transistorstruktur und die geometrischen Entwurfsregeln.

Soweit formalisierte Entwurfsregeln vorliegen, können auf der gleichen Ebene spezielle Programme, die sog. Checker zur Überprüfung eingesetzt werden. Auf diese Weise wird durch Simulation und Entwurfsregelprüfung auf gleicher Ebene zunächst der betreffende Entwurfsschritt geprüft (horizontale Verifikation gegebenenfalls nach mehrmaliger Iteration), anschließend vollzieht man eine (vertikale) Überprüfung mit der Sollvorgabe. Dies erfolgt durch Rücküberführung in die vorangegangene Ebene mittels eines „Extraktors", so daß eine vertikale Korrekturschleife möglich ist.

Im Regelfall berücksichtigt der Entwurf auf einer Ebene auch Eigenschaften in der nachfolgenden tieferen Ebene, zumindest als Schätzwerte, die dann später auf der betreffenden Ebene präzisiert werden. So muß z. B. die Logik- und Timingsimulation zunächst mit geschätzten Leitungslaufzeiten auskommen, da die Leitungsführung auf dieser Ebene noch nicht festliegt. Erst nach dem Layout – also der Plazierung und Verdrahtung – werden die tatsächlichen Zeiten durch ein Laufzeitänderungsprogramm bestimmt und eine Resimulation im Zeitbereich durchgeführt.

5. Layout

Das Layout ist die Umsetzung der Strukturbeschreibung einer Ebene in entsprechenden Geometriegrößen und ihre Relativlage zueinander, im engeren Sinne die Umsetzung eines elektrischen Netzwerkes in geometrischen Strukturen jeweils zugeordnet zu „Schichten" (layers) unter Beachtung der Abmessungen der einzelnen Komponenten. Das Layout schließt somit den Schaltungsentwurf ab und bildet zugleich die Schnittstelle zum Prozeß. Es ist auch heute noch der zeitaufwendigste und am meisten fehleranfällige Teil des gesamten Entwurfsvorganges.

Aus den Layoutdaten können die einzelnen Masken direkt gefertigt werden. Ihre Anzahl und der Inhalt hängen stark von der verwendeten Basistechnologie ab, bei modernen Prozessen sind 10–20 Masken üblich.

Zum Layout zählen die globale Flächenplanung (floor planing) der meist rechteckförmigen Chipfläche in schrittweise kleinere Einheiten, wobei unterschiedliche Optimierungskriterien (Fläche, Geschwindigkeit) gelten können. Weiter zählen zum Layout der topologische Entwurf (Plazierung), der geometrische Entwurf der Einzelelemente und die globale Verdrahtung jeweils bei Beachtung entsprechender Entwurfsregeln und der Verifikation (Design rule check, Electrical rule check, Schaltungsrückgewinnung).

Grundsätzlich arbeitet der Layoutvorgang dreidimensional. Die ersten beiden Dimensionen (x, y) liegen in der Chipoberfläche, die dritte sind die prozeßspezifischen Maskenebenen. Somit legt der topologische Entwurf außer der Relativlage der Einzelelemente auch ihre Maskenebene fest.

Die klassische Form der Layouterstellung ist die Darstellung der betreffenden Strukturen auf Millimeterpapier (sog. Handlayout) zunächst in stark vergrößerter Form, daran anschließender Übertrag durch einen Digitizer in den Rechner bei paralleler Beobachtung auf einem Graphikterminal. Dieses Verfahren wird nur noch selten eingesetzt. Heute erfolgt dieser Schritt durchweg interaktiv am Graphikterminal unter Nutzung von Graphikeditoren. Das sind Programme zur bildlichen Darstellung von Geometriestrukturen einschließlich erforderlicher Hilfsschritte (Verschieben, Drehen, Maßstabsänderung, Verdoppeln u. a.) von Bibliothekselementen.

Die Nutzung von →Graphikeditoren erlaubt eine direkte z. T. automatische Verifikation der entworfenen Geometrie durch Design rule checker. Breit durchgesetzt hat sich heute das symbolische Layout oder die Nutzung sog. Stickdiagramme. Hier werden einfache Geometrieobjekte (Rechtecke, Polygone) für Transistoren und Kontakte bei gleichzeitigem Verzicht auf die genaue Geometrieangabe verwendet. Die Elemente werden auf einem virtuellen Raster plaziert, denn nur die Topologie ist von Bedeutung. Anschließend wird das genaue Layout durch Kompaktierung unter Einhaltung der Entwurfsregeln erzeugt.

Eine solche symbolische Beschreibung kann auch auf Zellenkonzepte ausgedehnt werden. Obwohl das automatische Kompaktieren nicht die Dichte des Hand-Layouts erreicht, reduziert es den Entwurfsaufwand stark.

Eine andere grundsätzliche Möglichkeit zur Spezifizierung der Maskengeometrie ist die Verwendung von Layout-Beschreibungssprachen. Sie werden zunehmend benutzt, weniger für die Eingabe von Entwürfen als vielmehr maschinenlesbares Format für den Austausch und Speicherung von Entwürfen zwischen Geräten und Programmen. Ein solcher Austausch ist notwendig, weil eine Tendenz besteht, Layoutentwurf und Prozeß zwischen Anwender und Hersteller zu trennen.

Zu den Beschreibungssprachen zählen neben Sprachen für die Layouteingabe vor allem die Austauschformate

- CIF (Caltech Intermediate Format) zur Geometriedarstellung
- GDSII ein industrienahes Format
- →EDIF (Electronic Design Interchange Format) ein Format, das neben dem Layout auch alle weiteren für den Entwurf wichtigen Informationen enthält.

Zentrale Bedeutung für das Layout haben die Entwurfsregeln (Design rules). Das sind Mindestabstände und -abmessungen, die verschiedene geometrische Objekte haben müssen, damit die Schaltung elektrisch sicher arbeitet. Sie beinhalten Abmessungsgrenzen (und Toleranzen) und in ihren strukturellen Bestandteilen auch Aussagen darüber, welche Grundstrukturen für eine bestimmte Technologie überhaupt zulässig sind. Sie werden angegeben entweder als Absolutmaße (μm) oder als sog. Relativ (-λ-)Regeln, d. h. in Vielfachen eines Parameters, der durch die minimale Strukturbreite eines Prozesses gegeben ist. Obwohl letztere den Entwurf stark vereinfachen (vor allem bei der Skalierung), erlauben die ersteren eine bessere Prozeßausnutzung. Durch die Entwurfsregeln werden Entwurf und Herstellung stark entkoppelt.

Die Verifikation für das Layout bietet die letzte Möglichkeit, den gesamten Entwurfsvorgang abschließend vor der aufwendigen Maskenherstellung zu überprüfen. Dementsprechend intensiv wird sie durchgeführt, wobei sie sich zunächst auf die Entwurfsregelüberprüfung (Design rule check, DRC) und die elektrische Parameterüberprüfung (Electrical parameter check, EPC) konzentrieren.

Der DRC erfolgt mit Prüfprogrammen, die die Einhaltung der Entwurfsregeln kontrollieren.

Die elektrische Regelüberprüfung kontrolliert die Einhaltung gewisser schaltungstechnischer Bedingungen (z. B. Kurzschlüsse, Versorgungsspannung, Masse, richtiger Transistoranschluß, Knotenunterbrechungen u. a. m.).

Bei der elektrischen →Parameterprüfung werden hauptsächlich geometriebedingte elektrische Eigenschaften (Transistorabmessung und zugehörige elektrische Parameter, kapazitive Knotenbelastungen u. a.) kontrolliert.

Außer den genannten Verifikationsmethoden ist noch eine Schaltungsextraktion erforderlich, sowohl auf der Transistor- als auch der Logikebene. Sie dienen zum Aufspüren von Verdrahtungs- und Logikfehlern. Auf der Transistorebene z. B. wird damit aus den geometrischen Strukturen die Transistorschaltung zurückgewonnen, so daß sich Fehler aus dem Vergleich mit der „Sollschaltung" erkennen lassen (z. B. Leitungsverzögerungen, Transistorparameter).

Bei automatisch erzeugtem Layout kann auf die i. a. sehr rechenintensive Schaltungsrückgewinnung verzichtet werden.

□ Entwurfsautomatisierung (engl. Design automation, DA). Die Arbeiten zur Automatisierung (teilweise oder ganz) digitaler Systeme reichen bis zu den Logikschaltungen zurück, wo sie sich zunächst auf die Simulation, Test und Speicherung erstrecken. Klarer zeichneten sich in den 60er Jahren die wichtigsten Bestandteile der DA ab: Erzeugung, Verifikation und Speicherung von Schaltungsentwürfen durch Rechnerhilfsmittel. Die DA hat sich mit der Erhöhung des Integrationsgrades schrittweise entwickelt. Erste deutliche Entwicklungen betrafen die Einführung graphischer Editoren zur Darstellung des Layouts, wobei sich die dabei erzeugte interne Layoutbeschreibung zur Streuung des →Pattern-Generators diente. Heute wird dazu übergegangen, die einzelnen Entwurfsebenen miteinander zu verflechten. *R. Paul*

Schaltungshierarchie. Große und komplexe Schaltungen enthalten in der Regel immer wiederkehrende gleiche oder ähnliche Schaltungsteile, z. B. Zähler, Dekodierer, usw., die ihrerseits aus Gattern und Flipflop's aufgebaut sind. Um die Struktur dieser Schaltungen überschaubar zu machen, werden diese mit Hilfe mehrfach und hierarchisch gestaffelter Teilschaltungen dargestellt (Bild).

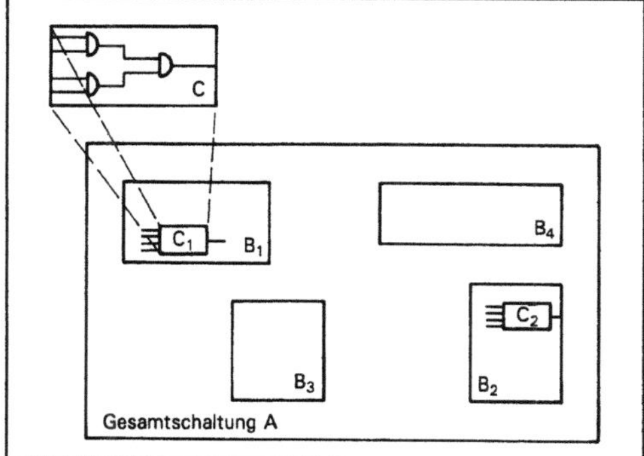

Schaltungshierarchie: Schema einer hierarchischen Schaltungsdarstellung. Die Schaltung C wird nur einmal detailliert gezeichnet und auch nur einmal im CAD-System abgespeichert. Bei der Verwendung innerhalb der Gesamtschaltung A bzw. deren Teilschaltungen B1 und B2 erhält sie z. B. die Namen C1, C2 und wird dort nur noch mit ihren Anschlußkonnektoren dargestellt.

Die Verbindung der einzelnen Teilschaltungen erfolgt über spezielle (symbolische) Konnektoren.

K. Winter

Schaltungsknoten. Begriff aus der →Schaltungstechnik bzw. Stromlauferstellung: Gesamtheit aller Leitungen und Anschlußpunkte, die miteinander elektrisch verbunden sind. Ein S. kann mehrere →Netze und diese ggfs. mehrere Subnetze enthalten.

K. Winter

Schaltungsoptimierung. Schaltungen, die durch manuelle Stromlauferfassung oder auch durch →Schaltungssynthese in einem CAD-System erzeugt wurden, genügen trotz korrekter Funktion nicht unbedingt den Anforderungen hinsichtlich Geschwindigkeit oder Platzbedarf. Folgende Optimierungen können mit entsprechenden Software-Tools erreicht werden:

- Maximale Geschwindigkeit
- Minimaler Platzbedarf und damit kostengünstige Produktion
- Einfache und vollständige Testbarkeit
- Minimale Stromaufnahme

Die Optimierung kann einzelne oder alle o. g. Gesichtspunkte miteinbeziehen – was im letzteren Fall Kompromisse erfordert bzw. zeitaufwendig wird. Sie wird erreicht z. B. durch Anwendung besonderer Algorithmen, insbesondere auch durch Anwendung der →De-Morgan-Regel bzw. durch geeignete Auswahl der jeweils optimal passenden logischen →Primitives aus der im System enthaltenen CAD-Bibliothek (Bild).

K. Winter

Schaltungsregelüberprüfung. (*engl.* Design check). Die S. wird während oder unmittelbar nach der vollständigen Stromlaufeingabe durchgeführt. Dabei wird geprüft, ob bestimmte elektrische Grundregeln eingehalten wurden, z. B. Beschaltung offener Eingänge, pullup-Widerstände, Anschluß von Versorgungsleitungen, Schlüsse zwischen Ausgängen, fehlende Ein- oder Ausgänge an einem →Schaltungsknoten, Fanout-Belastung usw.

K. Winter

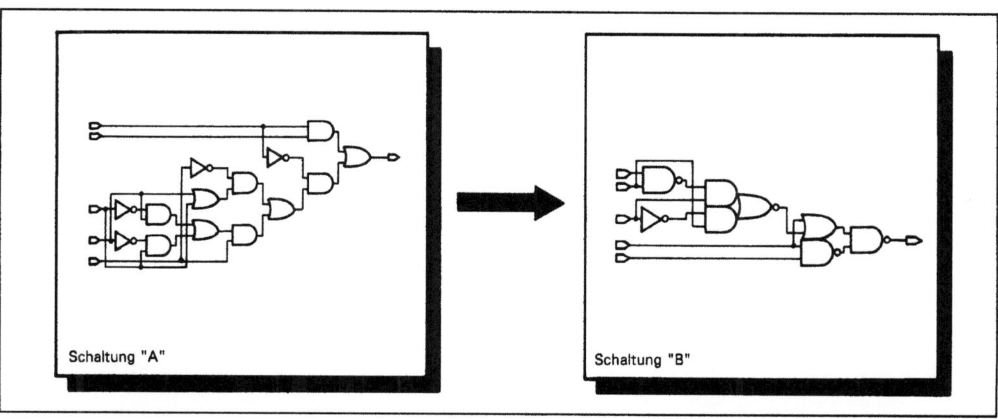

Schaltungsoptimierung: Die Schaltung B wurde aus Schaltung A durch S. gewonnen. Die neue Schaltung hat bei gleicher Funktionalität weniger Schaltelemente und ist insgesamt ‚schneller' geworden (Reduktion der Gatterlaufzeitsumme).

Schaltungssynthese →Logiksynthese, →Analogsynthese

Schaltungstechnik. Kennzeichnung der Art und Ausführung einer Schaltung mit Angabe über
- typische verwendete elektronische Bauelemente (z. B. Transistorschaltung, →Bipolartechnik, →Schalter-Kondensator-Technik) oder
- die Art der Zusammenschaltung der Bauelemente (z. B. ECL-, Komplementärschaltung) oder
- typische Betriebsarten (statische, dynamische Schaltungstechnik, Sättigungslogik) oder
- die Art, wie die einzelnen Bauelemente miteinander verbunden werden: diskrete Schaltungstechnik, integrierte Schaltungstechnik.

Die S. erlaubt i. a. keine Rückschlüsse auf die Funktionsaufgabe (z. B. Verknüpfen, Multiplizieren, Verstärken). *R. Paul*

Schaltverstärker. (auch Schwellwertschalter, Schmitt-Trigger oder Kipp-Verstärker genannt) Verstärkerschaltung mit stark nichtlinearer Übertragungscharakteristik, die bei sich stetig ändernder Eingangsgröße (Strom, Spannung) ein unstetiges, häufig nur zweiwertiges Ausgangssignal liefert (Bild). Der Schaltvorgang erfolgt bei vorgegebenem Wert des Eingangssignals (z. B. Schwellwertschalter). S. sind ausgeprägte Großsignalverstärker. Das Schaltverstärkerprinzip wird in einer Reihe von Schaltungen angewandt: Kippverstärker, Schmitt-Trigger, Komparatoren, Gegentaktverstärker in Gegentaktspannungswandlern, im →Schaltregler u. a. m. *R. Paul*

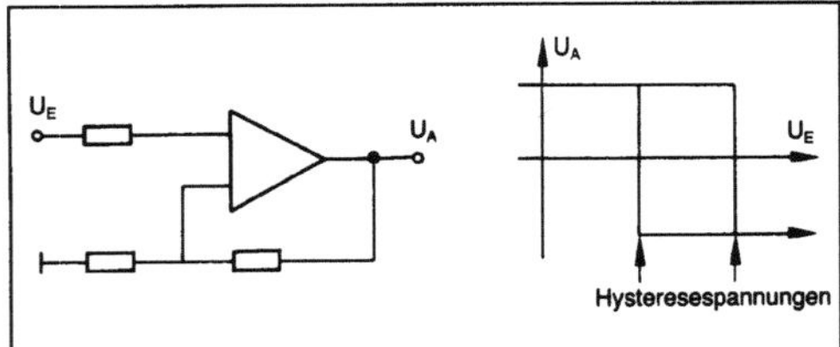

Schaltverstärker: Prinzipschaltung und Übertragungskennlinie.

Schaltwerk. Form der elektronischen Steuerung, die den zeitgerechten Ablauf von Einzelfunktionen – abhängig von bestimmten äußeren Ereignissen oder Zuständen des zu steuernden Systems – bewirkt (→Sequenzer). *K. Winter*

Schaltzeichen elektronischer Bauelemente. In Schaltungsunterlagen werden elektrotechnische und leittechnische Anlagen und Einrichtungen durch S. für Maschinen, Apparate, Geräte, Leitungen, Bauelemente u. a. dargestellt. Schaltpläne z. B. zeigen als Teil der technischen Dokumentation entweder die Wirkungsweise und den Stromverlauf oder die Leitungsverbindungen z. B. einer Anlage. Die ausführliche Darstellung einer Schaltung in allen Einzelheiten wird mit Hilfe eines Stromlaufplanes vorgenommen.

Die Grundlagen für die Gestaltung und Ausführung von Schaltungsunterlagen sind in den Normenreihen DIN 40719 sowie DIN IEC 113 festgelegt.

Die in den Zeichnungsunterlagen verwendeten S. sind in den Normen DIN 40900 T 1 bis T 13 festgelegt. Mit ihrer Hilfe lassen sich die funktionellen Zusammenhänge eines technischen Ablaufs oder die Anordnung einer technischen Einrichtung oder Anlage darstellen. Sie geben nicht notwendigerweise Auskunft über die Beschaffenheit der Betriebsmittel und der Funktionen.

Durch Zusammensetzen von S. für materielle Gegenstände (Bild 1) und S. für funktionelle Angaben (Bild 2) werden Wirkungsweise oder Aufbau von Betriebsmitteln und Funktionen dargestellt.

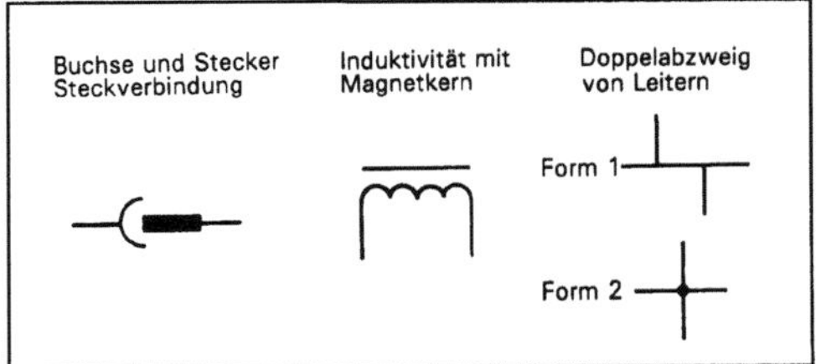

Schaltzeichen. Bild 1: Beispiele für S. für materielle Gegenstände.

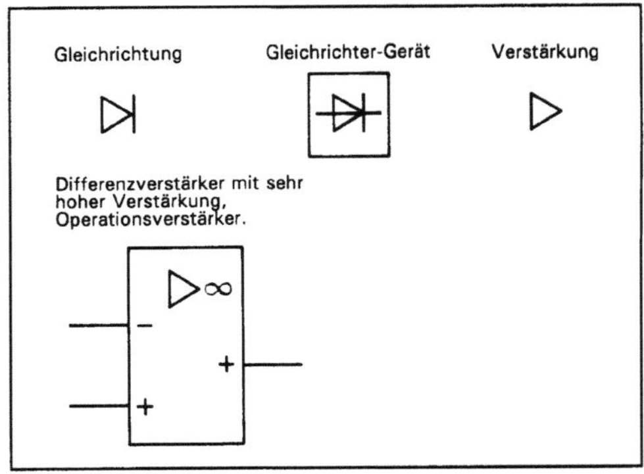

Schaltzeichen. Bild 2: Beispiele für S. für funktionelle Angaben.

– Begriffe

□ Schaltzeichen: Figur, Zeichen, Ziffer, Buchstabe oder deren Kombination zum Anwenden in der Dokumentation, um Funktionseinheiten oder Baueinheiten darzustellen.

□ Symbolelement: Figur, Zeichen, Ziffer oder Buchstabe mit festgelegter Bedeutung, die nur in Kombination mit Grundsymbolen oder Symbolelementen angewendet werden. Z. B. wird das S. einer →Elektronenröhre durch Kombination der Symbolelemente für Heizung, →Gitter, →Anode, Röhrenkolben usw. gebildet.

□ Grundsymbol: Figur mit festgelegter Bedeutung, die für eine Familie von Funktionseinheiten oder Baueinheiten charakteristisch ist (Bild 3).

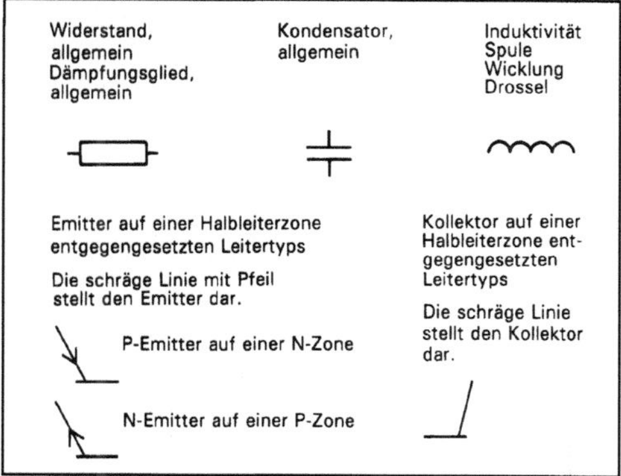

Schaltzeichen. Bild 3: Beispiele für Grundsymbole für elektronische Bauelemente.

□ Kennzeichen: S. oder Symbolelement, das einem S. beigefügt wird, um dessen Bedeutung festzulegen oder zu präzisieren (Bild 4). Um das S. eines Kondensatormikrophons z. B. zu bilden, wird das S. eines Kondensators dem S. eines Mikrophons beigefügt.

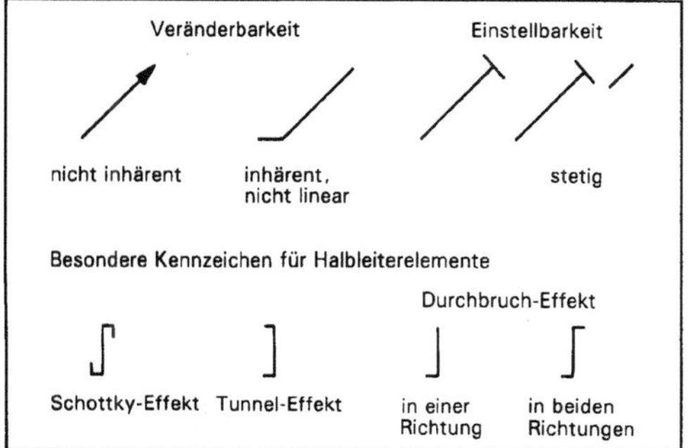

Schaltzeichen. Bild 4: Beispiele für Kennzeichen.

□ Blocksymbol: Vereinfachte Darstellung einer Funktionseinheit oder Baueinheit durch ein einzelnes S. (Bild 5).

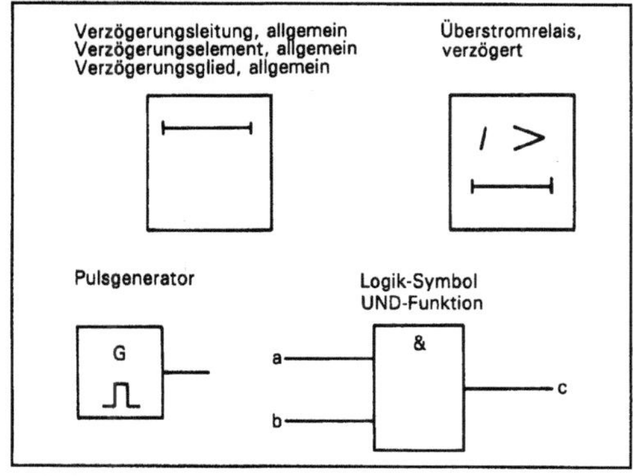

Schaltzeichen. Bild 5: Beispiele für Blocksymbole.

– Schaltzeichenbeispiele.

Ist für ein konkretes Betriebsmittel oder Bauelement kein beispielhaftes S. in den Normen beschrieben, kann durch Kombinieren von Grundsymbolen, Symbolelementen, Kennzeichen oder S. ein neues „spezielles" S. gebildet werden.

In den Tabellen 1, 2 ist eine Auswahl für „zusammengesetzte" Schaltzeichen für passive Bauelemente und für Halbleiter wiedergegeben.

Schaltzeichen. Tabelle 1: Schaltzeichenbeispiele für Widerstände, Kondensatoren und Induktivitäten.

Schaltzeichen	Bedeutung
	Widerstand, veränderbar, allgemein
U	Widerstand, spannungsabhängig Varisator (Widerstand mit inhärenter, nichtlinearer spannungsabhängiger Veränderbarkeit)
	Widerstand mit Schleifkontakt und "Aus"-Stellung
	Widerstand mit Schleifkontakt Potentiometer
+	Kondensator, gepolt, z.B. Elektrolyt-Kondensator
	Kondensator, einstellbar
	Kondensator, Kapazität veränderbar, mit Kennzeichnung des bewegbaren Teils
	Induktivität mit festen Anzapfungen, zwei dargestellt
	Induktivität mit Luftspalt im Magnetkern
	Induktivität mit bewegbarem Kontakt, stufig veränderbar
	Variometer
	Wicklung, geschirmt

– S. für binäre Elemente.

Die für das Bilden von S. für binäre Elemente notwendigen zusätzlichen Grundsymbole, Symbolelemente und Kennzeichen sind zusammen mit den entsprechenden Regeln für deren Anwendung in der Norm DIN 40900 T 12 beschrieben (für analoge Bauelemente gilt DIN 40900 T 13).

Aufgrund der dynamischen Entwicklung auf dem Gebiet der Halbleitertechnik und der notwendigen internationalen Abstimmung unterliegt

Schaltzeichen. Tabelle 2: Schaltzeichenbeispiele für Halbleiter.

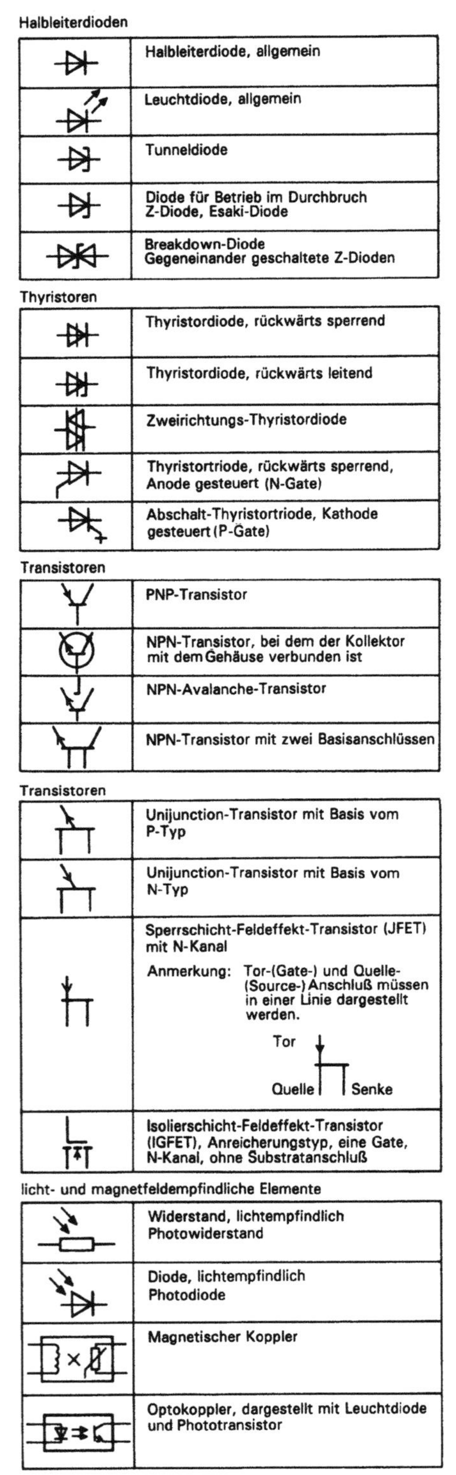

Halbleiterdioden	Halbleiterdiode, allgemein
	Leuchtdiode, allgemein
	Tunneldiode
	Diode für Betrieb im Durchbruch Z-Diode, Esaki-Diode
	Breakdown-Diode Gegeneinander geschaltete Z-Dioden
Thyristoren	Thyristordiode, rückwärts sperrend
	Thyristordiode, rückwärts leitend
	Zweirichtungs-Thyristordiode
	Thyristortriode, rückwärts sperrend, Anode gesteuert (N-Gate)
	Abschalt-Thyristortriode, Kathode gesteuert (P-Gate)
Transistoren	PNP-Transistor
	NPN-Transistor, bei dem der Kollektor mit dem Gehäuse verbunden ist
	NPN-Avalanche-Transistor
	NPN-Transistor mit zwei Basisanschlüssen
Transistoren	Unijunction-Transistor mit Basis vom P-Typ
	Unijunction-Transistor mit Basis vom N-Typ
	Sperrschicht-Feldeffekt-Transistor (JFET) mit N-Kanal. Anmerkung: Tor-(Gate-) und Quelle-(Source-)Anschluß müssen in einer Linie dargestellt werden. (Tor, Quelle, Senke)
	Isolierschicht-Feldeffekt-Transistor (IGFET), Anreicherungstyp, eine Gate, N-Kanal, ohne Substratanschluß
licht- und magnetfeldempfindliche Elemente	Widerstand, lichtempfindlich Photowiderstand
	Diode, lichtempfindlich Photodiode
	Magnetischer Koppler
	Optokoppler, dargestellt mit Leuchtdiode und Phototransistor

die Norm derzeit einer ständigen Weiterentwicklung.

Das S. für ein binäres Element besteht aus einer Kontur oder einer Konturen-Kombination, zusammen mit einem oder mehreren Symbolelementen sowie entsprechenden Kennzeichen (Bild 6).

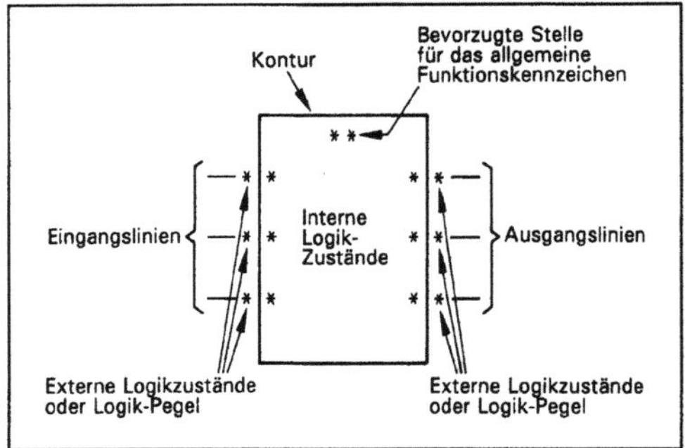

* bezeichnet mögliche Lagen für Kennzeichen, die sich auf Ein- und Ausgänge beziehen.

Schaltzeichen. Bild 6: Grundsätzliches Darstellungskonzept der Schaltzeichen für binäre Elemente.

Die Kennzeichen an der Kontur geben die Funktion der jeweiligen Anschlüsse an (Tabelle 3). Sofern die Funktion eines Elementes vollständig durch diese Kennzeichen bestimmt ist, ist kein allgemeines Funktionskennzeichen innerhalb der Kontur erforderlich.

Bei der Darstellung einer Gruppe zusammengehöriger Elemente können die Konturen aneinandergefügt oder ineinander geschachtelt werden.

Hierbei können Anschlüsse, die auf mehrere aneinandergefügte Elemente wirken, an einen Steuerblock (angeordnet am oberen Ende der Gesamtkontur) geführt werden. Mit Abhängigkeitsnotationen wird dabei gezeigt, welche Ein- oder Ausgänge andere Anschlüsse steuern oder von ihnen gesteuert werden.

Für die Darstellung der binären Elemente in den Schaltungsunterlagen wird in Deutschland das System der einheitlichen Logik-Vereinbarung (in der Regel positive Logik) verwendet. Negationen werden durch einen nicht ausgefüllten Kreis gekennzeichnet.

Bei der „Positiven Logik-Vereinbarung" entspricht der mehr positive Wert der physikalischen Größe (H-Pegel) dem logischen 1-Zustand. Der weniger positive Wert (L-Pegel) entspricht dem logischen 0-Zustand.

Weitere Kennzeichen und Symbolelemente sowie Regeln für die Anordnung, Kombinationen und Darstellungsweisen von S. und Regeln für die Ausführung von Stromlaufplänen siehe Normen. *W. Heller*

Schaltzeichen. Tabelle 3: Kennzeichen für Binärelemente (Auswahl)

Symbolelement	Beschreibung	Erläuterung
Allgemeine Funktionskennzeichen		
&	UND	
⩾1	ODER	
=	Äquivalenz	
=1	Exklusiv-ODER Antivalenz	
SRGm	Schieberegister, m-stufig	
CTRm	Zähler modulo 2^m	
▷	Leistungselement Verstärker	
⊢⊣	Verzögerung	
Π	Multiplizierer	
COMP	Zahlenkomparator	
ROM	Nur-Lese-Speicher	
RAM	Schreib-Lese-Speicher	
Kennzeichen für Ein- und Ausgänge		
—○|	Negation an einem Eingang	
|○—	Negation an einem Ausgang	
—|▷	Dynamischer Eingang	
—○|▷	Dynamischer Eingang, negiert	
—| C	Flipflop-Eingang	
—| D	Freigabe-Eingang	Die Information wird gespeichert
—| J	Flipflop-Eingang	Eine 1 wird gespeichert
—| K	Freigabe-Eingang	Eine 0 wird gespeichert
—| R	Flipflop-Eingang	Eine 0 wird gespeichert
—| S	Freigabe-Eingang	Eine 1 wird gespeichert

Schaltzeit →Flüssigkristall-Anzeige, →Lumineszenzdiode

Schärfe. S. bei einer →Kathodenstrahlröhre bezieht sich zunächst auf einen kleinen Durchmesser des Elektronenstrahles in der Leuchtschirmebene. Damit verbunden ist ein kleiner „Spot" ohne Hofbildung. Bei einer Farbkathodenstrahlröhre kommt noch die Feinheit der Lochmaskenstruktur, der →Pitch hinzu. Die S. des Spots wird durch die →Fokussierung eingestellt. Ein in der Bildschirmmitte scharf fokussierter →Elektronenstrahl bleibt nur dann bei abgelenktem Strahl auf dem ganzen Schirm scharf, wenn der Schirm auf einer Kugelschale um den Ablenkmittelpunkt liegt.

Das ist bei heutigen Kathodenstrahlröhren nicht der Fall, da der Trend zu weniger stark gekrümmten Bildschirmen, zu →Flat-and-Square-Farbbildröhren geht. Ein in der Bildschirmmitte scharf eingestellter Strahl ist dann in der Schirmecke (also abgelenkt) überfokussiert und daher unscharf. Umgekehrt ist dann ein in den Ecken scharf fokussierter Strahl in der Schirmmitte unterfokussiert, also ebenfalls unscharf.

Bei modernen Bildröhrensystemen wird durch die richtige Wahl der Fokusspannung auf einen Wert zwischen scharfer Mitte und scharfem Rand ein akzeptabler Kompromiß mit guter Schärfeverteilung über den ganzen Schirm erreicht.

Nerstheimer

Schattenmaske →Bildröhre

Schattenmasken-Röhre →Bildröhre

Schätzwert und Vertrauensbereich der Ausfallrate.

□ Schätzwert der Ausfallrate: Die aus einem Test ermittelte Ausfallrate gilt für die beobachteten Komponenten. Die untersuchten Elemente sind im allgemeinen als →Stichprobe aus einer Grundgesamtheit ausgewählt. Es ist zu erwarten, daß eine andere Elemente enthaltende Stichprobe eine etwas andere Ausfallrate geliefert hätte. Die im Test gewonnene Ausfallrate kann aus diesem Grunde nur als Schätzwert $\hat{\lambda}$ für die wahre Ausfallrate genommen werden. Dieser S. läßt sich graphisch (→Exponentialverteilung) oder analytisch aus der folgenden Beziehung ermitteln:

$$\hat{\lambda} = \frac{k}{\sum_{i=1}^{k} t_i + (n-k)t_k}$$

In dieser Gleichung bedeutet n die Zahl der getesteten Komponenten, k die Zahl der ausgefallenen. Die i-te Komponente wurde zum Zeitpunkt t_i funktionsunfähig. Der Test wurde zum Zeitpunkt t_k des Ausfalls der k-ten Einheit beendet. Die ausgefallenen Einheiten wurden nicht ersetzt.

Der S. ergibt sich als Quotient aus der Zahl der Ausfälle (→Zähler) und dem Bauteil-Lebensdauer-Produkt (Nenner). Hier ist im allgemeinen die Zahl k der ausgefallenen Einheiten klein gegenüber der Zahl n der eingesetzten, so daß kt_k und Σt_i gegenüber nt_k vernachlässigt werden dürfen. Damit entsteht die Näherungsformel für die Berechnung eines Ausfallratenschätzwerts

$$\hat{\lambda} \approx \frac{k}{nt_k}.$$

Im Nenner der letzten Gleichung steht das Produkt aus der Zahl n der eingesetzten Einheiten und der Beobachtungszeit t_k. Diese beiden Größen sind bei exponentiell verteilten Lebensdauern gegeneinander austauschbar. So kann – anders als bei Verschleißausfällen – eine Ausfallrate mit weniger Testobjekten und längerer Versuchsdauer oder mit mehr Komponenten und kürzerer Testzeit ermittelt werden. Soll eine Ausfallrate von 10^{-7} h^{-1} bei insgesamt k = 10 Ausfällen nachgewiesen werden, so sind $nt_k = k/\hat{\lambda} = 10^8$ Bauteile-Stunden notwendig.

□ Vertrauensbereich für den Schätzwert der Ausfallrate: Da in einem Test nur S. der Ausfallrate $\hat{\lambda}$ gewonnen werden können, ist der Vertrauensbereich, das Konfidenzintervall, anzugeben, in dem mit einer gewissen Wahrscheinlichkeit die wahre Ausfallrate liegt. Dies ist mit Hilfe der Poisson- oder der Chi-Quadrat-Verteilung möglich.

Der Vertrauensbereich ist umso breiter, je höher die gewünschte Aussagesicherheit ist. Soll z. B. mit einer Wahrscheinlichkeit von 90% die wahre Ausfallrate kleiner als eine obere Ausfallrate λ_o und größer als eine untere Ausfallrate λ_u sein, so nimmt die Spanne zwischen λ_o und λ_u mit der Zahl k der beobachteten Ausfälle ab (Bild). Aus diesem Grunde empfiehlt es sich, Lebensdauertests nicht schon nach dem →Ausfall der ersten Einheiten abzubrechen.

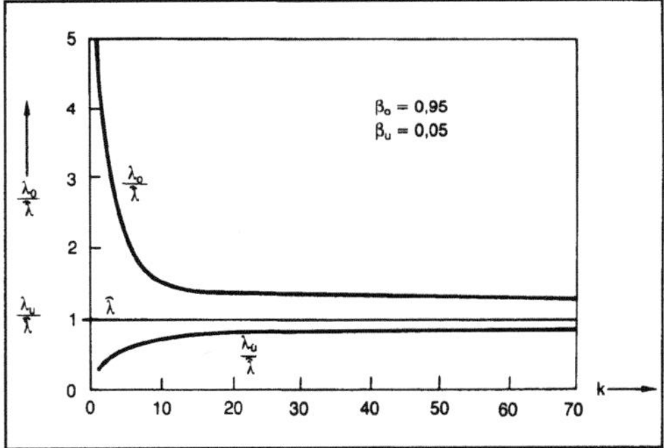

Schätzwert und Vertrauensbereich der Ausfallrate: Der obere Wert λ_o und der untere Wert λ_u der Ausfallrate liegen um so näher am Schätzwert $\hat{\lambda}$, je größer die Zahl k der beobachteten Ausfälle ist.

□ Berechnung der Vertrauensgrenzen mit der →Poisson-Verteilung: Die Ausfallrate λ ist in dem Parameter α der Poisson-Verteilung enthalten,

$$\alpha = n\lambda t_k$$

Zu einem bestimmten Wert α_i gehört ein definierter Wert λ_i der Ausfallrate

$$\alpha_i = n\lambda_i t_k$$

Einer mit der Wahrscheinlichkeit β_o nicht überschrittene oberen Ausfallrate λ_o entspricht der Parameter α_o. Entsprechend führt die mit der

Wahrscheinlichkeit β_u nicht überschrittene Ausfallrate λ_u zu dem Wert α_u. Die λ-Werte sind *poissonverteilt.* Die entsprechenden Quantilen können der Tabelle 2 der →*Poisson*-Verteilung entnommen werden. Dabei ist nicht mit der Zahl k der Ausfälle, sondern mit der Zahl (k-1) der Erneuerungen zu rechnen (→Lebensdauertest). Lediglich bei der gestutzten Stichprobe, bei der für die obere Grenze der Ausfallrate k+1 Ausfälle angenommen werden, erscheint in der Poisson-Verteilung die Zahl k (Tabelle).

Beispiel, zensierte Stichprobe: $n=10^4$ Einheiten werden bis zum Ausfall der 8. Einheit, k=8, bei dem Zeitpunkt $t_k=10^3$ h untersucht. Aus diesem Experiment errechnet sich der S. der Ausfallrate zu:

$$\hat{\lambda} = \frac{k}{nt_k} = \frac{8}{10^4 \cdot 10^3} = 8 \cdot 10^{-7}\ h^{-1}$$

Für eine obere Grenze α_o des Parameters α, die mit einer Wahrscheinlichkeit $\beta_o=0{,}95$ unterschritten oder erreicht wird, liefert die →*Poisson*-Verteilung (dort Tabelle 2) für k-1=7 den Wert:

$$\alpha_o(k-1;\ \beta_o) = \alpha_o(7;\ 0{,}95) = 13{,}148.$$

Die Grenze α_u, die lediglich mit einer Wahrscheinlichkeit von $\beta_u=0{,}05$ unterschritten oder erreicht wird, findet sich bei k−1=7 zu

$$\alpha_u(7;\ 0{,}05) = 3{,}981.$$

Mit 95%−5%=90% Wahrscheinlichkeit liegt der α-Wert im Intervall

$$\alpha_u \leqq \alpha \leqq \alpha_o$$

$$3{,}981 \leqq \alpha \leqq 13{,}148.$$

Von dem Parameter α wird nun auf die Ausfallrate λ übergegangen

$$3{,}981 \leqq n\lambda t_k \leqq 13{,}148$$

$$\frac{3{,}981}{nt_k} \leqq \lambda \leqq \frac{13{,}148}{nt_k}$$

$$3{,}981 \cdot 10^{-7}\ h^{-1} \leqq \lambda \leqq 13{,}148 \cdot 10^{-7}\ h^{-1}.$$

Die wahre Ausfallrate λ liegt also mit einer Wahrscheinlichkeit von 90% zwischen $4 \cdot 10^{-7}$ und $13{,}1 \cdot 10^{-7}\ h^{-1}$. Dieser Bereich schließt den Schätzwert $\hat{\lambda}=8 \cdot 10^{-7}\ h^{-1}$ ein.

□ Berechnung der Vertrauensgrenzen mit der χ^2-Verteilung: Die Chi-Quadrat-Verteilung vom Grad

$$N = 2(k+1)$$

entspricht der *Poisson*-Verteilung mit dem Parameter k. Dabei ist das Argument x der χ^2-Verteilung doppelt so groß wie die Variable α der *Poisson*-Verteilung,

$$x = 2\alpha$$

Bei der Bestimmung der Ausfallraten-Vertrauensgrenzen ist die Chi-Quadrat-Verteilung wie die *Poisson*-Verteilung zu handhaben, wobei die gesuchten x-Werte der Tabelle der →Chi-Quadrat-Verteilung entnommen werden können:

– Bestimmung der oberen Grenze α_o, λ_o

–– Der Freiheitsgrad N ist festzulegen, N=2k bei einer zensierten Stichprobe (k = Zahl der ausgefallenen Einheiten) N=2(k+1) bei einer gestutzten Stichprobe

–– Die gewünschte Aussagesicherheit β_o ist festzulegen

–– Der Tabelle 1 der Chi-Quadrat-Verteilung ist der Wert $x_o(N,\ \beta_o)$ zu entnehmen

–– $\alpha_o=x_o/2$ ist zu berechnen

–– Aus α_o ist λ_o zu bestimmen.

– Bestimmung der unteren Grenze α_u, λ_u

–– Der Freiheitsgrad ist festzulegen; N=2k

–– Die gewünschte Aussagesicherheit β_u ist festzulegen

–– Der Tabelle 1 der Chi-Quadrat-Verteilung ist der Wert $x_u(N;\ \beta_u)$ zu entnehmen

–– $\alpha_u=x_u/2$ ist zu berechnen

–– Aus α_u ist λ_u zu bestimmen. *Schrüfer*

Literatur: *Härtler, G.:* Statistische Methoden für die Zuverlässigkeitsanalyse. Ost-Berlin 1983. – *Heinhold J.* u. K. W. Gaede: Ingenieur-Statistik. München 1964. – *Köchel, P.:* Zuverlässigkeit technischer Systeme. Leipzig 1983, Thun und Frankfurt/Main. – *Kreyszig, E.:* Statistische Methoden und ihre Anwendungen. Göttingen 1975. – MBB: Technische Zuverlässigkeit. Berlin, Heidelberg 1977. – *Schrüfer, E.:* Zuverlässigkeit von Meß- und Automatisierungseinrichtungen. München 1984.

Schätzwert und Vertrauensbereich der Ausfallrate. Tabelle: Parameter k und N, die für die Berechnung der Vertrauensgrenzen der Ausfallrate benötigt werden; k ist die Zahl der bei einem Test ausgefallenen Einheiten.

	Poisson-Verteilung		χ^2-Verteilung	
	obere Grenze	untere Grenze	obere Grenze	untere Grenze
zensierte Stichprobe	k−1	k−1	N = 2k	N = 2k
gestutzte Stichprobe	k	k−1	N = 2(k + 1)	N = 2k

Schätzwert und Vertrauensbereich der mittleren Lebensdauer.

□ Schätzwert für die mittlere →Lebensdauer und für die Standardabweichung: Die in einem Versuch ermittelte mittlere Lebensdauer $\bar{t}$ und die Standardabweichung σ gelten für die beobachteten Komponenten. Die untersuchten Einheiten sind als Stichproben, ausgewählt aus allen Einheiten des zu untersuchenden Typs, zu betrachten. Eine anders zusammengesetzte →Stichprobe hätte wahrscheinlich andere Zahlenwerte geliefert. Die erhaltenen Werte sind aus diesem Grunde nur als Schätzwerte anzusehen und können z. B. durch das Zeichen ∧ als solche gekennzeichnet werden.

Die S. lassen sich graphisch (→Normalverteilung) oder analytisch aus den folgenden Beziehungen ermitteln:

$$\hat{t} = \frac{1}{n} \sum_{i=1}^{n} t_i$$

$$\bar{\sigma}^2 = \frac{1}{n-1} \sum_{i=1}^{n} (t_i - \hat{t})^2$$

In diesen Formeln steht n für die Zahl der beobachteten Einheiten, und mit t_i werden ihre Lebensdauern bezeichnet. Der S. für die mittlere Lebensdauer ist also das arithmetische Mittel der Lebensdauern. In der Rechenvorschrift für die Standardabweichung wird, um einen erwartungstreuen S. zu erhalten, nicht durch die Zahl der ausgefallenen Einheiten n, sondern nur durch (n-1) dividiert.

□ Vertrauensbereich für den Schätzwert der mittleren Lebensdauer: Die aus verschiedenen Stichproben ermittelten S. $\hat{t}_i$ sind ihrerseits wieder normalverteilt. Das arithmetische Mittel der $\hat{t}_i$ liefert den wahren Mittelwert $\bar{t}$. Ist $\hat{\sigma}$ die Standardabweichung einer Stichprobe, so ist bei n Elementen pro Stichprobe die Standardabweichung σ_n der Verteilung der S. auf

$$\sigma_n = \frac{\bar{\sigma}}{\sqrt{n}}$$

zurückgegangen.

Die S. bilden also eine $(\bar{t};\ \sigma/\sqrt{n})$-Normalverteilung. Die Wahrscheinlichkeit für ein Intervall, in dem der wahre Wert der mittleren Lebensdauer $\bar{t}$ zu liegen kommt, läßt sich nach der Koordinatentransformation

$$u = \frac{\hat{t} - \bar{t}}{\sigma/\sqrt{n}};\ \hat{t}e = \bar{t} + \frac{\sigma}{\sqrt{n}}u;\ d\hat{t} = \frac{\sigma}{\sqrt{n}}\,du$$

$$v = \frac{z - \bar{t}}{\sigma/\sqrt{n}};\ z = \bar{t} + \frac{\sigma}{\sqrt{n}}v;\ dz = \frac{\sigma}{\sqrt{n}}\,dv$$

mit Hilfe der Normalverteilung berechnen.

Beispiel: Die mittlere Lebensdauer eines Kollektivs ist zu bestimmen. Dazu wird eine Stichprobe von neun Einheiten bis zum →Ausfall der letzten Einheit betrieben, n=9. Die dabei aufgetretenen Lebensdauern t_i sind in der Tabelle zusammengestellt. Der S. $\hat{t}$ der mittleren Lebensdauer errechnet sich zu

$$\hat{t} = \frac{1}{k} \sum_{i=1}^{k} t_i = \frac{8072\ h}{9} = 897\ h$$

Die Standardabweichung der Komponenten-Lebensdauern beträgt $\sigma = 33$ h. Dann ist mit einer Aussagesicherheit von 0,95 die wahre mittlere Lebensdauer $\bar{t}$ des Kollektivs kleiner oder gleich 915,8 h:

$$\bar{t} \leqq \hat{t} + 1{,}645\ \sigma/\sqrt{n}$$

$$\bar{t} \leqq 897{,}7 + 1{,}645 \cdot 33/\sqrt{9} = 915{,}8\ h$$

und mit einer Wahrscheinlichkeit von 0,90 liegt die mittlere Lebensdauer $\bar{t}$ im Intervall

$$\bar{t} = \hat{t} \pm 1{,}645 \cdot 33/\sqrt{9} = 897{,}7 \pm 18\ h.$$

Schrüfer

Scheibeneingangskontrolle. Vor Beginn des Technologiedurchlaufs werden die →Halbleiterscheiben überprüft, ob die spezifizierten Scheibeneigenschaften vom Scheibenlieferanten eingehalten wurden oder es werden durch Sortieren Scheiben mit engeren Toleranzgrenzen herausgesucht. Routinemäßig werden nicht alle Spezifikationswerte untersucht, sondern in der Regel nur Scheibendicke, Dickenvariation (Flatness), Biegung und Verwerfung (Bow und Warp) sowie spezifischer Widerstand. Für die Kontrolle der geometrischen Eigenschaften kommen laserinterferometrische, kapazitive oder Ultraschall-Verfahren zur Anwendung, der spezifische Widerstand der Scheiben wird meist durch Messung der Wirbelstromverluste in einem hochfrequenten →Schwingkreis bestimmt.

Ryssel

Schätzwert und Vertrauensbereich der mittleren Lebensdauer. Tabelle: Normalverteilte Lebensdauern t_i von neun Komponenten

i	1	2	3	4	5	6	7	8	9
t_i in h	830	860	880	910	912	915	915	920	930

Scheibenröhre. Dichtegesteuerte →Elektronenröhre, ausgelegt für die Erzeugung und Verstärkung elektrischer Schwingungen oberhalb 500 MHz.

Normale dichtegesteuerte Elektronenröhren verlieren im dm-Wellenbereich ihre Steuerwirkung, da wegen der →Laufzeit der Elektronen sich die Spannung zwischen Kathode und Steuergitter bereits umgekehrt haben kann, bevor die von der Kathode gestarteten Elektronen die Gitterebene passiert haben. Auch die relativ hohen Zuleitungsinduktivitäten der Elektroden stören erheblich. Scheibentrioden weichen deshalb in folgenden Punkten von normalen Trioden ab (Bild):

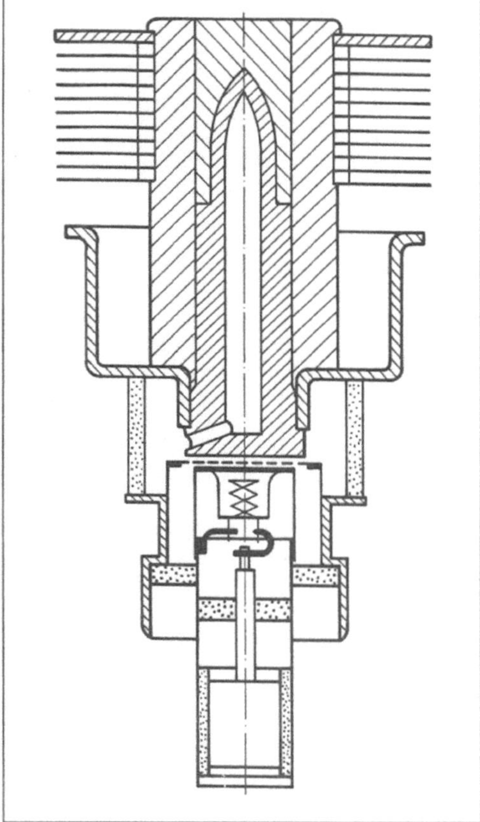

Scheibenröhre: Schnitt durch eine Scheibentriode. (Quelle: Philips Components)

- Die Elektroden stehen sich in Form von Scheiben gegenüber und ihr Abstand, insbesondere der zwischen Kathode und Steuergitter, wird so gering wie möglich gehalten.
- Die maximale Stromdichte der Kathode wird weitgehend ausgenutzt und damit die Elektrodenflächen und ihre Kapazitäten gegeneinander gering gehalten.
- Die Zuführungen sind ebenfalls als Scheiben nach außen geführt und durch Glas- oder Keramikringe gegeneinander isoliert. Dies führt zu geringen Zuleitungsinduktivitäten und macht den direkten Einbau in koaxiale Topfkreise möglich.

Entsprechend sind Scheibendioden und Scheibentetroden aufgebaut.

Solche Röhren können als →Leistungsverstärker bis etwa 7 GHz und als Verdoppler bis 10 GHz verwendet werden. *Golombek*

Scheinleistungsmessung →Leistungsmessung, elektrische

Schereffekt. Bei unterschiedlicher →Orientierung von →Polarisation und äußerem Spannungsfeld unterscheidet man bei piezoelektrischen Materialien einen Längseffekt, S. und →Quereffekt. (→piezoelektrisch). Die Polarisation wird z. B. durch eine Scherspannung hervorgerufen.

Schaumburg

Schicht, amorphe →Amorphe Schicht

Schicht, dichroitische. Als d. S. bezeichnet man vielschichtige Interferenzfilter, die die Eigenschaft haben, bestimmte (sichtbare) Spektralbereiche zu reflektieren und den Rest im wesentlichen durchzulassen, die also selbst nur geringe Absorption haben.

Solche Schichten werden in den Lichtteilern der Farbfernsehkameras (bzw. Farbfilmabtaster) verwendet, um das einfallende Licht möglichst verlustfrei auf die drei lichtelektrischen Wandler im Rot-, Grün- und Blaukanal zu verteilen.

Die dichroitischen Interferenzschichten sind aus mehreren (ca. 10 bis 20) Einzelschichten dielektrischen (d. h. durchsichtigen) Materials mit abwechselnd hohem und niedrigem Brechungsindex aufgebaut, deren Dicke meist bei ca. ¼ Wellenlänge liegt (d. h. bei ca. $\frac{1}{10}$ µm). An jeder Grenzfläche entstehen reflektierte und durchgelassene Anteile.

Durch Interferenz der an den verschiedenen Grenzflächen reflektierten bzw. durchgelassenen Anteile entsteht dann, je nach den Gangunterschieden dieser Anteile, Auslöschung oder Addition. Da die Gangunterschiede von den Brechungsindizes, den Schichtdicken und den Einfallswinkeln sowie der →Polarisation und natürlich der Wellenlänge abhängen, kann man durch geeigneten Aufbau der Schichtsysteme die spektrale Reflexion bzw. Transmission für einen bestimmten Einfallswinkel bestimmen.

Die beiden häufigsten in Lichtteilern verwendeten Typen von d. S. sind:

□ Kurzkanten-Interferenzfilter, die im kurzwelligen (z. B. blauen und grünen) Teil des Spektrums durchlassen, den langwelligen (roten) Teil aber reflektieren,

□ Langkanten-Interferenzfilter, die im kurzwelligen (blauen) Spektralbereich reflektieren und den langwelligen (grünen und roten) Bereich durchlassen.

Die Lage der Flanke, die den reflektierten und den durchgelassenen Anteil trennt, wird durch die Halbwertswellenlänge charakterisiert. Die Kombination je eines solchen Langkanten- und eines Kurzkanten-Interferenzfilters unter geeigneten Winkeln kann man einen Lichtteiler erhalten, in dem das blaue Licht und das rote Licht reflektiert und das grüne Licht durch beide Filter durchgelassen wird. *Hausdörfer/Lang*

Schicht, vergrabene. Darunter versteht man Schichten, die unter der Halbleiteroberfläche liegen und für verschiedene Anwendungszwecke hergestellt werden. Der →Subkollektor dient der Reduzierung von Serienwiderständen bei bipolaren integrierten Schaltkreisen, bei der →SOI-Technik dient die v. S. der Isolation der Bauelementeschicht vom Substrat (→Halbleiterscheibe) und wird durch →Ionenimplantation von Stickstoff oder Sauerstoff hergestellt; andere Anwendungen von v. S. sind →Gettern von Defekten (Hochenergie-Sauerstoff oder -Kohlenstoffimplantation) und Einstellung der Minoritätsträgerlebensdauer durch Protonen- oder Heliumimplantation bei Leistungshalbleiterbauelementen. *Ryssel*

Schichtabscheidung. Die Abscheidung von Schichten aus der Gasphase wird im allgemeinen als CVD (*engl.* Chemical Vapour Deposition) bezeichnet. Hierbei reagieren die gasförmigen Komponenten unter Bildung eines festen Films auf der Substratoberfläche. Die folgenden chemischen Reaktionen sind dabei bestimmend für den Abscheideprozeß:

1. Diffusion der Ausgangsstoffe an die Oberfläche
2. Adsorption der Ausgangsstoffe an der Oberfläche
3. Chemische Reaktion der adsorbierten Stoffe untereinander oder mit nachgelieferten Ausgangsstoffen
4. Desorption gewisser Reaktionsprodukte von der Oberfläche
5. Diffusion gewisser Reaktionsprodukte in der Gasphase

Die Schritte 2. bis 4. sind durch die Oberfläche aktivierte Teilprozesse. Die Gesamtgeschwindigkeit der Reaktion wird durch die langsamste Teilreaktion bestimmt. Die Abscheiderate hängt entscheidend ab von den Prozeßparametern Temperatur, Druck sowie der Gasflußdynamik im Reaktor. Im folgenden werden die einzelnen Schichtabscheideverfahren besprochen.

□ APCVD, Atmospheric Pressure CVD: Von Hydriden ausgehend findet die Gasphasenreaktion bei Temperaturen unterhalb 500 °C bei atmosphärischem Druck statt. Diese Methode wird im kommerziellen Maßstab beispielsweise zur Abscheidung von →PSG eingesetzt. Die Abscheiderate, Spannungen im Material, Filmzusammensetzung und -qualität werden z. B. beim PSG-Prozeß durch die folgenden Parameter beeinflußt:

- Substrat-Temperatur
- Sauerstoff/Hydrid-Flußratenverhältnis
- Silan/Phosphin-Flußratenverhältnis

□ LPCVD, Low Pressure CVD: Der Hauptunterschied zu APCVD besteht in einer drastischen Änderung des Diffusionskoeffizienten und damit der Massentransfer-Rate der gasförmigen Reaktionsprodukte relativ zur Oberflächen-Reaktionsrate (Bild 1). Bei Normaldruck sind beide Raten von gleicher Größenordnung, während bei LPCVD-Prozessen die Adsorption der Ausgangsstoffe an der Oberfläche der geschwindigkeitsbestimmende Schritt ist (Schritt 2). Bei der Niederdruckabscheidung sind kritische Parameter wie z. B. der →Diffusionskoeffizient nicht zu berücksichtigen. Auf diese Weise werden Filme erzielt, die in bezug auf die Schichtdickenhomogenität, die elektrischen Eigenschaften, Kantenbedeckung und Partikelgenerierung hervorragend sind.

Das im LPCVD-Ofen bei diesen Temperaturen hergestellte SiO_2 wird LTO (*engl.* Low Temperature Oxide) genannt.

□ PECVD, Plasma Enhanced CVD (Bild 2): Das Plasma wird bei den hier interessierenden Prozessen durch eine →Glimmentladung im Druckbereich von ca. (0,013–1,3) 10^2 Pa erzeugt. Dabei ist die Tatsache besonders wichtig, daß sich kein Temperatur-Gleichgewicht ausbildet. Während die Mole-

Schichtabscheidung. Tabelle: Abscheideparameter der in der Halbleiter-Industrie am häufigsten benötigten Schichten aufgelistet

Film	Ausgangsprod. z. B.	Temperatur (°C)	Druck (Pa)	Abscheiderate (Å min^{-1})
SiO_2	SiH_4, O_2	ca. 430	ca. 30	ca. 130
Si_3N_4	SiH_2Cl_2, NH_3	ca. 770	ca. 30	ca. 35
Poly-Si	SiH_4	ca. 620	ca. 30	ca. 75

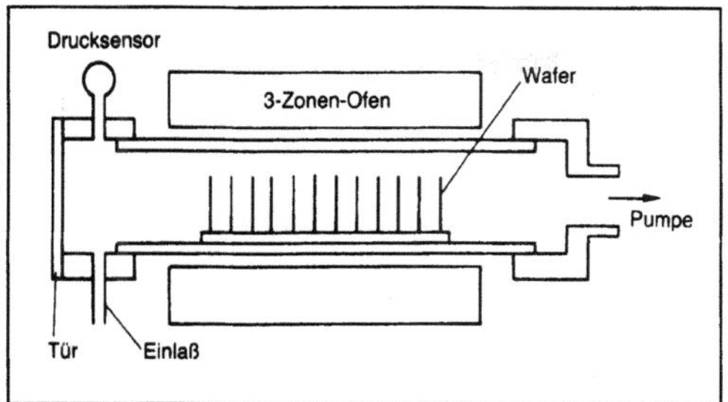

Schichtabscheidung 1: Schema eines LPCVD-Reaktors.

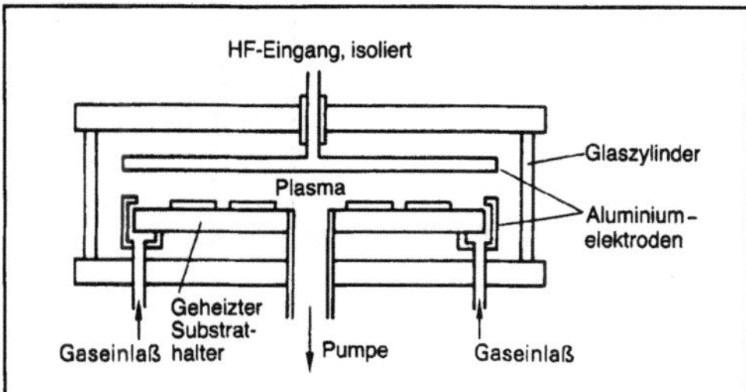

Schichtabscheidung 2: Schema eines Reaktors zur plasmaunterstützten CVD.

küle eine kinetische Energie entsprechend der Prozeßtemperatur haben, ist die Temperatur der Elektronen um eine bis zwei Größenordnungen höher. Das führt zu Reaktionsprodukten, die ansonsten nur bei hohen Temperaturen erzeugt werden können. Mit Hilfe dieser Methode lassen sich also Schichten bei wesentlich niedrigeren Temperaturen (bei Siliciumnitrid z. B. ca. 300 °C) auf temperaturempfindlichen Materialien, wie z. B. fertigen Bauelementen, abscheiden. Nachteile dieses Verfahrens sind kleiner Durchsatz, schlechte Kantenbedeckung und Filmeigenschaften, sowie hohe Partikelgenerierung während des Prozesses.

□ MOCVD, Metall Organic CVD: Diese Methode ist für fast alle Metalle mit Ausnahme der Alkali- und Erdalkalimetalle realisierbar. Die häufigsten Prozesse sind dabei zum einen die thermische Abscheidung, zum anderen die Pyrolyse von organometallischen Komponenten. Auch die H_2-Reduktion von Metallhalogeniden, Oxyhalogeniden, Carbonylhalogeniden oder anderen O_2-haltigen Komponenten findet Anwendung. Die Abscheidung beispielsweise von Wolfram beruht auf der H_2-Reduktion von WF_6 oder WCl_6 z. B. an SiO_2- oder Saphir-Oberflächen bei ca. 700 °C:

$$WF_6 + 3\,H_2 \rightarrow W + 6\,HF$$

An Si-Oberflächen erfolgt die direkte Kontaktreduktion bei Temperaturen oberhalb 400 °C:

$$2\,WF_6 + Si \rightarrow 2\,W + 3\,SiF_4$$

Neben der beschriebenen Wolfram-Abscheidung werden auf diese Weise Schichten aus transparenten Metalloxiden, z. B. SnO_2, In_2O_3, VO_3, sowie Metallsilicide und III-V-Verbindungshalbleiter aufgebracht.

□ Laser-CVD (Bild 3): In konventionellen Systemen kann durch Reaktionen an den heißen Wänden der Reaktoren die Zusammensetzung der Gasphase beeinflußt werden. Im Falle eines Polysilicium-Prozesses wird Silan dabei verbraucht, Wasserstoff gebildet. Dadurch entstehen u. U. Inhomogenitäten in den abgeschiedenen Schichten. Durch Einsatz von Lasern, beispielsweise CO_2-Laser, wird dieses Problem umgangen, da das Silan direkt beheizt wird und so keine heißen Reaktionswände auftreten. Der Nachteil der Methode besteht zur Zeit noch darin, daß die genaue Temperatur in der beheizten Zone nicht exakt nachvollziehbar ist und die Reaktionszone nicht mittels Massenspektroskopie abgetastet werden kann.

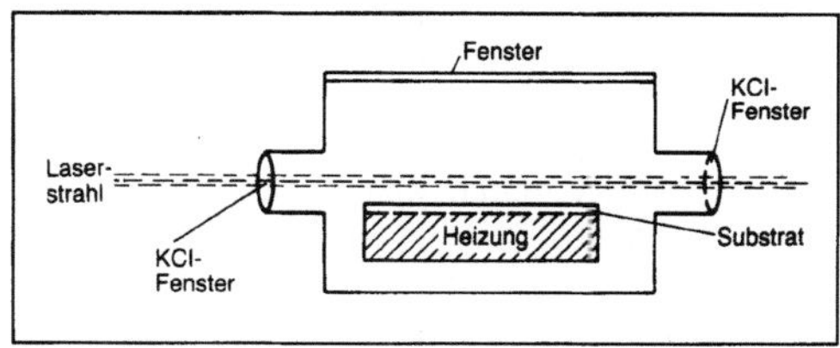

Schichtabscheidung 3: Schematische Darstellung eines Laser-CVD-Reaktors.

□ ECR, Electron Cyclotron Resonance: In letzter Zeit wurde ein neues Verfahren entwickelt, bei dem die Reaktionsgase in einem Reaktorgefäß mittels der Elektronenzyklotronresonanz bei 3 GHz aktiviert und auf den Halbleiter abgeschieden werden. *Ryssel*

→Dünnschichttechnik, →Aufdampfen, →Sputtern

Literatur: *Einspruch, N. G.:* VLSI Electronics. Microstructure Science. New York 1981. – *Sze, S. M.:* VLSI Technology. New York 1983.

Schichthybridtechnik →Hybridintegration

Schichtkondensator →Keramik-Vielschichtkondensator

Schichtpotentiometer →Potentiometer

Schichtschaltung. Auch als Filmschaltung bezeichnete integrierte →Schaltung, bei der die einzelnen Funktionselemente wie Widerstände, Kondensatoren (begrenzt Induktivitäten) und die Leiterverbindungen durch ein- oder mehrlagige Schichten von Leitern, Halbleitern und Isolatoren auf einem isolierenden →Substrat (Glas, Keramik, meist Al_2O_3) hergestellt werden.

Zur Schichtherstellung dienen – je nach Material – Aufdampfverfahren, Zerstäubungstechniken, anodische →Oxidation und Siebdruck. Die Strukturierung der Schichten erfolgt durch Masken. Je nach Schichtdicke spricht man von Dünnschicht- oder Dünnfilmschaltungen, wenn die wesentlichen Dikken deutlich unter 1 μm liegen und von Dickschicht- oder Dickfilmschaltungen, wenn Schichtdicken von 10–100 μm angewendet werden.

Bei den Dünnschichtschaltungen erfolgt die Schichtstrukturierung entweder durch Metallmasken während der →Schichtabscheidung oder durch →Photolithographie nach der Schichtherstellung, in Sonderfällen auch direkt durch den →Elektronenstrahl, wobei nicht benötigtes Material verdampft wird.

Für Widerstände kommen streifenförmige oder mäanderförmige Bahnen aus Nickel-Chrom-Legierungen zur Anwendung. Kondensatoren bestehen aus dem →Dielektrikum Silicium- oder Tantaloxid mit Aluminium-Elektroden.

Bei Dickschichtschaltungen werden alle Schichten durch Siebdruck aufgebracht: der betreffende Schichtwerkstoff wird in Pastenform mit einem Streichwerkzeug durch eine Siebschablone (mit dem geforderten Muster) gepreßt, anschließend getrocknet und in das Keramiksubstrat eingebrannt.

Für Widerstände verwendet man Pasten bestehend aus einem →Oxid (von z. B. Palladium), einem Edelmetallanteil (Silber) und einem Binder, für Dielektrika Titanoxid oder Bariumtitanat-Pasten. Als Leitpasten werden Edelmetallverbindungen (z. B. Palladium-Gold, Palladium-Silber u. a.) verwendet.

Ein gravierender Nachteil der S. ist das Fehlen technisch brauchbarer Dioden und Transistoren in der gleichen Technologie, diese müssen – wie auch Schaltkreise – als diskrete Elemente (Silicium-Planartechnik) später eingefügt werden. So entsteht streng genommen eine →Hybridtechnik.

Dieser Nachteil schränkt die Anwendungsbreite von S. stark ein, zumal auch der →Integrationsgrad sehr niedrig ist. Im Vergleich zu den breiten Einsatzgebieten von monolithischen integrierten Schaltungen bleibt der Einsatz von S. deshalb auf Sondergebiete beschränkt, z. B.:

- Widerstandsnetzwerke mit hoher Genauigkeit, guter Linearität und kleinem TK
- Schaltungen, die einen Funktionsabgleich erfordern
- Schaltungen für hohe Frequenzen
- Schaltungen, die unter rauhen Betriebsbedingungen arbeiten (Auto, Flugzeug, Militärtechnik)
- Schaltungen, die optoelektronische Komponenten einbeziehen. *R. Paul*

Schichttechnik →Dickschichttechnik, →Dünnschichttechnik

Schichtwellenleiter. Ein S. besteht aus einer dünnen transparenten Schicht mit der Brechzahl n_w und der Dicke d, einem ebenfalls transparenten Trägermaterial (→Substrat) der Brechzahl n_s und einer oberen Deckschicht der Brechzahl n_d. Wellenführung tritt auf, wenn die Bedingung $n_w > n_s$, n_d erfüllt ist (Bild 1).

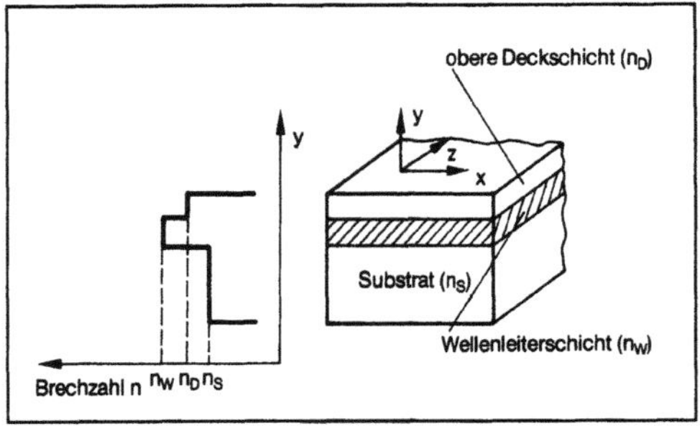

Schichtwellenleiter 1: Funktionsprinzip.

Die Lichtausbreitung im →Wellenleiter erfolgt nur, wenn sich die Phasenfronten konstruktiv überlagern, d. h. die Phasendifferenz zwischen den beiden Strahlen A und B (Bild 2) muß Null oder ein ganzzahliges Vielfaches von 2π sein. Neben der durch den geometrischen Wegunterschied bedingten Phasendifferenz δ müssen die an der Grenzfläche zum Substrat und zur oberen Deckschicht auftretenden Phasensprünge Φ_{ws} und Φ_{wd} berücksichtigt werden. Als Grundgleichung für eine ausbreitungsfähige Welle ergibt sich damit:

$$\delta + \Phi_{ws} + \Phi_{wd} = N \cdot 2\pi \text{ mit } N = 0,1,2,\ldots$$

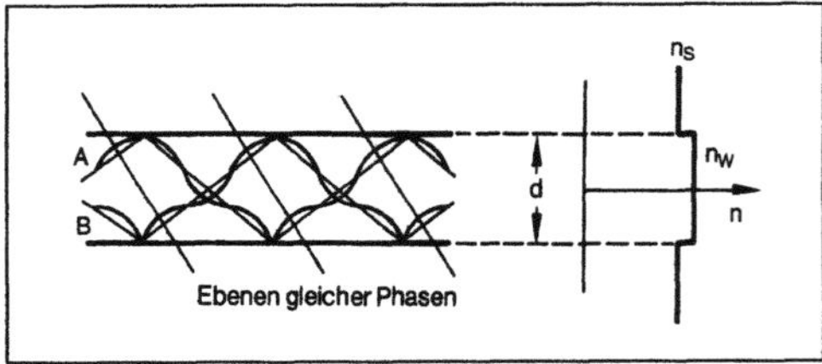

Schichtwellenleiter 2: Lichtausbreitung im planaren Wellenleiter.

Nur für ganz bestimmte Winkel ist diese Eigenwertgleichung erfüllt. N bedeutet die Ordnung der ausbreitungsfähigen Eigenwelle (Modus). Bild 3 zeigt die Verteilung des elektrischen Feldes der ersten →Moden in einem S. Die Anzahl der Nulldurchgänge gibt die Ordnung des Wellentyps an: Mit N=0 wird der Grundmodus bezeichnet. Er besteht aus zwei unterschiedlich polarisierten Eigenwellen transversal-elektrischer (TE) und transversal-magnetischer (TM) Polarisation, wobei TE-Wellen keine E_z-, TM-Wellen keine H_z-Komponente besitzen.

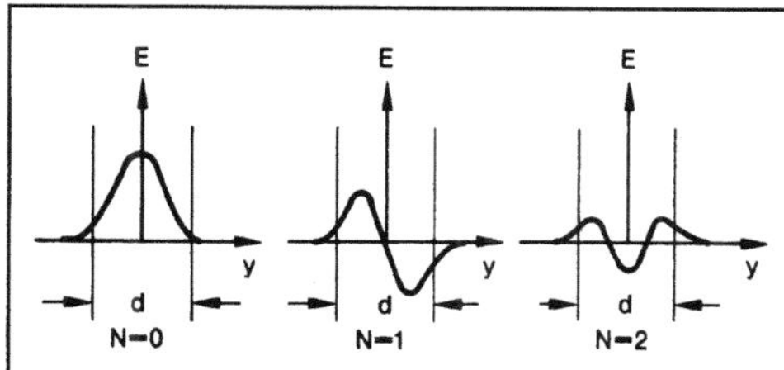

Schichtwellenleiter 3: Verteilung der elektrischen Feldstärke.

Für jeden Modus existiert eine minimale Wellenleiterdicke d_{min} (Cut off-Dicke), die für die Ausbreitungsfähigkeit des Modus nötig ist. Ebenso gibt es für jeden Modus eine maximale Grenzwellenlänge λ_{max}, die nicht überschritten werden darf, damit die betreffende Eigenwelle noch ausbreitungsfähig ist. Für d_{min} gilt folgende Gleichung:

$$d_{min} = \frac{\lambda \cdot \left[\arctan\left[q \cdot \sqrt{\frac{n_s^2 - n_d^2}{n_w^2 - n_s^2}}\right] + N\pi\right]}{2\pi \sqrt{n_w^2 - n_s^2}}$$

mit $q = 1$ für TE-Wellen und
$q = (n_w/n_d)^2$ für TM-Wellen.

Schichtwellenleiter. Tabelle: Einige wichtige Wellenleitermaterialien

Substratmaterial	Herstellungsverfahren	Brechzahl ($\lambda = 1{,}3$ µm)
Glas	Ionenaustausch ($Na^+ \rightarrow Ag^+$)	≈ 1,5
$LiNbO_3$	Diffusion von Metallen (Ti, V, Ni, Ta) Ionenaustausch (H^+, Ag^+)	≈ 2,2
Granate vom Typ $R_3B_5O_{12}$ mit R = Y, La, ... Bi B = Fe, Ga, Al, Sc Beispiel: Yttrium-Eisen-Granat (YIG) mit Gadolinium-Gallium-Granat (GGG) als Substrat	Epitaxie	≈ 2,2 ≈ 1,9
Halbleiter Beispiele: GaAs auf $Al_xGa_{1-x}As$; $Ga_xIn_{1-x}As_yP_{1-y}$ bzw. $In_{1-x-y}Ga_xAl_yAs$ auf InP	Epitaxie	jedoch Zusammensetzung ≈ 3–3,6

Sind die Brechzahlen des Substrats n_s und der oberen Deckschicht n_d gleich, liegt ein symmetrischer Wellenleiter vor; im anderen Fall handelt es sich um einen asymmetrischen Wellenleiter. Für den Grundmodus $N = 0$ eines symmetrischen Schichtwellenleiters existiert keine Cut off-Dicke ($d_{min} = 0$) und keine Cut-Off-Wellenlänge ($\lambda_{max} = \infty$).

S. können mit verschiedenen Verfahren hergestellt werden:

- →Aufdampfen und →Sputtern dielektrischer Schichten,
- Tauchverfahren und Aufschleudern (Spinning) organischer Materialien
- Aufwachsen kristalliner Schichten auf einem Halbleitermaterial (→Epitaxie)
- Diffusions-, Implantations- und Ionenaustauschverfahren

Als Substratmaterialien werden häufig Glas, $LiNbO_3$, Granate, GaAs, InP, eingesetzt (→Integrierte Optik, monolithisch). (Tabelle) *Krauser*

Literatur: *Tamir, T.*: Guided-Wave Optoelectronics, Berlin-New York 1988.

Schichtwiderstand →Widerstand

Schieberegister. →Register bestehend aus mehreren seriell angeordneten Speicherzellen, z. B. →Flip-Flops, wobei jede Zelle ein →Bit speichern kann. Der Informationsgehalt jeder →Speicherzelle läßt sich durch ein Taktsignal von Zelle zu Zelle, also vom Eingang nach dem Ausgang verschieben: serieller Informationsspeicher. Die Schieberichtung der Information kann nach rechts oder links erfolgen, des weiteren kann die Information seriell oder parallel ein- bzw. ausgegeben werden. Auf diese Weise entstehen Serienparallel- und Parallelserienregister, die sich z. B. zur Wandlung verwenden lassen (Bild 1). Dabei können bei geeigneter Wahl der Taktfrequenz schnell eingegebene Informationen langsam ausgegeben werden oder langsam eingespeicherte schnell am Ausgang verfügbar sein.

Durch die serielle Eingabe (Ausgabe) besteht beim S. nur zur ersten (letzten) Speicherzelle der Kette direkter Zugriff. Deshalb ist die →Zugriffs-

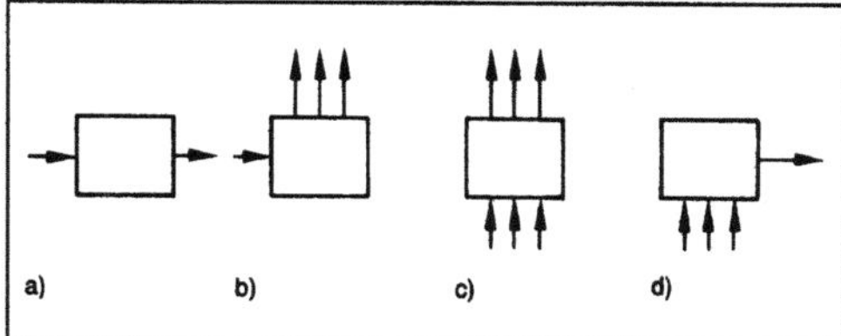

Schieberegister 1: Arten der Informationseingabe.
a) seriell ein, seriell aus
b) seriell ein, parallel aus
c) parallel ein, parallel aus
d) parallel ein, seriell aus.

zeit zur Information deutlich größer als etwa zu einem Parallelregister.

Schaltet man ein S. zu einem Ring zusammen, so entsteht ein Ringzähler oder Umlaufspeicher (Bild 2). Dabei wird der Ausgang mit dem Eingang zusammengeschaltet. Zur Dateneingabe trennt man die Rückführung auf (A = 1), im Umlaufbetrieb (A = 0) wird der Dateneingang abgetrennt, und die Information läuft unbegrenzt um. Derartige Umlaufspeicher lassen sich auch kaskadenartig zu Speichern mit seriellem Zugriff vereinen.

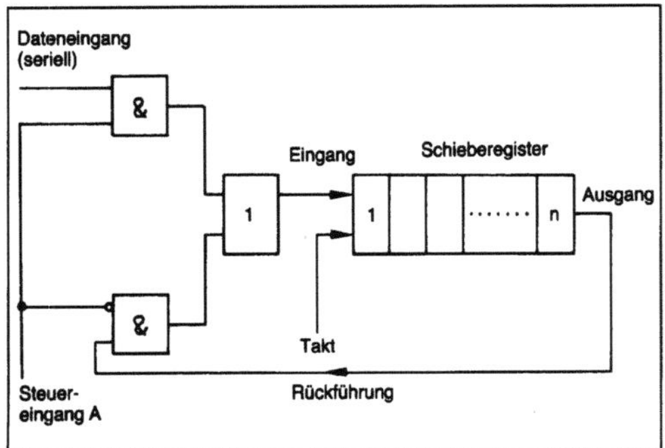

Schieberegister 2: Schema eines S. betrieben als Umlaufspeicher.

S. werden durchweg als Schaltkreise in verschiedenen Schaltkreisfamilien angeboten, auch die CCD-Technik eignet sich sehr gut zur Realisierung von sehr langen S. (bis 64 Kbit). Speziell in →MOS-Technik unterscheidet man dabei statische S. (die gespeicherte Informationen beliebig lange halten) und dynamische S. mit einer begrenzten Speicherzeit und damit einer Mindesttaktfrequenz.

S. werden in der Digitaltechnik vielfältig verwendet: als →Laufzeitspeicher, Verzögerungsglieder, zur Serien-Parallel- bzw. Parallel-Serienwandlung, zur Durchführung von Arithmetikoperationen, als Ringzähler und Taktgeneratoren, sowie als →Speicher für Anzeigesysteme, Rechner und deren Peripherie, als digitale Verzögerungsglieder u. a. m.

R. Paul

Schleifendetektor, induktiver. Der i. S. besteht aus einer oder mehreren in die Fahrbahn eingebetteten Leiterschleifen. Gemessen wird die Induktivität dieser Schleifen. Überfährt ein Fahrzeug die Schleife, so wird durch das ferromagnetische oder leitfähige Material des Fahrzeugs das magnetische Feld verformt und die Induktivität wird für die Dauer der Überfahrt verändert (Bild). Aus ihrer Messung lassen sich Zahl und Art der Fahrzeuge und ggfs. auch ihre Geschwindigkeit erkennen. Aufgrund dieser Daten werden dann Verkehrssignale gesteuert.

Die induktiven Detektoren sind praktisch keinem Verschleiß unterworfen, arbeiten auch bei den

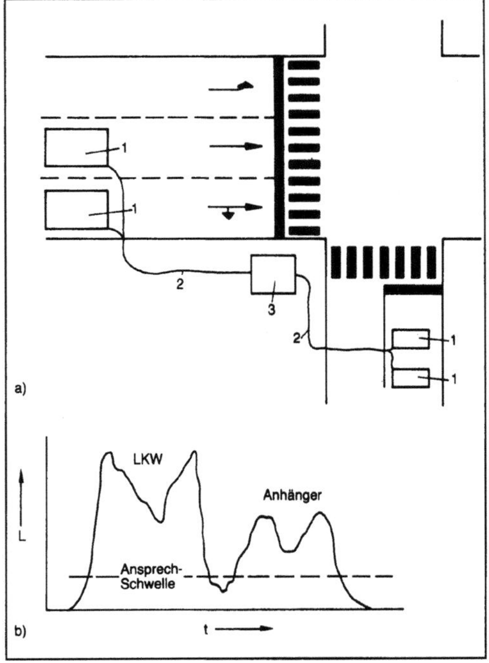

1 i. S. 2 Zuleitungen, 3 Auswertegerät

Schleifendetektor, induktiver: Funktionsprinzip.
a) Straßenkreuzung mit i. S.
b) Änderung der Schleifeninduktivität durch einen über die Schleife fahrenden Lastzug.

unterschiedlichen Witterungsbedingungen zuverlässig und sind leicht zu installieren. Hierzu ist nur ein schmaler Schlitz in die Fahrbahndecke zu fräsen, in den die Leiterschleife gelegt und vergossen wird.

Schrüfer

Schließer. Auch Arbeitskontakt. →Kontakt eines elektromechanischen →Relais oder Schalters, der geschlossen ist, wenn das Schaltbauteil im Arbeitszustand und geöffnet, wenn es im Ruhezustand ist.

Im Fall des monostabilen Relais bedeutet dies, daß der Schließer bei erregter Spule geschlossen, bei unerregter geöffnet ist.

Rauterberg

Schmalbandverstärker. Verstärkerschaltung zur Verstärkung eines schmalen Frequenzbandes, d. h. gleichzeitiger Unterdrückung anderer Frequenzen. Die Selektionswirkung entsteht, wenn bei einer Verstärkerrealisierung durch

□ Einzelstufen (Transistoren) die Stufenkopplung durch abgestimmte Schwingkreise, Bandfilter, Piezo-, Quarz- oder Oberflächenwellenfilter erfolgt mit jeweils bandpaßartiger Übertragungscharakteristik oder durch →Gegenkopplung über mehrere Stufen mittels eines selektiven Rückkopplungsvierpols oder

□ einen integrierten →Verstärker, an dessen Ein- oder Ausgang ein Übertragungsvierpol (s. o.) mit Bandpaßcharakter liegt oder der durch einen Rückkopplungsvierpol mit Bandsperrencharakter gegengekoppelt ist.

S. zeichnen sich durch hohe Verstärkung, geringes →Rauschen und i. a. geringe Kreuzmodulation aus. Sie finden breite Anwendung in der Rundfunk- und →Fernsehtechnik als Zwischenfrequenzverstärker (AM-Rundfunk etwa 460 kHz Mittenfrequenz, Bandbreite 9 kHz, FM-Rundfunk 10,7 MHz, Bandbreite 200 kHz, Fernsehen: 38 MHz, Bandbreite 7 MHz). Vielfältig eingesetzt werden sie auch in der Meßtechnik (selektive Pegelmessung, →Frequenzanalyse, Feldstärkemesser).

Während sich HF-Selektivverstärker mit ausreichend kleinen Bandbreiten gut realisieren lassen, bereitet dies im NF-Bereich erheblich größere Schwierigkeiten, weil hier viele der oben erwähnten Selektionsmittel nicht ausreichend schmalbandig sind oder in moderner Ausführung die Schalter-Kondensator-Filter. *R. Paul*

Schmitt-Trigger. Spezielle Form des →Schaltverstärkers: Schaltung mit einem Analogeingang und einem Digitalausgang. Zunächst wird dabei das Analogeingangssignal mit einem Referenzsignal verglichen. Je nachdem, ob es größer oder kleiner als ein Referenzwert ist, nimmt das Ausgangssignal die eine oder andere Lage ein (Bild).

Schaltungstechnisch werden S.-T. durch galvanisch mitgekoppelte →Operationsverstärker realisiert, wobei die Rückkopplung auf den nichtinvertierenden Eingang erfolgt. Dadurch stellt sich ein Eingangssignal ein, das vom Zustand des Ausganges abhängt, wobei die →Übertragungskennlinie Hystereseverhalten zeigt mit einem unteren und oberen Schwellwert. Deswegen wird der S.-T. auch als Amplituden- oder Analogkomparator mit Hysterese betrachtet und dementsprechend als →Schwellwertschalter bezeichnet. Diese Eigenschaft bestimmt auch seine Hauptanwendung zur Stör-Spannungsunterdrückung am Eingang. Für eine gute Unterdrückung muß die Hysteresespannung größer als die maximale Störamplitude sein. Der S. erlaubt ferner eine einfache Umwandlung sinusförmiger Spannungen in Rechteckimpulse. *R. Paul*

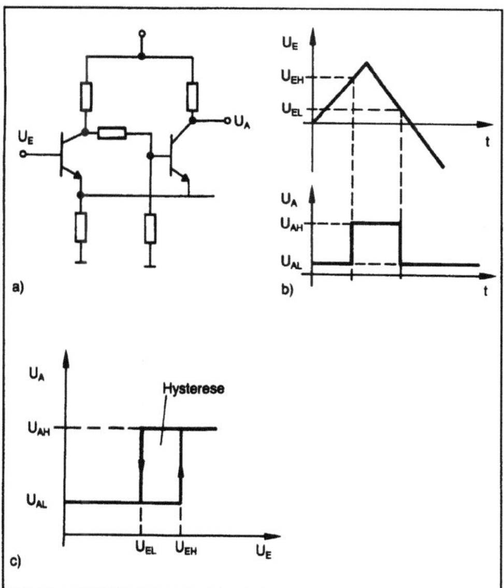

Schmitt-Trigger: Schematische Darstellung.
a) Schaltung mit diskreten Bauelementen
b) Signalverarbeitung
c) Übertragungskennlinie.

Schnappschalter. Auch Mikroschalter. Schalter besonderer Bauart, welche einen Sprungmechanismus besitzen, der – ausgelöst durch den Betätiger – schlagartig die Lage der Kontakte ändert. Dies ist besonders vorteilhaft, wenn höhere elektrische Lasten geschaltet werden, wie z. B. beim Ein- und Ausschalten eines Elektromotors. Die Gefahr von Beschädigung der Kontaktflächen, insbesondere durch die beim Schalten höherer elektrischer Lasten entstehenden Lichtbogen (Abbrandgefahr), wird hier erheblich verringert, da die Wirkungsdauer der Lichtbogen durch den schnellen Schaltvorgang minimiert wird. Die Mikroschalter weisen daher auch eine hohe Lebensdauer (Anzahl der Schaltungen) auf und finden breite Anwendung in industriellem wie auch im Konsumgüter-Bereich (→Grenztaster). *Pagnin*

Schneidklemmverbindung. Die S. besteht aus einem federnden, geschlitzten, metallischen Anschlußstück mit einem eingelegten Leiter und wird zur Herstellung einer permanenten elektrischen Klemmverbindung eingesetzt.

Im ersten Schritt des Kontaktvorganges wird die Isolierhülle des Leiters von der Schneidklemme durchschnitten. Es ist also nicht erforderlich den Leiter abzuisolieren, wie es z. B. beim Lötanschluß notwendig ist. Im zweiten Schritt werden die ein- oder mehrdrähtigen Leiter in die Schneidklemme gepreßt. Der Schlitz der Schneidklemme und der Leiterdurchmesser sind so aufeinander abgestimmt, daß nach der Verbindung die erforderliche Kontaktkraft wirksam ist. Der Leiter wird dabei soweit verformt, daß eine genügend große →Kontaktfläche für einen niedrigen, gleichbleibenden Kontaktwiderstand entsteht.

Es können S. für Leiterquerschnitte von etwa 0,1 mm² bis ca. 1,5 mm² eingesetzt werden. Der Aufbau der Leitung kann in Form einer Rund- oder Flachleitung erfolgen. Bei der Flachleitung können auf diese Weise mehr als 60 Adern in einer Ebene angeordnet sein. S. werden in Bandkabelsteckverbindern und Steckverbindern mit Einzeldrahtanschluß eingesetzt. *Pagnin*

Schnellheizkathode. Heizung für →Kathodenstrahlröhren mit kurzer Anheizzeit. Ca. 6 s nach dem Einschalten erscheint das Bild. Ca. 10 s nach dem Einschalten ist das Bild nahezu komplett aufgebaut.

Bedingung für solch kurze Anheizzeiten sind:
- kleine Wärmekapazität der ganzen Kathode-Heizer-Kombination
- optimaler Wärmefluß von der Heizwendel zur →Kathode. *Nerstheimer*

Schnittstelle →Interface

Schnurloses Telefon. Räumliche Unabhängigkeit von der ortsfest installierten Fernsprechanlage (Festteil) schafft das s. T. (*engl.* cordless telephone, CT). Miniaturisierte Sende-/Empfangsgeräte (S/E-Geräte) sowohl im Handapparat des frei beweglichen Fernsprechteilnehmers als auch im Festteil der Anlage bilden die Funkbrücke zwischen beiden.

Der in vielen Fällen während eines Telefonanrufs oder eines -Gesprächs gewünschten Bewegungsfreiheit und örtlichen Unabhängigkeit wird mit dem s. T. entsprochen. Kleine, im Schaltungsaufbau miniaturisierte S/E-Geräte minimaler Leistung (< 10 Milliwatt), im frei herumtragbaren Handapparat wie im Telefonfestteil installiert, schaffen eine Kurzstrecken-Funkverbindung.

Die Reichweite derselben beträgt innerhalb von Gebäuden 20–50 m, außerhalb – im Freien – bis zu 200 m. Zur Übertragung stehen gegenwärtig 40 Kanäle in den Frequenzbereichen 914–915 MHz (Sender Mobilteil) und 959–960 MHz (Sender Festteil) zur Verfügung. Die Funkbetriebsart ist duplex (Gegensprechen) mit automatischer Freikanalsuche. Als Quelle der Stromversorgung des Handapparats dienen Batterien. Bei wenigen Gesprächen reicht ihre Kapazität für etwa 8 Stunden, bei Dauergesprächen für 3 Stunden. Sie werden automatisch geladen, sobald der Handapparat auf dem Festteil aufliegt. Die Wähltastatur auf dem Handapparat (Bild) ermöglicht die Selbstwahl in gewohnter Weise.

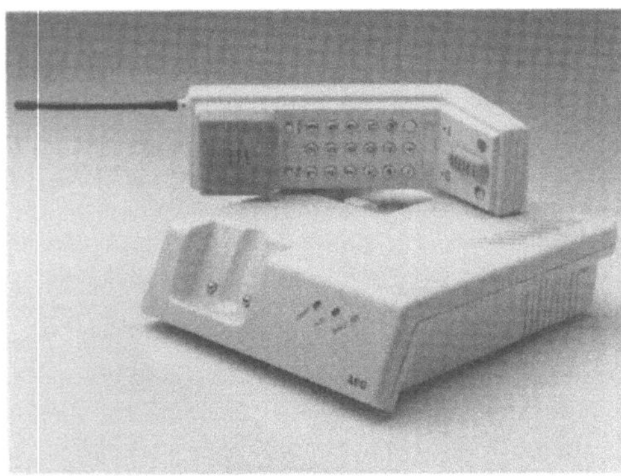

Scrinurloses Telefon: Handapparat auf dem Festteil.

Das s. T. ist für Hauptanschlüsse ebenso geeignet wie für Nebenstellenanlagen. *Kümmritz*

Schottky-Barriere. Sperrender →Halbleiter-Metall-Kontakt, auch als Schottky-Kontakt bezeichnet. *R. Paul*

Schottky-Barrieren-Technik →Schottky-Diode

Schottky-Bauelement. →Halbleiterbauelement, bei dem der Schottky-Übergang entweder direkt funktionsbestimmend ist oder dessen Anwendung eine Verbesserung elektrischer Eigenschaften bewirkt. Zu diesen Bauelementen gehören z. B. →Schottky-Diode, →MESFET, →Schottky-Kollektor-Transistor, aber auch →Schottky-TTL-, →Schottky-I²L (I²L), Ladungstransferelemente mit Schottky-Kontakt, →Schottky-Photodiode u. a. *R. Paul*

Schottky-Diode. →Halbleiterdiode, die den Schottky-Kontakt oder (sperrenden) →Metall-Halbleiter-Übergang als Grundstruktur benutzt und deren grundsätzliche elektronische Eigenschaften durch diesen Übergang bestimmt sind.

Die S. besteht aus einer Halbleiter-Metall-Kombination, die so gewählt wird (→Dotierung, →Austrittsarbeit, →Elektronenaffinität), daß sich an ihrer Grenzfläche eine Verarmungszone bildet (Bild). Eine sehr verbreitete Materialbasis dafür ist der Aluminium-N-Silicium-Kontakt. Das Strom-Spannungs-Verhalten (→Kennlinie) dieser Anordnung hängt stark von der Richtung der anliegenden Spannung ab. Man unterscheidet:

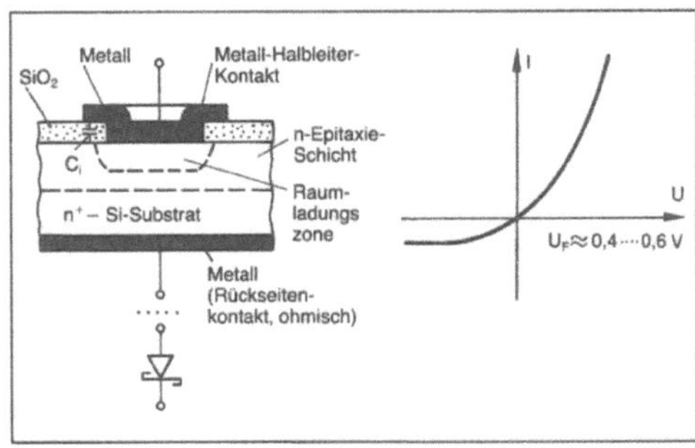

Schottky-Diode: Aufbau, Schaltungssymbol und Kennlinie.

□ die Durchlaß- oder Flußrichtung (Metall positiv gegen N-Silicium gepolt) mit großem →Durchlaßstrom, wobei sich die Verarmungszone verkleinert und

□ die →Sperrichtung (Metall negativ gegen N-Silicium gepolt) mit sehr kleinem →Sperrstrom, wobei sich die Verarmungszone stark ausweitet.

Dieser Zusammenhang wird in guter Näherung durch die Kennlinie

$$I = I_S\,(e^{U/U_T} - 1)$$

(I_S Sättigungsstrom, $U_T = kT/q = 26\,\mathrm{mV}$ Temperaturspannung), ähnlich der einer pn-Diode, beschrieben, obwohl sich das Wirkprinzip des Metall-Halbleiter-Überganges grundsätzlich von dem des pn-Überganges unterscheidet. Im besonderen fehlt die dort dominante Minoritätsinjektion und damit auch ausgeprägte Ladungsträgerspeichereffekte.

Im Vergleich zur pn-Diode hat die S. deshalb teilweise gleiche, z. T. auch andere elektrische Eigenschaften:
- geringere Schleusenspannung (um etwa 0,2–0,3 V geringer, sie läßt sich durch die Materialkombination in gewissen Grenzen beeinflussen),
- deutlich kleinerer Sättigungsstrom, jedoch auch stark temperaturabhängig,
- Existenz einer →Sperrschichtkapazität, nicht aber der →Diffusionskapazität. Dadurch ergibt sich eine kürzere Umschaltzeit, insbesondere ist die Abschaltzeit durch Wegfall der Speicherzeit (→Schaltdiode) merklich kleiner.
- Durchbruchsverhalten im →Sperrbereich z. T. sehr ausgeprägt, weshalb die erreichbaren Durchbruchspannungen erheblich niedriger als bei pn-Dioden sind.

Als →Halbleiterwerkstoffe kommen N-Si und zunehmend N-GaAs in Frage.

Die Einsatzgebiete der S. ergeben sich direkt aus den Unterschieden zur pn-Diode. Günstigeres Schaltverhalten bzw. höhere →Grenzfrequenz führen zu
- Mikrowellenanwendungen (→Gleichrichter, →Schaltdiode, Varaktor-Diode),
- Anwendungen als Leistungsgleichrichterdiode für nicht zu große Sperrspannungen, insbesondere in Schaltnetzteilen (Frequenzbereich bis zu 100 kHz; besseres Umschaltverhalten, höherer Wirkungsgrad durch kleinere Schleusenspannung,
- Anwendung als Klammerdiode wegen der kleineren Schleusenspannung,
- Anwendung als optoelektronischer Strahlungsempfänger für sehr kurzwelliges Licht (bestimmt durch die Austrittsarbeit).

Sehr umfangreich wird der Schottky-Kontakt bzw. die S. außerdem in anderen Halbleiterbauelementen und integrierten Schaltungen z. T. im Wirkprinzip, aber auch zur Eigenschaftsverbesserung eingesetzt: →MESFET, →Schottky-TTL, →Schottky-I²L. *R. Paul*

Literatur: *Kesel, G.* und *J. Hammerschmitt; F. Lange:* Signalverarbeitende Dioden. Berlin 1982. – *Paul, R.:* Halbleiterdioden. Heidelberg 1977.

Schottky-Effekt.

Kristallographie: Wandern von Atomen aus ihren Gitterplätzen zur Kristalloberfläche unter Zurücklassen von Gitterlücken (Schottky-Fehlstellen),

Elektronenaustritt aus Metallen (thermische Elektronenemission) ins Vakuum oder einen Festkörper (→Isolatoren, →Halbleiter): Senkung der →Austrittsarbeit durch Influenzwirkung der emittierten Elektronen auf das Metall (Bildkrafteffekt) oder ganz allgemein durch die Wirkung eines anliegenden starken elektrischen Feldes *R. Paul*

Schottky-Feldeffekttransistor. Sperrschichtfeldeffekttransistor mit Schottky-Übergang als Steuerelektrode, →MESFET. *R. Paul*

Schottky-I²L. Integrierte Injektionslogik mit Schottky-Dioden bzw. Schottky-Kollektoren am Schaltertransistor zur Erhöhung der Schaltgeschwindigkeit. *R. Paul*

Schottky-Klemmdiode. →Schottky-Diode, die als →Klemmdiode verwendet wird. *R. Paul*

Schottky-Kollektor-Transistor. →Bipolartransistor, bei dem der Kollektor-Basis-Übergang als →Schottky-Kontakt ausgeführt ist. Dadurch ergibt sich eine kürzere Abschaltzeit (Wegfall der Speicherzeit), weil die Ladungsspeicherung im Kollektorbahngebiet entfällt. *R. Paul*

Schottky-Kontakt. Umgangssprachliche Bezeichnung für den sperrenden →Metall-Halbleiter-Kontakt. *R. Paul*

Schottky-Langmuir-Raumladungsgleichung. Zusammenhang zwischen Strom und Spannung zwischen einer elektronenemittierenden Elektrode (→Kathode) und einer elektronenaufnehmenden Elektrode (→Anode), wenn die Kathode genügend Elektronen emittiert, daß der Strom nur durch die →Raumladung der Elektronen begrenzt ist (→Raumladungskennlinie). *Claassen*

Schottky-Photodiode. Photodiode mit →Schottky-Kontakt. Durch Lichteinfall erfolgt sowohl die Bildung von Ladungsträgerpaaren in der →Raumladungszone an der Halbleiteroberfläche (innerer →Photoeffekt), als auch der Übertritt von Elektronen aus dem Metall in den Halbleiter durch den äußeren Photoeffekt.

Die S. wird besonders im sichtbaren und ultravioletten Bereich (wegen der kleinen Eindringtiefe des Lichtes eingesetzt). Sie hat eine sehr hohe →Grenzfrequenz (≈ 25 GHz) und bietet sich deswegen als schneller →Photodetektor an. *R. Paul*
→Metall-Halbleiter-Photodiode

Schottky-Transistor. →Bipolartransistor, mit zusätzlicher →Schottky-Diode zwischen Kollektor und Basis (Bild), um die Arbeitspunktverlagerung in den →Sättigungsbereich bei Übersteuerung und so unerwünschte Ladungsspeicherung zu verhindern (Funktion einer Klammerdiode). Durch die Schottky-Diode wird die Basis-Kollektorspannung auf etwa 0,4 V gehalten. Dann fließt der Strom hauptsächlich durch die Diode, da der Kollektorübergang erst von etwa 0,7 V ab wesentlichen Strom führt und die Sättigungsladung speichert. Diese Schottky-Diode wird üblicherweise mit integriert. Vom Schaltverhalten her unterscheidet sich der S. praktisch nicht vom →Schottky-Kollektor-Transistor. Er wird in der →Schottky-TTL verwendet. *R. Paul*

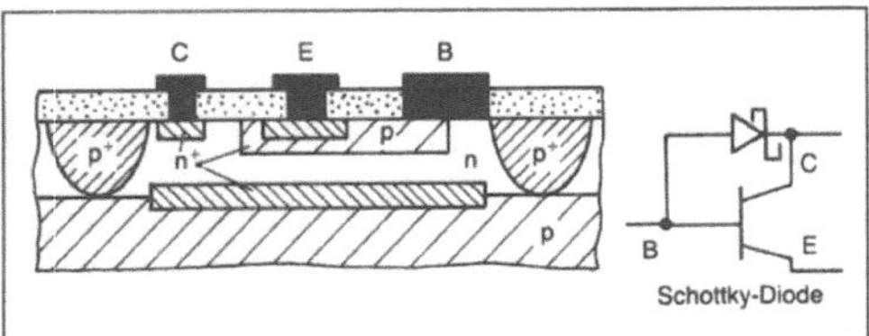

Schottky-Transistor: Integrierte Form mit angefügter Schottky-Diode.

Schottky-TTL. Variante der →TTL, die durch Einsatz von →Schottky-Dioden deutlich höhere Schaltgeschwindigkeiten erhält. Die Schaltungstechnik des Grundgatters entspricht bei der S. weitestgehend derjenigen der TTL, jedoch ist die Basis-Kollektorstrecke der Bipolartransistoren zusätzlich mit Schottky-Klemmdioden versehen (Bild), um eine Übersteuerung und damit die Speicherung überflüssiger Ladungen zu vermeiden. Die Schaltung arbeitet somit als ungesättigte Logik (→Logik) mit deutlich kleineren Gatter-Verzögerungszeiten. Die S. wird in zwei Varianten ausgeführt:

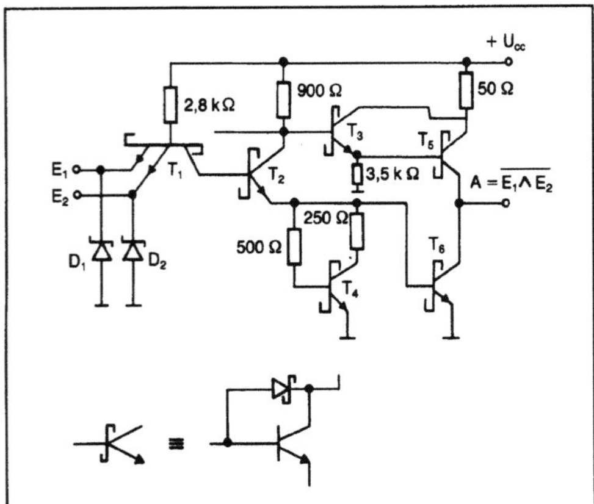

Schottky-TTL: Ausführung mit zweifachen NAND-Gatter.

□ als schnelle Schaltung, bei der die Erhöhung der Schaltgeschwindigkeit Vorrang hat und deshalb das Grundgatter bereits mit relativ hohem Strom betrieben werden muß (hohe →Verlustleistung, übliche Abkürzung S-TTL). Dies ist die übliche S. mit Gatterverlustleistungen um 20 mW bei Verzögerungszeiten von etwa 3 ns,

□ als leistungsarme, jedoch relativ schnelle Variante (Low-Power S-TTL) mit Gatterverlustleistungen um 2 mW bei einer Verzögerungszeit von etwa 15 ns.

Beide werden heute bereits in verbesserter Form (Advanced S., TTL) angeboten. *R. Paul*

Schottky-Varaktordiode. →Varaktordiode mit →Schottky-Kontakt

Schraubkern →Ferritkern

Schreib-Lese-Speicher. Auch als Read-Write-Memories (RWM) bezeichneter Speicher, in den eine Information beliebig oft eingeschrieben, gespeichert und gelesen werden kann. Der Speicherinhalt liegt somit nicht fest, sondern läßt sich immer wieder ändern. Einschreib- und Lesezugriffszeit haben dabei gleiche Größenordnung.

Nach der Art des Zugriffs auf die Information gehören zu den S. grundsätzlich folgende Gruppen:

□ S. mit seriellem Zugriff oder Serial-Access-Memory (SAM) nach dem Schieberegisterprinzip, häufig auch Umlaufspeicher (→Schieberegister) genannt. Dabei werden die einzelnen Bits der zu speichernden Information in einer fest vorgegebenen zeitlichen Folge eingeschrieben oder ausgelesen. Wegen des zyklischen Durchlaufs hängt die →Zugriffszeit von der Zahl der Speicherzellen der Kette, der Lage der gesuchten Information und der Taktfrequenz ab. Typische Vertreter dieser Gruppe sind die Flip-Flop-Schieberegister (mit kleineren Speicherkapazitäten) und die CCD-Speicher.

□ S. mit wahlfreiem Zugriff oder Random Access Memories (→RAM), oft auch als Speicher mit parallelem Zugriff bezeichnet. Wesentlich ist, daß hier die Daten direkt durch Entschlüsseln einer Adresse erreicht werden. Damit ist die Zugriffszeit unabhängig von der Adresse.

Innerhalb dieser beiden Gruppen haben die RAM die größte technische Bedeutung erlangt, man versteht deshalb unter S. üblicherweise nur diese Speichergruppe (Bild). Bei seriellem Zugriff muß die Information aus der Reihe durch eine Anzahl von Schiebetakten an den Ausgang transportiert werden. Dies erfordert – wie erwähnt – zwar erheblich mehr Zeit, dafür lassen sich die Speicherelemente einfacher gestalten, und es werden weniger Signalleitungen benötigt, m. a. W. sinkt der Flächenbedarf. Die Speicherzellen brauchen hier nur in

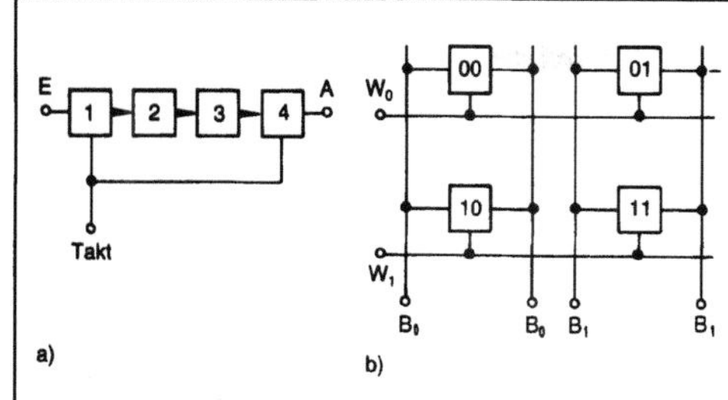

Schreib-Lese-Speicher: Interne Organisation. a) Linearorganisation (SAM) b) Matrixorganisation (RAM).

einer Richtung zu arbeiten, deshalb eignen sich dafür besonders
- statische und dynamische →Flip-Flops (D-FF, auch andere FF),
- Ladungstransferstrukturen sowie das Prinzip der →Magnetblasenspeicher.

Bei wahlfreiem Zugriff sind die Speicherzellen in einem zweidimensionalen Feld (Matrixorganisation) angeordnet. Die Information ist örtlich fixiert, der Zugriff erfolgt über das Durchschalten von Transferpfaden: Aktivierung einer Wortleitung sowie Anschluß über die Bit-Leitung (bzw. invertierte Bit-Leitung) zur Speicherzelle. Eine Schreib-Lesesteuerung besorgt die Ausführung des Lesens bzw. Einschreibens.

Als Speicherzellen kommen in Frage:
□ statische Flip-Flops
□ dynamische Zellen, die von (abgerüsteten) dynamischen FF bis hin zur Eintransistorzelle reichen.

Auf weitere Einzelheiten wird in den Abschnitten →RAM (→SRAM, →DRAM) sowie →Speicherzellen eingegangen. *R. Paul*

Schreibtaste. S. sind →Tasten, die speziell zum Aufbau von Tastaturen, z. B. für Schreibmaschinen, Bildschirmarbeitsplätze, Personalcomputer, Bank-Terminals, Fernschreiber usw. bestimmt sind. Neben dem mechanischen Kontakt (→Schließer) werden bei der Konstruktion von S. auch andere physikalische Effekte genützt, wie z. B. Kapazitäts- oder Induktivitätsänderung, Schallgeschwindigkeit, Lichtstrahl-Unterbrechung, oder -Ablenkung. Gemeinsame Merkmale der S. ergeben sich jedoch aus der an sie gestellten Aufgabe, eine sehr häufig beanspruchte Schnittstelle zwischen Mensch und Gerät zu bilden und aus den damit verbundenen ergonomischen Forderungen. Sie müssen für eine möglichst ermüdungs- und fehlerfreie Eingabe von Texten und Ziffern sowohl durch ungeübte, wie auch durch professionelle Anwender, die z. B. mittels Zehn-Finger-Schreibweise bis zu 600 Anschläge pro Minute erreichen können, geeignet sein.

Den neuesten ergonomischen Erkenntnissen zufolge ist es vorteilhaft, wenn die zur Betätigung einer S. benötigte Kraft am Anfang und am Ende des Betätigungsweges bestimmte Richtgröße erreicht und wenn sie während des Betätigungsweges nicht linear aufsteigt, sondern kurz vor dem Schaltpunkt der Taste einen steil ansteigenden und anschließend einen abfallenden Bereich aufweist (*Druckpunkt* oder *taktile Rückmeldung*).

Ein weiteres wichtiges Merkmal einer ergonomisch optimierten S. ist die Bauhöhe. Sie muß so bemessen sein, daß eine Tastatur mit einem Abstand von 30 mm von der Tischplatte bis Oberkante von der Tastenkappe, gemessen bei der mittleren Tastenreihe (z. B. bei deutscher Beschriftung die Reihe der Buchstaben A, S, D usw.) realisiert werden kann (DIN 2137).

Schließlich soll der Betätigungsweg der S. – insbesondere wenn professionelle Anwendung beabsichtigt – ca. 4 mm betragen.

Auch an die Tastenkappen der S. wird eine Reihe ergonomischer Forderungen gestellt; So soll z. B. die Oberfläche der Tastenkappen blendfrei sein, Kappenfarbe hell und die Farbe der Beschriftung dunkel sein (bei Kontrastverhältnis von mindestens 3:1) sowie die Kappenform und die Betätigungsfläche so gestaltet, daß die außermittige Betätigung und damit die Gefahr vom Mitreißen der nebenstehenden Tasten (z. B. durch Fingernagel) möglichst vermieden wird. *Pagnin*

Schutz von Stromrichtern. →Stromrichter sind im Betrieb durch unzulässige Beanspruchungen verschiedener Art und Herkunft gefährdet, gegen die Schutzmaßnahmen erforderlich sind.
- Überlastung
- Fehler in der Stromversorgung
- Schaltfehler, z. B. Bedienungsfehler
- Unterbrechungen in Leitungen
- Überspannung

Die Folgen für die Stromrichter sind:
- Überströme und Kurzschlußströme, damit Übererwärmung, ggf. Isolationsfehler (Erdschlüsse, Windungsschlüsse)
- Schäden an Leistungshalbleitern, Transformatoren und Drosseln

Als Schutzmittel stehen zur Verfügung:
- Thermische Überstromrelais gegen Überstrom
- Sicherungen(flink) gegen Kurzschlußstrom
- elektromagnetische Schnellauslöser gegen Kurzschlußstrom
- Motorschutzschalter in verschiedenen Ausführungen

Grundausstattung: Schaltereinheit zum Ein- und Ausschalten.

Zusätze: thermische Überstromrelais, Kurzschlußschnellauslöser sowie Phasenausfallschutz.

– Unterspannungsauslöser: zum Schutz gegen Unterspannung und daraus resultierende Überströme

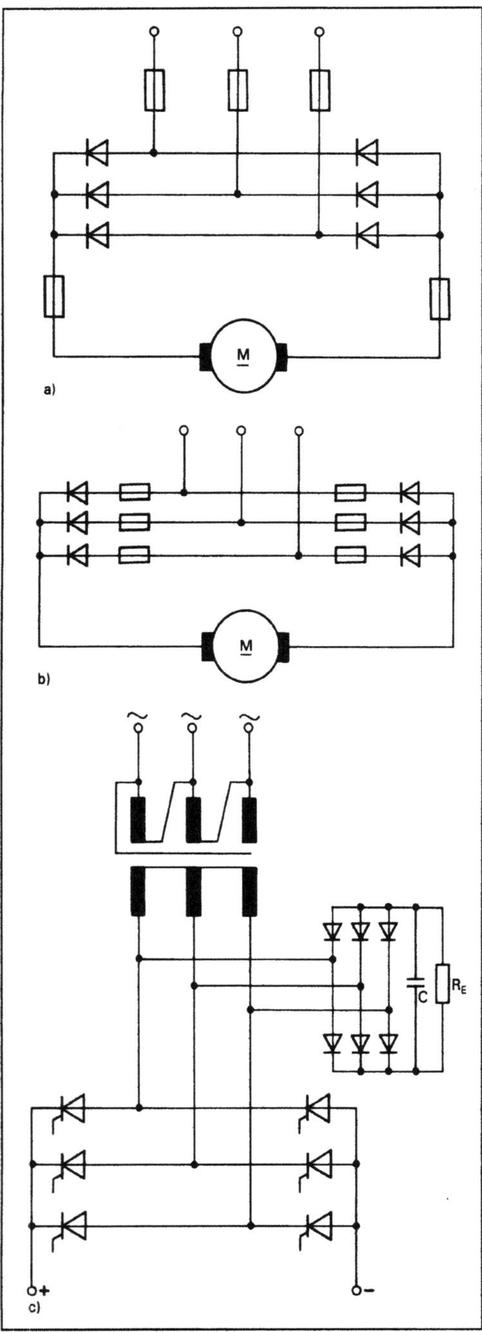

Schutz von Stromrichtern: Ausführungsbeispiele.
a) Schutz durch Strangsicherung und Sicherung im Ankerkreis
b) Zweigsicherung
c) Überspannungsschutz durch Summenbeschaltung.

Für den Stromrichter:
□ Überlastschutz: durch eingebaute elektronische →Strombegrenzung, eingestellt auf Nennstrom des Stromrichters, ggf. auf den Anlaufstrom eines angeschlossenen Motors.
□ Kurzschlußschutz: durch superflinke Sicherungen. Sie müssen für den Schutz der eingebauten Halbleiter geeignet sein.
– Bei Geradeausstromrichtern werden sie direkt vor den Stromrichter geschaltet.
– Bei Umkehrstromrichtern für Gleichstrommotoren werden zusätzlich Sicherungen im Ankerkreis vorgesehen, sofern der Stromrichter nur durch Strangsicherungen (Bild a) geschützt ist. Bei Umkehrstromrichtern mit Zweigsicherungen (Bild b) entfallen diese.
□ Überspannungsschutz: Leistungshalbleiter des Stromrichters müssen gegen Überspannungen (auch sog. Transiente) geschützt werden. Eine der meist eingesetzten Schaltungen ist die Summenbeschaltung (Bild c). Der Überspannungsschutz wird meist von den Herstellern eingebaut.

Für den Schutz von Umrichtern:
– Überlastschutz: durch elektronische Strombegrenzung im →Umrichter.
– Kurzschlußschutz: durch flinke Halbleitersicherungen vor dem Umrichter, Auslegung nach Herstellerangaben. *H. Stüben*

Schwefel →Elementhalbleiter

Schwellenspannung. (auch Schwellspannung)

1. Allgemein: kleinster Spannungswert in einer Schaltung oder an einem elektronischen Bauelement, bei deren Erreichen eine erhebliche Änderung einer physikalischen Größe (z. B. Strom, Leitfähigkeit) in der betreffenden Anordnung erfolgt.

2. Speziell bei Halbleiterbauelementen in verschiedenem Zusammenhang verwendet. So wird beispielsweise
– beim →pn-Übergang wird die Schleusenspannung gelegentlich als S. bezeichnet,
– beim →Anreicherungs-MISFET und dem →MIS-Übergang die S. als diejenige Gate-Source- bzw. Gate-Substratspannung verstanden, bei der sich ein Inversionskanal (bzw. Stromfluß) auszuprägen beginnt,
– beim →Verarmungs-FET wird die Abschnürspannung mitunter als S. bezeichnet.

3. Im Zusammenhang mit Halbleiterschaltungen (→Schwellwertschaltern) ist die S. ein Sonderfall eines Schwellwertes. *R. Paul*

Schwellenstrom (dichte). Injektionsstrom(dichte), bei dem (der) die effektive Lichtverstärkung in einem →Halbleiterlaser einsetzt.

Die Lichtverstärkung setzt ein, wenn während eines vollständigen Durchlaufens (hin und zurück)

des Resonators der Länge L die Verluste der optischen Welle durch Absorption ($\sim e^{-2\alpha L}$, α →Absorptionskoeffizient) und nur anteilige Reflexion an den Endflächen (R_1, R_2 Reflexionskoeffizienten) durch den Gewinn (Gain) der stimulierten Emission ($\sim e^{2gL}$, g gain-Koeffizient) kompensiert werden,

$$\exp(2g_s L) \cdot \exp(-2\alpha L) \cdot R_1 \cdot R_2 = 1$$
$$g_s = \alpha + (2L)^{-1} \ln((R_1 R_2)^{-1})$$

Unter Berücksichtigung der Zusammenhänge zwischen Gain und Injektionsstromdichte (Halbleiterlaser, gain) folgt für Doppelheterostrukturen

$$J_s = \frac{1}{\Gamma \eta_{inj}} \left(\frac{1}{\beta} \left(\alpha + \frac{1}{2L} \ln \frac{1}{R_1 R_2} \right) + J_o \right)$$

und für →Quantum-Well-Strukturen mit N Wells

$$J_s = \frac{NJ_o}{\eta_{inj}} \exp\left(\frac{1}{n\Gamma J_o \beta} \left(\alpha + \frac{1}{2L} \ln \frac{1}{R_1 R_2} \right) \right)$$

Die Verstärkungskonstante β und die Transparenzstromdichte J_o sind materialspezifische Parameter, η_{inj} gibt den Injektionswirkungsgrad für die →Ladungsträger in die aktive Schicht wieder, und der Confinement-Faktor Γ beschreibt den Anteil der optischen Welle in der aktiven Schicht bzw. eines Quantum-Wells.

In konventionellen Doppelheterostrukturen nimmt die Schwellenstromdichte mit 1/L linear zu, in Quantum-Well-Lasern dagegen exponentiell (Bild 1).

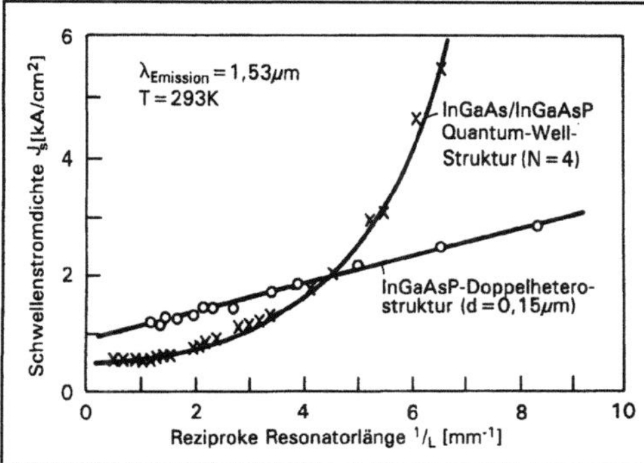

Schwellenstrom 1: Abhängigkeit der S.-Dichte von der Resonatorlänge.

J_o hängt entscheidend von der Qualität des Halbleitermaterials ab: diffundierte pn-Homostrukturen mit einer Dicke der aktiven Schicht von d = 3 μm haben J_s = 500 kAcm^{-2}, epitaktische pn-Doppelheterostrukturen mit d = 0,2 μm dagegen J_s = 1 kAcm^{-2}. Wird die Schicht noch dünner, so treibt das schlechte optische Confinement die Schwellenstromdichte wieder in die Höhe; Abhilfe bilden sog. →Separate-Confinement-Heterostruktur-Laser.

Für das Bauelement ist i. a. der S. $I_s = J_s wL$ von Interesse (Bild 2). Er resultiert aus der Schwellen-

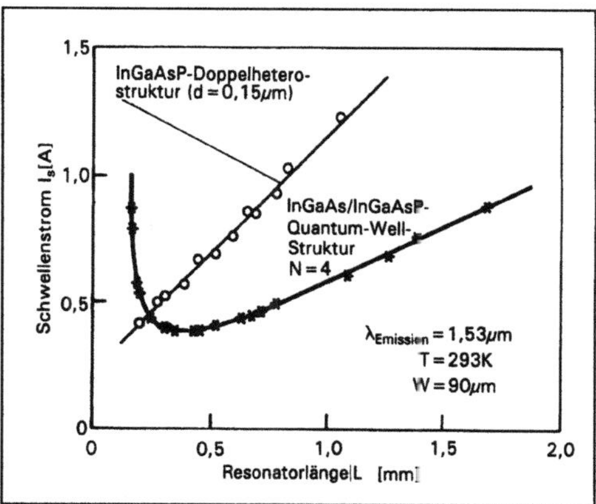

Schwellenstrom 2: Abhängigkeit des S. von der Resonatorlänge.

stromdichte J_s und der Fläche des aktiven Bereiches (w Streifenbreite), wobei zusätzliche Verluste durch Ladungsträgerdiffusion und Absorption außerhalb des aktiven Streifen bereits durch η_{inj} berücksichtigt sind. Der S. spiegelt sich in der →Halbleiterlaser-Kennlinie wieder als Einsatzpunkt des steilen Anstieges der optischen Leistung.

In Doppelheterostrukturen nimmt I_s linear mit der Resonatorlänge zu, in Quantum-Well-Lasern existiert eine optimale Resonatorlänge, für die I_s am kleinsten ist; sie hängt von der Anzahl der Quantum-Wells ab.

Sowohl g als auch α hängen stark von der Temperatur T ab, so daß sich J_s bzw. I_s deutlich mit der Temperatur ändern:

$$I_s(T_2) = I_s(T_1) \exp\left(\frac{T_2 - T_1}{T_0}\right)$$

wobei T_0 eine material-spezifische Größe ist, die nur innerhalb eines begrenzten Temperaturbereiches als konstant angenommen werden kann. Je größer T_0, um so geringer ist die Temperaturabhängigkeit des S. Bei Raumtemperatur beträgt T_0 für GaAlAs-Laser 200 K, für InGaAsP-Laser 65 K. *Rosenzweig*

Literatur: *Bleicher, M.*: Halbleiter-Optoelektronik. Heidelberg 1986 – *Lutzke, D.*: Lichtwellenleiter Technik. München 1986. – Abschlußbericht: BMFT-Projekt TK 446.

Schwellspannung →Flüssigkristall-Anzeige, →Einsatzspannung, →Schwellenspannung

Schwellwert. Kleinster Spannungs- oder Stromwert, bei dem in einem Bauelement oder einer elektronischen Schaltung eine beabsichtigte Wirkung entsteht. Man spricht oft auch von Schwellwertspannung (Schwellspannung) und analog →Schwellenstrom (z. B. bei der Laserdiode). *R. Paul*

Schwellwertschalter.

1. Allgemein: andere Bezeichnung für →Schaltverstärker. Beispiele: →Schmitt-Trigger, →Komparator.

2. Auf Halbleiterbauelemente bezogen: Halbleiterstruktur, bei der sich typische elektrische Eigenschaften (z. B. Spannung, Strom, Widerstand, Strahlungsleistung) in Abhängigkeit von einer Steuergröße sprungartig ändern. Dabei ist oft eine →Kennlinie mit bereichsweise fallendem Gebiet maßgebend. Beispiele: →Tunneldiode, Doppelbasistransistor, →Thyristor, →Diode. *R. Paul*

Schwerionenlinac. Ein linear angeordneter →Beschleuniger zur Beschleunigung von Ionen aller im Periodensystem vorkommenden Elemente und deren Isotope. Der S. unterscheidet sich nicht wesentlich von einem →Protonenlinac. Wichtigster Unterschied ist, daß schwere Ionen wegen ihrer hohen Masse viel langsamer als Protonen beschleunigt werden. Nach einer Vorbeschleunigung durch Gleichspannung werden die Ionen zunächst mit Hilfe einer *Wideröe*-Struktur beschleunigt. Danach folgt eine →*Alvarez*-Struktur. Zur Variation der Geschwindigkeit werden am Ende des Beschleunigers mehrere einzellige Cavities verwendet. Da die Beschleunigung der Ionen um so wirkungsvoller ist, je mehr Elektronen in der Atomhülle des Ions fehlen, baut man an verschiedenen Stellen im Linac Vorrichtungen ein, die weitere Elektronen aus der Atomhülle entfernen. Hierzu dienen dünne Kunststoff-Folien oder ein Gasstrahl. Mit Hilfe von S. lassen sich Ionen aller Elemente des Periodensystems vom Wasserstoff bis zum Uran beschleunigen. Dabei werden Energien bis zu 20 MeV pro Nukleon erreicht. *Wille*

Schwingkreis. Der Sonderfall S. im Wechselstromkreis ist gegeben, wenn der kapazitive Blindwiderstand X_C eines Kondensators entgegengesetzt gleich groß dem induktiven Blindwiderstand X_L einer Spule ist. In diesem Fall tritt eine Resonanz mit der Resonanzfrequenz f_0 ein. Die Resonanzfrequenz errechnet sich mit

$$f_0 = \frac{1}{2\pi\sqrt{L \cdot C}}$$

L = Induktivität der Spule in Henry
C = Kapazität des Kondensators in Farad
f = Frequenz in Hz

Je nachdem, ob →Kondensator und →Spule in Reihe (Serie) oder parallel geschaltet sind, ergibt sich ein Reihenschwingkreis oder ein Parallelschwingkreis (Bild).

Im Reihenschwingkreis heben sich im Resonanzfall die beiden Blindwiderstände X_C und X_L gegenseitig auf. Wirksam bleibt lediglich der aus den Leitungsverlusten und anderen Verlusten resultierende Serienwiderstand R_S. Dieser meist kleine

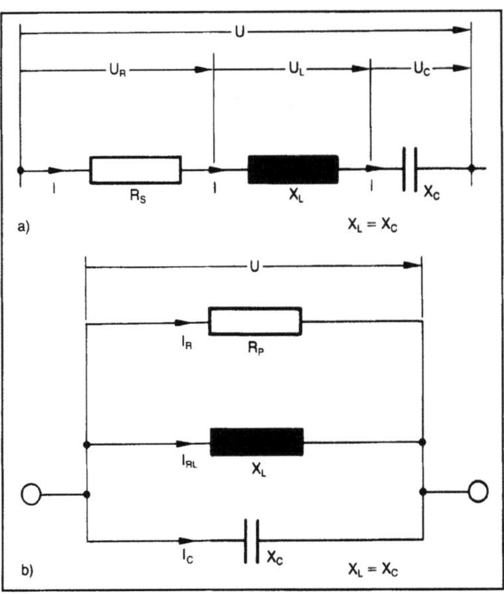

Schwingkreis: Schematische Darstellung.
a) Reihenschwingkreis
b) Parallelschwingkreis.

Widerstand hat einen großen Strom zur Folge, der über die Blindwiderstände zu großen Spannungsüberhöhungen am Kondensator und an der Spule führt (Spannungsresonanz).

Der Parallelschwingkreis besitzt im Resonanzfall einen sehr hohen Scheinwiderstand Z, der sich aus der geometrischen Addition der beiden Blindwiderstände X_C, X_L und des aus den Verlusten resultierenden Parallelwiderstandes R_P ergibt. Der von außen in den Parallelschwingkreis hineinfließende Strom ist somit sehr klein. Trotzdem können im Kondensator und in der Spule sehr hohe (Blind-) Ströme fließen (Stromresonanz).

Die Verluste im S. werden im Ersatzschaltbild als Serien- bzw. Parallelwiderstand wiedergegeben. Die Tangens-Funktion ($\tan\delta$) zwischen Blindwiderstand und Verlustwiderstand ist das Maß für die Verluste im S.

Der Kehrwert der Tangens-Funktion wird Güte „Q" (Qualität) genannt. Die Güte „Q" ist ein Maß für die Bandbreite der Resonanzfrequenz eines S.

S. werden in der Elektronik speziell in der Rundfunk- und →Fernsehtechnik und in der Nachrichtentechnik zur Frequenzerzeugung, als Hochpaß, Tiefpaß oder als Bandpaß auch heutzutage noch recht häufig aus konkreten Bauelementen aufgebaut. Wegen der Verluste in Spule, Kondensator und Leitungen und deren Temperaturabhängigkeit werden für höhere Anforderungen an die Frequenzgenauigkeit jedoch für die Frequenzerzeugung heute meist →Schwingquarze verwendet. *Both*

Literatur: *Böger, H.; F. Kähler, G. Weigt:* Bauelemente der Elektronik. Köln-Porz 1984.

Schwingkreiswechselrichter →Wechselrichter, →Umrichter

Schwingquarz. Der S. wird als frequenz-, takt- und zeitbestimmendes Bauelement verwendet. In Nachrichtengeräten, Uhren, Computern, Kfz-Motorsteuerungen und ABS-Systemen werden S. wegen ihrer hohen Frequenzkonstanz und Zuverlässigkeit eingesetzt.

In →Quarzfiltern für die Frequenzselektion und in Q. zur Erzeugung von sehr frequenzstabilen elektrischen Schwingungen ist der Schwingquarz das frequenzbestimmende Bauelement.

Das Quarzelement (Bild 1), aus einem reinen Quarzkristall (SiO_2) in bestimmter Weise geschnitten, geschliffen und mit aufgedampften Elektroden versehen, bildet den Quarzvibrator. Dieser ist an geeigneten Federn, die gleichzeitig als elektrische Anschlüsse dienen, so aufgehängt, daß er freie mechanische Scherschwingungen ausführen kann. Die Anregung mechanischer Schwingungen wird durch die piezoelektrische Eigenschaft des Quarzelementes möglich (→piezoelektrischer Effekt). Quarzelemente werden in bestimmten Orientierungen aus dem Kristall herausgeschnitten, um bestimmte Frequenzen und Frequenz-Temperaturverhalten zu erreichen (Bild 2).

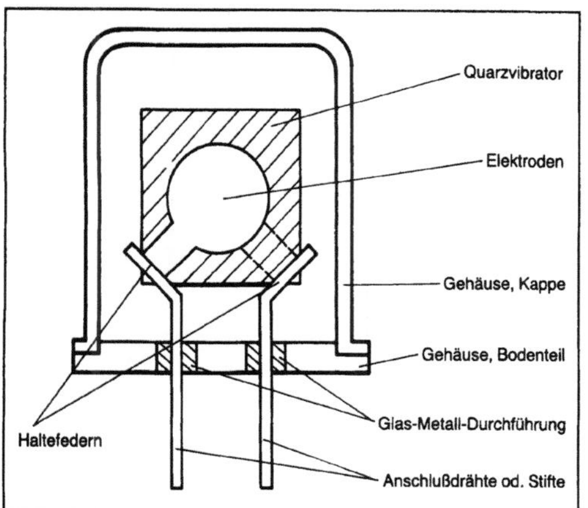

Schwingquarz 1: Prinzipieller Aufbau eines S. mit AT-Schnitt.

S. mit technisch vernünftigen Abmessungen lassen sich für Resonanzfrequenzen zwischen etwa 1 kHz und 250 MHz realisieren. Oberhalb von ca. 30 MHz werden Dickenscherungsschwinger in ihren ungeraden Oberschwingungen angeregt *(Obertonquarze).*

Das elektrische Ersatzschaltbild des S. ist eine Zweipolanordnung elektrischer Schaltelemente, die das elektrische Verhalten in der Nähe der Resonanzstelle darstellt (Bild 3). In einigen Sonderfällen kann der S. auch als Dreipol ausgebildet sein.

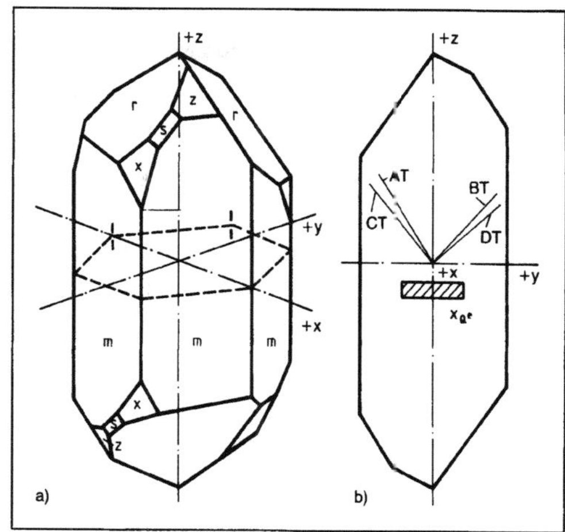

Schwingquarz 2: Quarzkristall und Lage der gebräuchlichsten Quarzschnitte.
a) Im horizontalen Querschnitt erkennt man die sechszählige Symmetrie. Die z-Achse ist die neutrale optische Achse, die x-Achse (senkrecht auf z) die piezoelektrische Achse. Die y-Achse steht senkrecht auf z und x. Die mit m, r, x, s und z bezeichneten Flächen sind die typischen Kristallflächen
b) Schnitt in der y-z-Ebene. Im X-Schnitt ist ein Plättchen (Quarzelement) gezeichnet.

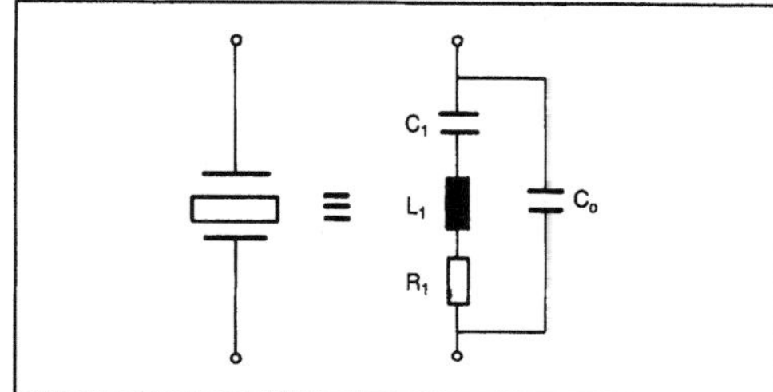

Schwingquarz 3: Ersatzschaltung eines S.

Die Frequenz eines S. wird in erster Linie durch die mechanischen Abmessungen des Quarzvibrators bestimmt. In geringem Maße ist sie aber auch von der elektrischen Beschaltung abhängig. Die Frequenz bei Leerlauf, *Antiresonanzfrequenz* genannt, liegt je nach Quarzschnitt um ca. 0,1 % höher als die Kurzschlußfrequenz, die international *Resonanzfrequenz* genannt wird (Bild 4).

Das Kapazitätsverhältnis

$\frac{C_0}{C_1} = r$ ist ein Maß für den Abstand von f_r zu f_a.

$$\frac{f_a - f_r}{f_r} \cong \frac{C_1}{2C_0} = \frac{1}{2\,r}.$$

Durch Zuschalten eines Blindwiderstandes, meistens eine Lastkapazität, in Reihe zum S., kann dieser um einen geringen Betrag in seiner Frequenz geändert oder gezogen werden (Bild 5).

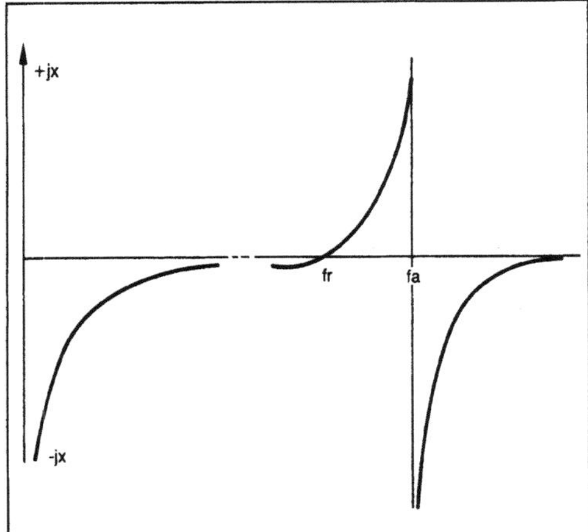

Schwingquarz 4: Blindwiderstandsverlauf eines S. als Funktion der Frequenz. Bei der Resonanzfrequenz fr und der Antiresonanzfrequenz fa ist der Blindwiderstand zwar Null, aber bei fr ist der S. niederohmig (3 bis 100 Ohm beim AT-Schnitt) und bei fa sehr hochohmig (10 kOhm bis 20 MOhm).

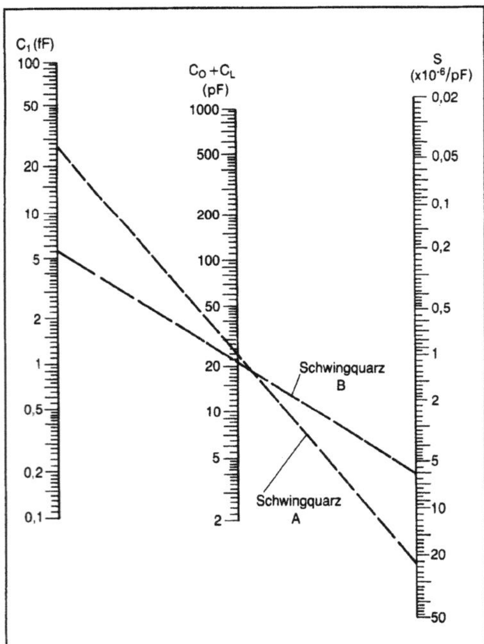

Schwingquarz 5: Nomogramm zur Ermittlung der Ziehempfindlichkeit S. (Quelle: Philips Components)

S. haben eine hohe elektrische Güte, deren Ursache in den guten elastischen Eigenschaften des reinen Quarzkristalls liegt. Die elektrischen Güten liegen zwischen $5 \cdot 10^4$ bei einfachen Grundwellenquarzen und $5 \cdot 10^6$ bei hochwertigen Obertonquarzen für Normalfrequenzoszillatoren.

Trotz der Verwendung von →Quarz, einem Halbedelstein hoher Güte, als Vibrator weisen auch S. eine →Alterung (zeitliche Änderung) der Frequenz auf. Diese ist auf die Kontaminierung der Elektroden und ihrer Diffussion in den Kristall hinein zurückzuführen. Auch Umkristallisation kann eine Rolle spielen. Alterungsraten $\Delta f/f$ liegen zwischen $10 \cdot 10^{-6}$/Jahr für einfache S. und $< 1 \cdot 10^{-6}$/30 Jahre für Normalfrequenzquarze.

Die Änderung der Frequenz über der Temperatur nennt man *Temperaturgang.* Dieser ist im allgemeinen in guter Näherung eine Funktion 2. Grades für Biegungs-, Längs- und Flächenschwinger und bei AT-Schnitten eine Funktion 3. Grades mit nahezu konstantem Wendepunkt und ohne quadratischem Glied. Die Lage des Scheitelpunktes der quadratischen Parabel bzw. die Extremweite der kubischen Parabel können durch entsprechende Schnittwinkelvariationen den Erfordernissen angepaßt werden. Bei S. für Frequenzfilter *(Filterquarze)* sind auch die auftretenden Nebenresonanzen (unerwünschte Schwingungsmoden), die bei Dickenscherungsschwingern außer den mechanischen Oberschwingungen der Grundfrequenz auftreten, zu beachten. Frequenzlage und Resonanzwiderstand können bei der Dimensionierung beeinflußt werden (Bild 6).

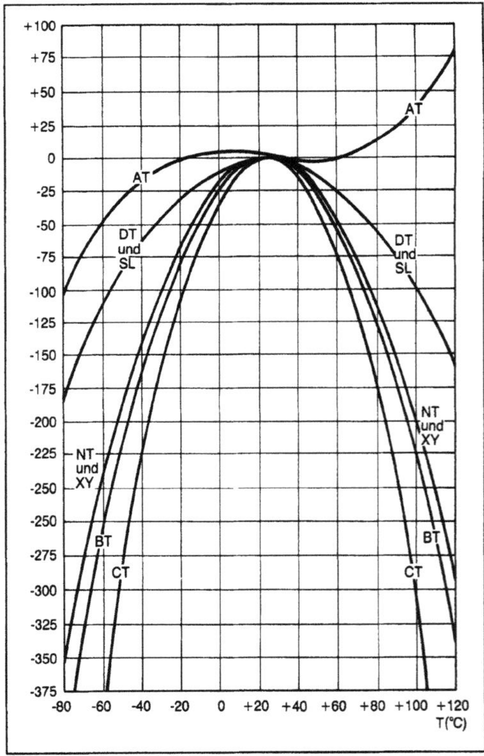

Schwingquarz 6: Frequenz/Temperaturkurven (Temperaturgänge) einiger gebräuchlicher Quarzschnitte. (Quelle: IEC Pub. 122—2)

Die Hauptbestimmungsgrößen für S. sind: Nennfrequenz, Frequenztoleranz, Arbeitstemperaturbereich, Temperaturgang, Resonanzwiderstand, Gehäuseform *Fick*

Literatur: *Cady, W. G.:* Pioezoelectricity. New York 1946. – *Heising, R. A.:* Quartz crystals for electrical circuits. New York 1946. – *Herzog, W.:* Siebschaltungen mit Schwingkristallen. Wiesbaden 1949. – *Poschenrieder, W.* und *F. Schöfer:* Das elektromechanische Quarzfilter. Frequenzen 17 (1963) H. 3. – *Sykes, R. A.* und *D. Beaver:* High Frequency Monolithic Crystal Filters. Proc. 20th Annual Frequency Control Symposium 1966. S. 288—308. – Hrsg. ZVEI: Schwingquarze, ein unverzichtbares Bauelement in der Elektronik. Berlin 1982.

Schwingungsanalyse →Frequenzanalyse

Schwingungsgeber, elektrodynamischer. Bei diesem wird das Induktionsgesetz in der Form

$$u = -B \cdot l \frac{ds}{dt}$$

angewendet. Der Leiter in Form einer Spule (Bild) ist an einer schwingungsfähigen Membran aufgehängt und taucht in das Feld eines Dauermagneten mit der Flußdichte B ein. Wird die Membran z. B. durch Schallwellen in Schwingungen versetzt (Tauchspul-Mikrophon), so wird in der Spule eine der Geschwindigkeit ds/dt proportionale Spannung u induziert. Interessiert die Amplitude s der Schwingung, so muß die induzierte Spannung integriert werden. Durch Differentiation der induzierten Spannung nach der Zeit erhält man ein Maß für die Beschleunigung d^2s/dt^2. *F. Schneider*

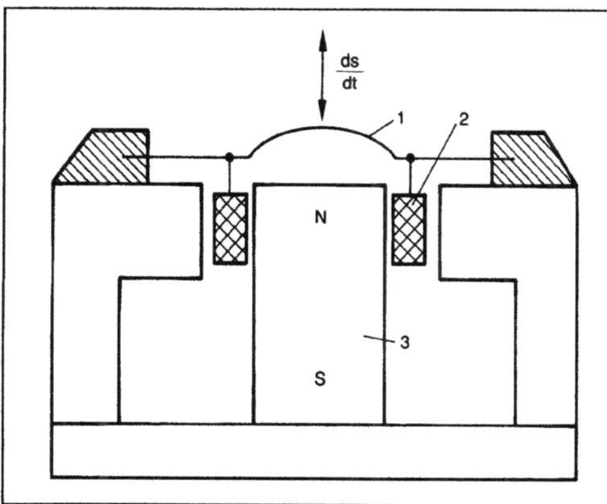

1 Membran, 2 Tauchspule, 3 Magnet

Schwingungsgeber, elektrodynamischer: Anwendung beim Tauchspul-Mikrophon.

Schwingungsgeber, magnetostriktiver. Wird ein ferromagnetischer Stoff in ein magnetisches Wechselfeld gebracht, so bewirkt die Richtungsänderung der Elementarmagnete eine periodische Formänderung und es entstehen mechanische Schwingungen (Magnetostriktion). Die Umkehrung der Magnetostriktion ist der magnetoelastische Effekt. Bei einer Beanspruchung durch Zug oder Druck ändert sich die Magnetisierung ferromagnetischer Stoffe. Beim magnetostriktiven bzw. magnetoelastischen Schwingungsaufnehmer (Bild) besteht der Kern aus einem Ferrit oder aus einem Paket lamellierter, ferromagnetischer Bleche. In der um diesen Kern gewickelten Spule wird durch wechselnden Druck eine Wechselspannung induziert.

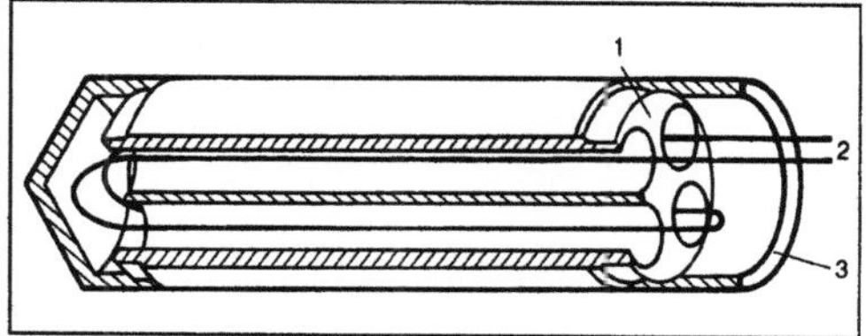

1 Kern, 2 mineralisierte Spule, 3 Schutzrohr

Schwingungsgeber, magnetostriktiver: Aufbau.

Auf diese Weise werden Schall- und Ultraschalldrücke in Flüssigkeiten gemessen. Die →Empfindlichkeit eines derartigen Gebers ist frequenzabhängig; sie liegt bei etwa 1 μV/Pa bei einer Schwingung von 1 kHz. Der Geber läßt sich für Betriebstemperaturen bis etwa 1 000 °C auslegen und ist nur für dynamische Druck- oder Zugbelastungen einsetzbar. *F. Schneider*

Schwingungsmessung. Mechanische Schwingungen elastischer Medien werden häufig anhand ihrer Frequenz unterschieden. Bei Frequenzen unterhalb der Hörschwelle werden sie Infraschall genannt, im Bereich von 16 Hz bis 20 kHz Schall und darüber hinaus Ultraschall. Je nach Ausbreitungsmedium unterscheidet man unabhängig von der Frequenz Luftschall, Flüssigkeitsschall und Körperschall. In Gasen und Flüssigkeiten breiten sich Schwingungen nach denselben Gesetzmäßigkeiten aus. Die Teilchen schwingen nur in der Ausbreitungsrichtung. Nur longitudinale Wellen können sich ausbreiten. In festen Körpern hingegen, die Schubspannungen aufnehmen, sind auch Schwingungen quer zur Ausbreitungsrichtung, Transversalschwingungen, möglich. Insgesamt können viele unterschiedliche Schwingungsformen auftreten, die von der Form des Körpers abhängen. So ist die Analyse des Körperschalls u. U. kompliziert und erfordert einen mathematischen Aufwand.

Bei Schwingungen interessieren neben der Frequenz f bzw. der Kreisfrequenz $\omega = 2\pi f$

- der Schwingweg x,
- die Schwinggeschwindigkeit oder Schnelle dx/dt,
- die Schwingbeschleunigung d^2x/dt^2.

Eine einfache Form eines Schwingungsaufnehmers besteht aus einer seismischen Masse m, einer Feder mit der Federkonstanten c und einer geschwindigkeitsproportionalen Dämpfung d. Die Bezeichnung seismische Masse stammt von den Erdbebenschreibern (Seismographen). Wenn sich nur die Masse relativ zum Gehäuse bewegt und das Gehäuse in Ruhe bleibt, spricht man von relativer S. Ein Beispiel dafür ist das Tauchspulmikrophon, bei dem die induzierte Spannung der Schwinggeschwindigkeit proportional ist.

Größere praktische Bedeutung hat die absolute S., bei der dem Gehäuse die Bewegung x (in absoluten Koordinaten gemessen) aufgezwungen wird. Der Momentanwert der Auslenkung der Masse gegenüber dem Gehäuse sei y (Bild 1). Die Summe aller auf das Gehäuse wirkenden Kräfte ist null:

$$m \frac{d^2(x+y)}{dt^2} + d \frac{dy}{dt} + c\,y = 0$$

$$\text{oder } m \frac{d^2y}{dt^2} + d \frac{dy}{dt} + c\,y = -m \frac{d^2x}{dt^2}$$

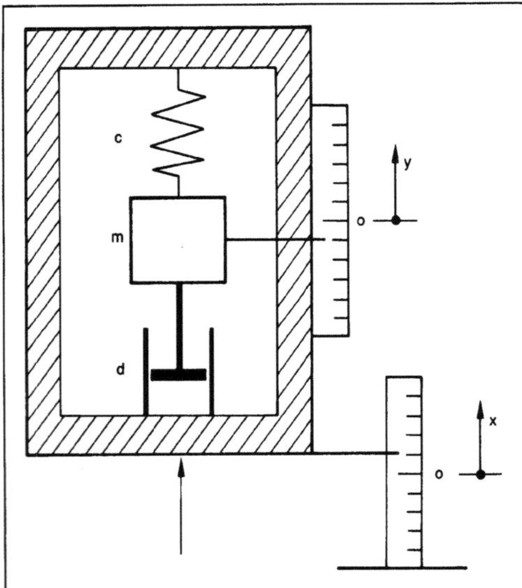

Schwingungsmessung 1: Schwingungsaufnehmer.

Mit den Abkürzungen

$\omega_0 = \sqrt{c/m}$ = Eigenkreisfrequenz des ungedämpften Systems,

$D = \dfrac{d}{2 \cdot m\,\omega_0}$ = Dämpfungskonstante,

$a = \dfrac{d^2x}{dt^2}$ = Beschleunigung des Gehäuses

erhält man

$$\frac{d^2y}{dt^2} + 2 \cdot D\,\omega_0 \frac{dy}{dt} + \omega_0^2\,y = -\frac{d^2x}{dt^2} = -a.$$

Drei Sonderfälle dieser Gleichung seien betrachtet:

1. Federkonstante c sehr groß, d. h. sehr steife Feder, m und d klein (D klein, ω_0 sehr groß):

$$\omega_0^2\,y \approx -\frac{d^2x}{dt^2} = -a,$$

$$y \approx -\frac{1}{\omega_0^2}\frac{d^2x}{dt^2} = -a\frac{m}{c}$$

Bei steifer Feder und großer Eigenfrequenz ist die Relativbewegung y der Beschleunigung a proportional, das System ist beschleunigungsempfindlich.

2. Dämpfung d groß, m und c relativ klein (D sehr groß):

$$2 \cdot D\,\omega_0 \frac{dy}{dt} \approx -\frac{d^2x}{dt} = -a,$$

$$y \approx -\frac{1}{2 \cdot D\omega_0}\frac{dx}{dt}$$

Bei stark gedämpften Systemen ist die Beschleunigung a der Relativgeschwindigkeit dy/dt der Masse gegenüber dem Gehäuse proportional, während die Relativbewegung y der Geschwindigkeit dx/dt der äußeren Anregung proportional ist. Das System ist geschwindigkeitsempfindlich. Die Beschleunigung könnte durch einmaliges Differenzieren gewonnen werden.

3. Masse m groß, d und c relativ klein (D und ω_0 relativ klein):

$$\frac{d^2y}{dt^2} \approx -\frac{d^2x}{dt^2} = -a,$$

$$y \approx -x$$

Die Masse m macht die aufgezwungene Bewegung x des Gehäuses nicht mit, bei y kann man den vom Gehäuse zurückgelegten Weg ablesen, das System ist wegempfindlich. Die Beschleunigung a könnte durch zweimaliges Differenzieren von y ermittelt werden.

Bei S. erhält man also für Frequenzen unterhalb der Eigenfrequenz des Aufnehmersystems

$$f_0 = \frac{\omega_0}{2\pi}$$

die Beschleunigung (Sonderfall 1), bei Frequenzen oberhalb von f_0 den Schwingweg (Sonderfall 3). Mit Rücksicht auf den ausnutzbaren Frequenzbereich muß f_0 bei Beschleunigungsaufnehmern möglichst hoch, bei Wegaufnehmern möglichst niedrig sein. Optimale Bedingungen für den ausnutzbaren Frequenzbereich ergeben sich, wenn man eine Dämpfungskonstante D = 0,65 wählt. Läßt man einen →Meßfehler bis 1,5 % zu, kann man Beschleunigungsaufnehmer für Meßfrequenzen $f_M \leq 0{,}62\,f_0$ verwenden, bei Wegaufnehmern gilt entsprechend $f_M \geq 1{,}65\,f_0$. Wegen der Abhängigkeit der Ausgangsgröße y von der Dämpfungskonstanten D hat der zweite Sonderfall keine praktische Bedeutung für die Messung der Schwinggeschwindigkeit erlangt, weil die Dämpfungskonstante D häufig sehr temperaturabhängig ist.

Praktische Ausführungen: In serienmäßigen Schwingungsaufnehmern zum Messen von absoluten Schwingungen wird entweder die relative Auslenkung y oder die Reaktionskraft F erfaßt. Zum Messen der relativen Auslenkung eignen sich die verschiedenen Wegaufnehmer, z. B. →Widerstandsaufnehmer, →Aufnehmer, induktiver, →Aufnehmer, kapazitiver, →Längen- und Winkelmessung. →Kraftmessungen sind möglich z. B. mit Piezoaufnehmern und Widerstandsaufnehmern (→Dehnungsmeßstreifen). Mit Piezoaufnehmern lassen sich keine statischen Messungen durchführen, da die Ausgangsgröße eine Ladung ist (kleinste Meßfrequenz etwa 0,2 Hz). Für die Messung der Schwinggeschwindigkeit kann man wegempfindliche Schwingungsaufnehmer mit einem elektrodynamischen Abgriff einsetzen. Diese liefern aufgrund des Induktionsgesetzes eine Ausgangsspannung, die der 1. Ableitung des Schwingwegs proportional ist. Im übrigen lassen sich durch elektrische Schaltungen zur Differentiation und Integration aus Wegen Beschleunigungen und umgekehrt ermitteln. Beim Differenzieren muß man allerdings damit rechnen, daß das unvermeidliche →Rauschen verstärkt auftritt.

Beschleunigungsaufnehmer gibt es in vielen Ausführungen für Zwecke der Trägheitsnavigation, für Messungen auf Fahrzeugen, an Maschinen und bei Explosionsvorgängen. Die Nenndaten liegen etwa in folgenden Bereichen:
Meßbereichsendwerte $10^{-5}\,m/s^2 \leq a \leq 10^6\,m/s^2$,
Gesamtmassen $500\,g \geq m_g \geq 0{,}2\,g$,
Eigenfrequenzen $15\,Hz \leq f_o \leq 100\,kHz$,
Frequenzbereich für Messungen 0 Hz bzw. $0{,}2\,Hz \leq f_M \leq 0{,}62\,f_o$,

Betriebstemperaturen etwa bis 600 °C möglich.

Als Ausgangsgröße erhält man bei der jeweils maximal meßbaren Beschleunigung 1–50 mV je 1 V Brückenspeisespannung bei Widerstandsaufnehmern, 0,1–1 mV bei induktiven Aufnehmern und eine Ladung von 5–50 nC bei piezoelektrischen Aufnehmern. Für Beschleunigungsmessungen in drei zueinander senkrechten Richtungen werden drei Beschleunigungsaufnehmer gleicher →Empfindlichkeit in einem gemeinsamen Gehäuse angeordnet. Anwendungen in der Trägheitsnavigation erfordern Beschleunigungsaufnehmer mit Meßunsicherheiten von 0,001 % bis 0,01 %, um die für die Bestimmung der Bewegungsgeschwindigkeit (durch einmalige Integration) und des zurückgelegten Wegs (durch zweimalige Integration der Beschleunigung) geforderte →Genauigkeit einhalten zu können.

Eine Anwendung im Kraftfahrzeug zeigt Bild 2. Aufgabe dieses Beschleunigungssensors ist, bei einem Aufprall entweder das Airbag- oder das Gurtstraffersystem auszulösen. Der Sensor besteht aus einer dreieckförmigen Biegefeder mit vier in Form einer Vollbrücke aufgedampften Dehnungsmeßstreifen. Die seismische Masse ist als zylinderförmige Scheibe an der Spitze der Feder befestigt. Die Dämpfung wird durch eine Ölfüllung des Gehäuses erreicht. Bei einem Aufprall des Fahrzeugs dehnt sich die Biegefeder mit den aufgedampften Widerständen. Aus der Verstimmung der Brücke wird die (negative) Beschleunigung des Fahrzeugs ermittelt. Bei Überschreiten einer vorher eingestellten Grenze werden die Gurte gestrafft, bevor der Körper des Fahrers nach vorn fallen kann. Der Airbag ist etwa 30 ms nach dem Aufprall aufgeblasen und fällt etwa 100 ms später wieder in sich zusammen, um die Sicht nicht zu behindern.

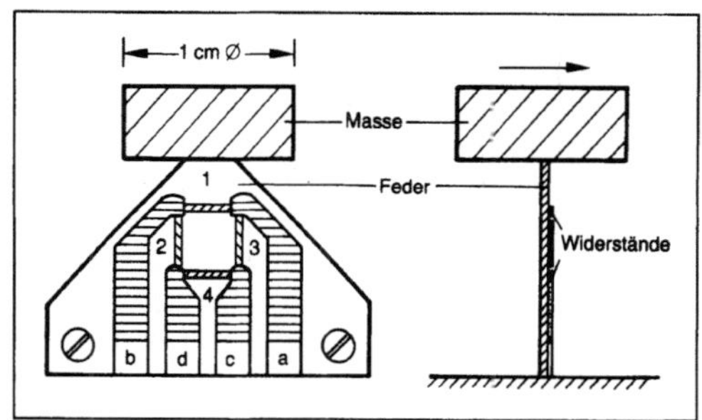

1, 2, 3, 4 Dünnschichtwiderstände, a bis d Anschlußpunkte. Der Pfeil bezeichnet die Fahrtrichtung.

Schwingungsmessung 2: Beschleunigungssensor für Airbag und Gurtstraffer. (Quelle: Robert Bosch GmbH)

Drehbeschleunigungen lassen sich über Aufnehmer mit drehbar angeordneter Masse messen. Weiterhin lassen sie sich auch durch elektrische Differentiation von Drehzahlen ermitteln.

Schwingwegaufnehmer haben folgende Daten:
Meßbereichsendwerte zwischen ±1 mm und ±25 mm,
Schwingmassen $500\,g \geq m \geq 20\,g$,
Eigenfrequenzen $0{,}5\,Hz \leq f_o \leq 10\,Hz$,
Frequenzbereich für Messungen $1{,}65\,f_o \leq f_M \leq 1\,kHz$.

Die Empfindlichkeit kann z. B. 50 mV je 1 V Brückenspeisespannung für den Meßbereichsendwert betragen. *Hammerschmidt*

Schwingungspaketsteuerung →Drehstromsteller

SDFL. (Abk. *engl.* Schottky-Diode-FET-Logic, Schottky-Dioden-FET-Logik) Die SDFL ist eine →Dioden-Transistor-Logik in →MESFET-Technik auf GaAs-Basis mit Depletiontransistoren mit einer Verknüpfung durch →Schottky-Dioden (Bild). Die Signalverknüpfung erfolgt eingangssei-

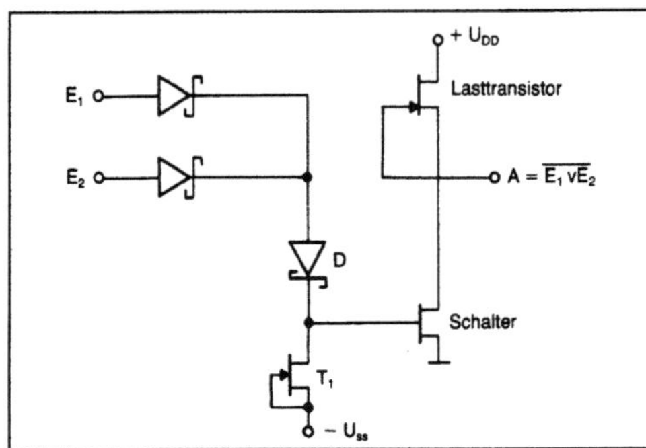

SDFL: Zweifacher NOR-Gatter.

tig, hier in Form eines ODER. Die Diode D besorgt zusammen mit dem als Stromquelle arbeitenden Transistor T_1 eine Pegelverschiebung zur Steuerung des nachfolgenden Inverters. Am Ausgang liegt somit die NOR-Funktion vor. Nachteilig ist zunächst die erforderliche doppelte Versorgungsspannung.

Die SDFL wurde aus der →BFL entwickelt mit dem Ziel, die →Verlustleistung deutlich zu senken (hier $\leqq$0,3 mW), ohne zwangsläufig die Gatterlaufzeit zu vergrößern (hier $\leqq$100 ps). Da die Schaltung weniger Transistoren als die BFL erfordert, ist die Packungsdichte größer. Damit war ein Einsatz im oberen MSI-Bereich möglich. Heute gibt es eine Reihe von Schaltkreisen in dieser Technik, insbesondere für die →Gigabit-Logik. *R. Paul*

SDHT (*engl.* selective doped heterostructure transistor) →HEMT

Sea of gates. Anordnung von internen Zellen mit Transistoren in einem Gate-Array-Feld ohne Freifläche für Verdrahtungskanäle (Bild). Für die Verbindungsleitungen wird eine teilweise Überdeckung von Zellen in Kauf genommen, deren Transistoren dann nicht nutzbar sind. Dieser Prozentsatz kann bis 50 % der Gesamtzellen eines Gate-Array-Feldes betragen. Für regelmäßige logische Strukturen wie →PLA oder →ROM beträgt er etwa 25 %. →Gate-Arrays mit Freiraum für Kanäle nutzen etwa 90 % der Zellen. *R. Paul*

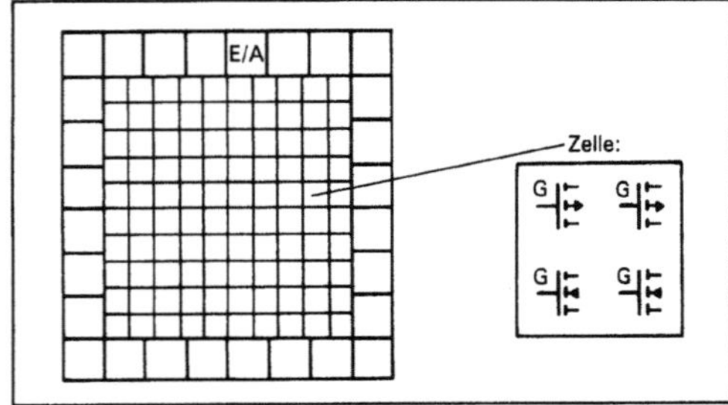

Sea of gates: Anordnung eines S.o.g.-Arrays.

SECAM. Französischer Farbübertragungsstandard, welcher der Ergänzung des Schwarz-Weiß-Fernsehsystems um Farbinformation dient. Der herkömmliche Schwarz-Weiß-Empfänger hat hierdurch keine wesentliche Qualitätsminderung (Abwärtskompatibilität), der Farbfernsehempfänger jedoch zeigt ein vollwertiges Farbbild.

Im Schwarz-Weiß-Standard wird das Luminanzsignal U_Y übertragen. Hinzu kommen nun die Farbdifferenzsignale $U_{R-Y} = U_R - U_Y$ und $U_{B-Y} = U_B - U_Y$. Diese werden auf zwei Farbträger FM-moduliert und zum Luminanzsignal addiert.

SECAM vermeidet die Phasenfehlerempfindlichkeit des Farbtons bei →NTSC, indem die Farbdifferenzsignale zeilenalternierend in Frequenzmodulation übertragen werden. Hierdurch ist wie bei →PAL die vertikale Farbauflösung reduziert. Außerdem wird ein Zeilenspeicher benötigt, da in jeder Zeile nur eines der beiden Farbdifferenzsignale übertragen wird und das andere aus der Vorzeile bezogen werden muß. Hierher stammt der Name SECAM, *franz.* séquentielle à mémoire.

Beide Farbdifferenzsignale werden mit verschiedener Ruhefrequenz in Schmalband-FM übertragen. Die geringe Bandbreite stellt die untere Machbarkeitsgrenze für Frequenzmodulation dar.

Ruhefrequenz	Hubbereich
$f_{0B}=272 f_H=4{,}250$ MHz	–350 kHz, +506 kHz
$f_{0R}=282 f_H=4{,}406$ MHz	–506 kHz, +350 kHz

Zur Verbesserung des Störabstands und zur Reduzierung der Luminanzstörungen durch die Farbträger (Cross-Luminanz) werden sowohl das modulierende Videosignal als auch das modulierte FM-Signal einer Preemphase unterzogen. Im Videosignal werden hierzu die hohen Frequenzen angehoben, im modulierten Signal ist die Anhebung im Bereich der Ruhefrequenzen, d. h. für kleine Farbamplituden minimal. Es ist jedoch auch bei unbuntem Bildinhalt stets der Farbträger als feine Struktur schwach sichtbar. Da durch die Frequenzmodulation keine Verkämmung von →Luminanz und Chrominanz erfolgen kann, ist bei SECAM keine saubere Trennung mittels Kammfiltertechniken wie bei NTSC oder PAL möglich. *Grigat*

Literatur: *Mäusl, R.:* Fernsehtechnik. Heidelberg 1991. – *Wendland, B.* und *H. Schröder:* Fernsehtechnik. Heidelberg 1991.

Sechspulsbrückenschaltung →Stromrichterarten, →Stromrichterschaltungen

Second breakdown. (*engl.,* zweiter Durchbruch) Form eines Durchbruchs am →pn-Übergang und insbesondere →Bipolartransistor im Bereich des Lawinendurchbruchs, bei dem die →Sperrspannung bei einem bestimmten Strom auf einen sehr kleinen Wert zusammenbricht. Der S. entsteht meist durch ein Zusammenwirken von thermischer Instabilität und Stromeinschnürung und führt gewöhnlich zur Zerstörung des Halbleiterbauelementes.

R. Paul

Second Harmonic Generation (SHG) →Optik, nichtlineare

SEE. Abk. für (*engl.*) Secondary-Electron-Emission, Sekundärelektronenemission. *Heinz*

Seebeck-Effekt →Thermoelektrischer Effekt

SEED. Abk. für *engl.* Self electrooptic effect device. Optoelektronisches Bauelement, das den negativen Widerstand in der Photostrom-Spannungs-Charakteristik einer Multi-Quantum-Well-pin-Photodiode als optischen →Schalter ausnutzt.

Quantum-Well-Strukturen (Bild 1) zeigen eine im Vergleich zum Volumenmaterial sehr viel stärkere Verschiebung der Bandkante zu längeren Wellen durch ein äußeres elektrisches Feld, die sich in der spektralen Abhängigkeit des Photostromes widerspiegelt (→Quantum-Well). Wird Licht einer Wellenlänge λ_0 nahe dem Absorptionsmaximum (Exzitonenanregung) eingestrahlt, so läßt sich die Exzitonenresonanz mit einer inversen Biasspannung über die Wellenlänge λ_0 tunen; es ergibt sich die I-U-Charakteristik in Bild 3a. Befindet sich im Stromkreis eine (ohmsche) Last (Bild 2, gestrichelt), so führt der →Photostrom zu einem Spannungsabfall an der Diode, der wiederum die Absorption ändert (self electrooptic effect). In der Transmission ist dann als Funktion der eingestrahlten Lichtintensität eine Hysteresis zu beobachten (Bild 3b). Stark ausgeprägte Hysteresen lassen sich mit nichtlinearen Lasten erreichen, z. B. eine →Stromquelle, die durch eine konstant beleuchtete →Photodiode (→Solarzelle) simuliert wird (Bild 2, durchgezogen). Die →Bistabilität tritt bis zu einer Minimalleistung von 10 nW auf, die Schaltzeit beträgt bei 1 µW und 0,5 µW Überhöhung ca. 0,1 ms.

Ein Modulationskonverter läßt sich aus zwei in Serie geschaltete MQW-Photodioden unterschiedlicher Resonanzwellenlängen λ_1, λ_2 aufbauen (analog Bild 2). Eine Diode ist jeweils die nichtlineare Last der anderen. Bei Erhöhung der optischen Einstrahlung der Wellenlänge λ_1 an der Diode 1 über den Umschaltpunkt wird die Spannungsteilung zugunsten der Diode 2 verändert, so daß hier die Transmission der Wellenlänge λ_2 infolge der Verschiebung der Absorptionskurve zunimmt; entsprechend sinkt sie bei Rücknahme der Intensität von λ_1. Modulationsfrequenzen bis in den GHz-Bereich sind möglich. *Rosenzweig*

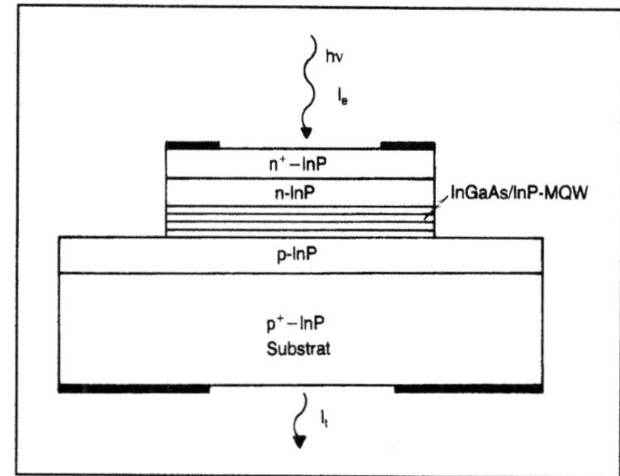

SEED 1: Multi-Quantum-Well-pin-Diode als Basisstruktur des SEED.

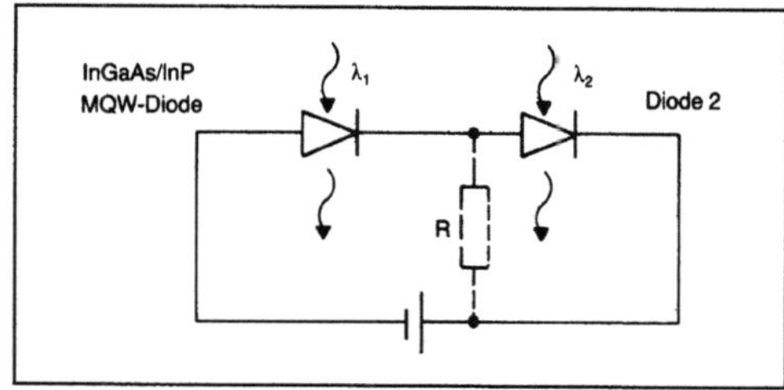

SEED 2: Beschaltung der MQW-Diode als SEED.

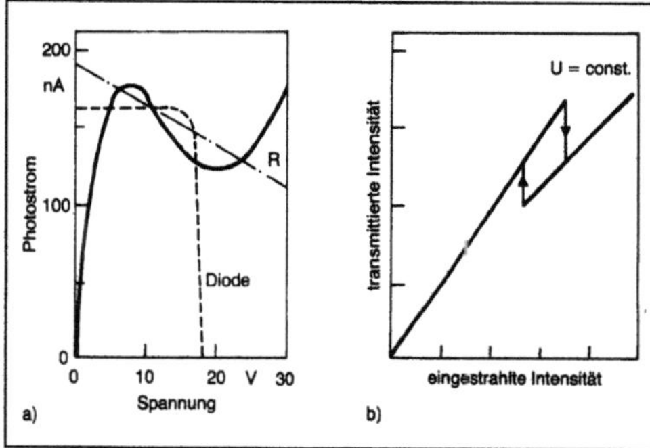

SEED 3: Charakteristische Kennlinien.
a) Photostrom einer InGaAs/InP-MQW-pin-Diode als Funktion der Biasspannung für konstante Lichteinstrahlung
b) Transmittierte Lichtintensität als Funktion der eingestrahlten Intensität für konstante Biasspannung.

Literatur: *Bar-Joseph I.* et. al.: Self-electro-optic effect device and modulation converter with InGaAs/InP multi quantum wells. Appl. Phys. Lett. **52**, (1988) 51.

Segmentansteuerung →Ansteuerung von Anzeigen

Segmentanzeige →Anzeigenelement

Segmentelektrode →Ansteuerung von Anzeigen

Sekundärelektronenvervielfacher →Photovervielfacher

Sekundäremission. Die →Emission irgendwelcher Strahlung oder Teilchen als Folge des primären Auftreffens irgendwelcher Strahlung oder Teilchen auf Materie. Dabei brauchen, wie die folgenden Beispiele zeigen, primäres und sekundäres Teilchen nicht identisch zu sein.

Ein bekanntes Beispiel für S. ist die Emission von Röntgenstrahlen als ein Sekundärprozeß, welcher dem Auftreffen schneller Elektronen auf Materie folgt. Andererseits kann die Absorption von Röntgenstrahlen als Sekundärprozeß sowohl die Emission von Röntgenstrahlen (charakteristische Röntgenstrahlung) als auch von sichtbarem Licht (→Lumineszenz) oder von Elektronen (→Photoeffekt) hervorrufen. Auch die Compton-Elektronen (Comptoneffekt) stellen ein Beispiel für S. dar. Sekundärelektronenemission ist ein häufiger Prozeß beim Auftreffen schneller Elektronen oder Ionen auf Festkörper. Er findet eine wichtige Anwendung im Sekundärelektronenvervielfacher (→Photovervielfacher).

In manchen Elektronenröhren tritt S. infolge Elektronenaufpralls als Störeffekt auf. Diese Sekundärelektronen können durch ihre →Raumladung Feldstörungen hervorrufen, unerwünschte Ströme auf Elektroden erzeugen und damit örtliche Erwärmung verursachen. Diese unerwünschte Emission kann durch die Wahl geeigneter Elektrodenmaterialien oder entsprechende Beschichtung reduziert werden. *Kiesel/Kuiper*

Selbstdiffusion. Unter S. versteht man die →Diffusion von Atomen des Halbleiterkristalls in der eigenen Matrix (also Si im Siliciumgitter, Ge im Germaniumgitter oder Ga oder As im GaAs-Gitter). Sie ist von Bedeutung im Zusammenhang mit der Diffusion von Dotierungsatomen in →Halbleitern. *Ryssel*

Selbsterregung. Erfüllt eine Schaltung mit →Rückkopplung die Barkhausen-Schwingungsbedingungen, so tritt S. (→Instabilität des Systems) ein. Je nach Schaltung, den Grad der Rückkopplung, den Nichtlinearitäten und den im Kreis vorhandene Energiespeicher entsteht dabei eine Sinusschwingung oder eine stark verzerrte Schwingung.

Die S.

- ist erwünscht beim →Oszillator. Dies ist die typische Form der Schwingungserzeugung in der Informationstechnik.
- ist unerwünscht, etwa bei gegengekoppelter Verstärkung, wo es, bedingt durch den Verstärkerfrequenzgang, zur S. kommen kann (→Nyquist-Bedingung). *R. Paul*

Selbstfokussierung →Optik, nichtlineare

Selbstjustierende Technik. S. T. ermöglichen das Einsparen von Maskierungsschritten (→Maske, →Oxid) oder die Reduzierung der Anforderungen

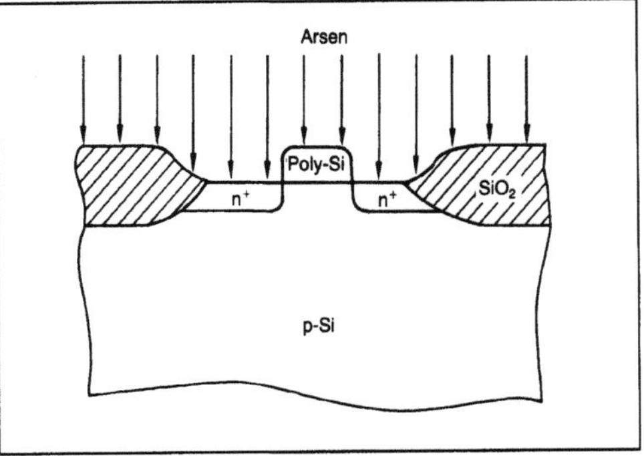

Selbstjustierende Technik 1: Verwendung des Polysiliciumgates als Maske bei der Source- und Drain-Implantation.

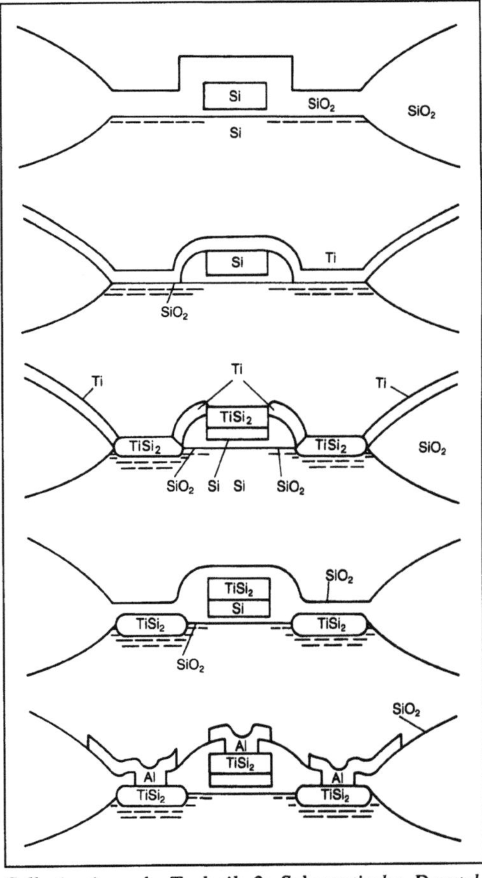

Selbstjustierende Technik 2: Schematische Darstellung der Herstellung einer SALICIDE-Struktur (Self Aligned Silicide) für MOS-Transistoren.

an die Justiergenauigkeit von Lithographieschritten. Beispiele für s. T. sind die Verwendung von Polysiliciumgates als Maske bei der →Ionenimplantation der Source- und Draingebiete (Bild 1), die selektive Bildung von Silicid nach ganzflächigem Aufbringen einer Metallschicht im Kontaktgebiet mit Silicium (Bild 2), und die selbstjustierende →Diffusion von Arsen aus einem Polysiliciumemitter (Bild 3). *Ryssel*

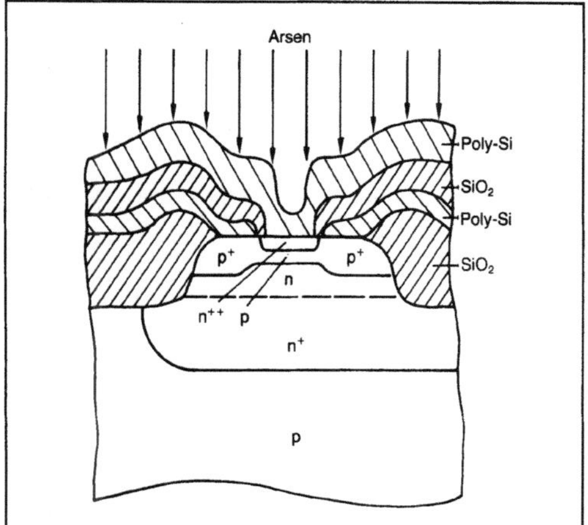

Selbstjustierende Technik 3: Selbstjustierende Diffusion von Arsen aus einem Polysiliciumemitter.

Selbstkonvergenz. S. ist gegeben, wenn bei einem Farbbildsystem nach dem Schattenmaskenprinzip die drei Elektronenstrahlen trotz räumlich unterschiedlichem Ausgangspunkt sich an jeder Stelle des Schirms überlagern. S. wird erreicht durch eine Vorverzerrung des horizontalen und vertikalen Ablenkfeldes. S. setzt beim Wickeln der Ablenkspulen und bei der Herstellung der →Ablenkeinheit eine besondere Präzision voraus.

Im allgemeinen werden zur S. Ablenkeinheit und →Bildröhre individuell aufeinander ausgerichtet und zu einem Paket miteinander kombiniert. Systeme ohne S. enthalten in der Ablenkeinheit neben den Horizontal- und Vertikalablenkspulen zusätzliche Spulen, die jeden Strahl separat mit Korrekturströmen beeinflussen können.

Nerstheimer

Literatur: Elektronik-Taschenbuch, Bd. II, Bonn.

Selbstphasenmodulation, optische →Optik, nichtlineare

Selbsttest.

Meßtechnik. Verfahren, um die statische und/oder dynamische Empfindlichkeit von Meßgeräten zu kontrollieren.

Ein S. ist z. B. durch eine Stimulation mit bekannten Prüfsignalen möglich. Werden einer Waage zwei bekannte Gewichte x_i aufgelegt, so lassen sich bei einer linearen Kennlinie aus den angezeigten Werten y_i der Nullpunktfehler a_o und die Empfindlichkeit k ermitteln:

$$a_o = y_1 - \frac{y_2 - y_1}{x_2 - x_1} x_1$$

$$k = \frac{y_2 - y_1}{x_2 - x_1}.$$

Eine eventuelle Abweichung von der ursprünglichen Kennlinie weist auf Fehler hin (→Ausfallerkennung). Bei den selbstkalibrierenden Geräten wird im Falle einer Abweichung die richtige Empfindlichkeit selbsttätig wieder eingestellt. *Schrüfer*

Prüftechnik. Die Fähigkeit einer elektrischen Funktionseinheit, sich selbst zu überprüfen.

□ Ein →Prüfautomat enthält Einrichtungen in Hard- und Software, welche eine Überprüfung der Funktionen und auch der Genauigkeiten der Meß- und Stimuligeräte vornehmen. Die Funktionsüberprüfung erfolgt zum einen beim Ablauf der Prüfprogramme z. B. als laufende Überwachung der internen Versorgungsspannungen, Lastströme und Zeitabläufe. Zum anderen kann der Anwender zyklisch oder zu beliebiger Zeit einen Teil- oder Gesamttest des Prüfautomaten mit einem eigenen Selbsttestprogrammpaket vornehmen.

Je nach Ausstattung des Prüfautomaten mit Prüfperipherie kann der S. mit automateninternen Geräten oder unter Einbeziehung von extern zuzuschaltenden Geräten vorgenommen werden. Für die Genauigkeitsüberprüfungen sind auf jeden Fall externe geeichte Geräte als Referenz zu verwenden (→Prüfautomatenselbsttest).

□ Ein integrierter →Schaltkreis oder eine Baugruppe mit Steuerungsfähigkeiten kann bereits Zusatzeinrichtungen enthalten, die zumindest eine Teilprüfung vornehmen. Diese Eigenschaft wird bei der →Funktionsprüfung ausgenutzt und in den Prüfablauf einbezogen (→Built-in-self-Test).

Mettler

Selektivität. Eigenschaft von →Sensoren, unerwünschte Nebeneffekte zu kompensieren. Ein Beispiel sind →Beschleunigungssensoren, die primär Beschleunigung einer Raumachse messen. Ein weiteres Exempel sind chemische →Sensoren, deren Eigenschaft, nur einen Stoff in einem Gemisch mit anderen Chemikalien zu detektieren, als S. bezeichnet wird. So können Metalloxid-Halbleitergassensoren viele brennbare Kohlenwasserstoffe nachweisen, aber nicht zwischen einzelnen Kohlenwasserstoffen unterscheiden. Bei diesen Sensoren spricht man auch von einer Gruppenselektivität bezüglich brennbarer Gase.

→Biosensoren, die sich zum Nachweis einer bestimmten Substanz einer spezifischen Nachweisreaktion, beispielsweise eine Antikörper-Antigen-Reaktion bedienen, können hoch-selektiv bestimmte Substanzen detektieren.

Häufig werden zur Erhöhung der S. →Sensorarrays aus mehreren Sensoren mit entsprechender →Signalverarbeitung verwendet. *Endres*

Selen →Elementhalbleiter

Semikundenschaltung. Halbkundenschaltung: Kundenspezifische integrierte →Schaltung, bei der während des Herstellungsprozesses nur Teile des Maskensatzes nach Anwendervorgaben gestaltet werden.

Gegenüber kundenspezifischen integrierten Schaltungen haben die S. den Vorzug, daß zunächst einheitliche Schaltungen auf dem →Wafer in großen Stückzahlen kostengünstig vorgefertigt werden können, die erst in den letzten Maskenebenen abhängig von der Realisierungstechnik und z. B. auch der Mehrfachverdrahtung nach Anwendervorgaben spezialisiert werden. Weil der Anwender somit nur einen Teil der Herstellungs- und Entwurfsschritte beeinflußt, sind auch die von ihm zu tragenden Grundkosten geringer. Deshalb können solche Schaltungen schon von geringeren Stückzahlen an (ab 1 000 bis 10 000) wirtschaftlich hergestellt werden. So ist diese Realisierungstechnik vor allem dort vorteilhaft, wo dem Anwender nur kurze Entwicklungszeiten verfügbar sind, ein stark diversifizierter Einsatz vorliegt und rasche Anpaßentwicklung gefordert wird, also Faktoren vorliegen, die gerade die Stückzahl klein halten.

S. stehen mit weitgehend vorentworfenen und vorgefertigten Gruppen von Funktionselementen dem Anwender in verschiedenen Ausführungen zur Verfügung: Array-Strukturen (Transistor-, →Gate-Arrays), Standard- und Makrozellen. Man zählt aber auch die feldprogrammierbaren Logiken (→FPLA, →PLA) und selbst manchmal die Familien der →PROM und →EPROM hinzu.

Bei den Array-Strukturen dominieren die Gate-Arrays (Transistor-Arrays sollen hier mit eingeschlossen sein). Das sind integrierte Schaltungen, die aus regelmäßigen „Zellen“ mit wenigen Funktionselementen bestehen. Durch wenige Zusatzverbindungen können daraus z. B. NOR- oder NAND-Gatter erzeugt werden. Am Rand befinden sich Peripheriezellen für die Verbindung zur umgebenden Schaltung. Die Zellen sind in Zeilen und Spalten regelmäßig auf dem Chip angeordnet. Die Zwischenräume bleiben für die Verbindungsleitungen.

Für den →Schaltungsentwurf stehen dem Anwender umfangreiche Hilfsmittel zur Verfügung. Typische Wiederholstrukturen (z. B. NAND-Gatter, Flip-Flops) werden als Funktionseinheiten bibliotheksmäßig bereitgehalten. Heute werden Gate-Arrays für praktisch alle Schaltkreistechniken (→ECL, →TTL, →I²L, →CMOS-Technik) mit bis 20 000 Gattern (und mehr) angeboten. Neben den Vorteilen der großen Funktionsflexibilität und kurzen Entwicklungszeit hat das →Gate-Array zwei Nachteile:

- den geringen →Integrationsgrad (weil relativ viel Verdrahtungsfläche freigehalten werden muß) und
- die Tatsache, daß nicht alle auf dem Chip enthaltenen Zellen ausgenutzt werden.

Eine gewisse Abhilfe verspricht man sich im ersten Fall von Mehrfachverdrahtungen, die soweit führen kann, daß bei räumlich dichtester Packung – einem →*Sea of Gates* – auf den Verdrahtungsplatz ganz verzichtet werden kann.

Die Standardzellen-Schaltungen (oft auch Poly-Zellen genannt) sind größere vorentworfene digitale oder analoge Funktionskomplexe, die in einer Rechnerbibliothek mit ihren elektronischen und physikalischen Parametern bereitgehalten werden. Beim Entwurf der Gesamtschaltung wählt der Entwerfer aus einem Zellenvorrat entsprechend seiner Anforderungen aus, fügt sie zeilenweise aneinander und verdrahtet die Zellen.

Typisch für solche Standardzellen ist deswegen die einheitliche Zellenbreite, während die Länge von der jeweiligen Funktionskomplexität abhängt. Die Breite der Verbindungskanäle kann variabel gehalten werden. Für die Verbindung zum System stehen dem Entwerfer zusätzlich noch Peripheriezellen zur Verfügung.

Standardzelleneinsatz bietet den Vorteil einer kürzeren Entwurfszeit, auch ist die →Packungsdichte größer als bei den Gate-Arrays. Nachteilig sind die höheren Herstellungskosten, weil neben der notwendigen Herstellung der Verbindungen auch noch alle Topologieschritte zu durchlaufen sind. Deshalb wird das Standardzellen-Verfahren erst bei Stückzahlen von größer als 10^4 wirtschaftlich.

Noch komplexere Funktionen, als sie durch Standardzellen verfügbar sind, werden als sog. Makrozellen definiert. Sie haben – abhängig von der Komplexität – unterschiedliche Breiten und Längen und werden an Stellen des →Chips plaziert, die vorher durch einen „Flurplan“ ermittelt worden sind. Vorgaben für diesen Plan sind neben der Makrogröße vor allem zweckmäßige Leitungsverbindungen, Leistungsbelastungen, Störbeeinflussungen u. a. Als Makrozellen werden neben Standardzellenkomplexen vor allem →PLA, →ROM, arithmetisch-logische Einheiten u. a. verwendet.

R. Paul

Literatur: *Hodges, D.* and *H. Jackson:* Analysis and Design of Digital Integrated Circuits. New York 1983. – *Tietze, U.* und *Ch. Schenk:* Halbleiterschaltungstechnik. Berlin 1985.

Sender, elektro-optischer. Kombination verschiedener elektronischer und optoelektronischer Bauelemente, die die Umwandlung elektrischer in optische Signale zur Nachrichtenübertragung über einen →Lichtwellenleiter ermöglicht.

Zentraler Bestandteil eines e.-o. S. ist eine →Lumineszenzdiode oder in zunehmendem Maße ein →Halbleiterlaser als unmittelbarer Strom-Licht-Wandler. Der Betrieb erfordert mindestens eine Treiberstufe (z. B. →Differenzverstärker mit →Konstantstromquelle aus drei Transistoren), die durch eine Modulationsstufe und eine Versorgungsspannung angesteuert wird. Um eine konstante optische Ausgangsleistung zu gewährleisten, erfolgt eine →Rückkopplung über eine Monitor-Photodiode mit entsprechendem →Verstärker. Zur Stabilisierung der spektralen Lage der Emission ist ferner eine Temperaturregelung mit einem Peltierkühler, einem Thermofühler und einer entsprechenden Regelstufe erforderlich (Bild). Andere Konzepte benutzen zur Modulation einen externen →Modulator, um die geringe Halbwertsbreite kontinuierlich emittierender Laserdioden nicht durch direkte Modulation zu vergrößern (→Halbleiterlaser-chirp). Dann regelt die →Monitordiode nur die konstante Ausgangsleistung, während eine zusätzliche Ansteuerung des Modulators erforderlich ist (Bild, alternativ).

Der Begriff „elektro-optischer Sender" ist nicht eindeutig definiert. Er wird verwendet für:

□ einzelne Lumineszenz- oder Laserdioden.

□ ein →Lasermodul, bestehend aus Laserdiode, Monitordiode, Peltierkühler und Thermofühler in einem abgeschlossenen Gehäuse.

□ für die gesamte, oben beschriebene, hybrid aufgebaute Einheit.

Zukünftige Entwicklungen versuchen Halbleiterlaser, Transistor-Treiberstufe, Monitordiode mit Verstärker, gegebenenfalls externen Modulator und einen →Wellenleiter zur Ankopplung an die Faser auf einem chip (monolithisch) zu integrieren (→Halbleiterlaser-Integration). *Rosenzweig*

Senderöhre. Eine S. ist eine spezielle Anwendungsform der →Elektronenröhre. Nach dem Ersatz vieler Röhrenfunktionen durch Halbleiterbauelemente stellt sie heute neben den Bildröhren die Hauptanwendungsform dar. Ihre Domäne ist die Erzeugung hoher Ausgangsleistungen und die Verstärkung höchster Frequenzen, wobei es auf hohen Wirkungsgrad und lange →Lebensdauer ankommt. Verwendet werden Tetroden in Rundfunk- und Fernsehsendern, Trioden in HF-Generatoren und -Verstärkern für industriellen und medizinischen Einsatz: z. B. Erhitzung elektrischer Nichtleiter (Kunststoffe verschweißen, Holztrocknung), Erwärmung elektrischer Leiter (Metalle löten, härten, schweißen) und Erwärmung menschlichen Gewebes bei Entzündungen und Tumoren, Klystrons in den oberen Fernsehbändern, Wanderfeldröhren für Richtfunk- und Nachrichtensatelliten und Magnetrons für Radarsender, sowie Mikrowellenkochherde.

Die Tetroden (Bild) gehören zu den konventionellen Elektronenröhren und benötigen äußere Schaltungselemente, meist abgestimmte Schwingkreise, zur Realisierung einer Senderendstufe. Die anderen Röhrentypen gehören zur Gruppe der Mikrowellenröhren und haben die Schaltkreise praktisch integriert. Konventionelle Senderöhren arbeiten im B- oder C-Betrieb, um höhere Ausgangsleistungen zu erhalten. Dabei pendelt der Anodenstrom nicht um einen mittleren Ruhestrom, sondern die Röhre wird vom unteren Knick der Kennlinie aus entweder in Eintakt- oder Gegentaktschaltung durchgesteuert. Hierbei entstehen relativ große Verzerrungen, wobei die entstehenden Ober-

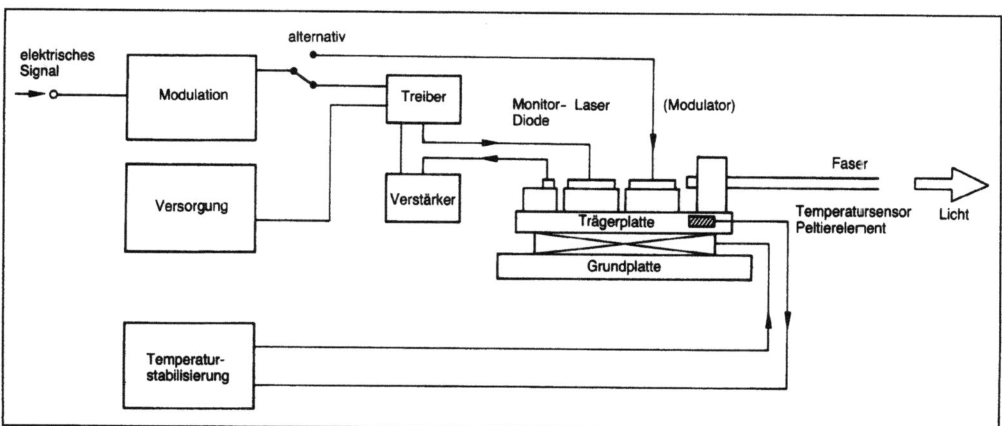

Sender, elektro-optischer: Ausführung mit einem Modulator. Bei direkter Modulation des Lasers entfällt der Modulator.

Senderöhre: Sendetetrode hoher Leistung. (Quelle: Siemens)

wellen in Resonanzkreisen am Eingang und Ausgang unterdrückt werden.

Die →Mikrowellenröhren benötigen keine äußeren Schaltkreise. →Wanderfeldröhren, vor allem mit einer Wendel als →Verzögerungsleitung, sind vom Prinzip her extrem breitbandig. →Klystrons haben entweder integrierte Resonanzkreise oder aus konstruktiven Gründen äußere Resonatoren in der Form von Leitungsresonatoren. Beim →Magnetron hängt der Frequenzbereich im wesentlichen von der Geometrie und der Strahlspannung ab.

Die Herstellung und Leistungsfähigkeit moderner S. ist stark abhängig von der Technologie. So benötigt man vakuumdichte Gefäße in Glas-Metall- und Metall-Keramik-Technik, eine Technologie zur Erzeugung von Ladungsträgern im Vakuum und zur Erzeugung von Ultrahochvakuum. Die verwendeten Materialien unterliegen höchsten thermischen Belastungen. So werden die Anoden von Hochleistungstetroden aus unter Vakuum erschmolzenem Kupfer mit bis zu 1 kW/cm^2 belastet. Die →Gitter werden aus pyrolythischem Graphit hergestellt, in welches die Strukturen mittels Laser in höchster Präzision eingeschnitten werden. Bei den Mikrowellenröhren wird z. T. gut wärmeleitende Keramik aus Berylliumoxid verwendet. Die Kathoden müssen sowohl in ihrem Aufbau, als auch im Hinblick auf hohe Daueremission höchsten Ansprüchen genügen, wobei bei Nachrichtensatelliten Lebensdauern von zehn Jahren und mehr gefordert werden.

S. erreichen selbst bei Betriebsfrequenzen um 100 MHz Dauerleistungen im MW-Bereich, die Impulsleistungen liegen noch etwas darüber. Je nach Röhrentyp und Betriebsklasse werden Wirkungsgrade von 45–90 % erreicht. Bei Mikrowellenröhren verwendet man hierzu spezielle Techniken, wie Strahlabbremsung und Geschwindigkeitstaperung.

Golombek

Literatur: *Barkhausen, H.:* Lehrbuch der Elektronenröhren. Leipzig. – NTG-Fachberichte. Bd. 71, Berlin 1980. – NTG-Fachberichte. Bd. 95, Berlin-Offenbach 1986.

Sensor. Ein S. wandelt das Eingangssignal in eine meßbare Größe und ist damit ein Teil von einem →Aufnehmer. Dabei können die Eingangssignale mechanische, akustische, thermische, chemische, optische, magnetische, oder elektrische Größen sein. Neben der Art der Meßgröße können S. auch nach folgenden Eigenschaften klassifiziert werden: Meßeffekt (→Messen), Herstellmaterial und -techniken, statischen und dynamischen Eigenschaften, Störeffekte, →Genauigkeit und →Zuverlässigkeit.

Wichtig ist bei einem S. die reproduzierbare und stabile →Kennlinie, Freiheit von Drift und von Hysterese. Darüber hinaus sollten S. austauschbar sein und mit einem niedrigen Energieverbrauch arbeiten.

S. lassen sich aus verschiedenen Materialien, häufig aus Silicium, aber auch aus anderen Halbleitern, Metallen, Glas, Keramik und Polymeren herstellen. Viele von diesen Materialien lassen sich mit den diversen, hochentwickelten Prozessen der →Halbleitertechnologie bearbeiten. Silicium bietet als Grundmaterial für die Entwicklung und Fertigung von S. wichtige Vorteile an.

Einerseits können S. zur Erfassung von Druck, Kraft, Beschleunigung, Temperatur, optische und magnetische Größen realisiert werden. Andererseits besteht auch die Möglichkeit elektronische Bauelemente auf dem selben →Substrat monolitisch zu integrieren. Hierbei kann neben der Technologie der integrierten Schaltkreise, auch auf die Prozeßtechniken der →Mikromechanik zurückgegriffen werden. Weitere Vorteile sind die hohe Zuverlässigkeit, sehr präzise dimensionelle Kontrollierbarkeit und die Möglichkeit der →Miniaturisierung. Wegen der hohen Investitions- und Betriebskosten der Siliciumtechnologie müssen jedoch die S. in sehr großer Stückzahl produziert werden um die Vorteile dieser Technologie nützen zu können. Nachteilig wirkt sich die relativ lange Entwicklungszeit aus.

Die wichtigsten Eigenschaften bei der statischen Charakteristik des S. sind die →Empfindlichkeit und die zulässigen Fehlergrenzen. Dynamisches

Verhalten ist wichtig wenn das S. schnelle, z. B. stufenförmige Änderungen der Meßgröße erfassen muß. Diese Eigenschaft kann durch das Frequenz- und Dämpfungsverhalten charakterisiert werden.

Wesentlich ist, die Auswirkung der Störeffekte nach Möglichkeit zu eliminieren oder konstant zu halten. Häufig auftretende Stör- oder Einflußgrößen (→Meßfehler) sind Temperatur, Feuchte, Vibrationen und mechanische Erschütterungen sowie elektromagnetische Störfelder.

Abhängig vom Anwendungsbereich sind unterschiedliche Anforderungen an die Genauigkeit des S. gestellt. Die niedrigste Genauigkeitsanforderung $(2–5)\cdot 10^{-2}$ stellt die Konsumgütertechnik, höher liegen die Anforderungen in der industriellen Technik $(2–5\cdot 10^{-3})$ und in der Präzisionsmeßtechnik $(2–5\cdot 10^{-4})$. *Csepregi*

Literatur: *Göpel, W., J. Hesse, J. N. Zemel:* (Eds.) Sensors, Weinheim 1990. – *Norton, H. R.:* Sensor and Analyser Handbook. Englewood Cliffs, NJ 1982. – *Schmidt, B., D. Schubert:* Siliciumsensoren. Berlin. – *Tränkler, H.-R.:* Taschenbuch der Meßtechnik. München–Wien 1989. – *Tschulena, G.:* Sensoren 86/87 Düsseldorf 1988.

Sensor, amperometrischer. Generell wird die Eigenschaft eines Elektrolyten ausgenutzt, einen Fluß der nachzuweisenden Spezies in einen elektrischen Strom umzuwandeln. Der Fluß ist in den meisten Fällen ein →Diffusionsstrom durch eine Barriere, die aus einer kleinen Öffnung der Abdekkung des Elektrodenraumes zum Analyten hin besteht, oder durch das Eindiffundieren in den (meist flüssigen) Elektrolyten. Der Fluß kann auch durch eine vorgelagerte Reaktion kontrolliert sein. Er wird gewöhnlich durch die angelegte Spannung an den gleichen Elektrolyten erzeugt, der auch zur →Strommessung dient. Gegenüber potentiometrischen Methoden besteht ein wesentlicher Vorteil darin, daß amperometrische Verfahren kein thermodynamisches Gleichgewicht verlangen und aufgrund von Potentialeinstellungen und kinetischen Prozessen verbesserte Selektivitäten zeigen.

In Verbindung mit flüssigen Elektrolyten werden vorwiegend Redoxprozesse der zu analysierenden Spezies ausgenutzt, die durch →Diffusion zu der Elektrode gelangen. Querempfindlichkeiten sind durch die →Löslichkeit mehrerer Gase im Elektrolyten bedingt. Dagegen zeigen Festelektrolyte eine elektrische Wanderung einer einzigen Ionensorte. Das bedeutendste Beispiel ist der Sauerstoff-Grenzstromsensor auf der Basis von dotiertem Zirkonoxid als reiner Sauerstoffionenleiter. Eine der beiden Elektroden ist durch eine Kappe mit einem Diffusionsloch abgedeckt, während die andere dem Gas frei ausgesetzt ist. Durch Anlegen einer Spannung fließt ein Strom mit der Folge der Erniedrigung des Sauerstoffpartialdrucks in dem Raum zwischen dem Elektrolyten und der Abdeckung mit der Diffusionsbarriere. Sobald der Strom durch den Diffusionsstrom des Sauerstoffs durch das Loch hindurch begrenzt wird, erfolgt kein weiterer Anstieg mit steigender Spannung, und der Strom ist unabhängig von dem angelegten Spannungswert (Grenzstrom). Der Diffusionsstrom ist nach dem Fick'schen Gesetz dem äußeren Partialdruck proportional. Es ergibt sich damit ein linearer Zusammenhang zwischen dem zu messenden Partialdruck und dem elektrischen Meßsignal (Strom). Dadurch läßt sich eine höhere Meßgenauigkeit beim Nachweis kleiner Änderungen erzielen gegenüber potentiometrischen →Sensoren, die eine logarithmische Abhängigkeit zeigen. Durch Bildung von Reaktionsprodukten zwischen der im Elektrolyten beweglichen Komponente und dem Gas (z. B. Bildung von AgCl unter Verwendung von Ag-β-Al_2O_3 als Silber-Ionenleiter und Cl_2-Gas) können auch Elektrolyte, die die nachzuweisenden Spezies nicht leiten, für a. S. herangezogen werden. *Weppner*

Sensor, chemischer. Ein c. S. ist ein Meßwertaufnehmer, der Chemikalien in Flüssigkeiten und Gasen qualitativ und quantitativ messen kann. Typischerweise dienen c. S. zur Messung von Spurengasen, Ionen und organischen Molekülen in Flüssigkeiten. Anwendungsgebiete für c. S. gibt es in nahezu allen Gebieten der Technik. Beispielsweise finden sie Verwendung in der Kraftfahrzeugtechnik zur Messung des Sauerstoffgehalts in Abgasen (→Lambda-Sonde), als Feuchtesensoren in der Klimasteuerung und Geräten, im Arbeitsschutz, in Haushalten als Rauchgasmelder usw.

Ein c. S. besteht im allgemeinen aus einem chemisch aktiven Material, das möglichst spezifisch mit der zu messenden Substanz reagieren soll (Nachweisreaktion), und einem physikalischen →Transducer (Bild). Die durch die Nachweisreaktion hervorgerufene Änderung der physikalischen Materialeigenschaften des chemisch aktiven Materials (z. B.: Polarisierbarkeit: dielektrischer →Sensor, optischer →Sensor; →Leitfähigkeit: amperometrischer →Sensor, elektrochemische Zelle; Wärmetönung: →Pellistor; Massenänderung: piezoelektrischer →Sensor; Grenzflächenpotential: potentiometrischer →Sensor, ionensensitiver →Sensor; etc.) werden mit einem physikalischen Detektor in ein elektrisches oder optisches Signal umgesetzt. In

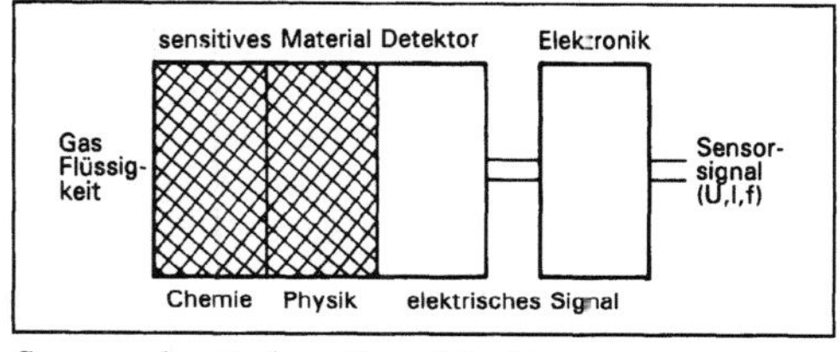

Sensor, chemischer: Grundstruktur.

manchen Fällen ist ein inaktiver Referenzsensor zur →Kompensation von Störgrößen notwendig.

Im einfachsten Fall, z. B. bei der in der Automobiltechnik eingesetzten Lambda-Sonde besteht das chemisch aktive Material aus einer ionenleitenden Keramik (Zirkoniumdioxid), das zusätzlich mit Platin als Katalysator und Elektrode beschichtet ist, und einer weiteren Elektrode als ‚Leitwert'-Detektor.

In den meisten Fällen wird an die zur Detektion dienende chemische Nachweisreaktion die Forderung der Reversibilität gestellt. In diesem Fall ist die Reaktionsrate im thermischen Gleichgewicht mit der Konzentration des zu messenden Stoffes und man erhält einen kontinuierlichen Meßwert.

Für viele Anwendungen in der Technik und im Umweltschutz ist jedoch auch eine dosimetrische Messung von Chemikalien sinnvoll. Die zur Messung genutzte Nachweisreaktion ist hier irreversibel und der Meßwert hängt von der Summenkonzentration des zu messenden Stoffes ab.

Die zum Nachweis eines Stoffes genutzte chemische Reaktion ist nur in den seltensten Fällen von hoher →Selektivität, d. h. daß sie nur mit der zu messenden Substanz und keiner anderen reagiert. Diese →Querempfindlichkeit kann durch verschiedene Maßnahmen verringert werden, so z. B. den Einbau von spezifischen Filtern oder die Verwendung mehrerer Sensoren zur gegenseitigen Kompensation ihrer Querempfindlichkeiten (→Sensorarray). Für diesen Zweck werden in jüngster Zeit auch →Mustererkennungsverfahren und wissensbasierte Systeme eingesetzt. *Endres*

Literatur: *Göpel, W.; J. Hesse, J. N. Zemel:* ‚Sensors – A comprehensive Survey'; Vol. 2 ‚Chemical and Biochemical Sensors Part I' und Vol. 3 ‚Chemical and Biochemical Sensors Part II'. Weinheim, 1991. *Endres*

Sensor, dielektrischer. D. S. sind kapazitive chemische Sensoren zur Messung der Konzentration von Gasen, Feuchte oder Stoffen in Flüssigkeiten. Sie bestehen aus einer chemisch aktiven Schicht, die ihre dielektrischen Eigenschaften durch eine reversible Reaktion (z. B. Adsorption, Absorption) mit dem zu messenden Stoff ändert und einem Kondensator, der die dielektrischen Eigenschaften dieser sensitiven Schicht mißt. Da die zu messende Substanz freien Zugang zur sensitiven Schicht haben muß, kommen in der Regel nur planare Kondensatoren (Kammstrukturen bzw. Interdigitalkondensatoren) als →Transducer in Frage, deren Elektroden mit dem gassensitiven Dielektrikum bedeckt sind. In manchen Fällen werden Plattenkondensatoren verwendet, deren eine Elektrode gaspermeabel ist.

Die zum Nachweis notwendige chemische Reaktion mit der zu messenden Substanz ändert im wesentlichen die dipolare Polarisierbarkeit der sensitiven Schicht. Polarisationsprozesse an den Grenzflächen Elektrode – sensitives Material und sensitives Material – zu messendes Medium können die Kapazität des d. S. zusätzlich beeinflussen. Der Einfluß dieser Störgrößen läßt sich beispielsweise durch die Wahl einer geeigneten Meßfrequenz verringern. Wie bei allen anderen chemischen Sensoren gibt es häufig Probleme mit Querempfindlichkeiten zu anderen Substanzen.

Ein Beispiel für d. S. sind →Feuchtesensoren mit einer polymeren Schicht als Feuchteadsorbens. *Endres*

Sensor, elektrochemischer. Charakteristikum ist die Verwendung flüssiger oder fester Elektrolyte (→Ionenleiter). Mehrere Betriebsweisen sind gebräuchlich. Zum einen kann über die *Nernst*'sche Beziehung die Aktivität (Partialdruck) einer nachzuweisenden Spezies in eine elektrische Spannung umgewandelt werden (→Sensor, potentiometrischer), zum anderen kann ein Fluß der nachzuweisenden Spezies in einen elektrischen Strom umgewandelt werden (→Sensor, amperometrischer). Spannungen und Ströme können umgekehrt auch Aktivitäten der elektroaktiven, d. h. im Ionenleiter (beweglichen) Komponente und Reaktionsraten erzwingen. Die Verfahren lassen sich miteinander kombinieren.

Das breite Spektrum der Nachweismöglichkeiten erlaubt wesentliche Vorteile im Hinblick auf →Querempfindlichkeit im Vergleich zu anderen Sensor-Prinzipien. Ein wesentliches Charakteristikum ist auch die direkte Umwandlung der Aktivität (Konzentration) in elektrische Meßsignale, die nur eines geringen Aufwandes bedürfen und direkt in elektronischen Schaltungen für die →Anzeige des Meßwertes oder die Prozeßkontrolle weiterverarbeitet werden können.

Eine →Miniaturisierung ist vorteilhaft, da die Spannung unabhängig von der Geometrie ist und die Impedanz (Zellwiderstand) erniedrigt werden kann. Zur selektiven Ankopplung des Analyten an den Elektrolyten werden kinetisch (evtl. katalytisch) oder thermodynamisch aktive Zwischenschichten (Elektroden- oder Elektrolytbeschichtungen) verwendet.

Durch Anwendung fester Elektrolyte läßt sich im Vergleich zu flüssigen Elektrolyten ein wesentlich erweiterter Temperaturbereich ausnutzen und, wegen der Wanderung einer einzigen Ionensorte, eine höhere →Selektivität erreichen. *Weppner*

Sensor, faseroptischer. (*engl.* Fibre Optic Sensor, FOS). Meßwertaufnehmer für elektrische und nichtelektrische Meßgrößen, bei dem entweder die Erfassung oder die Übertragung des Meßwertes mittels einer Lichtleitfaser erfolgt. Je nach Funktion der Faser kann man sog. intrinsische und extrinsische f. S. unterscheiden.

In einem intrinsischen f. S. dient die Faser selbst als das empfindliche Element, in dem Wandlung der Meßgröße in ein optisches Signal erfolgt (Modulation). In vielen Fällen ist dabei die Höhe des erzeugten optischen Signales proportional zur Länge der Faser. Durch Verwendung langer Fasern lassen sich dann Sensoren herstellen, die besonders hohe →Empfindlichkeit besitzen, z. B. faseroptische →Interferometer, Magnetometer und →Gyroskope. Als „verteilte" Sensoren werden f. S. bezeichnet, bei denen man ausnutzt, daß die Empfindlichkeit über die gesamte Länge der Faser (bis zu 1 km oder mehr) verteilt ist, wobei der Sensor die lokalen Werte der Meßgröße entweder über diese Länge mittelt oder sie ortsaufgelöst anzeigt (Beispiele: verteilter Berührungssensor, →Temperatursensor, →Struktursensor). Beim faseroptischen Hydrophon ist die Benutzung einer Faser als Sensor vorteilhaft, um ausgeprägte akustische Richtcharakteristiken zu erzielen.

In extrinsischen f. S. ist der primäre Zweck der Faser die möglichst störungsfreie Übertragung des Meßwertes vom Meßort zu einem entfernt gelegenen Auswerteort. Die Modulation, d. h. die Wandlung der Meßgröße in ein optisches Signal, erfolgt dabei am Meßort außerhalb der Faser, z. B. mittels integriert-optischer oder mikro-optischer Komponenten. Der Einsatz derartiger f. S. ist immer dann angebracht, wenn am Meßort oder auf dem Übertragungsweg meßtechnisch „schwierige" Umgebungsbedingungen herrschen, etwa starke elektrische oder magnetische Störfelder, hohe Temperaturen, explosive oder korrosive Atmosphären, oder wenn der kleine Durchmesser und die hohe Flexibilität der Glasfaser vorteilhaft sind, wie in medizinischen Sensoren für intravenöse oder intramuskuläre Anwendungen (→Temperatursensor, faseroptischer). Häufig deckt sich die Forderung nach ungestörter Meßwertübertragung mit Forderung nach Streckenneutralität des Sensors.

Die besonders hohe Empfindlichkeit der Faser gegenüber bestimmten Einflüssen (Meßgrößen) im Fall der intrinsischen f. S. einerseits und ihre besonders niedrige Empfindlichkeit gegenüber den Umgebungsbedingungen bei extrinsischen f. S. andererseits scheinen sich zu widersprechen. Man kann die gewünschte (Un-)Empfindlichkeit jedoch jeweils durch besondere Gestaltung der Faser und durch die Wahl ihrer Ankopplung bzw. Isolation erreichen: sie wird darüber hinaus auch wesentlich durch die optischen Betriebsbedingungen und die verwendeten Modulationsverfahren mitbestimmt (Bild).

Die Entwicklung der f. S. begann Mitte der 70er Jahre. Sie wurde stark beeinflußt und gefördert durch Entwicklungen auf dem Gebiet der optischen Nachrichtentechnik, wo viele der faseroptischen und integriert-optischen Komponenten, die für f. S.

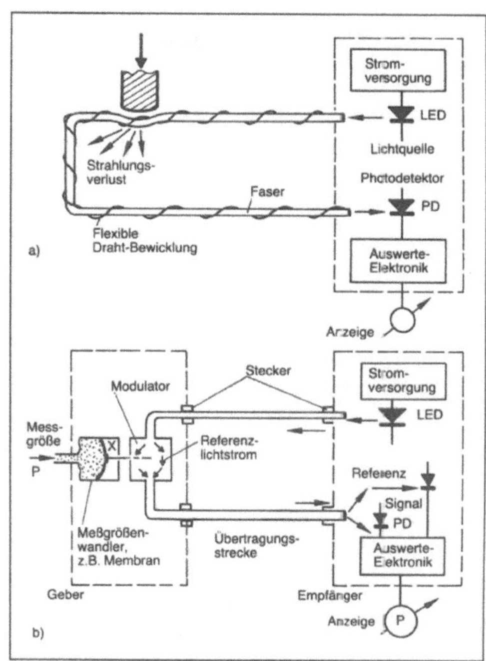

Sensor, faseroptischer: Beispiele, schematisch
a) Berührungssensor. Infolge Bewicklung der Faser mit dünnem Draht entsteht bei seitlicher Krafteinwirkung eine lokale Verbiegung der Faser. Der resultierende Strahlungsverlust wird von der Auswerte-Elektronik erfaßt und als „Berührung" angezeigt. (Intrinsischer Sensor mit über die gesamte Faserlänge verteilter Empfindlichkeit)
b) Drucksensor. Der zu messende Druck p verbiegt eine elastische Membran, und deren Auslenkung x steuert einen Teil des Lichtstromes. Ein anderer Teil des Lichtstromes bleibt unmoduliert und dient als Referenz. Die Auswerte-Elektronik vergleicht Signal- und Referenzlichtstrom und erzeugt daraus streckenneutral die Druckanzeige p. (Extrinsischer Sensor mit Meßgrößenwandlung p–x).

wesentlich sind, bereits in ähnlicher Form entstanden. Inzwischen gibt es Konzepte von f. S. für zahlreiche technisch interessierende Meßgrößen, eine Anzahl von Sensortypen wurde bereits zu kommerziell erfolgreichen Produkten weiterentwickelt (vgl. die genannten Beispiele).

Alle f. S. beruhen auf der Möglichkeit, mittels Glasfasern Licht (genauer: elektromagnetische Strahlungsleistung, meist im infraroten Spektralbereich bei 0,7–0,9 μm Wellenlänge) dämpfungsarm über größere Strecken zu übertragen. Die in die Faser eingekoppelten Strahlungsleistungen liegen typisch bei 10^{-3} W. Da die verwendeten Halbleiter-Photodetektoren sehr empfindlich sind (10^{-9}–10^{-12} W rauschäquivalente Strahlungsleistung), steht eine optische Dynamik von 60–90 dB zur Verfügung für die Variation der Lichtleistung infolge der optischen Modulation, für die Übertragungsverluste in der Faser und in Steckern und Spleißen, sowie für die optischen Verluste in den anderen Komponenten des Sensors (Linsen, Koppler, Filter).

Intrinsische Sensoren beruhen auf Effekten, mit denen die Lichtausbreitung in der Faser von außen her beeinflußt werden kann: Die Intensität des Lichtstromes am Ende der Faser hängt von ihrer Dämpfung ab, also von den Verlusten infolge Absorption, Abstrahlung oder Streuung. Durch →Dotierung mit Ionen der seltenen Erden erhält man Fasern mit temperaturabhängiger Absorption, geeignet für faseroptische Thermometer. Ionisierende Strahlung läßt sich durch die von ihr erzeugte Zusatzabsorption in der Faser nachweisen. Verluste durch Abstrahlung entstehen in der Faser bei scharfer Krümmung, dies wird in Sensoren für Kraft, Druck und Berührung ausgenutzt. Verteilte Temperatursensoren erfassen die temperaturabhängige Fluoreszenz oder die *Raman*-Lichtstreuung aus der Faser. Eine Beeinflussung der Phase der Lichtausbreitung besteht bei Temperaturänderungen der Faser sowie bei Längenänderungen durch elastische Dehnung oder hydrostatischen Druck (Hydrophon). Die Erfassung der Phase erfolgt in faseroptischen Interferometern. Einseitiger Druck auf die Faser. Faserverbiegungen und Magnetfelder erzeugen Änderungen in der Phase, die unterschiedlich groß sind für verschiedene Polarisationszustände. Solche Effekte werden besser beschrieben als Änderungen der →Doppelbrechung der Faser. Hierauf beruhen Kraftsensoren sowie der Strommesser.

Extrinsische f. S. umfassen allgemein einen Geber für die Meßinformation und einen zugehörigen Empfänger. Geber und Empfänger sind über Lichtleitfasern miteinander verbunden. Im Geber wirkt die Meßgröße direkt oder nach einer Meßgrößenwandlung auf den von einer Quelle kommenden Lichtstrom ein und moduliert ihn. Der Meßwert wird somit durch bestimmte Merkmale des zum Empfänger geführten Lichtstromes repräsentiert (Codierung). Im Empfänger werden diese Merkmale des Lichtstromes detektiert und ausgewertet, d. h. die Meßinformation wird decodiert und angezeigt. Die Modulation erfolgt entweder digital (→Lichtschranke) oder analog (stetige Änderung mittels verschiebbarer Blenden, Gitter, etc., oder mittels Polarisationsdrehungen aufgrund elastooptischer, elektro-optischer oder magneto-optischer Effekte.

Zu den f. S. rechnen auch diverse Anordnungen zur Spektralanalyse mittels sichtbarer, ultravioletter oder infraroter Strahlung, bei denen diese Strahlung über Lichtleitfasern zwischen Meßort und Auswerteort übertragen wird. Ähnliche Systeme finden neuerdings auch Anwendung bei der Überwachung der Konzentration explosiver Gase (z. B. Methan, Propan) z. B. in Schachtanlagen und Raffinerien.

Ulrich

Sensor, integrierter. Nach dem gegenwärtigen Stand der Technik wird der weitaus größte Teil der integrierten Schaltungen auf Kristallen des Halbleiters Silicium realisiert, in weitem Abstand gefolgt von Galliumarsenid. Bei vielen Sensortypen, insbesondere den Siliciumsensoren, ist es möglich, den Sensor als zusätzliches Bauelement der integrierten Schaltung hinzuzufügen, so daß beide in einem gemeinsamen Fertigungsprozeß hergestellt werden können. Sie haben dann den erheblichen Vorteil von besonders kurzen und wenig störanfälligen elektrischen Verbindungsleitungen.

In vielen Fällen muß allerdings die Technologie von i. S. besonders auf die Anforderungen des Sensors angepaßt werden, da die elektrischen Eigenschaften des für den Sensor notwendigen Materials auch bei Siliciumsensoren anders sein können als die für integrierte Schaltungen. Das gilt erst recht, wenn für den Sensor andere Materialien zur Anwendung kommen.

Weiterhin ist nachteilig, daß bei i. S. auch die Auswerteelektronik denselben Umweltbedingungen unterworfen ist wie der Sensor selbst, was zu erheblichen Einschränkungen in der Anwendung führen kann, z. B. im zulässigen Temperaturbereich.

Schaumburg

Sensor, intelligenter. Sensorelement, das mit einer aufwendigen elektronischen Datenaufbereitung verbunden ist, z. B. in einem integrierten →Sensor. Dabei geht die →Signalverarbeitung zunehmend von der klassischen →Analogtechnik auf eine digitale oder digital-angepaßte Technik über (z. B. →Pulsdauermodulation).

Typische *Intelligenz*-Funktionen sind Analog-Digital-Wandlung, Eigenfunktionstests, Plausibilitätsprüfungen, u. a. I. S. können bereits Bus-Schnittstellen (Busstruktur) besitzen.

Schaumburg

Sensor, ionenimplantierter. Mit Hilfe der Ionenimplantations-Technologie ist es möglich, Materialien mit einer sehr genau dosierten Menge von Fremdatomen zu dotieren, auch im Bereich außerordentlich niedriger Konzentrationen. Dabei werden die Fremdatome ionisiert, in einem Massenseparator selektiert und nach Durchlaufen einer Beschleunigungsstrecke in das Material implantiert. Dort kann die Anzahl – oder Dosis – der auftreffenden Ionen leicht über eine →Ladungsmessung bestimmt werden.

Wegen der engen Fertigungstoleranzen, die für die Sensorherstellung in vielen Fällen notwendig sind, eignet sich die →Ionenimplantation besonders als Dotierverfahren für Sensoren. Das gilt insbesondere für Halbleitersensoren (→Siliciumsensor), bei denen Dotierungen bis weniger als 10^{-10} Atomprozente erforderlich sein können. *Schaumburg*

Sensor, ionensensitiver. I. S. basieren auf dem potentiometrischen Prinzip. Sie lassen sich einteilen in:

- ionensensitive Elektroden (ISE)
- ISFETs (→Feldeffekttransistor, ionensensitiver) *Drost*

Sensor, magnetoresistiver. →Magnetfeldsensor, der bei Anlegen eines Magnetfeldes seinen elektrischen Widerstand ändert. Ein typisches Ausführungsbeispiel ist die →Feldplatte, neuerdings werden aber auch andere magnetoresistive Werkstoffe auf der Basis von Metall-Dünnschichten (NiFe, NiCo) eingesetzt. *Schaumburg*

Literatur: *Dibbern, U.:* Sensors and Actuators **4** (1983) S. 221. – *Schaumburg, H.:* Werkstoffe und Bauelemente der Elektrotechnik. Bd. 1: Werkstoffe. Stuttgart 1990.

Sensor, optischer. Ein o. S. mißt die Intensität und die spektrale Beschaffenheit von Lichtstrahlung. Verschiedene Umweltparameter, die Licht beeinflussen, können mit o. S. auf direkte oder indirekte Weise gemessen werden. Ein Beispiel dafür sind Infrarotspektrometer zur Messung von Gaskonzentrationen.

Zur Messung der Beschaffenheit von Licht dienen eine Vielzahl von Photodetektoren, die hauptsächlich mit Halbleitereffekten arbeiten. Infrarotstrahlung kann mit Pyrometern, Bolometern und Thermopiles gemessen werden. Da nach der Planck'schen Strahlungstheorie jeder Körper proportional zu seiner Temperatur Infrarotstrahlung aussendet, können diese Sensoren auch zur indirekten →Temperaturmessung verwendet werden.

O. S., die die Änderung der optischen Eigenschaften eines Materials messen, lassen typischerweise Rückschlüsse auf Umweltparameter zu. Beispielsweise ändern Druck, mechanische Spannungen, Temperatur, chemische Reaktionen und eine Reihe weiterer Umweltparameter die optischen Parameter eines Festkörpers.

Ein wichtiger Vertreter dieser Sensoren sind faseroptische →Sensoren und →Interferometer. Hier wird das Licht mit einem Strahlteiler in zwei Strahlen aufgeteilt. Der eine Strahl wird durch die Umweltparameter beeinflußt, der andere dient als Referenzstrahl. Nach der Zusammenführung beider Strahlen kann durch die Interferenz auf die Stärke der Umweltbeeinflussung geschlossen werden. *Endres*

Sensor, potentiometrischer. Mit Hilfe von elektronischen Abgriffen wird die Spannung ohne Stromfluß über einen flüssigen oder festen Elektrolyten abgegriffen. Wegen der nicht (oder nur in geringem Umfang) vorliegenden elektronischen Leitung können lediglich die Ionen wandern, um einen Konzentrationsausgleich zwischen der Seite des Elektrolyten mit den nachzuweisenden Spezies und einer Referenzseite zu erreichen versuchen. Die Ladungsverschiebung der Ionen führt zu einem elektrischen Feld, das gerade so groß wird, daß die Bewegung durch den Konzentrationsgradienten zum Erliegen kommt. Die abgreifbare Spannung ist auf diese Weise mit der Konzentrationsdifferenz verknüpft. Wegen der Proportionalität der Migration im elektrischen Feld zum Absolutwert der Konzentration der beweglichen Ionensorte und der Proportionalität der →Diffusion lediglich zum Gradienten der Konzentration (unabhängig von der Konzentration selbst), ergibt sich ein logarithmischer Zusammenhang zwischen der Zellspannung und der nachzuweisenden Aktivität gemäß dem Nernst'schen Gesetz $E = (kT/z_i q)\ \ln\ (a_i/a_i^{ref})$

(k: Boltzmann-Konstante, T: absolute Temperatur, z_i: Ladungszahl, q: Elementarladung, a_i: Aktivität der beweglichen Komponente i).

Eine andere Betrachtungsweise geht von der Gleichgewichtseinstellung des Analyten mit dem Elektrolyten aus. Der Ein- oder Ausbau der beweglichen Komponente hat auch eine Änderung der Konzentration der elektronischen →Ladungsträger und des Fermi-Potentials zur Folge. Die lediglich elektronisch leitfähigen Ableitungen erfassen diese Größe, da sie nur in der Lage sind, Elektronen mit dem Elektrolyten auszutauschen.

Die Wirkungsweise des p. S. besteht in der unmittelbaren Ermittlung der elektronischen Konzentration in der Oberfläche des Elektrolyten und der mittelbaren Bestimmung der Aktivität chemischer Spezies. Neben Ionenleitern, die die nachzuweisende Komponente direkt zu überführen vermögen (Typ I) können auch →Ionenleiter verwendet werden, die die nachzuweisenden Spezies nur als unbewegliche Komponente (Typ II) oder überhaupt nicht enthalten (Typ II) (→Feststoffelektrolyt, →Ionenleiter). Die Ankopplung erfolgt durch Gleichgewichtseinstellung innerhalb des Elektrolyten oder unter Verwendung zusätzlicher Zwischenschichten. Dadurch lassen sich zahlreiche bekannte feste Elektrolyte für Alkali- und Silberionen für die Sensorik nutzbar machen.

P. S. sind prinzipiell selektiv für die bewegliche Komponente; zur Messung der Spannung bedarf es jedoch eines (geringen) Stromes, der kinetische Veränderungen hervorruft und eine wahre Gleichgewichtseinstellung verhindern kann. Querempfindlichkeiten rühren auch von der Bildung unerwünschter Reaktionsprodukte zwischen dem Gas und dem Elektrolyten sowie kinetisch vorteilhafteren Zellreaktionen her. *Weppner*

Sensor, rezeptiver. Passiver Sensor, der die Energie eines Umweltsignals in elektrische Energie umwandelt. Die Verarbeitung des elektrischen Signals erfolgt in einer nachgeschalteten Auswerteelektronik. *Schaumburg*

Sensor, verteilter. Ein Typ faseroptischer →Sensoren zur Erfassung von Meßwerten entlang eines ausgedehnten Weges oder auf einer ausgedehnten Fläche. Zu diesem Zweck wird die Faser eines intrinsischen Sensors an dem interessierenden Weg bzw. der Fläche entlang geführt. Gegensatz: faseroptischer →Punktsensor. Beispiel: Verteilter faseroptischer →Temperatursensor auf der Basis von →Ramanstreuung. *Ulrich*

Sensorabgleich. Jedem Sensor ist eine Sollkurve zugeordnet, in welcher die Abhängigkeit des elektrischen Ausgangssignals von der Umweltgröße festgelegt ist. Unter den Bedingungen einer Massenfertigung muß ein individueller Sensor an diese Sollkurve angepaßt werden, im allgemeinen über einen größeren Temperaturbereich.

Der S. kann über ein Netzwerk äußerer Einstellelemente, wie z. B. ein →Widerstandsnetzwerk, erfolgen. Bei Dickschichtschaltungen erfolgt der Abgleich häufig über ein Lasertrimmen, d. h. ein gesteuertes Verändern der Widerstandswerte. Bei anderen Verfahren erfolgt das Trimmen direkt am Sensorelement. *Schaumburg*

Sensorarray. S. *(engl.)* bezeichnet die Anordnung mehrerer Sensoren zur mehrdimensionalen Messung eines Objektes. S. werden immer dann verwendet, wenn mehrdimensionale Messungen notwendig sind. Das kann die Messung eines räumlichen Objektes mit einem →Bildsensor sein, aber auch die gleichzeitige Erfassung von Umweltparametern, wie die gleichzeitige Messung mehrere Luftschadstoffe. Durch die mehrdimensionale Messung können mehr Informationen über das Meßobjekt erhalten werden und durch die →Redundanz der Meßsignale Störungen vermindert werden.

Zum Beispiel können gleichartige Sensoren zu einem ein- oder zweidimensionalen S. zusammengefaßt werden. Ein Anwendungsbeispiel hierfür sind Bildsensoren wie →CCD oder Diodenarrays. Einsatzgebiete für diese Sensoren ist die Bilderfassung oder Spektroskopie. Ein weiteres Exempel ist ein S. von drei Beschleunigungssensoren zur Erfassung der drei Beschleunigungskomponenten.

Die Zusammenfassung unterschiedlicher Sensoren zu einem S. ist ebenfalls möglich. Ein Beispiel dafür ist die Kombination eines elektrochemischen →Gassensors mit einem →Feuchtesensor zur Korrektur der Querempfindlichkeit zur Feuchte.

Durch Verfahren der →Signalverarbeitung und →Mustererkennung können aus dem Signal eines S. bestimmte Informationen herausgefiltert werden. Durch den Einsatz eines S. kann auch die →Selektivität verbessert werden. *Endres*

Sensorik. Das Wissen über das Gebiet der Sensoren insgesamt wird als S. bezeichnet. Es umfaßt einerseits das Wissen um die für den Bau von Sensoren notwendigen physikalischen Effekte, wie andererseits dessen Umwandlung in technische Produkte, deren Ausführungsformen und Eigenschaften. *Schaumburg*

Sensorsystem. Monolithische oder hybride Verschaltung mehrerer gleich- oder verschiedenartiger Sensoren mit oder ohne elektronische Auswerteschaltung. Mit einem S. können eine Meßgröße über einen größeren Meßbereich oder mehrere Meßgrößen (z. B. Druck und Temperatur, verschiedene Gase) detektiert werden. Mit geeigneten Auswerteschaltungen können Querempfindlichkeiten einzelner Sensorelemente zu anderen Einflußfaktoren herausgefiltert werden. *Offereins*

Separate-Confinement-Heterostruktur-Laser →SCH-Laser

Sequenzer. Lineares Schaltwerk. Einfachste Ausführung durch eine Kette von Monoflops, die mit einem Schaltimpuls angestoßen wird, wobei der Ausgangsimpuls jedes Monoflops einen bestimmten Vorgang bewirkt. *K. Winter*

Sercos-Interface. Das S.-I. ist ein speziell für NC-gesteuerte Antriebe von Werkzeugmaschinen und Handhabungsgeräten (Robotik) entwickeltes Bus-System. Es ergänzt das PROFIBUS-System und ist für NC-spezifische Aufgaben optimiert. *H. Stüben*

SEXAFS. Abk. für *(engl.)* Surface Extended X-ray Absorption Fine Structure. Feinstruktur der Röntgenabsorption von Oberflächen in einem weiteren Energiebereich. *Heinz*

SFET. *(engl.* Junction Field Effect Transistor) →Sperrschichtfeldeffekttransistor

SFL. *(engl.* Substrate Field Logic, substratgespeiste Logik) Integrierte Injektionslogik (→I^2L), die anstelle des lateral aufgebauten Injektortransistors einen Vertikalinjektor besitzt und die üblichen Mehrfachkollektoren durch Schottky-Kontakte ersetzt. Dadurch entsteht eine I^2L mit besonders hoher →Packungsdichte und guten dynamischen Eigenschaften. *R. Paul*

Shmoo-Plot. Graphische Darstellung von Meßwerten, die von einem oder mehreren Parametern abhängig sind (z. B. Speicherzugriffszeit in Abhängigkeit von der Betriebsspannung oder der Temperatur) (Bild). *K. Winter*

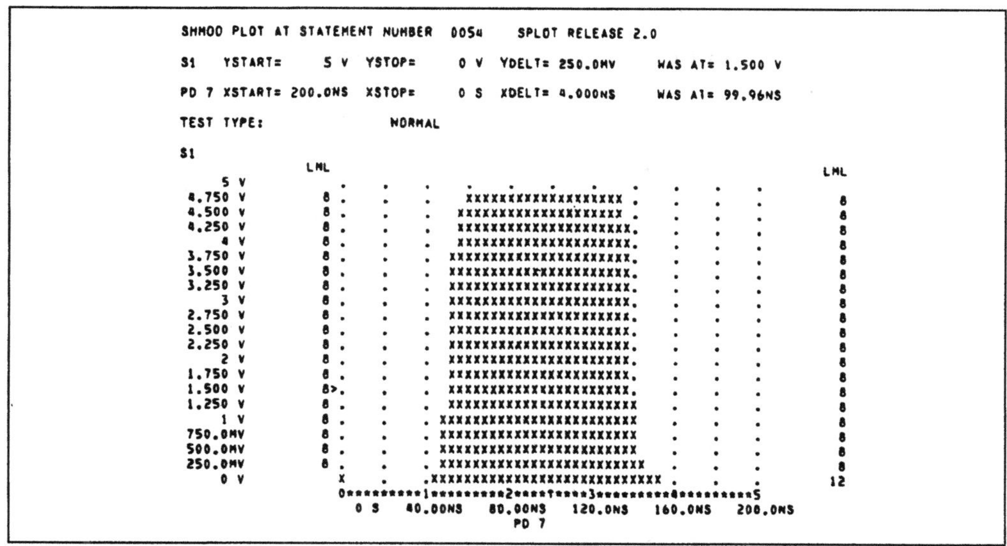

Shmoo-Plot: Gültige Zugriffszeiten eines Speicherbausteins in Abhängigkeit von der Betiebsspannung. (Quelle: Siemens)

Siebdrucken →Dickfilm

Signal, dynamisches. In der Zuverlässigkeitstechnik wird unter einem d. S. ein Signal verstanden, das dauernd seinen Spannungs- oder Stromwert ändert und damit z. B. in Form einer Impulsfolge vorliegt.

Die in einem ein d. S. liefernden Gerät enthaltenen Bauelemente wechseln dauernd zwischen dem stromführenden und dem stromsperrenden Zustand. Bei eventuellen Bauelementausfällen sind diese Umschaltungen nicht mehr möglich. Die daraus resultierenden →Klemmfehler führen zum Verschwinden der Impulsfolge. Dadurch machen sich sowohl Kurzschlüsse als auch Unterbrechungen der Bauelemente im Signal bemerkbar.

Ein d. S. ist also ein Signal mit den beiden sich einander ausschließenden Zuständen E und $\overline{E}$:

E: die Impulsfolge ist vorhanden

$\overline{E}$: die Impulsfolge ist nicht vorhanden; ein statisches S. mit gleichbleibendem Spannungs- oder Strompegel (0 oder 1) liegt vor.

Das d. S. wird in der Zuverlässigkeitstechnik dem Zustand einer Maschine oder eines Prozesses so zugeordnet, daß bei ungefährlichem Betrieb die Impulsfolge ansteht und

- bei Überschreiten festgelegter Grenzen (gefährlicher Zustand) oder
- bei einem Bauelementausfall

verschwindet und in ein statisches Signal übergeht. Damit ist der Ausfall eines ein d. S. liefernden Gerätes sicherheitsgerichtet (→Ausfall, sicherheitsgerichteter).

Als Beispiel eines ausfallsicheren, ein d. S. liefernden Geräts, zeigt das Bild eine Grenzwerteinheit.

Die Grenzwerteinheit vergleicht die Spannung u_1 mit der Spannung u_r und benützt dabei eine Hilfsspannung u_2, die etwas größer als die Vergleichsspannung ist,

$$u_2 = u_r + \Delta u.$$

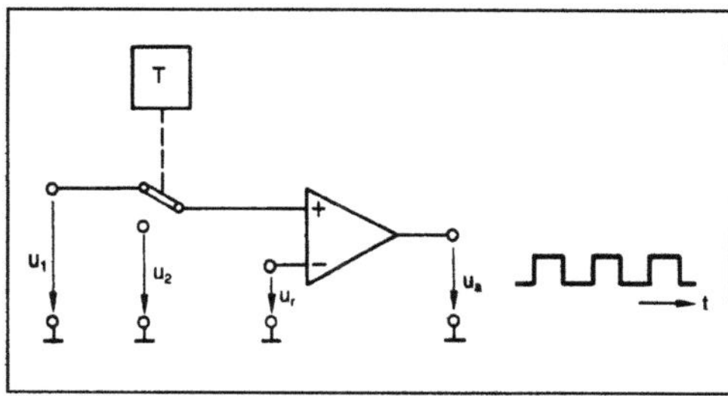

u_1 zu überwachende Spannung, u_r Referenzspannung, u_2 Hilfsspannung, u_a Ausgangsspannung (dynamisches Signal), T Steuerung des Umschalters

Signal, dynamisches: Prinzip einer Grenzwerteinheit mit sicherheitsgerichteten Ausfällen.

Über den Umschalter am Eingang des Komparators werden abwechselnd die unbekannte Spannung u_1 und die Hilfsspannung u_2 mit der →Referenzspannung verglichen. Für

$u_1 < u_r$ liefert der →Komparator die Ausgangsspannung $-U_v$

$u_2 > u_r$ liefert der Komparator die Ausgangsspannung $+U_v$.

Ist die zu messende Spannung kleiner als die Vergleichsspannung, so entsteht am Ausgang des Komparators im Takt des Schalters eine Folge von Rechteckimpulsen. Diese verschwinden, wenn der

Grenzwert erreicht ist (statisch $+U_v$). Eine →Ausfalleffektanalyse zeigt, daß auch bei jedem Bauelementausfall das d. S. in ein statisches übergeht. Bleibt z. B. der Umschalter hängen, so liefert der Komparator stationär entweder die positive oder negative Versorgungsspannung.

Des weiteren wird sogar eine Drift der Ansprechschwelle in der gefährlichen Richtung entdeckt, sobald die Drift größer als $+\Delta_u$ geworden ist.

Weitere Beispiele für ausfallsichere Komponenten mit d. S. sind

- das Logisafe-System von AEG-Telefunken
- das Decontic-System von BBC
- das Simatic-EMT-System der Siemens AG.

Schrüfer

Signalanalyse →Frequenzanalyse

Signalprozessor. Prozessor einer Rechenanlage, der in seiner Struktur auf die Aufgabe der digitalen Signalverarbeitung zugeschnitten ist. Digitale Signalverarbeitung beschreibt den Prozeß der Extraktion von Information aus Signalen in diskreter Zeit und mit diskreten Werten durch numerische Verfahren. Wesentliche Schritte sind Filterung, Spektralanalyse, Konvolution und Korrelation sowie Modulation und Dezimierung. Anwendungen der digitalen Signalverarbeitung sind Kommunikationseinrichtungen, Radar, Bild- und Sprach-Verarbeitung, Steueraufgaben, geologische Untersuchungen, Medizintechnik.

S. sind auf die schnelle Verarbeitung numerischer Algorithmen spezialisiert. Sie unterscheiden sich daher vor allem in der Struktur des Rechenwerks von Allzweck-Prozessoren. Sie umfassen in der Regel mehrere Rechenwerke (Addierer, →Multiplizierer), die in ihrer Arbeitsweise auch unmittelbar verkettet sein können. Neben Allzweckregistern werden meist spezielle →Register oder →Speicher für Daten und Koeffizienten bereitgestellt, deren Adressierung gegebenenfalls durch autonome Adreßrechenwerke erfolgt. Entsprechend der größeren Anzahl von verarbeitenden und speichernden Elementen ist auch die Anzahl der verknüpfenden Datenpfade im S. größer als im Allzweck-Prozessor. Das Leitwerk von S. ist wegen der hohen Komplexität des Rechenwerkes meist mikroprogrammiert (→Mikroprogrammierung).

S. können diskret aufgebaut sein, also aus einer größeren Zahl physikalischer Elemente bestehen. Die hohe Integrationsdichte der Halbleitertechnologie erlaubt jedoch auch die Bereitstellung digitaler S. auf genau einem VLSI-Baustein. Man spricht dann von einem →Mikroprozessor für die digitale Signalverarbeitung. *Bode*

Signalverarbeitung →Meßsignalverarbeitung

Signalverarbeitung, optische. O. S. – ein Bereich der →Photonik – beschreibt die Beeinflussung analoger und digitaler Signale durch Licht. Optische Signalverarbeitungssysteme enthalten optische Prozessoren, die als Freiraumstrahloptiken oder als Wellenleiterstrukturen ausgeführt sein können.

Wachsendes Interesse an der o. S. besteht im Hinblick auf optische Vermittlung, Bildverarbeitung, Mustererkennung und auf eine zukünftige Rechnergeneration, den optischen Rechner, in dem der besondere Vorteil der Optik, nämlich die Möglichkeit der Parallelverarbeitung mit Lichtgeschwindigkeit, zum Tragen kommt.

Ein einfaches Beispiel für Parallelverarbeitung ist die Fouriertransformation mit Hilfe einer Linse. Der Feldamplitude in jedem Punkt der Gegenstandsebene wird durch eine Linse eine Feldamplitude in jedem Punkt der Bildebene zugeordnet. In der dazwischenliegenden Ebene erhält man die Fouriertransformation der Feldamplitudenverteilung in der Eingangsebene. Mit einer Linse können z. B. mehr als eine Million Punkte aufgelöst und parallel verarbeitet werden, was die große Leistungsfähigkeit derartiger Systeme erahnen läßt.

Wellenleiterbauelemente in Form von elektrisch steuerbaren →Richtkopplern, die z. B. als Schaltmatrix kaskadiert werden können, stehen als Schalter zur Verfügung. In räumlichen Lichtmodulatoren, die aus Halbleiter-Quantum-Wellstrukturen (→SEED, →Quantum-Well-Bauelement), ferroelektrischen Flüssigkristallen oder nichtlinearen organischen und anorganischen Kristallen bestehen können, lassen sich Reflexion und/oder Transmission elektronisch oder optisch punktweise beeinflussen.

Auch aktive Elemente werden als optische Prozessoren eingesetzt. Besonders vielversprechend sind dabei →Halbleiterlaser-Oberflächenstrahler, mit denen Arrays bestehend aus 32 × 32 Einzelelementen aufgebaut wurden, die zeilen- und spaltenweise adressiert werden können. Thyristorähnliche aktive Schaltelemente sind VSTEPs (*engl.* vertical to surface transmission electrophotonic), die aus integrierten Oberflächenlasern, Photodetektoren und Transistoren bestehen.

Verglichen mit der Elektronik bietet die Optik eine beinahe unbegrenzte Bandbreite und aufgrund der sich nicht gegenseitig beeinflussenden Lichtwellen die Möglichkeit der Parallelverarbeitung. Andererseits sind optische Schalter elektronischen Schaltern noch weit unterlegen, so daß rein optische Systeme derzeit für einen großtechnischen Einsatz nicht in Sicht sind. Denkbar sind Systeme, in denen die Signale optisch weitergeleitet werden, logische Operationen elektronisch durchgeführt werden. *Krauser*

Literatur: *Ebeling, K.-J.:* Optoelektronische Informationstechnik: Trends und Perspektiven, Informationstechnik it, **34** (1992) 4

Signaturanalyse. Verfahren zur Erfassung und Datenkompression von seriellen Digitalsignalen in der Meß- und →Prüftechnik.

Das Mittel zur Datenreduktion ist ein Pseudo-Zufallszahlengenerator, der aus einem über einen Modulo-2-Addierer rückgekoppelten →Schieberegister mit 16 Bit besteht (Bild). Dieses nimmt taktgesteuert alle möglichen Zustände in einer reproduzierbaren pseudozufälligen Reihenfolge an. Durch Einspeisung serieller taktsynchroner Prüfdaten in die →Rückkopplung entsteht eine andere Zufallsfolge. Mathematisch entspricht diese Überlagerung einer Division der Prüfdaten durch das charakteristische Polynom des Pseudozufallszahlengenerators. Am Ende der von den Prüfdaten bestimmten Taktzahl bildet der Inhalt des Schieberegisters die vierstellige Signatur. Sie wird in einer hexadezimal-ähnlichen Schreibweise mit den Buchstaben A, C, F, H, P und U für die Pseudotetraden angegeben.

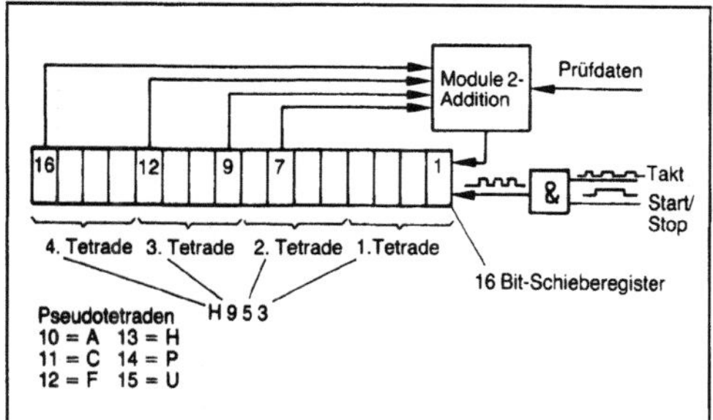

Signaturanalyse: Pseudo-Zufallszahlengenerator.

Die Erfassung der Prüfdaten erfordert eine Taktsynchronisierung zwischen →Prüfautomat und Prüfling. Das Taktfenster muß so gewählt werden, daß reproduzierbare Signaturen entstehen. Die Signatur repräsentiert die charakteristische Aktivität an dem betreffenden Schaltungspunkt für einen definierten Zeitraum. Jede Änderung im Signalverhalten führt zu einer anderen Signatur und damit zur →Fehlererkennung durch einen Vergleich mit der zuvor durch Lernen (Lernverfahren) oder →Logiksimulation ermittelten Soll-Signatur. In Datenfolgen, die länger sind als die Zufallsfolge, werden Einzelbitfehler hundertprozentig erkannt, während bei Mehrfachfehlern eine Unsicherheit von etwa 0,015% besteht. Bei kürzerer Datenfolge werden auch Mehrfachfehler hundertprozentig erkannt. *Mettler*

Silicide. S. sind Verbindungen zwischen einem Metall und →Silicium. Die meisten von ihnen sind sehr hart und auch bei höheren Temperaturen stabil. In der →Halbleitertechnologie werden sie seit Mitte der 60er Jahre verwendet, zuerst als Schottky- und ohmsche →Kontakte. Ihr wichtigstes Anwendungsgebiet ist seit Anfang der 80er Jahre niederohmige →Metallisierung für Gates und Leiterbahnen in VLSI-Schaltkreisen.

Für die Anwendung als Schottky-Kontakte sind die S. der Übergangsmetalle sehr geeignet, da durch die metallurgische Reaktion zwischen Silicium und einem reinen Metallfilm →Schottky-Barrieren sehr zuverlässig und reproduzierbar hergestellt werden können. Die Grenzfläche zwischen S. und Silicium ist frei von Verunreinigungen, die sonst die Kontakteigenschaften nachteilig beeinflussen könnten. Die Höhe der Schottky-Barriere (Φ_B) auf n-Typ Silicium liegt zwischen 0,55 eV für $ZrSi_2$ und 0,94 eV für $IrSi_3$ (Tabelle). Als Kontakt-Schicht wird am häufigsten PtSi verwendet.

Silicide. Tabelle: Physikalische und chemische Eigenschaften der für die VLSI-Technologie wichtigsten Metall-S.

Metall-Silicid	ρ (μΩcm)	Φ_B (eV)	T_e (°C)	Gruppe
$TiSi_2$	13–16	0,6	1330	IVa (R)
$TaSi_2$	35–45	0,59	1385	Va (R)
$MoSi_2$	ca. 90	0,55	1410	VIa (R)
WSi_2	ca. 70	0,65	1440	VIa (R)
$CoSi_2$	18–20	0,68	1195	VIII (Fe)
Pt_2Si	28–35	0,78	830	VIII (E)

ρ: spezifischer Widerstand; Φ_B: die Höhe der Schottky-Bariere; T_e: die niedrigste Temperatur, bei der ein Eutektikum entsteht; Gruppe: Die Gruppe im Periodensystem, der das Metall zugehört. R: Refractory-Metall, Fe: Metall aus der Eisengruppe, E: Edelmetall.

Die Anwendung der S. als niederohmige Gateelektrode und Metallisierungsschichten ist ihrem niedrigen elektrischen Widerstand und ihrer hohen Temperaturbeständigkeit zuzuschreiben. Der niedrige elektrische Widerstand wird wegen der ständig abnehmenden Dimensionen der Bauelemente immer wichtiger, da sonst die Geschwindigkeit der integrierten Schaltkreise durch den hohen RC-Wert (Widerstand Kapazität) begrenzt ist. Metalle haben zwar gute Leitfähigkeit, halten aber entweder Hochtemperatur-Behandlungen nicht aus (→Aluminium bildet z. B. bei 575 °C ein Eutektikum mit Silicium), oder oxidieren sehr leicht wie z. B. Molybdän und Wolfram. →Polysilicium hat eine gute Temperaturbeständigkeit, deshalb wurde es bei MOS-Schaltkreisen in selbstjustierenden Strukturen als Gate und Metallisierung verwendet. Sein hoher spezifischer Widerstand begrenzt aber die Schaltgeschwindigkeit. Die S. der Metalle, die sich in den Gruppen III bis V des Periodensystems befinden – hochschmelzende Metall-S. (*engl.* Refractory Metal Silicides) – haben niedrigen elektrischen Widerstand und sind auch bei höheren Temperaturen stabil, vereinigen also in sich die vorteilhaften Eigenschaften der Metalle und des Polysiliciums.

Um die S. in der →MOS-Technik anwenden zu können, müssen sie die gewöhnlichen technologischen Prozesse (Hochtemperatur-Behandlungen, →Reinigung, usw.) aushalten und strukturierbar sein. Es ist auch erwünscht, daß sich durch →Oxidation eine gute passivierende Siliciumoxidschicht auf der Oberfläche des S. bilden kann. Chemische Reaktionen zwischen dem S. und dem Dotierstoff des darunterliegenden Siliciums sollen auch vermieden werden. Wegen der Verkleinerung der Dimensionen der Bauelemente ist es auch wichtig, flache pn-Übergänge herzustellen, was z. B. durch →Diffusion der Dotieratome aus dem S. erreichbar ist. Die Diffusion der Siliciumatome durch das S. in die Metallisierungsebene und die des Metalls (meistens Aluminium) ins Silicium führt zu „Spiking" und schließt damit den pn-Übergang kurz (Metallisierung). Dies kann durch eine Schicht auf der Oberfläche des S. verhindert werden, die als Diffusionsbarriere wirkt. Bei der Herstellung von $TiSi_2$ kann auf dessen Oberfläche eine TiN-Schicht mit guten Barrieren-Eigenschaften gebildet werden. Die Auswahl des anzuwendenden S. erfordert immer einen Kompromiß zwischen verschiedenen Anforderungen. Für niederohmige Gates und Leiterbahnen werden am meisten $TiSi_2$, $TaSi_2$, $MoSi_2$ und $CoSi_2$ verwendet.

Die Herstellung der S. kann entweder durch eine Reaktion zwischen einem dünnen Metallfilm und dem Silicium, oder durch die direkte Abscheidung der Silicidschicht erfolgen. Bei der ersten Methode wird die Bildung des S. entweder durch eine Hochtemperatur-Behandlung (meistens bei 800 bis 1100 °C) oder durch →Ionenstrahlmischen verursacht. Das Ionenstrahlmischen hat den Vorteil, daß in diesem Fall die Silicidbildung und die →Dotierung der darunterliegenden Schicht in einem Implantationsschritt folgen kann. Um die richtige Kristallstruktur (und damit den niedrigen Widerstand) zu erreichen, ist auch nach der Ionenstrahlmischung eine Hochtemperatur-Behandlung notwendig.

Die direkte Abscheidung des S. kann entweder durch PVD (Physical Vapor Deposition) oder CVD (Chemical Vapor Deposition) erfolgen. Bei PVD kann entweder Coevaporation (gleichzeitiges →Aufdampfen aus zwei verschiedenen Quellen), oder Cosputtern (gleichzeitiges →Sputtern aus einem Silicidtarget oder aus einem Silicid-Metall Mosaik-Target) verwendet werden. Die CVD-Abscheidung von Metall-S. ist oft problematisch wegen der hohen Prozeßtemperatur und weil die gasförmigen Verbindungen als Metall-Quellen nicht immer verfügbar sind. Wegen ihres hohen Durchsatzes und der durch sie erreichbaren sehr guten Stufenbedeckung hat aber diese Methode große potentielle Bedeutung. S., deren Kristallstruktur der des Siliciums sehr ähnlich ist (z. B. $NiSi_2$, $CoSi_2$) können auch epitaktisch (durch →Festphasenepitaxie oder →Molekularstrahlepitaxie) hergestellt werden.

Für die Anwendung in integrierten MOS-Schaltkreisen ist die SALICID (Self-Aligned-Silicid) Struktur, bei der die Strukturierung des S. ohne zusätzlichen Lithographieschritt möglich ist, besonders vielversprechend (Bild). *Ryssel*

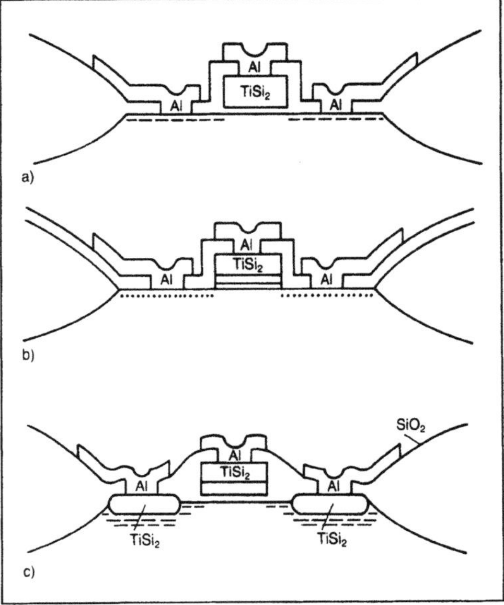

Silicide: Schemata der am häufigsten in der MOS-Technik eingesetzten silicidhaltigen Transistorstrukturen.
a) Silicid-Gate
b) Polycid-Gate
c) SALICID – (Self-Aligned-Silicid) Struktur.

Literatur: *Cohen, S. S.* and *G. Sh. Gildenblat:* VLSI Electronics (ed. N. G. Einspruch) Vol. 13. New York. 1986 S. 261–291. – *Murarka, S. P.:* Silicides for VLSI Applications. New York 1983.

Silicium. S. (Si, Ordnungszahl 14, Atomgewicht 28,06, Bandabstand 1,14 eV) ist ein →Halbleiter aus der IV. Gruppe des Periodensystems, der, ebenso wie →Germanium, im Diamantgitter kristallisiert. Mit ca. 25% ist es das zweithäufigste Element nach Sauerstoff. Wegen seiner überragenden Eigenschaften (Tabelle) und den ebenso überragenden Eigenschaften seines natürlichen Oxids, des SiO_2, hat es Anfang der 60er Jahre das Germanium als wichtigstes halbleitendes Material abgelöst.

SiO_2 läßt sich durch thermische →Oxidation herstellen und hat gegen Dotierelemente eine sehr gute maskierende Wirkung. Dadurch ist die Planar-

Silicium. Tabelle: Eigenschaften von S. bei T = 300K

Parameter	Wert
Schmelzpunkt	1 417 °C
Dichte	2,33 g/cm^3
Gitterkonstante a	5,491 Å
Zahl der Atome im Volumen	ca. 5 · 10^{22} cm^{-3}
Bandabstand E_g	
– bei 300 K	1,14 eV
– bei 0 K	1,08 eV
Bandübergang	indirekt
Eigenleistungs-konzentration n_i	1,5 · 10^{10} cm^{-3}
Max. Elektronen-beweglichkeit μ_n	1 500 cm^2/V·s
Max. Löcher-beweglichkeit μ_p	600 cm^2/V·s
Elektronenbeweglichkeit μ_n bei Elektronenkonz. $N_s = 10^{17}$ cm^{-3}	800 cm^2/V·s
Sättigungs-geschwindigkeit	10^7 cm/s (bei 15 kV/cm)

technik und die Herstellung integrierter Schaltungen möglich. Die guten Isolator- und Grenzflächeneigenschaften von SiO_2 ermöglichen darüber hinaus die MOS- bzw. CMOS-Technik. Mit mehr als 90% Anteil an allen Halbleiterbauelementen ist S. zur Zeit das wichtigste Halbleitermaterial.

Amorphes S. findet steigend Anwendung für →Solarzellen und bei Trommeln für Photokopiergeräte, →Polysilicium ist ein weitverbreitetes Kontaktmaterial in der →MOS-Technik. *Ryssel*

Silicium-Diode. →Halbleiterdiode, die Silicium als →Substrat enthält. *R. Paul*

Siliciumdioxid →Oxid

Silicium-Dosimeter. Dioden aus p-Silicium (→Halbleiter-Strahlungsdetektor) in Verbindung mit Elektrometern niedriger Eingangsimpedanz eignen sich zum Messen von Photonen- und Elektronenstrahlen. Sie sind empfindlicher als Ionisationskammern, da sie infolge ihrer hohen Dichte die zu messende Strahlung stärker absorbieren und zum Erzeugen eines →Elektron-Loch-Paars weitaus geringere Energiebeträge notwendig sind als zum Erzeugen eines Elektron-Ion-Paares im Füllgas einer Ionisationskammer. Dies erlaubt sehr kleine Detektorvolumina (1–2 mm^3) und ermöglicht Messungen in inhomogenen Strahlenfeldern. Der Umstand, daß sie ohne eine äußere Spannungsquelle betrieben werden (self powered detector), erleichtert ihre Verwendung und die Meßwerterfassung besonders im klinischen Betrieb. Allerdings weisen sie eine ausgeprägtere Energie- und Richtungsabhängigkeit als Ionisationskammern auf.

Noch ein anderer Effekt läßt sich zur →Dosismessung nutzen:

Bei Bestrahlung mit Neutronen oder sehr hochenergetischen Photonen und Elektronen können in Halbleitern auch bleibende Gitterfehlstellen erzeugt werden, die die Strom-Spannungs-Charakteristik einer pin-Siliciumdiode verändern. Dieser Effekt, der proportional zur Energiedosis ist, kann durch Messen der Spannung in →Durchlaßrichtung bei aufgeprägtem Strom zur Dosimetrie benutzt werden. Solche Dioden sind somit sehr kleine, während der Bestrahlung vom Auswertgerät unabhängige, integrierende Dosimeter, die sich bei Messungen in Nutzstrahlenfeldern und in der Unfalldosimetrie anwenden lassen. *Wachsmann*

Silicium-Gate-Technik →MISFET

Siliciumsensor →Sensor

Siliciumtechnik →Halbleitertechnologie

Silicon on Insulator Technology →SOI-Technik

Silicon on Sapphire Technology →SOS-Technik

SIMOX →SOI-Technik

SIMS. Abk. für Sekundär-Ionen-Massen-Spektroskopie. *Heinz*

Simulation →Prozeßsimulation

Simulationsmodell. S. für die →Logiksimulation werden beschrieben in Form von

- Strukturbeschreibungen (Netzlisten)
- Wahrheitstabellen
- Register-Transfer-Beschreibungen
- behaviour-Beschreibungen.

Die Beschreibung erfolgt in einem jeweils speziellen Darstellungsformat, das einmalig oder vor jeder Simulation in einen ablauffähigen Programmcode umgesetzt wird (→Mehrebenensimulation, →Analogsimulator, →CAD-Bibliotheken). *K. Winter*

Single Photon Counting →Einzelphotonenzählung

Single-Quantum-Well-Laser →GRINSCH-Halbleiterlaser

Single Slope Converter →A/D-Einrampen-Umsetzer

Sinus-Vertikal-Steuerung →Steuerverfahren für Stromrichter

SIPOS →Polysilicium

SIT. (*engl.* Static Induction-Transistor, statischer Influenz-Transistor) Transistor, ähnlich aufgebaut wie ein →Sperrschichtfeldeffekttransistor mit einem von zwei Seiten steuerbaren Kanal, wobei dieser konstruktionsbedingt in großen Bereichen eine →Raumladungszone bildet, die den Stromfluß begrenzt (Bild). Vom Steuermechanismus her liegt Raumladungssteuerung vor.

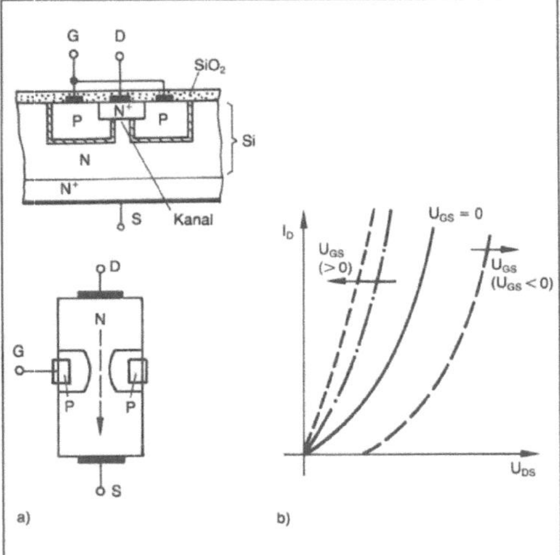

SIT: Prinzipieller Aufbau.
a) Struktur
b) Kennlinienfeld.

Der SIT ähnelt dem Wirkprinzip nach der Vakuumtriode. Er kann in guter Näherung als →SFET mit sehr kurzer Gateelektrode interpretiert werden. Für diese Geometrie ergibt sich ausgangsseitig kein ausgeprägtes Sättigungsverhalten, sondern eine triodenähnliche Kennlinie.

Der raumladungsbegrenzte Ladungsträgertransport sorgt zusammen mit kleinen geometrischen Abmessungen dieses Transistors für gute dynamische Eigenschaften.

Der SIT wurde seit seiner Erfindung zu einem sehr interessanten Bauelementekonzept entwickelt, das sich für hochintegrierte Schaltungen ebenso eignet wie für Leistungstransistoren und -thyristoren. Trotz einer Reihe deutlicher Vorzüge steht eine breite technische Einführung noch aus. *R. Paul*

Skalenanzeige. In Radios und Recordern wird zur Anzeige der Empfängerabstimmung, der Lautstärke etc. eine Proportionalanzeige eingesetzt. Derartige Anzeigen sind – in Röhrentechnik z. B. unter dem Begriff des magischen Auges bekannt geworden. In modernen Geräten wird die Aufgabe von Linearanzeigen in Vakuumfluoreszenz-Technik oder in Flüssigkristall-Technik verwendet.

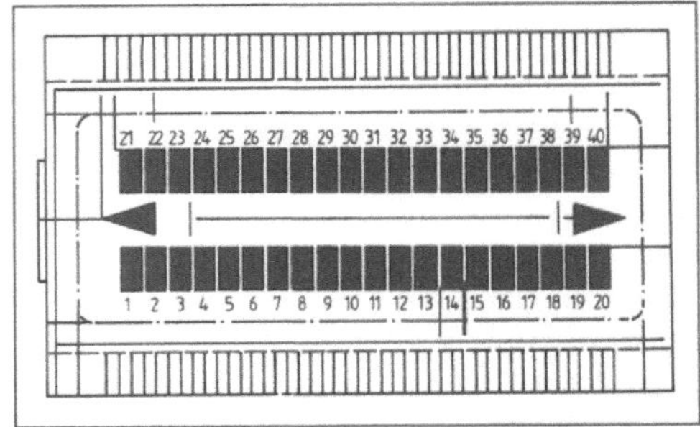

Skalenanzeige: Beispiel für die Ausführung einer Linearanzeige in Flüssigkristall-Technik.

Linearanzeigen in Vakuumfluoreszenz-Technik zeichnen sich durch ihr leuchtend grün-blaues Erscheinungsbild und die hohe Schaltgeschwindigkeit aus. Die entsprechenden Anzeigen in Flüssigkristall-Technik sind merklich langsamer. Sie sind meist in reflektiver Ausführung im Gebrauch.

Als Anzeige-Instrument für Drehzahl und Geschwindigkeit (Tachometer) wurden neuartig gestaltete Analoganzeigen entworfen. Man findet sie in Fahrzeugen mit elektronischen Anzeigeinstrumenten meist als hinterleuchtete Anzeigen. Die Farbe der Segmentbereiche kann dann unterschiedlich gestaltet werden. *Pottharst*

Skew. Zeitmaß für die Bewertung des möglichst gleichzeitigen Signalwechsels bei mehreren gleichzeitig ausgelösten (getriggerten) Digitalsignalen. Die Angabe des S. erfolgt meist in +/– n Pikosekunden für die max. spezifizierte Abweichung von einem Referenzzeitpunkt.

Ein zu großer S. in den Treiber- und Empfangskanälen der →Pinelektronik kann bei der →Digitalprüfung mit schnellen Signalen Fehler bei der Stimulierung und der Abtastung der Prüflingssignale bewirken (Bild). Ursache des S. sind unterschiedliche Durchlaufzeiten durch die im Signalweg liegenden Bauelemente und uneinheitliche Signallaufzeiten durch unterschiedliche Leitungslängen. Daher sind die parallelen Treiber/Empfänger-Kanäle einer schnellen Pinelektronik meist symmetrisch aufgebaut. Zudem enthalten sie manuelle und zum Teil automatische Abgleicheinrichtungen für den S. (Autoskew) (→Logiktreiber).

Mettler/Winter

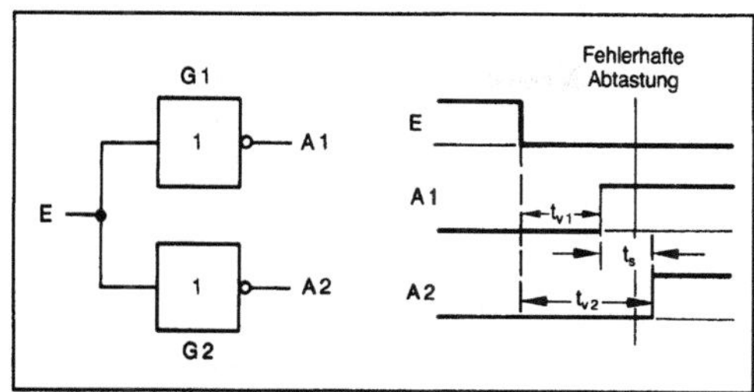

t_{v1}) Verzögerungszeit des Gatters G1, t_{v2}) Verzögerungszeit des Gatters G2, t_s) Skew

Skew: Schematische Darstellung.

Slewrate →Anstiegszeit

Smart-Power-IC. Integrierte →Schaltung, die außer einem Leistungsteil noch einen informationsverarbeitenden Schaltungsteil (analog komplexe Logikfunktionen) auf dem Chip enthält.

Integrierte Leistungsbauelemente (hauptsächlich Bipolar- und MOS-Stufen) zur Verarbeitung größerer Ströme (I>1 A) bei Verlustleistungen $P_V>5$ W sind seit langem verfügbar. Sie erreichen heute Spannungsfestigkeiten bis 1 kV oder Ströme bis 50 A. Zunehmend wurden in solche Konzepte Treiberschaltungen zum Ansteuern der Leistungsstufen und Schutzschaltungen (thermische und elektrische Überlastung) einbezogen. Seit einiger Zeit besteht die Tendenz, auch die Informationsverarbeitung mit in das Integrationskonzept einzufügen. Dabei gibt es prozeß- und bauelementespezifische Vor- und Nachteile (Tabelle). Vorteilhaft (und notwendig) ist es daher, dem Bipolar-, CMOS- wie auch DMOS-Prozeß (für MOS-Leistungsstufen mit vertikalem Stromfluß) auf dem Chip verfügbar zu haben. Derartige Bipolar-CMOS-DMOS-(BCD-)Konzepte wurden entwickelt.

Applikativ zeichnen sich hauptsächlich vier Belastungsbereiche für S.-P.-ICs ab (Bild).

□ *Mittlere Ströme* (> 10 A) und Spannungen (> 100 V) für den bisher üblichen Markt integrierter Leistungshalbleiter (z. B. NF-Schaltkreise, Lei-

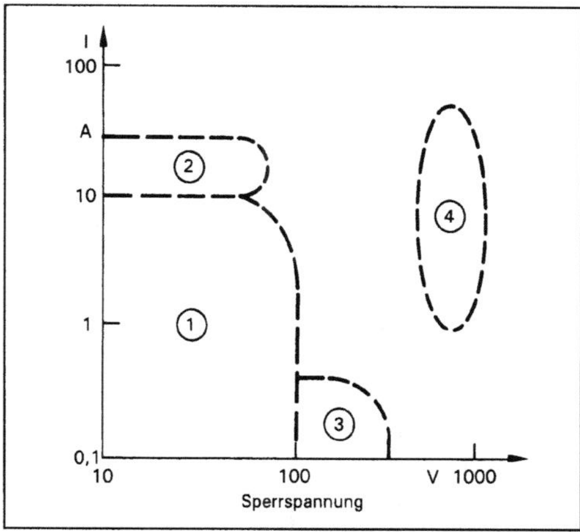

Smart-Power-IC: Anwendungs- und Auslegungsbereiche für integrierte Leistungsschaltungen.

Smart-Power-IC. Tabelle: Vergleich von Halbleitertechnologie und Anwendungsfeldern.

Technologie	Bipolar	DMOS, CMOS
Kleinsignal-verarbeitung	V gute Analogeigenschaften (Rauschen, Offset, Drift, Verstärkung, Bandbreiten)	leistungsarme komplexe Digitaltechnik möglich Schaltungsvielfalt (dynamische Technik, SC-Technik)
	N Digitalfunktionen leistungs- und flächenaufwendig	begrenzt gute Analogfunktionen (Rauschen, Offset, Drift Verstärkung, Bandbreite, Stromverfügbarkeit)
Leistungsstufen	V großer I-U-Bereich hohe Steilheit und Stromverfügbarkeit geringer Flächenbedarf	hohe Spannungsfestigkeit hohe Schaltgeschwindigkeit keine Steuerleistung, IC-kompatibel kein zweiter Durchbruch
	N Ansteuerleistung begrenzte Schaltgeschwindigkeit thermischer Durchbruch zweiter Durchbruch	geringe Steilheit höherer Flächenaufwand geringe Stromverfügbarkeit

stungs-OPs, Steuerschaltkreise, Reglerkreise u. a. m.).

□ *Größere Ströme* (<50 A bei nicht zu großen Spannungen (U<50 ... 70 V) für Hochleistungsregler, im Kfz (Lampenschalter) Relaissteuerung, industrielle Steuerungstechnik.

□ *Geringere Ströme* (<0,5 A) und höhere Spannungsanforderungen (<300 V) vor allem zum Betrieb induktiver Lasten (Video-Endstufe, Schaltungen im Telecom-Bereich, Treiberschaltungen, Schaltungen im Kfz-Zündkreis, z. T. Zündungen von Leistungsthyristoren, Schaltnetzteile).

□ *Schaltungen* für größere Ströme (<10 A) und hohe Spannungen (U<1 kV) für den direkten Betrieb am Netz (Schaltnetzteiler, Steuerkreise für Entladungslampen, Motoren u. a.).

Die Zukunftsaussichten der S.-P.-ICs werden als sehr positiv eingeschätzt, zumal diese Schaltkreise vielfältig in zahlreichen elektrischen Geräten, der Steuer-, Regelungs- und Automatisierungstechnik, der Autoelektronik, Telekommunikation eingesetzt werden können, vom breiten Unterhaltungselektronik- und Video-Markt ganz abgesehen. *R. Paul*

SMD. Abk. *Engl.* Surface Mounted Device, oberflächen-montiertes oder -montierbares Bauelement, welches sich mit seinem Körper und seinen Lötanschlüssen (Lötverbindungen) auf ein und derselben Substratseite (Leiterplattenseite) befindet.

Zum Zweck der Montage wird ein SMD auf die für seine Anschlußkonfiguration spezifischen Lötflächen auf dem →Substrat abgesetzt und anschließend gelötet.

SMD's sind überwiegend für das Wellenlöten und/oder Reflowlöten geeignet. Mit dem Wellenlöten geht einher, daß sich das Bauelement auf der der Welle zugewandten Substratseite befindet.

Aus diesem *Überkopflöten* folgt:

– Das Bauelement muß zur Beibehaltung seiner vorgesehenen Position mit einem geeigneten Kleber vor dem Lötvorgang fixiert werden (ist das Lot erstarrt, darf der Kleber seine Wirkung verlieren).

– Das Bauelement muß den Bedingungen der Lötwelle thermisch und konstruktiv angepaßt sein.

Beim Reflowlöten befindet sich ein SMD in aller Regel auf der Substrat-Oberseite. Eine hinreichende Positionierung und Fixierung bezüglich seiner Lötflächen wird dadurch erreicht, daß das Bauelement in vorher aufgetragene Lötpaste abgesetzt wird.

Die thermische Belastung ergibt sich aus dem Temperatur-Zeit-Profil des Lötsystems.

Die Anwendung von SMDs ist mit folgenden Vorteilen verbunden:

– beidseitige Ausnutzung von Substraten,
– Kombination mit herkömmlich bedrahteten Bauelementen („Mischbestückung") und
– geringerer Platzbedarf durch Fortfall der Lötanschlüsse für die sonst übliche Durchsteckmontage.

Diese Vorteile tragen alle in gravierendem Maße zur Miniaturisierung von Baugruppen bei.

Durch integrales und zielorientiertes Vorgehen in den Bereichen Bestückungstechnik (Bestückungsautomaten), Löttechnik, Feinleitertechnik und SMD-Verkleinerung ist es in den letzten Jahren gelungen, die Packungsdichte erheblich zu steigern.

Dieser durch die SMD-Technik bedingte Miniaturisierungs-Beitrag kommt allen elektronischen Baugruppen zugute. Für den Endverbraucher besonders deutlich wird er z. B. bei tragbaren Geräten wie Camcorder, mobiles (schnurloses) Telefon etc. *Bensieck*

SMD-Kondensator →Keramikkondensator

SMD-Widerstand →Widerstand

SMIF →Reinraum

Smith-Diagramm. Eines der graphischen Verfahren (Hilfsmittel) zur Berechnung elektrischer Leitungen und Schaltungen ist das S.-D. Es ist die konforme Abbildung der Impedanzebene auf das Innere des Einheitskreises. Generell wird es für Impedanztransformationen, Anpaßberechnungen u. ä. herangezogen. Für den Reflexionsfaktor liefert es bei bekanntem Abschlußwiderstand den Wert direkt wie umgekehrt bei vorgegebenem Reflexionsfaktor den Abschlußwiderstand (Reflexionsfaktor-Diagramm).

Zum Entwurf einfacher Schaltungen werden häufig graphische Verfahren herangezogen. Angewandt in vielen Fällen wird das S.-D. Aus demselben können Dimensionierungsvorschriften für Transformationsschaltungen, Angaben über den Zusammenhang zwischen Reflexionsfaktor und den ihn bestimmenden Widerständen (Wirk- und Blindwiderstand) u. ä. herausgelesen werden. Aufzufassen ist das S.-D. als konforme Abbildung der Impedanzebene $\frac{R}{Z}+j\frac{X}{Z}$ auf das Innere des Einheitskreises $|r| \leq 1$ (*Smith*-Kreis). Bezieht man die Darstellung insbesondere auf den Zusammenhang zwischen Reflexionsfaktor und Leitungswiderständen, so kann das Diagramm auch als Zusammenfassung zweier Kurvenscharen, die einmal das Netz möglicher Reflexionsfaktoren $r=|r|e^4$, zum anderen das Netz möglicher Wirk-/Blindwiderstands-Kombinationen x und y darstellen, aufgefaßt werden.

Da der Betrag von r höchstens gleich 1 sein kann, liegen alle möglichen Werte von r innerhalb eines Kreises mit dem Radius 1 in der komplexen Zahlenebene (Bild 1). Die Kreise sind Orte konstanten Betrages $|r|$, die Größe des Phasenwinkels kann aus

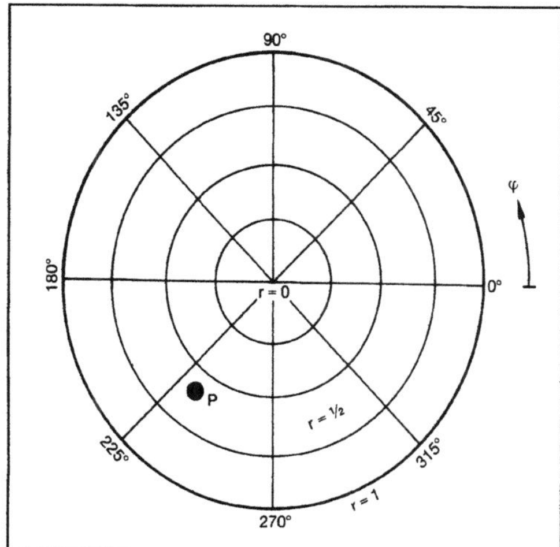

Smith-Diagramm 1: Netz der |r|- und φ-Linien.

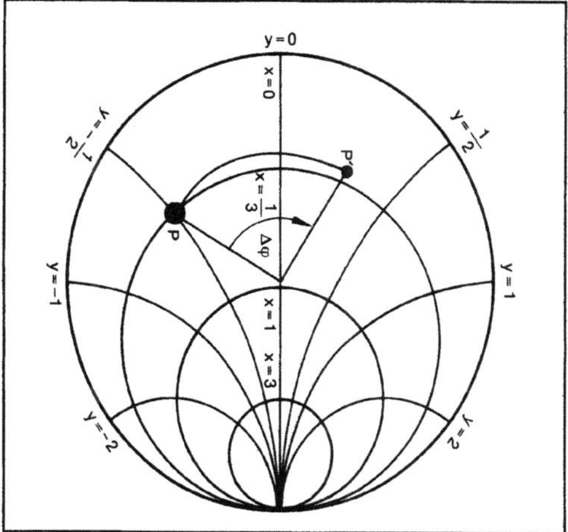

Smith-Diagramm 2: Netz der x- und y-Linien. Beispiel: Punkt P ($x = 1/3$, $y = -\frac{1}{2}$).

der Lage der radialen Geraden abgelesen werden. Die den Reflexionsfaktor bestimmenden Wirk- und Blindwiderstände x und y, punktweise den r-Koordinaten über eine Transformationsformel zugeordnet, sind aus dem Netz der x- und y-Linien ablesbar (Bild 2).

Die Punkte konstanten Wirkwiderstandes (x = const.) liegen auf Kreisen, die den rechten Rand berühren, die Punkte konstanten Blindwiderstand (y = const.) auf Kreisen, die zur ersten Schar von Kreisen orthogonal verlaufen. Eine dem Reflexionsfaktorwert $|r| = 0{,}585$, $\varphi = 237{,}4°$ entsprechende Widerstandskombination $x = 1/3$, $y = -\frac{1}{2}$ ist im Bild 2 als P eingezeichnet.

Faßt man die beiden Netzstrukturen aus Bild 1 und 2 zu einer einzigen zusammen, so erhält man ein auf den Reflexionsfaktor bezogenes S.-D. (Reflexionsfaktor-Diagramm, Bild 3). Hieraus kann der komplexe Reflexionsfaktor direkt aus dem normierten Abschlußwiderstand ermittelt werden und umgekehrt.

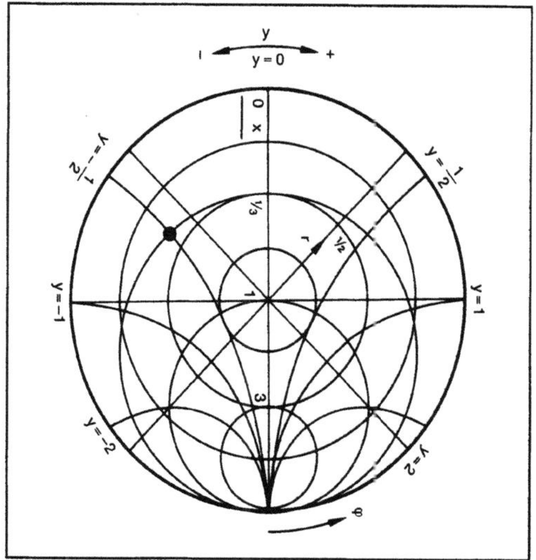

Smith-Diagramm 3: Reflexionsfaktor-Diagramm.

Eine verlustarme Leitung der Länge 1 transformiert beispielsweise einen Abschlußwiderstand Z_a in einen Eingangswiderstand Z_e, dessen Bildpunkt P' im Smith-Diagramm aus dem Punkt P für Z_a durch Drehung um das Zentrum mit dem Winkel $\Delta\varphi = 2\beta l$ hervorgeht. In Bild 2 ist das Beispiel $\Delta\varphi = 90°$ für $l = \frac{\lambda}{8}$ eingetragen. Diese aus der örtlichen Phasenbeziehung zwischen einfallender und reflektierter Welle leicht herleitbare Eigenschaft des Diagramms wird in der →Mikrowellentechnik benutzt, z. B. bei der Erstellung sog. Ortskurven. Letztere stellen beispielsweise $Z_e = f(\lambda)$ oder $Z_e = f(f)$ dar.

Für die praktische Anwendung werden Kurvenscharen des Diagrammes in engeren Netzen gezeichnet. Statt des Betrages |r| wird oft der Anpassungsfaktor m oder sein Kehrwert s (voltage standing wave ratio)

$$m = 1/s = \frac{1 - r}{1 M r}$$

gebraucht. In diesem Fall werden die konzentrischen Kreise in Bild 1 direkt mit Werten von m oder s beziffert.

Kümmritz

Literatur: *Meinke, H.*, und *F. W. Gundlach.* Taschenbuch der Hochfrequenztechnik. Berlin/Heidelberg/New York/Tokyo 1986. – *Meinke, H.:* Einführung in die Elektrotechnik höherer Frequenzen, Berlin 1965. – *Stoll, D.:* Einführung in die Nachrichtentechnik. AEG-TELEFUNKEN, Fachbuchsonderausgabe für Studierende. Berlin/Frankfurt 1978.

SMT. Abk. *engl.* Surface Mounted Technology, Oberflächenmontage-Technik. Alle mit der Montage von →SMDs zu funktionsfähigen Baugruppen einhergehenden Verfahrensschritte.

Dazu zählen:
- SMD-Bestückungstechnik (inkl. der automatengerechten Anlieferform, z. B. Gurtung),
- Klebetechnik,
- Löttechnik (inkl. Baugruppenreinigung) und
- Prüftechnik.

Außerdem versteht man unter SMT die Kenntnisse, die sich aus der Wechselwirkung von SMDs, ihrer Verarbeitung und Anwendung ergeben.

Beispiele sind:
- Der Nachweis der Lötbarkeit (Benetzbarkeit) von SMD-Lötanschlüssen durch eine standardisierte Prüfung einerseits und die qualitative Beurteilung einer unter Prozeßbedingungen zustandegekommenen Lötverbindung andererseits; daraus folgend und falls nötig: Modifikation der Lötprüfung und/oder Novellierung der Beurteilungskriterien einer Sichtprüfung.
- Ermittlung des Gefahrenpotentials für SMDs und deren Lötverbindungen, wenn Baugruppen mechanisch (z. B. Durchbiegung) oder thermisch (z. B. Temperaturzyklen) beansprucht werden; ggf. Maßregeln/Grenzwerte festlegen.

Gelegentlich werden auch die Kürzel SMA (*engl.* Surface Mounted Assembly, Baugruppe unter Anwendung von SMDs) und SM (*engl.* Surface Mount/Mounted) verwendet. *Bensieck*

SOA. (Abk. *engl.* Safe operation area, sicherer Arbeitsbereich). Bereich des Ausgangsstrom-Ausgangsspannungskennlinienfeldes eines Transistors (→Bipolar-, →Feldeffekttransistor), in dem die Zerstörungsgefahr durch Überschreiten der Strom-Spannungsgrenzwerte oder der →Verlustleistung herstellerseitig ausgeschlossen wird (Bild). Der sichere Arbeitsbereich wird beim Bipolartransistor beispielsweise begrenzt durch einen maximalen Kollektorstrom (Herstellerangabe), die maximal zulässige Verlustleistung (unter vorgegebenen Kühlbedingungen) und eine maximale Kollektorspannung (stark abhängig von der eingangsseitigen Beschaltung). Praktische Aussteuergrenzen bilden weiterhin die Kollektorrestspannung und der Kollektorreststrom.

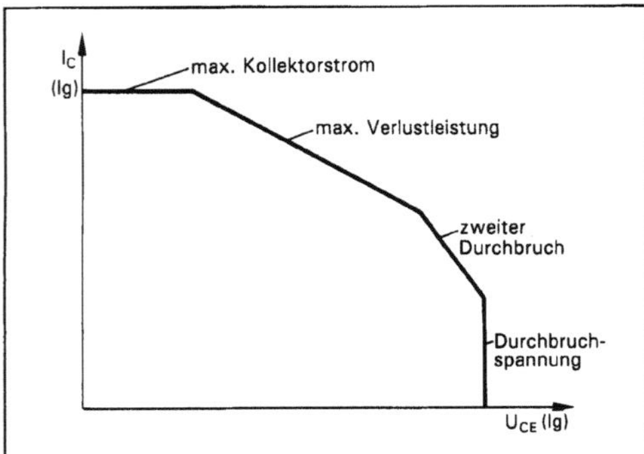

SOA: Diagramm.

Im allgemeinen ist im sicheren Arbeitsbereich auch thermische Stabilität gewährleistet, es empfiehlt sich aber, eine jeweilige Überprüfung vorzunehmen.

Der sichere Arbeitsbereich hängt – bedingt durch die thermisch-dynamische Transistoreigenschaften – mit von den dynamischen Aussteuerbedingungen ab. *R. Paul*

Soft-error →Strahlenschaden

SOI-Technik. Einkristallines Silicium auf einem Isolator (Silicon on Insulator), hat in der VLSI-Technologie wesentliche Vorteile gegenüber herkömmlichen Silicium. Ein wichtiger Aspekt der SOI-CMOS-Technik ist die im Vergleich zu Bulk-CMOS höhere →Packungsdichte. Diese resultiert zum einen durch Verringerung der Abstände zwischen den einzelnen Bauelementen, da durch die dielektrische Isolation die gegenseitige Beeinflussung der Bauelemente herabgesetzt wird, zum anderen durch die Tatsache, daß die elektrische Isolation selbst im Vergleich zur pn-Isolation weniger Platz benötigt. Der bei Silicium nur schwer zu vermeidende →latch-up-Effekt, verursacht durch die Bildung parasitärer bipolarer Transistoren, tritt aufgrund der dielektrischen Trennung des komplementären Transistorenpaares bei SOI-CMOS-Schaltungen nicht auf. Als weitere Vorteile von SOI-Material sind erhöhte Signalgeschwindigkeit, sowie verbesserte Strahlenhärte und geringer Leistungsbedarf zu nennen.

Besondere Eigenschaften besitzt SOI-Material mit sehr dünnen Siliciumfilmen von ca. 100 nm. Das nahezu ideale Verhalten von Bauelementen in solchen dünnen SOI-Schichten liegt darin begründet, daß das Gebiet unterhalb des Kanals vollständig an Ladungsträgern verarmt ist. Die Wahrscheinlichkeit der Stoßionisation von Ladungsträgern in der Nähe der Drain-Elektrode wird dadurch herabgesetzt und so der Kink-Effekt, der die Anwendung von SOI für analoge Anwendungen einschränkt, sowie das Auftreten „heißer Ladungsträger", die zur vorzeitigen →Alterung von Bauelementen führen, vermieden. Weitere positive Auswirkungen der geringeren Schichtstärke sind eine Reduzierung des Short-Channel-Effektes und eine Erhöhung der Schaltgeschwindigkeit.

Ein Nachteil gegenüber herkömmlichem Silicium ist die kristalline Qualität von SOI, die bisher noch nicht den Stand des herkömmlichen Siliciums erreicht hat. Ein zweiter Nachteil sind die höheren Herstellungskosten von SOI-Material.

Die Herstellung von SOI-Schichten erfolgt mit verschiedenen Verfahren, die sich in folgende vier Hauptgruppen unterteilen lassen:

□ Epitaktische Verfahren
□ Oxidationsverfahren
□ Kristallisation von Silicium auf SiO_2 durch energiereiche Strahlen
□ Herstellung vergrabener isolierender Schichten durch →Ionenimplantation.

Das bekannteste epitaktische Verfahren ist SOS (Silicon on Sapphire). Es ist das einzige Herstellungsverfahren für SOI das bisher technisch angewendet wird (→SOS-Technik). Weitere kristalline Isolatoren, die außer Saphir zur Herstellung von SOI-Schichten Verwendung finden sind Spinell CaF_2, SrF_2 und BaF_2. Bei all diesen Isolatoren wird die aktive Siliciumschicht epitaktisch auf die Isolatoren aufgewachsen. Nachteil dieser Verfahren ist, daß es aufgrund der unterschiedlichen Gitterstruktur zwischen Silicium und Isolator zu Gitterstörungen an der Grenzfläche kommt. Dies äußert sich in einer hohen Defektdichte.

Zu den epitaktischen Verfahren gehört weiterhin SPE (Solid Phase Epitaxy) und ELO (Epitaxial Lateral Overgrowth). Bei dem SPE-Verfahren wird zunächst der Siliciumträger thermisch oxidiert, dann lokal das Oxid geätzt (Keimzonen) und schließlich eine dünne amorphe Siliciumschicht abgeschieden. Die Scheiben werden dann bei 600 °C mehrere Tage in Stickstoff getempert. Während dieser Temperaturbehandlung findet, ausgehend von den Keimzonen, die epitaktische Kristallisation der Siliciumschicht statt (→Festphasenepitaxie). Nachteile dieses Verfahrens sind die hohe Zahl von Versetzungen und Zwillingsbildungen in der kristallinen Siliciumschicht und die lange Temperzeit. Als Vorteil sind die geringen Herstellungskosten zu nennen. Auch bei ELO beginnt man mit der thermischen →Oxidation und dem anschließenden Öffnen der Fenster für die Keimzonen. Ausgehend von den Keimzonen läßt man das Silicium epitaktisch über den Rand der Keimzone hinaus lateral auf das Oxid wachsen. Da das kristalline Wachstum bei diesem Verfahren isotrop erfolgt, entspricht die Länge des das Oxid überlappenden Siliciums etwa der Dicke der Schicht. Man kommt auf diese Weise zu sehr dicken Schichten, die anschließend wieder gedünnt werden müssen.

Eine weitere Möglichkeit zur Herstellung vergrabener Schichten ist das sogenannte Wafer-Bonding (→Halbleiterscheibe). Wesentlich bei diesem Verfahren ist, daß zwei unterschiedlich stark dotierte Scheiben, von denen die hochdotierte mit einer Epitaxieschicht niedriger Dotierung versehen ist, oxidiert und dann thermisch in oxidierender Umgebung zusammengeschweißt werden. Anschließend wird mit einer Ätzlösung, die bevorzugt Silicium hoher Dotierkonzentration angreift, die niederohmige Scheibe bis auf die leicht dotierte Epitaxieschicht abgeätzt, so daß ein dünner durch den Isolator vom Substrat getrennter Siliciumfilm übrigbleibt. Eine zweite Möglichkeit stellt das Dünnen durch Schleifen und →Polieren dar. Da bei den beschriebenen Dünnungsverfahren nur eine Schichtdickenhomogenität von ca. 0,5 μm erreicht wird, ist die minimale Siliciumschichtdicke auf ca. 1 μm begrenzt. Wafer Bonding liefert ein SOI-Material mit hoher kristalliner Qualität und einem sehr abrupten Grenzübergang Siliciumschicht/Isolatorschicht. Da die Isolatorschicht aus thermischem Oxid besteht, ist die Grenzflächenladungsdichte sehr gering.

Eine weitere zu den Oxidationsverfahren gehörende Herstellungstechnik ist die Oxidation von porösem Silicium. Bei diesem Verfahren gibt es im wesentlichen zwei Methoden. Eine Methode ist die anodische Unterätzung von n-dotierten Siliciuminseln auf einem p-Substrat in Flußsäure. Das sich dadurch bildende poröse Silicium wird anschließend oxidiert, so daß die n-dotierten Siliciuminseln vollständig vom p-Substrat isoliert sind. Bekannt ist diese Methode unter den Namen FIPOS (Full Isolation by Porous Oxidized Silicon). Der Vorteil dieser Methode gegenüber der nun folgenden besteht darin, daß die aktiven Schaltungselemente in das Substratmaterial integriert werden können. Der Nachteil ist die Gefahr der unvollständigen Isolation. Bei der zweiten Methode wird ganzflächig die Oberfläche des Siliciums durch →Ätzen in poröses Silicium verwandelt. Da die Kristallstruktur bei diesem Vorgang nicht verloren geht, kann man auf der porösen Schicht eine monokristalline, kompakte Siliciumschicht epitaktisch abscheiden. Die epitaktische Schicht wird anschließend strukturiert, wobei lokal der Weg zum porösen Silicium freigelegt wird. Durch Oxidation des porösen Siliciums werden wie bei der ersten Methode vollständig vom Substrat isolierte Siliciuminseln geschaffen. Der Vorteil dieser Methode ist die bessere Kontrolle des Ätzprozesses zur Herstellung des porösen Siliciums, der Nachteil die mäßige Kristallqualität.

Bei der Kristallisation von →Polysilicium auf thermischem SiO_2 werden sowohl bei der Verwendung von Laser, Graphitstreifen- und Lampenheizung gute Erfolge erzielt. Die polykristalline Siliciumschicht muß vor dem Aufschmelzvorgang allerdings mit einer Schutzschicht (SiO_2, Si_3N_4) versehen werden, um eine Tröpfchenbildung des flüssigen Polysiliciums aufgrund hoher Oberflächenspannung zu verhindern. Ein glühender Graphitstab bzw. eine leistungsstarke Lampenheizung oder ein Laser wird dann so über die Scheibe bewegt, daß das Polysilicium lokal aufschmilzt, um danach gerichtet zu erstarren. Die reproduzierbare Bildung großflächiger einkristalliner Bereiche ist bei diesen Methoden schwierig, da es leicht zur Bildung von Korn- und

Subkorngrenzen kommt. Bei der Herstellung von Bauelementen in mit Korngrenzen durchsetzten Siliciumschichten sind niedrige Beweglichkeiten und hohe Leckströme die Folge. Ein großer Vorteil der Rekristallisationsverfahren mit Lampenheizung oder Graphitstab ist vor allem die kostengünstige Herstellung von SOI-Material.

Herstellungsverfahren, mit denen es möglich ist, beliebig dünne und homogene Siliciumschichten mit hoher kristalliner Qualität zu produzieren, sind die Implantationsverfahren SIMOX und SIMNI (Separation by Implantation of Oxygen or Nitrogen). Die wichtigsten Herstellungsparameter einer vergrabenen isolierenden Schicht sind die zu implantierende Dosis und Energie der Ionen, die Scheibentemperatur während der Implantation und die Tempertemperatur. Um stöchiometrisches SiO_2 bzw. Si_3N_4 als vergrabene Schicht zu bekommen, benötigt man eine sehr hohe Ionendosis. Üblicherweise wird Sauerstoff in der Dosis $(1{,}4–2) \cdot 10^{18}$ cm^{-2} mit einer Energie von 150–200 keV implantiert, bei Stickstoff ist die Dosis etwas geringer und liegt zwischen $(1–1{,}4) \cdot 10^{18}$ cm^{-2}, die Energie ist die gleiche wie bei Sauerstoff. Die Scheibentemperatur während der Implantation beträgt 500–600 °C. Eine so hohe Temperatur ist nötig, damit die obere Siliciumschicht nicht amorphisiert wird (→amorphe Schicht). Die →Strahlenschäden, die durch die hochenergetischen Ionen im einkristallinen Silicium entstehen, werden so größtenteils wieder ausgeheilt. Um eine wirklich gute weitgehend defektfreie Siliciumschicht an der Oberfläche zu bekommen, muß die SIMOX- und SIMNI-Scheibe nach der Implantation noch getempert werden. Eine hohe Tempertemperatur von 1300 °C bei sauerstoffimplantierten und 1200 °C bei stickstoffimplantierten Scheiben ist notwendig, wenn man neben einer guten Kristallinität auch eine abrupte Grenzfläche Siliciumschicht/vergrabene Isolator erzielen möchte. Mit SIMOX und SIMNI ist es möglich, durch eine zusätzliche →Epitaxie auch dicke Siliciumschichten herzustellen, so daß dieses Verfahren nicht nur Anwendung in der VLSI-Technologie, sondern auch in der →Bipolartechnik finden kann. *Ryssel*

Solarzelle. →Halbleiterbauelement (→pn-Diode oder Schottky-Kontakt), das elektromagnetische Strahlung direkt in elektrische Energie umwandelt und dabei in seinem technologischen Aufbau auf einen möglichst hohen Wirkungsgrad bzgl. Sonnenlicht ausgerichtet ist (→Photoelement).

Die Photonen eines Strahlungsfelds erzeugen in einem Halbleiter freie Elektronen und Löcher, wenn ihre Energie den →Bandabstand übersteigt. Im inhomogenen Halbleiter herrscht ein inneres elektrisches Feld, das diese Ladungen trennt und damit eine →Photospannung erzeugt. Bei Anschluß eines Verbrauchers fließt ein Strom, Strahlungsenergie ist direkt in elektrische Energie konvertiert. Dieses Prinzip des Photoelements wird bei der S. technologisch optimiert, um einen möglichst hohen Wirkungsgrad bzgl. Sonnenlicht zu erzielen.

Der Zusammenhang zwischen erzeugtem Strom und Spannung (→Kennlinie) ist in Bild 1a wiedergegeben, wobei man für den Leerlauf (I = O) die Photospannung als Leerlaufspannung U_L ablesen kann. Der Kurzschlußstrom I_K (U = O) repräsentiert die pro Zeiteinheit durch das Licht generierten →Ladungsträger (→Photostrom). Arbeitet die Zelle an einem Punkt A der Kennlinie (→Arbeitspunkt), so kann ihr die Leistung $L_A = U_A I_A$ entnommen werden. Man versucht, den Arbeitspunkt durch Anpassung des Verbrauchers so zu legen, daß die Leistung maximal wird, $L_M = U_M I_M$. Diese wird um so höher, je näher die Kennlinie einem Rechteckverlauf kommt, wobei die Rechteckfläche dann $U_L I_K$ wäre. Der Quotient $F = U_M I_M / U_L I_K$ wird daher oft als Gütemaß (→Füllfaktor) benutzt. Durch innere Widerstände und Verlustströme wird die Kennlinie in ungünstiger Weise verändert (Bild 1b, 3b). Der Wirkungsgrad ist als Quotient zwischen maximal abgegebener und aufgenommener (Strahlungs-) Leistung P gegeben, $w = I_M U_M / P = F U_L I_K / P$.

Die S. soll einen möglichst hohen Wirkungsgrad zur Konversion der Sonnenenergie aufweisen, d. h. F, U_L und I_K müssen in diesem Sinne optimiert sein. Dabei konkurrieren Forderungen nach gleichzeitig großem U_L und I_K miteinander. Ein großes I_K

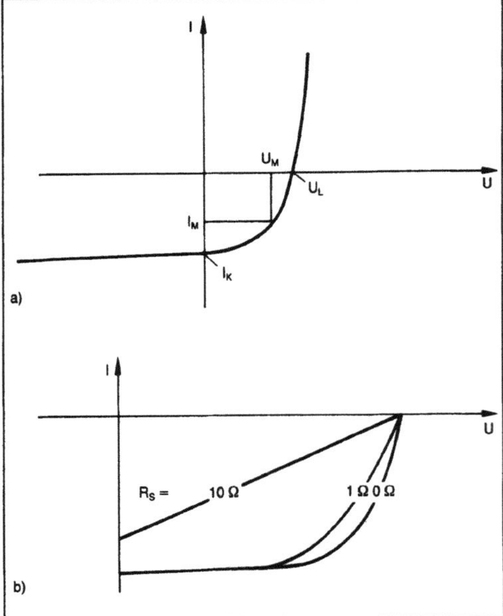

Solarzelle 1: Kennlinie einer S.
a) ideal und
b) mit inneren Verlusten durch einen Serienwiderstand R_s.

verlangt einen geringen Bandabstand W des Halbleiters, denn nur dann können auch die niederenergetischen Photonen des Sonnenlichts (Infrarot) Elektron-Loch-Paare erzeugen. Andererseits ist aber W/e (e = Elementarladung) die obere Schranke für die Leerlaufspannung U_L (Photospannung). Der erreichbare Wirkungsgrad ist in Bild 2 als Funktion von W für verschieden stark fokusiertes Sonnenlicht wiedergegeben (1 Sonne = Normalsonnenschein, d. h. unfokussiert). Da die Photospannung mit der Bestrahlungsstärke steigt (Photospannung), ist der Wirkungsgrad fokusierungsabhängig. Die Daten verschieben sich etwas, wenn man nicht Licht auf der Erdoberfläche betrachtet, dessen Spektrum und Intensität durch die Luftabsorption modifiziert ist (AM1 = Air Mass 1), sondern Licht im Weltraum (AMO), wie es für die Nutzung in der Raumfahrt wichtig ist.

Man erkennt (Bild 2), daß Si und GaAs im Bereich des Maximums liegen. Die Entwicklung konzentriert sich daher auf diese Halbleiter, obwohl auch andere Substanzen erprobt werden. GaAs hat den Vorteil der direkten optischen Absorption, so daß man mit sehr dünnen Schichten auskommt. Si als indirekter Halbleiter benötigt für die Lichtabsorption einen längeren Lichtweg (ca. 100–300 μm) und daher auch mehr Halbleitermaterial. Es wird aber infolge seines geringen Preises, praktisch unbegrenzter →Verfügbarkeit und hohen technologischen Produktionsstandards voll konkurrenzfähig.

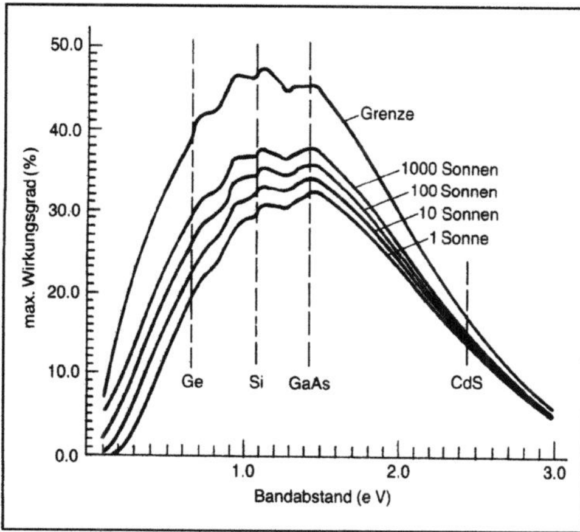

Solarzelle 2: Maximaler Wirkungsgrad einer S. als Funktion des Bandabstands bei steigender Konzentration des Sonnenlichts.

Die angegebenen Wirkungsgrade (Bild 2) werden in der Praxis nicht erreicht, da zu den Verlusten durch Photonen mit zu niedriger Energie weitere treten. Photonen mit Energien größer als W werden hoch ins →Leitungsband angeregt und verwandeln ihre Überschußenergie durch thermische Relaxationsprozesse in nutzlose Wärme. Außerdem schaffen nicht alle erzeugten Ladungsträger die Diffusion in das Gebiet des inneren Feldes zur Ladungstrennung (Verlustfaktor: innerer Quantenwirkungsgrad, *engl.* collection efficiency) und die Photospannung U_L erreicht nicht den maximalen Wert der →Diffusionsspannung (Verlustfaktor: Spannungsfaktor). Weitere Verluste entstehen z. B. durch Reflexion des Lichts an der Zellenoberfläche oder verstärkte →Rekombination im Oberflächenbereich.

Verschiedene technische Ausführungen von S. versuchen, die Verluste möglichst gering zu halten. Neben den pn-Dioden, bei denen man den Homo- und Heterokontakt unterscheidet (p- und n-Gebiet aus gleichem bzw. verschiedenem Halbleitergrundmaterial), gibt es den →Metall-Halbleiter-Kontakt (Schottky-Kontakt).

Bei einer typischen pn-Solarzelle (Bild 3a) ist sonnenseitig der Kontakt zum Durchlaß des Sonnenlichts kammartig aufgebracht. Das elektronische Ersatzschaltbild (Bild 3b) ist das eines Stromgenerators, wobei der Serienwiderstand R_s Spannungsabfälle innerhalb der Zelle (Bahnwiderstand) und der Shuntwiderstand R_{sh} Verlustströme berücksichtigt. Am verbreitesten ist die Silicium-Solarzelle mit einem typischen Wirkungsgrad von derzeit 18–20 %. Im Labor sind bei hohen Lichtkonzentrationen Werte bis ca. 25 % erreicht worden. Zellen auf

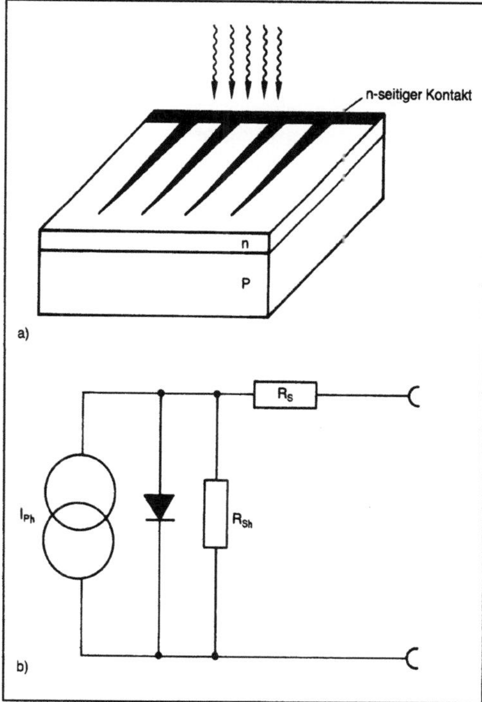

Solarzelle 3: pn-S.
a) Schematischer Aufbau
b) Ersatzschaltbild.

GaAs-Basis erreichen (ohne Fokussierung) etwa 22%. Allerdings sind Zellen mit hohem Wirkungsgrad teuer, da sie hochreine Halbleitereinkristalle benutzen. Dies gilt besonders auch für Zellen, die zur besseren Ausnutzung des Sonnenspektrums Systeme aus mehreren hintereinandergeschalteten pn-Übergängen mit fallendem Bandabstand bestehen (multijunction-cells).

Die Anwendung dieser teuren Lösungen ist auf Fälle begrenzt, bei denen die Generation elektrischer Energie auf anderem Wege nur schwer möglich ist, z. B. im Weltraum. Durch die Ausbreitung großflächiger Sonnensegel werden hier Leistungen im kW-Bereich gewonnen. Für die Massenanwendung billigere, aber auch weniger leistungsfähige Lösungen ergeben sich mit polykristallinem oder amorphem Material, wobei mit Silicium z. Zt. etwa 8–10% erreicht werden. Bei kleinflächigen Zellen beschränkt sich die Anwendung natürlich auf leistungsarme Einsätze, z. B. bei Taschenrechnern oder Uhren. Die Forschung auf dem Gebiet der S. ist weltweit intensiv und erstreckt sich über alle Varianten, vom Einkristall-Homokontakt bis zum polykristallinen bzw. amorphen Dünnschicht-Schottky-Kontakt. *Heinz*

Literatur: *Fahrenbruch, A. L.* and *R. H. Bube:* Fundamentals of Solar Cells. London 1983. – *Palz, W.:* Solar Electricity. London 1978. – *Pleskov, Y. V.:* „Solar Energy Conversion", Berlin, Heidelberg, New York 1990. – *Selders, M.* und *D. Bonnet:* Solarzellen. Physik in unserer Zeit. 10 (1979) Nr. 1.

Solitonen. S. (*engl.* solitary waves oder solitons) sind stabile, mit konstanter Geschwindigkeit fortlaufende und nicht zerfließende Wellenpakete (z. B. Wasserwellenberge, Lichtpulse, Wellenfunktionen mikroskopischer Teilchen), die sich unter bestimmten Bedingungen beobachten lassen.

S. entstehen nur, wenn das i. a. auftretende Zerfließen eines Wellenpaketes während der Ausbreitung in einem Medium durch →Dispersion aufgrund eines geeigneten, nichtlinearen Prozesses kompensiert wird (siehe z. B. →Soliton, optisch). Mathematisch repräsentieren die S. daher Lösungen, die allein aus speziellen, partiellen nichtlinearen Differentialgleichungen hervorgehen (z. B. Sinus-Gordon-Gleichung, *Korteweg-de Vries*-Gleichung, nichtlineare *Schrödinger*-Gleichung).

Die Erscheinung eines formstabilen Wellenpaketes beobachtete zum ersten Mal der Brite *J. S. Russell* im August 1834. Er sah einen einzelnen Wasserwellenberg meilenweit durch einen Kanal laufen, ohne daß sich seine Form und Geschwindigkeit merklich veränderten. Trotz zahlreicher Experimente, die Russell anschließend durchführte, konnte diese Erscheinung damals nicht gedeutet werden. Erst etwa 60 Jahre nach dieser Beobachtung stellten *D. J. Korteweg* und *G. de Vries* eine, später nach ihnen benannte nichtlineare Differentialgleichung zur Beschreibung des Verhaltens von Oberflächenwellen in seichtem Wasser auf und diskutierten ihre Lösungen. Der Begriff des S. für ein solches Phänomen wurde jedoch erst in den Jahren nach 1964 eingeführt, als es gelang, auch in anderen Bereichen der Physik spezielle, partielle nichtlineare Differentialgleichungen numerisch zu lösen und die Eigenschaften der ermittelten Ergebnisse eingehender zu untersuchen (z. B. Lösung der Korteweg-de Vries-Gleichung zur Beschreibung von nichtlinearen Gitterschwingungen in einem Festkörper (*N. J. Zabusky* und *M. D. Kruskal*, 1965) oder Lösung der nichtlinearen Schrödingergleichung zur Beschreibung der Ausbreitung von optischen S. in Glasfasern (*A. Hasegawa* und *F. D. Tappert*, 1973, →Solitonen, optische).

Zahlreiche Untersuchungen zeigten, daß die S. i. a. nicht nur während ihrer Ausbreitung, sondern auch bei Streuungen mit anderen S. ihre Form beibehalten. Dieses ihnen eigene, unbeeinflußbare Verhalten, das sich stark von dem der klassischen Wellenpakete in Medien mit linearen physikalischen Eigenschaften unterscheidet, gab ihnen den Namen S. (*engl.* solitary: einsam, alleinig, unbeeinflußt von anderen). Die Existenz von S. konnte bis heute in vielen Bereichen der Naturwissenschaften theoretisch und experimentell nachgewiesen werden, wie z. B. in der Physik (nichtlineare →Optik, →Festkörperphysik, Hydrodynamik, Plasmaphysik, Relativitätstheorie), der Astronomie und der Biologie (z. B. bei der Energieübertragung in lebenden Organismen). *R. Kaiser*

Literatur: *Meinl, R.* und *G. Neugebauer, H. Steudel:* „Solitonen – Nichtlineare Strukturen". Berlin 1991.

Solitonen, optische. O. S. sind nicht zerfließende Lichtpulse, die sich unter bestimmten Bedingungen durch das Zusammenwirken von →Dispersion und optischer Nichtlinearität (optischer Kerreffekt) in einem Medium (z. B. in einem →Lichtwellenleiter) ausbilden.

Lichtpulse sind optische Wellenpakete bzw. Wellengruppen, die aus der Superposition von ideal monochromatischen Lichtwellen (Elementarwellen) mit unterschiedlichen Frequenzen ν (Wellenlängen λ) entstehen (Fourieranalyse). Das Frequenzspektrum $F(\omega)$ dieser Wellen ist dabei i. a. auf die nähere Umgebung einer Mittenfrequenz ω_0 beschränkt ($\omega = 2\pi \cdot \nu$). Da der Brechungsindex n eines linearen Mediums (→Optik, lineare) i. a. von der Frequenz ω einer Lichtwelle abhängt ($n = n(\omega)$: Dispersion), weisen die Elementarwellen unterschiedliche Ausbreitungskonstanten $\beta(\omega) = n(\omega) \cdot k_0$, d. h. unterschiedliche Phasengeschwindigkeiten auf ($c_{Med}(\omega)$ = Phasengeschwindigkeit der Welle im Medium = $c_0/n(\omega)$, c_0: Phasengeschwindigkeit der Lichtwelle im Vakuum, $k_0 = 2\pi/\lambda$). Diese Eigenschaft führt beim Durchlaufen eines linearen, dispersiven Mediums der Länge L zu einer Verbreiterung des Lichtwellenpaketes, d. h. der Puls zerfließt. Die räumliche und zeitliche Entwicklung eines solchen Lichtwellenpaketes wird durch eine Einhüllende A(z, t) beschrieben, die sich bei Berücksichtigung der Dispersion in einem absorptionsfreien, nicht magnetischen und isotropen Medium als Lösung der folgenden Wellengleichung ergibt (Wellengleichung für die Einhüllende):

$$\frac{\partial A(z,t)}{\partial z} + \beta_1 \frac{\partial A(z,t)}{\partial t} - \frac{i}{2} \beta_2 \frac{\partial^2 A(z,t)}{\partial t^2} = 0$$

mit t: Zeit, z: Ausbreitungsrichtung der Lichtwelle und

$\beta_1 = d\beta(\omega)/d\omega = 1/v_g(\omega)$ mit $v_g(\omega)$: Gruppengeschwindigkeit und ermittelt bei der Mittenfrequenz $\omega = \omega_0$.

$\beta^2 = d^2\beta(\omega)/d\omega^2 = d(1/vg)/d\omega$, ermittelt bei der Mittenfrequenz ω_0. Die Größe β_2 wird als Dispersionskoeffizient oder Gruppendispersion bezeichnet und bewirkt das Zerfließen des Lichtwellenpaketes. Je nach Vorzeichen des Dispersionskoeffizienten unterscheidet man zwischen normaler Dispersion ($\beta_2>0$, d. h. die bezüglich der Mittenfrequenz ω_0 höherfrequenten Elementarwellen sind langsamer als die Wellen mit den niedrigeren Frequenzen) und anormaler Dispersion ($\beta_2<0$, d. h. die bezüglich der Mittenfrequenz ω_0 höherfrequenten Elementarwellen sind schneller als die Wellen mit den niedrigen Frequenzen).

Vereinfachend wird bei der hier dargestellten Wellengleichung für die Einhüllende eine eindimensionale Lichtausbreitung in z-Richtung betrachtet.

Das Zerfließen eines Lichtpulses läßt sich jedoch verhindern, wenn die pulsverbreiternde Wirkung der Dispersion durch einen geeigneten nichtlinearen optischen Effekt kompensiert werden kann. Ein solcher Effekt ist der optische Kerreffekt, der die Abhängigkeit des Brechnungsindexes n eines Mediums von der Intensität I einer Lichtwelle beschreibt und zu den Phänomen der Selbstphasenmodulation und Selbstfokussierung führt (→Optik, nichtlineare). Für die Brechungsindexänderung durch die Intensität I eines Lichtpulses gilt mit $I \sim |A(z,t)|^2$ der folgende Ansatz:

$$n(I) = n + n_2 \cdot I = n + n_2 \cdot |A(z,t)|^2$$

Ausgehend von der Wellengleichung der nichtlinearen Optik ergibt sich bei Beachtung des optischen Kerreffektes zur Beschreibung der räumlichen und zeitlichen Entwicklung der Einhüllenden A(z,t) eines Lichtpulses nunmehr die folgende Wellengleichung (gleiche Voraussetzungen wie bei der o. a. Wellengleichung ohne Nichtlinearität):

$$\frac{\partial A(z,t)}{\partial z} + \beta_1 \frac{\partial A(z,t)}{\partial t} - \frac{i}{2} \beta_2 \frac{\partial^2 A(z,t)}{\partial t^2} - i\gamma\, |A(z,t)|^2 \cdot A(z,t) = 0$$

Die Größe γ beschreibt die Stärke der Nichtlinearität und ist von n_2, ω_0 und n abhängig. Die mit Hilfe numerischer Methoden gefundenen Lösungen A(z,t) dieser nichtlinearen, partiellen Differentialgleichung repräsentieren unter bestimmten Randbedingungen Lichtpulse, die ihre Form während der Ausbreitung immer exakt beibehalten (fundamentales Solition oder Soliton der Ordnung N=1) oder ihre ursprüngliche Form periodisch in bestimmten räumlichen zeitlichen Abständen immer wieder regenerieren (Solitonen der Ordnung N>1).

Als wesentliche Randbedingungen für die Ausbildung der beschriebenen Solitonen sind zu nennen eine zu vernachlässigende Lichtabsorption, ein Medium (z. B. ein Lichtwellenleiter) mit anormaler Dispersion ($\beta_2<0$) und eine Breite des Eingangs-Lichtpulses, die einen bestimmten Wert nicht überschreitet. Die Ordnung N der entstehenden Solitonen wird durch die in das Medium eingestrahlte Leistung des Lichtpulses bestimmt. Bezüglich der zeitlichen Entwicklung verhindert das Phänomen der Selbstphasenmodulation das Zerfließen der Lichtpulse (zeitliche o. S.) und bezüglich der räumlichen Entwicklung senkrecht zur Ausbreitungsrichtung ist hierfür die Selbdstfokussierung verantwortlich (räumliche o. S.).

Die o. a. nichtlineare, partielle Differentialgleichung für die Einhüllende A(z,t) läßt sich mathematisch umformen, wodurch eine nichtlineare, partielle Differentialgleichung entsteht, die aufgrund ihrer Ähnlichkeit mit der bekannten Schrödingergleichung in der →Quantenmechanik als nichtlineare Schrödingergleichung bezeichnet wird. Durch die numerische Lösung der nichtlinearen Schrödingergleichung von *A. Hasegawa* und *F. D. Tappert* im Jahre 1973 wurde erstmals die Ausbildung von o. S. theoretisch gezeigt. Den ersten experimentellen Beweis für die Existenz dieser Solitonen lieferten *L. F. Mollenhauer* et al. im Jahre 1980 in den USA. Bis heute sind Übertragungsexperimente mit o. S. bereits erfolgreich über mehrere tausend Kilometer durchgeführt worden (z. B. von *L. F. Mollenhauer* et al.).

Die wichtige Eigenschaft der o. S., ihre Form während der Ausbreitung in einem Medium nicht zu verändern bzw. periodisch immer neu regenerieren zu können, läßt ihnen eine sehr große Bedeutung für eine zukünftige Datenübertragung mit optischen Signalen in Lichtleitfasern (Glasfasern) zukommen. Für die Übertragung optischer Signale über große Entfernungen sind bei einem Einsatz von o. S. keine Komponenten zur Pulsregeneration mehr erforderlich, sondern nur noch optische →Verstärker zum Ausgleich der auftretenden Lichtverluste (die Existenz der Solitonen ist an die geführte Lichtleistung gebunden). *R. Kaiser*

Literatur: *Hasegawa, A.* Optical Solitons. Berlin–Heidelberg–New York–London–Paris–Tokyo–Hong Kong, 1990. – *Saleh, B.E.A.* and *M. C. Teich:* „Fundamentals of Photonics". New York–Chichester–Brisbane–Toronto–Singapore, 1991. – *Taylor, J. R. (Ed.):* Optical Solitons-Theory and Experiments. Cambridge Studies in Modern Optics (1992) No. 10.

SOS-Technik. Schon seit Beginn der sechziger Jahre, als →Germanium in der Halbleitertechnologie durch →Silicium ersetzt wurde, galt das Interesse auch halbleitenden Siliciumfilmen auf Isolatoren. So wählte man z. B. für die Herstellung von n-Kanal-Feldeffekttransistoren anstelle von Silicium als Substratmaterial heteroepitaktisch aufgebrachte <100> orientierte Siliciumschichten auf Al_2O_3-Substrat (*engl.* SOS, Silicon On Sapphire).

Die Verwendung von SOS bei der Fertigung von integrierten Schaltkreisen brachte durch die dielektrische Isolation der Bauelemente Vorteile wie höhere Schaltgeschwindigkeit, geringeren Leistungsbedarf und verbesserte Widerstandsfähigkeit gegen Strahlungsbelastung mit sich. Neben den hohen Kosten für das Al_2O_3-Substrat hatte die SOS-Technologie allerdings aufgrund der Gitterfehlanpassung zwischen Substrat und Siliciumschicht (Al_2O_3 hexagonales Gitter mit a = 4,76 Å, c = 12,99 Å; Silicium kubisches Gitter mit a = 5,43 Å) mit Problemen wie hohen Leckströmen und einer hohen Defektdichte zu kämpfen. Aufgrund des mechanischen Stresses in der Siliciumschicht an der Grenzfläche entstehen Defekte in der Größenordnung von 10^{10} cm^{-2}. Diese hohe Defektdichte und eine starke Aluminiumkontamination der Siliciumschicht während der →Epitaxie haben eine Verringerung der →Ladungsträgerbeweglichkeit zur Folge.

Eine Verbesserung des SOS-Materials wird durch eine Amorphisierung des Siliciums an den Grenzflächen durch →Ionenimplantation erreicht. Nach der Amorphisierung wird die Siliciumschicht von der Oberfläche aus bei 600 °C rekristallisiert. Dieses Verfahren erniedrigt den →Leckstrom bis zu 40 % und erhöht die Ladungsträgerbeweglichkeit bis zu 45 %. Anwendung findet die SOS T. für strahlungsresistente, Soft error unempfindliche schnelle digitale Schaltkreise.

Trotz dem genannten Verfahren ist die Qualität von SOS für viele Anwendungen nicht ausreichend, deshalb liegt das heutige Interesse mehr bei →SOI (Silicon On Insulator) -Strukturen mit Silicium als Grundmaterial. Besonders gefragt ist der Einsatz von SOI in der CMOS-Technologie, die durch niedrigen Leistungsverbrauch eine Vorrangstellung in der VLSI-Technologie besitzt. *Ryssel*

SOT-Bauelement (SOT-Gehäuse) →Umhüllung

Source. Die Bedeutung der S. von MOS-Transistoren für die Funktion als Bauelement wird im Kapitel →Halbleiterelektronik behandelt. Die Herstellung erfolgt durch →Ionenimplantation und/oder →Diffusion analog der Herstellung der →Drain von MOS-Transistoren. *Ryssel*

Sourcefolger. Quellenschaltung, oder Drainschaltung (Bild). Diese für den →FET mögliche Grundschaltung entspricht in wesentlichen Eigenschaften der Emitterfolgerschaltung des →Bipolartransistors. *R. Paul*

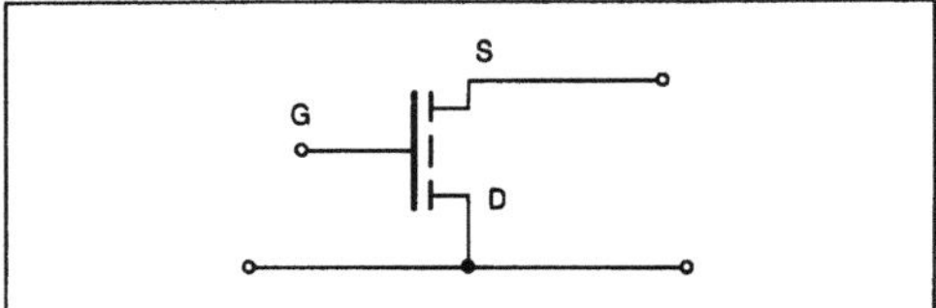

Sourcefolger: Sourcefolgeschaltung.

Sourceverstärker. Oft auch Sourceschaltung genannte Transistorgrundschaltung des →FET, wobei der Sourcekontakt der gemeinsame Bezugspunkt für den Schaltungseingang und -ausgang ist (Bild). Herausragende Eigenschaften dieser Grundschaltung sind große Spannungsverstärkung, große Eingangs- und Ausgangswiderstände. Die Schaltung entspricht den natürlichen Betriebsbedingungen des FET (sowie die Basisschaltung dem →Bipolartransistor) und wird am häufigsten verwendet. *R. Paul*

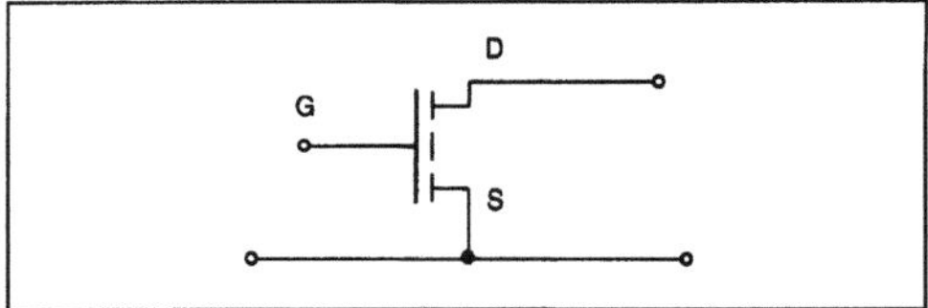

Sourceverstärker: Sourceschaltung.

Spacing. S. oder S-Wert ist bei einer Farbkathodenstrahlröhre der Abstand der drei Elektronenstrahlerzeuger (für je eine der drei →Primärfarben) voneinander. Dieser S-Wert ist begrenzt durch den Durchmesser des Röhrenhalses. Er bestimmt seinerseits →Farbauswahlwinkel und Schirmmaskenabstand (→Landung). Der S-Wert liegt z. B. bei einer →In-Line-Röhre mit 29 mm Halsdurchmesser in der Größenordnung von 6 mm. *Nerstheimer*

Spaltenelektrode →Anzeigeelement

Spannungsabfall in Stromrichterschaltungen. Bei der Auslegung von Stromrichtern, insbesondere im oberen Leistungsbereich ab ca. 50 kW, sind bei der Spannungsauslegung S. zu berücksichtigen, die sich aus folgenden Komponenten zusammensetzen:

1. Netzseitige S., hervorgerufen durch die Netzreaktanzen;
2. S. im Stromrichtertransformator (falls vorhanden), bestehend aus:
2a. induktiven Gleichspannungsabfällen proportional der →Kurzschlußspannung des Transformators,
2b. ohmschen Gleichspannungsabfällen;
3. Ohmsche und induktive S. in wechselstromseitigen Leitungen;
4. Ohmsche S. in gleichstromseitigen Leitungen;
5. Ohmsche S. in Drosseln;
6. Gleichspannungsabfall in den Leistungshalbleitern;
7. Sog. transiente S., die in den Induktivitäten bei schnellen Stromänderungen entstehen.

Die S. nach 1, 2b, 3, 4 und 5 sind rein stromproportional. Der S. nach 6 ist praktisch konstant, während der S. nach 7 proportional der Stromänderung ist. *H. Stüben*

Spannungsfolger. Der S. (auch Impedanzwandler) ist ein derartig gegengekoppelter Gleichstromverstärker, daß die Ausgangsspannung u_a gleich der Eingangsspannung u_e ist (Bild). Bei seiner Verwendung wird die die Eingangsspannung u_e liefernde Quelle nur mit dem sehr hohen Eingangswiderstand des S. belastet, während die Ausgangsspannung u_a des Verstärkers aus einer Quelle mit niedrigem Innenwiderstand stammt. Dieser Quelle können dann Ströme entnommen werden. Der S. oder Impedanzwandler ändert also nicht die Höhe der Eingangsspannung, sondern erleichtert ihre Weiterverarbeitung durch die Herabsetzung des Quellwiderstandes.

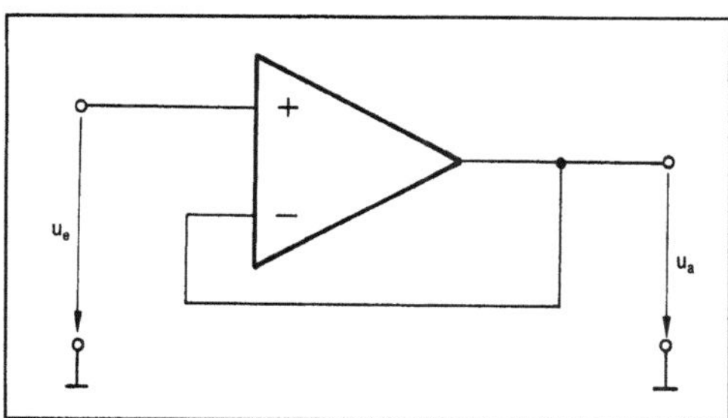

Spannungsfolger: Prinzipieller Aufbau

Seine Verwendung empfiehlt sich in den Fällen, in denen Spannungen aus hochohmigen Quellen zu messen oder hinsichtlich des Innenwiderstands an andere Geräte anzupassen sind. *Schrüfer*

Spannungs-Frequenz-Umsetzer →A/D-Sägezahnumsetzer

Spannungsmessung, elektrische. Die klassischen Meßgeräte (→Meßgerät, elektrisches) führen die S. meist auf eine →Strommessung zurück, wobei der Ausschlag infolge der magnetischen Wirkungen des Stroms dem linearen oder quadratischen Mittelwert des Stroms oder seines Betrags (→Meßgleichrichter) proportional ist. Der quadratische Mittelwert von nichtsinusförmigen Spannungen und Strömen läßt sich allgemein durch eine Quadrierung mit folgender Mittelwertbildung messen (→Mittelwert einer periodischen Zeitfunktion, →Effektivwertmessung). Zur Quadrierung werden elektronische →Multiplizierer eingesetzt (→Leistungsmessung, elektrische).

Sofern eine bestimmte zu messende Spannung den Meßbereich des Spannungsmessers übersteigen würde, kann man durch Einschalten eines *Vorwiderstandes* R_v den Meßbereich beliebig erweitern (Bild 1). Der vom Meßgerät benötigte Strom $I_m = \frac{U_K}{R_m + R_v}$ beträgt unabhängig von R_v je nach Ausführung ca. 1 μA–1 mA. Der Strom I_m muß von der Quelle, deren Spannung U_0 gemessen werden soll, geliefert werden. Da Spannungsquellen mit einem Innenwiderstand R_1 behaftet sind, läßt sich an den Klemmen zumindest theoretisch niemals die Spannung U_0, sondern nur die Klemmenspannung

$$U_K = U_0 - I_m R_i,$$

$$= U_0 \cdot \frac{1}{1 + \frac{R_i}{R_m + R_v}},$$

$$U_K = U_0 \cdot \left(1 - \frac{R_i}{R_m + R_v}\right)$$

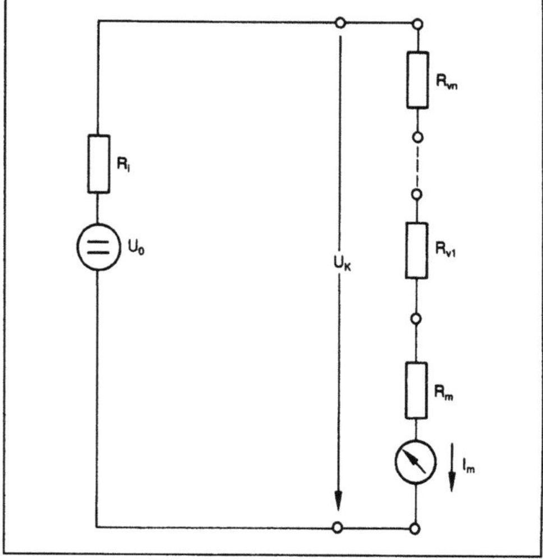

Spannungsmessung, elektrische 1: Spannungsmesser mit Vorwiderständen.

abgreifen. Man sieht, daß dieser durch den Eigenverbrauch des Meßgeräts verursachte systematische →Meßfehler um so geringer ist, je größer $R_m + R_v$ im Vergleich zu R_i ist. Bild 2 zeigt ein →Vielfachmeßgerät mit mehreren Meßbereichen für Gleich- und Wechselspannung. Außerdem erlaubt es die Messung von Gleich- und Wechselstrom sowie des elektrischen Widerstands (Strommessung, →Widerstandsmessung). Da elektronische Komponenten im Vergleich zu mechanischen immer preisgünstiger werden, nimmt der Einsatz von elektronischen Vielfachmeßgeräten wie in Bild 3 (→Multimeter) mit →Ziffernanzeige und manchmal mit paralleler →Skalenanzeige (Quasianaloganzeige) immer mehr zu, wodurch die klassischen Meßgeräte verdrängt werden.

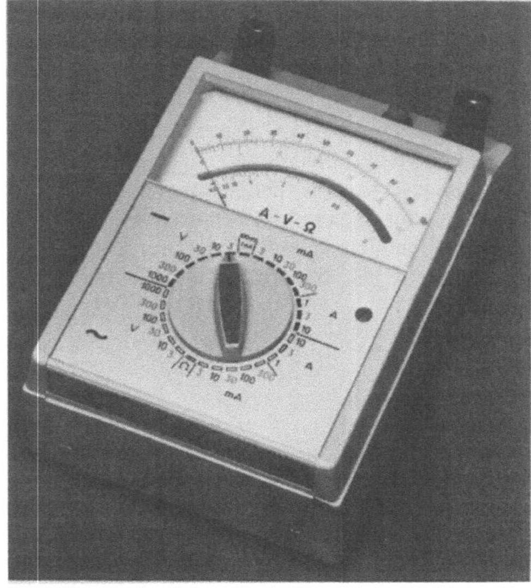

Spannungsmessung, elektrische 2: Vielfachmeßgerät.

Messungen an Spannungsquellen mit sehr großem R_i lassen sich mit klassischen Meßgeräten nicht durchführen. Man schaltet hier →Meßverstärker vor, die genügend hochohmig sind. Meßverstärker werden auch stets in den Multimetern eingesetzt, die Spannungen nach einer Analog/Digital-Umsetzung in Ziffern anzeigen. Besondere Formen von Meßverstärkern für Spannungen: →Differenzverstärker für die Verstärkung von (kleinen) Potentialdifferenzen; Isolations- oder →Trennverstärker, bei denen das Meßsignal über ein isolierendes Bauteil (→Optokoppler, →Transformator) übertragen wird, wodurch die Meßstelle auf einem anderen, z. B. viel höheren Potential als der Rest der Meßeinrichtung liegen darf.

Meßverfahren, die auf dem Vergleich der zu messenden mit einer einstellbaren Normalspannung

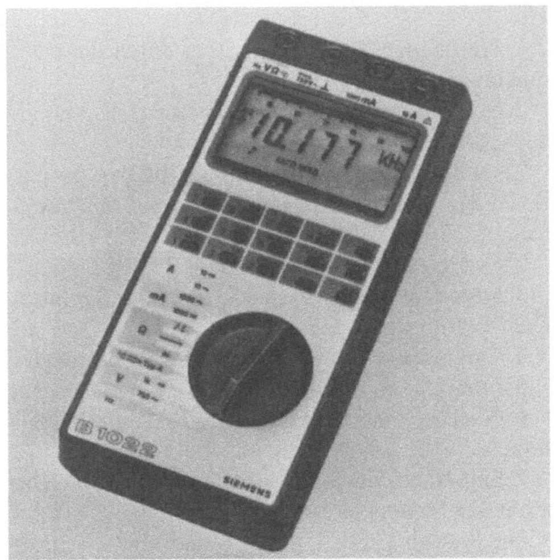

Spannungsmessung, elektrische 3: Elektronisches Vielfachmeßgerät (Multimeter). (Quelle: Siemens AG)

beruhen, nennt man →Kompensations-Meßverfahren. Hierbei wird vom Prinzip her dem Meßobjekt keine Leistung entnommen. Weitere Möglichkeiten der S. sind gegeben durch das →Elektronenstrahl-Oszilloskop und durch Registriergeräte, Messen hoher Spannungen: →Spannungswandler, berührungslose Messung von Spannungen und Spannungsverläufen in integrierten Schaltungen im Hochvakuum mittels →Elektronenstrahl-Meßtechnik. *Hammerschmidt*

Spannungsregler →Z-Diode

Spannungsvervielfacher. Hintereinanderschaltung einzelner Kombinationen von Dioden und Kondensatoren, die Wechselspannung oder pulsierende Gleichspannung in eine hohe Gleichspannung mit entsprechend niedriger Stromausbeute umwandeln. Die max. Höhe der Gleichspannung bewegt sich beim etwa 20- bis 30fachen der ursprünglichen Wechselspannung und hängt u. a. von der Stufenzahl der Dioden-Kondensator-Kombinationen ab. Eingesetzt werden S. z. B. zur →Hochspannungserzeugung für →Bild- oder →Röntgenröhren sowie auch für →Zählrohre zur Erfassung radioaktiver Strahlung.

Bekannte S.-Schaltungen sind benannt nach *Greinacher* und *Villard.* *K. Winter*

Spannungswandler. S. und →Stromwandler sind Meßgeräte (→Meßgeräte, elektrische) und gehören zu den Meßwandlern. Diese werden in elektrischen Anlagen eingesetzt und dienen dazu, höhere Spannungen und Ströme in gefahrlos erfaßbare Werte zu transformieren und außerdem den Meßkreis vom Betriebsstromkreis zu isolieren. Meßwandler für reine Wechselgrößen werden als Transformatoren mit besonderen Anforderungen an die Genauigkeit des Übersetzungsverhältnisses und des Phasenwinkels zwischen Primär- und Sekundärwicklung aufgebaut.

→Wandler für Wechselspannung sind Transformatoren, die sekundärseitig praktisch im Leerlauf arbeiten. Die Klemmenbezeichnungen gemäß Bild sind genormt, ebenso die Sekundärspannung U_2 mit 100 V sowie andere wichtige Wandlereigenschaften. Alle angeschlossenen Meßgeräte sind parallel geschaltet, sie stellen die Bürde des Wandlers dar. Um im Fall eines Isolationsfehlers im Wandler gefährliche Spannungen im Meßkreis zu vermeiden, sind alle S. sekundärseitig zu erden. Es gibt auch Meßwandler für höhere Gleichspannungen bzw. für Wechselspannungen mit Gleichanteil. Diese wandeln die Eingangsspannung durch einen →Zerhakker in eine Wechselspannung höherer Frequenz um, die dann mittels eines Trenntransformators herabtransformiert und anschließend phasenrichtig gleichgerichtet wird. Gleich-S. benötigen stets eine gesonderte zugeführte Hilfsenergie.
→Übertrager *Hammerschmidt*

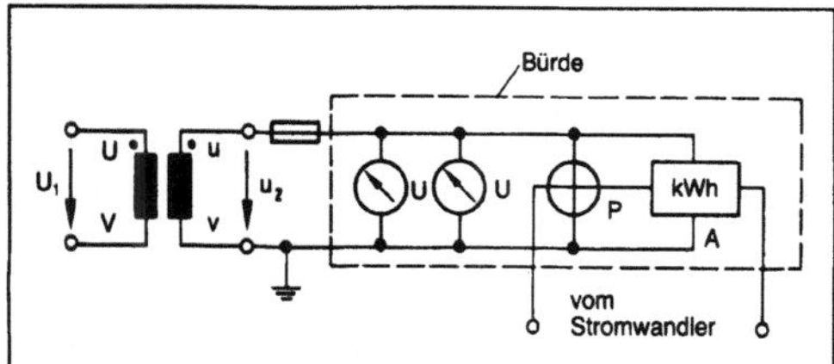

Spannungswandler: Wechselspannungswandler mit angeschlossenen Meßgeräten (Bürde).

Spannungswelligkeit. Bei der Gleichrichtung von Wechselspannungen entstehen Spannungen, die aus einer Gleichspannung und einer überlagerten, pulsierenden Wechselspannung bestehen. Dies sind die Oberschwingungsspannungen. Der Oberschwingungsgehalt der Gleichspannung hängt von der →Pulszahl der Stromrichterschaltung ab. (→Gleichspannungsoberschwingungen) *H. Stüben*

Spannungszeitfläche. Die S. ist das Integral eines Spannungsverlaufs über der Zeit ($\int u \cdot dt$) (Bild).

Bei der Steuerung von Stromrichtern (→Stromrichter) werden zur Änderung der Stromrichterausgangsspannung (Gleichspannung) Wechselspannungen durch die sog. →Anschnittsteuerung angeschnitten. Die Stromrichterventile werden nicht bei Nulldurchgang der Wechselspannung, sondern um eine bestimmte Zeit (bzw. einen bestimmten Phasenwinkel α) verzögert eingeschaltet, so daß Strom

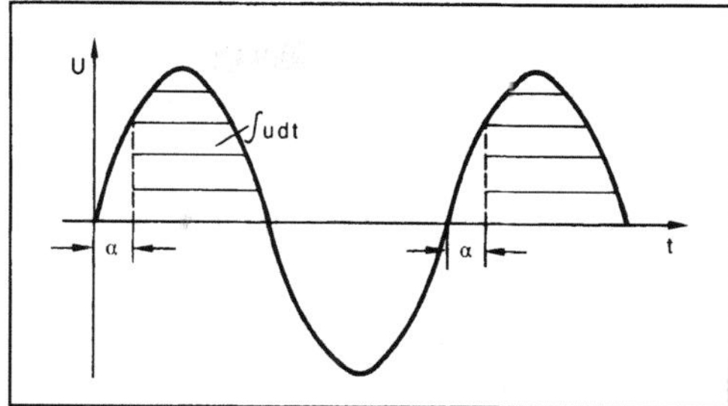

Spannungszeitfläche: Darstellung der S. am Beispiel der Anschnittsteuerung bei Stromrichtern.

fließen kann. An den Verbraucher gelangt nur der im Bild schraffiert gezeichnete Anteil der Spannung, der sich aus der Integration der Spannung über der Zeit ergibt. *H. Stüben*

Spannungs-Zeit-Umsetzer →A/D-Einrampen-Umsetzer; →A/D-Zweirampen-Umsetzer

Spannungszwischenkreis →Zwischenkreis-Umrichter

Speicher. Funktionseinheit innerhalb eines Digitalrechners, die digitale Daten aufnehmen, aufbewahren und auf Anforderung wieder abgeben kann. Neben den Daten (Eingabe-, Ausgabedaten, Zwischenergebnisse) müssen auch die Programme gespeichert werden. So ergibt sich die Forderung einerseits nach einer großen Kapazität, andererseits nach schneller Erreichbarkeit der gespeicherten Information (kurze →Zugriffszeit). Beide Forderungen sind mit den gleichen Speicherungsverfahren nicht zu realisieren, woraus die Vielfalt der verschiedenen Speichertypen resultiert.

Bezüglich der Zugriffsart unterscheidet man sequentielle S. sowie S. mit wahlfreiem und zyklischem Zugriff. Beim sequentiellen Zugriff (Beispiel: →Magnetband) kann die gespeicherte Information nur in der Reihenfolge gelesen werden, in der sie auf dem Trägermedium gespeichert ist. Die Zugriffszeit hängt in starkem Maße von dem Ort ab, wo sich das gesuchte Datum befindet und somit von der Reihenfolge der Speicherung und der Reihenfolge des Lesens. Eine optimale Nutzung der Geschwindigkeit solcher S. ist nur möglich, wenn die Daten in der gleichen Reihenfolge verarbeitet werden, wie sie zuvor in den S. geschrieben wurden. Beim S. mit wahlfreiem Zugriff ist die Zugriffszeit zu einem Datum unabhängig von dem Speicherplatz der zuletzt entnommenen Information (random access memory, →RAM). Bei den meist als Hauptspeicher verwendeten Halbleiterspeichern (früher: →Kernspeicher) ist die Zugriffszeit von der Reihenfolge völlig unabhängig (Direktzugriffsspeicher). Jeder Speicherplatz kann in der gleichen Zeit erreicht werden.

S. mit zyklischem Zugriff (z. B. Magnetplattenspeicher, →Magnettrommelspeicher) enthalten eine wahlfreie und eine sequentielle Zugriffskomponente: Die Spur wird wahlfrei angesprochen, innerhalb der Spur jedoch sequentiell zugegriffen. Generell kann man sagen, daß die Kosten pro Bit gespeicherter Information beim direkten Zugriff am größten, beim sequentiellen Zugriff am kleinsten sind, so daß bei der Auswahl der Speicher zwischen Kosten und Zeit abgewogen werden muß.

Nach der Funktion unterscheidet man zunächst Hauptspeicher (Arbeits-, Zentral-, Primärspeicher) und periphere S. (Sekundär- und Tertiärspeicher). Die Speicherplätze des Hauptspeichers sind für den Prozessor direkt adressierbar, d. h. er kann jeden einzelnen unmittelbar ansprechen. In dem Hauptspeicher werden die auszuführenden Programme und die dafür benötigten Daten bereitgehalten. Aus diesem Grunde muß die Geschwindigkeit des Hauptspeichers an die des Prozessors angepaßt sein. Es ergibt sich jedoch ein günstigeres Preis-Leistungsverhältnis, wenn man den Hauptspeicher etwas langsamer und damit billiger auslegt und den Geschwindigkeitsverlust durch einen schnellen →Pufferspeicher (Cachespeicher) ausgleicht. In diesem Fall befinden sich Kopien von Teilen des Hauptspeicherinhaltes (Seiten) im Pufferspeicher. Ist ein vom Prozessor benötigtes Wort des Hauptspeichers nicht im Puffer, so muß die entsprechende Seite des Speichers in den Puffer gebracht werden. Wegen Regelmäßigkeiten in der Folge der Speicherzugriffe wird die Wartezeit bei den meisten Speicherzugriffen entfallen. (Beispielsweise können Seiten auf Verdacht in den Pufferspeicher gebracht werden.)

Im Mehrprogrammbetrieb reicht auch der große Hauptspeicher in der Regel nicht aus, um alle Programme gleichzeitig vollständig und zusammen mit ihren Daten unterzubringen. Auch Seiten von gerade laufenden Programmen müssen daher vorübergehend aus dem Hauptspeicher ausgelagert werden. Da auf solche Seiten aber mit großer Wahrscheinlichkeit wieder zugegriffen wird, müssen sie schneller erreichbar sein als z. B. die Seiten zur Zeit nicht aktiver Programme; sie werden daher oft auf Trommel- und Festkopfplattenspeichern untergebracht, während andere Programme und Daten auf den langsameren Platten mit positionierbaren Köpfen gespeichert werden: Als Archivspeicher werden in der Regel Magnetbänder benutzt.

Hauptspeicher werden aus technischen Gründen aus mehreren Blöcken (Bänken) zusammengesetzt. Für den Käufer eines Rechensystems ergibt sich hieraus der Vorteil, den Ausbau stufenweise vornehmen zu können. Aber auch die Geschwindigkeit des Speichers kann dadurch erhöht werden, nämlich durch die Speicherverschränkung. Darunter versteht man ein Adressierungsschema, bei dem aufeinanderfolgende Speicherwörter in unterschiedlichen Blöcken untergebracht werden. Bei dem häufig vorkommenden Lesen aus aufeinanderfolgenden Speicherplätzen werden somit verschiedene Blöcke angesprochen, so daß mit dem Start eines Lesevorganges nicht gewartet werden muß, bis der vorhergehende beendet ist. *Bode/H.-Jürgen Schneider*

Speicher, dynamischer. Speicher, bei dem die gespeicherte Information (bei anliegender Betriebsspannung) in zyklischen Abständen aufgefrischt werden muß.

S. enthalten als kleinste Elemente →Speicherzellen, in denen die Information durch stets vorhandene Kondensatoren (parasitär oder bewußt eingefügt) eine gewisse Zeit gespeichert wird, bevor sie durch den →Leckstrom abgebaut ist. Durch den Leckstrom ist eine regelmäßige Auffrischung erforderlich. Die schaltungsmäßige Grundlage des S. sind dynamische MOS-Schaltungen.

Die Gruppe d. S. ist groß: sie umfaßt dynamische Schaltungskonzepte (z. B. getaktete MOS-Schaltungen, Ladungstransferschaltungen, dynamische Speicherzellen), kleinere dynamische Schaltungsgruppen (z. B. dynamische →Schieberegister) und vor allem auch die größten d. S., die →DRAMs. Sehr häufig versteht man unter d. S. nur diese letzte Gruppe. *R. Paul*

Speicher, elektrostatischer. Ein speicherndes Element, das die Information in Form elektrostatischer Ladung aufbewahrt; es wird üblicherweise im Zusammenhang mit →Kathodenstrahlröhren eingesetzt. *H.-Jürgen Schneider*

Speicher, magnetomotorischer. In Datenverarbeitungssystemen werden weit mehr Daten und Programme benötigt als der Hauptspeicher faßt (→Digitalrechner). Werden Daten oder Programmteile vorübergehend (dieser Zeitraum kann von Millisekunden bis zu Jahren reichen) nicht bearbeitet, so lagert man sie auf periphere Speicher aus. neben dem kurzfristigen Aspekt, den Hauptspeicher für anderen Aufgaben frei zu machen, spielt die Möglichkeit der Datensicherung eine Rolle, wenn der Datenträger aus dem System entfernt und an einem anderen Ort aufbewahrt werden soll.

Als periphere Speichermedien verwendet man heute Magnetschichten, in denen die Information durch Magnetisierungsänderungen festgehalten wird. Diese Magnetschichten sind auf einem Trägermedium aufgebracht, nach dessen Form man Magnetband-, Magnetbandkassetten-, Magnetplatten-, Magnetkarten- und Magnettrommelspeicher unterscheidet. Gemeinsam ist den m. S., daß zum Schreiben und Lesen der Information eine Relativbewegung zwischen der Schreib-/Lesevorrichtung (Magnetkopf) und der Magnetschicht erforderlich ist. Diese wird in erster Linie durch die Bewegung des Trägermediums, in einigen Fällen aber auch durch zusätzliche Positionierung des Magnetkopfes realisiert.

Bei den Magnetband- und Magnetbandkassettenspeichern ist die Magnetschicht auf einer schmalen, bandförmigen Folie aufgebracht und auf Metall- oder Kunststoffspulen aufgewickelt. Die Dicke der Bänder liegt bei weniger als 50 µm, wobei etwa 15 µm auf die Beschichtung entfallen. Zum Schreiben und Lesen der Informationen wird die Magnetbandspule bzw. die Kassette auf einer Bandtransporteinheit montiert, das Band wird auf eine Aufnahmespule in der Einheit oder innerhalb der Kassette umgespult, wobei es an der Schreib-/Lesevorrichtung vorbeigeführt wird. Je nach Art des Aufzeichnungsverfahrens werden die Informationen in parallelen Spuren oder bitseriell abgelegt. In den meisten Fällen werden die Daten sequentiell aufgezeichnet, d. h. sie werden in der Reihenfolge, wie sie vom System zur Speichereinheit geschickt werden, in hintereinanderliegenden Blöcken abgelegt. In einigen Fällen ist jedoch auch das Schreiben mit einem wahlfreien Zugriff auf eine beliebige Stelle möglich, dabei ist jedoch immer die im Bereich von Minuten liegende Positionierungszeit des Bandes zu berücksichtigen (Bild 1).

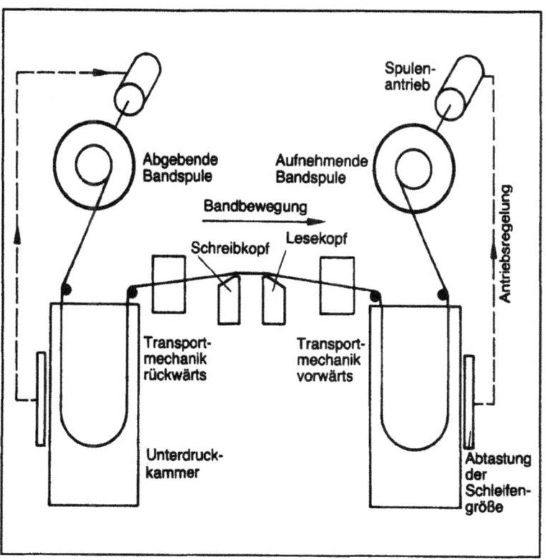

Speicher, magnetomotorischer 1: Schematische Darstellung eines Magnetbandes.

Magnetkartenspeicher sind heute in vielfältiger Form am Markt. In erster Linie sind hier die von den Banken und Kreditkarteninstituten ausgegebenen Scheckkarten zu nennen, auf denen sich auf der Rückseite ein Streifen mit einer magnetisierbaren Schicht befindet. Das Schreiben und Lesen geschieht durch motorischen Transport der Karte an einem Magnetkopf vorbei. Zum reinen Lesen der Information wird oft eine Lesestation mit manuellem Durchzug der Karte verwendet. Weitere Formen der Magnetkarte sind heute üblich für Zutrittberechtigungen und Zeiterfassung (z. B. in Parkhäusern), Personenidentifizierung etc.

Beim →Magnettrommelspeicher bewegt sich ein Magnetkopf parallel zur Achse einer mit einer magnetisierbaren Schicht versehenen Trommeloberfläche. Die Trommel rotiert dabei mit hoher Geschwindigkeit um ihre Längsachse. Die Datenspuren sind ringförmig auf der Zylinderoberfläche angeordnet und in Sektoren unterteilt. Aufwendige Versionen besitzen pro Datenspur einen Magnetkopf, so daß die zeitaufwendige Positionierung entfällt. Magnettrommelspeicher spielen in der heutigen Datenverarbeitung keine Rolle mehr.

Bei Magnetplattenspeichern ist die Information in konzentrischen Kreisen beidseitig auf den Oberflächen von Scheiben angeordnet, die sich mit hoher Geschwindigkeit (3 600–7 200 U/min) drehen. Einzelne Scheiben (*engl.* Hard Disk) werden in auswechselbaren Datenträgern (Wechselplatten, Disketten) oder in kleinen Winchesterlaufwerken verwendet, bei größeren Winchesterlaufwerken werden Plattenstapel mit übereinander angeordneten Scheiben verwendet, die sich um ihre gemeinsame Achse drehen. Die Ansteuerung der einzelnen Datenspuren erfolgt mittels eines einzelnen Zugriffsarmes oder bei Plattenstapeln mittels eines Zugriffskammes mit parallel geführten Schreib-/Leseköpfen (Bild 2).

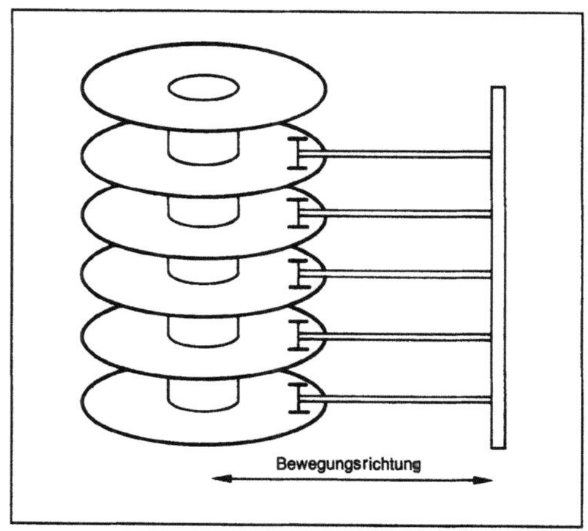

Speicher, magnetomotorischer 2: Schema eines Magnetplattenspeichers mit zehn nutzbaren Plattenflächen.

Beim m. S. durchfließt beim Schreiben ein informationsabhängiger Strom die Schreib-/Lesewicklungen des Magnetkopfes (Bild 3) und magnetisiert so das Kopfmaterial (Ferrite). Die Magnetisierung der Speicherschicht erfolgt durch das Streufeld am Kopfspalt. Beim Lesevorgang induziert das (schwache) Magnetfeld, das aus der Schicht austritt, in der

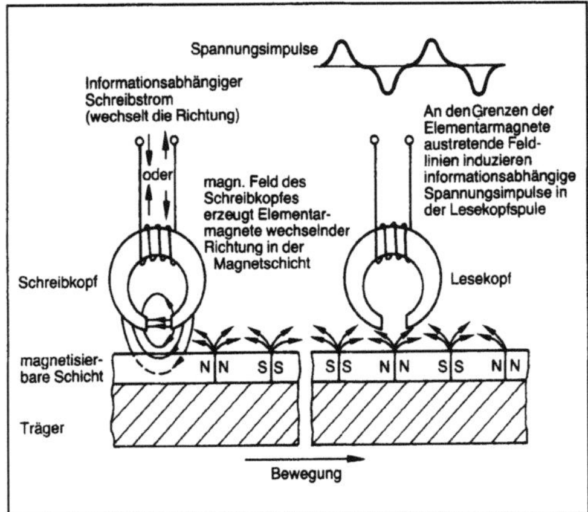

Speicher, magnetomotorischer 3: Prinzip des Schreibens und Lesens.

Wicklung einen Strom, aus dessen Richtungsänderungen (Flußwechsel) das Lesesignal durch Verstärkung und Umformung zurückgewonnen wird. Um aus der gespeicherten Information gleichzeitig deren Takt zu erhalten, werden nicht die ursprünglichen Bitfolgen, sondern aus ihnen gebildete kodierte Bitfolgen aufgeschrieben (z. B. Lauflängenkodes), bei denen ein Flußwechsel nach einigen Bits garantiert erfolgt.

Beim Schreiben und Lesen ist ein möglichst enger Kontakt zwischen dem Kopfspalt und der Speicherschicht herzustellen. Hier wird unterschieden zwischen berührenden (contact recording) und berührungsfreien (contactless recording) Aufzeichnungsverfahren. Zu den berührenden Verfahren gehören die Floppy Disk sowie sämtliche Magnetbänder und Kassetten. Bei den letzteren kann sich jedoch aufgrund aerodynamischer Effekte ein Luftpolster zwischen Kopf und Speicherschicht bilden, welches einerseits zu verringertem Abrieb, andererseits zu schlechterem Schreib-/Leseverhalten führen kann. Zu den berührungsfreien Verfahren gehören die Magnettrommel- sowie die Magnetplattenspeicher. Bei den relativ langsamen Trommeln wurde ein Abstand von mehr als 10 μm eingehalten, bei den heutigen Magnetplatten fliegt der Kopf auf einem Luftpolster, welches durch die schnelle Umdrehung erzeugt wird, im Abstand von einigen Zehntel Mikrometern über der Platte. Zur Erzeugung höherer Bitdichten wird hier intensiv an der Entwicklung von quasi-kontaktierenden Verfahren gearbeitet, bei denen ein Gleitfilm zwischen Kopf und Medium eine Flughöhe von weniger als 100 nm erlaubt.

Pott/Bode

Speicher, monolithischer. Speicher bzw. Prozessor einer Rechenanlage (→Digitalrechner), der auf genau einem Halbleiterbaustein (Monolith) integriert ist. Vorteile monolithischer Lösungen liegen in der höheren Schaltgeschwindigkeit, der höheren →Zuverlässigkeit, den extrem kleinen Abmessungen und den niedrigen Kosten (→Schaltung, integrierte).

Bode

Speicher, optischer. Als o. S. werden die Speichermedien bezeichnet, bei denen die Information durch Licht- oder Wärmeeinwirkung auf das Medium gespeichert oder von diesem ausgelesen wird. Prinzipiell gehören hierzu die abbildenden o. S. wie Mikrofilm und -fiche, die opto-elektronischen Speicher sowie die Holographischen Speicher. In der Informationsverarbeitung wird der Begriff *Optische Speicher* auf die opto-elektronischen Medien angewandt.

Opto-elektronische →Speichertechnologien und -verfahren werden seit Anfang der siebziger Jahre intensiv entwickelt und haben zu einer Reihe von Speicherprodukten geführt, die unter dem Sammelbegriff *Optical Disc* bekannt sind. Die optischen Verfahren basieren auf der Fähigkeit, mit Hilfe von Laserstrahlen Informationseinheiten auf einem Datenträger zu speichern oder von diesem herunterzulesen. Die entwickelten Grundverfahren eignen sich prinzipiell zur Aufzeichnung bzw. zur Verarbeitung digitaler und analoger, codierter und nicht codierter Informationen, auf die beim Lesen direkt zugegriffen wird oder die sequentiell verarbeitet werden sollen. Dementsprechend werden optische Speicherplatten als →Massenspeicher in Ergänzung oder als Ersatz zu magnetischen Medien wie Disketten, Platten und Bändern eingesetzt. Neben der hohen Aufzeichnungsdichte und entsprechend hoher Kapazität pro optischem Medium, liegt ihr Vorteil insbesondere in der Unempfindlichkeit gegenüber Umwelteinflüssen. Durch die berührungsfreie optische Abtastung sowie die →Fokussierung des Laserstrahls auf Schichten innerhalb des Mediums haben Staub, Kratzer und Feuchtigkeit sehr geringen Einfluß auf die Wiedergewinnung der gespeicherten Informationen.

Technologie:

Grundsätzlich sind drei Speichertypen zu unterscheiden:

- das →ROM (*engl.* Read Only Memory), angewendet bei der Audio-CD und der CD-ROM,
- die WORM (*engl.* Write Once Read Many), bei dem die Daten nur einmal geschrieben, aber beliebig oft gelesen werden können, sowie
- die wiederbeschreibbare (*engl.* rewritable) optische Platte, welche das Löschen und Wiederbeschreiben eines optischen Datenträgers gestattet.

Für diese Typen werden unterschiedliche Aufzeichnungstechniken verwendet.

□ Audio-CD/CD-ROM: Die aus dem Konsumbereich bekannte Audio-CD und die in der Informationstechnik verwendete CD-ROM basieren auf der gleichen Technologie und werden als Compact Disc

(CD) bezeichnet. Die Informationen werden in Form von Vertiefungen einseitig auf eine Trägerscheibe aus Polycarbonatsubstrat gepreßt und mit einer reflektierenden Aluminiumschicht bedampft, die wiederum mit einem Schutzlack überzogen wird. Zum Pressen wird ein Glas-Master verwendet, der in einem komplexen Prozeß hergestellt wird. Das relativ aufwendige und teure Mastering und die Vervielfältigung werden von speziellen Preßwerken vorgenommen. Das Auslesen der Informationen von der CD geschieht mit einem Laserstrahl geringer Intensität, der auf die Aluminiumschicht fokussiert wird. Während die Reflexion in den eingepreßten Vertiefungen *(pits)* und den dazwischenliegenden Stellen *(lands)* relativ hoch ist, wird der Laserstrahl an den Übergängen von pits zu lands und umgekehrt gestreut, so daß nur ein geringer Teil des Lichtes zur Leseeinheit reflektiert wird. Aus der zeitlichen Abfolge dieser Reflexionseinbrüche wird die zu lesende Information zurückgewonnen. Im Gegensatz zu anderen motorischen Speichern ist die Information bei der CD nicht in konzentrischen Kreisen, sondern in einer einzigen spiralförmigen Spur angeordnet, die wiederum in einzelne Sektoren unterteilt ist. Sowohl das physikalische Aufzeichnungsformat als auch das logische Dateiformat sind bei der CD-ROM als Standard festgelegt. Während auf einer Audio-CD von 120 mm Durchmesser über 60 Minuten Audio-Informationen in digitaler Form gespeichert werden können, bietet die CD-ROM eine Speicherkapazität von etwa 640 Megabytes. Die kleinere Ausführung mit einem Durchmesser von 80 mm hat immerhin noch eine Kapazität von 200 MB.

□ WORM (Write Once Read Many): Im Gegensatz zur CD kann die WORM-Platte einmalig vom Anwender beschrieben werden. Auf einem Polycarbonatsubstrat ist eine Schicht aus photosensitiven Verbindungen (meist Tellur-Verbindungen) aufgebracht, in die mittels eines fokussierten Laserstrahls Vertiefungen *(pits)* eingebrannt werden (ablative WORM, →Einbrennverfahren). In einem anderen Verfahren wird eine Farbverbindung durch den Laserstrahl so manipuliert, daß sich der Reflexionsgrad ändert *(dye polymer)*. Das Auslesen der Informationen geschieht mit einem schwächeren Laserstrahl, wobei die Veränderungen in der Reflexion zur Rückgewinnung der Daten herangezogen werden.

□ Rewritable: Die bisher jüngste Technologie erlaubt das Beschreiben, Löschen und Wiederbeschreiben von optischen Speicherplatten. Bislang wurden zwei Verfahren zur Serienreife entwickelt:

– Beim magneto-optischen (MO-)Verfahren (auch thermo-magnetisches Verfahren) wird in einem von außen angelegten konstanten Magnetfeld eine aus einer hartmagnetischen Seltene Erden-Verbindung bestehende Schicht durch den Laserstrahl punktuell erhitzt, wobei die erwärmte Stelle durch die kurzzeitige Überschreitung einer Kompensations-Temperatur (unterhalb der Curie-Temperatur) ihre magnetische Polarität entsprechend dem angelegten Magnetfeld ändert. Die Speicherung erfolgt hier also magnetisch, die Optik dient lediglich zur Eingrenzung des Speicherbereiches. Beim Lesen wird der polarisierte Laserstrahl bei der Reflexion je nach Magnetisierung in seiner Polarisationsebene um einige Grad nach rechts oder links gedreht (→Kerr-Effekt). Diese Drehung wird durch einen Fotodetektor zur Rückgewinnung der Informationen ausgewertet. Zum Löschen der Daten wird das Magnetfeld umgekehrt und die zu löschenden Stellen mit dem Laser erhitzt.

□ Beim →Kristallin-Amorph-Verfahren (*engl.* Phase Change) geht die stark reflektierende kristalline Molekularstruktur der Speicherschicht an den durch den Laser erhitzten Stellen in einen schwach reflektierenden amorphen Zustand über. Durch das unterschiedliche Verhalten des Materials bei verschiedenen Temperaturgradienten kann der Zustand durch einen Laserstrahl von niedrigerer Energie als beim Schreiben umgekehrt werden.

Weitere Verfahren befinden sich noch im Entwicklungsstadium, eine der aussichtsreichen Methoden beruht auf der durch einen Laserstrahl in ihrem Reflexionsverhalten veränderbaren organischen Farbverbindungen (dye polymer). Sowohl das Kristallin-Amorph- als auch das Dye Polymer-Verfahren sind momentan wegen Materialermüdungserscheinungen in der Anzahl der Überschreibungszyklen noch stärker begrenzt als das magnetooptische Verfahren.

Ausführungen: Die Speichergeräte werden in verschiedenen, z. T. genormten Baugrößen (Formfaktoren) angeboten. CD-ROM-Geräte sind in halbhoher 5¼″-Baugröße verfügbar. Sie sind wegen der ständig nachzuführenden Geschwindigkeit (zur Erzielung einer konstanten Lineargeschwindigkeit) relativ langsam in ihrer →Zugriffszeit von etwa 0,4–1 Sekunde. WORM-Laufwerke werden als 14″, 12″ und 5¼″ Geräte angeboten. Die großen Ausführungen erreichen dabei Kapazitäten bis zu 10 Gigabytes pro Platte, in entsprechenden Wechselmagazinen sind einige hundert Gigabytes speicherbar. Bei den wiederbeschreibbaren Ausführungen hat sich der 5¼″-Formfaktor durchgesetzt. Diese Geräte werden z. T. bereits als multifunktionale Laufwerke angeboten, die auch ein WORM-Media verarbeiten können. Neueste Entwicklungen haben zu einem 3,5″ großen Gerät geführt, welches sowohl wiederbeschreibbares Media als auch CD-ROM ähnliche Datenträger verarbeiten kann. Noch kleinere Ausführungen sind zukünftig denkbar.

Besonderheiten der Technologie: Die optischen Speichertechnologien verlangen im Gegensatz zu magneto-motorischen Verfahren weder Reinstraumbedingungen bei der Herstellung noch hochpräzise Aerodynamik im Bereich von Kopf und Platte. Die Schreib-/Leseeinrichtung tastet den Datenträger im Abstand von einigen Millimetern berührungslos ab. Der Laserstrahl wird innerhalb der Schutzschicht des Mediums auf die Informationsschicht fokussiert, so daß Kratzer und Staub sehr geringe Auswirkungen auf die Auslesbarkeit der Informationen haben. Besondere Servospuren wie bei den Magnetplatten entfallen, da die Servoinformation zur Nachführung der Kopfeinheit direkt aus den Datenspuren gewonnen wird. Zur Erhöhung der Datensicherheit werden Korrektur-Codes (*engl.* ECC/EDC, Error Correction/Detection Codes) mit aufgezeichnet, die bis zu 30 % Anteil an den gespeicherten Informationen erreichen können. Während bei der CD-ROM die Kosten für die Geräte und die Datenträger durch die starke Kommerzialisierung des Verfahrens (Audio-CD) niedrig sind, liegen sie für die WORM- und wiederbeschreibbaren Verfahren durch bislang geringe Stückzahlen, hohen Entwicklungsaufwand und beschränkte Einsatzgebiete im Vergleich zu anderen Speichersystemen recht hoch (→Medienkosten). Hier wird ein Durchbruch in preislicher Hinsicht etwa zur Mitte der 90er Jahre erwartet.

Insgesamt haben die o. S. ihren Vorsprung in bezug auf Kapazität und Flexibilität gegenüber den herkömmlichen Speichern wie →Magnetplatte und →Bandkassette nicht halten können. Standardisierungsprozeduren, wie sie für austauschbare Medien notwendig sind, verhindern eine ähnlich schnelle Entwicklung wie bei den etablierten Speichern, eine Kapazitätsverdopplung ist etwa alle drei Jahre zu erwarten (bei der Magnetplatte etwa alle 18 Monate). Die Kapazitäten liegen zur Zeit bei maximal 1 Gigabyte pro 5¼″ optischer Platte (WORM und Rewritable). Die Zugriffszeiten liegen noch um den Faktor 3 bis 5 über denen der Magnetplattenlaufwerke, bedingt durch das Massenträgheitsmoment der relativ schweren Schreib-/Leseeinheiten.

Entwicklungspotential:

– Kapazitätserhöhungen lassen sich durch Verwendung von Lasern mit geringerer Wellenlänge (blaue Laser mit etwa 400 nm) erreichen, die sowohl eine höhere Bit- als auch Spurdichte zulassen.

– Die durch das große Massenträgheitsmoment der Schreib-/Leseeinheiten bedingten hohen Zugriffszeiten können durch andere Konstruktionen erheblich verringert werden, z. B. durch Verwendung von Glasfaserkabeln zur optischen Übermittlung (nur noch das Linsensystem wird bewegt, „split optics“, heute bereits teilweise realisiert), mittels schwenkbarer Spiegel oder durch starre Lichtleitersysteme, in denen der Laserstrahl an unterschiedlichen Positionen, z. B. durch magnetische Induktion, austritt (nahezu massenträgheitsfreie Positionierung).

– Erhöhung des Datendurchsatzes (Transferrate) durch höhere Umdrehungsgeschwindigkeiten der Platten und einer direkten Überschreibbarkeit des Mediums (Wegfall des heute noch notwendigen Löschzyklus). Dazu werden neue Materialien auf der Basis von Gadolinium, Terbium, Eisen und Kobalt erforscht.

– Weiterentwicklung von preisgünstigen Speichermedien (kristallin-amorph, dye polymer) zur Erlangung eines konkurrenzfähigen Preis-/Leistungsverhältnisses.

Anwendungen: Die o. S. haben entgegen euphorischer Aussagen in den achtziger Jahren die herkömmlichen Massenspeicher wie →Magnetplatte, →Diskette oder →Magnetband bzw., Bandkassette in Standardanwendungen nicht verdrängen können. Ihre Einsatzgebiete beschränken sich heute vielmehr auf Spezialanwendungen und Projektlösungen, wobei sie die konventionellen Massenspeicher sinnvoll ergänzen.

□ CD-ROM: Wegen der hohen Speicherkapazität und der bei großen Stückzahlen geringen Herstellungskosten wird die CD-ROM zur Verteilung von kodierten und nicht kodierten Informationen benutzt. Typische Anwendungsgebiete sind Ersatzteilkataloge, Lexika, Datenbanken sowie zunehmend Software-Programme und deren Dokumentation. Im Durchbruch begriffen sind sogenannte Multimedia-Anwendungen wie Schulungsmaterial, Reiseinformationen usw., bei denen Text, Grafiken, Sprache und bewegte Bilder (Video) auf einer CD-ROM gespeichert sind und über ein Computersystem oder eine Videoanlage wiedergegeben werden.

□ WORM: Typischer Einsatz der WORM ist der Bereich der Langzeitarchivierung von Dokumenten (Versicherungen, Banken) und Graphiken (CAD, Röntgenbilder). Sie werden überall dort eingesetzt, wo aus rechtlichen Gründen eine nachträgliche Änderung von Archivmaterial ausgeschlossen werden muß.

□ Rewritable: Die wiederbeschreibbaren o. S. eignen sich als Auslagerungs- und Datensicherungsmedium für kurz- bis mittelfristig sich ändernde Daten. Sie bilden eine neue Stufe in der Speicherhierarchie von Computersystemen, in denen nur die oft benötigten Daten auf schnellen Magnetplatten gehalten werden, die weniger gebräuchlichen Informationen auf die o. S. ausgelagert werden, sich aber immer noch im relativ schnellen Zugriff befinden (im Gegensatz zu Daten auf Magnetbändern oder Kassetten, auf die nur ein langsamer sequentieller Zugriff möglich ist).

Da die optischen Speichermedien für automatische Wechselmagazine geeignet sind, steht mit solchen Speichersystemen eine sehr große Kapazität im direkten Zugriff zur Verfügung. Dementsprechend sind Programme zur Verwaltung und zum

Wiederauffinden der Informationen notwendig (Retrieval-Programme). *Pott*

Speicher, statischer. Speicher, bei dem die gespeicherte Information (bei anliegender Betriebsspannung) ohne Verluste beliebig lange erhalten bleibt. Die kleinste Einheit eines s. S. ist das →Flip-Flop. Es erhält einen bestimmten Zustand, solange die Betriebsspannung anliegt. Man nennt deshalb Schaltungen mit Flip-Flops häufig auch speicherhaltige Schaltungen. Dazu gehören z. B. →Zähler, →Register und die eigentlichen Matrixspeicher mit dem statischen →RAM (→SRAM) als ihren typischen Vertreter. Häufig versteht man deswegen unter s. S. einschränkender nur die SRAM. *R. Paul*

Speicherdiode. Umgangssprachliche Bezeichnung der Speicherschaltdiode, spezielle Form eines →Varaktors. *R. Paul*

Speicherdisplay →Display, magneto-optisches

Speichereffekt →Flüssigkristall-Anzeige, →Elektrolumineszenz-Anzeige, →Plasmaanzeige

Speicherelement. Elektronische Anordnung, die in der Lage ist, einen elektrischen Zustand kurz- oder langfristig zu erhalten. S. können in der Elektronik sowohl durch elektronische Bauelemente als auch Schaltungen realisiert werden, ebenso wie durch nichtelektronische Prinzipien.

In der Elektronik zählen zu den S.:

□ Bauelemente, die elektrische Ladungen oder magnetische Energie speichern können (z. B. Kondensatoren, Induktivitäten) sowie alle Bauelemente, in denen diese Vorgänge ausgeprägt vorkommen.

□ Elektronische Schaltungen, die einen Zustand über längere Zeit speichern, z. B. →Multivibrator (→Flip-Flop).

□ Schaltungsgrundstrukturen bestehend aus Bauelementen der ersten und/oder Schaltungen der zweiten Gruppe, die üblicherweise als →Speicherzelle bezeichnet werden. *R. Paul*

Speicherfähigkeit. Einrichtungen, in die man Informationen zum Zwecke der Aufbewahrung eingeben kann, um sie zu einem späteren Zeitpunkt wiederzufinden und zu benutzen, besitzen S.

Bei allen erforschten Prozessen der Informationsspeicherung und -übertragung in Natur und Technik bilden physische Phänomene die Grundlage. Sie werden als Signale bezeichnet und können z. B. elektrische, magnetische, optische und chemische Tatbestände sein.

In der Praxis werden häufig gleiche Informationen gewandelt, das heißt, in eine physikalisch andere Form überführt. Beispiel: Ein schriftliches (optisches) Dokument wird von einem →Scanner Punkt für Punkt in elektronische Impulse gewandelt, die wiederum als magnetische Felder auf einer Platte gespeichert, also nochmals gewandelt werden. Das Abbild des Dokuments ist über Drucker oder Bildschirme, also wieder optisch reproduzierbar.

Von Speichersystemen werden auch Fähigkeiten der Wandlung, Übertragung, Adressierung und ggf. logisch/arithmetischer Operationen gefordert, um Informationen in vordefinierter physikalischer Größe, digital oder analog, kodiert oder nicht kodiert, an einer Schnittstelle geprüft und fehlerfrei zur Verfügung stellen zu können. Digitale Speicherelemente (Basissignale) müssen nur zwei Zustände darstellen können, „Ja“ und „Nein“ oder „logisch 1“ und „logisch 0“. Durch Kombination solcher Binärinformationen kann ein Zeichensatz dargestellt werden, z. B. die Zeichen des Alphabets in Klein- und Großschreibung, die Ziffern sowie einige Sonderzeichen durch einen 7-bit-Kode (ASCII-Code, American Standard for Coded Information Interchange, insgesamt 128 Zeichen darstellbar).

Im Beispiel mit dem Scanner wird das Dokument Punkt für Punkt aufgelöst und z. B. mit logisch 1 = schwarz und logisch 0 = weiß wiedergegeben.

Diese ebenfalls digitale Form wird als nicht codierte Information bezeichnet (NCI, non-coded-information).

Analogspeicher haben die Fähigkeit, kontinuierlich veränderbare Informationen durch kontinuierlich veränderbare Signale darzustellen, z. B. Frequenz und Lautstärke bei akustischen Aufzeichnungen. Gewandelt oder umgesetzt, die Information bleibt immer die gleiche. Man kann sie als Klassenkennzeichen äquivalenter Signale ansehen (→Speichertechnologien, →Massenspeicher, →Datendichte). *Voss*

Speicheroszilloskop →Elektronenstrahl-Oszilloskop

Speicherprüfung. Die Prüfung elektronischer Speicherbausteine teilt sich auf in die Prüfung von Schreib-/Lesespeicher (→RAM) und die Prüfung von Lesespeichern (→ROM) auf. Beide werden unterschiedlich behandelt.

□ Prüfung von RAM's (RAM-Test).

Beim Test von RAM's wird geprüft, ob alle Speicherzellen für sich alleine und möglichst viele Kombinationen unter allen denkbaren Speicherinhalten unter verschiedenen Voraussetzungen fehlerfrei geschrieben und gelesen werden können.

Hierzu werden jeweils einzelne Zellen oder der komplette Speicher mit bestimmten Prüfbitmustern beschrieben und danach wieder gelesen und die gelesenen →Prüfbitmuster mit den eingeschriebenen Prüfbitmustern verglichen. Zu beachten bei der

Wahl der Bitmuster ist dabei u. a. die Tatsache, daß bestimmte Regionen eines Speichers intern u. U. mit der inversen Information im Vergleich zu der am Datenbus anliegenden Information beschrieben werden („regional inversion").

Neben den Bitmustern werden die Adressierungsreihenfolge, die zeitliche Aufeinanderfolge (der Versatz) der Steuersignale, der Lesezeitpunkt und z. B. die Betriebsspannung oder auch die Umgebungstemperatur in geeigneter Weise variiert. Auf diese Weise lassen sich sowohl statische Fehler (defekte Speicherzellen, Adressierungsfehler), wie auch dynamische Fehler (Übersprechen) erkennen.

Einen einfach durchzuführenden Test von Speichern stellt der *Existence Test* dar. Dieser stellt sicher, daß bei einem Speicher alle Zellen mit den logischen Werten HI und LO eindeutig beschrieben und diese auch wieder eindeutig gelesen werden können. Fehlerhafte Speicherzellen oder Fehler in der Adressierlogik des Speichers (z. B. Kurzschlüsse oder Unterbrechungen in den Adreßleitungen) werden damit erkannt.

Im Falle der Prüfung dynamischer RAM's (→DRAM) sind die entsprechenden refresh-Zyklen für den Speicher zu beachten, also die maximal erlaubte Zeit (pause time) zwischen zwei Zugriffen auf eine →Speicherzelle, innerhalb der kein Datenverlust auftreten darf.

Typische Bitmusterfolgen werden mit Checkerboard (Schachbrett-Muster), Walking Zero, Walking one, GALPAT (Galopping Pattern) usw. angegeben. Diese unterscheiden sich in der Qualität der Fehlererkennungsmöglichkeiten und der Ausführungszeit, die u. U. quadratisch mit der Speicherlänge zunehmen kann. Bestimmte Speichertypen sind dabei sensibel für bestimmte Prüfverfahren, so daß ein vollständiger Test für einen bestimmten Speichertyp u. U. eine Kombination bestimmter einzelner Bitmusterfolgen erfordert. Einen Eindruck für den Zeitaufwand und die Qualität der →Fehlererkennung abhängig von bestimmten Bitmustern vermittelt die Tabelle.

Das Ergebnis der S. kann in einer Bitmap graphisch dargestellt werden, aus der die Topologie bez. der guten und der fehlerhaften Zellen hervorgeht. Soll das Ergebnis abhängig von gewissen Umgebungsbedingungen dargestellt werden, wird ein →Shmoo-plot durchgeführt.

Folgende Trends zeichnen sich insbesondere im Zusammenhang mit immer größerem Speichervolumen (Megabytebereich) ab:

– Verwendung von Prüfbitmustern, deren Zahl möglichst wenig mit der Speicherlänge, z. B. logarithmisch, wächst;

– möglichst breiter ‚paralleler' Zugriff mit dem Ziel der Reduktion der Zahl der Zugriffe;

Speicherprüfung. Tabelle: RAM-Test-Relativer Zeitbedarf und Fehlererkennungsmöglichkeiten beim Speichertest abhängig von der Patternart. Die Ausführungszeit ergibt sich durch Einsetzen der Zeilenzahl N und Multiplikation mit der Prüfzykluszeit.

Testpattern	Relative Ausführungszeit
MASEST	10N
MARCH	10N
WAKPAT	$2(N^2 + N)$
GALPAT	$2(N^2 + N)$
GALTDIA	$2(3N^{3/2} + 5N)$
GALTCOL	$2(3N^{3/2} + 6N)$
DIAPAT	$2(3N^{3/2} + 5N^{1/2} + 4N)$
WAKCOL	$2(N^{3/2} + 3N)$
DUAL WAKCOL	$2[(1/2)N^{3/2} + 3N]$
HAFCOL	$2(N^{3/2} + 3N)$
CHEKCOL	$2[(1/4)N^{3/2} + (1/4)N^2 + N]$
HAMPAT	$2(N^{3/2} + 2N)$

– Einbeziehung von Selbsttestmöglichkeiten;

– Berücksichtigung der automatisierten Reparaturmöglichkeiten beim Test, soweit Redundanzen mit eingebaut sind.

□ Prüfung von ROM's (ROM-Test). Beim Test von ROM's wird geprüft, ob die im ROM eingeschriebene Information korrekt gelesen werden kann und die Daten auch zum vorgeschriebenen Zeitpunkt innerhalb eines Lesezyklus zur Verfügung stehen. Die Variationen der Meßbedingungen erfolgt ähnlich wie beim RAM-Test. Es erfolgt in der Regel jedoch nur eine lineare Adressvariation.

Beim ROM-Test werden die Speicherzellen einzeln gelesen und mit der Sollinformation verglichen. Dies setzt voraus, daß im Testsystem ein vollständiges Abbild der Sollinformation vorhanden ist. Eine vielfach praktiziertes Verfahren ist es deshalb, eine checksum (→Signaturanalyse) über den ganzen Speicherinhalt durch den →Prüfautomaten per Hardware oder Software zu bilden und diese checksum zu vergleichen. Der Sollwert der checksum kann dabei – u. U. mit weiteren Identifikationen wie Bausteinposition, Ausgabebestand – an einer vereinbarten Stelle im ROM abgelegt sein, so daß die Prüfprogrammerstellung unabhängig von verschiedenen Programmausgabeständen universell für ROM-Bausteine oder ROM-bestückte Baugruppen erfolgen kann. *K. Winter*

Literatur: *Abadir, M. S.* and *H. K. Reghbati:* Functional Testing of Semiconductor Random Access Memories. Computing Surveys 15 (1983) No. 3.

Speicherring. Kreisförmige Beschleunigeranlage, in der sehr intensive Elektronen- oder Protonenstrahlen bei konstanter Energie über längere Zeit ohne große Intensitätsverluste umlaufen. Die Idee, hochenergetische Teilchen in speziellen Kreisbeschleunigern zu speichern, wurde schon 1943 von *R. Kollath, B. Touschek* und *R. Wideröe* geäußert. Der erste erfolgreiche Versuch konnte aber erst 1961 in Italien an dem kleinen S. A.d.A. mit Elektronen durchgeführt werden.

Obwohl der S. zu den →Teilchenbeschleunigern zählt, ist er im strengen Sinn des Wortes keiner, denn er arbeitet normalerweise mit konstanter Energie. Die verwendete Technik entspricht aber weitgehend der anderer Beschleuniger. Die Aufgabe, einen intensiven Teilchenstrahl möglichst viele Stunden nahezu verlustfrei zu speichern, stellt an die Anlage eine Reihe sehr hoher Anforderungen.

Um Stöße der umlaufenden Teilchen mit den Atomen des Restgases zu vermeiden, muß der Vakuumdruck im Bereich um 10^{-9} mbar liegen. Das erfordert neben extremer Reinheit aller Oberflächen den Einsatz sehr vieler in die Vakuumkammer integrierter Ionengetterpumpen. Besondere Probleme machen die Elektronenstrahlen, da sie starke →Synchrotronstrahlung aussenden, die die Gasdesorption von den Oberflächen der Vakuumkammer wesentlich erhöht und dadurch den Druck ansteigen läßt.

Die Strahlfokussierung ist in einem S. im allgemeinen sehr viel kritischer als in anderen →Kreisbeschleunigern. So muß dafür gesorgt werden, daß die Teilchen immer einen genügenden Abstand zur Vakuumkammer halten, der Strahl muß also relativ stark fokussiert werden. Zum andern werden von den Experimenten, die mit dem gespeicherten Strahl durchgeführt werden, eine Reihe von zusätzlichen Forderungen gestellt, die eine spezielle Auslegung der →Strahlführung und der →Strahloptik notwendig machen. Diese Optiken reagieren generell auch wesentlich empfindlicher auf Fehler in den Magnetfeldern, was entsprechend enge Toleranzen beim Bau der Magnete erfordert.

Da die Elektronenstrahlen beim Umlaufen ständig Energie durch Abstrahlung der Synchrotronstrahlung verlieren, muß bei jedem Umlauf dieser Verlust durch Nachbeschleunigung in einem oder mehreren Cavities ausgeglichen werden.

Ein S. wird nach Möglichkeit selbst nicht zum Beschleunigen der Teilchen verwendet, da das wegen der sehr kritischen Strahloptik große Probleme hervorruft. Am besten benutzt man einen Vorbeschleuniger (z. B. ein →Synchrotron), von welchem Teilchen mit der Arbeitsenergie des S. geliefert werden. Die dabei verfügbare Intensität ist aber oft nicht ausreichend. Das Speicherprinzip gestattet es nun aber, nacheinander beliebig viele Teilchen vom Vorbeschleuniger zu den im Ring schon gespeichert umlaufenden hinzuzufügen. Dank dieses Akkumulationsprinzips, das eine Besonderheit der S. ist, lassen sich extrem hohe Strahlströme erzielen. Begrenzt wird der Maximalstrom entweder durch nicht ausreichende Hochfrequenzleistung bei der Nachbeschleunigung, durch zu starken Anstieg des Vakuumdrucks oder durch Strahlinstabilitäten. Dabei wirken die durch den intensiven Strahl in der Vakuumkammer angeregten elektromagnetischen Felder auf den Strahl zurück und regen ihn zu so starken Schwingungen an, daß er schließlich an der Kammer abstreift.

S. werden in der Elementarteilchenphysik eingesetzt. Da Elektronen und Positronen zwar gleiche Masse aber entgegengesetzte Ladung haben, können sie in derselben Vakuumkammer entgegengesetzt umlaufen. Dabei sind die Strahlen auf kurze „Bunche" von wenigen cm Länge komprimiert. Diese kollidieren in einigen wenigen Punkten auf dem Umfang (Bild). Beim Zusammenstoß wird die gesamte Strahlenergie in den Teilchenprozeß übertragen. Verluste durch Rückstoß gibt es hier nicht. Deshalb kann man mit S. zu extrem hohen Energien vordringen. Um die Kollisionspunkte werden große Detektoren gebaut, die möglichst alle entstehenden Teilchen nachweisen und ihre Art, ihre Energie, ihren Impuls und ihre Ladung ermitteln. Um möglichst hohe Erzeugungsraten zu haben, wird der Strahl in den Kollisionspunkten zu einer Taille fokussiert (Mini-Beta-Fokussierung). Beide Strahlen beeinflussen sich bei der Kollision auf Grund der →Raumladung stark. Das begrenzt in diesem Falle die maximal speicherbaren Ströme.

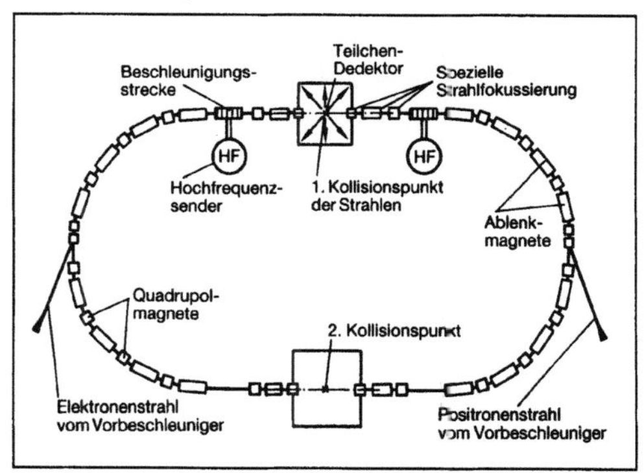

Speicherring: Prinzip eines S. mit zwei Kollisionspunkten für die Elementarteilchenforschung.

S. mit zwei kollidierenden Strahlen sind für folgende Teilchensorten gebaut oder geplant worden: Elektronen auf Positronen, Protonen auf Protonen, Protonen auf Antiprotonen und Elektronen auf Protonen. Die bis jetzt erreichten Energien sind 50 GeV für Elektronen und 1000 GeV für Protonen.

Ein zweites wichtiges Einsatzfeld der S. ist die Erzeugung der Synchrotronstrahlung. Hier hat man nur einen gespeicherten Elektronenstrahl. Man nutzt vor allem die hohen Spitzenströme mit ihrer Lebensdauer von vielen Stunden, was entsprechend intensive und stabile Photonenstrahlen ergibt. Außerdem erlaubt die starke Strahlfokussierung nahezu punktförmige Lichtquellen. Daher sind Elektronenspeicherringe heute die leistungsfähigsten Quellen für Synchrotronstrahlung.

Während zunächst nur die in den Ablenkmagneten entstehende Strahlung genutzt wurde, ist man heute dazu übergegangen, zusätzliche Wigglermagnete und Undulatoren einzubauen. Das hat zu speziellen Synchrotronstrahlungsspeicherringen geführt, deren Strahloptik dieser Nutzung optimal angepaßt ist. Dabei werden Strahlungdichten erzielt, die um viele Größenordnungen höher sind als bei einfachen Ablenkmagneten. Der Energiebereich der Elektronenspeicherringe für Synchrotronstrahlung geht von einigen 100 MeV bis zu derzeit 6 GeV. *Wille*

Literatur: *Courant, E. D.* und *H. S. Snyder:* Theory of the Alternationg Gradient Synchroton. Annals of Physics 3 (1958), S. 1–48. – *Kolomenski, A. A.* und *A. N. Lebedev:* Theory of Cyclic Accelerators. Amsterdam 1966. – *Sands, M.:* The Physiks of Electron Storage Rings. Proceedings of the International School of Physics 1971 „Enrico Fermi“.

Speichersystem. S. (auch Speichersubsystem) ist die Bezeichnung für die Summe der Funktionselemente, die in ihrem Zusammenwirken einem Rechner Informationen mit definiertem Aufbewahrungsort (physische Adresse) in Form von fehlerfreien Signalen an einer Schnittstelle zur Verfügung stellen (lesen) oder zum Zwecke der Aufbewahrung vom Rechner übernehmen (schreiben) können.

Ein S. muß nicht notwendig in beide Richtungen arbeiten können – lesen und schreiben.

Die Schnittstellen sind häufig *Kanäle,* Einrichtungen im Rechner – manchmal als freistehende Einheiten ausgeführt – die der Übertragung von Signalen vom Arbeitsspeicher nach außen und umgekehrt dienen. An Kanäle werden externe Einheiten aller Art angeschlossen, neben S. z. B. auch Druck- und Datenfernverarbeitungssysteme. Demzufolge sind Kanäle nicht Bestandteil der hier beschriebenen S.

Der Arbeitsspeicher (Hauptspeicher) wird als *interner Speicher* bezeichnet, die jenseits der Schnittstelle befindlichen Speicher (z. B. Magnetplatten oder -bänder) sind *extern.*

Wenn externe Speichereinheiten in das gleiche Gehäuse eingebaut sind, in dem sich auch der Rechner befindet, und möglicherweise Gesamtsystemkomponenten wie das Netzteil gemeinsam benutzt werden, spricht man von integrierten Einheiten.

Es gibt einstufig organisierte Datenverarbeitungssysteme, bei denen z. B. der heute meist auf →Halbleitertechnologie basierende Hauptspeicher mit magnetisch aufzeichnenden Plattenspeichern – integriert oder nicht – einen gemeinsamen Adreßraum bildet (*engl.* Single Level Storage).

Einstufige Organisation oder integrierte Einheiten ändern nichts an der Tatsache, daß ab einer bestimmten Schnittstelle mit physischen statt mit logischen Adressen gearbeitet werden muß. Das ist dann die Schnittstelle zwischen Rechner und externem S.

Weil ein Programmierer nicht wissen kann, wo die Daten, auf die sein Programm zugreift, physisch untergebracht sein werden, arbeitet er mit logischen Adressen wie z. B. Dateinamen und Ordnungsbegriffen wie Artikelnummer, Kontonummer. Im praktischen Einsatz muß eine Komponente des Basissteuerungsprogrammes im Rechner (oft Zugriffsmethode im Betriebssystem) in der Lage sein, physische Adressen zu ermitteln, bei Magnetplattensystemen z. B. →Kontrolleinheit, Einheit oder Zugriffsmechanismus, Zylinder, Spur, Sektor (→Magnetplattenlaufwerk).

Ein S. aus Kontrolleinheit und Laufwerken kann nur arbeiten, wenn an der Schnittstelle zum Rechner eine solche Adresse vorgegeben wird. Die Kontroll- oder Steuereinheit steuert die physischen Abläufe, die notwendig sind, damit so definierte Informationen gelesen und geschrieben werden. Sie erkennt und korrigiert fehlerhafte Signale der Einheiten (Magnetplattenlaufwerk und →Magnetbandeinheit).

Die Funktionselemente externer S. sind heute innerhalb von Datenverarbeitungsanlagen unterschiedlich plaziert (Bild 1).

Schnittstellen zwischen Rechnern und Kotrolleinheiten sowie Kontrolleinheiten und Speichereinheiten sind häufig herstellerindividuell. Im Interesse der Verbindung von Produkten unterschiedlicher Hersteller wurden und werden Normen definiert.

Je nach Anordnung sind unterschiedlich lange Kabelverbindungen zwischen den Speichereinheiten und der Kontrolleinheit sowie zwischen Kontrolleinheit und Rechner erforderlich. Die maximale Länge der Kabel ist aus technischen Gründen begrenzt. In beide Richtungen laufen neben Informationen (Daten) auch Statusinformationen (Feedback). Bei zu großer Entfernung führt die Leitungsverzögerung zu Synchronisationsproblemen.

Häufig sind größere Entfernungen als die mit gebräuchlichen Kupferkabeln machbaren wünschenswert (z. B. wenig mehr als 100 m) und zukünftig werden die Übertragungsgeschwindigkeiten weit über das heutige Maß von 3 bis 4.5 Millionen Zeichen/s hinausgehen. Deswegen ist mit der zunehmenden Verbreitung der bereits eingeführten →Glasfaserkabel zu rechnen. Sie erlauben höhere Geschwindigkeiten sowie größere Entfernungen

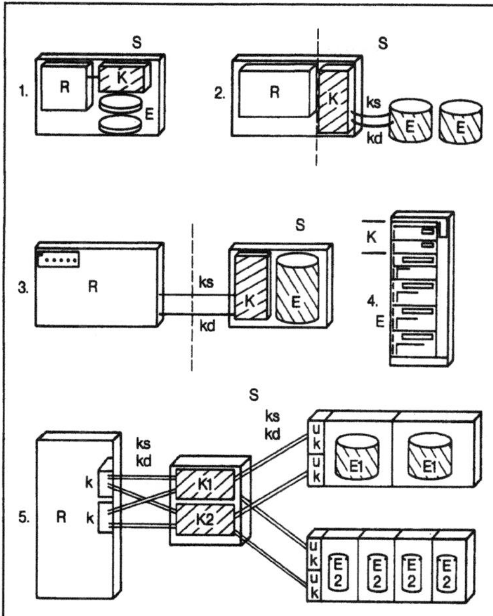

E = Speichereinheiten, K = Kontrolleinheiten, R = Rechner, S = Speichersystem, ks = Steuerungskabel, kd = Datenkabel, k = Kanal, uk = Kontrolleinheitenkomponenten

Speichersystem 1: Möglichkeiten der Anordnung.
1. Rechner und Speichersystem im gemeinsamen Gehäuse,
2. Integrierte Kontrolleinheit im Rechnergehäuse,
3. Direktanschluß, Kontrolleinheit und Speichereinheiten im gleichen Gehäuse,
4. Kontrolleinheiten und Speichereinheiten als Einschübe im Standardgehäuse (-rahmen),
5. Beispiel einer häufig anzutreffenden Version eines Magnetplattenspeichersystems im Großrechnerbereich: Doppelkontrolleinheit an zwei Kanälen eines Rechners (umschaltbar) und verschiedene Typen von Magnetplatteneinheiten an den Kontrolleinheiten, als Laufwerkstränge konfiguriert, deswegen Kontrolleinheitenkomponenten in der ersten (Haupt-)Einheit jedes Stranges, die gegenüber der Kontrolleinheit eine einheitliche Schnittstelle herstellen.

und sind einfacher zu verlegen als die bisherigen häufig vieladrigen Kupferkabel. Voraussetzung für Glasfaserkabel sind Wandler für elektrische in optische Signale – und umgekehrt – in Speichereinheiten, Steuerungen und an Rechnerschnittstellen.

S. innerhalb größerer Datenverarbeitungsanlagen werden normalerweise so redundant verkabelt, daß bei Ausfall einer Kontrolleinheit oder eines Kanals (oder ähnlicher Schnittstelle) immer mindestens ein alternativer Datenpfad zu jeder Speichereinheit führt. Unter Datenpfad (Bild 2) ist die Verbindung zwischen dem Arbeitsspeicher über Kanal und Kontrolleinheit zu einer adressierbaren Einheit zu verstehen. *Voss*

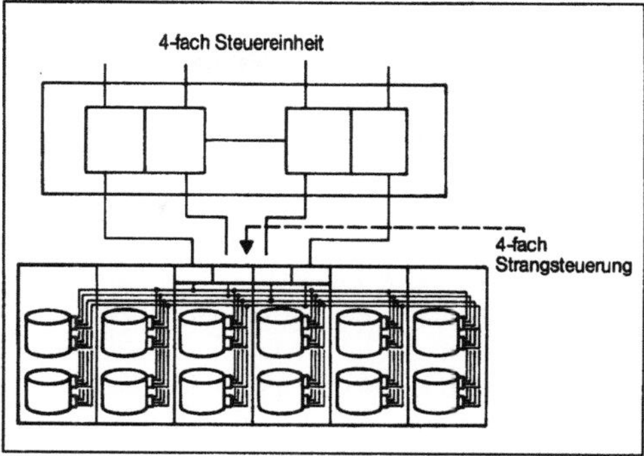

Speichersystem 2: Beispiel einer redundanten Lösung, wobei jedes Laufwerk mit jedem der vier Datenpfade arbeiten kann.

Speichertechnologie, magnetische →Speichertechnologien, →Magnetbandeinheit, →Magnetplattenstapel, →Magnetblasenspeicher

Speichertechnologie, magnetooptische →Einbrennverfahren und magnetooptische Verfahren

Speichertechnologie, optische →Speicher, optischer

Speichertechnologien (auch Speichertechniken). Als S. werden die physikalisch/technischen Grundlagen für Vorrichtungen bezeichnet, die dazu dienen, Informationen so aufzubewahren, daß sie zu beliebigen Zeitpunkten wiedergefunden und abgerufen werden können. Gegenstand dieses Überblicks sind die sogenannten →Massenspeicher, die nicht auf →Halbleitertechnologie aufgebaut und als externe Speicher an Rechner angeschlossen sind. Innerhalb der Systeme zur Informationsverarbeitung werden verbreitet magnetomotorische Speicher eingesetzt wie:
- Magnetplattenlaufwerke
- Magnetbandeinheiten
- Diskettenlaufwerke

außerdem zunehmend optische Speicherplatten (Optical Disc).

Bis zur Serienfertigung entwickelt – wenn auch nur begrenzt eingesetzt – wurden →Magnetblasenspeicher. →Ladungskopplungsspeicher, wenn auch nicht als Massenspeicher realisiert, sind interessant wegen ihrer Fähigkeit der taktgebundenen Verarbeitung auch analoger Signale.

Zukünftig können bedeutungsvoll werden: →Holographie-Speicher, aber eher noch Speicher, die das →Frequenz-Domänen-Verfahren benutzen.

Die →Laser-Vision-Bildplatte, im analog aufzeichnenden Gerät, ist ein Medium zum Übertragen auch bewegter Bilder in Verbundnetzen der Informationsverarbeitung.

Magnetkernspeicher waren bis zum Ende der sechziger Jahre als Arbeits-Speicher der Rechner weit verbreitet, wurden aber ab etwa 1970 von den schnelleren und preisgünstigeren Halbleiterspeichern abgelöst. →Magnettrommelspeicher, die nach dem gleichen Prinzip arbeiten wie Magnetplattenspeicher mit feststehenden Schreib-/Leseköpfen, waren in den sechziger und siebziger Jahren verbreitet eingesetzt für Daten, auf die besonders häufig zugegriffen wurde.

Unter →Speichersystem und →Kontrolleinheit sind Prinzipien erläutert, nach denen Anlagen zur Informationsverarbeitung Daten adressieren und abrufen. Gleiche Verfahren – z. B. magnetische und optische Aufzeichnung – können sich für digitale und analoge Darstellung eignen.

Für die hier überwiegend betrachteten Massenspeicher ist die digitale Aufzeichnung von Bedeutung. Zähleinheit für digitale Binärentscheidungen ist das →Bit. Sie wird auch als Maßeinheit zur Quantifizierung der Speicherkapazität und der Übertragungsleistung (Bits/s) von Informationsspeichern benutzt. Häufig werden die Elemente eines Zeichensystems in Form einer Verschlüsselung mit 8 Bits dargestellt, z. B. die Buchstaben des Alphabets, die Zahlen von 0 bis 9 und eine Reihe von Sonderzeichen. Dafür hat sich die Bezeichnung →*Byte* eingebürgert, die ebenfalls als Maßeinheit für Kapazität und Leistung benutzt wird. Oft wird statt Byte einfach Zeichen verwendet.

Andere S. als die der überaus leistungsfähigen Halbleiter (heute als integrierte →Schaltungen ausgeführt) sind wegen ihrer physikalischen Eigenschaften und aus Gründen der Wirtschaftlichkeit notwendig oder berechtigt; zum Beispiel:

□ Physikalische Eigenschaften: →Halbleiterspeicher verlieren bei Abfall oder Unterbrechung der für ihre Funktion notwendigen elektrischen Spannung die Information. Magnetische Aufzeichnung – weil von Energiezufuhr unabhängig – bleibt auch dann erhalten, wenn ein auf dieser Grundlage arbeitendes Gerät abgeschaltet wird. Magnetische Datenträger eignen sich demzufolge für die dauerhafte Aufbewahrung von Informationen, Halbleiterspeicher nicht.

□ Wirtschaftlichkeit: Zu einem Zeitpunkt, als die Anschaffungskosten für eine Erweiterung des Hauptspeichers in einem bestimmten Rechner um 1 Million Bytes etwa 13 000 und die des sog. Erweiterungsspeichers etwa 5 000 DM betrugen, kostete die gleiche Kapazität auf einem betriebsfertig angeschlossenen Magnetplattenspeicher etwa 28 DM, auf einem →Magnetband im Archiv (→Medienkosten) etwa 0,06 DM. Die Wirtschaftlichkeit der Datenverarbeitung wird also in starkem Maße von einer sinnvollen Zuordnung der größeren Datenbestände zu verschiedenen Arten von Speichern bestimmt:

– Während der unmittelbaren Verknüpfung von Informationen in Rechnern mit einer Leistung bis zu einigen Millionen Verarbeitungsschritten (Instruktionen) pro Sekunde sollten die zum jeweiligen Zeitpunkt relevanten Daten im Hauptspeicher, soweit vorhanden, mindestens im nachgeschalteten Erweiterungsspeicher mit kürzesten Zugriffszeiten stehen, damit die Rechnerkapazität ausgenützt wird – der Rechner nicht auf die Daten als Gegenstand der Verknüpfung – oder auf Programmbestandteile warten muß.

– Aktive Daten, auf die mit hoher Wahrscheinlichkeit in absehbarer Zeit zugegriffen wird, sollten innerhalb von Millisekunden von einem an den Rechner angeschlossenen (On-line-)Massenspeicher in den Rechner abrufbar sein.

– Datenbestände mit periodischer Aktivität sollten – solange sie inaktiv sind – auf dem Speicher mit den niedrigsten Kosten liegen. Das kann ein manuell verwaltetes, nicht im Zugriff des Systems liegendes (Off-line-)Archiv sein. Die Wirtschaftlichkeit ist allerdings nur solange gegeben, wie die Perioden der Inaktivität lang genug sind, damit die Kosten für das Ausfassen, die Montage und gegebenenfalls noch das Übertragen der Daten auf einen Plattenspeicher den Vorteil der kostengünstigen Lagerung außerhalb des Systems nicht überkompensieren.

Die absoluten Werte der im Beispiel erwähnten Speicherkosten sind nur zeitlich begrenzt gültig, denn mit der immer noch fortschreitenden Steigerung der →Datendichte bezogen auf den Flächen- und Raumbedarf etablierter Technologien und der Serienreife weiterer Technologien werden Medienkosten und Verfahrenskosten unverändert stark sinken.

Aber Kostenunterschiede in Größenordnungen zwischen 1–3 Zehnerpotenzen zwischen benachbarten Stufen einer Speicherhierarchie nach Preis und 4–6 Zehnerpotenzen zwischen der höchsten und niedrigsten Stufe bleiben wahrscheinlich.

Die Leistung der Speicher, hauptsächlich gemessen nach der Zugriffsgeschwindigkeit, aber auch nach der Übertragungsgeschwindigkeit, wird bei ständiger Verbesserung ebenfalls weiterhin Unterschiede zwischen 1–4 Zehnerpotenzen von Stufe zu Stufe aufweisen, bei entsprechend höheren Differenzen zwischen der höchsten und niedrigsten Stufe.

Die Tabelle soll diesen Zusammenhang verdeutlichen und gleichzeitig eine Orientierung zur Einordnung bestehender und zukünftiger S. bieten. Unter Zugriff ist der Zeitraum zwischen dem Auftreten einer Anforderung nach Daten vom externen Speicher im Rechner und dem Zeitpunkt zu verstehen, zu dem das erste Glied einer beliebig langen Kette von Informationseinheiten im Arbeitsspeicher des Rechners steht. Bei umgekehrtem Informationsfluß ist es der Zeitpunkt, zu dem die erste

Speichertechnologien. Tabelle: Speicherhierarchie bei größeren Datenverarbeitungsanlagen

SPEICHERKOSTEN	Klassifizierung	Technologien/Verfahren	Einsatzgebiet/Art, Überwiegend	ANTWORTZEITVERHALTEN
	Hochleistungs-Speicher Zugriff im Nano-Sekunden Bereich	Halbleiter (Integrierte Schaltungen)	Als Rechnerkomponenten — Pufferspeicher — Hauptspeicher — Erweiterungsspeicher	
	Mittlere Leistung Zugriff im Millisekunden Bereich	— Halbleiterspeicher, extern — Ladungskopplungsspeicher — Magnetblasenspeicher — Holographie-Speicher — Frequenz-Domänen-Verfahren — Magnetplattenspeicher — Optische Plattenspeicher	Im direkten Zugriff des Rechners (On-line) — Pufferspeicher in Steuereinheiten externer Speicher — Externe Massenspeicher	
	Unterer Leistungsbereich Zugriff im Sekundenbereich	— Automatische Archive, Magnetband oder optische Speicherplatten		
	Unterster Leistungsbereich Zugriff innerhalb von Minuten	— Magnetbandarchive und Magnetbandeinheiten — Wechselplattenarchive und -einheiten (magnetisch, optisch) — Diskettenarchive und -laufwerke	Manuelle Montage (Off-line) — Informationsarchive (Zugriff innerhalb längerer Perioden oder aufbewahrungspflichtige Informationen)	

Informationseinheit auf den vorbestimmten Ort auf einem externen Speicher „geschrieben" wird. Die Dauer der gesamten Eingabe/Ausgabe-Operation hängt zusätzlich von der Länge der Informationskette und der Übertragungsleistung ab. Im allgemeinen kann man davon ausgehen, daß Technologien mit kürzeren Zugriffszeiten gleichzeitig höhere Übertragungsleistungen bieten. *Voss*

Speichervaraktor →Varaktor

Speicherzelle. Kleinste Einheit eines digitalen Speichers für die Speicherung eines Bits, oft einfach Zelle genannt. Der Begriff wird vorzugsweise bei Halbleiterspeichern verwendet, obwohl er z. T. auch für andere Speicher anwendbar ist (etwa →Kernspeicher, nicht dagegen Magnetschichtspeicher).

In →Halbleiterspeichern werden zur Realisierung der S. fest programmierte Halbleiterstrukturen, Halbleiterbauelemente mit Speicherverhalten, Schalter-Kondensator-Anordnungen und Flip-Flops verwendet: Stets speichert die S. dabei die Zustände 0 oder 1 (L-, H-Pegel). Die verwendete Realisierungsart hängt stark vom jeweiligen Speicher ab.

Die S. eines Nur-Lese-Speichers (→ROM) bestehen im einfachsten Fall aus Widerständen (in den Kreuzungspunkten einer Matrix), die – abhängig vom Speicherinhalt – nieder- oder hochohmig sind. Sie werden, kompatibel mit dem jeweiligen Herstellungsprozeß, entweder durch Dioden oder (meist) Transistoren gebildet, die durch Programmierung in den leitenden oder nichtleitenden Zustand gebracht werden (z. B. bei →Bipolartransistor durch Kurzschluß; beim →MOSFET durch die Dicke des Gateoxids oder Weglassen des Gateanschlusses) in allen Fällen durch Maskenprogrammierung beim Hersteller.

Die S. eines →PROM bestehen ebenfalls aus Widerständen wie beim ROM (also →Transistoren), das gewünschte Bitmuster stellt der Anwender jedoch durch „Durchbrennen“ (hohe Stromstöße, hochohmiger Zustand der S.) an vorgesehenen Punkten her. Praktisch bedeutet das die Zerstörung bestimmter Gebiete (→pn-Übergänge von Transistoren, Leiterbahnen, Gateoxid von MOSFET) durch den Anwender mittels eines Programmiergerätes. In beiden Fällen ist der Widerstandswert das Merkmal der Speicherzelle.

Die S. von EPROMs sind aus Speichertransistoren (MNOS-FET, FAMOS-FET) aufgebaut. Dabei dient die Ladungsspeicherung im Gateisolator zur Schwellspannungsänderung bzw. zum Einschalten des Kanals. Zur Ansteuerung des Speichertransistors ist zusätzlich ein Auswahltransistor erforderlich, der jedoch – durch Stapeltechnik – mit in den Speichertransistor integriert werden kann (z. B. einem SIMOS-Transistor).

Die Programmierung dieser Zellen ist bitweise möglich, die Löschung durch UV-Bestrahlung nur für den ganzen Speicher.

Den S. des →EPROM ähnlich aufgebaut sind auch die S. des E^2PROM (aus MNOS-, SIMOS- oder SAMOS-FET), sie können aber, im Gegensatz zum EPROM, elektrisch einzeln gelöscht werden.

Die S. der statischen RAM (→SRAM) bestehen aus Flip-Flops (deren Schaltungstechnik sich vom gewöhnlichen FF etwas unterscheidet und auf minimale Transistorzahl zugeschnitten ist). Demgegenüber hat sich beim dynamischen RAM (→DRAM) die Kombination eines MOS-Feldeffekttransistors mit einem reihengeschalteten integrierten Kondensator (Eintransistor-S.) durchgesetzt, die beide eine Einheit bilden. Der MOSFET dient zum Einschreiben oder Lesen der Funktion. Jede S. besitzt eine Adresse, unter der auf sie zugegriffen werden kann. *R. Paul*

Speicherzugriff. Das Auffinden bestimmter Daten aus einem Speicher. Grundsätzlich gibt es drei verschiedene Möglichkeiten des Zugriffs zum Inhalt eines Speichers (→Halbleiterspeicher):

□ Wahlfreier Zugriff, wenn die Speicherzellen matrixartig angeordnet sind und damit durch Auswahl der Spalten und Zeilen jede Einzelzelle direkt angesteuert werden kann.

□ Serieller Zugriff, wenn nur eine Folge von gespeicherten Daten zugängig ist, die dann der Reihe nach gelesen werden müssen, bis die gewünschte Information gefunden ist. Beispiele dafür sind →Schieberegister oder allgemeiner Umlaufspeicher (Halbleiterspeicher) und natürlich Platten- und Bandspeicher.

□ Inhaltsorientierter Zugriff, wenn eine mit dem Inhalt zusammen abgespeicherte Codebezeichnung (für die Kennzeichnung eines bestimmten Inhaltes oder Sachverhaltes) ermöglicht, alle Informationen des gleichen Inhalts in einem Schritt auszulesen. Dazu sucht man den gesamten Speicherinhalt nach dieser Codebezeichnung ab.

Die zum S. erforderliche Zeit heißt →Zugriffszeit. Es ist die Zeitspanne vom Aufruf eines Speicherplatzes (Anlegen der Adresse) bis zur Verfügbarkeit der gespeicherten Information am Ausgang. Beim wahlfreien Zugriff ist die Zugriffszeit zu jeder Zelle etwa gleich und relativ klein (Zeitdauer einige 10–100 ns), beim seriellen Zugriff hängt sie sehr von der räumlichen Lage der Information ab und ist entsprechend größer (z. B. bei Band- und Plattenspeichern im Bereich von Millisekunden bis Sekunden. So hat eine 8-Zoll Standard-Diskette etwa 10 ms, eine 5¼-Zoll Mini-Diskette etwa 40 ms und ein Festplattenspeicher etwa 50 ms Zugriffszeit. Die Zugriffszeit hängt naturgemäß sehr stark vom verwendeten Speicherprinzip ab (Bild). Auf der einen Seite stehen die Halbleiterspeicher mit sehr kurzen Zugriffszeiten, aber begrenzter Speicherkapazität, auf der anderen Seite gibt es die relativ langsamen Band- und Plattenspeicher verschiedenster Art. Im Zwischenbereich liegen CCD-Speicher und Magnetblasenspeicher. Die Entwicklung ist stark im Fluß. *R. Paul*

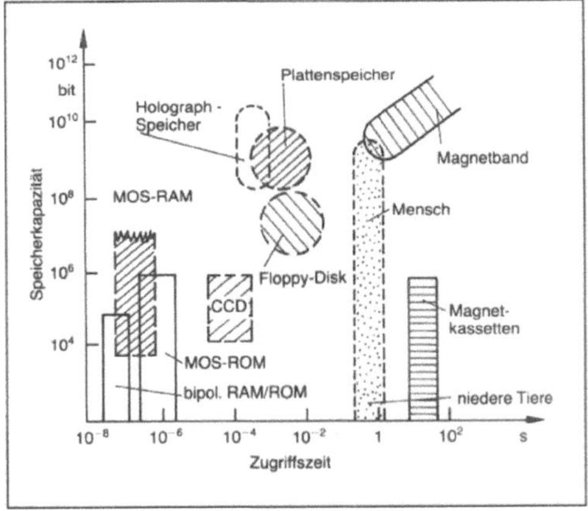

Speicherzugriff: Typische Speicherkapazitäten und Zugriffszeiten ausgewählter Speicherlösungen.

Speicherzykluszeit. Das Zeitintervall, das erforderlich ist, um eine vollständige Speicheroperation auszuführen; es ist gleichzeitig der kleinste Zeitabstand zwischen dem Beginn zweier aufeinanderfolgender Speicheroperationen. Handelt es sich um einen Speicher, bei dem das Lesen durch Zerstören der gespeicherten Information geschieht (→Kernspeicher), so gehört zur S. auch die Wiederherstellung der ursprünglichen Information. Die →Zugriffszeit ist dagegen nur die Zeitspanne, die erforderlich ist, die gelesene Information zur weiteren Verarbeitung bereitzustellen; bei zerstörungsfreiem Lesen sind beide identisch. *H.-Jürgen Schneider*

Spektrumanalysator. Elektronisches Gerät zur Analyse elektronischer Signale mit beliebiger Signalform und großer Frequenzbandbreite. Der S. zeichnet einen Augenblickszustand der Anteile der einzelnen (wählbaren) Frequenzen eines Frequenzspektrums auf den Bildschirm.

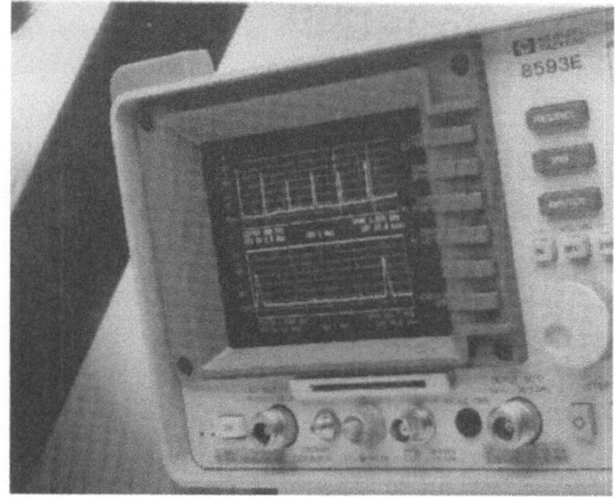

Spektrumanalysator: Der dargestellte Frequenzbereich geht bis 1,8 GHz, die Frequenzauflösung beträgt 3 MHz. (Quelle: Hewlett Packard)

Angewandt werden S. zur Messung von Frequenzen und Amplituden, Modulationsmessungen, Rausch- und Verzerrungsmessungen, EMV-Messungen, Messung von Tonspektren (Akustik) usw.

K. Winter

Sperrbereich.

1. Nachrichtentechnik: Frequenzbereich der Übertragungsfunktion eines →Filters, der das zu übertragende Signal möglichst vollständig dämpft.

2. Halbleiterbauelemente allgemein: Bereich der Spannungen bzw. Ströme, die einen Sperrzustand ergeben. Im Regelfall liegt dabei ein sehr kleiner →Sperrstrom vor. Beispiele: S. des →Bipolartransistors, Rückwärts- und Vorwärtssperrbereich des →Thyristors.

3. Bei →pn-Dioden und Schottky-Dioden umfaßt der S. das Gebiet zwischen Kennlinienursprung und Durchbruchspannung, gekennzeichnet durch einen sehr kleinen Sperrstrom. *R. Paul*

Sperrpunkt →Cut-Off

Sperrichtung. Betriebsrichtung beim →pn-, →Hetero- und Schottky-Übergang (sowie einigen anderen Halbleitergrenzflächensystemen). Der Begriff wird sinngemäß auch auf daraus aufgebaute Halbleiterbauelemente verwendet. *R. Paul*

Sperröhre. Gasgefüllte →Mikrowellenröhre für Schaltzwecke in Sende-Empfangs-Weichen (Duplexern) von Radargeräten. Man unterscheidet:

– Empfänger-S. (TR-tube): Sie trennt während des Sendeimpulses den Empfänger von der Antenne.
– Vorsperröhre (pre-TR-tube): Sie kann bei großen Sendeleistungen vor die Empfänger-S. geschaltet werden und unterstützt sie in ihrer Funktion.
– Sender-S. (ATR-tube): Sie trennt während der Sendepause den Sender von der Antenne.

Bei den meisten Radargeräten arbeiten Sender und Empfänger über eine Sende-Empfangs-Weiche mit einer Antenne. Diese Weiche besteht aus einer Hohlleiterverzweigung und je einer Sender- und Empfänger-S. (Bild). Die Empfänger-S. ist direkt in den zum Empfänger abzweigenden Hohlleiter eingeschaltet, während die Sender-S. eine viertel Hohlleiterwellenlänge oder ein ungerades Vielfaches davon von diesem Abzweig in Richtung Sender auf der Breitseite des Hohlleiters angebracht ist. Der Sendeimpuls ionisiert die beiden S., sie bilden Plasmen aus, die die Leitung vom Sender zur Antenne innerhalb weniger ns durchschalten. Nach dem Sendeimpuls entionisieren die Röhren in einigen 50 µs und schalten damit die Antenne auf den Empfänger.

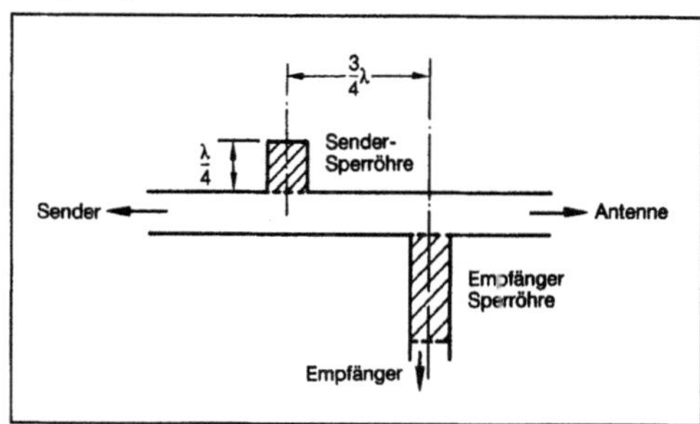

Sperröhre: Sende-Empfangsweiche mit S.

Empfänger-S. sind gasgefüllte Hohlraumresonatoren, die den gewünschten Frequenzbereich im entionisierten Zustand fast ungedämpft durchlassen. Trifft auf sie jedoch Hochfrequenzenergie von mehr als einigen 100 W, so bilden sie an den eingebauten Resonanzblenden oder -spitzen Plasmen aus, die den →Resonator vollständig verstimmen und dafür sorgen, daß möglichst wenig „Leckenergie" zum nachgeschalteten Empfänger gelangt. Um die Zündzeitverzögerung der Plasmaentladung möglichst gering zu halten, brennt von einer Hilfselektrode aus ständig eine Gleichstrom-Glimmentladung und sorgt für eine Vorionisation.

Sender-S. bestehen meist aus einem Hohlleiterabschnitt von etwa einer viertel Hohlleiter-Wellenlänge und sind an ihrem Eingang mit einem Resonanzfenster abgeschlossen. Während des Sendeimpulses ionisiert ihre Gasfüllung und bildet am Resonanzfenster eine Plasmaschicht, so daß der Sendeimpuls fast ungeschwächt die Leitung, auf die sie aufgesetzt ist, passieren kann. Im entionisierten

Zustand aber bildet sie eine λ/4-Sperre für die Empfangsenergie. *Golombek*

Literatur: *Smelling, L. D.* und *C. G. Montgomery:* Microwave Duplexers. New York 1948.

Sperrschicht. Bereich in einem →Halbleiter in Umgebung einer Grenze innig miteinander verbundener Materialien, in dem die Dichte beweglicher Träger kleiner als die Dichte in neutralen Halbleitergebieten ist, in denen sie mit der Nettodichte ionisierter Akzeptoren und Donatoren übereinstimmt. Deshalb heißt die S. häufig auch Verarmungszone.

Beim →pn-Übergang beispielsweise entstehen durch die Abdiffusion von Majoritätsträgern (Löchern) aus dem p-Gebiet ins n-Gebiet (und analog umgekehrt) beiderseits der Grenzfläche Verarmungszonen bereits im spannungslosen Zustand. Mit anliegender →Sperrspannung wächst ihre Dicke, weil sich die beweglichen Ladungen (aus Gründen der Ladungsbilanz) auf beiden Seiten weiter in den Halbleiter zurückziehen müssen.

Ähnlich entstehen Verarmungszonen auch an anderen Halbleitergrenzflächenanordnungen, z. B. am →Metall-Halbleiter-Übergang, am sog. →Dichteübergang etwa vom Typ p^+n-Übergang, dort nur auf der höher dotierten Seite, ebenso am Isolator-Halbleiterübergang (→MIS-Übergang), wenn dort senkrecht ein elektrisches Feld einwirkt und die Feldrichtung so gerichtet ist, daß sie →Majoritätsträger von der Oberfläche weg ins Halbleiterinnere zurückdrängt. In dieser Anordnung sind feldabhängig auch andere Zustände, wie Anreicherung und Inversion möglich.

Die Sperrschicht- oder Verarmungszone ist ein spezieller Fall einer →Raumladungszone, weil hier stets eine die Majoritätsträger sonst kompensierende feste Ladung im Halbleiter überwiegt (im Falle des pn-Überganges im p-Bereich also die negative Akzeptorladung). Dies folgt aus der Ladungsbilanz im Halbleiter. Deshalb entsteht nach der *Poisson*schen Gleichung über einer Verarmungszone stets eine Potentialschwelle. Solche Verarmungsschichten, die praktisch mit jeder Grenzflächenanordnung verknüpft sind, bestimmen die Wirkprinzipien der grenzflächengesteuerten Halbleiterbauelemente (das dürften etwa 98% aller derzeit bekannten Halbleiterbauelemente sein) in grundlegender Weise. *R. Paul*

Sperrschichtfeldeffekttransistor. →Feldeffekttransistor (SFET), bei dem der Querschnitt eines stromführenden Kanals zwischen den Anschlüssen →Source und →Drain durch eine parallel zum Kanal verlaufende →Sperrschicht in Form eines sperrgepolt betriebenen und mit einer Gate-Elektrode versehenen pn-Überganges gesteuert wird (Bild 1). Es liegt so eine Verarmungssteuerung vor, wobei der vom Stromfluß erfaßte Kanalquerschnitt in dem Maße abnimmt, wie sich die Verarmungszone zufolge wachsender Gatesteuerung ausbreitet. Ohne Gatespannung hat der Kanal seinen maximalen Querschnitt, fließt also der größte Strom (SFET ist selbstleitend, Normally-off-Typ). Ab einer bestimmten Gate-Source-Spannung schnürt der Kanal ab, die zugehörige Spannung ist die Pinch-off- oder Abschnürspannung. Von diesem Punkt an fließt ein konstanter, durch das →Gate nicht mehr beeinflußbarer Strom (Bild 2).

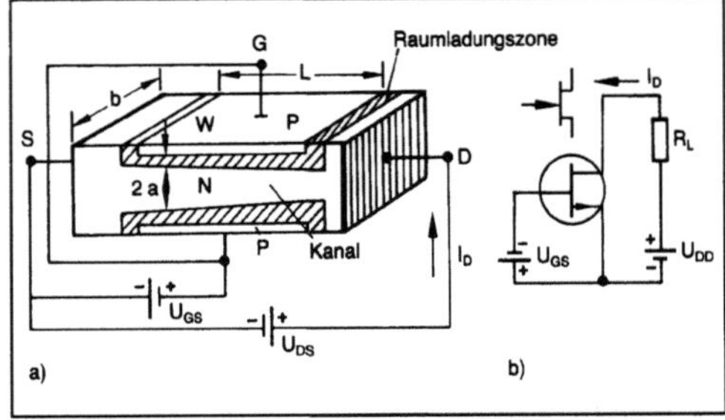

Sperrschichtfeldeffekttransistor 1: Aufbau und Grundstromkreis eines n-Kanal-Typs.

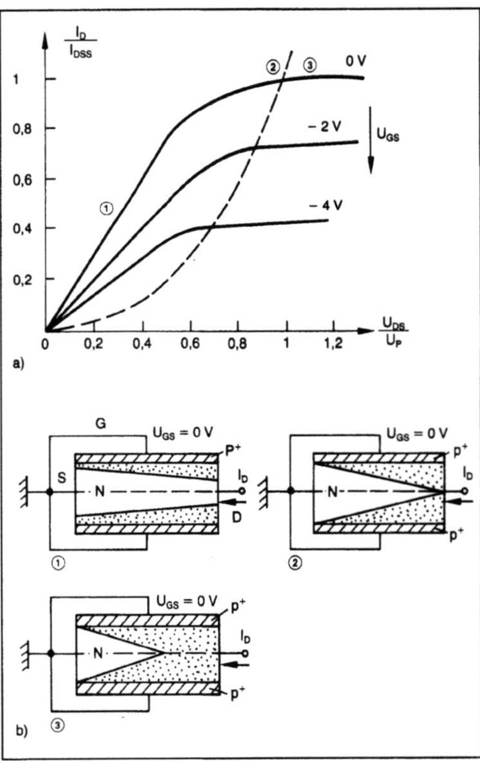

Sperrschichtfeldeffekttransistor 2: Ausgangskennlinienfeld mit einzelnen Zuständen des Kanals (n-Kanal-Typ), 1 – aktiver Bereich, Kanal existiert in voller Länge ($U_P > U_{DS} > 0$), 2 – Kanalabschnürung am Ende ($U_P = U_{DS}$), 3 – Sättigungsbereich ($U_{DS} > U_P$), abgeschnürter Kanalbereich wächst.

S. können als p-Kanal- oder n-Kanal-Typen konzipiert sein. Sie werden in Planartechnik gefertigt, haben einen hohen Eingangswiderstand (jedoch einen geringen, stark temperaturabhängigen Eingangssperrstrom), eine mittlere →Steilheit und hohen Ausgangswiderstand. Gegenüber dem →MOSFET liegt ihr →Rauschen – besonders bei tiefen Frequenzen – deutlich niedriger. Die Haupteinsatzgebiete sind deshalb rauscharme Eingangsstufen (vor allem bei →Operationsverstärkern), HF-Verstärker (Leistungstransistoren werden nur in geringen Umfang angeboten) sowie in einigen Spezialanwendungen. *R. Paul*

Sperrschichtisolation. →Isolationstechnik, die die hochohmige Eigenschaft einer →Sperrschicht (Verarmungsschicht) ausnutzt. Sie wird mitunter auch als pn-Isolation bezeichnet.

Bei der S. sind die einzelnen Funktionselemente einer integrierten Schaltung durch Verarmungsschichten, die üblicherweise durch eingefügte gesperrt betriebene pn-Übergänge erzeugt werden, elektrisch gegeneinander abgegrenzt (Bild). Dazu wird z. B. auf einem p-Substrat eine n-leitende Epitaxieschicht abgeschieden und diese durch eine →Diffusion von p^+-leitenden Bereichen feldartig in n-leitende Inseln oder Isolierwannen eingeteilt. Dazu müssen die p^+-Diffusionsbereiche jedoch bis zum Substrat durchgreifen. In diese Isolierwanne plaziert man später die jeweiligen Funktionselemente.

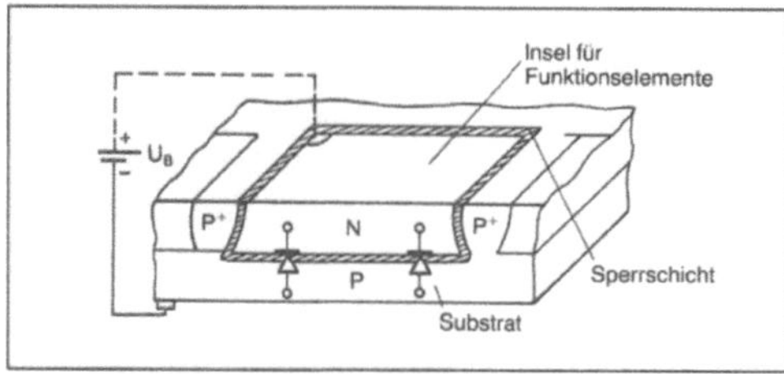

Sperrschichtisolation: Prinzipschema.

Die S. ist damit eine Isolationstechnik, die sehr verbreitet an die →Bipolartechnik gebunden ist. Aus der Sicht moderner Integrationstechniken hat sie einige gravierende Nachteile:
- erforderliche →Vorspannung der Inseln gegen den Isolierrahmen, wodurch sich die Freizügigkeit des Schaltungsentwurfs einengt,
- relativ große parasitäre →Sperrschichtkapazität, die das Frequenzverhalten verschlechtert. Außerdem kann es zu parasitären Transistoren kommen, die z. B. bei CMOS-Schaltungen zum →Latch-up-Effekt führen.
- Hohe Leckströme der Isolations-pn-Übergänge, was vor allem bei hohen Temperaturen Probleme aufwirft,
- relativ hoher Flächenbedarf dieser Technik, der die →Packungsdichte begrenzt.

Sehr bald suchte man nach besseren Isolationsverfahren oder nach Möglichkeiten, diese überhaupt durch geschickt konzipierte Grundschaltungen (z. B. →I^2L) zu vermeiden. Hier bietet die →MOS-Technik besondere Vorteile. In ihr ist zwar der einzelne →MOSFET sowohl in den Source-Drain-Gebieten als auch im Kanal ebenfalls durch Verarmungsschichten vom Substrat „isoliert", doch liegt diese Trennung bereits im Funktionsprinzip (Selbstisolation) begründet und bedarf keiner zusätzlichen Maßnahmen. *R. Paul*

Sperrschichtkapazität. (differentielle) Kapazität einer →Raumladungszone speziell dann, wenn sie wenigstens eine Verarmungszone enthält. Die S. hat ihre Ursache in der eine Grenzfläche umgebenden Raumladung (Dichte ρ) zwischen verschiedenen Halbleitermaterialien. Diese Raumladung baut sich stets durch eine gegenläufige Diffusions- und Feldbewegung der beweglichen →Ladungsträger zusammen mit der festen Ladung nicht kompensierter Störstellen auf und führt zu einer Potentialschwelle. Der Zusammenhang dieser (integralen) Ladungen Q beiderseits der Grenzfläche mit der anliegenden Spannung U, d. h. die Charakteristik Q(U) = f(U), ist physikalischer Inhalt der Sperrschicht-Kapazität (Bild).

Jede Spannungsänderung ΔU erzeugt dann eine Ladungsänderung ΔQ, den (linearen) Zusammenhang für kleine Änderungen beschreibt man durch die (differentielle) S. Weil diese Ladungsänderungen ΔQ nur an den Sperrschichträndern aufgebracht werden können, kann die S. auch durch das Modell eines Plattenkondensators ausgedrückt werden, dessen Platten sich im Abstand W_S – der Sperrschichtbreite – befinden ($C_S = \epsilon_H \cdot A/W_S$). Da die Sperrschichtbreite spannungsabhängig ist, gilt dies auch für die S.: hohe →Sperrspannung breite →Sperrschicht geringe S. und umgekehrt.

Die S. tritt grundsätzlich in allen Halbleiterübergängen auf, sie wird insbesondere beim →pn-Übergang, →MS-Übergang, →MIS-Übergang entweder genutzt (→Sperrschichtkondensator, →Varaktor) oder begrenzt als unerwünschte Kapazität der Frequenz- und Schaltereigenschaften eines Halbleiterbauelementes. Die S. hängt stark von der konstruktiven Gestaltung der Sperrschicht ab, insbesondere Fläche, →Dielektrizitätskonstante und vor allem dem Störstellenprofil (Dotierungsverlauf der →Störstellen). Durch besondere Dotierungsprofile lassen sich ganz bestimmte Spannungsabhängigkeiten erzeugen. *R. Paul*

Sperrschichtkapazität, integrierte →Kondensator, integrierter.

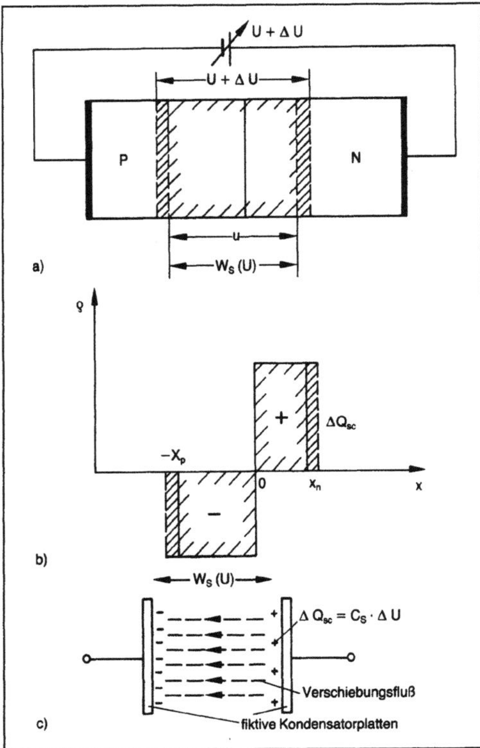

Sperrschichtkapazität: Schematische Darstellung.
a) pn-Übergang mit Sperrspannung und überlagerter Spannungsänderung
b) Raumladungsverteilung
c) Interpretation der Ladungsänderung durch die S.

Sperrschichtkondensator. S. sind →Keramikkondensatoren der Klasse 3 mit besonders hoher spezifischer Kapazität, die jedoch relativ stark temperatur- und spannungsabhängig ist. Sie werden zur Siebung, Kopplung und Entkopplung sowie zur Funkentstörung eingesetzt.

Die Besonderheit der S. liegt im Herstellprozeß. Der keramische Werkstoff Bariumtitanat, der zur Gruppe der ferroelektrischen Materialien gehört, wird durch →Dotierung mit *n*-leitendem Antimon leitfähig gemacht. An den Korngrenzen der leitfähigen Keramik werden dann während der Sinterung durch Dotierung mit *p*-leitenden Materialien ($Cu^{3}+$ oder $Fe^{3}+$) *p*-leitende Zonen aufgebaut, die als →Sperrschicht dienen. Diese Sperrschichten an den Korngrenzen bilden intergranular das →Dielektrikum des Kondensators. Wegen der geringen Dicke der Sperrschichten lassen sich verhältnismäßig hohe Kapazitätswerte realisieren (10 nF bis 470 nF). Die Spannungsfestigkeit liegt meist unter 100 V. (→Sperrschichtkapazität, →Kondensator, integrierter) *Both*

Literatur: *Zinke, O.* und *H. Seither:* Widerstände, Kondensatoren, Spulen und ihre Werkstoffe. Berlin, Heidelberg 1982.

Sperrschicht-Photoeffekt. Erzeugung von →Elektron-Loch-Paaren durch Lichteinfall in der →Sperrschicht einer →Halbleiterdiode, wodurch eine elektrische Spannung (→Photospannung) bzw. ein elektrischer Strom (→Photostrom) entsteht.

Bei einer in →Sperrichtung gepolten Halbleiterdiode (z. B. →pn-Diode, →Schottky-Diode) besteht in der →Raumladungszone ein hohes elektrisches Feld bei gleichzeitiger Verarmung an beweglichen Ladungsträgern. Es fließt nur ein geringer →Sperrstrom, der durch die thermische Generation von Ladungsträgern bestimmt wird. Fallen in dieses Gebiet Photonen ausreichender Energie ein, so werden Elektronen aus dem Valenz- ins Leitungsband angeregt (innerer Photoeffekt). Die Energie des einzelnen Photons muß dazu größer als der Bandabstand sein. Damit entstehen bewegliche Elektronen und Löcher, die im elektrischen Feld getrennt werden und den Photostrom erzeugen. Dieser ist zur eingestrahlten Lichtintensität proportional (→Photodiode). Liegt keine äußere Spannung an, so reicht das auch in diesem Fall existierende elektrische Feld in der Raumladungszone zur Ladungstrennung aus. Es baut sich eine Photospannung auf, sodaß dieses Element als Generator wirkt (→Solarzelle). *Heinz*

Sperrschichttemperatur.

1. Temperatur, die in der →Sperrschicht eines Halbleiterbauelementes auftritt. Ihre Einführung geht auf die Tatsache zurück, daß bei →pn-Dioden und →Bipolartransistoren der größte Wärmeleistungsumsatz in Sperrschichten (bei Dioden meist im Flußbereich, bei Bipolartransistoren in der Kollektorsperrschicht) stattfindet und der entstehende Wärmestrom nach außen abgeführt werden muß. Die S. bestimmt so – zusammen mit den Wärmeabfuhreigenschaften – die Belastbarkeit eines Bauelementes:

$$T_j - T_U = R_{jU} P_{tot}$$

(T_j Sperrschichttemperatur, T_U Umgebungstemperatur, R_{jU} Wärmewiderstand (Sperrschicht, Umgebung), P_{tot} gesamte Verlustleistung).

Die S. hat für typische Halbleitermaterialien obere Grenzwerte: Germanium etwa 90 °C, Silicium etwa 150–200 °C. GaAs = 400 °C. Bei gegebener Umgebungstemperatur bestimmt die höchstzulässige S. somit die Belastbarkeit eines Halbleiterbauelementes. Die Berechnung der S. unter gegebenen Belastungs- und Kühlbedingungen erfolgt anschaulich über eine thermische Ersatzschaltung.

Der thermische Widerstand kann den Datenblättern entnommen werden (Tabelle). Bei integrierten Schaltkreisen wird er in der Regel für die Sperrschichten in der wärmsten Zone des IC's, z. B. in der Nähe der Ausgangsstufe, angegeben. Hat ein Transistor einen Wärmewiderstand R_{ju} = 450 °C/W, so beträgt die Sperrschichttemperatur bei einer Umgebungstemperatur T_u = 70 °C und bei einer im Transistor umgesetzten Leistung P = 0,2 W

T_j = 70 °C + 450 · 0,2 °C = 160 °C

Im Interesse der →Zuverlässigkeit empfiehlt es sich, durch eine geringe elektrische Belastung und durch eine gute Wärmeableitung die Temperatur der Bauelemente niedrig zu halten. Die Ausfallraten der Dioden verdoppeln sich bei einer Temperaturerhöhung um 10 °C; die der Transistoren nimmt etwas weniger stark zu.

Sperrschichttemperatur. Tabelle: Richtwerte für den thermischen Widerstand R_{ju} verschiedener Gehäuse.

Gehäuse	Zahl der Anschlüsse	R_{ju}
DIL	6– 8	150 °C/W
DIL	14–18	90 °C/W
DIL	22–48	70 °C/W
T05		140 °C/W

2. Eine Reihe von Halbleiterbauelementen, z. B. Feldeffekttransistoren, Gunn-Dioden, benutzen keine stromdurchflossenen pn-Übergänge, in denen der Leistungsumsatz hauptsächlich stattfindet. Deshalb ist dort der Begriff S. in seiner ursprünglichen Bedeutung nicht richtig, obwohl in diesen Elementen ebenfalls lokale Bereiche mit dem größten Wärmeumsatz existieren (z. B. im →FET das Kanalgebiet vor dem Drainbereich, bei der →Gunn-Diode etwa das gesamte Halbleitergebiet). Es hat sich eingebürgert, den Begriff S. auch hier beizubehalten, obwohl man besser virtuelle Sperrschichttemperatur, innere Temperatur eines Halbleiterbauelementes oder Betriebstemperatur verwenden sollte. *R. Paul/Schrüfer*

Sperrspannung.
1. Im engen Sinne die bei einem Bauelement mit →pn- oder →MS-Übergang zwischen den Anschlußklemmen anliegende Spannung in →Sperrrichtung. Dabei fließt ein (kleiner) →Sperrstrom.

2. Im weiteren Sinne die bei Bauelementen mit mehreren pn-Übergängen – →Bipolartransistoren, →Thyristoren – oder auch anderen Halbleiterübergängen anliegende Spannung zwischen zwei Klemmen, wenn ein sehr kleiner Strom (Sperrstrom) fließt und wenigstens einer der enthaltenen Übergänge gesperrt ist. Häufig ist eine Zusatzangabe erforderlich (S. in Rückwärts- oder Vorwärtsrichtung, S. bei kurzgeschlossener Basis u. a. m.).

Stets führt die Überschreitung einer höchstzulässigen S. zum Durchbruch im Halbleiterbauelement. *R. Paul*

Sperrstrom.
1. Im engeren Sinne Strom, der durch einen in →Sperrichtung betriebenen →pn-Übergang oder →MS-Übergang fließt, wenn die →Sperrspannung anliegt.

2. Im weiteren Sinne der bei Halbleiterbauelementen mit mehreren pn-Übergängen oder anderen Übergängen fließende (geringe) Strom zwischen zwei Klemmen, wenn die Sperrspannung anliegt. Oft ist eine Zusatzangabe (Sperrspannung) erforderlich.

Dem Aufkommen nach kann der S. durch ganz verschiedene Vorgänge entstehen, stark abhängig vom Wirkprinzip, Aufbau des Halbleiterbauelementes und dem Halbleitermaterial. Verbreitet auftretende Mechanismen sind Generations- und Emissionsvorgänge (thermisch, Lawinen-, Feldemission), Oberflächenrekombination, Leckströme verschiedenster Ursache u. a. m.

Eine spezielle Art eines (sehr großen) S., der insbesondere an pn-Übergängen bei anliegender Sperrspannung z. B. bei Schaltvorgängen auftritt, heißt →Rückwärtsstrom. *R. Paul*

Spin-on →Diffusion

Spitzendiode →Punktkontaktdiode

Spitzenmeßplatz. Meßeinrichtung als Zusatz für einen Bausteintester für die Fehlersuche oder genaue Untersuchung von Wafern, wobei mit einer extrem feinen Kontaktierungsspitze einzelne Knoten auf dem Chip gezielt kontaktiert werden können. Der Einsatz des S. erfolgt analog zur Anwendung der →Prüfspitze bei Leiterplattenbaugruppen. *K. Winter*

Spitzentransistor. Historisch erstmals (1947) realisierte Transistorform (→Bipolartransistor) nach dem Konzept der Spitzendiode: auf ein n-dotiertes Germaniumplättchen als Basiszone wurden in geringem Abstand zwei Metallspitzen aufgesetzt und durch Formierstromstöße darunter liegende p-Bereiche (→Emitter, →Kollektor) gebildet. Auf diese Weise entstand ein pnp-S. Der S. ist heute sowohl vom Konzept als auch vom Halbleitermaterial her völlig abgelöst durch die vielfältigen Formen des Silicium-Bipolartransistors (Bipolartransistor) in Planartechnik. *R. Paul*

Spitzenwertgleichrichtung →Meßgleichrichter

Spleißen. S. ist eine feste, ohne Zerstörung nicht lösbare Verbindung zweier →Glasfaserlichtwellenleiter. Es gibt zwei Spleißverfahren: Schweiß- und Klebetechnik.

□ Schweißtechnik: Zunächst werden die zu verschweißenden Faserenden bis auf den Fasermantel freigelegt, dann werden – nach Anritzen – durch Brechen der Faser saubere, zur Faserachse senkrechte Endflächen erzeugt. Mit Hilfe von Mikromanipulatoren werden die Faserenden unter Beobachtung mit einem Mikroskop zentriert und aneinandergeführt. Ein elektrischer Lichtbogen erhitzt die Endflächen bis zum Schmelzpunkt. Durch die beim Erhitzen auftretende Oberflächenspannung tritt ein gewisser Selbstzentriereffekt auf, der bei Multimodefasern einen Versatz von ca. 10 μm ausgleicht. Nach dem Verschmelzen wird die fertige Verbindung mechanisch fixiert. Mit guten Spleißgeräten werden Dämpfungswerte von weniger als 0,1 dB erreicht. Diese Werte gelten nur für Fasern gleicher numerischer Apertur (→Akzeptanzwinkel), gleichen Kerndurchmessers und ebenen senkrecht zur Faserachse stehenden Endflächen. Ist dies nicht der Fall, müssen noch die Verluste, die von der Größe der Fehljustierung abhängen, berücksichtigt werden: Winkel- und Abstandfehler, axialer Versatz (→Glasfasersteckverbindungen).

□ Klebetechnik: Hierbei sind die gleichen Vorbereitungsarbeiten erforderlich wie bei der Schweißtechnik. Die nackten Faserenden werden dann in eine Haltevorrichtung, z. B. eine V-Nut, gelegt und mit einem im UV-Licht aushärtenden Kleber fixiert. Die →Brechzahl des Klebers sollte der Faserbrechzahl möglichst gut angepaßt sein, damit die Reflexionsverluste gering bleiben. Die Dämpfungswerte für Klebespleiße liegen zwischen 0,1 und 0,2 dB. *Krauser*

Sprungausfall →Ausfall

Sprungtemperatur. Allgemein die Bezeichnung der Temperatur, bei der sich Eigenschaften eines physikalischen Systems abrupt ändern. Die Bezeichnung wird allerdings fast ausschließlich für die Temperatur gebraucht, bei der ein Supraleiter vom normalleitenden in den supraleitenden Zustand übergeht (→Supraleitung). *Heinz*

Spule. Bezeichnung für ein Wickel eines Stromleiters, z. B. einer Wicklung aus Kupferdraht. S. bilden, meist in Verbindung mit einem magnetischen Kern, entweder ein frequenzbestimmendes Bauelement für die Elektronik z. B. in →Schwingkreisen, eine technische →Induktivität oder einen Teil eines elektromagnetischen Wandlers, z. B. in →Relais.

S. werden allgemein →Induktivitäten genannt und nutzen den physikalischen Effekt der Selbstinduktion. Der Wert des Selbstinduktionskoeffizienten als elektrische Größe wird ebenfalls Induktivität genannt und in Henry (H) angegeben. Die Induktivität L einer Spule ergibt sich aus dem Produkt einer Spulenkonstanten A_L, in der die magnetischen Eigenschaften des Kernmaterials zum Ausdruck kommen und dem Quadrat der Wicklungswindungszahl N.

$$L = A_L \cdot N^2 \; [\mathrm{H}]$$

S. haben im Wechselstromkreis einen sich aus der Induktivität L und der Frequenz f ergebenden Blindwiderstand X_L, der in Ohm angegeben wird.

$$X_L = 2\pi f \cdot L \; [\Omega]$$

Andere charakteristische Eigenschaften technischer S., speziell in der Elektronik, sind der Gleichstromwiderstand, die Impedanz, die Güte als dem Kehrwert des Verlustfaktors, die Resonanzfrequenz, die Strombelastbarkeit und die Baugröße sowie die Bauform.

S. werden meist verwendet mit Kernen, die die magnetische Leitfähigkeit gegenüber Luft stark erhöhen. Als Kernmaterial kommen Ferrite zur Anwendung, wenn die S. in frequenzbestimmenden Kreisen oder Filtern in der HF-Technik eingesetzt werden. Blechkerne aus Dynamoblech werden benutzt, wenn S. bei niederen Frequenzen oder in Wandlern eingesetzt werden.

S., die zur Dämpfung von Wechselstromamplituden benutzt werden, heißen *Drosseln* bzw. HF-Drosseln, wenn sie im Hochfrequenzbereich (kHz bis GHz) eingesetzt werden. Sie werden Speicherdrosseln genannt, wenn sie als Speicher elektrischer Energie benutzt werden.

Weitere Anwendungen von S. in der Elektronik sind beispielsweise in →Lautsprechern oder Mikrophonen als Wandler von elektrischer in mechanischer Energie und umgekehrt. S. befinden sich weiterhin in Ablenkeinheiten zur Beeinflussung des Elektronenstrahls in Bildröhren, in Schreib- oder Leseköpfen von Magnetbandgeräten, in Antennenverstärkern, in Sensoren induktiver Näherungsschaltern, in Induktionsschmelzöfen sowie in allen Elektromotoren.

Werden zwei elektrisch getrennte S. von einem gemeinsamen Magnetfeld durchdrungen und physikalisch der Effekt der Gegeninduktion genutzt, dann wird dieses Gebilde →Transformator bzw. →Übertrager (Wandler) genannt.

Die einfachste Form einer S. besteht aus einer den Anforderungen entsprechend berechneten Anzahl von Windungen eines Leiters auf einem nicht magnetischen Träger. Diese S. mit Luft als Spulenkern, haben also keinen die magnetische Leitfähigkeit erhöhenden Kern und besitzen deshalb eine relativ kleine Induktivität. Sie werden meist gemeinsam mit Kondensatoren in Schwingkreisen oder Frequenzfiltern hoher Güte bei sehr hohen Frequenzen in Sender- und Empfängerschaltungen eingesetzt.

Für S. mit höherer Induktivität werden Wicklungen mit Kernen, die die magnetische Leitfähigkeit erhöhen, verwendet. Diese Kerne bestehen je nach

Anwendungsfrequenz und nach räumlichen Gegebenheiten aus Ferritmaterial oder Dynamoblechen. Bei diesen S. kommt die volle Breite der vielfältigen Kernformen, die auf dem Markt zu finden sind, zur Anwendung (→Ferritkern). *Both*

Sputter-Epitaxie. Erzeugung epitaktischer (d. h. einkristalliner) Schichten auf geeigneten Substraten mit Hilfe der Hochfrequenzkathodenzerstäubung. Auf diese Weise lassen sich z. B. magnetische Granatschichten hoher Qualität erzeugen, wie sie für die Realisierung nicht-reziproker Bauelemente in Wellenleiterstruktur benötigt werden. *Dammann*

Sputtern. S. oder Kathodenzerstäuben ist ein physikalischer Prozeß, mit dem im Prinzip jedes als Festkörper vorliegende Material auf einem beliebigen Substrat als Schicht mit guter Haftung abgeschieden werden kann. In der Silicium-Halbleitertechnologie werden mit Sputterprozessen vor allem Metallisierungsschichten für Kontakte und Leiterbahnen (z. B. Aluminium) und Passivierungsschichten zum Schutz von fertigen integrierten Schaltungen (z. B. Silicium-Nitrid, Si_3N_4, Siliciumdioxid, SiO_2) hergestellt.

Durch den Sputterprozeß selbst werden die Halbleiterscheiben nur auf relativ niedrige Temperaturen (ca. 200 °C) aufgeheizt. In einer Vakuumkammer wird bei niedrigem Druck ein Argonplasma erzeugt. Die positiv geladenen Argonionen aus dem Plasma werden zum auf negativem Potential liegenden Target (→Kathode), welches aus dem abzuscheidenden Material besteht, aufgrund des elektrischen Feldes beschleunigt. Durch das Auftreffen der Argonionen wird aus dem Target Material herausgeschlagen, welches sich dann an der gegenüberliegenden Oberfläche, auf der sich die Substrate befinden, abscheidet.

Die Sputterausbeute, d. h. die Anzahl der pro Argonion aus dem Target herausgeschlagenen Atome, ist abhängig von der Atommasse des Targetmaterials und der Energie, mit der ein Argonion auftrifft (Bild 1).

□ Gleichspannungs-Planar-Dioden-Sputteranlage (Bild 2): In der Vakuum-Kammer wird ein konstanter Argondruck von ca. 10^{-2} mbar gehalten. Beim Anlegen einer Gleichspannung von bis zu ca. 3000 V zwischen Target (Kathode) und Substrathalter (→Anode) entsteht ein elektrisches Feld. In diesem elektrischen Feld werden freie Elektronen, die immer in einem Gas vorhanden sind, in Richtung Anode beschleunigt. Wegen des geringen Gasdrucks ist die freie Weglänge der Elektronen so groß, daß sie bei einem unelastischen Stoß mit einem Argonatom genügend kinetische Energie besitzen, um das Atom zu ionisieren. Es entstehen Paare von Elektronen und positiv geladenen Argonionen. Die Argonionen werden zur Kathode beschleunigt, aus

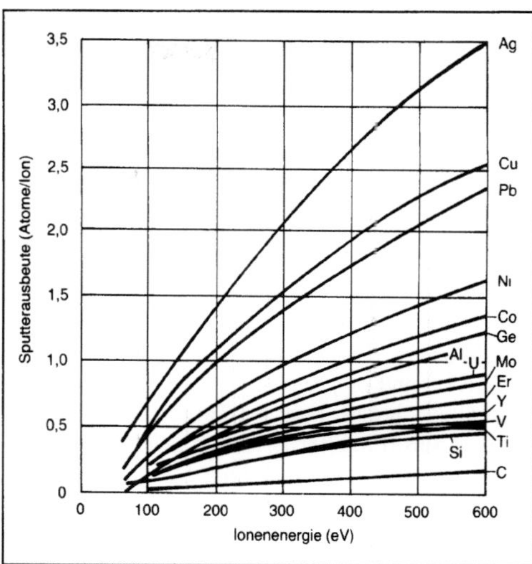

Sputtern 1: Sputterausbeute für einige Metalle in Abhängigkeit von der Energie eines Argon-Ions.

der sie wegen ihrer relativ großen Atommasse Atome des Targetmaterials herausschlagen. Gleichzeitig werden damit auch Elektronen aus der Kathodenoberfläche frei. Diese werden als Sekundärelektronen bezeichnet und tragen zur Erhaltung des Plasmas bei. Das Targetmaterial fliegt nach allen Richtungen weg, wobei es sich u. a. auf den Substraten niederschlägt. Mit Anlagen dieser Art erhält man Sputterraten von etwa 200 nm/min. Durch Elektronenbeschuß können sich die Substrate z. B. bei 1 kW Leistungsaufnahme der Anlage auf bis zu 300 °C aufheizen.

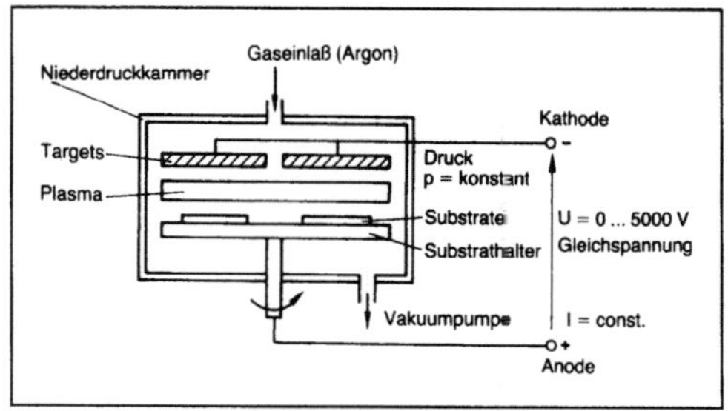

Sputtern 2: Schematische Darstellung einer Gleichspannungs-Planar-Dioden-Sputteranlage.

□ Hochfrequenz-S.: Dabei wird statt einer Gleichspannung eine Hochfrequenz-Wechselspannung an das Target gelegt. Industriell wird eine Frequenz von 13,56 MHz verwendet. Die Amplitude der Wechselspannung erreicht je nach Anlagenbauart bis ca. 3000 V. Gegenüber dem Sputterprozeß mit Gleichspannung kann mit einem geringeren Gasdruck gearbeitet werden ($2 \cdot 10^{-4}$ Torr). Man erhält daher sehr reine Schichten mit einem sehr geringen Argon-Gehalt. Es ist mit dieser Methode auch möglich, Isolatormaterial zu sputtern.

Hochfrequenzwechselspannung wird zum S. eines →Isolators verwendet, da sich bei Gleichspannung die Targetoberfläche durch den Beschuß mit positiv geladenen Argonionen positiv auflädt. Dieser Aufladungseffekt bewirkt, daß ein Teil der Spannung über dem Target abfällt und der Rest für die Gasentladung nicht mehr ausreicht. Das Plasma erlischt, und es findet kein Ionenbeschuß mehr statt. Von der Hochfrequenzwechselspannung können nur die Elektronen beschleunigt werden, wogegen die schwereren Ionen praktisch ortsfest bleiben. Die Ionisation in einem Hochfrequenzfeld ist daher effektiver, und es kann mit geringerem Gasdruck gearbeitet werden. Auf die Targetoberfläche und auf den Substrathalter können zunächst nur Elektronen gelangen. Durch Erdung des Substrathalters fließen die Elektronen dort zur Masse ab, während sie auf der isolierten Targetoberfläche gehalten werden. Es entsteht ein stationäres elektrisches Feld zwischen Targetoberfläche und Substrathalter, durch welches die Argonionen auf das Target beschleunigt werden. Die negative Ladung auf der Targetoberfläche wird durch den Ionenbeschuß vermindert. Der Verlust wird durch Elektronen aber immer wieder ausgeglichen. Es stellt sich im Mittel ein stationäres elektrisches Feld ein, dessen Betrag etwas geringer ist als die Amplitude des Wechselfelds.

□ Bias-S.: Um den Elektronenbeschuß auf die Substrate zu beeinflussen, wird an den Substrathalter eine →Vorspannung gelegt. Die Temperatur der Substratoberfläche bzw. der aufgebrachten Schicht steigt mit Erhöhung des Elektronenbeschusses. Die Temperatur der Schicht und die Energie der auf die Substrate auftreffenden Elektronen beeinflussen die Qualität des aufgesputterten Films. Der Einbau von Argonatomen, der Schichtwiderstand sowie auch der Schichtverlauf über Stufen wird durch die Substrat-Vorspannung beeinflußt.

In Anlagen für Bias-S. ist meist die Niederdruckkammer geerdet oder eine extra Anode vorhanden. Der Substrathalter ist gegen das Gehäuse isoliert und liegt an dem negativen Pol der Vorspannung. Es wird Gleichspannung verwendet, bei isolierenden Substraten neuerdings auch Hochfrequenzspannung mit einer Amplitude bis zu 250 V.

□ Co-S.: Durch Verwenden von mehreren Targets unterschiedlichen Materials lassen sich periodische Schichtfolgen erzeugen, wenn der Substrathalter mit den Silicium-Scheiben während des Prozesses rotiert. Man kann z. B. Tantal-Silicid-Schichten herstellen, indem man in einer Anlage (Bild 2) Tantal und Silicid-Targets verwendet und die Rotationsgeschwindigkeit des Substrathalters und der gewünschten Dicke der einzelnen Schichten anpaßt. Durch einen Hochtemperaturprozeß (→Tempern) vermischen sich durch →Diffusion die einzelnen Schichten, und es bildet sich Tantalsilicid.

□ Target: Targets werden aus dem Material hergestellt, welches gesputtert werden soll. In Sputter-Anlagen sind verschiedene Arten von Targets gebräuchlich. Durch die Formgebung und den Aufbau läßt sich die Sputterrate und die Schichtdickenhomogenität auf dem Substrat beeinflussen.

Beim Planartarget ist die Oberfläche eben. Die Form der ca. 1 cm starken Materialplatte ist unterschiedlich: rund, rechteckig, Kreissegment. Die Targets werden als Kathoden in Gleichspannungs- und Hochfrequenz-Sputteranlagen eingebaut. Ist die Targetfläche größer als die Substratfläche, lassen sich gute Schichthomogenitäten erreichen. Eine weitere Verbesserung der Schichtdickenhomogenität wird durch Bewegung der Substrate relativ zu dem Target erreicht.

Planar-Magnetron-Targets können statt eines normalen Planar-Targets verwendet werden. Durch die geschickte Anbringung eines Magnetfeldes (ca. 150 Gauß) nahe der Targetoberfläche wird erreicht, daß die Elektronen sich nicht weit vom Target entfernen können. Man erreicht so eine hohe Plasmadichte direkt an der Targetoberfläche innerhalb eines Bereichs, in dem das Magnetfeld stark genug ist. Das hat einen unterschiedlichen Abtrag des Materials zur Folge. Mit der Zeit wird die Targetoberfläche an den Stellen am stärksten vertieft, an denen das Magnetfeld am größten ist. Verwendet man ein rechteckiges Planar-Magnetron-Target (Bild 3) in einer Anlage, kann man die Inhomogenität der abgeschiedenen Schichtdicke durch Rotieren des Substrathalters unter dem Target ausgleichen.

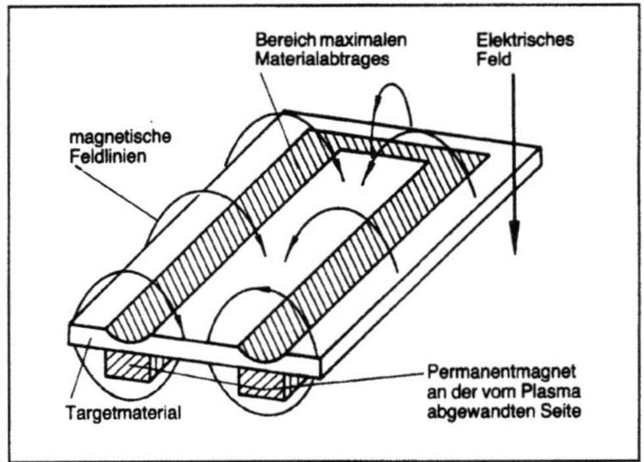

Sputtern 3: Schnittdarstellung des Planar-Magnetron-Targets.

Durch Verwendung eines Planar-Magnetron-Targets kann die Sputterrate bei gleichem Argondruck gegenüber der Verwendung eines normalen Planar-Targets um das ca. Vierfache erhöht werden. Da das Magnetfeld Elektronen einfängt und so weniger Elektronen zum Substrat gelangen und dieses aufheizen, vermindert sich die Substrattemperatur. Bei 2,5 kW Leistung wird das Substrat nur 180 °C heiß. *Ryssel*

SQUID. (*engl.* Superconducting Quantum Interference Device, supraleitendes Quanteninterferometer). Anordnung auf Grundlage des →Josephson-Effektes, die zur Messung magnetfeldabhängiger Größen benutzt wird.

Das Grundprinzip besteht darin, zwei Josephson-Kontakte (Josephson-Tunnelelemente, Punktkontakte oder Josephson-Brücken) in Form eines supraleitenden Ringes parallel zu schalten (Bild 1). Die umschlossene Fläche A bestimmt dabei u. a. die Empfindlichkeit. Das Magnetfeld Φ_A tritt senkrecht durch die Fläche A hindurch. Flußänderungen erzeugen – nach dem Gleichstrom-Josephson-Effekt – eine periodische Änderung des kritischen Stromes I_m

$$I_m\,(H \neq 0) = I_m\,(H = 0) \cdot \left[\frac{\sin \frac{\pi\Phi_a}{\Phi_o}}{\frac{\pi\Phi_a}{\Phi_o}}\right]$$

durch den einzelnen Kontakt (Φ_a magnetischer Fluß durch die Isolationsschicht der Tunnelbarriere, $\Phi_o = h/2c = 2{,}07 \cdot 10^{-15}$ Vs, Flußquant). Der maximale Strom durch das SQUID in Abhängigkeit vom Magnetfluß beträgt dann:

$$I_m\,(H \neq 0) = 2\,I_m\,(H = 0) \cdot \left[\frac{\sin \frac{\pi\Phi_a}{\Phi_o}}{\frac{\pi\Phi_a}{\Phi_o}}\right] \cdot$$

$$\left[\cos \frac{\pi\Phi_A}{\Phi_o}\right] \sim \left[\cos \frac{\pi\Phi_A}{\Phi_o}\right]$$

Da die SQUID-Fläche A üblicherweise sehr viel größer als die Fläche a des Einzelkontaktes ist ($A \gg a$), gilt für kleine Magnetfelder

$$I_m\,(H \neq 0) = 2\,I_m\,(H = 0) \cdot \left[\cos \frac{\pi\Phi_A}{\Phi_o}\right]$$

Der maximale Suprastrom durch das S. oszilliert mit der Periode des Flußquants Φ_o (Bild 2). Bei konstantem Betriebsstrom (und überschrittenem I_m) oszilliert dann umgekehrt die Spannung über dem SQUID. Nach diesem Prinzip können Spannungen bis 10^{-17}–10^{-15} V, Ströme $\leqq 10^{-9}$ A und Magnetfelder bis herab zu 10^{-14} T gemessen werden.

SQUIDs werden hauptsächlich in der Meßtechnik für wissenschaftliche Zwecke zur →Magnetfeldmessung, zur Messung der magnetischen Suszeptibilität für die Magnetokardiographie u. a. m. verwendet, ferner gibt es eine große Zahl von Schaltungs- und Speichervorschlägen. Wird beispielsweise dem S. über einem Tunnelübergang ein Steuerstrom überlagert, so kann der Stromfluß durch diesen Übergang so beeinflußt werden, daß der Ringstrom

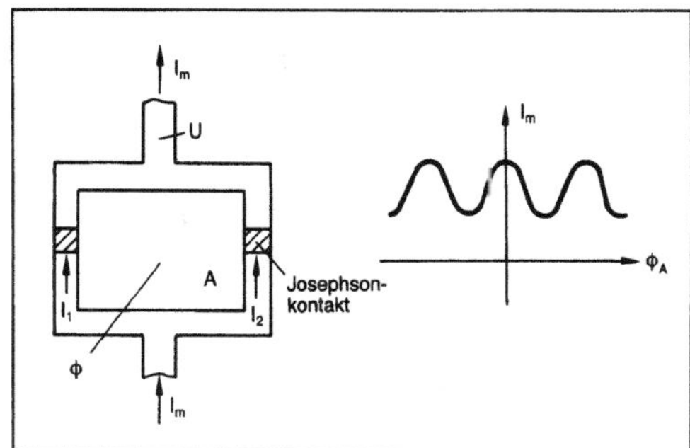

SQUID 1: Schematischer Aufbau.

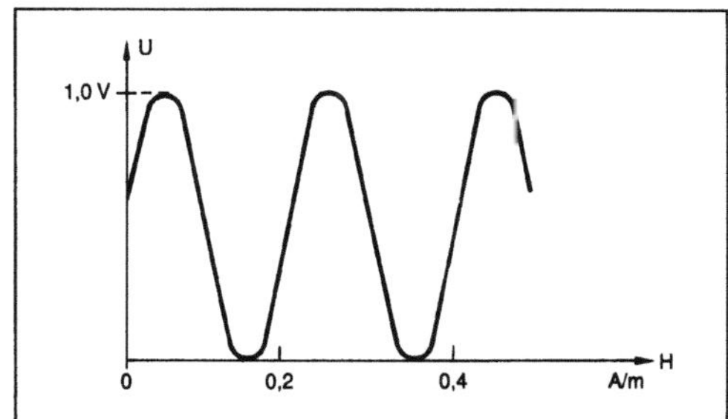

SQUID 2: Spannungsverlauf in Abhängigkeit vom einwirkenden Magnetfeld.

seine Richtung ändert. Mit einer zweiten Steuerleitung und einer Leseleitung versehen, läßt sich so eine SQUID-Speicherzelle realisieren. Auf ähnliche Weise lassen sich auch logische Funktionen realisieren. *R. Paul*

SRAM. (*engl.* Static Random Access Memory, statische Speicher mit wahlfreiem Zugriff) Der SRAM ist ein →RAM, der eine eingeschriebene Information bei anliegender Betriebsspannung beliebig lange speichert. Kernstück des Speichers ist die Verwendung des →Flip-Flops als →Speicherzelle. Sie gewährleistet ohne zusätzliche Maßnahmen eine Datenerhaltung. Eingesetzt werden in der schaltungstechnischen Ausführung

□ Multi-Emitter-Bipolartransistoren in TTL- und ECL-Technik

□ Speicherzellen für I²L-Technik (nur für kleinere Integrationsgrade)

□ Sechs-Transistor-Speicherzellen in statischer Technik (TTL-, ECL-, Ein-Kanal-MOS) und die entsprechenden Auslegungen in →CMOS-Technik (Bild 1). Die Unterschiede ergeben sich vor allem durch die Wahl der beiden rückgekoppelten →Inverter, der Lastwiderstände R, die Ankopplung der →Auswahlschaltung für die Speicherzellen und die Ein- bzw. Auskopplung der Schreib- und Lesesignale.

Bild 2 stellt die Einfügung einer Zelle in den Matrixverband mit den symbolisch angedeuteten

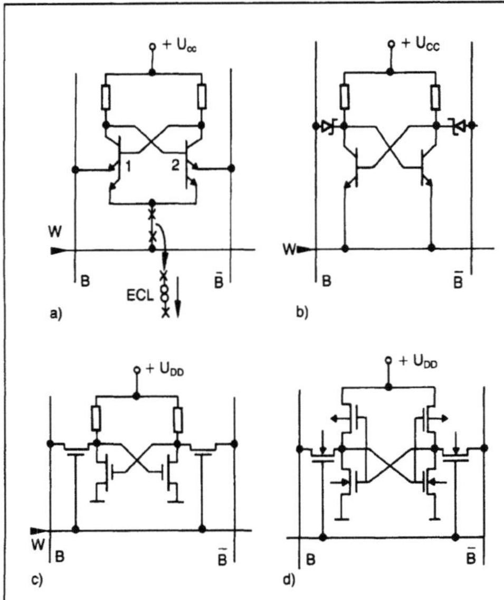

SRAM 1: Speicherzellen
a) mit Multiemittertransistor
b) mit Schottkydiodenankopplung
c) mit NMOS-Transistoren
d) mit CMOS-Transistoren.

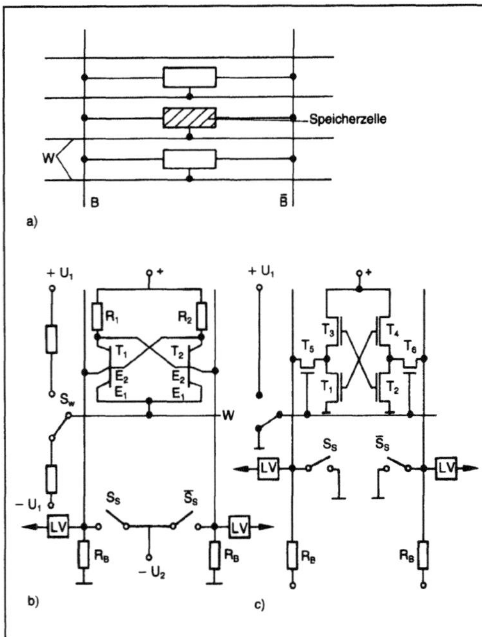

SRAM 2: Einordnung der Speicherzelle.
a) Lage der Speicherzelle in der Speichermatrix
b) Multiemitterspeicherzelle mit symbolischer Peripherieschaltung
c) Multiemitter-NMOS-Speicherzelle.

Schreib- und Leseeinrichtungen dar. Es wird beispielsweise eine Multiemitterzelle betrachtet. Im Ausgangszustand sei der Wortschalter S_W mit $-U_1$ verbunden und einer der beiden Transistoren leitend, z. B. der rechte. Dann ist der Zweig R_2, T_2 (unterer Emitter) leitend, und der Strom fließt nach $-U_1$. Alle restlichen Emitter sind gesperrt. Zum Lesen eines Wortes muß auf die Wortleitung ein kurzer positiver Impuls gegeben werden (S_W obere Stellung). Dann sind die Emitter E_1 gesperrt und der Strom wechselt im rechten Transistor nach E_2 und fließt nach Masse. Dabei entsteht an R_B der Bitleitung ein Spannungsabfall, erhält, war 1 auf den der Leseverstärker LV anspricht. Je nachdem, ob der linke oder rechte LV (oder LV) ein Signal erhält, war 1 oder 0 gespeichert.

Zum Einschreiben legt man zunächst einen positiven W-Impuls an, danach einen negativen Impuls auf die rechte oder linke Bitleitung durch kurzzeitiges Einschalten des jeweiligen Schreibschalters S_3. Das erzwingt einen Stromfluß über die Emitter E_2 entweder in T_1 oder T_2, wobei der Zustand des Flip-Flops am Ende des Schreibimpulses erhalten bleibt. Eine Geschwindigkeitserhöhung läßt sich durch eine Schottky-Diodenankopplung erzielen, der Wegfall des zweiten Emitters spart zusätzliche Chipfläche. Bei der ECL-Technik werden die beiden Emitter aus einer →Stromquelle gespeist. Im Prinzip erfolgt Schreiben und Lesen nach den gleichen Grundsätzen auch bei einer NMOS-Speicherzelle. Während diese noch eine nennenswerte →Verlustleistung benötigen, ist die der CMOS-Zelle extrem klein.

Die Gesamtverlustleistung eines Speichers entsteht jedoch nur z. T. in der Speichermatrix, denn auch die Zusatzschaltungen erzeugen Verlustleistung. Deshalb sind verschiedene Techniken zur Herabsetzung dieser Leistung entwickelt worden:
- Pulsen der Betriebsspannung (d. h. periodisches Absenken, wobei die Schaltung durch die stets vorhandenen Kapazitäten (Gatekapazität u. a.) noch eine Zeitlang im Ausgangszustand verharrt.
- Automatische Spannungssenkung von Zellen, die gerade nicht von der Adresse angewählt worden sind (Automatic power down regime) u. a.

Bezüglich der →Zugriffszeit gehören statische Bipolarspeicher zu den schnellsten. So hat ein 16 Kbit bipolarer SRAM beispielsweise eine Zugriffszeit von etwa 5 ns, bei 64 Kbit von etwa 10–15 ns. Für hohe Integrationsgrade (>256 Kbit) haben sich ausschließlich MOS-Techniken durchgesetzt (über 1 Mbit nur noch CMOS aus Leistungsgründen). In beiden Fällen sind die statischen Speicher jeweils schneller als dynamische Speicher. So hat z. B. ein 1-Mbit-CMOS-SRAM eine Zugriffszeit von etwa 30 ns. Die Bemühungen um weitere Verbesserungen der MOS-SRAM gehen dabei in Richtung einer verbesserten Zelle, neuer Prozeßschritte und zweckmäßiger Umgebungsschaltungen. Bei den NMOS-Zellen z. B. brachten andere Lastelemente (Poly-Si-Widerstand, SFET-Last) kürzere Schaltzeiten, ebenso der Einsatz einer CMOS-Peripherie. Auch die Unterteilung des Speicherfeldes in Gebiete mit unterteilten Wortleitungen und die schon erwähnte Adressenänderungserkennung brachten Fortschritte.

Die technologischen Fortschritte führten zu verringertem Flächenbedarf der Zelle, der heute bei etwa 6 μm^2 liegt (4 Mbit SRAM DRAM). Einher ging eine deutliche Verringerung der Zugriffszeit.

SRAM sind entweder für asynchronen oder synchronen Betrieb vorgesehen. Im ersten Fall spricht man auch von vollstatischen oder nichtgetakteten SRAM. Derartige Speicher reagieren beim Lesen auf Adressenänderungen, und nach der Zugriffszeit erscheinen die gespeicherten Daten am Ausgang. Beim synchronen (oder getakteten) SRAM erfolgt der Schreib-Lesezyklus taktgesteuert. *R. Paul*

Literatur: *Millman, J.* and *A. Grabel:* Microelectronics. New York 1986. – *Tietze, U.* und *Ch. Schenk:* Halbleiterschaltungstechnik. Berlin 1985.

SSI. (*engl.* Small Scale Integration, Kleinintegration) Zusammenfassende Bezeichnung für integrierte Schaltungen mit kleinem →Integrationsgrad. Sie bezieht sich auf Schaltungen mit bis zu 100 Funktionselementen oder etwa zehn bis 20 äquivalenten Gatterfunktionen (→Gate). In dieser Schaltkreisgruppe finden sich alle ausgereiften Standardtechnologien, insbesondere die TTL- und ECT- und CMOS-Familie (mit Strukturbreiten um etwa 5 μm und etwas darunter), aber auch viele Analogschaltungen in →Bipolar- und →CMOS-Technik. Dementsprechend ist die →Packungsdichte nicht allzu hoch, etwa 100–200 FE/mm^2. Zur SSI gehören nahezu alle digitalen Grundschaltungen: →Gatter, →Flip-Flops, →Latches, Treiber- und Interfaceschaltungen, Addierer und auf der Analogseite →Operationsverstärker, →Breitbandverstärker, →Analogschalter, Spannungsregler, Modulatoren, →Multiplizierer. *R. Paul*

Stack. (*engl.* Stapelspeicher). Wichtiges Verarbeitungsprinzip in der Elektronik und entsprechend in Hard- oder Software realisiert. Beim S. gilt im Gegensatz zum →FIFO-Modus: ‚last in', ‚first out'. Informationen, die in einem S. abgespeichert wurden, werden in umgekehrter Reihenfolge wieder entnommen/gelesen. Der S. wird z. B. zur folgerichtigen Ausführung geschachtelter Unterprogramme oder komplexer Steuerungsroutinen verwendet. *K. Winter*

Staircase Avalanche Photodiode. Rauscharme →Avalanche-Photodiode mit niedriger Betriebsspannung, in der die Ladungsträgerbeschleunigung in mehreren Stufen durch Banddiskontinuitäten erfolgt.

Die undotierte Multiplikationsregion dieser APD besteht aus mehreren Bereichen (Stufen), in denen sich die Materialzusammensetzung über eine Länge L_2 von 0,3–0,5 μm so ändert, daß der →Bandabstand kontinuierlich zunimmt (Bild a). Die →Ladungsträger gewinnen ihre Ionisationsenergie im wesentlichen durch die Banddiskontinuitäten am Übergang von einer Stufe zur nächsten, so daß geringe Betriebsspannungen ausreichen (Bild b). (Da die Ionisation aber nicht sofort stattfindet, sondern innerhalb von 5–10 nm, ist der Einbau eines entsprechenden Bereiches konstanter Energie zweckmäßig, L_1.) In den meisten Halbleitermischkristallen erstreckt sich der Hauptanteil des Bandsprunges auf das Leitungsband, so daß die Elektronen ein höheres Ionisationsvermögen haben als die Löcher. Damit verringert sich das Multiplikationsrauschen (→Photodetektor-Rauschen).

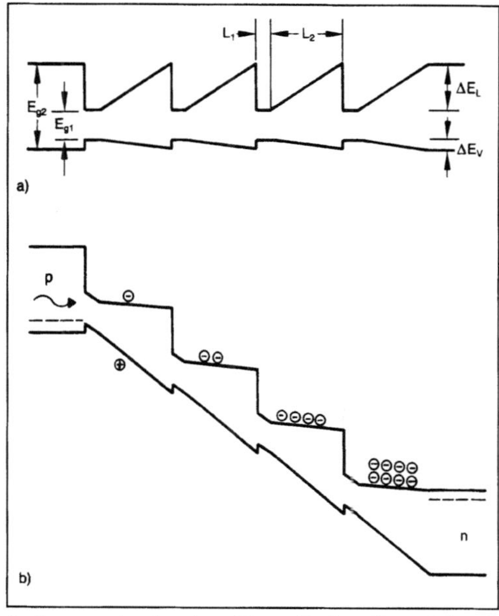

Staircase Avalanche Photodiode: Energiebandschema einer Stufen-APD
a) ohne Biasspannung
b) mit Biasspannung.

Idealerweise wird das Halbleitermaterial so gewählt, daß die Leitungsbanddiskontinuität gerade dem Abstand der Ferminiveaus der p und n Gebiete entspricht. Dann ist die Verstärkung pro Stufe 2 und die äußere Spannung beträgt etwas mehr als die Ferminiveaudifferenz multipliziert mit der Stufenzahl. Mit einer fünfstufigen Multiplikationszone könnte eine Verstärkung von 32 bei einer Betriebsspannung von nur etwa 5 V erreicht werden (im

Vergleich zu einer „normalen" APD mit M = 10 bei 30–50 V).

Ein geeignetes Mischkristallsystem für den Wellenlängenbereich von 1,3 bis 1,6 μm ist $Al_xGa_{1-x}As_ySb_{1-y}$ auf GaSb; die Leitungsbanddiskontinuität ist mit $\Delta E_c = 0{,}73$ eV etwa 0,13 eV geringer als die Ionisationsenergie, was durch eine höhere Betriebsspannung ausgeglichen wird. Für längere Wellen bietet sich $Hg_xCd_{1-x}Te$ an, das für alle Mischungsverhältnisse stets den gesamten Bandsprung im Leitungsband hat, so daß eine Verstärkung von mehr als 2 pro Stufe möglich ist. *Rosenzweig*

Literatur: *Dingle, R.*: Applications of Multiquantum Wells, Selective Doping and Superlatices. London 1987. Vol. 24 aus der Reihe: *Willardson, R. K.* and *A. C. Beer* (Ed.): Semiconductors and Semimetals.

Standardzelle →Schaltungsentwurf, rechnerunterstützter

Standard-Zellen-Schaltkreis →Semikundenschaltung

Ständigfehler →Klemmfehler

Stapelfehler. Der zwischen zwei Partialversetzungen aufgespannte Streifen in der Gleitebene von dichtest gepackten Strukturen metallischer Elemente und Mischkristalle. Die Bezeichnung beruht darauf, daß die kubisch flächenzentrierte (kfz) Variante der dichtest gepackten Raumgitter in <111>-Richtung die Stapelfolge ABCABC aufweist, während die hexagonale (hex.) Variante durch ABABAB gekennzeichnet ist. Atomare Verschiebungen um den Vektor a/6<112>, wie sie durch Aufspaltung in Partialversetzungen auftreten, wechseln lokal die eine Stapelfolge in die andere. Das Stapelfehler-Band zwischen zwei Partialversetzungen entspricht also einem schmalen zweidimensionalen hexagonalen Streifen in einem kfz. Gitter, oder umgekehrt. Da der energetisch tiefste Zustand das Grundgitter ist, erfordert der Einbau des S. (d. h. die Aufspaltung einer vollständigen Versetzung) einen Energiebetrag, die Stapelfehlerenergie γ_{STF}. Sie ist eine Grenzflächenenergie und hat die Maßeinheit [J/m^2] (Tabelle).

Der auffallend niedrige Wert für Co hängt mit der allotropen Umwandlung dieses Metalls von kfz. in hex. bei Abkühlung unter 417 °C zusammen. Dieser Energieaufwand wirkt der elastischen Abstoßung der beiden mit gleichen Vorzeichen in einer Gleitebene liegenden Partialversetzungen entgegen; hohes γ_{STF} (Al, Ni, Zn) bedingt schmale S. (geringe Aufspaltung), während niedrige γ_{STF}-Werte (Co, Ag, Cu, Au) breite Aufspaltungen zulassen.

S. sind im Transmissions-Elektronenmikroskop sichtbar (Bild). Als flächenhafte Gitterdefekte ziehen sie durch elastische bzw. chemische Wechselwirkung Fremdatome an; bei diffusionsfähigen Temperaturen führt dies zur Anreicherung der Fremdatome auf dem S. und um ihn herum (*Suzuki*-Atmosphäre, entspr. der *Cottrell*-Atmosphäre um eine vollständige Versetzung). Da die Fremdatomanreicherung unter Energiegewinn erfolgt, senkt sie γ_{STF} ab, erweitert also in der Regel den S. – Auswirkungen auf die mechanischen Eigenschaften: Partialversetzung. *Ilschner*

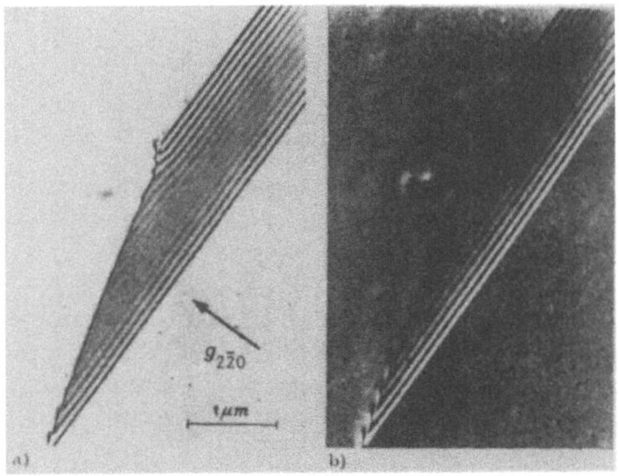

Stapelfehler: S. (α-Streifen) in Silicium.
a) Hellfeldabbildung
b) Dunkelfeldabbildung.

Statussignal. Signal, das über den Status, d. h. die Funktionsfähigkeit einer Meß- oder Automatisierungseinrichtung, informiert.

Die selbsttätige →Ausfallerkennung ist besonders für solche elektrische Einrichtungen wichtig, die nur in größeren Zeitabständen beobachtet und kontrolliert werden können. Dies trifft z. B. im Bereich der Umwelt-Meßtechnik für unbesetzte Stationen zur Luft- und Wasserüberwachung zu. Hier ist es üblich, verschiedene Betriebsparameter laufend zu kontrollieren und bei zu großen Abweichungen vom →Arbeitspunkt Alarmmeldungen an die Zentrale zu geben. Diese binären S. können sich z. B. beziehen auf
– Elektrische Hilfsenergie; Versorgungsspannungen und Versorgungsströme
– Pneumatische Hilfsenergie; Druck der Versorgungsluft

Stapelfehler. Tabelle: Zahlenwerte für Metalle.

Metall	Cu	Ag	Au	Al	Ni	Co	Zn
γ_{STF} [J/m^2]	0,06	0,02	0,04	0,20	0,30	0,025	0,25

– Menge und Temperatur des Kühlwassers
– Menge und Temperatur des überwachten Mediums
– Eventuelle Störungen in der Probenaufbereitung (Kondensat)
– Spannungen, Ströme und Frequenzen an ausgewählten Punkten der Meßanordnung
– Grenzwertüberschreitungen der Meßgröße.

Schrüfer

Stecker, optischer →Glasfasersteckverbindung

Steckertechnik. Steckverbindungen dienen als lösbare elektrische Kontakte dem Zusammenbau ortsfester oder auch beweglicher Systeme der Elektrotechnik, insbesondere der Mikroelektronik. In der →Aufbau- und Verbindungstechnik werden Hybridschaltkreise (→Hybridintegration) und Leiterplatten (→Leiterplattentechnik) an ihren Rändern mit Kontaktreihen versehen, der übliche Abstand nebeneinanderliegender Kontaktflächen aus z. B. Hartgold oder reibfesten Legierungen beträgt 1/10″ ≙ 2,54 mm. Die entsprechenden Steckerleisten enthalten Federkontakte. Fehlerhaftes Einstecken wird durch Sperren mit passenden Ausschnitten in den Substraten bzw. Leiterplatten verhindert. Die Verbindungskabel zwischen Leiterplattenrahmen bzw. Geräteteilen und Bedienungselementen (z. B. die Maus, auch Flachkabel) enthalten Steckverbindungen in vielfältigen Bauformen und sind angepaßt an die geforderten Isolations- und Hochfrequenzeigenschaften bzw. an die Stromtragfähigkeit (→Liga-Verfahren). *Hieber*

Steckverbinder. Der S. ist ein elektromechanisches Bauteil, an dessen Kontakte elektrische Leiter anschließbar sind. Das dazu passende Gegenstück stellt die elektrische Verbindung her und ermöglicht so die Trennung aller Stromkreise. Mit je einem zusammenhängenden Kontaktpaar kann damit ein Stromkreis geschlossen oder geöffnet werden. S. werden hauptsächlich in der Datentechnik, Nachrichtentechnik, Meß- und Automatisierungstechnik, Installationstechnik, Konsumgütertechnik und Militärtechnik eingesetzt.

Der elektrische und mechanische Aufbau der S. ist von der Verwendung abhängig. Es werden S. für gedruckte Schaltungen, Einschübe, zum Messen und Prüfen sowie für Leitungen unterschieden. Sie sind aus starren und federnden Kontaktteilen, die elektrisch gegeneinander isoliert und zum Schutz vor Beschädigungen im Isolierstoffgehäuse eingebaut sind, aufgebaut. Die starren Kontakte haben meist die Form von Stiften oder von Messern. Die dazu passenden federnden Kontaktteile sind als Buchsen oder Federn ausgebildet. Die Kontaktfeder oder -buchse hat die Aufgabe, die für die elektrische Verbindung erforderliche Kontaktkraft zu erzeugen. Die Höhe der erforderlichen Kontaktkraft kann abhängig von der Oberfläche der Kontakte variieren; für Goldoberflächen genügt beispielsweise eine kleinere Kraft als für Zinnoberflächen.

Die erforderliche Kraft zum Betätigen der S., also für Verbinden oder Lösen der Verbindung, ist abhängig von der Höhe der Kontaktkraft und der Anzahl der zu verbindenden Kontakte. Nimmt die Betätigungskraft höhere Werte als z. B. 200 N an, sind geeignete mechanische Zusatzelemente wie Schrauben, Hebel erforderlich. Die elektrischen Eigenschaften des Steckkontaktes sollen möglichst wenig von dem verbundenen Leiterstück abweichen und deshalb einen vergleichbaren ohmschen Widerstand sowie ähnliche Kapazität und Induktivität besitzen.

Zur Weiterleitung der elektrischen Ströme erhalten die S. an ihrer Anschlußseite eine feste elektrische Verbindung. Verwendete Anschlußtechniken für Leitungen oder Leiterplatten sind Crimp-, Einpreß-, Wire-wrap-, Schneidklemm- oder Lötverbindungen. *Pagnin*

Steckverbinder für gedruckte Schaltungen. Diese S. verbinden aus gedruckten Schaltungen aufgebaute steckbare Baugruppen mit den weiteren Baugruppen eines Gestelles, über rückseitige Verdrahtungen. Diese →Verdrahtung kann aus einzelnen Leitungen oder als gedruckte Schaltung ausgeführt sein. Abhängig von der →Packungsdichte und Anzahl der verwendeten Bauelemente und Schaltkreise müssen bis zu 100 Pole, in Sonderfällen mehr als 100 Pole verbunden werden. Die S. werden als direkte oder indirekte S. ausgeführt.

Codiereinrichtungen an den S. verhindern das Stecken von Baugruppen in falsche Gestellplätze. Der Anschluß der Leiterbahnen der gedruckten Schaltungen an den S. wird als Löt- oder →Einpreßverbindung ausgeführt. Fest eingebaute S. mit Anschlußmöglichkeit für Einzel- oder Flachleitung werden mit Crimp-, Schneidklemm-, Wire-wrap- oder Lötverbindung ausgeführt. *Pagnin*

Steckverbinder, direkt/indirekt. Zur Herstellung einer lösbaren Verbindung zwischen Elektronikbaugruppen und Rückwandleiterplatten können Steckverbinder nach dem direkten bzw. indirekten Steckverbinderprinzip gewählt werden. Beim *direkten* S. wird die Leiterplatte der Baugruppe direkt in den Stecker der Rückwandleiterplatte gesteckt. Beim *indirekten* Prinzip trägt die Baugruppe einen eigenen Stecker, der in der Rückwandleiterplatte kontaktiert wird. Vorteil: hohe Kontaktzuverlässigkeit. *Pagnin*

Steckverbinder, geschirmt. Um Störungen von Datenübertragungen über Kabel, die durch Fremdstrahlung auftreten bzw. um das unzulässige Abstrahlen von Signalen im Betrieb zu verhindern, müssen Kabel und Steckverbinder geschirmt werden. Dies geschieht in der Regel durch das Anbringen metallischer, leitender Flächen. *Pagnin*

Steckverbinder, metrischer. Mit der Modulordnung nach IEC 917 wird weltweit die Metrik in die Elektromechanik eingeführt, welche die zöllige Bauweise nach DIN 41494 ablösen soll. Dieser Standardisierungsprozeß für metrische Bauweisen ist für Baugruppenträger, Baugruppe, Rückwandplatine, Steckverbinder und Übergabesystem seit Mitte der 80er Jahre im Entstehen; für Steckverbinder gibt es bereits eine Norm nach DIN 41642. Es handelt sich hierbei um modular anreihbare →Einschubsteckverbinder im Raster 2,5 mm × 2,5 mm mit mehr als 400 Steckpunkten (bezogen auf Doppeleuropakartenformat). Die Normung eines noch hochpoligeren Stecksystems im Raster 2,0 mm × 2,0 mm findet zur Zeit statt. *Pagnin/Heilmann*

Steckverbinder, schwimmend. Steckverbinder mit schwimmender Montage sind mit einem gewissen seitlichen Spiel befestigt und können einen Montageversatz des Gegensteckers ausgleichen. Sie werden besonders bei Einschubbauweise verwendet. *Pagnin*

Steilheit.

1. Allgemein: Steigung einer →Kennlinie bei elektronischen Bauelementen.

2. Speziell bei steuerbaren elektronischen Bauelementen Steigung einer →Übertragungskennlinie bei Spannungssteuerung und Kurzschluß auf der anderen Seite. Wegen der beiden Betriebsrichtungen (vorwärts, rückwärts) ist die Betriebsrichtung anzugeben: Kurzschluß-Vorwärts-(Rückwärts-)S. Diese S. werden durch die Vierpolparameter y_{21} und y_{12} ausgedrückt.

3. Begriff S. wurde ursprünglich in der Röhrentechnik definiert als einer der drei, das Kleinsignalverhalten der →Elektronenröhre vollständig kennzeichnende Röhren-Kleinsignalkennwerte: Steilheit S, Durchgriff D, Innenwiderstand R_i. Alle drei Größen sind über die *Barkhausen*-Beziehung miteinander verknüpft. *R. Paul*

Stellbereich. Der Stellbereich Y_h ist nach DIN 19226 Abschn. 6.2 für Regelungs- und Steuerungstechnik der Bereich, innerhalb dessen eine Stellgröße einstellbar ist. Die Stellgröße ist dabei die Ausgangsgröße einer Steuer- oder Regeleinrichtung und zugleich die Eingangsgröße einer gesteuerten oder geregelten Strecke. Beispiel: Ausgang eines Stromreglers für einen Stromrichter, S.: 1–15 V. *H. Stüben*

Stellpotentiometer →Potentiometer

Step- and -Repeat-Verfahren. Das S. (Bild) ermöglicht sequentielles Abbilden eines Reticles (→Maske) auf einem Substrat (→Lithographie), vorwiegend mittels verkleinernder Projektion. Das Belichten des ganzen Substrats erfolgt vollautomatisch Schritt für Schritt (Chip für Chip) durch Verschieben eines beweglichen, laserinterferometrisch gesteuerten Tisches in X- und Y-Richtung. Der X-Y-Tisch muß zu jeder Belichtungsposition angefahren werden, abgebremst und positioniert, während der Belichtung festgehalten und danach zur neuen Belichtungsposition hingefahren werden. In dieser Betriebsart werden z. B. Chromblanks (Maske) mit einer sog. Step- and -Repeat-Kamera oder Halbleiterscheiben mittels eines sog. Wafersteppers (*engl.* DSW, direct step on wafers) belichtet. Step- and -Repeat-Geräte zur Maskenherstellung können auch zur Herstellung von Muttermasken verwendet werden, wenn das Gerät als optischer →Pattern Generator arbeitet (variables Blendensystem). *Ryssel*

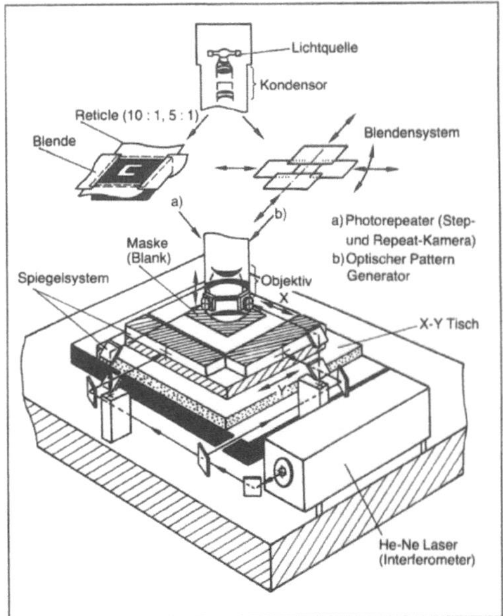

Step- and -Repeat-Verfahren: Schematische Darstellung.
a) Photorepeater (Step- and -Repeat-Kamera)
b) Optischer Pattern Generator.

Literatur: *Elliot, D. J.:* Integrated Circuit Mask Technology. New York 1985. – *Moreau, W. M.:* Semiconductor Lithography, Principles, Practices and Materials. New York–London 1988. – VDI-Ber. Nr. 555 (1985), 584 (1986), 621 (1986), 666 (1987). Maskentechnik für Mikroelektronikbausteine.

Stepper →Step-and-Repeat-Verfahren

Sternkoppler. Ein S. besteht aus mehreren ankommenden und abgehenden Lichtwellenleitern. Das an einem Eingang eintreffende Signal wird gleichmäßig auf alle Ausgänge verteilt.

Die Lichtaufteilung kann durch Stirnflächenkopplung realisiert werden. Dazu werden die Glasfasern (→Lichtwellenleiter) stumpf an ein Mischerplättchen gekoppelt (Bild 1), so daß das von irgendeiner Eingangsfaser kommende Licht über die ganze Querschnittsfläche verteilt und in die Ausgangsfasern gleichmäßig eingekoppelt wird (Transmissionstyp). Wird das Mischerplättchen halbiert und auf der Ausgangsseite mit einer Reflexionsschicht versehen, wird das Licht auf alle Eingangsfasern verteilt. Eine Entkopplung zwischen Sende- und Empfangsseite ist aber nur beim Transmissionstyp möglich.

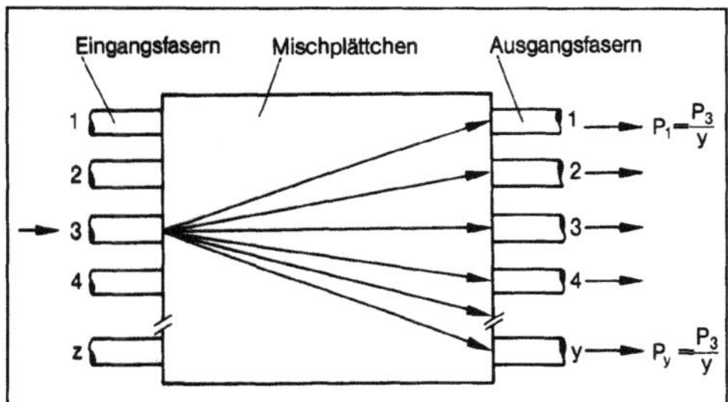

Sternkoppler 1: Schematische Darstellung eines S. mit Mischerplättchen.

S. beider Typen können auch vollständig aus Glasfasern hergestellt werden (Bild 2). Dabei werden die Fasern verdrillt, entlang der Koppelstrecke erhitzt und beim Schmelzen zum Taper auseinander gezogen. Das von einer Eingangsfaser geführte Licht wird auf den gesamten Taperquerschnitt verteilt, von den Ausgangsfasern aufgenommen und weitergeleitet. In dieser Form können sowohl monomodale (→Monomodefaser) als auch multimodale (→Multimodefaser) S. hergestellt werden.

Auch in integriert optischer Form (→Integrierte Optik) können S. aufgebaut werden. Bild 3 zeigt eine Kombination von 3 dB Richtkopplern. Jedes an einem der acht Eingänge ankommende Signal wird

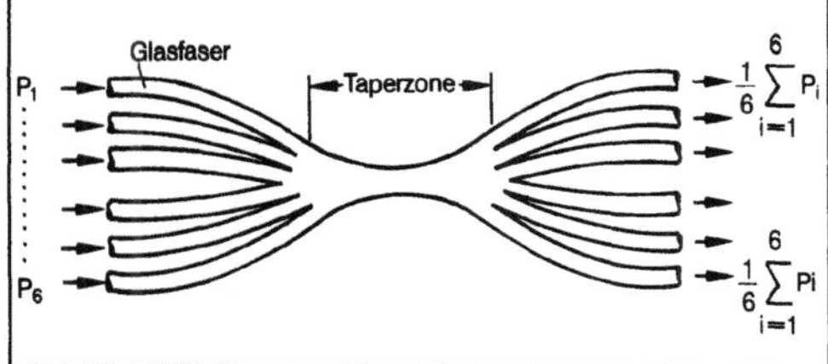

Sternkoppler 2: Schematische Darstellung eines Glasfasersternkopplers.

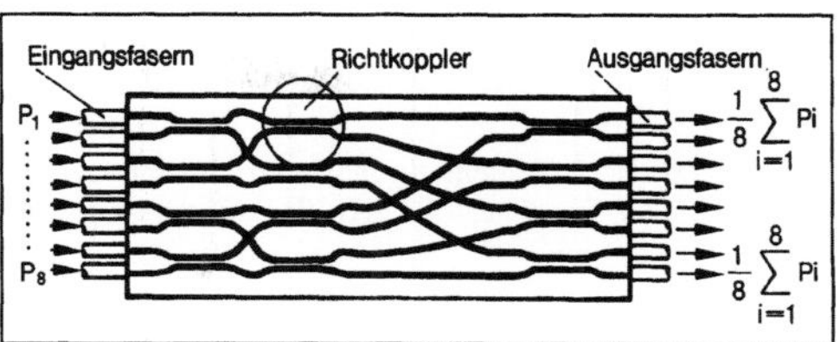

Sternkoppler 3: Schematische Darstellung eines integriert optischen 8×8 Sternkopplers bestehend aus 12 3 dB-Richtkopplern.

zu je einem Achtel auf jeden der acht Ausgänge aufgeteilt.

S. werden in optischen Verteilnetzen eingesetzt.

Krauser

Literatur: *Severin, J. W.:* Journal of Lightwave Technology. Vol. LT-4 (1986) No. 9, S. 1425ff.

Steuerblindleistung. Die S. von Stromrichtern wird durch die Verschiebung des Netzstromes gegenüber der Netzspannung infolge der Einsatzverzögerung der Ventilströme bei Steuerung des Zündwinkels α verursacht.

Wenn ein →Stromrichter unabhängig von der Aussteuerung mit konstantem Strom belastet wird, bezieht er aus dem Netz immer dieselbe Scheinleistung und Grundschwingungsscheinleistung, da sich die Form des Stromes durch die Aussteuerung nicht ändert. Die Scheinleistung bleibt konstant, während die Wirkleistung, die der Gleichstromleistung entspricht, sich proportional cos α ändert. (Ausgangsspannung des Stromrichters $U_{di\alpha} = U_{dio} \cdot \cos\alpha$, →Steuerverfahren für Stromrichter). Ursache ist die Nacheilung der Stromgrundschwingung gegenüber der Netzspannung um den Steuerwinkel α. Die durch die Steuerung des Stromrichters bewirkte Phasenverschiebung ist proportional dem Steuerwinkel, d. h. cos α = cos ξ. Aus den Beziehungen

$P_{di\alpha} = U_{dio} \cdot I_d \cdot \cos\alpha$ für die Gleichstromleistung

und

$Q_1\alpha = U_{di\alpha} \cdot I_d \sin\alpha$ für die Blindleistung

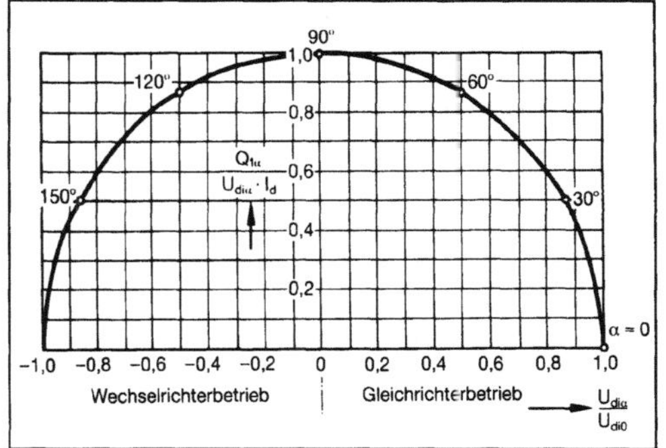

Steuerblindleistung: Abhängigkeit der S. U_{di} bei konstantem Gleichstrom I_d.

ergibt sich mit $\cos^2\alpha+\sin^2\alpha=1$ die Darstellung des Verlaufes der S. eines Stromrichters (Bild).

H. Stüben

Literatur: *Kolb, O.*: Einführung in die Stromrichtertechnik. Hrsg. v. Brown, Boveri & Cie. AG, Baden/Schweiz. Aarau 1976.

Steuereinheit →Kontrolleinheit

Steuerkennlinie. →Gleichrichter, →Drehstromsteller, →Wechselstromsteller, →Gleichstromsteller, →Wechselrichter. *H. Stüben*

Steuersatz →Steuerverfahren für Stromrichter

Steuerumrichter →Direktumrichter

Steuerverfahren für Stromrichter. Stromrichter benötigen zur Erfüllung ihrer Funktionen Steuereinrichtungen (auch Steuersatz genannt) zur →Zündung oder Löschung der Leistungshalbleiter (Thyristoren oder Triacs). Hierzu werden verschiedene Verfahren benutzt:

Stromrichter als steuerbare Gleichrichter. Zur Steuerung wird die sogenannte Phasenanschnittsteuerung verwendet (→Anschnittsteuerung). Die Steuerung hierzu soll folgende Bedingungen erfüllen:

- Herstellung eines linearen Zusammenhanges zwischen dem Spannungs-Sollwert oder Drehzahl-Sollwert (U_{soll}, n_{soll}) bzw. dem →Steuerwinkel α und der Ausgangsspannung U_{di};
- Kompensation von Netzspannungsschwankungen;
- Impulsverschiebebereich bis max. 170° el;
- Impulslagebegrenzung für Gleichrichterbetrieb und Wechselrichterbetrieb.

Hierzu werden zwei Verfahren angewendet;
- Sinusvertikalsteuerung,
- Sägezahnsteuerung.

Bei beiden Verfahren muß beachtet werden, daß die Ausgangsspannung U_{di} der Stromrichter (Mittelpunkt- oder Brückenschaltung, →Stromrichterschaltungen) einer Cosinus-Funktion folgt

$$U_{di\alpha} = U_{dio} \cdot \cos\alpha$$

U_{dio} max. Leerlaufgleichspannung des Stromrichters, α Steuer- oder Zündwinkel

Beide Verfahren benutzen als Bezugsspannung eine Steuer-Sinus-Spannung. Diese muß dem gleichen Netz entnommen werden, mit dem der Stromrichter gespeist wird. Es muß absoluter Synchronismus zwischen Steuerspannung und der Stromrichtereingangsspannung vorliegen.

□ Sinus-Vertikal-Steuerung: Bei dieser werden z. B. für eine Drehstrom-Brückenschaltung (→Stromrichterschaltungen) sechs derartige 60° gegeneinander verschobene Spannungen in einem Sechsphasen-Sterntransformator gebildet. Jedem von ihnen wird ein Impulserzeuger für die →Zündspannung eines Thyristors zugeordnet. Die Sinus-Spannungen werden gefiltert, um Netzverzerrungen auszusieben. Die Zündwinkelverschiebung wird durch Überlagerung einer Steuergleichspannung U_e mit einer der sechs Sinusspannungen U_s erreicht (Bild 1). Jeweils bei Nulldurchgang der Summenspannung wird über eine Kippstufe der →Zündimpuls ausgelöst, der im Impulsverstärker auf die notwendige Höhe und Länge umgeformt wird (Bild 2).

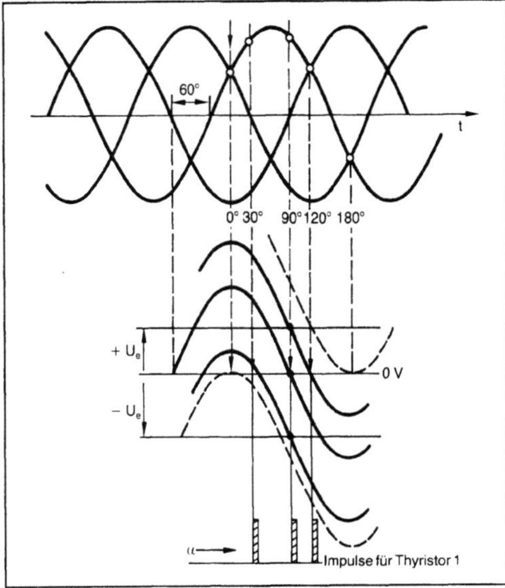

Steuerverfahren 1: Sinusvertikalsteuerung. Impulsauslösung durch Heben und Senken von U_{st} durch U_e.

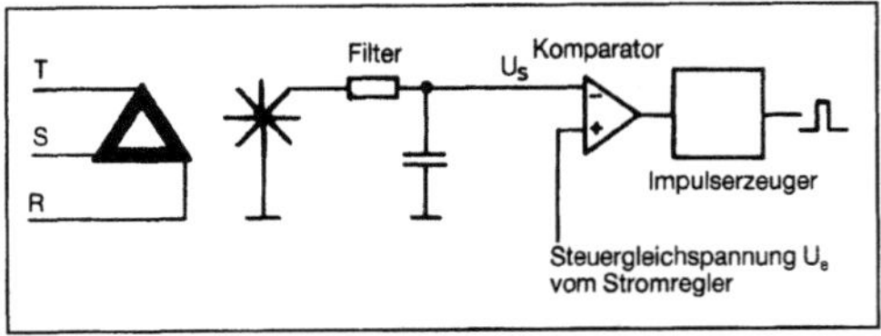

Steuerverfahren 2: Prinzipschaltung eines Impulskanals.

Die Steuerkennlinie folgt ebenfalls einer Cosinus-Funktion, d. h.:

$$U_{St} = U_{St\ max} \cdot \cos\alpha \text{ bzw. } \cos\alpha = \frac{U_{St}}{U_{St\ max}}, \text{ da}$$

$$U_{di\alpha} = U_{dio} \cdot \cos\alpha, \text{ so ergibt sich}$$

$$U_{di\alpha} = U_{dio} \cdot \frac{U_S}{U_{St\ max}}.$$

Da aber $\frac{U_{dio}}{U_{St\ max}} = K$ ist, folgt

$$U_{di\alpha} = k \cdot U_{St}$$

Das bedeutet aber, daß der gewünschte lineare Zusammenhang zwischen Steuerspannung und Stromrichterausgangsspannung und die Unabhängigkeit von Spannungsschwankungen erzielt wird. Die Sinus-Vertikal-Steuerung wird meist bei aufwendigeren Stromrichterschaltungen eingesetzt, bei denen die ersten beiden o. g. Forderungen Bedeutung haben.

□ Sägezahnsteuerung: Bei dieser wird eine netzsynchrone Sägezahnspannung erzeugt und mit der Steuerspannung verglichen. Die Steuerkennlinie ist linear, die Abhängigkeit der Stromrichterausgangsspannung $U_{di\alpha}$ vom Steuerwinkel α ist jedoch nicht linear. Auch die Unabhängigkeit von Netzspannungsschwankungen ist nicht so gut.

Aus diesen Gegebenheiten wird das Verfahren meist bei einfachen Stromrichtern eingesetzt.

□ Impulslagenbegrenzung: Eine Impulslagenbegrenzung wird praktisch in allen Steuereinrichtungen sowohl für den Gleichrichter wie für den Wechselrichterbetrieb vorgesehen. Die Begrenzung im Gleichrichterbetrieb vermeidet eine zu frühe Impulsabgabe an die Thyristoren. Die Impulse dürfen erst abgegeben werden, wenn die Kommutierungsbedingungen erfüllt sind (→Kommutierung). Die Begrenzung erfolgt im Bereich von 0° bis 30° el.

Die Wechselrichter-Grenzlage wird wegen der Gefahr des Wechselrichterkippens vorgesehen. Der vorzusehende sogenannte Respektabstand soll sichere Kommutierung auch unter ungünstigen Bedingungen garantieren. Der Wechselrichter-Grenzwinkel β (auch Voreilwinkel) hängt von der Kommutierungsdauer und der Freiwerdezeit der Thyristoren ab. Die Forderung lautet daher:

$$\beta = 180° - \alpha_{WR} = u + t_q$$

u Kommutierungsdauer, t_q Freiwerdewinkel (≙ Freiwerdezeit), α_{WR} Steuerwinkel im Wechselrichterbetrieb

β wird meist zu ca. 10° el gewählt.

Gleichstromsteller. Die Steuer- bzw. Taktverfahren sind unter →Gleichstromsteller beschrieben.

Wechsel- und Drehstromsteller.

□ Wechsel- und Drehstromsteller mit Anschnittsteuerung. Es können die Steuerverfahren nach Sinusvertikal- oder Sägezahnsteuerung benutzt werden. Meist genügt für die Temperaturregelung die Sägezahnsteuerung. Da Kommutierungsvorgänge nicht vorkommen, entfallen bei diesen Steuerungssystemen die Begrenzungen im Gleich- und Wechselrichterbetrieb. Der Steuerwinkel kann von 0 bis 180° el voll ausgenutzt werden.

□ Wechsel- und Drehstromsteller mit Schwingungspaketsteuerung (auch Vielperiodensteuerung genannt) →Drehstromsteller.

Umrichter.

□ Direktumrichter. S. für trapezkurvenförmige oder sinusförmige Spannung.

□ →Zwischenkreisumrichter. Es werden folgende S. benutzt:

- Zur Erzeugung einer veränderbaren Gleichspannung im Zwischenkreis:
- steuerbare Gleichrichter (Stromrichter) mit Anschnittsteuerung und Sinusvertikalsteuerung;
- Gleichstromsteller nach einer ungesteuerten Gleichrichterbrücke (Stromrichterschaltungen), Steuerverfahren Gleichstromsteller;
- zur Steuerung der →Wechselrichter: Rechteckverfahren. *H. Stüben*

Literatur: *Kolb, O.*: Einführung in die Stromrichtertechnik. Hrsg. v. Brown, Boveri & Cie. AG, Baden/Schweiz. Aarau: 1976. – *Stüben, H.*: Elektrische Antriebstechnik. Formeln, Schaltungen, Diagramme, Tabellen. Essen: 1987.

Steuerwinkel. Der S. α – auch Zündwinkel genannt – ist bei Stromrichtern (gesteuerten Gleichrichtern) ein Maß für die abgegebene Gleichspannung des Stromrichters. Er bestimmt den zeitlichen Zündpunkt für die Thyristoren des Stromrichters. Damit ist die →Spannungszeitfläche ($\int u\,dt$) der angeschnittenen Sinushalbwelle, aus der der Mittelwert der Gleichspannung resultiert, festgelegt. →Anschnittsteuerung; →Kommutierung, →Steuerverfahren für Stromrichter. *H. Stüben*

Stichprobe →Lebensdauertest

Stickstoff-Laser. Durch Elektronenstoß gepumpter Gasmoleküllaser im UV-Bereich. Als laseraktives Medium wird reiner Stickstoff verwendet.

Das Stickstoff-Molekül (N_2) hat mehrere angeregte elektronische Zustände (A, B, C), die jeweils durch die Beteiligung von Molekülschwingungszuständen in Unterniveaus aufgespalten sind (ν=1, 2 ..., Bild 1). Der Laserübergang erfolgt zwischen dem C- und dem B-Niveau für ν=0 (λ=337,1 nm). Die Anregung findet in einer schnell gepulsten Gasentladung durch Elektronenstöße statt. Da die →Lebensdauer der Elektronen im C-Niveau mit τ_C=40 ns deutlich geringer ist als im B-Niveau ($\tau_B \approx 10$ µs), kann die Besetzungsinversion nur kurzzeitig aufrecht erhalten werden, obwohl ein Vier-Niveau-System vorliegt. Das hat kurze Laserimpulse mit geringen Pulsenergien (einige mJ) zur Folge. Das B-Niveau entleert sich seinerseits in den metastabilen A-Zustand, der eine Lebensdauer von einigen Sekunden hat. Um dennoch vernünftige Pulsfolgefrequenzen (30–100 Hz) zu bekommen, muß der Stickstoff durch einen kontinuierlichen Gasfluß ausgetauscht werden.

Die Gasentladung ist i. a. senkrecht zur Strahlrichtung angeordnet (Bild 2). Der Fülldruck liegt zwischen 10^3 und 10^5 Pa, wobei die Impulsdauer sich

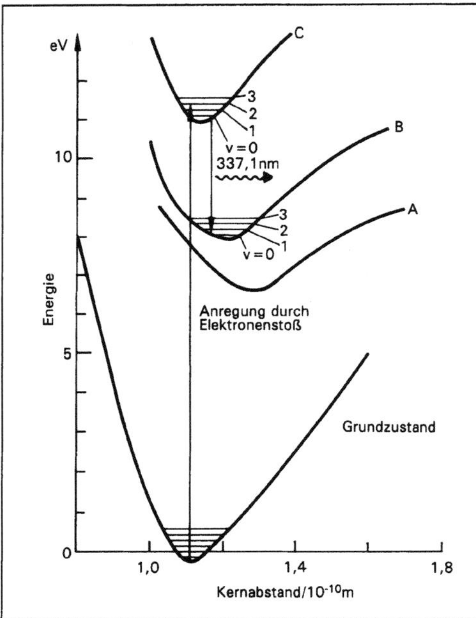

Stickstoff-Laser 1: Energieniveaus und Übergänge des N_2-Moleküls.

mit dem Fülldruck zwischen 20 ns und 0,5 ns ändert. Die Pulsleistungen erreichen zwischen 50 kW und 2 MW mit einem Wirkungsgrad von ca. 0,1%. Die optische Verstärkung ist mit ca. 100 dB/m sehr hoch, so daß auf hochreflektierende Resonatorspiegel verzichtet werden kann; als Auskoppelspiegel genügt eine normale Glasplatte mit einer Reflexion von ca. 8%. Allerdings ist durch die geringe Zahl der Lichtumläufe die Strahlqualität nur mäßig. Das Strahlprofil ist i. a. rechteckig (typ. 6×30 mm^2); die Divergenz beträgt einige mrad. Das emittierte Licht ist unpolarisiert und setzt sich aus zahlreichen longitudinalen und transversalen →Moden zusammen mit einer spektralen Gesamtbreite von 0,1 nm. Hauptproblem der technologisch relativ einfachen Laser ist die Schaltung der Gasentladung mit Spannungen bis zu 50 kV innerhalb von einigen ns.

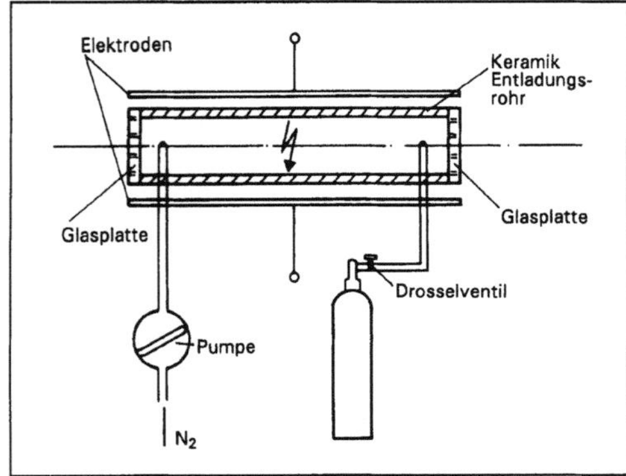

Stickstoff-Laser 2: Aufbau des S.-L., schematisch.

S.-L. werden als starke UV-Lichtquellen direkt oder zum optischen Pumpen von →Farbstofflasern verwendet. *Rosenzweig*

Literatur: *Eichler, J. und H.-J. Eichler:* Laser. Berlin–Heidelberg, 1990.

Stiftkern →Ferritkern

Stimulus, Stimuli. Alle Hardwareeinrichtungen eines →Prüfautomaten, die bewirken, daß bestimmte Reaktionen eines Prüflings ausgelöst werden können. Gewöhnlich sind dies die Treiberpins der →Pinelektronik mit ihren logischen Signalen oder ihren analogen Signalformen. Aber auch eine programmierbare Stromversorgung kann in diesem Sinne S. sein. *K. Winter*

STL. (*engl.* Schottky-Transistor-Logic) Logikschaltung, die sich aus der →I^{2}L durch Einsatz von →Schottky-Dioden ergibt. Sie hat ein höheres Geschwindigkeits-Leistungsprodukt als die Standardform der I^{2}L. *R. Paul*

Störsicherheit.

1. Allgemein: Unempfindlichkeit elektronischer Schaltungen und Geräte gegenüber induzierten kapazitiven und induktiven Störsignalen, insbesondere Störimpulsen.

Die Maßnahmen zur Erhöhung der S. bestehen einerseits aus Abschirmungen, zum anderen aus dem Einbau von Filtern in die Spannungsversorgungsleitungen, dem Einsatz von RC-Filtern an Steuereingängen, der räumlichen Trennung von Leitungen, zwischen denen große Stromunterschiede auftreten.

2. Bei Digitalschaltungen, insbesondere integrierten Schaltkreisen kennzeichnet die S. das Verhalten des Schaltkreises hauptsächlich auf Spannungsstörungen, d. h. Abweichungen von den Normpegeln. Man unterscheidet hier

□ Statische S. Sie kennzeichnet die Sicherheit der Schaltung gegenüber langsamen Störungen, deren Dauer groß im Vergleich zu seiner mittleren →Verzögerungszeit ist. Diese S. gibt die maximal zulässige Eingangsspannungsänderung an, die den logischen Zustand der Schaltung noch nicht ändert (Bild). Sie wird als statischer Störabstand S_L, S_H bezeichnet.

□ Dynamische S. Sie charakterisiert die Sicherheit der Schaltung gegenüber kurzen Störungen (kurz gegen die mittlere Verzögerungszeit). Dabei ist die eingekoppelte Störenergie (Amplitude, Dauer) maßgebend. Deshalb wird die S. für schnelle Impulse größer als die statische S. Schlußfolgernd sind langsame Schaltkreise im Vergleich zu schnellen nur dann deutlich störunempfindlicher, wenn die Störsignale kurz gegen die Gatterverzögerungszeit sind. *R. Paul*

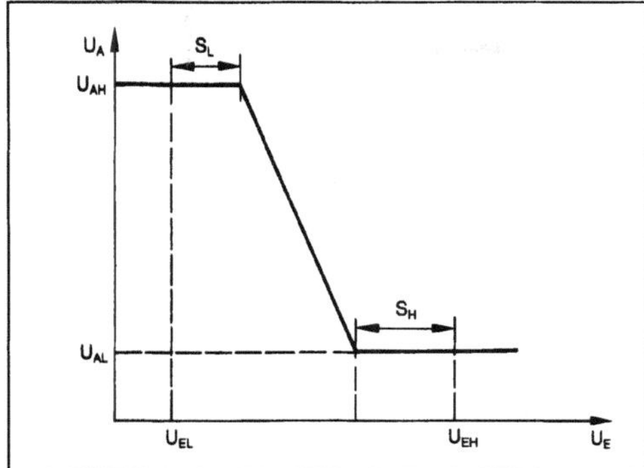

Störsicherheit: Störabstand S_H, S_L – statischer H- bzw. L-Störabstand.

Störstellen. →Fehler im kristallinen Aufbau eines Halbleiters. Sie können aus fehlenden Atomen (Leerstellen) oder auch aus Fremdatomen bestehen, die Atome des Grundmaterials ersetzen (→Dotierung).

Dadurch können zusätzliche elektronische Energieniveaus im verbotenen Band des Halbleiters entstehen (→Bändermodell), die dessen elektronische und optische Eigenschaften gravierend beeinflussen. So kann durch Einbau von geeigneten Fremdatomen mit Wirkung als →Akzeptor oder →Donator die elektrische →Leitfähigkeit um viele Größenordnungen erhöht werden (Störstellenleitung, Störleitung, extrinsische Leitfähigkeit). Bei hohen Störstellenkonzentrationen können sich auch Störbänder ausbilden. S. können jedoch auch als Haftstellen und Rekombinationszentren wirken und so die Konzentration freier Ladungsträger und damit die elektrische Leitfähigkeit herabsetzen (→Halbleiter; →Dotierung; →Rekombination).

Heinz

Störstellenerschöpfung. Zustand oder Temperaturbereich, bei dem in einem Halbleiter bereits alle Dotierungsatome ihre →Ladungsträger abgegeben haben und daher vollständig ionisiert sind. Die Konzentration beweglicher Ladungsträger und damit (annähernd) auch die →Leitfähigkeit ist dann temperaturunabhängig. *Heinz*

Störstellenleiter →Störstellen

Störstellenreserve. Zustand oder Temperaturbereich, bei dem in einem Halbleiter noch nicht alle Dotierungsatome ionisiert sind. Sie können daher mit zunehmender Temperatur noch bewegliche →Ladungsträger liefern, so daß die →Leitfähigkeit steigt. *Heinz*

Störstrahlungsprüfung →EMV-Test

Störung, elektromagnetische. Die Geräte der Meß- und Nachrichtentechnik verarbeiten durchweg niedrige Signale, die durch elektromagnetische Einstreuungen gestört werden können. Mit der Weiterentwicklung der Technik nimmt die Beeinflussung, die Unverträglichkeit, zunächst zu. Die Gründe hierfür liegen in den schon erwähnten niedrigen Signalpegeln, in den zum Teil hochohmigen Leitungen, in der großen →Packungsdichte elektronischer Geräte und in der Schnelligkeit digitaler Systeme, die auch auf sehr kurze Impulsstörungen schon ansprechen. Ungünstig ist, daß die einen ersten Schutz gegen Einstreuungen von außen bietenden →Metallgehäuse immer mehr durch Kunststoffgehäuse ersetzt werden.

Die Störquellen können außerhalb eines Geräts oder auch innerhalb auftreten. Sie können leitungsgebunden sein oder auch sich über elektromagnetische Felder fortpflanzen (hochfrequente Abstrahlungen aus Sendern von Sprech-, Steuerungs- und Sicherungsanlagen). Auch die Entladung statischer Elektrizität zählt zu den Störquellen. Im Prinzip erzeugt jedes elektrische Gerät beabsichtigt oder unbeabsichtigt störende elektromagnetische Felder und verschmutzt damit seine Umgebung. Besondere Störungen treten dabei beim Schalten elektrischer Leistungen auf.

Um die elektromagnetische Verträglichkeit sicherzustellen, sind unterschiedliche Maßnahmen zu ergreifen. Lassen sich die Störquellen nicht weiter eindämmen, so gilt es, die Kopplungsmöglichkeiten zu reduzieren. Maßnahmen hierfür sind:

- die galvanische Trennung zwischen Stromversorgungs- und Meßleitungen
- die Vermeidung von Erdströmen
- eine definierte Erdung
- die Verwendung verdrillter Leitungen als Schutz gegen induktive Einstreuungen
- die Verwendung abgeschirmter Leitungen als Schutz gegen kapazitive Einstreuungen
- die Verwendung von Drosseln und Filtern.

Die elektromagnetische Verträglichkeit ist ggfs. nachzuweisen. Dazu wird das betrachtete Gerät im Prüffeld mit definierten Störsignalen beaufschlagt und die Wirkung dieser Signale wird gemessen.

Schrüfer

Literatur: DIN-VDE-Taschenbuch 515. „Elektromagnetische Verträglichkeit 1 – DIN-VDE-Normen". – DIN-VDE-Taschenbuch 516. „Elektromagnetische Verträglichkeit 2 – VG-Normen". – DIN-VDE-Taschenbuch 517. „Elektromagnetische Verträglichkeit 3". Harmonisierungsdokumente und VG-Normen in englischer Sprache. – *Habiger, E.:* Elektromagnetische Verträglichkeit. Heidelberg 1992. – *Meyer, H. G.;* Herausgeber: Elektromagnetische Verträglichkeit. Berlin 1992. – *Schwab, A. J.:* Elektromagnetische Verträglichkeit. Berlin 1990.

Stoßkondensator. S. sind Gleichspannungs-Kondensatoren und dienen der Aufnahme oder Abgabe eines starken Stromstoßes. Sie werden vereinzelt aufgeladen und betriebsmäßig im Verhältnis zur Ladezeit kurzzeitig entladen bzw. umgekehrt.

S. werden meistens sehr hoch ausgelastet, da sie möglichst viel Energie bei kleinem Volumen speichern und kurzzeitig abgeben oder aufnehmen sollen. S. müssen deshalb folgende Eigenschaften erfüllen:

- Hohe Spitzenfeldstärke entsprechend der geforderten hohen Energiedichte.
- Große Spitzenstromwerte durch die kurzzeitige Entladung, wodurch in großen Kondensatoren auch erhebliche mechanische Kräfte erzeugt werden und deshalb die Strompfade entsprechend konstruiert sein müssen.
- Bei induktiven Lasten hohe Wechselspannungsbelastung infolge des Durchschwingens.

Die kurzzeitigen Entladungen erfordern außerdem geringe Eigeninduktivität, so daß die inneren Strompfade entsprechend ausgelegt sein müssen, teilweise sind koaxiale Anschlüsse notwendig.

S. werden in verschiedenen Bereichen der Forschung und Technik zur Erzeugung von starken Magnetfeldern, energiereichen Lichtblitzen, hohen Temperaturen und extrem hohe elektrische Energieimpulse benötigt.

Die gespeicherte Energie wird je nach Betriebsweise und ohmscher/induktiver Dämpfung im Entladekreis entweder periodisch oder aperiodisch abgegeben.

Typische Anwendung für S. sind:

- Laser
- Magnetisches Formen von Metallen
- Funkenblitzgeräte für Hochgeschwindigkeits-Fotographie
- Medizinische Elektroschock-Geräte (Defibrillator)
- Stoßspannungsprüfungen
- Kopiergeräte.

Krös

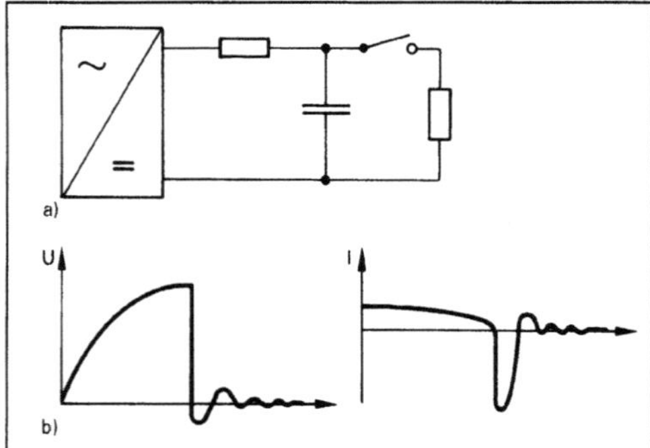

Stoßkondensator: Prinzipielle Darstellung.
a) Schaltbild
b) Spannungs- und Stromform.

Strahlenschaden.

Festkörper. Erzeugung von Defekten im atomaren →Gefüge von Werkstoffen durch einfallende hochenergetische Strahlung. Dabei können sich die mechanischen, elektrischen, optischen, chemischen und andere Eigenschaften (meist nachteilig) ändern.

Bei der Bestrahlung von Festkörpern mit hochenergetischen Teilchen, z. B. bei Reaktorwänden oder Raumfahrzeugen (Höhenstrahlung), kann Energie und Impuls auf einzelne Atome des Festkörpers übertragen werden. Diese können dadurch u. U. ihren ursprünglichen Bindungsplatz verlassen und gelangen meist auf Zwischengitterplätze, so daß zusammen mit den zurückgelassenen Lücken sog. *Frenkel*-Defekte entstehen. Diese können z. B. bei Halbleitern durch ihre Wirkung als →Störstellen (z. B. →Rekombinationszentren) schon bei geringer Konzentration die elektronischen Eigenschaften massiv (und meist negativ) beeinflussen. Bei höheren Konzentrationen werden durch die drastische Störung des Gitteraufbaus auch die mechanischen Eigenschaften berührt. Auch können z. B. eingeschossene Teilchen zueinander diffundieren und so Blasen bilden (*engl.* blistering), was zum Abblättern von Material führt.

Der Energieübertrag zum Verlassen der Bindung ist um so höher, je größer die Masse und kinetische Energie des eingestrahlten Teilchens ist. Gammaquanten bzw. die leichten Elektronen sind daher weniger wirksam, wenn auch letztere durch lokales Aufheizen thermisch Fehlstellen erzeugen können. Dagegen erzeugen Neutronen, Protonen und alle Ionen bei genügender Energie und Intensität hohe Defektdichten, wobei pro Einzelprozeß 10–30 eV verbraucht werden. Darüber hinaus können die aus der Bindung geschlagenen Atome wiederum andere Atome verrücken, sodaß ganze Stoßkaskaden entstehen. Auch Kernreaktionen können ablaufen und damit die chemische Natur der Atome ändern. Durch Wärmebehandlung der Materialien möglichst nahe des Schmelzpunktes (→Tempern) können die Defekte durch Rückdiffusion der Atome in ihre alten Plätze (meist nur zum Teil) ausheilen.

Die Erzeugung von S. wird auch konstruktiv genutzt. So können bei der →Ionenimplantation Halbleiter mit einem gewünschten →Dotierungsprofil versehen werden. Der Beschuß von Metalloberflächen mit Stickstoff- oder Kohlenstoffionen kann zu sehr harten und chemisch resistenten Nitrid- bzw. Karbidschichten führen. *Heinz*

Halbleitertechnologie. Während der →Dotierung von Halbleiterbauelementen durch →Ionenimplantation entstehen neben der erwünschten Dotierung des Halbleiters durch den Beschuß mit den Dotieratomen auch S. (Fertige Bauelemente können ebenfalls durch Höhenstrahlung oder durch α-Teilchen aus Keramiksubstraten S. erleiden.) Da diese S. die Ladungsträgerlebensdauer und -beweglichkeit stark herabsetzen und im allgemeinen für die Ladungsträgerkonzentration kompensierend wirken, müssen sie durch eine geeignete Temperaturbehandlung (→Ausheilen) beseitigt werden. Das Ausheilen von S., die durch Ionenimplantation hervorgerufen werden, erfolgt bei Silicium bei Temperaturen von 900–1 100 °C, bei Ge bei 400–600 °C und bei GaAs bei 700–900 °C.

Bei einer Reihe von Verbindungshalbleitern haben die durch Ionenimplantation hervorgerufenen S. einen positiven Effekt. Eine Reihe von →III-V-Halbleitern (z. B. GaAs, GaP) werden durch den Beschluß mit Ionen (vorzugsweise Protonen) semiisolierend. Dadurch läßt sich z. B. bei Laserdioden der Strompfad auf das gewünschte Rekombinationsgebiet einengen (Bild). Eine Reihe weiterer III-V-Halbleiter (z. B. InSb) und einige II-VI- bzw. IV-VI-Halbleiter (PbSnTe, HgCdTe) werden durch S. n-leitend. Diese Dotierung durch S. (vorzugsweise werden Protonen oder Bor verwendet) ermöglicht die Herstellung von Bauelementen.

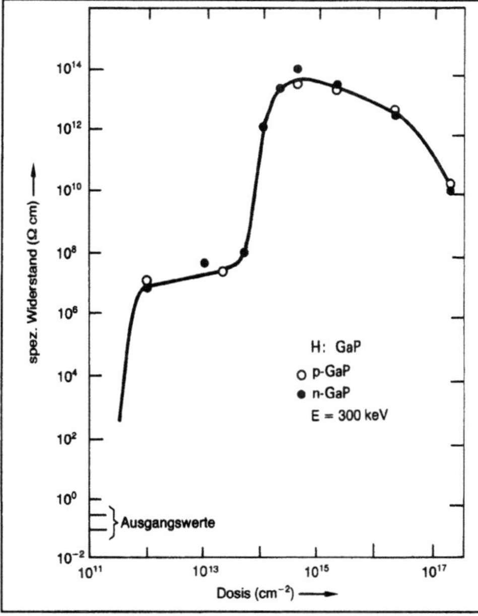

Strahlenschäden: Spezifischer Widerstand als Funktion der Protonendosis bei einer 300 keV Implantation in GaP.

Bei der Herstellung von Leistungshalbleitern aus Silicium wird in den letzten Jahren versucht, durch →Implantation geringer Dosen (≈10^{12} cm^{-2}) von Protonen, Helium oder Elektronen in gewissen Gebieten des Halbleiters S. zu erzeugen und dadurch gezielt die →Lebensdauer von Minoritätsladungsträgern zu reduzieren. Dadurch lassen sich Bauelemente (Leistungsdioden, Thyristoren) mit verbesserten Schalteigenschaften herstellen. *Ryssel*

Literatur: *Ryssel, H.* und *I. Ruge:* Ionenimplantation, Stuttgart 1978.

Strahlführung. Strukturen aus hintereinander angeordneten →Strahlführungsmagneten zum Transport hochenergetischer Teilchenstrahlen in Kreisbeschleunigern und in Linearbeschleunigern. Außerdem dienen sie dazu, Strahlen zwischen mehreren Beschleunigeranlagen zu transportieren.

Die Festlegung und Berechnung von S. ist eine der wichtigsten Aufgaben bei der Planung einer Beschleunigeranlage. Sie legen wesentlich die Form, die Größe und bei Kreisbeschleunigern die erreichbare Energie fest. Ihre technische Auslegung folgt aus den Erfordernissen der →Strahloptik. *Wille*

Literatur: *Courant, E. D.* und *H. S. Snyder:* Theory of the Alternationg Gradient Synchroton. Annals of Physics 3 (1958), S. 1–48. – *Sands, M.:* The Physiks of Electron Storage Rings. Proceedings of the International School of Physics 1971 „Enrico Fermi“.

Strahlführungsmagnet. Magnet zur →Ablenkung oder →Fokussierung von Teilchenstrahlen in Beschleunigern.

In →Teilchenbeschleunigern müssen die hochenergetischen Strahlen bestimmten vorgegebenen Bahnen folgen. Außerdem ist auch noch eine Fokussierung erforderlich. Diese Aufgaben übernehmen die S. Zur Biegung der Bahn benutzt man Magnete mit einem homogenen Feld zwischen den Polen (Bild 1). Bis zu einer Feldstärke von 1.5 bis 2.0 Tesla werden konventionelle Eisenmagnete eingesetzt, die durch wassergekühlte Spulen erregt werden. Die für moderne Protonenbeschleuniger erforderlichen Feldwerte von über 5 Tesla können mit konventioneller Technik wegen der Eisensättigung nicht mehr erzielt werden. Daher benutzt man hier Magnete, die ihr Feld mit Hilfe supraleitender Spulen erzeugen. Die Arbeitstemperatur beträgt etwa 4 K, so daß der gesamte Magnet in einen Kryostaten eingebaut werden muß (Bild 2).

Der am häufigsten verwendete Fokussierungsmagnet ist der Quadrupol (Bild 3). Er besteht aus einer Anordnung von vier hyperbelförmigen Eisen-

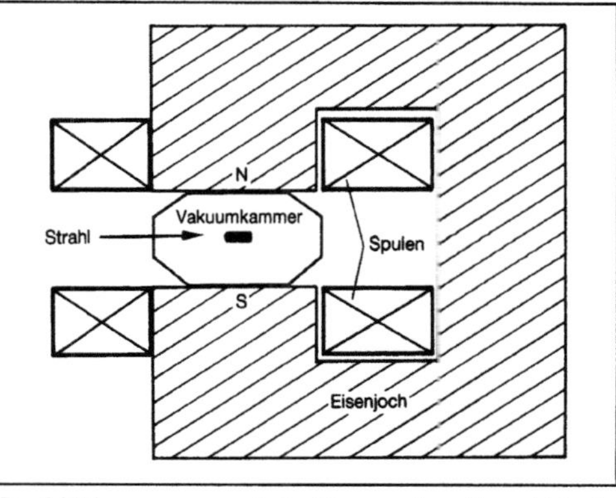

Strahlführungsmagnet 1: Konventioneller Ablenkmagnet mit Eisenjoch.

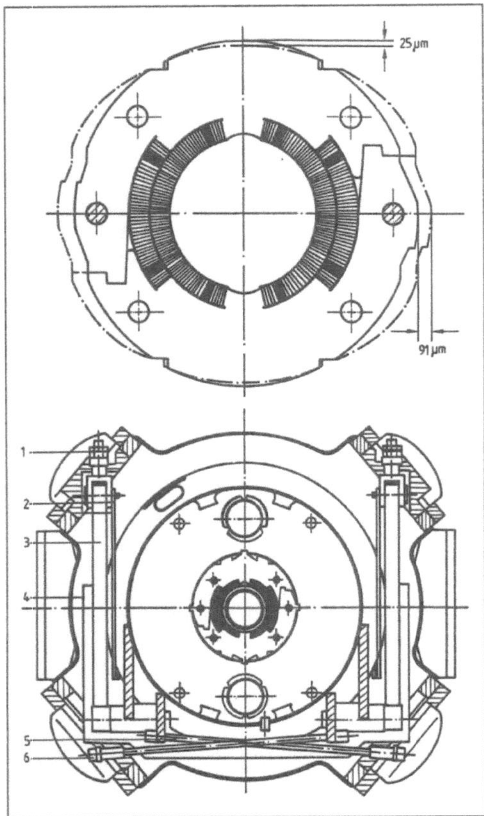

Strahlführungsmagnet 2: Schnitt durch einen supraleitenden Magneten.

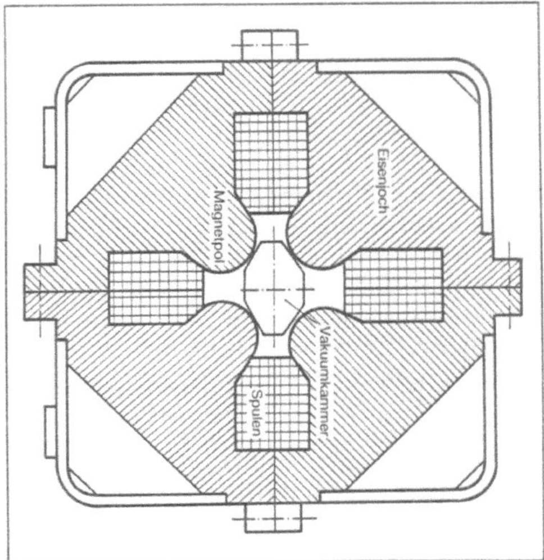

Strahlführungsmagnet 3: Schnitt durch einen Quadrupolmagneten.

polen, die mit abwechselnder Feldrichtung unter 45° um den Strahl herum angeordnet sind. Aus Symmetriegründen ist auf der Strahlachse kein Feld, außerhalb steigt es linear mit dem Abstand an. Je weiter ein Teilchen von der Achse entfernt ist, um so stärker wird es dadurch abgelenkt. Quadrupolmagnete fokussieren immer nur in einer Ebene, während sie in der anderen Ebene defokussieren. Man braucht daher mindestens zwei Quadrupole, die mit ihrer Polung um 90° verdreht sind, um den Strahl in beiden Ebenen zu fokussieren. Im allgemeinen werden zur →Strahlführung aber sehr viele Quadrupole eingesetzt.

Ablenkmagnete (oder auch *Dipole*) mit konstantem Feld sowie Quadrupole, die ein linear mit dem Achsabstand x ansteigendes Feld $B(x) = g \cdot x$ haben, zählen zu den linearen Strahlführungsmagneten. Die →Strahloptik sowie die Teilchenbahnen lassen sich hier durch analytische Methoden berechnen.

Gelegentlich werden verschiedene Magnetfelder in einem einzigen Magneten erzeugt *(combined function)*. In den klassischen Synchrotronen wurden Magnete eingesetzt, die ein Dipolfeld zur Ablenkung und ein Quadrupolfeld zur Strahlfokussierung vereinigten. Das führt zu relativ kostengünstigen Magneten, schränkt aber die Flexibilität der Strahloptik drastisch ein.

Strahlen enthalten stets auch Teilchen mit einer vom Sollwert abweichenden Energie. Sie werden durch die Quadrupole entsprechend falsch fokussiert. Diese sogenannte *Chromatizität*, die den Farbfehlern bei lichtoptischen Linsen entspricht, muß speziell bei den großen →Kreisbeschleunigern mit ihrer starken Fokussierung kompensiert werden. Das geschieht mit Hilfe von Sextupolmagneten, die ein quadratisch mit dem Abstand ansteigendes Feld erzeugen. *Wille*

Strahloptik. →Fokussierung der hochenergetischen Teilchenstrahlen in einem Beschleuniger.

Die Teilchen in einem beschleunigten Strahl haben bezüglich der Idealbahn immer eine gewisse transversale Ablage und einen Winkel. Um daher ein Auseinanderlaufen in einem →Teilchenbeschleuniger zu vermeiden, müssen die Strahlen fokussiert werden. Dazu bedient man sich bei niedriger Energie elektrostatischer Linsen während bei den hohen bis höchsten Energien ausschließlich →Strahlführungsmagnete eingesetzt werden. Die Berechnung einer S. legt die Bahnen der Gesamtheit aller Teilchen in der Magnetstruktur fest. Die Bahngleichung ist

$$x''(s) + k(s) \cdot x(s) = 0$$

wobei x die Abweichung von der Sollbahn und k(s) die Stärke der Fokussierungselemente angibt. Die

Position entlang der Sollbahn ist s. Die Lösung ergibt

$$x(s) = \sqrt{\varepsilon \cdot \beta(s)} \cos(\Psi(s) + \Theta).$$

ε ist die konstante Emittanz des Strahls, während die Amplitudenfunktion $\beta(s)$ von der Position auf der Sollbahn abhängt. $\sigma = \sqrt{\varepsilon \cdot \beta(s)}$ ist dann die transversale Strahldimension am Ort s. Mit diesem Formalismus lassen sich heute beliebig komplexe Magnetstrukturen für Beschleuniger berechnen. *Wille*

Literatur: *Courant, E. D.* und *H. S. Snyder:* Theory of the Alternationg Gradient Synchroton. Annals of Physics 3 (1958), S. 1–48. – *Sands, M.:* The Physiks of Electron Storage Rings. Proceedings of the International School of Physics 1971 „Enrico Fermi".

Strahlschreiben →Elektronenstrahllithographie, →Ionenstrahllithograpie, →Lithographie

Strahlstrom-Steuerung. Die Steuerung des Elektronenstrahls, d. h. der Elektronenenge, erfolgt bei der →Kathodenstrahlröhre, wie bei anderen Elektronenröhren auch, über die Kathoden-Gitter 1-Strecke (→Kathodensteuerung, →Wehnelt-Zylinder).

Im Grund macht es dabei nur einen geringen Unterschied, ob die Gitter 1 auf einem Bezugspotential z. B. Masse (Null Volt) liegen und die Röhre an den drei Kathoden angesteuert wird oder ob umgekehrt die drei Kathoden mit Bezugspotential verbunden sind und die Ansteuerung an den drei Gitter 1 (→Wehnelt-Zylinder) erfolgt.

Es hat sich jedoch als praktisch erwiesen, die drei Gitter 1 mit einem festen Bezugspotential nahe Null Volt zu verbinden. Die Röhre wird dann mit Kathodensteuerung betrieben. Die dazu benötigten RGB-Signale liegen im Potential-Bereich von z. B. 0 bis +150 V. Diese Betriebsart bietet die Möglichkeit, über Gitter 1 Funktionen zu realisieren wie: →Rücklauf-Dunkeltastung, Dunkelsteuerung bei Geräte-Fehlern, Leuchtfleckunterdrückung beim Abschalten usw.

Diese und weitere Funktionen werden allerdings heute bereits weitgehend im Zuge der Signalverarbeitung realisiert. Die hierzu entwickelten integrierten Bausteine bieten dafür genügend Möglichkeiten, d. h. auch die Zusatzfunktionen werden dann über die Kathodensteuerung durchgeführt. Bei modernen Kathodenstrahlröhren mit integrierten Strahlerzeugersystemen sind ohnehin nur noch die drei Kathoden voneinander getrennt und damit zur Ansteuerung je Farbe zu benutzen. Alle weiteren Elektroden sind miteinander innerhalb der Röhre verbunden (→Elektronenstrahlsystem). *Nerstheimer*

Literatur: Die Fernseh-Bildröhre. Hrsg. Telefunken, Ulm. – Farbfernsehtechnik I. Hrsg. Telefunken, München. – Valvo Datenbuch 1986: Farbbildröhren-Systeme für Fernsehen. Hrsg. Valvo, Hamburg.

Strahlungsdetektor. Der S. liefert auf Grund eines physikalischen Effekts ein elektrisches Ausgangssignal (Impuls, Strom), das als Maß für die zu messende Größe genommen werden kann. Im Idealfall ist das Detektorsignal direkt proportional der Aktivität, der Energie, der →Dosisleistung oder der Dosis der auftreffenden Strahlung (→Strahlungsmessung, →Dosismessung).

Der Detektor soll sich zum Messen der Meßgröße eignen und unabhängig von äußeren Störgrößen sein.

Von den Eigenschaften des S. hängen letzten Endes die Eigenschaften der kompletten Meßeinrichtung ab. *Wachsmann*

Strahlungsmessung. Unter S. im weiteren Sinn wird jede Messung einer für eine Teilchen- oder Wellenstrahlung charakteristischen Kenngröße verstanden. Die Wellenstrahlung umfaßt dabei die elektromagnetischen Strahlungen (z. B. Radiostrahlung, Mikrowellen-Strahlung, infrarote Strahlung, Strahlung des sichtbaren Lichts, UV-Strahlung, Röntgen-Strahlung) und auch die akustischen Strahlungen, die sich in Form von Schallwellen ausbreiten.

Gemessen wird im allgemeinen die Energie, Frequenz und Wellenlänge der Strahlung und insbesondere der Strahlungsfluß, die je Zeit- und Wellenlängeneinheit von einer Fläche abgegebene oder auf eine Fläche auftreffende Strahlenenergie ($W/cm^2 \cdot \mu m$). Darüber hinaus lassen sich über die S. eine Reihe nichtelektrischer Größen *berührungslos* erfassen. So dienen die →Pyrometer z. B. zur →Temperaturmessung. Unter Verwendung von optischen, infraroten und akustischen Strahlen lassen sich viele nichtelektrische Größen wie z. B. Entfernungen, Positionen, dimensionelle Größen, Durchflüsse usw., messen. In diesem Zusammenhang ist auch an die optischen Spektrometer zu erinnern, die in der Analytik nicht mehr wegzudenken sind.

Die S. im engeren Sinne bezieht sich auf die Kernstrahlung, wobei unter diesem Begriff Gammaquanten, Alpha- und Beta-Teilchen und Neutronen zusammengefaßt werden. Gemessen wird hier die Art der Teilchen, ihre Energie (Amplitudenverteilung, Gamma-Spektroskopie), die Aktivität der radioaktiven Produkte (Zerfälle/s, Aktivitätsmessung), die Aktivitätskonzentration und die z. B. im menschlichen Körper absorbierte Energie (J/K, →Dosismessung). Wichtig für den bestimmungsgemäßen und sicheren Betrieb der Kernreaktoren ist die Neutronenflußmessung.

Die ionisierende Strahlung ist auch überall dort nachzuweisen, wo sie, wie z. B. in der Medizin, zur Diagnostik und Therapie oder, in der Verfahrenstechnik, zur Schichtdicken-, Füllstands- und Dichtemessung eingesetzt wird. *Schrüfer*

Strained layers. S. l. sind dünne epitaktische Schichten, die durch die Abweichung von der gitterangepaßten Zusammensetzung mechanisch verspannt sind.

Das epitaktische Wachstum von Heterostrukturen erfordert eine genaue Einhaltung der für den spezifischen Kristallgitterabstand des Substrats notwendigen Zusammensetzung der Mischverbindungen. Starke Abweichungen (sog. Gitterfehlanpassungen) führen zu Kristallfehlern wie Lücken und Versetzungen. Dünne Schichten falscher Zusammensetzung können aber dennoch mit der Gitterkonstanten des Substrates wachsen, indem sie die Unterschiede durch eine elastische Verformung ausgleichen. Thermodynamisch muß die Verformungsenergie der Schicht geringer sein als die Energie zur Ausbildung einer Fehlstelle (Bild 1).

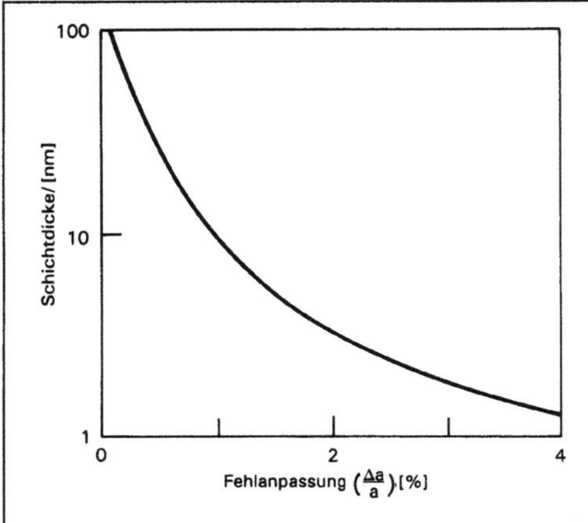

Strained layers 1: Berechnete zulässige Schichtdicke als Funktion der Gitterfehlanpassung (InGaAs auf GaAs).
($\Delta a/a$ = (a_{InGaAs}–a_{GaAs})/a_{GaAs}, a-Gitterkonstante).

Die mechanische Verspannung entspricht einem Druck oder einem Zug mit hydrostatischen und uniaxialen Komponenten. Während der hydrostatische Anteil im wesentlichen eine Änderung der Energieabstände der Bänder hervorruft, die sich der Änderung durch die abweichende Zusammensetzung überlagert, bewirkt die uniaxiale Komponente eine Aufspaltung entarteter Valenzbänder. Je nach Richtung der Verspannung (Zug oder Druck) hat das oberste Valenzband eine kleine oder große effektive Masse. Gleichzeitig ändert sich die Vorzugspolarisation der optischen Übergänge und die →Zustandsdichte.

Die zulässigen Schichtdicken liegen im Bereich von 1–10 nm und entsprechen den Dimensionen von →Quantum-Well-Schichten. Wird die verspannte Schicht zwischen Materialien höheren Bandabstandes eingebettet, so überlagern sich die Effekte der →Quantisierung durch die Beschränkung der freien Bewegung der →Ladungsträger und der Verspannung (strained quantum-well). Durch die Quantisierung sind die obersten beiden Valenzbänder bereits aufgespalten, wobei das Band der schweren Löcher energetisch oben liegt. Eine Verspannung mit $x<0{,}47$ vergrößert diese Aufspaltung, mit $x>0{,}47$ wird sie zunächst abgebaut und schließlich für eine von der Dicke abhängenden Zusammensetzung x_0 aufgehoben. Für $x>x_0$ tritt eine Umkehr ein, so daß das Band der leichten Löcher zum obersten Valenzband wird (Bild 2).

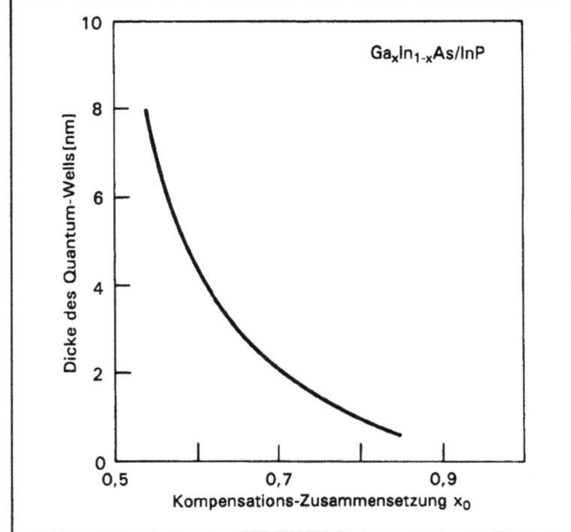

Strained layers 2: Abhängigkeit der Kompensationszusammensetzung x_0 von der Dicke des Quantum-Wells.

S. l. bzw. strained quantum-wells werden zunehmend in Bauelementen zur Verbesserung der Eigenschaften eingesetzt. Eine kommerzielle Nutzung steht für strained-layer-modulation doped field effect transistors (S-MODFETS) bevor (→HEMT). Durch Verspannung der Schichten werden die Potentialbarrieren, die das zweidimensionale Elektronengas einschließen, verdoppelt und so die Abnahme der →Beweglichkeit mit wachsender Ladungsträgerenergie verringert. In Si-Bipolar-Transistoren reduzieren sich mit der Verspannung der Basis durch Ge-Einbau die Leckströme zwischen Basis und Emitter. Die spektrale Empfindlichkeit von InGaAs/InP-Avalanche Photodioden weitet sich bis über 2 µm aus.

Für Halbleiterlaser werden außer neuen Wellenlängenbereichen vor allem eine weitere Reduzierung der Schwellenströme und ihrer Temperaturabhängigkeit erwartet. Für Verspannungen $x>x_0>0{,}47$ bildet das leichte Loch das oberste Valenzband. Infolge der kleineren Zustandsdichte verschiebt sich die Quasifermieenergie bereits mit kleiner →Ladungsträgerinjektion. Zusätzlich verringern veränderte Auswahlregeln die Intervalenzband-Absorption, so daß insgesamt die Schwelle schneller erreicht wird. Außerdem schwingt die TM-Mode bevorzugt an. *Rosenzweig*

Literatur: *T. P. Pearsall:* Strained-layer superlattices: Physics. Vol. 32 of *R. K. Willardson, A. C. Beer:* Semiconductors and Semimetals. New York 1990.

Streifenlaser →Halbleiterlaser

Streifenwellenleiter. In einem S. werden optische Wellen in zwei Dimensionen (x- und y-Richtung) geführt. Die Wellenführung kommt dadurch zustande, daß der Wellenleiterstreifen eine höhere →Brechzahl als die Umgebung aufweist (→Schichtwellenleiter) (Bild 1).

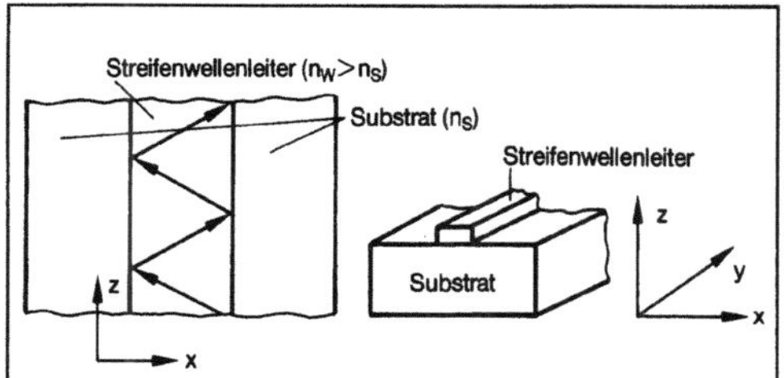

Streifenwellenleiter 1: Prinzip der lateralen Wellenführung.

Beim aufliegenden Wellenleiter (Bild 2a) wird der Streifen aus einer planaren Wellenleiterstruktur mit einer lithographisch hergestellten →Maske geätzt. Ein vergrabener Wellenleiter (Bild 2b) kann durch →Diffusion, →Ionenimplantation oder →Epitaxieverfahren hergestellt werden.

Beim streifenbelasteten Wellenleiter (Bild 2c) wird auf dem Schichtwellenleiter ein Streifen – i. a. aus einem anderem Material – erzeugt. Dadurch erhöht sich die effektive Brechzahl unterhalb des Streifens, so daß Wellenführung eintritt.

Der Stufenwellenleiter (Rippenwellenleiter) (Bild 2d) wird in ähnlicher Weise wie der aufliegende Streifenwellenleiter gefertigt, wobei allerdings das umliegende Gebiet nur teilweise abgetragen wird. Dadurch entsteht im Bereich der Rippe eine effektive Brechzahl, die entsprechend der Rippenhöhe größer ist als in der Umgebung. Rippenwellenleiter finden vor allem in Verbindung mit Halbleitermaterialien (z. B. GaAs-, InP-Materialsystem) Verwendung. Sie bieten wesentliche Vorteile, da die Wellenführungseigenschaften durch Schichtdicke, Stufenhöhe und Brechzahlsprung in relativ einfacher Weise einstellbar sind. Außerdem können Rippenwellenleiter mit aktiven optischen Komponenten (→Halbleiterlaser) kombiniert werden und sind somit für den Einsatz in integrierten optischen Schaltungen (→Integrierte Optik) gut geeignet.

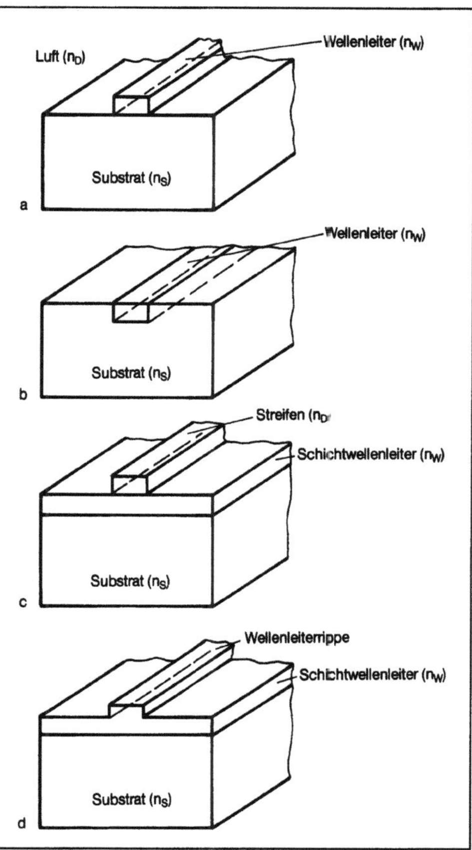

Streifenwellenleiter 2: Verschiedene Möglichkeiten der lateralen Wellenführung
a) Aufliegender Streifenwellenleiter
b) Vergrabener Streifenwellenleiter
c) Streifenbelasteter Wellenleiter ($n_w > n_s$, n_D)
d) Stufenwellenleiter.

Für die praktische Anwendung in einem optischen System müssen die Wellenleiter möglichst dämpfungsarm sein. Mit Glas- und $LiNbO_3$-Wellenleitern erreicht man 0,1 dB/cm und weniger, während in Halbleiterwellenleitern die niedrigsten Dämpfungswerte um 0,2 dB/cm liegen. *Krauser*

Literatur: *Unger:* Optische Nachrichtentechnik, Bd. I. Heidelberg 1989.

Streßfaktor →Belastungsfaktor

Streuung, dynamische →Flüssigkristallphasen

Striations. S. sind die Manifestation der lokalen Schwankungen von Kristalldefekten, Sauerstoff, Kohlenstoff, Dotierungsgehalt usw. in Einkristallen. Diese Schwankungen sind Folgen statistischer oder systematischer Änderungen von Temperaturverteilungen und Materialströmen an der Grenze von Schmelze-Kristall während des →Kristallziehens. Die systematische Verteilung der Unregelmäßigkeiten im Kristall wird nach Schleifen und Polieren und nach Ätzung als Ringstruktur sichtbar (Bild). Die Abmessungen dieser Struktur und die auftretenden Schwankungen z. B. des Schichtwiderstandes sind vergleichbar mit der Abmessung moderner integrierter Schaltungen, deswegen sind S. äußerst nachteilig. Durch exakte Kontrolle der Parameter bei der Kristallzucht und Verwendung von Magnetfeldern läßt sich die Bildung von S. reduzieren. *Ryssel*

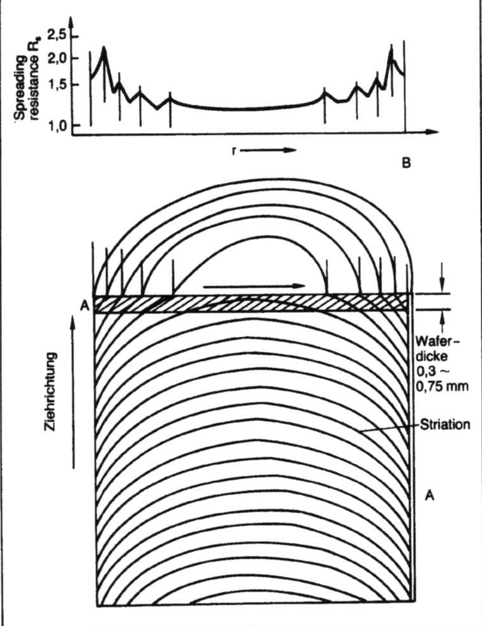

Striations: Schematische Darstellung der Defektstruktur während des Kristallziehens. Nichtplanare Störungen im Einkristall führen zu regelmäßiger Defektstruktur an den Scheiben.

Strom, raumladungsbegrenzter. Elektrischer Strom, bei dem die Ladung der transportierten Träger (Elektronen, Löcher, ggf. Ionen) den Stromflußmechanismus in einem Gebiet (z. B. Halbleiterbereich) begrenzt. Raumladungsbegrenzter Strom tritt beispielsweise in Elektronenröhren vor der Kathode, in einigen Halbleiterbauelementen, vor dem Draingebiet eines Feldeffekttransistors im Abschnürzustand u. a. auf. Ein typischer Vertreter ist die dielektrische Diode (Bild), eine Metall-Isolator-Metall-Struktur mit einem (sehr dünnen) →Isolator oder sehr hochohmigen Halbleiter zwischen zwei Kontakten. Im Kennlinienverlauf gibt es nach sog. ohmschen und Diffusionsbereichen einen ausgeprägten Raumladungsbereich. *R. Paul*

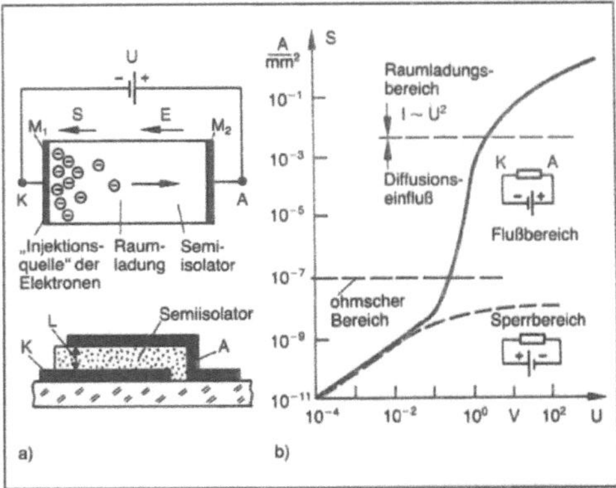

Strom, raumladungsbegrenzt: Schematische Darstellung.
a) Prinzip und Aufbau einer dielektrischen Diode
b) Stromfluß-Kennlinie (Semiisolator CdS).

Strombegrenzung. Eine S. ist eine Schutzeinrichtung von Stromrichtern vor Überlastung. Sie wird insbesondere bei elektronisch geregelten Antrieben mit Stromrichterspeisung eingesetzt.

Hierzu wird meist im Regelkreis zwischen Drehzahl- und Stromregler z. B. eine →Begrenzerschaltung oder ein Strombegrenzungsregler vorgesehen, die in Abhängigkeit vom Stromistwert eingreifen. Bei Antrieben wird die S. normalerweise auf Werte des ca. 1,5-fachen Motornennstromes eingestellt. Damit wird einerseits der erforderliche Anfahrstrom zugelassen, andererseits schützt die S. den →Stromrichter vor unzulässigen Überströmen. Der eingestellte Wert darf natürlich den zulässigen Dauerstrom des Stromrichters nicht überschreiten. *H. Stüben*

Stromführungsdauer. Die S. in einer Stromrichterschaltung entspricht der Zeit bzw. dem elektrischen Winkel, während der ein Ventil der Schaltung Strom führt. Die S. ist abhängig von der Pulszahl p der Schaltung und der Frequenz des Netzes. Es gilt die Beziehung:

$$t = \frac{2\pi}{\omega \cdot p}$$

Diese Beziehung gilt exakt nur, wenn keine Induktivitäten an den Stromübergängen von Ventil zu Ventil (→Kommutierung) beteiligt wären. Tatsächlich tritt eine Überlappung auf, wie sie aus dem Bild ersichtlich ist. Ursache sind die immer vorhandenen Netzinduktivitäten bzw. die Streuinduktivität ggfs. vorhandener Stromrichter-Transformatoren. Durch deren Einfluß reißt der Strom im zu löschenden Ventil nicht sprungartig ab, der Strom im übernehmenden Ventil steigt nicht sprungartig an. Stromabfall bzw. Stromanstieg erfolgen um so schneller, je größer die treibende Spannung (hier Differenz der Phasenspannungen) ist und je kleiner die Induktivitäten im Kommutierungskreis sind. Die Überlappungsdauer bzw. der →Überlappungswinkel hängt bei gesteuerten Gleichrichtern außerdem vom Steuerwinkel α ab. Sie wird mit zunehmendem Steuerwinkel α kleiner und hat ein Minimum beim Steuerwinkel von α = 90°. *H. Stüben*

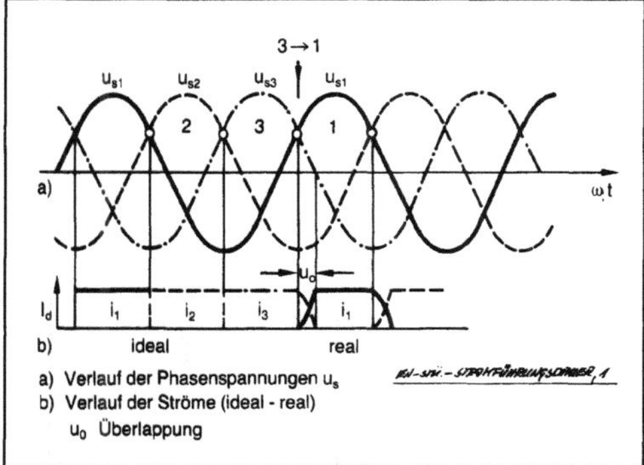

Stromführungsdauer: Überlappung am Beispiel einer dreiphasigen Mittelpunktsschaltung.

Literatur: *Kolb, O.*: Einführung in die Stromrichtertechnik. Hrsg. v. Brown, Boveri & Cie. AG, Baden/Schweiz. Aarau 1976.

Stromkompensation →Kompensations-Meßverfahren

Stromlaufplan. Graphische Darstellung einer elektronischen Schaltung (Baustein, Baugruppe) mit allen Schaltelementen/Bausteinen und ihrer →Verdrahtung auf einem oder mehreren Stromlaufblättern. *K. Winter*

Stromlaufplangenerierung. Stromlaufpläne können mit einem Stromlaufeditor erfaßt oder mit Hilfe spezieller Software ausgehend von →Netzlisten und den zugehörigen Stromlaufsymbolen automatisch generiert werden. Der Generiervorgang ist notwendig, um Schaltungen zu visualisieren, die in irgendeiner Form generiert (→Schaltungssynthese, →Schaltungsoptimierung) oder modifiziert wurden und nur in Form von Netzlisten übertragen werden konnten. Die Plazierungsfähigkeiten entsprechender Systeme sind dabei beachtlich. Gegenüber der einmal gezeichneten Originalschaltung ist die geometrische Struktur jedoch total verändert! *K. Winter*

Strommessung, elektrische. Die klassischen Meßgeräte (→Meßgerät, elektrisches) messen den Strom über dessen magnetische Wirkungen. Der Ausschlag ist dabei dem linearen oder dem quadratischen Mittelwert proportional (→Mittelwert einer periodischen Zeitfunktion). Sofern der zu messende Strom den Meßbereich des Strommessers übersteigen würde, kann man durch Einschalten eines Nebenwiderstands (engl. shunt) R_n den Meßbereich beliebig erweitern (Bild 1) (nicht beim Dreheisenmeßwerk). Der Strommesser ist zwischen die Stromquelle (U_o, R_i) und den Verbraucher R_L geschaltet. An ihm entsteht ein kleiner Spannungsabfall in der Größenordnung von ca. 3 bis 300 mV, bei Meßgeräten mit eingebautem Gleichrichter (→Meßgleichrichter) für Wechselstrommessungen bis ca. 1 V. Ähnlich wie bei der →Spannungsmessung führt dieser Spannungsabfall zu einem Eigenverbrauch des Strommessers und zu einer Verminderung des ohne Strommesser durch den Verbraucher R_L fließenden Stroms. Der Einfluß des Strommessers auf den Meßkreis ist um so geringer, je kleiner der Widerstand des Strommessers – bestehend aus R_m und Nebenwiderständen R_n – bezogen auf den Lastwiderstand R_L ist. Ströme lassen sich mittels →Kompensations-Meßverfahren auch ohne Leistungsaufnahme aus dem Meßkreis messen.

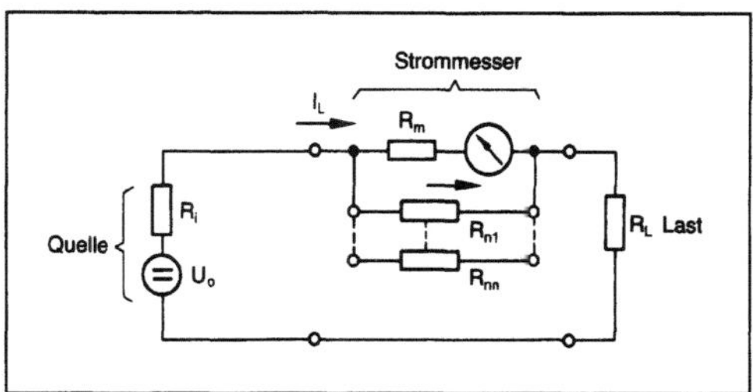

Strommessung, elektrische 1: Strommesser mit Nebenwiderständen.

Weitere Möglichkeiten der S. ergeben sich, wenn man den durch den Strom an einem Widerstand erzeugten Spannungsabfall durch Verfahren der Spannungsmessung erfaßt. Messung hoher Ströme: →Stromwandler; elektronische S.: →Multimeter. Messen von Strömen ohne Auftrennen des Stromkreises durch Erfassen des erzeugten Magnetfelds z. B. mittels Hallsonde unter Verwenden einer Stromzange (Bild 2). Die in einem Eisenkreis um einen stromführenden Leiter auftretende Induktion B wird mittels einer Hallsonde erfaßt (→Magnetfeldmessung). Nach Verstärken und Linearisieren wird der Meßwert ziffernmäßig angezeigt. Wenn man in dem Eisenkreis noch eine Hilfswicklung vorsieht und durch diese einen so geregelten Kompensationsstrom schickt, daß die Induktion B = 0 wird (zu messen mit der Hallsonde), dann ist der Hilfsstrom dem zu messenden Strom proportional (→Kompensations-Meßverfahren). Anwendung bei Gleich- und Wechselströmen. *Hammerschmidt*

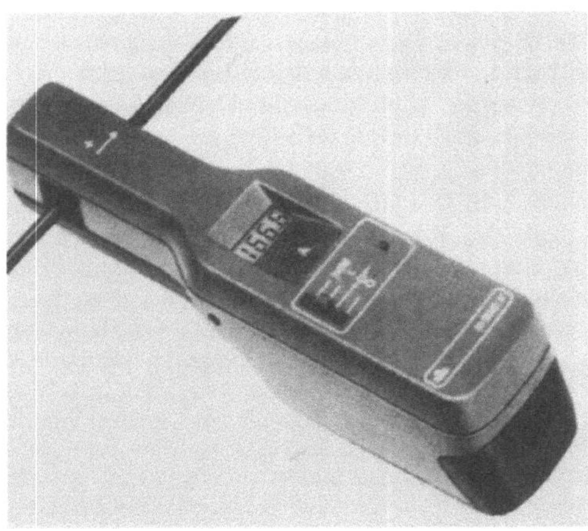

Strommessung, elektrische 2: Mini-Stromzange für Gleichströme bis 200 A. (Quelle: Mannesmann Hartmann & Braun AG)

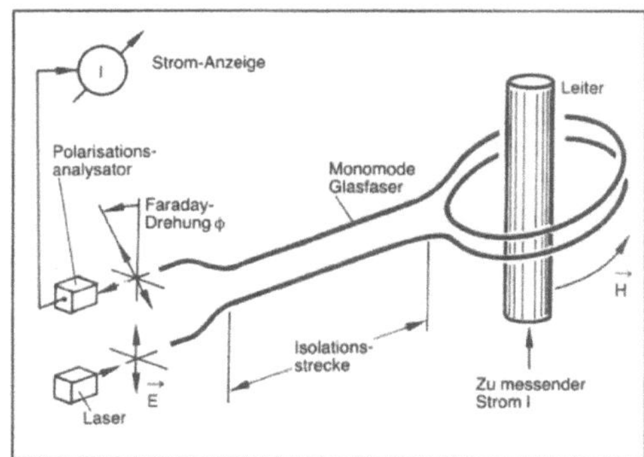

Strommessung, faseroptische: Schematische Darstellung.

Strommessung, faseroptische. Zur optischen Messung einer elektrischen Stromstärke mittels in Glasfasern geführten Lichtes wird typisch der *Faraday*-Effekt benutzt, also die Drehung der Polarisationsebene des Lichtes unter der Wirkung des mit dem Strom verbundenen Magnetfeldes.

Im faseroptischen Strommesser ist eine Monomode-Glasfaser in einer oder mehreren Windungen um den elektrischen Leiter herumgelegt, in dem der zu messende Strom I fließt (Bild). Damit verläuft die Faser überall im wesentlichen parallel zu den den Leiter umschlingenden magnetischen Feldlinien H des Stromes. In den Anfang der Faser wird Laserlicht mit linearer Polarisation eingekoppelt, das am anderen Ende der Faser wieder austritt. Dort wird sein →Polarisationszustand analysiert, ausgewertet und dann als Stromstärke I zur Anzeige gebracht. Der Faraday-Drehwinkel ist $\varnothing = V \cdot \int H ds = V \cdot N_e \cdot N_o \cdot I$, wenn V die sog. *Verdet*-Konstante des Fasermaterials bezeichnet, ds ein Wegelement, und N_e und N_o die Anzahl der miteinander verketteten elektrischen bzw. optischen Windungen.

Der Hauptvorteil der f. S. gegenüber herkömmlichen Methoden der →Strommessung liegt in der Isolationsfähigkeit der Glasfaser. Die Faser ermöglicht es ohne besonderen Aufwand, Ströme auch in Leitern zu messen, die sich auf hohem elektrischen Potential befinden. Dies ist besonders in Höchstspannungsanlagen ($U \geq 200$ kV) interessant, wo der bei konventionellen Strommessern nötige Isolationsaufwand sehr rasch ($\approx U^3$) mit der Spannung U ansteigt. Ein anderer wichtiger Vorteil der f. S. ist die erzielbare große elektrische Bandbreite. Sie reicht von der Frequenz Null (Gleichstrom) bis zu 1 MHz oder höher. Diese Bandbreite erlaubt die Erfassung auch schneller Ausgleichsvorgänge (z. B. bei Blitzschlag) in Hochspannungs-Stromverteilungsanlagen.

In anderen Anordnungen zur f. S. durchläuft das Licht die Faser zweimal, indem es am zweiten Faserende reflektiert wird. Da die Drehungen auf dem Hinweg und dem Rückweg im gleichen Sinne erfolgen, verdoppelt sich so die erzielte Gesamtdrehung. Zugleich können mittels des doppelten Durchganges kleine Abweichungen der Polarisation eliminiert werden, die von doppelbrechenden Störungen der Faser verursacht sind.

Ferner gibt es faseroptische Strommesser, in denen die Polarisationsdrehung infolge des zu messenden Stromes kompensiert wird durch einen Hilfsstrom, der eine entgegengesetzte Faraday-Drehung bewirkt, und dessen Stärke durch einen Regelkreis stets auf solcher Größe gehalten wird, daß die Gesamt-Drehung verschwindet. Der Polarisationsanalysator wirkt dann quasi als Nullinstrument. *Ulrich*

Stromquelle.

1. Netzwerkelement, das einen Strom unabhängig von der anliegenden Spannung in ein Netzwerk einprägt (ideale S., Energieumsatzort, nichtelektrisch/elektrisch). Nach der Zeitfunktion der Stromeinprägung unterscheidet man z. B. Gleich-, Wechsel- oder Impulsstromquellen. Besitzt die ideale S. einen Innenleitwert G_i (was bei technischen Quellen immer zutrifft), kann diese „Ersatzstromquelle" stets in eine Ersatzspannungsquelle umgewandelt und dann technisch realisiert werden, da diese Quellen praktisch alle eine Spannung liefern (und umgekehrt). Das Bild zeigt die entsprechende Umwandlung.

2. Elektronische Schaltung, die wegen ihres hohen Innenwiderstandes in einem bestimmten Spannungsbereich einen konstanten Strom liefern kann. Dabei handelt es sich beispielsweise um einen stark stromgegengekoppelten Transistor oder eine entsprechende Schaltung mit Operationsverstärker.

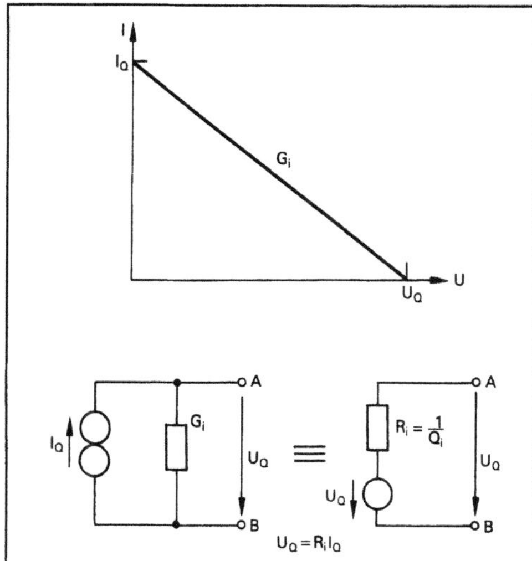

Stromquelle: Gleichwertigkeit von Strom- und Spannungsquelle (linearer aktiver Zweipol).

3. Versorgungseinheit im übertragenen Sinn zur Bereitstellung durchweg einer Spannung z. B. für Experimentier- oder andere Nutzzwecke. *R. Paul*

Stromregelung. Die Regelung des Stromes wird bei elektrischen Antrieben mit Stromrichterspeisung eingesetzt. Der Strom ist bei praktisch allen elektrischen Motoren proportional dem Drehmoment, das zum Betreiben des Antriebs erforderlich ist. Reine Stromregelung wird nur bei Antrieben mit Drehmomentregelung ausgeführt. Im allgemeinen ist der S. eine →Drehzahlregelung überlagert, die dem Stromregelkreis den Sollwert liefert.

Bei Drehstrom-Antrieben mit Umrichterspeisung kann der Stromsollwert auch einem zwischengeschalteten Spannungsregler entnommen werden. Bei diesem wird oft die Spannung geregelt, da das Verhältnis Spannung/Frequenz konstant gehalten werden muß (→Zwischenkreisumrichter, als Beispiel Schaltbild des I-Umrichters).

Bei Umrichtern mit Mikroprozessorsteuerung wird der Strom-Sollwert, z. B. auf Grund eines einprogrammierten Maschinenmodells, aus den Sollwerten für Drehmoment und Drehzahl errechnet und vorgegeben.

Die Strom-Istwert-Erfassung wird bei stromrichtergespeisten Gleichstromantrieben meist auf der Wechselstrom- oder Drehstrom-Seite des Stromrichters über →Stromwandler vorgenommen.

Bei umrichtergespeisten Drehstrom-Antrieben wird die Erfassung in gleicher Weise, jedoch auf der Ausgangsseite des Wechselrichters durchgeführt.

Der Stromregler selbst ist meist ein →Operationsverstärker mit PI-Verhalten (→PI-Verstärker). *H. Stüben*

Stromrichter. S. sind Anordnungen von Stromventilen (→Dioden, →Thyristoren, →Transistoren, bis 1965 auch Quecksilberdampfgleichrichter), die elektrischen Strom nur in einer Richtung (→Durchlaßrichtung) durchlassen. S. mit Diodenschaltungen sind dauernd durchlässig, S. mit Thyristoren oder Transistoren sind steuerbar, d. h. sie lassen Strom nur auf besonderen Steuerbefehl (→Steuerverfahren) durch. *H. Stüben*

Eigenschaften und Funktionsweise. Bei Gleichrichterschaltungen wird durch die einzelnen Stromventile nur Strom durchgelassen, wenn eine positive Spannung anliegt, d. h. nur während der positiven Halbwelle des Wechselstromes (Bild 1). Bei ohmscher Belastung reißt der Strom während der negativen Halbwelle ab. Bei induktiver Belastung (z. B. Gleichstrom-Motor) wird der Strom durch die Wirkung der Gegeninduktivität weitergeführt. Der pulsierende Gleichstrom ist in einer solchen Schaltung relativ stark mit unerwünschten Oberwellen behaftet. Daher werden meist mehrpulsige Schaltungen eingesetzt, bei denen die Welligkeit des Stromes abnimmt.

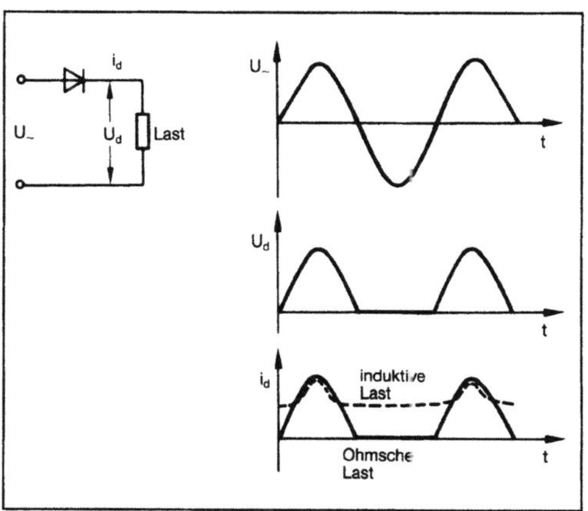

Stromrichter 1: Spannungs- und Stromverlauf einer Einweg-Stromrichterschaltung.

Unter der →Pulszahl versteht man die Zahl der nicht gleichzeitigen in gleichen Zeitabständen erfolgenden Stromübernahmen zwischen den Hauptzweigen einer Stromrichterschaltung während einer Wechselspannungsperiode (VDE 0558/DIN 41750).

In mehrpulsigen Schaltungen führt jeweils das Ventil Strom, an dem momentan die höchste positive Spannung anliegt. Da jedoch bei Wechselspannungs-Einspeisung die Spannung sinusförmig periodisch schwankt und zwar zyklisch von Phase zu Phase, erfolgt eine Stromübergabe von Ventil zu Ventil. Der Vorgang der Stromübernahme heißt Kommutierung.

Bei Gleichrichterschaltungen, die vom Wechsel- oder Drehstromnetz gespeist werden, erfolgt die Kommutierung durch das Netz – sie ist netzgeführt.

Durch Verschiebung der Zündzeitpunkte der Thyristoren, d. h. des sogenannten Zündwinkels α bei gesteuerten Gleichrichtern ist eine stufenlose Änderung der Ausgangsgleichspannung der S. möglich. Die Wirkung der Aussteuerung bei der vollgesteuerten Drehstrombrücke (→Stromrichterschaltungen) ist für ohmsche und induktive Last gezeigt, dazu die Aussteuerungskennlinie (Bild 2).

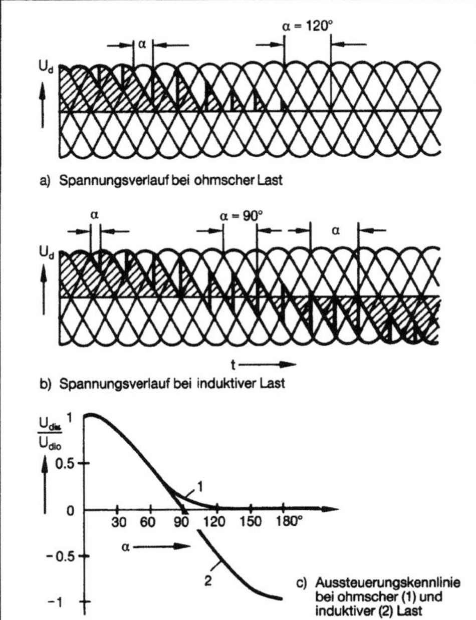

Stromrichter 2: Wirkung der Zündwinkelverschiebung (Aussteuerung) bei einer vollgesteuerten Drehstrombrücke.

Bei induktiver Last folgt die Ausgangsspannung $U_{di\alpha}$ einer cos-Funktion

$$U_{di\alpha} = U_{dio} \cdot \cos \alpha$$

Bei $\cos\alpha = 0°$ wird die maximale Ausgangsspannung abgegeben. Dies nennt man →Vollaussteuerung. Der Bereich $\alpha > 90°$ ist der Bereich der →Teilaussteuerung.

Aus dem Bild 2 ist auch ersichtlich, daß bei induktiver Last bei $\alpha = 90°$ die Ausgangsspannung Null wird. Bei $\alpha > 90°$ wird sie negativ. Der →Gleichrichter geht in den Wechselrichterbetrieb. Dies wird bei elektrischen Antrieben zum Bremsen mit Energierückspeisung benutzt. Die Energierichtung kehrt sich um, wenn die Ankerspannung des Motors, z. B. durch Feldumkehr, umgepolt wird. Die Stromrichtung bleibt dabei erhalten. *H. Stüben*

Literatur: *Buri, H.:* Leistungshalbleiter. Eigenschaften und Anwendungen. Hrsg. v. Brown, Boveri & Cie. AG, Mannheim. Essen 1982.

Geräte. Enthalten das für die S.-Funktionen erforderliche Leistungsteil mit Leistungs-Halbleitern und meist die erforderliche Steuer- und Regelelektronik.

Wie in der Signalelektronik geht auch in der →Leistungselektronik der Trend zur integrierten und modularisierten Bauweise. Er stützt sich auf die Integration von Leistungshalbleiter-Funktionen auf einem Leistungschip (Beispiel: rückwärtsleitende →Thyristoren, RLT) oder den Einbau mehrerer Leistungshalbleiter, z. B. als sog. Zweigpaar, in ein Gehäuse. Insbesondere durch die sog. Leistungshalbleiter-Module wurde die Montage vereinfacht (weniger Verbindungen), das Volumen verringert und Kühlkörpervolumen gespart. Durch die gleichzeitige Integration im Steuer- und Regelteil – in letzter Zeit verstärkt durch Mikroprozessoreinsatz (→Mikroprozessor-Antriebssteuerung) – konnte das Volumen der Geräte drastisch reduziert werden. Im unteren Leistungsbereich werden Leistungs- und Signalelektronik in vergossenen Bausteinen zusammengefaßt, wobei in naher Zukunft Leistungs- und Signalfunktionen auf einer Leiterplatte zusammengefaßt sind (Bild 3).

Auf dem Markt werden weitgehend standardisierte Geräte angeboten, die im mittleren und oberen Leistungsbereich durch modulare Techniken mit anwendungsspezifischen Funktionen erweiterbar sind. Im Hochleistungsbereich wird auf

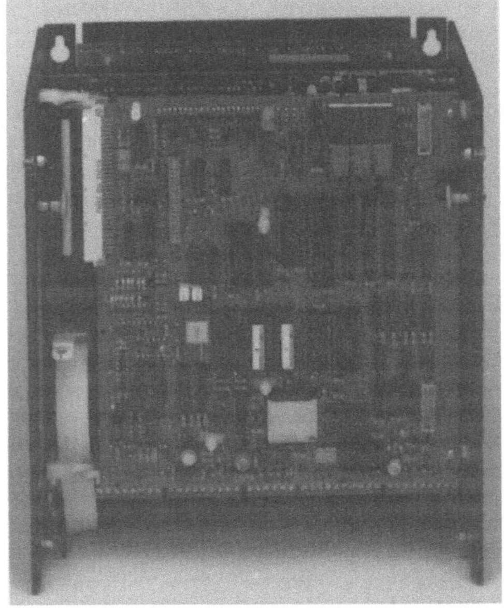

Stromrichter 3: Umkehrstromrichter mit Mikroprozessorsteuerung. (Quelle: ABB Mannheim)

Normfunktionen aufgebaut; der Gesamtaufbau der Stromrichteranlagen erfolgt anwendungsspezifisch. *H. Stüben*

Stromrichter, netzgeführter →Stromrichter, →Kommutierung von Stromrichtern

Stromrichteranwendung. Stromrichter mit ihren günstigen Eigenschaften zur Umformung und Steuerung elektrischer Energie werden eingesetzt:
Energieübertragung
□ Hochspannungs-Gleichstrom-Übertragung (HGÜ);
□ Rundsteuersender zur Energiesteuerung;
□ Gleich- und →Wechselrichter zur Bahnstromversorgung;
□ Notstromversorgung.
Energieanwendung
□ Elektrische Antriebe:
– Stromrichterspeisung von Gleichstromantrieben;
– Umrichterspeisung von Drehstromantrieben;
– Stromrichterkaskaden für Schleifringläufer-Motoren;
– →Drehstromsteller für Drehstrom-Asynchronmotoren.

Hier erfolgt Einsatz in der Industrie für Papiermaschinen, Textilmaschinen, Druckmaschinen, Werkzeugmaschinen, Walzwerke, Hütteneinrichtungen, Fördermaschinen, Hebezeuge, Kunststoffmaschinen, Transporteinrichtungen, Roboter, Handhabungsmaschinen sowie für verfahrenstechnische Anlagen: Pumpen, Lüfter, Gebläse und Zentrifugen.

Einsatz im Verkehr: elektrische Lokomotiven, dieselelektrische Lokomotiven, elektrische Straßenbahnen, elektrische Omnibusse, Elektroautos und Elektroflurförderzeuge.
□ Elektrowärme:
– Wechsel- und Drehstromsteller zur Temperaturregelung von Heizöfen;
– Schwingkreis-Wechselrichter bzw. -Umrichter für Mittelfrequenz-Induktionsöfen und Härteanlagen;
– Gleichrichter für Schmelzöfen.

Stromrichter mit Leistungshalbleiter haben auf Grund ihrer guten dynamischen Eigenschaften, ihres hohen Wirkungsgrades, ihrer kleinen Abmessungen und ihres breiten Leistungsbereiches folgende Verfahren und Geräte verdrängt:
– Quecksilberdampf-Gleichrichter;
– Maschinenumformer (Leonardumformer, Kontaktumformer);
– Magnetverstärker. *H. Stüben*

Stromrichterart. Man unterscheidet folgende S., je nach Funktion der Ventilanordnung:
□ →Gleichrichter: Sie formen Wechsel- oder Drehstrom in Gleichstrom um. Ungesteuerte Gleichrichter liefern eine konstante Ausgangsspannung. Bei gesteuerten Gleichrichtern kann die Ausgangsgleichspannung von Null oder einem Minimalwert bis zu einem Maximalwert verändert werden.
□ →Wechselrichter: Sie formen Gleichstrom je nach Schaltung in Wechsel- oder Drehstrom um. Ausgangsspannung und Frequenz sind im allgemeinen in bestimmten Grenzen veränderbar.
□ →Umrichter: Sie formen Wechsel- oder Drehstrom einer Spannung, Frequenz und Phasenzahl in Wechsel- oder Drehstrom einer anderen Spannung, Frequenz und ggfs. Phasenzahl um. →Zwischenkreisumrichter sind dabei Kombinationen von Gleich- und Wechselrichtern.
□ →Gleichstromsteller (auch Chopper genannt): Die Eingangsspannung ist eine konstante Gleichspannung. Die Ausgangsgleichspannung kann zwischen Null und einem Maximalwert verändert werden.
□ →Wechsel- und →Drehstromsteller: Die Eingangsspannung ist eine Wechselspannung. Die Ausgangswechselspannung kann von Null bis zu einem Maximalwert verändert werden.

Insbesondere in der elektrischen Antriebstechnik werden →Stromrichterschaltungen benötigt, die Strom nicht nur in einer Richtung, sondern in beiden Richtungen liefern, z. B. für die Umkehr des Drehmomentes.

Man unterscheidet daher bei den Gleichrichterschaltungen
– →Geradeausstromrichter. Sie liefern Strom nur in einer Richtung und
– →Umkehrstromrichter. Sie liefern Strom in beiden Richtungen. Dies wird durch gegenparallele Schaltung zweier Geradeausstromrichter erreicht.

Bei Umrichtern für Drehstrom-Motoren kann die Momentenumkehr bzw. Drehrichtungsumkehr durch Vertauschen zweier Phasen im Wechselrichter durch elektronische Steuerung erzielt werden. Es wird bei Stromrichtern für elektrische Antriebe weiterhin unterschieden, in welchem Betriebsquadranten (→Betriebsdiagramm) der Antrieb mit dem Stromrichter gefahren werden kann. *H. Stüben*

Stromrichterkaskade, untersynchrone. U. S. dienen zur Drehzahlverstellung von Drehstrom-Schleifringläufermotoren mittlerer bis großer Leistung. Der →Stellbereich ist in der Praxis begrenzt (max. 1:2). Es ist nur Treiben in einer Drehrichtung ohne Bremsen möglich.

Die Ständerwicklung des Schleifringläufermotors wird an das Netz angeschlossen. Die der Schlupffrequenz proportionale Läuferspannung wird von einem ungesteuerten Gleichrichter in Drehstrom-Brückenschaltung (→Stromrichterschaltungen) gleichgerichtet und über einen netzgeführten →Wechselrichter und einen →Transformator in eine dem Netz angepaßte Frequenz und Spannungshöhe umgeformt. Die Schlupfleistung des Läufers wird in das Netz zurückgespeist. Die Drehzahlverstellung erfolgt praktisch verlustfrei. Der Wechselrichter steuert elektronisch die Läuferspannung so, daß der Motor die vorgegebene Drehzahl erreicht (Bild a).

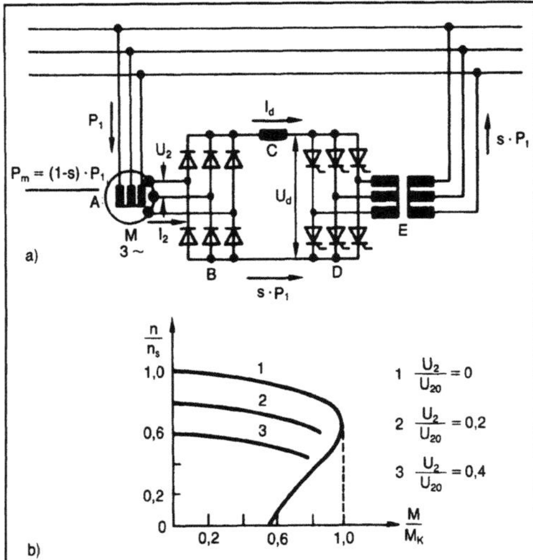

A Schleifringläufer, B Gleichrichter, C Glättungsdrosselspule, D Wechselrichter, E Stromrichter-Transformator, U_2 Läuferspannung $U_2 = s \cdot U_{20}$, U_{20} Läufer-Stillstandsspannung, s Schlupf, U_d Zwischenkreisspannung, I_d Gleichstrom im Zwischenkreis, P_1 aus dem Netz aufgekommene Leistung, P_m mechanische Leistung, n Drehzahl, n_s Synchrondrehzahl, M Drehmoment, M_K Kippmoment

Stromrichterkaskade, untersynchrone: Prinzipielle Darstellung.
a) Schaltbild
b) Drehzahl-Drehmoment-Kennlinie.

Gleichstromzwischenkreis und Stromrichtertransformator werden für die auftretende Schlupfleistung ausgelegt. Hierdurch ist der Einsatz wirtschaftlich nur für den angegebenen begrenzten Drehzahlstellbereich möglich. Der Leistungsfaktor wird um so schlechter, je größer der Stellbereich wird.

Zum Anfahren wird der Motor mit einem Anlaßwiderstand im Läuferkreis bis zur untersten Drehzahl des Stellbereichs hochgefahren. Danach wird unterbrechungsfrei auf Kaskadenbetrieb umgeschaltet.

Die u. S. findet Anwendung für Pumpen und Lüfter im Bereich von 100 bis 25 000 kW.

H. Stüben

Literatur: *Korb, F.:* Leistungshalbleiter und ihre wichtigsten Anwendungen. Würzburg 1978.

Stromrichter-Leistungsbereich. Auf Grund des breiten Bauelementespektrums bei Dioden, Leistungstransistoren und Thyristoren werden →Stromrichter heute im Bereich von ca. 0,5 kW aufwärts gebaut. Die obere Leistungsgrenze liegt bei etwa 20 MW für elektrische Antriebe. Für die Hochspannungs-Gleichstrom-Übertragung wurden Gleich- und Wechselrichter-Anlagen zur Übertragung von Strömen von 2 000 A und Spannungen von 500 kV eingesetzt. Das entspricht Übertragungsleistungen von etwa 1 000 MW. *H. Stüben*

Stromrichtermotor. Als S. werden Drehstrom-Synchronmotoren bezeichnet, die aus Umrichtern mit Stromzwischenkreis (→Zwischenkreis-Umrichter) zur Drehzahlverstellung gespeist werden. Es können hierzu zwei Verfahren angewendet werden:

□ Synchronmotor fremdgetaktet, Umrichter selbstgeführt: Bei diesem Verfahren wird ein Umrichter mit Stromzwischenkreis (Bild 1) eingesetzt, bei dem der Ausgangswechselrichter selbstgeführt ist (→Wechselrichter). Die Motordrehzahl ist nur von der vom Umrichter vorgegebenen Frequenz abhängig. Der sog. Polradwinkel des Motors wird mit zunehmender Belastung größer. Bei Überlast kann der Motor außer Tritt fallen.

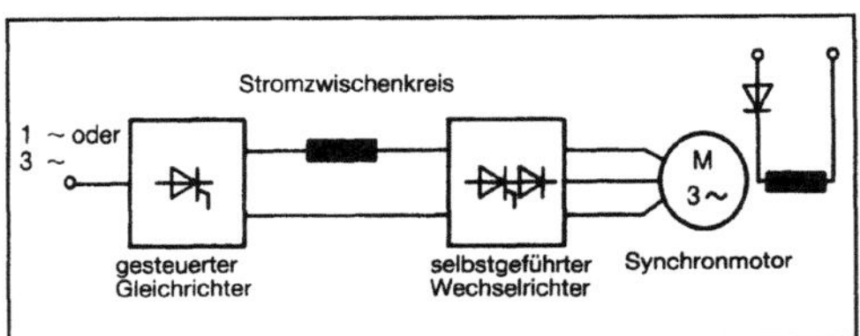

Stromrichtermotor 1: S. mit selbstgeführtem Umrichter.

□ Synchronmotor eigengetaktet, Umrichter lastgeführt: Hier ist der Ausgangswechselrichter lastgeführt (Wechselrichter). Die Wechselrichtertaktung wird von einem an den Synchronmotor angebauten Taktgeber abgeleitet (Bild 2). Die Taktung ist damit von der Läuferstellung bzw. der Drehzahl abhängig. Der Wechselrichter wird daher als last- oder auch maschinengeführt bezeichnet. Der Motor kann nicht außer Tritt fallen, weil der Strom im Ständer erst weitergeschaltet wird, wenn der Läufer die zugehörige Stellung erreicht hat. Das Verhalten des Antriebs ist vergleichbar dem einer Gleichstrommaschine mit Kommutator. Der Wechselrichter (auch Motorstromrichter genannt) wird daher auch als elektronischer Kommutator bezeichnet.

Der lastgeführte Wechselrichter ist einfacher als der selbstgeführte. Er ist nur einsetzbar, weil der Synchronmotor mit Gleichstromerregung in der Lage ist, die zur Kommutierung des Wechselrichters erforderliche Spannung zu erzeugen. Das gilt sowohl für Gleich- wie auch für Wechselpol-

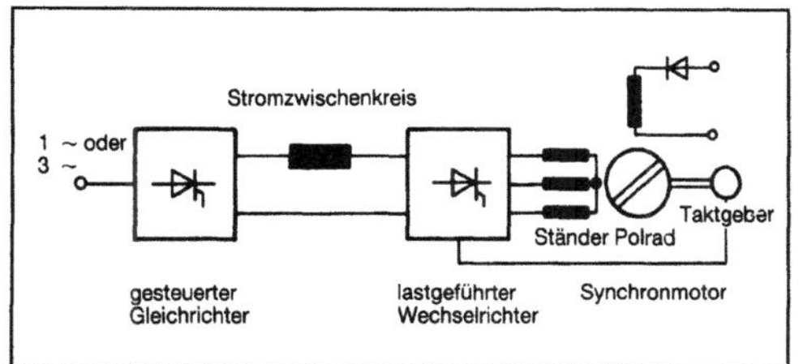

Stromrichtermotor 2: S. mit lastgeführtem Umrichter.

Synchronmotoren. Im Bereich von Drehzahl 0 bis etwa 10% der maximalen Drehzahl reicht die Motorspannung zur Kommutierung nicht aus, so daß der Motor in diesem Bereich mit Zwangskommutierung (Kommutierung), d. h. selbstgeführt gefahren werden muß.

Zur Verstellung des Stromes im Zwischenkreis: →Zwischenkreis-Umrichter mit eingeprägtem Strom.

Die Netzspannung des Umrichters kann einphasig (z. B. bei Antriebssystemen für elektrische Lokomotiven) oder dreiphasig sein. *H. Stüben*

Stromrichterschaltung, kreisstrombehaftete →Umkehrstromrichter

Stromrichterschaltung, kreisstromfreie →Umkehrstromrichter

Stromrichterschaltungen.
□ Gleichrichter-Schaltungen:
□ Geradeaus-Stromrichter: Nachstehend sind die üblichen Schaltungen zur Gleichrichtung von Netzspannungen (50, 60 Hz) aufgeführt. Man unterscheidet:
Nach Art des speisenden Netzes:
- einphasige Schaltungen,
- dreiphasige Schaltungen;
Nach Art der Gleichrichterschaltung:
- Einwegschaltungen: Mittelpunktschaltungen. Hierbei sind die gleichstromseitigen, gleichpoligen Anschlüsse miteinander verbunden und bilden einen Gleichstrom-Anschluß.
- Zweiwegschaltungen: Brückenschaltungen. Grundelement ist das Zweigpaar (Bild). Es besteht aus zwei mit gegensinniger →Durchlaßrichtung an einem Mittelanschluß liegenden Stromrichterzweigen. Den Mittelanschluß bildet Wechselstromanschluß.

Brückenschaltungen bestehen aus Zweigpaaren. Jeder wechselstromseitige Anschluß ist mit dem Mittelanschluß eines Zweigpaares verbunden. Gleichpolige Anschlüsse sind zusammengefaßt und bilden einen Gleichstromanschluß.

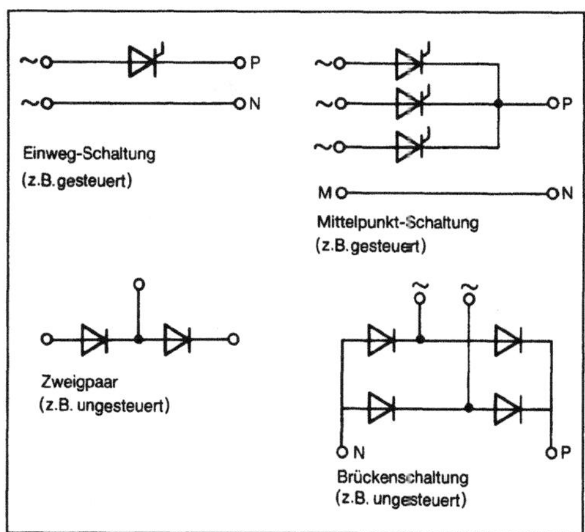

Stromrichterschaltungen: Gleichrichterschaltungen.

Nach Art der Steuerung:
- ungesteuerte Gleichrichter (nur Dioden als Ventile);
- halbgesteuerte Gleichrichter (die Hälfte der Ventile ist ungesteuert, die andere Hälfte gesteuert);
- vollgesteuerte Gleichrichter (nur Thyristoren) (Tabelle 1, 2, 3).

□ Schaltungen von Umkehrstromrichtern: →Umkehrstromrichter
□ Wechselrichter-Schaltungen: →Wechselrichter
□ Umrichter-Schaltungen: →Umrichter
□ Steller-Schaltungen: →Drehstromsteller, →Wechselstromsteller, →Gleichstromsteller

Stromrichterschaltungen: Tabelle 1. Ungesteuerte Gleichrichter-Schaltungen.

Stromrichterschaltung Benennung	Kurzzeichen nach VDE 0558	Prinzipschaltung
Einpuls-Mittelpunktschaltung, Einzweigschaltung	M1U	~1 +, N −
Zweipuls-Mittelpunktschaltung (Einphasige Mittelpunktschaltung)	M2K	~1, ~2 +, N −
Dreipuls-Mittelpunktschaltung (Sternschaltung)	M3K	~1, ~2, ~3 +, N −
Zweipuls-Brückenschaltung (Einphasige Brückenschaltung)	B2U	+, ~1, ~2, −
Sechspuls-Brückenschaltung (Drehstrom-Brückenschaltung)	B6U	+, ~1, ~2, ~3, −

Stromrichterschaltungen: Tabelle 2. Halbgesteuerte Gleichrichter-Schaltungen.

Stromrichterschaltung: Bennenung und Beschreibung	Kurzzeichen nach VDE 0558	Prinzipschaltplan
Einpolig gesteuerte Zweipuls-Brückenschaltung Die Kathoden der steuerbaren Ventile bilden einen Gleichstromanschluß	B2H	~1, ~2, +, −
Zweigpaar-halbgesteuerte Zweipuls-Brückenschaltung	B2HZ	~1, ~2, +, −
Halbgesteuerte Sechspuls-Brückenschaltung, Drehstrom-Brückenschaltung halbgesteuert	B6HA	~1, ~2, ~3, +, −
Halbgesteuerte Sechspuls-Brückenschaltung mit Freilaufzweig	B6HKF	~1, ~2, ~3, +, −

Stromrichterschaltungen: Tabelle 3. Gesteuerte Gleichrichter-Schaltungen.

Stromrichterschaltung: Bennenung und Beschreibung	Kurzzeichen nach VDE 0558	Prinzipschaltplan
Einpuls-Mittelpunktschaltung (Einzweigschaltung)	M1C	~1, +, N, −
Zweipuls-Mittelpunktschaltung (Einphasige Mittelpunktschaltung)	M2CK	~1, ~2, +, N, −
Dreipuls-Mittelpunktschaltung (Sternschaltung)	M3CK	~1, ~2, ~3, +, N, −
Doppel-Dreipuls-Mittelpunkt-schaltung (parallel) (Doppelsternschaltung mit Saugdrossel)	M3.2CK	~1, ~2, ~3, ~4, ~5, ~6, +, N_1, −, N_2
Zweipuls-Brückenschaltung (Einphasige Brückenschaltung)	B2C	~1, ~2, +, −
Sechspuls-Brückenschaltung (Drehstrom-Brückenschaltung)	B6C	~1, ~2, ~3, +, −

Stromspiegel. Besondere Form einer →Stromquelle. Schaltung aus Transistoren, bei der der Ausgangsstrom I_A im bestimmten Verhältnis zum Eingangs- oder Referenzstrom I_E steht: $I_A = kI_E$ (Bild 1). Die Schaltung arbeitet somit als Stromverstärker jedoch mit der Besonderheit, daß das Spiegelverhältnis $k \lesseqgtr 1$ betragen kann.

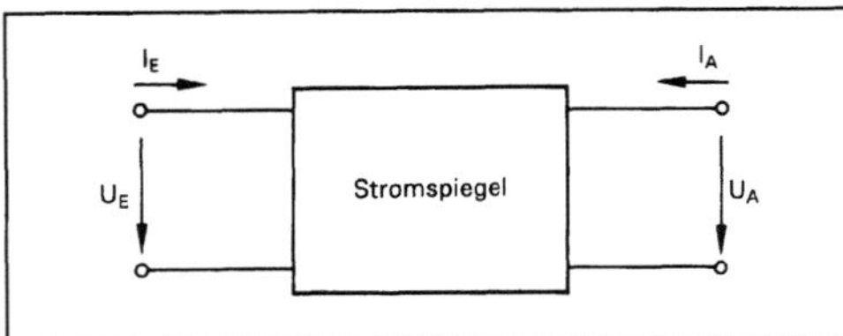

Stromspiegel 1: Funktionsprinzip.

Schaltungstechnisch (Bild 2) erzeugt der Referenzstrom I_E an einem als Diode geschalteten Transistor T_1 eine Flußspannung $U_{BE} = 0{,}7$ V, die

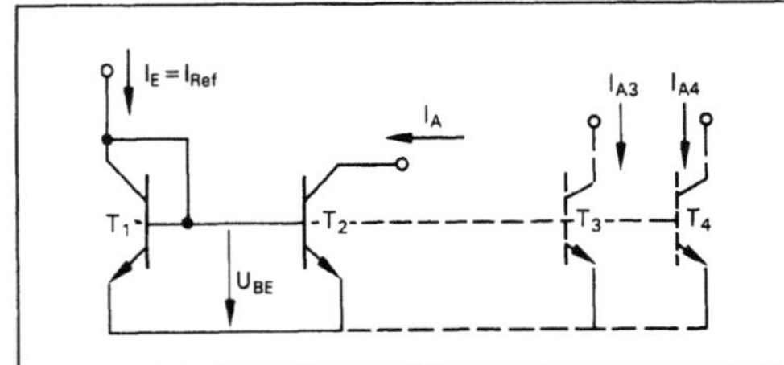

Stromspiegel 2: Grundschaltung.

den Kollektorstrom $I_C \equiv I_A$ von T_2 (ziemlich unabhängig von der Last) festlegt. Das Verhältnis I_A/I_E hängt in erster Linie vom Emitterflächenverhältnis von T_1, T_2 ab und läßt sich in Grenzen $0{,}1 \ldots k \ldots 10$ einstellen.

Grundsätzlich kann die Spannung U_{BE} auch weitere Transistoren (T_3, $T_4 \ldots$) steuern, so daß mehrere Ausgangsströme I_{A3}, T_{A4} ... in Form einer Strombank entstehen.

S. dienen insbesondere in integrierten Analogschaltungen als Stromquelle für die Arbeitspunktversorgung, aber auch sehr verbreitet als aktive →Transistorlast in Inverterstufen mit dem Ziel, hohe Spannungsverstärkung unter Umgehung noch ohmiger (flächenaufwendiger) linearer Widerstände zu realisieren. Beispielsweise läßt sich durch Anwendung eines S. als Lastelement im →Differenzverstärker (Bild 3) ein symmetrisches Eingangssignal in ein unsymmetrisches Ausgangssignal bei Erhalt der vollen Stufenverstärkung umwandeln. *R. Paul*

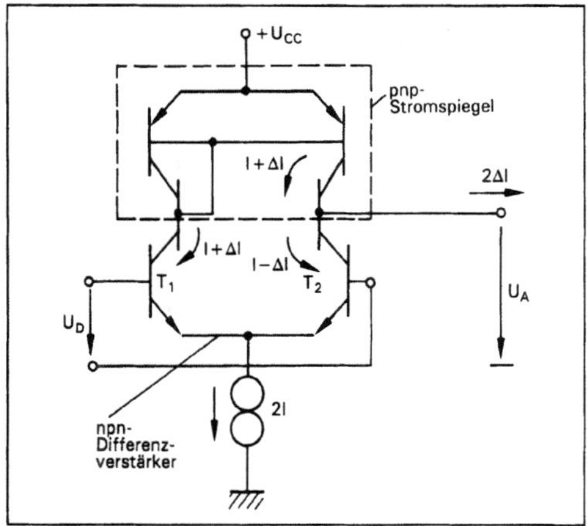

Stromspiegel 3: S. als Last einer Differenzstufe mit unsymmetrischem Ausgang.

Stromteilerdrossel. Drosseln (Induktivitäten), bei denen der Laststrom in einem Leistungsstromkreis auf zwei oder mehrere Stromzweige aufgeteilt wird. Sie werden z. B. bei elektrischen Triebfahrzeugen mit Wechselstrom-Einspeisung bei der Drehzahlsteuerung der Wechselstrommotoren benutzt. Die Stromteilerschaltung bewirkt ein relativ ruckfreies Steuern der Fahrzeuggeschwindigkeit. Durch die Schaltung (Bild) werden die Schaltwerks-Leistungskontakte entlastet. Das Umschalten erfolgt kurzschlußfrei. *H. Stüben*

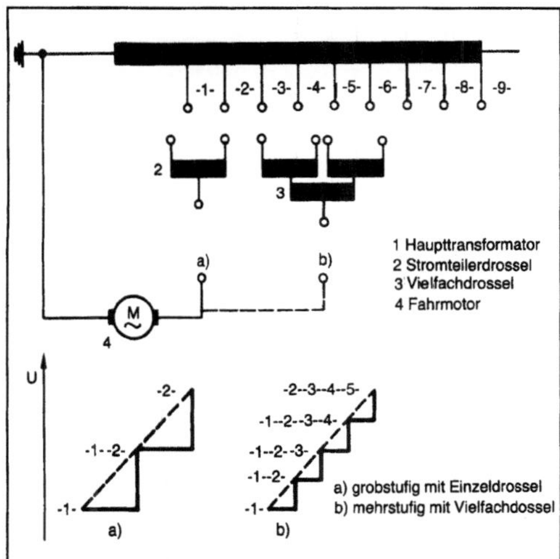

Stromteilerdrossel: Drehzahlsteuerung eines Wechselstrommotors für ein Triebfahrzeug mit Stufentransformator und S.

Literatur: *Müller, S.*: Elektrische und dieselelektrische Triebfahrzeuge. Basel–Stuttgart–Boston 1979.

Stromverstärkung.

1. Bei elektronischen Bauelementen, die durch einen Strom gesteuert werden, das Verhältnis von Ausgangs- (I_A) zu Eingangsstrom (I_E bei Kurzschluß bzw. Spannungskonstanz

$A = I_A/I_E$.

Sie wird deshalb besser als Kurzschlußstromverstärkung vorwärts bezeichnet. Analog läßt sich eine Kurzschlußstromverstärkung rückwärts angeben. Die S. kann durch Vierpolparameter ausgedrückt werden.

2. Speziell bei →Bipolartransistoren verbreitete Kenngröße (dort oft nur als Stromverstärkung bezeichnet). Da sie von der Grundschaltung abhängt, wird sie mit einer Schaltungsangabe verwendet (z. B. Emitterstromverstärkung).

3. Grundsätzlich kann auch ein Lastwiderstand in den Begriff S. einbezogen werden. Dann spricht man von der Stromverstärkung in der Schaltung oder Betriebsstromverstärkung. *R. Paul*

Stromwaage. Die Darstellung der Stromeinheit Ampère des internationalen Einheitensystems ist gemäß der Definition (Einheiten des SI) nicht möglich, da dabei viel zu geringe Kräfte ($2 \cdot 10^{-7}$ N/m) auftreten würden. Deshalb wird das Ampère mittels einer Waage gemessen, die den Vergleich von mechanisch und elektromagnetisch erzeugten Kräften erlaubt. Eine solche S. enthält zwei eisenlose stromdurchflossene Spulen, zwischen denen Kräfte in der Größenordnung 0,1 N auftreten. Die Meßunsicherheit der S. beträgt etwa $\pm 3 \cdot 10^{-6}$. *Hammerschmidt*

Literatur: *Kind, D.*: Fortschritte bei der Darstellung der elektrischen Einheiten. Technisches Messen atm (1977) H. 7/8, S. 243/48.

Stromwandler. S. sind Meßgeräte (→Meßgerät, elektrisches), die größere Ströme in bequem handhabbare Werte umformen. Weitere grundsätzliche Angaben: →Spannungswandler. S. für Wechselströme sind Transformatoren, die sekundärseitig im Kurzschluß betrieben werden, so daß der Sekundärstrom dem Primärstrom proportional ist. Der Sekundärkreis muß wegen der Gefahr von Isolationsdefekten im Wandler stets geerdet sein, weiterhin ist ein Betrieb mit sekundärseitigem Leerlauf ($I_2 = 0$) wegen der Gefahr hoher Spannungen zwischen den Sekundärklemmen unzulässig. Sicherungen sind sekundärseitig deshalb nicht gestattet. Für Arbeiten an den angeschlossenen Meßgeräten (Bürde) muß der Sekundärkreis kurzgeschlossen werden. Die Klemmenbezeichnungen (Bild 1) sind genormt, ebenso die Ausgangsströme mit 1 A oder 5 A sowie andere wichtige Wandlereigenschaften. Für hohe Ströme besteht die Primärwicklung nur aus einem einzigen durchgesteckten Leiter. Für Betriebsmessungen gibt es auch Zangenwandler, deren Eisenkreis wie eine Zange den stromführenden Leiter umfaßt (Bild 2). Eine Stromzange für

Gleichströme bis 200 A ist unter →Strommessung, elektrische abgebildet. Für Messungen hoher Gleichströme werden S. nach verschiedenen Meßprinzipien eingesetzt, die stets der Zuführung einer Hilfsenergie bedürfen. *Hammerschmidt*
→Übertrager

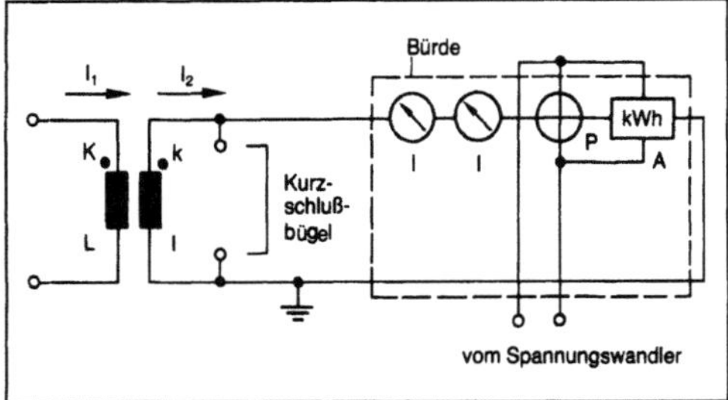

Stromwandler 1: Wechselstromwandler mit angeschlossenen Meßgeräten (Bürde).

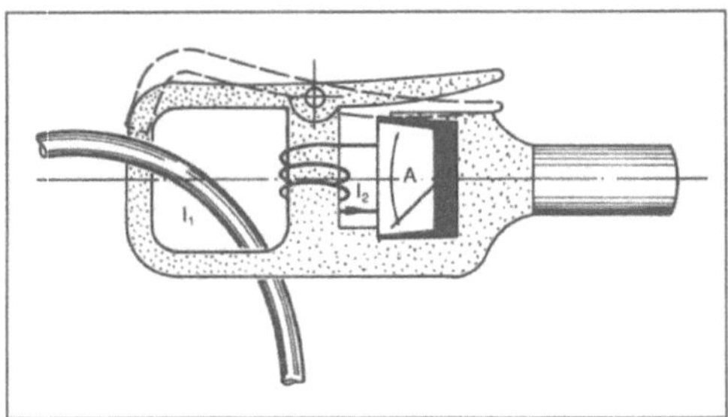

Stromwandler 2: Zangenstromwandler für Wechselstrom mit angebautem Strommesser.

Literatur: *Profos, P.:* Handbuch der industriellen Meßtechnik. Essen 1984.

Stromzwischenkreis →Zwischenkreisumrichter

Strukturierung →Ätzen, →Lithographie

Strukturierungstechnik →Bauelement, →Dickschichttechnik, →Dünnschichttechnik →Mikrowellentechnik

Struktursensor, faseroptischer. Ein intrinsischer faseroptischer →Sensor zur Überwachung mechanischer Bauteile und Strukturen. In die Struktur (z. B. Tragfläche eines Flugzeuges) werden bei der Herstellung optische Glasfasern eingebettet. Eine kontinuierliche oder wiederholte Messung der optischen Transmission oder der Rückstreuung der Fasern erlaubt die Detektion innerer Spannungen sowie langsamer oder plötzlicher Veränderungen der Struktur, insbesondere von Überdehnungen bis hin zu Rissen (Faserbruch). *Ulrich*

STTL. (*engl.* Schottky-Transistor-Transistor-Logic) →TTL

Stuckfehler →Klemmfehler

Stückliste. Liste mit Zahl und Art aller Bauteile incl. z. B. Stecker, die zur Herstellung einer Leiterplattenbaugruppe benötigt werden. Alle Bauteile werden mit ihrer Bezeichnung, ihrer Sachnummer, ihrer Position auf der Baugruppe aufgeführt. Die S. wird in der Fertigungsvorbereitung zum Rüsten von Bestückungsautomaten und zur Bestelldisposition verwendet. *K. Winter*

Stuck-on-fault. Fehlerursache, die darin begründet ist, daß ein →Transistor in einer elektronischen Schaltung ständig im Zustand ‚ein' (= leitend) ist, bzw. ein Gatterausgang ständig aktiv ist. S. sind problematisch bei Leitungstreibern an einem Bus-System (Bündel, →Klemmfehler) *K. Winter*

Stuck-open-fault. Fehlerursache, die darin begründet ist, daß ein →Transistor in einer elektronischen Schaltung ständig im Zustand aus (= gesperrt) bzw. ein Gatterausgang ständig inaktiv ist (→Klemmfehler). *K. Winter*

Studionorm, digitale →Fernsehstudio

Stufenfaser. Eine S. ist ein zylindersymmetrischer →Lichtwellenleiter mit einer über den gesamten Kernbereich konstanten →Brechzahl n_K, einem Brechzahlsprung an der Grenzfläche Kern-Mantel und einer Brechzahl n_m im Mantelbereich (Bild).

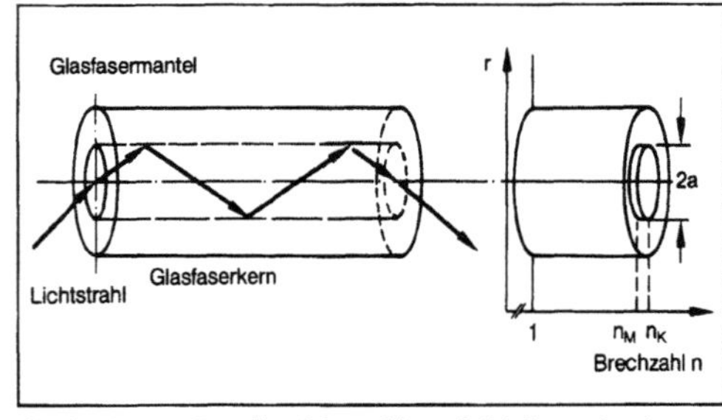

Stufenfaser: Brechzahlprofil und Lichtausbreitung.

Kern und Mantel von S. können aus Quarzglas (SiO_2-Faser), aus einem Glaskern und einem Mantel aus transparentem Kunststoff, PCS (Plastic Clad Silica)-Faser, oder aus einem Kunststoffkern und Kunststoffmantel (Plastikfaser) aufgebaut sein. PCS-Fasern zeigen ein anderes spektrales Dämpfungsverhalten als SiO_2-Fasern. Außerdem ist die Dämpfung stark temperaturabhängig. Die Vorteile von PCS- und Plastikfasern liegen in der hohen numerischen →Apertur (→Akzeptanzwinkel) und kostengünstigen Herstellungsverfahren.

In einer S. (→Multimodefaser) können sich i. a. mehrere Eigenwellen (→Glasfasermoden) ausbreiten. Ihre Anzahl ist näherungsweise gegeben durch M„ ½V^2, wobei
$V=2\pi a(n_k^2-n_m^2)^{1/2}/\lambda$ als Strukturparameter bezeichnet wird (λ: Wellenlänge, a: Kernradius). Die unterschiedlichen Laufzeiten der einzelnen Glasfasermoden (→Modendispersion) führen zu erheblichen Laufzeitunterschieden (10–100 ns/km bei SiO_2-Fasern), die als wesentlicher Nachteil dieser Faser anzusehen sind. Wird der Kerndurchmesser so klein, daß für V≤2,4 gilt, ist nur der Grundmodus ausbreitungsfähig (→Monomodefaser). Typische Werte für SiO_2-Multimode- und Monomode-S. sind:

	Multimode-Stufenfaser	Monomode-Stufenfaser
Kerndurchmesser 2a	30–200 μm	3–10 μm
Manteldurchmesser d	100–250 μm	100–125 μm
Relative Brechzahldifferenz δ	0,008–0,02	0,003–0,005
Akzeptanzwinkel $\alpha_{max.}$	11°–18°	6°–9°

Krauser

Stufenprofillaser →Glasfaserherstellungsverfahren

Stützkondensator. S. sind Gleichspannungs-Kondensatoren, die bei periodischem Spitzenstrombedarf kurzzeitig hohe Ströme abgeben können und so ein Gleichspannungsnetz unterstützen. Sie werden periodisch stoßartig auf- und entladen, der Scheitelwert des hierbei auftretenden Stromes ist wesentlich größer als der Effektivwert (Bild).

S. (auch Zwischenkreiskondensatoren genannt) sind im wesentlichen Glättungskondensatoren mit verstärkten Stromwegen, um die Spitzenstrombelastbarkeit zu gewährleisten. Außerdem werden günstige thermische Verhältnisse angestrebt, um die relativ hohen Blind- bzw. Verlustleistungen zu beherrschen.

S. werden in Gleichspannungszwischenkreisen von Umrichtern, Transistor- oder Thyristorstellern für Gleichstrom- und Drehstromantriebe eingesetzt.

S. im Gleichspannungszwischenkreis von Umrichtern sind neben Energiespeichern zwischen dem Gleichrichterteil und dem Wechselrichterteil auch

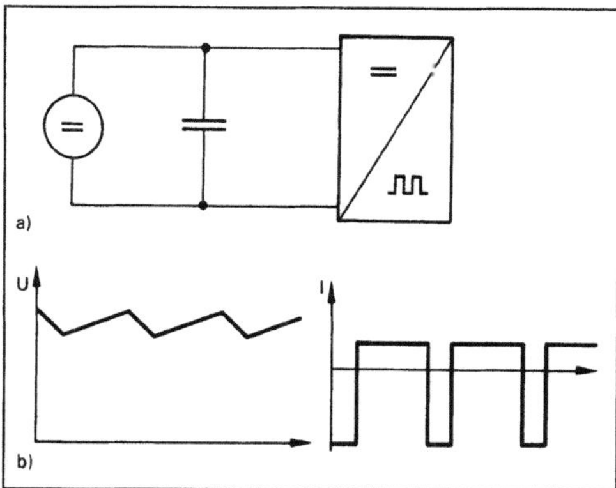

Stützkondensator: Prinzipielle Darstellung.
a) Schaltbild
b) Spannungs- und Stromform.

Filter für die Wechselströme, die zwischen →Wechselrichter und S. fließen. Bei Umrichtern mit regelbarer Ausgangsspannung kann der Effektivwert des Kondensatorwechselstromes die Größenordnung des Ausgangsstromes des Wechselrichters erreichen.

S. müssen im Gegensatz zu normalen Gleichspannungskondensatoren ein hohes Stromführungsvermögen haben und die →Blindleistung der überlagerten Wechselspannung dauernd führen können.

Die Anforderungen an S. sind:
- Der Kondensator muß den Zwischenkreis-Wechselstrom permanent ohne unzulässige Erwärmung und ohne Beeinträchtigung seiner Lebensdauer führen können;
- die Restwelligkeit im Zwischenkreis, die durch diesen Strom hervorgerufen wird, darf ein festgelegtes Maß nicht überschreiten und die Überspannungen, die durch hohe Stromänderungsgeschwindigkeit hervorgerufen werden, müssen weitgehend gedämpft werden;
- der Zwischenkreis-Wechselstrom muß so stark ausgefiltert werden, daß das speisende Netz mit möglichst wenig höherfrequenten Strömen belastet wird;
- die Gesamtkapazität muß ausreichend groß sein, damit in den Spannungslücken der gleichgerichteten Eingangswechselspannung die Zwischenkreisspannung ausreichend stabil bleibt. *Krös*

Stützstelle. Hängt ein zu steuernder Parameter von den Werten verschiedener Sensoren ab, dann wird ein zwei- oder mehrdimensionales Kennfeld (Kennfeldoptimierung) aufgestellt. Für eine numerische Auswertung durch den Rechner wird das Kennfeld durch eine Vielzahl diskreter Punkte (Stützstellen) definiert, zwischen denen der Rechner durch eine Interpolationsvorschrift die übrigen Werte berechnen kann. *Schaumburg*

Styroflex-Kondensator. →Kunststoffolien-Kondensator mit einer Isolierfolie (→Dielektrikum) aus Polystyrol. Styroflex ist ein eingetragenes Warenzeichen der Norddeutschen Seekabelwerke AG, Nordenham. *Bensieck*

Subkollektor. Der S. dient der Reduzierung des Serienwiderstandes bei bipolaren integrierten Schaltungen (→Bipolartechnik). Die Herstellung von S. geschieht durch eine Kombination von →Diffusion und →Epitaxie. Durch die selektive →Dotierung einer Siliciumscheibe durch Diffusion (→Vorbelegung und Nachdiffusion oder →Ionenimplantation und Drive-in) und nachfolgender Abscheidung einer epitaktischen Schicht entsteht ein S. Gleichzeitig verbreitert sich der S. durch Diffusion (→Autodoping). In diese Schichtfolge werden dann mit Hilfe weiterer Prozeßschritte Basis und Emitter eingebracht. (→Bipolartechnik, →Epitaxie, →LOCOS-Technik). *Ryssel*

Submikrometertechnik. Zusammenfassende Bezeichnung aller Maßnahmen, die zum konzeptionellen Verständnis von Funktionselementen, der technologischen Realisierung und dem Entwurf von monolithischen integrierten Schaltungen mit solchen Funktionselementen erforderlich sind, deren typische, funktionsbestimmende Abmessungen in der Größenordnung deutlich unter einem Mikrometer liegen.

Die Notwendigkeit einer permanenten Strukturverkleinerung ergibt sich aus generellen Zielsetzungen, die die →Mikroelektronik verfolgt:

□ Steuerung der Arbeitsgeschwindigkeit der Funktionselemente, d. h. Herabsetzung funktionsbestimmender Laufzeiten, wobei die Geschwindigkeiten in den meisten Fällen schon nahe an der thermischen Grenzgeschwindigkeit der Ladungsträger liegen.

□ Erhöhung des Integrationsgrades (genauer der →Packungsdichte), weil damit der Preis des einzelnen Funktionselementes sinkt.

Die Verkleinerung der Funktionselemente in dem Bereich unter ein Mikrometer wirft zwei große Probleme auf

- technische Realisierbarkeit solcher Strukturen und die
- funktionelle Realisierbarkeit, d. h. die Frage, in wieweit die bisher bekannten Arbeitsprinzipien typischer Funktionselemente wie Bipolar- und →Feldeffekttransistoren auch in diesen Abmessungsbereich extrapoliert werden können.

Die technische Realisierbarkeit hängt in erster Linie von der Auflösungsgrenze der →Lithographie ab (Bild), die die →Lateralstruktur bestimmt. Da diese Grenze bei der Lithographie mit sichtbarem oder ultraviolettem Licht mit etwas unter einem Mikrometer lange Zeit keine Submikrometerstrukturen erlaubte, sind Elektronen-, Röntgen- und Ionenlithographie mit deutlich geringerer minimaler Strukturbreite entwickelt worden. Bei der stark favorisierten →Röntgenlithographie z. B. wird ein röntgenstrahlempfindlicher →Resist mit Röntgenstrahlen ($\lambda = 1\,\text{nm}$) durch eine mittels Elektronenstrahl-Lithographie hergestellte →Maske bestrahlt. Als Vorteil gegenüber der →Elektronenstrahllithographie ist der Wegfall des Vakuums zu nennen.

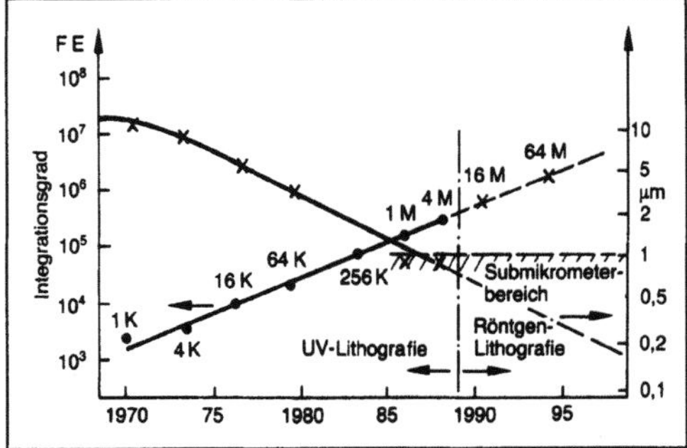

Submikrometertechnik: Entwicklung von Strukturbreite (Auflösungsgrenze der Lithographie) und Integrationsgrad.

Die heute schon zur Maskenherstellung breit eingesetzte Elektronenstrahl-Lithographie schreibt ein fein fokussierter Elektronenstrahl im Vakuum auf eine Resistschicht, die nach dem Entwickeln eine Lackmaske ergibt, aus der später eine Schablone hergestellt werden kann. Auch die Elektronenstrahl-Lithographie hat große Bedeutung für die S. Ein ernstes Problem ist im letzten Falle die Elektronenrückstreuung (Proximity-Effekt) vom Halbleiter und im Resist selbst, die die Auflösung weiter herabsetzt. Der Einbau von Zwischenschichten bietet hier Verbesserungen.

Die →Ionenstrahllithographie hat die gleiche Teilschrittfolge wie die →Photolithographie, wobei ein geeigneter Resist mit Ionen bestrahlt wird in einer Anlage, die der Elektronenstrahlanordnung ähnelt. Schreibende und projizierende Verfahren sind bekannt. Für dieses Verfahren existieren deutlich empfindlichere Lacke als für die Elektronenlithographie, auch entfällt der Rückstromeffekt. Grundsätzlich sind mit Ionenstrahlen auch resistfreie Strukturierungen möglich.

Die technischen Schwierigkeiten einerseits und der hohe Aufwand andererseits, die mit der Elektronen-, Röntgen- und Ionenlithographie einhergehen, haben jedoch auch zu deutlichen Verbesserungen der optischen Lithographie gefüht (z. B. tiefes UV-Licht, Phasenmasken u. a.). Immerhin stehen heute optische Techniken mit einer Auflösungsgrenze von 0,4 µm zur Verfügung mit der 64 Mbit Speicher realisierbar sind. Aus heutiger Sicht rechnet man mit dem Einsatz der Röntgenlithographie erst für Speicherkapazitäten ab 256 Mb.

Eine weitere Forderung der hochauflösenden Lithographie ist die Bereitstellung entsprechender Ätzverfahren.

Aus der Funktion der typischen Funktionselemente lassen sich bestimmte Ähnlichkeitsgesetze oder Skalierungsregeln ableiten, die zwar – z. B. für →Feldeffekt- und →Bipolartransistor verschieden –, aber doch aus der Konstanz von Feldstärken in Halbleitergebieten besagen, daß beim Verkleinern der lateralen Linearabmessungen um einen Faktor a auch die Vertikalabmessungen um den gleichen Faktor verkleinert werden müssen. Das bedeutet für die S.:

□ Geringere erforderliche Dotierungstiefen (um 1 µm und weniger), z. B. durch Einsatz der Ionenimplantation (mit dem Zwang zum späteren →Ausheilen),

□ Neue Epitaxieverfahren für ultradünne Schichten (Bereich 10–100 nm), wenn diese erforderlich sind,

□ Herstellung extrem dünner Isolatorschichten für Gateisolationen mit den ihnen eigenen Problemen.

Mit Senkung der lateralen und vertikalen Abmessungen muß noch gesichert sein, daß die einzubringenden Dotierungsatome nach statistischen Gesichtspunkten noch eine gewisse „gleichmäßige Verteilung" gewährleisten. Soll beispielsweise bei einer minimalen Streifenbreite von 0,1 µm in einem Würfel der Kantenlänge 0,01 µm, d. h. einer zehnfachen feineren Auflösung, noch wenigstens ein Dotierungsatom vorhanden sein, so erfordert das zwangsläufig eine Mindestkonzentration von $10^{18}\,cm^{-3}$. Dies ist konsistent mit einer Forderung aus Skalierungsbetrachtungen: bei Abnahme der Linearabmessung um den Faktor a sinkt auch die Breite einer Raumladungszone im gleichen Verhältnis. Dann muß die →Dotierung zwangsläufig um den gleichen Faktor a vergrößert werden, um das Feld zu erhalten. Somit werden in Submikrometerstrukturen deutlich höhere Dotierungskonzentrationen typisch sein.

Von den Funktionselementen steht im Submikrometergebiet vor allem die Frage der funktionellen Realisierbarkeit, d. h. die Übertragbarkeit bisher benutzter Beschreibungen und Modelle in diesen Abmessungsbereich.

Zentrales Problem in den Funktionselementen ist der Trägertransport unter dem Einfluß von Steuergrößen. Üblich ist dabei die Beschreibung in drei Ebenen:

– Das klassische Modell basierend auf geladenen Teilchen (Löcher, Elektronen, geladene Punktmassen) mit effektiven Massen, Beweglichkeiten und Lebensdauern mit den Halbleitergrundgleichungen als beschreibendem System.

– Das semiklassische Modell, das eine oder mehrere Impulsverteilungsfunktionen für die Ladungsträger heranzieht. Die Träger haben dann eine Energie- bzw. impulsabhängige effektive Masse, die im einfachsten Fall durch eine Relaxationszeit beschrieben werden kann. Im Gefolge ist jetzt die →Boltzmann-Gleichung, nicht mehr wie oben die einfache Drift-Diffusionsnäherung, in die Halbleitergrundgleichungen einzubeziehen. Die Ladungsträger werden dabei noch als Punktmassen angesehen.

Dieses System muß beispielsweise verwendet werden, wenn Heißelektroneneffekte oder auch ballistische Effekte zu beachten sind. Im Kanallängenbereich zwischen 1–0,1 µm (mehr nach der unteren Grenze) treten im →Feldeffekttransistor solche Erscheinungen deutlich auf.

– Das quantenmechanische Modell des Transportprozesses unter Nutzung des quantenmechanischen Dichteoperators, in den Fällen, wo die beiden vorhergehenden Beschreibungen versagen. Es läßt sich zeigen, daß auf die quantenmechanische Behandlung dann zurückgegriffen werden muß, wenn die Kanallänge im Bereich 0,01–0,1 µm liegt.

Die Herausforderung, die die S. an die moderne Mikroelektronik stellt, bezieht sich nicht nur auf die Realisierungstechniken und Funktionselemente, sondern auch auf die Komplexität der Schaltungen und Systeme. Vom →Integrationsgrad her gesehen fallen z. B. Speicherschaltkreise mit Kapazitäten von mehr als 4 Mbit in diese Kategorie, vor allem die Generationen der 16- und 64-Mbit-Speicher. Daß hierbei z. B. für den Schaltkreisentwurf und Test völlig neue Methoden und Werkzeuge erforderlich werden, sei nur am Rande erwähnt. *R. Paul*

Substrat →Halbleiterscheibe

Substrattechnik. Substrate bilden in Schaltkreisen der Mikroelektronik die Träger für Leiterbahnen und Bauelemente. In den Schaltkreisebenen der Bauelemente werden metallische →Leiterrahmen als Halterung für die Halbleiter-Chips verwendet, in der →Hybridintegration dienen elektrisch isolierende keramische Werkstoffe (einschließlich Glas) und Polymere als Substrate. Auf diesen werden in →Dünnschichttechnik oder in →Dickschichttechnik Leiterbahnen angebracht und Bauelemente montiert (→Bestückung). Substrate mit Leiterbahnen auf der Ober- und Unterseite sowie Substrate mit →Mehrlagenverdrahtung (→Wärmeleitmodul), erfordern die elektrische Verbindung über durchmetallisierte Bohr- oder Stanzlöcher. Wird das Substrat als Boden in ein hermetisch dichtes Gehäuse eingebaut, so erfolgen die Zuleitungen über vakuumdichte Glas-Metall- oder Keramik-Metall-Durchführungen (→Umhüllung). Sonderformen zur geometrischen Auffächerung von Anschlüssen an einem (z. B. VLSI-) Chip-Bauelement werden als Chip-Carrier (*engl.*, Bauelementträger) bezeichnet, beim Zusammenbau mehrerer Chips auf einem Chip spricht man von →Multichiptechnik.

Häufig eingesetzter Substratwerkstoff ist gesintertes, polykristallines Aluminiumoxid (hohe Festigkeit, Eignung für Beschichtungstechniken und Aktivlötung, günstige →Dielektrizitätskonstante ($\varepsilon = 8–9$), hoher elektrischer Isolierwiderstand, ausreichende Wärmeleitfähigkeit). Verbesserte →Wärmeleitung wird z. B. mit Substraten aus Aluminium-Nitrid erreicht (→Leiterplattentechnik).

Hieber

Subtrahierverstärker. Ein →Meßverstärker, dessen Ausgangsspannung u_a proportional der Differenz der Eingangsspannungen u_1 und u_2 ist (Bild):

$$u_a = -\frac{R_5}{R_4}(u_1 - u_2)$$

Sind die Spannungen u_1 und u_2 hochohmig zu messen, so sind dem Subtrahierer (Bild) noch →Elektrometer-Verstärker vorzuschalten. Derartige Geräte in Form von integrierten Schaltkreisen sind als →Instrumenten-Verstärker verfügbar.

Schrüfer

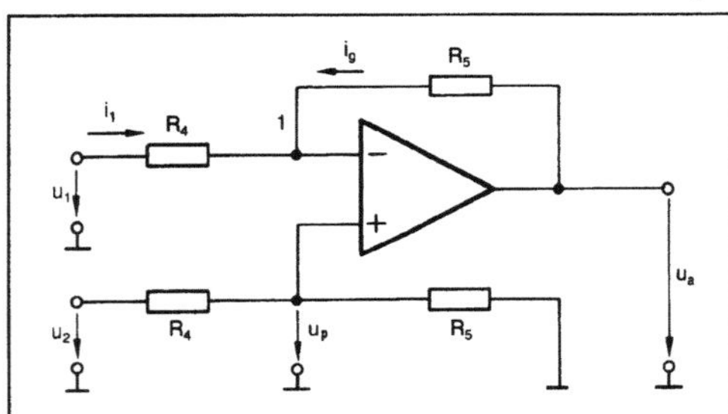

Subtrahierverstärker: Prinzipieller Aufbau.

Summenlöschung →Löschverfahren bei Wechselrichtern

Superdoppelbrechungseffekt →Flüssigkristall-Anzeige

Superlattice →Festkörper-Übergitter

Supraleitung. Praktisch unendlich große →Leitfähigkeit vieler metallischer Elemente, Legierungen sowie Verbindungen nach Unterschreiten einer materialspezifischen kritischen Temperatur T_c (→Sprungtemperatur, Sprungpunkt), wobei ein Magnetfeld aus dem Inneren des Leiters vollkommen verdrängt wird.

Die S. wurde 1911 von *Kamerlingh Onnes* (Nobelpreis 1913) an einer Quecksilberprobe bei einer Sprungtemperatur von ca. 4,2 K entdeckt (Bild 1) und mittlerweile bei über 1 000 weiteren Substanzen festgestellt. Der abrupte Übergang vom normalleitenden in den supraleitenden Zustand entspricht einem Phasenübergang 2. Ordnung (Ordnungs-Unordnungstyp), wobei die Sprungtemperatur die Rolle der kritischen Temperatur spielt. Der spezifische Widerstand sinkt um viele Größenordnungen. Ob er wirklich ideal verschwindet, kann nicht mit Sicherheit bejaht werden. Jedoch konnte nachgewiesen werden, daß er kleiner als 10^{-23} Ω cm ist, ein Wert, der denjenigen von z. B. Kupfer bei Zimmertemperatur um etwa den Faktor 10^{17} unterschreitet und daher in praktischen Fällen als Null angenommen werden kann. Es ist z. Z. noch nicht geklärt, ob alle metallischen Substanzen bei genügend tiefen Temperaturen supraleitend werden müssen. Die *Matthias*-Regel besagt, daß besonders hohe Sprungtemperaturen für Substanzen zu erwarten sind, deren Valenzelektronenzahl (bei Verbindungen und Legierungen gemittelte Valenzelektronenzahl) pro Gitteratom zwischen 4 und 5 oder 6 und 7 liegt. Dies ist in Bild 2 skizziert, wobei der höchste experimentell gefundene Wert (Nb_3Ge) eingetragen ist. Im zugehörigen höheren der beiden Maxima liegen hauptsächlich Substanzen vom A 15-Typ in der Zusammensetzung A_3B, wobei je zwei A-Atome die Flächen, je ein B-Atom die Ecken und das Zentrum eines Würfels besetzen. Diese Materialien lassen sich heute ausreichend gut handhaben, um sie als technische Supraleiter einzusetzen. In den letzten Jahren hat eine rasante Entwicklung mit neuen Materialien für sog. Hochtemperatur-Supraleiter (oxidische Verbindungen, Keramiken) stattgefunden. Sprungtemperaturen oberhalb der Temperatur des flüssigen Stickstoffs wurden gefunden, was völlig neue Einsatzmöglichkeiten eröffnet. (→Hochtemperatur-Supraleitung).

Einige Materialien zeigen S. erst bei hohen Drucken, etwa die metallischen Hochdruckphasen von Halbleitern. Bei Darstellung einiger Substanzen

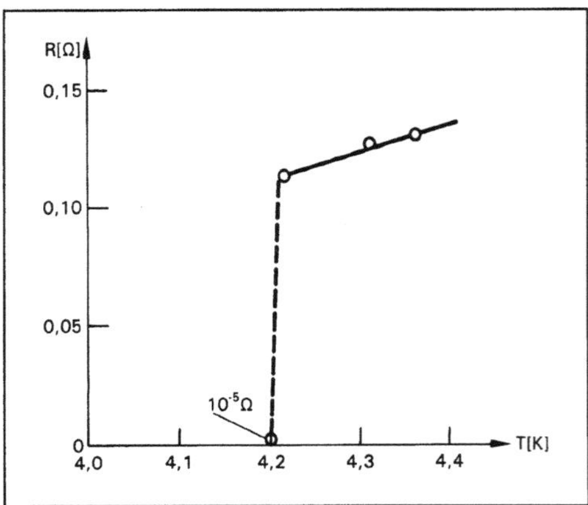

Supraleitung 1: S. vom Quecksilber, wie sie erstmals von Kamerlingh-Onnes 1911 beobachtet wurde (R = Widerstand der Quecksilberprobe).

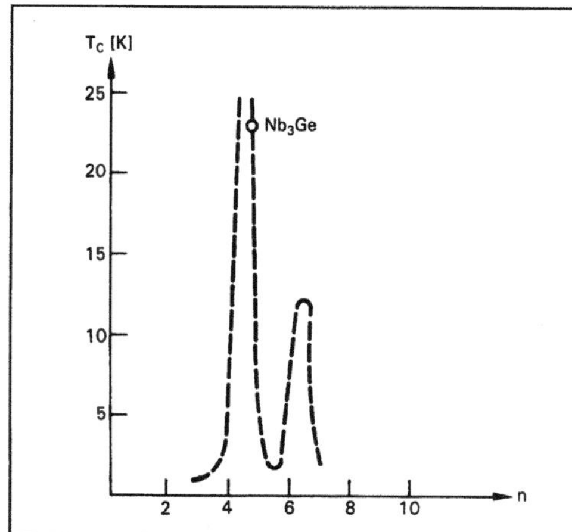

Supraleitung 2: Abhängigkeit der Sprungtemperatur T_C von der mittleren Zahl der Valenzelektronen n eines Supraleiters (Matthias-Regel).

als dünne Schichten wurde unter Verwendung spezieller Präparationsmethoden ein Ansteigen der Sprungtemperatur gefunden, so z. B. von 3,7 K auf 6,0 K bei Zinn.

Neben der idealen elektrischen Leitfähigkeit ist für die Supraleiter ihr praktisch idealer Diamagnetismus charakteristisch: Beim Übergang in den supraleitenden Zustand verdrängen sie ein von außen angelegtes magnetisches Feld aus ihrem Innern, sofern es einen bestimmten kritischen Wert nicht überschreitet (*Meissner*-Effekt, *Meissner-Ochsenfeld*-Effekt). Dieses kritische Feld ist temperaturabhängig nach

$$H_c(T) = H_{co}\left(1-\left(\frac{T}{T_c}\right)^2\right)$$

wobei H_{co}, das kritische Feld am absoluten Nullpunkt, wie die Sprungtemperatur eine materialspezifische Größe ist, z. B. für Zinn $24{,}4\times10^3$ A/m. Natürlich vollzieht sich die Feldverdrängung nicht unstetig an der Oberfläche des Supraleiters, sondern das Feld dringt unter stetiger Absenkung seiner Stärke etwas in den Supraleiter ein. Dies wird u. a. von der die S. phänomenologisch beschreibenden *London*-Theorie durch die *London*-Gleichungen

$$\frac{m}{n\,q^2}\frac{\partial j}{\partial t} = E \quad \text{(1. London-Gleichung)}$$

$$\frac{m}{n\,q^2}\,\mathrm{rot}\, j = -B \quad \text{(2. London-Gleichung)}$$

bestätigt, wobei j, E und B Stromdichte, elektrische Feldstärke und magnetische Induktion darstellen und m, n und q die Masse, räumliche Dichte und Ladung der den Suprastrom führenden →Ladungsträger bezeichnen. Speziell aus der 2. London-Gleichung folgt zusammen mit der 1. Maxwell-Gleichung das Absinken der magnetischen Induktion von der Oberfläche ($x = O$, $B = B_o$) in den Supraleiter hinein nach dem Gesetz

$$B = B_o \exp(-x/\lambda)$$

$$\text{wobei } \lambda = \lambda_o\left(1-\left(\frac{T}{T_c}\right)^4\right)^{-1/2}$$

$$\text{mit } \lambda_o = \frac{m}{\mu_o n\, q^2} \quad (\mu_o = \text{Induktionskonstante})$$

die charakteristische Eindringtiefe des Magnetfeldes ist (*London*sche Eindringtiefe). Die geringste Eindringtiefe (λ_o) ergibt sich für $T = O$. Für $T \rightarrow T_c$, d. h. für verschwindende S. wird $\lambda \rightarrow \infty$, d. h. das Magnetfeld durchdringt den Supraleiter wieder ganz. λ_o liegt in der Größenordnung von einigen 10^{-8} m. Wie für die magnetische Induktion läßt sich auch für den Suprastrom eine Beziehung ableiten, die eine exponentielle Abnahme bei Entfernung von der Oberfläche in den Supraleiter hinein beschreibt. Der Suprastrom fließt also nur in einer durch die *London*sche Eindringtiefe gegebenen Oberflächenschicht. Dies stimmt mit der in den *London*-Gleichungen steckenden Tatsache überein, daß der Suprastrom nur in Bereichen fließen kann, in denen auch das Magnetfeld nicht verschwindet.

Aus der Existenz einer endlichen Eindringtiefe für das Magnetfeld wird auch verständlich, daß Proben, die kleinere Abmessungen als diese besitzen, modifizierte S.-Eigenschaften aufweisen müssen. So zeigen dünne Filme mit einer Dicke $d<\lambda$ eine höhere Sprungtemperatur. Auch das kritische Feld steigt an, was durch eine thermodynamische Betrachtungsweise des Meissner-Effekts plausibel wird: das Metall im supraleitenden Zustand besitzt eine kleinere freie Energie als im Normalzustand. Letzteren erreicht es wieder, wenn der Betrag der Energieabsenkung von der zur Feldverdrängung notwendigen Energie überflügelt wird. Mit $d<\lambda$ muß jedoch durch die geometrische Reduktion des eingedrungenen Feldes weniger Energie zur Feldverdrängung aufgebracht werden als für $d>\lambda$. Deshalb kann insgesamt ein höheres Feld angelegt werden.

Wird der Wert der kritischen Feldstärke überschritten, so geht der Supraleiter wieder in den normalleitenden Zustand über. Damit konsistent ist die Tatsache, daß Substanzen mit starken inneren Magnetfeldern (Ferromagnetika, Fe, Co, Ni) nicht supraleitend werden. Ebenso verständlich ist damit die Zerstörung der S. bei Überschreiten einer kritischen Stromdichte im Supraleiter. Nach der *Silsbee*-Regel ist dies die Stromdichte, die an der Oberfläche des Supraleiters das kritische Feld selbst erzeugt. Für einen Draht mit Radius r lautet damit die Verknüpfung zwischen kritischem Feld H und kritischem Strom I_c im Fall ohne äußeres Magnetfeld $H_c = I_c/2\pi r$. Die beschriebenen Vorgänge sind reversibel, d. h. nach Absenkung des Felds (Stroms) unter seinen kritischen Wert wird wieder der supraleitende Zustand erreicht. Damit läßt sich ein Phasendiagramm (Bild 3a) konstruieren, wobei $H_c(T)$ die Grenzkurve zwischen normalleitendem (nl) und supraleitendem (sl) Zustand bildet. Supraleiter, die diesem einfachen Diagramm gehorchen, heißen Supraleiter 1. Art (alle reinen Metalle außer Nb, V, Tc und den Ferromagnetika). Ihre supraleitende Phase wird als *Meissner*-Phase bezeichnet (auch Normalphase).

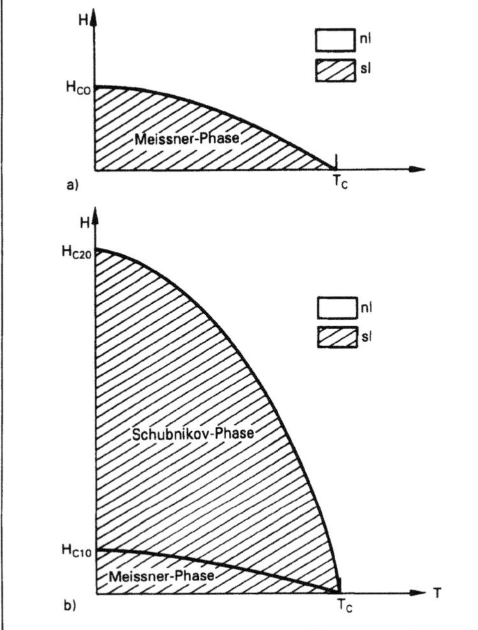

Supraleitung 3: Phasendiagramme für Supraleiter (nl = normalleitend, sl = supraleitend).
a) S. 1. Art
b) S. 2. Art.

Bei Supraleitern 2. Art existiert für kleine Magnetfelder ebenfalls eine *Meissner*-Phase mit einer Phasengrenze $H_{c1}(T)$. Jedoch bricht im Gegensatz zum Supraleiter 1. Art bei ihrem Überschreiten die S. noch nicht zusammen. Vielmehr teilt sich der Supraleiter in dieser *Shubnikov*-Phase (Bild 3b) in supraleitende und normalleitende Bereiche auf. Es dringt magnetischer Fluß in den Supraleiter ein, jedoch nur in räumlich begrenzte Flußschläuche, deren Abstand mit wachsendem Außenfeld schrumpft. Es konnte nachgewiesen werden, daß sie regelmäßig und mit dichtester Packung (hexagonal) angeordnet sind. Erst nach Überschreiten einer zweiten Phasengrenze, $H_{c2}(T)$ (Bild 3b), verschwindet die S. ganz und das Magnetfeld durchdringt den Leiter vollständig. Auch H_{c1} und H_{c2} gehorchen einem Temperaturgesetz wie $H_c(T)$ der *Meissner*-Phase. H_{c20} ist wesentlich höher als H_{c10} und H_{c0}, d. h. die S. kann bei Supraleitern 2. Art bis zu sehr hohen Magnetfeldern aufrecht erhalten werden. Beim reinen Supraleiter zweiter Art ist jedoch der kritische Strom sehr klein, da es zwischen dem Suprastrom und den Flußschläuchen durch die →Lorentzkraft zu einer Wechselwirkung kommt, die die Flußschläuche räumlich verschiebt. Dadurch entsteht Wärme, die der elektrischen Energie entzogen wird und einen endlichen elektrischen Widerstand resultieren läßt. Es gelingt jedoch, durch Einbau genügend vieler Gitterdefekte (Haftstellen, *engl.* pinning centers), die Flußschläuche räumlich zu fixieren. Die damit entstehenden Supraleiter 3. Art zeichnen sich durch eine hohe kritische Stromdichte aus. Werte bis zu 10^6 A/cm^2 konnten bereits erreicht werden. Dies erlaubt z. B. den Bau von eisenfreien supraleitenden Elektromagneten, womit sich bereits Magnetfeldstärken von über 200 kG verifizieren ließen. Durch das Festhalten von magnetischen Flußschläuchen an Gitterdefekten kann das Entstehen und Verschwinden von Normalbereichen nicht mehr unbehindert vor sich gehen. Die Magnetisierung als Funktion des Magnetfeldes zeigt daher ähnlich wie bei den „harten" Ferromagnetika eine Hysterese. Man spricht daher auch von harten Supraleitern (2. Art).

Die in den *London*-Gleichungen resultierende *London*-Theorie der S. beschreibt zwar phänomenologisch gut den *Meissner*-Effekt, erlaubt jedoch keine Einsicht in die mikroskopischen Grundlagen der S. Diese müssen erklären können, was die praktisch verlustfreie Bewegung von Ladungsträgern im supraleitenden Zustand ermöglicht und welcher Art diese Ladungsträger sind. Bereits der sog. Isotopeneffekt legt nahe, daß es sich bei der S. nicht allein um eine Eigenschaft des Elektronensystems des Metalls handeln kann. Er besagt, daß die Sprungtemperatur von der mittleren Masse M der Gitterbausteine abhängt,

$$T_c \sim M^{-\alpha}$$

wobei der Exponent $\alpha \approx 0{,}5$ ist, Abweichungen jedoch auftreten können. Damit ist zu erwarten, daß Eigenschaften des Festkörpergitters und des Elektronensystems die S. ermöglichen. Dies wird in der BCS-Theorie (nach ihren Begründern *Bardeen, Cooper, Schrieffer,* Nobelpreis 1972) dargestellt. Aufgrund der Wechselwirkung zwischen Elektronen und Gitterschwingungen (→Phonon), kommt es zu einer Bindung zwischen je zwei Elektronen, zu Cooper-Paaren, die unterhalb einer kritischen Geschwindigkeit (kritische Stromstärke) keine Stöße mit dem Gitter erleiden und damit widerstandslos fließen.

Die Existenz der Cooper-Paare konnte auch experimentell direkt nachgewiesen werden. So wurde gemessen, daß z. B. der magnetische Fluß, den ein Supraringstrom erzeugt, quantisiert ist und ein Vielfaches von h/2e beträgt (e = Elementarladung des Elektrons, h = Plancksches Wirkungsquantum). Der Faktor 2 im Nenner des Flußquants h/2e weist auf die doppelte Ladung des Suprastromladungsträgers hin.

Da die Cooper-Paare phasenkohärent sind (BCS-Theorie) und damit einen Zustand erhöhter Ordnung darstellen, wird der Übergang sl→nl auch als Ordnung-Unordnungsübergang bezeichnet.

In der die S. als Phasenübergang 2. Ordnung behandelnden *Ginsburg-Landau*-Theorie spielt die Kohärenzlänge bereits eine wichtige Rolle, ohne daß die obige mikroskopische Deutung bei ihrem Entstehen bereits bekannt gewesen wäre. Mit der Weiterentwicklung zur GLAG-Theorie (Begründer *Ginsburg, Landau, Abrikosov, Gorkov)* wurde der Bezug zur BCS-Theorie und die Erweiterung auf die Supraleiter 2. Art vollzogen. Dabei spielt der *Ginsburg-Landau*-Parameter λ/ξ (Quotient aus Eindringtiefe und Kohärenzlänge) eine wichtige Rolle. Mit ihm gelingt auch eine formale Unterscheidung von Supraleitern 1. und 2. Art:

$\lambda/\xi < 1/\sqrt{2}$ für Supraleiter 1. Art

$\lambda/\xi > 1/\sqrt{2}$ für Supraleiter 2. Art

Dies beschreibt auch die Tatsache, daß Supraleiter 1. Art durch Zusetzung von Fremdatomen zu Supraleitern 2. Art werden: Der Einbau wirkt sich begrenzend auf die freie Weglänge der Elektronen aus und reduziert damit auch die Kohärenzlänge. Damit kann λ/ξ über den Grenzwert $1/\sqrt{2}$ wachsen, womit sich der Übergang zum Supraleiter 2. Art vollzieht. Trotz vieler Erfolge ist die Theorie der S. jedoch noch nicht als abgeschlossen zu bezeichnen.

Die Anwendungen der S. reichen von der Erzeugung hoher Magnetfelder bis zum verlustfreien Energietransport, der Energiespeicherung und Energiewandlung in Generatoren. Tunneleffekte zwischen Kontakten von Supraleitern (→Josephson-Effekt) erlauben den Bau von Schaltelementen und hochempfindlichen Detektoren für Magnetfelder, Spannungen und Ströme (→SQUIDS), die ihren Einsatz z. B. auch in der Medizin finden.

Heinz

Literatur: *Buckel, W.:* Supraleitung, Weinheim 1984.

surface-micromachining. Unter s.-m. versteht man ein Herstellungsverfahren für mikromechanische Strukturen, die bei Aktoren und Sensoren verwendet werden. Im Gegensatz zu den Ätztechniken des bulk-micromachining werden beim s.-m. dreidimensionale Strukturen nur auf der Oberfläche der Siliciumscheibe erzeugt. Bei s.-m. handelt es sich um eine →Dünnschichttechnik, bei der zunächst Schichten aus unterschiedlichen Materialien auf einem Substrat abgeschieden und photolithographisch strukturiert werden. Im einfachsten Fall (Bild 1) wird zunächst eine Opferschicht (*engl.* sacrificial layer) abgeschieden und strukturiert. Auf diese Schicht wird ein anderes Material abgeschieden und ebenfalls strukturiert. Durch ein selektives Ätzverfahren wird die Opferschicht anschließend entfernt, so daß freitragende Teile entstehen. Dadurch lassen sich z. B. mikrominiaturisierte Brücken, Balken oder Rotoren (→Mikromotor) (Bild 2) erzeugen. Die frei tragenden Teile bestehen meist aus →Polysilicium und die Opferschichten aus dotiertem Siliciumoxid (→PSG), es lassen sich aber auch andere Materialkombinationen verwenden, die sich selektiv ätzen lassen.

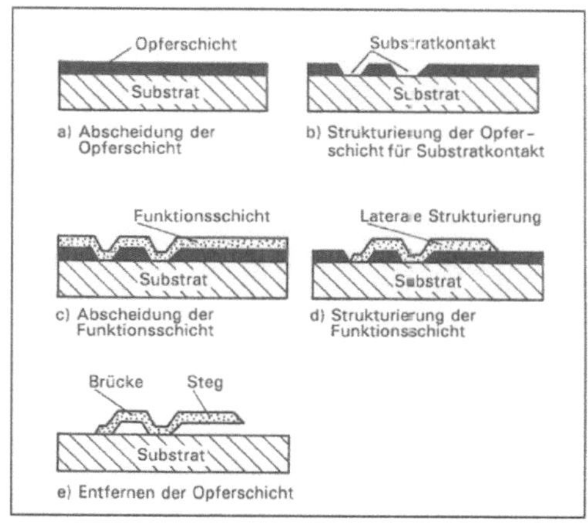

surface-micromachining 1: Typische Herstellungsschritte.

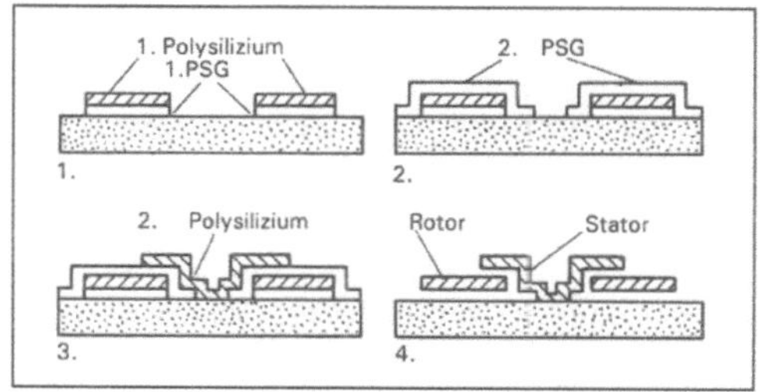

surface-micromachining 2: Herstellung eines frei beweglichen Rotors.

Entscheidend für den Erfolg von s.-m. ist die Kontrolle der mechanischen Spannungen in den abgeschiedenen Schichten, da Druckspannungen zu unkontrollierbaren Verwölbungen und zu hohe Zugspannungen zum Bruch der Strukturen führen. Mit s.-m. lassen sich mechanische Strukturen mit Abmessungen bis in den sub-μ-Bereich realisieren. Anwendungsbeispiele für s.-m. sind Druck- und Beschleunigungssensoren, sowie verschiedene Aktoren. Dem s.-m. kommt eine sehr hohe praktische Bedeutung zu, da das Verfahren kompatibel zur →CMOS- oder →BICMOS-Technologie ist und sich daher zur Massenproduktion monolithisch integrierter Sensoren und Aktoren eignet. Besonders vorteilhaft ist der geringe Platzbedarf dieser Strukturen im Vergleich zu bulk-micromachining, so daß kostengünstig hergestellt werden kann. *A. Richter*

Switched-Capacitor-Technik →Schalter-Kondensator-Filter

Synchronimpuls →Fernsehsystem

Synchrotron. Kreisförmiger Beschleuniger zur Erzeugung sehr hochenergetischer Teilchenstrahlen für den Einsatz in der Elementarteilchenphysik und als Vorbeschleuniger.

Um sehr hohe Energien erzielen zu können, muß der Bahnradius bei technisch realisierbaren Magnetfeldern entsprechend groß sein. Daher wird in einem S. die Bahn durch eine nahezu kreisförmige →Strahlführung mit entsprechendem Durchmesser festgelegt (Bild). Beim Beschleunigen bleibt diese Bahn erhalten. Daher müssen die Feldstärken in den Magneten synchron mit der Energie hochgefahren werden, was den Namen S. erklärt.

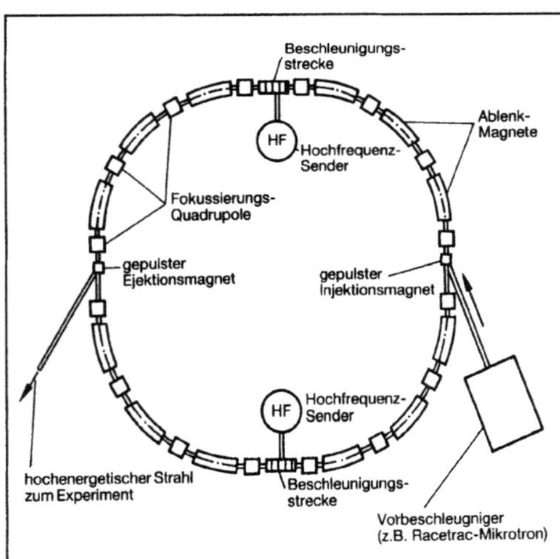

Synchrotron: Prinzipielle Auslegung.

Das Prinzip des S. wurde 1945 von *E. M. McMillan* und *V. I. Veksler* entwickelt. Bis heute sind Maschinen für Elektronen bis zu einer Energie von 10 GeV und für Protonen bis zu nahezu 1000 GeV gebaut worden.

Das klassische S. verwendete →Strahlführungsmagnete mit überlagerten Dipol- und Quadrupolfeldern (combined function). Die Gradienten der Quadrupolfelder wechseln dabei ab (alternating gradient synchrotron). Dadurch wird der Strahl horizontal wie vertikal fokussiert. Bei modernen Elektronensynchrotronen werden dagegen getrennte Ablenk- und Fokussierungsmagnete eingesetzt, um eine bessere Anpassung der →Strahloptik zu erreichen. Die Magnete sind als Wechselstrommagnete ausgelegt und werden mit Kondensatoren zu Resonanzkreisen zusammengeschaltet. Da die Phasenlage zwischen den verschiedenen Kreisen sehr kritisch ist, werden die einzelnen Kreise miteinander verkoppelt (*White*-Schaltung).

Bei jedem Umlauf durchlaufen die Teilchen die Beschleunigungsstrecken, die aus Hohlraumresonatoren bestehen und durch Sender hoher Leistung versorgt werden. Dieselbe Beschleunigungsstrecke wird also vom Strahl beim Beschleunigen sehr oft benutzt. Durch das Prinzip der Phasenfokussierung sucht sich der Strahl die optimale Beschleunigungsspannung selbst, die Sender brauchen also nur grob in der Leistung gefahren werden.

Da das S. bei sehr niedrigen Energien sehr empfindlich ist gegen unvermeidliche Feldfehler, benutzt man einen Vorbeschleuniger, der die Teilchen zunächst auf eine unkritische Energie bringt. Die vorbeschleunigten Teilchen werden dann mit Hilfe gepulster Magnete in das S. injiziert und anschließend hochbeschleunigt. Nach Erreichen der Endenergie wird der Strahl ebenfalls mit gepulsten Magneten aus dem Beschleuniger ejiziert.

In Elektronen-S. wird vom Strahl eine scharf nach vorn gebündelte elektromagnetische Strahlung, die →Synchrotronstrahlung ausgesendet. Ihr Spektrum reicht vom sichtbaren Licht bis in den Röntgenbereich. Diese Strahlung wird in vielen Bereichen der Festkörper- und Oberflächenphysik eingesetzt. Die S. sind dabei inzwischen durch die viel leistungsfähigeren Speicherringe ersetzt worden. *Wille*

Literatur: *Courant, E. D.* und *H. S. Snyder:* Theory of the Alternationg Gradient Synchroton. Annals of Physics 3 (1958), S. 1–48. – *Kolomenski, A. A.* und *A. N. Lebedev:* Theory of Cyclic Accelerators. Amsterdam 1966. – *Livingston, M.* und *J. Blewett:* Particle Accelerators. New York 1962. – *Wilson, E. J. N.:* Proton Synchrotron Accelerator Theory. CERN 77–07, Genf.

Synchrotronstrahlung. Eine elektromagnetische Strahlung, die von hochenergetischen Elektronen bei Ablenkung in einem magnetischen oder elektrischen Feld ausgesendet wird (Bild). Die pro Längeneinheit dabei abgestrahlte Leistung beträgt

$$\frac{dP}{ds}\left[\frac{kW}{m}\right] = 14.09\,\frac{E^4 \cdot I}{R^2}$$

dabei ist E die Energie in GeV, I der Strahlstrom in A und R der Biegeradius der Bahn in m. Nennens-

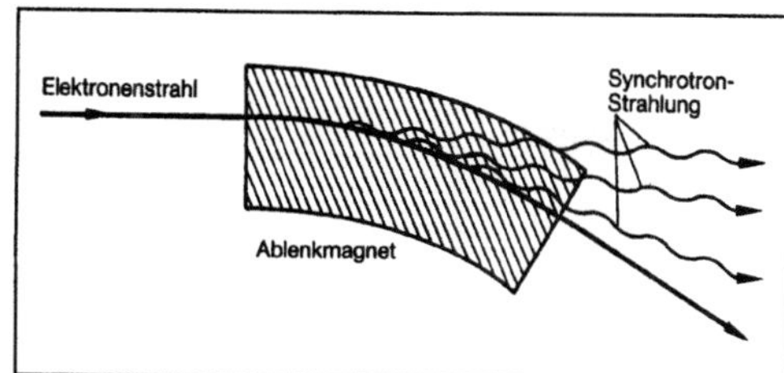

Synchrotronstrahlung: Erzeugung von S. durch Ablenkung eines Elektronenstrahls in Magneten.

werte S. tritt erst bei Teilchenenergien oberhalb von E = 100 MeV auf. Ihre Erzeugung erfordert daher stets einen →Teilchenbeschleuniger, wobei heute vor allem Speicherringe auf Grund ihrer hohen und sehr stabilen Strahlströme bevorzugt werden.

Wegen der sehr hohen Teilchenenergie und der damit verbundenen relativistischen Geschwindigkeit der Elektronen wird die S. extrem scharf nach vorn gebündelt. Der Öffnungswinkel der Strahlung beträgt $\Theta \approx 1/\gamma$, wobei $\gamma = E/E_0$ das Verhältnis von Teilchenenergie E zu Ruheenergie E_0 ist ($E_0 = 511$ keV). Das →Synchrotronstrahlungsspektrum ist sehr breit und reicht vom sichtbaren Licht bis in den Röntgenbereich. Die S. wird in vielen Bereichen der Festkörper- und Oberflächenphysik, der Biologie, der Chemie sowie der Technik eingesetzt. Dabei wird sehr intensive Strahlung durch Wigglermagnete und Undulatoren gewonnen. *Wille*

Synchrotronstrahlungsspektrum. Energieverteilung der Photonen, die bei Ablenkung von hochenergetischen Elektronenstrahlen im Magnetfeld ausgesendet werden. Diese →Synchrotronstrahlung überdeckt ein sehr breites Spektrum, das beim sichtbaren Licht beginnt und je nach der Energie des Elektronenstrahls bis in den Röntgenbereich reicht (Bild). Ein Maß für die obere Grenze dieses Spektrums ist die kritische Photonenenergie E_c. Sie berechnet sich nach

$$E_c\,[\mathrm{keV}] = 2.218\,\frac{E^3}{R}$$

wobei E die Strahlenergie in GeV und R den Biegeradius der Bahn in m angibt. Das Spektrum der von Undulatoren ausgesendeten Strahlung ist auf Grund der Kohärenzeffekte sehr viel schmaler. Es besteht aus einer Anzahl von einzelnen Linien, von denen die erste der Grundwelle und alle weiteren den zugehörigen Oberwellen der elektromagnetischen Strahlung zugeordnet sind. *Wille*

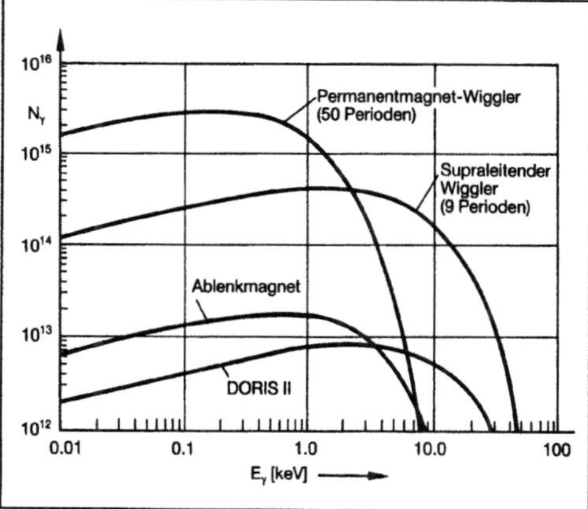

Synchrotronstrahlungsspektrum: Energiespektrum der Synchrotronstrahlung.

Systemintegration. Realisierung eines ganzen elektronischen Systems mit mikroelektronischen Herstellungsverfahren, Funktionselemente- und Schaltungstechniken auf einem oder wenigen Chips durch Anwendung der Verfahren zur Hoch-, Höchst- und Ultrahöchstintegration (→Integrationsgrad).

Je nach der Systemkomplexität kann eine solche S. auf sehr unterschiedlichen Integrationsniveaus erfolgen. So läßt sich beispielsweise ein Digitalvoltmeter – als System aufgefaßt – z. B. in zwei Schaltkreise (Digitalvoltmeter und Ansteuerschaltkreis für die Anzeige) aufteilen, in Sonderfällen auch auf einen. Ebenso ist ein →Einchiprechner ein solches System (auf höherem Niveau).

Die Fähigkeit, ganze elektronische Systeme, mit mikroelektronischen Mitteln, also in Form integrierter Schaltungen zu realisieren (Bild), hängt stark davon ab, in welchem Umfang durch rationelle Entwurfsverfahren einerseits auf die vielfältigen Anforderungen eingegangen werden kann und wie groß andererseits die geforderte Stückzahl ist, um ein wirtschaftliches Herstellungsverfahren wählen zu können. Hieraus haben sich verschiedene Strategien für das Verhältnis zwischen Anwendereinfluß und Hersteller entwickelt (Standardschaltkreise →ASIC). In den meisten Fällen gilt, daß mit Zunahme der Systemkomplexität die Einsatzbreite des Systems abnimmt. Einen Ausweg aus diesen gegenläufigen Forderungen einer Systemrealisierung durch Hardware, brachte der Mikrorechner. Er ermöglichte, eine in großen Stückzahlen hergestellte Hardware durch ein Programm, d. h. mittels Software an vielfältige Einsatzgebiete anzupassen.

In zunehmendem Maße nutzt die →Mikroelektronik auch die nichtelektrische Informationsverarbeitung zur Systemrealisierung, z. B. die Mikroakustik, →Mikromechanik und →Optoelektronik mit steigender Bedeutung. Auch andere Gebiete, wie z. B. die Magneto- und Kryoelektronik, könnten künftig an Gewicht gewinnen. *R. Paul*

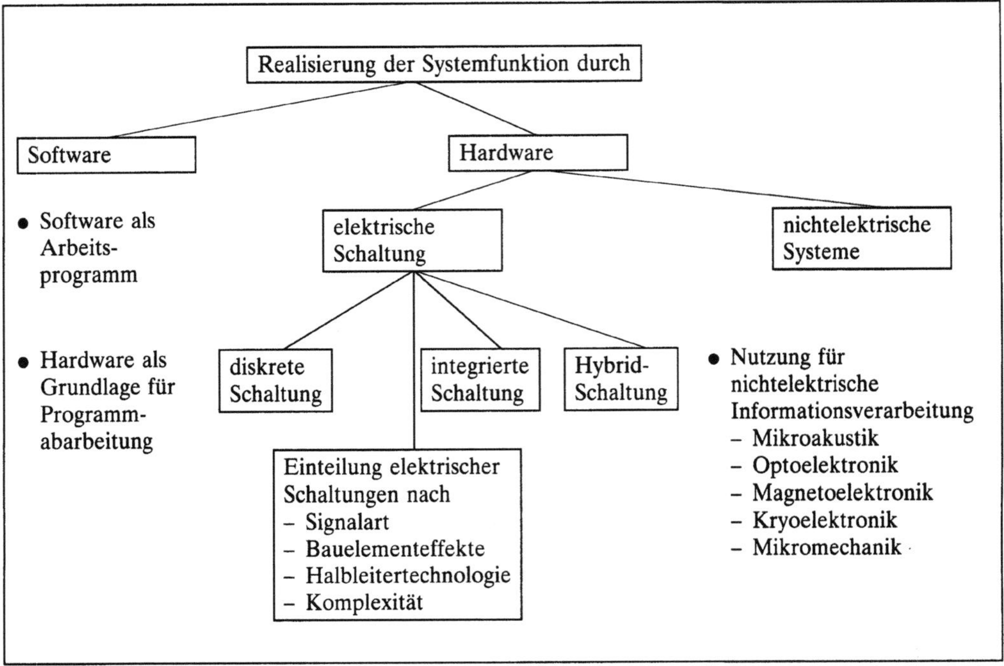

Systemintegration: Realisierungsmöglichkeiten einer Systemfunktion mit den Möglichkeiten der Mikroelektronik.

Systemtest. Test des Echtzeitbetriebes und des Zusammenwirkens einer Leiterplattenbaugruppe mit anderen Baugruppen wie im realen Einsatz im Endprodukt oder in einer Anlagenkomponente. Vor allem dynamische →Fehler werden hier erkannt, aber auch Fehler im Wechselwirken mit anderen z. B. auch nichtelektronischen Komponenten (→Sensoren, →Aktoren). Der S. wird u. U. mit dem Dauertest kombiniert. *K. Winter*

Szintillationsmeßkopf. Ein S. besteht aus dem von der Strahlung zur Emission von Lichtblitzen angeregten Szintillationsmaterial und dem die Lichtblitze in elektrische Signale umsetzenden →Photomultiplier. Als Szintillatoren werden anorganische Kristalle (Natriumiodid (NaI), Cäsiumiodid (CsI), Zinksulfid (ZnS) u. a.) oder organische Substanzen (Anthracen und Stilben) verwendet. Der ideale Szintillator hat eine hohe Nachweiswahrscheinlichkeit für die einfallende Strahlung, eine gute Linearität bei der Umsetzung der absorbierten Strahlenenergie in Licht, eine kurze Abklingzeit für die zur Lichtemission führenden Anregungszustände und eine hohe Transparenz für das erzeugte Licht. Keines der gebräuchlichen Szintillationsmaterialien erfüllt alle angegebenen Eigenschaften gleich gut, so daß die Art des Szintillators der Meßaufgabe angepaßt werden muß.

Am weitesten verbreitet, sind die mit geringen Mengen Thallium aktivierten Natriumiodid-Einkristalle. Mit ihrer relativ hohen Nachweiswahrscheinlichkeit für Photonenstrahlung von 10 keV bis 1 MeV, der guten Linearität, einer relativ guten Auflösung des Energiespektrums (unter optimalen Bedingungen können 7% Auflösung erreicht werden) und ihrem relativ niedrigen Preis haben sie sich in der Gamma-Spektrometrie ein weites Anwendungsgebiet geschaffen. In neuerer Zeit werden sie mehr durch die besser auflösenden Halbleiter-Strahlungsdetektoren verdrängt.

Cäsiumiodid und die sog. Plastikszintillatoren (organische Substanzen) werden wegen der bei ihnen von der Art der Energieübertragung abhängigen Abklingkurve zur Identifizierung unterschiedlich geladener Teilchenstrahlung eingesetzt. Das polykristalline Zinksulfid (mit Silber dotiert) dient dagegen als Detektor für Alphastrahlung. Sonderformen sind:

□ Bohrlochkristall: Die mit einem Bohrloch versehenen Kristalle werden bevorzugt zum Nachweis der Strahlung von kleinen radioaktiven Proben eingesetzt. Sie haben wegen ihrer 4 π-Geometrie eine hohe absolute Nachweiswahrscheinlichkeit.

□ Flüssigszintillator: Besonders zum Nachweis niederergetischer Betastrahlung verwendet man szintillierende Flüssigkeiten aus den Phenylderivaten (POPOP oder PPO), die in Toluol oder Xylol gelöst sind. Das strahlende Material wird mit dem Szintillator vermischt.

□ Phoswichdetektoren: Die Kombination von zwei Teilkristallen (üblicherweise Natriumiodid und Cäsiumiodid) in einem Kristall ermöglicht die Unterdrückung von Umgebungsstrahlung und dient bevorzugt dem Messen von Photonen- und Betastrahlen.

Wachsmann

T

T²L (Transistor-Transistor-Logik) →TTL

TAB-Verfahren →Mikrofügeverfahren, →Oberflächenmontage

Takt →Taktgenerator

Taktgenerator. Anordnung (Gerät, meist aber Schaltung) die Impulse in Form eines zyklischen Binärmusters in starrer zeitlicher Folge erzeugt (z. B. festliegende Flankensteilheit, Amplitude und Impulsdauer).

Das vom T. gebildete Impulsmuster liefert die Steuerkommandos für den zeitlichen Ablauf der Steuervorgänge eines synchron getakteten Digitalsystems (z. B. Mikrorechner, Digitaluhr). Dadurch werden alle Vorgänge innerhalb des Systems zeitlich koordiniert.

T. werden meist als Quarzgeneratoren ausgeführt und der benötigte Systemtakt oft durch Frequenzuntersetzung gewonnen. Auch mehrphasige Taktsignale, wie sie für getakte MOS-Digitalsysteme typisch sind, lassen sich durch zusätzliche Schaltungsteile realisieren.

Die Taktfrequenz des T. selbst ist eine fundamentale Größe von Digitalsystemen, da sie die Arbeitsgeschwindigkeit der Operationen und somit die Leistungsfähigkeit des Systems bestimmt. Die maximal zulässige Taktfrequenz hängt stark von der verwendeten Schaltungstechnik im System ab. Für dynamische Systeme existiert eine obere und untere Taktfrequenz, innerhalb der das System arbeiten kann. *R. Paul*

Tantal-Elektrolytkondensator. (auch Tantal-Elko) →Elektrolytkondensatoren, deren Dielektrikum durch anodische Oxidation (Formierung) des Ventilmetalls Tantal zu Tantalpentoxid (Ta_2O_5) gebildet wird. Wegen der hohen relativen Permittivitätszahl ($\varepsilon_r = 25$ bis 27) und der großen Spannungsfestigkeit von Tantalpentoxid (0,5 V/nm) lassen sich →Kondensatoren mit großen spezifischen Kapazitätswerten herstellen.

Der Vorteil von T.-E. beruht auf der großen chemischen Beständigkeit von Tantalpentoxid. Die geringe Reaktivität gestattet es, Elektrolyte mit hoher Leitfähigkeit zu verwenden und damit niedrige Serienwiderstände beim Betrieb mit hohen Frequenzen zu erzielen. Diese Elektrolyte, beispielsweise Schwefelsäure, sind chemisch meist recht aggressiv, haben jedoch eine gute elektrische Leitfähigkeit.

Ein weiterer Vorteil von Tantal ist es, aus Tantal-Pulver gesinterte Anoden mit sehr großer Oberfläche bei kleinstem Bauvolumen herzustellen. Insbesondere diese gesinterten Tantal-Kondensatoren in perlenförmiger, kunststoffumpreßter, in gebecherter oder in chipförmiger Ausführung stellen die großen Stückzahlen im Einsatz von T.-E. in modernen elektronischen Schaltungen (Bild 1).

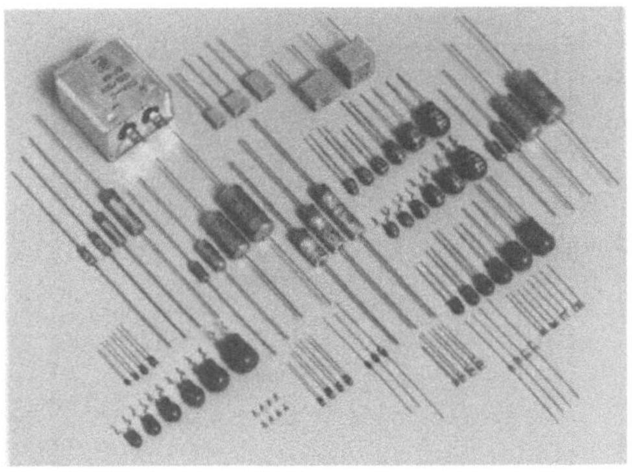

Tantal-Elektrolytkondensator 1: Bauformen mit festen Elektrolyten. (Quelle: Roederstein)

T.-E. werden heutzutage mit Kapazitätswerten von 0,01 µF bis etwa 22000 µF bei Spannungsfestigkeiten von 3 V bis 630 V hergestellt. Bestimmte Ausführungsformen sind bis etwa 125 °C spezifiziert.

Diese Vorteile gegenüber anderen Kondensatoren verbunden mit im typischen Fall sehr niedrigen Restströmen und großer →Lebensdauer sowie niedriger →Ausfallrate machen den Tantal-Kondensator zu einem weitverbreiteten Bauteil in professionellen und militärischen elektronischen Schaltungen.

Da jedoch die Material- und Herstellkosten sich stark im Preis der Tantal-Kondensatoren niederschlagen, werden diese Bauelemente meist nur dann eingesetzt, wenn kleine Abmessungen gefordert sind. Hier erfüllen T.-E. ihre Funktion in Siebschaltungen, bei der Kopplung und Entkopplung von NF-Signalen, als Energiespeicher zur Überbrükkung bei Speisungsunterbrechungen, bei der Glättung pulsierender Gleichspannung, in Zeitschaltungen zur Zeit- oder Frequenzerzeugung und in Integrier- und Differenzier-Schaltungen.

Begrenzungen im Einsatz von T.-E. sind niederohmige Schaltbeanspruchungen und Spannungen mit falscher Polarität. Auf entsprechende schaltungstechnische Vorsichtsmaßnahmen wie gewisse Mindest-Schaltkreis-Innenwiderstände und Schutz vor Gegenspannungen muß geachtet werden. Hinweise für den vorschriftsmäßigen Betrieb werden in VDE 0560, Teil 16 erläutert.

Der Aggregatzustand des verwendeten Elektrolyten im Kondensator bedingt die Unterteilung in T.-E. mit festem und mit flüssigem Elektrolyten.

Am weitesten verbreitet sind T.-E. *mit festem Elektrolyten.* Bei diesen Elektrolytkondensatoren besteht der Elektrolyt aus dem leitfähigen Material Braunstein (MnO_2). Durch Sinterung aus feinstem Tantalpulver werden zur Oberflächenvergrößerung schwammartige Anoden in zylindrischer oder quaderförmiger Gestalt erzeugt. Bei der anschließenden Formierung muß darauf geachtet werden, daß das Dielektrikum Tantalpentoxid in amorpher Struktur erzeugt wird. Der Sinterkörper wird sodann mittels eines pyrolytischen Prozesses mit dem Elektrolyten, der Kathode des Kondensators, versehen. Bei diesem Prozeß wird der Ta-Sinterkörper mehrmals in eine wässrige Mangan-Nitratlösung getaucht und im Temperaturbereich zwischen 250 °C bis 400 °C erhitzt. Dabei entsteht der Elektrolyt *Braunstein* nach der Formel:

$$Mn\,(NO_3)2 \cdot 4H_2O \rightarrow MnO_2 + 2NO_2\uparrow\; + 3H_2O\uparrow$$

Mit Hilfe von Graphit und Leitsilber wird der Elektrolyt Braunstein, die Kathode, kontaktiert und mit dem Kathodenanschluß verbunden.

T.-E. dieser Herstellart werden in axialer (liegender) Bauform (Bild 2) in Metallbecher eingebaut bzw. mit Kunststoff umpreßt oder aber in radialer (stehender) Bauform als kunstharzumhüllte Perlen oder als kunststoffumpreßte Quader angeboten.

Für die →Oberflächenmontage gewinnen neue Bauformen, wie Chipkondensatoren stark an Bedeutung.

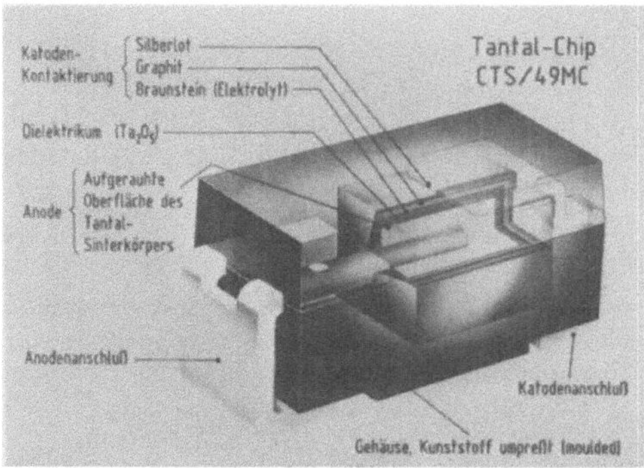

Tantal-Elektrolytkondensator 2: Aufbau eines umpreßten Tantal-Chip-Elektrolytkondensators mit festem Elektrolyten. (Quelle: Philips Components)

T.-E. mit festen Elektrolyten zeichnen sich durch lange Lebensdauer, große →Zuverlässigkeit und sehr gute elektrische Eigenschaften, wie äußerst kleine Restströme und niedrige Impedanzwerte bei hohen Frequenzen, aus.

T.-E. mit flüssigem Elektrolyten weisen eine höhere spezifische Kapazität als diejenigen mit festem Elektrolyten auf, denn flüssige Elektrolyte haben einen höheren Benetzungsgrad an aufgerauhten Oberflächen als feste Elektrolyte.

Wegen der großen chemischen Beständigkeit von Tantal und Tantalpentoxid wird im *nassen* T.-E. ein Elektrolyt mit großer Leitfähigkeit, meist Schwefelsäure, in flüssiger oder in eingedickter (pasteuser) Form verwendet.

Nasse Tantal-Elkos mit Tantal-Sinteranode weisen bereits bei relativ kleinen Abmessungen gute elektrische Eigenschaften auf. Sie werden meist mit hermetisch dichten Silbergehäusen oder Bechern aus Tantal hergestellt. Zur Verringerung von Kapazitätsverlusten bei Schaltbeanspruchungen werden die Innenflächen der Gehäuse oft mit Plantinmoor ausgekleidet.

Nasse Tantal-Kondensatoren mit Tantal-Anodenfolie sind als Wickelkondensatoren, ähnlich den nassen Aluminium-Elektrolytkondensatoren aufgebaut. Dieser Aufbau gestattet Ausführungen von Tantalkondensatoren bis 630 V Gleichspannung.

Der Vorteil der kleinen Bauformen bei T.-E. mit nassem Elektrolyten wird durch die generelle Lebensdauerbegrenzung, bedingt durch Austrocknung, erkauft. Hermetisch dichte Gehäuse verlängern zwar entscheidend die Lebensdauererwartung, führen jedoch auch zu höheren Kosten. Das erklärt auch den hauptsächlichen Einsatzbereich der nassen Ta-Elkos in militärischen Geräten, in der Satellitentechnik u. ä. *Both*

Literatur: *Böger, H.* und *F. Köhler, G. Weig.:* Bauelemente der Elektronik und ihre Grundschaltungen. Köln 1984. – *Goudswaard, B.* and *F. Driesens*: Failure Mechanism of solid Tantalum Capacitors Electrocomponent Science and Technology. 3 (1976) No. 3. S. 171. – *Langer:* Festkörperelektrolytkondensatoren. Berlin 1982. – *Zinke, O.* und *H. Seither:* Widerstände, Kondensatoren, Spulen und ihre Werkstoffe. Berlin 1982. – Siemens Datenbuch Tantal-Elektrolytkondensatoren. München 1984/1985. – Mepco/Centralab-Databook 1988–1989. Columbia/USA 1988.

Taper →Wellenleitertransformator

Taste. T. sind Druckknopfschalter, die ihren Schaltzustand (Ruhestellung) bewahren und lediglich während der Betätigung ändern. Läßt die Betätigungskraft nach, schalten sie selbsttätig – mit Federkraft – in den ursprünglichen Schaltzustand (Ruhestellung) zurück.

Es werden auch →Schalter mit anderer Betätigungsart (z. B. Dreh-, Kipp- und Wippschalter) oft mit einer oder zwei Taststellungen ausgestattet, wie z. B. ein Wippschalter für die elektrisch angetriebenen Fensterheber oder für das Schiebedach eines Kraftfahrzeugs; das Öffnen bzw. Schließen erfolgt nur solange der Schalter betätigt wird. *Pagnin*

Tauchanker-Aufnehmer →Längen- und Winkelmessung

Taupunktsensor. Typ eines →Feuchtesensors, bei dem die Temperatur bestimmt wird, bei welcher Wasserdampf zu kondensieren beginnt. In vielen Ausführungen von T. wird eine Fläche soweit abgekühlt, bis diese Fläche benetzt wird, was über eine Zunahme der Oberflächenleitfähigkeit meßbar ist. *Schaumburg*

TEA-Laser →CO_2-Laser

TEGFET (Abk. *engl.* Two Dimensional Electron Gas Field Effect Transistor) →HEMT

Teilaussteuerung →Stromrichter

Teilchenbeschleuniger. Beschleuniger sind Maschinen, in denen langlebige Elementarteilchen mit Hilfe starker elektrischer Felder auf hohe Energien beschleunigt werden. Die verwendeten Teilchen sind im allgemeinen Elektronen, Protonen wie auch schwere Ionen. Mit statischen Feldern lassen sich Energien von einigen MeV erreichen ($1\,MeV = 10^6\,eV$). Höhere Werte bis zu derzeit 50 GeV bei Elektronen und ca. 1000 GeV bei Protonen erfordern den Einsatz von hochfrequenten Beschleunigungsstrukturen.

Bei →Linearbeschleunigern werden die Teilchen entlang einer geraden Bahn geführt und durchlaufen daher jede →Beschleunigungsstruktur nur einmal. In →Kreisbeschleunigern sind die Teilchenbahnen dagegen geschlossen und nahezu kreisförmig. Man benötigt dabei nur wenige kompakte Hochfrequenzresonatoren (→Cavity), die beim Beschleunigen sehr oft vom Strahl durchlaufen werden. Das ergibt sehr kompakte und ökonomische Anlagen (Bild).

Die zu beschleunigenden Strahlen werden in Teilchenquellen bei zunächst niedriger Energie erzeugt und dann in den eigentlichen Beschleuniger eingeschossen, in dem sie auf die erforderliche Endenergie gebracht werden. Da der Energiebereich von Kreisbeschleunigern im allgemeinen begrenzt ist, werden hier oft mehrere Maschinen mit zunehmender Endenergie hintereinandergeschaltet.

Ein wesentlicher Bestandteil der Beschleuniger sind die Strahlführungsmagnete. Sie legen einmal die Idealbahn des Strahls, den sogenannten *Orbit,* fest und sorgen außerdem für die →Fokussierung der Teilchen. An diese Fokussierung, die man auch

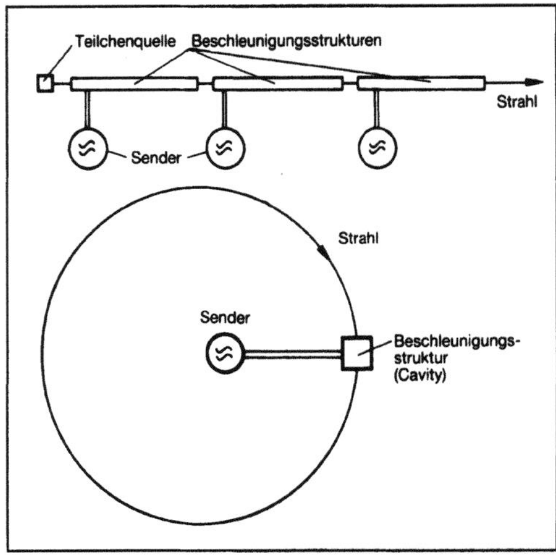

Teilchenbeschleuniger: Vergleich von Linearbeschleuniger (oben) und Kreisbeschleuniger (unten).

als →Strahloptik bezeichnet, werden speziell bei sehr großen kreisförmigen Beschleunigern heute hohe Anforderungen gestellt. Die bei früheren Synchrotronen übliche Kombination von Ablenkung und Fokussierung in einem Magneten (combined function) wird daher heute nur noch selten verwendet. Die Einlenkung der niederenergetischen Teilchen in den Beschleuniger (→Injektion) wie auch die Auslenkung nach Erreichen der Endenergie (Ejektion) geschieht mit Hilfe sehr schneller gepulster Magnete.

Die Teilchen dürfen beim Beschleunigen nicht mit Gasmolekülen kollidieren, da sie sonst aus der vorgezeichneten Flugrichtung gestreut werden und dadurch verlorengehen. Daher müssen sie in Vakuumkammern umlaufen, in denen je nach Teilchenenergie und Typ des Beschleunigers Gasdrucke zwischen 10^{-6} und 10^{-10} mbar herrschen.

Eine Sonderform des Kreisbeschleunigers ist der →Speicherring. Hier wird durch besonders wirkungsvolle Fokussierung und extrem gutes Vakuum erreicht, daß Teilchenstrahlen bei konstanter Energie viele Stunden mit nur langsam abnehmender Intensität umlaufen, sie sind also „gespeichert". Speicherringe werden mit zwei gegeneinander umlaufenden Strahlen in der Elementarteilchenphysik eingesetzt. Außerdem finden sie zunehmend bei der Erzeugung der →Synchrotronstrahlung Anwendung. *Wille*

Literatur: *Kolomenski, A. A.* und *A. N. Lebedev:* Theory of Cyclic Accelerators. Amsterdam 1966. – *Livingston, M.* und *J. Blewett:* Particle Accelerators. New York 1962.

Teilchenquelle. Apparatur zur Freisetzung von langlebigen Elementarteilchen und Ionen, die zu intensiven Teilchenstrahlen für Beschleuniger gebündelt werden. Die am meisten verwendeten Teilchen in Beschleunigern sind Elektronen, Positronen, Protonen, Antiprotonen und Ionen aller Elemente und Isotope des Perioden-Systems. Bevor die Teilchen in einem elektrischen Feld beschleunigt werden, müssen sie in hinreichender Zahl erzeugt oder aus Festkörpern oder Gasen freigesetzt werden.

Die Gewinnung von Elektronenstrahlen geschieht im allgemeinen mit Hilfe von großflächigen Glühkathoden, wie sie auch in Hochleistungsröhren (z. B. →Klystrons) Verwendung finden. Die mit thermischen Energien aus der Oberfläche austretenden Elektronen werden dann durch eine hinreichend hohe Spannung abgesaugt. Durch eine Anordnung von meist rotationssymmetrischen Elektroden im Bereich der Kathode wird der Strahl so fokussiert, daß möglichst alle freiwerdenden Elektronen im Strahl vereinigt werden. Strahlströme bis zu einigen 10 A sind dabei erreichbar. In Einzelfällen sind statt der geheizten Kathode auch Kaltkathoden benutzt worden, die durch intensive Laserstrahlen beleuchtet wurden. Dabei spielt neben dem →Photoeffekt vor allem die Bildung eines Plasmas an der Oberfläche eine Rolle. Besonders effizient sind Halbleiterkathoden aus Gallium-Arsenid, die allerdings extrem empfindlich gegen Verunreinigung sind und daher ein sehr gutes Vakuum ($p<10^{-11}$ mbar) erfordern. Die Antiteilchen der Elektronen, die Positronen, müssen künstlich erzeugt werden, indem man hochenergetische Elektronenstrahlen auf ein Wolframtarget, den →Positronenkonverter, schießt.

Protonen und auch alle Ionen werden aus entsprechenden Gasen gewonnen, die in einem hinreichend starken konstanten elektrischen Feld oder einem hochfrequenten elektromagnetischen Feld ionisiert werden und dann in das Vakuum austreten. Mit derartigen Ionenquellen lassen sich neben Protonen auch alle schwereren Ionen erzeugen.

Die Antiprotonen müssen wie die Positronen durch Elementarteilchenprozesse erzeugt werden. Dazu schießt man Protonenstrahlen mit Energien von vielen 10 GeV auf ein Target. Die Ausbeute von Antiprotonen ist dabei sehr gering, so daß geeignete Speicherringe eingesetzt werden, die die Teilchen über viele Stunden akkumulieren. Dadurch wird die erforderliche Intensität der Teilchen erreicht. Die Antiprotonen weisen bei der Erzeugung eine sehr große Winkeldivergenz auf, was zu sehr großen Strahldimensionen führt. Diese wird durch Strahlkühlung verringert. Das kann einmal durch einen parallel mitlaufenden Elektronenstrahl gleicher Geschwindigkeit geschehen (electron cooling), oder durch ein spezielles elektronisches Rückkoppelungssystem (stochastic cooling). *Wille*

Tellur →Elementhalbleiter

Temperaturfaktor. Faktor, der bei elektronischen Bauelementen die Abhängigkeit der →Ausfallrate von der Temperatur (→Arrhenius-Gleichung) berücksichtigt.

Die Bilder 1 und 2 zeigen beispielhaft, wie nach den Modellen des MIL-HDBK-217 die Ausfallrate elektronischer Bauelemente mit der Temperatur zunimmt. *Schrüfer*

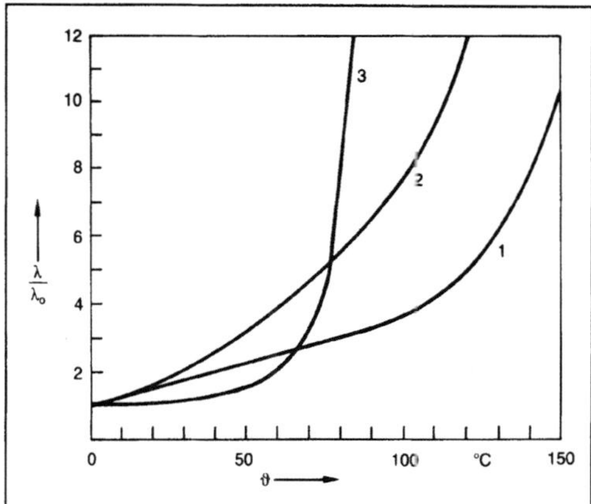

1) Silicium-PNP-Transistoren (Tab. 5.1.3.1–8),
2) Silicium-Dioden (Tab. 5.1.3.4–7),
3) Kondensatoren (Tab. 5.1.7.1–5)

Temperaturfaktor 1: Relative Zunahme der Ausfallrate mit der Temperatur (MIL-HDBK-217).

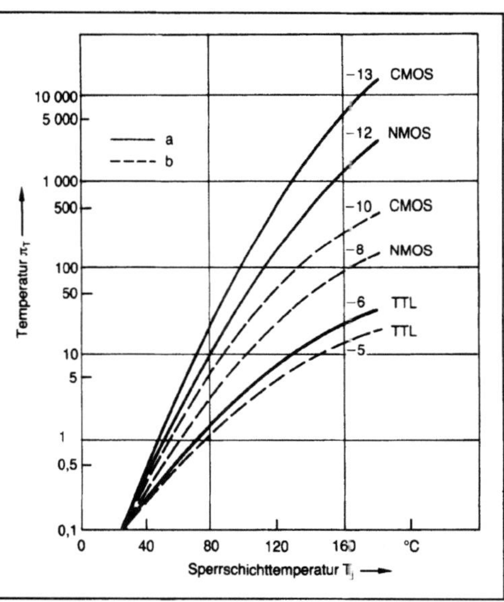

a) nonhermetic package (Plastik), b) hermetic package (Keramik oder Metall); die in der Abbildung angegebenen Zahlen xx sind die Endziffern der Tabellen 5.1.2.5-xx des MIL-Handbuchs

Temperaturfaktor 2: Temperaturfaktor π_T in Abhängigkeit von der Sperrschichttemperatur T_j für integrierte Schaltkreise. (MIL-HDBK-217)

Literatur: US Department of Defense, Washington, Military Handbook 217, Ed. D 1982.

Temperaturkoeffizient. Der T. α beschreibt die mittlere relative Änderung des elektrischen Widerstands je Kelvin von Metallen und Halbleitern zwischen 0 und 100 °C:

$$\alpha_{0;100} = \frac{R_{100} - R_0}{R_0 \cdot 100\ \mathrm{K}}$$

Er ist von der Temperatur abhängig (stark bei Halbleitern, weniger stark bei Metallen).

Einige Beispiele:
Platin: $\alpha_{0;100} = 3{,}85 \cdot 10^{-3}\ \mathrm{K}^{-1}$,
Nickel: $\alpha_{0;100} = 6{,}18 \cdot 10^{-3}\ \mathrm{K}^{-1}$,
Kupfer: $\alpha_{0;100} = 4{,}26 \cdot 10^{-3}\ \mathrm{K}^{-1}$,
Kaltleiter (PTC): $\alpha \approx 0{,}25\ \mathrm{K}^{-1}$ (80—150 °C),
Heißleiter (NTC): $\alpha \approx -0{,}04\ \mathrm{K}^{-1}$ (bei 20 °C);

Anwendung z. B. beim →Widerstandsthermometer. *Hammerschmidt*

Temperaturkompensation. Korrektur von Sensor-Meßwerten, bei der ein verfälschender Einfluß der Temperatur minimiert wird (Signalkorrektur, →Sensorabgleich).

Bei einer Vielzahl von Sensoren wird ein Anwendungsbereich im Temperaturintervall von −50 °C bis +150 °C verlangt, dieses erfordert in der Regel temperaturkompensierende Maßnahmen.

Im einfachsten Fall erfolgt die T. durch ein Netzwerk von Widerständen mit bekannter Temperaturabhängigkeit. In schwierigen Fällen erfolgt die T. über einen Prozessor.

Ein wichtiger Beitrag zur T. ist die Korrektur der Temperaturabhängigkeit der →Offsetspannung in Brückenschaltungen. *Schaumburg*

Temperaturmessung. Entsprechend den vielfältigen Aufgabenstellungen beim Messen von Temperaturen wird eine große Anzahl von Effekten meßtechnisch ausgenutzt, bei denen physikalische und chemische Stoffeigenschaften temperaturabhängig sind (Bild 1). Mit Ausnahme optoelektronischer

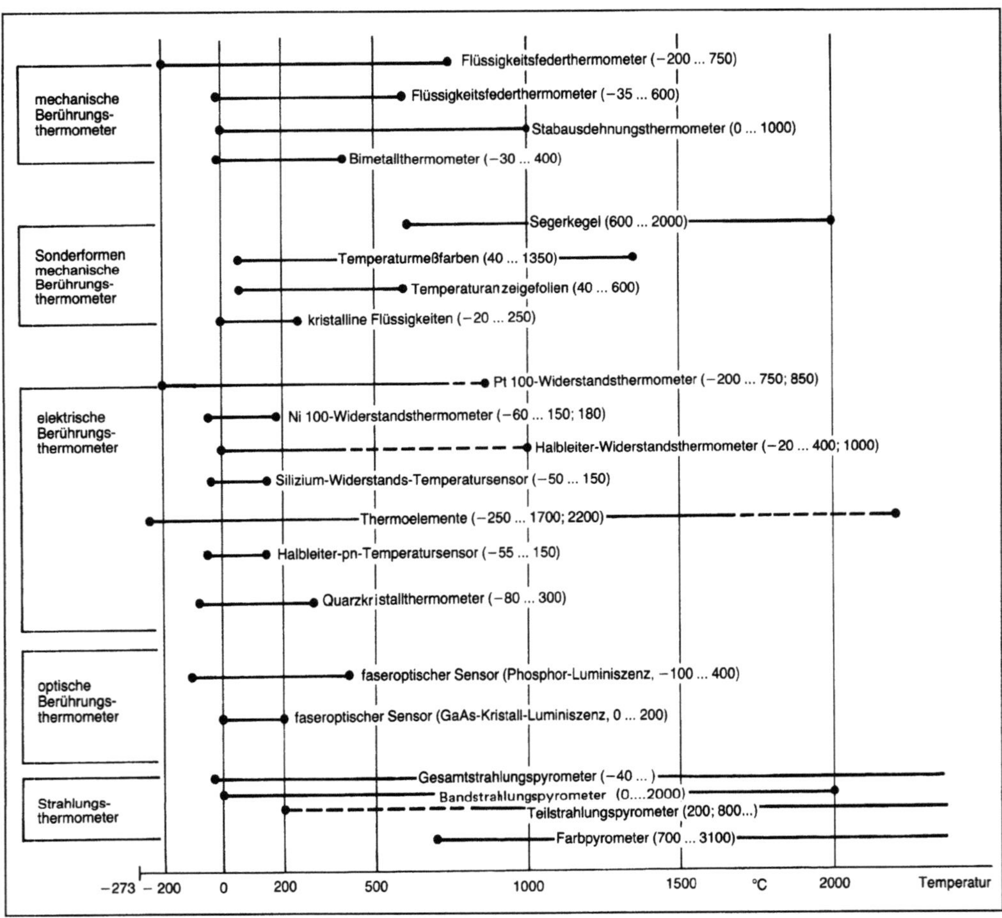

--- weniger verwendete Bereiche

Temperaturmessung 1: Thermometer und ihre Einsatzbereiche.

Temperaturmeßverfahren beruhen alle Temperaturmeßaufnehmer auf dem Transport von Wärme zum Meßfühler. Bei den mechanischen und elektrischen Berührungsthermometern geschieht dieser Wärmetransport durch →Wärmeleitung und Konvektion, bei den Strahlungsthermometern (berührungslosen Thermometern) durch Wärmestrahlung. Nach Erreichen des thermischen Gleichgewichts zwischen dem zu untersuchenden Körper und dem →Meßaufnehmer kann man auf die zu messende Temperatur schließen.

□ Mechanische Berührungsthermometer. Fast alle beruhen auf der unterschiedlichen Wärmeausdehnung verschiedener Stoffe. Bei Flüssigkeits-Glasthermometern dehnt sich die Meßflüssigkeit stärker als der umgebende Glasbehälter aus. Die Meßflüssigkeit befindet sich zum größten Teil in einem kugel- oder zylinderförmigen Gefäß, dem eigentlichen Meßfühler, das in eine lange dünne Kapillare mündet. An dieser Kapillare ist eine Skala angebracht, für deren Teilstrichabstand je nach Meßflüssigkeit und Meßbereich Werte zwischen 0,01 und 10 K genormt sind. Genaue Thermometer werden stets in ganz eingetauchtem Zustand justiert. Wenn bei einer Messung nicht die ganze Meßflüssigkeit der zu messenden Temperatur ausgesetzt ist, was häufig der Fall ist, kann man den dadurch entstehenden →Meßfehler durch eine Korrektur für den herausragenden Teil der Kapillare eliminieren. Eine besondere Ausführungsform des Flüssigkeits-Glasthermometers ist das Minima-Maxima-Thermometer mit Alkohol als Meßflüssigkeit, die in einer Kapillare einen Quecksilberfaden hin- und herschiebt. Die Extremwerte werden durch Stahlstäbchen angezeigt (Bild 2).

Das Flüssigkeitsfederthermometer besteht aus einem Metallgefäß als Temperaturfühler, in dem sich die Hauptmenge der Meßflüssigkeit befindet, einem anschließenden dünnen Metallrohr als Kapillare und einem Anzeigeteil mit einem elastischen Meßorgan, das die Volumendehnung der Flüssigkeit in einen Weg oder Winkel umformt. Statt des Anzeigeteils kann auch ein Schalter vorgesehen werden, der beim Durchfahren einer einstellbaren Schwelle umschaltet. Diese Ausführungsform, die eine Temperaturregelung ermöglicht, ist häufig bei Kühlschränken und Waschmaschinen anzutreffen. Wenn Meßort und Anzeigeort räumlich getrennt sein müssen, kann das Kapillarrohr bis zu 60 m lang sein. Die Meßfühler in Heizkörperthermostatventilen arbeiten ebenfalls nach dem vorstehend beschriebenen Meßprinzip.

Zwei Metalle, die sich unter Temperatureinfluß unterschiedlich stark ausdehnen, lassen sich zu einem Metallausdehnungsthermometer kombinieren. Wenn beide Metalle in Stabform vorliegen, ist die auswertbare Längendifferenz relativ gering, da man die Stäbe nicht beliebig lang machen kann.

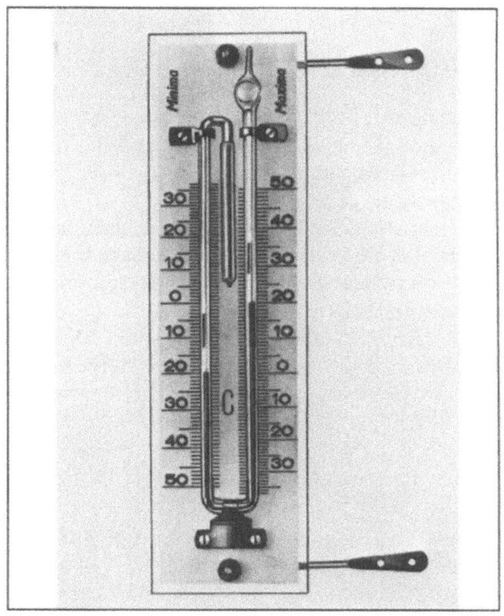

Temperaturmessung 2: Minima-Maxima-Thermometer. (Quelle: Eschenbach-Optik)

Derartige Stabausdehnungsthermometer können jedoch große Kräfte ausüben; deshalb setzt man sie in direktwirkenden Temperaturreglern ein. Zwei oder mehr aufeinandergewalzte Werkstoffe mit unterschiedlichen Ausdehnungskoeffizienten reagieren mit einer Biegung auf eine Temperaturänderung. Dieser Effekt, der wesentlich größer ist als die Dehnungsdifferenz bei den Stabausdehnungsthermometern, liegt den Bimetallthermometern zugrunde.

Durch schraubenförmige oder spiralige Anordnung des Bimetalls lassen sich diese Thermometer sehr klein gestalten. Meist werden sie nur zu Anzeigezwecken verwendet, mit einem Schalter kombiniert sind sie jedoch auch zur Temperaturregelung geeignet, z. B. im Bügeleisen.

□ Sonderformen mechanischer Berührungsthermometer. Einige spezielle berührende nichtelektrische Temperaturmeßverfahren seien noch genannt:

– Segerkegel sind kleine schmale Pyramiden aus keramischen Materialien, die bei bestimmten Temperaturen erweichen. Sobald sich die Spitze bis zur Unterlage geneigt hat, ist die Nenntemperatur des Segerkegels etwa erreicht. Segerkegel sind für viele Nenntemperaturen erhältlich und werden z. B. in Brennöfen in der keramischen Industrie eingesetzt.

– Temperaturmeßfarben (Thermofarben oder Thermokreiden) wechseln in Abhängigkeit von der Temperatur ihre Farbe. Mit ihnen kann man die Temperatur und die Temperaturverteilung auf größeren Flächen mit begrenzter →Genauigkeit bestimmen.

- Temperaturanzeigefolien zeigen bei Erreichen einer vorgegebenen Temperatur einen irreversiblen Farbumschlag. Sie erlauben es, die Oberflächen z. B. von Maschinen oder Elektronikbauteilen zuverlässig bezüglich Überschreitens von Grenztemperaturen zu überwachen.
- Es gibt kristalline Flüssigkeiten, die einen stetigen reversiblen Farbumschlag von Rot nach Blau mit allen Zwischenfarben in Abhängigkeit von der Temperatur zeigen.

□ Elektrische Berührungsthermometer. Den mechanischen Berührungsthermometer haftet ein entscheidender Nachteil an: Ihre Ausgangssignale können nicht über größere Strecken übertragen und auch nicht mit anderen Meßsignalen in meßwertverarbeitenden Systemen verknüpft werden. Deshalb beruhen in der industriellen Meßtechnik Temperaturmeßverfahren hauptsächlich auf der Temperaturabhängigkeit entweder des elektrischen Widerstands von Metallen oder Halbleitern (→Widerstandsthermometer) oder des thermoelektrischen Effekts (→Thermoelement). Nach Erfassen dieser Meßeffekte und geeigneter elektrischer Umformung erhält man Meßsignale, die über beliebige Entfernungen übertragbar und beliebig verknüpfbar sind.

Besonders präzise Messungen sind mit dem volldigitalen Quarzkristallthermometer möglich, dessen →Schwingquarz so hergestellt ist, daß er z. B. bei 0 °C mit f ≈ 28,2 MHz schwingt, wobei f mit 1 kHz/K temperaturabhängig ist. Man vergleicht nun f mit der Schwingungsfrequenz eines Referenzkristalls, die durch ein anderes Herstellungsverfahren praktisch unabhängig von der Temperatur ist. Die Differenzfrequenz wird mittels eines elektronischen Zählers gemessen. Das Quarzkristallthermometer arbeitet sehr genau, seine Meßfehler übersteigen 0,075 K nicht. Temperaturdifferenzen lassen sich noch genauer ermitteln, da die Auflösung um so besser ist, je größer man die Zählzeit des Zählers wählt; bei 10 s Zählzeit beträgt die Auflösung 0,0001 K. Das Quarzthermometer *QuaT* ist dank der eingesetzten mikroelektronischen Komponenten bei guter Genauigkeit so preisgünstig, daß es eine Alternative zu den herkömmlichen Verfahren darstellt. Bis zu 16 Quarzsensoren lassen sich an derselben Zwei-Draht-Leitung betreiben.

Mit den Mitteln der Halbleitertechnologie gefertigte, preisgünstige →Temperatursensoren beruhen auf der linearen Temperaturabhängigkeit der Kollektor-Emitter-Spannung eines als Diode geschalteten Silicium-Transistors, der mit konstantem Strom gespeist wird. Durch eine entsprechende Beschaltung kann man die Ausgangsspannung eines solchen Si-pn-Sensors direkt proportional zur Kelvin- oder zur Celsius-Temperatur machen, z. B. 10 mV/°C; Meßunsicherheit ca. ±2 °C.

□ Optische Berührungsthermometer. Faseroptische Temperatursensoren sind über einen →Lichtwellenleiter mit dem Empfangsteil und der Auswerteelektronik verbunden. Zwei derartige Geräte seien erläutert. Beim ersten Gerät speist eine →Leuchtdiode Licht mit einem Intensitätsmaximum bei ca. 750 nm in ein Multimode-Faserkabel ein, an dessen Ende sich ein kleiner GaAs-Kristall befindet (Bild 3). Das Lumineszenzlicht des Sensorkristalls gelangt über das gleiche Faserkabel in den Empfangsteil. Dort werden aus dem Luminanzspektrum zwei schmale Bänder isoliert. Das Intensitätsverhältnis wird elektronisch gebildet. Es ist ein Maß für die Temperatur des Sensors; Schwankungen der Eigenschaften der Leuchtdiode, des Faserkabels und der Koppelstellen spielen fast keine Rolle. Das Gerät hat einen Meßbereich 0–200 °C, eine Auflösung von ca. 0,1 °C und eine Meßunsicherheit von ca. ±1 °C. Bei einem anderen Gerät (Luxtron) wird die Photolumineszenz von Phosphor genutzt, der sich am Ende des Lichtwellenleiters befindet. Ein kurzer blauer Lichtimpuls regt den Phosphor an. Die Abklingzeit des daraufhin emittierten Lichts hängt von der Temperatur im Sensormaterial ab und wird gemessen. Meßbereich – 100–400 °C, Auflösung ca. 0,1 °C, Meßunsicherheit ca. ±1 °C. Der Lichtwellenleiter muß nicht fest mit dem Phosphor verbunden sein. Wenn man etwas Phosphor auf der Oberfläche anbringt, deren Temperatur gemessen werden soll, kann bei Verwenden einer Linse die optische Signalübertragung berührungslos über max. ca. 10 cm erfolgen.

Der T. mit Berührungsthermometern sind nach zwei Seiten hin Grenzen gesetzt. Zum einen sind

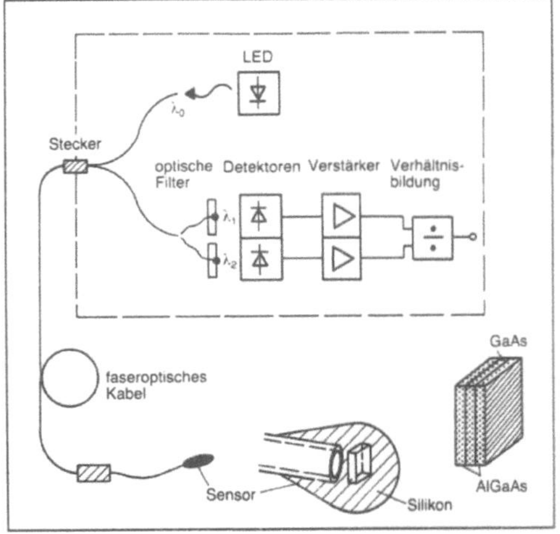

Temperaturmessung 3: Faseroptisches Temperaturmeßsystem auf der Basis von Photolumineszenz. (Quelle: ABB)

durch die Materialeigenschaften bei diesen Temperaturfühlern obere Temperaturgrenzen festgelegt. Zum anderen kommt es in der Verfahrenstechnik häufig vor, daß die Temperatur schnell bewegter Objekte bestimmt werden muß. Berührende Meßmethoden sind dazu ungeeignet. Man muß dann zur T. einen physikalischen Effekt heranziehen, der berührungslos erfaßbar ist. Ein solcher Effekt ist die Temperaturstrahlung (Infrarot). Die auf ihm beruhenden Thermometer heißen Strahlungsthermometer oder Strahlungspyrometer (→Pyrometer). *Hammerschmidt*

Literatur: *Liebler, E.* u. *R. Plesch:* Lexikon der Analysen-, Meß- und Regelungstechnik. Berlin, München: Siemens 1980. – *Lieneweg, F.:* Handbuch technische Temperaturmessung. Braunschweig 1976. – *Profos, P.:* Handbuch der industriellen Meßtechnik. Essen 1984. – *Weichert, L.:* Temperaturmessung in der Technik. Grafenau 1976.

Temperatursensor. T. lassen sich nach folgenden Eigenschaften klassifizieren: Meßeffekt (→Temperaturmessung), Meßbereich, Genauigkeit, Art und Form des Ausgangssignales, Art und Größe des Meßobjektes.

Ein Überblick über die verschiedenen Arten von T. mit den jeweiligen Meßbereichen und den zugrundegelegten physikalischen Effekten wird in der nachstehenden Tabelle gegeben.

Die höchste Temperaturauflösung wird mit Quarz-Sensoren erreicht (10^{-5} °C); Flüssigkeits-Glasthermometer ermöglichen eine Auflösung von 10^{-3} °C. Diese hohen Werte für die Auflösungen entsprechen jedoch nicht den Meßgenauigkeiten.

Art und Größe des Meßobjekts beeinflussen weitgehend die Wahl des T. bzw. seines Aufbaues (Material, Größe und Form). Das Gehäuse hat auch einen Einfluß auf die Ansprechzeitkonstante des T.

Die Anwendungen des T. liegen nicht nur im Bereich der direkten Temperaturmessung sondern auch in der Erfassung anderer physikalischer Größen, z. B. Druck, Durchfluß (→Anemometer), Strom etc. *Csepregi/Schaumburg*

Literatur: *Scholz, J.* and *T. Ricolfi:* Thermal sensors in Sensors Vol. 4 (Eds. Göpel W., Hesse J., Zemel J. N.) Weinheim 1990.

Temperatursensor, faseroptischer. Sensor (Thermometer) zur Messung einer Temperatur oder Temperaturverteilung mittels optischer Glasfasern. Dabei kann entweder die Messung außerhalb der Faser erfolgen und die Faser zur störungsfreien Meßwertübertragung verwendet werden (sog. extrinsischer Sensor), oder die Faser kann selbst zur →Temperaturmessung dienen (sog. intrinsischer Sensor). Bei ersterem f. T. liegt ein Hauptvorteil in seiner insgesamt nichtmetallischen Bauweise, bei letzterem in der Möglichkeit, große Faserlängen (bis zu 1 km und darüber) zu verwenden und damit die Temperaturverteilung größerer Gebiete von einer Stelle aus zentral zu überwachen (Feuermeldeeinrichtung).

Bedeutende Anwendung finden f. T. in der Medizin zur Temperaturmessung im Inneren von Gewebe, das zur Hyperthermie-Therapie mittels Hochfrequenz- oder Mikrowellen-Bestrahlung erwärmt wird. Hierfür sind nichtmetallische Temperatursensoren vorteilhaft, da sie nicht von den auftretenden starken elektromagnetischen Feldern beeinflußt werden und auch selbst diese Felder nicht verzerren.

Zur Konstruktion extrinsischer f. T. sind zahlreiche temperaturabhängige optische Effekte geeignet. Einer der wichtigeren ist die Temperaturabhängigkeit der Fluoreszenz von Festkörpern, z. B. von „direkten" Halbleiterkristallen oder von Gläsern und Kristallen, die mit Ionen der Seltenen Erden

Temperatursensor. Tabelle: Temperaturmeßverfahren.

Temperatursensor	Meßbereich in °C	Physikalischer Effekt
Thermoelement	– 200 ... + 1 600	Seebeck-Effekt
Metall-Widerstandsthermometer	– 270 ... + 850	Temperaturabhängigkeit des elektrischen Widerstandes
Si-Elemente	– 50 ... + 150	
Kaltleiter	– 30 ... + 350	
Heißleiter	– 50 ... + 350	
Photodiode, Photoleiter	0 ... + 4 000	Temperaturabhängigkeit der Flußspannung eines pn-Überganges
pyroelektrischer Detektor	– 0 ... + 4 000	Temperaturstrahlung
Dehnungsthermometer	– 200 ... + 1 000	Wärmeausdehnung
Gasthermometer	– 250 ... + 1 000	
Temperaturmeßfarben	30 ... + 1 600	Temperaturabhängigkeit chemischer Reaktionen

dotiert sind. Es wird entweder die Temperaturabhängigkeit der Fluoreszenzleistung (→Temperaturmessung, Bild 3 dort) oder der Fluoreszenzabklingzeit ausgesuchter Spektrallinien benutzt. Besonders die letztere Methode der Codierung liefert eine sehr gute Streckenneutralität.

Das faseroptische Pyrometer ist ein →Punktsensor, bei dem die vom Meßobjekt der Temperatur T ausgehende Wärmestrahlung von einer Glasfaser erfaßt und zu einem entfernt gelegenen →Photodetektor geleitet wird. Dort erzeugt sie einen →Photostrom, dessen Stärke monoton mit der Temperatur T ansteigt. Der Meßbereich ist nach unten bei etwa 100–300 °C begrenzt durch die spektrale →Empfindlichkeit des verwendeten Detektors. Nach oben wird er begrenzt durch die Temperaturbeständigkeit der Faser. Mit einer Saphir-Faser wurden Temperaturen bis zu 2 000 °C gemessen.

Ulrich

Temperaturspannung. Spannung, die ein mit der Elementarladung geladenes Teilchen durchlaufen muß, um eine der thermischen Energie gleiche Bewegungsenergie zu erreichen.

Im thermodynamischen Gleichgewicht haben die Teilchen (Masse m) eines Gases eine Geschwindigkeitsverteilung, die sich nach *Maxwell* um den häufigsten Wert v gruppiert. Für sie gilt $mv^2/2 = kT$, wobei T die absolute Temperatur ist (k = Boltzmann-Konstante). Nimmt man das Teilchen in Gedanken als mit der Elementarladung e geladen an, so gewinnt es beim Durchlaufen der Spannung U die Energie eU. Setzt man diese gleich der kinetischen Energie $mv^2/2$, so ergibt sich ein Spannungsäquivalent zur Temperatur, die Temperaturspannung $U = kT/e$. Für Zimmertemperatur (T = 300 K) beträgt sie 25 mV.

Heinz

Tempern →Ausheilen

Ternäre Halbleiter →Verbindungshalbleiter

Test, dynamischer →Digitalprüfung

Test, statischer →Digitalprüfung

Test, statistischer. Test, der die zu untersuchende Einheit mit Hilfe von (zufällig ausgewählten) Testmustern prüft. Der Test ist unvollständig, und sein Ergebnis kann nur in Form einer Wahrscheinlichkeit angegeben werden.

Höher integrierte Schaltkreise, oder auch Programme, können nicht mehr vollständig für alle Eingangsbelegungen und alle Folgen von Eingangsbelegungen und alle internen Zustände geprüft werden. Die Menge der Eingangssignale in Abhängigkeit von der Zeit ist praktisch unendlich groß, so daß nicht alle Eingangsmuster durchgespielt werden können. Es bleibt nur übrig, sich auf eine Stichprobe zu beschränken. Durchgeführt werden also n Tests mit unterschiedlichen Eingangsbelegungen und beobachtet werden die Ergebnisse. Waren diese in insgesamt k Fällen falsch, so wird als Schätzwert r für die Restfehlerwahrscheinlichkeit genommen:

$$r = \frac{k}{n}$$

Dabei ist vorausgesetzt, daß die benutzten →Testmuster repräsentativ sind. Die Vertrauensgrenzen für den Schätzwert lassen sich mit Hilfe
- entweder der →*Poisson*-Verteilung mit dem Parameter $\alpha = nr = k$
- oder der →Chi-Quadrat-Verteilung

angeben.

Beispiel: n = 10 000 Eingangsbelegungen wurden untersucht. Davon führten k = 3 zu einem falschen Ergebnis. Der Parameter α der *Poisson*-Verteilung hat den Wert $\alpha = k = 3$. Der gesuchte obere Wert α_o von α, der mit einer Wahrscheinlichkeit von $\beta_o = 95\,\%$ unterschritten wird, ergibt sich für k = 3 aus der Tabelle 2 der →*Poisson*-Verteilung zu

$$\alpha_o(k;\, \alpha_o) = \alpha_o(3;\, 0{,}95) = 7{,}754$$

Mit

$$\alpha_o = nr_o = 7{,}754$$

berechnet sich die obere Grenze r_o der Restfehlerwahrscheinlichkeit zu

$$r_o = \frac{7{,}754}{10^4} = 7{,}754 \cdot 10^{-4}$$

S. T. von Programmen: Mit den vorausgegangenen Überlegungen läßt sich auch die Restfehlerwahrscheinlichkeit von Programmen bestimmen. Für einen derartigen Test sind notwendig (Bild):
- ein Generator, um die Eingangsdaten zu erzeugen
- der zu prüfende Rechner R1
- ein Vergleichsrechner R2
- der Ergebnisvergleich.

Der Vergleichsrechner R2 (Rechenzentrum) löst dieselben Aufgaben, wie das auf dem Prozeßrechner R1 laufende zu testende Programm. Beiden Rechnern werden dieselben Eingangsmuster angeboten. Liefern sie dasselbe Ergebnis, so wird dieses als richtig angesehen. Unterscheiden sich ihre Ausgangssignale, so sind weitere Untersuchungen not-

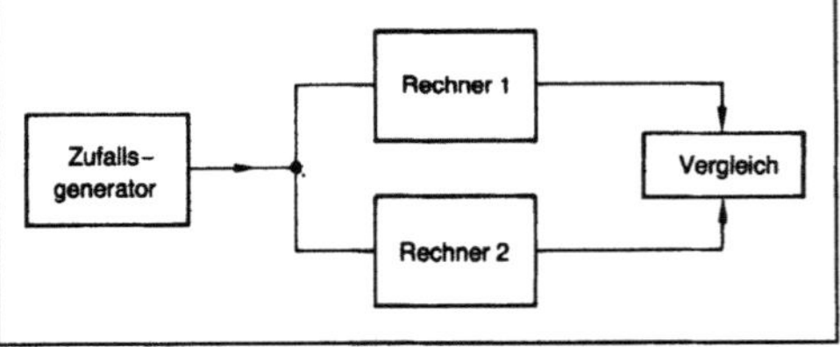

Test, statistischer: Schematische Darstellung.

wendig, um das eine oder andere Ergebnis als richtig zu identifizieren. Wird weiterhin die Gerätetechnik als fehlerfrei unterstellt, so ergibt sich aus der Zahl n der insgesamt durchgeführten Tests und der Zahl k der falschen Ergebnisse die Wahrscheinlichkeit r für einen im Programm noch enthaltenen →Fehler.

Schrüfer

Test, struktureller. Test, der die Struktur einer elektronischen Schaltung, also ihren Aufbau aus u. U. hierarchisch geordneten Schaltungsblöcken (Teilschaltungen) berücksichtigt. Im Gegensatz z. B. zur →Funktionsprüfung, wo die Reaktion unabhängig vom inneren Aufbau untersucht wird. Voraussetzung für den s. T. ist, daß die einzelnen Schaltungsblöcke von der umgebenden Schaltung mit passenden Mitteln elektrisch entkoppelt werden können.

Ein s. T. erlaubt die Reduzierung des Aufwandes für die Erstellung der Prüfprogramme und auch die einfache Ableitung aus CAD-Daten.

S. T. wird auch verstanden als strukturelle Gliederung eines Prüfprogrammes in →Kurzschlußprüfung, Durchgangsprüfung, →Digitalprüfung, Analogprüfung, →Speicherprüfung, →Prozessortest usw.

K. Winter

Testbarkeitsanalyse. Unter T. wird eine Reihe approximativer Verfahren zur quantitativen Bewertung der Testbarkeit einer Schaltung verstanden. Dabei wird die Testbarkeit einer Schaltung mit Hilfe von Einstellbarkeits-, Beobachtbarkeits- und Testbarkeitsmaßen abgeschätzt. Die meisten Ansätze zur T. machen vereinfachende Annahmen über die Struktur der zu analysierenden Schaltung (z. B. keine rekonvergierenden Verzweigungen und Rückkopplungen), so daß sich ihr Einsatz im Rahmen des →Design for Testability nicht bewährt hat. Die erwähnten Maße werden jedoch zur Steuerung von →Testmustergenerierungsalgorithmen erfolgreich eingesetzt.

Trischler/Sarfert

Literatur: *Wojtkowiak, H.*: Test und Testbarkeit digitaler Schaltungen. Stuttgart 1988.

Testen →Waferprober

Testmuster. Bei digitalen Schaltungen ist ein T. eine derartige Belegung der Eingangsvariablen, daß ein →Fehler in der digitalen Schaltung das Ausgangssignal gegenüber dem fehlerfreien Fall verändert (→Mindesttestmenge).

Schrüfer

Testmustergenerierung. Erstellung von →Testmustern, die eine vorgegebene Menge der →Fehler einer zu überprüfenden Digitalschaltung erkennen.

Ein Fehler wird von einem Test erkannt, wenn bei der Durchführung des Testes ein beobachtbarer Unterschied zwischen den Antworten der fehlerfreien Schaltung und der mit dem entsprechenden Fehler behafteten Schaltung besteht.

T. kann manuell und rechnergestützt erfolgen. Dabei wird die rechnergestützte T. in halbautomatische und vollautomatische unterteilt.

Bei manueller T. werden sowohl Ein- als auch Ausgangsmuster manuell erstellt.

Bei halbautomatischer T. werden die Eingangsmuster manuell erstellt, während die Ausgangsmuster über →Simulation mittels des Schaltungsmodells errechnet werden.

Vollautomatische T. erzeugt sowohl Ein- als auch Ausgangsmuster automatisch. Zur vollautomatischen Erstellung eines Testes wird das (fehlerfreie) Schaltungsmodell und – für jeden Fehler – das entsprechend dem →Fehlermodell oder →Ausfallmodell fehlerbehaftete Schaltungsmodell benötigt. Vollautomatische T. arbeitet meist mit einem Fehlersimulator und einem →Testmustergenerierungsalgorithmus, der gezielt für einen Fehler F einen Test (Teil des Tests der gesamten Schaltung) erzeugt. Mit Hilfe des Fehlersimulators werden diejenigen Fehler als erkannt markiert, die zusätzlich zum Fehler F vom erzeugten Test erkannt werden. Im weiteren werden erkannte Fehler nicht weiter fehlersimuliert und der Testmustergenerierungsalgorithmus erstellt nur für bisher nicht erkannte Fehler einen Test. Dadurch kann die Anzahl der Fehler, für die speziell ein Test mittels Testmustergenerierungsalgorithmus erzeugt werden muß, stark reduziert werden, wodurch wiederum die Rechenzeit zur Erstellung des Testes für die gesamte Schaltung reduziert werden kann.

Sarfert

Testmustergenerierungsalgorithmus. Ein T. hat die Aufgabe, für einen gegebenen →Fehler innerhalb einer digitalen Schaltung einen Test zu erstellen.

Während der Erstellung eines Testes für einen Zielfehler verfolgt der T. folgende Ziele:

□ Am Ort des Zielfehlers muß im (fehlerfreien) Schaltungsmodell ein vom Wert des Zielfehlers unterscheidbarer (Gut-)Wert entstehen. (Einstellbedingung)

□ Die Effekte des Zielfehlers müssen zumindest an einem Schaltungsausgang beobachtbar sein. D. h. die →Simulation des Testes mittels des (fehlerfreien) Schaltungsmodells und mittels des fehlerbehafteten Schaltungsmodells ergeben zumindest an einem Schaltungsausgang einen Unterschied.

Ein T. wird als vollständig bezeichnet, wenn er in der Lage ist, in endlicher Rechenzeit für jeden testbaren Fehler einen Test zu erstellen. Nur vollständige T. können alle nicht testbaren (redundanten) Fehler einer Digitalschaltung ermitteln und damit dem Designer wertvolle Information über u. U. überflüssige Schaltungsteile geben.

Die modernen T. führen gestützt auf die Schaltungsstruktur eine systematische Suche nach einem Test durch. Alle gängigen Verfahren bauen während der Generierung eines Testes einen Entscheidungsbaum auf und benutzen ein Backtracking-Suchverfahren.

Im folgenden wird nur auf T. für das Ständigfehlermodell Bezug genommen. Ein Unterschied besteht zwischen T. für kombinatorische Schaltungen und T. für sequentielle Schaltungen.

Fast alle T. für kombinatorische Schaltungen sind fünfwertig. Das heißt, daß während der Generierung alle Signale (Verbindungsleitungen) einen Wert aus der Menge (0,1,X,D,DN) besitzen. Dabei bedeutet der Wert D, daß das Signal im Gutfall den Wert 1 und im Fehlerfall den Wert 0 besitzt. DN ist das Komplement von D. Die Werte D und DN werden auch als fehlerleitende Werte bezeichnet.

Neben fünfwertigen T. existieren auch vereinzelt neunwertige T. für kombinatorische Schaltungen. Die zusätzlichen vier Werte sind 0/X, 1/X, X/0, X/1. Dabei bedeutet z. B. 0/X, daß das entsprechende Signal im Gutfall den Wert 0 besitzt, während der Wert im Fehlerfall noch nicht bekannt ist.

Für das Ständigfehlermodell sind die bekanntesten T. für kombinatorische Schaltungen: D-Algorithmus, PODEM, FAN und der T. im SOCRATES.

Während T. für kombinatorische Schaltungen für einen Zielfehler nur ein →Testmuster generieren, erstellen T. für sequentielle Schaltungen in der Regel eine Testmustersequenz. Ein weiterer Unterschied ist, daß ein T. für sequentielle Schaltungen zumindest neunwertig sein muß, um vollständig zu sein, während bei kombinatorischen Schaltungen ein fünfwertiger T. ausreicht.

Die meisten T. für sequentielle Schaltungen arbeiten nach der Methode des BTP (*engl.* backward time processing). Dabei wird der Schaltungsausgang, an dem die Effekte des Zielfehlers beobachtet werden sollen, sowie der fehlerleitende Wert (D oder DN) im voraus mittels einer Entscheidung (die durch einen Backtrack revidiert werden kann) bestimmt. Die Aufgabe des T. ist, eine Testsequenz zu erstellen, die diesen fehlerleitenden Wert am entsprechenden Schaltungsausgang sicherstellt. Ein Kennzeichen der BTP-Methode ist, daß das letzte Testmuster der Testsequenz zuerst erstellt wird.

Andere T. kombinieren die Methode des BTP mit der Methode des FTP (*engl.* forward time processing). Bei der Methode des FTP werden die Testmuster in derjenigen Reihenfolge erstellt, in der sie auch später in der Testsequenz vorliegen. T., die die Methoden BTP und FTP kombinieren, arbeiten in der ersten Phase mit der Methode des FTP, um die Effekte des Zielfehlers zu einem Schaltungsausgang zu propagieren. Anschließend wird in einer zweiten Phase mittels der Methode des BTP eine Testmustersequenz generiert, die den Fehler einstellt und die Schaltung in einen Zustand führt, von dem die erste Phase ausgegangen war. Wird die Testmustersequenz, die in der ersten Phase erstellt wurde, an die Testmustersequenz, die während der zweiten Phase erstellt wurde, gehängt, ergibt sich die Testsequenz, die den Zielfehler entdeckt.

Für das Ständigfehlermodell sind die bekanntesten T. für sequentielle Schaltungen: BACK-Algorithmus, ESSENTIAL, HITEC und der T. im DUST-System. *Sarfert*

Literatur: *Fujiwara, H.:* Logic Testing and Design for Testability. In: MIT Press Series in Computer Systems. 1985. – *Gouders, N.,* u. *Kaibel, R.:* Advanced Techniques for Sequential Test Generation. European Test Conference, April 1991, pp. 293–300. – *Schulz, M. H.:* Testmustergenerierung und Fehlersimulation in digitalen Schaltungen mit hoher Komplexität. Informatik Fachberichte 173. Berlin–Heidelberg–New York 1988.

Testpatternalgorithmus. Ein digitaler →Prüfling mit n funktionell gleichwertigen Eingängen kann ohne Berücksichtigung zeitlicher Wiederholungen jeweils 2 exp n logische Zustände annehmen (ein 32 Bit breiter Bus hat z. B. ca. eine Milliarde denkbare Kombinationen). Bei zunehmender Bitbreite lassen sich somit nicht mehr alle denkbaren Zustände im →Prüfprogramm mit vertretbarem Aufwand darstellen. Aus diesem Grunde werden die einzelnen Testpattern algorithmisch, also entsprechend einer bestimmten mathematischen Vorschrift entweder per Hardware oder per Software erzeugt und dem Prüfling über die →Pinelektronik zugeführt. Einfachste Beispiele hierfür sind: Durchschieben einer log. 0 bei einem bestehenden ‚Hintergrund' von log. 1 oder umgekehrt, binäres Hochzählen usw. (ALPG, Speichertest). *K. Winter*

Teststrukturen. T., Testbauelemente und Testschaltungen werden in der Halbleitertechnologie für die Entwicklung und Optimierung neuer Herstellungsverfahren, die Qualifikation und Kontrolle bestehender Technologieprozesse und für die Analyse von Ausfallursachen eingesetzt. Dementsprechend kann unterschieden werden zwischen T., mit denen ausgewählte Fertigungsschritte charakterisiert werden, und solchen, mit denen das Zusammenwirken mehrerer Prozesse geprüft wird (Tabelle).

Wegen der hohen Meßgeschwindigkeit bei Verwendung eines automatischen Waferprobers wird versucht, möglichst viele der Technologieparameter elektrisch zu messen. Dabei wird häufig ein reguläres Raster von Kontaktflächen für die Nadeln des Waferprobers auf die Scheibe aufgebracht, zwischen denen sich die eigentlichen Meßstrukturen befin-

Teststrukturen. Tabelle: Gebräuchliche T.

Teststruktur	zur Messung von
Lithographiestruktur	Linienbreite Maskendejustierung
Widerstandsmeß-struktur	Bahnwiderstand Schichtwiderstand
Leiterbahn	Bahnwiderstand Elektromigrationsverhalten Defektdichte
Leiterbahn über Stufen	Kantendefekte
Kontaktwiderstands-meßstruktur	Kontaktwiderstand zwischen leitfähigen Schichten
Kontaktlochkette	Kontaktierungsdefekte
Kondensator	Oxidqualität, Oberflächen-, Grenzflächen- und Volumenladungen
Transistor	Transistorkenngrößen Technologieeigenschaften
Funktionselement (Inverter, Logikzellen)	Technologieeigenschaften
Laufzeitketten (mehrere Logikzellen in Reihe)	Technologieeigenschaften, Laufzeiten
Ringoszillator (rückgekoppelte Laufzeitkette)	Technologieeigenschaften, Laufzeiten, Leistungsaufnahme
Testschaltungen	Technologie-, Defektmonitor

den. Je nach Anwendungszweck werden solche T. in unterschiedlicher Kombination auf die Siliciumscheibe gebracht. So werden für die Technologieentwicklung Einzelstrukturen verwendet, die speziell auf den zu untersuchenden Prozeßschritt abgestimmt sind. Für routinemäßige Messungen während laufender Produktionsläufe werden aus Gründen der Flächenersparnis ausgewählte T. im Sägerahmen zwischen den Schaltkreisen vorgesehen. Anstelle der eigentlichen Produktchips werden häufig Testchips eingesetzt, die Einzelteststrukturen zur Analyse von Prozeßschritten und Defektdichtemeßstrukturen enthalten. Solche Testschaltkreise werden als Technologie- und Prozeßmonitor verwendet, beispielsweise um unabhängig vom eigentlichen Produkt Ausbeuteprognosen (→Ausbeute) geben zu können. In der Entwicklungsphase von Schaltkreisen werden Testchips mit Unterblöcken des neuen Bauelements eingesetzt, die im Gesamtschaltkreis sonst meßtechnisch nicht zugänglich wären. (Durch verbesserte Simulationswerkzeuge und durch Berücksichtigung der Testbarkeit bereits im →Schaltungsentwurf wird versucht, solche Testchips zunehmend überflüssig zu machen). *Ryssel*

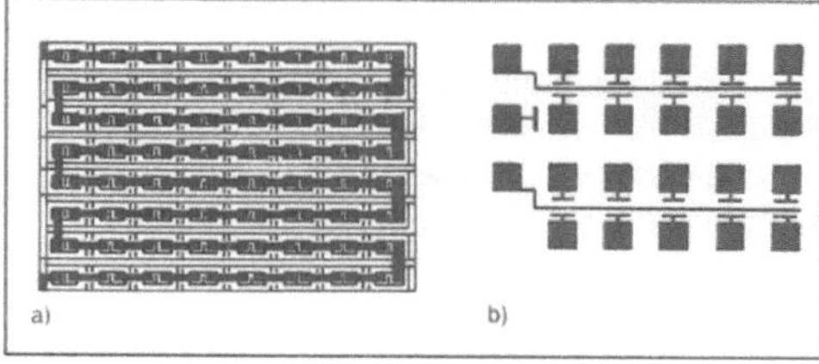

Teststrukturen: Beispiele
a) Kontaktlochkette
b) MOS-Transistoren unterschiedlicher Gate-Länge.

Literatur: *Buehler, M. G.:* Microelectronic Test Chips for VLSI Electronic. In VLSI Electronics, Microstructure Science, Bd. 6 (Hrsg. N. G. Einspruch), New York 1983.

Testvektor. Gesamtheit der logischen Information, die während eines Prüfschrittes an allen Eingängen eines digitalen Prüflings anliegt, bzw. den Zustand der Ausgangspins beschreibt. Der T. hat zunächst theoretische Bedeutung aus der Sicht des Prüflings. Zur Umsetzung in einen physikalischen Testvektor müssen die Bitmuster noch mit Formaten, Zeiten, Spannungspegeln, Strömen usw. hinterlegt werden (→Pinelektronik, →Logiktreiber). *K. Winter*

Testverfahren. Die Art des Vorgehens, wie ein Prüfling in einer bestimmten Prüfstufe geprüft wird (→In-Circuit-Test, →Funktionsprüfung, →Emulationstest, →Selbsttest usw.) *K. Winter*

Tetrode. Eine T. ist eine →Elektronenröhre mit vier Elektroden, die eine Anode, eine Kathode, eine Steuerelektrode und eine zusätzliche Elektrode, üblicherweise ein Schirmgitter, enthält. Die geheizte Kathode emittiert Primärelektronen (→Primäremission), diese werden vom negativ vorgespannten Gitter im Takte des zu verstärkenden Hochfrequenzsignals moduliert und gelangen anschließend zur Anode, wo die verstärkte Hochfrequenzleistung abgenommen und die restliche kinetische Energie abgeführt wird. Ein zwischen Anode und Steuergitter geschaltetes Schirmgitter entkoppelt diese beiden Elektroden voneinander.

Die Steuerung der →Raumladung findet, wie auch bei der Triode, zwischen Steuergitter und Kathode statt. Die wirksame Steuerspannung setzt sich zusammen aus der Spannung des Steuergitters und denjenigen von Schirmgitter und Anode, jeweils multipliziert mit ihrem Durchgriff, d. h. dem

Anteil des Potentialfeldes, der in den Raum zwischen Steuergitter und Kathode hineinwirkt. Da das Schirmgitter im Gegensatz zum Steuergitter auf positivem Potential gegenüber der Kathode liegt, fließt ein merklicher Schirmgitterstrom. Ist das Schirmgitter auch noch positiv gegenüber der Anode, dann kann es zusätzlich noch Sekundärelektronen aus der Anode auffangen. Das Kennlinienfeld (Bild) bekommt dadurch einen komplizierten Verlauf mit entsprechenden Verzerrungen. Im Regelbetrieb wird daher die →Anodenspannung höher als die Schirmgitterspannung gewählt.

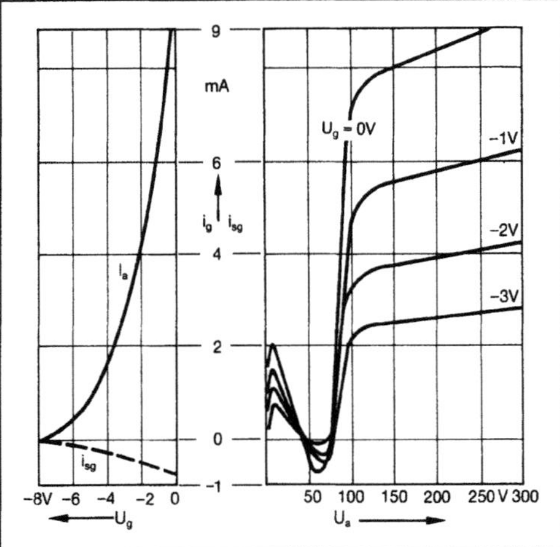

U_a – Anodenspannung. U_g – Steuergitterspannung. i_a – Anodenstrom. i_{sg} – Schirmgitterstrom.

Tetrode: Kennlinienfeld.

Die T. wird als →Senderöhre bei hohen Frequenzen und für hohe Leistungen angewendet. So erreicht sie in Rundfunksendern Ausgangsleistungen bis 2 MW und im obersten Fernsehband, d. h. bei 900 MHz, die Größenordnung von 20 kW. Ein weiteres Anwendungsgebiet liegt in der physikalischen Forschung. *Kiesel*

Literatur: *Barkhausen, H.:* Lehrbuch der Elektronenröhren. Leipzig. – NTG-Fachberichte. Bd. 71. Berlin 1980.

Textanzeige →Anzeigeelement

Thermischer Detektor →Photodetektor, thermisch

Thermistor. Häufig als Synonym für →Temperatursensoren nach dem Prinzip der temperaturabhängigen Widerstände gebraucht.

Eine wichtige Anwendung ist das Thermistoranemometer zur Messung von Gasströmungen (→Durchflußsensor). Hierbei wird der T. durch Selbstaufheizung über einen Stromfluß auf eine hohe Temperatur gebracht und durch den Gasstrom gekühlt. Die Kühlung ist über die Widerstandsänderung des T. direkt meßbar und ein Maß für die Strömungsgeschwindigkeit. *Schaumburg*

Thermoanalyse. Die T. liefert in einem sehr frühen Stadium des Konstruktionsprozesses einer Leiterplattenbaugruppe eine Aussage über die Gesamtwärmeerzeugung und Problemzonen, die nicht mehr ausreichend gekühlt werden können. Zur Berechnung dieser Ergebnisse benötigt die T. die Layoutbeschreibung und Bibliotheksdaten, die den Leistungsbedarf der einzelnen Bauelemente beschreiben.

Die Darstellung der Ergebnisse der T. erfolgt in Form von Isothermen oder Tabellen. Weitere Möglichkeiten der T. beziehen sich auf eine unmittelbare tendenzielle Anzeige der thermischen Wirkung bei Layouterstellung oder -Änderung. Darüber hinaus läßt sich das thermische Verhalten im Kühlluftstrom berechnen. Hierbei wird zusätzlich der Luftstrom und die Einbaulage der Leiterplattenbaugruppe vorgegeben. *K. Winter*

Thermoelektrische Effekte. Beschreibung der Wechselwirkungen zwischen thermischen und elektrischen Transportvorgängen in einem Festkörper. Alle t. E. sind schwach, so daß sie durch eine lineare Beziehung zwischen den Feldern (elektrisches Feld, Temperaturgradient) und den Strömen (elektrischer Strom, Wärmestrom) dargestellt werden können.

Der wichtigste der t. E. ist der *Seebeck*-Effekt:

$$E_x = \varphi \, {}^{dT}/_{dx} \qquad (1)$$

E_x: Elektrisches Feld in x-Richtung
${}^{dT}/_{dx}$: Temperaturgradient in x-Richtung
φ: Seebeck-Koeffizient oder differentielle Thermospannung.

Der Seebeck-Koeffizient ist materialabhängig. Bringt man zwei verschiedene Leiter in das gleiche Temperaturfeld, dann kann man an den Enden eine Potentialdifferenz, die →Thermospannung, messen, welche ein Maß für die Temperaturdifferenz T_1–T_2 ist.

Die Umkehrung des Seebecks-Effekts stellt der *Peltier*-Effekt dar:

$$w_x = \varphi \cdot T \cdot j_x$$

w_x: Wärmestrom in x-Richtung
j_x: Elektrische Stromdichte in x-Richtung
T: absolute Temperatur

Der Koeffizient φ ist identisch mit dem Seebeck-Koeffizienten. Verbindet man zwei Leiter mit einem möglichst unterschiedlichen Peltier-Koeffizienten zu einem Stromkreis, dann kann man je nach der Stromrichtung Wärme oder Kälte an der Verbindungsstelle erzeugen. In der Praxis verwendet man zu diesem Zweck spezielle, unterschiedlich dotierte

Halbleiter, da der Peltier-Koeffizient in p- und n-dotierten Halbleitern ein entgegengesetzes Vorzeichen hat. Man kann auf diese Weise kleine und gut kontrollierbare Kühlaggregate bauen (Bild). Dabei ist zu bedenken, daß die gewöhnliche →Wärmeleitung dem Peltiereffekt entgegenwirkt, und daß auch die Ohmsche Wärme zusätzlich anfällt. Der Halbleiterwerkstoff soll also eine möglichst schlechte Wärmeleitfähigkeit und eine möglichst gute elektrische →Leitfähigkeit besitzen. Silicium-Germanium-Mischkristalle und andere Mischkristalle z. B. das Bi-Sb-Te-System erfüllen diese Forderungen noch am ehesten. Insgesamt ist der Wirkungsgrad thermoelektrischer Kälteaggregate oder auch Generatoren jedoch nicht sehr gut, so daß sie nur für Spezialzwecke eingesetzt werden. *Hubert*

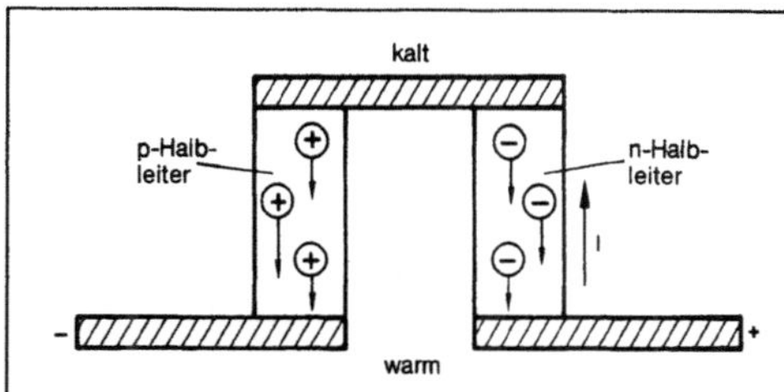

Thermoelektrische Effekte: Prinzip eines Peltier-Kühlelements.

Thermoelektrizität. Erzeugung eines elektrischen Stroms aufgrund des *Seebeck*-Effekts, indem die beiden Kontaktstellen zwischen zwei unterschiedlichen elektrischen Leitern mit verschiedenem Seebeck-Koeffizienten auf unterschiedliche Temperatur gebracht werden. Die dabei entstehende thermoelektrische Spannungsdifferenz kann zur Temperaturmessung verwendet werden (→Thermoelement). Die T. wird jedoch auch als Stromquelle beispielsweise in Raumsonden zur Erforschung sonnenferner Planetenregionen eingesetzt, wo die Solarenergie nicht mehr ausreicht. Die eine Kontaktstelle wird dabei durch die freiwerdende Energie beim Zerfall eines radioaktiven Isotops aufgeheizt. Für eine direkte Energieumwandlung von Wärme in elektrische Energie, z. B. zur Nutzung von Abwärme (etwa Abgaswärme beim Kfz), sind die Investitionskosten jedoch zu hoch. *Claassen*

Thermoelement. Meßaufnehmer zur →Temperaturmessung. Verbindet man zwei Drähte aus verschiedenen Metallen oder Metallegierungen an den Enden miteinander, so erhält man ein Thermopaar. In ihm entsteht infolge des thermoelektrischen Effekts eine elektrische Spannung, wenn die zwei Verbindungsstellen (Meßstelle und Vergleichsstelle) verschiedenen Temperaturen ausgesetzt werden (Bild 1 a). Die →Thermospannung wird experimentell in Abhängigkeit von der Temperatur bei konstant gehaltener Vergleichstemperatur ermittelt. Zur praktischen Temperaturmessung hat sich eine Anzahl von Werkstoffen als geeignet erwiesen. Sie alle sind reine Metalle oder homogene Mischkristalle, die im Temperaturbereich ihrer Verwendung keine Phasenumwandlung erleiden. Dies ist die Voraussetzung, daß die von einem Thermopaar abgegebene Thermospannung mit steigender Temperaturdifferenz zwischen Meßstelle und Vergleichsstelle ohne Knickpunkt ansteigt. Die praktisch einzusetzenden Werkstoffpaarungen, ihre Thermospannungsgrundwerte, die Berechnung der Grundwerte durch Polynome und die zulässigen Liefertoleranzen der Thermospannungen sind in DIN IEC 584-1 und 584-2 (Januar 1984) genormt. Unter Grundwerten versteht man hier für bestimmte Temperaturen festgelegte Werte des elektrischen Ausgangssignals. Eine Übersicht über die genormten Thermopaare gibt die Tabelle.

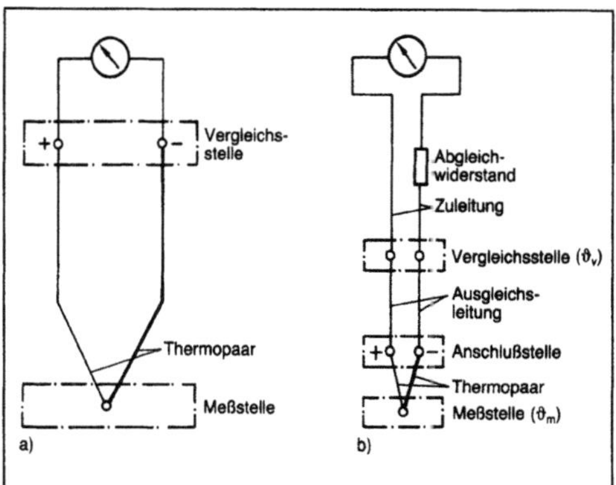

Thermoelement 1: Prinzipielle Darstellung.
a) Grundanordnung
b) Mit Ausgleichsleitung.

Bei industriellen Anwendungen werden T. in ähnliche Schutzrohre wie →Widerstandsthermometer eingebaut. Für Meßaufgaben, bei denen es auf schnelles Ansprechen und kleine Bauform ankommt, wurden T. entwickelt, bei denen die beiden Thermodrähte isoliert von einem hermetisch dichten flexiblen Metallmantel umschlossen sind. Diese Mantel-T. (Bild 2) sind mit Außendurchmessern von 0,2–6 mm lieferbar. Weiterhin gibt es T. in Folienform ähnlich wie →Dehnungsmeßstreifen. Eine Beschleunigung der Temperaturerfassung ist mittels dynamischer Korrektur möglich. Dazu wird die Thermospannung elektronisch bandbegrenzt differenziert. Wenn man dann das erhaltene Signal gewichtet zur Thermospannung addiert, wird der Endwert eines Temperatursprungs bis zu 100mal schneller erkennbar.

Thermoelement. Tabelle: Wichtige Thermopaare (Quelle: DIN IEC 584)

Thermopaar	Kenn-buch-stabe	mittlere Empfindlichkeit (in mV/100 K)	Temperaturbereich	technisch nutzbarer Temperaturbereich
Pt 10 % Rh – Pt	S	1,04	– 50 °C – + 1 769 °C	0 °C – + 1 500 °C
Pt 13 % Rh – Pt	R	1,18	– 50 °C – + 1 769 °C	0 °C – + 1 600 °C
Pt 30 % Rh – Pt 6 % Rh	B	0,76	0 °C – + 1 820 °C	0 °C – + 1 700 °C
Fe – CuNi	J	5,26	–210 °C – + 1 200 °C	–200 °C – + 750 °C
Cu – CuNi	T	4,05	–270 °C – + 600 °C	–200 °C – + 400 °C
NiCr – CuNi	E	6,78	–270 °C – + 1 000 °C	–200 °C – + 900 °C
NiCr – Ni	K	3,73	–270 °C – + 1 372 °C	–200 °C – + 1 000 °C
NICROSIL – NISIL	N	3,43	–200 °C – + 1 600 °C	–200 °C – + 1 300 °C
W 5 % Re – W 26 % Re	–	1,22 bei 2 000 °C	bis + 2 200 °C	bis + 2 200 °C

Erläuterungen:

1) Pt Platin, Rh Rhodium, Fe Eisen, Cu Kupfer, Ni Nickel, Cr Chrom, W Wolfram, Re Rhenium; die %-Angabe bezieht sich auf Rh bzw. Re
2) Die Legierung Kupfer/Nickel wurde bisher als Konstantan bezeichnet.
3) Die Polarität der Thermospannung ist dann positiv, wenn die Meßstelle wärmer als die Vergleichsstelle ist, wobei am jeweils erstgenannten Material die Plusklemme liegt.
4) Die Normung des Thermopaares Nicrosil-Nisil (Typ N) ist in Vorbereitung. Der positive Schenkel besteht aus 84,4 %2 Ni, 14,2 % Cr und 1,4 % Si, der negative Schenkel enthält 95,6 % Ni und 4,4 % Si. Dieses Thermopaar bietet im Bereich 250 °C–550 °C einige Vorteile gegenüber dem Typ K und ersetzt bis max. 1 300 °C auch noch die Typen S und R.
5) Das Thermopaar W 5 % Re – W 26 % Re für Hochtemperaturanwendungen ist nicht genormt.

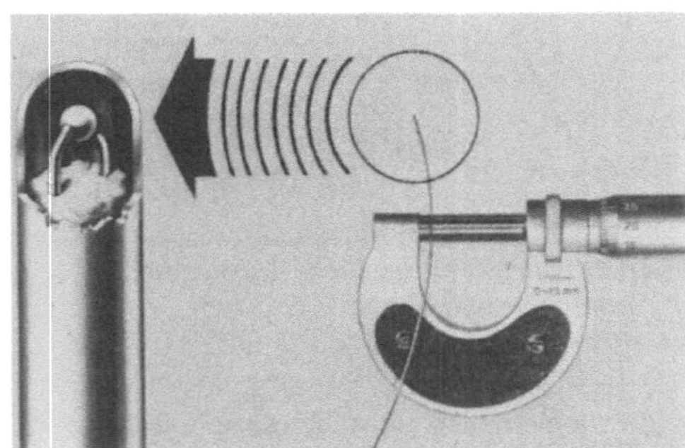

Thermoelement 2: Miniatur-Mantelthermoelement. (Quelle: Philips)

Meß- und Regelgeräte befinden sich i. a. nicht in unmittelbarer Nähe der Maschinen und Öfen, in denen die Temperatur überwacht wird. Deshalb muß die vom Thermopaar abgegebene Thermospannung zu den weiter entfernten Meßgeräten geleitet werden. Hierfür werden Ausgleichsleitungen verwendet, die im Temperaturbereich zwischen 0 und 200 °C dieselbe Thermospannungscharakteristik wie die zugehörigen Thermopaare besitzen (Bild 1 b). Angewendet werden die Ausgleichsleitungen wegen ihres geringeren Preises und ihres geringeren elektrischen Widerstands.

Die →Empfindlichkeit eines T. liegt nach Tabelle nicht höher als rd. 6 mV/100 K, d. h. sie beträgt nur rd. 1/100 der eines Metallwiderstandsthermometers.

Die Thermospannung einiger T.-Typen in Abhängigkeit von der Temperatur zeigt Bild 3.

Mit Meßverstärkern wird die Thermospannung hochohmig und damit rückwirkungsfrei abgegriffen

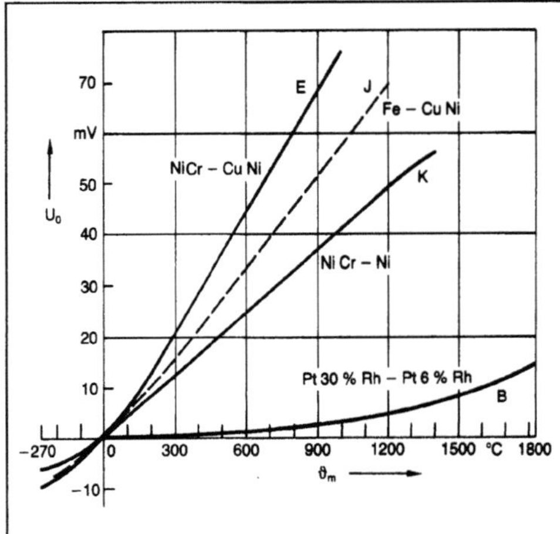

Thermoelement 3: Thermospannungen U_o über der Temperatur ϑ_m ($\vartheta_v = 0\,°C$).

und zum Zwecke der Anzeige oder Weiterverarbeitung verstärkt. Die Spannung kann auch durch ein →Kompensations-Meßverfahren gemessen werden. Bei diesen wird der zu messenden Thermospannung eine bekannte Spannung entgegengeschaltet und so lange geändert, bis beide Spannungen gleich sind. Aus der Stromlosigkeit des Meßkreises ergibt sich der Hauptvorteil der Kompensationsmessung: Änderungen des Meßkreiswiderstands beeinflussen das Meßergebnis nicht.

Die Thermospannung ist ein Maß für den Temperaturunterschied zwischen Meß- und Vergleichsstelle. Soll ein Instrument die Meßtemperatur selbst anzeigen, so muß die Temperatur der Vergleichsstelle berücksichtigt werden. Eine im Labor angewandte Methode ist, die Vergleichsstelle in schmelzendes Eis zu legen, sie also auf 0 °C zu halten. Zum Berücksichtigen der Vergleichsstellentemperatur T_v kann man zur Thermospannung auch eine solche Spannung hinzufügen, die Abweichungen von T_v vom Bezugswert kompensiert (Bild 4). In Reihe mit dem Thermopaar ist in den Meßkreis die Diagonalspannung einer mit Gleichstrom gespeisten Brücke geschaltet, in der einer der Widerstände temperaturabhängig und räumlich mit der Vergleichsstelle zusammengebaut ist. Die Brücke ist so bemessen, daß bei jeder Vergleichsstellentemperatur die Diagonalspannung so groß und so gepolt ist, daß sie die Thermospannung auf den der Bezugstemperatur entsprechenden Wert ergänzt.

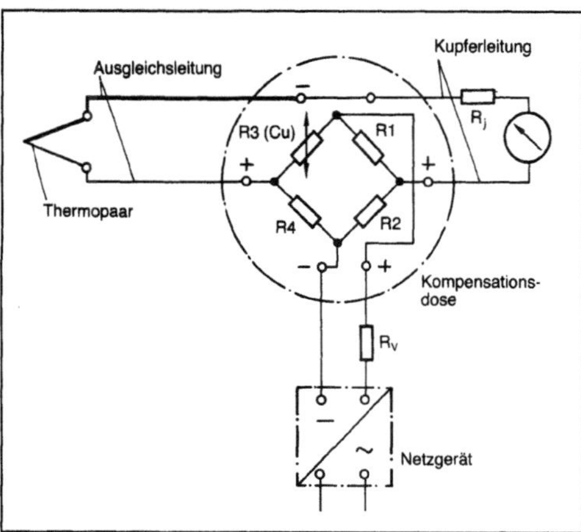

R1, R2, R4 Brückenwiderstände, R3 Temperaturabhängiger Brückenwiderstand, R_j Abgleichwiderstand, R_v Vorwiderstand je nach Thermopaarart

Thermoelement 4: Zusammenschaltung von T., Kompensationsdose und Netzgerät.

Mit Verfahren der Halbleitertechnologie lassen sich integrierte Signalumformer für die verschiedenen T. herstellen. Diese erfassen die Temperatur der Vergleichsstelle z. B. mit einem Halbleitersensor und korrigieren das Meßergebnis entsprechend. Sie überwachen das Thermopaar auf Leitungsbruch, berücksichtigen z. T. die Nichtlinearität der T.-Kennlinie und geben die Temperatur analog, z. B. als Spannung von 10 mV/°C oder digital in seriellem oder parallelem Datenformat aus (Bild 5).

Hammerschmidt

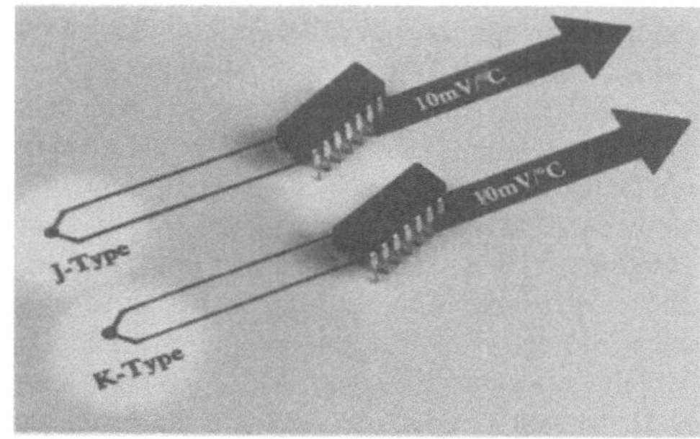

Thermoelement 5: Integrierte T.-Signalumformer. (Quelle: Analog Devices GmbH)

Literatur: DIN IEC 584-1, 584-2 (Jan. 1984). – DIN 43710 (Dez. 1985). – DIN 43712 (E. Jan. 1985). – DIN 43732-35 (März 1986). – DIN IEC 65B(60)60 (E. Jul. 1987).

Thermokompressionsschweißen →Mikroschweißen

Thermokraft. Änderung der →Thermospannung eines Thermoelementes mit der Temperatur (→Seebeck-Effekt). *Claassen*

Thermolumineszenz-Dosimeter. T.-D. haben die Fähigkeit gewisser Stoffe einen Teil der eingestrahlten Energie ionisierender Strahlungen zu speichern und diese bei Erwärmen auf bestimmte Temperaturen in Form von sichtbarem Licht abzugeben. Als Detektormaterial kommen dabei z. B. Calciumfluorid (CaF_2), Aluminiumoxid (Al_2O_3), Lithiumfluorid (LiF) oder Lithiumborat ($Li_2B_4O_7$) – jeweils mit geeigneten Aktivatoren dotiert – in Betracht.

Die zum Auswerten von T.-D. benutzte Apparatur (Bild 1) besteht aus einer Ausheizvorrichtung, die den Detektor in definierter Weise bis auf etwa 300 °C erwärmt, einem Lichtfilter, Photomultiplier, Verstärker und Anzeigeinstrument. Der von diesem

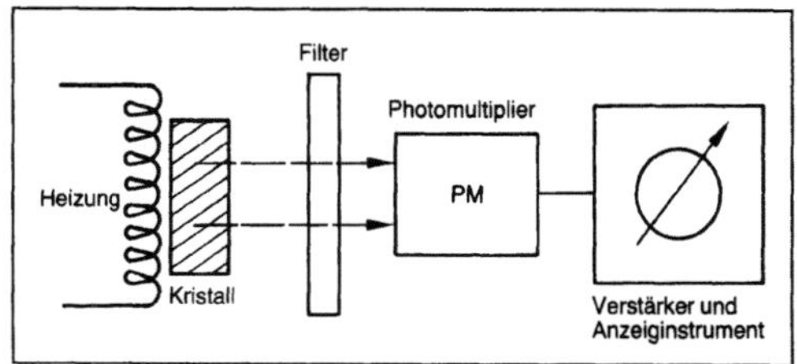

Thermolumineszenz-Dosimeter 1: Schema der Auswertungsapparatur.

gemessene Strom ist dabei proportional der Strahlendosis, der der Detektor ausgesetzt war. Ein Detektor kann höchstens 2–3mal mit stufenweise gesteigerten Temperaturen ausgeheizt werden; T. sind keine unlöschbaren Dosimeter.

Mit T.-D. kann Photonenstrahlung bis herunter zu etwa 10 keV effektiver Energie und bei entsprechender Dimensionierung des Detektors auch Elektronen- und Betastrahlung oberhalb einiger 100 keV Energie mit Genauigkeiten von etwa ±5% gemessen werden. Darüber hinaus ist mit geeigneten Detektoren auch der Nachweis von thermischen Neutronen möglich. Werden gleichzeitig mehrere Detektoren benutzt, denen Filter verschiedener Dicke vorgesetzt sind, so können mit ihrer Hilfe auch Aussagen über die Energie der einwirkenden Strahlungen gemacht werden. Der Meßbereich von T.-D. ist von der Art des Detektormaterials, der Größe der verwendeten Detektoren und der →Empfindlichkeit der Auswerteapparatur abhängig und reicht von etwa 0,01 mGy bis über 100 Gy (Bild 1).

Die Energieabhängigkeit von T.-D. hängt sehr von dem verwendeten Detektormaterial ab; Bild 2 zeigt einige Beispiele. Daraus erkennt man, daß die Lithium enthaltenden Thermolumineszenzsubstanzen (effektive Ordnungszahl ähnlich der von Wasser) Strahlungen bis herunter zu 10 keV effektiver Quantenenergie mit befriedigender Genauigkeit zu messen gestatten. Calciumfluoriddosimeter sind dafür aber etwa 10mal empfindlicher.

Beim Verwenden von T.-D. ist darauf zu achten, daß die Stärke des abgegebenen Signals besonders in den ersten Stunden nach einer Exposition sehr abnehmen kann (Fading).

Thermolumineszenzdetektoren können wiederholt auch 100mal und mehr verwendet werden, ohne ihre Empfindlichkeit nennenswert zu verändern.

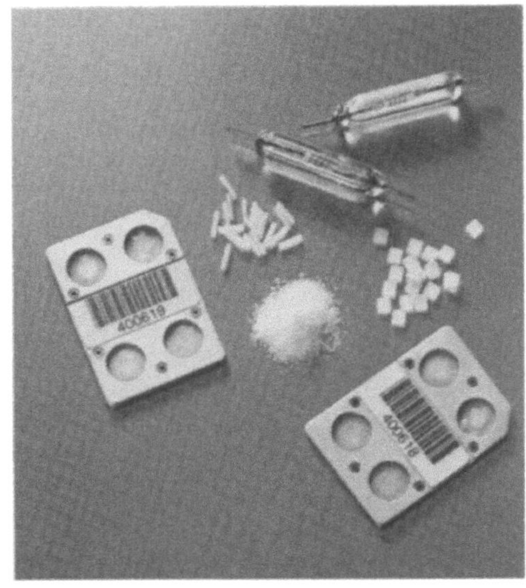

Thermolumineszenz-Dosimeter 3: Beispiele eines in der Personendosimetrie benutzten T.-D. (Quelle: Harshaw, USA)

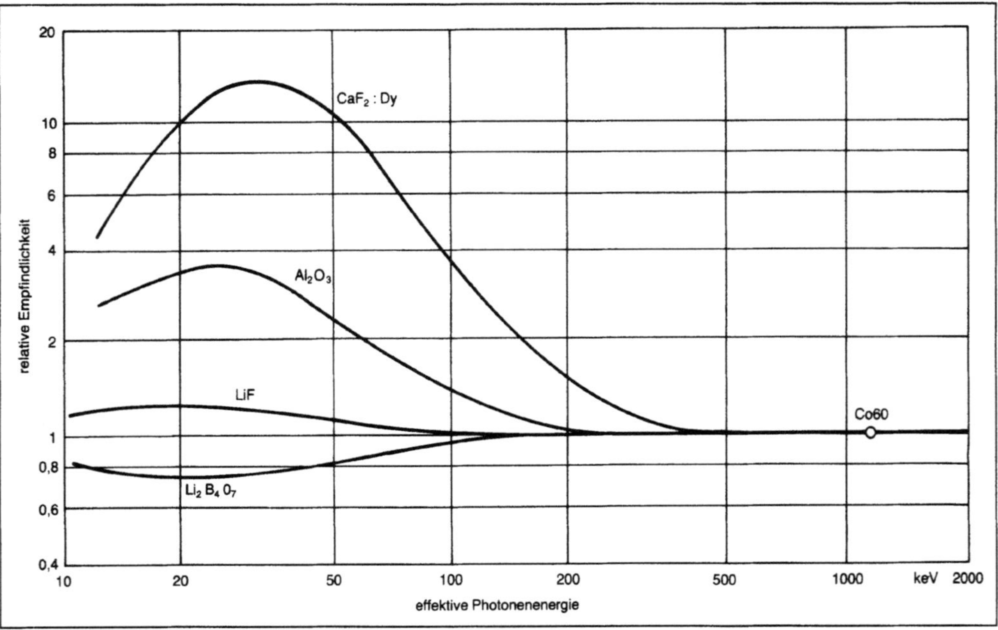

Thermolumineszenz-Dosimeter 2: Energieabhängigkeit verschiedener Thermolumineszenzmaterialien.

Vor Wiederverwenden sind die Detektoren einer genau vorgeschriebenen thermischen Behandlung zu unterziehen, um sie wieder in den Zustand der anfänglichen Empfindlichkeit zu versetzen.

Hauptanwendungsgebiet von T.-D. ist die Personendosimetrie, in der sie – neben dem Filmdosimeter – zweifellos die am besten geeignete Methode sind. Außerdem können sie aber auch in der medizinischen Dosimetrie, besonders zu Messungen der Dosisverteilung in Phantomen oder im Körperinnern und bei vielen anderen Anwendungen, gute Dienste leisten. *Wachsmann*

Literatur: *Becker, K.* u. *A. Scharmann:* Einführung in die Festkörperdosimetrie. Bd. 56, München 1975.

Thermometer, faseroptisches. →Temperatursensor, faseroptischer

Thermosonikschweißen →Mikroschweißen

Thermospannung. Elektrische Spannung zwischen zwei Kontaktstellen zweier unterschiedlicher elektrischer Leiter, die sich auf verschiedener Temperatur befinden (→Seebeck-Effekt; →Thermoelektrizität). *Claassen*

Thyratron. Eine gasgefüllte →Elektronenröhre mit Glühkathode, bei der die Zündung einer Bogenentladung durch ein oder mehrere Gitter gesteuert wird.

In einer Röhrenhülle aus Glas oder Keramik sind eine meist direkt geheizte Oxidkathode und eine Anode untergebracht. Zwischen ihnen liegen meist ein, manchmal aber auch zwei Gitter in Form von Lochblechen oder Bügeln, die die Zündcharakteristik der Röhre beeinflussen. Nach dem Evakuieren, Ausheizen und Formieren der Kathode wird das T. mit Edelgasen oder Quecksilber oder beidem gefüllt, so daß sich ein Betriebsdruck von einigen 10^{-3} mbar einstellt.

Liegt an der Anode die notwendige positive Spannung, so zündet die Röhre und bildet eine Bogenentladung, deren Brennspannung nur einige 10 V beträgt. Der Einsatz dieser Entladung kann durch die Gitter gesteuert werden, jedoch ist es nicht möglich, die Entladung über die Gitter wieder zu löschen. Dies geschieht beim Absinken der Anodenspannung unter die Bogenspannung.

T. eignen sich deshalb sehr gut zum Schalten und Steuern von Wechselströmen und als steuerbare →Gleichrichter, da der Zündeinsatzpunkt kontinuierlich über die gesamte Halbwelle verschoben werden kann (→Phasenanschnittsteuerung). Beim Steuern von Wechselströmen werden häufig zwei T. antiparallel betrieben, so daß im Lastkreis keine Gleichspannungskomponente auftritt. *Golombek*

Thyristor. Auch Halbleiterthyratron, gesteuerter →Gleichrichter (*engl.* SCE, Silicon Controlled Rectifier). Halbleitersperrschichtbauelement mit wenigstens drei pn-Übergängen, das durch eine an einer Steuerelektrode liegende Spannung für eine Stromflußrichtung vom sperrenden in den leitenden Zustand (oder umgekehrt) geschaltet werden kann.

Der T. besteht im Grundkonzept aus vier Bereichen abwechselnden Leitungstyps (Bild 1), hat also drei pn-Übergänge. Der äußere Anschluß am p-Gebiet heißt →Anode, der am äußeren n-Gebiet →Kathode. Am zweiten p-Gebiet befindet sich die Steuerelektrode, auch Gate- oder Zündelektrode genannt. Diese Bezeichnungen wurden aus der Thyratron-Technik übernommen.

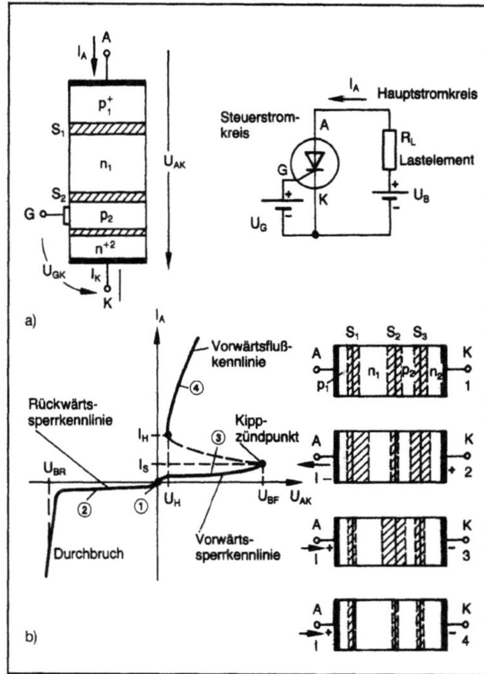

Thyristor 1: Schematische Darstellung.
a) Prinzipieller Aufbau, Schaltsymbol und Grundstromkreis
b) Hauptstromkennlinie mit Angabe des jeweiligen Zustandes der Sperrschichten: 1 – stromloser Zustand, 2 – Rückwärtssperrzustand, 3 – Vorwärtssperrzustand, 4 – Vorwärtsflußzustand.

Die Betriebsweise wird durch die jeweilige Polung der pn-Übergänge bestimmt. Im Sperrzustand, d. h. bei negativer Anoden-Kathoden-Spannung, sind die äußeren pn-Übergänge S_1 und S_3 je sperrgepolt, der mittlere Übergang flußgepolt und es fließt nur ein geringer →Sperrstrom. Der T. ist rückwärtssperrend. Bei positiver Anoden-Kathodenspannung sind die beiden äußeren pn-Übergänge flußgepolt, und der mittlere (S_2) sperrgepolt. So fließt zunächst auch nur ein kleiner Sperrstrom – der Vorwärtssperr- oder Blockierstrom –, und der T. befindet sich im Vorwärtssperr- oder Blockierzustand.

Der Blockierstrom entsteht hauptsächlich durch Lawinengeneration in der Sperrschicht S.

Erreicht die Anoden-Kathoden-Spannung jedoch einen kritischen Wert – die Kipp- oder →Zündspannung – so ist die Ladungsträgergeneration in der Sperrschicht S_2 so stark geworden, daß die Trägerdichten in den angrenzenden N_1- und P_2-Halbleitergebieten stark steigen und der Übergang S_2 durchschaltet. Dabei bricht die →Anodenspannung auf einen sehr kleinen Wert – die →Durchlaßspannung – zusammen, der T. ist „gezündet", und es fließt zunächst der sog. →Haltestrom. Er verhält sich von jetzt an etwa wie eine im Flußbereich arbeitende Diode. Zum Abschalten (Löschen) des T. ist eine Senkung des Stromes unterhalb des Haltestromes erforderlich, entweder durch kurzzeitiges Abschalten der Anodenspannung bei Gleichspannungsbetrieb oder mittels Nulldurchgang bei Wechselspannungsbetrieb.

Eine flußgepolte Steuerelektrode bzw. ein positiver Steuerstrom begünstigt das Zünden des T.: mit steigendem Steuerstrom sinkt die Kippspannung. So arbeitet der T. wie ein einschaltbarer Gleichrichter, mit dem sich ein großer Laststrom steuern läßt (Bild 2).

Der T. kann i. a. nicht über die Steuerelektrode ausgeschaltet werden, dazu bedarf es vielmehr Sonderkonstruktionen (abschaltbarer T.).

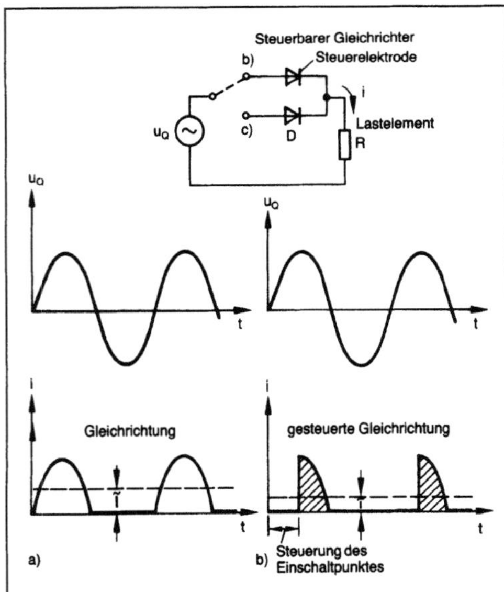

Thyristor 2: Prinzip des steuerbaren Gleichrichters. a) Zeitliche Einweggleichrichtung mit Diode D b) Steuerbare Gleichrichtung mittels Thyristor.

Grundsätzlich ist die →Zündung bei Steuerstrom Null auch durch Überschreiten der Kippspannung möglich, dieses Prinzip wird aber nicht beim T., sondern bei Vierschichtdioden und beim →DIAC ausgenutzt.

Im Kennlinienverlauf des T. unterscheidet man somit den →Sperrbereich rückwärts, den Sperrbereich vorwärts oder Blockierbereich sowie die →Durchlaßkennlinie. Da der T. als gesteuerter Schalter wirkt, sind für den Einschalt- und Ausschaltvorgang typische Zeitabschnitte maßgebend:

□ Im Einschaltvorgang gibt es
– eine Zündverarmungszeit, die zunächst erforderlich ist, um in den beiden mittleren Halbleitergebieten die Trägerdichten so zu erhöhen, daß ein Durchschalten des mittleren Überganges erfolgen kann,
– eine Durchschaltzeit, innerhalb der sich ein Zündkanal zunächst nur in Nähe der Steuerelektrode bildet. Er breitet sich schließlich während der
– Zündausbreitungszeit über den gesamten Thyristorquerschnitt aus.

□ Der Ausschalt- oder Löschvorgang wird hauptsächlich bestimmt von
– der Sperrverzögerungs- oder →Freiwerdezeit als derjenigen Zeit, die mindestens zwischen dem Nulldurchgang des Stromes von der Durchlaß- zur Sperrichtung und dem erneuten Anlegen einer positiven Anodenspannung verstreichen muß (sonst findet ein vorzeitiges Durchzünden statt),
– der Sperrerholladung als derjenigen Ladungsmenge, die bei diesem Umschalten vom Sperrerholstrom abgeführt werden muß.

Der T. wurde durch eine sehr intensive Weiterentwicklung während der letzten beiden Jahrzehnte zum wichtigsten Halbleiterbauelement der →Leistungselektronik (Tabelle). Er dient als gesteuerter Gleichrichter zur Erzeugung regelbarer Gleichspannungen ebenso wie zur Leistungssteuerung in Wechselstromkreisen. Zur Steuerung wird dabei einfach die Phasenlage des Zündimpulses gegen den Beginn der positiven Anodenspannungshalbwelle verschoben. Flußströme von weit über 1 kA und Sperrspannungen von mehr als 1 kV sind heute Standard. Weil es gelang, auch das Frequenzverhalten zu verbessern (Frequenz-T.), lassen sich heute auch schnellere Schalteranwendungen bis zu einigen 10 kHz realisieren (z. B. →Umrichter zur Frequenzwandlung, →Drehzahlregelung von Drehstrommotoren).

Aus den spezifischen Anforderungen entstanden im Verlaufe der Zeit eine Reihe von typischen Varianten des T., von denen die wichtigsten sind:
– rückwärtssperrende Thyristordiode (auch →Vierschichtdiode genannt),
– T., der nicht kathodenseitig, sondern anodenseitig steuerbar ist. Mit zwei Steueranschlüssen spricht man von einer Thyristortetrode,

Thyristor. Tabelle: Eigenschaften und Anwendungsgebiete typischer T.

Typ	Richtwert U_{AK}	I_A	Eigenschaften	Anwendung
Netz-thyristor	5 kV	5 kA	hohe Sperrspannung, hohes du/dt, kleine spezifische Durchlaßspannung, geringe Schaltfrequenz	Stromrichter für Gleichstromantriebe, Wechsel-/Drehstromsteller, Temperatur-, Leistungsregler
Frequenz-thyristor	2,5 kV	1 kA	hohe du/dt- und di/dt-Werte, mittlere Schaltfrequenz < 20 kHz, hohe spez. Durchlaßspannung	Gleichstromsteller (Chopper) für Gleichstromantriebe, Umrichter für Drehstromantriebe, Schwingkreisformer
Aymmetrischer Thyristor (ASCR)	2,5 kV	1 kA	hohe du/dt- und di/dt-Werte, hohe Schaltfrequenz (< 30 kHz), kleine Sperrspannung (< 20 V) in Rückwärtsrichtung, mittlere spez. Durchlaßspannung	
rückwärts leitender Thyristor (RCT)	2,5 kV	1 kA	hohe du/dt- und di/dt-Werte, hohe Schaltfrequenz (< 30 kHz), integrierte antiparallele Diode, mittlere spez. Durchlaßspannung	wie Frequenzthyristor, ferner Generatoren
Photo-thyristor	4 kV	10 A	hoher du/dt-Wert, sehr tiefe Schaltfrequenz, optische Ansteuerung, kleine spez. Durchlaßspannung	
Gate-unterstützter Abschaltthyristor (GATO)	2,5 kV	800 A	hohe du/dt- und di/dt-Werte, hohe Schaltfrequenz (< 30 kHz), hohe spez. Durchlaßspannung	
Abschaltbarer Thyristor (GTO)	5 kV	1 kA	mittlere Schaltfrequenz (< 20 kHz) und Sperrspannung, hohe spez. Durchlaßspannung	Gleichstromsteller (Chopper) für Gleichstromantriebe, Umrichter für Drehstromantriebe

– abschaltbarer T. (sog. GTO-T., Gate-Turn-off SCR, abschaltbarer gesteuerter Gleichrichter),
– →Photothyristor, bei dem die Zündung durch Einleitung eines Lichtimpulses (z. B. über einen Lichtleiter) erfolgt. Er eignet sich besonders für Hochspannungsanforderungen, weil der Zündkreis potentialmäßig vom Schaltkreis getrennt werden kann.
– MOS-T. Durch Anwendung der vom →MOSFET her bekannten Feldeffektsteuerung ist es möglich, auch eine entsprechende Thyristorstruktur aufzubauen. Sie ist – im Gegensatz zum T. – leistungslos steuerbar und paßt sich in ihrer Steuerspannung insbesondere gut den Spannungen von Digitalschaltkreisen an. Damit erschließen sich der Leistungselektronik weitere Möglichkeiten, die Steuerelektronik komfortabler zu machen.

Vielfach besteht in der Leistungselektronik die Anforderung, sowohl im Sperrbereich rückwärts als auch vorwärts in den niederohmigen Bereich schalten zu können, also den Stromfluß in beiden Richtungen (bidirektional) steuerbar zu machen. Dazu dienen Fünfschichtbauelemente, deren markanteste Vertreter DIAC und →TRIAC sind. *R. Paul*

Literatur: *Gerlach, W.:* Thyristoren. Berlin 1981. – *Heumann, K.* und *A. Stumpe:* Thyristoren. Stuttgart 1974.

Thyristor, abschaltbarer →GTO-Thyristor

Thyristordiode →Vierschichtdiode, →Thyristor

Thyristortetrode →Thyristor

Thyristortriode →Thyristor

Tiefpaßfilter →Filter

Time-Division-Rechenverfahren →Multiplizierer

Timing-Generator. Der T.-G. erzeugt hardwaremäßig die Zeitmarken (Impulse), zu denen bestimmte Signalzustände innerhalb eines →Prüfzyklus' aktiviert oder geändert bzw. Meßvorgänge (Abtastzeitpunkt) ausgelöst werden sollen. Im Zusammenhang mit der Beschreibung eines T.-G. finden sich die Begriffe
□ *TG delay* = Timing generator delay: Beginn eines Impulses des Prüfautomaten bezogen auf den Beginn des Prüfzyklus und
□ *TG width* = Timing generator width: Dauer eines Impulses des Prüfautomaten innerhalb eines Prüfzyklus. *K. Winter*

Tintenstrahldrucker →Registriergerät

Titan-Saphir-Laser →Laser, vibronische

TN-Zelle →Flüssigkristall-Anzeige

TO-Gehäuse →Umhüllung

Token Ring. Der T.-R. ist ein Zugriffsverfahren für lokale Netze; es wurde vom Standardisierungsgremium IEEE 802.5 genormt. Das Verfahren ist deterministisch und basiert auf einem physikalischen unidirektionalen Ring als Topologie. Eine typische Übertragungsrate sind 4 und 16 Mbit/s. Die Stationen sind als aktive Komponenten ausgelegt; sie prüfen, regenerieren und kopieren eintreffende Nachrichten. Bei Stations- bzw. Leitungsausfall ist der Kommunikationsfluß unterbrochen. Dieses Problem läßt sich durch einen sternförmigen Ring beheben; hierbei werden alle Ringleitungen durch eine zentrale Kontrollstelle gelegt, wo im Falle einer Störung eine Überbrückung erfolgt (by-pass). Der Medienzugang wird dezentral durch ein zirkulierendes Senderecht (Token) realisiert (Bild).

Starting Delimiter	P	P	P	T	M	R	R	R	Ending Delimiter

Token-Ring: Token-Format. P — Prioritätsbit, T — Tokenbit, M — Monitorbit, R — Reservierungsbit.

Eine sendewillige Station wandelt den eintreffenden Token von „frei" zu „belegt" und hängt die zu übertragende Nachricht an. Danach (frühestens aber, wenn die Station ihren eigenen Nachrichtenkopf zurückempfangen hat) wird ein neues „freies" Token erzeugt und an den Ringnachfolger weitergeleitet. Ergänzend dazu können eine Reihe von Prioritätsmechanismen implementiert werden.

Empfangende Stationen kopieren die Nachricht und leiten das Original (evtl. in quittierter Form) weiter. Der Sender ist für das Entfernen seiner eigenen Nachricht vom Ring verantwortlich.

Das erstmalige Generieren eines Tokens, die Erkennung und Behebung von Fehlersituationen (Tokenverlust, dupliziertes Token etc.) sowie die evtl. Gewährung von Sonderzugriffsrechten vor Eintreffen eines regulären Token gehört zu den Aufgaben einer zentralen Monitorstation.

Der T.-R. ermöglicht einen fairen Zugriff mit garantierten maximalen Wartezeiten; er ist vorteilhaft vor allem bei hoher und gleichmäßiger Stationslast, da Übertragungskonflikte (CSMA/CD) vermieden und damit fast die gesamte Übertragungskapazität genutzt werden kann. Die garantierte maximale Wartezeit bis zum nächsten Zugriff ist für Realzeitanwendungen von besonderer Bedeutung.

Im Schwachlastfall (niedrige Rate von zu übertragenden Daten im Vergleich zur Gesamtkapazität des Mediums) und bei zeitlich stark schwankendem Lastaufkommen einer einzelnen angeschlossenen Station ist CSMA/CD eine einfachere, schnellere und daher vorzuziehende Zugriffsmethode. Dieser Anwendungsfall ist für die Vernetzung von relativ einfachen Datenendgeräten (wenig Graphikanwendungen, seltener File-Transfer) typisch.

Von der Herstellerseite wird der T. R. stark von IBM unterstützt. *Spaniol*

Literatur: ANSI/IEEE Standard 802.5 Local Area Networks: Token Ring Access Method, 1985.

Toleranzanalyse. Die T. ist ein Verfahren, das die Wirkung eines Bauelementparameters auf die Zielgröße einer Schaltung zu ermitteln gestattet.

Elektronische Schaltungen sind aus Bauelementen aufgebaut. Die Parameter dieser Bauelemente streuen im allgemeinen um ihren Nennwert. So wird der Widerstand eines 1 000-Ohm-Widerstands nicht immer exakt 1 000 Ω betragen, sondern kann auch etwas kleiner oder größer sein. In einem Los vieler Widerstände sind die Widerstandswerte verteilt mit einem Mittelwert und einer Standardabweichung.

Werden elektronische Schaltungen gefertigt, so enthalten diese keine exakt identischen Bauelemente. Dementsprechend wird auch die Zielfunktion der Schaltung, z. B. ein gewünschter Verstärkungsgrad, etwas unterschiedlich sein. Dies ist der Fall unabhängig davon, daß die Schaltung natürlich mit einer gewissen Toleranzfähigkeit gegenüber Parameterschwankungen oder -änderungen aufgebaut ist. Letztere entstehen z. B. durch Temperaturänderungen, Driften und →Alterung.

Zur T. wird die elektronische Schaltung mit Hilfe eines Netzwerkanalyseprogramms untersucht (Schaltungssimulation). Dazu ist die Schaltung nachzubilden und die technischen Daten der Bauelemente sind einzugeben. Die →Simulation zeigt dann, wie weit eine bestimmte Bauelementeigenschaft das Ausgangssignal der Schaltung beeinflußt.

Mit Hilfe von Monte-Carlo-Rechnungen lassen sich auch Erwartungswert und Standardabweichung der Zielfunktion errechnen. Dazu sind die Bauelemente mit jeweiligem Erwartungswert und Standardabweichung (bzw. mit ihren minimalen und maximalen Werten) einzugeben. Mit Hilfe von Zufallsgeneratoren werden dann Sätze von Bauelementparametern vorgegeben. Die Knotenpotentiale und Ströme des Netzwerkes werden berechnet, woraus sich dann das Ausgangssignal der Schaltung ergibt. Derartige Rechnungen werden so oft durchgeführt, daß für die Zielgröße die Verteilung angegeben werden kann. *Schrüfer*

Tonfrequenz-Elektrolytkondensator. Spezieller →Aluminium-Elektrolytkondensator für Tonfrequenzweichen, z. B. in Lautsprecherboxen. Im Zusammenwirken mit Induktivitäten bilden T.-E. Hochpaß- oder Tiefpaßfilter, um aus dem Frequenzgemisch des menschlichen Hörbereichs von 50–20 000 Hz gezielt die Frequenzbereiche auszusondern, für die die anzusteuernden →Lautsprecher ausgelegt sind.

Da das NF-Signal eine Spannung wechselnder Polarität sein kann, sind T.-E. im allgemeinen Bipolare-Elektrolytkondensatoren.

Bei gleichspannungsfreien Verstärkerausgängen können jedoch auch innerhalb bestimmter Grenzen speziell konstruierte gepolte Al-Elektrolytkondensatoren für Tonfrequenzweichen eingesetzt werden. Dabei findet im Gegensatz zu herkömmlichen Elkos in T.-E. eine nur gering aufgerauhte Anodenfolie Verwendung. Die daraus resultierenden größeren Bauformen erleichtern den Einsatz von T.-E., weil die Kondensator-internen Verluste über eine größere Oberfläche besser abgeleitet werden können. *Both*

Literatur: *Thiesbürger, K. H.:* Der Elektrolytkondensator. Teningen 1982.

Topfkern →Ferritkern

Totalausfall →Ausfall

Totzeit. T. ist in der Regelungstechnik die Zeit, um die der Einsatz eines Befehles oder einer Kraft gegenüber dem Zeitpunkt des Einsatzes des Befehles verzögert ist.

Bei einem Totzeitglied tritt der zeitliche Verlauf des Eingangssignals um die T. T_t verschoben als Verlauf des Ausgangssignals auf (Bild) (DIN 19226 Abschn. 5.4.4). In der Antriebstechnik wirkt sich z. B. eine Getriebelose als T. aus, da eine Kraftübertragung erst nach Durchlauf der Getriebelose beginnt. *H. Stüben*

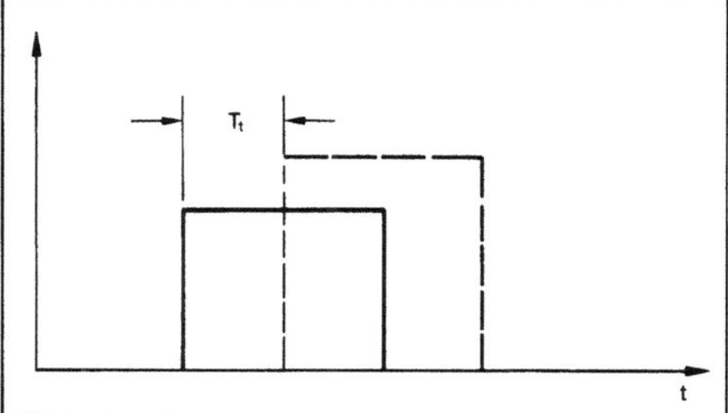

Totzeit: Schematische Darstellung.

Trägerfrequenzbrücke →Meßbrücke

Transceiver. Die Zusammenfassung eines Senders mit einem Empfänger zu einem Kompaktgerät (transmitter and receiver) erklärt die Bezeichnung T. Im Unterscheid zu den zivil eingesetzten Sende-Empfangs-Geräten für den beweglichen Funkdienst wird der T. überwiegend militärisch verwendet.

Der T. ist die wirtschaftlichste und kompakteste Form einer in sich geschlossenen Sende-Empfangseinrichtung. Wesentliche Bauteile und Baugruppen werden für den Sende- und Empfangsteil gemeinsam benutzt. Im Unterschied zu den Duplex-Geräten der beweglichen Funkdienste (Gegensprechen) erlaubt der T. jedoch nur den Wechselsprechbetrieb (Halbduplex). Er kann somit nur zum Senden oder zum Empfangen benutzt werden. Mobile Ausführungen sind batteriebetrieben. Frequenzmäßig sind T. überwiegend für den Kurzwellenverkehr eingerichtet.

Robustheit und Kompaktbauweise der T. empfehlen sie für den militärischen Einsatz. Dieser geschieht überwiegend mobil, z. B. als „Manpack" oder in Kraftfahrzeugen, Schiffen, Flugzeugen installiert. Moderne militärische Fernschreib- und Faksimile-Verbindungen, über Funk abgewickelt, setzen ebenfalls ihre Verwendung voraus. *Kümmritz*

Transconductance-Verstärker →OTA

Transducer →Aufnehmer

Transfergate. (auch Übertragungstor, →Transmission-Gate) Transistoranordnung in →NMOS- oder →CMOS-Technik mit ein oder zwei MOS-FET, die so zusammengeschaltet sind, daß die Anordnung als steuerbarer Schalter mit kleinem Einschalt- und großem Ausschaltwiderstand wirkt. Grundlage der Schaltung ist die Symmetrie des MOS-FET, d. h.

seines Durchlaß-Sperrverhaltens hinsichtlich der Vertauschung von →Source und →Drain. T. finden zahlreiche Anwendungen in Multiplexern, Choppern sowie zur Realisierung von Logikschaltungen. *R. Paul*

Transferkennlinie →Inverter, →Übertragungskennlinie

Transformator. Wichtiges Bauelement in Elektronikgeräten zur Umwandlung von Wechselströmen bzw. pulsierenden Gleichspannungen in Wechselströme höherer oder niedriger Spannung bzw. zur erdfreien Trennung von Stromkreisen. Die Spannungen an Primär- und Sekundärwicklung des Transformators verhalten sich umgekehrt wie die Windungszahlen.

In der Elektronik werden u. a. bestimmte Modifikationen des T. eingesetzt: Regeltrafos zur variablen Spannungseinstellung im Laborbereich, T. mit Anzapfungen an der Primärspule zur Umstellung auf unterschiedliche Netzspannungen, T. mit Anzapfungen an der Sekundärseite zur Einstellung wählbarer Sekundärspannungen, Hochspannungstrafos für Bildschirme und Röntgengeräte, Übertrager.

Bei der Verbesserung der T. sind folgende Tendenzen erkennbar: kleine Bauformen und damit Gewichtsreduzierung, geringe Streufelder, höhere Arbeitsfrequenzen. *K. Winter*

Transientenspeicher. T. oder Transientenrecorder erlauben das schnelle digitale Speichern elektrischer Meßsignale. Dabei werden die analogen Signale entweder direkt mittels eines →A/D-Umsetzer in digitales Datenformat umgesetzt oder aber unter Zwischenschaltung einer elektronischen Schreib-Lese-Röhre. Im Direktverfahren erreicht man je nach Auflösung Abtastraten bis über 100 MHz; mit Konverterröhre sind äquivalente Abtastraten bis 100 GHz möglich. Im normalen Betrieb werden die Meßsignale kontinuierlich in einem Durchlaufspeicher gespeichert. Mit einem eintreffenden Triggersignal oder Störsignal wird der Vorgang so abgebrochen, daß man die Meßsignale um den Triggerzeitpunkt herum im Speicher hat. Die gespeicherten Signale kann man sich dann beliebig oft auf einem Bildschirm ansehen oder mittels eines Schreibers (→Registriergerät) oder eines Plotters dokumentieren. (Digitaloszilloskop, →Elektronenstrahl-Oszilloskop). *Hammerschmidt*

Transistor. (*engl.* Transfer-Resistor) Halbleiterbauelement mit drei oder mehr Anschlüssen, bei dem der Stromfluß zwischen zwei Anschlüssen durch wenigstens eine dritte gesteuert werden kann. Damit sind grundlegende Signalverarbeitungen wie Verstärken und Schalten möglich, wobei die steuernde Leistung stets deutlich kleiner als die gesteuerte Leistung ist.

T. werden häufig näher unterschieden nach
- dem Stromtransport (Art der beteiligten Ladungsträger) in →Bipolar- und →Unipolartransistoren, zu denen die sehr verbreitete Gruppe der Feldeffekttransistoren gehört,
- Herstellungsmerkmalen (z. B. Diffusions-, Planar-, Dünnschicht-, Epitaxialtransistor),
- Aufbau- und Ausführungsmerkmalen (z. B. Dual-Gate-Feldeffekttransistor, Mesatransistor, diskreter, integrierter T.),
- Einsatzmerkmalen (→NF-, →HF-T., →Leistungs-, →Phototransistor),
- den verwendeten Halbleitermaterialien, z. B. nur ein Halbleiter (z. B. →Silicium) oder mehrere →Halbleiterwerkstoffe, z. B. Silicium und →GaAs (Heterotransistor). *R. Paul*

Transistor, optischer →Bistabilität, optische

Transistor-Array →Gate-array

Transistorlast. Anwendung des Transistors als nichtlineares Lastelement in Transistorverstärkerstufen der integrierten →Schaltungstechnik.

Hohe Stufenspannungsverstärkung erfordert einen großen Lastwiderstand, der andererseits wieder eine hohe Versorgungsspannung bedingt und zusätzlich viel Chipfläche, wenn er als integrierter Widerstand ausgeführt wird.

Kommt dagegen als Lastelement ein Transistor mit guter Sättigungskennlinie selbst zum Einsatz, so ist für die Verstärkung trotz des gewünschten niedrigen Sekantenwiderstands (geringer →Gleichspannungsabfall) der sehr hohe dynamische Widerstand (Kleinsignalwiderstand) im →Arbeitspunkt maßgebend.

Schaltungstechnisch läßt sich T. ausführen

□ in Bipolartransistorstufen (z. B. npn-Verstärker mit pnp-Lastelementen, auch in Form eines Stromspiegels)

□ in MOS-Transistorstufen in Form einer
- Einkanaltechnik (n-Kanal-Anreicherungs-; n-Kanal-Verarmungslastelement) oder
- →Komplementärtechnik entweder mit festem Lastelement oder – wie beim CMOS-Inverter mit gesteuertem Lastelement.

T. ist heute die Standardform der Verstärkergrundstufe (→Inverter) in der integrierten Schaltungstechnik. *R. Paul*

Transistorlogik, direkt gekoppelte →DCTL

Transistor-Transistor-Logik →TTL

Transmission-Gate. (*engl.* Übertragungsgate) Tor, Schaltung zur bidrektionalen Signalübertragung, insbesondere aus zwei parallelgeschalteten komplementären →MOSFET, die durch ein komplementäres Signal ein- oder ausgeschaltet werden können (Bild 1a). Wenn das T.-G. abgeschaltet ist, sind beide Transistoren abgeschaltet und umgekehrt. Die Parallelschaltung senkt den Spannungsabfall, der durch die Schwellspannungen entstehen würde. Deshalb gibt es einen kleinen Durchgangswiderstand sowohl für das H-Signal (p-Kanal-Transistor leitet) als auch für das L-Signal (n-Kanal-Transistor leitet).

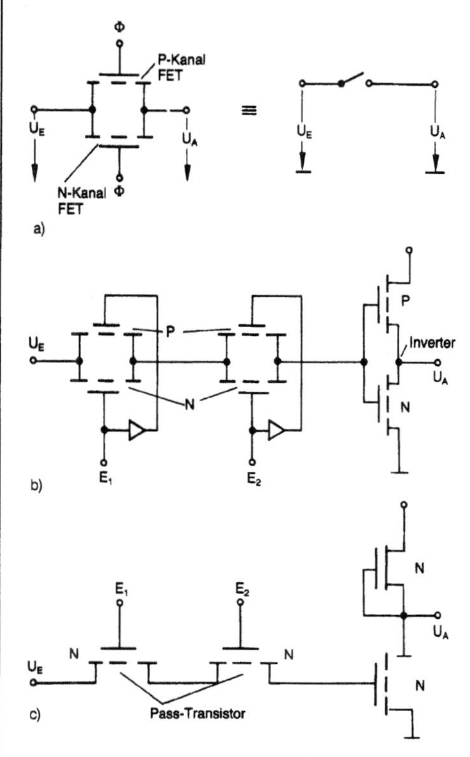

Transmission-Gate 1: Schematische Darstellungen.
a) CMOS-Schaltung mit Ersatzschaltung und Taktsignal
b) CMOS-Transmission Gates vor einem Inverter (E_1, E_2-Taktsignale)
c) NMOS-Transmission-Gates vor einem Inverter (Die Transistoren sind für H-Pegel eingeschaltet).

Ein grundsätzlicher Vorteil des T.-G. ist, daß es keine Spannungen U_{DD}, U_{SS} (außer dem Taktsignal) benötigt, deshalb benötigt es bei der Realisierung logischer Funktionen weniger Fläche. Dafür eignet es sich aber wegen seiner fehlenden Stromverfügbarkeit nicht in Ausgangstreiberschaltungen. Solche →Gatter werden sehr verbreitet als →Analogschalter in Multiplexern eingesetzt, zur einfachen Realisierung logischer Funktionen (wie EXOR-, EQUIVALENT, AND) sowie in CMOS-Schaltungen am Ausgang zur Realisierung eines dritten hochohmigen Zustandes (ähnlich der Dreizustandslogik).

Ein Beispiel dafür, wie sich Logik durch Einsatz des T.-G. vereinfachen kann, zeigt das ODER-Gatter (Bild 2). Es wird hier nur durch drei Transistoren gebildet (im Vergleich zu sechs in CMOS- und fünf in NMOS-Technik). Logikschaltungen, die viel T.-G. enthalten, lehnen sich direkt an Netzwerke mit Schaltern an.

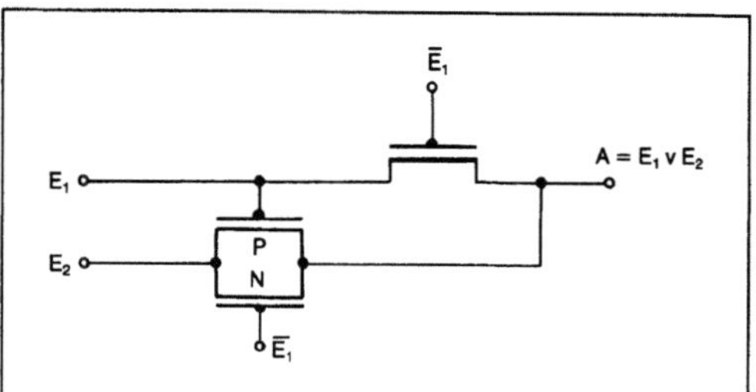

Transmission-Gate 2: ODER-Gate realisiert mit T.-G.

Ein ähnliches Konzept, den Schalter direkt in die Signalleitung einzufügen, läßt sich auch in →NMOS-Technik durchführen (Bild 1c). Dieses NMOS-Übertragungsgate ist eingeschaltet, wenn an beiden Längstransistoren Steuersignale mit H-Pegel liegen, so daß diese eingeschaltet sind. Auf diese Weise können z. B. Laufzeitunterschiede in Logiken ausgeglichen werden. T. werden sehr häufig eingesetzt z. B. in Speicherschaltungen, in Latches, um den Signalfluß zu steuern. *R. Paul*

Transmissions-Elektronenmikroskop →Durchstrahlungselektronenmikroskop

Transphasor →Bistabilität, optische

Transponder. Aktive Funk-Antwortgeräte, zumeist in Luft- und Raumfahrzeugen (Satelliten) installiert, heißen T., ein Wortgebilde aus transmitter und responder. T. empfangen Signale und senden Antwortsignale nach Frequenzumsetzung wieder aus. Verwendet werden sie im Satellitenfunk, als Antwortgerät sowohl beim Sekundärradar (SSR) als auch beim Funknavigationssystem DME und bei Radarbaken zur Hervorhebung besonderer Radarziele.

Bekannt geworden sind T. vor allem durch ihre Verwendung im Satellitenfunk. Sie empfangen die von der Erdfunkstelle gesendeten Signale und strahlen sie nach Frequenzumsetzung in Abwärtsrichtung wieder ab. Als günstig hat sich hierbei der Frequenzbereich zwischen 4–11 GHz erwiesen (→Mikrowellen, Richtfunk). Wegen der starken Belegung dieser Frequenzbänder durch den terrestrischen Richtfunk wird der angegebene Frequenzbereich wahrscheinlich nach oben bis 31 GHz erweitert werden.

Früher als in der Raumfahrt wurden T. für die Ortung und Identifizierung von Luftfahrzeugen in Verbindung mit dem Sekundärradar (SSR) eingesetzt. Der an Bord von Luftfahrzeugen befindliche Transponder antwortet auf Anfragen seitens des stationären Bodenradars mit Impulstelegrammen. Aus ihnen kann die Bodenstelle neben anderen Identität und Flughöhe des Flugobjekts entnehmen. Anfrage und Antwort werden mit unterschiedlichen Frequenzen (1030 bzw. 1090 MHz) übertragen.

Transponder: Gerät der Sonnen-Sonde „Helios". (Quelle: AEG)

Ähnlich antwortet der DME-T. (distance measuring equipment) auf Abfrageimpulse mit codierten Impulsgruppen. Er ermöglicht damit dem Ortungsobjekt die Entfernungsmessung zum T. der Bodenstelle (Funknavigationsverfahren). Gilt es, Punkte oder Ziele, auch terrestrische, besonders hervorzuheben, so geschieht dies ebenfalls mit Hilfe von T. Als typisches Beispiel hierfür können mit Transpondern ausgerüstete „Meldepunkte" in Funk-Verkehrsleitsystemen angeführt werden. Werden die T. durch Ausstrahlung bewegter Sender aktiviert, so antworten sie mit (Orts)Kennung (Ortsbake). Der Verkehrsteilnehmer, sich im Nahbereich der Bake befindend, erhält auf diese Weise seinen Standort. Darüber hinaus informiert die aktivierte Bake die Verkehrsleitstelle über die aktuelle Verkehrslage im Baken-Nahbereich. *Kümmritz*

Transportgleichung. Quantitative Beschreibung des Transports von Masse, Ladung, Energie und Impuls (auch Boltzmann-Gleichung), z. B. bei elektrischer und Wärmeleitfähigkeit, thermoelektrischen, thermomagnetischen und galvanomagnetischen Effekten.

Grundlage für die Beschreibung der Transporteigenschaften ist die Verteilungsfunktion $f_k(r,v,t)$, die angibt, mit welcher Wahrscheinlichkeit Teilchen oder Quasiteilchen (z. B. Elektronen, Phononen) des Zustands k zur Zeit t in einem Volumenelement beim Ort r und in einem Geschwindigkeitsintervall um die Geschwindigkeit v herum anzutreffen sind. Oft ist es günstiger, statt der Geschwindigkeit den Impuls des Teilchens als Variable zu benutzen. Die Verteilungsfunktion ändert sich zeitlich indem Teilchen

a. zur Zeit t aus einem Volumenelement bei r mit der Geschwindigkeit v herauswandern und zur Zeit t + dt in das Volumenelement bei r + dr = r + vdt gelangt sind

b. die zur Zeit t die Geschwindigkeit v besitzen, durch äußere Kräfte F eine Beschleunigung $\dot{v} = F/m$ (m = Teilchenmasse) erfahren, so daß sie zur Zeit t + dt die Geschwindigkeit $v + \dot{v}dt$ besitzen

c. durch Stöße untereinander oder mit anderen Teilchen ihre Geschwindigkeiten umverteilen.

Die beiden Prozesse a und b beschreiben Änderungen durch Konvektion, a durch Diffusion und b durch äußere Felder, die Feldströme hervorrufen. Die Bilanz aller Änderungen ergibt

$$f_k(r+vdt,\ v+\dot{v}dt,\ t+dt) - f_k(r,v,t) = \left(\frac{\partial f_k}{\partial t}\right)_s$$

wobei der Index s an der partiellen Ableitung der rechten Seite die Änderungen nach c benennt (Stoßterm). Entwickelt man die linke Seite der obigen Gleichung in eine Taylor-Reihe und bricht nach dem zweiten Glied ab, so resultiert daraus die Boltzmann-Gleichung

$$\frac{\partial f_k}{\partial t} + \underbrace{v\,\frac{\partial f_k}{\partial r} + \dot{v}\,\frac{\partial f_k}{\partial v}}_{\text{Konvektion}} = \left(\frac{\partial f_k}{\partial t}\right)_s$$

die im stationären Fall ($\partial f_k/\partial t = 0$) das Gleichgewicht zwischen Konvektionsprozessen und Stoßprozessen beschreibt. Der erste Konvektionsterm entspricht dabei einem →Diffusionsstrom, der zweite einem →Feldstrom. Im letzteren Fall wäre bei geladenen Teilchen für $\dot{v} = \frac{e}{m}(E + v \times B)$ zu setzen, wobei E und B die Vektoren der elektrischen bzw. magnetischen Feldstärken bezeichnen.

Der Stoßterm hängt in hohem Maße vom zu beschreibenden Teilchensystem ab. Für ein ideales Gas ergibt sich z. B.

$$\left(\frac{\partial f_k}{\partial t}\right)_s = \int (f'_k f'_j - f_k f_j)\, g_{kj}\, \sigma(\Omega)\, d\Omega dv_j$$

wobei f und f′ die Verteilungsfunktionen vor bzw. nach dem Stoß, g_{kj} den Betrag der Relativgeschwindigkeiten zwischen den Teilchen k und j bezeichnen und $\sigma(\Omega)$ der den Stoß beschreibende Wirkungsquerschnitt ist. Das Integral wird auch Stoßintegral der Boltzmann-Gleichung genannt. In einem quantenmechanischen System wie dem Festkörper ergibt sich

$$\left(\frac{\partial f_k}{\partial t}\right)_s = \sum_j \left(w_{kj}\, f_j\, (1 \pm f_k) - w_{jk}\, f_k\, (1 \pm f_j)\right)$$

wobei w_{kj} die Übergangswahrscheinlichkeit vom Zustand j in den Zustand k darstellt und das

+-Zeichen für Bosonen, das --Zeichen für Fermionen gilt.

Die Boltzmann-Gleichung ist gelöst, wenn eine Verteilungsfunktion gefunden ist, die sie erfüllt. Dieses in der Regel schwierige Problem wird vereinfacht, wenn die Abweichungen der Verteilungsfunktion von der Gleichgewichtsverteilung relativ klein sind. Dann kann mit Hilfe dieser Abweichungen die Gleichung linearisiert werden, sie wird somit leichter lösbar (linearisierte Boltzmanngleichung). In manchen Fällen kann man auch den Stoßterm näherungsweise schreiben als $(\partial f_k/\partial t)_s = -f_k/\tau_k$, wobei τ_k eine typische Zeit ist, mit der das aus dem Gleichgewicht ausgelenkte System über Stöße in den Gleichgewichtszustand zurückkehrt (relaxiert). Auch dadurch wird die Lösung vereinfacht, man spricht von der Relaxationszeit-Näherung. *Heinz*

Literatur: *Jäckle, J.:* Einführung in die Transporttheorie. Braunschweig 1978.

Transporttheorie. Theorie über den Transport von Masse, Ladung, Energie und Impuls in einem Vielteilchensystem, wie Gas, Flüssigkeit oder Festkörper. Sie resultiert quantitativ in der →Transportgleichung. *Heinz*

Transputer. T. sind Mikrocomputer, die durch eine neuartige Architektur vorzugsweise für Multiprozessor-Anwendungen gedacht sind. Der Kern eines T. ist ein 32-bit-Mikroprozessor (mit reduziertem Befehlssatz-, RISC-Typ) und deshalb deutlicher Zeitverkürzung, ein statischer →RAM auf dem Chip (Wegfall der externen Auslagerung von Zwischenergebnissen) sowie eine DMA-Einheit (→DMA: Direct memory access).

Das wichtigste Merkmal des T. sind seine vier sehr schnellen seriellen Datenverbindungen (links, Übertragungsrate ≤10 MBit/s, bidrektional). Dadurch können T. in Form adressenloser Punkt-zu-Punkt-Verbindungen zu einem Transputernetz unterschiedlichster Topologie (Pipeline-, Ring-, 2d-Feld-, Baum-, 3d-Würfel-, 4d-Hypercube-) zusammengeschaltet werden. Jedem Rechnerknoten steht dabei der sehr große Arbeitsspeicher zur Verfügung. Dadurch kann jeder Knotenrechner alle Aufgaben des Programmes erledigen, allerdings wächst der Datenverkehr zwischen den Knoten. So verteilt sich die Rechenleistung auf die Knoten eines solchen Netzes. Über die Datenverbindungsleitungen besteht direkter →Speicherzugriff (jeweils vier bidirektional), so daß die CPU für den Datentransfer nicht erforderlich ist und ihre Operationen unbeeinflußt durchführen kann. Ein DMA-Controller koppelt die CPU aus dem Datentransfer aus.

Für T. wurden spezielle Programmiersprachen (z. B. Occam) und Compiler entwickelt. Sie eignen sich besonders für die Verarbeitung großer Datenmengen und gewinnen mehr und mehr an Bedeutung. *R. Paul*

Trap. Fachausdruck (*engl.*) für →Haftstelle. *Heinz*

TRAPATT-Betrieb. (*engl.* Trapped Plasma Avalanche Triggered Transit-Regime) Durch eingefangenes Plasma lawinengesteuerte Laufzeitdiode (→IMPATT-Diode).

Für den T. werden →Sperrspannung und →Dotierungsprofil so gewählt, daß im gesamten N-Gebiet (Bild) - im Gegensatz zum IMPATT-Betrieb - ein Loch-Elektronenplasma durch →Lawineneffekt entsteht. Nach Entstehung des Plasmas bricht die Spannung - bei gleich hohem Strom - zusammen und damit auch der Lawineneffekt. Ist das Plasma aus dem n-Gebiet abgewandert, so setzt der Vorgang erneut ein. Im Gegensatz zur →Lawinendiode sind hier beide Trägerarten beteiligt, was sich im erhöhten Wirkungsgrad (≦50 %) äußert. Wegen der geringeren Trägergeschwindigkeit liegt die maximal mit diesem Betriebsfall erzeugbare Frequenz deutlich unter der einer →IMPATT-Diode. *R. Paul*

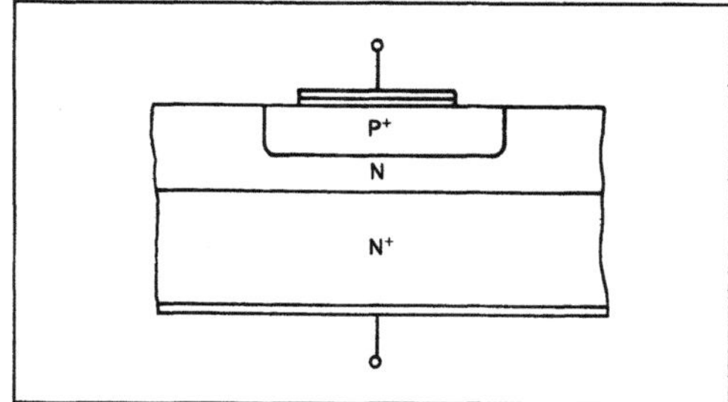

TRAPATT-Betrieb: Aufbau einer TRAPATT-Diode.

Trapezumrichter →Direktumrichter

Trench. Unter T. versteht man senkrechte Gräben oder Löcher in Silicium, die durch →Trockenätzen hergestellt werden. Anwendung finden T. zur Isolation von Bauelementen und als Speicherkondensator bei dynamischen Speichern (→DRAMs). In beiden Fällen werden T. angewendet, um die →Pakkungsdichte zu erhöhen. So z. B. ist es möglich, durch Isolierung von n- und p-Kanaltransistoren einer CMOS-Schaltung durch einen T. (Bild) den →Latch-up-Effekt wesentlich durch eine Verlängerung des parasitären Transistors zu reduzieren. Analoge Anwendungen sind bei Bipolarschaltkreisen möglich. Bei der Anwendung von T. für Speicherkondensatoren bei DRAMs ist im Vergleich zur konventionellen Technik mit horizontalem Speicherkondensator eine Einsparung an Fläche erkennbar. *Ryssel*

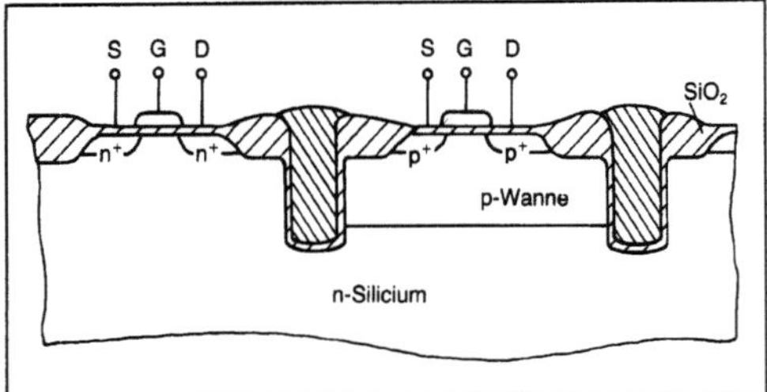

Trench: CMOS-Transistor durch T. isoliert.

Trenchisolation →Grabenisolation

Trennen. Nach der Fertigstellung von Wafern erfolgt im Anschluß an den elektrischen Test die Trennung des Wafers in einzelne Chips. Dies erfolgt entweder durch →Ritzen mit einem Diamanten oder durch →Trennschleifen (→Sägen). Die Wafer (→Halbleiterscheiben) werden hierzu auf eine Selbstklebefolie geklebt. Nach dem Brechen bzw. Sägen wird die Folie gedehnt, wodurch die Abstände zwischen den Chips vergrößert und das Ablösen der Chips durch automatische Greifer erleichtert wird. *Ryssel*

Trennschleifen. Silicium-Einkristalle werden durch das T. in einzelne Scheiben geteilt. Als Verfahren wird heute ausschließlich ein Trennverfahren mit Innenbord-Diamanttrennschleifscheiben verwendet. Diese bestehen aus einem texturfreien und spannungsfrei geglühten CrNi-Strahlblechring, dessen Dicke 100–150 μm beträgt. Die inneren Kanten des Ringes sind mit Diamantkörnern bestückt, die in einer galvanisch aufgebrachten Nickelschicht gehalten werden. Bis zu etwa 60% müssen die Diamantkörner in dieser Matrix gebunden sein (Bild 1). Wichtigstes Qualitätskriterium für eine Innenbord-Trennschleifmaschine (Bild 2) sind die Vibrationsfreiheit von Spindel und Einkristall. Heute sind diese Maschinen voll automatisiert, wobei z. B. durch zusätzliche Sensoren der DTS-Verschleiß in der Dickenzustellung kompensiert wird.

Vorbereiten des Einkristalls: Der rundgeschliffene und entsprechend seiner →Orientierung und →Dotierung angefaste Einkristall wird optisch vororientiert, mit einem Barren versehen und definiert

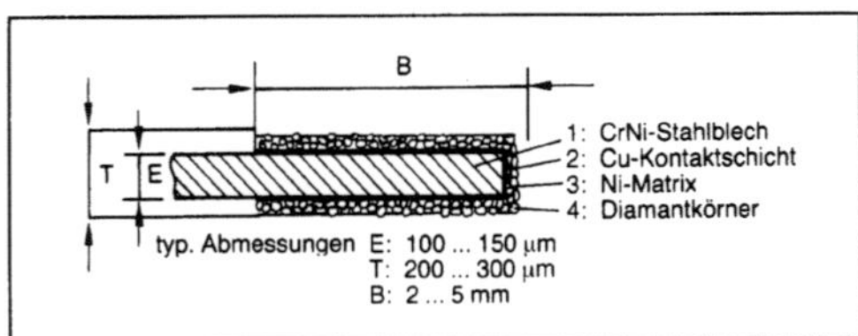

Trennschleifen 1: Aufbau des Diamantbordes (Schnitt).

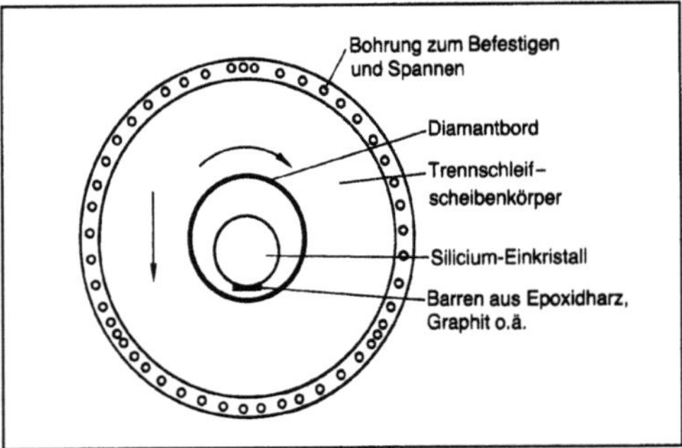

Trennschleifen 2: Innenbord-T.

auf dem Kristallhalter festgekittet. Der Barren befindet sich an der Stelle des Einkristalles, an der die DTS beim Durchtrennen den Kristall verläßt. Dieser Barren besteht aus Epoxidharz oder ähnlichem trennfreudigen Material, z. B. Graphit, das verhindert, daß die Scheiben vorzeitig ab- bzw. ausbrechen und das gleichzeitig den sog. Kammschnitt gestattet. Dabei wird nur soweit durch den Einkristall und Barren getrennt, daß die Scheiben auf dem Barren verbleiben und in vorgewählten Zeit- oder Stückeinheiten abgenommen werden können. In der Regel wird auf Kristallhauptorientierung eingestellt. Bei <111>-Orientierung sind auch definierte Abweichungen von 2–3 Grad in die <110>-Richtung üblich.

Der so vorbehandelte Einkristall mit Kristallhalter wird in die Maschine eingespannt und als erstes werden die bei der Vororientierung ermittelten Werte am Goniometerkopf entsprechend eingestellt. Der erste Schnitt dient zur Gewinnung der Anschnittscheibe, die zur Überprüfung der Genauigkeit der erforderlichen Orientierung eingesetzt wird. Die Schleifvorschubgeschwindigkeit mit der die Trennscheibe aus dem Kristall herausgeführt wird (oder auch umgekehrt), beträgt etwa das Zehnfache des Vorschubes. Die Dickeneinstellung erfolgt in der Regel über hochpräzise Schrittmotoren, die eine Zustellgenauigkeit bis zu 1 μm haben.

Der eigentliche Trennschleifvorgang nutzt das Sprödbruchverhalten des Siliciums. Die an der Stirnseite des DTS befindlichen Diamantkörner schlagen winzige Siliciumsplitter heraus und befördern sie in den Zwischenräumen der Diamantkörner nach außen, wo sie durch die Spülflüssigkeit ausgespült werden. Die Diamantkörper an den Seiten dienen der Glättung der durchtrennten Flächen. Der Abtransport des abgeschliffenen Siliciums erfolgt ebenfalls in den Hohlräumen zwischen den Diamantsplittern. Die abgetrennten Siliciumscheiben werden durch Saugvorrichtungen abgenommen und über Rutschen oder Greifer in Wasserbäder abgelegt. Die meist wässrige →Reinigung erfolgt mit Ultraschall und Spülmittel, wobei eine

Verbesserung des Reinigungseffektes durch gleichzeitiges Erhitzen der Flüssigkeit erzielt wird.

Sorgfältig trenngeschliffene Siliciumscheiben zeigen optisch keinerlei gerichtete Bearbeitungsspuren und sind visuell von geläppten Siliciumscheiben nicht zu unterscheiden.

Von anderen Trennschleifverfahren, wie z. B. das Außenbordtrennschleifen, das Drahtläppen, das Hubläppen unter Verwendung von Metallblättern und losem Läppmittel, hat nur das Außenbordtrennschleifen (→Sägen) für das Vereinzeln der prozessierten Siliciumscheiben großtechnische Bedeutung. *Ryssel*

Trennverstärker. →Meßverstärker, bei dem der Eingangs- und der Ausgangskreis voneinander isoliert sind. Diese galvanische Trennung der Signalquellen (Meßfühler, →Aufnehmer, →Sensor) von der →Signalverarbeitung ist z. B. bei medizinischen Geräten (Schutz des Patienten vor Überspannungen) und ggfs. auch in der Verfahrenstechnik (Explosionsschutz) notwendig. Darüber hinaus werden durch die galvanische Trennung elektromagnetische Einstreuungen vermindert oder reduziert, womit sich eine störsichere Meßwertverarbeitung ergibt.

Die galvanische Trennung wird häufig durch →Übertrager oder →Optokoppler erreicht. *Schrüfer*

TRIAC. (*engl.* Triode-Alternating-Current Switch, Wechselstromschaltdiode, auch als symmetrischer Thyristor, Symnistor, Vollwegthyristor, Zweirichtungs-Thyristortriode, bidirektionaler Thyristor bezeichnet) Mehrschichthalbleiterbauelement, dessen Stromfluß in beiden Richtungen durch eine Steuerspannung an einer Steuerelektrode geschaltet werden kann.

Vom Aufbau her besitzt der TRIAC vier Sperrschichten (Bild), und er kann so als integrierte Anordnung zweier antiparallel geschalteter Thyristoren verstanden werden. Im Unterschied zum Thyristor läßt sich der Strom jedoch in beiden Richtungen steuern (analog zum →DIAC, bei dem die Steuerelektrode fehlt).

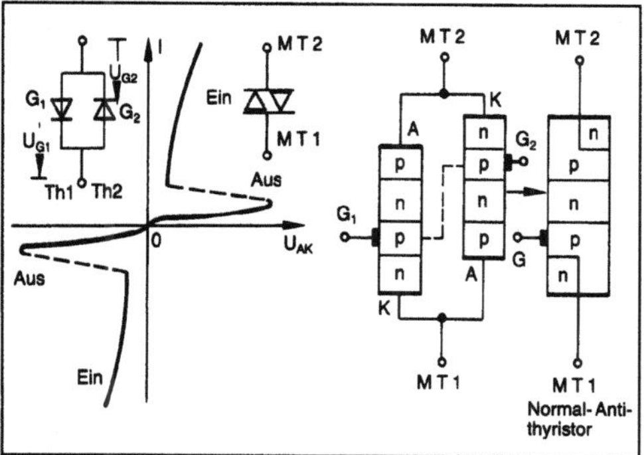

TRIAC: Kennlinie, Aufbau und Schaltbild.

TRIACs werden hauptsächlich zur Steuerung von Wechselströmen eingesetzt. *R. Paul*

Triggerdiode. (auch Thyristordiode) Nicht steuerbares Halbleiterbauelement mit wenigstens zwei pn-Übergängen (oder mehr), das bei Überschreiten einer bestimmten Klemmenspannung vom Blockier- oder Sperrzustand in den Flußzustand kippt. Die →Zündung erfolgt durch →Lawinendurchbruch.

Als T. werden i. a. mehrere Halbleiterstrukturen bezeichnet:

□ die (eigentliche) T. mit der Zonenfolge pnp, wie zwei antiseriell in Reihe geschaltete Z-Dioden,
□ die →Vierschichtdiode
□ das →DIAC.

T. dienen zur Erzeugung von Zündimpulsen für →Thyristoren und →TRIACs. *R. Paul*

Trigger-Flip-Flop. (auch getaktetes Flip-Flop) →Flip-Flop, das seinen Zustand durch einen Taktimpuls sprunghaft ändert, also die funktionelle Verknüpfung erst nach Anliegen des Taktimpulses durchführt. *R. Paul*

Triggerfunktion. (*engl.* Trigger = Drücker, Auslöser). Funktion eines Prüfautomaten, bestimmte Vorgänge nur auf Grund eines bestimmten Ereignisses am Prüfling auszuführen.

Der Ablauf der Prüfung in einem →Prüfautomaten wird zunächst weitgehend durch die Vorgaben im →Prüfprogramm bestimmt. Darüber hinaus ist es möglich, bestimmte Vorgänge im Prüfautomaten durch definierbare Ereignisse am Prüfling auszulösen. Man spricht dann von einer T.

T. bewirken z. B., daß die →Pinelektronik des Prüfautomaten vom Prüflingstakt gesteuert wird oder daß der programmierte Ablauf des Prüfgeschehens abhängig von bestimmten Zuständen des Prüflings gezielt verändert wird. T. werden häufig benutzt, um eine Synchronisierung des Prüfautomaten mit nicht direkt rücksetzbaren Schaltungen zu erreichen.

Der Triggervorgang wird ausgelöst durch Softwarevergleich oder auch durch Signale, die vom Prüfling abgenommen, u. U. aufbereitet oder logisch verknüpft und so dem Prüfautomaten über vorgesehene Anschlußbuchsen zugeführt werden (→Triggerung). *K. Winter*

Triggerung. Zeitlich genau festgelegtes Auslösen eines Vorganges durch ein Steuersignal (Impuls, Wechselspannung). Sie kann einmalig, periodisch oder regellos erfolgen. Die Auslösung selbst wird oft durch eine Triggerschaltung veranlaßt. Beispiele einer T. sind

– das Zünden eines Thyristors durch einen Steuerimpuls,

– Start der Zeitablenkung am Oszilloskop für eine einmalige Zeitablenkung. *R. Paul*
→Elektronenstrahl-Oszilloskop

Trilevel-Logik →Dreizustands-Logik

Trimmerkondensator. T. sind manuell veränderbare Kondensatoren (→Kondensator, variabler), die zu Abgleichzwecken während der Herstellung von Geräten und im Servicefall einmal betätigt werden und normalerweise während des Betriebs unverändert bleiben. Sie dienen zur kapazitiven Abstimmung von Schwingkreisen in der HF- und Nachrichtentechnik und zur Beeinflussung der genauen Schwingfrequenz von →Schwingquarzen, um deren →Alterung auszugleichen.

T. werden mit Keramik, Glas, Glimmer, Kunststoffolien oder Luft als Dielektrikum hergestellt. Wichtige Bauformen sind z. B. die Keramik-Rohr-T. und die Kunststoffolien-T.

Keramik-Rohr-T. besitzen ein Keramikrohr als Dielektrikum und einen mechanischen Träger des Statorbelags auf der Außenfläche des Röhrchens. Der Rotor ist eine oftmals vergoldete Metallspindel im Inneren des Röhrchens. Durch Drehung des Rotors taucht dieser in das Röhrchen ein und bewirkt durch sich ändernde Überlappungsbreiten der Elektroden eine Kapazitätsänderung.

Trimmerkondensator: Ausführungen für moderne Empfängerschaltungen. (Quelle: Philips Components)

Kunststoff-T. sind miniaturisierte Drehkondensatoren. Zur Erhöhung der Kapazität und zum Schutz gegen Berührung der Elektroden gegeneinander wird das Dielektrikum durch eine Kunststoffolie gebildet *Both*

Literatur: Philips Datenbuch Variable Kondensatoren. Hamburg 1989.

Trimmpotentiometer →Potentiometer

Trimmtechnik. Der Flächenwiderstand von Metall-Glas-Beschichtungen (Trimmen) kann aufgrund von Schwankungen in der Pastenzusammensetzung und im Siebdruck bis auf Schwankungen $\Delta R/R \approx 0{,}1$ bis 0,2 eingehalten werden (größere Schwankungen treten für $R_\square = 10^5$ bis 10^6 $\Omega/_\square$ auf). Deshalb müssen die Widerstandswerte in den fertig gebrannten Schaltkreisen eingestellt werden. Dies kann mit geringem technischem Aufwand auch durch Schleifen oder Erodieren mit Sandstrahl erfolgen. Dünn- und Dickschichtwiderstände werden mit fokussiertem Laserstrahl geschnitten und getrimmt, Dünnschichtwiderstände mit hoher Abgleichgeschwindigkeit auch mit →Elektronenstrahl (Zeitbedarf pro Widerstand ca. 5 ms, Genauigkeit). *Hieber*

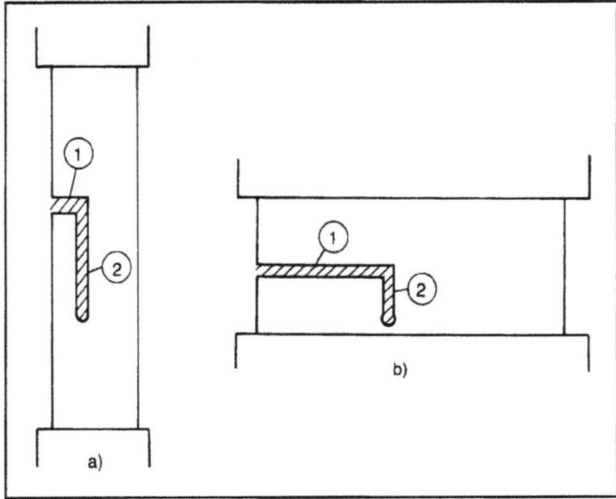

1 erster Schnitt, 2 zweiter Schnitt zum „L-Schnitt" in einem Längs-Widerstand (a) und in einem niederohmigen Quer-Widerstand (b)

Trimmtechnik: Trimmen ohmscher Metall-Glas-Widerstände mit Laser.

Triode →Elektronenröhre

Tristate-Prüfung. Bei Bus-Systemen innerhalb digitaler Schaltungen müssen die mit dem Bus verbundenen Bausteine jeweils abwechselnd als Sender (*aktiv* = stromeinspeisend) oder als Empfänger (*inaktiv/tristate* = stromlos) geschaltet werden können. Bei der T.-P. wird festgestellt, ob der Tristate-Zustand erreicht wird und wie lange der Zustandswechsel dauert.

Die T. im Sinne einer →Parameterprüfung wird im wesentlichen auf eine →Strommessung zurückgeführt bzw. es wird ein →Leckstrom gemessen. Eine übliche Methode hierzu ist es, hochohmig über einen Widerstand Strom an den zu prüfenden Pins einzuspeisen. Im Tristate-Zustand dürfen die zu messenden Pins den vorgegebenen Spannungswert nicht beeinflussen.

Innerhalb der dynamischen →Funktionsprüfung, also bei sehr schnellen Patternfolgen, können keine

Ströme mehr direkt gemessen werden. In diesem Falle werden nur noch Spannungspegel kontrolliert. Diese müssen dann zwischen dem maximal erlaubten Low-Pegel und dem minimal erlaubten High-Pegel liegen. Beim Funktionstest werden dabei auch die Umschaltezeiten aktiv/inaktiv bzw. inaktiv/aktiv gemessen. *K. Winter*

Trockenätzen. Das T. ist heute ein gängiges Verfahren zur Strukturübertragung in der Fertigung von Halbleiterbauelementen. Bei sehr feinen Lackstrukturen ($\leq 2\ \mu$m) können isotrope Ätzverfahren, wie z. B. naßchemisches →Ätzen, nicht mehr eingesetzt werden, weil durch Unterätzung der →Maske ein entscheidender Maßverlust entsteht.

Unter isotropem Ätzen versteht man ein richtungsunabhängiges Ätzen, d. h. die Ätzgeschwindigkeit in vertikaler und lateraler Richtung ist gleich. Im Gegensatz dazu ist das anisotrope Ätzen richtungsabhängig, in lateraler Richtung ergibt sich eine geringere Ätzrate als in vertikaler Richtung.

Folgende Kriterien sollen bei Trockenätzverfahren erfüllt sein:
- möglichst hohe Anisotropie bzw. einstellbare Anisotropie
- hohe Selektivität, d. h. das Ätzratenverhältnis der zu strukturierenden Schicht gegenüber der darunterliegenden Schicht bzw. gegenüber dem →Photolack muß groß sein
- geringe Oberflächenkontamination und Oberflächenschädigung
- hohe Gleichmäßigkeit der Ätzraten auf der gesamten Scheibenoberfläche und von Scheibe zu Scheibe, d. h. hohe Reproduzierbarkeit.

Es gibt viele unterschiedliche Trockenätzverfahren, die aber alle auf dem gleichen Prinzip beruhen: Der Prozeß findet in einer Vakuumkammer statt, Ätzmedien sind Gase, die in einer Gasentladung (Plasma) ionisiert werden. Ein Plasma besteht aus Ionen, Radikalen, neutralen Teilchen und Elektronen. Durch einen geeigneten apparativen Aufbau gelangen die Teilchen, die die Ätzung bewirken, zum Substrat (→Halbleiterscheibe). Wichtig dabei ist, daß das zu ätzende Substrat und das Ätzgas eine Reaktion eingehen, deren Reaktionsprodukte gasförmig sind und somit abgepumpt werden können.

Man unterscheidet zwischen physikalischen, chemischen und physikalisch-chemischen Trockenätzverfahren.

□ Beim Sputterätzen (→Sputtern) und Ionenstrahlätzen treffen hochenergetische Ionen, die in einem elektrischen Feld beschleunigt werden, auf das Substrat auf und zerstäuben (sputtern) die Oberfläche. Dieser Prozeß ist ein rein physikalischer Vorgang. Die Selektivität ist in diesem Fall sehr gering, außerdem ist die Gefahr der Redeposition (zerstäubtes Material schlägt sich auf der Oberfläche nieder) groß.

Bei reaktiven Verfahren gelangen chemisch aktive Ionen oder Radikale zur Oberfläche, die dort mit dem Substratmaterial eine chemische Reaktion eingehen, deren Endprodukte flüchtig sind. Diese Verfahren ermöglichen es, selektive Ätzprozesse zu entwickeln durch geeignete Wahl von Ätzgasen und geeigneten Aufbau von Apparaturen.

Beim apparativen Aufbau werden prinzipiell zwei Arten von Anlagen unterschieden: Einscheibenanlagen (*engl.* single wafer) und Mehrscheibenanlagen (*engl.* batch process). Bei einer Einscheibenanlage wird nur ein Wafer (→Halbleiterscheibe) strukturiert, damit ist eine bessere Prozeßkontrolle möglich, Mehrscheibenanlagen haben den Vorteil eines höheren Durchsatzes, deshalb kann in diesen Systemen auch in der Produktion eine geringe Ätzrate in Kauf genommen werden. Die wichtigsten Geräte und Verfahren werden im folgenden beschrieben.
- Tunnelreaktoren (Barrelreaktor): T. sind röhrenförmig aufgebaut und bestehen aus Quarzglas oder Keramik. Das Ätzgut liegt oder steht auf einem Tisch, der durch einen Faradaykäfig vom Plasma abgeschirmt ist. Dadurch gelangen nur elektrisch neutrale Teilchen zum Substrat. Es werden hauptsächlich Radikale erzeugt, die rein chemisch ätzen. Das Ätzprofil ist isotrop. Der Druck liegt bei 10^{-1} Torr.

Haupteinsatzgebiete:
- Entfernung von Photolackmasken mit Sauerstoff (sogenanntes Lackveraschen) und – isotropes Ätzen von Silicium mit CF_4.
- Parallelplattenreaktor (Bild): Der Reaktor besteht aus einer Vakuumkammer mit Gaszuführung und Anschluß für eine Vakuumpumpe und zwei parallelen Elektroden. Die zu ätzende Scheibe liegt auf Erdpotential (anodische Kopplung). In den vorher evakuierten Rezipienten wird ein reaktives Gas

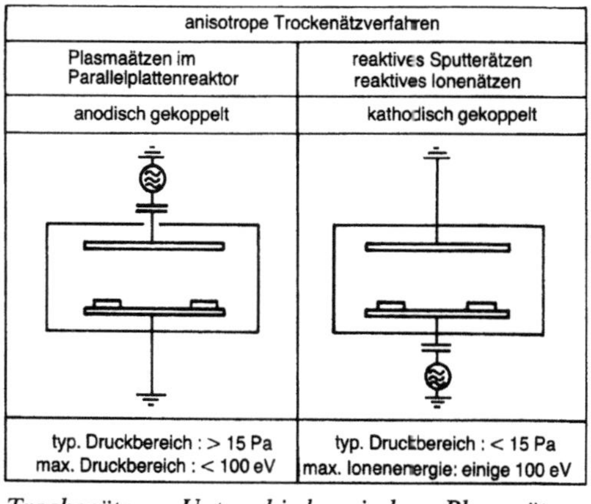

anisotrope Trockenätzverfahren	
Plasmaätzen im Parallelplattenreaktor	reaktives Sputterätzen reaktives Ionenätzen
anodisch gekoppelt	kathodisch gekoppelt
typ. Druckbereich : > 15 Pa max. Druckbereich : < 100 eV	typ. Druckbereich : < 15 Pa max. Ionenenergie: einige 100 eV

Trockenätzen: Unterschied zwischen Plasmaätzen im Parallelplattenreaktor und reaktivem Ionenätzen.

zugeführt. Durch Anlegen einer Hochfrequenzspannung wird das Gas zwischen den beiden Elektroden zur Entladung gebracht. Es entsteht ein Niederdruck-Niedertemperatur-Plasma mit freien Elektronen, Ionen und neutralen Teilchen. Auf Grund ihrer höheren Beweglichkeit können mehr Elektronen als Ionen während einer Hochfrequenzhalbwelle die Elektroden erreichen. Daher laden sich die Elektroden gegenüber dem Plasma negativ auf. Die positiven Ionen werden zu den Elektroden hin beschleunigt und lösen dort die Reaktion aus. Die gerichtete Ionenbewegung hat eine anisotrope Ätzung zur Folge.

Bei Parallelplattenreaktoren unterscheidet man zwei Arten: Reaktives Ionenätzen (RIE = Reactive Ion Etching) und →Plasmaätzen (*engl.* Plasma Etching, PE)

□ Beim reaktiven Ionenätzen liegen die zu ätzenden Scheiben auf der Elektrode mit der Hochfrequenzeinkopplung. Die obere Elektrode ist zusammen mit dem Rezipienten geerdet, d. h. sie hat gemeinsam mit den Wänden eine größere Fläche. Auf Grund dieser unsymmetrischen Fläche bildet sich auf der unteren Elektrode ein größeres negatives Potential aus. Deshalb werden die positiven Ionen stärker beschleunigt und haben somit beim Auftreffen auf der zu ätzenden Scheibe eine höhere kinetische Energie. Die Energie liegt bei einigen hundert Elektronenvolt. Der Druckbereich variiert von 10^{-3} bis 10^{-1} Torr.

□ Beim Plasmaätzen liegen die zu ätzenden Scheiben auf Erdpotential. Die auftreffenden Ionen haben daher eine geringere kinetische Energie <100 eV als beim reaktiven Ionenätzen. Der Druckbereich liegt zwischen 10^{-1}–10^{1} Torr.

□ Ionenstrahlätzen (*engl.* Ion Beam Etching oder Ion Milling, IBE) ist ein Sputtervorgang. In einer →Ionenquelle wird ein gerichteter Ionenstrahl erzeugt. Ionen mit genügend hoher Energie (>500 eV) treffen auf die Scheibenoberfläche auf und schlagen Atome heraus. Aus technischen Gründen wird für diesen Prozeß meistens Argongas verwendet. Als besondere Variante des Ionenstrahlätzens gegenüber dem Ionenätzen (RIE, PE) kann der Ioneneinfallswinkel verändert werden.

Dieser Prozeß hat genau wie das Sputterätzen eine geringe Selektivität, allerdings sind die Ätzraten wesentlich geringer, da bei niedrigeren Drücken ($1 \cdot 10^{-4}$ Torr Arbeitsdruck) gearbeitet wird. Wie beim Sputtern ist die Redeposition hier auch ein Problem.

□ Beim Reaktiven Ionenstrahlätzen (*engl.* Reactive Ion Beam Etching, RIBE) werden zusätzlich zum Argon ein oder mehrere Prozeßgase in die Ionenquelle (i. a. Kaufmannquelle) gegeben. Das Gas wird in der Quelle ionisiert und gelangt mit dem Ionenstrahl zur Scheibenoberfläche, wo eine chemisch-physikalische Reaktion stattfindet, deren Reaktionsprodukte gasförmig sind. Die Selektivität ist gegenüber dem Ionenstrahlätzen wesentlich besser. Eine Variante des reaktiven Ionenstrahlätzens ist das chemisch unterstützte Ionenstrahlätzen (*engl.* Chemical Assisted Ion Beam Etching, CAIBE). Im Unterschied zum RIBE wird das reaktive Gas nicht in die Ionenquelle eingelassen, sondern strömt direkt in die Prozeßkammer ein. Man erreicht dadurch, daß das Reaktivgas als Neutralgas zum Substrat gelangt. Das bewirkt eine Verschiebung des Ätzmechanismus in Richtung der chemischen Komponente. CAIBE bewirkt eine höhere Selektivität und höhere Ätzraten, allerdings kann dadurch die Anisotropie beeinträchtigt werden.

Die unter dem letzten Punkt genannten Verfahren finden vor allen Dingen Einsatz im Gebiet der →Verbindungshalbleiter, die mit reaktivem Ionenätzen wegen unterschiedlicher Ätzraten der Substanzen nicht geätzt werden können. Ein Problem bei diesen Prozessen ist die →Kontamination des Substrats durch Verunreinigung aus der Quelle durch Verdampfen des Wolframdrahts und Absputtern des Gitters und die →Strahlenschäden durch die hochenergetischen Ionen.

□ ECR-Ätzen: Um eine Kontamination des Substrats mit Metallen zu verhindern, werden in der letzten Zeit vermehrt ECR-Ionenquellen zum Einsatz gebracht. Hierbei besteht das Vakuumgefäß aus Quarzglas und zur Ionenerzeugung sind keine Metallteile mehr notwendig. In der ECR-Ionenquelle (*engl.* ECR, Electron Cyclotron Resonance) werden die Elektronen durch einen Mikrowellengenerator (Einkopplung durch abgestimmtes Fenster) angeregt und bewegen sich in einem Magnetfeld um die Magnetfeldlinien mit der Elektronenzyklotronfrequenz. Stimmen Elektronenzyklotronfrequenz und Mikrowellenfrequenz überein, tritt Resonanz auf, wodurch man eine besonders effektive Ionenquelle erhält. Die Resonanzfrequenz beträgt 2,45 GHz bei einem Magnetfeld von 875 Gauß.

Ryssel

TTG-Laser →Tunable Twin Guide Laser

TTL. (*engl.* Transistor-Transistor-Logic) Verbreitete digitale →Schaltkreisfamilie, bei der die logische Verknüpfung der Eingangssignale durch einen Multiemittertransistor erfolgt und eine Gegentaktausgangsstufe eine größere Ausgangsbelastung ermöglicht.

Die TTL kann als eine modifizierte →DTL aufgefaßt werden, bei der die Eingangsdioden durch einen Multiemittertransistor ersetzt wurden (Bild 1a). Liegen beispielsweise bei dem NAND-Grundgatter (Bild 1b) an den Eingängen $E_1 \ldots E_2$ hohe, dem H-Pegel entsprechende Potentiale, so ist T_1 gesperrt (bzw. arbeitet invers), weil nun über den Basis-Kollektor-Übergang Strom fließt, der T_2

ansteuert. Am Ausgang (Punkt A) tritt ein der logischen 0 entsprechender Ausgangspegel auf. T_2 arbeitet als →Phasenumkehrstufe und steuert die Gegentaktstufe (T_3, T_4). Wird wenigstens einer der Eingänge mit L-Pegel versehen, so fließt ein Strom über R_1 und die Basis-Emitter-Diode von T_1 in das eingangs angeschlossene Gatter (Stromquellenfunktion des Einganges). Dabei schaltet T_1 ein, T_2 sperrt und ebenso T_3. Über R_2 wird T_4 eingeschaltet, und am Ausgang liegt der H-Pegel.

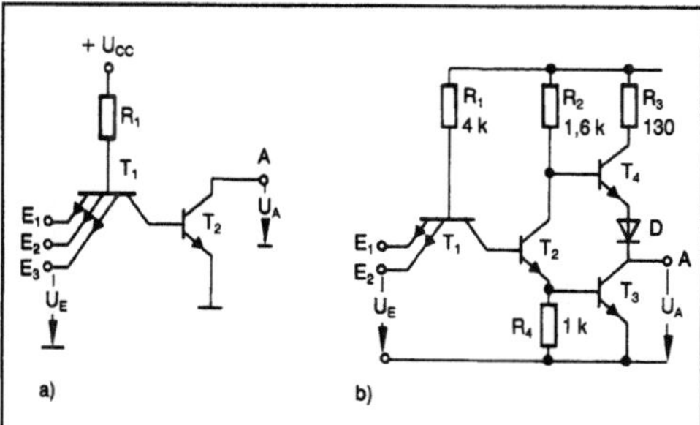

TTL 1: TTL-Logik.
a) Grundgatter
b) Standard-TTL, zweifach NAND.

Die ausgangsseitig liegende Gegentaktstufe wird im Zusammenhang mit Digitalschaltungen oft als Totem-Pole-Stufe bezeichnet. Ihre Besonderheit liegt in dem für beide Zustände (L, H) niedrigen Ausgangswiderstand, um die Schaltzeiten klein zu halten.

Die →Logikpegel der TTL ($U_E \leq 0{,}8$ V, $U_A \leq 0{,}4$ V für L-Pegel, $U_E \geq 2$ V, $U_A \geq 2{,}4$ V für H-Pegel) und die einheitliche Betriebsspannung (5V +/– 0,25 V) wurden richtunggebend für eine ganze Familie von TTL, die sich im Verlaufe der Zeit (seit 1963) aus der ursprünglichen Standard-TTL entwickelten. Die Grundform arbeitet mit Transistoren im Sättigungsbetrieb.

Die Weiterentwicklungen der TTL gingen in Richtung geringerer →Verlustleistung und höherer Schaltgeschwindigkeit:

□ Bei der Low-Power-TTL (Bild 2a) wird die Verlustleistung durch eine hochohmigere Schaltungsbemessung erreicht, wodurch zwangsläufig die Schaltgeschwindigkeit sinkt. Diese Reihe ist heute weitgehend durch die Low-Power-Schottky-TTL bzw. CMOS-Technik abgelöst.

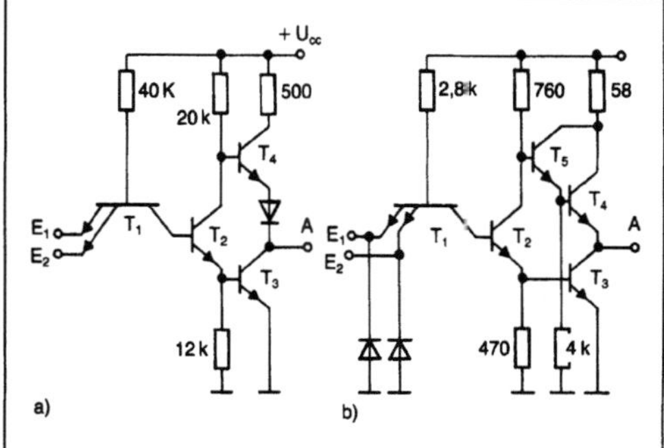

TTL 2: Verbesserte TTL-Logik.
a) Low-Power-TTL
b) High-Speed-TTL.

□ Die High-Speed-TTL (Bild 2b) arbeitet umgekehrt mit höheren Strömen (niederohmigere Schaltung) und erzielt dadurch zwar deutlich größere Geschwindigkeiten, hat aber auch höhere Verlustleistungen.

TTL. Tabelle: Typische Kennwerte von TTL-Schaltkreisen.

Bezeichnung	Kennbuchstabe am Typ	mittl. Verlustleistung mW	mittl. Verzögerungszeit ns	Verlustleistungs-Verzögerungs-Produkt pJ	max. Zählfrequenz (Flip-Flop) MHZ
Standard-TTL	–	10	10	100	35
High-Speed-TTL	H	22	6	132	50
Schottky-TTL	S	20	3	60	125
Low-Power-TTL	L	1	33	33	3
Low-Power-Schottky-TTL	LS	2	8	16	45
Advanced Schottky-TTL	AS	15	2	30	125 . . . 200
Advanced Low-Power-Schottky-TTL	ALS	1	4	4	35–50

□ Einen deutlichen Fortschritt brachte der Einsatz von Schottky-Dioden in der →Schottky-TTL, die bei gesenkter Gatterverlustleistung vor allem die Schaltgeschwindigkeit steigerten. Der Ersatz des Multiemittertransistors in dieser Schaltung durch ein Netzwerk aus Schottky-Dioden (Low-Power-Schottky-T) brachte eine deutliche Senkung vor allem der Verlustleistung.

□ Gingen die bisherigen Weiterentwicklungen aus der Standardschaltung durch andere Bemessung und/oder Schottky-Dioden-Einsatz hervor, so brachte die Übernahme modernerer Prozeßschritte zu Anfang der 80er Jahre sowohl für die LPS-TTL als auch →STTL weitere Verbesserungen hinsichtlich Schaltgeschwindigkeit und Gatterverlustleistung. Sie führten u. a. zur AS-Reihe, die bereits viele Aufgaben der →ECL übernehmen kann (Tabelle).

Die TTL steht heute mit ihren einzelnen Reihen weltweit mit Abstand an der Spitze der gefertigten Schaltkreisfamilien. Für die große Verbreitung sorgte nicht nur die Kompatibilität ihrer elektrischen Eigenschaften, die ein einfaches Zusammenschalten ermöglichte, sondern auch die direkte konstruktive Austauschbarkeit (sog. Pin-Kompatibilität).

Zwischenzeitlich hat sich eingebürgert, auch Schaltkreise in anderen Technologien (z. B. →CMOS-Technik, →HCMOS-Technik) sowie Speicher- und Mikroprozessorschaltkreise in ihren Anschlußwerten kompatibel zur TTL zu gestalten. Dadurch ist ein relativ problemloser Aufbau größerer Systeme möglich. Integrationsgradmäßig reicht die TTL etwa bis in den MSI-Bereich. Sie ist keine Technologie für den Hochintegrationsbereich. Dort sind die modernen MOS-Techniken eindeutig überlegen. *R. Paul*

Literatur: *Hodges, D.* and *H. Jackson:* Analysis and Design of Digital Integrated Circuits. New York 1983. – *Tietze, U.* und *Ch. Schenk:* Halbleiterschaltungstechnik. Berlin 1985.

Tunable Twin Guide Laser. (TTG-Laser). Elektrisch durchstimmbarer →Halbleiterlaser mit einer transversalen Kopplung zwischen Verstärkungs- und Durchstimmsektion.

Der aktive Bereich besteht aus einem Distributed-Feedback-(DFB-)Laser mit substratseitig angeordnetem →Bragg-Gitter (Bild). Über dem aktiven Streifen ist ein zweiter Streifen aus Material größerem Bandabstandes angeordnet, die sog. Tuning-Layer. Aktive Schicht und Tuning-Layer stellen elektrisch zwei gegeneinander geschaltete Dioden mit gemeinsamen Mittelabgriff dar. Der Strom I_{act} durch die aktive Schicht steuert die emittierte optische Leistung, der Strom I_{tun} durch die Tuning-Layer erniedrigt die →Brechzahl dieser Schicht. Aktive Schicht und Tuning-Layer bilden zusammen einen vergrabenen Streifenwellenleiter, dessen effektive Brechzahl mit wachsendem I_{tun} abnimmt, entsprechend verringert sich die Bragg-Wellenlänge $n_{eff}\Lambda$ des DFB-Lasers und damit die Emissionswellenlänge.

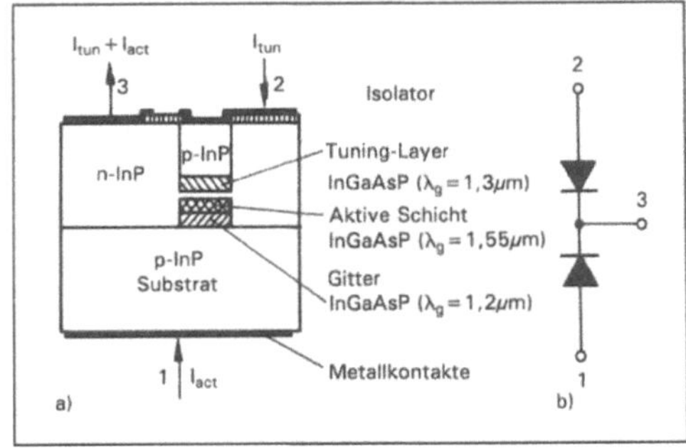

Tunable-Twin-Guide-Laser: Schematische Darstellung
a) Querschnitt
b) Schaltbild.

Die Lasereigenschaften lassen sich durch die Schichtdicken variieren. Mit einer relativ dicken aktiven Schicht ($d_{act} \sim 0{,}2$ μm, $d_{tun} < 0{,}2$ μm) verlagert sich der Schwerpunkt der optischen Welle zur aktiven Schicht hin; es resultiert ein Laser mit geringen Schwellenströmen (15 mA bei 400 μm Länge) und engem Durchstimmbereich ($\Delta\lambda \leq 2$ nm). Mit abnehmender Dicke der aktiven Schicht verlagert sich der Schwerpunkt der optischen Welle zur Tuning-Layer; der Laser hat einen breiten Durchstimmbereich ($d_{act} = 0{,}1$ μm, $d_{tun} = 0{,}4$ μm $\Delta\lambda > 8$ nm) bei relativ hoher Schwelle (40 mA).

Das größte Problem bilden die elektrischen Kontakte, insbesondere der Mittelabgriff mit einer Dicke im Bereich von 0,1 μm. Er muß hoch dotiert werden, um eine Erwärmung durch hohe Serienwiderstände zu vermeiden.

Die Vorteile des TTG-L. sind neben einem vergleichsweise großen Durchstimmbereich die unabhängige Steuerung von Laserleistung und Emissionswellenlänge. Er eignet sich besonders als →Lokaloszillator, da mit der Tuning-Layer bereits der Ansatz zur →Laser-Wellenleiter-Kopplung nach dem ITG-Prinzip vorhanden ist. *Rosenzweig*

Literatur: *Schanen, C. F. J. and S. Illek, H. Lang, W. Thulke, M. C. Amann:* Fabrication and lasing characteristics of $\lambda = 1{,}56$ μm tunable twin-guide DFB-lasers. IEE Proc. Vol. 137, (1990) pp. 69.

Tuner →Fernsehempfänger

Tunneldiode. pn-Diode, die den →Tunneleffekt aus sehr hoch dotiertem pn-Übergang ausnutzt, auch als Esaki-Diode bezeichnet.

Bei hohen Dotierungen ($\gtrsim 10^{19}$–10^{21} cm^{-3} Störstellendichte) tritt im Halbleiter der sog. Entartungsfall ein. Dabei liegt das Ferminiveau im →Bändermodell entweder im Leit- oder Valenzband. In einem so dotierten →pn-Übergang ist die →Raumladungszone so schmal, daß diese bereits bei geringen Spannungen von Ladungsträgern durchtunnelt werden kann. Von einem Tunnelvorgang spricht man, wenn →Ladungsträger eine Potentialbarriere passieren, ohne die nach der klassischen Vorstellung dafür erforderliche Energie zu besitzen. Dieser direkte Durchgang durch (nicht über!) eine Potentialbarriere ist nach den Vorstellungen der →Quantenmechanik (Teilchen als Welle aufgefaßt) mit einer gewissen Wahrscheinlichkeit - der Tunnelwahrscheinlichkeit - möglich.

In der →Kennlinie einer T. fließt mit steigender Spannung in Flußrichtung zunächst vom Tunnelvorgang bestimmter ein Tunnelstrom (Bild). Er erreicht bei einer bestimmten Spannung (U_H) sein Maximum, weil der Tunneleffekt allmählich durch abnehmende Bänderüberlappung zurückgeht. Demzufolge sinkt der Strom, bis der normale →Diffusionsstrom einsetzt, und der Strom wieder steigt. So entsteht eine bereichsweise fallende Kennlinie mit negativem differentiellen Leitwert. In diesem Gebiet kann die T. als Schwingungserzeuger und →Verstärker eingesetzt werden, z. T. bis in den GHz-Bereich.

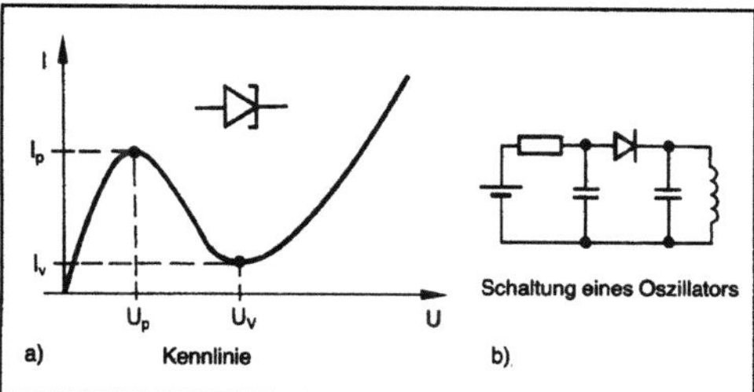

Tunneldiode: Kennlinie und Schaltung eines Oszillators.

Im Gegensatz zu allen anderen Dioden, bei denen die Laufzeit der T. mit durch die Geometrie der Anordnung bestimmt ist, liegt die Laufzeit durch physikalische Größen fest; sie ist die kleinste, die sich mit Halbleiterbauelementen überhaupt erreichen läßt. Der Tunneleffekt wird neben der T. in einer Reihe von Halbleiterbauelementen ausgenutzt, wie z. B. Rückwärtsdioden (Flußrichtung), Z-Dioden (→Sperrichtung, falls kleine Z-Spannung gegeben), eine Reihe von MOS-Speichertransistoren, im →MOS-Kondensator bei extrem dünnem Isolator, beim →Josephson-Effekt u. a. m. *R. Paul*

Tunneleffekt. Quantenmechanischer Effekt, nach dem es für ein mikroskopisches Teilchen (z. B. ein Elektron) eine endliche Wahrscheinlichkeit gibt, einen Energiewall endlicher Höhe und Breite zu durchdringen, obwohl seine Energie kleiner als die Barrierenhöhe ist und eine Überquerung damit klassisch unmöglich ist. Auf diesem Prozeß beruhen z. B. die Funktionsweise der →Tunneldiode und des Tunnelmikroskops, die Realisierung Ohm'scher →Metall-Halbleiter-Kontakte, die →Feldemission, der Alpha-Zerfall von Atomkernen und der →Josephson-Effekt.

Der Prozeß wird etwas verständlich, wenn man die tunnelnden Teilchen als Materiewelle interpretiert. Wie eine optische Welle in ein sie reflektierendes Medium leicht eindringt, so dringt auch die Materiewelle geringfügig in den Energiewall ein. Das Eindringvermögen hängt von der Höhe der Barriere und der Teilchenenergie ab. Ist die Barriere dünn genug, so gelangt die Materiewelle mit endlicher Amplitude bis zur gegenüberliegenden Barrierenseite, tritt dort aus und kann sich mit der so reduzierten Amplitude weiter ausbreiten. Für einen rechteckigen Potentialwall der Höhe U und Breite b ergibt sich der Transmissionskoeffizient für ein Teilchen der Masse m und der Energie $W<U$ zu

$$T = \{1+U^2 \sinh^2\beta/4E(U-W)\}^{-1}$$

wobei $\beta = [2m(U-E)b^2/\hbar^2]^{1/2}$ ist (mit $\hbar$ = Plancksches Wirkungsquantum/2π). Man erkennt, daß kleine Teilchenmassen wie bei Elektronen den T. begünstigen, weshalb er für sie auch häufiger beobachtet wird. Der nicht transmittierte Teil der Materiewelle wird am Energiewall reflektiert (Reflexionskoeffizient $R = 1-T$). *Heinz*

Two pass test. Prüfverfahren, bei dem ein →Prüfprogramm zweimal mit veränderten Prüfparametern durchlaufen wird. Angewandt z. B. bei Prüfsystemen mit einer →Vergleichsspannung (→Komparator), wo einmal mit dem max. erlaubten Low-Pegel und einmal mit dem min. erlaubten High-Pegel geprüft wird, so daß unerlaubte Pegel (‚between') entdeckt werden können. *K. Winter*

U

U-Umrichter →Zwischenkreisumrichter (mit Spannungszwischenkreis)

Übergang, direkter →Übergang, elektronischer

Übergang, elektronischer. Wechsel eines Elektrons oder eines elektronischen Systems von einem Zustand in einen anderen.

Ändert ein Elektron eines Atomes, Moleküls oder Festkörpers eine oder mehrere seiner Zustandsvariablen, so geht es von einem quantenmechanischen Zustand in einen anderen über. Solche e. Ü. beeinflussen eine Vielzahl von Eigenschaften der Materie (elektronische, optische, thermische, magnetische usw.). Die Wahrscheinlichkeit für den Übergang (Übergangswahrscheinlichkeit) hängt von der Wellenfunktion des Elektrons im Anfangszustand $\Psi_a(r)$ und im Endzustand $\Psi_e(r)$ ab, sowie von den den Übergang bewirkenden Kräften, die durch das Potential V(r) beschrieben werden. Die quantenmechanische Rechnung liefert $w = \int \Psi_a(r)\, V(r)\, \Psi_e(r)\, dr$. Besonders wichtig sind häufig Übergänge, mit denen eine Energieänderung verbunden ist. Wird dabei Energie frei, so kann diese z. B. in elektromagnetische Strahlung umgewandelt werden (strahlender Übergang, Emission), im umgekehrten Fall kann Strahlung absorbiert werden. Bleibt bei einem Übergang der Impuls des Elektrons praktisch unverändert, so spricht man von einem direkten Übergang, im anderen Fall von einem indirekten Übergang. Bei Übergängen in Festkörpern unterscheidet man zwischen Intrabandübergängen und Interbandübergängen, bei denen die Energie von Anfangs- und Endzustand in gleichen bzw. verschiedenen Energiebändern liegen. *Heinz*

Übergang, indirekter →Übergang, elektronischer

Übergangswiderstand. Beim Zusammenbau von Schaltkreisen der Mikroelektronik führen Leiterbahnen (→Dünnschichttechnik, →Dickschichttechnik) zu elektrischen Widerständen, die in der Auslegung der Schaltungen berücksichtigt werden müssen. Vor allem →Metallisierungen mit geringem Leiterbahnquerschnitt (VLSI-Technik, Submikrontechnik) weisen hohe Widerstandswerte auf, z. B. Aluminium-Leiterbahn mit je 1 μm Höhe und Breite rd. 300 Ω/cm Länge. Niedrige Widerstände an elektrischen Anschlüssen sind in Schaltkreisen der →Mikrowellentechnik und in schnellen Digitalschaltungen von Bedeutung, weil dort Ohm'sche Verluste die Wellenleitung dämpfen bzw. Impulse verzerren. *Hieber*

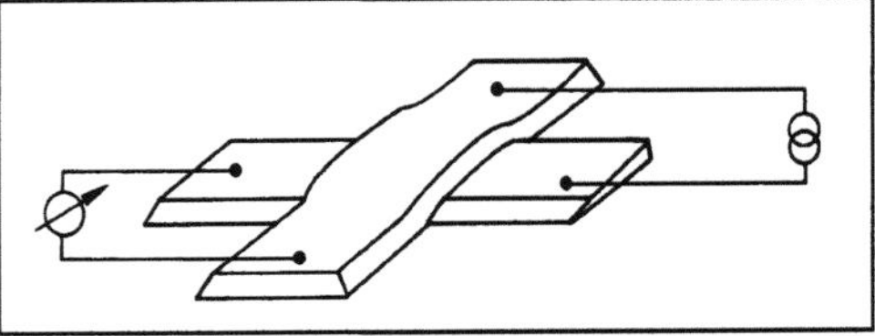

Übergangswiderstand: Messung des Ü. für Gleichstrom zwischen sich überkreuzenden Leiterbahnen (auch an Anschlüssen mit Bändchen auf Kontaktflächen).

Übergitter, kompositionell →Festkörper-Übergitter

Überlagerungsempfänger, optischer. Optoelektronischer Empfänger, der durch die Überlagerung einer nachzuweisenden optischen Signalwelle mit einer intern erzeugten Lichtwelle eine hohe Nachweisempfindlichkeit und Frequenzselektivität aufweist.

Die von einem Sender ausgestrahlte, mit der zu übertragenden Information modulierte Signalwelle $E_S(t)$ der Frequenz ν_s (bzw. $\omega_s = 2\pi \cdot \nu_S$) wird im Überlagerungsempfänger zunächst einer unmodulierten Lichtwelle $E_{LOC}(t)$ der Frequenz ω_{LOC} überlagert, die von einer internen Lichtquelle, dem sog. →Lokaloszillator, erzeugt wird (z. B. von einem →Halbleiterlaser). Diese Signalüberlagerung kann mittels eines optischen Strahlteilers oder optischen Richtkopplers erreicht werden. Die entstehende Welle $E(t) = E_S(t) + E_{LOC}(t)$ gelangt anschließend auf einen →Photodetektor (z. B. →Photodiode), der einen der eingestrahlten Lichtintensität P(t) proportionalen Photostrom $I_{PH}(t)$ hervorruft (Bild):

$$I_{PH}(t) \sim P(t) \sim |E(t)|^2 = P_S + P_{LOC} +$$

$$2 \cdot \sqrt{P_{LOC} \cdot P_S} \cdot \cos\{(\omega_S - \omega_{LOC})t + \Phi_S - \Phi_{LOC}\}$$

Der entstehende Photostrom setzt sich damit zusammen aus

– einem Gleichstromanteil ($\sim(P_S + P_{LOC})$; P_S: Lichtleistung der Signalwelle, P_{LOC}: Lichtleistung des Lokaloszillators) und

– einem Wechselstromanteil mit der Zwischenfrequenz $\Delta\omega = |\omega_S - \omega_{LOC}|$ sowie den Phasen Φ_S (Signal-

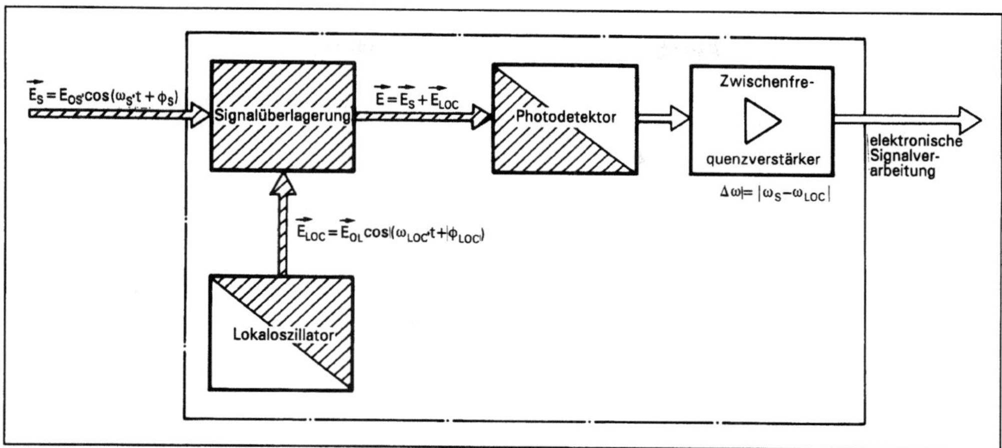

Überlagerungsempfänger, optischer: Prinzipieller Aufbau.

welle) und Φ_{LOC} (Lokaloszillator), der die gesendete Information enthält.

Durch die Multiplikation der empfangenden Signalleistung P_S mit der deutlich größeren Lichtleistung des Lokaloszillators weisen Überlagerungsempfänger einen höheren Photostrom als einfache optische Direktempfänger auf, für die $P(t) = P_S(t)$ gilt ($P_{LOC} = 0$). Der entstehende Wechselstrom wird nachfolgend elektronisch verstärkt und weiterverarbeitet (Bild).

Je nachdem ob die Frequenzen von Signalwelle und Lokaloszillatorwelle gleich sind oder nicht, wird das optische Überlagerungsverfahren auch als Homodynempfang (Zwischenfrequenze $\Delta\omega$ = konstant = 0) oder als Heterodynempfang ($\Delta\omega$ = konstant $\neq$ 0) bezeichnet. Ein wichtiger Vorteil für das Überlagerungsverfahren gegenüber dem Direktempfang liegt in der Möglichkeit, zur Signalübertragung nicht nur die Amplitude E_S der Signalwelle modulieren zu können (*engl.* Amplitude Shift Keying, ASK), sondern ebenso die Phase Φ_S (*engl.* Phase Shift Keying, PSK) oder die Frequenz ω_S (*engl.* Frequency Shift Keying, FSK).

Die theoretisch minimal erreichbaren Nachweisempfindlichkeiten von o. Ü. und optimierten optischen Direktempfängern mit idealen Bauelementen werden in der Literatur im Mittel zumeist wie folgt angegeben:

Heterodynempfänger (ASK):	36 Photonen/Bit
Homodynempfänger (ASK) und Heterodynempfänger (PSK):	18 Photonen/Bit
Homodynempfänger (PSK)	9 Photonen/Bit
Direktempfänger (digitales ASK ‚On-Off-Keying‘)	10 Photonen/Bit

Theoretisch lassen sich nach den publizierten Daten mit dem Direktempfänger und dem besten Überlagerungsempfänger die gleichen optimalen Empfindlichkeiten erzielen. In der Praxis ist jedoch bis heute die erreichbare Nachweisgrenze beim Direktempfänger deutlich schlechter, was auf größere Rauschanteile zurückzuführen ist.

Werden dem Überlagerungsempfänger mehrere Signalwellen (Kanäle, Programme) mit unterschiedlichen Trägerfrequenzen ω_S (Wellenlängen λ_S) angeboten, so erfolgt die Auswahl eines gewünschten Kanals einfach durch eine entsprechende Änderung der Sendefrequenz ω_{LOC} des Lokaloszillators. Der Wellenlängenabstand $\Delta\lambda_S$ zwischen zwei Kanälen (Kanalabstand), der für einen ungestörten Empfang erforderlich ist, ist sehr klein ($\Delta\lambda_S \approx 0{,}02$ mm).

Den prinzipiell sehr guten Eigenschaften eines Überlagerungsempfängers stehen aber gewichtige Anforderungen gegenüber, die für eine praktische Realisierung zu erfüllen sind, wie z. B.

– beide Lichtwellen, E_S und E_{LOC}, müssen zeitlich kohärent zueinander sein (d. h. hohe Frequenzstabilität von Sende- und Lokaloszillator, $\Delta\omega$ = konstant!),

– die →Polarisation beider Lichtwellen muß gleich sein (diese Forderung kann nur durch eine zusätzliche Polarisationsregelung, den Aufbau eines sog. Phase oder Polarization Diversity-Empfängers oder durch die Anwendung der Technik des Polarisationsschaltens erfüllt bzw. umgangen werden) und

– der Lokaloszillator sollte eine möglichst große →Ausgangsleistung und ein möglichst geringes Intensitätsrauschen aufweisen (der Einfluß des Intensitätsrauschen ist zu vernachlässigen beim Aufbau einer speziellen, symmetrischen Empfängerarchitektur (sog. Gegentakt-Überlagerungsempfänger oder *engl.* Balanced-Receiver).

Diese und andere – hier nicht genannte – Bedingungen erfordern einen verhältnismäßig komplexen Aufbau des Überlagerungsempfängers. Werden solche Empfänger in sehr großen Stückzahlen erforderlich, wie z. B. für die Installation zukünftiger kohärenter optischer Nachrichtensysteme, so ist eine wirtschaftliche Fertigung aus heutiger Sicht nur durch monolithisch integrierte Schaltkreise, sog. →OEICs (*engl.* Opto-Electronic Integrated Circuits), zu erreichen. Weitere Vorteile für eine solche Integration sind eine höhere →Zuverlässigkeit, eine kompaktere Bauweise und die besseren dynamischen Eigenschaften einzelner elektronischer und optoelektronischer Bauelemente durch die Reduzierung parasitärer Effekte. Die Herstellung solcher Schaltkreise ist technologisch noch sehr aufwendig und zur Zeit Gegenstand der Forschung und Entwicklung. Erste monolithisch integrierte Überlagerungsempfänger wurden 1989 in den USA und in Japan als Labormuster hergestellt. Eine kommerzielle Nutzung ist gegenwärtig jedoch noch nicht abzusehen. *R. Kaiser*

Literatur: *Franz, J.:* Optische Übergangssysteme mit Überlagerungsempfang. Reihe: Nachrichtentechnik. Bd. 17, Berlin–Heidelberg–New York 1988. – *Green, P. E., R. Ramaswami:* Direct Detection Lightwave Systems: Why Pay More?, IEEE Magazine of Lightwave Communication Systems (IEEELCS), 1990. No. 4 pp. 36—49.

Überlappungswinkel →Stromführungsdauer

Überlastsicherung. →Temperatursensoren nach dem Kaltleiterprinzip weisen bei einer typischen Temperatur (z. B. 150 °C) einen Anstieg des Widerstandes um mehrere Größenordnungen auf. Wird ein →Kaltleiter mit einem elektrischen Verbraucher in Reihe geschaltet, dann dient er als Ü.: Bei Betriebstemperaturen (z. B. bis 100 °C) hat der Kaltleiter einen niedrigen Widerstand. Steigen die Temperaturen jedoch über eine durch den Kaltleiter festgelegte Schwelltemperatur an, dann vergrößert sich der Kaltleiterwiderstand so stark, daß der Stromfluß praktisch unterbrochen wird. Ein ähnlicher Effekt ergibt sich bei einem plötzlichen starken Stromanstieg, weil dann der Kaltleiter über Selbstaufheizung seine Schwelltemperatur erreicht. *Schaumburg*

Literatur: *Schaumburg, H.:* Werkstoffe und Bauelemente der Elektrotechnik. Bd. 1: Werkstoffe. Stuttgart 1990.

Überschlag. (auch Soft-Flash). →Kathodenstrahlröhren, die mit Spannungen von nahezu 30 kV betrieben werden, können überschlagen. Zu einem Ü. führen Schmutz oder lose Teilchen in der Röhre oder Grat an den Kanten der gestanzten Blechteile der Elektroden.

Bei einem Ü. entlädt sich die Bildröhrenkapazität (im wesentlichen Innenbelag gegen Außenbelag), die auf →Anodenspannung aufgeladen ist. Die Entladung erfolgt über die Strecke:

- Außenbelag
- Chassis-Massepunkt (einzige Masseverbindung vom Chassis zur Bildröhre)
- Chassis (Bauelemente, Platine)
- Verbindung zu einer oder mehreren Elektroden der Bildröhre (von Gitter 4 bis zur Heizung)
- Innenbelag.

Die dabei fließenden Entladeströme können die Bildröhre und/oder Bauelemente auf der Ansteuerbzw. Ablenkplatine zerstören. Daher wird empfohlen, alle Sockelanschlüsse mit Schutzfunkenstrecken und Serienwiderstand zu schützen. Um die Entladeströme und deren Auswirkungen auf →Kathodenstrahlröhre und Chassis zu verringern, hat man den Widerstand des Innenbelags vergrößert. Bestand dieser bislang aus Graphit, so ist er jetzt aus Graphit, Eisenoxid (Fe_2O_3) und etwas Kaliumsilikat. Diese Technologie heißt *Soft-Flash.*

Der Widerstand im Entladestromkreis erhöht sich damit um den Faktor 10 von 40 Ω auf 400 Ω. Entsprechend äußern sich die Anstiegs- und Abfallzeiten sowie die Steigung der Anstiegs- und Abfallflanken des Entladestrom-Impulses und es verringert sich die Belastung des Chassis durch Induktion (Tabelle).

Überschlag. Tabelle: Typische Überschlagswerte einer ungeschützten Bildröhre und einer Soft-Flash-Röhre.

	Bisherige Bildröhre	Soft-Flash-Röhre
Spitzenstrom im Überschlag	700 A	60 A
Anstiegszeit des Überschlagstromes	0,13 μS	0,13 μS
Abfallzeit des Überschlagstromes	0,1 μS	2 μS
positive Steigung, di/dt	10^{10} A/S	10^9 A/S
negative Steigung, –di/dt	10^{10} A/S	$0{,}5 \cdot 10^8$ A/S
Widerstand im Entlade-Stromkreis	40 Ω	400 Ω

Auch mit der Soft-Flash-Technologie können Bildröhrenüberschläge noch zu Ausfällen im Gerät führen. Es wird also nach wie vor empfohlen, die Sockelanschlüsse einschl. Heizung mit Schutzfunkenstrecken und Serienwiderstand zu schützen. *Nerstheimer*

Überschußladungsträger. →Ladungsträger im Halbleiter (Elektronen oder Löcher), deren Konzentration gegenüber dem thermischen Gleichgewicht erhöht ist, z. B. durch →Injektion oder optische →Generation. *Heinz*

Überspannungsableiter →Varistor

Überspannungs-Varistor →Varistor

Übertrager. Ein Ü. in elektronischen Schaltungen hat prinzipiell die gleiche Wirkungsweise wie ein →Transformator. Während Transformatoren jedoch mit einer festen Frequenz Spannungen und Ströme mit möglichst kleinen Verlusten in andere Werte umwandeln, bewirken Übertrager in elektronischen Schaltungen die elektrische Anpassung der Generatorimpedanz Z_i an die Verbraucherimpedanz Z_v in einem oftmals sehr breiten Frequenzbereich. Die elektrische Anpassung ist gegeben, wenn $Z_i = Z_v$ ist. Unter Vernachlässigung der Eigenverluste des Übertrages erfolgt die Impedanzanpassung, wenn das Verhältnis der Impedanzwerte gleich dem Quadrat des Übersetzungsverhältnisses des Übertrages ist.

$$\frac{Z_i}{Z_v} = ü^2 = \left(\frac{N_1}{N_2}\right)^2$$

N_1 = Primär-, N_2 = Sekundärwindung des Übertragers.

Ü. werden ebenfalls die Transformatoren für kleine Leistungen bis etwa 16 kVA genannt, die mit Ferritkernen in getakteten Netzteilen bei höheren Schaltfrequenzen die Stromversorgung elektronischer Geräte bewerkstelligen und für galvanische Trennung der Stromkreise sorgen.

Wegen der äußerst geringen Wirbelstromverluste bei hohen Frequenzen in Ferritmaterialien und wegen der einfachen Montage haben sich Ü. mit Ferritkernen durchgesetzt.

Sonderbauformen bei Ü. sind Impulsübertrager, die durch geeignete Kernmaterialien elektrische Impulse mit steilen Flanken möglichst ohne Verzerrungen übertragen sollen, →Spannungswandler und →Stromwandler, die die Übertragung von Spannung oder Strom auf meßtechnisch erfaßbare Größen bewerkstelligen. Auch diese Sonderbauformen werden gegenwärtig weitgehend mit Ferritkernmaterialien gefertigt. *Both*

Literatur: *Schröder:* Elektrische Nachrichtentechnik, Bd. 1. Berlin 1966. – *Zinke, O.* und *H. Seither:* Widerstände, Kondensatoren, Spulen und ihre Werkstoffe. Berlin 1982.

Übertragung, kohärente optische →Übertragungssystem, optisches, →Überlagerungsempfänger, optischer.

Übertragungskennlinie. Grafische Darstellung des Zusammenhanges zwischen Ausgangs- und Eingangsgröße (z. B. Ausgangsspannung über der Eingangsspannung) eines elektronischen Bauelementes oder einer Schaltungsstufe (→Inverter). *R. Paul*

Übertragungssystem, optisches. Ein o. Ü. besteht aus dem optischen Sender, dem Übertragungsmedium und dem optischen Empfänger. Das zu übertragende elektrische Signal, wird im elektrooptischen →Wandler (→Lumineszenzdioden, →Halbleiterlaser) in ein optisches Signal umgewandelt. Das Übertragungsmedium ist in der Regel ein →Lichtwellenleiter aus Glas oder Kunststoff. Im optischen Empfänger, bestehend aus einer →Photodiode mit nachgeschaltetem Verstärker, wird das optische Signal in die elektrische Ebene zurückverwandelt, verstärkt und regeneriert.

Die wichtigsten Vorteile von o. Ü. gegenüber drahtgebundenen Systemen sind:
- geringe Dämpfung,
- große Bandbreite,
- keine Beeinflussung durch elektromagnetische Störfelder,
- kein Übersprechen,
- Abhörsicherheit,
- Potentialtrennung zwischen Sender und Empfänger.

Es werden zunächst die einzelnen Komponenten eines o. Ü. behandelt, danach grundlegende Systemaspekte erläutert.

□ Glasfaser. Für Übertragungsstrecken, die länger als ca. 100 m sind, werden derzeit Glasfasern eingesetzt, deren Dämpfungsminimum bei einer Wellenlänge von 1 550 nm liegt. Bei kürzeren Wellenlängen nimmt die Dämpfung aufgrund der Rayleighstreuung (→Glasfaserdämpfung) zu, oberhalb von 1 550 nm setzt eine starke IR-Absorption des SiO_2 ein. Außer der Rayleighstreuung können noch zusätzliche Verluste durch OH-Ionen oder andere Verunreinigungen auftreten. Durch verbesserte Herstellungsverfahren werden für Monomodefasern im Wellenlängenbereich zwischen 1 300 nm (zweites optisches Fenster) und 1 550 nm (drittes optisches Fenster) typische Dämpfungswerte von weniger als 0,4 bzw. 0,2 dB/km erreicht.

Ein weiteres Merkmal für die Leistungsfähigkeit eines o. Ü. ist die Bandbreite. Sie wird in der Glasfaser im wesentlichen durch drei verschiedene Dispersionsarten (→Dispersion) bestimmt:
- →Modendispersion
- →Materialdispersion
- →Wellenleiterdispersion.

Während die Modendispersion nur bei Multimodefasern in der Praxis zu berücksichtigen ist, hängt die Bandbreite der Einmodenfaser entscheidend von der Material- und Wellenleiterdispersion (beide zusammen werden als chromatische Dispersion bezeichnet) ab. Das Dispersionsminimum für Standardmonomodefasern liegt bei 1 300 nm, der Wellenlänge, mit der heute im Einsatz befindliche Telekommunikationssysteme arbeiten. Diese Systeme sind dämpfungsbegrenzt. Um noch größere Entfernungen zu überbrücken, werden Systeme im 1 550 nm-Wellenlängenbereich eingesetzt. Wegen der höheren chromatischen Dispersion

(15 ps/km/nm) sind diese bei höheren Bitraten dispersionsbegrenzt. Einen Ausweg bieten dispersionsverschobene Fasern, bei denen durch spezielle Brechzahlprofile die Wellenleiterdispersion so beeinflußt wird, daß die Gesamtdispersion bei 1 550 nm einen Minimalwert von ca. 3 ps/km/nm annimmt.

□ Sender. Als elektrooptische Wandler werden Lumineszenzdioden (→IRED: Infrared Emitting Diode) oder Halbleiterlaser (LD: Laserdioden) verwendet. Wichtige Kenngrößen optischer Sender sind:

- spektrale Breite der emittierten Strahlung
- Modulationsbandbreite
- einkoppelbare optische Leistung.

IREDs weisen eine spektrale Breite von 50 nm im ersten optischen Fenster (um 800 nm) und von 100–150 nm im zweiten und dritten optischen Fenster auf. Kantenemitter haben ein schmaleres Spektrum als Oberflächenemitter. Dagegen emittieren LDs Spektren, die maximal einige nm breit sind. Da die chromatische Dispersion direkt von der spektralen Breite des Senders abhängig ist, können zur Übertragung höherer Bitraten wegen der hohen Dispersionswerte von Standardeinmodenfasern im dritten optischen Fenster nur Single-Mode-LDs (z. B. DFB-Laser) eingesetzt werden. Die Modulationsbandbreite von IREDs liegt mit typisch einigen hundert MHz erheblich unter der, die von kommerziellen LDs mit mehr als 2 GHz erreicht wird.

Die von einer IRED emittierte Leistung läßt sich nur bis zu der Größenordnung 1 % in eine Glasfaser einkoppeln. Ein wesentlich höherer Koppelwirkungsgrad (ca. 50 %) ist mit LDs erreichbar.

Sendeschaltungen mit IREDs sind in der Regel einfach und daher kostengünstig herzustellen; LDs erfordern dagegen aufwendigere Schaltungen mit einer Regelung der Ausgangsleistung und oft auch der Temperatur. Die Kosten für IREDs sind deutlich niedriger als für LDs. Die Lebensdauer beider Komponenten liegt bei mehr als 20 Jahren. Wegen des einfacheren Aufbaus und der geringeren Leistungsdichte ist die Lebensdauer von IREDs grundsätzlich höher.

□ Empfänger. Als optische Empfänger werden Lawinenphotodioden (→APD: Avalanche Photo Diode) oder →pin-Photodioden eingesetzt. APDs, bei denen der →Photostrom intern verstärkt wird, haben eine hohe →Empfindlichkeit (bis zu ca. 10 dB mehr als PIN-Dioden, in Abhängigkeit von der Bitrate), benötigen allerdings eine relativ große Vorspannung (je nach Typ 30–150 V).

□ Systemaspekte. Obwohl analoge und digitale Modulation prinzipiell in o. Ü. möglich ist, werden hauptsächlich digitale Signale übertragen, in öffentlichen Telekommunikationsnetzen kommt ausschließlich die Digitaltechnik zum Einsatz.

Grundsätzlich werden optische Systeme mit Direktempfang und →Überlagerungsempfang unterschieden (Bild 1). Wichtiger Kennwert eines Systems ist die Systemdynamik S: Sie ist ein Maß für die Reichweite bzw. den Abstand von Verstärkern oder Regeneratoren und wird beschrieben durch

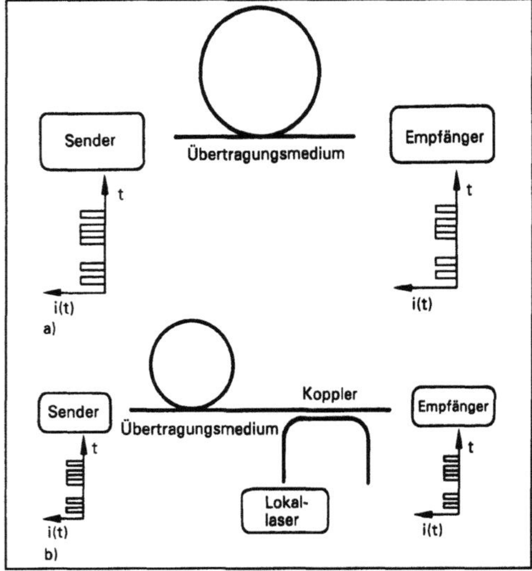

Übertragungssystem, optisches 1: Prinzipielle Darstellung.
a) Direktsystem
b) System mit Überlagerungsempfänger.

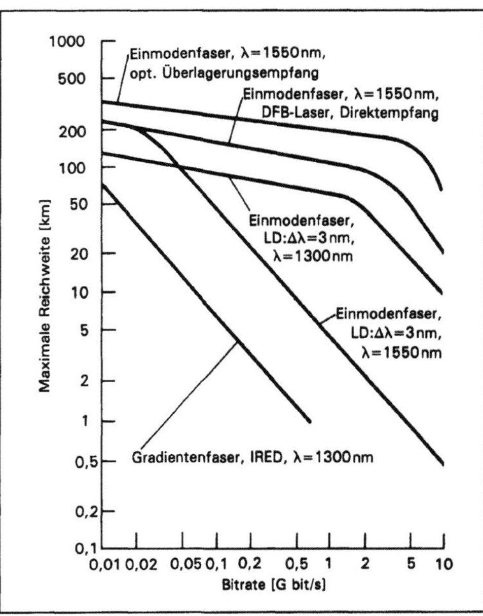

Übertragungssystem, optisches 2: Maximale Reichweiten verschiedener Systeme.

das zehnfache des dek. Logarithmus des Verhältnisses von einkoppelbarer Senderleistung P_s und der detektierten Leistung P_d:

$$S = 10 \lg (P_s/P_d) \text{ (in dB).}$$

Derartige Systeme nennt man dämpfungsbegrenzt. Die Reichweite kann auch durch die Dispersion begrenzt sein. In Bild 2 ist die maximale Reichweite über der zu übertragenden Bitrate für verschiedene Kombinationen von Glasfasern und optischen Sendern dargestellt: Die Reichweite wird bei niedrigen Bitraten durch die Dämpfung, bei hohen Bitraten durch die Dispersion begrenzt. Die größten Reichweiten werden wegen der erhöhten Empfängerempfindlichkeit mit dem optischen Überlagerungsempfang erreicht.

In der optischen Übertragungstechnik können prinzipiell die Modulationsverfahren eingesetzt werden, die auch aus der konventionellen Übertragungstechnik bekannt sind: Amplitude, Intensität, Frequenz und Phase. Direktsysteme arbeiten ausschließlich mit Intensitätsmodulation, da die Detektoren der außerordentlich hohen Frequenz des Trägerlichtes, ca. 200–300 THz, nicht folgen können. In kohärenten Systemen – das sind Systeme in denen die spektrale Breite des Senders kleiner als die Modulationsbandbreite ist – können auch die anderen Größen, wie Amplitude, Frequenz und Phase moduliert und demoduliert werden, dafür müssen aber schmalbandige, frequenzstabile Halbleiterlaser zur Verfügung stehen.

□ Multiplexsysteme (Bild 3). Zur besseren Ausnutzung der Glasfaser werden →Multiplexverfahren eingesetzt:

– →Zeitmultiplex (Bild 3a): Die digitalen Signale werden in der elektrischen Ebene durch den →Multiplexer zusammengefaßt und im →Demultiplexer wieder getrennt, d. h. die Signale werden zeitlich „verschachtelt", so daß ein größerer Bandbreitenbedarf entsteht.

– Raummultiplex (Bild 3b): Die verschiedenen optischen Kanäle werden auf getrennten Strecken übertragen, für jeden Kanal ist ein Sender, eine →Faser und ein Empfänger erforderlich.

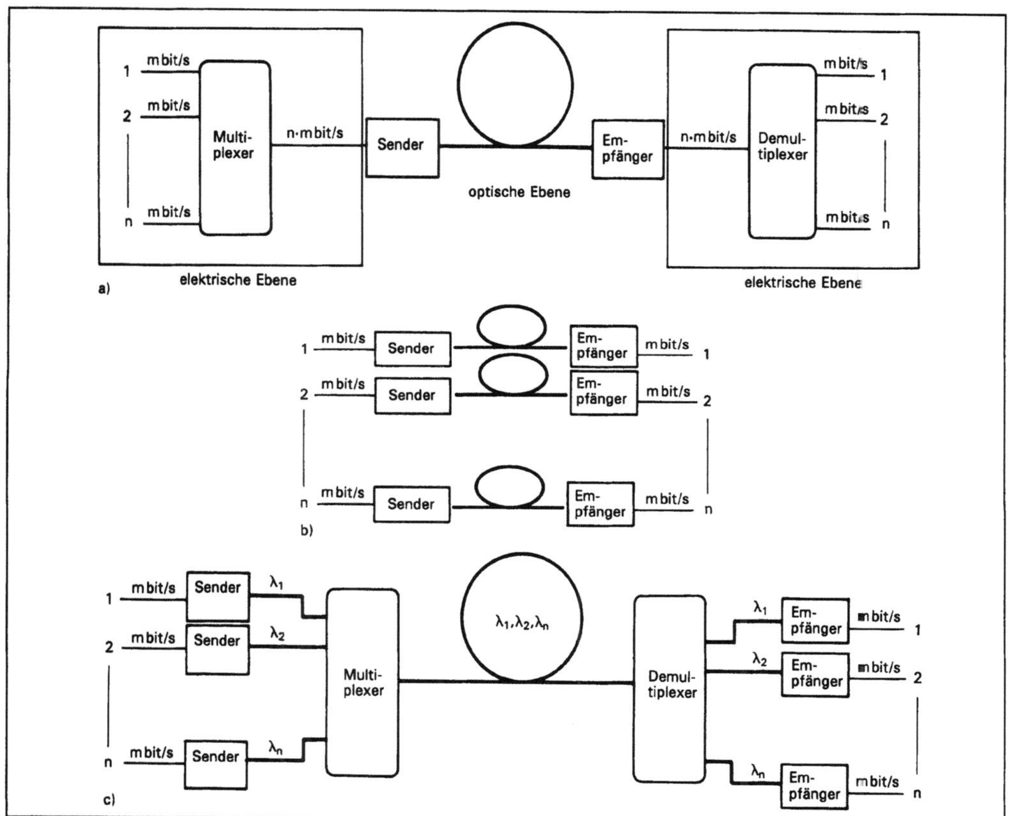

Übertragungssystem, optisches 3: Multiplexsysteme.
a) Zeitmultiplex
b) Raummultiplex
c) Wellenlängenmultiplex.

– Wellenlängenmultiplex (Bild 3c): Jedem zu übertragenden Signal wird eine eigene Wellenlänge zugeordnet, für jeden Kanal ist ein Sender und ein Empfänger, für alle zusammen aber nur eine Faser notwendig.

Zukünftige Systeme mit optischem Überlagerungsempfang bieten die Möglichkeit, in einem schmalen Wellenlängenbereich (z. B. 1530 nm–1550 nm) in kleinem Abstand voneinander (z. B. 5 GHz) viele Kanäle (ca. 500) unterzubringen.

Sollen Informationen zwischen Teilnehmer- und Vermittlungsstation ausgetauscht werden, müssen Signale in beiden Richtungen übertragen werden. Hierzu können für die Hin- und Rückrichtung verschiedene Fasern benutzt werden. Es kann aber auch die gleiche Faser verwendet werden, wobei die hin- und rücklaufenden Signale entweder mit der gleichen (Duplexbetrieb) unter mit unterschiedlichen Wellenlängen (Wellenlängenmultiplexbetrieb) übertragen werden. *Krauser*

Literatur: *Hoss, R.*: Fiber Optic Communications. Prentice Hall, New Jersey 1990.

Uhr. Die Zeit ist eine der sieben Basisgrößen des Internationalen Einheitensystems. Als Zeiteinheit ist die Sekunde (s) festgelegt. Bis in die 60er Jahre war die Sekunde mit Hilfe der Dauer eines mittleren Sonnentages festgelegt (zu 86400 s). Die nun gültige genauere Definition lautet: 1s ist das 9 192 631 770fache der Periodendauer der dem Übergang zwischen den beiden Hyperfeinstrukturniveaus des Grundzustands von Atomen des Nuklids Cs 133 entsprechenden Strahlung. Diese Periodendauer gilt als absolut unveränderlich. Mit der Darstellung und Verbreitung der so definierten gesetzlichen Zeit ist in der Bundesrepublik Deutschland die Physikalisch-Technische Bundesanstalt (PTB) in Braunschweig beauftragt. Dazu verfügt die PTB in ihrem Atomuhrenhaus über einige Atom-U. Darunter ist ein selbst entwickeltes „primäres Zeitnormal“ mit einer Unsicherheit von (umgerechnet) 1s in rd. 400 000a. Die PTB stimmt die eigenen Messungen mit dem Bureau International de l'Heure in Paris ab. Das Ergebnis dieser Zusammenarbeit wird über Langwelle 77,5 kHz von dem Normalfrequenz- und Zeitzeichensender DCF 77 in Mainflingen bei Frankfurt ausgestrahlt. Dieser Sender überträgt jede Minute in einer BCD-kodierten Form die für die nächste Minute geltenden Daten von Uhrzeit, Wochentag und Datum.

Dazu wird die Amplitude einer frequenzstabilisierten 77,5-kHz-Trägerschwingung zu Beginn einer jeden Sekunde bei einer zu übertragenden logischen 0 für 0,1 s und bei einer logischen 1 für 0,2 s auf 25 % des normalen Werts abgesenkt. Die Sekunden innerhalb einer Minute sind über die Amplitudenänderungen inkremental zu zählen. Das Fehlen der 59. Sekundenmarke weist auf den Beginn der folgenden Minute hin. Bild 1 gibt ein Beispiel eines derartigen Telegramms, wobei die in den ersten 19 s übertragenen, die UTC (coordinated universal time) betreffenden Informationen, nicht dargestellt sind. Die drei Prüfbits P dienen der Störerkennung.

Rundfunk, Fernsehen und Bundesbahn, aber auch viele Privatunternehmen beziehen ihre Zeit-Information vom Sender DCF 77. Verkehrssignalanlagen können über das Signal des DCF 77 miteinander synchronisiert werden, ohne daß eine Kabelverbindung zwischen ihnen besteht.

In weit größerem Umfang, besonders in der elektronischen Meß- und Nachrichtentechnik, verwendet man sekundäre Zeit- und Frequenznormale. Ihre geringere Genauigkeit und Konstanz ist für die praktischen Bedürfnisse völlig ausreichend, zumal es handelsübliche Geräte gibt, mit denen man jederzeit – bei Bedarf auch vollautomatisch – die sekundären Normale drahtlos an Primär-Normale „anschließen“ kann. Der geringeren Genauigkeit von Sekundär-Normalen stehen durch einfacheren Aufbau die Vorteile gegenüber: große Betriebssicherheit sowie die vergleichsweise geringen Anschaffungs- und Betriebskosten, die solche Geräte einschl. den Hilfseinrichtungen zum „Anschluß“ an die weltweit verfügbaren (Primär-) Normalfrequenzsendungen aufweisen.

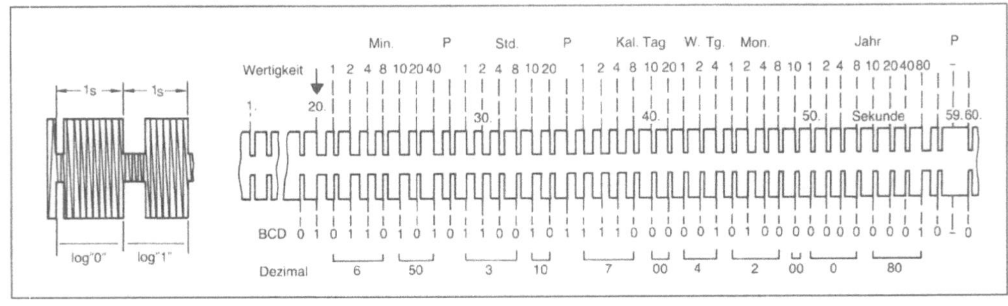

Uhr 1: Beispiel eines Telegramms des Normalfrequenz- und Zeitzeichensenders DCF 77; das gezeichnete Beispiel gilt für Donnerstag (4), den 7. 2. 1980, 13.56 Uhr.

Uhr. Tabelle: Typische Bauformen (Quelle: Profos)

Element \ Bauform	mechanisch	piezoelektronisch	Elektronenresonanz	Molekülresonanz
Energiequelle	Spiralfeder, Gewichte u. dgl.	Batterie	Akkus, elektrisches Netz	
Oszillator	Unruh, Pendel	Piezoquarz	Elektron zwischen 2 Niveaus	Atom innerhalb Molekül
Frequenz	1...6 Hz	100 kHz...5 MHz*)	Cs:9,192 GHz	NH_3:23 GHz
Entdämpfung	Hemmung	elektronischer Verstärker	Quarz-stabilisierter Mikrowellen-Schwingkreis	
Zähler	Gesperr-Rad	Schaltungen der Digitalelektronik Schrittmotor		
Umkodierung Ausgabe, Anzeige	Zahnradgetriebe Zifferblatt mit Zeigern	Schaltungen der Digitalelektronik Zifferblatt mit Zeigern (körperlich oder LCD)**) direkte Ziffernanzeige (LED, LCD)**)		
relativer Fehler (pro Tag)	10^{-5}	$10^{-5}...10^{-10}$	$10^{-10}...10^{-12}$	10^{-12}

*) für Armbanduhren f = 8'192 Hz = 2^{13} Hz; 32'768 Hz = 2^{15} Hz; 4'194'304 Hz = 2^{22} Hz
**) LCD: Flüssigkristallanzeige, LED: Leuchtdiodenanzeige

U. für den Privatgebrauch messen die Zeit weniger aufwendig. Auch sie beruhen jedoch auf einer Grundstruktur (Bild 2) und haben folgende Komponenten:
- Energiequelle,
- →Oszillator,
- →Zähler,
- →Anzeige bzw. Ausgabe.

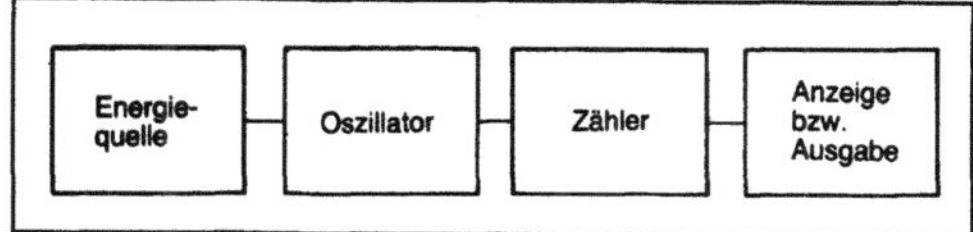

Uhr 2: Grundstruktur.

Wie diese Komponenten bei den einzelnen U.-Bauarten beschaffen sind, zeigt die Tabelle. Stopp-U. zum Messen von Zeitintervallen haben Zusatzeinrichtungen zum Starten und Stoppen des Oszillators und zum Rücksetzen der Anzeige. Diese Einrichtungen werden auch benötigt von Zeitgebern in →Registriergeräten und in →Elektronenstrahl-Oszilloskopen (→Zeitmessung). *Hammerschmidt*

Literatur: *Profos, P.:* Handbuch der industriellen Meßtechnik. Essen 1984.

ULSI. (*engl.* Ultra-Large-Scale Integration, Ultrahöchstintegration) (auch V^2LSI (Very Very Large Scale Integration). →Integrationsgrad, bei der eine integrierte →Schaltung eine Größenordnung von 10^6 (und mehr) Funktionselemente enthält. Erfaßt die integrierte Schaltung den ganzen Wafer, so spricht man von →WSI (Wafer Scale Integration). *R. Paul*

Ultraschallschweißen →Mikroschweißen

Ultraschallsensor. Sensoren, die Ultraschallsignale aufnehmen und in der Regel auch erzeugen können. Die Frequenzen des Ultraschalls liegen oberhalb des Hörbereichs. Technisch ausgenutzt wird der Bereich zwischen 20 kHz und 10 MHz. Die Frequenz f, die Wellenlänge λ und die Ausbreitungsgeschwindigkeit (Schallgeschwindigkeit) c_0 sind durch die Beziehung

$$c_0 = f \cdot \lambda$$

verknüpft. Die Schallgeschwindigkeit ist von den Eigenschaften des Mediums und insbesondere von seiner Temperatur abhängig. Sie beträgt bei Raumtemperatur in Luft 344 m/s, in Wasser 1 483 m/s. Daraus folgt für einen 100 kHz-Schall in Wasser die Wellenlänge λ zu λ=15 mm.

Ultraschallwellen werden häufig mit Hilfe piezoelektrischer Materialien erzeugt (→Piezoelektrizität, →Piezokeramik). In der Betriebsweise „Sender" wird elektrische Energie in mechanische umgewandelt. Bei Anlegen einer entsprechenden Wechselspannung schwingen die piezoelektrischen Scheiben bei ihrer Eigenfrequenz und strahlen die entsprechenden Schallwellen senkrecht zur Oberfläche ab (Bild 1). Bei speziellen Ausführungen lassen sich auch schräglaufende Wellenfronten erreichen.

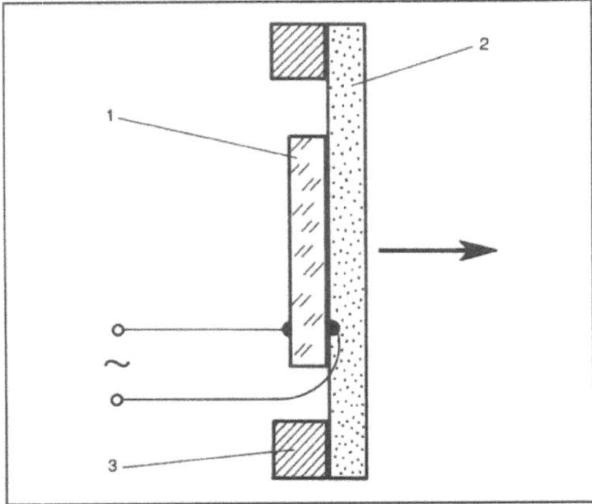

1 metallisierte piezoelektrische Scheibe, 2 Material zur akustischen Anpassung, 3 ringförmige Halterung.

Ultraschallsensor 1: Prinzipieller Aufbau eines piezoelektrischen Ultraschallwandlers. Die Abstrahlung erfolgt in Form einer Keule senkrecht zur Oberfläche des Elements.

Als Empfänger für den Ultraschall werden wieder dieselben Elemente benutzt. Jetzt wird die mechanische in die elektrische Energie umgeformt. Die ankommende Schallwelle regt die piezoelektrische Scheibe zu Schwingungen an. Über den reziproken piezoelektrischen Effekt entsteht die zum Nachweis der Schallwelle dienende elektrische Spannung. In der Praxis wird oft dasselbe Bauteil abwechselnd als Sender und Empfänger benutzt.

Hauptanwendungsgebiete: Mikrofone und Echolote für Körperschall werden zur Materialuntersuchung, als Glasbruchsensoren und zur Schallemissionsmessung eingesetzt. Wasserschallecholote eignen sich zur Durchflußmessung, Füllstandsmessung und werden auch in der medizinischen Diagnostik (Sonographie) angewandt. Luftultraschallecholote dienen der Abstandsmessung und können in der Robotik in Kombination mit intelligenter Signalverarbeitung auch Form und Lage von Gegenständen erkennen.

Anwendungsbeispiel: Durchflußmessung mittels U. durch Messung der Laufzeitdifferenz. Dazu werden die Schallwandler (Bild 2) im Abstand L in die Rohrleitung eingebaut. Das Rohr wird von einem Fluid mit der mittleren Strömungsgeschwindigkeit v durchströmt. Sendet der Wandler 1 und empfängt der Wandler 2, so nimmt die Ausbreitungsgeschwindigkeit c_0 infolge der Fließgeschwindigkeit um den Term $v \cos \alpha$ zu, im umgekehrten Fall um denselben Betrag ab. Die Ultraschallmessung ermittelt die mittlere Strömungsgeschwindigkeit v, aus der nach Multiplikation mit dem Rohrquerschnitt der Volumendurchfluß folgt. Die Laufzeit vom Sender 1 zum Empfänger 2 wird mit t_1 und die vom Sender 2 zum Empfänger 1 wird mit t_2 bezeichnet:

$$t_1 = \frac{L}{c_0 + v \cos \alpha}, \qquad t_2 = \frac{L}{c_0 - v \cos \alpha}.$$

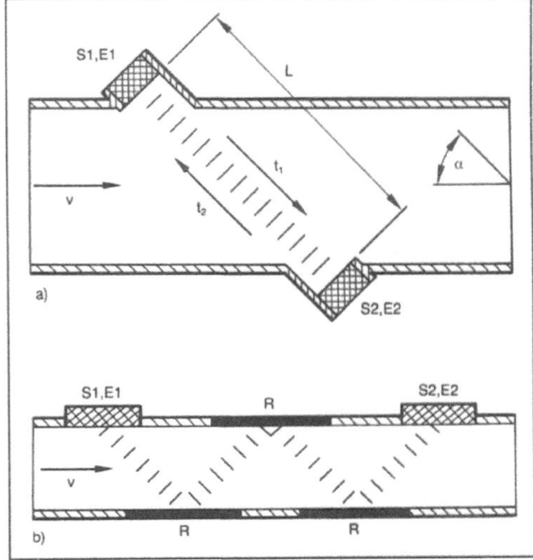

Ultraschallsensor 2: Aufbau von Ultraschall-Durchfluß-Meßstrecken
a) Schräger Einbau der Ultraschall-Wandler mit einer Abstrahlung senkrecht zu ihrer Oberfläche
b) Formschlüssiger Einbau von schräg abstrahlenden Ultraschall-Wandlern; bei kleinen Nennweiten läßt sich die Meßlänge L mit Hilfe von Reflektoren R vergrößern.

Daraus folgt nach einigen Umformungen die mittlere Strömungsgeschwindigkeit v ohne jede Vernachlässigung zu

$$v = \frac{L}{2 \cos \alpha} \, \frac{t_2 - t_1}{t_1 t_2}.$$

Um die Laufzeiten gut messen zu können, werden schnell anschwingende Ultraschallwandler benötigt. Sie sollen die Impulse mit steilen Flanken liefern. Die sich einander gegenüberliegenden Wandler senden dabei die Ultraschallknalle zur gleichen Zeit. Sie arbeiten zunächst als Sender, um dann als Empfänger das gesendete Signal des gegenüberliegenden Partners zu erfassen. Die Strömungsgeschwindigkeit läßt sich nach diesem Verfahren sehr schnell messen.

Andere Auswerteverfahren bei der gleichen Meßanordnung gehen von der Frequenzdifferenz aus oder regeln auf konstante Wellenlänge (Phasenregelung). *Hammerschmidt*

Literatur: *Heywang, W.*: Sensorik. Berlin 1984. – *Schrüfer, E.*: Elektrische Meßtechnik. München 1992.

Ultraschallwandler →Piezokeramik

Umhüllung. Bauelemente und Hybridschaltkreise (→Hybridintegration) der Mikroelektronik werden nach Fertigstellung der Funktionsträger (Halbleiter-Chips, passive Bauelemente) in Gehäuse eingeschlossen, damit Eigenschaftsänderungen und Beschädigung durch Einwirkung von Feuchte oder mechanischer Berührung ausgeschlossen werden. Hermetische, d. h. gasdichte Gehäuse aus Glas und Metall werden als *Standard Outlines* für →Diode oder →Transistor bezeichnet, also SOD und SOT, und dann je nach Form und Größe mit Nummern versehen. Integrierte Halbleiter-Chips werden ebenfalls in hermetische Gehäuse mit der notwendigen Zahl von Verbindungsbeinchen eingepackt, für hochwertige Aufbauten auch in keramische Gehäuse. Auf die Chip-Carrier mit 28, 44, 52, 68 usw. bis über 400 Anschlüsse werden Kühlkörper zur verstärkten Wärmeableitung aufgesetzt.

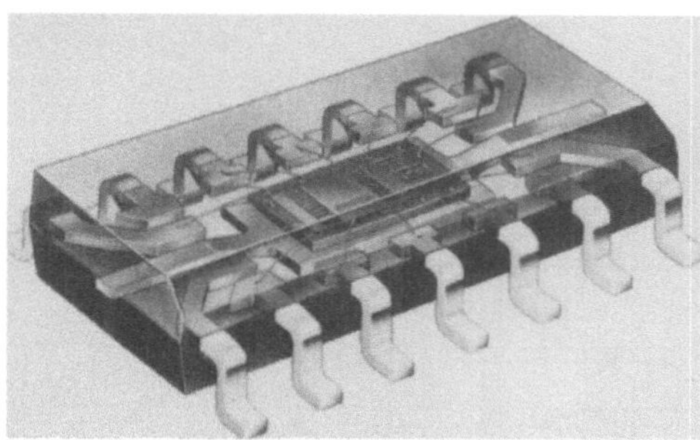

Umhüllung: Aufbau eines SO-Gehäuses.

Weitaus die meisten elektronischen Bauelemente werden in Plastik-U. eingepreßt. Hier sind ebenfalls SOD- und SOT-Bauformen sowie die sog. *Dual-in-Line* (DIL)-Bauformen zu unterscheiden. Flache, quadratische U. sind die *Plastic-leaded Chip Carriers* (PLCC). Im Gegensatz zu den U. für Bauelemente sind die Gehäuse und U. für hybridintegrierte Schaltkreise infolge der geringen Stückzahlen und individuell der Funktion angepaßten Bauform nicht genormt.

Kennzeichen der Bauelementgehäuse und U. sind die elektrischen und thermischen Spezifikationen (dielektrische Verluste bei hohen Frequenzen, Isolierwiderstände, Wärmeableitungswiderstand), vor allem aber die Stabilität unter Anwendungsbedingungen. Polymere weisen im Gegensatz zu hermetischen Glas/Metall- und Keramikgehäusen eine begrenzte Durchlässigkeit für Feuchte auf, vor allem bei Bauelementen geringer Wärmedissipation (z. B. CMOS-IC's), die in Anwendungsumgebung den Taupunkt der Luft erreichen. Deshalb werden Polymermassen mit diffusionshemmenden anorganischen Beimengungen versehen (→Gehäusung). *Hieber*

Umkehrstromrichter. U. sind Stromrichter, die Gleichstrom in beiden Richtungen abgeben, z. B. für die Drehmomentumkehr von Gleichstrom-Motoren. Sie erlauben den Betrieb von Gleichstrom-Motoren in allen vier Betriebsquadranten (→Betriebsdiagramm).

Die U. für Gleichstromantriebe werden in zwei Schaltungsgruppen ausgeführt:

□ Geradeaus-Stromrichter (für eine Stromrichtung, →Stromrichterarten) in ein- oder dreiphasiger Ausführung mit Polaritätsumschaltung durch Schütze im Anker- oder Feldkreis.

□ Gegenparallele Stromrichter. Hier stehen ein- und dreiphasige Mittelpunktschaltungen sowie ein- und dreiphasige Brückenschaltungen zur Verfügung. Bei den gegenparallelen →Stromrichterschaltungen wird weiter nach kreisstrombehafteten Schaltungen und kreisstromfreien Schaltungen unterschieden.

– Geradeaus-Stromrichter mit Umschaltung durch Schütze. Diese Schaltung wurde von 1970 bis etwa 1980 bevorzugt verwendet, als gegenparallele Stromrichter noch relativ teuer waren. Bei kleinen Leistungen (bis ca. 20 kW) wurde die Umschaltung im Ankerkreis, bei größeren Leistungen im Feldkreis angewendet.

Zur Stromumkehr im Verbraucher muß eine sogenannte Stromumkehrlogik vorgesehen werden. Diese stellt sicher, daß eine Umschaltung der Schützkontakte erst erfolgt, wenn der Strom auf Werte um Null abgeklungen ist. Der Stromregler wird dazu gesperrt und der →Steuerwinkel α in die Wechselrichtergrenzlage geschoben. Es ergibt sich eine stromlose Pause von einigen 100 ms. In dieser Zeit ist der Antrieb nicht geführt. Die Schaltung ist daher in der Anwendung auf Fälle beschränkt, für die die stromlose Pause bedeutungslos ist.

– Gegenparallele Stromrichter. Bei gegenparallelen Schaltungen sind Stromventile (→Thyristoren) für beide Stromrichtungen vorhanden. Es wird jeweils eine Ventilgruppe (z. B. eine Drehstrombrücke, →Stromrichterschaltungen) im Gleichrichterbetrieb gesteuert, während die zweite Ventilgruppe (z. B. zweite Drehstrombrücke) im Wechselrichterbetrieb arbeitet. In der Antriebstechnik können sie im Anker- oder Feldkreis von Gleichstrom-Motoren eingesetzt werden. Stromumkehr im Ankerkreis geht meist schneller vonstatten als im Feldkreis. Sie erfordert jedoch Leistungshalbleiter mit weit höherer Strombelastbarkeit.

□ Kreisstrombehaftete Schaltungen (Bild 1): Die Schaltungen führen den sogenannten Kreisstrom, der durch Kreisstromdrosseln begrenzt werden muß. Sie haben den Vorteil, daß schnelle Stromumkehrungen möglich sind, wie sie insbesondere bei Servoantriebssystemen gefordert werden. Bei der Stromumkehr tritt keine stromlose Pause auf. Nachteilig ist aus Platz- und Kostengründen der Aufwand für die Kreisstromdrosseln. Sie werden nur noch eingesetzt, wenn Transistorlösungen nicht möglich sind.

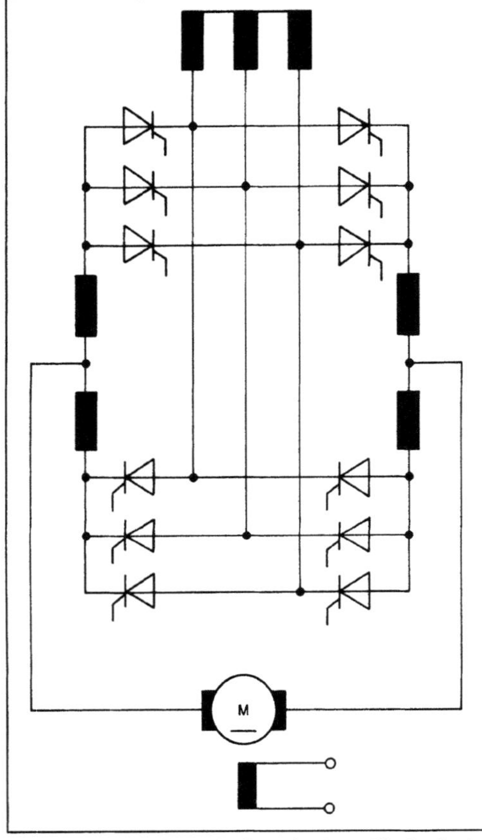

Umkehrstromrichter 1: Dreiphasiger U. in kreisstrombehafteter Schaltung

Bei der Kreuzschaltung erhält der Speisetransformator getrennte Wicklungen für die beiden gegenparallelen Brücken. Durch die Streuinduktivität des Transformators wird der Kreisstrom zusätzlich begrenzt bzw. kann die Induktivität der Kreisstromdrosseln vermindert werden.

Eine nur noch selten verwendete Variante ist die sogenannte H-Schaltung, die für hohe Leistungen eingesetzt wurde. Die beiden dreiphasigen Kommutierungsgruppen sind nicht – wie bei der Drehstrombrücke – gleichsinnig, sondern entgegengesetzt in Reihe geschaltet. Der Laststrom wie auch im Störungsfall der Kreisstrom fließen über die Strombegrenzungsdrossel (→Kreisstromdrossel) und den Gleichstrom-Schnellschalter. Der Drosselaufwand ist relativ gering. Die H-Schaltung wurde durch die kreisstromfreien Schaltungen verdrängt.

□ Kreisstromfreie Schaltungen (Bild 2): Die kreisstromfreien Schaltungen bestehen aus zwei gegenparallelen Ventilgruppen, praktisch immer aus gegenparallelen Brückenschaltungen. Es ist jedoch immer nur eine Ventilgruppe im Eingriff und nur ein Impulssteuersatz (→Steuerverfahren) vorhanden. Die Zündimpulse werden entweder auf die eine oder die andere Ventilgruppe geschaltet. Bei der Umschaltung muß gewartet werden, bis der Strom der bisher im Eingriff befindlichen Gruppe abgeklungen ist. Es ist eine Stromumkehrlogik, ähnlich der bereits geschilderten, vorhanden. Sie ist mit einer Einrichtung zur Nulldurchgangserfassung des Stromes ausgestattet, die bei Vorgabe einer Stromumkehr in Funktion tritt. Die stromlose Pause liegt hier im Bereich von einigen Millisekunden. Sie konnte im Laufe der Jahre durch spezielle elektronische Schaltungen gesenkt werden. Hierdurch haben die kreisstromfreien Schaltungen weitgehend die kreisstrombehafteten Schaltungen verdrängt.

H. Stüben

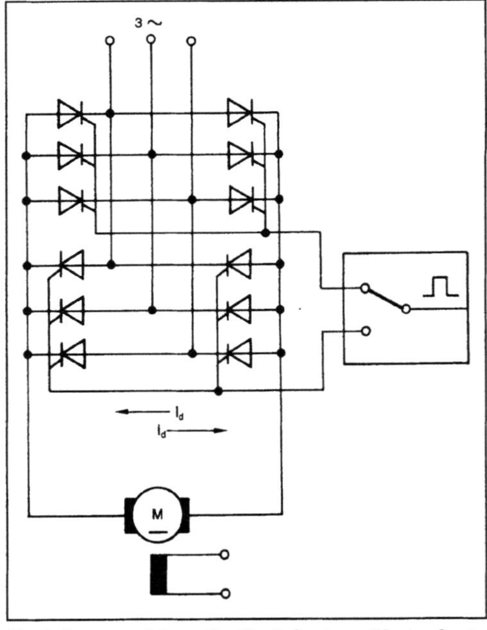

Umkehrstromrichter 2: Dreiphasiger U. in kreisstromfreier Schaltung

Umrichter. U. sind Stromrichter, die elektrische Energie eines Wechselstromsystems bestimmter Spannung, Frequenz und Phasenzahl in Wechselstrom anderer Spannung, Frequenz und ggfs. Phasenzahl umformen. Dabei können Ausgangsspan-

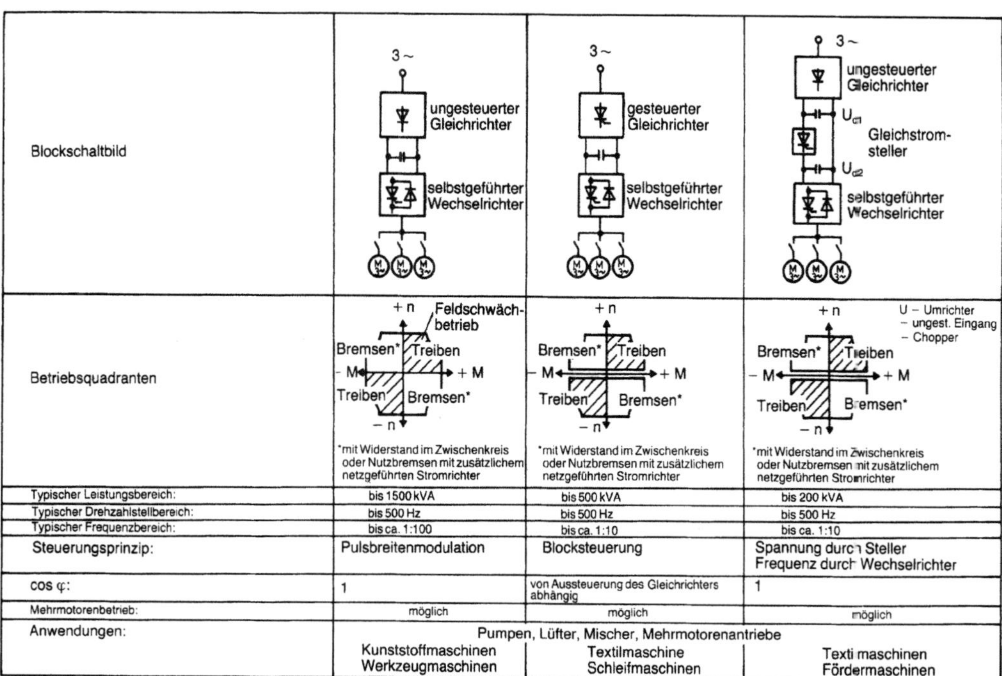

Blockschaltbild	3~ ungesteuerter Gleichrichter; selbstgeführter Wechselrichter	3~ gesteuerter Gleichrichter; selbstgeführter Wechselrichter	3~ ungesteuerter Gleichrichter; U_{d1}; Gleichstrom-steller; U_{d2}; selbstgeführter Wechselrichter
Betriebsquadranten	+n, Feldschwächbetrieb, Bremsen*, Treiben, −M, +M, Treiben, Bremsen*, −n *mit Widerstand im Zwischenkreis oder Nutzbremsen mit zusätzlichem netzgeführten Stromrichter	+n, Bremsen*, Treiben, −M, +M, Treiben, Bremsen*, −n *mit Widerstand im Zwischenkreis oder Nutzbremsen mit zusätzlichem netzgeführten Stromrichter	+n, Bremsen*, Treiben, −M, +M, Treiben, Bremsen*, −n; U – Umrichter – ungest. Eingang – Chopper *mit Widerstand im Zwischenkreis oder Nutzbremsen mit zusätzlichem netzgeführten Stromrichter
Typischer Leistungsbereich:	bis 1500 kVA	bis 500 kVA	bis 200 kVA
Typischer Drehzahlstellbereich:	bis 500 Hz	bis 500 Hz	bis 500 Hz
Typischer Frequenzbereich:	bis ca. 1:100	bis ca. 1:10	bis ca. 1:10
Steuerungsprinzip:	Pulsbreitenmodulation	Blocksteuerung	Spannung durch Steller Frequenz durch Wechselrichter
cos φ:	1	von Aussteuerung des Gleichrichters abhängig	1
Mehrmotorenbetrieb:	möglich	möglich	möglich
Anwendungen:	Pumpen, Lüfter, Mischer, Mehrmotorenantriebe Kunststoffmaschinen Werkzeugmaschinen	Textilmaschine Schleifmaschinen	Textilmaschinen Fördermaschinen

Umrichter 1: Schaltungen, Eigenschaften und Anwendungen bei Drehstromantrieben – Zwischenkreisumrichter mit Spannungszwischenkreis.

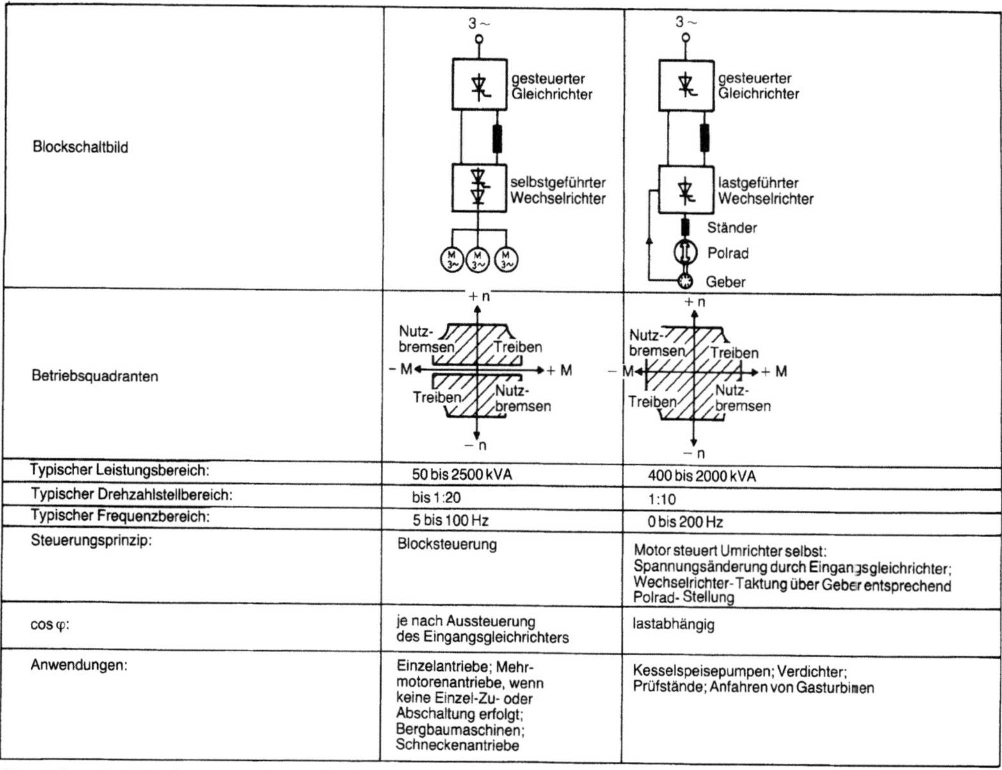

Blockschaltbild	3~ gesteuerter Gleichrichter; selbstgeführter Wechselrichter	3~ gesteuerter Gleichrichter; lastgeführter Wechselrichter; Ständer; Polrad; Geber
Betriebsquadranten	+n, Nutzbremsen, Treiben, −M, +M, Treiben, Nutzbremsen, −n	+n, Nutzbremsen, Treiben, −M, +M, Treiben, Nutzbremsen, −n
Typischer Leistungsbereich:	50 bis 2500 kVA	400 bis 2000 kVA
Typischer Drehzahlstellbereich:	bis 1:20	1:10
Typischer Frequenzbereich:	5 bis 100 Hz	0 bis 200 Hz
Steuerungsprinzip:	Blocksteuerung	Motor steuert Umrichter selbst: Spannungsänderung durch Eingangsgleichrichter; Wechselrichter-Taktung über Geber entsprechend Polrad-Stellung
cos φ:	je nach Aussteuerung des Eingangsgleichrichters	lastabhängig
Anwendungen:	Einzelantriebe; Mehrmotorenantriebe, wenn keine Einzel-Zu- oder Abschaltung erfolgt; Bergbaumaschinen; Schneckenantriebe	Kesselspeisepumpen; Verdichter; Prüfstände; Anfahren von Gasturbinen

Umrichter 2: Schaltungen, Eigenschaften und Anwendungen bei Drehstromantrieben – Zwischenkreisumrichter mit Stromzwischenkreis; links: I-Umrichter, rechts: Stromrichtermotor.

nung und Ausgangsfrequenz konstant oder, insbesondere bei Anwendung in der elektrischen Antriebstechnik, stufenlos in bestimmten Grenzen veränderbar sein.

Je nach Anwendungsbereich werden unterschiedliche Verfahren der Umformung eingesetzt. Man unterscheidet folgende U.-Arten (Bilder 1 bis 5):

□ →Zwischenkreisumrichter. Diese werden unterteilt in
- U. mit Spannungszwischenkreis;
- U. mit Stromzwischenkreis.

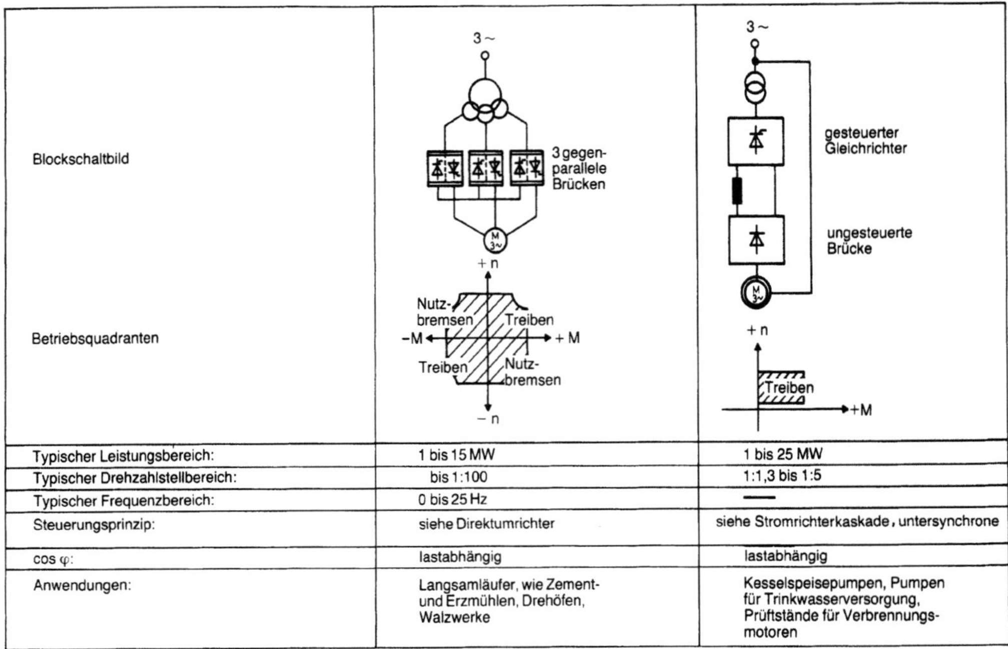

Blockschaltbild		
Betriebsquadranten		
Typischer Leistungsbereich:	1 bis 15 MW	1 bis 25 MW
Typischer Drehzahlstellbereich:	bis 1:100	1:1,3 bis 1:5
Typischer Frequenzbereich:	0 bis 25 Hz	—
Steuerungsprinzip:	siehe Direktumrichter	siehe Stromrichterkaskade, untersynchrone
cos φ:	lastabhängig	lastabhängig
Anwendungen:	Langsamläufer, wie Zement- und Erzmühlen, Drehöfen, Walzwerke	Kesselspeisepumpen, Pumpen für Trinkwasserversorgung, Prüfstände für Verbrennungsmotoren

Umrichter 3: Schaltungen, Eigenschaften und Anwendungen bei Drehstromantrieben (links: Direktumrichter; rechts: untersynchrone Stromrichterkaskade).

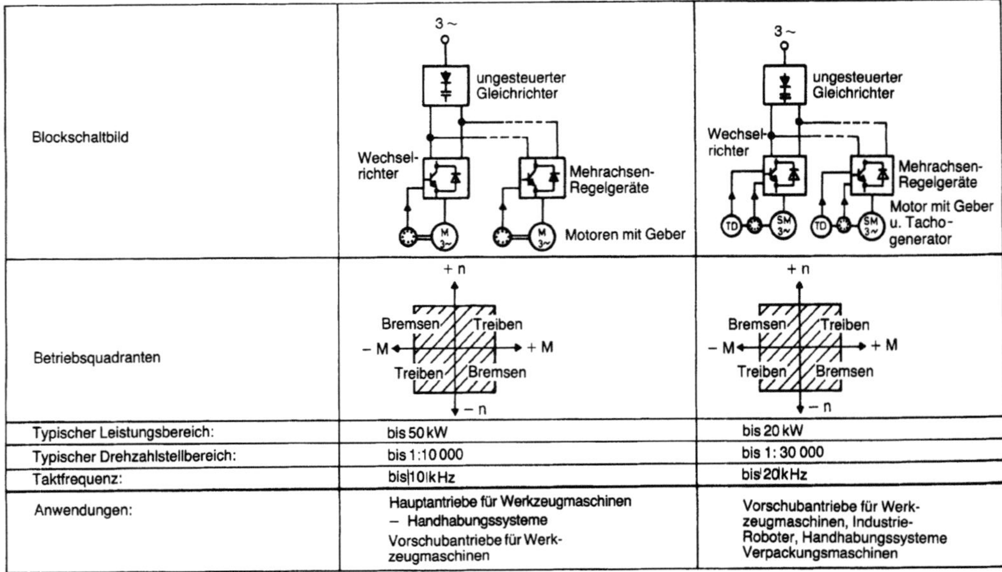

Blockschaltbild		
Betriebsquadranten		
Typischer Leistungsbereich:	bis 50 kW	bis 20 kW
Typischer Drehzahlstellbereich:	bis 1:10 000	bis 1:30 000
Taktfrequenz:	bis 10 kHz	bis 20 kHz
Anwendungen:	Hauptantriebe für Werkzeugmaschinen – Handhabungssysteme Vorschubantriebe für Werkzeugmaschinen	Vorschubantriebe für Werkzeugmaschinen, Industrie-Roboter, Handhabungssysteme Verpackungsmaschinen

Umrichter 4: Schaltungen für Servo-Antriebssysteme. (links: mit Drehstrom-Asynchronmotor; rechts: mit Permanentmagnet-Motor [bürstenlos]).

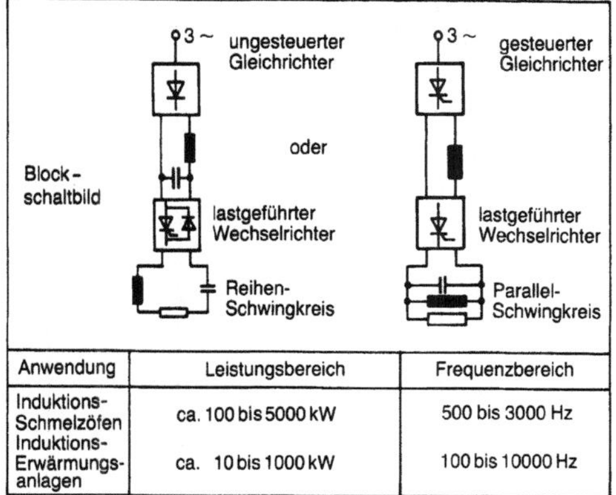

Anwendung	Leistungsbereich	Frequenzbereich
Induktions-Schmelzöfen	ca. 100 bis 5000 kW	500 bis 3000 Hz
Induktions-Erwärmungs-anlagen	ca. 10 bis 1000 kW	100 bis 10000 Hz

Umrichter 5: Schaltungen und technische Daten für Elektrowärme (links ungesteuerter, rechts gesteuerter Gleichrichter).

□ →Direktumrichter;
□ untersynchrone →Stromrichterkaskade.

Je nach Anwendung werden die Ausführungen variiert (Bilder 1 bis 5). Hauptanwendungsgebiete sind:
- Drehstromantriebe;
- Elektrowärme (→Wechselrichter, Schwingkreiswechselrichter);
- Netzkupplungen, darunter z. B. Hochspannungs-Gleichstrom-Übertragung (HGÜ), Bahnstromversorgung (50 Hz/16 ⅔ Hz), Blindleistungserzeugung (→Kompensation).

Die einzelnen Umrichtergruppen unterscheiden sich weiter durch folgende Merkmale:
□ Kommutierungsverfahren (→Kommutierung):
- netzgeführte Kommutierung (→Direktumrichter);
- selbstgeführte Kommutierung (→Zwischenkreisumrichter);
- lastgeführte Kommutierung (→Stromrichtermotor).

□ →Steuerverfahren. Es werden angewendet:
- Rechteck-Steuerverfahren (auch Blocksteuerverfahren genannt) Wechselrichter, Steuerverfahren;
- →Pulsbreitenmodulation (auch Unterschwingungsverfahren genannt, →Wechselrichter, Steuerverfahren)

□ →Löschverfahren der Wechselrichter: Einzellöschung, Phasenfolgelöschung, Summenlöschung.

Die Vorteile des U.-Einsatzes sind:
- statische Arbeitsweise (ohne bewegliche, z. B. rotierende Teile), dadurch praktisch verschleiß- und wartungsfreier Betrieb;
- wirtschaftliche Drehzahlverstellung des Drehstrom-Motors möglich, d. h. daß die Wartung von Kollektoren in Gleichstrom-Motoren entfällt;
- Verbesserung des Wirkungsgrades, z. B. bei Pumpen und Lüftern, durch Fortfall von Bypass- oder Drosselregelungen;
- durch Drehzahlverstellung allgemein bessere Anpassung an Prozeßbedingungen;
- Einsatz drehzahlverstellbarer Antriebe auch unter erschwerten Arbeitsbedingungen (z. B. staubige oder feuchte Luft) möglich;
- hohe Motordrehzahlen ($f > f_{Netz}$);
- Gleichlauf mehrerer Motoren mit hohen Genauigkeiten möglich.

Der Einsatz von U. zur Drehzahlverstellung von Drehstromantrieben ist seit etwa 1980 sprungartig gestiegen. Die Entwicklung wird forciert, wobei die Tendenzen gelten, die unter Stromrichtergeräten beschrieben sind. *H. Stüben*

Umrichter, lastgeführter →Kommutierung von Stromrichtern, →Stromrichtermotor

Umrichter, maschinengeführter →Stromrichtermotor

Umrichter, selbstgeführter →Umrichter, →Wechselrichter

Umrichtermotor →Stromrichtermotor

Umschwingdrossel. U. werden in Umschwingkreisen zusammen mit einem Löschkondensator zur Bestimmung der Umschwingzeit und zur →Strombegrenzung beim Umschwingen eingesetzt. *H. Stüben*

Umschwingstromkreis. Der U. ist Bestandteil von Löschschaltungen für Thyristoren in Gleichstromkreisen. Der Umschwingvorgang ist unter →Gleichstromsteller beschrieben. U. werden außerdem in selbstgeführten Wechselrichterschaltungen eingesetzt. *H. Stüben*

Umsteuerung. U. ist ein Synonym für Umkehrsteuerung, d. h. für die Drehmoment- oder Drehrichtungsumkehr bei elektrischen Antrieben (Umkehrantriebe). *H. Stüben*

Umweltfaktor. Faktor, der die Abhängigkeit der →Ausfallrate von den Umgebungsbedingungen berücksichtigt:
- hohe oder tiefe Temperaturen,
- häufige Temperaturwechsel,
- Taupunktunterschreitungen,
- aggressive Komponenten in der Umgebungsluft und
- Stöße, Beschleunigungen, Vibrationen

verkürzen die →Lebensdauer. Diese Einflüsse werden in der Ausfallratensammlung des MIL-HDBK-217 insoweit berücksichtigt, als für die verschiedenen Umgebungsbedingungen Multiplikationsfaktoren für die Basisausfallrate angegeben sind. Für den industriellen Einsatz interessieren dabei insbesondere die beiden Klassen G_B (ground, benign) und G_M (ground, mobile).

□ Klasse G_B (ground, benign): Hier herrschen fast ideale Bedingungen. Die Bauelemente sind in ortsfest installierten Geräten untergebracht. Die entsprechenden Räume sind geheizt. Taupunktunterschreitungen treten nicht auf. Die Geräte werden von sachverständigem Personal betrieben. Diese Bedingungen können z. B. für Meß-, Steuer-, Regel- und Rechengeräte in Elektronikräumen von Industrieanlagen gelten.

□ Klasse G_M (ground, mobile and portable): Die Bauelemente sind Komponenten von tragbaren Geräten oder von Geräten in Landfahrzeugen. Stöße und Erschütterungen sind nicht zu vermeiden. Die entstehende Wärme wird unter Umständen weniger gut abgeführt. Die Geräte werden von angelerntem Personal benutzt. *Schrüfer*

Undulator →Wigglermagnet

Unijunctiontransistor →Doppelbasisdiode

Unipolarschaltung.

1. Schaltung, in der nur unipolare Bauelemente verwendet werden, meist aber einschränkender,

2. Monolithisch integrierte Schaltung, bei der nur →Unipolartransistoren, in Sonderheit nur integrierte →Feldeffekttransistoren verwendet werden. Beschränkt man sich dabei ausschließlich auf MOS-Transistoren, so erreicht man die derzeit höchsten Integrationsgrade bei vergleichbarer oder geringerer Prozeßkomplexität gegenüber der →Bipolartechnik. *R. Paul*

Unipolartechnik.

1. Sammelbegriff für alle Bauelementetechniken, die auf der Nutzung vorzugsweise unipolarer Bauelemente beruhen,

2. Laxe Sprachbezeichnung für Schaltungstechniken (diskret oder integriert), die nur Unipolartransistoren verwenden (→Unipolarschaltungen).

3. Im engeren Sinne Herstellungstechnik für unipolare Bauelemente, insbesondere in integrierten Schaltungen. Das typische Funktionselement ist dabei der →Feldeffekttransistor in seinen verschiedenen Ausführungsformen: →IGFET (→MOSFET) als die wichtigste Form sowie →SFET und →MESFET, letzterer zunehmend auf GaAs-Basis. Dementsprechend gibt es mehrere typische Herstellungstechniken: MOS-Techniken, MESFET-Techniken mit jeweils unterschiedlichen Entwicklungstendenzen.

4. Im weiteren Sinn zählen zur U. auch die Herstellungstechniken für eine Reihe anderer unipolarer Bauelemente: Ladungstransferbauelemente und ladungsgekoppelte Bauelemente (→CCD), aber vom Wirkprinzip her auch z. B. der statische Influenz-Transistor (→SIT), der →HEMT, die →Gunn-Diode u. a. *R. Paul*

Unipolartransistor. Transistor, dessen Wirkprinzip auf dem gesteuerten Transport nur einer Ladungsträgerart (→Majoritätsträger, entweder Elektronen oder Löcher) beruht. Sie werden daher auch oft als Majoritätsträger-Transistoren bezeichnet. Die verbreitesten Ausführungen sind Feldeffekttransistoren mit den Gruppen →SFET, →MOSFET und →MESFET, aber es zählen zu den U. auch neuere Konzepte, wie der statische Influenztransistor (→SIT), der Permable-Base-Transistor und der →HEMT. *R. Paul*

Unterhaltungselektronik. Sonderform für die Wiedergabe von Fernsehprogrammen. Man benutzt dafür im Prinzip zwei Verfahren, die als Auflicht- oder Direktprojektion und Durchlicht- oder Rückprojektion bekannt sind. Für Großveranstaltungen werden spezielle Geräte eingesetzt, die Bilder bis zu einer Größe von etwa 100 m^2 in Farbe projizieren können (Eidophor-Anlagen). Für kleinere Bildgrößen und Heimanwendungen gibt es heute sehr kompakt aufgebaute TV-Projektoren mit drei einzelnen Röhren für die Wiedergabe der roten, grünen und blauen Farbauszüge. Sie sind mit ihrem optischen System (Linsen und Umlenkspiegel) fest verbunden und so installiert, daß ihre Bilder auf dem Projektionsschirm problemlos zur Deckung kommen. Die realisierbaren Bildgrößen liegen bei etwa einem Meter Diagonale. *Bahr*

Unterschwingungsverfahren. U. ist ein Synonym für →Pulsbreitenmodulation. Das Verfahren wurde in den sechziger Jahren erstmalig für →Wechselrichter entwickelt. *H. Stüben*

Unverfügbarkeit. Die U. ist die Wahrscheinlichkeit, daß eine Komponente ausgefallen und für den Betrieb nicht verfügbar ist (→Verfügbarkeit). *Schrüfer*

Unverfügbarkeit infolge erkennbarer/nicht erkennbarer Ausfälle. Eine Komponente mit erkennbaren und nicht erkennbaren Ausfällen läßt sich durch *Markow*-Ketten im eingezeichneten Bild beschreiben. Sie haben die Zustände:

Zustand 1: Die Komponente ist infolge erkennbarer Ausfälle nicht ausgefallen

Zustand 21: Die Komponente ist infolge erkennbarer Ausfälle ausgefallen

Zustand 2: Die Komponente ist infolge nicht erkennbarer Ausfälle nicht ausgefallen

Zustand 22: Die Komponente ist infolge nicht erkennbarer Ausfälle ausgefallen.

Die →Ausfallrate für die erkennbaren Ausfälle ist λ_{21}, die für die nicht erkennbaren λ_{22}. ε ist die

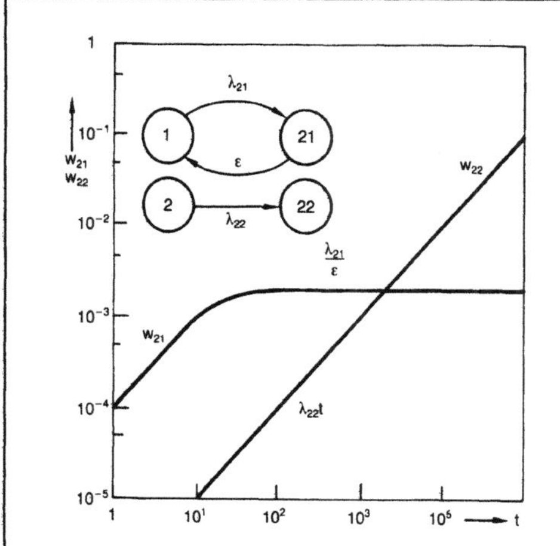

Unverfügbarkeit infolge erkennbarer/nicht erkennbarer Ausfälle: Sicherheitsbezogene Unverfügbarkeit bei Ausfallerkennung mit sofortiger Reparatur; Ausfallrate $\lambda_{21}=1\cdot 10^{-4}$ h^{-1}, Ausfallerkennungsrate $\varepsilon=5\cdot 10^{-2}$ h^{-1}, Ausfallrate $\lambda_{22}=1\cdot 10^{-6}$ – h^{-1}.

→Ausfallerkennungsrate. Unterstellt wird eine unendlich schnelle Reparatur ($\mu\rightarrow\infty$), so daß zum Zeitpunkt der Entdeckung des Ausfalls auf eine funktionsfähige Komponente umgeschaltet wird. Die Zustände 1 und 2, bzw. 21 und 22 können gleichzeitig besetzt werden. Dies sind vereinbare Ereignisse.

Die Besetzungswahrscheinlichkeit für den Zustand 21 ist die U. infolge erkennbarer Ausfälle. Sie nimmt einen stationären Wert an,

$$w_{21}(t\rightarrow\infty) = \lambda_{21}/\varepsilon$$

Die Besetzungswahrscheinlichkeit für den Zustand 22 ist die →Ausfallwahrscheinlichkeit infolge nicht erkennbarer Ausfälle,

$$w_{22}(t) = 1 - e^{\lambda_{22}t}$$

Sie strebt dem Wert 1 zu. Nach hinreichend langer Zeit ist die Komponente infolge nicht erkennbarer Ausfälle nicht mehr funktionsfähig.

Die gesamte U. U_{ges} errechnet sich als die Summe der einzelnen U.

$$U_{ges} = w_{21} + w_{22} - w_{21}w_{22}$$

Obwohl im Bild die Rate für nicht erkennbare Ausfälle nur 1% der Rate für die erkennbaren beträgt, sind bei einer Ausfallerkennungsrate von $\varepsilon=5\cdot 10^{-2}$ h^{-1} die nicht erkennbaren Ausfälle ab 1000 h für die U. bestimmend. *Schrüfer*

V

VAD-Verfahren. (*engl.* Vapour Phase Axial Deposition) →Glasfaserherstellungsverfahren

Vakuumfluoreszenz-Anzeige. Unter dem Begriff der V.-A. (VFD) faßt man flache Anzeigen zusammen, deren Funktionsprinzip dem einer →Triode (magisches Auge) entspricht. Dabei wird die Anode der Triode mit einem →Leuchtpigment beschichtet, das bereits bei geringer Energie der auftreffenden Elektronen zum Leuchten angeregt wird.

Der Grundaufbau (VFD) (Bild 1): Die Kathoden sind aus Wolframdrähten mit einer Dicke von ca. 20 μm aufgebaut. Sie sind mit einer Masse mit geringer →Austrittsarbeit für die Elektronen, z. B. BaO, beschichtet. Die Emissionsmasse hat bereits bei einer Temperatur von 650 °C einen ausreichend hohen Emissionsgrad. Bei dieser Temperatur zeigen diese Kathoden außerdem ausreichend gute Stabilität gegenüber einer „Kathodenvergiftung" und andererseits hohe Lebensdauer, d. h. geringe Erschöpfungserscheinungen des halbleitenden Emissionsmaterials. Halterung und Spannmethode für die Heizdrähte stellen hohe Anforderungen an Konstruktion, Herstellverfahren und Werkstoffauswahl.

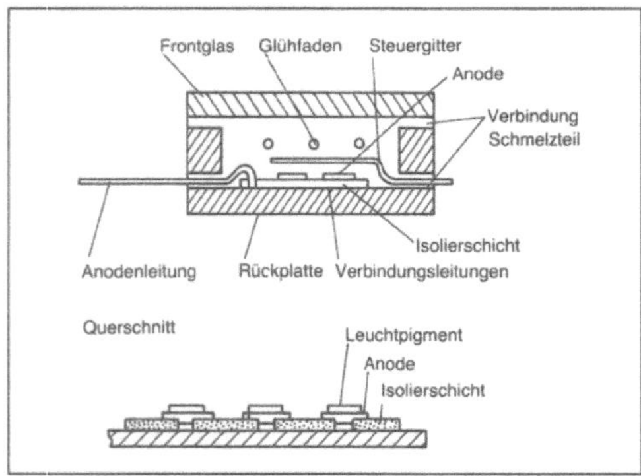

Vakuumfluoreszenz-Anzeige 1: Grundaufbau.

Die Steuergitter bestehen aus einem Netz dünner Edelstahlfäden, oder aus einem geätzten Edelstahlsieb. Um einen hohen Transferanteil für Elektronen zu gewährleisten, beträgt die optische Transmission der Gitter nahezu 90%. Steuergitter dienen als Auswahlelektroden, z. B. für eine Ziffer oder für Spalten- bzw. Zeilenelektroden einer Matrixanordnung. Die Gitterspannungen liegen typisch zwischen –2 und –5 V.

Die Anoden (zur →Passivierung graphitbeschichtetes Silber) werden meist durch Siebdruck direkt auf die innere Seite der Rückplatte des Glasgehäuses aufgetragen. Die zusätzliche Beschichtung mit dem Leuchtpigment erfolgt durch Elektrophorese.

Die Anregung der Leuchtpigmente und die Betrachtung der Anzeige erfolgen aus der gleichen Richtung. Bringt diese Anordnung auf der einen Seite einen Gewinn an →Helligkeit, so müssen andererseits die Kathodenanordnung und die Gitter so ausgelegt sein, daß sie das Sichtfeld der Anzeige nicht stören. Auf vielen V. machen sich die Gitter als Strukturierung des leuchtenden Zeichens bemerkbar.

Die Leuchtpigmente bestehen vornehmlich aus dotiertem ZnO-Pasten. Dieses Material zeigt bereits bei sehr geringer Energie der auftreffenden Elektronen eine ausreichend hohe →Leuchtdichte.

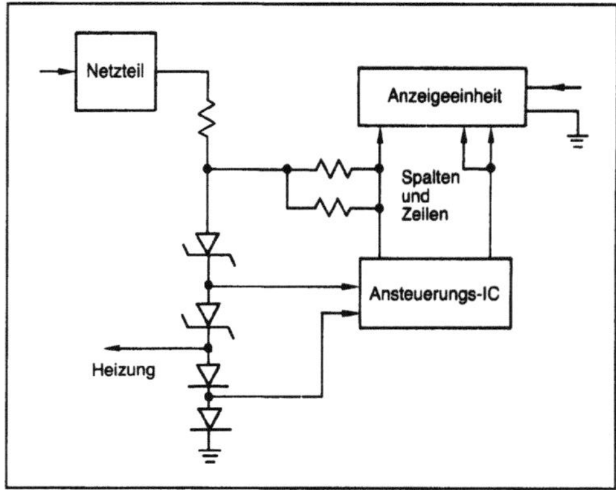

Vakuumfluoreszenz-Anzeige 2: Blockschaltbild einer typischen VFD.

Die →Anodenspannung (25–50 V) beschleunigt die Elektronen. Sie treffen direkt auf die Pigmente auf und führen hier über Anregungsmechanismen zu der Leuchterscheinung. Um die Ausbildung einer elektrischen Aufladung der Pigmentschicht zu vermeiden, wird sie sehr dünn und geringfügig leitend gemacht. Die Eindringtiefe der Elektronen beträgt bei den geringen Spannungen nur wenige Atomlagen. Die Herstellung der Leuchtpigmentschicht hat deshalb besonders sorgfältig zu erfolgen, so daß unerwünschte Belegung der Pigmente bei Herstellung und Betrieb ausgeschlossen werden können.

Die wichtigsten Anwendungsbereiche der V. sind z. Zt. Meßgeräte, Geräte der braunen Warenbereiche, wie Videorecorder, Radios etc. und Kraftfahrzeuge.

Entsprechend haben die gängigsten Typen der V. einen relativ geringen Informationsinhalt von wenigen Ziffern bis zu z. B. 4×40 Zeichen einer 5×7 Punktmatrix. Seit kurzem sind auch graphikfähige Bildschirme bekannt.

Vakuumfluoreszenz-Anzeige. Tabelle: Typische Leistungsmerkmale einer V.-A.

Heizspannung	4– 10 V
Heizstrom	10– 450 mA
Anodenspannung	20– 50 V
Multiplexrate	10– 175
Helligkeit	500–1 000 cd/m²
Informationsinhalt	16– 160 Zeichen 5 × 7 Format
	60× 280 Bildpunkte

Weiterführende Ziele der Entwicklung auf diesem Gebiet richten sich auf technologische Verbesserungen, die Integration der Ansteuerungsschaltung in das Vakuumgehäuse, z. B. unter Verwendung von aufgedampften Transistoren und damit letztlich auf einen flachen fernsehtauglichen Farbbildschirm. *Pottharst*

Valenzband. Oberstes voll besetztes →Energieband eines Festkörpers (→Bändermodell). *Heinz*

Van-de-Graaff-Generator. Hochspannungsgenerator für →Teilchenbeschleuniger, bei dem die Beschleunigungsspannung mit Hilfe eines umlaufenden Bandes aus Isoliermaterial erzeugt wird. Dieses geschlossene Band wird über zwei Umkehrrollen geführt und durch einen Motor in Bewegung gehalten (Bild). Über eine Elektrode werden auf das Band elektrische Ladungen aufgesprüht, die in einer isolierten Kugel abgestreift werden. Mit den ersten Entwicklungsarbeiten an einem derartigen Hochspannungsgenerator begann 1930 *Robert J. Van de Graaff,* nach dem dieses Prinzip benannt wurde. Es lassen sich mit diesem Generator Spannungen von mehreren Millionen Volt erzielen. Der V. wird auch heute noch vor allem im Bereich der Kernphysik eingesetzt. Er dient vor allem zur Beschleunigung von Elektronen, Protonen und Leichtionen. *Wille*

Literatur: *Livingston, M.* und *J. Blewett:* Particle Accelerators. New York 1962.

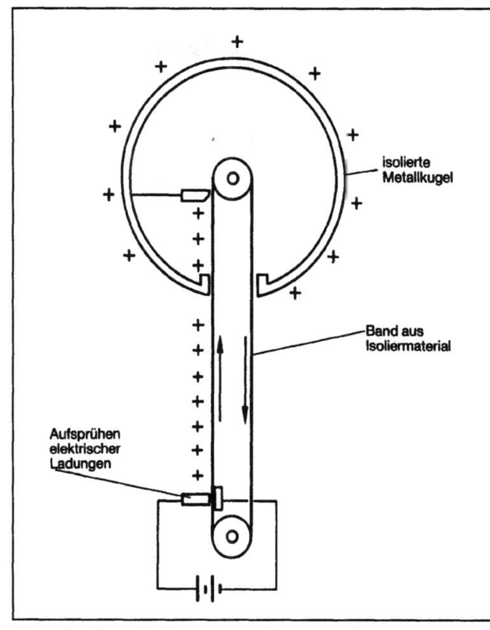

Van-de-Graaff-Generator: Prinzipieller Aufbau.

Varaktor. Halbleiterbauelement, dessen Ladungs-Spannungsrelation – z. B. in Form einer nichtlinearen Kapazität – als Zweipoleigenschaft angewendet wird.

Als V. kommen pn-Dioden, Schottky-Dioden und MOS-Dioden zum Einsatz. Sie arbeiten durchweg im →Sperrbereich, so daß die Spannungsabhängigkeit der →Sperrschichtkapazität die dominate Eigenschaft ist.

□ V. auf Basis der pn-Dioden, im engeren Sinne als Varaktordiode, Kapazitätsdiode, Varicap (*engl.* Variable Capacitor) bezeichnet. Diese Gruppe umfaßt mehrere Varianten

– den *Sperrschichtvaraktor* (Bild), dessen Sperrschichtkapazität bei Sperrpolung eine Klemmeneigenschaft C(U) (typische Fälle: $C \sim U^{-1/2}$, $C \sim U^{-1/3}$, $C \sim U^{-2}$, hyperabrupter pn-Übergang). Ursache dafür ist die spannungsabhängige Sperrschichtbreite. Der Spannungsexponent hängt stark vom Störstellenprofil des pn-Überganges ab. In die Ersatzschaltung gehen noch parasitäre Elemente (Bahnwiderstände, Zuleitungsinduktivität) ein. Sie bestimmen die obere Grenzfrequenz. Die Aussteuerung eines Sperrschichtvaraktors erfolgt nur im Sperrbereich.

– Beim *Speichervaraktor* (→Speicherdiode, Ladungsspeicherdiode, Speicherschaltdiode) wird der →pn-Übergang kurzzeitig in den Flußbereich gesteuert. Dann können nur wenige →Minoritätsträger rekombinieren und die meisten fließen beim Umschalten in den Sperrbereich zurück. So wirkt der V. wie ein Ladungsspeicher mit großer Kapazität. Solche Speichervaraktoren dienen hauptsächlich zur Impulsformung.

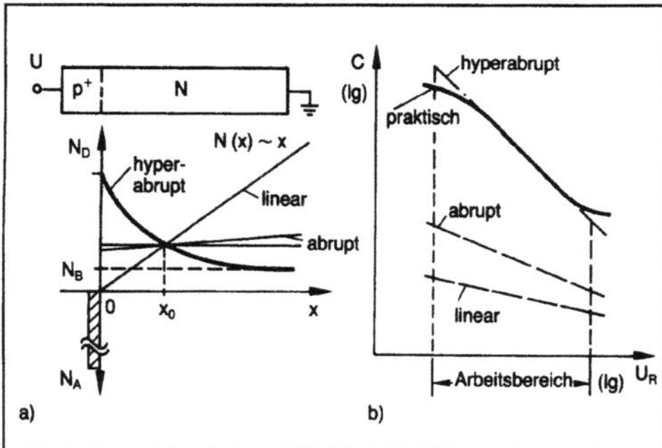

Varaktor: Sperrschichtvaraktor.
a) Störstellenprofile verschiedener pn-Übergänge
b) Kapazitätsverlauf über der Spannung für verschiedene Störstellenprofile.

– Bei der *Step-recovery-Diode* (*engl.*, sprunghafte Erholung) oft auch als Snapp-off-Diode (*engl.*, Abschneide-D.) bezeichnet, liegt ein ähnlicher Fall wie beim Speichervaraktor vor: beim Umpolen in den Sperrzustand wird der Übergang sehr rasch von der Überschußladung befreit, so daß sich eine sehr kurze Speicherzeit ergibt. Solche Dioden dienen vor allem als schnelle →Schaltdiode und Frequenzvervielfacher.

□ V. auf Basis der →Schottky-Diode. Dieser Übergang wird im Sperrbereich betrieben und nutzt ebenfalls die nichtlineare Sperrschichtkapazität. Besonders in GaAs-Ausführung ergibt sich wegen des geringen Bahnwiderstandes eine hohe Grenzfrequenz (über 1 THz).

□ V. auf Basis des MOS-Überganges. Hier wird der dieser Struktur eigene C-U-Verlauf ausgenutzt: aus den drei Abschnitten (Anreicherung, Verarmung, Inversion) eignet sich der Verarmungsbereich am besten für eine Varaktordiode. Solche V. werden besonders für parametrische →Verstärker, Frequenzregler und Vervielfacher verwendet, weil das Verhältnis von maximaler zu minimaler Kapazität sehr groß ist.

V. finden umfangreiche Anwendung zur Schwingungsabstimmung, als →Mischer, Vervielfacher u. a. m. *R. Paul*

Varaktordiode →Varaktor

Varicap →Varaktor

Varistor. V. (*engl.* variable resistor) sind spannungsabhängige, nichtlineare Widerstände mit symmetrischer Strom-Spannungs-Kennlinie. Sie werden auch als VDR-Widerstände (*engl.* voltage dependent resistors) bezeichnet. VDR-Widerstände zeigen mit steigender Spannung eine extrem starke Abnahme des differenziellen Widerstandswertes, ähnlich gegensinnig in Reihe geschalteter Z-Dioden. V. sind damit Bauelemente, die Überspannungsspitzen (Transienten) begrenzen. V. bestehen aus polykristalliner Keramik, die sich zu mehr als 90 Gew.% aus Zinkoxid (ZnO-Varistor) zusammensetzt. Dazu kommen Anteile von Antimonoxid, Wismutoxid und Spuren weiterer Metalloxide. Diese Materialien werden zu Scheiben gepreßt, gesintert, die Oberflächen metallisiert und sodann kontaktiert.

Die Keramik besteht aus sehr gut leitenden ZnO-Körnern und hochohmigen Zwischenschichten (Sperrschichten), die aus anderen Metalloxiden gebildet werden. Wo Zinkoxidkörner direkt zusammentreffen, bilden sich während des Abkühlens nach dem Sintern Potentialbarrieren aus. Die so entstehenden Kleinstvaristoren verursachen den VDR-Effekt. Der Spannungsabfall pro Korngrenze beträgt ca. 3,5 V. Die V.-Keramikscheibe enthält also eine Reihen- und Parallelschaltung vieler einzelner Miniaturvaristoren. Die zulässige Betriebsspannung eines V. wird durch die in Reihe geschalteten Potentialbarrieren bestimmt. V. mit unterschiedlicher Betriebsspannung erhält man durch Variation der Scheibendicke sowie der Kornabmessungen.

Der Scheibendurchmesser bestimmt den maximal zulässigen Stoßstrom und damit auch die im V. maximal absorbierbare Energie. Die auftretende elektrische Verlustleistung wird über das gesamte Keramikvolumen verteilt und in Wärme umgesetzt. Dies erklärt das hohe Energieabsorptionsvermögen im Gegensatz zu z. B. Suppressor-Dioden, in denen der Leistungsabfall lediglich in dem dünnen und kleinen pn-Übergang stattfindet.

Die Fähigkeit große Energiestöße zu absorbieren, macht V. zu einem wirksamen und betriebssicheren Bauelement zum Schutz von elektronischen Bauelementen und Geräten vor transienten Überspannungsspitzen.

Überspannungs- oder Stromspitzen können durch andere Verbraucher, induzierte Störungen, Blitzschlag oder im Gerät selbst, z. B. durch Schalten von Induktivitäten entstehen. Der V. reduziert beim Auftreten eines Überspannungsimpulses seinen Widerstandswert schlagartig und bildet dann, bei einer Ansprechzeit im Bereich von 10^{-9} s, einen extrem niedrigen Widerstandswert gegenüber der Störspannungsquelle aus.

Im normalen Betriebszustand weist der V. einen Widerstandswert von mehreren MΩ auf, der bei Überlastimpulsen auf einige Ohm zurückgeht.

Bei der Strom-Spannungskennlinie in linearem Maßstab (Bild 1) erkennt man die Symmetrie unabhängig von der Polarität der angelegten Spannung. Das kenntlich gemachte Beispiel für Normalbetrieb (U_N, I_N) und Überlastbetrieb (U_P, I_P) veranschaulichen das Prinzip des Überspannungsschutzes. Die Darstellung in linearem Maßstab gestattet nur die übersichtliche Darstellung eines kleinen Spannungs-Strombereiches. Für den für V. wichtigen Bereich wird daher nur mit doppelt logarithmischer Darstellung gearbeitet (Bild 2).

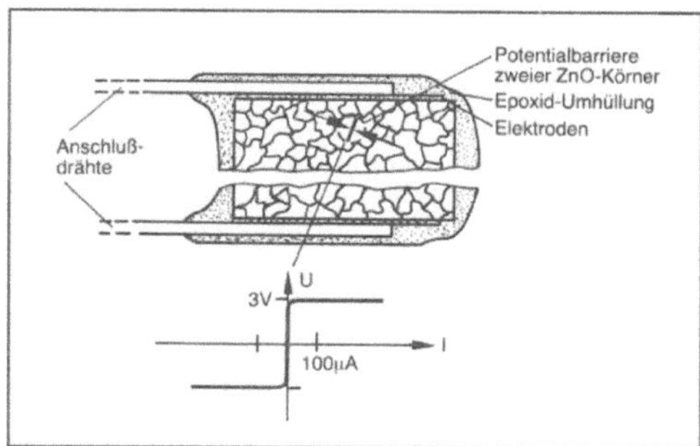

Varistor 1: Prinzipieller Aufbau eines ZnO-V.

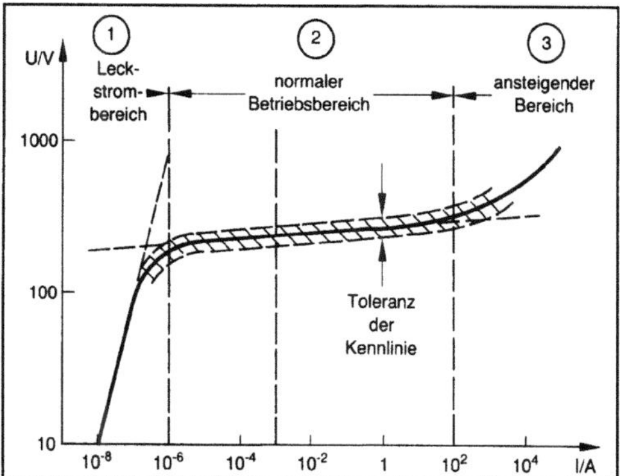

Varistor 2: Kennlinie im linearen Maßstab.

Die Kennlinie wird in drei Bereiche unterteilt:

□ Leckstrombereich

□ Normaler Betriebsbereich: Hier läßt sich das Verhalten das V. mit guter Näherung durch die Gleichung

$U = C \cdot I^{\beta}$ beschreiben.

U = Spannungsabfall am V.,

C = geometrieabhängige Konstante,

I = Strom durch den V.,

β = Nichtlinearitätsindex (~0,03).

Der Nichtlinearitätsindex läßt sich nach folgender Formel ermitteln:

$$\beta = \frac{\log U_1/U_2}{\log I_1/I_2}$$

In der Praxis werden die Stromwerte 10 µA und 1 mA gewählt.

□ Ansteigender Kennlinienbereich: Hier wird der zunehmende Einfluß des ohmschen Widerstandes deutlich.

V. werden hauptsächlich im Bereich von kurzzeitigen Störimpulsen eingesetzt. Für eine Begrenzung der Spannung im Dauerlastbetrieb können üblicherweise nur große Varistorscheiben Verwendung finden. Typische Anwendungsbeispiele sind: Kfz-Elektronik, →Konsumelektronik, Industrieelektronik, Nachrichtentechnik, Büro- und Datentechnik und Energieelektronik. *Both/Jessen*

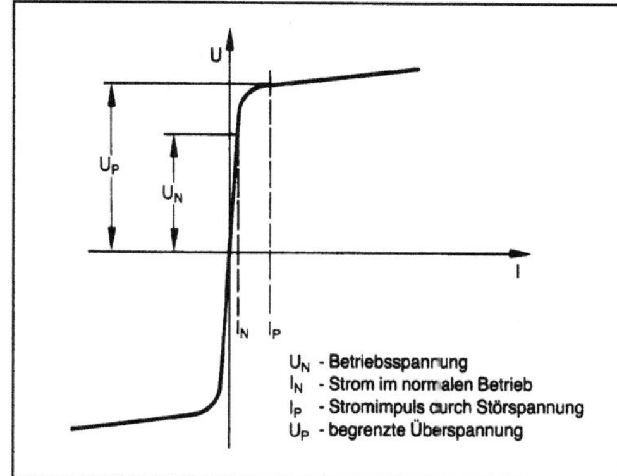

Varistor 3: Kennlinie mit Toleranzfeld im doppelt-logarithmischen Maßstab.

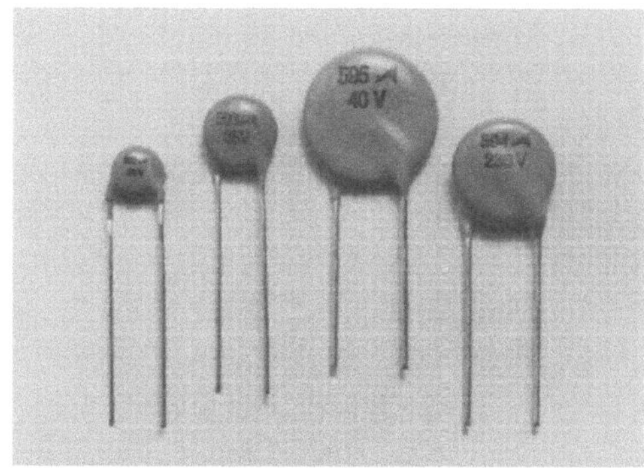

Varistor 4: Ausführungen mit radialen Anschlüssen (Quelle: Philips Components).

Literatur: *Bauer, W.* und *H. H. Wagner:* Bauelemente und Grundschaltungen der Elektronik. Bd. 1: Bauelemente. München 1981 – *Beuth, K.:* Elektronik Bd. 2 Bauelemente. Würzburg 1988 – *Müseler, H.* und *T. Schneider:* Elektronik. München 1981 – *Völz, H.:* Elektrotechnik-Grundlagen, Prinzipien, Zusammenhänge. Berlin 1986 – Philips Datenbuch Spannungsabhängige Widerstände, Varistoren, 1989

VCO. Abk. für *engl.* Voltage controlled oscillator. Ein VCO ändert seine Frequenz abhängig von einer extern angelegten Spannung. Eingesetzt z. B. zum automatisierten Durchstimmen bei Tunern, zur Frequenzvariation bei Synthesizern usw. (→Oszillator). *K. Winter*

VDE. Der Verband Deutscher Elektrotechniker e. V. Der VDE ist ein im Jahr 1893 gegründeter technisch-wissenschaftlicher Verein und hat seither einen hervorragenden Anteil an der Entwicklung der Elektrotechnik, der Elektronik und darauf aufbauender Technologiegebiete sowie der Berufsgruppe der Elektrotechniker. Er ist gemeinnützig und hat in 33 Bezirksvereinen mit 54 Zweigstellen über 35 000 Elektrotechniker und Studierende der Elektrotechnik als persönliche Mitglieder, davon rund 150 im Ausland. Als korporative Mitglieder gehören ihm alle bedeutenden Unternehmen der Elektroindustrie, der Elektrizitätswirtschaft und zahlreiche Bundesbehörden mit einschlägigen Arbeitsgebieten an.

Zu den Aufgaben des VDE gehört u. a. die fachliche Betreuung seiner Mitglieder in fünf wissenschaftlichen Fachgesellschaften

□ Informationstechnische Gesellschaft im VDE (ITG)
□ Energietechnische Gesellschaft im VDE (ETG)
und gemeinsam mit dem Verein Deutscher Ingenieure (→VDI)
□ VDI/VDE-Gesellschaft Meß- und Automatisierungstechnik (→GMA)
□ VDI/VDE-Gesellschaft Mikro- und Feinwerktechnik (→GMF)
□ VDE/VDI-Gesellschaft Mikroelektronik (→GME).

Zu weiteren ständigen Aufgaben des VDE zählt neben der Herausgabe und Förderung des technisch-wissenschaftlichen Schrifttums u. a. das Mitwirken bei der Ausgestaltung des technischen Bildungswesens und bei der Unfallforschung auf dem Gebiet der Elektrotechnik, ferner beim Sichtbarmachen der Zusammenhänge von Technik und Gesellschaft und deren Auswirkungen. Darüber hinaus vertritt der VDE berufsorientierte Interessen auf der Basis der Berufsforschung.

Der VDE ist Herausgeber des VDE-Vorschriftenwerkes, das die Deutsche Elektrotechnische Kommission im DIN und VDE (DKE) erarbeitet und das im vde-verlag gmbh erscheint. Die DKE wird vom VDE getragen und ist ein Organ des DIN und des VDE. VDE-Bestimmungen und VDE-Leitlinien sind →DIN-Normen und damit Bestandteil des Deutschen Normenwerkes. Elektrotechnischen Erzeugnissen, die diesen Bestimmungen entsprechen, wird von dem VDE Prüf- und Zertifizierungsinstitut auf Antrag das bekannte VDE-Prüfzeichen erteilt.

Im übrigen ist der VDE Gesellschafter des VDI/VDE-Technologiezentrums Informationstechnik GmbH. *Debelius*

VDE Bestimmungen →DIN-Norm, →DIN Deutsches Institut für Normung e. V.

VDE-Zeichen →Normenkonformität

VDI →Verein Deutscher Ingenieure

VDI-Technologiezentrum Physikalische Technologien. Einrichtung des →Vereins Deutscher Ingenieure (VDI). Unterstützung der Überführung naturwissenschaftlicher Erkenntnisse in industrielle Produkte und Verfahren.

Der VDI wurde 1975 Projektträger des Bundesministeriums für Forschung und Technologie (BMFT) im Bereich Physikalische Technologien. 1978 wurde in Berlin das VDI-Technologiezentrum gegründet. Mit erweiterten Zielen und Aufgaben existiert das VDI-Technologiezentrum Physikalische Technologien in seiner heutigen Form seit 1984 im VDI-Haus in Düsseldorf. 1986 wurde der in Berlin verbliebene Teil in die VDI/VDE-Technologiezentrum Informationstechnik GmbH (VDI/VDE-IT) umgewandelt. Gesellschafter sind der VDI und der Verband Deutscher Elektrotechniker (→VDE).

Das VDI-TZ Physikalische Technologien wirkt als Moderator für die Abstimmung von Inhalten und Vorgehen bei fach- und spartenübergreifenden gemeinsamen Anstrengungen von Wissenschaft und Industrie. Seine Aufgaben sind:

□ Analyse naturwissenschaftlicher Ansätze für zukünftige Technologie sowie Technikfolgenabschätzung und Bewertung für die Bereitstellung von Orientierungs- und Entscheidungswissen;
□ Zukunftstechnologien durch Förderung von Forschung und Entwicklung an die industrielle Schwelle heranzuführen als Projektträger des BMFT für Physikalische Technologien (Neue Supraleiter und Tieftemperaturtechnologie, Oberflächen- und Dünnschichttechnologien, Mikrostrukturtechnologie, Plasmatechnologie, Neue Gebiete) sowie für Laserforschung- und -technik;
□ Verbreitung der neuen wissenschaftlich-technischen Erkenntnisse durch Technologietransfer.

Aufgaben der VDI-VDE-IT sind vor allem technologische und betriebswirtschaftliche Beratung, Analysen und Wirkungsforschung, Qualifizierungsberatung, Veranstaltungen und Publikationen in ausgewählten Fachgebieten der Informationstechnik. Für das BMFT nimmt sie auch Projektträgerschaften wahr, z. Z. bundesweit für den Förderschwerpunkt „→Mikrosystemtechnik“ sowie in den neuen Bundesländern für die Fördermaßnahme „Technologieorientierte Unternehmensgründung“. Neben der Hauptgeschäftsstelle in Berlin hat die VDI/VDE-IT eine Geschäftsstelle in Bremen.

(VDI-Technologiezentrum Physikalische Technologien, Graf-Recke-Straße 84, W-4000 Düsseldorf 1. – VDI/VDE-Technologiezentrum Informationstechnik GmbH, Budapester Straße 40; W-1000 Berlin 30). *Altenmüller*

Ventilstrom. Als V. wird in der Stromrichtertechnik der durch einen Leistungshalbleiter (= Ventil, Stromventil, z. B. →Diode oder →Thyristor) fließende Strom bezeichnet. Der V. ist abhängig von der Stromrichterschaltung, der angelegten Spannung und der Last. *H. Stüben*

Verarmungs-FET →Depletion-FET

Verarmungsrandschicht. →Dünne Schicht an der Grenzfläche (auch Oberfläche) eines Halbleiters, in der die Konzentration der beweglichen →Ladungsträger kleiner ist als im weiter ab liegenden neutralen Halbleitergebiet. Die V. ist ein Sonderfall einer →Raumladungszone und kann deshalb durch ein elektrisches Feld infolge der Ladungsinfluenz (→MIS-Übergang) oder die Austrittsarbeitsdifferenz beim →MS-Übergang oder durch energetisch bedingten Abfluß von Ladungsträgern zur Grenzfläche (z. B. in Oberflächenzuständen) oder über sie hinweg entstehen (wie beim →pn-Übergang).

Ursprünglich bezog sich der Begriff V. nur auf Vorgänge am äußeren Rand eines Halbleitergebietes, was beim MIS- und MS-Übergang auch zutrifft. Beim pn-Übergang müßte man konsequenterweise von je einer V. im p- und n-Bereich sprechen. Die V. wird gelegentlich auch als Erschöpfungsrandschicht bezeichnet. *R. Paul*

Verascher →Trockenätzen

Verband Deutscher Elektrotechniker →VDE

Verbindungshalbleiter. Neben den Elementhalbleitern wie z. B. →Silicium und →Germanium, gibt es Halbleiter, die sich aus zwei oder mehreren Elementen zusammensetzen. Diese sog. V. werden aus Elementen der II., III., IV., V. und VI. Gruppe des Periodensystems gebildet. Die wichtigste Gruppe bilden die →III-V-Halbleiter. Der einzige IV-IV-Halbleiter ist das SiC, das wegen seines Bandabstandes von 3eV-Möglichkeiten für Hochtemperaturhalbleiter bietet.

V. können auch ternäre und quaternäre Verbindungen eingehen. Damit ist eine unabhängige Einstellung von →Bandabstand und Gitterkonstante in weiten Bereichen möglich (Tabelle, S. 1096).

V. werden auf verschiedene Arten hergestellt, z. B. durch →Kristallziehen, →Epitaxie oder →Schichtabscheidung. Sie sind im allgemeinen einkristallin, aber ebenso wie bei Silicium sind auch polykristalline oder amorphe Formen bekannt. Die letzten beiden werden vor allem als →Photoleiter verwendet. Hauptanwendung finden V. für Hochfrequenz- und optoelektronische Bauelemente (III-V-Halbleiter) oder für Infrarotdetektoren, insbesondere PbSnTe und HgCdTe. *Ryssel*

Verbindungstechnik →Aufbau- und Verbindungstechnik

Verbindungstechnik, feldunterstützte. Die f. V. können in dem Bereich der →Sensorik und Aktorik sowohl für die Befestigung eines Elementes auf einem Träger wie auch für die Herstellung von komplexen mikromechanischen Elementen eingesetzt werden. Gemeinsame Merkmale der f. V., die als notwendige Voraussetzung für eine dauerhafte, chemische Verbindung sind, werden die zu verbindenden Teile zuerst mit Hilfe starken elektrostatischen Felder in Kontakt gebracht.

□ Anodische Verbindung. Verfahren für die Herstellung einer hermetisch dichten Verbindung eines Glases mit einem Metall oder Halbleiter. Die zu verbindenden Materialien werden in engem physikalischen Kontakt bis zu einer Temperatur von etwa 500 °C erwärmt und anschließend wird eine hohe elektrische Spannung (bis zu 1 000 V) zwischen beiden Teilen angelegt. Da bei diesen Temperaturen nur die positiv geladenen Ionen im Glas sich bewegen können, wandern die in Richtung Kathode und werden neutralisiert. Die fest gebundenen negativen Ionen erzeugen ein starkes elektrisches Feld und verursachen damit die Anziehung über chemisch stabile Si-O-Si-Bindungen.

□ Silicium-Silicium Bonding. Diese Bondtechnik wird häufig auch als Silicium Direct Bonding oder als Silicium Fusion Bonding genannt. Bei dem Verfahren erfolgt die Verbindung zwischen zwei Siliciumschreiben am Anfang durch *van-der-Waals*-Kräfte, d. h. durch die elektrostatische Wechselwirkung von Dipole an natürlichen oder an thermisch gewachsenen Oxidschichten. Für die Entstehung der elektrostatischen Kräfte sind sog. *Silanol*-Gruppen (SiOH) verantwortlich, deren Anzahl vor der Verbindung durch eine hydrophylisierende Behandlung der Oberflächen in einer alkalischen Lösung erhöht werden muß. Die Stärke der Verbindung kann durch eine nachfolgende Wärmebehandlung noch zusätzlich erhöht werden unter der Bildung von dauerhaften chemischen Si-O-Si- oder Si-Si-Bindungen. Um eine gleichmäßige Verbindung zu bekommen, müssen beide Siliciumscheiben eben und die zu verbindenden Oberflächen frei von Staubteilchen und von Verunreinigungen sein. *Offereins*

Verdrahtung →Metallisierung

Verdrahtungsprüfung. Die V. dient zur Überprüfung von unbestückten Leiterplatten, Rückwandverdrahtungen, Kabeln, Steckleitungen und Verdrahtungen aller Art. Die Prüfung erfolgt auf elektrischem Wege mit Verdrahtungsprüfautomaten. Alle galvanisch verbundenen Leitungen werden auf Durchgang und gegeneinander auf Isolation geprüft. Bei der Durchgangsprüfung wird u. U. mit hohen Strömen, bei der Isolationsmessung mit hohen Spannungen gearbeitet. Feinere Meßverfah-

Verbindungshalbleiter. Tabelle: Wichtigste Eigenschaften von V.

Verbindung		E_g (eV)	μ_n (cm²/Vs)	μ_p (cm²/Vs)	ε	n	a_0 (Å)	d (g/cm³)	$T_{Schm.}$ (°C)
III-V	BP	6.0(I)		500	6,9	2,6	4,537	2,97	2 000
	AlP	2,45(I)	80		9,8	3,0	5,43	2,85	1 500
	AlAs	2,16(I)	280		12,0	3,1	5,63	3,81	1 600
	AlSb	1,62(I)	200	330	11,0	3,4	6,13	4,22	1 080
	GaP	2,26(I)	150	120	11,1	3,36	5,44	4,13	1 467
	GaAs	1,43(D)	8 500	400	11,0	3,4	5,65	5,31	1 238
	GaSb	0,7(D)	2 000	800	15,0	3,9	6,095	5,62	448
	InP	1,34(D)	4 500	150	12,35	3,4	5,869	4,78	1 070
	InAs	0,36(D)	22 600	240	12,5	3,5	6,058	5,66	943
	InSb	0,18(D)	70 000	1 700	17,7	3,9	6,48	5,775	525
IV-IV	SiC	3,0(I)	100	20	6,7	2,63	a=3,8 c=15,11	3,2	2 830
IV-VI	SnSe	0,9(I)	300	90		2,25		6,18	861
	SnTe	0,18(D)		1 500	1 500	6,5	6,33	6,44	804
	PbS	0,41(D)	610	620	170	3,7	5,94	7,6	1 114
	PbSe	0,29(D)	1 050	950	250		6,12	8,3	1 065
	PbTe	0,32(D)	1 730	840	412	3,8	6,46	8,2	917
V-VI	Bi_2Te_3	0,15	1 250	515			10,48	7,7	580
II-V	Cd_3As_2	0,13	15 000				8,46	6,21	721
	CdSb	0,48	300	300			6,47	6,66	456
II-VI	ZnO	3,2(D)	200		7,9	2,2	a=3,25 c=5,21	5,7	2 000
	ZnS	3,66(D)	140	5	8,3	2,4	5,41	4,1	1 830
	ZnSe	2,67(D)	600	28	8,1	2,9	5,67	5,3	1 520
	CdS	2,42(D)	350	15	8,9	2,5	5,82	4,8	1 475
	CdSe	1,74(D)	650	10	10,6	2,6	6,05	5,8	1 240
	HgS	2,5			5,86		5,85	7,67	583
	HgSe	0,3	18 500		14		6,08	8,5	798
	HgTe	−0,15(D)	22 000	500	20	3,7	6,42	8,12	670

EG – Bandabstand
μ_n,μ_p – Beweglichkeit
n – Brechungsindex
d – Dichte
D, I – Direkter/Indirekter Bandübergang
ε – Dielektrizitätskonstante
a_0 – Gitterkonstante
T_{Schm} – Schmelzpunkt

ren erlauben auch die Bestimmung von Leitungswiderständen, der Polarität von Dioden und z. B. die Messung von Isolationswiderständen. Hierzu lassen sich die Parameter Prüfspannung, Prüfstrom, Belastungszeit und Widerstandsschwellen oder -fenster manuell oder per Programm vorgeben.

Die Prüfprogrammerstellung erfolgt in der Regel durch Selbstgenerierung an Hand eines fehlerfreien Prüflings. *K. Winter*

Verein Deutscher Ingenieure (VDI). In den 137 Jahren seines Bestehens hat der Verein Deutscher Ingenieure als heute größter technisch-wissenschaftlicher Verein Europas maßgeblich an Forschung und technischer Entwicklung mitgewirkt. Die Ergebnisse der technisch-wissenschaftlichen Arbeit des VDI stehen als VDI-Richtlinien Wissenschaft und Wirtschaft zur Verfügung.

In Ausschüssen, Beiräten und Arbeitskreisen der VDI-Fachgliederungen, der VDI-Hauptgruppe und der VDI-Bezirksvereine arbeiten mehrere tausend Fachleute aus Wissenschaft und öffentlichem Dienst ehrenamtlich zusammen. Der VDI hat 119 000 persönliche Mitglieder; Sitz des Vereins ist Düsseldorf.

Der VDI ermöglicht durch den Zusammenschluß in seinen 44 VDI-Bezirksvereinen, deren 101 Bezirksgruppen und 432 fachlichen Arbeitskreisen die persönliche Begegnung der Ingenieure.

Durch seine Fachtagungen, durch die Lehrgänge des VDI-Bildungswerkes sowie durch die Vorträge und Fachveranstaltungen der VDI-Bezirksvereine mit ihren Arbeitskreisen fördert der VDI den Ingenieur in seinem beruflichen Weiterkommen. 1991 nahmen ca. 205 000 Teilnehmer an insgesamt 5 370 Veranstaltungen in den VDI-Bezirksvereinen teil.

Neue Erkenntnisse und Erfahrungen aus den verschiedenen Bereichen der Technik und die Ergebnisse der VDI-Arbeit werden vom VDI-Verlag, veröffentlicht.

Die ständige Bereitschaft zur Erweiterung des Leistungsangebots im Hinblick auf den technischen Fortschritt erfordert eine Organisation und Dienstleistungen, die die verantwortungsbewußte Zusammenarbeit der Ingenieure unterstützt und fördert.

VDI-Fachgliederungen: Die fachliche Gliederung der Arbeit erstreckt sich auf 16 VDI-Gesellschaften, eine VDI-Kommission, zwei interdisziplinäre Gremien und einen Gemeinschaftsausschuß. In ihnen wirken maßgebliche Fachleute aus allen Bereichen der Forschung und Lehre, Industrie und Behörden ehrenamtlich mit. Arbeitsschwerpunkte sind: fachlicher Erfahrungsaustausch, Erarbeiten von VDI-Richtlinien, nationale und internationale Tagungen, fachliche Unterstützung für das VDI-Bildungswerk und für Arbeitskreise der VDI-Bezirksvereine.

Weiterhin sind Bestandteile der technisch-wissenschaftlichen Arbeit des VDI die fachliche Zusammenarbeit mit anderen technisch-wissenschaftlichen Institutionen und mit in- und ausländischen Personen sowie das gemeinsame Gespräch mit Vertretern von Wirtschaft, Wissenschaft und Verwaltung.

Die einzelnen Fachgliederungen sind in Fachbereiche unterteilt. Hier werden in freiwilliger Selbstkontrolle Regeln der Technik erarbeitet, die keine zwingenden Vorschriften, sondern Erfahrungen und Richtwerte angeben; diese VDI-Richtlinien werden ständig der technischen Entwicklung angepaßt. Damit stellen sie in flexibler Weise den Stand der Technik bestimmter Fachgebiete in einer oft sehr frühen Entwicklungsphase dar. In hierfür geeigneten Fällen können sie nach einigen Jahren erfolgreicher Anwendung teilweise oder ganz in eine Norm – entsprechend der Koordinierung zwischen VDI und DIN – überführt werden.

Im VDI bestanden 1992 folgende VDI-Fachgliederungen: Bautechnik; Energietechnik; Entwicklung, Konstruktion, Vertrieb; Fahrzeugtechnik; Mikro- und Feinwerktechnik (VDI/VDE, →GMF); Fördertechnik, Materialfluß, Logistik; Kunststofftechnik; Akustik, Lärmminderung und Schwingungstechnik (NALS); Argartechnik; Meß- und Automatisierungstechnik (VDI/VDE, →GMA); Mikroelektronik (VDE/VDI, →GME); Produktionstechnik (ADB); Reinhaltung der Luft; Technische Gebäudeausrüstung; Textil und Bekleidung (ADT); VDI Koordinierungsstelle Umwelttechnik; Verfahrenstechnik und Chemieingenieurwesen; Werkstofftechnik; Industrielle Systemtechnik und Wertanalyse; Bürokommunikation; Computer Integrated Manufacturing (CIM).

VDI-Hauptgruppe: Die VDI-Hauptgruppe, Der Ingenieur in Beruf und Gesellschaft, hat die Aufgabe, die Mitarbeit der Ingenieure an der sozialen, politischen und rechtlichen Gestaltung des öffentlichen Lebens zu fördern. Sie will Kontakte zu anderen gesellschaftlichen Teilbereichen schaffen und damit eine Basis des Vertrauens in die Technik und in das Ingenieurwesen auf- und ausbauen. Die VDI-Hauptgruppe gliedert sich in die Bereiche: Berufs- und Standesfragen, Ingenieuraus- und weiterbildung, Mensch und Technik, Technikgeschichte, Technik und Recht, Technikbewertung, Technik und Bildung.

Die VDI-Auskunftsstelle für berufspolitische Fragen informiert über alle Fragen, die im Zusammenhang mit dem Ingenieurstudium und dem Beruf des Ingenieurs stehen. Hier werden mündliche und schriftliche Anfragen beantwortet und in Einzel- oder Gruppengesprächen Probleme bei der Studienwahl, der Berufszielfindung und der Karriereplanung diskutiert und geklärt.

Das VDI/VDE-Technologiezentrum Informationstechnik Berlin, hat als Hauptaufgabe die Förderung kleiner und mittlerer Unternehmen bei der industriellen Anwendung der Informationstechnik. Mit Trendanalysen und Methoden des Technologie-Marketings werden künftige Entwicklungslinien der Informationstechnik, und ihrer Marktpotentiale verfolgt und abgeschätzt. Das VDI/VDE-Technologiezentrum Informationstechnik strukturiert das neue Themenfeld →Mikrosystemtechnik.

Das →VDI-Technologiezentrum Physikalische Technologie in Düsseldorf ist Projektträger des Bundesministeriums für Forschung und Technologie auf den Fördergebieten Supraleitung, Oberflächen- und Dünnschichttechnologie, Laserforschung und -technik, Plasmatechnologie und Mikrostrukturtechnologie. Die Förderaktivitäten werden von Qualifikations-, Sicherheits- und Wirkungsstudien begleitet. Das VDI-Technologiezentrum Physikalische Technologien unterstützt das Bundesministerium für Forschung und Technologie bei der Erarbeitung eines neuen Konzeptes für Technikfolgenabschätzung. *Mauel*

Verfügbarkeit. Die V. (*engl.* availability) V(t) ist die Wahrscheinlichkeit, daß eine reparierbare Komponente im funktionsfähigen Zustand ist. Bei bekannter →Ausfallrate λ und bekannter →Reparaturrate μ berechnet sich die V. aus dem die *Markow*-Kette (Bild 1) beschreibenden System von Differentialgleichungen.

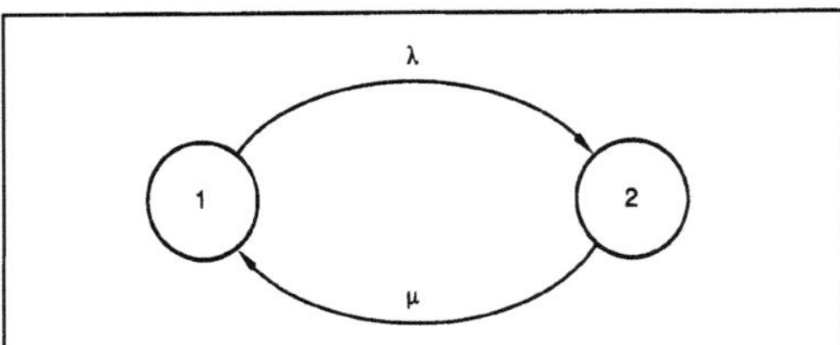

λ) Ausfallrate, μ) Reparaturrate; Zustand 1: Gerät ist funktionsfähig, Zustand 2: Gerät ist ausgefallen und in Reparatur

Verfügbarkeit 1: Markow-Kette für eine Komponente mit Erneuerung.

Im Zustand 1 ist die Komponente funktionsfähig, d. h. verfügbar. Im Zustand 2 ist die Komponente ausgefallen, d. h. nicht verfügbar. Mit der Ausfallrate λ geht die Komponente vom Zustand 1 in den Zustand 2 über. Mit der Reparaturrate μ wird die Komponente in den funktionsfähigen Zustand wieder zurückgeführt. Die Besetzungswahrscheinlichkeit des Zustandes i wird mit w_i und ihre zeitliche Änderung wird mit $\dot{w}_i = dw_i/dt$ bezeichnet. Zu der *Markow*-Kette gehören die folgenden Differentialgleichungen:

$$\dot{w}_1 = -\lambda w_1 + \mu w_2$$

$$\dot{w}_2 = \lambda w_1 - \mu w_2$$

Mit den Anfangswerten $w_1(t=0) = a$, $w_2(t=0) = 1 - a$ und der Randbedingung $w_1 + w_2 = 1$ ergibt sich die Wahrscheinlichkeit w_1 für die Besetzung des Zustands 1 zu

$$w_1(t) = \frac{\mu}{\lambda+\mu} + \left(a - \frac{\mu}{\lambda+\mu}\right) e^{-(\lambda+\mu)t}$$

Aus der Randbedingung läßt sich dann auch

$$w_2(t) = 1 - w_1(t)$$

berechnen.

Die V. V(t) ist die Besetzungswahrscheinlichkeit für den Zustand 1. Ihr Einserkomplement ist die Nichtverfügbarkeit oder →Unverfügbarkeit (unavailability) U(t). Die Nichtverfügbarkeit als Besetzungswahrscheinlichkeit für den Zustand 2 ergibt sich zu

$$w_2(t) = U(t) = \frac{\lambda}{\lambda+\mu} - \frac{\lambda}{\lambda+\mu} e^{-(\lambda+\mu)t}$$

Während bei nicht reparierbaren Einheiten die Überlebenswahrscheinlichkeit R(t) und die →Ausfallwahrscheinlichkeit F(t) die →Zuverlässigkeit charakterisieren (→Lebensdauerverteilung), sind es bei reparierbaren Komponenten die Kenngrößen V. V(t) und Nichtverfügbarkeit U(t). Bei kleinem Exponenten $(\lambda+\mu)t \ll 1$ unterscheiden sich die Funktionen F und U nicht (Bild 2). Ist die Ausfallwahrscheinlichkeit sehr klein, so ist naturgemäß keine Reparatur erforderlich, und die Kurve für die Unverfügbarkeit fällt mit der der Ausfallwahrscheinlichkeit zusammen. Aus den entsprechenden Gleichungen entstehen dieselben Näherungen:

$$F(t) = \lambda t \text{ für } \lambda t \ll 1$$

$$U(t) = \lambda t \text{ für } (\lambda+\mu) \ll 1$$

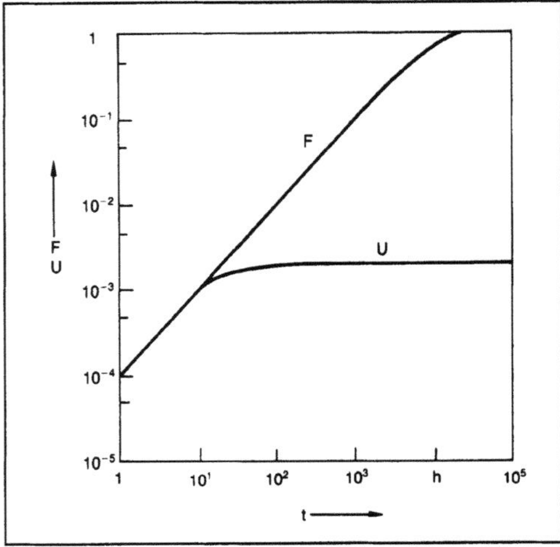

Verfügbarkeit 2: Infolge der Erneuerung ist die Unverfügbarkeit U im stationären Fall sehr viel kleiner als die Ausfallwahrscheinlichkeit F; Ausfallrate $\lambda = 10^{-4}\ h^{-1}$, Reparaturrate $\mu = 5 \cdot 10^{-2}\ h^{-1}$.

Bei größeren Zeiten und größeren Ausfallwahrscheinlichkeiten kommt dann aber der Vorteil der Reparatur zum Tragen. Nach einer genügend langen Zeit ist eine nicht reparierte Komponente mit Sicherheit ausgefallen, $F(t\to\infty) = 1$, während eine wiederherstellbare Einheit nur mit der Wahrscheinlichkeit $U(t\to\infty)$ nicht verfügbar ist. Dieser stationäre Wert der Unverfügbarkeit ist etwa nach $1/\mu$ =→MTTR erreicht:

$$U(t\to\infty) = w_2(t\to\infty) = \frac{\lambda}{\lambda+\mu}$$

Im allgemeinen ist die Ausfallrate sehr viel kleiner als die Reparaturrate und kann dementsprechend im Nenner der obigen Gleichung vernachlässigt werden:

$$U(t\to\infty) = \frac{\lambda}{\mu} \text{ für } \lambda \ll \mu$$

Bei den Zahlenwerten des Bildes 2 beträgt die stationäre Unverfügbarkeit $2 \cdot 10^{-3}$; in 99,8 % der Zeit ist das Gerät betriebsfähig und in 0,2 % der Zeit in Reparatur.

Indem in der Gleichung für U(t) Zähler und Nenner mit $1/\lambda\mu$ multipliziert werden, läßt sich die stationäre Nichtverfügbarkeit auch durch die Zeiten MTTR und →MTBF ausdrücken:

$$U(t\to\infty) = w_2(t\to\infty) = \frac{\lambda}{\lambda+\mu} = \frac{1/\mu}{1/\mu + 1/\lambda} = \frac{\text{MTTR}}{\text{MTBF} + \text{MTTR}}$$

Entsprechend ergibt sich die stationäre V. zu

$$V(t\to\infty) = w_1(t\to\infty) = \frac{\mu}{\lambda+\mu} = \frac{1/\lambda}{1/\lambda + 1/\mu} = \frac{\text{MTBF}}{\text{MTBF} + \text{MTTR}}.$$

Schrüfer

Verfügbarkeit, sicherheitsbezogene. Für die s. V. und für die sicherheitsbezogene →Nichtverfügbarkeit werden nur die die Sicherheit berührenden, die gefährlichen Ausfälle betrachtet und nicht auch die ungefährlichen (→Ausfalleffektanalyse). Die →Ausfallrate für die gefährlichen erkennbaren Ausfälle ist λ_{21}, die für die gefährlichen nicht erkennbaren Ausfälle ist λ_{22}. Unterstellt wird, daß auf ein Reservegerät umgeschaltet wird ($\mu\to\infty$), sobald die ersteren mit der →Ausfallerkennungsrate ε_1 gefunden sind. Die nicht erkennbaren Ausfälle werden nicht entdeckt. Die Komponente ist gefährlich ausgefallen oder für die Sicherheit nicht verfügbar bei mindestens einem der beiden Ereignisse:

□ $\overline{E}_1$: Die Komponente ist wegen erkennbarer Ausfälle nicht verfügbar; die Wahrscheinlichkeit hierfür wird konservativ mit dem maximal möglichen Wert abgeschätzt zu

$$w(\overline{E}_1) = w_{21} = \frac{\lambda_{21}}{\varepsilon_1}$$

□ $\overline{E}_2$: Die Komponente ist nicht erkennbar gefährlich ausgefallen;

$$w(\overline{E}_2) = w_{22} = 1 - e^{-\lambda_{22}t} \approx \lambda_{22}t \text{ für } \lambda_{22}t \ll 1$$

Die gesamte sicherheitsbezogene →Unverfügbarkeit U_s errechnet sich als die Summe der Einzelwahrscheinlichkeiten für $\lambda_{22}t \ll 1$ zu

$$U_s(t) \approx \frac{\lambda_{21}}{\varepsilon_1} + \lambda_{22}t.$$

Die s. V. $V_s(t)$ ergibt sich als das Einserkomplement zur Unverfügbarkeit $U_s(t)$ zu

$$V_s(t) = 1 - \frac{\lambda_{21}}{\varepsilon_1} - \lambda_{22}t.$$

Schrüfer

Verfügbarkeit redundanter Systeme. Die Reparatur ist das wirksamste Mittel, um die V. eines Systems zu verbessern. Bei dem aktiv redundanten System mit zueinander parallelen Kanälen wird zunächst ein Kanal ausfallen. Das System ist über die parallelen Wege noch funktionsfähig. Der ausgefallene Kanal läßt sich reparieren. Das (m von n)-System versagt erst dann, wenn von den vorhandenen n Kanälen mehr als n − m ausgefallen sind (→Redundanz, →Ausfallwahrscheinlichkeit redundanter Systeme).

In den Fällen, in denen keine Einschränkung für die Reparatur wirksam ist, läßt sich dieser Sachverhalt mit der *Markow*-Kette (Bild 1) für ein (1 von 3)-System verdeutlichen. Die einzelnen Zustände sind wie folgt definiert:

Zustand 1: drei Einheiten sind funktionsfähig und in Betrieb

Zustand 2: zwei Einheiten sind in Betrieb, eine Einheit ist ausgefallen

Zustand 3: eine Einheit ist in Betrieb, zwei Einheiten sind ausgefallen.

Zustand 4: alle Einheiten sind ausgefallen.

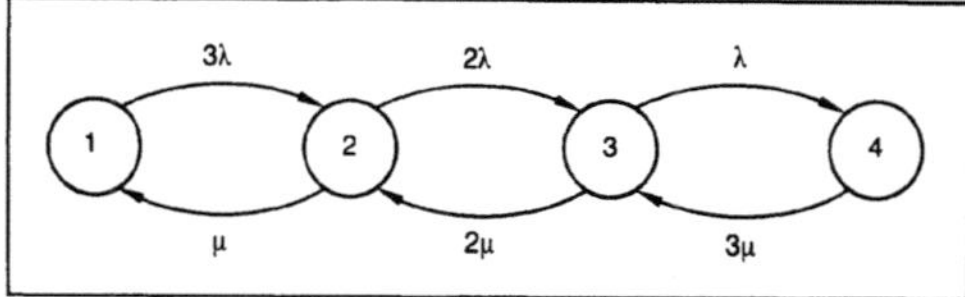

Verfügbarkeit redundanter Systeme 1: Markow-Kette eines reparierbaren (1 von 3)-Systems.

Mit der →Ausfallrate λ oder der →Reparaturrate μ wechselt das System seine Zustände. Es hat keinen absorbierenden Zustand. Nach einer gewissen Betriebszeit ist ein Gleichgewicht zwischen Ausfall und Reparatur erreicht. Der stationäre Wert für die Besetzungswahrscheinlichkeit des Zustandes 4 ist deutlich kleiner als 1,

$$w_4(t\to\infty) \ll 1$$

Die →Nichtverfügbarkeit für den stationären Fall ergibt sich, wenn in die Formeln für die Ausfallwahrscheinlichkeit (Tabelle 1 der →Ausfallwahrscheinlichkeit) anstelle des Zahlenwertes p die stationäre Nichtverfügbarkeit eines Kanals eingesetzt wird mit

$$p = U(t\to\infty) = \frac{\lambda}{\lambda+\mu}$$

Die entsprechenden Werte sind:

System	stationäre Nichtverfügbarkeit
Einzelkomponente	$\frac{\lambda}{\lambda + \mu}$
(1 von n)-System	$\left(\frac{\lambda}{\lambda + \mu}\right)^n$
(2 von 3)-System	$3\left(\frac{\lambda}{\lambda + \mu}\right)^2 - 2\left(\frac{\lambda}{\lambda + \mu}\right)^3$

Der stationäre Wert (Bild 2) der Nichtverfügbarkeit ist nach etwa fünf mittleren Reparaturzeiten erreicht (→MTTR).

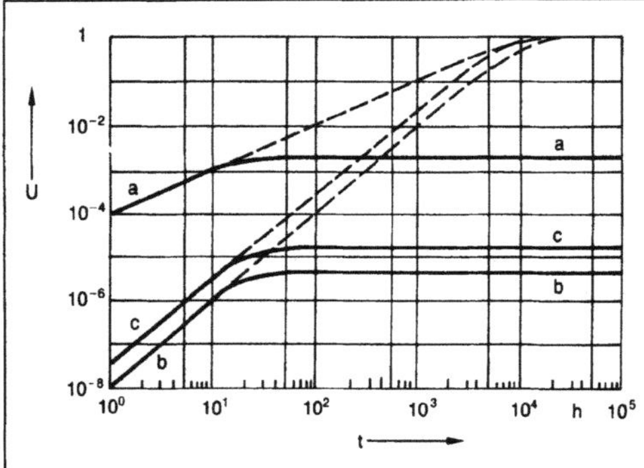

a) Einzelkomponente, b) (1 von 2)-System mit aktiver Redundanz, c) (2 von 3)-System mit aktiver Redundanz

Verfügbarkeit redundanter Systeme 2: Unverfügbarkeit (ausgezogene Linie) reparierbarer Systeme mit $\lambda = 10^{-4}\ h^{-1}$, $\mu = 5 \cdot 10^{-2}\ h^{-1}$; *die Ausfallwahrscheinlichkeit der nicht reparierbaren Systeme ist gestrichelt eingetragen.*

Der Gewinn an V. durch die Reparatur tritt natürlich nur dann ein, wenn die Ausfälle erkannt sind und anschließend beseitigt werden. Liegen nicht entdeckte Ausfälle vor, so ist nicht mit der →Unverfügbarkeit, sondern mit der Ausfallwahrscheinlichkeit zu rechnen. Letztere erreicht nach einer gewissen Zeit den Wert 1. Eine vollständige →Ausfallerkennung ist also auch für Auswahlschaltungen wichtig. *Schrüfer*

Vergleichsspannung. Spannung, die zur Unterscheidung zwischen (logisch = log.) log. LOW- und log. HIGH-Pegel bei digitalen Schaltungen dient. Die V. ist in der Regel programmierbar und wird an einem Eingang des Spannungskomparators in der →Pinelektronik angeschlossen. Eine gemessene Spannung, die unter der V. liegt, wird als log. LOW, eine Spannung, die über der V. liegt, als log. HIGH interpretiert.

Ist nur eine V. vorhanden, muß ein →Prüfprogramm in der Regel zweimal und zwar mit dem höchsten spezifizierten LOW-Pegel und dem niedrigsten spezifizierten HIGH-Pegel durchlaufen werden (→Two-pass-test). Schnelle Prüfautomaten arbeiten daher u. U. mit einem oder mehreren Vergleichsspannungspaaren, so daß beide Vorgänge – auch bei Vorkommen unterschiedlichen Bausteintechnologien – zu einem Vorgang zusammengefaßt werden können. *K. Winter*

Verhaltensbeschreibung. Form der Modellierung einer Schaltung derart, daß nicht mit festvorgegebenen Bauelementen einer bestimmten Bibliothek gearbeitet wird, sondern in einer Art Programmiersprache das funktionale Verhalten an den äußeren Anschlußpunkten beschrieben wird. *K. Winter*

Verhaltenstest. Test des Verhaltens einer elektronischen Schaltung, z. B. eines Speichers o. ä. Baugruppe unter bestimmten vorgegebenen Umgebungsbedingungen, z. B. bei Über-/Unterspannung, variabler Temperatur, variabler Qualität der Eingangssignale. Der V. kann feststellen, ob z. B. auf Grund bestimmter äußerer Bedingungen sich bestimmte Effekte verstärken oder der Prüfling sich neutral verhält, bzw. Ausfälle oder Fehlfunktionen verstärkt auftreten. Die Ergebnisse des V. werden meist in Form eines →Shmoo plots dargestellt, also z. B. →Fehler abh. von der Temperatur und/oder der Betriebsspannung. Der V. wird auch durchgeführt im Zusammenhang mit der →Bauelementeprüfung. *K. Winter*

Verifier. Bezeichnung für ein (Labor-)Testgerät mit im Vergleich zu einem für großen Prüflingsdurchsatz konzipierten Prüfautomaten reduzierten Funktionsumfang. Eingesetzt beim Prototypentest oder beim z. B. stichprobenweisen Wareneingangstest für Bausteine. Es werden jeweils nur Prüfungen nach ganz bestimmten Kriterien durchgeführt, z. B. funktionales Verhalten einer logischen Schaltung, aber keine Charakterisierung. Wegen der vereinfacht aufgebauten →Pinelektronik müssen bestimmte Stimuli- und Meßvorgänge, die üblicherweise parallel ablaufen, hintereinander mit relativ großem Zeit- und Projektierungsaufwand durchgeführt werden. *K. Winter*

Verifier: Testsystem für Bausteine. (Quelle: Hewlett-Packard)

Verifikation. Auch Gutsimulation, Richtigsimulation. Form der →Simulation, bei der geprüft wird, ob die momentan entwickelte Schaltung die erforderliche Funktionalität aufweist. Die V. erfolgt unter Vorgabe spezifizierter Eingangsvektoren, die Kontrolle der Ausgangsvektoren erfolgt auf Grund der gemeinsamen graphischen Darstellung der Signaldiagramme.

Im CAD-Bereich spricht man von V., wenn eine Schaltung auch nach gewissen Vorgaben bezüglich Laufzeiten oder z. B. Layoutrichtlinien überprüft werden soll. Gegensatz: →Fehlersimulation. *K. Winter*

Verlustleistung. Wirkleistung, die von einem elektronischen Bauelement (oder integrierten →Schaltung) insgesamt in Wärme umgesetzt und an die Umgebung abgeführt wird. Die V. ergibt sich aus der Differenz der gesamten zugeführten elektrischen (Wirk-)leistung und der an den/die Verbraucher abgegebenen Wirkleistung. Weil die V. von der →Aussteuerung (bei Verstärkern) oder vom jeweiligen Schaltzustand (bei Digitalschaltungen) abhängen kann, wird oft eine mittlere V. angegeben.

In integrierten Schaltungen führt die unterschiedliche Leistungsbelastung der Funktionselemente innerhalb der Schaltung oft zu lokalen Temperaturspitzen, die u. U. beim Entwurf mit beachtet werden müssen, sonst besteht die Gefahr lokaler Zerstörung. Die V. muß durch Wärmeableitungsmaßnahmen (Gehäuse, Kühlmaßnahmen) an die Umgebung abgeführt werden. Maßgebend ist dafür der →Wärmewiderstand gebildet aus Chipaufbau und Gehäuse. Da dieser durch das jeweilige Gehäuse gegeben ist, darf ein Bauelement oder eine integrierte Schaltung in einem bestimmten Gehäuse nur bis zu einer bestimmten Gesamtverlustleistung belastet werden. Daraus ergibt sich die Forderung nach einer möglichst kleinen V. pro Schaltungseinheit, z. B. ein →Gatter. *R. Paul*

Verlustleistungs-Verzögerungszeit-Produkt. (*engl.* Power Delay-Product, Geschwindigkeits-Leistungs-Produkt) Gütewert für das Schaltverhalten einer integrierten digitalen Grundschaltung (z. B. eines Gatters) für einer jeweiligen →Schaltkreisfamilie. Dieses Produkt berücksichtigt die Gegenläufigkeit der beiden Einflußgrößen, hohe →Verlustleistung (hoher Strom) kleine →Verzögerungszeit und umgekehrt (Bild).

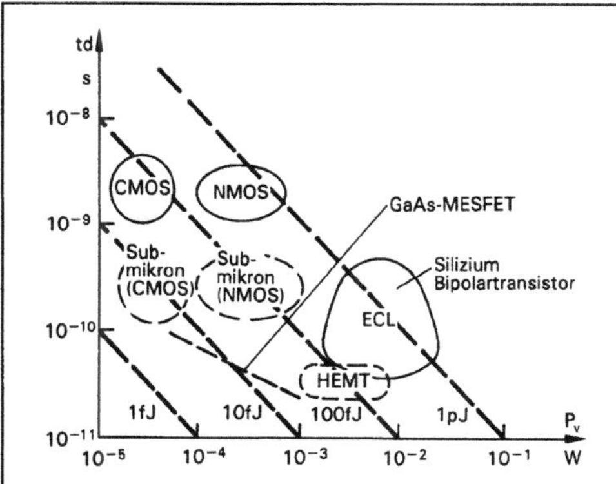

Verlustleistung-Verzögerungszeit-Produkt: Werte für typische integrierte Schaltkreistechniken.

Für eine Schaltkreisfamilie ist das V. in erster Näherung (unabhängig von der Schaltung) gleich und deshalb ein Gütemaß. Es sollte möglichst klein sein. Deshalb dient es häufig zum Vergleich einzelner Schaltkreisfamilien und des Entwicklungstrends. Das V. hat die Dimension einer Energie und wird deswegen in Pikojoule angegeben. Aus verschiedenen Ansätzen lassen sich Abschätzungen des minimal notwendigen V. machen. Sie zeigen, daß die derzeit benutzten Schaltkreistechnologien noch ausreichenden Abstand zu diesen Grenzen haben. *R. Paul*

Verlustwinkel. Ideale induktive und kapazitive Widerstände sind technisch nicht zu realisieren. Spulen und Kondensatoren haben immer auch eine ohmsche Komponente, die bei Stromdurchgang zu Energieverlusten führt. Der Phasenwinkel φ zwischen Spannung und Strom beträgt nicht 90°, sondern ist um den V. δ geringer:

$\delta = 90° - \varphi.$

Bei einer →Spule tragen der ohmsche Widerstand der Wicklung, die Wirbelströme im Eisen und die Ummagnetisierung des Eisens zu den Verlusten bei. Bei einem →Kondensator sind es die begrenzte Isolation der Elektroden und des Dielektrikums.

Das Verhalten von Spule und Kondensator wird durch eine Ersatzschaltung beschrieben, in der die Wirkkomponente durch einen ohmschen Widerstand in Reihe oder parallel zum Blindwiderstand berücksichtigt wird (Bild). Den Tangens des V. δ

Ersatzschaltung	Zeigerdiagramm	tan δ
$\underline{U}$, $\underline{I}$, $\underline{U}_L$, $\underline{U}_R$, L, R_r	$\underline{U}_R$, $\underline{U}_L$, δ, $\underline{U}$, φ, $\underline{I}$	$\frac{U_R}{U_L}$ $\frac{R_r}{\omega L}$
$\underline{U}$, $\underline{I}$, $\underline{U}_C$, $\underline{U}_R$, C, R_r	φ, $\underline{I}$, $\underline{U}_C$, δ, $\underline{U}$, $\underline{U}_R$	$\frac{U_R}{U_C}$ $R_r\,\omega C$
$\underline{U}$, $\underline{I}$, $\underline{I}_L$, L, $\underline{I}_R$, R_P	φ, $\underline{U}$, $\underline{I}_L$, δ, $\underline{I}$, $\underline{I}_R$	$\frac{I_R}{I_L}$ $\frac{\omega L}{R_p}$
$\underline{U}$, $\underline{I}$, $\underline{I}_C$, C, $\underline{I}_R$, R_p	$\underline{I}_R$, $\underline{I}_C$, δ, $\underline{I}$, φ, $\underline{U}$	$\frac{I_R}{I_C}$ $\frac{1}{R_p\omega C}$

Verlustwinkel: Reihen- und Parallel-Ersatzschaltung für verlustbehaftete induktive und kapazitive Widerstände.

nennt man Verlustfaktor. Er hängt von der Frequenz und der Temperatur ab. *Hammerschmidt*

Verpressen →Gehäusung

Verschlüsselung →Kryptographie

Versetzung. Die V. ist die wichtigste Art von ausgedehnten Kristalldefekten. Man unterscheidet dabei Stufenversetzungen und Schraubenversetzungen (Bild).

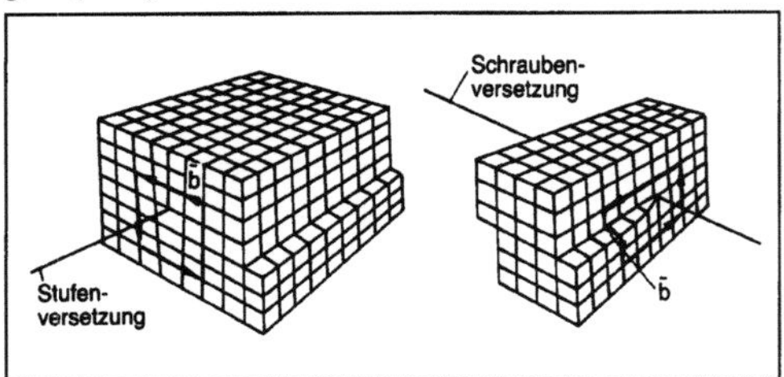

Versetzung: Schematische Darstellung der Stufen- und Schraubenversetzung.

Die Formierung von Stufenversetzungen ist so zu verstehen, als hätte man den Kristall entlang einer Schnittfläche aufgetrennt und um einen Vektor b (→Burgersvektor) verschoben. Bei Stufenversetzungen ist die Verschiebung senkrecht zum Burgersvektor, bei Schraubenversetzung ist die Verschiebung in Richtung des Burgervektors. Reale V. kann man sich als Zusammensetzung von Stufen- und Schraubenversetzungen denken, mit Winkeln zwischen 0 und 90° zwischen V. und Burgersvektor. Kräfte in Richtung des Burgersvektors verursachen Bewegungen der V. Dieser Mechanismus spielt eine wichtige Rolle z. B. bei plastischer Verformung. *Ryssel*

Literatur: *Bergmann-Schäfer:* Aufbau der Materie. Bd. IV, T. 1. Berlin 1981. – *Kopitzki, K.:* Einführung in die Festkörperphysik. Stuttgart 1986.

Versorgungsspannung →Netzgerät

Verstärker, invertierend. Der i. V. ist ein →Operationsverstärker, bei dem der n-Eingang beschaltet und der p-Eingang auf Masse gelegt ist. Er kann so gegengekoppelt werden (Bild), daß seine Ausgangsspannung u_a gleich der negativen Eingangsspannung u_e ist, $u_a = -u_e$. *Schrüfer*

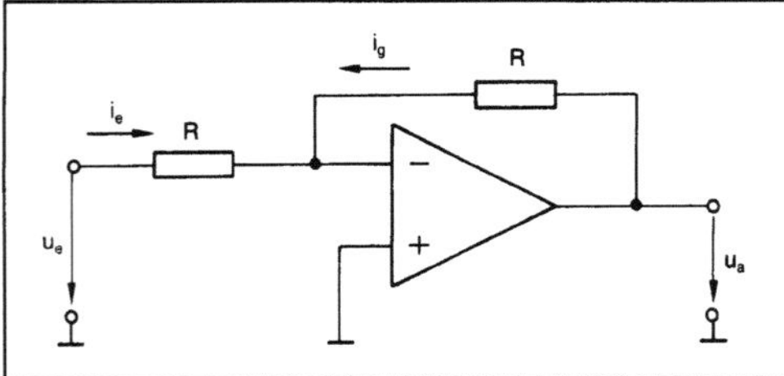

Verstärker, invertierend: Polaritätsumkehr durch den i. V.

Verstärker, ladungsempfindlich →Integrationsverstärker

Verstärker, logarithmisch. Der Logarithmierer ist ein Meßverstärker (invertierender →Operationsverstärker) mit einer Diode in der →Gegenkopplung (Bild). Die exponentielle Kennlinie der Diode führt dazu, daß die Ausgangsspannung U_a des invertierenden Verstärkers von dem Logarithmus des Eingangsstroms I_e abhängt. Ist I_s der →Sperrstrom der benutzten Diode, so gilt

$$U_a = -0{,}026 \ln \frac{I_e}{I_s} = -0{,}06 \log \frac{I_e}{I_s} \text{ in V.}$$ *Schrüfer*

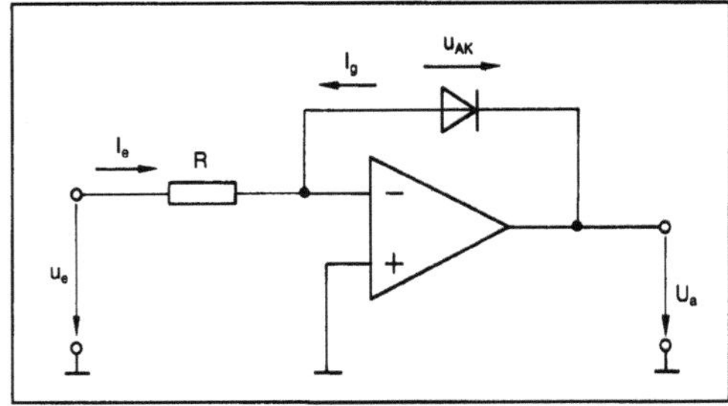

Verstärker, logarithmisch: Logarithmieren mit dem Umkehrverstärker.

Verstärker, nichtinvertierend →Elektrometer-Verstärker

Verstärker, optischer →Halbleiterverstärker, optischer

Verstärker, parametrischer →Optik, nichtlineare

Verstärker, radizierend. Der r. V. ist ein Meßverstärker (invertierender →Operationsverstärker), dessen Ausgangsspannung u_a proportional der Wurzel der Eingangsspannung u_1 ist. Dies wird erreicht, indem ein →Multiplizierer mit $u_g = k u_a u_a$ in die →Gegenkopplung des invertierenden Verstärkers gelegt wird (Bild). Dessen Ausgangsspannung u_a ist dann

$$u_a = -\sqrt{\frac{R_g}{kR_1}\, u_1}.$$ *Schrüfer*

Verstärker, radizierend: Prinzipieller Aufbau.

Verstärkergrundschaltung →Grundschaltung

Verstärkungs-Bandbreite-Produkt. Produkt aus dem →Verstärkungsfaktor (in der Mitte des zu übertragenen Bandes) und der →Bandbreite eines Verstärkers (→Transistor, →Verstärker, Verstärkerstufe, →Operationsverstärker u. a.). Verstärker zeigen Tiefpaßverhalten. Deshalb wird die Bandbreite durch die →Grenzfrequenz (meist durch die „3dB-Bandbreite") definiert. Nun trifft zu, daß eine Erhöhung der Verstärkung die Bandbreite senkt und umgekehrt. Deshalb wird besser das V. angegeben.

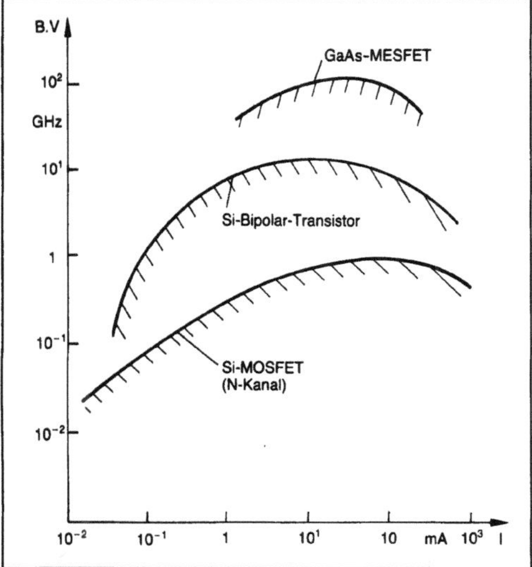

Verstärkungs-Bandbreite-Produkt: Verlauf für analoge Verstärkerstufen tendenziell über dem Strom dargestellt, wie sie in Mikrowellenstufen Anwendung finden. Man erkennt die deutliche Überlegenheit des MESFET.

Bei exaktem Tiefpaßverhalten (Tiefpaß erster Ordnung) hat das V. – auch bei beliebiger →Gegenkopplung – einen konstanten Wert, wenn die Verstärkung mit wachsender Frequenz um 20dB/Dekade fällt. Im besonderen ergibt sich dann bei einem Abfall der Verstärkung auf V = 1 die sog. f_1-Grenzfrequenz (keine Verstärkerwirkung mehr vorhanden, Grenzfrequenz). Bei Operationsverstärkern gibt es – je nach Aufbau und Frequenzgang – Bereiche mit einem Abfall von 20dB/Dekade, aber auch solche mit größerem Abfall. Für intern kompensierte Verstärker kann man aber in guter Näherung mit einem 20dB/Dekade Abfall rechnen. *R. Paul*

Verstärkungsfaktor. (umgangssprachlich auch Verstärkung genannt) Verhältnis einer Ausgangs- zur Eingangsgröße bei einem Vierpol, speziell Verstärker. Je nach dem betrachteten Verstärker sind folgende V. üblich:

□ die Spannungsverstärkung als Verhältnis von Ausgangs- zu Eingangsspannung,
□ die →Stromverstärkung als Verhältnis von Ausgangs- zu Eingangsstrom,
□ die Leistungsverstärkung als Verhältnis von Ausgangs- zu Eingangsleistung.

In allen Fällen sind die Abschlußbedingungen (Leerlauf, Kurzschluß, Scheinleistung, Wirkleistungsanpassung) anzugeben, wenn der V. als reine Größe des Verstärkers angegeben werden soll. Der V. läßt sich in allen Fällen durch Vierpolparameter ausdrücken, sofern →Kleinsignalbetrieb vorliegt. Je nach dem Signal (Gleich-, Wechselspannung) kann der V. unterschiedlich sein. Bei Operationsverstärkern mit zwei Eingängen ist die Verstärkung für die Differenz- und Gleichtakteingangsgröße zu spezifizieren. Häufig wird der Logarithmus des V., das sog. Verstärkungsmaß in →Dezibel angegeben. *R. Paul*

Verstärkungsführung →Halbleiterlaser, gaingeführter

Vertikalstruktur. Strukturgestaltung einer integrierten (monolithischen) Schaltung senkrecht zur Oberfläche des Bereiches (meist das Chip), der die Funktionselemente und Verbindungsleitungen enthält.

Die V. ist üblicherweise durch den Aufbau der Funktionselemente im Halbleiterbereich unter der Oberfläche bestimmt: Schichtfolgen (Metall, Isolator, dotierte Halbleitergebiete, Epitaxieschichten, Isolationsbereiche). Ihre Abmessungen und Eigenschaften liegen durch die Schichtdicke, Dotierungsprofile u. a. fest, nachdem man sich für eine bestimmte Basistechnologie entschieden hat (deren technologische Parameter sich wieder aus bestimmten elektrischen Grundmerkmalen ergeben). Derzeit wird bei monolithischen Schaltungen nur etwa 5% der Chipdicke auf die elektronische Funktion der Elemente ausgenutzt, der Rest des Substrates hat nur mechanische Trägerfunktion. Es gibt Bemühungen, dieses Volumen durch dreidimensionale Integration zusätzlich auszunutzen und so den →Integrationsgrad zu erhöhen. *R. Paul*

Vertrauensbereich →Schätzwert und Vertrauensbereich der Ausfallrate; →Schätzwert und Vertrauensbereich der mittleren Lebensdauer

Verzerrungsblindleistung. Die V. entsteht bei Stromrichtern durch den nicht sinusförmigen Netzstrom, der aus Grundschwingung und Oberschwingungen des Stromes besteht (→Gleichspannungs-/Gleichstromoberschwingungen, →Netzrückwirkung). Sie ist gekennzeichnet durch den Verzerrungsfaktor

$v = I_1/I_L$

I_1 Effektivwert des Grundschwingungsstromes, I_L Effektivwert des Gesamtstromes

Der Verzerrungsfaktor v hängt von der Pulszahl des Stromrichters und vom Überlappungswinkel ab (→Stromführungsdauer). *H. Stüben*

Verzögerungsleitung. (*engl.* delay line) In der Nachrichtentechnik, der Datentechnik und der Regelungstechnik besteht oft die Aufgabe, ein elektrisches Signal um eine bestimmte Zeit zu verzögern, z. B.:

- in der Elektroakustik zur künstlichen Erzeugung von Echos und Nachhall (einige Zehntel Sekunden bis Sekunden)
- in der →Fernsehtechnik, System →PAL, zur Verzögerung einer Bildzeile um eine Zeilendauer (64 µs), um Farbfehler zu eliminieren,
- in Datensichtgeräten als Wiederholspeicher
- in der Zeitmultiplex-Vermittlungstechnik zur Verschiebung der Sprachsignale (Puls) eines Fernsprechkanals in eine freie Zeitlage (bis 125 µs)
- in Laufzeitröhren zur Anpassung der Ausbreitungsgeschwindigkeit des zu verstärkenden Hochfrequenzsignals an die Elektronengeschwindigkeit.

Um ein Signal zu verzögern, nutzt man die Ausbreitungszeit des Signals in einem geeigneten Medium aus. Für viele praktische Anwendungen, wo Laufzeiten von einigen µs bis ms gebraucht werden, eignen sich Schallwellen in festen Körpern. Dazu wird das elektrische Signal durch einen entsprechenden Wandler in ein akustisches Signal umgewandelt, in den festen Körper am Anfang eingekoppelt und am Ende durch einen umgekehrten Wandler in ein elektrisches Signal zurückverwandelt.

Für Verzögerungszeiten bis zu 50 µs eignen sich Stahldrähte als Träger von logitudinalen Schallwellen. Die Schallgeschwindigkeit in Stahl beträgt etwa 5000 m/s, so daß der Draht für 50 µs eine Länge von 25 cm haben muß. Um den Draht elektromagnetisch ankoppeln zu können, verwendet man magnetostriktiven Stahldraht. Da die Magnetostriktion unabhängig vom Vorzeichen der Magnetisierung ist, muß der Draht durch ein permanentes Magnetfeld vormagnetisiert werden, andernfalls würde Frequenzverdoppelung auftreten. Mit der Stärke der Vormagnetisierung läßt sich auch ein →Arbeitspunkt einstellen, bei dem die Magnetostriktion am größten ist. Akustische Absorber an den Drahtenden verhindern störende Reflexionen. Die höchste anwendbare Frequenz ist 4 MHz. In einer Abwandlung des Prinzips werden Torsionswellen im Stahldraht benutzt (3000 m/s). Damit sind Verzögerungszeiten bis zu 2 ms erreicht worden. Der mehrere Meter lange Draht wird in einigen Windungen aufgespult.

Akustische Oberflächenwellen lassen sich auf piezoelektrischen Substraten mit Metallelektroden anregen. Als Materialien werden verwendet: Quarz, Lithiumniobat, Lithiumtantalat, Wismuth-Germanium-Oxid. Die Schallgeschwindigkeit beträgt etwa 3000 m/s, so daß sich Verzögerungszeiten von 20 µs erreichen lassen.

Im PAL-Farbfernsehempfänger muß das Signal einer Zeile um eine Zeitdauer von 64 µs verzögert werden. Man verwendet dazu einen Glasstab von etwa 18 cm Länge mit einem Querschnitt von 2 cm · 2 cm. Das Videosignal (0 bis 5 MHz) wird in einem →Modulator einer Trägerfrequenz aufmoduliert (Modulation). Das entstehende Zweiseitenband-Trägerfrequenzsignal reicht von 20–30 MHz. Es wird einem piezoelektrischen Wandler an einem Ende des Glasstabs zugeführt. Das Ultraschallsignal gelangt nach 64 µs an den zweiten Wandler am unteren Ende des Glasstabs und wird dort in ein elektrisches Signal zurückverwandelt. Es folgen ein Verstärker und ein Demodulator.

Mit der Entwicklung der integrierten Schaltungen werden in der digitalen Technik, insbesondere der Datentechnik und der Zeitmultiplex-Vermittlungstechnik zunehmend →Schieberegister als Verzögerungsglieder benutzt. Diese benötigen ein Taktsignal zu ihrer Steuerung. Sie arbeiten noch bis zu Taktfrequenzen von einigen 100 MHz. Schieberegister werden auch für wertkontinuierliche Signale bis 10 MHz verwendet (Pulsamplitudenmodulation; Modulation). Es wird über Versuche berichtet, nach denen Analogwert-Schieberegister bis 100 MHz Taktfrequenz gearbeitet haben.

Für die Erzeugung von künstlichen Echos und Nachhall werden Magnetbandgeräte mit endlosem Band verwendet (→Tonaufzeichnung). Hinter dem Aufnahmekopf sind mehrere Hörköpfe und ein Löschkopf angebracht. An den Hörköpfen lassen sich die Verzögerungszeiten und die Intensitäten der Echos bzw. des Nachhalls einstellen.

Bei Laufzeitröhren wird eine hochfrequente Welle so weit verzögert, daß sie mit einem Strahl aus beschleunigten Elektronen in Wechselwirkung treten und Energie zur Schwingungsanregung oder Verstärkung aufnehmen kann. Verwendet werden dazu Drahtwendeln, meist aus Molybdän, oder gekoppelte Resonatoren, die aus Kupfer hergestellt werden. Da sich neben der Nutzwelle auch noch weitere Teilwellen als Störwellen ausbreiten können, muß die V. entsprechend ausgelegt werden. *Kiesel*

Literatur: *Dillenburger, W.:* Einführung in die Fernsehtechnik. Bd. 2. Studiogeräte und Empfänger für Schwarz/Weiß- und Farbfernsehen. Berlin 1969.

Verzögerungszeit.

1. Bei Transistoren: Zeit, die vom Anlegen eines rechteckförmigen Steuersignals vergeht bis zu dem Zeitpunkt, an dem der Ausgangsstrom (Kollektor-, Drainstrom) 10% seines Maximalwertes erreicht hat. Die V. hängt bei größeren Lastelementen auch von der Belastung ab, bei Großsignalsteuerung auch von der →Aussteuerung. Die gesamte →Einschaltzeit wird jedoch – bauelementetypisch – durch mehrere Zeiten gekennzeichnet.

2. Bei Gattern: Hier unterscheidet man zwischen den Verzögerungszeiten t_{DHL} und t_{DLH} der HL- und LH-Flanke des Ausgangssignals (Bild). Die Gatterverzögerungszeit t_D eines Gatters

$$t_D = 1/2\ (t_{DHL} + t_{DLH})$$

ist dann der arithmetische Mittelwert der beiden V. Sie wird bei bestimmten Spannungspegeln gemessen, die für die jeweilige Schaltungsfamilie festliegen. Schaltet man n Gatter hintereinander, so beträgt die gesamte Verzögerungszeit n t_D. Die Gatterverzögerungszeit begrenzt die Arbeitsgeschwindigkeit logischer Schaltungen. Sie ist deswegen ein wichtiger Kennwert und wird – zusammen mit der Gatterverlustleistung – im Verlustleistungs-Verzögerungszeit-Produkt als Gütemaß für logische Grundschaltungen verwendet.

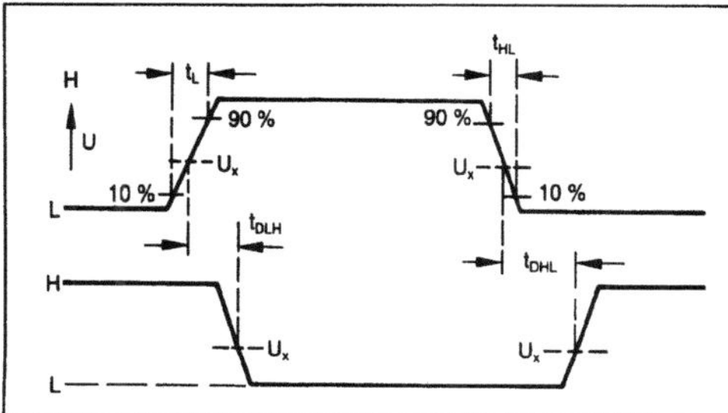

Verzögerungszeit: Verlauf bei Gattern U_x wird für jede Schaltkreisfamilie vereinbart.

3. Bedingt durch die in jedem elektronischen Bauelement – insbesondere →Halbleiterbauelement – vorhandene Zeitverzögerung zwischen einer erregenden Ursache z. B. Eingangsspannung und der sich einstellenden Wirkung (z. B. Ausgangsstrom) läßt sich grundsätzlich eine zugeordnete V. definieren. Aus Zweckmäßigkeitsgründen wird sie aber z. B. den Steuer- und Abschlußbedingungen, auch dem typischen Verhalten des Bauelementes angepaßt und dann sehr unterschiedlich bezeichnet. In diesem Sinne sind z. B. Anstiegs-, Speicher- und Abfallzeit beim →Bipolartransistor speziell vereinbarte V. *R. Paul*

VHDL. Abk. für *engl.* Very High Scale Integrated Circuit Hardware Description Language. Beschreibungssprache auf verschiedenen Ebenen für elektronische Schaltungen incl. ihres logischen/zeitlichen Verhaltens. VHDL ist primär gedacht zur Eingabe von Hardwarebeschreibungen, wird jedoch ebenso zum Datenaustausch zwischen verschiedenen Synthese- und Entwicklungstools eingesetzt.

VHDL erlaubt die Darstellung (mit ansteigender Komplexität) von:
- Strukturen (Netzlisten)
- Wahrheitstabellen
- Register-Transfer-Beschreibungen
- Datenflußbeschreibungen
- Behaviour-Beschreibungen

O. g. Darstellungen sind beliebig mischbar und werden so verwendet, wie sie dem jeweiligen Anwendungsfall oder der Erfahrung des Erstellers am besten gerecht werden. Die Vorgehensweise bei der Beschreibung kann sowohl nach dem Prinzip top-down wie auch bottom-up erfolgen.

VHDL ist mit IEEE 1076 als Standard definiert (1987). *K. Winter*

Literatur: IEEE Standard VHDL. Language Reference Manual, IEEE 1076 Standard 1987. – *Perry, D. L.*: VHDL New York 1991.

VHSIC. (Abk. *engl.* Very High Speed Integrated Circuit, hochintegrierte Hochgeschwindigkeitsschaltung) Integrierte Digitalschaltungen hohen Integrationsgrades, die bei Taktfrequenzen > 100 MHz arbeiten mit einem FTR-Wert größer als 10^{13} Gatter/sm^2. Merkmale dieser Gruppe (mit VLSI-Komplexität) sind Schaltungen, die sowohl hohe Taktgeschwindigkeit als auch eine große Datendurchsatzrate (Bitrate) besitzen. Die Größenordnung liegt bei ≧ 1 Gbit/s.

Die technologische Realisierung der VHSIC erfolgt derzeit noch auf Si-Basis, doch werden erhebliche Anstrengungen unternommen, auch integrierte GaAs-Schaltungen auf den erforderlichen hohen →Integrationsgrad zu bringen. Einsatzgebiete der VHSIC sind die Breitbandnachrichtentechnik und schnelle Datenübertragung. *R. Paul*

Vibrationssensor →Beschleunigungssensor

Videotechnik →Fernsehtechnik

Vidikon. Das V. ist eine Bildaufnahmeröhre mit →Photoleitung, in der das elektronische Bild auf der photoleitenden Schicht gespeichert ist und durch einen Elektronenstrahl abgetastet wird, der üblicherweise aus langsamen Elektronen besteht. Somit entsteht aus einem optischen Bild ein elektrisches Signal.

Aufbau (Bild): Die photoleitende Schicht besteht z. B. aus Antimontrisulfid und ist einige μm dick. Ihr bei Dunkelheit hoher spezifischer Widerstand nimmt mit steigender Beleuchtungsstärke ab. Mit der Schicht verbunden ist eine lichtdurchlässige

Signalplatte, an der eine Vorspannung von etwa 10–50 V liegt. Die durch die Beleuchtung entstehenden Bildelemente korrespondieren mit Speicherelementen, in die man sich die Speicherschicht zerlegt denken kann. Das zugehörige Ersatzschaltbild stellt eine Parallelschaltung eines Photowiderstandes und einer Kapazität dar, deren eine Seite an die transparente leitende Schicht angeschlossen ist und deren andere Seite durch den Elektronenstrahl abgetastet wird. Dabei stellt sich eine Potentialdifferenz über der photoleitenden Schicht ein, d. h. jede Elementarkapazität wird entsprechend dem Signalelektrodenpotential aufgeladen. Bei Beleuchtung werden infolge der Photoleitung die Speicherelemente teilweise entladen, auf der Speicherplatte entsteht eine Ladungsverteilung entsprechend der Helligkeitsverteilung des Bildes.

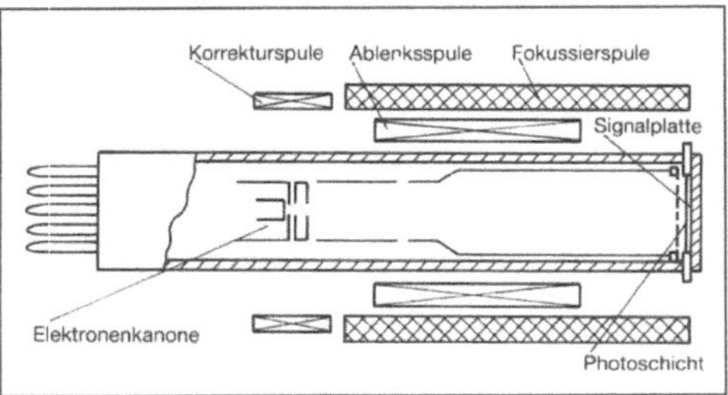

Vidikon: Schematischer Aufbau.

Der abtastende Elektronenstrahl lädt die Speicherelemente wieder auf, der resultierende kapazitive Ladestrom über der Signalplatte erzeugt einen →Spannungsabfall am Arbeitswiderstand, das Videosignal.

Der zweite Baustein des V. besteht aus einem Elektronenstrahl-Erzeugungssystem mit Elektronenkanone, sowie Magnetspulen zur →Fokussierung, →Ablenkung und Korrektur. Der zur Abtastung dienende Elektronenstrahl wird hiermit auf die Speicherschicht fokussiert. Während des Zeilenrücklaufs erfolgt eine Austastung. Der Elektronenstrahl wird kurz vor der Photoschicht stark abgebremst. Die langsamen Elektronen neutralisieren dort die positive Ladung, die restlichen Elektronen werden von der Anode der Elektronenkanone aufgenommen.

Ein Nachteil des V. ist der Nachzieheffekt. Dieser resultiert aus einer Trägheit der Leitfähigkeitsänderung der Photoschicht und der Umladung der einzelnen Photoschichtelemente bei schnellen Belichtungsänderungen.

Das V. wird heute in Überwachungsanlagen, sowie in Amateur- und Röntgenkameras angewendet.

Dem V. entspricht im Aufbau das *Plumbikon.* Anstelle der photoleitenden Schicht befindet sich eine Speicherschicht aus Bleioxid mit halbleitender pin-Struktur mit extrem niedrigem →Dunkelstrom. Das Plumbikon ist sehr linear bei hoher Empfindlichkeit und guter Auflösung, sowie sehr kleiner photoleitender Trägheit. Es ist die Standardröhre für Farb-Fernsehkameras.

Eine besondere Ausführungsform stellt die Multidiodenröhre oder Silicium-V. dar. In die Speicherschicht aus einem Siliciumkristall werden winzige Planardioden eindiffundiert. Dieser Röhrentyp ist außerordentlich robust und unempfindlich gegen extreme Überstrahlung. Die Anwendung liegt bei Überwachungsanlagen mit Schwerpunkt im nahen Infrarot. *Kiesel*

Literatur: *Bernath:* Technik des Fernsehens. Berlin–Heidelberg–New York, 1986.

Vielemittertransistor →Multiemitter-Transistor

Vielfachmeßgerät →Multimeter; →Spannungsmessung, elektrische

Vielschichtkondensator →Keramik-Vielschichtkondensator

Vielstrahl-Elektronenlithographie. *(engl.* Multi-Beam Electron Lithography). →Elektronenstrahllithographie

Literatur: *Lischke, B.* et al. Microelectronic Engineering 9 (1989) 93. – *Roelofs, B. J. G. M.* und *J. E. Barth:* Microelectronic Engineering 2 (1984) 259.

Vierpolgleichungen. Die elektrischen Eigenschaften eines linearen Vierpols – auch als Zweitor bezeichnet – werden vollständig durch zwei Spannungen (U_1, U_2) und Ströme (I_1, I_2) und die sie verknüpfenden unabhängigen V. beschrieben (Bild). Die Koeffizienten dieser Gleichungen heißen Vierpolkoeffizienten oder Vierpolparameter. Sie sind ausschließlich Eigenschaften des Vierpols. Für die V. gibt es insgesamt sechs verschiedene Darstellungsmöglichkeiten:

Widerstandsform	$U_1 = Z_{11}I_1 + Z_{12}I_2$
	$U_2 = Z_{21}I_1 + Z_{22}I_2$
Leitwertform	$I_1 = Y_{11}U_1 + Y_{12}U_2$
	$I_2 = Y_{21}U_1 + Y_{22}U_2$
Reihen-Parallelform	$U_1 = H_{11}I_1 + H_{12}U_2$
	$I_2 = H_{21}I_1 + H_{22}U_2$
Parallel-Reihenform	$I_1 = C_{11}U_1 + C_{12}I_2$
	$U_2 = C_{21}U_1 + C_{22}I_2$
Kettenform	$U_1 = A_{11}U_2 + A_{12}I_2$
	$I_1 = A_{21}U_2 + A_{22}I_2$
inverse Kettenform	$U_2 = B_{11}U_1 + B_{12}I_1$
	$I_2 = B_{21}U_1 + B_{22}I_1.$

Die verschiedenen V. beschreiben den Vierpol mit gleichem physikalischen Sachverhalt in ver-

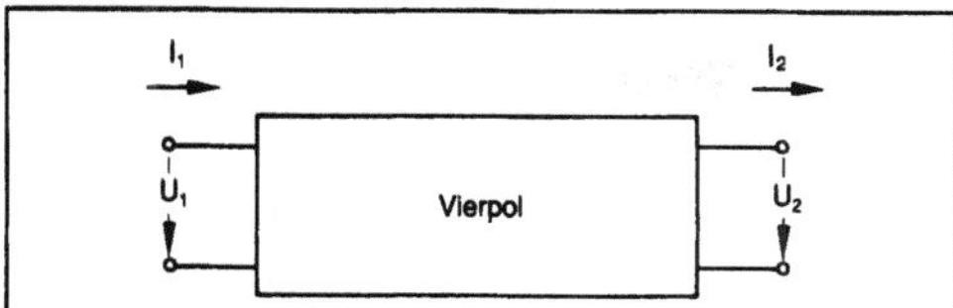

Vierpolgleichungen: Allgemeiner Vierpol.

schiedenen Formen, deshalb können die Vierpolkoeffizienten ineinander umgerechnet werden. Dem physikalischen Inhalt nach treten dabei Eingangs- und Ausgangswiderstände (bei Leerlauf bzw. Kurzschluß der anderen Vierpolseite) und Übertragungs- oder Transfergrößen auf.

Anschaulich lassen sich die V. durch formale Vierpolersatzschaltungen darstellen. Will man Halbleiterbauelemente mit i. a. nichtlinearen Übertragungseigenschaften (Transistoren, Verstärkerstufen) und Klemmenverhalten durch V. beschreiben, so ist zunächst die Kleinsignalaussteuerung um einen Arbeitspunkt eine erste Voraussetzung. Dann enthalten die Vierpolparameter spezifische Eigenschaften des Bauelementes, i. a. hängen sie vom Arbeitspunkt und Frequenz ab. Zur Kennzeichnung der Halbleiterbauelemente wird dabei bevorzugt die Leitwertform (wegen der leichten Meßbarkeit bei hohen Frequenzen) benutzt, die Hybridform für Bipolartransistoren und niedrige Frequenzen, kaum jedoch die Kettenform benutzt. Die übrigen Darstellungsformen spielen nur eine untergeordnete Rolle. Die anschauliche Darstellung der V. durch Ersatzschaltungen hat den Vorteil, daß die meisten Ersatzschaltelemente einen deutlichen Bezug zu physikalischen Vorgängen im Bauelement haben, deshalb werden umgekehrt die Parameter realer Halbleiterbauelemente meßtechnisch ermittelt, daraus Ersatzschaltelemente bestimmt und diese dann als Modelle für die →Netzwerkanalyse größerer Schaltung mittels Rechner – die sog. Schaltungssimulation – verwendet. *R. Paul*

Literatur: *Müller, R.:* Bauelemente der Halbleiterelektronik. Berlin 1979. – *Paul, R.:* Transistoren und Thyristoren. Heidelberg 1978.

Vierschichtdiode. (auch Kippdiode oder rückwärts sperrende Thyristor- oder Shockley-Diode) pnpn-Vierschichtstruktur wie der Thyristor ohne Steuerelektrode (Bild). Die →Zündung erfolgt als sog. Anodenspannungszündung (Anode, Anschluß an der p-Zone), wobei Spannungsänderungen einen Strom durch die Sperrschichtkapazität der mittleren Sperrschicht bewirkt, der die Zündung einleitet. Der Stromfluß nach der Zündung bleibt bestehen, bis die →Anodenspannung einen Minimalwert unterschritten hat. Im Sperrzustand hat die V. einen hohen Widerstand. V. werden hauptsächlich zur Erzeugung von Zündimpulsen für →Thyristoren verwendet. *R. Paul*

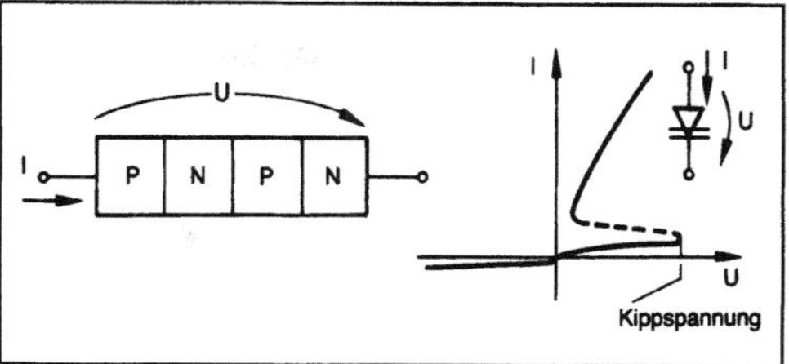

Vierschichtdiode: Aufbau, Kennlinie und Schaltbild.

Viertelzeilenoffset →PAL

Vier-Wellen-Mischung →Optik, nichtlineare

VLSI. (*engl.* Very Large Scale Integration, Höchstintegration) Integrierte →Schaltung mit einem →Integrationsgrad zwischen 10^5 und 10^6 Funktionselementen bzw. über 10000 äquivalenten Gatterfunktionen. Die →Packungsdichte liegt im Bereich 20000 FE/cm² (bei Strukturgrößen um 2 μm) für MOS-Techniken.

→Bipolartechniken werden wegen ihrer deutlich kleineren Packungsdichte nur sehr selten im V-Bereich verwendet. Der breite Übergang von der LSI- zur VLSI-Technik zu Beginn der 80er Jahre war mit einem durchgängigen Einsatz neuer Herstellungsschritte für kleinere Strukturbreiten verbunden: Strukturerzeugung durch Projektionsbelichtung bzw. →Elektronenstrahl-Lithographie, breiter Einsatz von Trockenätzverfahren (Plasma- und Ionenstrahlätzen), definierte Erzeugung dünner Halbleiter- und Isolatorschichten durch Niederdruck-CVD- und Zerstäubungsverfahren, durchgängiger Einsatz der →Implantation zur →Dotierung anstelle der Diffusion.

Typische Schaltkreise mit VLSI-Komplexität sind →Halbleiterspeicher, →Mikroprozessoren, →Signalprozessoren, Peripherieschaltungen für Mikrorechner und zunehmend auch Telekommunikationsschaltungen. *R. Paul*

Vollaussteuerung. V. ist bei einem gesteuerten →Gleichrichter gegeben, wenn dieser die maximale Spannung am Ausgang abgibt. Dies ist beim Steuerwinkel $\alpha = 0°$ el gegeben, d. h. wenn kein Phasenanschnitt erfolgt (→Anschnittsteuerung).

Dies folgt aus $U_{di} = U_{dio} \cos \alpha$, bei $\alpha = 0° \rightarrow U_{di} = U_{dio}$. Es ist dies die Ausgangsspannung, die ein ungesteuerter Gleichrichter in der gleichen Schaltung ebenfalls abgeben würde. *H. Stüben*

Volumenleitfähigkeit. Die elektrische →Leitfähigkeit, die als Materialkonstante aus dem Zusammenhang zwischen elektrischer Stromdichte und →Feldstärke definiert ist, ergibt sich dem Ursprung nach aus einem Wechselspiel zwischen der

Beschleunigung der →Ladungsträger durch das Feld und Stoßvorgängen unter sich mit anderen Teilchen, mit dem Wirtsgitter bei Festkörper und der Oberfläche des betreffenden Transportraumes. Ist der Oberflächeneinfluß ausgeschlossen, so spricht man von V. Bezieht sich hingegen die Leitfähigkeit auf das Volumen einer dünnen Schicht und schließt damit Stoßvorgänge mit der Oberfläche ein, so liegt Oberflächenleitfähigkeit vor. Letztere läßt sich z. B. durch Influenz beeinflussen (Leitfähigkeitsmodulation durch Feldeffekt), was z. B. im →MIS-Übergang und speziell beim →MISFET ausgenutzt wird. *R. Paul*

Von-Klitzing-Effekt. *Klaus von Klitzing,* Nobelpreisträger für Physik 1985, untersuchte den →Hall-Effekt (Hall-Generator) in dünnen Silicium-Schichten bei tiefen Temperaturen und hohen Magnetfeldern. Er fand, daß die Elektronen nur diskrete Energieniveaus annehmen, d. h. auf diskreten Bahnen laufen. Der *Hall*-Widerstand R, als Quotient aus der *Hall*-Spannung U und dem Steuerstrom I, ist quantisiert. Wird er, bei einem festen Magnetfeld der Induktion B, in Abhängigkeit von einer die Konzentration der →Ladungsträger steuernden Spannung U_g gemessen, so treten charakteristische Stufen auf (Bild). Die Widerstandswerte der Stufen hängen ausschließlich von dem *Planck'schen* Wirkungsquantum h, der Elementarladung e_0 und dem Zählerparameter z ab, der die möglichen Energieniveaus kennzeichnet:

$$R = \frac{U}{I} = \frac{1}{ne_0}\frac{1}{d}B = \frac{1}{z}\frac{h}{e_0^2}\frac{Ws \cdot s}{As \cdot As}.$$

Diese Widerstandswerte sind unabhängig von der Geometrie und von dem Material der verwendeten Sonden. Damit ist es gelungen, das Ohm als Einheit des elektrischen Widerstandes auf zwei Naturkonstanten, d. h. auf ein Naturmaß zurückzuführen. Der *Hall-Effekt* bietet damit eine Möglichkeit zur genauen und reproduzierbaren Darstellung der Einheit Ohm. *Schrüfer*

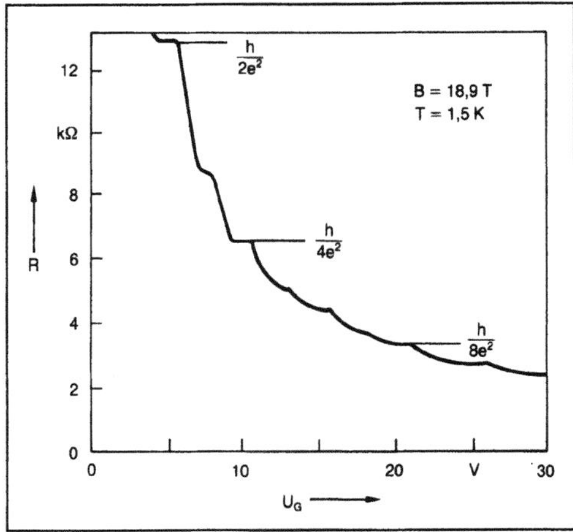

Von-Klitzing-Effekt: Stufenförmiger Verlauf des Hall-Widerstandes bei tiefen Temperaturen und hohen Magnetfeldern.

Literatur: *von Klitzing, K.:* Quantisierter Hall-Widerstand zweidimensionaler Elektronensysteme. PTB-Ber. PTB-E-18, 1981, S. 117/130.

Vorbelegung →Diffusion, →Ionenimplantation

Voreilwinkel →Steuerverfahren für Stromrichter

Vorform-Glasfaser →Glasfaserherstellungsverfahren

Vorschmelzen →Mikrofügeverfahren, →Weichlöttechnik

Vorspannung, magnetische. Bei einer →Differentialfeldplatte in Brückenschaltung ergibt sich die maximale relative Widerstandsänderung bei einer bestimmten magnetischen Induktionsflußdichte (z. B. 0,3 Tesla). Zur Steigerung der Meßempfindlichkeit wird diese Induktionsflußdichte häufig durch einen Permanentmagneten vorgegeben. *Schaumburg*

W

Wafer →Halbleiterscheibe

Waferprober. W. werden zum Kontaktieren von Schaltungsstrukturen mit Meßspitzen (*engl.* probe) oder Prüfkarten (*engl.* probecard) für elektrische Testzwecke verwendet. Man unterscheidet zwischen manuellen W. für Einzelmessungen oder zur hochpräzisen Kontaktierung kleinster Strukturen bis ca. 1 µm und automatischen W. zum schnellen Test aller auf einem Wafer befindlichen Chips.

Vollautomatische W. können die Lage jedes Wafers mit elektronischen Bilderkennungssystemen feinjustieren, wodurch die Abfertigung von mit Wafern gefüllten Kassetten ohne menschlichen Bedienungsaufwand ermöglicht wird. Liegen die elektrischen Parameter eines Chips außerhalb der Spezifikation, dann kann der Chip vom W. mit einem Tintenpunkt markiert und beim Chipbonden (→Bonden) aussortiert werden.

Neben dem W., der für die Kontaktierung der Chips sorgt, ist elektrisches Testgerät zur Durchführung der Messungen erforderlich. Die Steuerung des W., des Meßablaufs sowie die Datenaufbereitung bzw. -speicherung erledigt ein Rechner. *Ryssel*

Waferprüfung. →Chipprüfung

Waferscan. W. bezeichnet einen Wafertest, bei dem alle Systeme auf einer →Halbleiterscheibe gemessen werden. Die Messung eines Systems muß dabei nicht alle Funktionen erfassen, da das fertige Bauelement mit Gehäuse in der Regel noch einmal getestet wird.

Beim W. werden die als fehlerhaft erkannten Systeme (Chips) mit Hilfe eines „Inkers" markiert, um sie von der Weiterverarbeitung auszunehmen. *Obermeir*

Waferstepper →Step-and-Repeat-Verfahren

Wahrheitstabelle. (*engl.* Truth table) Tabellarische Darstellung der Ein- und der jeweils zugehörigen Ausgangszustände eines digitalen Prüflings. Die W. ist Basis für die Erstellung von Prüfprogrammen für den statischen →Test. *K. Winter*

INPUTS					OUTPUTS	
$\overline{PRE}$	$\overline{CLR}$	$\overline{CLK}$	J	$\overline{K}$	Q	$\overline{Q}$
L	H	X	X	X	H	L
H	L	X	X	X	L	H
L	L	X	X	X	H‡	H‡
H	H	↓	L	L	Q_0	$\overline{Q}_0$
H	H	↓	H	L	H	L
H	H	↓	L	H	L	H
H	H	↓	H	H	TOGGLE	
H	H	H	X	X	Q_0	$\overline{Q}_0$

Wahrheitstabelle: Beispiel. Für die einzelnen Pins $\overline{PRE}$, $\overline{CLR}$ usw. sind je Zeile jeweils die logischen Zustände L (LOW), H (HIGH), X (UNKNOWN), ↓ (Übergang zu log. LOW) usw. aufgetragen. (Quelle: Texas Instruments)

Wake-Field-Beschleuniger. Ein zur Zeit in der Erprobung befindliches neuartiges Prinzip zur Beschleunigung von Elektronen, bei dem das Streufeld eines ringförmigen Primärstrahls komprimiert und danach zur Beschleunigung eines Sekundärstrahls auf sehr hohe Energie benutzt wird. Wesentlicher Bestandteil dieses W.-F.-B. ist ein axialsymmetrischer Transformator (Bild). Der kurze ringförmige Primärstrahl durchläuft die Kreisschlitze des Transformators und regt dabei elektromagnetische Wellen (*wake-fields*) an, die anschließend nach innen zur Achse reflektiert werden. Dabei werden die Felder auf ein sehr kleines Volumen um die

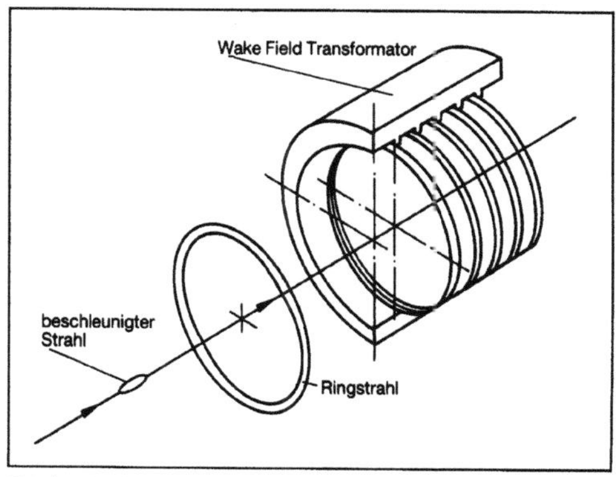

Wake-Field-Beschleuniger: Prinzip des Wake-Field-Transformators.

Achse komprimiert und dadurch erheblich verstärkt. Genau zu diesem Zeitpunkt wird der zweite Strahl durch die Löcher entlang der Achse geschossen und dabei kräftig beschleunigt. *Wille*

Wanderfeldröhre. (*engl.* travelling wave tube, TWT) Die W. (WFR) ist eine Verstärkerröhre für Mikrowellensignale ab etwa 200 MHz. Es handelt sich um eine →Laufzeitröhre ohne statisches Querfeld mit einer →Verzögerungsleitung, bei der die mittlere Geschwindigkeit der Elektronenströme nach Größe und Richtung nahezu gleich der →Phasengeschwindigkeit einer Vorwärtswelle auf der Verzögerungsleitung ist. Sie zeichnet sich insbesondere durch eine große Bandbreite, die über mehrere Oktaven gehen kann, eine hohe Verstärkung und, bei Verwendung von Gegenfeldkollektoren zum Abbremsen des Elektronenstrahls, auch hohen Wirkungsgrad aus.

Die W. besteht im wesentlichen aus den Baugruppen Strahlerzeugungssystem, Verzögerungsleitung mit umgebendem →Strahlführungsmagnet und dem →Kollektor. Die Elektronenstrahlkanone enthält die →Kathode, den →Wehnelt-Zylinder und die Beschleunigungsanode. Einige Sonderformen verfügen zusätzlich über ein Steuergitter direkt vor der Kathode. Der von der Kathode emittierte →Elektronenstrahl wird durch das elektronenoptische System, das der Strahlerzeuger darstellt, etwa um den Faktor 1:25 im Querschnitt komprimiert. Damit der Strahl in seinem weiteren Verlauf nicht infolge von Raumladungskräften auseinanderläuft, wird er durch ein Magnetfeld geführt (Bild 1).

Das Magnetfeld wird raum- und gewichtssparend von Permanentmagneten mit alternierender Feldfolge, die ein periodisches Permanentmagnetfeld aufbauen, erzeugt. Als Magnetmaterial dient meist eine Legierung aus Samariumkobalt, damit lassen sich axiale Feldstärken erreichen, die es ermöglichen, Strahlleistungsdichten von über einem MW je cm^2 in der Verzögerungsleitung zu führen. Bei sehr hohem Feldbedarf werden auch heute noch elektromagnetische Spulen verwendet.

Die Verzögerungsleitung gleicht die Geschwindigkeit der hochfrequenten Signalwelle an die Bewegung des Elektronenstrahls an. Die eleganteste Möglichkeit hierzu bietet die Wendel. Sie besitzt longitudinale Felder geeigneter Geschwindigkeit, ist besonders breitbandig und nur zu hohen Leistungen hin durch ihre thermische Belastbarkeit begrenzt. Die Verlustwärme wird verursacht durch Kreisverluste und die Energie aufprallender Elektronen. Die Wendel wird aus Molybdän gefertigt, wobei Toleranzen im μm-Bereich eingehalten werden müssen. Bei sehr hohen hochfrequenten Leistungen müssen massivere Verzögerungsleitungen, z. B. Filterwellenleiter aus gekoppelten Resonatoren, mit größerer Wärmeleitfähigkeit verwendet werden. Diese sind kurz, aber schmalbandig. Die Wechselwirkung geschieht in allen Fällen so, daß die Elektronen durch Längskomponenten des Hochfrequenzfeldes beschleunigt oder abgebremst werden. Die daraus resultierende unterschiedliche Geschwindigkeit des Strahls führt zu Elektronenballungen, die einen entsprechend starken Influenzstrom auf der Leitung erzeugen. Da die Strahlelektronen und die hochfrequente Welle nahezu synchron laufen, ergibt sich eine ungestörte Wechselwirkung über lange Strecken von 20–40 Wellenlängen. Bei der Energieabgabe an die Leitungswelle werden die Elektronen im Mittel abgebremst. Sie müssen also zunächst eine größere Geschwindigkeit als die Welle besitzen. Unterhalb der Synchrongeschwindigkeit können sie keine Energie mehr abgeben, dadurch ist der elektronische Wirkungsgrad einer W. relativ niedrig und liegt bei etwa 25%. Verbessern läßt sich dieser Wirkungsgrad durch Resynchronisationstechniken.

Die unverbrauchte kinetische Energie des Elektronenstrahls wird vom Kollektor aufgenommen und in Wärme umgewandelt. Der Elektronenstrahl läßt sich nach erfolgter Wechselwirkung zur Rückgewinnung der Restenergie im Kollektor auf etwa 40% der Synchrongeschwindigkeit abbremsen, wobei sich der Röhrenwirkungsgrad in die Größenordnung von 50% erhöht. Infolge der Geschwindigkeitsverteilung der ankommenden Elektronen wird

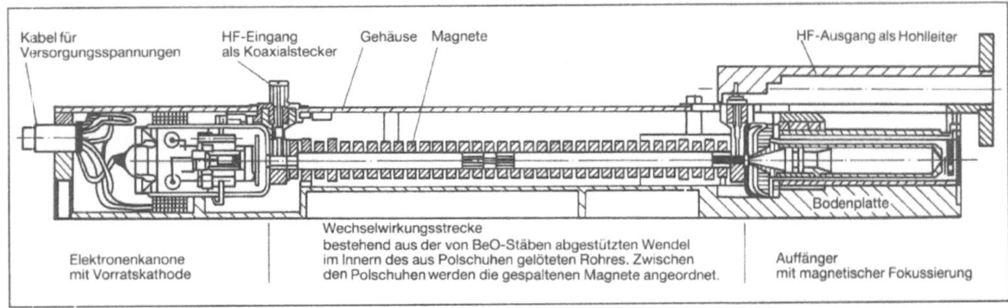

Wanderfeldröhre 1: Querschnitt durch eine Röhre von ca. 40 W Leistung bei einer Frequenz von 12 GHz.

der Kollektor mehrstufig ausgelegt, wobei die einzelnen Potentialstufen jeweils bestimmten Geschwindigkeitsintervallen zugeordnet sind. In den Röhrenwirkungsgrad gehen neben den Kollektorverlusten noch die Heizer-, sowie die Strahlverluste zur Verzögerungsleitung ein. Der besondere Vorteil eines mehrstufigen Kollektors liegt auch noch darin, daß die Verlustwärme praktisch unabhängig von der →Aussteuerung ist, da ohne oder bei geringer Aussteuerung eine Kollektorelektrode niederen Potentials den nicht aufgespreizten, relativ gleichförmigen Strahl auffängt.

Ein wichtiger Punkt, vor allem für Satellitenanwendungen, ist die Lebensdauer. Sie liegt heute in der Größenordnung von zehn Jahren und wird im wesentlichen vom Bariumvorrat in der Kathode begrenzt. Kathoden allein haben heute eine Lebensdauererwartung von mehr als 15 Jahren. Weitere Voraussetzungen für eine hohe Lebensdauer sind ein extrem gutes Vakuum, möglichst wenig Abdampfungen von Materialien innerhalb der Röhre und eine gute →Strahlführung, bei der weniger als 1 % des Strahlstromes auf die Verzögerungsleitung trifft. Die Vakuumdichtigkeit wird heute durch die Metall-Keramik-Technologie gewährleistet, das Aufrechterhalten eines guten Vakuums geschieht meist durch →Getter, z. B. nichtverdampfbare Langzeitgetter, die auch die Bedampfungsgefahr bei Hochspannungsisolatoren vermindern.

Wie alle Verstärker, weist auch die W. Sättigungserscheinungen in ihrer Leistungscharakteristik auf, d. h., ein eingespeistes Signal wird ab einer bestimmten Größe nicht mehr linear verstärkt, sondern komprimiert. Diese Signalkompression führt zu einer Reihe von Amplitudenverzerrungen. Gleichzeitig wird der Elektronenstrahl, wie beschrieben, verlangsamt, es entstehen Phasenverzerrungen. Die eigentlichen Oberwellen, d. h. höhere Harmonische, fallen nur bei Breitbandröhren mit mehr als einer Oktave Bandbreite in das Übertragungsband. Bei anderen, schmalbandigen Röhrentypen treten sie nur als Außerbandstörung auf. In das Nutzband fallen meist die Intermodulationsprodukte, die als Mischprodukte bei Anwesenheit mehrerer Träger entstehen.

Weitere Störungen, die die Übertragungseigenschaften negativ beeinflussen, entstehen aus Verstärkungsschwankungen (*engl.* gain variation), wobei insbesondere die Steilheit dieser Änderung in Abhängigkeit von der Frequenz wichtig ist (*engl.* gain slope), ferner durch Gruppenlaufzeiteffekte (*engl.* group-delay) und eine aufgeprägte Störmodulation.

Aus der Phasennacheilung des Signals bei großer Aussteuerung resultiert im Zusammenspiel mit Verstärkungsschwankungen die sog. AM-PM-Konversion, die eine zusätzliche, störende Frequenzmodulation erzeugt.

Die ungleichförmige Elektronengeschwindigkeit im Strahl erzeugt ein Zusatzrauschen in der Röhre. Da es sich meist um Verstärker mit großer Ausgangsleistung handelt, erreicht die zugehörige Rauschzahl typische Werte zwischen 20 und 30 dB.

Die heutigen Anwendungsbereiche für W. liegen auf Gebieten, auf denen Transistorverstärker aus Leistungsgründen oder wegen der hohen Frequenz nicht konkurrieren können. Ein wichtiger Bereich ist immer noch der Richtfunk, wobei das Interesse neu geweckt wurde durch Systeme mit Amplitudenmodulation oder durch digitale Übertragung extrem breitbandiger Signalströme. Eine Domäne für die Röhren sind die →Leistungsverstärker in Nachrichtensatelliten (Bild 2), bei denen es neben großer Lebensdauer auf hohen Wirkungsgrad ankommt, sowie in Satellitenbodenstationen (Bild 3). In Radaranlagen werden hohe Spitzenleistungen bis 100 kW bei mittlerer Leistung je nach Frequenzbereich zwischen 3 und 10 kW benötigt. Daneben gibt es eine Reihe militärischer Anwendungen, bei denen es auf niedriges Gewicht oder extrem kurze Vorheizzeiten ankommt. Das Leistungsgewicht

Wanderfeldröhre 2: Satelliten-W. ohne Gehäuse und Magnete. (Quelle: AEG)

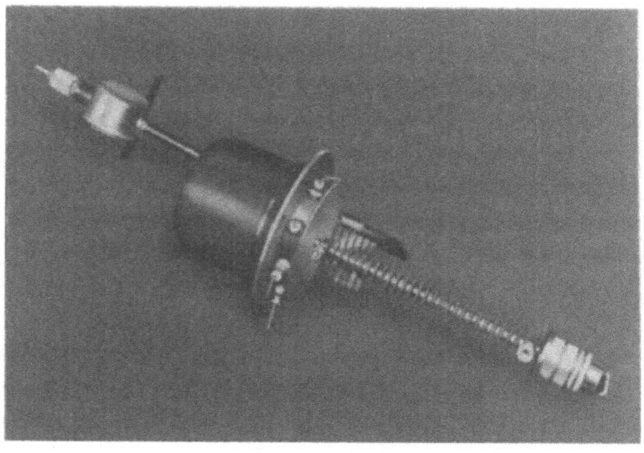

Wanderfeldröhre 3: Ausführung 30 GHz/350 W für Satelliten-Bodenstationen. (Quelle: Siemens)

bewegt sich auf 5 g/Watt zu, die Kathode soll nach 1 s Vorheizung betriebsbereit sein. *Kiesel*

Literatur: *Kleen, W., Pöschl, K.:* Einführung in die Mikrowellenelektronik. Teil II. Lauffeldröhren, Stuttgart 1958.

Wandler, aktiver. Wird eine vorgegebene elektrische Größe (z. B. Strom oder Spannung) durch einen →Sensor gesteuert, dann bezeichnet man den Sensor als a. W. Dazu gehören gebräuchliche Sensoren wie Widerstandstemperatursensoren oder →Photowiderstände. *Schaumburg*

Wandler, elektrooptischer. Elektronischer Baustein, der direkt →Ladungsträger in →Photonen bzw. Photonen in Ladungsträger umwandelt.

Im engen Sinne gehören dazu →Lumineszenzdiode, →Halbleiterlaser und →Lumineszenzplatte als e. W. und Vakuum-Photodiode, →Halbleiter-Photodiode, Photomultiplier und →Phototransistor als opto-elektronische Wandler.

In der Anwendung werden diese Bausteine mit aktiven und passiven elektronischen und weiteren optischen Komponenten zusammengeschaltet, so daß auch komplette Sende-(Laser) und Empfangsmodule hinzuzurechnen sind. *Rosenzweig*

Wandler, passiver. Wandelt ein Sensor eine von außen zugeführte Energie direkt in elektrische Energie um, dann spricht man von einem p. W. Beispiele hierfür sind optisch-elektrische, piezoelektrische und thermoelektrische →Wandler. *Schaumburg*

Wandler, piezoelektrischer. Passiver Wandler, der mechanische in elektrische Energie umwandelt (→piezoelektrisch). Das Verhältnis der entsprechenden Energiedichten wird durch den →Kopplungsfaktor bestimmt. *Schaumburg*

Wandler, thermoelektrischer. Passiver Wandler, der thermische in elektrische Energie umwandelt. Beispiele hierfür sind das →Thermoelement und pyroelektrische Wandler. *Schaumburg*

Wanne →CMOS-Technik

Wärmeentsorgung →Aufbau- und Verbindungstechnik, →Hybridintegration, →Leiterplattentechnik, →Substrat, →Umhüllung, →Wärmeleitmodul.

Wärmeleitmodul. Anfang der 50er Jahre begann die Entwicklung zu elektronischen Aufbauten erhöhter Kompaktheit, als dies mit den bis dahin üblichen Röhren, Widerständen und Kondensatoren möglich war (→Miniaturisierung). Aus dem mehrlagigen keramischen →Kondensator mit Pd-Elektroden, der in einem Laminationsverfahren hergestellt wurde, entwickelte sich ein Träger für leistungsfähige integrierte Schaltkreise mit mehreren Ebenen der →Verdrahtung aus einer Molybdän/Mangan-Metallisierung, eingebettet in einen geschichteten Keramik-Aufbau aus Aluminiumoxid. Zur elektrischen Verbindung der einzelnen Leitungsebenen werden Löcher durch die aus sinterfähigen Pulverpasten aufgebauten Schichtsysteme gestanzt und mit Metallpulverpaste gefüllt. Variable Schaltungsanschlüsse werden an der oberen Lage der Schichtkontakte hergestellt. Verschiedene Ebenen für die Signalleitung und Stromzuführung ermöglichen in Verbindung mit hartgelötetem Sockel den sicheren Aufbau komplexer Schaltkreise. Die thermische Stabilität des Metall-Keramik-Aufbaus aus dem Hochtemperatur-Sinterprozeß und das →Metallgehäuse gewährleisten hohe Zuverlässigkeit auch bei extremen Beanspruchungsbedingungen (Temperaturwechsel, mechanische Stöße, Korrosionsumgebung). Die Wärmeabfuhr kann durch Füllen mit wärmeleitendem Heliumgas noch weiter gesteigert werden, z. B. zur Chipmontage in Hochleistungsrechnern. *Hieber*

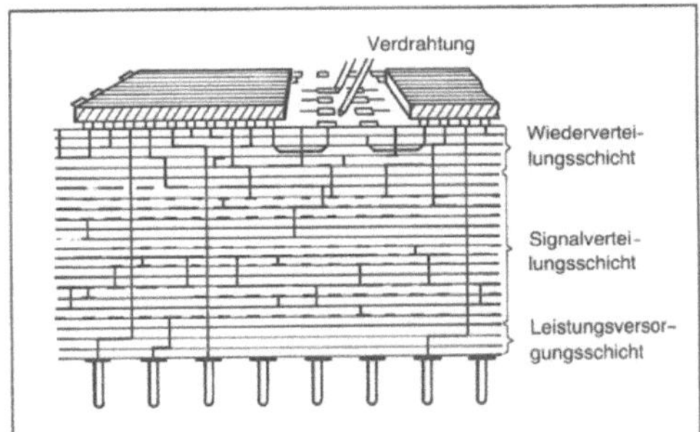

Wämeleitmodul 1: Schematische Darstellung eines mehrlagigen Chipträgerstubstrats. (Quelle: B. Schwartz)

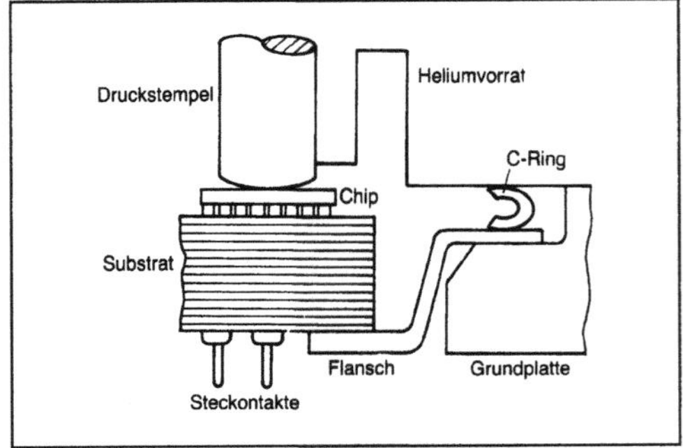

Wärmeleitmodul 2: Querschnitt durch einen W. (Quelle: IBM)

Wärmeleitsensor. W., auch Wärmeleitfähigkeitssensoren oder Wärmeleitfähigkeitsdetektoren

(WLD) genannt, sind in gasförmigen Medien eingesetzte Sensoren. Aus der Wärmeleitfähigkeit eines Gases lassen sich Rückschlüsse auf die Gasart, die chemische Zusammensetzung eines Gasgemisches und den Druck ziehen. Der Sensor mißt eine physikalische Eigenschaft des Gases, die Wärmeleitfähigkeit. Im Gegensatz zu den meisten Gassensoren findet also auf dem Sensor keine chemische Reaktion statt. Dies führt zu einer langen →Lebensdauer und stabilen Eigenschaften der Bauelemente. Binäre Gasgemische können mit dem Sensor in ihrer Zusammensetzung bestimmt werden. Durch Messungen bei verschiedenen Temperaturen kann unter Ausnützung des unterschiedlichen Temperaturganges der Wärmeleitfähigkeit verschiedener Gase auch bei ternären Gemischen die Zusammensetzung ermittelt werden. Nachteile von Wärmeleitfähigkeitssensoren sind die geringe →Selektivität und die hohe untere Nachweisgrenze. W. werden daher auch häufig in Analysensystemen – wie z. B. Gaschromatographiegeräten – verwendet. In diesen Systemen wird die Selektivität durch das Trennverfahren erreicht.

Bei den ersten Realisierungen mittels konventioneller Methoden wurde ein in einem kleinen Hohlraum aufgespannter Heizdraht eingesetzt, der gleichzeitig der →Temperaturmessung dient. Ein, zwei oder vier solcher Elemente werden zu einer Brücke verschaltet, wobei einige Elemente auch mit einem Vergleichsgas beaufschlagt werden können. Die Brückenausgangsspannung ist ein Maß für die Wärmeleitfähigkeit.

Mikromechanische Ausführungsformen verwenden Heizwiderstände auf einer dünnen, thermisch isolierenden Membran, die gegenüber einer mikromechanisch strukturierten Wärmesenke angeordnet wird. Die Membran wird beispielsweise auf einer gewissen Übertemperatur gegenüber der Umgebung gehalten. Befindet sich ein Gas mit hoher Wärmeleitfähigkeit zwischen Membran und Wärmesenke, so ist eine hohe Heizleistung erforderlich. Die Heizleistung ist somit ein Maß für die Wärmeleitfähigkeit. Die Membrantemperatur wird mit einem →Meßwiderstand registriert. *Drost*

Wärmeleitung. Transport von Wärme in einem Festkörper aufgrund eines Temperaturgradienten, wobei die Energie von Elektronen, Phononen und anderen Quasiteilchen getragen wird.

Phänomenologisch beschreibt man die W. durch den Wärmeenergiestrom $I_W = dQ/dt$(Q = Wärmemenge, t = Zeit, dQ ist die während des Zeitintervalls dt geflossene Wärmemenge), der durch einen Temperaturgradienten dT/dx (T = Temperatur, x = Ortskoordinate, dT = die sich über dem Wegelement dx ergebende Temperaturdifferenz) erzeugt wird und durch eine Querschnittsfläche A fließt, wobei Strom und Gradient verschiedene Vorzeichen haben:

$$I_w = \frac{dQ}{dt} = -\lambda A \frac{dT}{dx} \qquad (1)$$

Verallgemeinert man, indem man die Wärmestromdichte I_W/A in die verschiedenen Raumrichtungen zu einem Vektor j_w zusammenfaßt, so erhält man die Vektorgleichung

$$j_w = -\lambda \operatorname{grad} T. \qquad (1')$$

Dabei heißt λ die Wärmeleitfähigkeitskonstante (oft auch kurz Wärmeleitfähigkeit), die eine materialspezifische Größe und in der Regel temperaturabhängig ist. In Kristallen kann die Leitfähigkeit für verschiedene kristallographische Richtungen verschiedene Werte annehmen, d. h. λ wird zum Tensor (λ-Ellipsoid).

Bezieht man den Temperaturgradienten auf eine endliche Strecke Δx (z. B. die Dicke einer Fensterscheibe), so wird mit $dT/dx \approx \Delta T/\Delta x$ aus Gleichung (1)

$$I_w = \frac{dQ}{dt} = -\lambda A \frac{\Delta T}{\Delta x} = -kA\Delta T$$

wobei $k = \lambda/\Delta x$ Wärmedurchgangswert (k-Wert) heißt. Die Größe $R_w = 1/Ak = \Delta x/(\lambda A)$ heißt auch →Wärmewiderstand, so daß man in Anlehnung an das Ohmsche Gesetz die Beziehung $\Delta T = R_w I_w$ formulieren kann (ΔT entspricht der Spannung). Handelt es sich um den Wärmeübergang von einem Körper zu seiner Umgebung (z. B. Luft, Flüssigkeit), so formuliert man

$$I_w = \frac{dQ}{dt} = -\alpha\, A\, \Delta\, T$$

und bezeichnet α als Wärmeübergangswert.

Bei vielen Wärmeleitungsprozessen ist die Temperatur zeitlich nicht konstant, d. h. in ein Volumenelement dV fließt mehr Wärme hinein als heraus (oder umgekehrt). Die Nettobilanz wird dabei durch die Divergenz der Wärmestromdichte beschrieben, $\operatorname{div} j_w$, so daß sich die Temperatur entsprechend der Wärmezufuhr $\operatorname{div} j_w \cdot dV$ und der Wärmekapazität $\rho c\, dV$ (ρ = Dichte, c = spezifische Wärme) nach $\partial T/\partial t = -\operatorname{div} j_w/\rho c$ ändert, so daß sich mit (1') die allgemeine Wärmeleitungsgleichung

$$\frac{\partial T}{\partial t} = \frac{\lambda}{\rho c} \operatorname{div} \operatorname{grad} T = \frac{\lambda}{\rho c} \Delta T$$

ergibt (Δ = Laplace-Operator). Die Größe $\lambda/\rho c$ heißt dabei Temperatur-Leitwert. Er bestimmt die Zeit, die zum Abbau eines Temperaturgefälles über eine Strecke d benötigt wird. Diese thermische Relaxationszeit ergibt sich zu $\tau = d^2\rho c/\lambda$.

Die mikroskopische Theorie der W. beruht auf der Wärmebewegung der kleinsten Bausteine des wärmeleitenden Mediums. Bei Gasen sind dies die Atome oder Moleküle, deren kinetische Energie der (absoluten) Temperatur proportional ist.

In Festkörpern, bei denen die Atome auf ihren Plätzen gebunden sind und nur um die Gleichgewichtslage herum schwingen können, übernehmen die quantisierten Gitterschwingungen, die Phononen, den Energietransport. Ihre mittlere freie Weglänge hängt von einer Vielzahl von möglichen Streuprozessen ab, wie Streuung von Phononen untereinander (insbesondere Umklapp-Prozesse), Streuung an Gitterbaufehlern und an der Oberfläche, sowie Streuung an anderen Quasiteilchen des Festkörpers. Ähnlich wie beim Gas ergibt sich für die Wärmeleitfähigkeit durch Phononen

$$\lambda_{Ph} = \frac{1}{3}\,\rho\, c_v\, v\, l_{ph}$$

wobei ρ und c_v Dichte bzw. spezifische Wärmekapazität (bei konstantem Volumen) des Festkörpers darstellen, v die Schallgeschwindigkeit im Festkörper und l_{ph} die mittlere freie Weglänge der Phononen bezeichnen. Da die Zahl der Phononen stark temperaturabhängig ist, gilt dies auch für die Häufigkeit der Streuprozesse und somit auch für l_{ph}. Da auch c_v temperaturabhängig ist, kann der Verlauf der Wärmeleitfähigkeit von Festkörpern über der Temperatur recht kompliziert sein. Grob gesprochen steigt λ_{ph} zunächst stark an, um nach Überschreiten eines Maximums mit weiter steigender Temperatur wieder abzufallen (Bild). Hinzu kommt, daß im Festkörper nicht nur Phononen Energie transportieren können, sondern auch alle anderen Quasiteilchen. Besonders hervorzuheben sind dabei die Metalle mit ihrer hohen Dichte von Elektronen. Zwar können aufgrund des Pauli-Prinzips nur Elektronen auf der Fermi-Fläche am Energietransport teilnehmen (Bruchteil T/T_F aller Elektronen), sie tragen aber auch eine gegenüber normalen thermischen Energien viel höhere Energie (W_F = Fermi-Energie = kT_F). Die Rechnung ergibt für die elektronische Wärmeleitfähigkeit λ_e die Beziehung

$$\lambda_e = \frac{\pi^2}{6}\, k\, v_F\, l_e \left(\frac{T}{T_F}\right) n$$

wobei l_e und n die mittlere freie Weglänge bzw. Dichte der Elektronen und v_F die Fermi-Geschwindigkeit ($W_F = \frac{1}{2} m v_F^2$, m = Elektronenmasse) bezeichnen. Da man für den Transport von Elektronen in elektrischen Feldern, d. h. für die elektrische Leitfähigkeit σ eine ähnliche Beziehung findet ($\sigma = n\, e^2\, l_e/mv_F$) folgt damit das *Wiedemann-Franz-*Gesetz, nach dem der Quotient aus beiden Leitfähigkeiten linear mit der absoluten Temperatur zusammenhängt.

Auch die übrigen Quasiteilchen des Festkörpers tragen im Prinzip durch ihren Energietransport zur

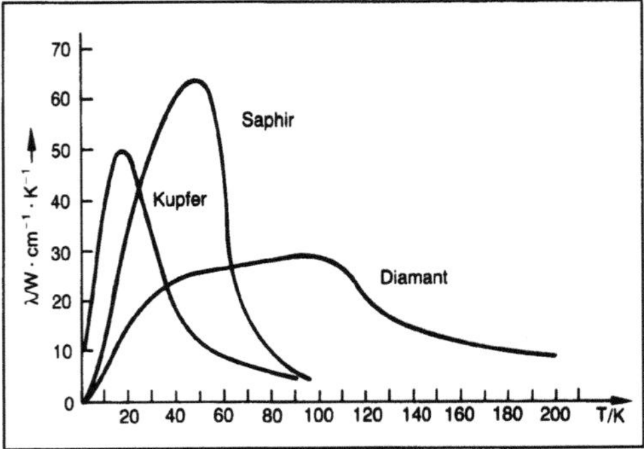

Wärmeleitung: Temperaturabhängigkeit der Wärmeleitfähigkeit.

Wärmeleitfähigkeit bei (Beitrag $\lambda_ü$), in der Regel jedoch geringfügig, verglichen mit dem elektronischen Beitrag in Metallen oder dem Phononenanteil. Durch Streuung aller Teilchen untereinander sind die verschiedenen Leitfähigkeitsprozesse miteinander verknüpft. Die Gesamtleitfähigkeit ergibt sich als Summe der Einzelleitfähigkeiten

$$\lambda = \lambda_{ph} + \lambda_e + \lambda_ü$$

In Isolatoren überwiegt die Wärmeleitfähigkeit durch Phononen, in Metallen durch Elektronen (Tabelle).

Literatur: *Berman, R.:* Thermal Conduction in Solids. Oxford 1976.

Heinz

Wärmeleitung. Tabelle: Wärmeleitvermögen einiger Substanzen bei Zimmertemperatur (293 K).

Substanz	λ (J/mKs)
Aluminium (99%)	220
Blei	34,8
Chrom	90
Eisen (rein)	80
Stahl (99,2 Fe)	45
Gold (rein)	312
Kupfer (rein)	395
Magnesium	171
Messing (70% Cu)	112
Molybdän	132
Platin (rein)	70
Nickel	81
Silber (99,9%)	407
Tantal	56
Titan	22
Wolfram	177
Zink	112
Zinn	65
Glaswolle	0,042
Hartporzellan	1,42
Quarzglas	1,36
Styropor (15–22 kg/m³)	0,035

Wärmewiderstand. Aus der Analogie zwischen elektrischen und thermischen Größen auch als thermischer Widerstand bezeichnet.

1. Allgemein: Quotient aus Temperaturdifferenz und stationärem Wärmestrom, die bei eindimensionaler →Wärmeleitung durch einen (seitlich voll isolierten) Stab der Länge l mit dem Querschnitt A und der Wärmeleitfähigkeit λ entsteht.

$R_{th} = l/\lambda\ A.$

Er ist ein Maß für das Wärmeableitvermögen einer Anordnung und hängt (bei reiner Wärmeleitung!) nur von der Wärmeleitfähigkeit und der Geometrie ab.

2. Bei Halbleiterbauelementen: Quotient aus der Differenz zwischen →Sperrschichttemperatur (oder einer entsprechenden Ersatzgröße) und der Temperatur eines festgelegten äußeren Bezugspunktes sowie dem stationären Wärmestrom (= →Verlustleistung). Da die Wärmeabfuhr außer über Wärmeleitung (Hauptanteil) auch durch Konvektion und Strahlung erfolgen kann, ist R_{th} u. U. temperaturabhängig. Der W. hängt bei Halbleiterbauelementen vom Chipaufbau, der Montagetechnik, dem Gehäuse und den äußeren Montage- und Umgebungsbedingungen ab. Er bestimmt – bei gegebener maximaler Sperrschicht und Umgebungstemperatur die maximale Verlustleistung des Halbleiterbauelementes. Er sollte deshalb möglichst klein sein.

Es ist üblich, den W. in einen inneren und äußeren Anteil aufzuteilen und die Gehäusetemperatur als Zwischengröße einzuführen. Da ist der erstgenannte eine typische Größe des Halbleiterbauelementes, der letztere hängt dagegen von den Montage- und Kühlbedingungen ab und kann vom Anwender stark beeinflußt werden (große schwarze Kühlflächen, Anblasen durch Luftstrom u. a.).

R. Paul

Wasserstoffthyratron. Für das Schalten von kurzen Impulsen großer Leistung im µs-Bereich mit einer Pulsfrequenz von 250 Hz bis 5 kHz, wie es für Radargeräte nötig ist, sind normale Thyratrons mit Quecksilber- oder Edelgasfüllung wegen ihrer verhältnismäßig langen Ionisierungs- und besonders Entionisierungszeit nicht geeignet. Deshalb wurden für diesen Einsatz Thyratrons entwickelt, die mit Wasserstoff gefüllt sind. Ihr prinzipieller Aufbau entspricht dem eines normalen Thyratrons, doch da der Wasserstoff im Betrieb relativ schnell aufgezehrt wird, enthalten die Röhren zusätzlich ein Wasserstoffreservoir in Form von Titanhydrid, das entweder über die →Heizung der Kathode oder durch eine getrennte Heizung auf einer solchen Temperatur gehalten wird, daß es den gewünschten Wasserstoffdruck in der Röhre lange Zeit aufrecht erhält.

W. werden für Anodenspannungen bis 30 kV und Spitzenströme bis 2000 A gebaut. Wird der Wasserstoff durch Deuterium ersetzt, so läßt sich wegen der günstigeren →Paschenkurve des Deuteriums die →Anodenspannung auf 40 kV steigern. Eine weitere Erhöhung läßt sich durch Hintereinanderschalten mehrerer Entladungsstrecken erreichen.

Golombek

Wechselrichter. W. formen Gleichstrom in Wechsel- oder Drehstrom um. Die Ausgangsfrequenz kann konstant oder variabel sein. Je nach Kommutierung werden unterschieden:
- netzgeführte W.;
- selbstgeführte W.;
- lastgeführte W.

□ 1. Netzgeführte W. Es sind praktisch vollgesteuerte Gleichrichterschaltungen (→Stromrichterschaltungen), die an die Netzwechselspannung angeschlossen sind und einen Gleichstromverbraucher, z. B. einen Gleichstrom-Motor, speisen. Sie arbeiten sowohl im Gleichrichter- als auch im Wechselrichterbetrieb.

Beim Bremsen des Motors kann Energie zurückgewonnen werden (Energierückspeisung), wenn die Energie vom Motor ins Netz zurückgespeist werden kann. Dazu wird die Gegenspannung (EMK des Motors) durch Feldumkehr umgepolt. Die Gegenspannung muß größer als die Wechselrichterspannung sein. Bei gleichbleibender Stromrichtung – die Stromrichterventile lassen Strom nur in einer Richtung durch – wird die Stromrichterausgangsspannung umgepolt, indem der →Steuerwinkel α größer 90° eingestellt wird (→Anschnittsteuerung, Bild 3). In diesem Bereich werden negative Sinushalbschwingungen angeschnitten. Bei gleicher Stromrichtung und umgekehrter Spannung wird die Energierichtung umgekehrt. Im Wechselrichterbetrieb erfolgt ebenfalls natürliche Kommutierung. Allerdings besteht die Gefahr des sogenannten Wechselrichterkippens. Dagegen wird der →Stromrichter durch die Wechselrichterbegrenzung geschützt. (→Steuerverfahren für Stromrichter)

□ Selbstgeführte W. Diese gleichen im Grundaufbau den Gleichrichterschaltungen. Meist werden Brückenschaltungen eingesetzt. Die selbstgeführten W. benötigen wie die →Gleichstromsteller zusätzlich jedoch Lösch- und Kommutierungseinrichtungen zum Ein- und Ausschalten der Thyristoren in der notwendigen Reihenfolge. Sie sind ähnlich aufgebaut wie bei den Gleichstromstellern.

Die selbstgeführten W. unterscheiden sich weiter durch die Steuerverfahren. Ausgeführt werden:
- Rechteckverfahren (auch Blocksteuerung genannt);
- Pulsbreitensteuerung (Pulsbreiten-Modulation, PWM), auch Unterschwingungsverfahren genannt.

– Rechteckverfahren (Bild 1): Die Wirkungsweise des Steuerverfahrens sei am Beispiel eines Wechselrichters für die Notstromversorgung erklärt. Die Schaltung ist als →Brückenschaltung aus vier Gleichstromstellern aufgebaut. Jeder Brückenzweig besteht aus zwei Gleichstromstellern, die in bezug auf die Gleichspannung in Serie geschaltet sind. Als Löscheinrichtung ist jeweils ein gemeinsamer Kondensator und eine Induktivität vorgesehen. Der Kondensator wird bei jedem Löschvorgang umgeladen, damit er für den folgenden Löschvorgang richtig gepolt ist. Auf der Wechselstromseite stellt die Primärwicklung des Transformators die Last dar. Der W. wird durch abwechselndes Zünden der Thyristoren T_1 und T_4 für die eine Stromrichtung bzw. T_2 und T_3 für die andere Stromrichtung so gesteuert, daß durch Zusammenwirken von Induktivität und einer nachgeschalteten Siebkette ein sinusförmiger Wechselstrom entsteht. Die Spannung u_A verläuft dagegen rechteckförmig.

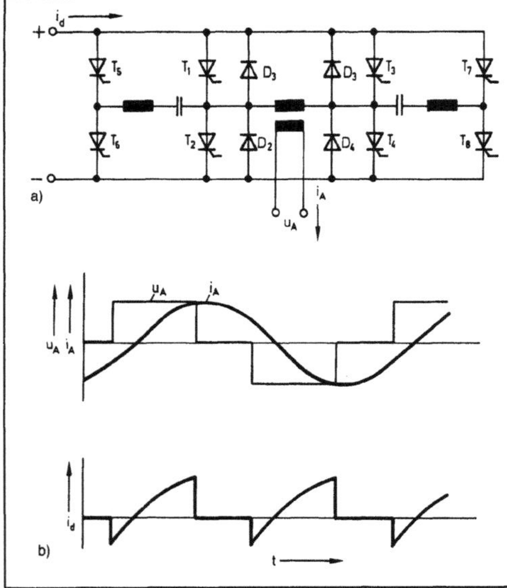

Wechselrichter 1: W. zur Notstromversorgung, selbstgeführte Steuerung im Rechteckverfahren
a) Schaltung
b) Ströme und Spannungen.

Im Rechteckverfahren werden auch dreiphasige W. betrieben, die im wesentlichen aus einer Drehstrom-Brücke (→Stromrichterschaltungen) mit Thyristoren besteht. Diesen sind zum Ausgleich von Blindströmen Dioden gegenparallel geschaltet. Eine Steuereinrichtung sorgt für das phasenrichtige Zünden der Thyristoren. Jeweils nach einem Phasenwinkel von 60° el erfolgt eine Schaltung von drei Thyristoren. Dieses gilt für das Verfahren der Summenlöschung (→Löschverfahren für W). Es entsteht ein treppenförmiger Verlauf der Spannungen der einzelnen Phasen sowie der verketteten Spannung, die stark von der Sinusform abweicht. Durch Filter kann er der Sinusform angenähert werden.

Bei dem beschriebenen W. steuert die Steuereinrichtung über die Steller sowohl die Amplitude als auch die Frequenz der Spannung bzw. des Stromes.

Bei Einsatz im →Umrichter mit Zwischenkreis kann die Steuerung der Amplitude der Spannung bzw. des Stromes (bei Umrichtern mit Stromzwischenkreis) über einen steuerbaren Stromrichter im Eingang erfolgen.

– Pulsbreitenmodulation (Bild 2): Der W. für Pulsbreitenmodulation stellt eine Kombination von zwei Gleichstromsteller-Schaltungen nach Art einer Mittelpunktschaltung (Stromrichterschaltungen) dar. Die beiden Steller sind, bezogen auf die Eingangsgleichspannung, in Reihe geschaltet. T_1 und T_2 sind die Schaltthyristoren, T_3 und T_4 sind Löschthyristoren. Als gemeinsame Löscheinrichtung dienen die Kapazität C und die Induktivität L. Durch abwechselndes Zünden und Löschen der Thyristoren T_1 und T_2 werden Stromimpulse entgegengesetzter Polarität erzeugt. Die Pulsbreite t_1 wird periodisch so verändert, daß der in einer induktiven Last fließende Strom in seiner Grundschwingung annähernd Sinusform annimmt (sogenannte sinusbewertete Pulsbreitenmodulation). Durch Zusammenschaltung von drei derartigen W. zu einer Drehstrombrücke (→Stromrichterschaltungen) kann ein Drehstromnetz gebildet werden, das z. B. zur Spei-

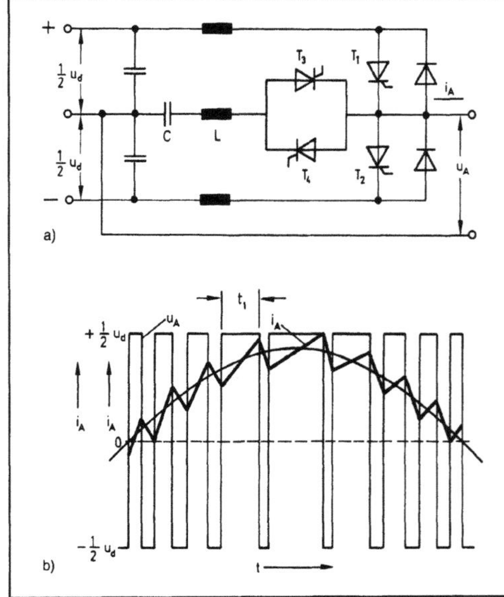

Wechselrichter 2: Einphasiger W. für Pulsbreitenmodulation
a) Schaltung
b) Ströme und Spannungen.

sung und Drehzahlverstellung von Drehstrom-Motoren geeignet ist. Eine Drehrichtungsumkehr des Motors wird durch Änderung der Steuerfolge für die drei Phasen bewirkt, so daß das Drehfeld gegensinnig umläuft. Da man mit einem derartigen W. Spannung und Frequenz verstellen kann, kann auch die Forderung nach konstantem Verhältnis von Spannung und Frequenz erfüllt werden. Der Motor kann daher im gesamten Frequenzbereich mit konstantem Drehmoment gefahren werden.

□ Lastgeführte W. Bei lastgeführten W. wird die Kommutierungsspannung (→Kommutierung) für die Kommutierung der Stromventile (→Thyristoren) vom Verbraucher, z. B. einem Schwingkreis (Bild 3) oder einem Synchronmotor, geliefert.

Die Ausgangsfrequenz des W. wird von der Eigenfrequenz des gedämpften Schwingkreises und der →Aussteuerung des W. bestimmt. Sie liegt im allgemeinen in der Nähe der Eigenfrequenz des Schwingkreises. Der Schwingkreis wirkt auf den W. etwa wie ein Wechselstromnetz. Die →Kommutierungsblindleistung liefert der Kondensator als Last.

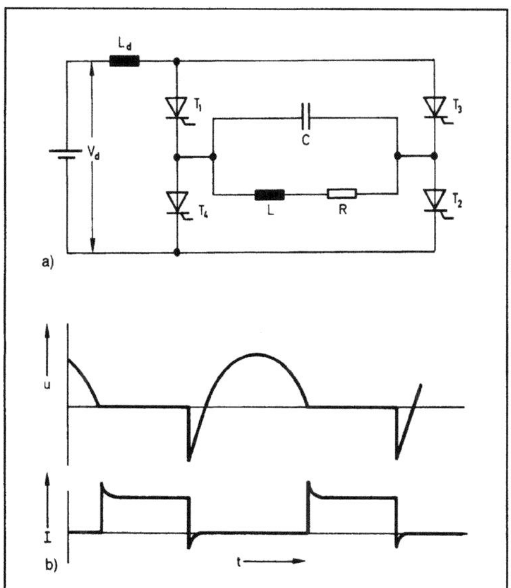

Wechselrichter 3: Schwingkreis-W. mit Parallelschwingkreis als Beispiel eines lastgeführten W.
a) Schaltung
b) Spannungen und Ströme anderer Thyristoren.

Durch abwechselndes phasenrichtiges Zünden der Thyristoren T_1 und T_2 bzw. T_3 und T_4 wird dem Schwingkreis die durch die Dämpfung verlorene Energie zugeführt. Der Stromfluß durch die Thyristoren ist rechteckförmig, der Spannungsverlauf sinusförmig.

Schwingkreiswechselrichter werden für Schmelz-, Erwärmungs- und Härteprozesse eingesetzt. Zur Versorgung aus dem Drehstromnetz werden sie als Umrichter mit Zwischenkreis ausgeführt (→Umrichter, Übersicht, Bild 5 Elektrowärme).

Lastgeführte W. für Synchronmotoren: →Stromrichtermotor. *H. Stüben*

Literatur: *Buri, H.:* Leistungshalbleiter, Eigenschaften und Anwendungen. Essen 1982. – *Kolb, O.:* Einführung in die Stromrichtertechnik. Hrsg. v. Brown, Boveri & Cie. AG, Baden/Schweiz. Aarau 1976. – Silizium-Stromrichter-Handbuch. Hrsg. v. Brown, Boveri & Cie. AG, Baden/Schweiz.

Wechselrichterarten →Wechselrichter

Wechselrichter-Grenzlage →Steuerverfahren für Stromrichter

Wechselrichterkippen. Das W. ist ein Kommutierungsversagen bei Stromrichtern, die im Wechselrichterbetrieb arbeiten.

Entfällt oder versagt im Wechselrichterbetrieb ein Kommutierungsvorgang (→Kommutierung), so wird die Wechselrichterspannung stark gesenkt oder sogar umgepolt. Die Differenz zwischen der Gegenspannung, z. B. eines Motors, und der Wechselrichterspannung wird dann so groß, daß ein kurzschlußartiger Strom fließt. Dieser kann die Stromrichterventile zerstören. Der Vorgang kann sehr leicht an der Steuergrenze für den Wechselrichterbetrieb ($\alpha = 180°$) auftreten. Zum Schutz wird der Wechselrichter-Respektabstand (→Steuerverfahren für Stromrichter) vorgesehen. *H. Stüben*

Wechselrichter-Respektabstand →Steuerverfahren für Stromrichter

Wechselrichtersperre. Die W. wird bei gesteuerten Gleichrichtern (→Stromrichter) als Sicherheits- und Betriebsschaltung eingesetzt. Bei Störungen, Notfällen oder in bestimmten Betriebssituationen (z. B. Haltbefehl) werden über die →Reglersperre die Zündimpulse des Stromrichters in die Wechselrichtergrenzlage geschoben, um den Stromrichter stromlos zu machen. In diesem Steuerzustand ist keine Gefährdung der Anlage bzw. Maschine gegeben. *H. Stüben*

Wechselstrombrücke →Meßbrücke

Wechselstrom/Gleichstrom-Komparator. Die Einheiten der elektrischen Größen sind als Gleichgrößen definiert. So entsteht die Aufgabe, die Wechselstrommessung auf die Gleichstrommessung zu beziehen. Dies ist bei niedrigen Frequenzen mit dem Dreheiseninstrument (→Meßgerät, elektrisches) möglich, bei höheren Frequenzen mit dem Thermoumformer (→Leistungsmessung, elektrische). Das dem Bild zugrundeliegende Transferverfahren benutzt für die Gleichstrom- und Wechselstrommessung jeweils einen eigenen Thermoumformer. Durch einen einstellbaren Widerstand wird der Gleichstrom solange verändert, bis die auf dem Nullinstrument angezeigte Differenz der Thermospannung zu null geworden ist und die beiden Widerstandsdrähte die gleiche Temperatur angenommen haben. Der Effektivwert des Wechselstroms ist jetzt gleich dem des Gleichstroms, der mit Hilfe des Instruments 3 direkt gemessen werden kann. *Hammerschmidt*

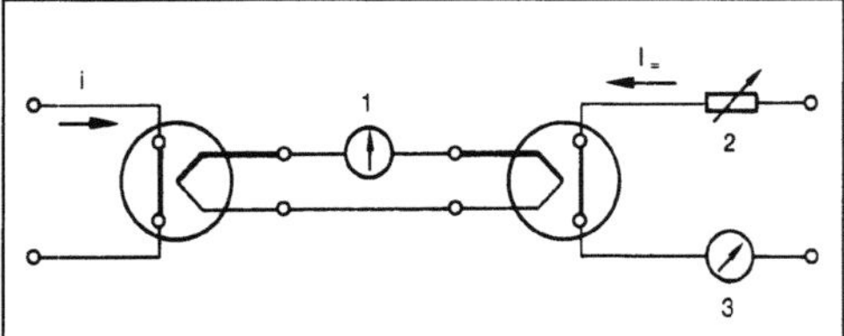

1 Nullinstrument, 2 Widerstand zur Einstellung des Gleichstroms, 3 Meßinstrument zur Anzeige des eingestellten Gleichstroms

Wechselstrom/Gleichstrom-Komparator: Schematische Darstellung

Wechselstromrelais. Elektromechanisches (Schalt-) Relais, das mit Wechselspannung/Wechselstrom (50 oder 60 Hz Netzfrequenz) angesteuert werden kann.

Würde man die →Spule eines →Gleichstromrelais mit Wechselspannung betreiben, so würde es im Takt der Wechselspannung vibrieren oder schalten. Soll dagegen das Relais so lange durchgehend betätigt bleiben wie die Spannung anliegt, muß gewährleistet sein, daß auch in der Nähe des Stromnullpunktes noch eine genügend große Kraft auf den Anker des Magnetsystems wirkt.

Hierzu wird der magnetische Fluß an der Polfläche (→Relais, elektromechanisches) in zwei magnetische Pfade aufgespalten. Eine der beiden Teilpolflächen wird von einem Kurzschlußring aus Kupfer umgeben. Der im Kupfer-Ring induzierte Wirbelstrom erzeugt einen Zusatzfluß, der sich zum größten Teil auf dem kurzen Weg über die benachbarte Teilpolfläche schließt.

Durch Überlagerung mit dem – direkt durch die Spule erzeugten – Erregerfluß ergibt sich eine Phasenverschiebung zwischen den Teilflüssen an den beiden Polflächen. Dadurch ist jeweils einer der beiden Teilflüsse – und damit auch Kraftanteile – von Null verschieden, wenn der andere Null wird. *Rauterberg*

Wechselstromsteller. W. dienen zur kontaktlosen Verstellung oder Regelung von Spannungen oder Strömen in Wechselstromnetzen. Sie sind als kontaktloser Ersatz von Schützen oder Stelltransformatoren anzusehen. Anwendungsgebiete sind sowohl Temperatur- und Heizungssteuerung als auch die Helligkeitssteuerung von Beleuchtungen (Dimmer). Der Leistungsbereich liegt zwischen 50 W und 500 kW. Entsprechende Geräte werden meist anschlußfertig, bestehend aus Leistungsteil und elektronischer Steuerung, geliefert. Der Leistungsteil besteht aus gegenparallelgeschalteten Thyristoren bzw. bei kleinen Strömen (<15 A) aus Triacs (vgl. Blockschaltbild). Zur Steuerung werden zwei wesentliche Verfahren angewendet:

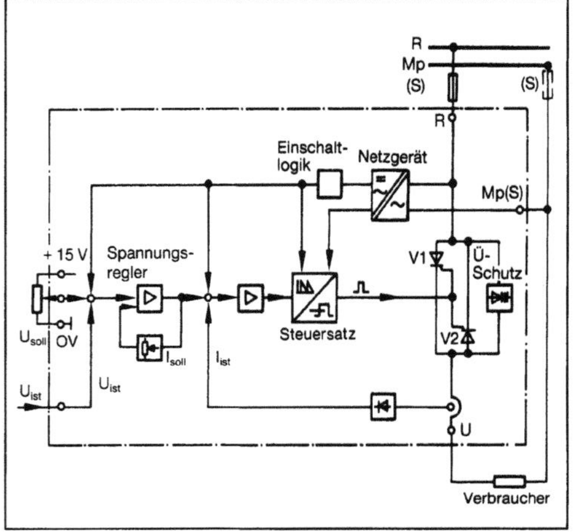

Wechselstromsteller: Blockschaltbild eines W. mit Steuer- und Regelelektronik.

□ →Anschnittsteuerung. Sie wird bei hohen Anforderungen an die Genauigkeit z. B. einer Temperaturregelung eingesetzt. Dies ist meist nur sinnvoll, wenn die Wärmekapazität des Objektes gering und die Wärmezeitkonstante klein ist.

□ →Schwingungspaketsteuerung. Beschreibung: →Drehstromsteller. Der Einsatz erfolgt bei geringeren Forderungen an die Genauigkeit, z. B. bei einer Temperaturregelung, wie sie in den meisten Anwendungen vorliegen. *H. Stüben*

Wechsler. (auch Umschalter) →Kontakt eines elektromechanischen →Relais oder Schalters, der aus der Kombination eines Öffners und eines Schließers mit einem beiden gemeinsamen Kontaktpartner besteht.

Beim Schaltvorgang wird jeweils ein Kontakt geöffnet, der andere geschlossen. Der Öffnungsvorgang findet jeweils vor dem Schließvorgang statt.

Bei umgekehrtem Ablauf, bei dem für eine gewisse Zeit während des Umschaltens alle drei Kontaktpartner in Berührung miteinander sind, spricht man vom Folgewechsler oder Folgeumschalter. *Rauterberg*

Wehnelt-Zylinder. Der W.-Z. ist eine der Steuerelektroden im Strahlerzeugersystem. Er hat Topfform mit einem kleinen kreisrunden Loch im Boden des Topfes. Der Topf umgibt die Kathode so, daß die von ihr emittierten Elektronen das Loch passieren können. Mit der gegen die Kathode stets negativen Gesamtspannung der Steuerelektrode wird erreicht, daß die aus der Kathode emittierten Elektronen nicht auf der Steuerelektrode landen können und außerdem unterstützt die negative Spannung das Bündeln der Bahnen, auf denen sich die aus der Kathode kommenden Elektronen bewegen.

Je nach Potential zwischen Kathode und W.-Z. können mehr oder weniger Elektronen in Richtung positiver Anode von der Kathode durch die Öffnung im W.-Z. gelangen. Je negativer der Wehnelt-Zylinder gegenüber der Kathode ist, um so weniger und je weniger negativ um so mehr Elektronen können als Strahl in Richtung Schirm beschleunigt werden.

Dieses Mehr oder Weniger an Elektronen bedeutet einen Helligkeitsunterschied des Leuchtflecks auf dem Schirm, d. h. mit der Spannung zwischen Kathode und W. kann die →Helligkeit gesteuert werden. Liegt die Kathode auf Null-Potential und wird dem negativen W.-Z. (G 1) die Steuerspannung überlagert, spricht man von der Gitter-Steuerung und im Falle, daß der W.-Z. fest auf Null-Potential liegt und die Steuerspannung der positiven Kathode überlagert wird, von →Kathodensteuerung.

Benannt wird die so wichtige Elektrode nach Prof. *Arthur Wehnelt* (1871–1944), der diese Konstruktion zuerst im Jahre 1908 bekanntgab. Heute sind dem W.-Z. zur Strahlfokussierung weitere Elektroden nachgeschaltet, die auf positivem Niveau liegend den Strahl beschleunigen und formen. *Nerstheimer*

Literatur: Farbfernsehtechnik I. Hrsg. Telefunken, München.

Weibull-Verteilung. Die von der Zeit unabhängige →Ausfallrate der →Exponentialverteilung tritt in der Praxis nur mit Einschränkung auf. Häufig ist die →Badewannenkurve zu beobachten. Die Ausfallrate nimmt, von einem höheren Wert ausgehend, zunächst ab (Frühausfälle, Phase a), bleibt dann über einen weiten Bereich niedrig und konstant (exponentiell verteilte Lebensdauer, Phase b) und steigt schließlich am Ende der Nutzungsdauer infolge von Verschleißausfällen (Phase c) wieder an. Dieses Verhalten läßt sich stückweise durch die nach dem schwedischen Ingenieur *W. Weibull* genannte Verteilung beschreiben. In ihrer zweiparametrigen Form mit den beiden Parametern T und a, $T>0$ und $a>0$, sind die Lebensdauerfunktionen wie folgt definiert (Bild 1):

$$R(t) = e^{-\left(\frac{t}{T}\right)^a}$$

$$F(t) = 1 - e^{-\left(\frac{t}{T}\right)^a}$$

$$f(t) = \frac{a}{T^a}\, t^{a-1}\, e^{-\left(\frac{t}{T}\right)^a}$$

$$z(t) = \frac{a}{T^a}\, t^{a-1}$$

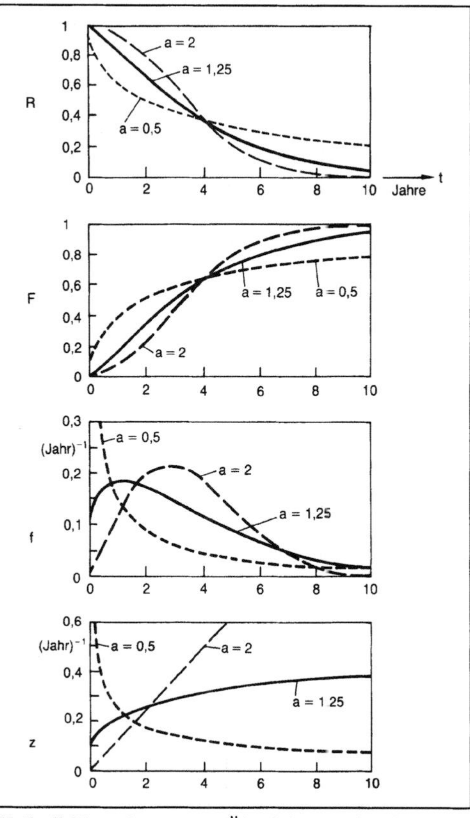

Weibull-Verteilung 1: Überlebenswahrscheinlichkeit R(t), Ausfallwahrscheinlichkeit F(t), Dichtefunktion f(t) und Ausfallrate z(t) der W.-V.

Der Parameter T hat die Einheit einer Zeit und wird als *charakteristische Lebensdauer* oder Zeitkonstante bezeichnet. Sind die Lebensdauern nach *Weibull* verteilt, so sind zum Zeitpunkt $t=T$ etwa 63% der Einheiten ausgefallen.

Der Parameter a heißt *Ausfallsteilheit* und erreicht in der Praxis Werte zwischen 0,5 und 5.

Für $0<a<1$ nimmt die Ausfallrate der W. von theoretisch unendlich bei $t=0$ mit der Lebensdauer ab. Sie beschreibt die Frühausfälle infolge nicht erkannter Mängel.

Weibull-Verteilung. Tabelle: Nach Weibull verteilte Lebensdauern von zehn Einheiten

Einheit Nr.	1	2	3	4	5	6	7	8	9	10
Lebensdauer t in 100 h	6	9	10	13	15	16	17	22	23	>23
F(t)	0,1	0,2	0,3	0,4	0,5	0,6	0,7	0,8	0,9	1

Für a = 1 geht die *W.*-V. in die Exponentialverteilung über mit $\lambda = 1/T$.

Für a > 1 nimmt die Ausfallrate von 0 beginnend mit der Lebensdauer zu. Die Zunahme ist bei $1 < a < 2$ anfangs schnell und dann langsamer (degressiv), bei a = 2 linear und bei a > 2 progressiv. Die Ausfallrate wächst dann immer schneller. Für $3 \leqq a \leqq 5$ verläuft die W.-V. nahezu symmetrisch und läßt sich gut durch die *Gauß'sche* Normalverteilung ersetzen.

Graphische Darstellung: Mit dem von der Deutschen Gesellschaft für Qualität empfohlenen Wahrscheinlichkeitspapier können die Parameter T und a der W.-V. auf graphischem Wege leicht ermittelt werden. Die Koordinaten dieses Lebensdauernetzes sind so gewählt, daß die Funktionen Überlebenswahrscheinlichkeit R(t) und →Ausfallwahrscheinlichkeit F(t) zu geraden Linien werden. Dazu ist die Abszisse einfach logarithmisch (x = ln t) und die Ordinate doppelt logarithmisch (y = ln ln [1/R]) geteilt.

In das →Lebensdauernetz sind die geordneten Daten einzutragen und durch eine Gerade auszumitteln (Tabelle, Bild 2). Der Abszissenwert, der zur

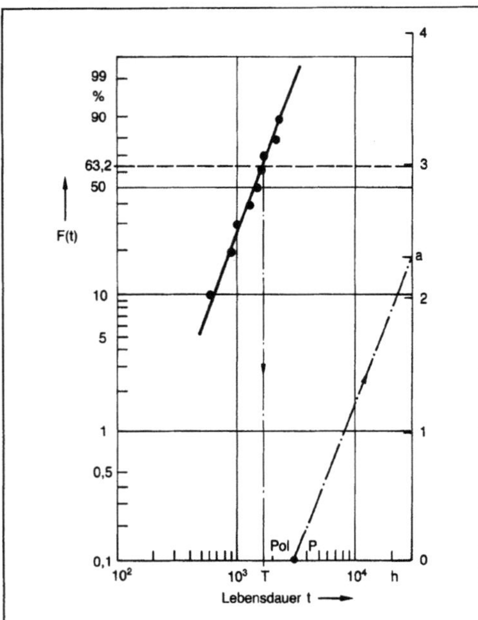

Weibull-Verteilung 2: Darstellung der Meßwerte der Tabelle im Lebensdauernetz; Charakteristische Lebensdauer T ≈ 1650 h, Ausfallsteilheit a ≈ 2,3.

Ausfallwahrscheinlichkeit F(t) = 0,63 führt, ist dann ein Schätzwert für die charakteristische Lebensdauer T. Die Ausfallsteilheit a kommt in der Neigung der ausgemittelten Geraden zum Ausdruck. Diese ist bis zum Pol P parallel zu verschieben. Der Schnittpunkt mit der rechten Ordinate liefert den Schätzwert für die Ausfallsteilheit a. *Schrüfer*

Literatur: DGQ-Frankfurt: Das Lebensdauernetz, Erläuterung und Handhabung. Köln 1975.

Weichferrit →Ferritkern

Weichlöttechnik. Bezogen auf die Zahl aller in der Elektronik hergestellten Fügeverbindungen liegt die Weichlöttechnik an der Spitze vor den anderen Fügeverfahren Schweißen und Kleben. Der Grund besteht darin, daß alle in einer →Schaltungsebene vorgesehenen Verbindungen in einem einzigen Schritt, also praktisch gleichzeitig, hergestellt werden können. Die Verfahren des automatisierten Massenlötens besetzen heute die Verbindungstechnik für gedruckte Leiterplatten und übergeordnete Schaltkreise (→Hybridintegration).

Das Löten ist ein Verfahren zum Verbinden von Werkstücken mit metallischen Oberflächen durch Anschmelzen eines Zusatzmetalles. Dessen Schmelzbereich liegt unterhalb der Erweichungspunkte der Werkstücke. Zusatzmetalle mit Schmelzbereichen unter rd. 700 K werden als Weichlote bezeichnet; sie bestehen überwiegend aus eutektischen oder nah-eutektischen Legierungen des Sn, Bi oder In mit Pb.

Beim Weichlöten werden die zu verbindenden Oberflächenteile vom flüssigen Lot benetzt und teilweise angelöst (→Ablegieren), bleiben jedoch in ihrem Hauptteil als Festkörper erhalten, ohne selbst aufzuschmelzen. Somit können in einem und demselben Prozeßschritt in der chemischen Zusammensetzung (Tabelle 1) und in der Struktur ganz unterschiedliche Oberflächenbeschichtungen verlötet werden, wenn diese vom flüssigen Weichlot nur ausreichend benetzt werden. Zu diesem Zweck werden →Flußmittel, das sind organische Hilfsstoffe, auch mit beigemengten anorganischen Salzen, zugesetzt. Die Flußmittel erniedrigen die Oberflächenspannung zwischen der zu benetzenden Metalloberfläche und dem flüssigen Weichlot.

Weichlöttechnik. Tabelle 1: Weichlotlegierungen a) für das Massenlöten und b) für Sonderanwendungen, geordnet nach dem Schmelzbereich (zwischen Solidustemperatur T_s und Liquidustemperatur T_l); (e) = eutektische Legierung.

Zusammensetzung	T_s./.T_l	Zusammensetzung	T_s./.T_l
a) Bi Sn 43 (e)	139		
Sn Pb 36 Ag 2	178		
Sn Pb 38 (e)	183		
Sn Pb 40	183./.188		
	183		
b) (Bi Pb 22.6 In 19.1	47.2	Pb Bi 50	180./.209
Sn 8.3 Cd 5.3)		Sn Zn 9	198
(Bi Pb 27.3 Sn 13.1	70	(Sn Ag 3.5 Cd 1	218./.221
Cd 10.1)		Sb 0.5)	
(Bi Pb 40.2 Cd 8.1)	91.5	Sn Ag 3.5	221
Bi Pb 32. Sn 16	96	Pb Sn 10	225./.300
(Bi Sn 26 Cd 20)	103	Sn Sb 2	230./.235
Bi In 50	117./.125	Sn Sb 5	232./.250
(Sn Cd 25)	127.7	(Pb Cd 17.5)	248
Bi Sn 42/43	138./.139	Pb In 19	268./.276
(Bi Cd 40)	144	Au Sn 20	280
(Sn Pb 32 Cd 18.3)	145	Pb Ag 2.5	304
(Sn Cd 32.2)	177	Pb Ag 2 Sn 1	300./.320
Sn Pb 37 Ag 3	170./.180	Au Ge 12	356
Sn Pb 35.5 Ag 1.5	178	Au Si 3	370
Sn Pb 50	183./.214		
Sn Pb 60	183./.236	(Ag Cu 20 Zn 21 Cd 19)	595./.630

Temperaturangaben in °C.

Die Verfahrensschritte: Erwärmen der zu verlötenden Oberflächenausschnitte, Einbringen des verflüssigten Lotwerkstoffes, Überhitzen und Benetzen, Ausbildung des Überganges in der Grenzzone fest/flüssig, anschließende Wärmeabgabe bis zur Erstarrung der Lotlegierung und Abkühlung der festen Verbindung auf Raumtemperatur enthalten eine Folge metallurgischer (gießereitechnischer) Reaktionen. Die geometrische Ausbildung der Oberfläche und das →Gefüge der Weichlötverbindungen hängen deshalb empfindlich von den einzelnen Prozeßschritten ab. Ein Beispiel ist die Reaktionszeit des flüssigen Lotes wenige Sekunden beim →Wellenlöten und bis über eine Minute beim →Reflow-Löten.

Die optimale Beschränkung auf annähernd gleichartige Bauelemente in Verbindung mit einem Träger ist noch nicht verwirklicht: kleine Chip-Bauelemente werden gemeinsam mit großen Chip-Trägern, oft noch mit bedrahteten Bauelementen zusammen verlötet.

Die Herstellung von Weichlötverbindungen hängt von der Benetzungsfähigkeit (Bild 1) der Anschlußflächen von Bauelementen und Beschichtungen auf Substraten bzw. Leiterplatten ab. Die Messung der

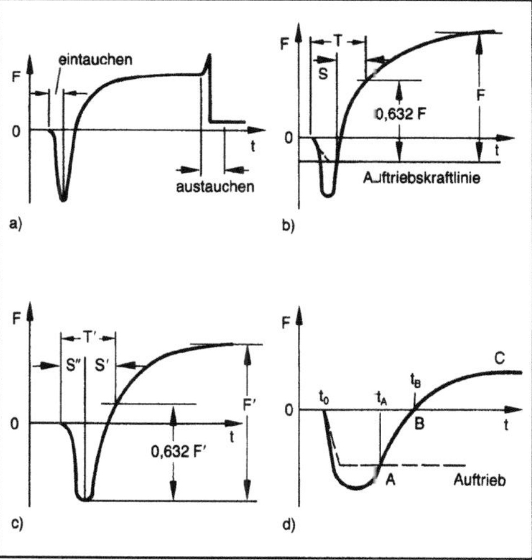

Benetzungskraftkurven für die Tauchwaage: a) F(t)-Verlauf mit x = konst.; b) Auswertung nach der Auftriebskraftlinie F_A, c) Auswertung nach der maximalen Kraft-Differenz ΔF, d) Auswertung nach den Zeittakten.

Weichlöttechnik 1: Messung von Benetzungskennlinien.

Lötbarkeit erfolgt im Tauchversuch bzw. durch Meniskographie. Weitere experimentelle Methoden der Lötbarkeitsprüfung werden je nach Gestalt der zu lötenden Anschlußflächen angewandt:

□ Ein Lottropfen wird auf einer Heizunterlage verflüssigt, wonach die zu prüfende →Anschlußfläche in den Tropfen eingedrückt wird. Die Zeit zwischen dem Verdrängen und dem deutlich sichtbaren Umschließen der dann benetzten Anschlußfläche steht im umgekehrten Verhältnis zur Benetzbarkeit und Wärmeableitung bei vorgegebener Masse, Tiefe und Breite. Ähnlich kann die Steigzeit in Füllöchern und durchkontaktierten Löchern in Trägern bestimmt werden.

□ Ausgedehnte Beschichtungen z. B. auf Leiterplatten werden nach einer Tauchmethode mit Drehung (*engl.* Rotary Dip Method) gemessen. Dabei folgt die Platte einer Kreisbahn, die benetzte Fläche wird direkt beobachtet.

□ Die Steiggeschwindigkeit des Lotbad-Meniskus wird beim Tauchversuch mit dem Mikroskop gemessen.

□ Ähnlich erfolgt die Prüfung mit dem liegenden Tropfen auf der zu benetzenden Oberfläche (*engl.* Sessile Drop Method).

Flußmittel verbessern die Benetzungsfähigkeit von metallischen Oberflächen mit dem schmelzflüssigen Lot. Vorhandene Oxide und andere benetzungshemmende Deckschichten oder Partikel werden aufgelöst oder weggeschwemmt. Durch die reduzierende Wirkung der Flußmittel wird die →Oxidation der erhitzten metallischen Oberflächen verhindert. Gute, die Benetzung beim Löten fördernde Wirkung ist mit der späteren →Korrosion metallischer Verbindungen an Bauelementen und Trägern durch Flußmittelreste verbunden. Deshalb werden weniger korrodierende (aber auch beim Löten nicht so wirksame) Flußmittel aus natürlichen Baumharzen oder deren künstlichen Modifikationen den mit anorganischen Salzen ($ZnCl_2$, NH_4Cl) versehenen Flußmitteln vorgezogen (Tabelle 2).

Gute Ergebnisse werden beim Löten unter Schutzgas, beispielsweise Formiergas $90N_2$, $10\,H_2$, erzielt. Schlechte Benetzung tritt an durchkontaktierten Löchern in Leiterplatten auf, wenn deren Oberfläche vom Bohren her rauh oder die →Metallisierung zu dünn sind. Beim Einsetzen der verkupferten Leiterplatten, deren Löcher ebenfalls vorverkupfert sein müssen, scheiden elektrolytische Bäder ohne äußere Stromzufuhr Sn ab. Bedingung ist der Übergang des aufgelösten Cu in Komplexionen, so daß die Gleichgewichtskonzentration an Cu^+-Ionen niedrig bleibt. Weiß abgeschiedenes „Einsatz-Zinn“ enthält weniger eingebautes Cu als das „graue Zinn“ und ist sehr gut benetzbar.

Legierungen mit genau eutektischer Zusammensetzung (Bild 2) ergeben bei der Erstarrung ein zweiphasiges Mikrogefüge, dessen Gestalt in weiten Grenzen unterschiedlich ausfallen kann. Infolge der eingeschränkten Löslichkeitsbereiche im festen Zustand muß sich die flüssige Phase vor der Erstarrungsfront entmischen. Feste α-Keime stoßen die β-Atome in der flüssigen Phase ab, und umgekehrt ziehen feste β-Keime die β-Atome an und stoßen die α-Atome in der flüssigen Phase ab.

Weichlöttechnik. Tabelle 2: Zulässige Anreicherungen in Weichlotbädern nach der nationalen Normung

	QQ-S-571e Sp 60 1972 USA	ASTM-B32-66T 60 A USA	DIN 1707 L-Sn60Pb 1971 DEUTSCHLAND	DIN 1707 L-Sn60Pb(Sb) 1971 DEUTSCHLAND	BS 219 GRADE K 1959 GR.BRITANNIEN	BS 219 GRADE K 1977 GR.BRITANNIEN
Sn	59.5–61.5	59.5–60.5	59.5–60.5	59.5–60.5	59.0–60.0	59.0–60.0
Cu	0.08	0.08	0.05	0.08	0.18	0.08
Sb	0.2–0.5	0.12	0.12	0.12–0.50	0.5	0.5
Cd			a	b	c	0.005
Bi	0.25	0.25	0.1	0.25		0.1
As	0.03	0.03	0.01	0.02	0.05	0.03
Al	0.005	0.005	a	b	c	0.001
Zn	0.005	0.005	a	b	c	0.003
Fe	0.02	0.02	0.02	0.02	0.02	0.02
andere	0.08	0.08	0.08	0.08		0.08
Pb	Rest	Rest	Rest	Rest	Rest	Rest

Anmerkungen:
a) Gesamtmenge 0.002 für die Elemente
b) Gesamtmenge 0.005 für die Elemente
c) unspezifierte nachteilige Einflüsse

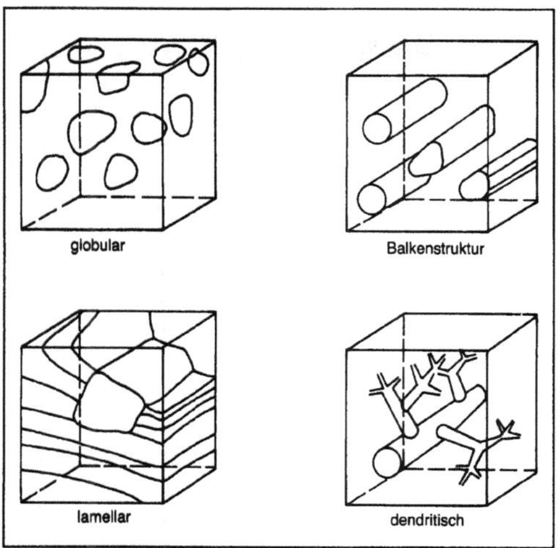

Weichlöttechnik 2: Eutektische Gefüge.

Solange die schmelzflüssige Lotlegierung noch mit den Anschlußflächen in Berührung ist, lösen sich diese langsam im Lotwerkstoff auf und bilden intermetallische Phasen. Diese beeinträchtigen die thermische und mechanische Stabilität der Weichlötverbindungen. *Hieber*

Weichmagnet →Ferritkern

Weichmagnetische Werkstoffe. Leicht ummagnetisierbare magnetische Werkstoffe, die vor allem in drei Bereichen der Technik Anwendung finden:

□ als Eisenkerne induktiver Bauelemente (→Transformatoren, Motoren, Generatoren, Drosseln, →Übertrager etc.)
□ als magnetische Abschirmung,
□ als Flußleitstücke in Magneten und anderen magnetischen Kreisen.

Allgemein sind w. W. durch ein homogenes →Gefüge mit großen Körnern gekennzeichnet. Dadurch können sich die magnetischen Domänenwände (Bereichsstrukturen) leicht bewegen, ohne durch Ausscheidungen oder Korngrenzen zu sehr behindert zu werden. Besonders hohe Permeabilitäten erzielt man dann, wenn durch geeignete Werkstoffwahl die magnetischen Anisotropien und die magnetisch induzierten Gitterverzerrungen (Magnetostriktion) klein gehalten werden. Für andere Anwendungen sind eine hohe Sättigungsmagnetisierung oder geringe magnetische Verluste bei höherer Frequenz von primärer Bedeutung (Tabelle).

Für induktive Bauelemente verwendet man bei technischen Frequenzen (16–300 Hz) vorwiegend Siliciumeisen-Elektrobleche (hohe Sättigung), bei mittleren Frequenzen bis ca. 20 kHz vielfach Nickeleisen-Werkstoffe (hohe Permeabilität) und für höhere Frequenzen Ferrite (niedrige Wirbelstromverluste). Abschirmungen werden bevorzugt aus Permalloy-Legierungen hergestellt, während Flußleitstücke günstig und preiswert aus reinem Eisen gefertigt werden. Kobalteisen kann wegen seines hohen Preises nur für Spezialzwecke eingesetzt werden, bei denen sich seine besonders hohe Sättigungsmagnetisierung auszahlt. Beispiele sind Pol-

Weichmagnetische Werkstoffe. Tabelle: Typische Kennwerte einiger w. W.

Name	Werkstoff	Sättigungsmagnetis. I_s [T]	Koerzitivfeldstärke H_c [A/m]	Anfangspermeabilität	Spez. Widerstand ρ [Ωm]	Curie temperatur T_c [°C]
Reineisen	Eisen	2,14	6–30	500–2.000	$10 \cdot 10^{-8}$	770
Kobalteisen	Fe49 Co49 V2	2,35	~40	~1.000	$35 \cdot 10^{-8}$	950
Siliziumeisen	Fe Si3	2,03	~10	~3.000	$40 \cdot 10^{-8}$	750
Nickeleisen	Ni5o Fe50	1,6	1–5	~50.000	$45 \cdot 10^{-8}$	500
Mumetall	Ni81 Fe14 Mo5	0,78	0,4–1	~10^5	$60 \cdot 10^{-8}$	400
Mangan-Zink-Ferrit	$Mn_XZn_{1-X}O \cdot Fe_2O_3$	~0,38–0,46	4–100	600–1.000	0,2-5	120–200
Nickel-Zink-Ferrit	$Ni_XZn_{1-X}O \cdot Fe_2O_3$	0,11–0,4	100–1.000	8–250	10^5	200–400
Metallische Gläser	$T_{80}M_{20}$ (amorph) T=Fe, Co, Ni M=B, P, Si, C	0,8–1,7	1–10	10^3–10^5	$150 \cdot 10^{-8}$	300–400
Pulverkerne	Fe-Partikel mit Kunststoff	1,2–1,9	400–1.500	3–20	0,05–1	–
Granate	Yttrium-Eisen-Granat	0,177	sehr klein		$>10^{10}$	280

spitzen, Telefonmembrane und Bordmaschinen in Flugzeugen.

Die meisten w. W. sind auch mechanisch weich. Zwischen diesen beiden Eigenschaften besteht jedoch kein naturgesetzlicher Zusammenhang, wie schon die harten und spröden Ferrite zeigen. Auch unter den Metallen gibt es Speziallegierungen, die mechanische Härte mit magnetischer Weichheit vereinen. Solche Werkstoffe werden z. B. für die Aufzeichnungs- und Leseköpfe von Magnetbandgeräten benötigt. Auch die metallischen Gläser vereinen mechanische Festigkeit mit ausgezeichneten weichmagnetischen Eigenschaften.

Im folgenden werden die wichtigsten Untergruppen der w. W. kurz diskutiert:

□ Das Material, aus dem die Eisenkerne der elektrischen Maschinen und Transformatoren bestehen, wird *Elektroblech* genannt. Es besteht in der Regel aus Siliciumeisen (Fe 2–3Gew.% Si), das in Form dünner, isolierter Bleche von 0,3–0,5 mm Dicke hergestellt wird, um die Wirkung der Wirbelströme zu begrenzen. Für Transformatoren wird orientiertes Elektroblech bevorzugt, das durch spezielle Wärmebehandlung eine ausgeprägte Kristall-Vorzugsorientierung, die Goss-Textur besitzt, benannt nach dem Amerikaner *N. Goss* (1935). Die würfelförmige Elementarzelle des Eisens steht in ihr auf der Kante und mit dieser parallel zur Walzrichtung des Blechs ((110)-[001]-Textur). Es gelingt heute, diese Textur mit Abweichungen von weniger als 3° von der idealen Würfelkantenorientierung herzustellen. Goss-Blech stellte die erste Nutzung einer Kristalltextur in einem technischen Werkstoff dar. Es setzte sich ab den 50er Jahren weltweit im Transformatorenbau durch. Motoren und Generatoren werden dagegen in der Regel aus nicht orientiertem siliciumhaltigem oder auch siliciumfreiem Blech gebaut.

□ Die Werkstoffe mit den höchsten technisch erreichbaren Permeabilitäten (relative Anfangspermeabilitäten bis einige 10^5) sind die *Nickel-Eisen-* oder *Permalloy*-Legierungen. Sie enthalten etwa 75–80% Nickel, ca. 15% Eisen und verschiedene Zusätze wie Mo, Cr, Cu etc. Zwei Beispiele: Mumetall Ni76 Fe14 Mo5 Cu5, Supermalloy Ni79 Fe16 Mo5.

□ Die weichmagnetischen *Spinell-Ferrite* sind chemisch dem Magnetit Fe_3O_4 äquivalent, der jedoch wegen seiner zu hohen Leitfähigkeit magnetisch wertlos ist. In den synthetischen Spinell-Ferriten ist das zweiwertige Eisen durch andere Ionen substituiert: $MeO \cdot Fe_2O_3$ mit Me = Mn, Ni, Zn, Mg, Cu, Co oder auch Al und Li in verschiedenen Kombinationen. Solange vermieden wird, daß das gleiche Ion in zwei verschiedenen Wertigkeiten vorkommt, ist die Leitfähigkeit gering und der Werkstoff auch für hohe Frequenzen brauchbar.

Die Spinell-Struktur besteht aus einem kubisch-flächenzentrierten Gerüst der relativ großen Sauerstoff-Ionen, in deren Lücken die kleineren Kationen eingelagert sind. Man unterscheidet Oktaeder- und Tetraeder-Lücken, wobei doppelt so viele Oktaeder- wie Tetraeder-Lücken besetzt sind. Die Oktaeder- und Tetraederplätze bilden auch die beiden entgegengesetzt magnetisierten Untergitter der ferrimagnetischen Spinstruktur. Im Manganferrit $MnO \cdot Fe_2O_3$ besetzt eines der Eisenionen die Tetraeder-Lücken, während das andere Eisenion sich mit dem Mangan die Oktaederplätze teilt. Substituiert man einen Teil des Mangans durch Zink (Mangan-Zink-Ferrit), dann verdrängt das Zink das Eisen aus den Tetraederplätzen. Da durch das unmagnetische Zinkion das Tetraeder-Untergitter geschwächt wird, erklärt sich, daß die resultierende Magnetisierung des Manganferrits durch Zinkzusatz erhöht wird.

Mangan-Zink-Ferrit stellt den wichtigsten Ferrit-Werkstoff dar, der für Frequenzen von 1 kHz bis 1 MHz vorherrschend ist. Für höhere Frequenzen bis 100 MHz wird Nickel-Zink-Ferrit mit einer noch geringeren Leitfähigkeit eingesetzt, Mangan-Magnesium-Ferrite spielen neben Lithiumferrit und den Granaten im Mikrowellenbereich eine Rolle. Aus Mangan-Magnesium-Ferriten lassen sich auch Kerne mit einer Rechteckschleife herstellen, die in den Ferrit-Kernspeichern genutzt werden.

□ Der Ferromagnetismus ist ebensowenig wie die elektrische Leitfähigkeit an den kristallinen Zustand der Materie gebunden. Auch amorphe Substanzen, insbesondere die schnell abgeschreckten *metallischen Gläser* können magnetisch sein. Typische magnetische metallische Gläser bestehen zu 75–80% aus Fe, Co und Ni und zu 20–25% aus den Metalloiden (B, P, Si, C), die zur Stabilisierung des amorphen Zustands benötigt werden. Die amorphen Ferromagnetika erreichen deshalb nur etwa 80% der Sättigungsmagnetisierung entsprechender kristalliner Werkstoffe, jedoch besitzen sie, bedingt durch die Abwesenheit von Gitterfehlern und Kristallanisotropien, generell sehr gute weichmagnetische Eigenschaften. Auch amorphe Ferromagnetika besitzen gewisse Anisotropien, die einerseits auf inneren Spannungen beruhen können, andererseits auf anisotropen Paarordnungen der Legierungspartner innerhalb des amorphen Zustands zurückgeführt werden können. Die Anisotropien können durch Wärmebehandlungen unterhalb der Kristallisationstemperatur (≈400 °C) verringert werden, wodurch sich die weichmagnetischen Eigenschaften verbessern. Amorphe Ferromagnetika lassen sich auch durch Verdampfen oder Kathodenzerstäubung (dünne Schichten) herstellen. So wurden durch Zerstäubung gewonnene Legierungen des Systems CoGd (≈80% Co) als magnetische Schicht für den Magnetblasenspeicher studiert. Entsprechende Schichten auf Terbium-Eisen-Basis werden für die magnetooptische Aufzeichnung verwendet. Neuerdings stellt man durch Kristallisation spezieller amorpher Legierungen extrem feinkörnige hochpermeable Legierungen her, die sog. *nanokristallinen* Magnetwerkstoffe.

□ Aus magnetischem Pulver durch Pressen mit einem Bindemittel hergestellte Magnetkerne werden *Pulver-* oder *Massekerne* genannt. Massekerne aus Eisen- oder Nickeleisenpulver stellen eine Alternative zu den Ferriten als w. W. für höhere Frequenzen dar. Ihr Vorteil liegt in der höheren Sättigungsmagnetisierung, jedoch sind die erreichbaren relativen Permeabilitäten auf einige 100 begrenzt.

□ Die *magnetische Granate* gehören zu den oxidischen w. W. Ihre allgemeine Formel $A_3B_2C_3O_{12}$ leitet sich von den natürlichen Granaten ab, für die z. B. $A = Ca^{2+}$, $B = Fe^{3+}$ und $C = Si^{4+}$ gilt. Magnetische Granate entstehen, wenn man A durch ein dreiwertiges Selten-Erd-Ion und zum Ladungsausgleich C ebenfalls durch ein dreiwertiges Ion ersetzt. Der bekannteste Vertreter, der Yttrium-Eisen-Granat (YIG) besitzt die Formel $Y_3Fe_5O_{12}$. Die Y-Ionen bilden hierbei zusammen mit den Sauerstoffionen ein kubisches Gerüst, dessen sämtliche Oktaeder- und Tetraeder-Lücken von Eisen besetzt sind. Dank seiner hohen Regelmäßigkeit und der Abwesenheit verschiedenwertiger Ionen ist YIG ein ausgezeichneter transparenter →Isolator mit sehr geringen magnetischen Verlusten. Seine Hauptanwendung liegt im Mikrowellenbereich. *Hubert*

Literatur: *Boll, R.*: Weichmagnetische Werkstoffe. Berlin, München, 1987.

Weißwert. Der W. gibt im *Kelly*-Farbdiagramm die Koordinaten an für ein reines, ungetöntes Weiß. Dieser W. hängt auch ab vom Umgebungslicht. So gibt es unterschiedliche W. für:
- Mittagssonne in nördlicher Breite bei bedecktem Himmel
- direktes Licht der Mittagssonne
- Glühlampenlicht.

Der beim europäischen Fernsehen am häufigsten angewandte Bezugsweißwert ist „weiß D" mit den Koordinaten: $x = 0{,}313$ und $y = 0{,}329$.

Neben dem Sperrspannungsabgleich ist der Weißabgleich (Abgleich des W.) wichtig, da er sicherstellt, daß über die ganze Ansteuerkennlinie die drei Strahlströme für die drei Primärfarben das richtige Verhältnis zueinander haben, um Weiß-D (WD) wiederzugeben (WD im Kelly-Farbdiagramm). Das ist erforderlich, um weiße Bildpartien oder schwarzweiße Testbilder ohne Farbtönung wiederzugeben.

Dazu wird nach richtigem Abgleich der Sperrspannungen die Verstärkung für die RGB-Signale eingestellt. *Nerstheimer*

Literatur: Einführung in die Farbfernsehservicetechnik, Bd. I: Grundlagen der Farbfernsehtechnik. Hrsg. N. V. Philips Gloeilampenfabrieken Eindhoven, Niederlande. – Elektronik-Taschenbuch, Bd. II, Bonn. – Farbfernsehtechnik I. Hrsg. Telefunken, München. – Farbfernsehtechnik II. Hrsg. Telefunken, Berlin.

Wellenausbreitung. Räumliche und zeitliche Ausbreitung eines Schwingungszustandes.

Die Ausbreitung von Wellen wird anschaulich durch das *Huygens-Fresnel*sche Prinzip beschrieben: Jeder Punkt eines Mediums, der von einer Welle erreicht wird, wird zum Ausgangspunkt einer Elementarwelle. Die ungestörte, d. h. lineare Überlagerung aller Elementarwellen ergibt als Resultierende die weiterlaufende Welle. Als Elementarwelle versteht man dabei eine Welle, die von einer am betreffenden Punkt lokalisierten Schwingung erzeugt wird. Ist die Wellenausbreitung isotrop, d. h. in alle Raumrichtungen gleich, so sind die Elementarwellen (wie alle Wellen mit punktförmigem Ursprung) Kugelwellen, d. h. die Flächen gleicher Phase (Wellenfronten) sind Kugeln. Bei einer zweidimensionalen Welle, z. B. einer Wasserwelle, wären dies Kreiswellen, wie sie z. B. entstehen, wenn man einen Stein ins Wasser wirft. Sind die Wellenfronten ebene Flächen (oder im Zweidimensionalen Geraden), so spricht man von ebenen Wellen. Weit weg vom Ausgangspunkt einer Welle kann man eine Wellenfront stückweise immer als eine ebene Welle annähern, etwa das Licht der Sonne auf der Erde.

Die W. wird mathematisch durch die (äquivalenten) Gleichungen

$$x = x_o \sin 2\pi\nu\,(t - x/c) = x_o \sin 2\pi\,(t/T - x/\lambda)$$
$$= x_o \sin(\nu t - kx)$$

beschrieben, wobei x_o die Wellenamplitude, ν die Frequenz, $T = 1/\nu$ die Schwingungsdauer, $\omega = 2\pi\nu$ die Kreisfrequenz, λ die Wellenlänge und $k = 2\pi/\lambda$ die Wellenzahl sind. Die Größe $c = \lambda\nu = \omega/k$ ist die →Phasengeschwindigkeit, die die Ausbreitungsgeschwindigkeit der Wellenphase angibt. Sie ist in der Regel von der Signalgeschwindigkeit einer Wellengruppe zu unterscheiden (→Wellenfortpflanzungsgeschwindigkeit).

Trifft eine sich ausbreitende Welle auf ein Hindernis, so tritt Beugung auf, wenn die Dimension des Hindernisses in der Größenordnung der Wellenlänge liegt. Zur Konstruktion der Beugungswelle kann wieder das *Huygens-Fresnel*sche Prinzip benutzt werden. Ist die Ausdehnung des Hindernisses groß gegen die Wellenlänge, so tritt Reflexion und/oder Brechung auf. Bei der Reflexion an einem dichteren Medium (Phasengeschwindigkeit kleiner als im Ausgangsmedium) tritt dabei ein Phasensprung um π auf, der in das Medium eindringende Teil wird zum Einfallslot hin gebrochen. Bei Reflexion an einem dünneren Medium erfolgt kein

Phasensprung, die eintretende Welle wird vom Einfallslot weg gebrochen. Bei Reflexion um 180° können sich durch Interferenz stehende Wellen ergeben, wenn die Länge des Interferenzgebiets ein ganzzahliges Vielfaches von $\lambda/2$ ist. Interferieren, d. h. überlagern sich Wellen verschiedener Frequenz, so kann es zur Ausbildung von Schwebungen kommen, die man als eine Welle mit zeitabhängiger Amplitude interpretieren kann. *Heinz*

Wellenfortpflanzungsgeschwindigkeit. Ausbreitungsgeschwindigkeit einer Welle.

Für eine durch eine einzelne Wellenlänge λ und die Frequenz ν bzw. durch die Wellenzahl $k = 2\pi/\lambda$ und die Kreisfrequenz $\omega = 2\pi\nu$ beschriebene Welle ist die Ausbreitungsgeschwindigkeit gleich der Phasengeschwindigkeit c, d. h. der Geschwindigkeit mit der sich der Schwingungszustand ausbreitet: $c = \lambda\nu = \omega/k$. Eine solche Welle ist jedoch unendlich ausgedehnt, hat also weder Anfang und Ende und ist daher allein nicht zur Signalübertragung, also z. B. zur Übertragung von Informationen, geeignet. Dazu muß eine Welle moduliert werden (Amplituden- oder Frequenzmodulation), so daß Wellengruppen entstehen, die Träger der Information bzw. des Signals sind. Sie lassen sich als Überlagerung der o. g. unendlich ausgedehnten Wellen verschiedener Frequenzen bzw. Wellenlängen darstellen (Fourier-Zerlegung). Hängt die Phasengeschwindigkeit nicht von der Wellenlänge ab, z. B. für elektromagnetische Wellen im Vakuum, so ist die Fortpflanzungsgeschwindigkeit der Gruppe gleich der Phasengeschwindigkeit.

Für Wellen in einem Medium, also z. B. Licht in einem Lichtleiter oder Elektronen in einem Festkörper, hängt jedoch in der Regel die Phasengeschwindigkeit von der Wellenlänge ab, was man als Dispersion bezeichnet ($dc/d\lambda > 0$: normale Dispersion, $dc/d\lambda < 0$: anomale Dispersion). Die Fortpflanzungsgeschwindigkeit der Gruppe, etwa der Hüllkurve der Gruppe, ergibt sich dann zu

$c_{gr} = d\omega/dk = c - \lambda\ dc/d\lambda$ (Gruppengeschwindigkeit).

Sie ist nur im dispersionsfreien Fall ($dc/d\lambda = 0$) mit der Phasengeschwindigkeit identisch. Im Fall normaler Dispersion, wie sie für Licht in Glas vorherrscht, ist also stets $c_{gr} < c$. Aufgrund der unterschiedlichen Phasengeschwindigkeiten der Konstituenten der Wellengruppe läuft die Gruppe während ihrer Fortpflanzung auseinander. Das Signal muß also in regelmäßigen Abständen wieder restauriert werden. *Heinz*

Wellenlängenmultiplexer/-Demultiplexer. Komponenten, die für optische Signalübertragungen mehrere Lichtwellen mit verschiedenen Wellenlängen (Kanäle) zusammenführen (→Multiplexer) oder wieder trennen (→Demultiplexer).

Die Zusammenführung und Trennung sollte möglichst verlustfrei erfolgen. Das Prinzip eines Multiplexers bzw. Demultiplexers ist im Bild am Beispiel einer einfachen unidirektionalen optischen Übertragungsstrecke dargestellt. Die modulierten Lichtwellen von m verschiedenen Lichtquellen (z. B. →DFB-Halbleiterlaser), die auf den unterschiedlichen Wellenlängen $\lambda_1, \lambda_2 \ldots\ldots \lambda_m$ (Kanäle) senden, werden mittels des Multiplexers in eine gemeinsame Übertragungsstrecke (z. B. Glasfaser) eingekoppelt. Im →Empfänger muß die gewünschte Wellenlänge (Kanal) wieder herausgefiltert werden. Diese

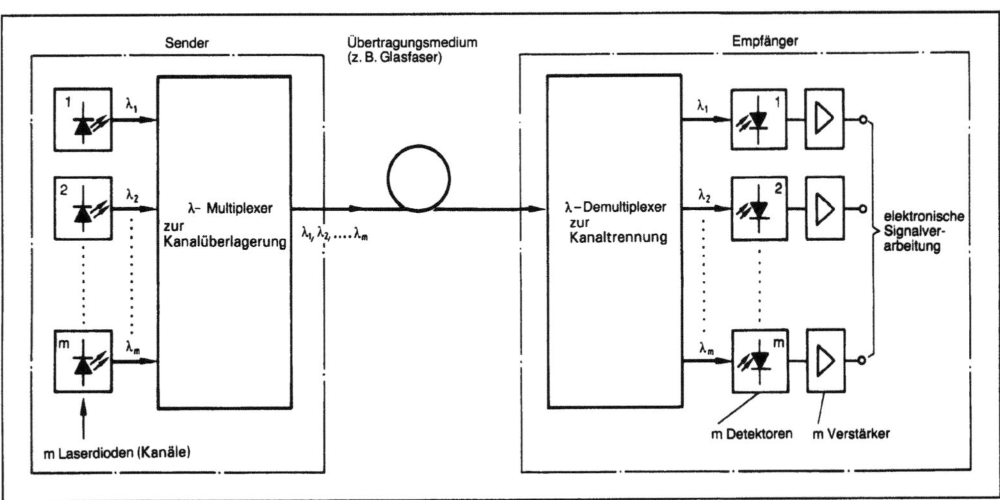

Wellenlängen-Multiplexer/Demultiplexer: Funktionsprinzip in einer unidirektionalen optischen Nachrichtenstrecke.

Aufgabe hat ein Demultiplexer mit hoher →Selektivität und geringem Übersprechen zu erfüllen.

Einfache Multiplexer koppeln die einzelnen Lichtwellen direkt auf die vorliegende Übertragungsleitung, z. B. auf eine Glasfaser über ein Linsensystem oder über speziell konstruierte planare Lichtwellenleiter-Strukturen. Der überwiegende Teil der Multiplexer sowie alle Demultiplexer bestehen jedoch aus Elementen mit wellenlängenselektiven Eigenschaften (z. B. Richtkoppler-Strukturen, Bragg-Gitter, Prismen oder Strahlteiler).

R. Kaiser

Literatur: *Kersten, R. T.*: Einführung in die optische Nachrichtentechnik, Berlin–Heidelberg–New York, 1983. – *Unger, H. G.*: Optische Nachrichtentechnik, Teil II, Heidelberg, 1985.

Wellenleiter →Glasfaserlichtwellenleiter, →Schichtwellenleiter

Wellenleiterdispersion. W. entsteht durch die Wellenlängenabhängigkeit der Verteilung der optischen Leistung auf das Glasfaserkern- und Mantelgebiet. Sie leistet bei Monomodefasern zusammen mit der →Materialdispersion den wesentlichen Beitrag zur Gesamtdispersion (→Dispersion).

Für Quarzglas haben die beiden Dispersionsarten im Wellenlängenbereich >1000 nm ein entgegengesetztes Vorzeichen. Während die Materialdispersion durch Änderung der →Dotierung nur wenig variiert werden kann, läßt sich die W. durch Änderung des Brechzahlprofils wesentlich beeinflussen. Beim einfachen Stufenprofil der →Monomodefaser ergibt die Summe aus Material- und W. in der Nähe der Wellenlänge $\lambda = 1300$ nm gleich Null (Bild). Um diese Nullstelle zu anderen Wellenlängen zu verschieben, führt man ein mehrstufiges Brechzahlprofil ein. Damit ist es möglich, die Nulldispersion in das Gebiet von 1550 nm (Dämpfungsminimum, →Glasfaserdämpfung) zu verschieben bzw. in einem bestimmten Wellenlängenbereich (z. B. 1300–1550 nm) eine Abflachung der Dispersionskurve zu erreichen.

Krauser

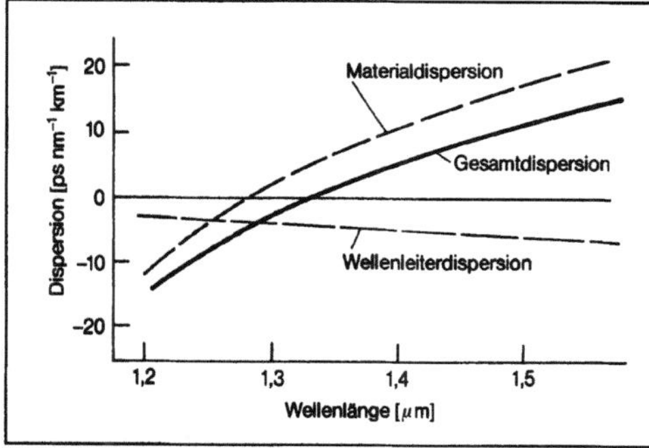

Wellenleiterdispersion: Wellenleiterdispersion, Materialdispersion und Gesamtdispersion einer Monomodefaser.

Wellenleitermoden →Schichtwellenleiter

Wellenleitermodulator. →Modulator für optische Signalübertragungen, der die Lichtwellen innerhalb eines planaren Lichtwellenleiters moduliert.

□ Wellenleiter-Phasenmodulator: Die Signalmodulation erfolgt i. a. unter Ausnutzung des Pockelseffektes durch die Anwesenheit eines modulierbaren, lokalen und definiert orientierten elektrischen Feldes $\vec{E}_{el}$ im Wellenleiter (elektrooptischer Wellenleiter-Phasenmodulator). In der praktischen Ausführung wird dieses Feld z. B. durch in →Sperrichtung betriebene pn-Halbleiter- oder Metall-Halbleiter-Übergänge realisiert. Das Anlegen einer elektrischen Spannung an spezielle planare Elektrodenkonfigurationen auf Wellenleitern aus isolierenden Materialien (z. B. $LiNbO_3$) bietet eine weitere Möglichkeit. Zur Herstellung von W. sind Materialien erforderlich, die sowohl eine Wellenführung im gewünschten Spektralbereich als auch einen nutzbaren linearen elektrooptischen →Effekt aufweisen (z. B. $LiNbO_3$, →GaAs, →GaAlAs, →GaP, →InP, InGaAsP). Zum Erhalt eines möglichst hohen Modulationsgrades ist eine maximale Überlappung des elektrischen Feldes $\vec{E}_{el}$ mit dem optischen Feld der Lichtwelle im Wellenleiterquerschnitt zu gewährleisten. Durch die kleinen Dimensionen der planaren Wellenleiter entstehen bereits bei niedrigen Modulationsspannungen große elektrische Felder, wodurch lediglich geringe Modulationsleistungen erforderlich sind.

□ Wellenleiter-Intensitätsmodulator: Für die Herstellung dieses Modulatortyps bieten sich verschiedene Möglichkeiten an: Zunächst ist der Elektroabsorptions-Modulator zu nennen, bei dem durch Anlegen eines elektrischen Feldes an den Wellenleiter der →Absorptionskoeffizient an der Bandkante des Halbleitermaterials beeinflußt wird (→*Franz-Keldysh*-Effekt, →Intensitätsmodulator). Durch eine geeignete Verknüpfung zweier elektrooptischer Wellenleiter-Phasenmodulatoren entsteht ein Mach-Zehnder-Modulator (Interferenz-Wellenleitermodulator), der die Intensität einer optischen Trägerwelle nach dem Prinzip des Mach-Zehnder-Interferometers moduliert. Ebenso ermöglichen elektrooptisch gesteuerte →Richtkoppler eine Intensitätsmodulation (Richtkoppler-Modulatoren). Bei diesem Modulatortyp sind die beiden planaren Wellenleiter eines optischen Richtkopplers im Koppelbereich mit geeignet angeordneten Elektroden bedeckt. Die elektrische Ansteuerung dieser Elektroden beeinflußt unter Ausnutzung des elektrooptischen Effektes die Lichtleistung, die von einem zum anderen Wellenleiter des Kopplers übertragen wird (Δβ-Richtkoppler). Ferner ist eine Intensitätsmodulation über die Veränderung des optischen Brechungsindexes durch →Ladungsträgerinjektion im Bereich der

Grenzwellenlänge von asymmetrischen Lichtwellenleitern zu erreichen. *R. Kaiser*

Literatur: *Hunsperger, R. G.*: Integrated Optics: Theory and Technology, Berlin–Heidelberg–New York, 1991. – *Tamir, Th.*: Guided-Wave Optoelectronics, Electronics and Photonics, Nr. 26, Berlin–New York–Heidelberg–London–Paris–Tokyo, 1988. – *Unger, H. G.*: Optische Nachrichtentechnik, Teil 2, Heidelberg, 1985.

Wellenleitertaper. →Wellenleitertransformator; →Feldtransformator, optischer.

Wellenleitertransformator. Ein W. (Modentransformator) ist ein Koppelelement, das zwei →Lichtwellenleiter mit unterschiedlichen Querschnittsgeometrien und/oder Materialeigenschaften (Brechungsindizes) optisch möglichst verlustlos miteinander optisch verbindet. Die verschiedenen Feldverteilungen der in den Wellenleitern geführten Lichtwelle (Mode) sind so einander anzupassen (Bild), daß der Kopplungswirkungsgrad maximal wird.

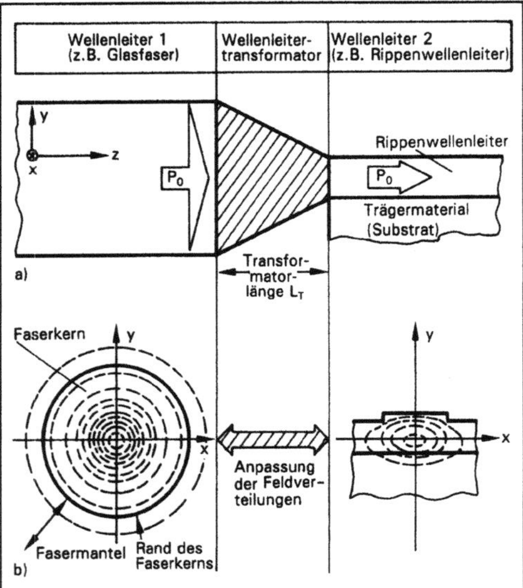

Wellenleitertransformator: Schematische Darstellung einer verlustlosen optischen Verbindung zweier unterschiedlicher Wellenleiter mittels eines Tapers.
a) Längsschnitt (P_0: geführte Lichtleistung)
b) Darstellung der elektrischen Feldverteilungen der geführten Lichtmode im jeweiligen Wellenleiterquerschnitt als Höhendiagramm, (--- Feldlinien der Lichtmode).

Die Anpassung der Modenverteilungen (Modentransformation) bezüglich Form und geometrischer Abmessungen erfolgt in Lichtausbreitungsrichtung längs der Länge L_T eines solchen optischen Transformator durch eine entsprechende kontinuierliche (quasikontinuierliche) Veränderung der Geometrie und/oder des Brechzahlprofils (Erzeugung von sog. adiabatischen Wellenleiterübergängen, d. h. von Übergängen, die weder größere Abstrahlverluste in nicht geführte →Moden noch Lichtkopplungen in geführte, höhere ausbreitungsfähige Moden ermöglichen).

Bei einer rein geometrischen Anpassung wird nur der Wellenleiterquerschnitt entlang der Länge L_T verändert, was technologisch nicht einfach zu realisieren ist. In diesem speziellen Fall bezeichnet man einen W. auch als Wellenleitertaper oder nur kurz als Taper (*engl.* taper: verjüngen, zuspitzen, spitz zulaufen).

Die zweite Möglichkeit, durch eine Änderung des Brechzahlprofils in Wellenleiterrichtung die gewünschte Modenanpassung zu erreichen, erfordert eine geeignete Veränderung des Wellenleitermaterials (z. B. Veränderung der Materialzusammensetzung x,y innerhalb eines Halbleiter-Mischkristallsystems wie z. B. $In_{1-x}Ga_xAs_yP_{1-y}$). Solche Wellenleiterübergänge sind jedoch technologisch kaum zu realisieren.

Eine Alternative zu den beiden erwähnten Herstellungsmöglichkeiten stellen die sog. *tapered velocity couplers* dar. Diese Elemente bestehen aus den beiden optisch zu verbindenden Wellenleiter, wobei das Licht in Ausbreitungsrichtung von dem einen in den anderen Wellenleiter nach dem Prinzip des optischen Richtkopplers gekoppelt wird.

Von großer praktischer Bedeutung sind W. insbesondere zur Herstellung einer möglichst verlustarmen Lichtkopplung zwischen unterschiedlichen Wellenleitern in der →integrierten Optik, →Optoelektronik und →Photonik. Als Beispiele hierfür sind zu nennen:

□ Die Kopplung einer einmodigen Quarzglasfaser (Kerndurchmesser ≈ 5 μm) mit
– einem planaren, dielektrischen Wellenleiter auf einem monolithisch integrierten Schaltkreis (Bild) (Querschnittsabmessungen z. B. eines InP/InGaAsP-Wellenleiters auf einem →OEIC oder PIC: ≈ 3 × μm²), oder
– einem →Halbleiterlaser (Querschnittsabmessungen des Laserstreifens z. B. ≈ 2 × 0,3 μm² im InP-Materialsystem) oder
– einem optischen →Halbleiterverstärker mit ähnlichen Querschnittsabmessungen wie bei einem Halbleiterlaser.

Der W. kann dabei verschiedenartig ausgeführt sein:
– Hybrid zwischen den beiden Wellenleitern (z. B. als Kugellinse, die auf der Stirnfläche einer optischen Faser (z. B. Glasfaser) fixiert ist),
– monolithisch integriert an der Glasfaser (Verjüngung der Glasfaser durch einen Ziehprozeß bei erhöhter Temperatur Glasfasertaper) oder
– monolithisch integriert auf dem Bauelementchip (OEIC, PIC, Halbleiterlaser, ...).

Die monolithische Integration auf dem Bauelementchip läß theoretisch die besseren Kopplungswirkungsgrade, d. h. die geringeren Lichtverluste erwarten und wird zukünftig sowohl die Kosten als auch den Zeitaufwand (durch wesentlich günstigere Justiertoleranzen) für den Aufbau solcher Kopplungen entscheidend reduzieren. Dies gilt besonders dann, wenn solche Kopplungen in hohen Stückzahlen erforderlich werden, wie z. B. bei der Installation von leistungsfähigen optischen Nachrichtennetzen oder der Herstellung von optischen Computern.

□ Die Kopplung zweier unterschiedlicher dielektrischer Wellenleiter auf einem monolitisch integrierten Schaltkreis (OEIC, PIC). *R. Kaiser*

Literatur: *Nolting, H. P.* and *C. M. Weinert:* Theoretische Untersuchung optischer Wellenleitertaper auf InGaAsP/InP. Frequenz **45** (1991) S. 130–140.

Wellenlöten. In der elektronischen Verbindungstechnik werden mit dem W. weitaus die meisten elektrischen Verbindungen (→Leiterplattentechnik, →Miniaturisierung) in weitgehend automatisierten Verfahren hergestellt (Bild).

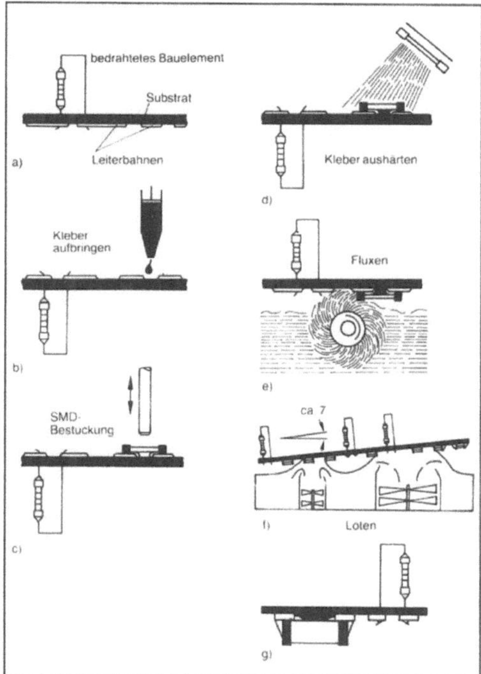

Wellenlöten: Wellenlötprozeß, Schritte bei der gemischten Bestückung:
a) Bestückung mit bedrahteten Bauelementen
b) Drehen des Substrates und Auftragen des Klebers
c) Plazieren der SMDs und Fixierung durch den Kleber
d) Aushärten des Klebers
e) Anwendung eines Flußmittels („Fluxen")
f) Schwallbadlöten mit Doppelwelle
g) fertige Platine.

Der Lotwerkstoff liegt in aufgeschmolzener Form als sog. Lötbad vor, und die vormontierten zu belötenden Komponenten werden mit dem Bad in Berührung gebracht. Schaltkreise auf Leiterplatten mit gröberer Struktur (Leiterbahnbreite ≥1 mm) und zu verlötende Einzelkomponenten (Schmelzsicherungen, Transformatoranschlüsse usw.) werden vertikal in das Bad getaucht oder über eine schiefe Ebene in das Bad geschleppt und wieder herausgezogen. Für die mikrodimensionierten Bauelemente wird überwiegend das W. angewandt.

Das Badlöten eignet sich für unterschiedlichste Bauelementformen (Leiterplattentechnik, →Oberflächenmontage).

Erfahrungswerte für das Schlepp- und Wellenlöten sind:
- Vorheizen der mit Flußmittel benetzten →Anschlußfläche auf 120–160°C
- Badtemperatur etwa 240–270°C
- Berührungszeit etwa 2–5 s. *Hieber*

Werkstoffe, weichmagnetische →Weichmagnetische Werkstoffe

Wheatstone-Meßbrücke →Meßbrücke

Widerstand. W. (auch Festwiderstand) ist das Bauelement, der widerstandsbehaftete Leiter selbst. W. sind die meistverwendeten Bauelemente in der Elektronik. Sie werden in vielfältiger Weise, z. B. als Spannungsteiler, Referenzglieder oder Ableitwiderstände eingesetzt.

Von einem Festwiderstand wird gemeinhin erwartet, daß er das *Ohmsche* Gesetz erfüllt: Als elektrischen W. R bezeichnet man den Quotienten aus dem an einem elektrischen Leiter (Verbraucher) auftretenden Spannungsabfall U und dem ihn erzeugenden Strom I: $R = \frac{U}{I}$.

Die Einheit des elektrischen W. heißt Ohm (Symbol Ω): 1Ω = 1V/1A. Bei Wechselstromkreisen gebraucht man den Begriff W. im engeren Sinne für das Verhältnis von der Komponente der Spannung zum Strom, die zum Strom in Phase ist. In diesem Zusammenhang werden auch die Begriffe *Wirkwiderstand* oder *Resistanz* verwendet.

Ein technisch-elektronischer W. wird gekennzeichnet durch einen Widerstandswert, der von äußeren Einflüssen, z. B. Spannung, Temperatur usw., unabhängig und nicht willkürlich veränderbar ist. Durch heute angewendete Techniken lassen sich Festwiderstände mit Widerstandswerten von einigen Milliohm (10^{-3} Ohm) bis zu mehreren Gigaohm (10^9 Ohm) realisieren. Der Widerstandswert basiert dabei immer auf der Gesetzmäßigkeit:

$R = \varrho \cdot l/A$
ϱ = spez. W. (bei 20 °C)
l = Länge der Widerstandsbahn,
A = Querschnitt der Widerstandsbahn.

Im Bereich der Festwiderstände differenziert man heute grundsätzlich zwischen zwei Arten: *Drahtwiderstände* und *Schichtwiderstände.* Vernachlässigen kann man in diesem Zusammenhang die Kohlemasse-W., deren Bedeutung im Markt in den letzten Jahren deutlich abgenommen hat. Sie werden immer mehr durch Schichtwiderstände abgelöst.

□ Der *Drahtwiderstand* ist der am längsten bekannte Widerstandstyp, der durch einen gewikkelten Widerstandsdraht auf einen nichtleitenden Körper gebildet wird. Als Trägermaterialien finden häufig Keramik- oder Glasfaserstäbchen Verwendung. Der Widerstandsdraht wird realisiert durch NiCr-, CuNi- oder Manganin-Legierungen, je nach Anforderung. Am Ende des Körpers wird der Widerstandsdraht an Kappen oder Schellen angeschlossen. Sind Kappen angebracht, kontaktiert man den Widerstandsdraht neben Quetschverbindungen neuerdings verstärkt durch Löt- oder Schweißpunkte.

Die Anschlußdrähte stellt man meistens mit verzinnten Kupferdrähten her, bei großen Belastungen verwendet man auch Kupfer-Eisendrähte. Wegen der hohen Oberflächentemperaturen wählt man zur →Umhüllung Emailleglasuren, Silikonzement, Keramikkörper oder ähnliches. Präzisionslast-W. werden wegen der geringen Wärmebelastung häufig mit Epoxilack umhüllt. Die Schwerpunkte für die Anwendung von Drahtwiderständen liegen neben den Bereichen der Lastwiderstände und Präzisionswiderstände im Bereich der Applikationen, in denen eine hohe Impulsbelastbarkeit gefordert ist. Spezielle Ausführungen werden auch als Sicherungswiderstände eingesetzt, die bei Überlast zu einem Unterbrechen im Stromkreise führen.

□ *Schichtwiderstände* sind prinzipiell alle gleich konstruiert. Sie unterscheiden sich lediglich durch das Material der Widerstandsschicht und bergen unter anderem darin die Eigenschaften für vielfältige Anforderungen. Bei allen Produkten dieser Technologie ist gleich, daß auf einem Trägermaterial eine Widerstandsschicht aufgebracht wird. Dann erfolgt an den Enden eine →Kontaktierung, meist durch Aufbringen einer Metallkappe. Durch Wendelung der Widerstandsschicht gleicht man dann den Widerstand auf den nominalen Widerstandswert ab. Dies erfolgt in der Regel mit einem Laser. Weiter werden auch Schleifscheiben oder Sandstrahlen verwendet. Anschließend erfolgt bei bedrahteten Bauelementen das Anschweißen der Anschlußdrähte; zum Schluß wird der W. lackiert und gekennzeichnet. Damit ist er resistent gegen Umwelteinflüsse und isoliert gegen Berührungsspannungen.

Mit Ausnahmen verwendet man Schichtwiderstände in Applikationen mit niedrigen Leistungen ($P < 1W$).

Je nach Anforderung verwendet und unterscheidet man:

– *Kohle-Schichtwiderstände:* Durch Pyrolyse eines Kohlenwasserstoffgases bringt man auf einen nicht porösen, zylindrischen Keramikkörper eine amorphe Kohleschicht mit geringen kristallinen Anteilen auf. Kohle-Schichtwiderstände sind heute die am meisten verwendeten W. überhaupt, da sie für fast jeden Anwendungsfall in Frage kommen. Kennzeichnend für diese Produkte ist der immer negative →Temperaturkoeffizient.

– *Metall-Schichtwiderstände* werden für höhere Anforderungen verwendet. Die aus Edelmetallen bestehende Widerstandsschicht kann dabei durch verschiedene Verfahren auf den Keramikträger gebracht werden. Sie wird z. B. durch Bedampfung, mit Hilfe eines elektrochemischen Prozesses, durch Sublimation oder durch ein *Sputterverfahren* erzeugt. Häufig besteht die Metallschicht aus einer NiCr-Legierung. Für niederohmige Bereiche zieht man eine Mischung aus NiP vor.

Den Temperaturkoeffizienten beeinflußt man durch Beimischungen von z. B. Aluminium oder durch Anwendung bestimmter Alterungsverfahren. Für spezielle Anwendungen sind Verfahren bekannt, bei denen die Widerstandsschicht innerhalb eines Keramikrohres oder eines Glasrohres aufgebracht ist. Bei hochbelastbaren Metall-Schichtwiderständen ($P > 1W$) durchläuft das Bauelement während des Fertigungsprozesses ein spezielles Alterungsverfahren, durch das eine höhere Temperaturbelastbarkeit erreicht wird.

– *Metalloxid-Schichtwiderstände* bestehen aus einer Zinnoxidschicht, die auf einem zylindrischen Glas- oder Keramikkörper aufgebracht ist. Der W. wird oft durch die Vermischung mit weiteren Oxiden verändert. Für Metalloxid-Schichtwiderstände sind höhere Oberflächentemperaturen zulässig, sie sind deshalb bei gleicher Baugröße höher belastbarer als andere Schichtwiderstände.

– *Metallglasur-Schichtwiderstände* (Cermet) werden oft auch als Dickschicht-W. bezeichnet. Durch Eintauchen in eine Paste wird auf dem Trägermaterial Glas oder Keramik eine Glasur aufgebracht. Die Glasur besteht aus einer Suspension von Metallteilchen in einem organischen Lösungsmittel und Glaspulver. Anschließend wird die Glasur bei hohen Temperaturen getrocknet. Dabei entstehen Schichtdicken, die einige 100 mal dicker sind als bei den Kohle- und Metall-Schichtwiderständen. Je nach Hersteller werden diese Produkte als niederohmige oder als hochspannungsfeste, hochohmige Ausführungen angeboten.

– *SMD-Widerstände* (Chip-W.) werden in Zukunft an Bedeutung gewinnen und die herkömmlichen, bedrahteten Bauelemente teilweise ersetzen. Bei oberflächenmontierbaren W. haben sich zwei Herstellungsverfahren herauskristalisiert:

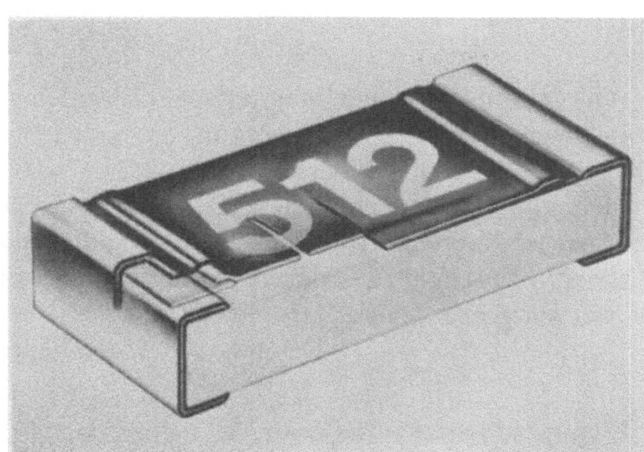

Widerstand: Aufbau eines Chipwiderstandes.

□ *Rechteck-Chips* (Flach-Chips): Hier wird in der Regel auf ein hochreines, rechteckiges Keramiksubstrat im Siebdruckverfahren eine Metallglasurschicht aufgetragen. Die Glasur wird ausgehärtet, und es erfolgt der Abgleich auf den Nennwiderstandswert mittels Laser. Gegen klimatische Einflüsse wird der Chip durch eine Glasur geschützt. Die Stirnflächen werden mit Edelmetall-Kontaktierungen versehen.
□ *Zylindrische-Chips* (→MELF): Auf einem Keramikträger wird eine Metallschicht aufgedampft. Dies entspricht dem Dünnschichtverfahren bei Metall-Schichtwiderständen. Erst nach dem Abgleich trennen sich die Fertigungswege. Die MELF-W. werden lediglich zwischen den Metallkappen lackiert, die gleichzeitig die Oberfläche bilden.
– *Widerstands-Netzwerke* werden als Kombination von mehreren W. angeboten. In neuerer Technologie verwendet man Widerstandsfolien, die auf einen isolierenden Träger aufgeklebt werden und die jeweiligen Kombinationen durch Ärtztechniken realisiert werden. Andererseits benutzt man konventionelle Herstellungsverfahren für Netzwerke. *Jansen*

Literatur: *Böger, H.* und *F. Kähler, G. Weigt:* Bauelemente der Elektronik und ihre Grundschaltungen. Köln 1984. – *Zinke, O.* und *H. Seither:* Widerstände, Kondensatoren, Spulen und ihre Werkstoffe. Berlin 1982. – Philips Components Festwiderstände. Hamburg 1991.

Widerstand, integrierter. →Funktionselement in integrierten Schaltungen mit Widerstandscharakteristik. Widerstandsfunktionen werden in der gesamten Schaltungstechnik und damit auch in integrierten Schaltungen vielfältig benutzt. Abhängig von der Integrationstechnik haben sich ganz unterschiedliche Formen herausgebildet.
□ In Schichtschaltungen (Bild 1) wird die Widerstandsfunktion durch eine hochohmige dünne Leiterbahn auf isolierendem Substrat realisiert. Die verwendeten Widerstandsmaterialien sind durch die jeweilige Schichttechnik (Dickfilm-, Dünnfilmtechnik) bestimmt. Da der spezifische Widerstand ρ besonders dünner Filme von der Schichtdicke d abhängt, führt man zur Kennzeichnung des Widerstandes R der Widerstandsbahn eines integrierten Widerstandes (Länge l, Querschnitt A = b · d, Breite b) den sog. Schicht- oder Flächenwiderstand R_S ein:

$$R = \frac{\rho(d) \cdot l}{b \cdot d} = R_S \cdot \frac{l}{b}.$$

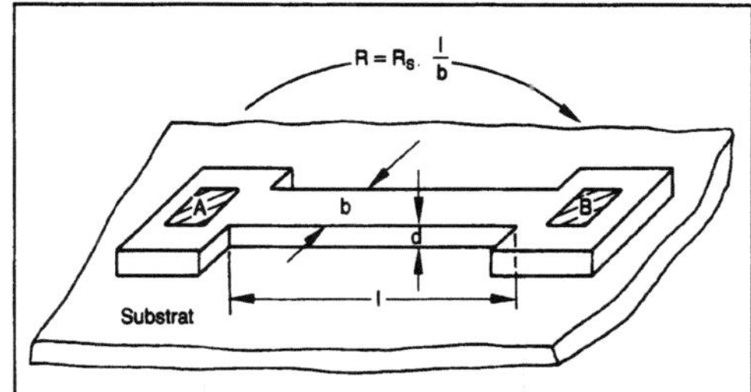

Widerstand, integrierter 1: Ausführung in Schichttechnik.

Er ist ein wichtiger Materialparameter. Der jeweils gewünschte Widerstandswert wird dann durch das Verhältnis Länge zu Breite (l/b-Verhältnis) festgelegt. Große Widerstände erfordern dann viel Fläche. Zur Platzersparnis werden die Widerstandsbahnen mäanderförmig ausgelegt.
□ In monolithisch integrierten Schaltungen benutzt man als Widerstandsbahn entsprechend dotierte Halbleitergebiete (die gewöhnlich gleichzeitig mit den Emitter-, Basis- oder Kollektorgebieten hergestellt werden) in isolierten Inseln (→Sperrschichtisolation). Ein Beispiel (Bild 2a) ist die Nutzung der Basisschicht. Die leitende Schicht entspricht der Basis des Bipolartransistors. Die Wirkung (Widerstandsvergrößerung) kann noch vergrößert werden (Bild 2b), wenn die n-Emitterschicht den Basisbereich „abdeckt", also dessen Dicke verkleinert. Nachteilig ist allerdings, daß die spannungsabhängige →Raumladungszone den Strompfad einschnürt und damit eine stärkere Nichtlinearität der →Kennlinie verursacht.

Das Merkmal solcher „Halbleiterwiderstände" ist – neben dem großen Flächenbedarf – die relativ große Toleranz (5–20 % des Absolutwertes, aber nur 1 % als Relativfehler zwischen einzelnen Widerständen auf dem gleichen Chip), die starke parasitäre (Kapazität) Kopplung nach dem Chip, die erforderliche →Vorspannung der Isolierinseln. Die negativen Auswirkungen der Verwendung besonders großer Widerstandswerte und die große Absoluttoleranz führte daher in integrierten Schaltungen zu anderen Entwurfsrichtlinien als bei diskreten Schaltungen: so wenig als möglich Widerstände und die Schaltung so gestalten, daß nur Relativfehler ihr Verhalten bestimmen. Aus diesen Begrenzungen entstanden u. a. folgende Lösungen:

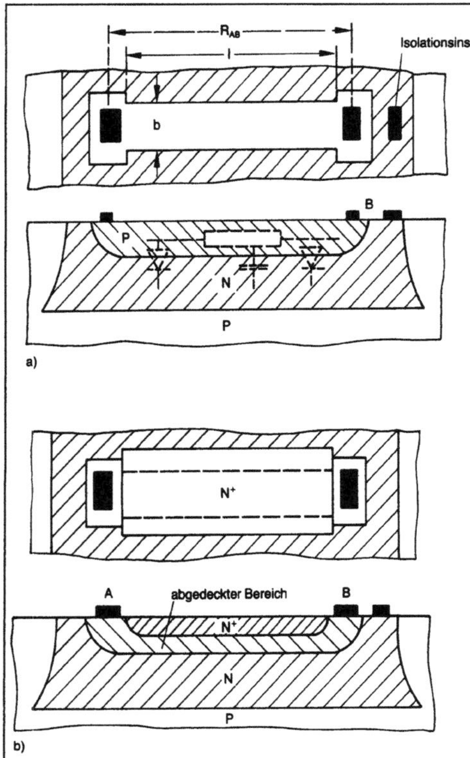

Widerstand, integrierter 2: Ausführungen
a) als diffundierter Widerstand, Basisbereich
b) als verdeckter diffundierter Widerstand, Basisbereich.

- das Differenzverstärkerprinzip (weil die Toleranz der Verstärkung von der Lastwiderstandstoleranz beider Lastwiderstände abhängt und nicht von den Absolutwerten),
- die Verwendung der „aktiven Transistorlast" und →Konstantstromquelle als Ersatz für große Widerstände,
- das Schalter-Kondensator-Prinzip, bei dem große Widerstandswerte durch geschaltete Kondensatoren realisiert werden, von denen sich einige Formen mit großer Präzision herstellen lassen. *R. Paul*

Widerstand, nichtlinearer. Widerstände für die Elektronik sind nichtlinear, wenn sich ihr Widerstandswert bei externer Beeinflussung nichtlinear ändert. Hierunter fallen →Heißleiter und →Kaltleiter, deren Widerstandswert sich nichtlinear mit der Bauelementetemperatur ändert, →Varistoren, deren Kennlinien stark spannungsabhängig sind, sowie lichtabhängige (LDR-Widerstände) und magnetfeldabhängige Widerstände. *Both*

Widerstand, thermischer →Sperrschichttemperatur

Widerstand, variabler →Potentiometer

Widerstandsänderung, magnetische. Eigenschaft elektrischer Leiter, nach Einwirkung eines magnetischen Feldes ihren Widerstand zu ändern (→Magnetfeldsensor, →Feldplatte). Der physikalische Effekt ist durch die Ablenkung der →Ladungsträger im Magnetfeld zu erklären, der in der Regel zu einer Vergrößerung der Strombahn führt. *Schaumburg*

Widerstandsmeßaufnehmer. W. dienen der Umformung nichtelektrischer Meßgrößen in elektrische Widerstände. Der Widerstand R eines Leiters mit dem Querschnitt A, der Länge l und dem spezifischen Widerstand ρ lautet

$$R = \varrho \frac{l}{A}$$

Die Veränderung jeder der drei Größen ρ, l und A wird praktisch zu Meßzwecken ausgenutzt (Tabelle). Zur Auswertung der Widerstandsänderungen werden Meßbrücken eingesetzt (→Widerstandsmessung). *Hammerschmidt*

Literatur: *Günzel, K.:* VDI Ber. 348 (1979), S. 101/12

Widerstandsmessung. Widerstandsbestimmungen im Labor lassen sich durch →Strommessung und →Spannungsmessung durchführen, wobei sich der gesuchte Widerstand R_x nach dem Ohmschen Gesetz zu

$$R_x = \frac{U_x}{I_x}$$

ergibt. Dabei muß man beachten, daß der Eigenverbrauch der Meßgeräte das Meßergebnis verfälschen kann. Mit einem sog. Ohmmeter oder mit dem Widerstandsmeßbereich eines Multimeters mißt man den Widerstand R_x über den durchfließenden Strom, der umgekehrt proportional zu R_x ist. $R_x = 0$ entspricht dann Vollausschlag, für steigendes R_x nimmt der Ausschlag ab. Die Skala ist nichtlinear. Eine direkte Widerstandsanzeige liefert auch das Drehspulquotientenmeßwerk (→Meßgerät, elektrisches). →Widerstandsmeßaufnehmer in der industriellen Meßtechnik sind in eine →Meßbrücke (Ausschlagverfahren) geschaltet. Eine entsprechende Weiterverarbeitung des Brückendifferenzsignals sorgt dafür, daß der Meßbereich in einen Ausgangsstrombereich 0–20 mA bzw. 4–20 mA abgebildet wird. *Hammerschmidt*

Widerstandsnetzwerk →Widerstand

Widerstands-Temperaturfühler →Widerstandsthermometer

Widerstandsmeßaufnehmer. Tabelle: Passive Sensoren, bei denen der elektrische Widerstand $R = \rho \cdot \frac{l}{A}$ *durch nichtelektrische Meßgrößen gesteuert wird*

gesteuerter Parameter	physikalischer Effekt	Anwendungsbeispiel
Länge l	Widerstandsabgriff	Weg- und Winkelaufnehmer Potentiometer, Längen- und Winkelmessung
Querschnitt A	Längen- und Querschnittsänderung durch Krafteinwirkung	Draht- und Foliendehnungsmeßstreifen Dehnungsmeßstreifen
spezifischer Widerstand ϱ	piezoresistiver Effekt	Halbleiter-Dehnungsmeßstreifen
	Temperaturabhängigkeit des spezifischen Widerstands	Halbleiter-Temperaturfühler Widerstandsthermometer
	innerer Photoeffekt	Photowiderstand Photodetektor
	galvanomagnetischer Effekt	Feldplatte
	Veränderung der Leitfähigkeit von Flüssigkeiten durch gelöste Stoffe	Meßaufnehmer für Salzkonzentrationen
	Beeinflussung der Leitfähigkeit durch Gasbelag	Gasdetektor

Widerstandsthermometer. Meßaufnehmer zur →Temperaturmessung, die als Meßeffekt die Temperaturabhängigkeit des elektrischen Widerstands von Metallen oder Halbleitern ausnutzen (→Sensor).

Metall-W. haben Meßfühler aus Platin (Pt) oder Nickel (Ni), deren Widerstand wie bei allen reinen Metallen angenähert linear und gut reproduzierbar mit der Temperatur zunimmt. Der Nennwiderstand R_o beträgt bei 0 °C genau 100 Ω („Pt 100", „Ni 100"), bei 100 °C ist der Widerstand $R_{100} = 138{,}5\,\Omega$ (Pt) bzw. 161,8 Ω (Ni). Die Beziehung zwischen Temperatur und Widerstand wird in Grundwertreihen angegeben. Diese sind für Platinmeßwiderstände in DIN IEC 751 (10/85) und für Nickelmeßwiderstände in DIN 43760 (10/80) festgelegt. Es gibt auch andere Nennwerte für R_o, z. B. 10 Ω, 500 Ω, 1000 Ω. Einen Richtwert für die Widerstandsänderung metallischer Leiter mit der Temperatur vermittelt der Temperaturkoeffizient $\alpha_{o,100}$. Er gibt die mittlere relative Widerstandsänderung je K zwischen 0 und 100 °C an:

$$\alpha_{0;\,100} = \frac{R_{100} - R_0}{R_0 \cdot 100\ \mathrm{K}}$$

Es bedeuten: R_{100} den Widerstand bei 100 °C, R_0 den Widerstand bei 0 °C. Metall-W. aus Ni werden im Temperaturbereich −60 °C–180 °C, solche aus Platin von −200 °C–+850 °C eingesetzt.

In der Praxis ist der Widerstandstemperaturfühler oft rauhen Betriebsbedingungen ausgesetzt. Die Wicklung des Meßwiderstands wird daher auf einen stabilen Träger (z. B. Glas, Keramik) aufgebracht und durch eine Bandage oder eine Deckschicht aus Glas oder Keramik festgehalten. Die Fehlergrenzen solcher Meßwiderstände sind größer als bei Anordnungen mit lose (spannungsfrei) auf einen Träger aufgewickelten Platindraht, da die thermischen Ausdehnungskoeffizienten der einzelnen Materialien (z. B. Platin und Keramik) nicht völlig übereinstimmen. Der →Meßwiderstand ist meist in einen Meßeinsatz eingebaut. Dieser ist durch ein äußeres Schutzrohr gegen Druck, Strömung und →Korrosion geschützt. Der Meßeinsatz kann auch während des Betriebs leicht aus dem Schutzrohr ausgebaut und ausgetauscht werden (Bild 1). Meßeinsätze sind in DIN 47762 genormt. Durch die Konstruktion der Meßwiderstände lassen sich sowohl angenähert punktförmige Messungen als auch Mittelwert-Messungen über größere Flächen durchführen. W. wie in Bild 1 brauchen bei Temperaturänderungen einige 10 s (in Wasser) oder gar mehrere Minuten (in Luft), um den neuen Temperaturwert anzunehmen. Wenn ein besseres dynamisches Verhalten verlangt ist,

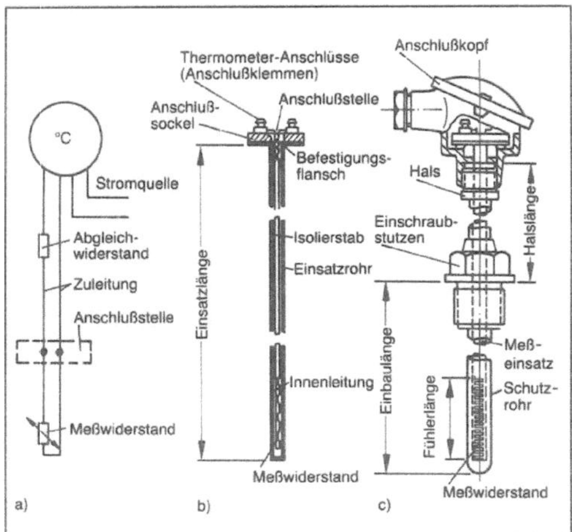

Widerstandsthermometer 1: W. für industriellen Einsatz (Quelle: Siemens AG).
a) Schaltung
b) Meßeinsatz
c) Schnittbild des vollständigen Widerstandsthermometers.

kann man auch Schicht- oder Film-W. einsetzen. Bei diesen wird mit den Mitteln der Halbleitertechnologie ein dünner Metallfilm auf einen Keramikträger aufgebracht und abgeglichen. Ein Beispiel mit einem Tantal-Nickel-Dünnschichtsystem zeigt Bild 2, das eine Zeitkonstante von unter 1 s hat, wenn es geeignet gekapselt ist. Eine weitere Möglichkeit zur relativ schnellen Temperaturmessung bieten →Thermoelemente.

Zu der bei W. notwendigen →Widerstandsmessung ist stets eine →Stromquelle erforderlich. Zwischen Meßort und dem Ort der Anzeige oder Weiterverarbeitung liegt immer eine mehr oder weniger große Entfernung. Deshalb werden die Meßwiderstände je nach verlangter Meßgenauigkeit mit zwei, drei oder vier Leitungen an die nachfolgende Schaltung angeschlossen, häufig eine im Ausschlagverfahren betriebene →Meßbrücke. Der durch den Meßwiderstand fließende Strom I soll wegen der Eigenerwärmung des Meßwiderstands 10 mA nicht übersteigen. An einem Pt 100 fällt dabei bei 0 °C genau 1 V ab, bei 100 °C ist der →Spannungsabfall 1,385 V. Daraus ergibt sich die →Empfindlichkeit des Pt 100 mit I = 10 mA in diesem Temperaturbereich zu 3,85 mV/K. Die Empfindlichkeit des Metall-W. kann man bei Bedarf durch →Meßverstärker vergrößern. Wenn das Meßsignal weiterverarbeitet werden soll, formt man es mittels eines Einheitsmeßumformers (→Meßgerät) in ein Einheitsmeßsignal 0–20 mA bzw. 4–20 mA um. Dabei wird die am Meßwiderstand abfallende Spannung durch ein →Kompensations-Meßverfahren gemessen.

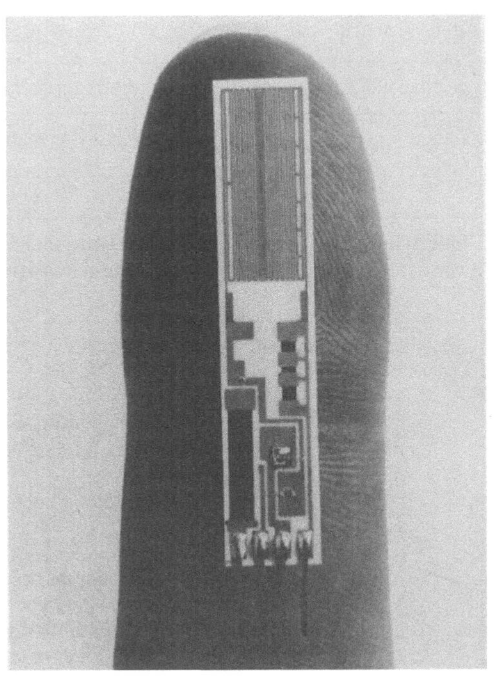

Widerstandsthermometer 2: Dünnschicht-W. (Quelle: Robert Bosch)

Halbleiter-W. haben gegenüber den metallischen W. eine wesentlich größere Temperaturempfindlichkeit, die jedoch stärker nichtlinear ist. Im Arbeitsbereich haben →Heißleiter (NTC-Thermistoren) und →Kaltleiter (PTC-Thermistoren) eine exponentielle Kennlinie. Durch Parallelschalten eines metallischen Widerstands kann man die Kennlinie in einem gewissen Meßbereich linearisieren. Auf diese Weise lassen sich mit Heißleitern einfache und robuste Temperaturgeräte aufbauen, z. B. auch zum Messen der Körpertemperatur (Bild 3). Heißleiter besitzen gegenüber anderen elektrischen Temperaturfühlern folgende Vorteile und haben deshalb erhebliche Bedeutung erlangt:

- Wegen des hohen Widerstands ist der Einfluß der Zuleitungen vernachlässigbar, es genügt also ein Zweileiteranschluß;

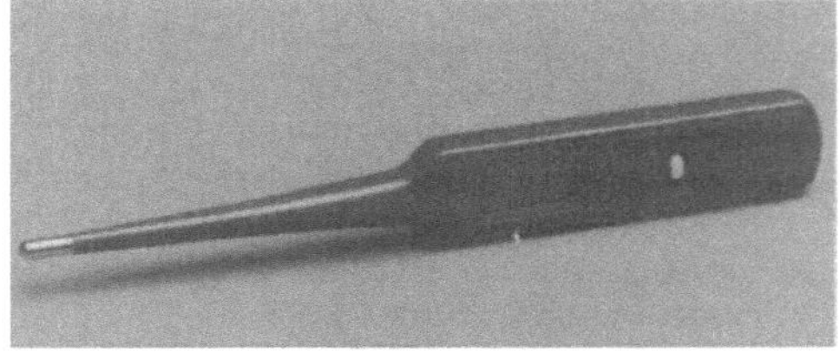

Widerstandsthermometer 3: Fieberthermometer mit Thermistor-Fühler. (Quelle: Roland Arzneimittel)

– wegen des großen Temperaturkoeffizienten sind Auflösungen bis unter 10^{-4} K erreichbar;
– sehr kleine Bauformen (ab 0,4 mm Durchmesser) sind möglich, dadurch schnelles Ansprechen.
– wegen günstigen Preisen vielfach eingesetzt z. B. in Hausgeräten wie Gefrierschränken, Waschmaschinen, Geschirrspülern und Warmwasserbereitern sowie als Sensoren in der Heizungs- und Klimatechnik.

Nachteilig können die Streuungen der Materialkonstanten und die schlechte Linearität sein.

Typische Anwendungsfälle für Kaltleiter sind die Temperaturüberwachung von elektrischen Maschinen und die Füllstandsüberwachung bei Heizöltanks.

Zu den Halbleiter-W. gehört auch der Silicium-Widerstands-Temperatur-Sensor. Der →Ausbreitungswiderstand eines Si-Einkristalls (ohne pn-Übergang) mit bestimmter →Dotierung steigt näherungsweise proportional zur Temperatur an. Bei Raumtemperatur ist der Temperaturkoeffizient doppelt so groß wie der von Platin. Ein praktisch ausgeführter Sensor hat einen Nennwiderstand von 2 kΩ bei 25 °C und einen Arbeitsbereich von -50 °C–+150 °C. *Hammerschmidt*

Widerstandswerkstoffe →Leiterwerkstoffe

Widerstand-Transistor-Logik →RTL

Wiederaufschmelzen →Reflow-Löten

Wiegand-Sensor. Ein W.-S. enthält einen Draht mit einem weichmagnetischen Kern, umgeben von einem Material mit höherer Koerzitivkraft. Wird der Draht aufmagnetisiert, so kippt zuerst der Kern und dann der magnetisch härtere Mantel in die Richtung des äußeren Magnetfeldes. Um den Draht ist eine Spule gewickelt. In dieser wird bei jedem der schnell verlaufenden Übergänge ein Spannungsimpuls induziert. Diese Impulse treten in umgekehrter Reihenfolge auf, wenn die Hysteresekurve in umgekehrter Richtung durchfahren wird. Dabei ist der Impuls, der bei der Richtungsänderung des Kerns entsteht, der größere. Aus diesem Grund wird oft die äußere →Feldstärke nur bis zur Ummagnetisierung des Kernes geändert.

Draht und Spule bilden den W.-S. Er wird als berührungsloser Endlagenschalter eingesetzt. Dazu werden an dem Werkstück, dessen Weg zu überwachen ist, zwei entgegengesetzt gerichtete Dauermagnete befestigt. Läuft dieses Werkstück an dem feststehenden Sensor vorbei, so wird die Hysteresekurve (Bild) in der Richtung 0-1-2-3-0 durchfahren. Die sprunghafte Änderung der magnetischen Flußdichte bei den Zeitpunkten t_1 und t_2 führt zu zwei Spannungsimpulsen, deren Höhe nicht von der Geschwindigkeit des Werkstückes, sondern nur von der Änderung der Flußdichte dB/dt des Drahtes abhängt. Auch bei schleichender Annäherung an den Auslösepunkt liefert der Sensor reproduzierbare und gut auswertbare Spannungsimpulse. *Schrüfer*

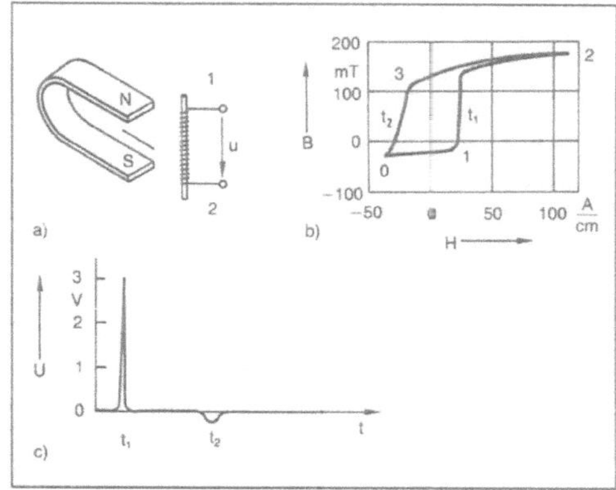

1 Draht, 2 Spule

Wiegand-Sensor: Prinzip und Wirkungsweise.
a) Aufbau
b) Asymmetrische Erregung eines W.-S.
c) Induzierte Spannungen bei asymmetrischer Erregung.

Wigglermagnet. Eine von einem hochenergetischen Elektronenstrahl durchlaufene Struktur vieler hintereinander angeordneter kurzer Ablenkmagnete mit abwechselnder Polarität zur Erzeugung sehr starker →Synchrotronstrahlung. Die einzelnen Ablenkmagnete sind so justiert, daß sich ihre Ablenkung über die gesamte Struktur aufhebt (Bild). Der Strahl behält daher nach Durchlaufen des Wigglers seine ursprüngliche Richtung bei. Die in einem sehr schmalen Konus scharf nach vorn gerichtete Synchrotronstrahlung addiert sich dabei auf, so daß die abgestrahlte Leistung n mal der Leistung eines einfachen Magneten entspricht, wobei n die Anzahl der Wigglerperioden angibt.

Der wichtigste Parameter des Wigglers ist $K = 93.4 \cdot B_0 \cdot \lambda_w$. Dabei ist B_0 das Maximalfeld am Strahl und λ_w die Länge einer Periode. Der Öffnungswinkel der Strahlung ist gegeben durch $\zeta = K/\gamma$ wobei $\gamma = E/m_0c^2$ die normierte Energie der Teilchen

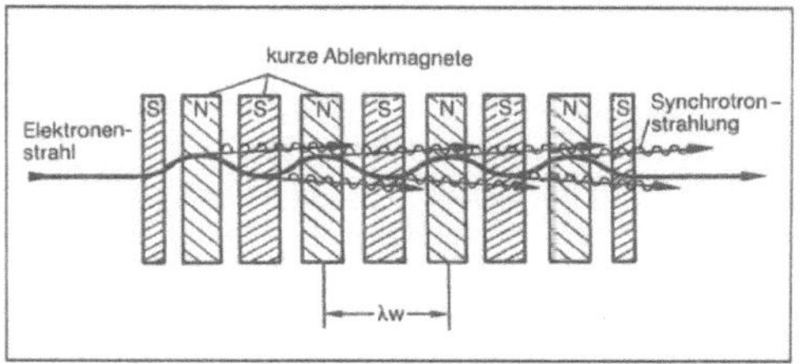

Wigglermagnet: Prinzipieller Aufbau.

ist. Man unterscheidet zwei Magnettypen: Den *Wiggler,* wenn $K>1$ ist, und den *Undulator,* für $K\leq 1$. Beim Undulator ist der Öffnungswinkel der Strahlung sehr klein, so daß Kohärenzeffekte auftreten, wenn folgende Bedingung erfüllt ist:

$$\lambda = \frac{\lambda w}{2\gamma^2}\left\{1+\frac{K^2}{2}\right\}$$

Die Leistung der Strahlung mit der Wellenlänge λ steigt in diesem Fall mit n^2. Der Undulator ist daher ein sehr starker Generator für kohärente Strahlung bis in den Röntgenbereich. *Wille*

Winchesterfestplatte. *Winchester* war der Laborname für ein Magnetplattenspeicher-Entwicklungsprojekt eines Herstellers (IBM, 1973).

Die gesamte Industrie übernahm wesentliche konstruktive Merkmale, die zum großen Teil bis heute in Magnetplattenlaufwerken für hohe Leistung zu finden sind:

□ →Magnetplattenstapel und Zugriffsmechanismus (Schreib-/Leseköpfe gefedert an den Armen des Zugriffskammes befestigt) bilden eine Einheit im geschlossenen Gehäuse (*engl.* Head Disc Assembly - HDA). Im Gegensatz zu den bis dahin üblichen Wechselplattenspeichern liest immer der gleiche Kopf, der auch geschrieben hat. Seine Lage relativ zum Servokopf bleibt unverändert: Keine Justage wie bei Wechselplattenspeichern, keine Toleranzen, wesentlich höhere Spurdichte möglich. In der ersten Ausführung waren die Datenmoduln (später HDA) mit maximal 70 Millionen Zeichen Kapazität noch auswechselbar. Ab 1976 führte gesteigerte Aufzeichnungsdichte zu über 2 000 Millionen Zeichen pro Zugriffsmechanismus in 1992. Auswechselbare Datenträger aus Wirtschaftlichkeitsgründen wurden überflüssig. Mit dem festen Einbau der Datenmoduln entfielen ca. 70% der potentiellen →Störstellen.

□ Reinstluftumgebung durch Absolutfilter, notwendig wegen der geringen Flughöhe der Schreib-/Leseköpfe (0.5 μm und darunter). Partikel, die Platte oder Schreib-/Leseköpfe beschädigen könnten, werden ausgefiltert.

□ Neuartige, miniaturisierte Schreib-/Leseköpfe aus einem Ferritkörper mit manuell aufgebrachter Wicklung, Gleitkufen, Federandruck gegen die Platte <5 g, senken sich beim Abschalten auf die Plattenoberfläche ohne Beschädigung von Platte und Kopf. Ein dünner Film flüssigen Schmiermittels auf der Platte erhöht die Sicherheit.

□ Zwei Schreib-/Leseköpfe je Oberfläche beschreiben zwei relativ schmale Speicherbänder je Plattenoberfläche: Kurze Suchwege, schnelle Suchbewegung bei geringer Kraft, verbesserter Ausgleich des Unterschiedes der Nutzsignale in Abhängigkeit von der Entfernung zum Plattenmittelpunkt.

□ Prinzip des servogesteuerten Zugriffsmechanismus unter Verbesserung von früheren Magnetplattenspeichern übernommen, wegen der kurzen Suchwege jedoch nur ein Teil der Servoplatte belegt (nur ein Servo-Speicherband). Das zweite Speicherband wurde gelegentlich für den Spuren fest zugeordnete, nicht bewegliche Schreib-/Leseköpfe genutzt, die ohne Suchzeit zu besonders schnellen Antwortzeiten führen. Heute wegen der Möglichkeit von Pufferspeichern in den Kontrolleinheiten nicht mehr üblich.

□ Prinzip von Platten und Plattenbeschichtung wie bei früheren Magnetplatten.

Weiterentwicklung (realisiert):

- Photolithographisch mit geringeren Toleranzen hergestellte noch kleinere Schreib-/Leseköpfe
- Verbesserte Magnetplatten für höhere Bitdichte
- Leichtere, schnellere Zugriffsmechanismen, geringere Massenträgheit.
- Magnetplattenstapel horizontal beidseitig gelagert (ursprünglich senkrecht, einseitig gelagert)
- Verfeinerte Routinen zur →Fehlererkennung und -korrektur im →Speichersystem.

Auswirkungen:

- Steigende Bitdichten: von etwa 5 000 bpi (Bits per Inch) Ende der siebziger Jahre auf bis zu 50 000 bpi in 1992.
- Steigende Spurdichte: von etwa 200 tpi (Tracks per Inch) Ende der siebziger Jahre auf über 2 000 tpi in 1992.
- Größere Anzahl von Magnetplatten: durch kleinere Magnetköpfe und dünneres Trägermaterial der Platten können heute bis zu 12 Magnetplatten in einem 5¼″ großen Laufwerk untergebracht werden.
- Höhere Umdrehungsgeschwindigkeiten: von 2 400 U/min bis zu 6 300 U/min, dieses führt zu höheren Übertragungsraten: von 1,2 MBytes/sec (1976) auf bis zu 5 MBytes/sec in 1992. Durch diese Entwicklung hat sich die Kapazität der W. in den letzten zehn Jahren um den Faktor 100 bis 200 erhöht (→Magnetplattenlaufwerk). Für alle Angaben besteht z. T. noch erhebliches Entwicklungspotential, so daß auch in den nächsten Jahren mit stetigen Kapazitäts- und Leistungssteigerungen gerechnet werden kann.

Ausführungen:

W. mit Plattendurchmessern von 8–14 Zoll werden heute noch in Großrechenanlagen und in Plattensubsystemen verwendet. Wegen ihres großen Platzbedarfs, der hohen Leistungsaufnahme und teuren Herstellungskosten werden sie heute zunehmend durch die seit Beginn der achtziger Jahre entwickelten Laufwerke im 5¼″ Formfaktor abgelöst. In der Kapazität, Leistungsfähigkeit und Zuverlässigkeit sind diese mittlerweile den großen Laufwerken ebenbürtig. Speziell für Arbeitsplatzrechner (Personal Computer, Workstations) sind

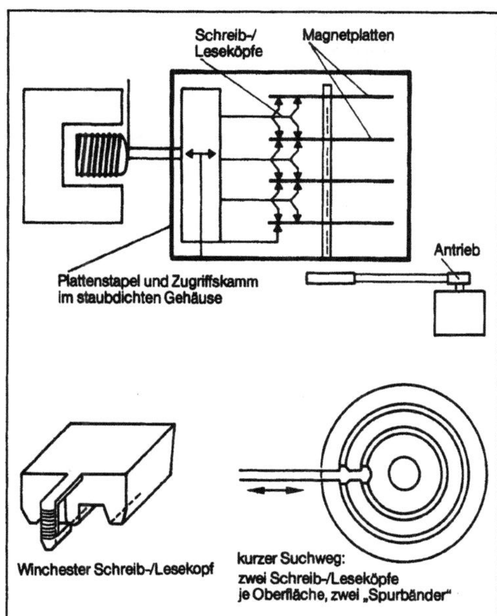

Winchesterfestplatte: Prinzip der Winchester-Magnetplattenspeicher-Technologie.

seit Mitte der achtziger Jahre W. im 3,5″-Format auf dem Markt, mittlerweile mit Kapazitäten bis zu 1 GByte. Für mobile Rechner (tragbare PC's) gibt es W. im 2,5″ Formfaktor mit bis zu 120 MB Kapazität sowie als neueste Entwicklung solche im 1,8″-Format mit bis zu 40 MB. Noch kleinere Ausführungen sind geplant, die dann wie Mikrochips auf Elektronikplatinen untergebracht werden können.

In den letzten Jahren wurden sogenannte Disk Arrays entwickelt, bei denen eine Reihe kleinerer W. so zusammengeschaltet werden, daß sie sich für den Rechner wie ein einziges großes →Plattenlaufwerk verhalten. Durch den Einsatz spezieller →Kontrolleinheiten kann dabei ein erheblich höherer Datendurchsatz erreicht werden. Durch Einfügen von redundanten Laufwerken und geeignete Fehlererkennungs- und Korrekturalgorithmen läßt sich die →Verfügbarkeit eines solchen Arrays um ein Vielfaches gegenüber einzelnen großen Geräten steigern. Dieses macht sie vor allem für ausfallsichere und hochverfügbare Rechner interessant. Wegen der durch die Massenfertigung billigen kleinen W. ist ein solches Disk Array oft auch noch preisgünstiger als ein vergleichbares großes Plattensystem. *Pott/Voss*

Wirbelfrequenz-Durchflußmesser. Läßt man einen Störkörper von der zu messenden Flüssigkeit umströmen, so bilden sich hinter diesem Wirbel (Bild). Dieser Effekt wurde von *Strouhal* und *Karmann* untersucht; die erzeugten Wirbel werden auch als Karmann-Wirbelstraße bezeichnet. An den Kanten des Störkörpers lösen sich wechselseitig Wirbel ab, deren Frequenz f direkt proportional der mittleren Strömungsgeschwindigkeit v bzw. des mittleren Durchflusses und umgekehrt proportional der Breite a der Wirbelstraße ist. Es gilt

$$f = \frac{S}{a} \cdot v$$

mit S = Strouhal-Zahl, die in Abhängigkeit von der Formgebung des Störkörpers in einem weiten Bereich als unabhängig von der Reynolds-Zahl betrachtet werden kann.

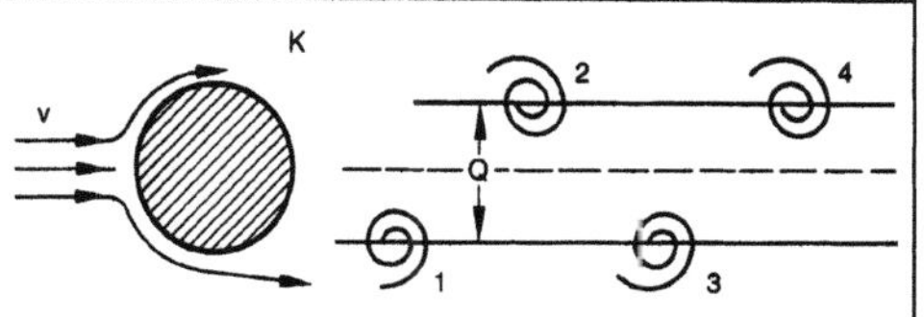

Wirbelfrequenz-Durchflußmesser: Schematische Darstellung der Wirbelbildung hinter dem Störkörper K.

Die Wirbelfrequenz f läßt sich mit Hilfe beheizter Thermistoren, die entweder vor, in der Mitte oder auch hinter dem Störkörper angebracht werden, ermitteln, da deren Abkühlung sich mit der Strömungsgeschwindigkeit ändert. Die auftretenden Druckschwankungen lassen sich auch mit →Dehnungsmeßstreifen erfassen, oder die Wirbel werden induktiv oder mittels Ultraschallschranke detektiert. Die Kennlinie des W.-D. ist linear und ändert sich nicht mit der Betriebszeit. Verschmutzungen oder leichte Beschädigungen des Störkörpers haben keinen Einfluß auf die Wirbelfrequenz. Die zu messende Durchflußmenge kann zwischen 10 und 100% des Meßbereichs schwanken. Durch Zählen der Impulse erhält man eine Mengenmessung.

F. Schneider

Wired and/or →ECTL

Wire-wrap-Verbindung. Lötfreie Anschlußtechnik bei der um einen scharfkantigen Stift ein Draht unter Zug gewickelt wird. An den Kanten entsteht durch hohen Druck eine gut leitende, dauerhafte elektrische Verbindung zwischen Leiter und Wickelstift. Größten Einfluß auf die gute Verbindung hat deshalb der kleine Kantenradius des Stiftes. Bei den Stiften werden vorwiegend rechteckige und quadratische Querschnittsformen benutzt. Es werden eindrähtige Leiter verwendet, deren Oberfläche blank, verzinnt, versilbert oder vergoldet sein kann. Die Leiterquerschnitte liegen üblicherweise zwischen 0,03 und ca. 0,5 mm^2.

Es werden zwei Wickelverfahren unterschieden. Bei der *standardgewickelten Verbindung* werden alle Windungen aus isolierten Leitern gebildet. Bei der *modifizierten Wickelverbindung* ist mindestens eine Windung mit Leiterisolation gewickelt. W. können mit Wickelwerkzeugen von Hand, halbautomatisch oder vollautomatisch hergestellt werden. Sie werden z. B. in Rückwandverdrahtungen von Fernsprech-Nebenstellenanlagen in mehreren Ebenen aufgebracht. *Pagnin*

Wobbler. W. (*engl.* sweep generator) sind Signalgeneratoren, die ihre Ausgangsspannung frequenzmäßig kontinuierlich-periodisch ändern. Die Beaufschlagung abgesetzter Schaltkreise mit diesen Spannungen bzw. die Modulierung von Aussendungen mit denselben wird *Wobbeln* genannt.

Der Wobbelgenerator liefert in der Regel eine sinusförmige Ausgangsspannung konstanter Amplitude, jedoch mit ständig wechselnder Frequenz. Innerhalb einer vorgegebenen Bandbreite durchläuft die Frequenz stetig, mit ständiger Wiederholung, sinus- oder sägezahnförmig das Band. Störsender, in dieser Weise moduliert, sind geeignet, Bänder des gegnerischen Funkverkehrs empfindlich zu stören (EloKa). Koordiniert-gewobbelte Störsender können jegliche drahtlose Übertragung zum Erliegen bringen.

In der Nachrichtenmeßtechnik dienen W. der Darstellung des Frequenzverhaltens elektronischer Schaltungen. Diese werden *durchgewobbelt* mit Ergebnisdarstellung auf dem Oszilloskop oder auf dem xy-Schreiber.

Eine weitere nützliche Anwendung findet das Wobbelprinzip bei Suchempfängern. Der Empfänger wird durch die (kontinuierliche) Wobbelung von Kanal zu Kanal geführt, somit die für die Empfangstechnik wichtige Entscheidung „Kanal nicht belegt“ oder „Kanal belegt“ herbeiführend. *Kümmritz*

WORM →Speicher, optische

worst-case-Analyse. Spezielle Art der →Toleranzanalyse. Unterstellt wird, daß in einer Schaltung die Bauelemente jeweils die für die Schaltung ungünstigsten, gerade noch innerhalb der Toleranz liegenden Parameterwerte haben. Untersucht wird, wie weit die Zielfunktion der Schaltung bei den minimalen, bzw. maximalen Bauelementwerten von ihrem Sollwert abweicht.

Da die Bauelementkennwerte oft normalverteilt sind mit positiven und negativen Abweichungen vom Mittelwert, ist es äußerst unwahrscheinlich, daß sich in einem Gerät jeweils die ungünstigsten Toleranzen addieren. Sie werden sich vielmehr jeweils ausmitteln. Der worst-case-Zustand wird also äußerst selten auftreten. *Schrüfer*

WSI. (*engl.* Wafer Scale-Integration, Ganzscheibenintegration) Form der Höchstintegration (→VLSI), bei der das zu integrierende System auf der Fläche einer →Halbleiterscheibe (Wafer) untergebracht ist und insbesondere ihre Zerlegung in einzelne Chips entfällt.

Bei einem in WSI realisierten System, das aus mehreren verschiedenen hochintegrierten Schaltungen bestehen kann, entfällt insbesondere die Auftrennung in einzelne Chips und deren sehr kostenaufwendige Montage im Gehäuse. Auch ergeben sich günstige Leitungsverbindungen (Wegfall der Leiterplatte, größere Schaltgeschwindigkeit). Diesen ökonomischen und technischen Vorteilen stehen aber folgende Probleme gegenüber:

□ Jeder der auf dem Wafer befindliche Schaltkomplex muß getestet werden, schadhafte Schaltungen sind zu markieren. Es ist zweckmäßig, selbsttestende Einrichtungen mit auf dem Wafer vorzusehen.

□ Bedingt durch Ausfälle einzelner Komplexe muß die Verdrahtungsmaske individuell für jeden Wafer angefertigt werden.

□ Aus den gleichen Gründen müssen auf dem Wafer redundante Funktionselemente und Schaltungsteile vorhanden sein, die an die Stelle schadhafter Schaltungsteile treten können.

Die WSI stellt besonders hohe Anforderungen an die Ausbeutesicherheit und Fehlerfreiheit des Entwurfs. Sie wird weniger verwendet, die →Packungsdichte zu steigern (diese bewegt sich durchaus auf VLSI-ULSI-Niveau), sondern hauptsächlich die Vorteile der →Systemintegration (s. o.) zu nutzen. Es bleibt abzuwarten, ob diese so gravierend sind, daß sie die erheblichen, noch zu lösenden Probleme aufwiegen. *R. Paul*

X / Y

X-Kondensator →Funk-Entstörkondensator

XY-Kondensator →Funk-Entstörkondensator

Yield →Ausbeute

Y-Kondensator →Funk-Entstörkondensator

Z

Z-Diode. Halbleiterdiode mit →pn-Übergang, die im Sperrbereich einen scharf ausgeprägten Spannungsdurchbruch bei einer definierten Durchbruchspannung besitzt (Bild).

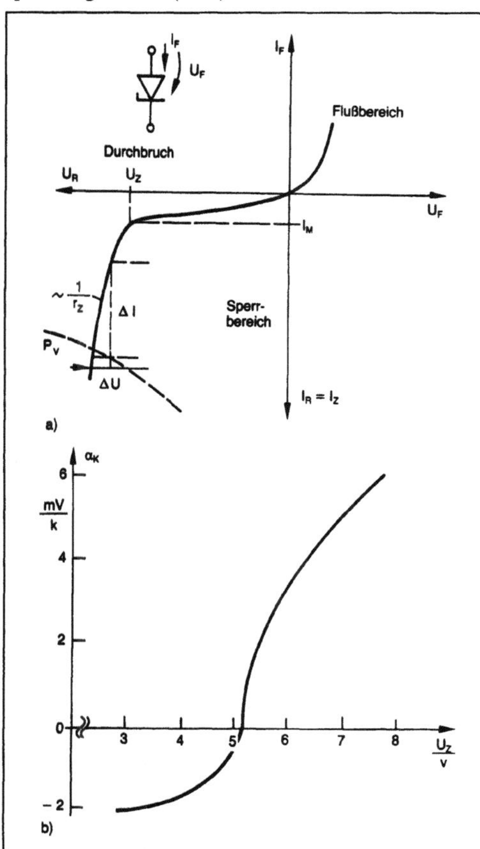

Z-Diode: Schematische Darstellung.
a) Kennlinie und Schaltsymbol
b) Temperaturkoeffizient αk der Z-Spannung U_Z.

Die Z. wird in →Sperrichtung betrieben. Die →Kennlinie weist einen steilen Stromanstieg bei Erreichen der Durchbruchspannung, hier speziell Abknick- oder Z-Spannung U_Z (früher als Zener-Spannung bezeichnet), auf.

Verantwortlich dafür ist entweder der →Zener-Effekt (der bei Si-Dioden zu $U_Z \approx$ 2–5,5 V) führt) oder bei höherer Spannung der →Lawinendurchbruch (ab U_Z >4,5 V), im Zwischengebiet wirken beide überdeckend. Das Vorzeichen des TK der Z-Spannung unterscheidet sich in beiden Fällen; auch ist die Kennliniensteilheit – ein Maß für die Stabilisierungswirkung – im Lawinendurchbruchsbereich wegen der größeren Trägerdichte größer als im Zener-Bereich. Früher bezeichnete man die Gesamtheit aller Z. als *Zener*-Dioden, obwohl sie bei höheren Z-Spannungen – und hier arbeitet der größte Teil der Dioden mit Z-Spannungen bis über 350 V – Lawinendurchbruchsdioden sind.

Z. dienen zur Spannungsstabilisierung, zur Gewinnung einer festen Bezugsspannung (→Referenzspannung), zur Spannungsbegrenzung und auch als Rauschgeneratoren wegen ihres hohen Rauschens. *R. Paul*

Z-Dioden-Kopplung. Galvanische Kopplung zwischen zwei Bipolartransistorenstufen in Emitterschaltung, wobei die Durchbruchspannung einer sperrgepolten →Z-Diode benutzt wird, um das Signal vom →Kollektor der Vorstufe auf einen gleichspannungsmäßig niedrigeren Basisanschluß der folgenden Emitterstufe zu übertragen. Diese Kopplung ist insbesondere für Gleichspannungsverstärker geeignet, weil sie gleichzeitig eine Potentialverschiebung erlaubt. In modernen direktgekoppelten monolithisch integrierten Verstärkern werden andere Schaltungstechniken zur Direktkopplung verwendet. *R. Paul*

Zähler. (auch Teiler, →Frequenzteiler) Ein Z. ist eine elektronische Schaltung (oder ein Gerät), die die Zahl der Impulsefolge ermittelt, sie speichert und das Ergebnis in einem bestimmten Code am Ausgang zur Verfügung stellt. Ein Teiler (auch Untersetzer genannt) ist eine elektronische Schaltung (oder Gerät), die nach N am Eingang anliegenden Impulsen einen Ausgangsimpuls abgibt und anschließend in die Ausgangslage zurückkehrt.

Z. und Teiler unterscheiden sich vor allem dadurch, daß bei Z. die für die Anzeige des Zählergebnisses erforderlichen Anschlüsse nach außen geführt sind, von der Schaltungsstruktur her gibt es keine grundlegenden Unterschiede.

Z. (und Teiler) sind aus Zähl-FF (→Flip-Flops mit Zwischenspeicher, z. B. JK-Master-Slave-FF und einflankengetriggerte D-FF) aufgebaut (Bild 1). Der Zählerstand wird aus den Zuständen der einzelnen FF parallel abgeleitet und ggf. nach einer Dekodierung angezeigt. Darüber hinaus können Z. noch einige weitere Funktionen haben:

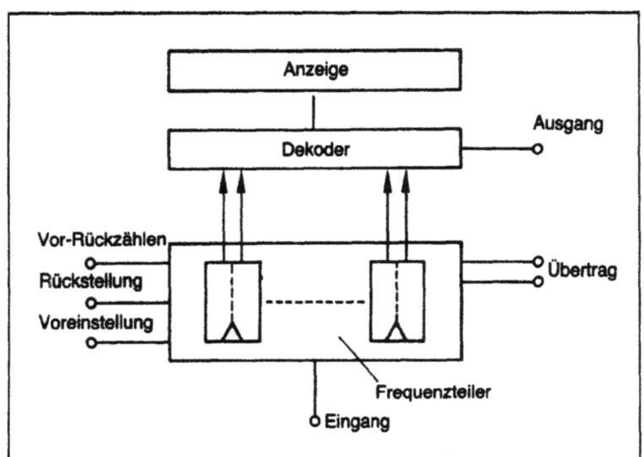

Zähler 1: Prinzip eines Zählerbausteins.

□ Rückstellung, um den Z. bei Zählbeginn auf Null zu setzen (über die Rücksetzeingänge der einzelnen FF),

□ Ausgang (beim Teiler), an dem der Impuls nach Ablauf eines Untersetzungsverhältnisses erscheint,

□ Voreinstellung, wenn ein bestimmter Impuls nach einer gewünschten Unterteilung am Ausgang erscheinen soll (Änderung des Teilungsverhältnisses),

□ Festlegung und Zählrichtung (Vor-, Rückzählung).

Z. und T. lassen sich nach einigen typischen Merkmalen einteilen, z. B.

– nach dem zugrundeliegenden Zahlensystem (Code) z. B. in duale, dekadische o. ä. Z.,

– nach der Systemarbeitsweise (Zeitraster der Zählimpulse) in asynchrone (ungetaktete) und synchrone (taktgesteuerte) Z.,

– nach der Zählrichtung (Vor-, Rückwärtszähler) u. a. m.

Grundbestandteil des Z. ist eine Kettenschaltung von n T-Flip-Flops (Bild 2), wobei alle Ausgänge zugänglich sind. Die verwendeten JK-Master-Slave-Flip-Flops arbeiten für J = K = 1 als T-Flip-Flops. Für eine Vorwärtszählung muß sich der Ausgangszustand jeweils bei der fallenden Taktflanke ändern. So stellt der Z. die Zahl der abfallenden Taktflanken am Eingang fest. Das Zeitablaufdiagramm veranschaulicht, daß er zugleich als Frequenzteiler arbeitet, weil am Ausgang eines jeden Flip-Flops jeweils die halbe Eingangsfrequenz auftritt. Die Ausgänge Q_1–Q_3 enthalten das dual dargestellte Zählergebnis.

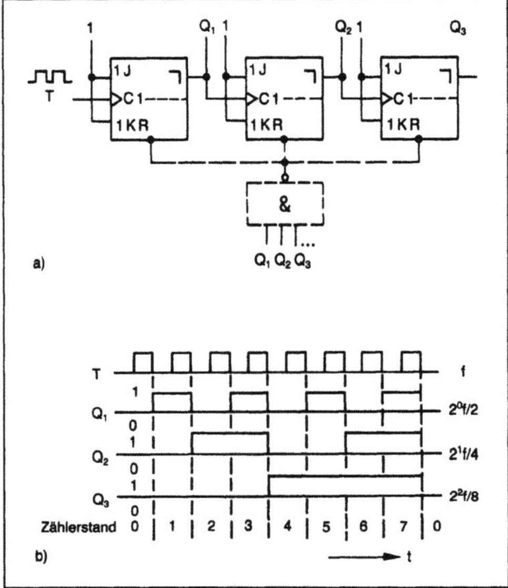

Zähler 2: Asynchronzähler im Dualcode.
a) Aufbau eines dreistufigen Z.
b) Zeitablaufdiagramm.

Für die Rückwärtszählung sind FF einzusetzen, die mit der vorderen Taktflanke umschalten, z. B. D-FF.

Soll ein 1-aus-N-Zähler (z. B. N = 10, asynchroner dekadischer Z.) aus einem N-bit-Zähler gebildet werden, so ist für 2^n N eine zusätzliche Sprunglogik erforderlich (Bild 2a). Sie besteht aus einem NAND-Gate, dessen Ausgang mit den Reset (R)-Anschlüssen der Flip-Flops und dessen Eingänge mit denjenigen Flip-Flop-Ausgängen Q verbunden sind, die für die Zahl N den Zustand 1 annehmen. Um beispielsweise Z. mit N = 10 aufzubauen, muß der in Bild 2 dargestellte Z. um ein →Flip-Flop (Ausgang Q_4) erweitert werden (4-bit-asynchroner Dualzähler). Ferner ist das skizzierte NAND-Gatter als Sprunglogik hinzuzufügen. Seine beiden Eingänge Q_2 und Q_4 werden mit den entsprechenden Flip-Flop-Ausgängen verbunden. Liegt an Q_2 (R 2) und Q_4 (R 3) jeweils eine 1 an, so schaltet das

NAND-Gatter und setzt alle Flip-Flops zurück. Nach diesem Prinzip lassen sich auch programmierbare Ein-aus-N-Z. aufbauen.

Ein einstellbarer Vor-Rückwärtszähler entsteht, wenn wahlweise der Q-(Vorwärts-) oder Q-(Rückwärts-)Ausgang eines jeden JK-Flip-Flops mit dem folgenden Takteingang verbunden wird. Das kann eine zwischengeschaltete Umschaltlogik übernehmen.

Die Schaltung (Bild 2) arbeitet prinzipiell als Teiler, weil jedes FF erst nach zwei Eingangsimpulsen einen Ausgangsimpuls abgibt. Insgesamt entsteht so nach dem n-ten FF erst nach $m = 2^n$ Eingangsimpulsen ein Ausgangsimpuls, m. a. W. gibt es eine feste Relation zwischen Kettenlänge und Teilerverhältnis.

Wird das Ausgangsergebnis anders als im Dual-Code gewünscht, so ist ein Dekoder zwischenzuschalten. Ein Mangel asynchroner Z. ist, daß sich die Laufzeiten der einzelnen Flip-Flops addieren. Der Eingangsimpuls muß erst alle Stufen durchlaufen, bis er die höchstwertige Stufe (z. B. Q_3, Bild 2) schaltet und erst danach das Ergebnis festliegt. Diesen Nachteil vermeiden Synchronzähler. Hier liegt der Eingangsimpuls gleichzeitig an allen T-Eingängen, und bei Anlegen des Eingangsimpulses kippen alle FF entsprechend ihres Inhaltes. Der dabei entstehende Übertrag wird seriell oder parallel verarbeitet. Im Gegensatz zum Asynchronzähler liegen die FF-Eingänge nicht auf 1, sondern sind logische Verknüpfungen der vorhergehenden Flip-Flop-Ausgänge.

Eine spezielle Form sind die programmierbaren Z. Sie besitzen Ladeeingänge zum Laden des Zählerstandes. Damit kann das Teilerverhältnis durch eine Steuerlogik eingestellt werden. Z. und Teiler werden heute für eine Fülle von Aufgaben benötigt, z. B.

- zur Wandlung einer Anzahl von Impulsen in einem vorgegebenem Kode, der die Anzeige steuert
- zur Erzeugung spezieller Zählerfolgen für Ablaufsteuerungen
- zur Erzeugung von Zeitverzögerungen gegenüber Dauer
- als Programmzähler in Mikroprozessoren
- zur →Frequenz- und →Zeitmessung u. a. m.

Sie werden heute wegen ihrer großen Einsatzbreite als integrierte Schaltungen in nahezu allen Schaltungstechniken angeboten. Da fast jedes Digitalsystem Z. und Teiler für die verschiedenartigsten Aufgaben enthält, spielen sie auch als Funktionsblöcke beim →Schaltungsentwurf eine große Rolle. *R. Paul*

Literatur: *Hodges, D.* and *H. Jackson:* Analysis and Design of Digital Integrated Circuits. New York 1983. – *Millman, J.* and *A. Grabel:* Microelectronics New York 1986. – *Tietze, U.* und *Ch. Schenk:* Halbleiterschaltungstechnik. Berlin 1985.

Zählröhre. Es gibt zwei Hauptgruppen:

□ →Geiger-Müller-Zählröhre

□ Dekadische Z.: Eine →Elektronenröhre mit zehn sichtbaren stabilen Stellungen, die den Ziffern 0 bis 9 entsprechen, wobei die Anzeige bei jedem an den Eingang der Röhre gegebenen Impuls um eine Ziffer höher rückt und bei Überschreiten der 9 auf 0 zurückspringt und einen Impuls am Ausgang der Röhre für die nächste Einheit bereitstellt. Es gibt zwei Arten dekadischer Z.:

- als Hochvakuumröhre: eine kleine →Kathodenstrahlröhre, bei der ein bandförmiger Elektronenstrahl durch Schlitzblenden und Ablenkplatten gesteuert zehn stabile Stellungen einnehmen kann (Bild 1). Die Anzeige ist auf dem Leuchtschirm abzulesen.

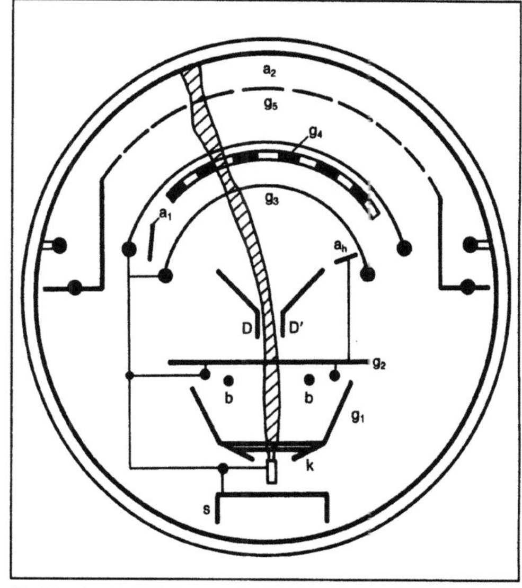

Zählröhre 1: Schematischer Aufbau einer dekadischen Hochvakuum-Z. (Quelle: Philips Components)

- als Glimmentladungsröhre oder Dekatron: um einen Anodenring sind zehn Kathoden angeordnet, zwischen denen sich zwei Ringe mit Leitkathoden befinden (Bild 2). Brennt z. B. die Glimmentladung an Kathode 2 und trifft ein weiterer Impuls ein, so wird der zunächst auf den Leitkathodenring a gegeben, der die Glimmentladung von Kathode 2 auf sich abzieht. Nur gering verzögert wird der Impuls auch auf den Leitkathodenring b gegeben, der dadurch die Glimmentladung von Ring a übernimmt und an Kathode 3 weitergibt. Kathoden 1 bis 9 sind meistens zusammengeschaltet, während in der Zuführung von Kathode 0 ein Widerstand liegt, an dem der Impuls für die Weiterschaltung der nächsten Dekade abfällt.

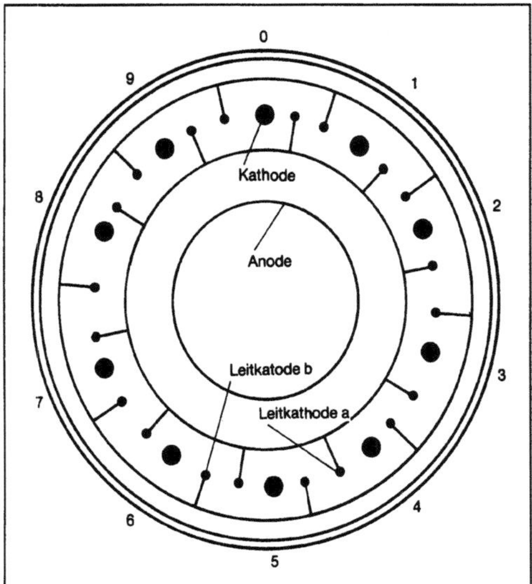

Zählröhre 2: Schematischer Aufbau eines Dekatons.

Die dekadische Z. ist heute durch Halbleiterzählschaltungen mit Anzeigen durch Flüssigkristalle, Leuchtdioden oder Ziffernanzeigeröhren abgelöst worden. *Golombek*

Zeichenformat. In elektronischen Anzeigen werden Zeichen aus einzelnen, separat ansteuerbaren Bildpunkten erzeugt. Dazu befinden sich im elektrooptischen →Wandler Elektroden, die den Bildpunkt repräsentieren, sowie in der Ansteuerungsschaltung elektronische Schaltelemente.

Im Interesse einer variablen Zeichengestaltung und damit einer guten →Ablesbarkeit, sollten Zeichen deshalb aus möglichst vielen Bildpunkten erzeugt werden. Dem widerspricht die Forderung der Wirtschaftlichkeit. Sie verlangt nach Anzeigen mit möglichst geringem Aufwand und damit nach einer minimalen Anzahl von Bildpunkten.

Als Standard-Formate haben sich weitgehend durchgesetzt:

□ für Ziffern-Anzeigen die Darstellung mit einer 7-Segment-Anzeige

□ für alphanumerische Zeichen eine →Punktmatrix mit mindestens 5×7 Bildpunkten.

Als komfortable, preiswerte Anzeigen sind ebenfalls Formate gebräuchlich, die die Zeichen aus z. B. 14 Balken darstellen.

So z. B. vereint das Format einer Multisegment-Anzeige (Bild) mit 39 Segmenten neben der gut lesbaren Darstellung der ASCII-Zeichen auch den Vorteil einer preiswerten Ansteuerung in sich. Ein heute gebräuchlicher Ansteuerungsbaustein verfügt über 78 Schaltelemente. Damit lassen sich zwei dieser Zeichen durch ein IC, auch bei Auswahl einer statischen Technik ansteuern.

Zeichenformat: Beispiel einer Flüssigkristall-Anzeige unter Verwendung einer Multisegment-LCD-Zelle mit 39 Segmenten pro Zeichen.

Eine weitere Darstellungsmöglichkeit besteht in der Kreuzdot-Matrix. Mit ihr lassen sich Proportionalzeichen mit einem Minimum an Ansteuerungstechnik darstellen. Außerdem gestattet dieses Format die Darstellung unterschiedliche Schriftformate und Graphiken.

Künftig wird das Format einer Anzeige noch größere Bedeutung bekommen. So werden viele Produkte weltweit vertrieben und müssen deshalb neben der lateinischen Schrift auch kyrillische, arabische oder chinesische Zeichen darstellen können. Hierfür sind mindestens 32×32 Bildpunkte pro Zeichen erforderlich. Für die nicht-europäischen Schriften ist ein allgemein einsetzbares Format bisher nicht entwickelt worden.

Die meisten am Markt angebotenen Anzeigen haben ein vorgegebenes Z. in einer der oben beschriebenen Art (meist 7-Segment, oder 5×7-Matrix). Für den besonders variablen Gebrauch setzen sich mehr und mehr graphikfähige Anzeigen durch. Bei ihnen ist die Formatwahl weitgehend ein Problem der Software, da die Bildpunkte äquidistant über den Bildschirm verteilt sind. Die Zahl der Punkte einer →Graphikanzeige beträgt heute meist 240×64; 240×128; 480×128; 640×200; 640×400.

Andere Bildpunktformate müssen meist als kundenspezifische Anzeige entwickelt werden.

Pottharst

Zeichenhöhe →Ablesbarkeit von Anzeigen

Zeichenleuchtdichte →Anzeige, aktive

Zeilensprung. Verfahren, bei dem statt eines vollen Bildes im entsprechenden Zeitraum mehrere Teilbilder übertragen werden. Im Falle der deutschen Fernsehnorm werden statt 25 ganzen Bildern 50 Halbbilder pro Sekunde übertragen.

Im Gegensatz zum Kinofilm, bei dem das projizierte Einzelbild über die ganze Zeit voll ausgeleuchtet wird, baut sich das Fernsehbild aus einem über den Bildschirm wandernden Punkt auf. 24 Bilder pro Sekunde im Falle des Kinofilms führen zu einem guten Ergebnis, dagegen sind 25 Bilder pro Sekunde im Falle des Fernsehbildes mit seinem punktweisen Aufbau unakzeptabel. Das Bild flakkert zu stark, vor allem in hellen Partien. Aus Gründen der ökonomischen Einteilung des für Fernsehübertragungen zur Verfügung stehenden Frequenzbandes wurde aber festgelegt, daß 625 Zeilen 25mal pro Sekunde übertragen werden. Das Flimmern rührt vor allem daher, daß die oberen Zeilen des Bildes bereits wieder verblassen, wenn die unteren Zeilen erst geschrieben werden.

Mit einem einfachen Verfahren konnte jedoch das Flimmern stark herabgesetzt werden. Das ursprüngliche Vollbild von 625 Zeilen wurde in zwei Halbbildern zu je 312½ Zeilen aufgeteilt, die nacheinander geschrieben werden. Man kann auch vereinfacht sagen, daß das erste →Halbbild aus allen geradzahligen und das zweite Halbbild aus allen ungeradzahligen Zeilen zusammengesetzt ist.

Das Verfahren mit dem Z. besteht also darin, beide Halbbilder so ineinander zu verschachteln, daß die Zeilen des einen Halbbildes dabei in die Zeilenlücken des anderen springen. Um eine exakte Verzahnung beider Halbbilder zu erreichen, sind im Sender-Fernsehsignal neben dem eigentlichen Bildinhalt noch Synchronisierzeichen enthalten. Sie steuern den Bildaufbau und den Z.

Da auf großen und hellen Bildschirmen auch nach diesen Verfahren noch Flimmern zu bemerken ist, wurde die sog. 100-Hz-Technik entwickelt. Die moderne Digitaltechnik mit ihren ständig preiswerter werdenden Speichern macht es möglich, daß man Fernsehgeräte mit Vollbildspeichern ausrüsten kann. Ein Auslesen dieser Speicher mit der doppelten Einleserate führt dann auch zu einer doppelten Halbbildfrequenz. Diese Bildwechselfrequenz von 100 Hz führt zu einem auch von Großflächenflimmern freien Bild. *Keitel/Nerstheimer*

Literatur: Elektronik-Taschenbuch, Bd. II, Bonn. – Farbfernsehtechnik II. Hrsg. Telefunken, Berlin. – *Köhler, A.* und *R. Schiffel:* Funkschau-Arbeitsblätter: Grundschaltungen der Elektronik, G 13, Datensichtgeräte. Funkschau (1985/86) München.

Zeilensprung, synthetischer →HDMAC

Zeitglied. Die Reihenschaltung eines Widerstandes und eines Kondensators wird Z. oder *RC-Glied* genannt. Beim Anlegen einer Spannung an ein RC-Glied und beim Kurzschließen eines Kondensators über einen →Widerstand fließt ein zeitabhängiger Lade- bzw. Entladestrom. Der zeitliche Stromverlauf folgt einer e-Funktion.

$$i = i_0 \cdot e^{-\frac{t}{\tau}}$$

Das bedeutet für die Spannung über den Kondensator

$$u_c = U \cdot e^{-\frac{t}{\tau}}$$

Die Zeitkonstante τ ergibt sich aus der Multiplikation des Widerstandswertes R mit dem Kapazitätswert C.

$$\tau = R \cdot C \quad [s]$$

RC-Glieder werden in der Elektronik häufig z. B. in Blinkern für die Kfz-Elektronik als preiswerte zeitbestimmende Schaltungen verwendet. Die Genauigkeit der realisierten Zeit ist den Erfordernissen angepaßt. *Both*

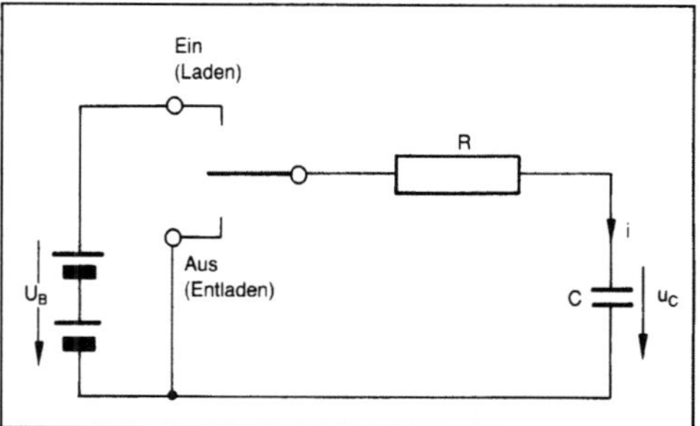

Zeitglied 1: Schaltung eines RC-Gliedes.

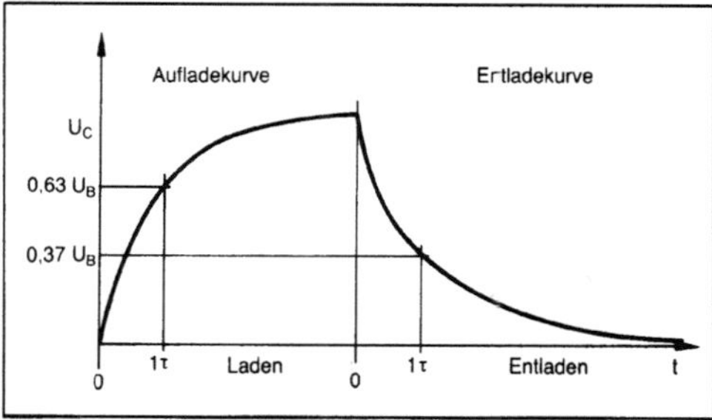

Zeitglied 2: Zeitlicher Verlauf der Spannungen beim Ein- oder Ausschalten einer Spannungsquelle.

Zeitmessung. Messen und Festlegen der absoluten Zeit (→Uhr). Bei der industriellen Z. geht es meist um das Messen von Zeitintervallen und Periodendauern.

Z.- und Frequenzmessungen sind einander sehr ähnlich. Eine Impulsfolge der Frequenz f läuft jeweils während eines Zeitintervalls T in einen →Zähler ein und führt dort zu dem Zählerstand N mit

$$N = fT.$$

Bei der Z. ist die Frequenz bekannt, und der Zählerstand ist ein Maß für die gesuchte Zeit T, während bei der →Frequenzmessung die Meßzeit konstant gehalten und aus dem Zählerstand die Frequenz f ermittelt wird.

Zum Messen eines Zeitintervalls T_x ist ein Taktgeber notwendig, der eine Impulsfolge der bekannten Frequenz f_N liefert (Bild 1). Als Taktgeber und damit als Normal für die Zeitmessung dient ein mit einer sehr konstanten Frequenz schwingender →Oszillator, wie z. B. ein →Schwingquarz. Seine Impulse werden gezählt, solange das als Tor vor dem Zähler liegende UND-Gatter geöffnet ist. Dazu muß über einen Startimpuls das RS-Flipflop gesetzt und der entsprechende Eingang des UND-Gatters mit einer 1 belegt werden. Das Tor schließt, sobald durch einen Stop-Impuls das Flipflop rückgesetzt wird. Bei der bekannten Frequenz f_N ergibt sich die zwischen dem Start- und Stop-Impuls vergangene Zeit T_x als Zählerstand N_x zu

$$N_x = f_N T_x.$$

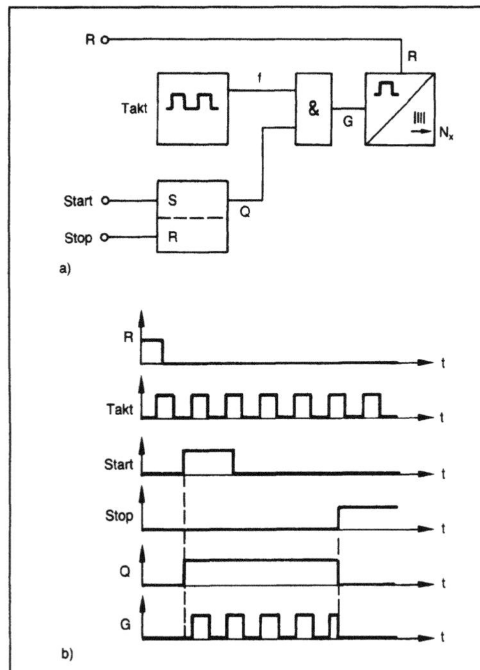

Zeitmessung 1: Zeitintervallmessung.
a) Aufbau
b) Ablaufdiagramm.

Sobald das Ergebnis abgelesen oder zwischengespeichert ist, wird der Zähler wieder zurückgesetzt, und die Anordnung ist bereit für eine neue Messung.

In dem gezeichneten Beispiel hat der Zähler fünf ansteigende Flanken des Taktsignals registriert. Der Startimpuls ist nicht mit dem Taktsignal synchronisiert und hätte auch bei einer anderen Phasenlage, z. B. eine halbe Taktperiode später, kommen können. In diesem Fall wären bei gleichem Zeitintervall zwischen Start- und Stop-Impuls nur vier ansteigende Flanken gezählt worden. Das Ergebnis ist also um ein Ereignis unsicher. Diese Unsicherheit wird als →Quantisierungsfehler bezeichnet. Der Zählerstand ist nach Bild 1 im Grenzfall korrekt, ansonsten um maximal ein Ereignis zu klein. Bei einer anderen Realisierungsform der Zeitmeßschaltung kann er im Grenzfall korrekt, ansonsten um maximal ein Ereignis zu groß sein. der Quantisierungsfehler hat demnach einen systematischen Anteil, der sich in Form seines arithmetischen Mittelwertes von −1/2 bzw. +1/2 äußert. Da die Realisierungsform der Zeitmeßschaltung i. a. nicht bekannt ist, wird der Zählerstand mit $N_x \pm 1$ angegeben.

Der Quantisierungsfehler von ±1 Ziffernschritt wirkt sich um so weniger aus, je größer die Anzahl der gezählten Perioden von f_N ist. Die Normalfrequenz f_N sollte demnach so gewählt werden, daß die Stellenkapazität des Zählers ausgenützt wird.

Beispiel: Für einen vierstelligen Zähler bedeutet die Anzeige 0025 ±1 Ziffernschritt:

Das Ergebnis liegt zwischen 0024 oder 0026, der sich daraus ergebende relative Fehler beträgt ±4%.

Bei einer um den Faktor 100 größeren Normalfrequenz bedeutet die Anzeige 2500 ±1 Ziffernschritt:

Das Ergebnis liegt zwischen 2499 oder 2501, und der sich daraus ergebende relative Fehler beträgt ±0,04% ohne Berücksichtigung des Fehlers der Normalfrequenz, der allerdings zu vernachlässigen ist, besonders dann, wenn er durch einen Thermostaten oder durch →Temperaturkompensation mittels mathematischer Korrektur gering gehalten wird.

Um bei der Messung relativ kleiner Frequenzen (→Frequenzmessung) zu annehmbaren Meßzeiten zu kommen, mißt man gern die Periodendauer des Signals und erhält die Frequenz als Reziprokwert der Periodendauer. Für die Periodendauermessung ist zunächst das analoge Signal in ein binäres Rechtecksignal umzuformen. Dies geschieht in einem →Komparator (Bild 2). Nach dem – nicht gezeichneten – Rücksetzen der Kippstufen und des Zählers wird von der ersten ansteigenden Flanke des Komparatorsignals das Flipflop T_1 gesetzt, mit der zweiten Flanke wieder rückgesetzt. Der damit verbundene 0 auf 1-Übergang an Q_1 führt zum

Setzen der Kippstufe T_2. Das 1-Signal am T-Eingang von Flipflop T_1 verschwindet, so daß dieses ab diesem Zeitpunkt im rückgesetzten Zustand bleibt. Die Impulse des Taktgenerators gelangen für eine genaue Periode T_x durch das UND-Gatter in den Zähler. Bei bekannter Frequenz f_N ist dann der Zählerstand N_x ein Maß für die Periodendauer T_x:

$$N_x = f_N\, T_x \,.$$

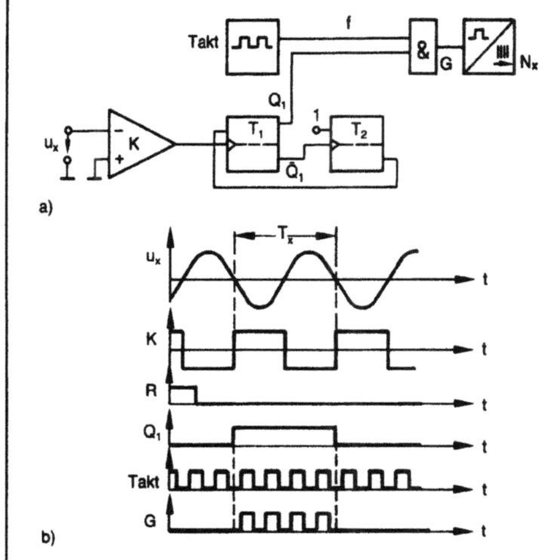

Zeitmessung 2: Periodendauermessung.
a) Aufbau
b) Ablaufdiagramm.

Auch eine Multiperiodendauermessung über mehrere Perioden ist möglich. Wird das Zählerergebnis durch die Anzahl der Perioden dividiert, ergibt sich die mittlere Dauer T_x einer Periode mit einer geringeren Unsicherheit als bei einer Einzelmessung, insbesondere wegen des verkleinerten Quantisierungsfehlers. Diesen Vorteil gewinnt man aus der Verlängerung der eigentlichen Meßzeit, was aber besonders bei tiefen Frequenzen zu nachteilig langen Meßzeiten führt.

Vorstehend beschriebene Messungen werden praktisch durchgeführt mit digitalen Universalzählern (→Zähler). Auch in bestimmten Analog/Digital-Umsetzern wird die analoge Größe in ein Zeitintervall umgesetzt, dessen Länge dann durch einen Zählvorgang bestimmt wird (→Frequenzmessung, →Uhr). *Hammerschmidt*

Literatur: *Schrüfer, E.:* Elektrische Meßtechnik. München 1992.

Zeitmultiplex →D2MAC-Paket

Zeitrelais. Relais, bei dem der Schaltvorgang um ein vorgegebenes Zeitintervall verzögert nach dem Anlegen der Eingangsspannung erfolgt. Die →Verzögerungszeit kann fest oder einstellbar sein.

Z. können als statische →Relais, elektromechanische →Relais oder →Hybridrelais ausgeführt sein.

Nach deutschsprachiger Festlegung wird das Z. zu den →Schaltrelais gezählt.

Aufgrund seines relativ komplexen Aufbaues, seiner Abmessungen und seiner Anwendungen ist das Z. eher den Geräten als den Bauteilen zuzurechnen. *Rauterberg*

Zeitzeichensender →Uhr

Zener-Effekt. Übergang von Elektronen eines Halbleiters aus dem →Valenzband ins →Leitungsband aufgrund eines starken elektrischen Feldes (auch: innere →Feldemission, Felddurchbruch).

Im →Bändermodell des Halbleiters (Bild a) äußert sich das elektrische Feld E durch einen ansteigenden Verlauf der Energieniveaus (Bild b), da zu ihrem im feldfreien Fall konstanten Wert die elektrostatische Energie (−eEx) hinzukommt (e = Elementarladung, x = Ortskoordinate). Damit ergibt sich der Verlauf W(x) = W(0)–e E x, wobei W(0) das →Energieniveau im feldfreien Fall bzw. bei x = 0 bezeichnet. Ein Elektron im Valenzband sieht aufgrund des Bandverlaufs im Leitungsband

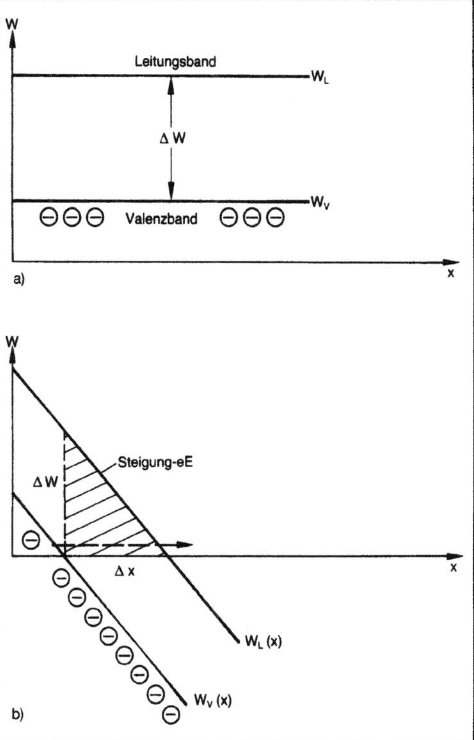

Zener-Effekt: Bändermodell eines Halbleiters.
a) ohne elektrischem Feld
b) mit elektrischem Feld.

freie Zustände gleicher Energie, die es daher ohne Energieänderung besetzen könnte. Es muß dazu jedoch einen (im Querschnitt dreieckigen) Potentialberg überwinden (Bild b). Dieser hat die Höhe ΔW (→Bandabstand des Halbleiters) und die von der Höhe des elektrischen Feldes abhängige Breite Δx = ΔW/eE. Bei hohen Feldstärken wird Δx sehr klein (z. B. $\Delta x = 10^{-8}$m für ΔW = 1 eV und E = 10^8 V/m) und der Potentialberg kann von den Elektronen ohne Energieaufnahme durchtunnelt werden (→Tunneleffekt). Die quantenmechanische Rechnung liefert hierzu die Wahrscheinlichkeit

$$w = \exp\left(-\frac{\pi^2\sqrt{2m^*}\,\Delta W^{3/2}}{2\,e\,h\,E}\right)$$

wobei m* die effektive Masse des Elektrons darstellt (h = Plancksches Wirkungsquantum). Man erkennt die exponentielle und damit starke Abhängigkeit von der →Feldstärke, jedoch ergeben sich nennenswerte Werte für w erst bei den genannten hohen Feldstärken. Diese treten z. B. in Randschichten hoch dotierter Halbleiter auf. Der Z.-E. wird in der →Z-Diode zum Bau einer speziellen →Halbleiterdiode ausgenutzt, die zur Spannungsstabilisierung in elektronischen Schaltungen eingesetzt wird. *Heinz*

Zerhacker. (*engl.* chopper). Z. wandeln Gleichstrom in pulsierenden Gleichstrom um, sodaß dieser z. B. transformiert werden kann. Die früher üblichen elektromechanischen Z. sind heute durch elektronische (Transistor- oder Thyristor-) Z. ersetzt. Die Zerhackerfrequenz hat sich dabei von max. einigen 100 Hz auf einige zehn kHz erhöht, was zu wesentlich kleineren Transformatoren geführt hat. Sie werden eingesetzt z. B. bei Blitzgeräten für Batterie-/Akkubetrieb, bei Spannungswandlern (Netzspannungserzeugung aus Batterien) und allgemein bei Netzgeräten mit kleiner Baugröße und/oder hohem Wirkungsgrad. *K. Winter*

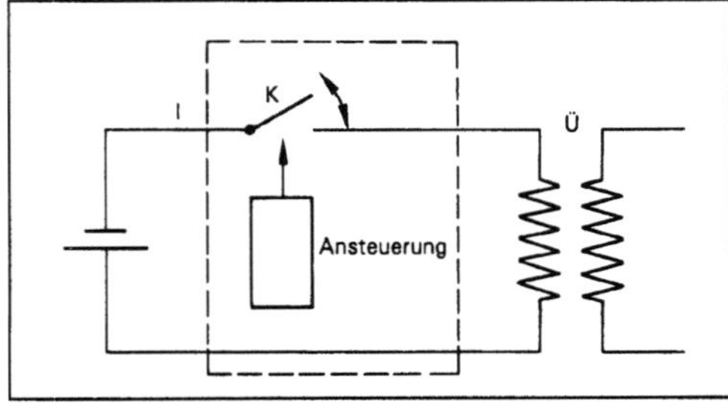

Zerhacker: Eintaktzerhacker. Der Zerhacker Z., realisiert durch Relais- oder Halbleiterschaltungen, unterbricht den Strom I. Beim Eintaktzerhacker fließt der Strom I immer in gleicher Richtung durch den Übertrager Ü. Gegentaktzerhacker kehren zusätzlich die Stromrichtung ständig um.

Ziffernanzeige →Meßgerät

Zink-Oxid-Varistor →Varistor

Zipper-CMOS. Dynamisches nMOS-pMOS-Schaltungskonzept, bei dem Logikblöcke zwischen zwei Schaltern (davon einer komplementär) liegen, die taktgleich, aber mit unterschiedlichem →Pegel (Takt mit Hilfssignal) geschaltet werden.

Dadurch lassen sich Ladeströme und Ladungsumverteilungsprobleme der Lastkapazität nahezu kompensieren. Die Logikblöcke werden von Stufe zu Stufe abwechselnd als nMOS- und pMOS-Block ausgeführt (Bild). Der Zipper-CMOS-Entwurfsstil hat mehrere Vorteile gegenüber dem Domino- oder NORA-Entwurfsstil. *R. Paul*

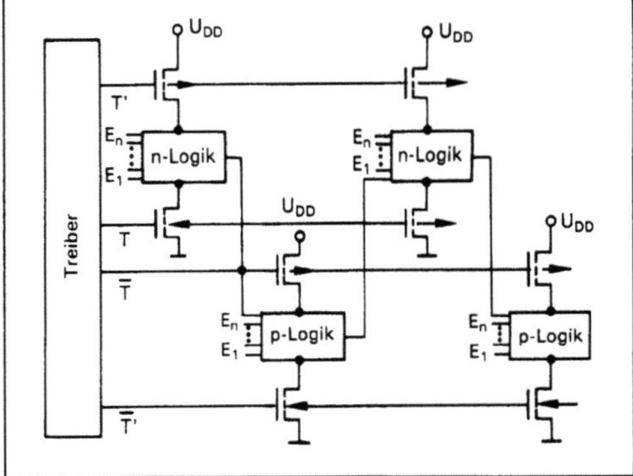

Zipper-CMOS: Schematische Darstellung.

Zirkonoxid-Sensor. Geeignet dotiertes Zirkoniumdioxid („Zirkonoxid") ist ein selektiver ionischer Leiter für Sauerstoff. Es ist auch das erste keramische Material, das Anfang der 1890er Jahre als Feststoffionenleiter entdeckt wurde *(Nernst'scher Glühkörper)*. Zirkonoxid ist eines der thermodynamisch stabilsten Oxide. Der Leitungsmechanismus besteht in der Wanderung von Sauerstoff-Leerstellen (= unbesetzte Sauerstoffplätze), die vorwiegend durch →Dotierung mit dem Oxid eines zwei- oder dreiwertigen Metalls erzeugt werden. Die Dotierungskationen besetzen die Plätze des vier-wertigen Zirkoniums und ersetzen die beiden an das Zirkonium gebundenen Sauerstoffionen lediglich durch ein bzw. 1½ Sauerstoffionen. Die höchste Leitfähigkeit wird für etwa 10 mol% Y_2O_3 als Dotierung gefunden. Daneben wird vielfach aus Kostengründen CaO als Dotierung verwendet. Bei geringer Dotierungskonzentration steigt zunächst die Leitfähigkeit mit steigender Leerstellenkonzentration an; bei höheren Konzentrationen nimmt die Leitfähigkeit wieder deutlich ab, vermutlich wegen der Bildung von Leerstellenassoziaten und damit verbundenen geringeren Beweglichkeiten der Defekte.

Die →Aktivierungsenergie für die Bewegung der Sauerstoffleerstellen (≈1 eV) ist im Vergleich zu anderen festen schnellen Ionenleitern hoch und erlaubt nur eine Anwendung des Ionenleiters bei erhöhten Temperaturen (>400 °C).

Dotiertes Zirkonoxid findet hauptsächlich in der →Lambda-Sonde und für wissenschaftliche Grundlagenuntersuchungen Anwendung. Die Überschuß- und Defektelektronenleitung ändert sich mit der 4. Wurzel aus dem Sauerstoffpartialdruck. Über einen weiten, praktisch bedeutenden Sauerstoffpartialdruck sind die bei hohem pO_2 überwiegend vorliegenden Defektelektronen und bei niedrigem pO_2 die überwiegend vorliegenden Überschußelektronen Minoritätsladungsträger ($<10^{-40}$ atm, z. B. bei Gasmischungen aus H_2/CO_2 etc.). Bei höheren und niedrigeren Partialdrucken zeigt sich eine Beteiligung der elektronischen →Ladungsträger in Form eines Leckstroms und der Abnahme der Zellspannung gegenüber dem theoretischen Nernst'schen Wert. Der intrinsische Punkt (Minimum der elektronischen Leitung) liegt bei den üblichen Arbeitstemperaturen bei etwa 10^{-10} atm. Einflüsse auf die Zellspannung ergeben sich auch in Anwesenheit von F- und S-haltigen Gasen, deren Ursachen noch nicht geklärt sind. Neben der kubischen Phase hat sich auch die tetragonale Phase als ein vergleichbar guter →Ionenleiter erwiesen, der eine wesentlich geringere Thermoschockempfindlichkeit aufweist.

Neben der Verwendung von einseitig geschlossenen Rohren aus Zirkonoxid mit Gasreferenzelektrode wurden auch Zirkonoxid-Dünnfilmelektrolytsensoren mit festen Referenzelektroden beschrieben, die sich wegen der geringen Standzeiten (Gasundichtigkeit des Elektrolyten durch Risse und elektronische Leitung) bisher nicht kommerziell realisieren ließen. *Weppner*

Zirkulator. Ein Z. (auch Richtungsgabel) ist ein passives nichtreziprokes Bauelement der →Mikrowellentechnik mit drei oder mehr gleichwertigen Toren (Bild 1), bei dem eine in Tor 1 eingespeiste Leistung im Idealfall vollständig an Tor 2 und an keinem anderen Tor wieder austritt, eine in Tor 2 eingespeiste Leistung nur an Tor 3 wieder austritt und Tor 1 und eventuelle andere Tore entkoppelt sind usw. Wird bei einem Drei-Tor-Z. ein Tor mit einem Widerstand angepaßt abgeschlossen, so entsteht eine *Einwegleitung* (auch Richtungsleitung oder →Isolator). Einwegleitungen können aber auch als solche bereits konstruiert sein.

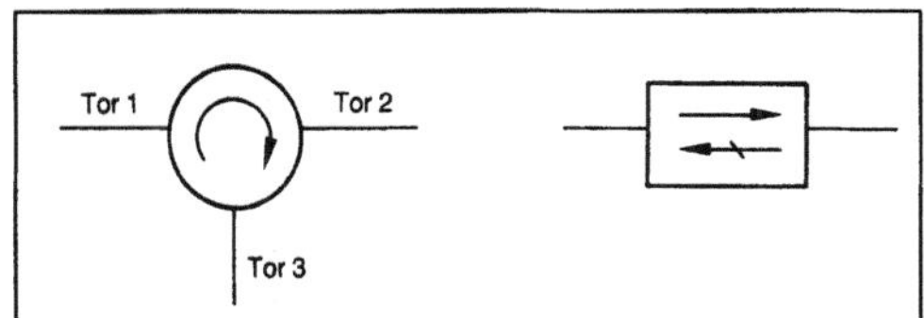

Zirkulator 1: Symbolische Darstellung eines Drei-Tor-Z. und einer Einwegleitung.

Z. lassen sich für Frequenzen von 30 MHz bis über 100 GHz mit Einfügungsdämpfungen in der →Durchlaßrichtung von wenigen zehntel dB und Sperrdämpfungen von 20 dB und mehr bei Bandbreiten von einigen Prozent bis mehr als einer Oktave herstellen. Sie können für Leistungen von weniger als 1 W bis zu mehreren MW ausgelegt werden. Ihre Nichtreziprozität, d. h. die Richtungsabhängigkeit ihrer Übertragungseigenschaften, werden durch Mikrowellenferrite mit Spinell- oder Granat-Struktur verursacht, die unter dem Einfluß eines statischen Magnetfeldes ein gyrotropes Verhalten annehmen: Die magnetischen Momente präzessieren um die Richtung des statischen Magnetfeldes mit einer Frequenz, die direkt proportional der Feldstärke ist, und beeinflussen dadurch elektromagnetische Wellen unterschiedlich je nach Ausbreitungsrichtung, Polarisation und Frequenz. Dies führt zu unterschiedlichen Bauformen:

□ *Verzweigungszirkulator (engl.:* junction-circulator). Diese heute verbreiteste Zirkulatorform wurde zuerst 1958 von *Chait* und *Curry* beschrieben. Verzweigungszirkulatoren lassen sich in Hohlleitern, Streifenleitungen (tri-plate) und Mikrostreifenleitungen (microstrip) aufbauen. Ein ferritbelasteter →Resonator ist über Anpaßnetzwerke mit meist drei, in Ausnahmefällen auch vier Toren verbunden (Bild 2). Das statische Magnetfeld kann so gewählt werden, daß die Präzessionsfrequenz der magnetischen Momente oberhalb (Oberresonanz-Zirkulator, für Frequenzen <1,5 GHz) oder unterhalb (Unterresonanz-Z., für Frequenzen >1 GHz) des Arbeitsfrequenzbereiches liegt.

□ *Konzentrierter Z. (engl.:* lumped-element-circulator): Insbesondere für niedrige Frequenzen schlug 1965 *Konishi* den Aufbau von Zirkulatoren aus konzentrierten Bauelementen vor. Kernstück ist eine Verflechtung von drei Leitern, die sich unter 120° kreuzen und zwischen zwei Ferritscheiben ($\varnothing<\lambda_{eff/4}$) liegen. Dieser nichtreziproke Kern wird mit Kondensatoren und Anpaßnetzwerken zu einem Z. beschaltet.

□ *Phasenschieber-Z. (engl.:* phase-shift-circulator): Diese Bauform beruht ebenso wie die Resonanz-Einwegleitung und der Feldverdrängungs-Z. auf der zuerst 1953 von *Sakiotis* und *Chait* beschriebenen nichtreziproken Feldverdrängung in einem außermittig mit Ferrit belasteten Hohlleiter. Von den möglichen Bauformen des Phasenschiebers-Z. hat sich in der Praxis nur die Kombination magisches T/nichtreziproke Phasenschieber/3-dB-Koppler durchgesetzt (Bild 3) und ergibt Vier-Tor-Z., die besonders gut für hohe Leistungen (bis in den MW-Bereich) geeignet sind.

Zirkulator 2: *Verzweigungszirkulator oben als Hohlleiter-Z. unten als koaxialer Z. ausgeführt.*

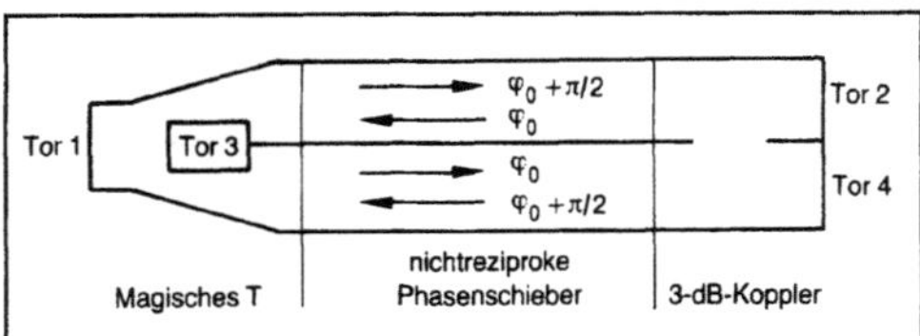

Zirkulator 3: Schematischer Aufbau eines Phasenschieber-Z.

□ *Kantengeführter Z. (engl.:* edge-guided-mode-circulator): Werden breite Ferritstreifen in eine Streifenleitung oder Mikrostreifenleitung eingefügt, so konzentriert sich die elektromagnetische Welle je nach Fortpflanzungsrichtung auf die eine oder andere Kante des Ferrits. Dieser Effekt wird zur Konstruktion besonders breitbandiger (mehrere Oktaven) Z. und Einwegleitungen ausgenutzt.

Der als erster Z. 1952 von *Hogan* beschriebene *Faraday*-Dreher und der Ringzirkulator haben heute keine praktische Bedeutung mehr.

Hauptsächliche Anwendungen von Z. sind:

- Zusammenschalten von Sender und Empfänger an eine →Antenne (Bild 4): Sender und Empfänger werden über einen Z. mit der Antenne verbunden. Die Senderleistung gelangt über den Z. an die Antenne, nur ein geringer Teil erreicht infolge der

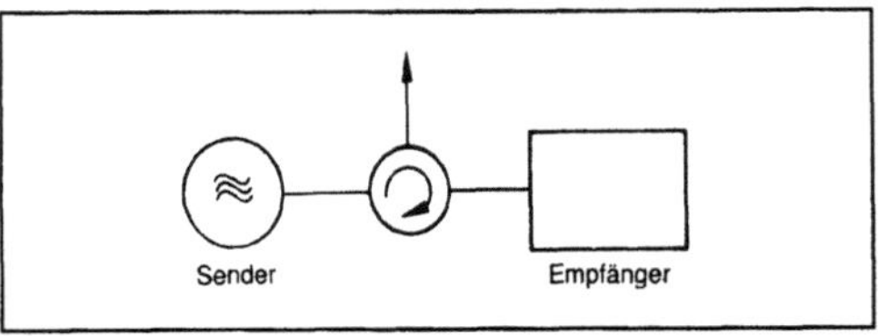

Zirkulator 4: Zusammenschalten von Sender und Empfänger an eine Antenne.

nicht unendlichen hohen Sperrdämpfung des Z. und wegen Reflexionen der Antenne in den Empfangszweig und kann, wenn nötig, durch ein einfaches Filter unterdrückt werden. Die Empfangsenergie gelangt, nur durch die Durchgangsdämpfung des Z. verringert, in den Empfänger.

- Zusammenschalten mehrerer Sender oder Empfänger an eine Antenne: Mehrere Sender oder Empfänger werden mit Hilfe von Filtern und Z. zusammengeschaltet (Bild 5). Die Energie von Sender 1 passiert, nur um die Durchgangsdämpfung geschwächt, Filter 1, wird von Zirkulator Z auf Filter 2 gelenkt, da f im Sperrbereich des Filters liegt, von ihm reflektiert, passiert den Zirkulator Z nochmals und wird an Zirkulator 2 weitergereicht usw., schließlich gelangt sie zur Antenne. Für Sender 2 usw. gilt Entsprechendes. Da die Filter über Z. gegeneinander entkoppelt sind, lassen sie sich unabhängig voneinander und damit einfach abstimmen.

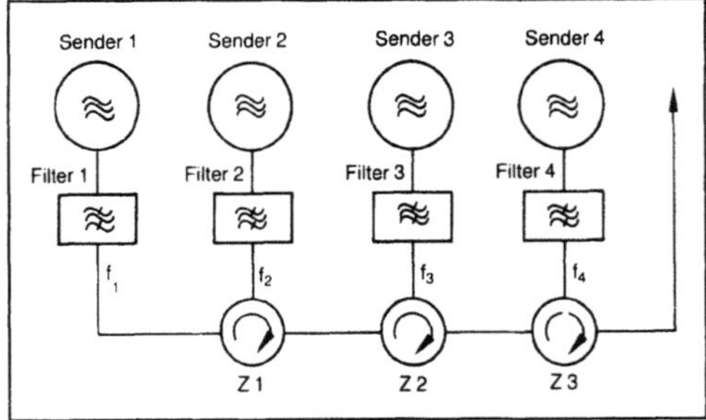

Zirkulator 5: Zusammenschalten mehrerer Sender an eine Antenne.

— Entkopplung einzelner Stufen in Sendern: Werden aufeinanderfolgende Senderstufen durch Einwegleitungen voneinander isoliert, so können sie rückwirkungsfrei und damit einfach abgestimmt werden.

- Unterdrückung von Intermodulation durch Störsignale in Senderstufen: Senderstufen werden aus Wirkungsgradgründen in C-Betrieb gefahren und sind damit stark nichtlinear. Störsignale, die z. B. über die Antenne von räumlich benachbarten Sendern aufgenommen werden, mischen sich in der Endstufe und ergeben Intermodulation, die über die Antenne abgestrahlt wird.

Einwegleitungen zwischen Antenne und Endstufe unterdrücken das Störsignal und damit die Intermodulation.

– Betrieb von Ein-Tor-Verstärkern (Bild 6): Bei Varaktor-, Gunn- oder anderen Reflexionsverstärkern werden ankommende und verstärkte, auslaufende Energie durch Z. voneinander getrennt.

Golombek

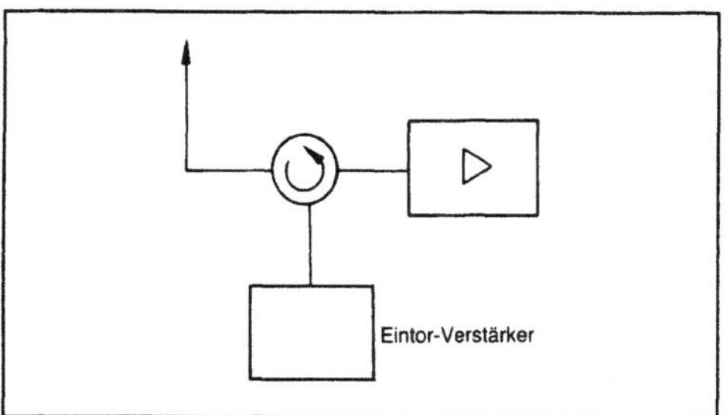

Zirkulator 6: Beschaltung eines Ein-Tor-Verstärkers.

Literatur: *Bosma:* Junction Circulators. Advances in Microwaves, Bd. 6. London 1971. – *Chait* u. *Currey:* Y-Circulator. J. Appl. Phys. 30 (1959) H. 3. S. 152. – *Helszajn:* Nonreziprocal microwave junctions and circulators. New York 1975. – *Hogan:* The microwave gyrator. Bell-System Techn. J., (1952) H. 31. – *Konishi:* Lumped element Y-circulator. IEEE Trans. (1965) MTT-13, S. 852. – *Meinke* und *Gundlach:* Taschenbuch der Hochfrequenztechnik. Berlin, Heidelberg, New York 1986.

ZnO-Varistor →Varistor

Zonenziehen →Kristallzüchtung

Zugriffszeit. Die Zeit, die in einem →Digitalrechner erforderlich ist, um einen Operanden oder einen Befehl in einem →Speicher zu lokalisieren und in den Prozessor zu bringen. Beim Hauptspeicher versteht man darunter das Zeitintervall, das vergeht, bis der Operand verfügbar ist; bei Speichern, die die Information durch Zerstören lesen (z. B. →Kernspeicher), ist diese Zeitspanne kürzer als die →Speicherzykluszeit, weil diese noch die Wiederherstellung des alten Speicherzustandes umfaßt. Bei peripheren Speichern (z. B. Magnetplatten oder Trommeln) enthält die Z. die Zeitspanne, die für das Positionieren des Lesekopfes auf die entsprechende Spur und das Abwarten der Umdrehung des Trägermediums bis zur gewünschten Position benötigt wird; letzteres ist durchschnittlich eine halbe Umdrehung. *H.-Jürgen Schneider*

Zugriffszeitmessung. Begriff aus dem Bereich →Speicherprüfung: Messung der Zeit, zu der Daten/Speicherdaten, bezogen auf den Prüfzyklusbeginn oder auf das Anlegen des Lesesignals am Ausgang der Schaltung zur Verfügung stehen. Die Zugriffszeit bewegt sich in der Regel in einem bestimmten Zeitintervall innerhalb eines →Prüfzyklus'. Bei der Z. werden u. U. bestimmte Parameter (Versorgungsspannung, Lage und Länge von Steuersignalen) variiert. Das Ergebnis der Z. kann in einem Shmoo plot dargestellt werden.

Die Z. kann dafür eingesetzt werden, →Speicher bei logisch korrektem Verhalten in bestimmte Qualitätsklassen einzuordnen (Binning). *K. Winter*

Zündimpuls. Die steuerbaren Ventile der Stromrichter – die →Thyristoren – werden durch Z. auf das Gate (Steuerelektrode) des Thyristors gezündet, d. h. eingeschaltet. Die Z. werden durch den Steuersatz (→Steuerverfahren für Stromrichter) zum gewünschten Zeitpunkt abgegeben. Bei netzgeführten →Stromrichtern erfolgt dies zum Beispiel alle 360°, jedoch gegenüber dem Phasenschnittpunkt versetzt um den →Steuerwinkel α. Zur →Zündung muß

– die Spannung zwischen Anode und Kathode positiv sein,

– der Z. steil genug sein,

– der Z. relativ zur →Anodenspannung immer im gleichen Zeitpunkt abgegeben werden.

Die Z. müssen daher netzsynchron abgegeben werden (→Steuerverfahren für Stromrichter). Parallel oder in Reihe arbeitende Thyristoren werden vom gleichen Impuls angesteuert, der entsprechend leistungsstark sein muß. Im allgemeinen werden Doppelimpulse abgegeben (d. h. ein zweiter Impuls folgt um z. B. 60° versetzt), um die Einschaltung sicherzustellen und zu gewährleisten, daß der Thyristor einrastet. Aus letzterem Grund werden auch Langimpulse verwendet. Zur sicheren Zündung muß der Z. mit einer bestimmten Zündspannung und einem bestimmten Zündstrom entsprechend der Zündkennlinie (Bild) zur Verfügung gestellt werden. Zündverzugszeit und Steuerstrom-Steilheit sind zu beachten. *H. Stüben*

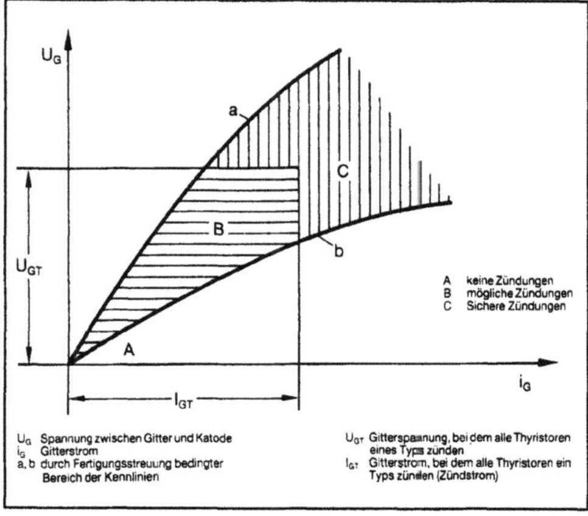

Zündimpuls: Kennlinienfeld eines Thyristors.

Literatur: *Korb, F.:* Leistungshalbleiter und ihre wichtigsten Anwendungen. Würzburg 1978.

Zündinterrupt →Zündzeitpunktermittlung

Zündspannung. Spannung, bei der eine Gasentladung zündet. Sie ist in der Regel deutlich höher als die Brennspannung, mit der die Gasentladung nach dem Zünden aufrechterhalten werden kann.
→Zündimpuls *Claassen*

Zündstrom →Zündimpuls

Zündung. Auslösung des Überganges vom nichtleitenden in den leitenden Zustand bei Halbleiterbauelementen für die →Leistungselektronik (→Thyristor, →DIAC, →TRIAC). Er kann gewollt, d. h. durch ein Steuersignal (den →Zündimpuls an einer Steuerstrecke) ausgelöst erfolgen oder ungewollt (z. B. durch Nichteinhalten von Spannungsgrenzen). Im letzten Fall wird das Bauelement meist zerstört. Der Begriff stammt aus der Thyratron-Technik (wo tatsächlich ein Plasma gezündet wurde), wurde aber – obwohl sachlich nicht richtig – für Leistungshalbleiterbauelemente übernommen. *R. Paul*

Zündverzugszeit →Thyristor, →Zündimpuls

Zündzeitpunktermittlung. Bei Stromrichtern mit digitaler Regelung (→Mikroprozessor-Antriebssteuerung) kann auch die Z. digital, z. B. im Mikroprozessor, erfolgen. Hierfür werden verschiedene Lösungen angewendet. Drei typische Lösungsmöglichkeiten zeigt das Bild.

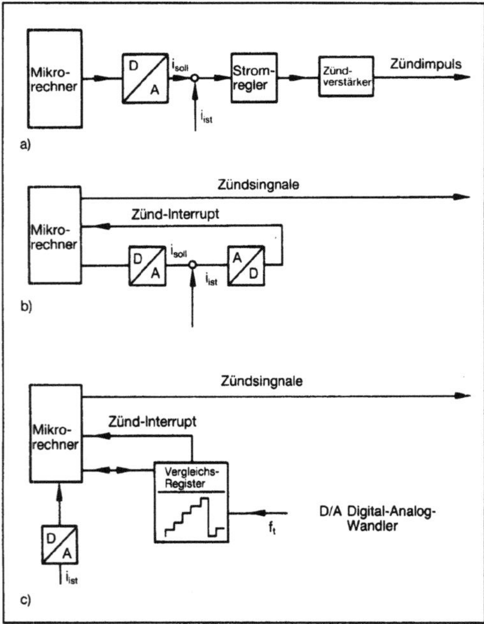

Zündzeitpunktermittlung: Einsatz von Mikrorechnern. Lösungsmöglichkeiten.

Bei der Lösung a) ermittelt der Rechner nur die Strom-Sollwerte; die Z. erfolgt konventionell über eine analoge →Stromregelung und z. B. Phasenanschnitt-Steuerung.

In der Lösung b) gibt ein digitaler Stromregler über einen sogenannten Zündinterrupt an den Rechner die Änderung der Zündzeitpunkte. Der Rechner bildet das geeignete Zündmuster und gibt die Zündsignale für den →Stromrichter aus.

Im Verfahren nach c) erhält der Rechner den Strom-Istwert digital als Zahlenwert. Er ermittelt daraus den notwendigen Zündzeitpunkt als Zahlenwert und lädt diesen in das Vergleichsregister eines Zählers, der mit konstanter Frequenz weiterschaltet. Sobald der Zündzeitpunkt erreicht ist, meldet sich das Register über einen Interrupt. Der Rechner gibt dann die Zündbefehle ab. Die beteiligten Funktionseinheiten können Bestandteile des Mikrorechners sein. *H. Stüben*

Zustandsdichte. Anzahl der Zustände von Quasiteilchen im Festkörper bezogen auf ein kleines Energieintervall. Zusammen mit der Besetzungswahrscheinlichkeit bestimmt sie die tatsächliche Zahl der Teilchen und deren Energieverteilung.

Zur Beschreibung der Zustände, die die verschiedenen (Quasi)Teilchen (Elektronen, Löcher, Phononen, Plasmonen u. a.) im Vielteilchensystem Festkörper einnehmen können, ist es nützlich, die Anzahl der möglichen Zustände in einem Energieintervall anzugeben. Dabei macht man das Energieintervall infinitesimal klein (dW), so daß auch die Zahl der Zustände (dN) infinitesimal wird. Den Quotienten daraus bezeichnet man als Zustandsdichte $D = dN/dW$, die sich in der Regel mit der Energie ändert, $D = D(W)$. Oft bezieht man die Z. auch auf ein Impulsintervall. Da der Impuls jedoch ein dreidimensionaler Vektor ist, muß für das Impulsintervall ein Volumenelement des Impulsraums benutzt werden. Im allgemeinen wird die Z. auch noch auf das dem System zur Verfügung stehende Volumen normiert. Das Produkt aus Z. und Besetzungswahrscheinlichkeit gibt die Dichte der tatsächlich besetzten Energiezustände an.

Der Verlauf der Z. über der Energie hängt von den speziellen Eigenschaften des Festkörpers (z. B. seiner Struktur) und von der Natur des betrachteten Teilchens ab. Zur Berechnung geht man meist von der konstanten Phasenraumdichte aus, die eine konstante Impulszustandsdichte nach sich zieht. Zur Umrechnung auf die Z. über der Energie muß daher über alle Impulse summiert (integriert) werden, deren Vektoren im gegebenen Energieintervall liegen. Dabei definiert die Energie W im Impulsraum eine Fläche W(k) ($\hbar k$ = Teilchenimpuls, $\hbar$ = Plancksches Wirkungsquantum/2π) und alle Impulse die innerhalb eines Mantels der Dicke dk, um diese Fläche liegen, müssen berücksichtigt werden (dk, ist die komponente von k senkrecht zur Fläche W(k). Für z. B. Elektronen mit der Impulsraumzustandsdichte $2/(2\pi)^3$ erhält man so die auf das Volumen normierte Z. über der Energie zu

$$D(W) = \frac{2}{(2\pi)^3} \int \frac{dS}{|\mathrm{grad}_k W(k)|}$$

wobei das Integral über die Fläche konstanter Energie W mit dem Flächenelement dS zu nehmen ist. Die Z. bzgl. der Energieskala hängt also in starkem Maße vom Zusammenhang zwischen Energie und Impuls ab (Dispersionsrelation), wobei die Eigenschaften des Systems auf drastische Weise eingehen. So lautet der Energie-Impuls-Zusammenhang für freie Elektronen $W = (\hbar k)^2/2m$ (m = Elektronenmasse), so daß sich $D(W) = W^{1/2}\,(2m/\hbar^2)^{3/2}/2\pi^2$ ergibt (Bild). Für Elektronen in einem Festkörper dagegen ist der Energie-Impuls-Zusammenhang wesentlich komplizierter (→Bandstruktur, →Bändermodell), so daß sich dementsprechend auch ein strukturierterer Verlauf der Z. über der Energie ergibt (Bild b).

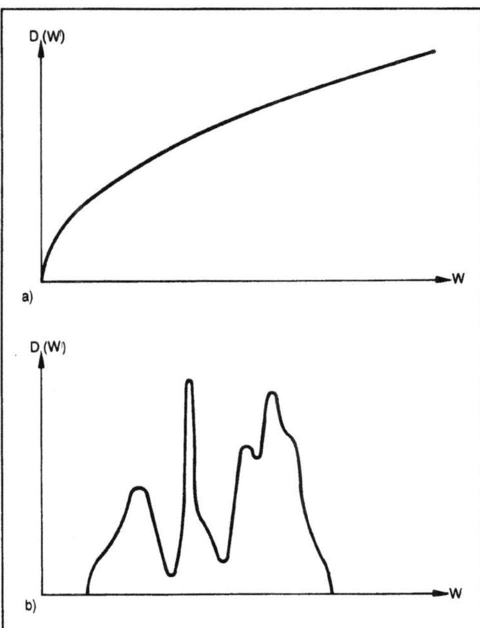

Zustandsdichte: Z. D(W) als Funktion der Energie W von
a) freien Elektronen und
b) Elektronen im Valenzband von Silicium.

In Halbleitern, bei denen die Dichte der Elektronen im Leitungsband sehr gering ist, arbeitet man oft mit der effektiven Z. Dabei legt man ein Bild zugrunde, in dem alle Leitungselektronen an der unteren Leitungsbandkante liegen und entsprechend alle Defektelektronen an der Oberkante des Valenzbandes (W_L bzw. W_V). Damit die Zahl der Elektronen im Leitungsband (bzw. der Defektelektronen im Valenzband) nach wie vor richtig beschrieben wird, führt man die effektive Z. ein, für die im Leitungsband $N_{eff,L}\, f(W_L) = \int D(W)\, f(W)\, dW$ gilt und entsprechend im Valenzband $N_{eff,V}\,(1 - f(W_V)) = \int D(W)\,(1 - f(W))\, dW$. Dabei ist f(W) die Besetzungswahrscheinlichkeit nach der Fermi-Dirac-Statistik. In beiden Fällen erstreckt sich die Integration über das ganze jeweilige →Energieband. *Heinz*

Zuverlässigkeit. Die Z. ist die Fähigkeit einer Betrachtungseinheit, innerhalb der vorgegebenen Grenzen denjenigen durch den Verwendungszweck bedingten Anforderungen zu genügen, die an das Verhalten ihrer Eigenschaften während einer gegebenen Zeitdauer gestellt sind (DIN 40041).

In einem konkreten Anwendungsfall genügt die Betrachtungseinheit den Anforderungen oder sie genügt nicht. Im Sinn von DIN 40 041 ist die Z. also eine binäre Größe.

Häufig wird jedoch in Anlehnung an MIL-STD-721 und der IEC-Publikation 271 der Begriff Z. synonym mit *Überlebenswahrscheinlichkeit* gebraucht (→Lebensdauerverteilung). Als Z. wird also die Wahrscheinlichkeit, daß die Betrachtungseinheit ihren Anforderungen genügt, verstanden.

Um zuverlässige Geräte und Systeme zu erhalten, sind besondere Anstrengungen in allen Phasen der Produktentwicklung und -fertigung notwendig. Von großer Bedeutung ist dabei der Entwurf. Ist er ungeeignet, so ist es praktisch unmöglich durch nachträgliche Änderungen die gewünschte Z. noch zu erreichen.

Zunächst sind bei der Dimensionierung der Geräte die Größen zu beachten, die die →Ausfallrate der Bauelemente beeinflussen. Auf der Ebene der Geräte und Systeme ist die →Ausfallerkennung in Verbindung mit der Reparatur (→Reparaturrate) eine effektive Maßnahme, um ausfalltolerante Systeme zu erhalten. Bei der Anwendung von →Redundanz und Diversität (→Ausfall, abhängiger) ergeben sich Systeme, deren Z. größer ist als die der Einzelkomponenten.

Die bei Geräten und Systemen erreichte Z., bzw. die noch vorhandene →Ausfallwahrscheinlichkeit, läßt sich entweder mit Hilfe einer Ausfalleffektanalyse oder →Fehlerbaumanalyse ermitteln. *Schrüfer*

Literatur: *Birolini, A.:* Qualität und Zuverlässigkeit technischer Systeme. Berlin 1985. – *Dombrowski, E.:* Einführung in die Zuverlässigkeit elektronischer Geräte und Systeme. AEG-Tfk Berlin 1970. – *Görke, W.:* Zuverlässigkeitsprobleme elektrischer Schaltungen. Mannheim 1969. – *Green, A. E.* u. *A. J. Bourne:* Reliability Technology. London 1977. – *Kuhlmann, A.:* Einführung in die Sicherheitswissenschaft. 1981. – MBB: Technische Zuverlässigkeit. Berlin, Heidelberg 1977. – *Meyna, A.:* Einführung in die Sicherheitstheorie. München, Wien 1982. – *Peters, O. H.* u. *A. Meyna:* Handbuch der

Sicherheitstechnik. München 1986. – *Preuß, H.*: Zuverlässigkeit elektronischer Einrichtungen. Ost-Berlin 1976. – *Rosemann, H.*: Zuverlässigkeit und Verfügbarkeit technischer Anlagen und Geräte. Berlin, Heidelberg 1981. – *Schaefer, E.*: Zuverlässigkeit, Verfügbarkeit und Sicherheit in der Elektronik. Würzburg 1979. – *Schneeweiss, W.*: Zuverlässigkeits-Systemtheorie, Methoden zur Beurteilung der Zuverlässigkeit technischer Systeme. Köln 1980. – *Schrüfer, E.*: Zuverlässigkeit von Meß- und Automatisierungseinrichtungen. München 1984. – VDI Handbuch Technische Zuverlässigkeit. VDI 4001–4010, Berlin, Köln.

Halbleitertechnologie. Z. bezeichnet bei einem mikroelektronischen Bauelement, z. B. einer integrierten →Schaltung, die Eigenschaft, eine spezifizierte Funktion über einen vorgegebenen Nutzungszeitraum zu erfüllen. Die Zahl der Funktionsausfälle elektronischer Bauelemente oder Systeme über die Zeit weist einen typischen Verlauf mit anfänglich hohen Ausfallraten (→Frühausfälle), einem mehr oder weniger ausgeprägten Tal und einem erneuten Anstieg gegen Ende der technischen →Lebensdauer auf (Bild).

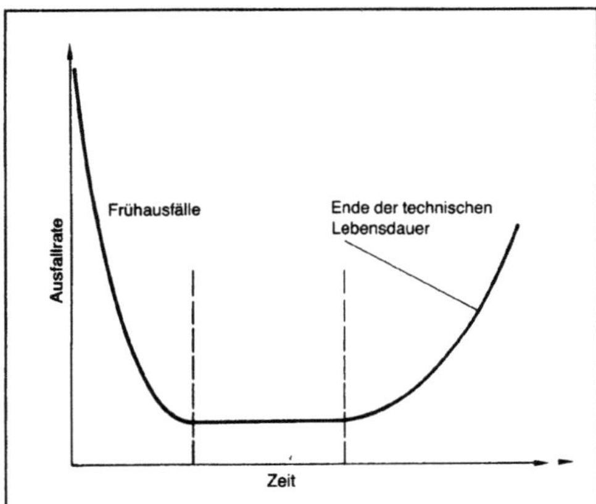

Zuverlässigkeit: Zeitlicher Verlauf der Ausfallrate elektronischer Bauelemente

Zuverlässigkeitsprüfungen beinhalten deshalb häufig künstliche Alterungs-, sogenannte „burn-in"-Zyklen, bei denen die Schaltkreise unter erhöhter Temperatur (z. B. 125 °C) statisch oder dynamisch betrieben werden. Dadurch wird einerseits die Frühausfallphase verkürzt, und vorgeschädigte Bauelemente können aussortiert werden, andererseits können auch ohne Langzeittests Aussagen über die Gesamtlebensdauer gemacht werden. Dabei wird angenommen, daß den Fehlern thermisch aktivierbare Mechanismen zugrundeliegen und eine Temperaturerhöhung in Verbindung mit elektrischer Belastung eine Beschleunigung der Ausfallprozesse bewirkt. Die wichtigsten Defekte – bei denen diese Voraussetzung erfüllt ist – sind Schwachstellen im Oxid, die zu Spannungsdurchbruch und zu Kurzschlüssen führen können, sowie Volumen- und Grenzflächenladungen, die die Schalteigenschaften von Transistoren beeinflussen können. Die →Elektromigration, also Materialtransport durch Stromfluß, führt häufig zu Unterbrechung von Leiterbahnen, bevorzugt an Kanten und in Kontakten. Weitere Vorbehandlungen, die je nach Spezifikation (z. B. MIL-STD oder Kundenspezifikation) durchgeführt werden, sind die →Hochtemperaturlagerung (z. B. 150 °C) zur Stabilisierung der elektrischen Bauteileigenschaften, zyklische thermische Belastung (z. B. zwischen –55 °C und 125 °C) zum Test auf Ausfallmechanismen im Zusammenhang mit mechanischen Spannungen oder fehlerhafter →Metallisierung und →Kontaktierung, sowie Beschleunigungs-, Klima- und Dichtigkeitstests.

Mit Hilfe eines automatischen →Waferprobers wird am fertigen und gemäß Spezifikation vorbehandelten Bauelement eine Reihe von elektrischen Messungen durchgeführt, mit denen die chip- und gehäusebezogenen Defekte erfaßt werden sollen: Der Kontakttest prüft auf fehlerhafte Verbindungen zum Chip. Im DC-Test wird die statische Stromaufnahme gemessen, und im AC-Test wird die eigentliche Funktion im dynamischen Betrieb durch Anlegen ausgewählter Eingangssignalkombinationen und anschließenden Vergleich mit vorberechneten Ausgangssignalen überprüft.

Diese Messungen werden nach festgelegten Vorbehandlungszeiten wiederholt und hinsichtlich Ausfallraten und Ausfallursachen analysiert. Entsprechend dem →Ausfallmodell muß die Zeit bis zum Ausfall umgerechnet werden auf die geplanten Einsatz- und Umgebungsbedingungen. Das übliche Maß für die Zuverlässigkeit eines Bauteils ist die Größe →MTBF (mean time between failures), der Mittelwert der so ermittelten ausfallfreien Zeit.

Ryssel

Literatur: *DeWitt, G. Ong*: Modern MOS Technology. New York 1984. – *Zerbst, M.*: Meß- und Prüftechnik. Halbleiter-Elektronik, Bd. 20. Berlin 1986.

Zuverlässigkeitsbewertung. Bezeichnet ein →Fehler das Überschreiten eines physikalisch-technischen Grenzwertes, so bedeutet die o. g. Definition zuverlässige Funktion einer Betrachtungseinheit (z. B. in der Regelungstechnik) oder eines Schaltungsteiles (z. B. in der →Halbleitertechnologie) die Abwesenheit irgendeines Fehlers. Die statistische Methode sucht aus der Fehleranalyse zu den Ursachen des Fehlers zu gelangen, um diese schließlich ausschalten zu können.

Die physikalische Methode der Z. beschreibt in den verschiedenen Abschnitten der Fertigung von Bauelementen, Baugruppen und Systemen mögliche Schwachstellen und sucht die Drift physikalischer und chemischer Eigenschaften quantitativ zu erfassen. Obwohl in der Lagerung und Bereitstellung von Funktionselementen, Zusatzwerkstoffen und Hilfsstoffen, in deren Prozeßverhalten und schließlich Weiterverarbeitung unterschiedliche treibende Kräfte (chemisches Potential, elektrischer und Wärmestrom, mechanische Spannungen und Dehnungen) auftreten, tragen immer doch einige wenige Schädigungsmechanismen zur Fehlerentstehung und zum Wachstum irreversibler Schädigungen bei. Beispiele sind Korngrenzendiffusion und lokale Korrosion mit Wirkung der Porenbildung (→Alterung, →Elektromigration).

Die Kinetik von Schädigungsmechanismen wird zunächst für den kritischen Anwendungsfall abgeschätzt: Wie lange dauert z. B. die Durchdiffusion einer Haftschicht bis zur Delamination bei einer vorgegebenen Temperatur? Einfache chemische Transportvorgänge lassen sich am besten quantitativ erfassen; plastizitätsmechanische Vorgänge wie die thermomechanische Ermüdung feinkörniger Metalle erfordern zur Abschätzung die Kenntnis der chemischen Zusammensetzung und Gefüge; schwierig zu prognostizieren sind sog. katastrophale Fehler wie Sprödbruch großer, die-gebondeter Halbleiterchips auf Metall- oder Keramiksubstrat. Hier hilft man sich durch die Ermittlung kritischer Werte wie der Kerbspannungsintensität und bleibt in der Anwendung bei möglichst kleinen Werten (Sicherheitsfaktor).

Statistische Fehlererwartungswerte lassen sich aus der physikalischen Bewertung der →Zuverlässigkeit wie folgt gewinnen: Aus einer ausreichenden Zahl von Proben mit bis zur Toleranzgrenze belasteten Schwachstellen wird eine Funktion der Verteilungsdichte p über der untersuchten physikalisch-technischen Größe y ermittelt. Ist der Ort des Versagens z. B. in einer Dünnschicht-Leiterbahn unbekannt, so können auch verschiedene räumliche Bereiche einer einzigen Probe als mögliche Schwachstellen betrachtet werden. Mit Kenntnis der Kinetik der Schädigungsmechanismen wird nun die vermutliche Entwicklung von p als Funktion der im Fertigungsablauf bzw. in der zu erwartenden Anwendung auftretenden Belastung f vorausberechnet: $p=p\,(y, f)$. Somit ist $p\,(y, f)\,dy$ äquivalent zum stochastischen Fehlererwartungswert. Diese Methode funktioniert in Fällen streng monotoner Drift-Kinetiken. Sie eignet sich aber auch, bei kompliziert gelagerten Schädigungsmechanismen den experimentellen Aufwand zur Fehlerprognose erheblich zu verringern.

Letztendliches Ziel der Z. mit physikalischer Methode ist es, die Zuverlässigkeit von Anfang an in ein System einzubauen. Jede nachträgliche Fehleranalyse mit Rückwärtsschluß auf Fehlerursachen ist aufwendiger. Die Grenzen aller Methoden, Zuverlässigkeit zu prognostizieren, liegen in komplizierten Reaktionsabläufen (Beispiel →Korrosion). Andererseits fordern Anwendungen in der Medizin- oder Verkehrstechnik praktisch eine vollkommene Funktionssicherheit. Diese kann mit den heute verfügbaren Methoden noch nicht gewährleistet werden. *Hieber*

Zuverlässigkeits-Ersatzschaltbild. Darstellung der logischen Verknüpfungen von Ereignissen, die zu einem Zielereignis führen.

Das Z.-E. informiert ähnlich wie ein →Erfolgsbaum oder →Fehlerbaum über die Wege, die zum Erreichen eines Zielereignisses führen. Im Schaltnetz (Bild 1) ist g die Ausgangsvariable (das Zielereignis) und a, b, c sind die Eingangsvariablen (Basisereignisse). Die Ausgangsvariable hängt von den Eingangs- und Zwischenvariablen gemäß den folgenden *Bool'schen* Gleichungen ab:

$$g = \overline{e \vee f} = \bar{e} \wedge \bar{f} \text{ mit}$$

$$(\bar{a}_1 \vee b_1) = \bar{e}$$

$$(b_2 \vee a_2 \vee c) = \bar{f}$$

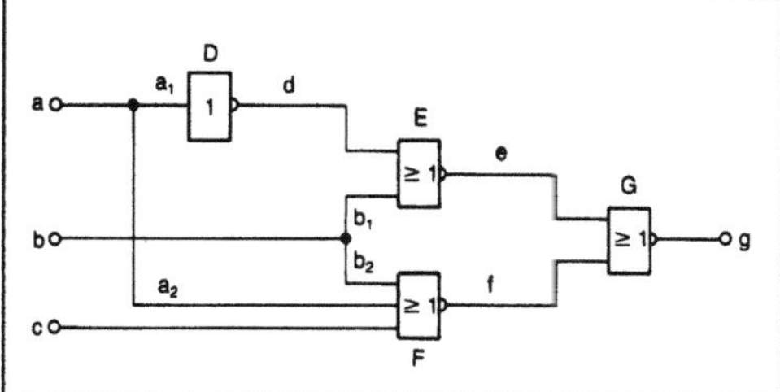

Zuverlässigkeits-Ersatzschaltbild 1: Schaltnetz.

Das Z.-E. stellt die Eingangs- und Zwischenvariablen als Kontakte dar. Ist eine Variable mit einer Ziffer 1 belegt, so ist der Kontakt geschlossen; bei einer mit 0 belegten Variablen ist der Kontakt geöffnet. ODER-verknüpfte Signale liegen parallel, UND-verknüpfte Signale in Reihe. Aus dem Z.-E. sind so die Wege ersichtlich, über die das Ausgangssignal erreicht werden kann. Bild 2 zeigt das Z.-E.

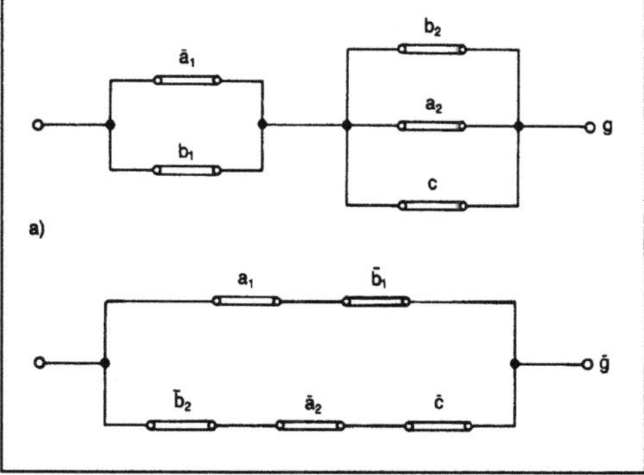

Zuverlässigkeits-Ersatzschaltbild 2: Z.-E. des Schaltnetzes von Bild 1
a) Erfolgsbaum, $g=(\bar{a}_1 \vee b_1) \wedge (b_2 \vee a_2 \vee c)$
b) Fehlerbaum, $\bar{g}=(a_1 \wedge \bar{b}_1) \vee (\bar{b}_2 \wedge \bar{a}_2 \wedge \bar{c})$.

für die obenstehende *Bool'sche* Funktion. Danach kann über die folgenden Wege (Variable ist jeweils mit 1 belegt)

$\bar{a}_1$ und b_2, $\bar{a}_1$ und c, b_1 und b_2, b_1 und a_2, b_1 und c

das Ziel erreicht werden (→Mindesttestmenge).

Schrüfer

Zweilagenverdrahtung →Dickfilm, →Dünnschichtschaltkreis

Zweistrahlbeschleuniger. Ein neuartiges Konzept zur Teilchenbeschleunigung, bei dem ein relativ niederenergetischer aber sehr intensiver Strahl mit Hilfe geeigneter Hochfrequenzstrukturen seine Energie abgibt, die dann zum Beschleunigen eines zweiten weniger intensiven Strahls auf sehr hohe Endenergien dient. Mehrere derzeit in der Entwicklung befindliche Beschleunigerverfahren basieren auf diesem Prinzip. So wird einmal der niederenergetische Strahl benutzt, um in einem →Free-Electron-Laser Hochfrequenzwellen sehr hoher Leistung im Frequenzbereich um 30 GHz zu erzeugen. Diese werden dann benutzt, um mit Hilfe von entsprechend dimensionierten Runzelröhren Teilchen zu beschleunigen. In diesem Frequenzbereich lassen sich erheblich höhere Energien pro Meter Beschleunigungsstrecke erzielen, als mit den Standardstrukturen im 3 GHz-Bereich.

Eine andere Möglichkeit bietet der →Wake-Field-Beschleuniger, bei dem das Streufeld eines runden Strahls durch einen speziellen Transformator zu sehr hohen Feldstärken komprimiert wird. In diesem Feld wird anschließend der zweite Strahl beschleunigt. *Wille*

Zweistrahl-Oszilloskop →Elektronenstrahl-Oszilloskop

Zwischengitteratom →Punktdefekt

Zwischenkreisumrichter. Z. (→Umrichter) bedienen sich zur Umformung der elektrischen Energie eines doppelten Umformungsverfahrens. Der Eingangswechselstrom wird zunächst gleichgerichtet. Die Gleichspannung wird im Zwischenkreis geglättet und im Wechselrichter in Wechselstrom anderer Spannung und Frequenz umgeformt. Ausgangsspannung und -frequenz können konstant oder variabel sein.

Je nach Ausführung des Zwischenkreises arbeitet der folgende Wechselrichter mit eingeprägter Spannung (sog. U-Umrichter) oder mit eingeprägtem Strom (sog. I-Umrichter) (Bild 1, 2).

Das Haupteinsatzgebiet der Z. ist die Drehzahlverstellung von Drehstrom-Motoren, insbesondere Kurzschlußläufermotoren, über die Veränderung der Frequenz. Die Steuerung wird so ausgelegt, daß

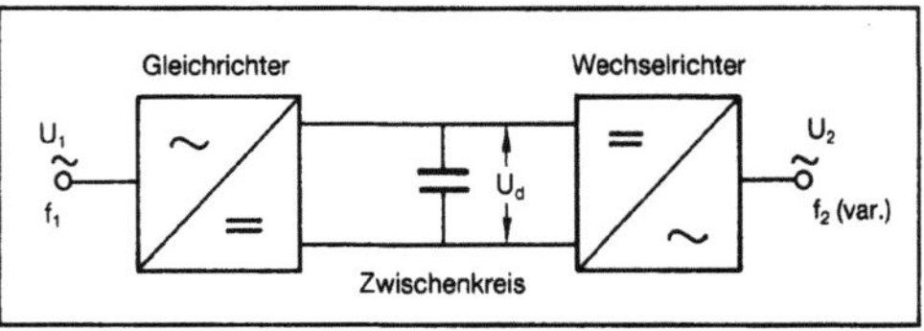

Zwischenkreisumrichter 1: Umrichter mit Spannungszwischenkreis (U-Umrichter).

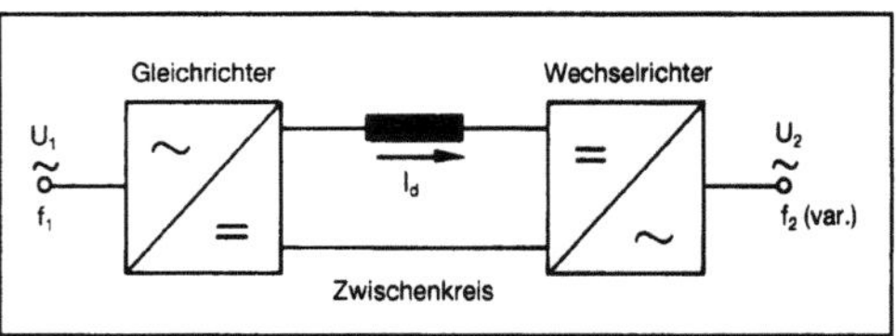

Zwischenkreisumrichter 2: Umrichter mit Stromzwischenkreis (I-Umrichter).

das Verhältnis von Spannung zu Frequenz konstant bleibt U/f = konst. Damit bleibt der magnetische Fluß konstant; infolgedessen ist das abgebbare Drehmoment des Motors als Funktion der Drehzahl konstant. Folgende Steuerverfahren werden angewendet:

□ Veränderung der Ausgangsspannung.
– durch gesteuerte Ausführung des Eingangsgleichrichters, d. h. es wird eine veränderbare Zwischenkreisspannung zur Verfügung gestellt, oder
– durch Zwischenschaltung eines Gleichstromstellers in den Zwischenkreis, der durch Taktung der konstanten Eingangsgleichspannung eine veränderliche Gleichspannung an den Wechselrichtereingang gibt, oder
– durch die Pulsbreitenmodulation im Wechselrichter, bei der gleichzeitig Amplitude der Spannung und Frequenz gesteuert werden.

□ Veränderung der Frequenz im Wechselrichter.
– durch Rechtecksteuerverfahren (→Wechselrichter).

Rechteckblöcke der Spannung (beim U-Umrichter) oder des Stromes (beim I-Umrichter) werden durch Taktgeber im Rhythmus der erforderlichen Frequenz geschaltet.

Die Kombination der Verfahren zur Veränderung von Spannung und Frequenz ergibt die Grundschaltungen, die unter dem Stichwort Umrichter (Übersicht, Umrichterschaltungen) angegeben sind.

Bei elektrischen Triebfahrzeugen mit Speisung aus dem Bahn-Gleichstromnetz wird oft die Kombination eines Gleichstromstellers mit einem Wechselrichter für Rechtecksteuerung ausgeführt. Der Eingangsgleichrichter entfällt.

Weitere Anwendungsgebiete für Drehstrom-Antriebe mit Zwischenkreisumrichtern sind: Pumpen, Lüfter, Gebläse, Extruder, Textilmaschinen (Mehrmotorenantriebe), Transport- und Fördereinrichtungen, Werkzeugmaschinen, Bergbaumaschinen. *H. Stüben*

Zwischenträger →Bauelement, →Hybridintegration, →Oberflächenmontage, →Schaltungsebene

Zwischenzeilenverfahren →Fernsehsystem

Zyklotron. Beschleuniger für Protonen und leichte Ionen, die in einem Magnetfeld auf kreisförmigen Bahnen geführt werden, deren Radius mit zunehmender Energie anwächst. Das Z. wurde 1930 von *E. O. Lawrence* vorgeschlagen und 1931 von *M. S. Livingston* erstmals realisiert. Es basiert auf der Tatsache, daß für hinreichend kleine Geschwindigkeiten die Umlaufsfrequenz von im Magnetfeld auf Kreisbahnen umlaufenden Teilchen unabhängig ist vom Radius der Bahn. Diese *Zyklotronfrequenz* ist

$$\omega_z = \frac{e}{m} B.$$

wobei e die Ladung und m die Masse des Teilchens ist und B die Stärke des Magnetfeldes.

Das Z. (Bild) besteht aus einem großen Eisenmagneten, in dessen Spalt der Teilchenstrahl umläuft. Zur Beschleunigung dienen zwei D-förmige Elektroden, zwischen denen mit Hilfe eines Senders eine Wechselspannung der Frequenz ω_z erzeugt wird. Am Ende der Beschleunigung hat die Teilchenbahn den größtmöglichen Radius erreicht und der Strahl wird durch einen Deflektor ausgelenkt. Das klassische Z. erreicht bei Protonen und Deuteronen Energien von 22 MeV und bei α-Teilchen 44 MeV. Das sind Energien, bei denen die Geschwindigkeiten noch klein sind gegen die Lichtgeschwindigkeit (v = 0.15c). Inzwischen wurden Spezialformen des Z. entwickelt, die in den Bereich der Lichtgeschwindigkeit vordringen und Energien bis 600 MeV erreichen. *Wille*

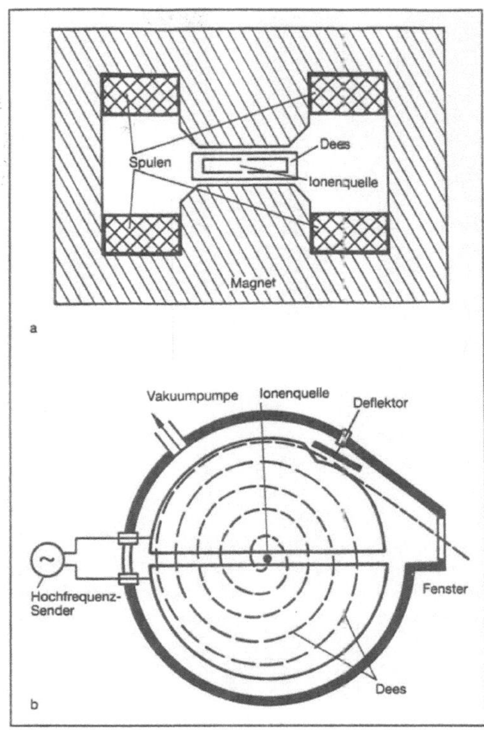

Zyklotron: Schematische Darstellung.
a) Querschnitt durch ein Z
b) Draufsicht auf die Beschleunigungskammer.

Literatur: *Livingston, M.* und *J. Blewett:* Particle Accelerators. New York 1962.

MIX
Papier aus verantwortungsvollen Quellen
Paper from responsible sources
FSC® C105338

If you have any concerns about our products, you can contact us on
ProductSafety@springernature.com

In case Publisher is established outside the EU, the EU authorized representative is:
Springer Nature Customer Service Center GmbH
Europaplatz 3, 69115 Heidelberg, Germany

Printed by Libri Plureos GmbH
in Hamburg, Germany